Britta Schlömer

Inbound!

Das Handbuch für modernes Marketing

Rheinwerk
Computing

Liebe Leserin, lieber Leser,

Kauf- und Entscheidungsprozesse haben sich während der vergangenen Jahre dramatisch geändert. Sie wissen: Mit den klassischen Marketing-Methoden erreichen Sie immer seltener potenzielle Kunden. Vielleicht nutzen Sie bereits Content Marketing und Ihre Kunden finden über Ihre hochwertigen Inhalte und Ihre Fachexpertise zu Ihnen und Ihren Produkten. Jetzt sollten Sie noch einen weiteren Schritt gehen und Ihre Reichweite weiter steigern, indem Sie Ihr Konzept in eine vollständige Inbound-Strategie einbinden und die Vorteile der Marketing-Automation für sich nutzen.

Unsere Autorin kennt das Marketing-Geschäft seit zahlreichen Jahren und hat den Wandel vom Push- zum Pull-Marketing miterlebt und mitgestaltet. Vom KMU bis zum Großunternehmen hat Sie viel Erfahrung mit der Entwicklung von passenden Marketingstrategien. Mit diesem Buch profitieren auch Sie von diesem Erfahrungsschatz. Lernen Sie systematisch alle Ziele, Methoden, Instrumente und Arbeitsschritte des Inbound Marketings kennen. Inkl. Marketing-Automation mit HubSpot, Act-On, Marketo, Oracle Eloqua und Salesforce Pardot

Das Buch wurde mit großer Sorgfalt lektoriert und produziert. Sollten Sie dennoch Fehler finden oder inhaltliche Anregungen haben, scheuen Sie sich nicht, mit uns Kontakt aufzunehmen. Ihre Fragen und Änderungswünsche sind uns jederzeit willkommen.

Ihr Stephan Mattescheck
Lektorat Rheinwerk Computing

stephan.mattescheck@rheinwerk-verlag.de
www.rheinwerk-verlag.de
Rheinwerk Verlag · Rheinwerkallee 4 · 53227 Bonn

Auf einen Blick

Wir hoffen, dass Sie Freude an diesem Buch haben und sich Ihre Erwartungen erfüllen. Ihre Anregungen und Kommentare sind uns jederzeit willkommen. Bitte bewerten Sie doch das Buch auf unserer Website unter **www.rheinwerk-verlag.de/feedback**.

An diesem Buch haben viele mitgewirkt, insbesondere:

Lektorat Stephan Mattescheck
Korrektorat Marita Böhm
Herstellung Kamelia Brendel
Typografie und Layout Vera Brauner
Einbandgestaltung Mai Loan Nguyen Duy
Coverfoto iStock: 23048298©Ekely
Satz III-Satz, Husby
Druck C.H. Beck, Nördlingen

Dieses Buch wurde gesetzt aus der TheAntiquaB (9,35/13,7 pt) in FrameMaker.
Gedruckt wurde es auf chlorfrei gebleichtem Offsetpapier (90 g/m²).
Hergestellt in Deutschland.

Bibliografische Information der Deutschen Nationalbibliothek:
Die Deutsche Nationalbibliothek verzeichnet diese Publikation in der Deutschen Nationalbibliografie; detaillierte bibliografische Daten sind im Internet über *http://dnb.d-nb.de* abrufbar.

ISBN 978-3-8362-4451-0

1. Auflage 2018
© Rheinwerk Verlag, Bonn 2018

Informationen zu unserem Verlag und Kontaktmöglichkeiten finden Sie auf unserer Verlagswebsite **www.rheinwerk-verlag.de**. Dort können Sie sich auch umfassend über unser aktuelles Programm informieren und unsere Bücher und E-Books bestellen.

Inhalt

TEIL II   Wie Sie Kunden mit Inbound gewinnen und begeistern

7 Die Begeisterung des Kunden erhalten – Delight-Phase

TEIL III   Wie Sie Inbound Marketing richtig planen und vorbereiten

8   Mit Buyer Personas arbeiten   181

9   Den Status quo des eigenen Marketings analysieren   205

10   Bestimmen Sie Ihre Inbound-Marketing-Ziele

11   Inbound-Marketing-Software einsetzen

TEIL IV   Wie Sie Inbound Marketing erfolgreich einsetzen

12   Starten Sie Ihr Inbound Marketing   339

13 Gestalten Sie Ihre Inbound-Marketing-Kampagnen

14 Promotion und Optimierung Ihrer Inbound-Kampagne

TEIL V   Wie Sie Inbound im Unternehmen zum Erfolg führen

15   Das Marketing-Team fit machen für Inbound   537

16   Datenschutz im Inbound-Marketing berücksichtigen

557

17 Marketing und Vertrieb zum Inbound-Team formieren

Vorwort

Vielleicht war es Ihnen noch gar nicht so bewusst, liebe Leserin, lieber Leser, aber Sie befinden sich mitten in einer Revolution. Wenn Sie heute in der Geschäftsführung, im Marketing, Vertrieb oder im IT-Bereich eines Unternehmens arbeiten, begegnen Ihnen so abstrakte Begriffe wie digitale Transformation oder digitale Disruption. Sie haben unmittelbare Auswirkungen auf Ihr Unternehmen, Ihre Kunden, Ihren Vermarktungserfolg und Ihren eigenen Arbeitsplatz.

Smartphones, Google, YouTube, Apps, Facebook und neue Marketing- und Vertriebssoftware haben eine fundamentale Änderung des Verhaltens unserer Kunden in Gang gesetzt, und auch die größten und besten Werbekampagnen aller Zeiten werden dies nicht aufhalten. Menschen schenken traditionellen Vermarktungsinstrumenten wie Werbung, Kaltakquise, aufdringlichen Verkäufern oder Werbeflyern keine Beachtung mehr. All das stört sie nur bei dem, was sie eigentlich gerade im Internet tun wollen. Menschen suchen bei Google, in Foren, auf YouTube oder in den sozialen Medien nach Inhalten und Partnern, die ihnen dabei helfen, ihre Probleme zu lösen und ihre Chancen zu nutzen. Mit der Dominanz der Smartphones wird diese Suche immer zielgerichteter, entscheidungsorientierter, intuitiver und schneller. Da hat Werbung, die sich Menschen unaufgefordert und unerwartet in den Weg wirft, kaum noch eine Chance.

Noch vor wenigen Jahren waren die Spielregeln in der Vermarktung so einfach. Konzerne hatten große Marketing-Etats, schlagkräftige Vertriebsteams, viele Standorte und Millionen loyaler Kunden. Egal, ob Konsumgüterunternehmen wie Procter & Gamble und Henkel oder B2B-Riesen wie General Electric oder Siemens – sie hatten den Kundenzugang und besetzten mit TV-Spots und anderen teuren Werbeinstrumenten die ersten Startplätze beim Rennen um die Kunden. Außerdem fanden die Vertriebler dieser Unternehmen leicht Gehör bei Kunden, denn die waren ja auf Informationen der Unternehmen angewiesen.

Dann kam das Internet, und die erste Revolution des Marketings setzte ein. Online-Werbung und Suchmaschinen erlaubten es jetzt auch kleineren Unternehmen, sich gezielt den Weg zu ihren potenziellen Kunden zu bahnen. Der Markt für Online-Werbung explodierte, und immer neue Formen von Bannerwerbung und neue Disziplinen wie Suchmaschinenwerbung (Search Engine Marketing) entstanden. Das gilt bis heute, und es gibt Marken, die sehr gut davon leben. Sie heißen Google und YouTube, Facebook und LinkedIn. Die Fernsehwerbung von einst wird immer stärker durch Werbeeinblendungen auf YouTube, Text- und Display-Werbung in Suchmaschinen und Instrumente wie Retargeting und Affiliate Marketing abgelöst.

Damit ist der Vorsprung der kleinen und schnellen Unternehmen aus der ersten Revolution des Marketings im Internet-Zeitalter schon wieder verschwunden. Es regieren wieder die großen Player, die Millionen in Influencer auf YouTube, in Facebook Lead Ads und in Google AdWords stecken. Um das Geld dort einigermaßen sinnvoll und nachhaltig auszugeben, ist viel Know-how erforderlich, das sich dazu noch ständig verändert.

Inbound Marketing ist das Marketing des digitalen Zeitalters

Der Wandel des Kundenverhaltens hat unwiderruflich eingesetzt. Neben das laute und marktschreierische Outbound Marketing von Werbung, Verkaufsförderung und Search Engine Advertising ist längst ein ebenso mächtiger, aber eher unauffälliger Player getreten: Inbound Marketing. Inbound Marketing ist die Marketing-Disziplin, die dafür sorgt, dass Menschen auf Marken und Unternehmen zugehen, weil sie dort das finden, was sie suchen: Information, Inspiration, verlässliche Hilfe, neutrale Beratung und partnerschaftliche Lösungen. Mit Inbound Marketing wird Ihr Unternehmen im Internet gefunden, und Kunden gehen auf Ihr Unternehmen zu – freiwillig, in ihrem eigenen Tempo und mit wachsendem Vertrauen gegenüber Ihrem Unternehmen.

Klingt fast zu schön, um wahr zu sein, ist aber längst Realität im Marketing und Vertrieb vieler Unternehmen. Ob Konzerne wie General Electric Healthcare, mittelständische Unternehmen wie ShopGate oder kleinere Software- und Beratungsunternehmen wie die Innolytics GmbH – sie stecken immer weniger Geld oder gar keinen Cent mehr in Online-Werbung, sondern lassen sich stattdessen von ihren potenziellen Kunden im Internet finden.

Auch mein eigenes Unternehmen, die Beratung und Agentur Thought Leader Systems GmbH, haben wir nach die,sem Prinzip aufgebaut:

▶ Wir warten, bis potenzielle Kunden den Weg zu uns finden, bauen mit Inbound Marketing viele Wege zu uns und treffen so immer wieder auf gut vorinformierte Interessenten, die mit uns sofort den fachlichen Dialog über ihre Herausforderungen und Potenziale starten.

▶ Mittlerweile haben Konzerne, Mittelständler, Non-Profits und auch Freiberufler den Weg zu uns gefunden. Wir beraten und unterstützen sie beim Starten und erfolgreichen Betreiben ihres digitalen Marketings und Vertriebs.

▶ Das funktioniert nur, weil wir bereitwillig viel von unserem Know-how weitergeben und damit immer wieder Nutzen schaffen. Potenzielle Kunden erwarten und erhalten Training, kostenlose Beratungen und Analysen, Weiterbildungen in unserer Academy und profitieren von der engen Zusammenarbeit mit allen führenden Software-Anbietern.

▶ Das erfordert viel Know-how und Energie, ist aber nachhaltig und hilft allen Marktteilnehmern zu einer Win-win-Beziehung.

Unternehmen, die ihre gesamte Vermarktung konsequent auf Kundennutzen ausrichten, profitieren von der laufenden digitalen Revolution. Nicht Anbieter wie Facebook oder Google sind die Treiber dieser Revolution, sondern unsere Kunden sind es. Mit diesem Buch wollen wir Ihnen alles an die Hand geben, um den vollen Nutzen daraus für Ihr Unternehmen und für Ihre Ziele zu ziehen.

Wie Sie schnell mit diesem Buch arbeiten

Dieses Buch setzt keinerlei Vorkenntnisse bei Ihnen voraus. Wichtig ist nur, dass Sie sich wirklich zum Ziel gesetzt haben, langfristige Kundenbeziehungen aufzubauen und Kunden über das Internet zu gewinnen. Da es sich um eine neue Generation des Online-Marketings handelt, werden wir gemeinsam viel über Software, Websites und Online-Tools reden. Aber auch dabei gehen wir von keinerlei nennenswerten Vorkenntnissen aus.

Wir vermitteln Ihnen in diesem Buch in einer einfachen und aufeinander aufbauenden Vorgehensweise die gesamten erforderlichen Kenntnisse über Inbound Marketing. Dabei gehen wir auch auf bereits etablierte Marketing-Instrumente ein (z. B. E-Mail-Marketing, Content Marketing oder Social Media), die Sie mit der Inbound-Logik eng aufeinander abstimmen und zu einem integrierten Kundenerlebnis gestalten werden.

Auch als erfahrener Online-Marketing-Profi, SEO-Experte, Content-Marketing- oder Social-Media-Manager werden Sie viel Neues erfahren, vor allem über all die Instrumente und Marketing-Philosophie, die vielleicht bisher nicht in Ihrem persönlichen Fokus standen.

Was Sie persönlich mit Inbound erreichen können

Inbound Marketing berührt uns alle, egal, ob wir Geschäftsführer, Marketing-Leiter, Marketing-Manager, Vertriebler, IT-Spezialist oder Student sind. Es prägt unsere Arbeit, unseren Umgang mit Kunden. Inbound kann uns langfristig erfolgreich machen, und es ist ein persönlicher Gewinn für jeden, diese moderne Art der Vermarktung zu beherrschen. Inbound ist erstaunlicherweise noch nicht flächendeckend etabliert und daher ein Wettbewerbsvorteil für alle, die es im eigenen Unternehmen umsetzen.

▶ Als *Marketing-Manager* sind Sie vielleicht für das Content Marketing oder das Kampagnen-Management Ihres Unternehmens zuständig. Sie möchten neue Impulse in Ihrem Unternehmen setzen. Dieses Buch bietet Ihnen einen gesamten Überblick über alle Aufgabenbereiche und Prozessschritte für die Einführung von Inbound Marketing. Mit Ihrem neuen Wissen werden Sie sogar die Projektverantwortung für die Einführung von Inbound Marketing in Ihrem Unternehmen übernehmen können.

► Als *Marketing-Leiter* eines Unternehmens sind Sie gegebenenfalls besonders an einem Veränderungsprozess in Ihrer Marketing-Abteilung interessiert, bei dem Sie gleichzeitig die Produktivität Ihrer Marketing-Kampagnen erhöhen und eine effiziente Steuerung Ihres Online-Marketings aufbauen. Dieses Buch gibt Ihnen das gesamte Know-how, das Sie in Ihrer Mannschaft verankern wollen. Darüber hinaus unterstützt es Sie gezielt bei der verstärkten Zusammenarbeit Ihres Marketing-Bereichs mit dem Vertrieb, der IT und der Geschäftsleitung.

► Als *Geschäftsführer oder Inhaber eines Unternehmens* haben Sie die digitale Transformation Ihres Unternehmens besonders im Auge und wollen ein effizientes Konzept für das Marketing und den Vertrieb Ihrer Zukunft. In diesem Buch werden Sie fündig und ganz nebenbei zum Experten des Kundenmanagements im digitalen Zeitalter.

► Als *Vertriebsleiter* wünschen Sie sich mehr Leads und vor allem die richtigen Leads, d. h. wirklich kaufinteressierte und geeignete potenzielle Kunden für Ihre Verkaufsgespräche. Inbound Marketing ist dabei Ihr starker Verbündeter. In diesem Buch lernen Sie alles über den gemeinsamen effektiven Vermarktungsprozess von Marketing und Vertrieb. Sie werden sich dabei eine starke Marketing-Abteilung als Partner an Ihrer Seite wünschen, die für Sie neue Kundenkontakte anbahnt und Kaufabschlüsse effektiv vorbereitet.

► Als *Spezialist für PR/Social Media* haben Sie vielleicht festgestellt, dass die Neukontakte, die Sie für Ihr Unternehmen aufgebaut haben, bislang nur schlecht in konkrete Kaufabschlüsse konvertiert werden. Sie haben einen guten Blick für erfolgreichen Content und möchten ihn nicht nur publizieren, sondern aktiv auf der Website, im Blog und in den sozialen Medien vermarkten. Dann hilft Ihnen dieses Buch effektiv weiter, um den gesamten Vermarktungsprozess zu erfassen, Optimierungspotenziale zu erkennen und gegebenenfalls sogar selbst weitergehende Aufgaben im Marketing Ihres Unternehmens zu übernehmen.

► Wenn Sie im *IT- bzw. Online-Bereich* arbeiten und z. B. für das Webdesign Ihres Unternehmens verantwortlich sind, kann es sein, dass Sie Ihre Website analysiert haben und feststellen, dass bisher keine nennenswerten oder ausreichenden Kundenkontakte über Ihre Website angebahnt werden. Vielleicht fehlen sogar ein Blog, Landing Pages für Content-Registrierungen oder andere Interaktionsmöglichkeiten mit Ihrem Unternehmen. Da Sie business-orientiert denken, möchten Sie Ihrem Unternehmen einen Impuls geben, um diese schlummernden Potenziale endlich zu nutzen. Dieses Buch befähigt Sie dazu und unterstützt Sie als geschätzter, verkaufsorientierter Ansprechpartner in Ihrem Unternehmen.

▶ Als *Student, Auszubildender oder Berufsanfänger* stehen Sie vor der Herausforderung, die richtigen Skills zu erwerben, die Sie langfristig fit machen für das Marketing und den Vertrieb des digitalen Zeitalters. Eine zu starke Konzentration auf einzelne Instrumente wie Content Marketing oder E-Mail-Marketing könnte Sie vorschnell auf eine Spezialistenlaufbahn festlegen. Mit Inbound Marketing erarbeiten Sie sich hingegen den gesamten Querschnitt aller digitalen Marketing-Instrumente und lernen dabei die effektive Vernetzung des gesamten Marketing-Mix kennen. Dieses Buch vermittelt Ihnen die erforderlichen Inhalte einfach und praxisnah. Beim Einstieg in den Job kann es Ihnen als Guideline und Nachschlagewerk gleichermaßen dienen.

Natürlich helfen wir Ihnen auch beim Einstieg in die Welt der Marketing-Automation- und Inbound-Marketing-Software. Wir zeigen Ihnen den Umgang mit der Software der momentan führenden Inbound-Marketing-Software-Hersteller wie HubSpot, Marketo, Act-On, Eloqua oder Pardot. Sie sind die aktuellen Marktführer und die Vorreiter bei Kundenzufriedenheit. Aber auch ohne eine solche Software-Lösung werden Sie mithilfe dieses Buches in die Lage versetzt, Ihr Marketing konsequent auf Kundengewinnung im Internet auszurichten. Das Buch bietet Ihnen den schnellen Einstieg in das moderne Marketing, egal, in welcher Branche Sie arbeiten, egal, ob Sie ein Start-up, KMU, großer Mittelständler oder Konzern sind.

Inbound Marketing arbeitet softwaregestützt. Marketing-Automation-Software macht es auch für kleine Marketing-Teams einfach, beherrschbar und relativ erschwinglich, modernes Marketing und professionelle Kundengewinnung im Internet zu betreiben. Die monatlichen Kosten für den Einsatz einer professionellen Inbound-Lösung liegen ungefähr in der Höhe des Gehalts einer halben bis ganzen Marketing-Vollzeitkraft. Auch Selbstständige, Vereine oder Einzelunternehmer können mit einer Einstiegslösung bereits viel erreichen. Dazu später aber mehr.

Wie dieses Buch aufgebaut ist

Wir haben dieses Buch so konzeptioniert, dass Sie mit unterschiedlichen Zielen und Intentionen gezielt in die verschiedenen Aspekte von Inbound Marketing direkt einsteigen oder es einfach in der aufeinander aufbauenden Logik ganz durchlesen können.

▶ Teil 1 des Buches führt Sie in die Strategie, Management-Philosophie und die fünf Säulen des Inbound Marketing (Buyer Personas, Customer Journey, Sales Funnel, Content, Software) ein. Sie erfahren die 10 Top-Gründe für Inbound Marketing und beginnen direkt mit dem wichtigsten Bestandteil des Marketings: Ihren Zielkunden oder, besser gesagt, mit deren Buyer Personas.

▶ In Teil 2 erfahren Sie, wie Sie mit Inbound Marketing Kunden gewinnen und begeistern. Dabei lernen Sie die Instrumente des Inbound Marketing mit ihren jeweiligen Vorzügen und Aufgaben in den vier Phasen des Vermarktungsprozesses (Attraction, Connection, Engagement, Delight) kennen. So lernen Sie den Einsatz aller Instrumente des Marketing-Orchesters kennen: von Social Media, Blogs, Website-Content und SEO über Landing Pages, E-Mail-Marketing und Lead Scoring bis hin zum Customer Success Management und zu Customer Communitys.

▶ Teil 3 zeigt Ihnen, wie Sie Ihr Inbound Marketing richtig planen und vorbereiten. Sie lernen, wie Sie Buyer Personas in der Praxis erstellen, den Status Ihres eigenen Marketings analysieren und interpretieren, wie Sie Ihre SEO-Performance und Content-Strategie überprüfen und wie Sie sich geeignete Ziele setzen. Weiterhin geben wir Ihnen Orientierung im Software-Markt und eine Übersicht über die wichtigsten Software-Produkte für Marketing Automation und Inbound Marketing im Markt.

▶ Teil 4 führt Sie durch sämtliche Schritte und Bereiche hin zum erfolgreichen Start und Einsatz des Inbound Marketing in Ihrem Unternehmen. Es beginnt mit der Einrichtung Ihrer Inbound-Marketing-Software, zeigt Ihnen alle Schritte bei der Konzeption und Durchführung von Inbound-Marketing-Kampagnen in der Praxis und unterstützt Sie bei der Promotion und Optimierung Ihrer Kampagnen.

▶ Teil 5 schließlich macht Sie mit all den Aspekten vertraut, die Sie für den nachhaltigen Erfolg mit Inbound Marketing im Unternehmen benötigen. Dazu zählt die Anpassung Ihrer Organisation und Prozesse genauso wie das Training Ihres Teams, die Zusammenarbeit mit einer Inbound-Marketing-Agentur, der Umgang mit dem Thema Datenschutz und die Verbindung von Marketing und Vertrieb zu einem schlagkräftigen Team, das am gleichen Strang zieht.

Wer dieses Buch geschaffen hat

Dieses Buch ist eine echte Teamarbeit. So gut wie jeder im Team meines Unternehmens Thought Leader Systems hat seinen aktiven Beitrag zu diesem Buch geleistet. Mein Team betreut Dutzende Inbound-Marketing-Installationen namhafter Software-Hersteller und besitzt daher einen guten Überblick über das, was in der Praxis wirklich gut funktioniert. Gerade diese Praxiserfahrungen stehen in keinem Online-Handbuch der Hersteller.

Besonderer Dank geht an Niklas Mages, der bereits frühzeitig mit am Buchkonzept gearbeitet hat. Annette Kaletta und Ralf Fischer haben viel zusätzliche Arbeit auf sich genommen, wenn mal wieder eine Deadline fürs Buch dran war. Ogün Akbulut hat als Werkstudent das Buch über lange Zeit mit begleitet. Robin Pfeifer hat während und sogar nach seiner Tätigkeit im Unternehmen engagiert am Buch mitgearbeitet.

Natürlich gilt der Dank auch unseren Kunden, ohne deren Vertrauen und Praxismitarbeit wir viele Learnings und Geheimtipps hätten niemals sammeln und an Sie weitergeben können. Mit ihnen gemeinsam haben wir wahre Erfolgsgeschichten geschrieben. Wir haben gesehen, wie die Besuchszahlen und Conversion Rates bei der Lead-Gewinnung explodieren können. Gemeinsam haben wir auch zahlreiche komplexe Inbound-Nüsse in so unterschiedlichen Branchen wie Medizintechnik, SAP-Beratung, Event- und Seminargeschäft, Drogerieartikel oder SaaS-Software geknackt.

Ohne die Unterstützung zahlreicher Hersteller von Marketing-Automation-Lösungen und Inbound-Marketing-Software wäre dieses Buch nicht möglich gewesen. Allein während der Entwicklung dieses Buches haben sich die Software-Pakete der einzelnen Hersteller deutlich weiterentwickelt. Nur mit frischen und schnellen Informationen von Act-On, HubSpot, Marketo, Oracle Eloqua und Salesforce Pardot war es möglich, Ihnen ein Buch zu bieten, das zeitlos bleibt, aber gleichzeitig auch den jeweils aktuellen Stand der Dinge kommuniziert. Sollten einzelne Informationen oder Abbildungen bei Veröffentlichung dieses Buches also schon wieder veraltet sein, so liegt das an der Natur der Sache. Wir danken den äußerst hilfsbereiten und partnerschaftlichen Teams aller Hersteller für ihre Unterstützung!

Nicht zuletzt möchten wir uns auch bei Menschen bedanken, die uns mit ihren Gedanken und ihrem Schaffen inspiriert haben, dieses Buch zu schreiben und damit einen Beitrag zur Förderung der Kundenorientierung zu leisten. Dazu zählen Brian Halligan und Dharmesh Shah von HubSpot, Guy Kawasaki als Marketing- und Start-up-Guru, David Meerman Scott als führender Vertreter des neuen Marketings und Marc Benioff als Gründer von Salesforce und Befürworter eines sozialverantwortlichen Unternehmertums.

Britta Schlömer
Hofheim

TEIL I

Inbound – das Marketing des digitalen Zeitalters

Kapitel 1

Inbound – Marketing, das Menschen lieben

Wenn Sie mehr Geld als Verstand haben, sollten Sie auf Outbound Marketing setzen. Wenn Sie mehr Verstand als Geld haben, sollten Sie auf Inbound Marketing setzen.
– Guy Kuwasaki, Apple-Mitgründer, Unternehmer und Autor

Die Marketing- und Vertriebsabteilungen vieler Unternehmen befinden sich heute in dem vielleicht größten Veränderungsprozess, den es jemals gegeben hat. Noch vor ein paar Jahren konnten Unternehmen ihre Kunden relativ einfach und zuverlässig über die klassischen Kommunikations- und Vertriebskanäle erreichen. Aber der Siegeszug des mobilen Webs, die Allgegenwärtigkeit von Google und die sozialen Medien haben in rasanter Geschwindigkeit das Kaufverhalten der Menschen fundamental verändert. Viele Kunden tätigen ihre Informationssuche und Käufe bereits fast ausschließlich im Internet. Gerade aber im Web ist die Aufmerksamkeitsspanne der Menschen für Marketing-Botschaften und Vertriebsansprachen besonders gering. Besonders Werbung dringt daher immer weniger zu Menschen durch und wird kaum noch wahrgenommen. Menschen wollen heute nicht mehr durch Werbung unterbrochen werden. Eine solche »störende« Kundenansprache nennen wir heute *Outbound Marketing* oder *Interruption Marketing*. Seit Jahrzehnten unterbrechen wir Menschen ungefragt durch TV-Spots, Werbeanzeigen oder Telefonanrufe bei dem, was sie eigentlich tun wollen. Wir werfen uns ihnen in den Weg und halten ihnen eine Werbebotschaft vor die Nase, um die sie uns nicht gebeten haben. Das wird immer teurer und schwieriger. Modernes Marketing geht daher einen anderen Weg – mit Inbound.

Inbound setzt darauf, Menschen in ihrem individuellen Kaufprozess partnerschaftlich zu begleiten, Vertrauen zu bilden und eine langfristige Kundenbeziehung aufzubauen. Inbound Marketing ist kein Marketing-Trend oder ein neues Marketing-Instrument. Es ist eine Marketing-Philosophie, ein Management-System und nicht zuletzt auch eine umfassende Software-Lösung. Mit *Inbound Marketing* schaffen Sie eine flächendeckende Präsenz im Web, um gefunden zu werden – in den Suchmaschinen, auf der eigenen Website, im Blog und in den sozialen Medien. Dabei positionieren Sie Ihr eigenes Unternehmen als Autorität im Markt und helfen potenziellen

Kunden mit wertvollem *Content* bei ihrer Entscheidungsfindung weiter. Diesen Content haben Sie genau auf den jeweiligen Kundentyp und die betreffende Kaufentscheidungsphase des Kunden abgestimmt. Sie schaffen damit eine individuelle Beziehung zum Kunden – weit über den Kauf hinaus. Mit Inbound Marketing können Sie Kunden für sich gewinnen und dauerhaft begeistern. Mit diesem Buch wollen wir Ihnen das Rüstzeug an die Hand geben, um modernes Inbound Marketing schnell und erfolgreich einzusetzen – egal, in welcher Branche oder Unternehmung Sie arbeiten. Lernen Sie die Inbound-Marketing-Philosophie genauso kennen wie die operativen Marketing-Instrumente und den Umgang mit moderner Inbound-Marketing-Software. So beherrschen Sie schnell denjenigen Marketing-Ansatz, der in den kommenden Jahren viele Marketing-Abteilungen von Grund auf transformieren wird.

1.1   Traditionelles Marketing in der Existenzkrise

Marketing wird weitläufig verstanden als marktorientierte Unternehmensführung. Vieles aus unserem heutigen Marketing-Verständnis stammt noch aus den 60er- und 70er-Jahren des vergangenen Jahrhunderts. Marketing setzte sich damals als Management-Philosophie und als Unternehmensfunktion durch. Es eroberte vor allem weltweit die Konsumgüterunternehmen und erhob sein wichtigstes Instrument, die *klassische Werbung*, zur neuen Königsdisziplin. Hand in Hand mit der steigenden Bedeutung der Massenmedien (Kino, Radio, TV, Print) etablierte die Werbeindustrie einen der größten und attraktivsten Märkte der Erde. Mit dem Aufstieg der privaten Fernsehsender in den 80er-Jahren erhielt das traditionelle werbeorientierte Marketing-Verständnis weiteren Anschub. Im Print-Bereich entstanden immer mehr Spezialzeitschriften (*Special Interest Magazines*), die es auch kleineren werbetreibenden Unternehmen ermöglichten, interessante und weit differenzierte Zielgruppen gezielt anzusprechen. Auch als sich das Internet Mitte der 90er-Jahre etablierte, änderte das erst einmal nichts am Marketing-Verständnis der Unternehmen und am Kaufverhalten der Kunden. Werbung wurde jetzt einfach online geschaltet und konnte viel schneller verbreitet werden. Kunden nahmen *Online-Werbung* wie z. B. Banner und Werbeeinblendungen (Interstitials) hin, da sie an diese Art der Unterbrechung aus den klassischen Kanälen gewöhnt waren. Manche Marketing-Manager sind in diesem Zeitalter stehen geblieben und setzen heute immer noch primär auf Online-Werbung. Auch die sozialen Medien bzw. das sogenannte *Web 2.0* haben das Marketing nicht wirklich grundsätzlich geändert. Wenn Sie heute z. B. ein Video auf *YouTube* oder auf *Spiegel.de* sehen wollen, müssen Sie sich erst einmal ein Werbevideo oder Werbebanner ansehen, das Sie oftmals nicht einmal mehr »wegzappen« können und das gegebenenfalls überhaupt nicht zu Ihnen passt (vgl. Abbildung 1.1). Auch auf den Social-Media-Plattformen werden Ihnen Werbeeinblendungen gezeigt, die Sie »interessieren könnten«.

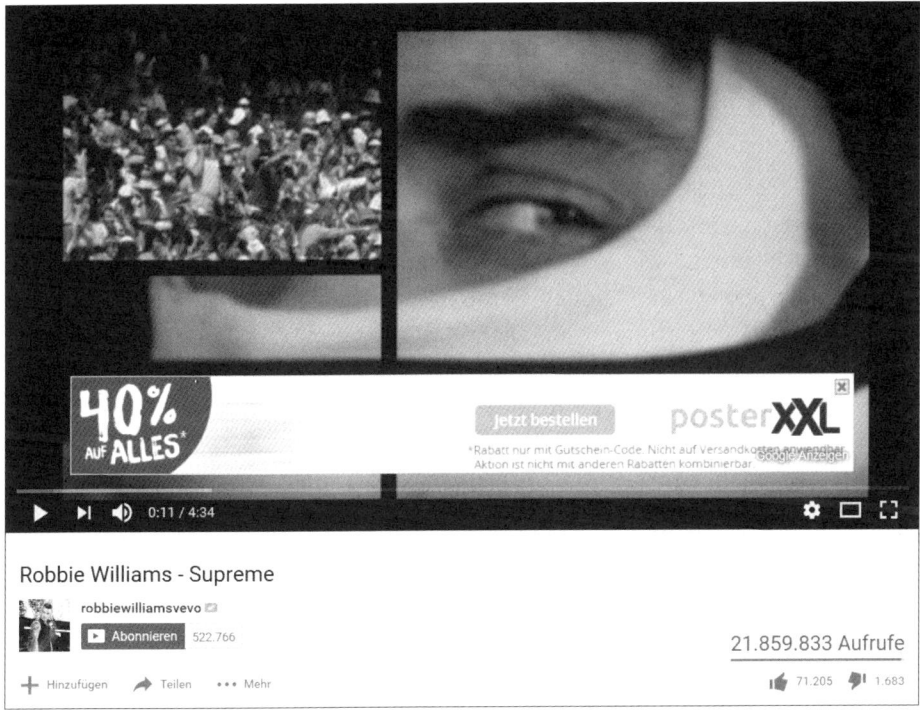

Abbildung 1.1 Werbeeinblendung bei YouTube

Wenn man sich die aggressiven Werbeunterbrechungen von YouTube und Co. ansieht, so scheinen die Regeln des Interruption Marketing doch noch gut zu funktionieren. Wieso also versagt das klassische Marketing dennoch? Die Ursache liegt nicht bei den Werbetreibenden, sondern bei den Nutzern der Medien, im Internet genauso wie offline.

▶ Die Wahrnehmung von Werbung geht zurück. Menschen reagieren immer weniger auf klassische Werbeeinblendungen. Die zunehmende Flut von Werbebotschaften wird immer weniger wahrgenommen. Sie erzeugen einfach keine Resonanz mehr, da sie meist ohne inhaltliche Relevanz für den Betrachter daherkommen. Wenn Sie online nach einem neuen Auto recherchieren, sind Sie einfach relativ wenig aufnahmebereit für Botschaften zu völlig anderen Produktkategorien wie Deos oder Baumärkten. Die Website des Dudens zeigt deutlich, wie sehr die eigentliche Aufgabe einer Website angesichts von Werbeeinblendungen verloren gehen kann (vgl. Abbildung 1.2).

▶ Traditionelles Marketing ist nicht auf komplette Kaufentscheidungsprozesse ausgerichtet. Werbung setzt heute immer noch weitgehend auf Werbebotschaften, die entweder auf den Anfang oder das Ende eines Kaufentscheidungsprozesses gerichtet sind. Entweder will man mit Werbung Aufmerksamkeit (*Awareness*) für ein neues Produkt schaffen. Dann werden die wichtigsten Produktvorteile oder das Nutzenversprechen herausgestellt. Das erzeugt Präsenz für das Angebot, aber oft nicht mehr. Oder man wirbt mit Aktionspreisen, was wiederum nur für solche Kunden relevant ist, die bereits unmittelbar vor einem Kauf stehen. Damit orientiert sich traditionelles Marketing nicht am gesamten Such- und Entscheidungsprozess potenzieller Käufer.

▶ Die Kundenansprache des traditionellen Marketings ist einseitig. Klassische Marketing-Instrumente wie z. B. Werbung oder Direct Marketing etablieren keinen Dialog mit potenziellen Kunden. Daran hat auch das Online-Marketing prinzipiell nichts geändert. Zumindest aber kann Online-Werbung auf bestimmte Suchbegriffe optimiert (z. B. *Google AdWords*) oder auf bereits besuchte Websites des Nutzers abgestimmt werden (sog. *Retargeting*).

Wenn werbetreibende Unternehmen keinen Kundendialog anbieten, dürfen sie sich nicht wundern, dass Menschen heutzutage ihre Kaufentscheidungen lieber mit Freunden, Bekannten und Meinungsführern im Internet als mit den Unternehmen selbst besprechen.

Abbildung 1.2 Die Website des Dudens (»www.duden.de«, Januar 2017)

Die Art, wie Menschen mit Informationen der Produktanbieter umgehen, hat sich geändert. Traditionelles Marketing setzte darauf, dass Menschen die angebotenen Informationen der Hersteller passiv konsumieren und für ihren persönlichen Entscheidungsprozess nutzen. Doch das ist heute längst vorbei. Menschen werten die Produktinformationen der Anbieter im Web direkt aus. Sie vergleichen die Herstellerangaben mit der tatsächlichen Produktleistung und mit Wettbewerbern, um dann diese Ergebnisse als *User-Generated Content* direkt im Internet zu veröffentlichen. Aus dem passiven Werbekonsumenten von einst ist heute ein harter Produkttester geworden.

Inbound-Tipp: Menschen meiden heute Werbung

Die Probleme des traditionellen Marketings werden immer offensichtlicher, je mehr Kunden ihre Kaufentscheidungsprozesse ins Internet verlagern.

▶ Menschen schalten die Kommunikation des Outbound Marketing buchstäblich ab. Heute schalten 86 % der Fernsehzuschauer bei Werbung um oder blenden sie aus, bis das eigentliche Fernsehprogramm wieder läuft.

▶ Bei Werbeanrufen von Firmen reagieren private und geschäftliche Kunden gleichermaßen genervt. 44 % aller Werbebriefe bzw. *Direct Mails* werden niemals geöffnet, sondern wandern direkt und ungeöffnet in den Müll (Quelle: *www.hubspot.de*).

▶ Auch das traditionelle Online-Marketing hat es immer schwerer. 84 % der Menschen zwischen Mitte 20 und Mitte 30 in den USA verlassen heute selbst ihre Lieblingswebseiten, wenn sie dort unerwartete oder irrelevante Werbeeinblendungen vorfinden (Quelle: *www.voltierdigital.com*).

Kunde und Anbieter bewegen sich heute auf Augenhöhe. Früher lebten Marketing und Vertrieb oft vom Informationsvorsprung des Anbieters. Bei der Informationsrecherche im Internet akzeptieren Menschen aber nicht mehr die Abhängigkeit von den Informationen der Anbieter. Sie informieren sich lieber bei neutralen Quellen wie Vergleichsportalen, Bloggern, Branchenexperten-Websites oder Nutzergruppen in den sozialen Medien. Es wird nicht mehr *mit* den Anbietern gesprochen, sondern *über* sie. Darauf sind Unternehmen, die traditionelles Marketing betreiben, nicht vorbereitet.

Konventionelles Marketing setzt auf die etablierten Kommunikationskanäle der Massenkommunikation. Die wichtigsten Werbeträger sind heute immer noch wie vor 50 Jahren das TV, Print und Radio. Allerdings geht die Bedeutung dieser Medien bei heutigen Kaufentscheidungsprozessen stark zurück. Praktisch jede Informationssuche findet heute im Internet statt. Nur 4 % aller Kaufinteressenten suchen und treffen ihre Kaufentscheidung heute offline. *Google* selbst machte das bereits 2011 in einer bekannten Studie mit dem Begriff *Zero Moment of Truth (ZMOT)* deutlich (vgl. Abbildung 1.3).

Google untersuchte in dieser breit angelegten Studie mit 5.000 Menschen das Informationsverhalten von privaten Kunden in allen Bereichen ihres täglichen Lebens. Sie finden die Studie unter *https://www.thinkwithgoogle.com/research-studies/2011-winning-zmot-ebook.html*.

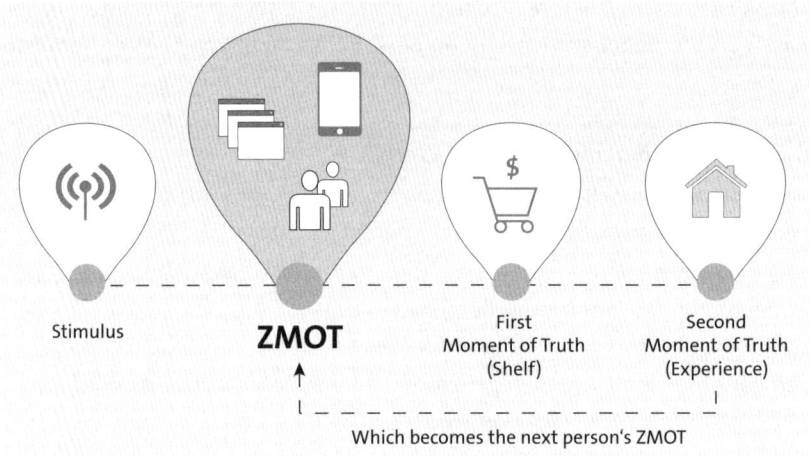

Abbildung 1.3 Der Zero Moment of Truth (Google, 2011)

Der Kauf beginnt im Web – die Google-Studie «Zero Moment of Truth»

Die Google-Studie analysierte, wie lang der jeweilige Kaufentscheidungsprozess dauerte, welche Informationsquellen die Menschen für ihre finale Kaufentscheidung nutzten und wie hoch der Einfluss jeder einzelnen Quelle auf die Kaufentscheidung war. Geleitet wurde die Studie vom amerikanischen Vertriebsleiter von Google, Jim Lecinski, der selbst lange Jahre als Manager in internationalen Werbeagenturen gearbeitet hatte. Die Ergebnisse waren verblüffend und zugleich leicht nachvollziehbar.

▶ Klassische Marketing-Instrumente wie Werbung oder Direct Mails sind heute nur noch die Auslöser (*Trigger*) für den anschließenden Informationsprozess der Kunden. Werbeanzeigen reizen nicht mehr zum Kauf, sondern nur noch zur Recherche im Internet.

▶ Der »große Moment der Wahrheit« oder auch »Zero Moment of Truth«, in dem der Kunde zum ersten Mal mit dem echten Produkt konfrontiert wird, verschiebt sich. Eine Werbeanzeige führt heute nur noch selten dazu, dass sich ein potenzieller Käufer direkt in Verbindung mit dem Anbieter setzt oder das Produkt in einem Outlet unter die Lupe nimmt. Dieser »erste Moment« hat sich weg vom Anbieterkontakt und hin zum Internet verschoben. In der Google-Studie betrieben 83 % der Menschen nach dem Sehen eines TV-Spots erst einmal Produktrecherche im Internet.

▶ Auch bei der anschließenden Informationssuche im Internet interessieren sich die Menschen kaum dafür, was der Anbieter selbst über sein Produkt sagt. Kunden suchen sofort bei neutralen Quellen und nutzen *User-Generated Content* – vor allem Produktbewertungen (*Ratings*) und Erfahrungsberichte von Nutzern (*Reviews*) des jeweiligen Produktes.

▶ Bei ca. 80 % aller Kaufentscheidungen nutzen Menschen ihr Smartphone zur Informationsrecherche. *Jim Lecinski* von Google stellte fest, dass die mobile Suche auf Smartphones bereits zum Standardsuchverhalten der Menschen wird. Menschen suchen heute jeden Tag viel öfter nach Informationen zu Produkten und Dienstleistungen als noch vor ein paar Jahren. Kaufentscheidungsprozesse werden deutlich kürzer. Es werden nur noch Anbieter beachtet, die etwas Nutzenstiftendes zum Kauf beitragen. Produktinformationen sind out, Kundenhilfe ist in.

Das traditionelle Marketing kann mit dem sich immer schneller verändernden Kundenverhalten nicht mehr Schritt halten. Viele Marketing-Abteilungen stecken noch in dem alten Paradigma der werbeorientierten Kundenansprache fest und investieren immer mehr in die althergebrachten Marketing-Instrumente, um wenigstens die gleiche Markensichtbarkeit wie früher zu erzielen. Dieser mangelnde Wandel schafft in vielen Unternehmen eine echte Marketing-Krise. Ein Wandel des Marketings im Zeitalter der digitalen Transformation ist dringend notwendig, denn weltweit sind die CEOs der meisten Unternehmen mit dem Stand ihres Marketings unzufrieden.

Studienergebnisse: CEOs sind mit Marketing unzufrieden

In einer Befragung unter Vorständen (CEOs) und Entscheidungsträgern im Jahr 2011 gaben über 70 % der Unternehmenschefs an, dass ihre Marketing-Abteilungen kein Standing und keine Glaubwürdigkeit im Business hätten. Vor allem kritisierten Vorstände, dass Marketing seine Rolle als Wachstumsmotor und Ergebnisbringer nicht ausfülle. Den Vorständen fehlte der messbare Nachweis, inwieweit die Marketing-Abteilung mit ihren Strategien und Kampagnen zur Absatzsteigerung, Kundengewinnung oder Steigerung von Marktanteilen beitragen würde. Viele Vorstände betrachteten ihren Marketing-Bereich daher als reine Kostenstelle (*Cost Center*). Sie betonten, dass ihr Marketing nur aktivitätsbasiert arbeite und eher in Kampagnen und Werbegestaltungen denke als in erfolgsorientierten Dimensionen wie Umsatz und Kundengewinnung. Die Zusammenfassung der Studienergebnisse finden Sie unter *www.fournaisegroup.com*.

Der größte Vorwurf, den Unternehmenschefs ihren Marketing-Abteilungen machen, ist der nicht spürbare *Beitrag zum Unternehmenserfolg*. Wir kennen Marketing-Abteilungen, für die das fatale Folgen hatte. Nachdem der Marketing-Leiter einer großen deutschen Regionalbank in Ruhestand ging, löste der Vorstand kurzerhand die gesamte Marketing-Abteilung ersatzlos auf und gab die zu erledigenden Aufgaben der Kundenkommunikation an den Vertriebsinnendienst. Im vertraulichen Gespräch erzählte uns der Vorstandsvorsitzende, dass jahrelang kein Beitrag des Marketings zum Unternehmensergebnis erkennbar gewesen war. Eine andere Marketing-Abteilung in einem DAX-30-Konzern wurde im Laufe von sechs Jahren personell und budgetär um die Hälfte reduziert. Alle neu hinzukommenden Aufgaben im Bereich Social Media, Online-Marketing und Suchmaschinenoptimierung wurden an andere Abteilungen übergeben. Die Einführung einer Content-Marketing-Plattform wurde zunächst vom Marketing verantwortet, dann aber wegen mangelnder technischer Kompetenz an den neu ernannten Chief Digital Officer übergeben. Der Marketing-Leiter verließ das Unternehmen.

Mit Inbound Marketing schaffen Marketing-Teams den Sprung ins digitale Zeitalter. Inbound wird bereits in vielen Branchen erfolgreich eingesetzt, im Konsumgüterge-schäft (*B2C*), im Geschäftskundenbereich (*B2B*), im Dienstleistungsgeschäft (*Professional Services*) und ebenso im Marketing für Non-Profit-Organisationen. Durch Inbound kann die digitale Ära zum großen Zeitalter des Marketings werden – wenn man den Absprung vom traditionellen Marketing schafft und sein Marketing auf die Erfordernisse der digitalen und individuellen Kundenkommunikation umbaut.

Inbound-Tipp: Zwei Studien, die Sie weiterbringen

Der Software-Hersteller *HubSpot* führt eine jährlich erscheinende weltweite Studie zum Stand des Inbound Marketing durch (»State of Inbound«). Die Studie in 2015 ergab, dass bereits 75 % der 4.000 Studienteilnehmer das Inbound Marketing gegen-über Outbound Marketing priorisieren. Sie finden die jeweils aktuelle Studie unter *www.stateofinbound.com*.

Nach einer Befragung des Marketing-Software-Herstellers *Adobe* sind ca. 75 % aller Marketing-Leiter davon überzeugt, dass Marketing in der digitalen Ära an der Schwelle zu einem Goldenen Zeitalter steht. Den anstehenden Wandel des Marke-tings durch die digitale Transformation betrachten über 90 % der Befragten als große Chance. Dabei sehen knapp 80 % aller Marketing-Chefs die Einführung neuer Technologien im Marketing als wichtigsten Veränderungsfaktor an. Die Adobe-Studie finden Sie unter: *https://blogs.adobe.com/digitaleurope/digital-marketing/adobe-digital-roadblock-report-2015/*.

Viele Marketing-Profis nehmen also die Herausforderung, ihren Umsatzbeitrag direkt messbar zu machen, ernst und gehen den *Digital Change* im Marketing aktiv an. Diese Manager ergreifen damit die Chance, durch Marketing mehr Einfluss im Unternehmen zu erhalten. Inbound Marketing ist dazu der richtige und vielleicht beste Weg.

1.2   Von Outbound zu Inbound – Marketing wird kundenzentriert

Outbound Marketing steht für das traditionelle Marketing, bei dem ein Anbieter ein-seitig seine Werbebotschaften aussendet und keinen intensiven Dialog mit seinen Kunden führt (vgl. Abbildung 1.4).

Abbildung 1.4 Outbound Marketing und Inbound Marketing

1.2.1   Was das traditionelle Outbound Marketing falsch macht

Beim traditionellen Marketing oder auch Outbound Marketing will ein Anbieter möglichst viele Menschen auf einmal über Massenkanäle erreichen. Dabei nimmt er bewusst in Kauf, dass er bei der Kundenansprache einen zum Teil erheblichen Streuverlust haben wird. Das ist eingeplant, völlig in Ordnung und meist auch nicht änderbar. Nehmen Sie z. B. *Direct Marketing*, d. h. das Versenden von Werbebriefen mit namentlicher Kundenansprache. Eine Direct-Mail-Kampagne mit z. B. 50.000 Werbebriefen gilt meist bereits dann als großer Erfolg, wenn ca. 5 % der angeschriebenen Menschen daraufhin Kontakt zum Anbieter suchen oder gar die beworbene Leistung kaufen. In der Tat kann das bereits, betriebswirtschaftlich gesehen, ein großer Erfolg sein. Allerdings wird dabei etwas Wichtiges oftmals nicht beachtet. Viele der von Werbung erreichten Menschen fühlen sich durch die ungebetenen und meist nicht personalisierten Werbebotschaften gestört oder sogar belästigt. Jemandem eine Postwurfsendung oder ein Direct Mail zuzustellen, ohne seine Bedürfnisse zu kennen, ist einfach *Marketing »auf gut Glück«*. Und das kann nach hinten losgehen. Das wird beim Outbound Marketing aber nicht nur toleriert, sondern ist die Basis des Werbegeschäfts. Es wird bewusst in Kauf genommen, dass viele Menschen bei TV-Werbung wegzappen – solange nur, statistisch gesehen, genug Menschen die Werbung schauen und anschließend wie vom Anbieter gewünscht reagieren. Dahinter steckt eine unausgesprochene Aussage über das Kundenbild und über die Beziehung zu potenziellen Kunden. Durch jede unpassende und unerwartete Werbeeinblendung positioniert man sich unbewusst beim Werbeempfänger als jemand, der seine Kunden nicht kennt, sie vielleicht nicht ernst nimmt und eher sich selbst als den Kunden im Blick hat. Dieser Marketing-Ansatz kann niemals Kundenzentriertheit *(Customer Centricity)* erlangen.

Bei der TV-Werbung ist das alles noch erträglich und berechenbar, denn wer Fernsehen schaut, will in der Regel nur entspannen und nicht mehr. Zumindest betreibt man vor dem TV in der Regel keine aktive Informationssuche für einen Kaufprozess. Im Web aber sind die Menschen bei ungebetener Werbung schneller genervt, wenn sie nicht gerade ziellos »surfen«, sondern eine bestimmte Informationssuche tätigen. Genau diesen situativen Bezug des digitalen Kundenverhaltens ignoriert das Outbound Marketing im Web und nutzt nicht die Chance, sich Kunden als hilfsbereiter und nutzenstiftender Partner anzubieten. Genau diese historische Chance aber ergreift das moderne Inbound Marketing.

1.2.2 Inbound Marketing setzt sich durch

Eine eindeutig akzeptierte Definition für *Inbound Marketing* gibt es nicht. Bei den meisten Definitionen spielt ein wichtiges Grundprinzip eine große Rolle: der Übergang »von Push zu Pull«. Das alte *Push-Prinzip*, bei dem sich die Unternehmen ihren Kunden mit Werbebotschaften in den Weg werfen und sie zum Kauf drängen wollen, wird mehr und mehr verdrängt. Der Trend geht zum *Pull-Prinzip*, bei dem Unternehmen neue Kunden durch Resonanz und Relevanz anziehen wollen. *Wikipedia* definiert Inbound Marketing dementsprechend wie folgt:

> *Inbound Marketing (englisch inbound »ankommend«) ist eine Marketing-Methode, die darauf basiert, von Kunden gefunden zu werden. Es steht im Gegensatz zum klassischen Outbound-Marketing, bei dem Nachrichten an Kunden gesendet werden, wie es per Postwurfsendung, Radiowerbung, Fernsehwerbung, Flyer, Spam, Telefonmarketing und klassischer Werbung üblich ist. Inbound-Marketing bedient sich neben Content Marketing-Methoden zudem Maßnahmen zur Kundengewinnung und Kundenbindung wie E-Mail-Marketing, CRM und Lead Nurturing, die durch Marketing Automation unterstützt werden können. (https://de.wikipedia.org/wiki/Inbound-Marketing)*

Innerhalb der letzten Jahre hat sich Inbound Marketing fest im modernen Marketing-Mix etabliert. Ein Blick auf die Entwicklung der Suchanfragen im Zeitablauf bei Google Trends zeigt, wie stark sich das Thema seit ca. 2007 entwickelt hat (vgl. Abbildung 1.5).

Der Begriff Inbound Marketing wurde zuerst flächendeckend eingeführt durch die beiden amerikanischen Marketing-Automation-Pioniere Brian Halligan und Dharmesh Shah. Sie entwickelten Mitte der 2000er-Jahre eine Inbound-Marketing-Software namens *HubSpot*. Seitdem ist viel passiert. Innerhalb weniger Jahre hat sich Inbound insbesondere in den USA, Australien, Brasilien, Asien und europäischen Ländern wie Spanien stark durchgesetzt. Unternehmen aller Größenordnungen erzielen dort mit Inbound einen hohen *Return on Marketing Investment (Marketing*

ROI). Viele Marketing-Abteilungen berichten uns, dass sie mit Inbound endlich in der Lage sind, ihren Beitrag zum Business-Erfolg gegenüber der Unternehmensleitung zu demonstrieren. Durch diese Beweisführung können sie sogar Budgeterhöhungen durchsetzen bzw. Budgetreduzierungen abwehren. Die Vorteile von Inbound wie z. B. der messbare Marketing ROI, die effektive Lead-Gewinnung und die Erhöhung der Schlagkraft des gesamten Marketings überzeugen nach Aussagen von Inbound-Marketing-Praktikern in Unternehmen schnell ihre Marketing- und Vertriebschefs. Unserer Erfahrung nach lässt sich Inbound Marketing in Unternehmen aller Größenordnungen einsetzen – vom Freiberufler bis zum Weltkonzern, vom Start-up bis zum traditionellen Familienunternehmen.

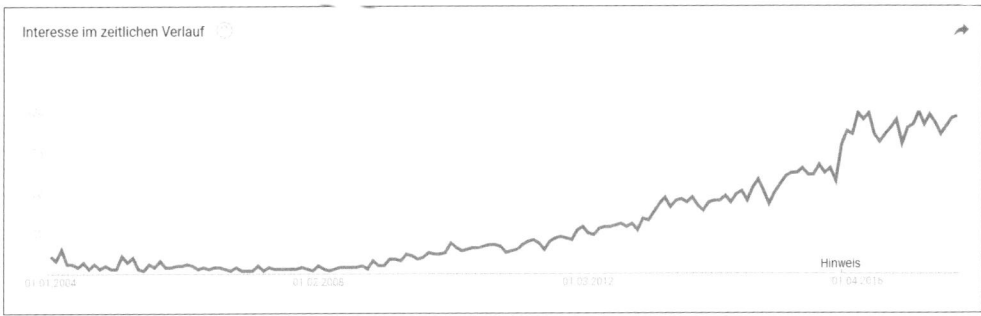

Abbildung 1.5 Google-Suchvolumen zu Inbound Marketing im Zeitablauf
(Quelle: Google Trends)

Inbound & Outbound: Feinde oder Verbündete?

Kleinere Unternehmen haben wenige Möglichkeiten, klassisches Outbound Marketing zu betreiben, da ihnen das Geld für teure Werbekampagnen fehlt. Für sie bedeutet Inbound Marketing die Chance, sich endlich im Internet bei Kunden genauso professionell zu positionieren wie große Unternehmen. Es zählt nicht mehr der größere Etat, sondern der bessere Content, das bessere Kundenverständnis und der Erfolg im individuellen Kundendialog.

In den Marketing-Etats großer Unternehmen dominiert dagegen heute noch oft das Outbound Marketing. Da die Effizienz der Outbound-Maßnahmen aber stetig zurückgeht, setzen auch immer mehr große Unternehmen zusätzlich auf Inbound und investieren einen Teil ihres Marketing-Etats in entsprechendes Training, in Inbound-Software und in Unterstützung durch spezialisierte Berater bzw. Agenturen. Im besten Fall werden in einem Unternehmen die Outbound-Kampagnen und Inbound-Maßnahmen eng und intelligent miteinander verzahnt. Dann sind Outbound und Inbound enge Verbündete. Die Kombination dieser beiden Marketing-Schwergewichte kann einen Quantensprung in der Marketing-Performance mittelständischer und großer Unternehmen auslösen.

1.2.3 Warum Kunden von Inbound begeistert sind

Man bezeichnet Inbound Marketing ein wenig pathetisch als ein *Marketing that People Love*. Allerdings ist da etwas dran, denn mit dieser Marketing-Philosophie gehen Sie aktiv auf Menschen zu. Mit Inbound produzieren Sie ausschließlich hochwertige und nutzenstiftende Inhalte, die genau auf die Interessen Ihrer potenziellen Kunden abgestimmt sind. Sie führen Ihre Kunden genau zu den Produkten und Lösungen, die sie im Web gesucht haben. Darin unterscheidet sich modernes Marketing von der alten Outbound-Denke. Bei der Generierung von qualifizierten Interessenten (Lead-Generierung) versagt z. B. die klassische Werbung. Wenn Sie z. B. Direct Mails an gekaufte Adressen senden, schaffen Sie weder Vertrauen noch irgendeinen direkten persönlichen Kundennutzen. Mit Inbound funktioniert Lead-Generierung hingegen ganz natürlich. Sie schaffen durch Content und Dialog im Internet neuen Traffic zu Ihrer Website. Dort bauen Sie Beziehungen auf und pflegen diese *(Lead Nurturing)* gezielt bis hin zum Kaufabschluss.

Die Philosophie des Inbound Marketing lässt sich ganz gut mit *vier Grundprinzipien* charakterisieren.

Dem Kunden die Initiative überlassen (Pull statt Push)

Wenn Sie Inbound Marketing betreiben, wollen Sie sich von Kunden finden lassen. Das bedeutet keinesfalls Passivität, sondern eine neue Ausrichtung der Kommunikation. Inbound Marketing »verdient« sich das Interesse der Kunden und bahnt sich seinen Weg zum Kunden. Outbound Marketing hingegen versucht tendenziell eher, sich diesen Weg zu »erkaufen« oder zu »erschleichen«. Bei Inbound werden Kunden durch Informationen angezogen (Pull). Outbound Marketing versucht hingegen tendenziell, Informationen zum Kunden hinzudrücken (Push).

Die Macht des Kunden stärken (Customer Empowerment)

Mit dem Web 2.0 hat sich die Macht im Internet endgültig zum Kunden hin verschoben. Der Kunde dominiert den Kaufprozess im Internet und bewegt sich in seinem individuellen Tempo durch seinen Entscheidungsprozess. Outbound Marketing bestreitet das und versucht weiter, die Regeln der alten Werbewelt auf das Internet zu übertragen. Inbound Marketing hingegen akzeptiert die Machtverschiebung zum Kunden und stellt sich darauf ein. Inbound versucht, Menschen inhaltlich und sachlich zu überzeugen. Daher setzt Inbound Marketing auf die Stärkung von Menschen durch Hilfe, Bildung, Inspiration und Entertainment *(Customer Empowerment)*. Outbound-Unternehmen leben vom Know-how-Vorsprung gegenüber den Kunden. Inbound-Unternehmen investieren dagegen in die Bildung potenzieller Kunden und wollen Menschen darin stärken, die richtige Kaufentscheidung für sich selbst zu tref-

fen. Inbound Marketer wissen, dass gut informierte Interessenten schneller zur Kaufentscheidung kommen und nicht aus Unsicherheit beim Kaufabschluss zögern.
Outbound Marketing stellt das Verkaufen von Produkten und Services unmissver-
ständlich in den Vordergrund. Inbound will ebenso verkaufen, stellt aber klar das
Identifizieren und Lösen von Kundenproblemen in den Vordergrund.

Einen echten Kundendialog aufbauen (Customer Dialogue)

Traditionelles Outbound Marketing richtet seine Werbebotschaften über Massenkanäle an viele Menschen gleichzeitig, ungeachtet dessen, wo sie in ihrem Kaufprozess
stehen. Es gibt keinen direkten Rückkanal für den Kunden und keinen mehrstufigen
Informationsaustausch mit ihm. Im Inbound Marketing gestalten Sie die Kommunikation mit Kunden zweiseitig und interaktiv. Sie bieten hilfreichen Content wie z. B.
E-Books oder Webinare und versorgen Ihre Kunden ständig mit immer neuen Inhalten und Insights (z. B. Newsletter, Blog). Als Inbound Marketer stehen Sie auch für
persönliche Beratungsgespräche zur Verfügung, bei denen nicht über das Produkt
des Anbieters, sondern ausschließlich über das Problem des Kunden geredet wird.

Kundenbeziehungen statt Transaktionen (Customer Relationship)

Verbindungen aufbauen und langfristige Kundenbeziehungen pflegen – das ist die
eigentliche Aufgabe des Inbound Marketing. Es geht nicht mehr nur um die Kauf-
transaktion, sondern um die Verbindung zu dem Menschen hinter der Kaufentscheidung. Mit Inbound Marketing lassen Sie Kunden spüren, dass Sie die Beziehung in
den Mittelpunkt stellen und nicht den Kauf. Das merkt man als Kunde bei jedem
Kontakt zu Ihrem Unternehmen, oftmals allein schon durch die Art, wie Ihr Unternehmen einen Interessenten mit Content versorgt, ohne dafür sichtbar etwas zu
erwarten. Als Kunde merkt man selbst, wie sich Vertrauen aufbaut und wie die Sym-
pathie für das Unternehmen steigt. Die Beziehung vertieft sich, Vertrauen wächst. Ihr
Inbound Marketing funktioniert nur, wenn Sie dem potenziellen Kunden in jedem
Kontakt und an jedem Punkt des Kaufentscheidungsprozesses einen wahrnehmba-
ren konkreten Nutzen stiften. Diese Nutzenorientierung ist neu und existiert nicht
in der alten Outbound-Welt. Ein simpler Verkaufsprospekt soll nun einmal Produktinformationen transportieren und nicht etwa Kundenprobleme lösen. Ein *E-Book*
oder *Whitepaper* will hingegen in erster Linie Nutzen stiften und dabei implizit die
Autorität des eigenen Unternehmens als beste Adresse im Markt stärken.

1.2.4   Inbound Marketing in der Praxis – ein Fallbeispiel

Wie sieht denn nun Inbound Marketing in der Praxis aus? Das kann man am besten
aus der Kundenperspektive darstellen. Ein Beispiel soll das verdeutlichen.

Beispiel: Das Kundenerlebnis im Inbound Marketing

Anne ist 32 Jahre alt und Team-Referentin im Controlling eines mittelständischen Unternehmens. Ihr Chef hat sie gebeten, den Papierwust in der Abteilung in den Griff zu bekommen. Viele Dokumente kommen immer noch per Post und lassen sich im klassischen Aktenordner-Archiv nur schwer wiederfinden. Seine Idee ist, für die Abteilung einen Dokumentenscanner zu beschaffen. Anne kennt sich damit bisher überhaupt nicht aus. Also tut sie das, was sie in solchen Situationen meistens tut: Sie gibt den ersten Suchbegriff, der ihr dazu einfällt, in ihre Lieblingssuchmaschine ein. Unter dem Begriff »Dokumentenscanner« wirft Google sofort viele Seiten mit Such-ergebnissen aus. Sie erhält Links zu den Homepages vieler Scanner-Hersteller und Händler. Anne schaut sich die ersten fünf Suchergebnisse an und klickt auf verschie-dene Links. Die meisten Websites bewerben die eigenen Produkte und preisen Pro-dukt-Features an, von denen sie noch nie etwas gehört hat.

Dann landet sie auf der Website eines Herstellers, der zwar auch Produkte bewirbt, aber darüber hinaus die Probleme bei der Anschaffung eines Dokumentenscanners genau beschreibt. Sie fühlt sich erkannt und verstanden. Nach wenigen Klicks erhält sie weitergehende Infos zu möglichen Lösungsmöglichkeiten. Das macht sie neugie-rig und gibt ihr gleichzeitig das Gefühl, der Lösung ihres Problems auf der Spur zu sein. Anne findet die angebotenen Infos des Herstellers geradezu maßgeschneidert für ihre Suche. Aus Anne ist nun für das Unternehmen eine (zunächst noch) fremde *Besucherin* der Internet-Seite des Unternehmens geworden.

Anne möchte mehr verstehen und entschließt sich zum Download eines kostenlosen Whitepapers mit dem Titel »Der Traum vom papierlosen Büro – was Dokumen-tenscanner wirklich leisten«, das auf der Website angeboten wird. Im Austausch für dieses sogenannte *Content-Offer* hinterlässt Anne ihre E-Mail-Adresse und abon-niert sogar den Blog des Unternehmens. Anne ist nun von einer anonymen Besuche-rin zu einer identifizierbaren *Interessentin (Lead)* geworden.

Anne liest am nächsten Tag das Whitepaper und ist begeistert. Es gibt einen guten Überblick über alle Themen, die ihr wichtig sind. Sie entscheidet sich für ein weiter-führendes Whitepaper des Unternehmens mit dem Titel »Dokumentenscanner – 10 Punkte, die Sie beim Kauf unbedingt beachten sollten«. Auch dieses hilft ihr bei der Entscheidungsfindung. Daher reagiert sie positiv auf eine spätere E-Mail des Unter-nehmens und vereinbart einen telefonischen Beratungstermin. Aus Anne ist eine persönlich bekannte Interessentin *(Qualified Lead)* geworden.

In dem 10-minütigen Telefonat stellt ein Marketing-Mitarbeiter des Herstellers viele Fragen zu den Problemen in ihrem Büroalltag, zu den Anforderungen ihres Chefs und zu den noch unausgesprochenen Erwartungen der Kollegen, die mit dem Scanner später umgehen sollen. Über ein konkretes Produkt wurde überhaupt nicht gespro-chen, stellt Anne am Ende ihres Telefonats verwundert fest. Dafür erhält sie kurz nach dem Telefonat eine schriftliche Zusammenfassung des Gesprächs per E-Mail mit Links zu zwei Produkten des Unternehmens, die besonders gut zu ihren Anforderungen passen könnten.

Anne schaut sich beide Produkte im Internet an, bildet sich ihre Meinung und druckt beide Produktbeschreibungen aus. Sie legt sie ihrem Chef vor und markiert den Scanner, den sie vorschlagen würde. Ihr Chef stimmt zu, Anne bestellt im Internet. Aus Anne ist eine *Kundin* des Unternehmens geworden.

Auch nach dem Kauf wird Anne vom Unternehmen per E-Mail, Social Media und persönlichem Service begleitet. Als der Dokumentenscanner vom IT-Beauftragten ihres Unternehmens installiert wird, tauchen ein paar Probleme bei der Installation auf. Anne fällt nichts Besseres ein, als den Marketing-Mitarbeiter anzurufen, der sie vor dem Kauf so gut beraten hatte. Der geht auch ans Telefon und schickt ihr noch während des Telefonats per E-Mail einen Link zu hilfreichen Service-Anleitungen auf der Website des Herstellers.

Anne ist begeistert. Aus ihr ist nicht nur eine Kundin, sondern sogar eine *Empfehlerin* und ein *Fan* des Unternehmens geworden!

1.3   Inbound – die Marketing-Strategie hinter Content, SEO, Social Media und Co.

Zum *Online-Marketing* zählen gemäß Wikipedia »alle Marketing-Maßnahmen, die darauf abzielen, Besucher auf eine bestimmte Internet-Präsenz zu lenken, auf der ein Geschäft abgeschlossen oder angebahnt werden kann«. Zu den wichtigsten Online-Instrumenten zählen heutzutage Content Marketing und Blogging, E-Mail-Marketing und Newsletter-Marketing, Suchmaschinenoptimierung (*SEO*), Suchmaschinenwerbung (*SEA*), Internet-Werbung (z. B. *Display Advertising*), *Affiliate Marketing* (provisionsbasierte Online-Werbung) und Social-Media-Marketing. Mit Inbound Marketing vernetzen Sie diese einzelnen Instrumente Ihres Online-Marketings perfekt miteinander. Insbesondere E-Mail-Marketing, SEO, Social Media, Content Marketing, Blogging und Suchmaschinenwerbung können Sie so optimal aufeinander abstimmen. So schaffen Sie Ihren individuellen, ganzheitlichen und in sich geschlossenen *Marketing-Mix*. Viele Instrumente des klassischen Online-Marketings werden oftmals in der Praxis *separat* eingesetzt und nicht wirklich *optimal aufeinander abgestimmt*. So werden viele Potenziale im Online-Marketing einfach nicht genutzt. Dabei sollten diese Instrumente dringend reibungslos miteinander verzahnt werden, um Kunden über alle Kommunikationskanäle hinweg bei ihrem Kaufentscheidungsprozess nahtlos zu begleiten.

Inbound – die neue Melodie des Online-Marketing-Orchesters

Mit der Inbound-Philosophie betrachten Sie alle Instrumente des Online-Marketings als Teile Ihres »Marketing-Orchesters«. Jedes Instrument hat seinen eigenen Klang und seine eigene Charakteristik. Aber erst der Dirigent des Online-Orchesters schafft mit dem zu spielenden Orchesterstück ein gemeinsames Ziel für alle und stimmt die Instrumente in Klang und Zusammenspiel aufeinander ab. Das erfordert viel Übung und die Bereitschaft aller Instrumentalisten, miteinander arbeiten zu wollen.

Inbound ist so etwas wie die Partitur für den Marketing-Leiter als Dirigenten des Marketing-Orchesters. Inbound befähigt ihn, einen einzigartigen und harmonisch aufeinander abgestimmten Klang des gesamten Instrumentalisten-Teams zu schaffen. Im Marketing ist es nun mal wie in der Musik: Egal, wie professionell und virtuos die einzelnen Mitspieler sind, wenn alle nur ihr eigenes Stück durcheinanderspielen, wird das Ergebnis keinem gefallen. Da geht es den Zuhörern eines chaotischen Musikorchesters nicht anders als Kunden, die durch die verschiedenen Einzelbotschaften unterschiedlicher Marketing-Instrumente eines Anbieters verwirrt werden. Inbound schafft nicht nur Ordnung und Konsistenz im Marketing-Orchester, sondern hilft darüber hinaus auch, hohe Synergien und Kosteneinsparungen durch den abgestimmten Einsatz aller Marketing-Instrumente zu erschließen.

Wie funktioniert Inbound nun in der Praxis des Online-Marketings? Das lässt sich am besten durch ein einfaches Beispiel verdeutlichen. Nehmen wir an, Sie betreiben einen Blog und wünschen sich mehr Traffic für Ihre Website und Ihre Blogposts durch Online-Marketing. Also werden Sie wahrscheinlich *Suchmaschinenoptimierung (SEO)* einsetzen, um für jeden Ihrer Blogposts diejenigen *Keywords* zu bestimmen, nach denen Ihre potenziellen Kunden im Zusammenhang mit Ihrem Blogpost-Thema suchen. Schließlich wollen Sie über diese Keywords möglichst gut in Suchmaschinen gefunden werden. Gleichzeitig werden Sie auf den geeigneten Social-Media-Plattformen (z. B. *Facebook und Twitter*) über Ihre neuen Blogposts berichten, damit möglichst viele interessierte Menschen Ihren neuen Content lesen. Sie werden vielleicht Ihre bestehenden Interessenten und Kunden per E-Mail über den neuen Blogpost informieren und vielleicht sogar *Suchmaschinenwerbung (SEA)* mit *Google AdWords* für die Keywords Ihres Blogposts schalten.

Mit Inbound Marketing und dem Einsatz entsprechender Marketing-Automation-Software nutzen Sie sämtliche Synergien zwischen den verschiedenen Marketing-Instrumenten im Web und steuern sie sogar aus einem einzigen Software-Dashboard heraus. Durch dieses abgestimmte Online-Marketing schaffen Sie gezielt Kaufinteressenten *(Lead-Generierung)* und steigern Ihre Konversionsrate *(Conversion Rate)*, d. h., mehr Menschen gelangen über Ihr Marketing bis hin zum Kaufabschluss. Im Inbound Marketing ist alles miteinander verbunden – zum Nutzen aller Instrumente Ihres Online-Marketings (vgl. Abbildung 1.6).

Abbildung 1.6 Inbound Marketing ist perfekt vernetztes Online-Marketing.

Moderne Inbound-Marketing-Software unterstützt Sie bei der integrierten Steuerung und beim Realtime-Monitoring aller Online-Marketing-Aktivitäten. Alles dazu erfahren Sie in Teil 2 und 3 dieses Buches.

1.4   Inbound macht Marketing fit für das digitale Zeitalter

Inbound Marketing ist das Marketing des digitalen Zeitalters, denn es nutzt die Potenziale des Kaufverhaltens der Menschen im Web und stellt sich konsequent auf ihre Online-Bedürfnisse ein. Mit Inbound sind Sie gut gerüstet, um die *vier zentralen Herausforderungen* des Marketings in der digitalen Ära zu meistern:

1. *Agiles Marketing in Realtime:* Inbound Marketing ist ständig online, arbeitet mit agilen Methoden und optimiert Kampagnen in Echtzeit.
2. *Multi-Channel-Marketing:* Mit Inbound nutzen Sie simultan alle verfügbaren Kommunikationskanäle mit Ihrer Zielgruppe bis zum Kauf.
3. *Marketing-Generalisten:* Mit Inbound werden Sie zum Generalisten, der sich in allen Bereichen des Online-Marketings souverän bewegt.
4. *Integration von Marketing und Vertrieb:* Inbound Marketing und Vertrieb sind gleichberechtigte Team-Partner. Beide Bereiche arbeiten eng zusammen, um Kunden reibungslos durch ihren Informationsprozess hin zum Kauf zu begleiten.

1.4.1 Inbound ist Agile Marketing in Echtzeit

Marketing hat seinen Charakter verändert und ist in der digitalen Ära zum *24/7-Job* geworden. Mit Inbound Marketing sind Sie ständig online und optimieren zahlreiche gleichzeitig laufende Marketing-Kampagnen in Echtzeit. Sie sind dicht am Puls der Menschen und nutzen aktuelle Geschehnisse, die für Ihre Kunden relevant sein könnten. Sie nutzen solche Kommunikationsanlässe für schnelle Aktionen in den Social Media, per E-Mail und im Blog Ihres Unternehmens. Als Inbound-Marketing-Manager sind Sie ständig im Kontakt mit Kunden und Interessenten. Über *Social Listening* verfolgen Sie die Unterhaltungen Ihrer Kunden im Web. Sie ziehen schnell Schlüsse und klinken sich unter Umständen mit hilfreichen Informationen in Online-Gespräche ein. Dabei zeigt Ihnen Ihre Inbound-Software, ob Ihr Unternehmen bereits eine Beziehung zu den Beteiligten unterhält. Sie können noch während Ihres Social-Media-Chats auf die in der Software erfasste Kundenhistorie zurückgreifen. Ihre Inbound-Marketing-Software meldet Ihnen darüber hinaus z. B. auch direkt am PC, welcher Interessent oder Kunde gerade auf Ihre Website kommt, und schickt Ihnen eine *Push*-Nachricht auf Ihr Smartphone, wenn jemand ein Whitepaper herunterlädt und sich mit seinen Kontaktdaten registriert.

Längst reden wir vom *Agilen Marketing* – und es wird in immer mehr Unternehmen Realität. Mit Agilem Management versetzen Sie Ihre Marketing-Abteilung in die Lage, viele schnell aufeinanderfolgende Kampagnen zu betreiben, die Sie mithilfe Ihrer Inbound-Marketing-Software online optimieren. Das erfordert schnelle interne Abstimmungsprozesse, eine gute Zusammenarbeit aller Marketing-Spezialisten und viel Selbstbestimmung bzw. Selbstorganisation der einzelnen Marketing-Manager. Inbound Marketing steigert übrigens nebenbei die Arbeitszufriedenheit im Marketing-Team, da jeder Einzelne viel größere Gestaltungsmöglichkeiten und persönliche Freiheitsgrade erhält als im klassischen Marketing. Mehr zum Agilen Marketing erfahren Sie in unserem Blog unter *https://thoughtleadersystems.com/agile-marketing-blog/was-ist-agile-marketing-2*.

1.4.2 Inbound ist effektives Multi-Channel-Marketing

Mit Inbound Marketing nutzen Sie alle Kontaktwege zu Interessenten und Kunden, um stabile und belastbare Beziehungen aufzubauen. Kunden, die Informationen suchen, informieren sich im Web per Social Media oder bei Suchmaschinen wie Google. Darüber hinaus sind natürlich auch direkte Kontaktkanäle zu Kunden wie z. B. E-Mail oder *WhatsApp* wichtig. Inbound-Marketing-Software orchestriert all diese Kontaktkanäle und führt die gesamte Kontakthistorie eines Kunden mit Ihrem Unternehmen in einem Online-Dashboard in Echtzeit zusammen. Mit Inbound betrachten Sie die verschiedenen Kommunikationskanäle (z. B. Facebook, E-Mail, Telefon) nicht länger getrennt, sondern sehen sie durch die Brille der individuellen Kundenbeziehung.

Multi-Channel-Marketing mit Inbound bedeutet nicht das Management verschiedener voneinander getrennter Kommunikationskanäle, sondern das ganzheitliche Management einer Kundenbeziehung über alle Kommunikationskanäle hinweg (vgl. Abbildung 1.7).

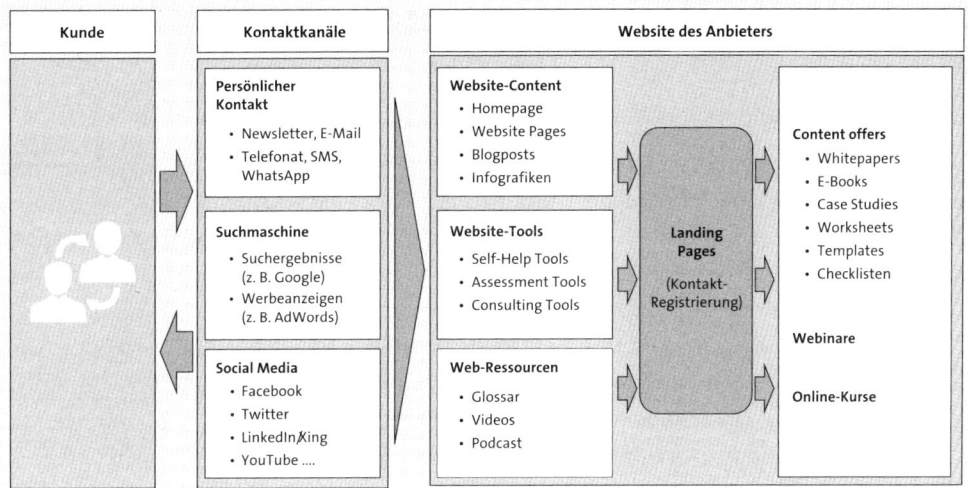

Abbildung 1.7 Multi-Channel-Kommunikation im Inbound Marketing

Im Multi-Channel-Marketing mit Inbound nutzen Sie gleichzeitig alle Zugangskanäle zu Ihren Zielkunden und schalten diese Kanäle in eine logische Reihenfolge, die die Wirkung der Kundenkommunikation steigert und zu einem ganzheitlichen Kundenerlebnis verbindet. Mit Inbound nutzen Sie die gesamte Kraft des Online-Marketings, um Kunden hin zum Dialog mit Ihrem Unternehmen zu führen und dabei gleichzeitig ihre Produktkenntnis und Abschlussbereitschaft zu steigern.

1.4.3   Inbound macht Marketing-Manager zu Generalisten

Die Arbeit mit Inbound Marketing macht Sie zum Marketing-Allrounder, der alle Kundenkontakt-Kanäle beherrscht und jeden einzelnen Interessenten effektiv entlang seines individuellen Kaufentscheidungsprozesses begleiten kann. Sie betreuen viele Interessenten gleichzeitig und gehen immer wieder aktiv auf sie zu (z. B. per E-Mail), um ihnen bei ihrem nächsten Schritt zur Problemlösung weiterzuhelfen – und nicht, um ihnen eine Werbemail zu schicken. Um die zahlreichen Kontaktkanäle (z. B. E-Mail, Social Media, Suchmaschinen, Blog, Website) effektiv managen zu können, sollte sich ein Inbound-Marketing-Manager grundlegend in allen wichtigen Online-Marketing-Disziplinen auskennen – von Suchmaschinenoptimierung (SEO) über E-Mail-Marketing, Social-Media-Marketing, Landing-Page-Gestaltung, Content

Marketing und vieles mehr. Klassisch ausgebildete Marketing-Leute arbeiten oft hoch spezialisiert in Marketing-Funktionen mit Titeln wie z. B. Mediaplaner, Direct Marketing Manager oder Advertising Manager. Im Inbound-Marketing-Team deckt jedes Team-Mitglied im besten Falle das komplette Breitenspektrum der verschiedenen Online-Marketing-Instrumente ab und kann dadurch Marketing-Kampagnen für bestimmte Zielkunden relativ autark managen.

1.4.4 Inbound macht Marketing und Vertrieb zum Team

Im traditionellen Rollenverständnis scheinen Marketing und Vertrieb oft auf verschiedenen Planeten zu leben. Der Vertrieb sieht es als seine Aufgabe an, den potenziellen Kunden Produkte zu präsentieren, Angebote zu schreiben, dem Kunden das Ja zum Kauf abzuringen und einmal gewonnene Kunden zum Wiederkauf bzw. *Cross-Selling* zu bewegen. Das traditionelle Marketing hingegen sieht es als seine Aufgabe an, die Marke durch Werbung und PR zu positionieren, klassische Marketing-Kampagnen zu planen und vertriebsunterstützende Materialien (z. B. Broschüren) zu produzieren. Die Inbound-Management-Denke führt Marketing und Vertrieb zusammen, denn beide Bereiche übernehmen eng abgestimmte Aufgaben bei der Gewinnung und Bindung von Kunden für das Unternehmen. Marketing erhält die Aufgabe, Neukontakte zu generieren (Lead-Generierung) und daraus möglichst viele konkrete Kaufinteressenten zu entwickeln (Lead Nurturing), die vom Vertrieb übernommen und bis zum Kauf weiterberaten werden. Marketing und Vertrieb definieren gemeinsam, an welchem Punkt im Kaufentscheidungsprozess ein Kaufinteressent vom Marketing an den Vertrieb übergeben wird. In der Praxis ist eine Inbound-Marketing-Software daher auch in der Regel eng mit dem *CRM-System* des Vertriebs integriert. Kaufinteressenten werden von der Software in Echtzeit dem passenden Vertriebsmitarbeiter gemeldet. Mit Inbound ziehen Ihr Marketing und Ihr Vertrieb endlich am gleichen Strang, verfolgen die gleichen Prioritäten, stimmen sich eng ab – und feiern gemeinsame Erfolge. Inbound Marketing holt beide Bereiche zusammen – mit gemeinsamen Zielen, Messgrößen, Prozessen und Team-Arbeit.

1.5 Die fünf Säulen des Inbound Marketing

Inbound Marketing ist auch eine *Software*, aber weit mehr als das. Es ist ein vollständiges und ganzheitliches Management-System mit einer innovativen Sicht auf Kunden *(Buyer Personas)*, auf deren Kaufprozesse *(Customer Journey)* sowie auf den Akquisitionspfad des Vertriebs *(Sales Funnel)*. Ein zentraler Bestandteil des Inbound Marketing ist *Content*, denn erst hochwertige Inhalte schaffen die notwendige Relevanz und Resonanz bei Interessenten und Kunden, um eine Beziehung zu einem Anbieter aufzubauen.

1.5.1 Buyer Personas – die neue Kundensicht des Inbound Marketing

Mit Inbound Marketing stellen Sie Ihre Kunden konsequent in den Mittelpunkt, damit sie den richtigen Content am richtigen Ort zum richtigen Zeitpunkt in der richtigen Aufbereitung erhalten. Dabei hat es sich in der Praxis bewährt, idealtypische Kundenprofile oder auch Buyer Personas zu entwickeln (vgl. Abbildung 1.8).

Abbildung 1.8 Beispiel für einen Buyer-Persona-Steckbrief

Buyer-Persona-Steckbriefe werden entwickelt auf der Basis von Tiefeninterviews mit aktuellen und ehemaligen Kunden, aber auch mit Nichtkunden bzw. verlorenen Kunden. Ziel ist es, die echten Motivationen, Barrieren und Informationsbedürfnisse *(Buying Insights)* der Käufer für jede Phase ihres Entscheidungsprozesses herauszubekommen. Mit dieser Kundensicht gehen Sie weit über die Kundensicht einer traditionellen Zielgruppensegmentierung hinaus. Sie machen Kundenprofile für alle Kollegen in Marketing und Vertrieb verständlich und erlebbar, damit die gesamte

Vermarktung auf die Anforderungen von Kunden ausgerichtet werden kann. Dazu schaffen Sie Buyer-Persona-Steckbriefe, die mit möglichst realen Namen und Profil-beschreibungen einen tiefen Einblick in das berufliche bzw. private Leben eines ide-altypischen Zielkunden geben sollen – mit allen Motiven, Wünschen, Einstellungen und Herausforderungen dieser Kunden. Ihr *Buyer-Persona-Management* beginnt mit der Analyse Ihrer aktuellen Kunden. Die Interviews verschaffen Ihnen ein klares Bild über die Probleme und Informationsbedarfe Ihrer wichtigsten potenziellen Kunden-gruppen. Pro Kundengruppe erstellen Sie daraus den idealtypischen Kundensteck-brief – das Buyer-Persona-Profil. Mithilfe Ihrer Buyer Personas überlegen Sie an-schließend, wie Ihre Produkte zur Lösung der Probleme bzw. bei der Realisierung der Potenziale Ihrer Idealkunden helfen können. Daraus entwickeln Sie Ihr Inbound-Marketing-Konzept. Mehr zu den Buyer Personas erfahren Sie in Kapitel 3.

1.5.2   Customer Journey – wie aus Fremden gute Kunden werden

Der Kaufprozess Ihrer Kunden vom Bemerken eines Beschaffungsproblems bis hin zum Kauf und zur Nutzung eines Produktes ist ein vielstufiger Prozess, den Sie genau analysieren sollten. Im Inbound Marketing beschäftigen Sie sich daher sehr intensiv damit, wie Sie einzelne Buyer Personas in den jeweiligen Phasen ihres Kaufentschei-dungsprozesses gezielt ansprechen und ihnen weiterhelfen (*vgl.* Abbildung 1.9).

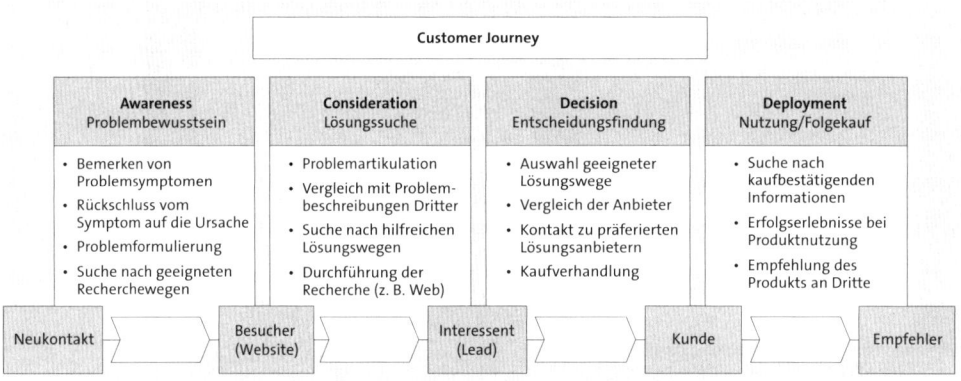

Abbildung 1.9 Die Customer Journey

Im Inbound Marketing ist es geradezu erfolgsentscheidend, die potenziellen Kunden im richtigen Moment ihres Kaufprozesses bzw. ihrer Customer Journey, am richtigen Ort und mit dem richtigen Content anzusprechen. Mit der Analyse der Customer Journey decken Sie die typischen Informationspfade Ihrer Kunden auf. Wo und wie beginnen sie ihre Informationssuche, und wie gehen Kunden ein Beschaffungspro-blem konkret an? Wie und bei wem suchen sie nach Lösungsoptionen? Wen fragen Ihre Kunden um Rat? Wie läuft die Kaufentscheidung ab, und wer ist beteiligt?

Im Inbound Marketing unterteilen Sie den Weg vom Fremden zum zufriedenen Kunden in vier aufeinanderfolgende Abschnitte des Kaufentscheidungsprozesses entlang der Customer Journey.

▶ Am Anfang eines Kaufprozesses muss ein potenzieller Kunde Ihrer Produkte erst einmal ein Bewusstsein *(Awareness)* dafür entwickeln, dass er ein aktuelles und dringliches Problem hat, ohne überhaupt bereits an Lösungsmöglichkeiten zu denken. Die Bildung dieses Problembewusstseins beim Kunden ist immer der erste Schritt, und in dieser Phase sind Kunden noch lange nicht bereit für Produktinformationen oder konkrete Lösungsangebote. Nehmen wir ein triviales Beispiel: Wenn Ihre Nase läuft und Sie sich ständig die Nase putzen müssen, ignorieren Sie das vielleicht eine Zeit lang, aber vielleicht wird Ihnen Ihre laufende Nase irgendwann als Problem bewusst, gegen das Sie etwas tun wollen.

▶ In der anschließenden Phase der Suche nach Lösungswegen *(Consideration)* beginnt die aktive Informationsbeschaffung eines Kunden bezüglich möglicher Lösungswege zu seinem Problem. In unserem Schnupfen-Beispiel haben Sie also »die Nase voll« und beschlossen, etwas dagegen zu tun. Sie können zum Arzt gehen und dort abklären lassen, ob Sie eine Erkältung oder eine allergische Reaktion haben. Sie können alternativ im Internet selbst Recherchen betreiben und hilfreichen Content suchen, Bekannte befragen und/oder einen Apotheker zurate ziehen. Was sollen Sie also tun? Nutzen Sie ein altbewährtes Hausmittel wie ein Kamille-Dampfbad, oder kaufen Sie sich ein frei verkäufliches Nasenspray? Oder unternehmen Sie etwas ganz anderes? Sie sehen, hier beschäftigen Sie sich erst einmal mit verschiedenen Lösungsansätzen. Selbst die beste Werbung für ein Nasenspray wird Sie in dieser Phase noch nicht überzeugen, da Sie auch noch für ganz andere Lösungsvorschläge offen sind.

▶ Die Prüfung verschiedener Lösungsmöglichkeiten führt irgendwann nach Abwägung aller Optionen zu einer Entscheidungsfindung und zum Kauf eines bestimmten Produktes *(Decision)*. Nehmen wir in unserem Beispiel an, dass Sie sich für den Kauf eines Nasensprays entschlossen haben. Auch bei der Entscheidung über die Marke und das konkrete Produkt Ihrer Wahl können Sie entweder allein vorgehen, Experten (z. B. den Apotheker) um Rat fragen, im Internet hilfreichen Content suchen (z. B. eine Vergleichsübersicht mehrerer Marken) oder sich auf die Empfehlung von Influencern in Ihrer Umgebung wie Freunden, Kollegen oder Familie verlassen. Wenn Sie sich für eine Lösung und ein Produkt entschieden haben, sind Sie nun kurz vor der Kaufentscheidung auf der Suche nach dem besten Angebot – vielleicht gibt es ja Preisunterschiede für Ihr Nasenspray bei verschiedenen Apotheken.

▶ Die Customer Journey ist mit dem Kauf nicht zu Ende. Wenn Sie Ihr Nasenspray gekauft haben, gehen Sie zur Produktnutzung *(Deployment)* über. Sie lesen wahrscheinlich erst die Packungsbeilage. Vielleicht wollen Sie parallel ein anderes

Medikament nehmen und sorgen sich wegen eventueller Nebenwirkungen. Nachdem Sie Ihr Spray genommen haben, verfolgen Sie die Wirkung und messen den Effekt anhand Ihrer vorher aufgebauten Erwartungen. Sind Sie begeistert, geht es Ihnen fühlbar besser? Würden Sie das Produkt uneingeschränkt weiterempfehlen, und werden Sie sich auch noch nach einem Jahr an den Markennamen erinnern? Kaufen Sie kurz vor Verfallsdatum zur Sicherheit ein Spray nach für den kommenden Winter?

Sie sehen, die Entscheidungen des Kunden hören auch nach dem Kauf längst nicht auf. Mit Inbound Marketing behalten Sie gleichzeitig alle Phasen der Customer Journey im Blick und entwickeln Hilfsangebote für alle Phasen des Kaufentscheidungsprozesses. Sie schauen bei einem Kontakt zu jedem neuen Interessenten genau hin, in welcher Phase er sich befindet, und richten Ihr Marketing darauf aus, gleichzeitig für alle Phasen der Customer Journey entsprechende Kommunikations- und Content-Angebote zur Verfügung zu stellen.

Insight: Customer Journey – die Heldenreise eines Kunden

Der in Australien lebende Marketing-Spezialist Hugh Macfarlane hat den Begriff der Customer Journey bereits Anfang des neuen Jahrtausends geprägt. Sein Buch »The Leaky Funnel« erschien 2003 im MathMarketing-Verlag. Darin beschreibt er die Aufgabe eines Anbieters ganz einfach so: »*The customer is on a journey. Maybe our job is to be their guide. (...) To help them get from this step to the next. (...) Step by step. You are here, let's work together on getting to there.*«

Die Customer Journey oder auch Buyer's Journey ist sozusagen die Reise eines Kunden durch seine Entscheidungsphasen hin zum Kauf und zur Nutzung des Produktes. Ihre Aufgabe als Anbieter ist es, Ihren potenziellen Kunden als Partner auf seiner Reise hin zu seinem persönlichen Erfolg zu begleiten und ihm von Station zu Station seiner Reise mit hilfreichem Content und Beratung weiterzuhelfen.

1.5.3 Sales Funnel – der Vermarktungsprozess aus Inbound-Sicht

Die Customer Journey ist die Kundensicht des Kaufprozesses. Der *Sales Funnel* beschreibt den entsprechenden Prozess aus der Anbieterperspektive. Es ist Ihr Weg als Anbieter von Produkten und Dienstleistungen. Sie begleiten den Kunden auf dem Weg seiner Entscheidungsfindung und darüber hinaus. Bei dem Weg des Anbieters und seiner Kundenakquise im Sales Funnel unterscheiden wir vier Phasen – analog zur Customer Journey des Kunden. Abbildung 1.10 verdeutlicht die Abfolge dieser Phasen.

In der ersten Phase des Verkaufsprozesses *(Attraction)* ist es die Aufgabe des Anbieters, einen Kontakt zu einem potenziellen Kunden herzustellen. Der Anbieter soll also eine Resonanz aufbauen, die einen potenziellen Kunden anzieht, und ihn dadurch möglichst auf seine eigenen Informations- und Kontaktplattformen führen, wo ein intensiver Dialog und gegebenenfalls auch ein Kauf stattfinden können. Das kann eine Website oder ein Blog ebenso sein wie ein Online-Shop oder eine Filiale.

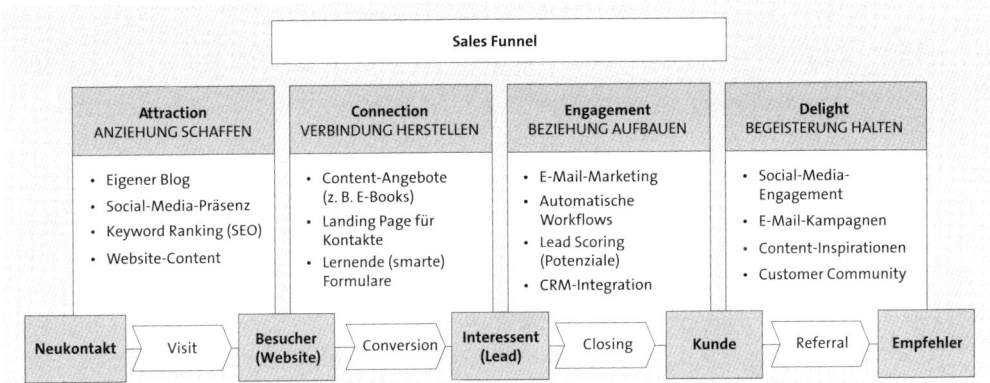

Abbildung 1.10 Der Vermarktungsprozess (Sales Funnel) aus Inbound-Sicht

In der anschließenden *Connection-Phase* geht es darum, eine Verbindung zum potenziellen Kunden herzustellen. Ziel ist es, den Kunden zu einzelnen Aktionen bzw. Konversionen (*Conversions*) zu bewegen, durch die er sein Problem besser spezifiziert, sich mit Ihnen austauscht und dabei seiner Lösung näher kommt. Mit diesen Conversions artikuliert der Kunde gleichzeitig seine Interessen bzw. seinen Bedarf gegenüber Ihnen als Anbieter. Solche Kundenaktionen sind z. B. der Download eines Whitepapers von Ihrer Website, die Anfrage nach einer Online-Demo oder die Bitte um eine kostenlose Telefonberatung. Durch solche Aktionen zeigt der Kunde ein Interesse an einer Problemlösung – aber noch nicht zwangsweise an Ihren Produkten.

Im Erfolgsfall wächst die Beziehung zu Ihrem potenziellen Kunden durch stetigen Austausch *(Engagement)* und geht fast unmerklich in die *Closing-Phase* über. In dieser Phase reden Sie auch bereits über mögliche Problemlösungen mit dem Kunden und diskutieren die potenzielle Eignung Ihrer Produkte. Im Inbound Marketing bleiben Sie als Anbieter in dieser Phase konsequent auf der Seite Ihrer potenziellen Kunden und beraten sie bei der Abwägung verschiedener Lösungsmöglichkeiten. Sie bewerten gemeinsam mögliche Kaufalternativen, und das Vertrauen zu Ihnen als Lösungsanbieter wächst. Sie sondieren mit dem Kunden alle Bedenken, räumen sie Stück für Stück aus und erhalten (hoffentlich) am Ende auch den Zuschlag für den Kauf.

Auch nach dem Kauf wirkt Inbound Marketing positiv auf die Kundenbeziehung. Sie begleiten Ihren Kunden auch noch weit nach dem Kauf, um sicherzustellen, dass er das gekaufte Produkt in vollem Umfang und zufriedenstellend nutzen kann *(Delight)*. Gerade in dieser Phase wird z. B. die Aufgabe des Content Marketing in der

Praxis manchmal unterschätzt. Nicht so beim Inbound Marketing – hier spielt Content in der Nachkaufphase eine entscheidende Rolle, um über wertschöpfende und nutzenstiftende Informationen mit dem Kunden in Kontakt zu bleiben.

1.5.4 Content – der Motor des Inbound Marketing

Content ist die Botschaft, die Sie mit Inbound Marketing zu Kunden transportieren. Ohne Content wäre das Web buchstäblich leer. Content ist auch die Währung, nach der Google Ihre Autorität und Reichweite bemisst. Im Inbound Marketing setzen Sie möglichst nur hilfreichen und guten Content ein, der auf Ihre Buyer Personas zugeschnitten ist. Interessenten bezahlen für guten Content – mit ihren Kontaktdaten. Viele Interessenten registrieren sich gerne auf Ihrer Website mit ihrer E-Mail-Adresse und weiteren Angaben, wenn sie dafür einen hilfreichen Service in Anspruch nehmen (z. B. kostenlose Beratung) oder ein nutzenstiftendes *Content-Offer* gratis downloaden können. Das kann z. B. ein Whitepaper mit Übersichten zu möglichen Lösungswegen für Ihre Kunden sein oder aber ein E-Book mit hilfreichen Tipps zur konkreten Entscheidungsfindung oder zur Produktnutzung nach dem Kauf. Der Austausch von Content bzw. Service gegen Kontaktdaten kann zum Auftakt für eine langfristige Kundenbeziehung werden.

Die Rolle des *Content Marketing* hat sich in den letzten Jahren zunehmend verändert. Manche Marketing-Profis betreiben Content Marketing noch ausschließlich nach dem Outbound-Prinzip und produzieren Inhalte auf Websites, in Blogs, auf YouTube und sogar in Büchern, ohne dabei die Customer Journey ihrer Kunden im Blick zu haben. Oft wird dann auch nicht über die aktive *Vermarktung* des Contents nachgedacht. In diesem etwas überalterten Marketing-Verständnis ist Content Marketing nach der Produktion und Publikation des Contents erledigt. Für das Inbound Marketing beginnt hier jetzt erst der eigentliche Content-Job, denn Inbound nutzt Content strategisch zur Kundenakquise. Egal, wie gut Ihr Content ist, er wird erst zum richtigen Marketing-Instrument, wenn Sie ihn zielgerichtet zur Kontaktaufnahme und zum kontinuierlichen Beziehungsaufbau nutzen. Das erst ist Content Marketing im Inbound-Sinn. In Teil 3 dieses Buches werden Sie alles zu dieser Art des Content Marketing erfahren.

1.5.5 Inbound-Marketing-Software – Marketing-Kampagnen in Echtzeit

Inbound Marketing ist nicht auf die Online-Welt begrenzt, aber gerade im Web spielt es seine Vorteile so richtig aus. Um diese Möglichkeiten voll auszuschöpfen, gibt es eine Vielzahl moderner Inbound-Marketing-Software-Lösungen. Erst mithilfe von Marketing-Software werden Realtime-Marketing-Kampagnen im Internet überhaupt möglich, kann Content aktiv vermarktet und der individuelle Kundendialog über alle Kontaktkanäle hinweg geführt werden. Mit einer solchen Software steuern Sie fast alle Instrumente Ihres Online-Marketings über ein zentrales Dashboard. Dabei kommt es im Grunde nicht darauf an, dass man sofort eine komplett integrierte Inbound-Marketing-Software wie z. B. HubSpot, *Marketo, Act-On, Eloqua* oder *Pardot* verwendet (vgl. Abbildung 1.11).

Abbildung 1.11 Eine Auswahl bekannter Marketing-Software-Hersteller

Man kann auch erst einmal mit kostenlosen bzw. sehr kostengünstigen Einzelprogrammen für Teilfunktionen starten und so erste Erfahrungen sammeln. In der Anfangsphase reicht es gegebenenfalls aus,

- das *Content-Management-System (CMS)* der eigenen Website (z. B. *WordPress*) um ein E-Mail-Programm (z. B. *MailChimp*) zu erweitern,
- eine Software zur Erstellung optimierter Download-Seiten für Content-Offers *(Landing Pages)* zu integrieren (z. B. *Unbounce*) und
- ein kostengünstiges *Social-Media-Tool* (z. B. *Buffer*) zu nutzen.

Die Einstiegshürde für Ihr Inbound Marketing ist relativ gering, und Sie können mit einer einfachen Komponentenlösung schnell loslegen. Je mehr Kontakte Sie allerdings zu potenziellen Kunden gleichzeitig hin entwickeln, desto schneller kann Ihre Einstiegslösung an Grenzen stoßen. Oftmals wird so viel manueller Arbeitsaufwand nötig, dass die Nutzung einer professionellen Marketing-Software im Grunde günstiger ist. Die Einstiegsversion einer solchen professionellen Inbound-Marketing-Software wie z. B. HubSpot, Act-On oder *Hatchbuck* ist bereits ab ca. 200 € im Monat zu haben. Die meisten mittelständischen Unternehmen jedenfalls präferieren direkt den Einsatz einer Inbound-Marketing-Software, da man sich weitgehend von technischen Integrationsproblemen verabschiedet und vom Fleck weg die vollen Vorteile des Inbound Marketing erschließt.

Manchmal sind Unternehmen unsicher, ob sie die Ausgaben für eine Inbound-Software tätigen sollen, um ihr Marketing nach vorne zu bringen. Dann hilft es, sich genau klarzumachen, dass die Ausgaben für Inbound-Marketing-Software eine langfristig wirksame Investition darstellen. Denn Inbound Marketing macht sich von kurzfristig ausgegebenen Werbegeldern, die nur temporär zum Erfolg beitragen, unabhängig. Wer seinen Marketing-Etat ausschließlich für Werbung bzw. Online-Werbung einsetzt, der konsumiert sein Marketing-Geld, denn nach dem Ende der

Werbekampagne ist das Geld weg. Werbung wirkt eben nur so lange, wie sie läuft, d. h., so lange eine Google-Ads-Werbekampagne o. Ä. geschaltet wird. Inbound Marketing geht einen anderen Weg und investiert den Marketing-Etat überwiegend in die Produktion von langfristig nutzbarem Content, in qualifizierte Inbound-Marketing-Teams und nicht zuletzt auch in Inbound-Marketing-Software.

Marketing-Abteilungen werden mit einer Inbound-Marketing-Software meist viel schlagkräftiger und schneller. Die Software ist in der Regel schnell installiert, direkt einsetzbar und auch für Mitarbeiter mit geringen technischen oder Online-Marketing-Kenntnissen schnell erlernbar. Allerdings sollten Sie von Anfang an klare Vorstellungen davon haben, was Ihr Inbound Marketing leisten und erzielen soll. Lassen Sie uns also im nächsten Kapitel etwas tiefer in die Zielplanung Ihres Inbound Marketing einsteigen.

Auf einen Blick – die Vorteile von Inbound Marketing

Mit Inbound etablieren Sie eine völlig neue Ebene der Kundenorientierung und ein neues Level des Kundenbeziehungs-Managements in Ihrem Unternehmen. Darüber hinaus steigern Sie enorm die Performance Ihrer Marketing-Aktivitäten. Hier sind noch einmal die bereits erarbeiteten Vorteile von Inbound Marketing für Sie im Schnellüberblick:

1. Inbound vernetzt Ihren Marketing-Mix zum perfekt abgestimmten Online-Marketing-Orchester. Sie machen Ihr Marketing fit für die digitale Ära mit Kundenkommunikation in Echtzeit.

2. Inbound Marketing erreicht Kunden mit Multi-Channel-Kommunikation über alle Kanäle, die Ihren Kunden wichtig sind. So etablieren Sie einen echten Dialog, der Vertrauen bis zum Kauf und darüber hinaus aufbaut.

3. Marketing-Manager entwickeln sich mit Inbound zum zukunftsorientierten Marketing-Generalisten. Sie beherrschen alle wichtigen Marketing-Tools wie Social Media, E-Mail-Marketing, SEO und Content Marketing. All diese Instrumente vernetzt Inbound Marketing zu einem ganzheitlichen Kundenerlebnis und zu einem effektiven Marketing-Mix.

4. Marketing ist nicht länger nur ein Cost Center, denn der Beitrag Ihres Marketings zum Unternehmenserfolg wird endlich messbar – sogar in Echtzeit. Marketing wird so zum Partner des Vertriebs auf Augenhöhe. Vertrieb und Marketing werden mit Inbound zu einem Team.

5. Inbound gibt Ihnen ein komplettes Marketing-Management-System an die Hand – mit Buyer Personas, Customer Journey, Sales Funnel und mit Content als Motor Ihres Marketing-Systems.

6. Marketing wird zum Investment mit langfristigem *Payback*. Mit dem Einsatz von Inbound-Marketing-Software und gutem Content schaffen Sie eine Marketing-Basis im Internet, die auch dann für Sie arbeitet, wenn Sie keine Online-Werbekampagnen schalten.

Kapitel 2
Mehr Marketing-Erfolg mit Inbound

Real time is a new mindset in marketing, and that's what inbound marketing is all about.
– David Meerman Scott, * 1961, amerikanischer Online-Marketing-Pionier, Autor und Redner

David Meerman Scott ist einer der bekanntesten und prominentesten amerikanischen Marketing-Autoren. Ende der 90er-Jahre war er Marketing-Leiter einer großen Medienfirma und stellte fest, dass sein Marketing-Team mit nützlichem und selbst publiziertem Online-Content viele hoch qualifizierte Kaufinteressenten für seine Firma anlockte. Damit war sein Team sogar weitaus erfolgreicher als mit den parallel laufenden klassischen großen PR-Kampagnen. Über seine Erfahrungen mit dem modernen Online-Marketing schrieb er den Bestseller »The New Rules of Marketing and PR«, der mittlerweile in mehreren Auflagen und in über 20 Sprachen erschienen ist. Darin schildert er, dass die »alten Regeln des Marketings« in der Offline-Welt darauf zielten, die Botschaft eines Anbieters ausschließlich über leicht kontrollierbare Kanäle wie die Massenmedien zu verbreiten, und dass daher auch z. B. immer teurere TV-Werbung geschaltet würde. Scott betont, dass heute im Web neue Regeln gelten. Jeder kann selbst gemachten Content über Blogs, Podcasts etc. veröffentlichen und so die breite Aufmerksamkeit potenzieller Kunden auf sich ziehen. David Scott hat mit dafür gesorgt, dass Inbound Marketing in den USA längst zum Mainstream der Marketing-Landschaft geworden ist. Auch Lateinamerika, Australien und Europa setzen immer stärker auf Inbound. Wenn Sie also den Einsatz von Inbound Marketing für Ihr Unternehmen planen, sind Sie in guter Gesellschaft.

Inbound Marketing ist nicht irgendein beliebiger »Marketing-Trend«, sondern nicht mehr und nicht weniger als die Neuausrichtung des Online-Marketings. Aber was leistet Inbound Marketing konkret für Ihr Unternehmen? Was sind die Top-Gründe für Inbound, die es zum wichtigen Thema für so gut wie jedes Unternehmen machen – egal, welcher Branche und Größenordnung?

2.1 Die 10 Top-Gründe für Inbound Marketing

Mit Inbound Marketing bauen Sie die Präsenz Ihres Unternehmens im Internet, bei Google und in den sozialen Medien sichtbar aus. Sie sind überall da präsent, wo Kunden Ihren Content und Ihre Unterstützung suchen. Sie nutzen Ihre starke Web-Präsenz, um mit Interessenten in Kontakt zu treten. Sie fördern gezielt die Kundengewinnung Ihres Unternehmens, generieren für Ihren Vertrieb bessere und mehr Leads als zuvor und machen dadurch Marketing zum geschätzten Partner des Vertriebs auf Augenhöhe. Gleichzeitig verbessern Sie mit Inbound die Effizienz Ihres Marketings. Inbound Marketing arbeitet weitgehend ohne Werbeausgaben und erzielt mehr Schlagkraft und Rentabilität für Ihr Unternehmen. Obendrein bieten Sie mit Inbound ein unschlagbares Kundenerlebnis, weil Sie bei jedem Kontakt mit Interessenten und Kunden sofort messbaren Nutzen stiften. Das begeistert Kunden und macht sie zu empfehlungsbereiten Marken-Fans.

2.1.1   Höhere Sichtbarkeit im Internet

Kunden suchen im Internet nach nutzenstiftenden und vertrauensbildenden Informationen. Mit Inbound Marketing liefern Sie Kunden genau den relevanten und passgenauen Content, den sie suchen. Sie bieten diesen Content genau dort an, wo die potenziellen Kunden ihn suchen – bei Google, auf Websites, in Blogs, in Online-Medien, in den sozialen Medien und per Werbung in Suchmaschinen wie z. B. Google AdWords. Mit Inbound optimieren Sie Ihren Content auf genau die Suchbegriffe oder SEO-Keywords, für die sich sowohl Ihre potenziellen Kunden als auch die Suchmaschinen interessieren. Wenn nun Internet-Nutzer verstärkt Ihren Content finden, ihn lesen und mit Dritten über Social Media teilen, bekommt Google diese positiven Nutzersignale mit und belohnt Sie wiederum dafür mit einem noch besseren Ranking Ihrer Website in den Google-Suchergebnissen. Mit Inbound Marketing werden Sie also gleichzeitig von Menschen und Google gefunden. So erhöhen Sie gezielt die Sichtbarkeit Ihres Contents und Ihrer Website im Internet.

2.1.2   Stärkere Präsenz in den sozialen Medien

Durch die höhere Sichtbarkeit im Web steigt auch Ihr sogenannter *Social Proof* oder auf Deutsch »Ihre Autorität in den sozialen Medien«. Das lässt Ihr Produkt und Ihre Marke auch für solche Menschen attraktiver wirken, von denen Sie bisher noch nicht wahrgenommen wurden. Ihr Status in sozialen Netzwerken wie Facebook, Twitter und *LinkedIn* hat eine hohe Auswirkung auf Ihre Attraktivität für potenzielle Kunden. Wenn Sie sich mit Ihrer Marke intensiv und sichtbar am Dialog in sozialen Netzwerken beteiligen, dabei wertvollen Content anbieten und dabei immer mehr Follower sammeln, werden Sie immer attraktiver für weitere Follower, die Ihnen vielleicht erst einmal nur deswegen folgen, weil Ihnen jetzt auch schon andere und vielleicht bekannte Social-Media-Größen folgen. Diesen sozialen Netzwerkeffekt beschreibt der Social Proof. Mit Inbound Marketing nutzen Sie konsequent alle Möglichkeiten, um in den sozialen Netzwerken gehört, gesehen und präsentiert zu werden. Damit fördern Sie Ihren Social Proof erheblich und stärken entscheidend die Performance Ihrer Social-Media- und Content-Aktivitäten.

2.1.3   Durchsetzungsstarke Marketing-Kampagnen

Mit Inbound Marketing erzeugen Sie einfach und schnell gezielte Marketing-Kampagnen für potenzielle Kunden. Sie nutzen dazu die geballte Kraft von Blogging, SEO, Social Media, Keyword Advertising, Websites, Content Marketing, E-Mail-Marketing und CRM gleichzeitig. Jedes dieser Instrumente ist schon allein schlagkräftig. Die Integration aller Instrumente durch Inbound Marketing aber ist einfach unschlagbar. Wenn Sie darüber hinaus klassische Outbound-Kampagnen betreiben (TV, Print, Radio, Direct Mail), kann Inbound Marketing die Durchschlagskraft dieser Marketing-Kampagnen erheblich steigern. Vielleicht verweisen z. B. Ihre Werbespots direkt auf eine spezielle Landing Page Ihrer Website, auf der potenzielle Kunden direkt im Gegenzug für ihre Kontaktdaten einen sehr wertvollen Content herunterladen können. In jedem Fall ist die Kombination von Outbound-Kampagnen mit professionellem Inbound Marketing effektiver zur Kundengewinnung geeignet als Werbung, Direct Mail oder Social Media allein.

2.1.4   Begeisternde Customer Experience

Mit Inbound Marketing steuern Sie zentral alle Kundeninteraktionen Ihres Unternehmens im Web und in den sozialen Medien. Sie gestalten kundenindividuelle Erlebnisse und Ansprachen, die genau zum jeweiligen Interessenten und zu seiner Phase im Kaufprozess passen. Bei der Customer Experience setzt Inbound Marketing auf eine kundenzentrierte Arbeitsweise (*Customer Centricity*), um jedem Interessenten ein möglichst gutes Kaufgefühl zu geben und ihm im ganzen Kaufprozess zur Seite zu stehen. Der Kunde fühlt sich bei Ihnen wohl und merkt, dass er im Mittelpunkt des Kaufprozesses steht. Das macht Sie zum vertrauensvollen Partner Ihrer potenziellen Kunden und ermöglicht ein Kundenerlebnis, das schon vor dem Kauf begeistert. So schaffen Sie mit Inbound bereits vor dem Kauf einen hohen Mehrwert, den ein anderes Unternehmen ihrem potenziellen Kunden nicht bieten kann.

2.1.5   Marketing in Realtime

Konventionelle Marketing-Kampagnen haben oft lange Planungs- und Produktionszeiten, die z. B. bei einer TV-Kampagne schon mal bis zu einem halben Jahr dauern können. Inbound Marketing beschleunigt Ihr Kampagnen-Management entscheidend und erzeugt einfache schnell umsetzbare Marketing-Kampagnen im Web. Mit Inbound erhalten Sie viel schneller Insights und Feedback zu den Potenzialen und Problemen Ihrer Marketing-Maßnahmen als bisher. Und Sie optimieren Ihre Marketing-Kampagnen viel schneller – zum Teil bereits in Echtzeit (*Realtime*). Eine

Inbound-Kampagne wird dann Schritt für Schritt angepasst, und Sie überwachen live den Erfolg jeder einzelnen Optimierung. Lange Vorbereitungszeiten für konventionelle Marketing-Kampagnen können übrigens gefährlich werden, wenn der Wettbewerb bereits zu Inbound Marketing übergegangen ist. Dann kommt man oft mit seinen eigenen Botschaften nicht mehr durch oder findet sich z. B. bei Google auf den hinteren Rängen wieder.

2.1.6   Effektiver Support für Ihren Vertrieb

Inbound Marketing ist nicht nur eine effektive Marketing-Methode. Es kann auch das Rückgrat Ihres Vertriebs werden – mit mehr Leads und Umsatz bei weniger Aufwand. Mit Inbound Marketing senken Sie Ihre Vertriebskosten signifikant. Nach einer Studie des Software-Anbieters HubSpot können die Kosten pro neuem Vertriebskontakt um bis zu 62 % im Vergleich zu klassischen Marketing-Methoden gesenkt werden (HubSpot, »State of Inbound«, 2012). Dadurch unterstützt Inbound Marketing den Vertrieb entscheidend bei seiner Zielerreichung und Ergebnisoptimierung. Dieser Marketing-Support wird für den Vertrieb in der digitalen Ära immer wichtiger, denn die persönliche Kontaktaufnahme mit dem Vertrieb rutscht immer weiter nach hinten im Kaufentscheidungsprozess der Menschen, die sich lieber selbst im Internet informieren. Das sind Menschen, die Ihr Vertrieb im digitalen Zeitalter einfach selbst nicht mehr erreichen kann. Mit Inbound Marketing erreichen Sie diese potenziellen Kunden bereits in sehr frühen Phasen ihres Kaufentscheidungsprozesses und bereiten so den Kontakt für Ihre Vertriebskollegen vor.

2.1.7   Mehr Leads und Kaufabschlüsse

Verkaufsanbahnung bzw. Lead-Generierung gab es auch schon vor Inbound Marketing. Aber mit Inbound erhält die Lead-Generierung Ihres Unternehmens einen digitalen Turbo. Über integriertes E-Mail-Marketing, Social Media, Webinare und persönliche Beratungsgespräche baut das Inbound-Marketing-Team mit vielen potenziellen Kunden über ihren gesamten Kaufprozess hinweg einen fortwährenden Dialog auf (*Lead Nurturing*). Dabei schaffen Sie mit Inbound bei jedem dieser Kontakte neuen Kundennutzen durch Content und Beratungsangebote. Dadurch generiert Ihr Marketing oft ein Vielfaches an Leads für den Vertrieb, als dies ohne Inbound Marketing möglich wäre.

Marketing qualifiziert systematisch den Problemlösungsbedarf des Kunden und analysiert, inwieweit das eigene Angebot zur Lösung des individuellen Kundenproblems geeignet ist. Erst wenn der Bedarf des Interessenten durchgeprüft und seine Kaufbereitschaft sichtbar gestiegen ist, gibt Marketing den Interessenten als *Sales Qualified Lead* an den Vertrieb weiter. Ihre Vertriebsmannschaft erhält also vom Marketing nur noch Leads mit hoher Qualität, d. h. mit einem nachprüfbaren Interesse an den Produktlösungen Ihres Unternehmens. Bereits vor dem ersten Kontakt zum Lead erhält der Vertriebsmitarbeiter ein gut gepflegtes Interessentendossier und kann im persönlichen Gespräch auf eventuell noch bestehende Kaufbarrieren eingehen. Der Verkaufsprozess wird dadurch viel effektiver als früher. Qualifizierte Interessenten lassen sich eben einfach leichter zu Kunden machen als Kaltkontakte. Die Abschlussquote Ihres Vertriebs steigt mit Inbound und schafft viele neue Erfolgserlebnisse für die Verkäufer Ihres Unternehmens.

2.1.8   Erfolgreiche Neukundengewinnung

Mit Inbound Marketing aktivieren Sie Kunden-Kontaktkanäle (*Customer Touchpoints*), die Ihr Unternehmen vielleicht bisher noch nicht systematisch zur Gewinnung von Neukunden eingesetzt hat. Im Inbound Marketing nutzen Sie beispielsweise Social Media intensiv dazu, Traffic für Ihre Website zu generieren. In Ihren Social Posts verweisen Sie also immer wieder auf neuen Content Ihrer Website. Sie nutzen also Social Media nicht nur, um auf der betreffenden Social-Media-Plattform präsent zu sein, sondern sogar primär dafür, die neu gewonnenen Kontakte möglichst direkt von der Social-Media-Plattform wegzuführen, um sie auf Ihre eigene Website zu lenken. Sie stellen beim Inbound Marketing alle Kommunikationskanäle hin zum Kunden konsequent in den Dienst der Kundengewinnung und Kontaktgenerierung. Dabei gehen Sie keinesfalls aggressiv vor, sondern bieten regelmäßig nur nützliche und hilfreiche Informationen oder Services an, für die es sich z. B. auf Ihrer Website zu registrieren lohnt. Neukundengewinnung über Inbound beginnt also immer mit dem thematischen Interesse Ihrer Kunden. Das ist die ideale Grundlage, um dann auch irgendwann über Ihre Angebote zu sprechen. Inbound ist intelligente Neukundengewinnung, die schon mit einem ersten Interesse eines potenziellen Neukunden startet.

Inbound wird zur Neukundengewinnung immer wichtiger, denn Käufer sind über konventionelle Werbung nicht mehr oder fortwährend schlechter ansprechbar, weil sie Outbound-Kanäle wie TV oder Zeitschriften immer weniger intensiv nutzen. Heute nutzen die Haupt-Werbezielgruppen der 14- bis 49-Jährigen bereits das Internet wesentlich intensiver als das Fernsehen (Quelle: *https://de.statista.com/themen/ 101/medien*). Inbound Marketing ist exzellent auf diesen Mediennutzungs-Trend eingestellt. Nicht zuletzt ist Inbound daher auch das ideale Marketing-Konzept für das Geschäft mit der jungen Zielgruppe der *Millennials*.

2.1.9   Alignment von Marketing und Vertrieb

Eine Marketing-Abteilung, die mit Inbound viele neue und qualifizierte Kaufinteressenten generiert, ist ein starker und geschätzter Partner des Vertriebs. Inbound schafft einen neuen Team-Geist zwischen den beiden Bereichen. Die Ziele und Kulturen von Marketing und Vertrieb, die in manchen Bereichen traditionell so weit voneinander entfernt sind, nähern sich durch Inbound an (*Sales & Marketing Alignment*). Marketing und Vertrieb bestimmen gemeinsame Erfolgsgrößen, Abstimmungsprozesse und Verantwortlichkeiten für die Gewinnung von Interessenten (*Lead Generation*), für den Aufbau qualifizierter und abschlussbereiter Leads (Lead Nurturing) sowie für den Abschlussprozess von Leads zu Kunden. Wenn Sie eine Inbound-Marketing-Software mit der CRM-Software einer Vertriebsmannschaft verbinden, schaffen Sie darüber hinaus eine gemeinsame Datentransparenz und gemeinsame Realtime-Reportings, wie es sie vor Inbound nie gegeben hat. Mit der Einführung von Inbound werden beide Bereiche, Marketing und Vertrieb, gleichzeitig erfolgreicher. Unternehmen mit einer guten Verzahnung von Vertrieb und Marketing können einfach schneller wachsen.

2.1.10   Hoher Return on Marketing Investment

Inbound macht in vielen Unternehmen den Beitrag des Marketings zum Unternehmenserfolg erstmals überhaupt direkt messbar. Jede gängige Inbound-Marketing-Software zeigt Ihnen, wie erfolgreich Ihre einzelnen Marketing-Aktivitäten gerade laufen – und wie Sie Ihren Erfolg weiter steigern können. Sie steuern Ihre Marketing-Kampagnen von einem zentralen Online-Dashboard aus. Dabei greifen Sie auf professionelle Marketing Analytics zurück und sehen Ihren aktuellen Marketing Return on Investment (RoI) in Form von neu gewonnenen Leads und Neukunden mit deren voraussichtlichen Umsätzen oder gar dem erwarteten Umsatz über die Dauer der Kundenbeziehung (*Customer Lifetime Value*). Wenn Ihr Marketing bisher nur reine Outbound-Kampagnen betrieben hat, werden Sie durch zusätzliches Inbound Marketing den Return on Investment Ihres gesamten Marketing-Etats verbessern, denn jetzt können Sie jeden Outbound-Kontakt nutzen, um Interessenten mit Inbound gezielt weiterzubetreuen und im Kaufentscheidungsprozess zu beraten.

Letztlich entscheidet auch die Höhe Ihrer Marketing-Kosten über den Return on Marketing Investment. Inbound Marketing erzeugt auch in kleineren Marketing-Teams nur einen überschaubaren Aufwand für Personal, Software und Agentur-Support. Diese Kosten liegen meist weit unter den Größenordnungen, die bei reinem Outbound Marketing mit TV-/Print-Produktionen und klassischer Mediaplanung anfallen. Sie erhalten also mit Inbound Marketing unter Umständen viel mehr Schlagkraft und Sichtbarkeit für Ihre Marketing-Kampagnen – bei gleichbleibendem Marketing-Etat.

2.2   Die Erfolgsgrößen Ihres Inbound Marketing

Inbound Marketing ist die Kunst, Menschen im Internet für das eigene Angebot zu begeistern und aus ihnen Kunden und Fans des Unternehmens zu machen. Gleichzeitig ist Inbound auch harte Arbeit und diszipliniertes Marketing-Management im

Verdrängungswettbewerb um die Aufmerksamkeit potenzieller Kunden. Die hohe Anbieterdichte in vielen Branchen, die kurzen Aufmerksamkeitsspannen von Kunden im Internet und die riesige Content-Flut im Web machen es immer schwerer, zu Kunden durchzudringen und gehört bzw. gelesen zu werden. Mit Inbound Marketing können Sie sich in diesem Umfeld behaupten und Ihr Unternehmen als die erste Adresse und Meinungsführer (*Thought Leader*) bei Ihren Zielkunden durchsetzen. Sehen Sie Inbound Marketing aber nicht als Kampfansage an den Wettbewerb. Betrachten Sie Inbound Marketing eher als sportlichen Prozess, bei dem Sie im Wettbewerb um die Aufmerksamkeit neuer Kunden einfach eine Nasenlänge voraus sein möchten.

Inbound Marketing ist zahlenorientiert. Das ist gut so, wenn Sie bedenken, mit welcher dürftigen Datenlage viele Marketing-Abteilungen bislang arbeiten mussten – und oft noch heute arbeiten müssen. Bisher bekamen Marketing-Abteilungen zur Steuerung ihrer Aktivitäten oftmals nur die Marktforschungsergebnisse zu den Aussagen irgendwelcher Kunden in die Hand, die Performance-Daten der eigenen Website (z. B. Google Analytics) und gegebenenfalls die Abverkaufszahlen des Vertriebs. Doch auch die detailliertesten Verkaufszahlen lassen leider nicht erahnen, wie viele potenzielle Kunden sich z. B. in letzter Minute gegen Ihr Unternehmen oder Ihr Angebot entschieden haben. In den Statistiken taucht nur auf, wie viele Kunden auch wirklich abgeschlossen haben oder wie viele Kunden schon wieder gegangen sind – ohne eine Aussage, warum sie an Bord gekommen oder von Bord gegangen sind. All das ändert sich mit Inbound Marketing grundsätzlich.

Ihre Marketing-Performance ist in jeder Phase des Kundengewinnungsprozesses vollständig transparent. Im Online-Dashboard einer Inbound-Marketing-Software haben Sie jederzeit Zugriff auf tagesaktuelle Marketing-Daten über *Traffic*, Kontakte, *Leads* und Kunden Ihres Unternehmens. Darüber hinaus bauen Sie individuelle Beziehungen zu den einzelnen potenziellen Kunden schon weit vor dem Kauf auf und erhalten dadurch unglaublich viel Input darüber, wofür sich diese Menschen interessieren, wie Ihre Angebote dort ankommen und welche Wettbewerber für Ihre Interessenten attraktiv sind. Das Beste ist: Sie können diese Zahlen selbst von Ihrem Schreibtisch aus steuern und optimieren, indem Sie Ihre Kundengewinnungsmaßnahmen direkt am PC überarbeiten, neue Ideen live testen und gut laufende Maßnahmen sofort flächendeckend übernehmen. Das schafft eine ganz neue Marketing-Kultur. Wir haben in vielen Unternehmen erlebt, wie motivierend es für Marketing-Teams ist, mit Inbound Marketing live und in Echtzeit die Entwicklung der Performance der eigenen Kundengewinnung zu verfolgen und zu gestalten. Konzentrieren Sie sich auf die vier zentralen Zielgrößen des Inbound Marketing: Traffic, Leads, Kunden und Empfehler (vgl. Abbildung 2.1).

Überwachen und optimieren Sie diese Zielgrößen parallel, und behalten Sie ihre Entwicklung im Blick. Mit diesen vier Zieldimensionen bestimmen Sie, was Ihr Unter-

nehmen erreichen will und wie erfolgreich Sie bei Kundengewinnung und Kundenbindung sind bzw. sein wollen.

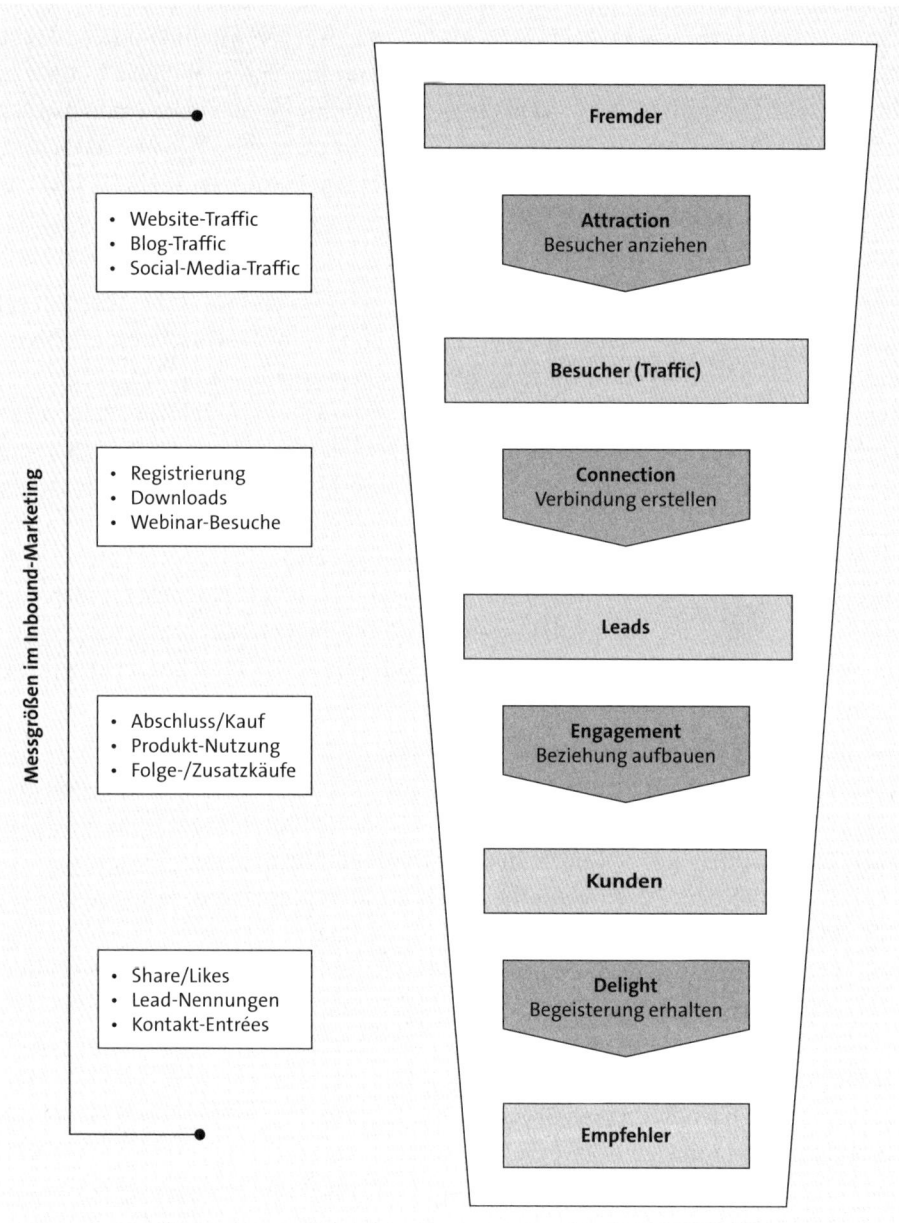

Abbildung 2.1 Vom Website-Besucher zum Empfehler

Das erste Ziel des Inbound Marketing ist *Traffic-Generierung*, d. h. die Anziehung
möglichst vieler potenzieller Kunden als Besucher (Visitors) auf Ihrer Website, auf

Ihrem Blog und auf Ihrer Social-Media-Präsenz. Das anschließende Ziel ist, möglichst viele dieser Traffic-Kontakte zu namentlich bekannten und qualifizierten Interessenten, sogenannten *Leads, zu machen.* Die nächste Erfolgsgröße ist, unter diesen Leads möglichst viele *Kunden* für Ihr Unternehmen zu gewinnen. Nach dem Kauf geht es darum, Ihre Kunden über die gesamte Dauer der Kundenbeziehung hinweg zu unterstützen. Letztlich ist das Ziel dabei, möglichst viele dieser Kunden zu begeistern, um sie als aktive *Empfehler* (*Advocates*) für Ihr Unternehmen zu gewinnen. Traffic, Leads, Kunden, Empfehler – das sind die vier Hauptwährungen des Inbound Marketing.

Inbound-Tipp: Die fünf Basis-Schritte im Inbound Marketing

Um Kunden im Internet zu gewinnen und zu begeistern, sind fünf entscheidende Schritte nötig:

1. Besucher-Traffic (Visitors) im Internet auf die eigene Website lenken
2. Website-Besucher zu Kontakten machen (Lead-Generierung)
3. Kontakte in ihrem Kaufentscheidungsprozess begleiten (Lead Nurturing)
4. Den Kaufabschluss des Kunden vorbereiten (Closing)
5. Kunden nach dem Kauf begeistern (Delight)

Natürlich geht es darum, möglichst erfolgreich auf allen Stufen des Prozesses zu sein. Allerdings unterscheiden sich die Herausforderungen und Ziele von Unternehmen zu Unternehmen. Und Ihre Ziele können sich über die Zeit ändern. Haben Sie vielleicht gestern noch ein Traffic-Problem gehabt, besteht heute Ihre größte Herausforderung darin, einen stark angestiegenen Traffic erfolgreich in Leads zu verwandeln. Es geht also darum, jederzeit bei allen vier Erfolgsgrößen die Übersicht zu behalten und den Erfolg auf allen Ebenen – von Traffic bis Empfehler – immer neu auszusteuern und z. B. mit entsprechenden Inbound-Kampagnen für eine Steigerung der Zielerreichung auf den vier Zielebenen zu sorgen.

Wie operationalisieren Sie im Tagesgeschäft diese Inbound-Ziele für die konkrete Arbeit? Woran merken Sie den Erfolg Ihrer Arbeit auf jeder Zielstufe? Jede der vier Erfolgsstufen hat ihre eigenen Erfolgsgrößen, die Sie im Inbound Marketing messen und optimieren.

2.2.1 Traffic – die Besucherzahl Ihrer Website steigern

Wenn Sie Menschen im Internet für Ihre eigene Website gewinnen wollen, müssen Sie sie zuerst überall dort im Internet erreichen, wo sie nach Informationen zu ihren Problemen suchen. Also geht es hier erst einmal noch nicht um Ihre Website selbst, sondern um vorgelagerte Kontaktpunkte im Internet wie Suchmaschinen (insbesondere Google), die sozialen Medien und bekannte Webseiten wie z. B. Online-Magazine oder Blogs, die Ihre relevanten Zielgruppen gern lesen. Im Internet haben Sie nur dann die Chance, neue Kontakte zu potenziellen Kunden zu knüpfen, wenn Menschen mit Ihnen in Resonanz gehen und Ihre Informationen online lesen. Die Anzahl Ihrer Neukunden, die gewonnen werden, hängt also bereits direkt von der Anzahl aller Ihrer Kontakte im Internet ab. Je mehr Menschen Ihre Angebote sehen und lesen, desto mehr Kunden können Sie letztlich damit auch generieren. Daher ist es so wichtig, dass möglichst viele Ihrer Zielkunden auf Ihre Website gehen (Website-Traffic), Ihre Blogposts lesen (Blog-Traffic) und auf Ihre Social-Media-Aktivitäten reagieren (Social-Media-Traffic).

Je spezifischer das Interesse eines Website-Besuchers ist, desto mehr sind Sie gefordert, dieses Informationsbedürfnis auch auf Ihrer Webseite zu befriedigen. Suchmaschinen wie Google und Co. sind längst zu einer der wichtigsten Traffic-Quellen für Websites geworden. Wer die Web-Adresse Ihrer Website (*URL*) nicht direkt kennt, sucht Ihren Auftritt über eine Suchmaschine. Und wer Sie noch nicht kennt, kann nur über eine Themensuche zu Ihnen kommen. Aber Menschen wissen, dass längst nicht jede Ergebnisseite einer Suchmaschine (*SERP* oder auch *Search Engine Result Page*) hält, was sie verspricht. Auf den ersten Rängen der Google-Suchergebnisse landen nicht immer automatisch die Websites mit dem besten und nutzenstiftenden Content, sondern manchmal auch solche Sites, die von SEO-Spezialisten besonders für Google aufbereitet worden sind. Man redet auch von »Google Gaming«. Erst wenn die Website-Besucher sofort enttäuscht wieder abspringen, fängt Google an, solche Web-Angebote aufgrund negativer Nutzersignale weiter nach hinten in die Suchergebnisse zu verschieben. Aber das braucht seine Zeit. Wir kennen Beispiele, wo Google auf den ersten Rängen die Web-Angebote spezialisierter »SEO-Gamer« auf Platz 1 bis 3 auch über mehr als ein Jahr belässt, obwohl die Pages nur so von Schreibfehlern und eklatanten inhaltlichen Fehlern strotzen. Qualität des Contents setzt sich aber auch bei Google dennoch in der Regel langfristig durch.

Wie erkennen Sie nun, ob Sie bei der Traffic-Generierung erfolgreich sind? Die Besucherzahlen Ihrer Website oder auch Ihres Blogs sprechen eine klare Sprache. Wir werden Ihnen in Teil 3 dieses Buches genauer zeigen, woher Sie diese Daten bekommen und wie Sie die Besucherströme messen bzw. näher analysieren. Die wichtigste Erfolgsfrage auf dieser Stufe lautet: Wie gut entwickelt sich Ihr Traffic, und auf welchem Niveau liegt er im Vergleich zu Ihrem Wettbewerb?

2.2.2 Leads – die richtigen Interessenten generieren und qualifizieren

Menschen besuchen Websites, Blogs und Social-Media-Auftritte von Unternehmen aus den unterschiedlichsten Gründen. Nicht jeder, der Ihre Website besucht, hat auch die Absicht, Ihre Produkte oder Dienstleistungen zu kaufen. Auch Wettbewerber, thematisch interessierte Studenten, Journalisten und Stellensuchende kommen dorthin. Ihre Website ist für alle da, und all diese Besucher sind für Ihr Unternehmen wichtig. Nur ist deren Website-Traffic für Ihre Kundengewinnung relativ wertlos.

Auch potenzielle Interessenten, die Ihre Website besuchen, müssen deshalb noch lange nicht zu Kunden werden. Gerade am Anfang ihrer Informationssuche brauchen Menschen erst einmal Inspirationen, drucken sich Web-Content für später aus oder konkretisieren ihren Bedarf durch die Sichtung der Suchergebnisse verschiedener Keywords bei Google, nur um einen Themenüberblick zu erhalten.

Finden Sie also heraus, wie viele und welche der Besucher Ihrer Website, Ihres Blogs und Ihrer Social-Media-Aktivitäten mit Ihnen in einen persönlichen Dialog gehen werden. Versuchen Sie, Ihre Website-Besucher zu namentlich bekannten Kontakten oder auch Leads zu machen. Wieso sollten z. B. Website-Besucher aber mit Ihnen in den Dialog treten wollen? Die Antwort liegt in der Relevanz Ihres Informationsangebots für den einzelnen Website-Besucher. Ihre Website wird bereits jede Menge nützlichen Content enthalten, der für jedermann frei zugänglich ist und Ihnen womöglich bereits zu einem guten Google-Ranking für die betreffende Webpage verholfen hat. Darüber hinaus kann Ihre Website aber auch Content bereithalten, der zwar gratis ist, aber nur gegen eine Registrierung mit Kontaktdaten zur Verfügung gestellt wird. Entscheidend ist, dass ein interessierter Website-Besucher sich gern im Austausch für diesen Content registriert. Die Motivation des Website-Besuchers sollte dabei nicht nur in dem unmittelbaren Zugang zu dem speziellen Content-Angebot liegen, sondern in dem Interesse an der Aufnahme eines dauerhaften Dialogs mit Ihnen. Das ist Ihre wirkliche Erfolgswährung bei der Gewinnung von Leads. Wenn Ihnen das nicht gelingt, werden Sie bei den Registrierungen einen hohen Anteil von Alias- und Fake-E-Mail-Adressen erhalten. Ein klares Signal, dass Sie nicht vermitteln konnten, dass sich ein dauerhafter Dialog mit Ihnen lohnt.

Die Anzahl der Registrierungen für Blogs und Newsletters, die Anzahl der Content-Downloads und der Registrierungen für Webinar-Besuche sind die quantitativen Erfolgsgrößen Ihrer Lead-Gewinnung. Behalten Sie gleichzeitig auch die Qualität der gewonnenen Leads im Auge. Welche Informationen haben Ihnen Ihre neuen Kontakte zur Aufnahme des Dialogs zur Verfügung gestellt? Haben Sie nur Name, Vorname und E-Mail-Adresse oder auch weitere Informationen z. B. zum aktuellen Entscheidungsbedarf oder zu ihren Präferenzen gesammelt? Ihr Ziel ist es, die wichtigsten Kontakte in ihrem Kaufentscheidungsprozess zu begleiten. Also sollten Sie aus Ihrem Traffic möglichst viele und gute Kontakte mit potenziellen Interessenten gewinnen und sie anhand ihres Bedarfs qualifizieren können. Dieses Lead Nurturing ist ein kontinuierlicher Prozess. Schauen Sie besonders darauf, wie gut und wie schnell Sie Ihre Leads weiterqualifizieren. Betrachten Sie das Ganze als eine kontinuierliche Management-Funktion, als *Lead Management*, in Ihrem Unternehmen. Schließlich werden Sie niemals damit fertig sein, neue Kunden für Ihr Unternehmen zu gewinnen. Sie werden immer wieder Ihre Content-Angebote, die Registrierungsmöglichkeiten für Ihre Interessenten und Ihre Nurturing-Kampagnen überarbeiten.

Dabei kommt es darauf an, das Problem und den richtigen Lösungsweg Ihres neuen Kontaktes (Leads) genauer zu verstehen (vgl. Abbildung 2.2).

Der Marketing-Bereich übernimmt in der Regel zunächst die Pflege neuer Kontakte und führt den Dialog fort, bis ein konkreteres Interesse deutlich wird (*Marketing Qualified Lead*). Die Vertriebskollegen übernehmen den Dialog an einem gemeinsam definierten Punkt des Kaufentscheidungsprozesses des Kunden, wenn z. B. ein konkretes Kaufinteresse deutlich wird. Das kann z. B. der Download der Preisliste auf Ihrer Website sein.

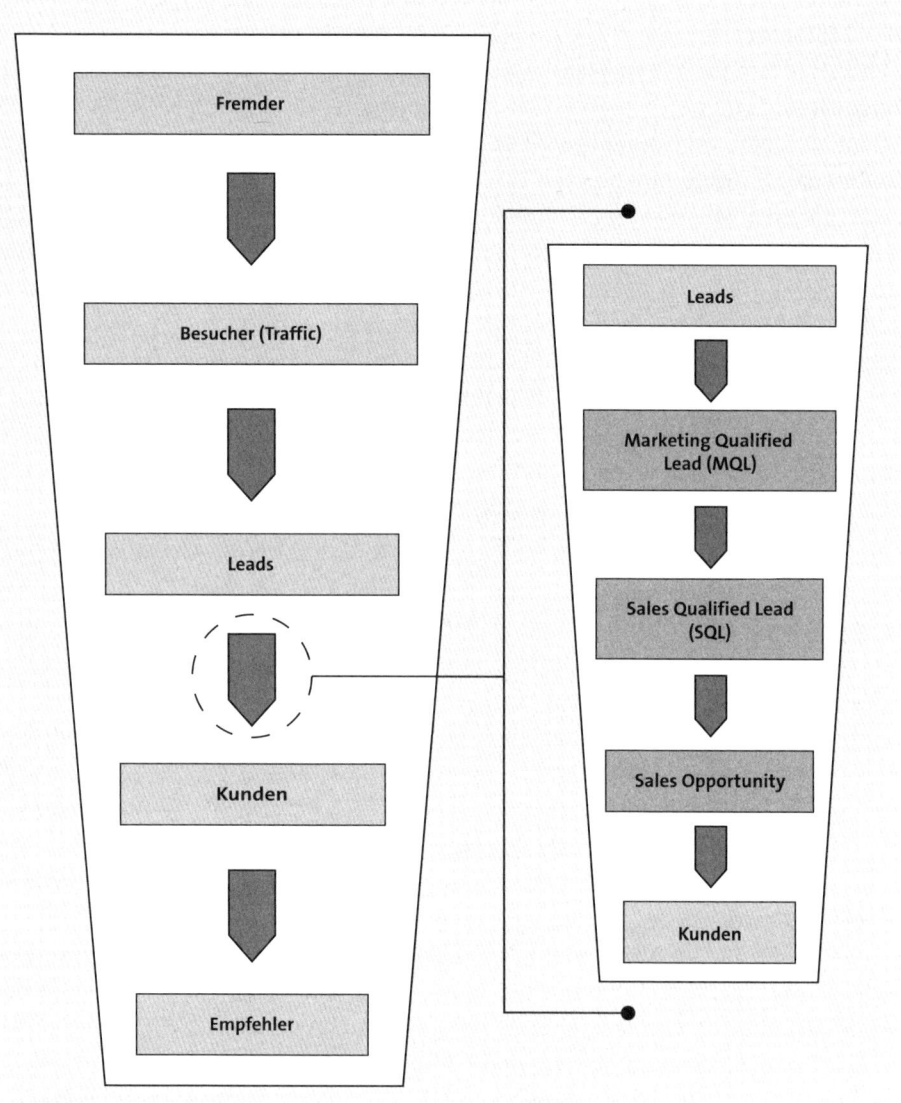

Abbildung 2.2 Vom Lead zum Kunden (die Stufen des Lead Nurturing)

Wenn also Ihr Kontakt auf eine Entscheidungsfindung zusteuert und sich zwischen verschiedenen Anbietern orientiert, stellt er gegebenenfalls bereits einen qualifizierten Kontakt für Ihren Vertrieb dar (*Sales Qualified Lead*). Der Vertrieb betreut den entscheidungssuchenden Interessenten gezielt weiter und übernimmt den Dialog. Bei kaufbereiten Interessenten (*Sales Opportunity*) ist der Vertrieb gefordert, im Gespräch mit dem Kunden alle verbleibenden Kaufbarrieren auszuräumen und die Wahrscheinlichkeit eines schnellen Kaufabschlusses zu steigern. Dies ist ein mehrstufiger Prozess, der je nach Kundenprofil und Produkte über Monate gehen kann, wie z. B. bei Maschinen und Industrieanlagen. Ihre zentrale Erfolgsfrage lautet hier: Wie gut verwandelt Ihr Unternehmen den eingehenden Traffic in Interessenten, die von sich aus in den Kontakt und einen Dialog mit Ihrem Unternehmen führen?

2.2.3 Kunden – immer mehr davon, aber bitte nur die richtigen

Das zentrale Ziel Ihrer Kundengewinnung ist natürlich der Abschluss von Käufen mit neuen Kunden. Aber damit ist es längst nicht getan. Ihre Aufgabe ist es auch, sicherzustellen, dass die gekauften Produkte und Dienstleistungen zur vollen Zufriedenheit des Kunden genutzt werden. Kundenzufriedenheit ist die Basis dafür, mit einem Kunden während der Dauer der Produktnutzung auch Folgekäufe und Zusatzkäufe zu tätigen.

Aber nicht jeder Verkauf ist ein gelungener Verkauf. Nichts ist schlimmer, als Neukunden zu gewinnen und dann anschließend festzustellen, dass unzufriedene Kunden das erworbene Produkt kaum bis gar nicht nutzen oder im schlimmsten Fall die Produktnutzung schnell wieder beenden. Bei vielen Dienstleistungen (von Arzt bis Unternehmensberater) und bei Online-basierten Produkten (SaaS-Software), die auf Monatsbasis von Kunden gemietet werden, ist Kundenabwanderung jederzeit möglich und daher eine Vorbeugung im Sinne einer *Churn Prevention* von existenzieller Bedeutung. Es gibt jede Menge Beispiele dafür, dass man zwar erfolgreich neue Abschlüsse erzielt, aber nicht richtig aufgepasst hat, ob man damit auch die richtigen Kunden gewonnen hat. Sie haben nichts davon, wenn sich Ihre Abschlusszahlen hervorragend entwickeln, wenn dann aber jede Menge Kunden nach dem Kauf Unzufriedenheit äußern oder schlimmstenfalls wieder stornieren. So etwas passiert, wenn man zwar wunderbaren Content produziert und problemlösungsorientiert beraten hat, dann aber bei der eigentlichen Produktleistung hinter den hohen aufgebauten Erwartungen der Kunden zurückbleibt. Oder aber man hat einfach nicht die passenden Kunden mit den passenden Produkten zusammengebracht. Dann wird Inbound Marketing leicht zum Bumerang. Die Erfolgsfrage ist hier: Wie gut verwandelt Ihr Unternehmen Interessenten in tatsächliche Neukunden? Und wie rentabel sind diese Kunden bzw. Abschlüsse?

2.2.4   Empfehler – nach der Kundengewinnung ist vor der Kundengewinnung

Selbst die Anzahl Ihrer neu gewonnenen Kunden ist nicht das ultimative Ziel Ihrer Kundengewinnung. Das letztliche Ziel von Inbound Marketing ist eine maximale Anzahl zufriedener und begeisterter Kunden, die Ihr Unternehmen und Ihr Angebot aktiv weiterempfehlen. Es geht um *Empfehler* oder auch *Fans*. Wenn Sie eine stetige Anzahl von Empfehlern und Fans gewinnen, schließt sich der Kreis, und Ihr Inbound Marketing funktioniert sozusagen immer mehr ohne Ihr Zutun, denn den Aufbau neuer Kontakte übernehmen immer stärker Ihre treuen Kunden und die Fans Ihres Unternehmens. Schauen Sie darauf, wie stark und von wem Ihre Beiträge in den sozialen Medien geteilt (*Share*) und positiv bewertet (*Like*) werden. Analysieren Sie, was Empfehlungen zufriedener Kunden bewirken. Empfehlen Ihre Kunden Sie in ihrem Netzwerk durch das Teilen Ihres Contents weiter oder nennen sie Ihnen sogar namentlich relevante Interessenten? Empfehlen Ihre Kunden Sie und Ihr Angebot immer an ganze Gruppen oder auch an Einzelne mit persönlichen Empfehlungen (*Kontakt-Entrées*)? Wie gut unterstützen Sie Kunden bei ihrer Empfehlungstätigkeit für Ihr Unternehmen? In Teil 3 dieses Buches erfahren Sie alles über diese wichtige letzte Phase des Inbound Marketing.

Inbound-Beispiel: HeadSpace macht begeisterte Kunden zu Empfehlern

Ein anschauliches Beispiel, wie Kunden als Empfehler aktiviert werden können, zeigt die kostenpflichtige Meditations-App *HeadSpace* (vgl. Abbildung 2.3). Wer die Gratisversion der App nutzt, kann Teilfunktionen des Produktes frei für sich nutzen und erste Meditationsübungen einlegen. Wer dann Kunde der kostenpflichtigen Vollversion wird, erhält nach dem Erreichen bestimmter Leistungen wie z. B. je einer Meditation an zehn aufeinanderfolgenden Tagen einen Gratismonat der Vollversion geschenkt, den er mit einem Freund teilen kann. Die Nachricht darüber erhält der zahlende Nutzer per E-Mail. Darin gratuliert ihm HeadSpace zu dem erfolgreichen ersten Schritt seiner Meditationspraxis und motiviert ihn, diese schöne Erfahrung mit einem Freund bzw. einer Freundin zu teilen. So erhält der zahlende Kunde eine unerwartete Motivation, einen Preisvorteil und gleichzeitig die charmante Einladung zum aktiven Empfehlen des Produktes in seinem Netzwerk. Der Kunde ist von seiner Marke begeistert und wird nebenbei zum Empfehler und Fan der Marke.

Je mehr Sie sich mit Inbound Marketing beschäftigen, desto verwunderter werden Sie vielleicht feststellen, dass manche Unternehmen oder Agenturen diese Phase einfach schlicht ignorieren oder nur stiefmütterlich behandeln. Das ist betriebswirtschaftlich höchst unsinnig. Ihr Inbound Marketing wird erst dann zum Rentabilitäts-Booster für Ihr Unternehmen, wenn Ihre Kunden im Internet und auch offline für Sie aktive Kundengewinnung betreiben und dadurch sogar Ihre Kunden-Akquisitionskosten senken. Die entscheidende Frage ist hier also: Wie viele Ihrer Kunden lassen sich so begeistern, dass sie zu aktiven Empfehlern und Fans Ihrer Marke werden?

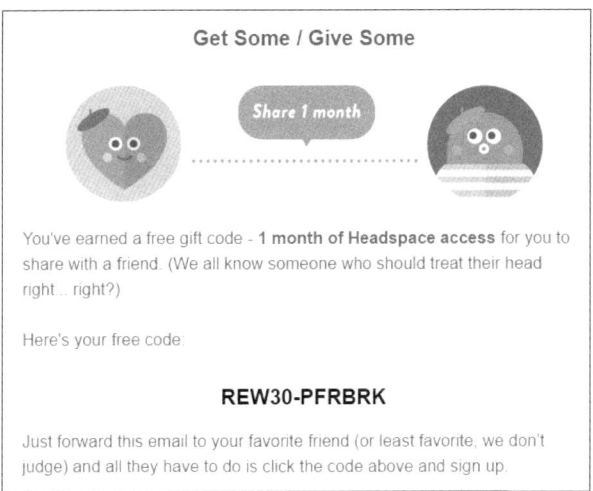

Abbildung 2.3 Überraschungs-E-Mail der Meditations-App HeadSpace

2.3 Die Phasen Ihres Inbound Marketing

Um erfolgreich Traffic, Leads, Kunden und Empfehler zu generieren, benötigen Sie die richtigen Marketing-Instrumente. Inbound Marketing stellt Ihnen für jede Phase Ihres Kunden-Managements die richtigen Instrumente zur Verfügung. Bei den Instrumenten zeigt sich die ganze Kraft von Inbound als Taktgeber Ihres Marketing-Orchesters. Endlich erhalten insbesondere die zahlreichen Instrumente des Online-Marketings die richtige Aufmerksamkeit. Jedes Marketing-Instrument übernimmt eine wichtige Rolle und spielt seine besonderen Stärken genau in der Phase des Kaufprozesses eines Kunden aus, in der es optimal wirken kann. Was sind die zentralen Schritte und die wichtigsten Instrumente beim Prozess der Kundengewinnung mit Inbound? Einen Kurzüberblick gibt Ihnen Abbildung 2.4.

Der Start ist immer die Schaffung einer Anziehungskraft für potenzielle Kunden (*Attraction*). Zu diesen Zielkunden stellen Sie einen persönlichen Kontakt her (*Connection*). Diesen Kontakt bauen Sie zu einer vertrauensvollen Beziehung aus und steigern dabei das *Engagement* Ihres Interessenten kontinuierlich bis hin zum Kauf. Nach dem Kauf wollen Sie die Zufriedenheit Ihrer neuen Kunden erhalten, steigern und sogar Begeisterung schaffen, damit Kunden möglichst lange bleiben und Sie aktiv weiterempfehlen (*Delight*). Jetzt bleibt nur noch die Frage, wie Sie den Kundengewinnungsprozess konkret gestalten, d. h. mit welchen Marketing-Instrumenten Sie auf welchen Kunden-Kontaktkanälen agieren. Wie ziehen Sie Menschen im Internet an, und wie schaffen Sie eine Verbindung zu ihnen als potenzielle Kunden? Mit welchen Instrumenten bauen Sie diese Verbindung zu einer intensiven Beziehung aus und schaffen dabei immer mehr Nähe zum neuen Interessenten? Durch welche

Marketing-Tools halten Sie die Beziehung aufrecht und stärken das Involvement Ihrer Kunden bis zur Begeisterung, wenn ein Kunde erst einmal gewonnen wurde?

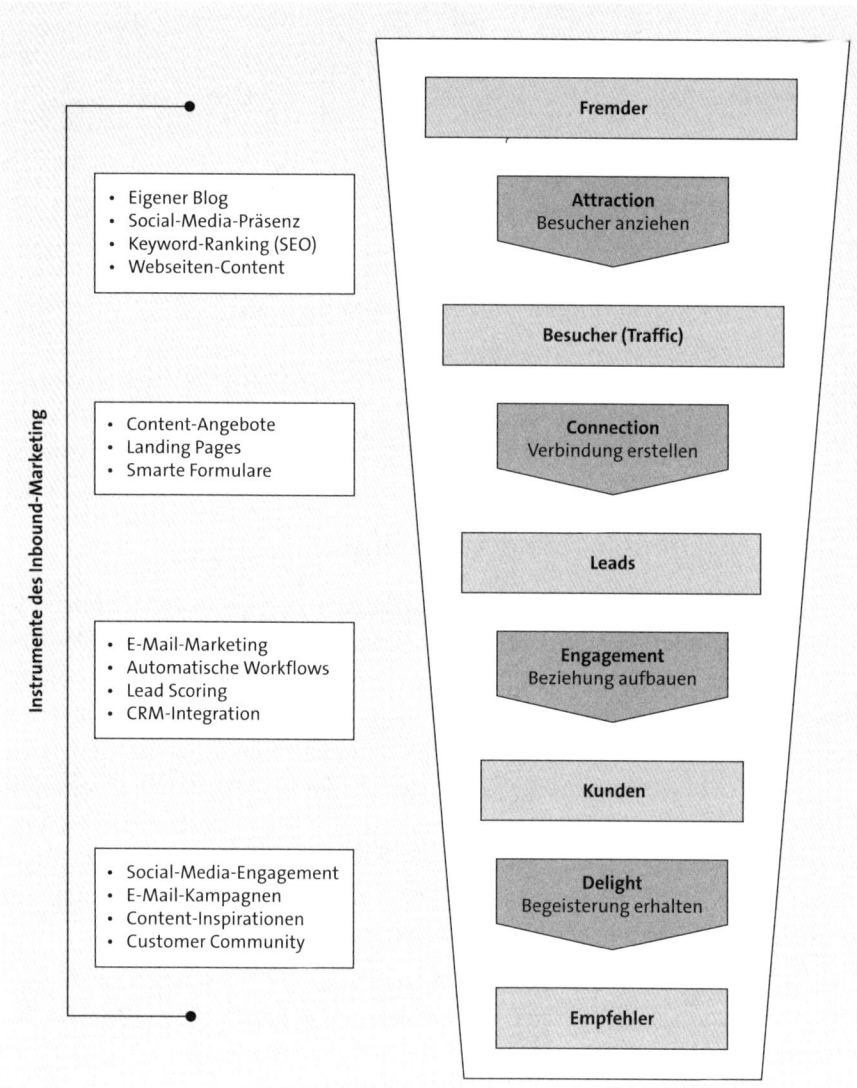

Abbildung 2.4 Attraction, Connection, Engagement, Delight – die Stufen und Instrumente des Kunden-Managements mit Inbound

2.3.1 Attraction – Anziehung schaffen

Um den Kontakt zu vielen Menschen im Web gezielt herzustellen, brauchen Sie Marketing-Instrumente mit einer hohen Reichweite und einer einfachen Steuerbarkeit. Am besten geeignet sind solche Kommunikationskanäle, über die Sie weitgehend selbst bestimmen können. Dazu zählen die eigene Website, der eigene Blog, Ihre Präsenz in den Suchergebnisseiten der Suchmaschinen (Keyword-Rankings) und Ihre Social-Media-Präsenz auf Facebook, Twitter und Co. Hier können Sie genau den Content platzieren, den Sie für Ihre Buyer Personas optimiert haben.

Bevor Sie aktiv werden, analysieren Sie zunächst, welche Themen von Ihren potenziellen Kunden im Internet gesucht und gelesen werden. Mit Methoden der Suchmaschinenoptimierung (SEO) finden Sie die zentralen Begriffe (Keywords) heraus, die zu den relevanten Themen immer wieder in Suchmaschinen oder Blogs gesucht werden. Nun können Sie keyword-optimierten Content produzieren und ihn dort im Internet platzieren, wo Google und Ihre potenziellen Kunden darauf aufmerksam werden. Das sind die Texte Ihrer Website, Ihre Posts im eigenen Blog, Ihre Gastbeiträge in anderen Blogs und Ihre Beiträge in den sozialen Medien wie Twitter, Facebook oder Xing/LinkedIn. In allen diesen Online-Medien können Sie nun zu den aktuellen Themen Ihrer Zielgruppe gefunden werden. Die hohe Qualität Ihres eigenen Contents positioniert Sie dort als relevanten Lösungsanbieter für potenzielle Kunden. In Ihrem Content weisen Sie auf weitere Informationen und Content-Angebote auf Ihrer Website hin und binden einen entsprechenden Internet-Link (*Hyperlink*) mit ein. Mit einem Click gelangt nun ein neuer und thematisch bereits interessierter Besucher auf Ihre Website. Der erste Schritt Ihres Inbound Marketing ist erfolgreich geglückt.

2.3.2   Connection – Verbindung herstellen

Sie haben Menschen im Internet auf Ihr Angebot aufmerksam gemacht und möchten nun auf Ihrer Website, in Ihrem Blog und in den sozialen Medien eine echte Verbindung zu potenziellen Kunden herstellen. Dazu sind am besten solche Marketing-Instrumente und Techniken geeignet, die potenziellen Interessenten einen individuellen Nutzen verschaffen. Inbound Marketing setzt hier vor allem auf hochwertigen Content und auf Kontaktinstrumente Ihrer Website, über die sich Kunden im Gegenzug für guten Content mit ihren Kontaktdaten zu erkennen geben und als Leads registrieren. Um solche Leads zu gewinnen, bieten Sie Ihren Besuchern z. B. nützlichen Content und Dialogmöglichkeiten auf der Website, damit sie sich im Austausch für kostenlosen Content oder Gratis-Service-Angebote mit ihren Kontaktdaten zu erkennen geben und als namentlich bekannte Leads mit Ihnen in den Dialog treten können. In dieser Phase sind aufmerksamkeitsstarke und aktionsfördernde Landing Pages wichtig. Auf diesen speziell gestalteten Webpages sollten intelligente Formulare (*smarte Formulare*) eingebunden sein, um die entscheidenden Informationen Ihrer neuen Interessenten bei der Registrierung für ein Content-Offer einzusammeln. Sie stellen dadurch eine erste Verbindung zu einem neuen Kontakt her. Das ist die Basis einer Beziehung zu einem Interessenten – aber zunächst noch nicht mehr als das.

2.3.3 Engagement – Beziehungen aufbauen

Sie haben einen neuen Kontakt, einen Lead, gewonnen. Jetzt kommt die spannende Aufgabe, diesen Kontakt zu einer vertrauensvollen Beziehung auszubauen und bei jedem Austausch für diese Person Nutzen zu stiften und sich nicht etwa aufzudrängen Eine Inbound-Marketing-Software hilft Ihnen, überhaupt erst einmal die Übersicht zu behalten über die Vielzahl von Beziehungen, die Sie zu den unterschiedlichen Kontaktpersonen gleichzeitig unterhalten. Sobald Sie eine echte Beziehung zu einem Interessenten aufbauen und intensivieren wollen, verwenden Sie am besten Marketing-Instrumente, die den individuellen Kontakt zwischen Ihrem Unternehmen und dem Interessenten fördern. Hier kommen erfolgserprobte Instrumente wie E-Mail-Marketing ins Spiel, aber auch neue Instrumente, die Ihnen erst Ihre Inbound-Marketing-Software ermöglicht, wie z. B. automatisierte Marketing-*Workflows*. E-Mail-Marketing spielt in dieser Phase eine wichtige Rolle, weil Sie mithilfe individueller und personalisierter E-Mails die individuelle Beziehung durchaus vertiefen und aktualisieren können. Sie können einem Zielkunden neue Impulse geben, die ihn auf seinem Entscheidungsweg voranbringen können. Sie denken dabei nicht in »E-Mail-Marketing-Kampagnen«, sondern in individuellen E-Mails für bestimmte Kontaktschritte. Wenn Sie allerdings hier in der traditionellen Kampagnenlogik des E-Mail-Marketings denken und nicht in individuellem Kundendialog, wird E-Mail-Marketing in dieser Phase kontraproduktiv wirken und frisch aufgebaute Beziehungen unter Umständen wieder zerstören, sodass Ihre Interessenten Ihnen per *Opt-Out* oder *Unsubscribe* in der E-Mail den Rücken kehren.

Automatische Marketing-Workflows helfen Ihnen, bestimmte Kundenansprache-Prozesse an unterschiedliche Kundenreaktionen bzw. an ein bestimmtes Kundenverhalten zu koppeln. So können Sie z. B. jedem, der ein bestimmtes Content-Produkt herunterlädt, unaufgefordert weitere Informationen per E-Mail liefern, die genau an den Entscheidungsprozess in dieser Phase anknüpfen. Mithilfe Ihrer Inbound-Marketing-Software verfolgen Sie, ob Ihr neuer Kontakt auf Ihre Website zurückkehrt oder sich in den sozialen Medien über sein Problem oder über Ihr Angebot äußert. Vorausgesetzt, dass Sie bei der Registrierung seine Zustimmung eingeholt haben, können Sie jetzt Ihren neuen Kontakt mit weiteren Infos per E-Mail oder Social Posts versorgen, die ihm in solchen Situationen weiterhelfen.

In der Phase des Beziehungsaufbaus, der Engagement-Phase, arbeiten Marketing und Vertrieb idealerweise Hand in Hand. Daher ist in dieser Phase auch eine Integration Ihrer CRM-Datenbank und Ihrer Inbound-Marketing-Software gefragt, um Interessentenprofile ganzheitlich und kundenorientiert managen zu können. Gemeinsam mit dem Vertrieb legen Sie fest, wie Sie bestimmte Kundenaktionen im Internet und auf Ihrer Website bewerten. Welches Kundenverhalten ist ein besonders positives Signal für eine hohe Kaufbereitschaft? Die Anfrage eines Interessenten nach einer Produkt-Demo könnte z. B. so ein Hinweis sein. Andere Signale machen einen Kauf eher unwahrscheinlicher und senken die Attraktivität eines Lead für Ihr Unternehmen. Das wäre z. B. mit anzunehmender Sicherheit der Fall, wenn jemand Ihre Website länger als ein Jahr nicht besucht hat. Sie vergeben mit *Lead Scoring* diesen positiven und negativen Kennzeichen des Kundenverhaltens bestimmte numerische Scoring-Werte und ermitteln dadurch einen individuellen Wert für jeden Interessenten, der sich im Zeitablauf durchaus verändern kann und der im besten Fall kontinuierlich ansteigt.

2.3.4   Delight – Begeisterung erhalten

Mit welchen Marketing-Instrumenten können Sie nach dem Kauf bei Ihren Kunden Zufriedenheit steigern und Begeisterung wecken? Wichtige Tools sind hier aktivierende Sozial-Media-Kampagnen (Social-Media-Engagement), spezielle E-Mail-Kampagnen, Content-Inspirationen und nicht zuletzt der Aufbau einer Customer Community. Nach dem Kauf ist Inbound Marketing von unschätzbarem Wert. Mit E-Mail-Ketten und Content-Angeboten für fortgeschrittene Nutzer Ihrer Produkte können Sie Ihre Kunden gezielt bei der optimalen Produktnutzung unterstützen, nach ihren Problemen und Erfahrungen fragen und nicht zuletzt auch Folgekäufe und Erweiterungskäufe (sogenanntes *Cross-Selling*) anbahnen. Kunden suchen direkt nach dem Kauf Informationen, die ihren Kauf bestätigen. Hier können Sie informativen Content bereitstellen, aber auch mit inspirierenden Inhalten begeistern (z. B. Videos). So motivieren Sie Ihre Kunden zum Teilen Ihres Contents mit anderen Menschen aus ihrem Umfeld. Dann haben Sie alle Ziele Ihres Inbound Marketing erreicht – aus einem Fremden ist ein zufriedener Kunde und ein Empfehler Ihrer Marke geworden.

Natürlich sollten Sie nach dem Kauf jede Chance dazu nutzen, die Begeisterung Ihrer Kunden hochzuhalten und weiter auszubauen, um sie als aktive Empfehler zu unterstützen. Dazu setzen Sie idealerweise auf Marketing-Instrumente, die den individuellen Kundendialog forcieren (z. B. E-Mail-Kampagnen). Zusätzlich sollten Sie Kunden in Kommunikationsplattformen einbinden, in denen sie sich mit anderen Kunden und Empfehlern austauschen können (z. B. Kundenakademien, Customer Communitys, Fan-Klubs oder User Groups). Die vier Phasen des Inbound Marketing (Attraction, Connection, Engagement und Delight) sowie ihre jeweiligen Marketing-Instrumente sind das Grundgerüst oder das Framework Ihres Inbound Marketing. Alle diese Instrumente werden Sie später in Teil 2 dieses Buches näher kennenlernen.

2.4   Die Stellschrauben Ihres Marketing-Erfolgs – Conversion Rates

Es ist ein Kernprinzip des Inbound Marketing, Menschen im Kaufentscheidungsprozess nicht zu drängen oder zu bedrängen, sondern sie auf jeder Stufe des Vermarktungsprozesses durch Resonanz weiter anzuziehen und sie durch die *Pull*-Wirkung zum nächsten Schritt ihrer Customer Journey zu bewegen. Wenn ein Interessent (Lead) einen Schritt auf den Anbieter zugeht und damit gleichzeitig eine Stufe auf dem Weg seines Kaufentscheidungsprozesses vorankommt, nennen wir das eine *Conversion*. Ein Interessent, der ein Whitepaper auf einer Website herunterlädt oder sich zu einem Webinar anmeldet, macht das, weil er sich davon einen Nutzen verspricht, und aus eigenem Antrieb. Dafür passt der englische Begriff der Conversion (Wandlung, Umsetzung) im übertragenen Sinne recht gut, denn zu etwas »konvertieren« kann man nur aus eigenem Antrieb und mit einer eigenen festen Überzeugung. Genau auf dieses eigenverantwortliche Kundenverhalten setzt der Vermarktungsprozess des Inbound Marketing.

Jede Aktion, die ein potenzieller Kunde im Zusammenwirken mit Ihren Marketing-Instrumenten macht (z. B. die Registrierung auf einer Website, das Downloaden von Content), ist solch eine Conversion. Der Weg, den ein individueller Kunde entlang seiner Customer Journey wählt und dabei mit Ihren Marketing-Instrumenten in Kontakt kommt, ist sein persönlicher *Conversion Path*. Wenn Sie mit diesem Blickwinkel einmal auf Ihre Website schauen, entdecken Sie nicht die einzelnen Webpages, sondern das Zusammenspiel dieser einzelnen Seiten in der Reihenfolge, in der sich ein potenzieller Kunde durch Ihre Website bewegt. Startet er auf der Homepage? Wohin geht er als Nächstes? Schaut er nur weitere Content-Seiten an, oder geht er an einer bestimmten Stelle seines Conversion Path auf Ihre »Über Uns«-Seite? Haben alle, die in den letzten vier Wochen Ihre Produkte erworben haben, vorher Ihre Preistabelle auf der Website angesehen? Wie haben die Interessenten agiert, die sich nicht über Ihre Preise informierten, Sie dann aber direkt angerufen haben? Welche Ihrer späteren Kunden haben vorher Ihre Blogposts gelesen? Sie sehen, die Analyse von Conversion Paths kann sehr facettenreich sein. Schauen Sie sich für jeden Kundentyp (Buyer Persona) und für jede Entscheidungsphase einer Buyer Persona die wichtigsten Konversionspfade an – auf Ihrer Website und im Zusammenspiel mit anderen Medien (z. B. Social Media, Telefon, E-Mail). Solche Konversionspfade oder Conversion Paths markieren den Weg des Inbound Marketing, um einen Fremden zum Kunden zu machen. Ihre Aufgabe und Chance als Inbound Marketer ist es, die Performance der wichtigsten Konversionspfade zu analysieren und zu optimieren. Eine Inbound-Marketing-Software kann Ihnen dabei entscheidend helfen. Sie optimieren die Konversionsraten Ihrer Interessenten von der einen zur jeweils nächsten Stufe im Kaufprozess (vgl. Abbildung 2.5). Damit wird Ihr Marketing stetig erfolgreicher, denn Sie bewegen über die Zeit mehr Menschen immer effektiver in ihrem Entscheidungsprozess weiter in Richtung Kauf.

Sie messen den Erfolg vom einen zum nächsten Vermarktungsschritt als *Conversion Rate* (Konversionsrate). Wie erfolgreich Sie dabei sind, Ihren Traffic in Leads, Kunden und Empfehler zu verwandeln, das zeigen Ihnen die Umwandlungsraten oder *Conversion Rates* der einzelnen Schritte.

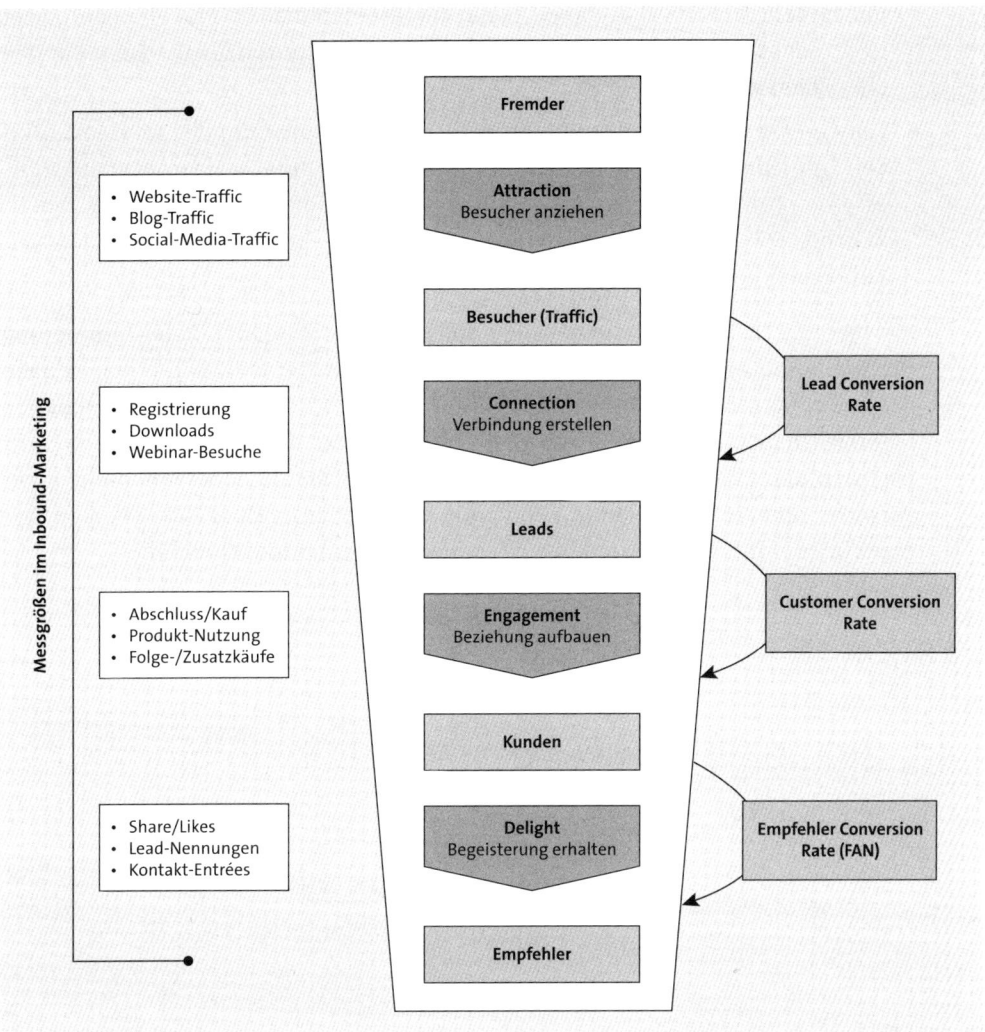

Abbildung 2.5 Conversion Rates

Conversion Rates sind wichtige Stellschrauben im Inbound Marketing. Mit Inbound-Marketing-Software erfassen und managen Sie die zentralen Conversion Rates und legen Maßnahmen zu ihrer kontinuierlichen Steigerung fest. Die drei wichtigsten Conversion Rates entlang der Customer Journey Ihrer Kunden sind die folgenden:

▶ *Lead Conversion*: Welchen Anteil Ihres Traffics entwickeln Sie zu Leads? Wie stark im Zeitablauf steigern Sie den prozentualen Anteil des Traffics, den Sie als Leads gewinnen?

▶ *Customer Conversion*: Wie ist Ihre Erfolgsquote bei der Konvertierung von qualifizierten Interessenten (Leads) zu Kunden? Wie viele gute, d. h. langfristige Kunden mit hohem Umsatz sind dabei? Bleibt die Kundenqualität im Zeitablauf gleich hoch, oder steigt sie sogar? Steigen die Durchschnittsumsätze mit neuen Kunden, oder fallen sie eher?

▶ *Fan-Conversion*: Wie viele und welche Ihrer gewonnenen Kunden werden zu aktiven Empfehlern, Fans oder Advocates Ihres Unternehmens? Wie viele neue Interessenten bzw. Neukunden bringen Ihnen diese Kunden-Fans? Steigt ihre Zahl im Zeitablauf? Wie beurteilen Sie die Qualität der über Empfehler gewonnenen Neukunden im Vergleich zu Ihren übrigen Kunden?

Mit Inbound Marketing betreiben Sie professionelle Conversion-Rate-Optimierung. Der Dreh- und Angelpunkt für die Konvertierung von Fremden zu Kunden ist dabei das Informations- und Kaufentscheidungsverhalten Ihrer wichtigen Zielkunden. Mehrfach haben wir dafür schon den Begriff der Buyer Personas verwendet. Im nächsten Kapitel geht es um genau diese Art der Zielgruppenbeschreibung. Buyer Personas sind ein Hauptbestandteil von Inbound. Die Denke in Buyer Personas ist Ausdruck des modernen Kundenverständnisses im Inbound Marketing.

Kapitel 3

Buyer Personas – Inbound Marketing ist kundenzentriert

Buyer Personas helfen, die Kommunikation mit potenziellen Kunden zielgenau auszurichten. Diese idealtypischen Steckbriefe zeigen uns, wie ein Interessent, ein Kunde oder Produktnutzer »tickt«. Sie geben Einblick, wie, wann und insbesondere warum Kunden ihre Kaufentscheidungen treffen. Diese Erkenntnisse helfen, auf die Bedürfnisse der Zielpersonen einzugehen und ihre Kaufentscheidung zu beeinflussen.

Die Gewinnung von Insights über Ihre Kunden und deren Aufbereitung zu idealtypischen Kundenprofilen, den sogenannten *Buyer Personas,* ist eine der wichtigsten Aufgaben des Inbound Marketing. Bevor das Web und die sozialen Medien das Kundenverhalten revolutionierten, war es meist ausreichend, die zu bearbeitenden Kunden in Zielgruppen oder Marktsegmente einzuteilen. Das waren oft erstaunlich unpersönliche und unkonkrete Beschreibungen, die nur unzureichend dazu geeignet waren, daraus effektive Marketing-Kampagnen und Kundenansprachen zu entwickeln. Heute reicht diese traditionelle Zielgruppenbeschreibung nicht mehr aus, um das Informations- und Kaufverhalten von Menschen im Internet zu verstehen. Inbound Marketing setzt daher mit Buyer Personas auf ein moderneres und weiter gefasstes Kundenverständnis.

3.1 Von der Zielgruppe zur Buyer Persona

Als Marketing-Verantwortlicher haben Sie die Aufgabe, Ihre Kunden überzeugend und persönlich anzusprechen. Dafür müssen Sie die Verhaltensweisen Ihrer Kunden und derer, die es noch werden sollen, genau kennen. Je besser Sie die unterschiedlichen Einstellungen, Wünsche und Lebensgewohnheiten verschiedener Käufertypen einschätzen können, desto größer wird auch Ihr Marketing- und Vertriebserfolg sein. Je klarer und aussagekräftiger das Profil Ihrer Zielpersonen definiert ist, desto effizienter können Sie Ihr Marketing bzw. Ihre gesamte Kommunikation ausrichten. Mit dem Begriff *Zielgruppe* bezeichnete man im klassischen Marketing eine Gruppe von Personen, die man durch gemeinsame (homogene) Kriterien oder Merkmale von anderen Gruppen eindeutig unterscheiden bzw. abgrenzen kann. Über diese Kriterien sollten Marketing und Vertrieb eine Zielgruppe leicht erkennen und ansprechen können. Dabei konzentrierte man sich üblicherweise auf soziodemografische Merkmale (Familienstand, Alter, Einkommen, Wohnort, Geschlecht, Bildung, Beruf) und psychografische Merkmale (Motive, Einstellungen, Interessen, Wünsche, Präferenzen). In der Marketing-Praxis sah dann eine Zielgruppenbeschreibung in etwa so aus: Weiblich, Single, 30–35 Jahre alt, 3.000 bis 3.500 € Brutto-Monatseinkommen, universitärer Abschluss, Angestellte, sportlich aktiv. Wie Sie vielleicht merken, ist eine solche Zielgruppenbeschreibung auf den ersten Blick relativ konkret, aber dennoch nur bedingt aussagekräftig dafür, wie man Menschen erreichen und ansprechen soll. Ein genaues Bild von Ihren Zielpersonen erhalten Sie so nicht.

Praxisbeispiel: Wie aussagekräftig sind Zielgruppenbeschreibungen?

Stellen Sie sich einmal *Prince Charles* und *Ozzy Osbourne* vor. Auf beide trifft die folgende Zielgruppenbeschreibung zu: Männlich, verheiratet mit Kindern, geboren in Großbritannien, sehr vermögend, beruflich erfolgreich. Doch denken Sie, dass diese Zielgruppenbeschreibung darauf schließen lässt, dass ein britischer Royal und ein Rock-Musiker das gleiche Informations- und Kaufverhalten haben? Wohl kaum.

Beim Inbound Marketing setzen Sie daher auf Buyer Personas, d. h. auf plastische Steckbriefe Ihrer idealen Kunden. So ein Steckbrief sollte Rückschlüsse zulassen auf den konkreten Kaufprozess, auf den Informationsbedarf und auf die von diesen Menschen genutzten Informationsquellen in jeder Phase ihres typischen Kaufprozesses. Eine solche Buyer Persona umfasst alle Kunden mit vergleichbaren

- Verhaltens- und Handlungsmustern
- Suchverhalten und Entscheidungskriterien
- Informationsquellen und genutzten Medien
- beruflichen und persönlichen Herausforderungen (*Painpoints*)
- generellen Zielen, Wünschen, Träumen
- demografischen und biografischen Merkmalen

Die Arbeit mit Buyer Personas hat viele Vorteile. Erst durch die genaue Kenntnis der Zielkunden ist eine echte Personalisierung von Marketing-Botschaften möglich, da Sie jetzt erst die Sprache Ihrer Zielgruppe verstehen und sprechen können. Der Einsatz von Buyer Personas ist im Inbound Marketing aus drei Gründen besonders wichtig:

1. Inbound Marketing will eine kundenorientierte Kommunikation aufbauen. Erst die Kenntnis der Buyer Personas ermöglicht es, Marketing-Ansprachen und Content so zu gestalten, dass Kunden sich in ihren Problemen und Bedürfnissen so

verstanden fühlen, dass sie mit jedem Kontakt mehr Vertrauen zum Unternehmen entwickeln.

2. Im Inbound Marketing nutzen Sie nur diejenigen Kommunikationskanäle, die für Ihre Kunden wichtig sind. Erst die Buyer-Persona-Steckbriefe geben Rückschlüsse auf die von der Kundengruppe bevorzugten Informationsquellen wie z. B. bestimmte Online-Medien oder Facebook-Gruppen.

3. Buyer Personas werden nicht nur im Marketing, sondern auch im Vertrieb eingesetzt. Die klassische Zielgruppensegmentierung hilft vielen Verkäufern nicht weiter, weil sie viel zu unkonkret ist. Anders ist das beim Inbound-Prinzip, denn hier erhalten Marketing und Vertrieb ein gemeinsames und sehr konkretes Bild ihrer potenziellen Kunden.

Eine Buyer Persona ist eine fiktive Personenbeschreibung, die stellvertretend für einen Kundentyp bzw. Wunschkunden steht. Das Buyer-Persona-Konzept hilft Ihnen, Ihre Marketing-Aktionen zielgenau auf Ihre potenziellen Kunden auszurichten und auf spezifische Kundenbedürfnisse einzugehen. Mit der Erstellung von Buyer-Persona-Steckbriefen schaffen Sie Kundenbeschreibungen, die wie ein Einblick in das Leben und den Kaufentscheidungsprozess einer realen Person wirken. Natürlich hat jeder individuelle Käufer seinen eigenen und individuellen Informations- und Kaufentscheidungsprozess. Mit den Buyer Personas bilden Sie jedoch den typischen Kunden ab, der die gemeinsamen Kaufentscheidungsmerkmale möglichst vieler vergleichbarer Menschen auf sich vereint. Im Inbound Marketing geht es nicht darum, Buyer Personas für alle existierenden Käufertypen auf dem Markt zu formulieren, sondern nur die wichtigsten und attraktivsten potenziellen Kunden (Wunschkunden) zu bestimmen. Je besser Sie Ihre Zielkunden verstehen lernen, desto effektiver werden Sie Content gestalten, Inbound-Kampagnen entwickeln und Interessentenansprachen durchführen können. Je besser bzw. aussagekräftiger die Informationen sind, die Sie über Ihre Idealkunden zusammentragen, desto präziser können Sie sowohl Content als auch Kundenansprache ausgestalten.

Das sorgfältige Erstellen von Buyer Personas ist ein komplexer und dynamischer Prozess, der mit gründlicher Recherche- und Analysearbeit verbunden ist. Dabei werden Sie viele verschiedene Informationsquellen anzapfen. Ihre wichtigste Informationsquelle sind persönliche Interviews mit Kunden und Interessenten, die Sie extra für die Entwicklung Ihrer Buyer Personas durchführen. Informationen von Kunden oder auch Nichtkunden aus erster Hand lassen sich durch nichts ersetzen. Sie sollten möglichst nicht nur aktuelle Kunden befragen, sondern darüber hinaus auch ehemalige Kunden, Kunden der Wettbewerber und, falls möglich, sogar Interessenten, die ihren Kaufprozess mit Ihnen nicht fortgesetzt haben.

Ihre aktuellen Kunden sind der Startpunkt Ihres Handelns, denn sie haben sich für Ihr Unternehmen entschieden und damit Ihren Marketing- und Vertriebsprozess bereits durchlaufen. Gehen Sie davon aus, dass ein Kunde vielleicht längst nicht alles gut fand, was ihm auf dem Weg zu Ihrem Unternehmen passiert ist. Sie werden überrascht sein, wie positiv Kunden reagieren, wenn Sie sie danach fragen, was sie bis heute am Auftritt und Verhalten Ihres Unternehmens weniger gut fanden. Schauen Sie also zunächst auf Ihre aktuellen Kunden, und stellen Sie alle Informationen zusammen, die bei der Formulierung Ihrer Buyer Personas hilfreich sein könnten.

Inbound-Tipp: Was können Sie von Ihren aktuellen Kunden lernen?

Als Grundlage für die Erstellung von Buyer Personas nehmen Sie Ihre aktuellen Kundendaten zu Hilfe. Halten Sie sich nicht an einzelnen Personen fest, sondern gruppieren Sie Ihre Kunden nach ähnlichen Ausprägungen. Je mehr Informationen Ihnen vorliegen, desto besser. Stellen Sie Ihren eigenen Fragenkatalog zusammen, abgestimmt auf Ihre Produkte und Services. Hier sind einige Anregungen:

1. Welche demografischen Daten liegen vor? Wie alt ist die Persona? Ist sie eher männlich oder weiblich, wo wohnt sie, wie hoch ist ihr Gehalt?

2. Welche psychografischen Daten sind Ihnen bekannt? Welche Informationen liegen Ihnen über den (beruflichen) Hintergrund der Persona vor? Welchen Beruf übt die Persona aus, und wie viele Jahre Erfahrung hat sie darin? Welchen Jobtitel trägt sie?

3. Was ist Ihnen über das Informationsverhalten der Persona bekannt? Welche Content-Formate (online) und Print-Medien (offline) liest sie? Wie hoch ist ihre Aufmerksamkeitsspanne, d. h., liest sie auch lange Content-Formate, d. h. sogenannten »Deep Content« wie z. B. Bücher, Whitepaper oder E-Books?

4. Welche Ziele und Motivationen hat die Persona bezüglich Ihrer Produkte/Ihrer Dienstleistungen? Welche Bedürfnisse hat die Persona, welche Themen beschäftigen sie? Hat die Persona nachvollziehbare Herausforderungen, und ist sie sich dieser potenziellen Probleme bereits bewusst? Hat die Persona eine Vorstellung, wie sie ihre Probleme lösen kann? Wie können Ihre Produkte und Services der Persona bei der Lösung ihrer Probleme oder Ausschöpfung ihrer Potenziale helfen? Welche beruflichen Herausforderungen und Ziele hat die Persona? Nach welchen Kriterien wird die Persona im Beruf bewertet?

5. Welchen Lebensstil hat die Persona? Welche Hobbys und Wertvorstellungen? Welches Auto fährt sie? Benutzt sie ein Smartphone oder ein anderes mobiles Endgerät? Was macht sie in ihrer Freizeit – macht sie dieses allein oder mit anderen? Welche Musik hört die Persona, welche Küche bevorzugt sie?

6. Wie lange dauert ein Kaufabschluss? Wie werden Interessenten das erste Mal auf Ihre Produkte/Services aufmerksam? Welche Berührungspunkte (*Customer Touchpoints*) gibt es, an denen die Persona mit Ihren Produkten/Services in Berührung kommt? Wie kommt es zum Kaufabschluss? Wie viel Zeit vergeht vom ersten Kontakt bis zum Kauf? Was passiert nach dem Kauf? Kauft die Per-

sona Ihre Produkte/Services einmalig, oder kann es zu Wiederkäufen bzw. Folge-käufen kommen?

7. Nach welchen Kriterien entscheidet die Persona über einen Kauf? Warum kauft die Persona – oder eben auch nicht? Welche Gründe führen zum Kaufabbruch? Warum kauft die Persona genau bei Ihnen?

8. Kennen Sie typische Aussagen dieser Persona? Was sind die Standardaussagen, die Ihr Vertrieb von dieser Persona zu hören bekommt?

9. Wie kann man das Aussehen und den Namen Ihrer Persona charakterisieren? Können Sie einen repräsentativen Vornamen und eine repräsentative Rollenbe-zeichnung zuordnen, wie z. B. »Einkäufer Erik«? Kann man sogar ein Porträtfoto einer solchen idealtypischen Person finden?

Buyer-Persona-Profile werden längst nicht nur im Marketing, sondern auch im Ver-trieb und Kundenservice, in der Marktforschung und selbst in der Produktentwick-lung verwendet. Mit Buyer Personas schaffen Sie für alle Unternehmensbereiche eine klare Orientierung darüber, welche Anforderungen potenzielle Kunden an Ihre Produkte, die Kommunikation, den Vorkauf- und Nachkauf-Service, die erwartete Preisstellung Ihrer Produkte usw. haben. Betrachten Sie Ihre Buyer Personas als einen fortwährenden Prozess der Informationssuche, denn die Erwartungen und Anforderungen Ihrer Kunden ändern sich im Zeitablauf, z. B. durch das Auftreten neuer Wettbewerber, durch andere Lösungsmöglichkeiten für die Kundenprobleme, oder es treten neue Buyer Personas mit völlig anderen Produktinteressen auf den Plan.

3.2   Die Customer Journey – den Kaufprozess verstehen

Die Customer Journey haben Sie bereits in Kapitel 1 dieses Buches kennengelernt. Sie umfasst alle Stationen der Reise eines Kunden durch die Geschäftsbeziehung mit Ihrem Unternehmen. Der Kunde beginnt seine Reise, indem er ein bestimmtes Inte-resse oder den Willen zur Lösung eines Problems für sich erkennt (Awareness-Phase). Weiter geht es auf der Kundenreise mit seiner Suche nach geeigneten Wegen zur Pro-blemlösung (Consideration-Phase) und der anschließenden Entscheidungsfindung (Decision-Phase). Die längste Reisephase ist meist die anschließende Nutzung des gekauften Produktes bzw. Services (Deployment-Phase) mit allen Folgekäufen bis hin zur Beendigung der Beziehung zwischen Kunde und Produkt bzw. Unternehmen.

3.2.1   Customer Journey – die Reise Ihrer Buyer Persona

Den Prozess der Reise des Kunden von der ersten Suche nach Informationen bis zum Kaufabschluss bzw. Wiederkauf beschreibt *Wikipedia* sehr schön.

> *Customer Journey (ugs. zu dt.: Die Reise des Kunden) ist ein Begriff aus dem Marketing und bezeichnet die einzelnen Zyklen, die ein Kunde durchläuft, bevor er sich für den Kauf eines Produktes entscheidet. Aus Sicht des Marketing bezeichnet die Customer Journey alle Berührungspunkte (Touchpoints) eines Konsumenten mit einer Marke, einem Produkt oder einer Dienstleistung. Hierzu zählen nicht nur die direkten Interaktionspunkte zwischen Kunden und Unternehmen (Anzeige, Werbespot, Webseite usw.), sondern auch die indirekten Kontaktpunkte, an denen die Meinung Dritter über eine Marke, ein Produkt oder eine Serviceleistung eingeholt wird (Bewertungsportale, Userforum, Blog usw.). Kunden informieren sich zunehmend über diese indirekten Kontaktpunkte, welche von den Unternehmen nicht unmittelbar beeinflusst werden können. Ein tiefgehendes Verständnis der gesamten Customer Journey (inkl. direkter und indirekter Kontaktpunkte) ist Grundvoraussetzung für eine kundenorientierte Marketing- und Vertriebsausrichtung. (https://de.wikipedia.org/wiki/Customer_Journey)*

Über die Dauer dieser Kundenbeziehung hinweg kommt der Kunde an unzähligen Kontaktpunkten des Unternehmens bzw. der Marke vorbei, den sogenannten *Customer Touchpoints* des Unternehmens. Man besucht die Website des Unternehmens, liest einen Artikel über den Hersteller auf einem Vergleichsportal, hat ein persönliches Beratungsgespräch mit einem Vertriebsmitarbeiter oder führt ein Telefonat mit dem Kundenservice. Es gibt die vielfältigsten Kontaktpunkte, und nicht jeder Touchpoint beeinflusst im gleichen Maße die wahrgenommene Kundenerfahrung (Customer Experience). Manche Touchpoints werden nicht einmal vom Kunden bewusst registriert. Andere Momente hingegen überstrahlen für den Kunden alles Übrige in ihrer Bedeutung und werden deswegen auch Momente der Wahrheit oder Moments of Truth genannt.

Im Inbound Marketing spielt die Analyse der Customer Touchpoints eine große Rolle. Manche Kontaktpunkte sind besonders entscheidend, um einen potenziellen Kunden aus seiner Phase der Lösungssuche (Consideration) herauszubringen und ihn in Richtung Entscheidungsbildung (Decision) zu bringen. Das ist ein besonders wichtiger Punkt in der Customer Journey, weil Kunden meist früh in ihrer Decision-Phase ihre Entscheidungen treffen über alle Marken, die potenziell kaufrelevant sein könnten. Die infrage kommenden Marken nennt man auch das *Relevant Set* des Kunden.

3.2.2   Customer Journey Mapping – die Reise des Kunden verstehen

Mit Inbound Marketing können Sie den Weg eines Interessenten zum potenziellen Käufer gezielt begleiten. Eine Analyse der Customer Journey hilft Ihnen, die Reise Ihres Kunden entlang der gesamten Touchpoints zu verstehen. Denn nur wenn es gelingt, diese Kundenreise für den Kunden nutzenstiftend, angenehm und konstruktiv zu gestalten, ist dieser bereit, irgendwann auch eine langfristige Beziehung mit Ihrem Unternehmen einzugehen. Zeichnen Sie die Reiseroute Ihres Kunden bzw. Ihrer Buyer Persona so präzise wie möglich auf, und erstellen Sie eine entsprechende *Customer Journey Map*, also eine Art Reisekarte über alle zentralen Customer Touchpoints hinweg, die besonderen Einfluss auf den Entscheidungsprozess Ihrer jeweiligen Buyer Persona haben (vgl. Abbildung 3.1).

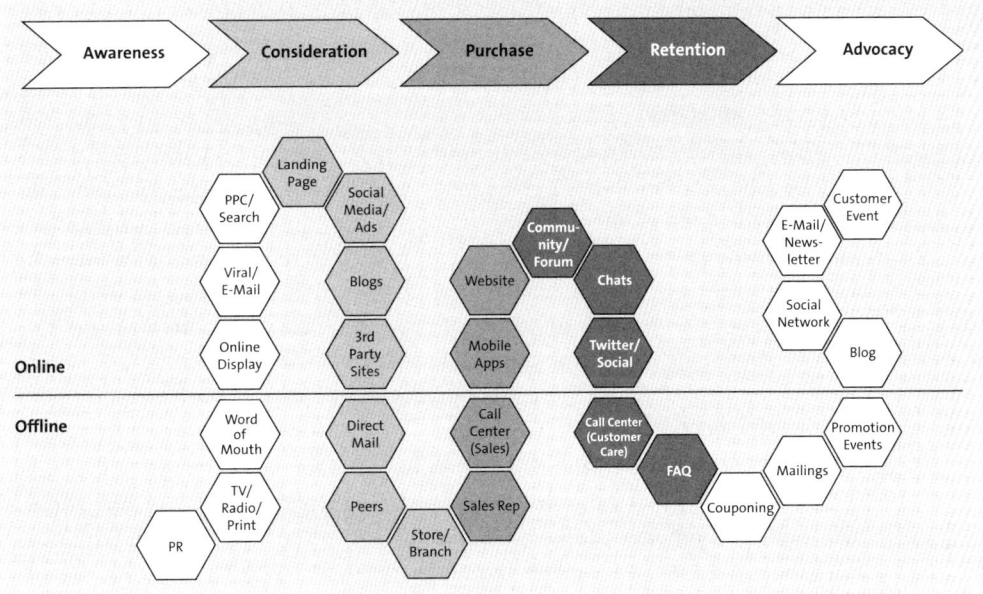

Abbildung 3.1 Customer Journey Map (Beispiel)

Mit einer Customer Journey Map dokumentieren Sie alle wichtigen Touchpoints und Moments of Truth konsequent aus der Sicht Ihrer Buyer Persona. Sie sollten nicht nur die Aktionen Ihrer potenziellen Kunden notieren, sondern möglichst auch deren Gedanken und Gefühle an den einzelnen Touchpoints. Die Informationen dazu erhalten Sie vor allem aus entsprechenden Beobachtungen und Befragungen von Repräsentanten Ihrer jeweiligen Buyer Persona (mehr dazu in Teil 3 des Buches). Richtig angewendet, unterstützt das Customer Journey Mapping Ihr Inbound Marketing so, dass Sie die besonders wichtigen Interaktionen auf dem Weg zum Kaufabschluss (Moments of Truth) kennenlernen. Entscheidende Momente wie z. B. der erste Besuch Ihrer Website oder die Hergabe von persönlichen Informationen auf einer Landing Page sollten im Inbound Marketing besonders sorgfältig gestaltet, getestet und überwacht werden. Ihr Customer Journey Mapping hilft Ihnen bei der Priorisierung Ihrer Inbound-Maßnahmen für Marketing und Vertrieb. Sie harmonisieren dadurch auch Ihre Inbound-Kampagnen mit den Kundenbedürfnissen. Und das macht Ihr Inbound Marketing eindeutig erfolgreicher.

Inbound-Tipp: So erstellen Sie eine professionelle Customer Journey Map

1. Schreiben Sie zunächst alle Kontaktpunkte auf, die Ihnen Ihre aktuellen oder ehemaligen Kunden nennen. Ergänzen Sie alle Kontaktpunkte, die Ihnen im Marketing, Vertrieb und Kundenservice in den Sinn kommen. So haben Sie meistens bereits einen ersten guten Überblick. In der Regel werden die ersten Kontaktpunkte, an denen ein potenzieller Kunde von Ihrem Angebot erfährt, nicht zu Ihrem Unternehmen gehören (wie z. B. Ihre Website), sondern es werden in der Regel unternehmensfremde Touchpoints sein, die Sie nur indirekt beeinflussen können, wie z. B. Suchergebnisse bei Google oder die Anzeige Ihrer Posts in der Facebook-Timeline.

2. Schenken Sie Ihre Aufmerksamkeit besonders all den Kontaktpunkten, die eine hohe Reichweite bei Ihren Zielkunden haben. Das können Zeitschriften oder Online-Medien, Xing- oder Facebook-Gruppen oder auch YouTube sein. Auf diesen Plattformen kommen besonders viele Zielkunden mit Informationen über Ihr Angebot in Kontakt. Weitere solcher Kontaktpunkte im Web können Vergleichsportale sein, in denen Ihre Angebote neben einer Vielzahl anderer Anbieter stehen. Es können aber auch Kontaktpunkte sein, bei denen Ihr Angebot besonders deutlich herausgestellt ist, wie z. B. eine Google-Ads-Anzeige oben auf einer Seite mit Google-Suchergebnissen.

3. All diese Kontaktpunkte zahlen auf die Wahrnehmung Ihres Unternehmens und Ihrer Marke ein. Damit kann sich jeder Touchpoint auf ihre Buyer Persona potenziell kauffördernd oder kaufverhindernd auswirken. Nur wenige Kontaktpunkte produzieren aus Kundensicht einen herausragenden Moment of Truth. Versuchen Sie, diese Kontaktmomente besonders gut zu verstehen. Warum waren diese Punkte so wichtig? Was haben sie beeinflusst – die Dringlichkeit der Kaufentscheidung oder/und sogar die Markenpräferenz? Was hätte diesen Moment noch besser oder handlungsauffordernder machen können? Starten Sie ein Kontaktpunkt-Ranking, bei dem Sie die wichtigsten Kontaktpunkte in eine Prioritätenfolge und in eine zeitliche Abfolge des Entscheidungsprozesses bringen. In diesen wichtigen Kunden-Momenten sollte Ihr Inbound Marketing die höchstmögliche Performance liefern, da Ihre Buyer Persona dort am nachhaltigsten beeinflusst und begeistert werden kann.

4. Erstellen Sie eine richtige Reisekarte der Buyer Persona durch Ihr Unternehmen. Visualisieren Sie die Reise Ihrer Buyer Personas entlang der Kontaktpunkte mit Ihrem Unternehmen. In welcher Form Sie die Customer Journey Map darstellen, entscheiden Sie selbst. Vielleicht lassen sie eine Art Landkarte zeichnen? Oder Sie drehen eine idealtypische Customer Journey als Video für die Kollegen in Vertrieb, Kundenservice und Co.? Halten Sie die Visualisierung einer Customer Journey auch irgendwo mit Haftnotizen auf großformatigem Papierbogen fest, damit Sie neue Erfahrungen jederzeit einbauen und weiter visualisieren können. Denn eine Customer Journey Map ist niemals statisch, sondern entwickelt sich so schnell weiter, wie das Verhalten Ihrer Kunden es tut.

3.2.3   Der Informationsbedarf entlang der Customer Journey

Der Informationsbedarf Ihrer Buyer Personas ist von Phase zu Phase der Customer Journey unterschiedlich. Das hat erhebliche Auswirkungen auf Ihr Inbound Marketing. Es betrifft die Konzeption Ihrer Inbound-Kampagnen, die Gestaltung Ihrer Website, den Redaktionsplan Ihres Blogs und die Social Posts, mit denen Sie eine Verbindung zu potenziellen Kunden herstellen wollen. Ihre Aufgabe ist es, optimalen Content für jede Phase der Customer Journey bereitzustellen. Nur so erhalten Ihre potenziellen Kunden ein optimales Informationsangebot, egal, in welcher Phase sie sich gerade befinden. Genauso wichtig ist es, ständig Performance-Lücken Ihres Inbound Marketing entlang der Customer Journey aufzudecken. Die Customer Journey Map zeigt Ihnen die Moments of Truth Ihrer Buyer Personas. An welchen Stellen bestehen noch Lücken bei der Versorgung Ihrer potenziellen Kunden mit Content und Service? Können Ihre Buyer Personas zu jedem Zeitpunkt erkennen, was der nächste geeignete Schritt für sie ist? Bieten Sie an jeder wichtigen Stelle einen Link zur nächsten wichtigen Informationsquelle?

Inbound-Beispiel: Buyer Personas entlang der Customer Journey bewegen

Sie haben z. B. als Hersteller von wasserdichten Handyhüllen auf YouTube ein Video eingestellt, das sich an alle Vertreter einer Buyer Persona richtet, die sich in der Consideration-Phase befinden. Da käme z. B. ein Spot infrage, der über verschiedene Wege informiert, sein Smartphone vor Wasser zu schützen. Am Ende des Videos könnten Sie auf weiterführende Informationen hinweisen und z. B. einen Link auf eine entsprechende Vergleichsübersicht auf Ihrer Website einblenden.

Aus dieser downloadbaren Tabelle geht dann z. B. eindrucksvoll hervor, dass es zwar viele Wege und Produkte gibt (von der Plastikhülle bis hin zum Hard Case), dass aber gerade Ihr Produkt bei wichtigen Leistungsmerkmalen eindeutig in Führung liegt. Ein Link zum Online-Shop direkt neben der Vergleichstabelle bietet dann Ihrer Buyer Persona die Möglichkeit, direkt in die Decision-Phase zu gehen und sogar den Kauf zu tätigen.

Analysieren Sie, welche Informationen und Angebote an jedem wichtigen Kontaktpunkt (Moment of Truth) sinnvoll wären, um den potenziellen Kunden in diesem entscheidenden Moment zu begeistern und ihn zielorientiert auf den nächsten wichtigen Punkt der Customer Journey Map zu lenken. Das ist eine der kreativsten Aufgaben des Inbound Marketing. Erarbeiten Sie gezielt ein volles Informations- und Content-Programm für jede Phase der Customer Journey.

Inbound-Tipp: Den Informationsbedarf in der Customer Journey decken

▶ In der Awareness-Phase entwickeln Menschen zunächst Problembewusstsein, ohne an eine konkrete Lösung zu denken. Viele sind sich ihres Informationsbedarfs noch gar nicht bewusst. Dann können Sie mit Inbound Marketing einen latent vorhandenen Informationsbedarf wecken, indem Sie Informationen als *Trigger* zur Problemerkennung und zu potenziellen *Painpoints* bereitstellen. Wenn Sie Solaranlagen vertreiben, könnten Sie z. B. an zentralen Touchpoints fragen: »Ist Ihre Stromrechnung zu hoch?«

▶ In der Consideration-Phase beginnen Menschen ihre aktive Suche nach Lösungswegen. Die Botschaften Ihrer Inbound-Kampagnen können hier helfen, den Lösungsbedarf zu strukturieren oder neue Lösungswege aktiv vorzuschlagen. Für einen Solaranlagen-Anbieter könnte hier ein geeigneter Ansatz sein: »Wie Sie von Stromanbietern unabhängig werden.«

▶ In der Decision-Phase hat sich der Interessent für eine bestimmte Art der Problemlösung entschieden und sucht jetzt nach konkreten Anbietern. Um potenzielle Kunden in dieser Phase direkt anzusprechen, können Sie den von Ihnen favorisierten Lösungsweg empfehlen. Ein Solaranlagen-Hersteller könnte das Thema »Solaranlage kaufen« direkt ansprechen.

▶ In der Deployment- oder Nachkauf-Phase hat sich der Kunde für den Kauf Ihres Produktes bzw. Ihrer Services entschieden und kann sich nun für einen Wiederkauf bei Ihnen – oder eben auch für einen Kauf beim Wettbewerb – entscheiden. Unser Solaranlagen-Anbieter würde also z. B. über das Thema »Wie Sie Ihre Solaranlage fit halten« reden.

Das war ein Beispiel für den Informationsbedarf entlang der Customer Journey aus der Perspektive eines Anbieters. Welche genauen Botschaften und welche Content-Instrumente Sie in jeder Phase genau wählen, bleibt hier offen, denn das entscheiden Sie erst mit Ihrer *Content-Strategie* (dazu mehr in Teil 3 des Buches). Schauen Sie sich doch das Ganze einmal aus der Sicht eines Kunden an. Jetzt wirkt alles viel zufälliger, denn in der Tat können Sie mit Inbound Marketing nur Kontaktangebote schaffen. Der Kunde entscheidet frei, welchen Reiseweg er entlang der Customer Touchpoints nimmt und welche Aufmerksamkeit er Ihren Kontaktangeboten an den verschiedenen Stellen schenkt. Manche Kontakte erfolgen zufällig, manche Kontakte führt Ihr Kunde bewusst herbei. Lernen Sie dazu Familie Sommer kennen, die gerade ihre Stromrechnung bekommen hat.

Beispiel: Familie Sommer und die Stromkostenrechnung

Familie Sommer wohnt im Eigenheim am Rande einer Kleinstadt. Als die Familie die jährliche Verbrauchsabrechnung ihres Stromanbieters erhält, sind die Sommers geschockt, denn sie sollen eine hohe Nachzahlung an ihren Stromanbieter leisten (Awareness-Phase). Nun überlegt Familie Sommer, wie man die Stromkosten senken kann. Dabei geht es zunächst um die Senkung des Stromverbrauchs. Also soll ab sofort nachts die Außenbeleuchtung des Hauses abgeschaltet werden. Auch der

Wechsel zu einem anderen Stromanbieter wird diskutiert. Ein Vergleich der Stromanbieter im Netz ergibt jedoch kein großes Einsparungspotenzial und wird daher verworfen.

Herr Sommer hat die Idee, sich durch eine eigene Stromversorgung ein Stück weit von den Stromanbietern unabhängig zu machen. Frau Sommer kann sich noch daran erinnern, dass vor einigen Wochen ein Flyer im Briefkasten lag, der irgendetwas mit Solaranlagen zu tun hatte, kann sich aber nicht mehr an den Namen des Anbieters erinnern (Consideration-Phase).

Herr Sommer recherchiert also einfach im Internet zum Thema Solaranlagen. Er findet viele Online-Ratgeber und Verbraucherportale, die ihm Informationen zum Thema geben. Erstaunlicherweise ist kein Hersteller dabei, der ihm mit neutralen Informationen weiterhelfen würde. Da er jetzt aber konkrete Infos zu Anbietern sucht, gibt er »Solaranlage kaufen« ein und erhält alle möglichen Suchergebnisse auf Googles Seite eins – von eBay über einen Online-Elektronik-Shop bis hin zu einem Baumarkt. Wieder kein Volltreffer. Endlich entdeckt er die Google-Ads-Anzeige des Solarherstellers »Sonnenklar« (frei erfunden), der damit wirbt, jedem Kunden zur passenden und kostengünstigen Solaranlage zu verhelfen, um so Stromkosten zu senken (Decision-Phase).

Herr Sommer gelangt auf die Website der Firma »Sonnenklar«, wo er ausführliche Informationen zum Thema »Stromkosten senken« findet. Auch über die verschiedenen Technologien, deren Vorteile und Kosten klärt die Website auf. Dabei werden Solaranlagen mit anderen Stromspar- und Stromerzeugungstechniken verglichen. Herr Sommer lädt bei »Sonnenklar« ein E-Book herunter mit dem Titel »15 Dinge, die Sie unbedingt beim Kauf Ihrer Solaranlage beachten sollten«. Er registriert sich dafür mit seinen Kontaktdaten und gibt im Formular an, dass er beabsichtigt, in den nächsten Wochen eine Solaranlage zu kaufen. Daraufhin erhält Herr Sommer per E-Mail weitere Informationen zu geeigneten Solaranlagen und die Adressen der Beratungscenter von »Sonnenklar« in seiner Nähe.

Auf Vergleichsportalen verifiziert Familie Sommer jetzt noch ihr frisch gewonnenes Solarwissen, vergleicht Kosten, Technik und Ausführung mit anderen Herstellern und entscheidet sich für einen Besuch in einer Niederlassung der Firma »Sonnenklar«. Auch die Betreuung und Beratung bei »Sonnenklar« vor Ort überzeugt die Sommers, weshalb sie sich zu einer Investition entschließen, die etwas größer ist, als eigentlich geplant war. Familie Sommer hat ihr Problem gelöst und kauft eine Solaranlage der Firma »Sonnenklar«.

In unserem Beispiel hat das Unternehmen »Sonnenklar« für jede Phase der Customer Journey die passenden Botschaften bereitgestellt. Für die Awareness-Phase war die Botschaft »Stromkosten senken« genau richtig und für die Familie Sommer bei ihrer Problemanalyse hilfreich. Für die Consideration-Phase der Familie Sommer bot die Website von »Sonnenklar« viele wertvolle Informationen zu problemlösenden

Technologien, den Kosten und Vorteilen. Für die Decision-Phase der Familie waren das E-Book mit den Tipps zum Kauf einer Solaranlage und die weiterführenden E-Mail-Informationen zu den Solaranlagen des eigenen Unternehmens hilfreich. Auch vor Ort beim persönlichen Vertriebsgespräch konnte das Unternehmen in dieser Phase durch Beratung und Betreuung punkten. Machen Sie es wie die Firma »Sonnenklar«. Analysieren Sie die kaufentscheidenden Mechanismen in der Customer Journey Map Ihrer Buyer Persona, und schaffen Sie Content-Angebote, die potenzielle Kunden in jeder Phase überzeugen.

TEIL II

Wie Sie Kunden mit Inbound gewinnen und begeistern

Kapitel 4

Anziehung für potenzielle Kunden schaffen – Attraction-Phase

Einer meiner langjährigen Verkäufer hat einmal das Geheimnis seines Erfolges entschleiert: Man muss den Kunden reden lassen und ein guter Zuhörer sein.
– Wilhelm Becker (*1913–1994), dt. Unternehmer,
1945–94 Geschäftsführer Auto Becker

Wie schafft man es, Menschen für sich zu gewinnen und anzuziehen? Diese Frage füllt wohl Hunderte von Ratgebern und Büchern. Sie ist die Grundlage für unzählige Kinofilme. Anziehungskraft beschäftigt Menschen, die einen Partner suchen, einen neuen Arbeitgeber finden oder ganz einfach nur mehr Aufmerksamkeit in der Öffentlichkeit haben wollen. Das »Gesetz der Anziehung« hat schon weltweit erfolgreiche Bestseller-Bücher hervorgerufen wie z. B. »The Secret« von Rhonda Byrne (Arkana Verlag 2007). Das Streben nach einer Anziehungskraft, die Menschen und positive Entwicklungen auf sich zieht, ist keine Erfindung von Inbound Marketing. Die Inbound-Philosophie baut auf diesem Pull-Effekt der Anziehungskraft lediglich auf und erzielt damit bemerkenswerte Erfolge.

Um im Alltag Anziehung zu schaffen, gibt es keinen besseren Weg, als sich auf authentische und achtsame Art in die Gespräche der Menschen einzubringen. Das macht man am besten, indem man interessante und nützliche Inhalte zu den laufenden Gesprächen beiträgt. Das gilt im realen täglichen Leben ebenso wie im Internet und in den sozialen Medien (vgl. Abbildung 4.1). Egal, ob auf einer Party oder in einem Blogpost: Sie hören einem Gesprächspartner, der spannende Geschichten erzählt, mit denen Sie sich identifizieren können, eher zu als jemandem, der nur von sich und seinen Heldentaten berichtet. Und wenn Sie von diesem spannenden Gesprächspartner nebenbei dann noch Informationen aufschnappen, die Sie bei Ihren laufenden Problemen weiterbringen, dann greift auch schon das Gesetz der Anziehung.

Genau diesen Effekt machen Sie sich mit Inbound in Marketing und Vertrieb zunutze. Sie setzen auf Ihre Anziehungs- und Überzeugungskraft gegenüber Menschen, denen Sie durch Ihre Produkte und Dienstleistungen bei der Lösung Ihrer Probleme bzw. bei der Realisierung ihrer Chancen behilflich sein könnten. Nirgendwo im Internet können Sie das authentischer, empathischer und kundenorientierter tun als auf Ihrer eigenen Website, in Ihren eigenen Blogposts und in Ihren Social-Media-Beiträgen.

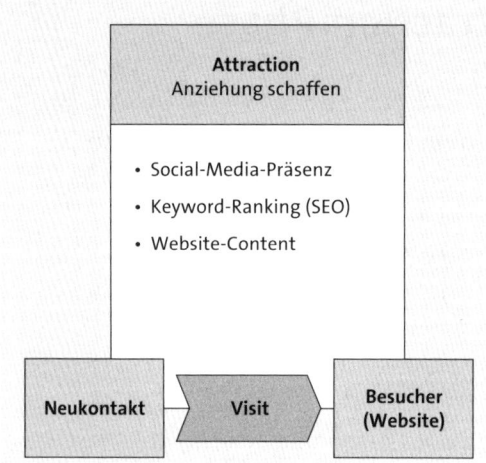

Abbildung 4.1 Die Attraction-Phase – Anziehung schaffen

4.1   Die richtigen Website-Besucher anziehen

Die Website Ihres Unternehmens ist der Dreh- und Angelpunkt Ihres Inbound Marketing. Egal, wo Sie im Internet den Kontakt zu Menschen herstellen, irgendwann möchten Sie den Dialog auf Ihrer eigenen Website fortsetzen, wo Sie alle Informationen genau so aufbereiten und anbieten können, wie Sie das wollen. Im Gegensatz zu einem Dialog in den sozialen Medien haben Sie auf Ihrer Website die ungeteilte Aufmerksamkeit Ihres potenziellen Kunden. In den sozialen Medien hingegen konkurrieren Sie bereits bei der Kontaktaufnahme mit dem nächsten Tweet, Video oder Foto. Auf Websites ist die Aufmerksamkeit und Aufenthaltsdauer Ihrer Interessenten meist größer. Allerdings gilt das nur für solche Websites, die auch wirklich einen Dialog bieten, die Erwartungen des Besuchers erfüllen und Anziehungskraft durch nützliche Inhalte entwickeln. Für erfolgreiches Inbound Marketing ist eine solche Website unabdingbar und die zentrale Voraussetzung dafür, die richtigen Besucher anziehen zu können und aus ihnen Interessenten zu machen. Die »richtigen« Besucher Ihrer Website sind, einfach gesagt, solche Besucher, denen Sie mit Ihren Produkten und Leistungen bei der Lösung ihrer Probleme wirklich helfen können. Nur solche Besucher haben das Potenzial, auch Kunden zu werden. Und nur solche Besucher werden Ihre Website als relevant erleben und mit Ihnen in Resonanz gehen. Ihr Inbound Marketing beginnt nicht etwa mit Ihrer Einführung einer Marketing-Automation-Software, sondern bereits mit der Gestaltung und Optimierung Ihrer Website.

4

Inbound-Tipp: Ihre Website im Rennen um den Kunden

Stellen Sie sich Inbound-Marketing-Software als einen Formel-1-Rennmotor vor und Ihre Website als ein Auto bzw. Fahrgestell, in das Sie diesen neuen Hochleistungsmotor einbauen wollen. Sie tun dann gut daran, Ihre Website so zu bauen und zu »tunen«, dass Ihr Internet-Auftritt überhaupt alle Möglichkeiten Ihres Inbound-Marketing-Motors nutzen kann. Eine einfache Web-Visitenkarte mit statischen Inhalten und einer unzureichenden Suchmaschinenoptimierung gleicht einem Schrottauto, mit dem Sie lieber kein Rennen um die Aufmerksamkeit Ihrer Kunden starten sollten.

Was sollte eine »gute« Website in Zeiten des Inbound Marketing leisten? Wie sollte sie aussehen? Wenn Sie das Stichwort »Best Websites« bei Google eingeben, bekommen Sie Ergebnisse angezeigt für die angeblich schönsten und modernsten Websites. Design, leichte Nutzbarkeit bzw. Usability und Kreativität sind beliebte Messgrößen für Webdesign-Awards. Sind das die entscheidenden Faktoren? Es kommt auf Ihr Business an. Wenn Ihre Website nicht »verkaufen« muss und keine Kundenbeziehungen aufbauen will, reicht das. In diesem Fall wäre aber auch Inbound Marketing ziemlich überflüssig. Also ist für Inbound das Gegenteil richtig: Eine gute Business-Website sollte so gestaltet sein, dass sie die Bedürfnisse wichtiger potenzieller Kunden und Buyer Personas erfüllt. Sie sollte in Suchmaschinen leicht von den relevanten Buyer Personas gefunden werden können. Sie sollte einen Dialog mit einem Besucher aufbauen und ihn kontinuierlich weiterentwickeln auf dem Weg vom Besucher zum qualifizierten Lead und zum echten Kaufinteressenten. Ein Beispiel für eine so gestaltete Seite finden Sie in Abbildung 4.2.

Abbildung 4.2 Beispiel für eine Inbound-orientierte Website

Der Erfolg einer Website bemisst sich im Inbound Marketing daher an direkt messbaren Kennzahlen wie der Entwicklung von Besuchern, den Konvertierungen im Zeitablauf, den gewonnenen Leads pro Buyer Persona, der Verweildauer auf der Website und deren Kernseiten, den Bewegungen von Seite zu Seite (Click-Through-Rates), der Anzahl heruntergeladener Content-Angebote und vielem mehr. Im Inbound Marketing nimmt Ihre Website also eine besonders wichtige Rolle ein. Die Gestaltung und Optimierung Ihrer Website ist daher eine Team-Aufgabe für Marketing, Vertrieb, Webdesigner und gegebenenfalls Kundenservice.

Inbound-Tipp: Was eine erfolgreiche Website leisten muss

Ihre Website soll für verschiedene Buyer Personas gleichzeitig funktionieren. Sie soll die typischen Suchsituationen jeder Buyer Persona abbilden, auch *User Storys* genannt. Das sind die typischen Bewegungsprofile verschiedener Besucher, die sich durch die verschiedenen Pages Ihrer Website bewegen und dabei ihre Informationssuche tätigen. Am Ende ihrer Informationssuche sollten sich möglichst viele Besucher auf der Website registrieren – z. B. im Austausch gegen den Zugriff auf wertvollen Content.

▶ Ihre Website sollte sich nicht auf andere Traffic-Produzenten wie z. B. Online-Werbung oder Ihre Social Media Posts verlassen. Die Website sollte allein für sich und ohne fremde Hilfe Kontakte schaffen – indem sie bei Google und Co. gefunden wird. Jede wichtige Einzelseite (Webpage) Ihrer Website sollte für bestimmte Keywords optimiert werden, die von Ihren Wunschkunden in den Suchmaschinen eingegeben werden. Die Ranking-Performance Ihrer Website ist eine wichtige Hilfe für den Inbound-Erfolg.

▶ Ihre Website ist für Ihre Kunden und auch für Google der Spiegel Ihrer Autorität und Reichweite im Markt. Für Google ist bei der Bestimmung Ihres Website-Ranks wichtig, welche bekannten und renommierten Websites auf Ihre Site verweisen (Inbound-Links). Ihre Autorität bestimmt sich nach solchen Backlinks. Gleichzeitig erfasst Google, wie oft Ihre Seite gesucht wird, wie oft sie aufgerufen wird und wie oft sie angeklickt wird, wenn sie in den Suchergebnissen erscheint.

▶ Wenn die Websites Ihrer Wettbewerber bei Google besser platziert sind (*ranken*), haben Sie einen ernst zu nehmenden Wettbewerbsnachteil im Internet, den Sie bei Inbound Marketing so gut gebrauchen können wie einen Klotz am Bein. Eine schlechte organische Ranking-Performance, d. h. ein Ranking in den Google-Suchergebnisseiten auf Seite 2 und darunter, macht Ihr Online-Marketing schlichtweg teurer. Wenn Sie nicht auf Seite 1 in den Suchergebnissen auftauchen, müssen Sie z. B. Online-Werbung wie Google AdWords schalten, um dennoch Ihren Buyer Personas ins Auge zu springen.

Wie kann Ihre Website diese Erwartungen erfüllen und dazu beitragen, die richtigen Besucher und Kunden anzuziehen? Um das zu erreichen, brauchen Sie keine neue Technologie und kein neues Webdesign, sondern lediglich eine neue Sichtweise und Strategie für Marketing mit Ihrer Website. Wir haben für Ihr Inbound Marketing fünf Erfolgsfaktoren Ihrer Website-Strategie herausgefunden.

Fünf Erfolgsfaktoren für Ihre Website

1. *Dialog statt Monolog:* Ihre Website sollte keinen Content-Monolog bieten, sondern einen lebenden und dynamischen Dialog mit Menschen. Die Interaktion mit Ihrer Website ist entscheidend, damit Menschen bleiben und sich näher mit Ihrem Unternehmen beschäftigen. Wird man auf Ihrer Website von Textblöcken erschlagen, oder kann man dort mit Ihnen durch verschiedene Medien und Content-Angebote gezielt interagieren? Bleiben Ihre Website-Inhalte über die Dauer gleich, oder erlebt man bei Ihnen über die Zeit immer wieder Neues? Geben Sie Ihrer Website so etwas wie einen Puls oder Herzschlag – durch dynamischen Content wie z. B. Blogposts, wechselnde Themen, neue Online-Tools oder downloadbare Inhalte wie kostenlose E-Books. Das schafft treue Website-Fans in Form von Blog- und Newsletter-Abonnenten.

2. *Ökosystem statt Stand-alone:* Lassen Sie Ihre Website nicht allein im Internet stehen (Stand-alone-Site), sondern weben Sie Ihre Internet-Seite ein in ein vernetztes Online-Ökosystem mit anderen Websites. Verlinken Sie Ihr Online-Informationsangebot mit den führenden Blogs, Online-Magazinen, Websites von Meinungsführern (Influencern) und Institutionen (z. B. Verbänden, Messen) Ihrer Branche. Schaffen Sie Linkbuilding für Ihre Website mittels Kooperationen und Berichterstattungen im Web. Je mehr Links von Websites mit hoher Autorität auf Ihre Website eingehen (Inbound-Links), desto stärker vermutet Google auch bei Ihrer Website eine hohe Autorität und Anziehungskraft. Dadurch rankt Ihre Website besser, und Google zeigt Ihre Website öfter in den Suchergebnissen an. Es ist also nicht nur entscheidend, wie oft Ihre Website tatsächlich besucht wird, sondern auch, welche Reputation Ihre Website im Web erzielt und wie hochwertig die Websites da draußen im Internet-Universum sind, die wiederum auf Ihre eigene Website verweisen.

3. *Community Hub statt Einzelkämpfer:* Reden Sie auf Ihrer Website nicht nur über sich und Ihre Themen, sondern greifen Sie Themen auf, die größer sind als Sie selbst und die Ihre ganze Branche betreffen. Machen Sie Ihre Website zum thematischen Zentrum einer ganzen Community. Greifen Sie die neuesten Trends im Markt auf, und setzen Sie vor allem gezielt eigene und neue Themen für die ganze Branche. So machen Sie Ihre Website zum topaktuellen Themenportal. Dann werden nicht nur potenzielle Kunden gern auf Ihre Seite zugreifen, sondern

auch die Fachpresse, Blogger und sogar Wettbewerber. So erlangen Sie Vordenker-Status (*Thought Leadership*) in Ihrem Markt. Und das bringt Ihrem Google-Ranking den Durchbruch.

4. *Website-Performance statt Webdesign*: Viele Unternehmen legen heute immer noch fast mehr Wert auf die optische Gestaltung und die Navigation als auf die verkäuferische Performance ihrer Website. Sie kennen vielleicht die endlosen Diskussionen bei einem Website-Relaunch, wo nicht immer die harten Zahlen und Fakten berücksichtigt werden, sondern eher persönliche Meinungen und Vorlieben zum Vorschein kommen. Im Inbound Marketing können Sie das nicht gebrauchen, denn Ihr Ziel ist eine optimale Konversion von Besuchern zu Interessenten. Da zählt die Performance jeder Unterseite und jedes Elements bis hin zum letzten »Jetzt Downloaden«-Button (Call-to-Action-Button). Ihre Website ist ein wichtiger Teil Ihres Online-Verkaufsprozesses und sollte auch so behandelt werden. Deshalb ist Performance-Messung Ihrer Website Pflicht. Messen Sie nicht nur einfache Besucherzahlen, sondern alle wichtigen Interaktionen mit Ihren verschiedenen Buyer Personas auf der Website.

5. *Die richtigen Besucher anziehen statt jedermann*: Vielen Websites merken Sie es so richtig an, dass sie für jedermann gemacht worden sind. Sie haben keine persönliche Sprache, manche Texte sind scheinbar für Experten gemacht und andere wiederum für absolute Laien. Es gibt keine Orientierung, welche Informationen für wen relevant und interessant sein sollen. Machen Sie es mit Ihrem Inbound-Know-how besser. Optimieren Sie Ihre Website für Ihre Buyer Personas. Sie haben ja beschlossen, besonders für Ihre Zielkunden da sein zu wollen. Also definieren Sie Ihre Personas, und gestalten Sie Ihre Website explizit für sie. Gehen Sie weg von dem Versuch, alles für alle bereitzuhalten.

Darüber hinaus sollten Sie das Customer Journey Mapping nutzen, das Sie schon von Kapitel 3 her kennen. Entwickeln Sie damit User Storys, um für jede Phase einer Persona die richtigen Infos auf der Website bereitzuhalten. Das hat Auswirkungen auf die Navigation, das Pagedesign, die Kontaktmöglichkeiten sowie die Tiefe und Dichte des Contents Ihrer Website. Bedenken Sie auch, dass Erstbesucher und loyale Kunden gleichermaßen Ihre Website besuchen. Beide sollten sich gleichermaßen gut und schnell orientieren können.

4.2   Der Blog – der Anfang Ihres Inbound Marketing

Blogs haben vor Jahren ihren Weg begonnen als Online-Tagebücher von Privatpersonen. Daraus hat sich ein weltumspannendes mediales Phänomen entwickelt. Es gibt heute schätzungsweise 250 Millionen Blogs im Internet. Jeden Tag werden ungefähr 3 Millionen Blogposts geschrieben, Tendenz weiter steigend. Diese beeindruckenden und einschüchternden Zahlen spielen für Ihr Inbound Marketing allerdings keine große Rolle. Natürlich könnten Sie reflexartig denken: Wenn es schon so viele Blogs gibt, warum sollte Ihr Unternehmen dann auch noch etwas zu dieser Content-Flut beitragen? Vielleicht ist da draußen alles bereits schon mal gesagt worden? Das mag ja sein, aber die Frage ist doch vielmehr: Was lesen Ihre Zielkunden, und was würden sie gern lesen? Auf einmal schrumpft die Zahl von Blogs, die für Ihre Zielkunden und Ihr Thema wirklich relevant sind, vielleicht auf ein bis zwei Dutzend zusammen – insbesondere wenn Sie an den deutschen Sprachraum denken.

4.2.1   Warum Ihr Inbound Marketing einen Blog braucht

Ein Blog ist derzeit der mit Abstand beste bzw. effektivste Weg, um gezielt Besucher auf Ihre Website zu lenken. Dafür müssen Sie allerdings informative und spannende Inhalte (Content) schaffen, die Ihre Zielkunden ansprechen und ihnen Nutzen geben. Nach Umfragen von HubSpot verzeichnen Unternehmen, die öfter als 20-mal pro Monat bloggen, fünfmal mehr Traffic auf ihrer Website als solche Unternehmen, die weniger als viermal im Monat bloggen. 60 % aller Marketing-Leiter gewinnen bereits nach eigenen Angaben neue Kunden über ihren Blog. Dabei sind Sie nicht auf sich allein gestellt. Um eine hohe Anzahl von ca. 20 Blogposts pro Monat zu gestalten, können Sie mit externen Partnern und Autoren kooperieren. Wenn Sie beispielsweise einen Influencer im Markt identifiziert und aktiviert haben, bitten Sie ihn um Input für einen Blogpost. Führen Sie gegebenenfalls mit solchen Influencern gemeinsame Studien oder Interviews durch, um gemeinsam Ihre Reichweite im Markt zu erweitern. Trotzdem ist vielen Firmen heute immer noch nicht klar, welche Rolle der eigene Blog bei der Kundengewinnung und Vermarktung spielt. Kurz gesagt: Ein erfolgreicher Blog wirkt wie ein Turbo auf die Gewinnung von Kontakten und Leads im Internet. Das hat mehrere Gründe.

▶ Ein Blog ist auf Ihrer Website eine der wichtigsten Anlaufstellen für Ihre Zielkunden, um mit Ihnen in einen direkten Kontakt zu treten. Die normalen (statischen) Seiten Ihrer Website beinhalten in der Regel nur wenige Möglichkeiten, um einen Dialog zu starten. Ihre Website-Besucher können nicht einmal Kommentare dazu abgeben, wie nützlich sie die dargebotenen Website-Inhalte finden. Damit betreiben Sie Ihre Website weitestgehend im Blindflug. Das ist beim Blog Ihrer Website anders – hier ist die direkte Unterhaltung erwünscht. Machen Sie daher die direkte und formlose Kommunikation mit Ihnen im Blog so einfach und barrierefrei wie möglich. Ein gut gemachter Blog ist der ideale Einstieg in den themenorientierten persönlichen Dialog mit potenziellen Kunden.

▶ Ihr Blog ist eine der langfristigsten Unterhaltungsmöglichkeiten mit Ihrem Unternehmen. Jeder gute Blogpost macht neugierig auf den nächsten. Mit einem hilfreichen und abwechslungsreichen Blog positionieren Sie Ihr Unternehmen als Vordenker (Thought Leader) Ihrer Branche, der am Puls ist, aktuelle Geschehnisse kommentiert und breit vernetzt ist. Ihr Blog gibt Ihrem Unternehmen ein Gesicht. Er bietet vor allem den Experten in Ihrem Unternehmen die Plattform, um als Gesicht Ihrer Marke (*Brand Face*) wichtige Themen in der Community zu setzen und sich nebenbei dem direkten persönlichen Dialog mit dem gesamten Markt zu stellen. Das macht Ihre Marke viel direkter erlebbar und schafft extrem hohe Resonanz bei potenziellen Kunden.

▶ Mit Ihrem Blog produzieren Sie immer wieder neuen (dynamischen) Content. Dadurch zeigen Sie Google, dass Ihre Website nicht einfach eine dieser statischen Web-Visitenkarten ist, sondern ein lebendes und wachsendes Informationsangebot, mit dem Leute in Resonanz und Dialog gehen. Das honoriert Google sehr direkt und unmittelbar. Wir haben bei Kundenprojekten die Erfahrung gemacht, dass sich durch die Aufschaltung eines Blogs innerhalb von vier Wochen bereits fundamentale Ranking-Verbesserungen für Top-Keywords zeigten. Google bewertet diesen Ranking-Vorteil recht nachhaltig und hält Sie mit gut nachgefragten Blogposts oft über Jahre oben in den Ranking-Ergebnissen. Wir sehen in guten Blog-Beiträgen daher echte Investitionen in Ihre Webpräsenz und Ihr Inbound Marketing. Blogposts bleiben dauerhaft im Internet vorhanden und arbeiten sich oft über die Dauer kontinuierlich immer weiter hoch in den Rankings, wenn sie in den sozialen Medien geteilt und in anderen Blogs zitiert und kommentiert werden. Das schafft längst nicht jedes Instrument des Online-Marketings. Gerade Ihre Online-Werbung verpufft rückstandslos, wenn Sie Ihre Online-Werbekampagne wieder beendet haben, während Ihre Blogposts weiterhin treu im Web für Sie arbeiten.

4.2.2   Ihr Blog ist der Star auf der Inbound-Bühne

Betrachten Sie doch einmal Ihre Website als die Theaterbühne Ihres Inbound Marketing. Auf dieser Bühne wird der gesamte Content präsentiert, den Sie Ihren Kunden nahebringen möchten. Sie möchten sicher, dass Ihre Kunden gebannt zuschauen und nicht etwa aus der Theatervorstellung stürmen bzw. Ihre Website verlassen. Wenn also die Website die Bühne Ihres Online-Theaters ist, dann haben Sie in Ihrem Theater-Ensemble einen Star, den das Publikum liebt und wegen dem es gern immer wieder zu Ihnen auf die Website kommt: Ihren Blog. Der Blog ist der heimliche Star Ihres Inbound Marketing. Er zieht immer neue Zuschauer an und baut eine treue Fan-Gemeinde an Ihrem Theater bzw. auf Ihrer Website auf. Und wie das mit Schauspielern so ist, ziehen auch manche Blogs nur ein spezielles Publikum an (bzw. eine einzelne Buyer Persona), während es anderen Blogs gelingt, viele Buyer Personas gleichzeitig anzusprechen.

▶ Im Theater und im Kino gelingt es nur wenigen Schauspielern, über Jahre hinweg für das Publikum relevant zu bleiben. Nicht jeder kann dauerhaft das breite Publikum mit immer neuen Kassenschlagern fesseln. Bei Blogs (und auch bei Star-Blog-gern im Internet) ist das ähnlich.

▶ Jeder neue Blogpost ist wie ein neuer Film oder ein Theaterstück. Erst wenn Sie einen Post veröffentlicht haben, wissen Sie, ob Sie damit den Nerv Ihrer Buyer Personas getroffen haben. Und Sie merken nach ein paar Flops genauso schnell wie der Intendant eines Theaters, dass Sie am Geschmack des Publikums vorbeilaufen. Auch ein Blog muss ständig aktuell und relevant bleiben, um seine Klientel zu erhalten.

▶ Nicht nur die einzelnen Posts sind wichtig, sondern auch die Themenfolge bzw. der Spannungsbogen des Blogs im Zeitablauf. Ein erfolgreicher Blog entsteht nicht durch eine Reihe guter einzelner Posts, sondern durch eine langfristige Themenstrategie, die Leser dauerhaft fesselt.

Im deutschen Business haben sich erfolgreiche Blog-Stars etabliert, wie z. B. die Corporate Blogs von Dell, Audi oder Daimler (vgl. Abbildung 4.3).

Abbildung 4.3 Der Mitarbeiter-Blog der Daimler AG

Wie Sie Ihren Blog erfolgreich für Inbound einsetzen

Ihr Blog sollte regelmäßig aktualisiert und um neue Posts erweitert werden. Google liebt stetig wachsende Websites und liebt es, wenn Ihre Website immer neuen Content zu wichtigen Keywords bekommt. Wöchentliche Posts sind für Google ein klares Signal, dass Sie ganz oben in Ihrem Markt mitspielen wollen. Machen Sie sich aber nicht zum »Sklaven« des Erscheinungsturnus Ihres Blogs. Bleiben Sie flexibel, und gehen Sie mit den Möglichkeiten. Gerade für Ihre treuen Blog-Abonnenten ist nicht so entscheidend, dass sie pünktlich mit Blog-News versorgt werden, sondern dass der neue Content einfach hilfreich und spannend ist. Gerade kleinere Unternehmen sollten sich auf die wirklich wichtigen und für ihre Kunden nützlichen Themen fokussieren. Ihre Posts sollten unbedingt für Ihre Leser relevant bleiben. Schreiben Sie lieber einmal im Monat einen Blogpost, der von Interessenten gern gelesen wird, als jede Woche eine Reihe achtlos hingeschriebener Texte. Sonst könnten Sie Ihre Blog-Abonnenten so frustrieren, dass sie ihr Blog-Abo mit einem Klick kündigen. Lassen Sie Ihren Blog zum Anfang Ihres Inbound Marketing werden – nicht zu seinem Ende!

Wie Sie viel über gute Blogs lernen – der Überlastungstest

Wie ein Blog Ihre Aufmerksamkeit und Ihr Vertrauen gewinnt, lässt sich schlecht in Worte fassen. Ein Blog, der Resonanz und Relevanz aufbaut, ist Erfahrungssache und mit einem individuellen Lerneffekt verbunden. Unser Tipp: Machen Sie eine steile Lernkurve durch, indem Sie Ihre persönliche Informationsaufnahme für ein paar Tage durch Blogs völlig überlasten. Sie bekommen dadurch blitzartig einen intuitiven ersten Blick dafür, welche Blogs, Themen und Posts Sie selbst interessieren würden. Machen Sie doch den folgenden Selbstversuch.

Inbound-Tipp: Abonnieren Sie Blogs – so viele wie möglich

Machen Sie selbst etwas, was wir den »Überlastungstest« nennen. Gehen Sie auf die Websites all Ihrer relevanten Wettbewerber, Branchenvordenker (Thought Leader), Verbände und wichtigen Partner wie Unternehmensberater und Agenturen. Abonnieren Sie gnadenlos jeden Blog, den Sie auf diesen Websites finden. Entscheiden Sie selbst, ob Sie dafür Ihre echte Business-E-Mail-Adresse wählen oder einen speziell eingerichteten E-Mail-Account. Dann schauen Sie, was passiert, und verfolgen Sie die eingehenden E-Mails.

Schon bald werden Sie von den ersten Blogs genervt sein und sie unmittelbar abbestellen. Von manchen Blogs werden Sie gar nichts hören und sie bald vergessen – das Schlimmste, was einem Unternehmen eigentlich passieren kann. Von manchen Blogs werden Sie enttäuscht sein. Die Blogposts haben vielleicht keinen Spannungsbogen im Zeitablauf, richten sich an völlig unterschiedliche Buyer Personas oder setzen völlig unterschiedliches Vorwissen voraus. Solche Dinge nerven erfahrungsgemäß sehr schnell, weil sie die Spielregeln zwischen Kunde und Unternehmen umdrehen. Solche Blogs erwarten, dass sich Menschen in die Logik des Anbieters hineindenken. Das merken Kunden und Interessenten schnell und springen ab. Sie werden nur ganz wenige Blogs wirklich wahrnehmen und lesen. Tauchen Sie dort tiefer ein. Lesen Sie die Posts intensiv und regelmäßig, damit Sie die Handschrift und Philosophie des Blog-Teams besser verstehen.

Legen Sie ein schriftliches Kurzprofil dieser Top-Blogs an: Was wollen die Verfasser erreichen? Was sind die zentralen Botschaften, die diese Blogs im Zeitablauf vermitteln wollen? Wie sieht das Blog-Team vermutlich seine Zielgruppe bzw. Buyer Personas? Wie stellt der Blog einen Dialog her? Werden ausschließlich Inhalte vermittelt, oder werden auch Einladungen zu Webinaren, Studien oder Events ausgesprochen? Bleibt das Unternehmen dabei bei der Kundensicht, oder schaltet es unvermittelt in den »Wir haben da was Tolles für Sie«-Modus um?

Schon nach wenigen Wochen hat sich in Ihrem E-Mail-Postfach die Spreu vom Weizen getrennt. Welchen Blogs sind Sie treu geblieben? Auf welche neuen Blogposts fangen Sie bereits unbewusst an zu warten? Wenn Sie anfangs bei ca. 20 Blog-Abos waren, sind Sie jetzt vielleicht nur noch bei zwei bis fünf Blogs, die Sie regelmäßig verfolgen. Welche dieser Blogs würden Sie an Kollegen oder Partner weiterempfehlen wollen? Diese empfehlungswürdigen Blogs sollten Sie jetzt noch genauer unter die Lupe nehmen. Versuchen Sie herauszufinden, was diese Blogs für Sie so besonders und informativ macht. Sie werden intuitiv merken, wie in diesen Blogs mit hoher Anziehungskraft die Themen gesetzt werden. Sie bemerken, welche immer wieder genutzten Gestaltungselemente eingesetzt werden und welche Sprache oder Bildgestaltung besonders effektiv genutzt wird.

4.3   Die Social-Media-Präsenz – der Traffic-Motor für Website und Blog

Inbound Marketing geht überall dahin, wo Kunden und Interessenten auf der Informationssuche sind, sich austauschen und neue Impulse für ihre Probleme oder Herausforderungen suchen. Dazu gehören natürlich auch die sozialen Medien. Social-Media-Plattformen wie Facebook, Twitter, YouTube, Instagram oder LinkedIn haben sich in den vergangenen Jahren zum zentralen Online-Treffpunkt der Menschen entwickelt. Sie sind der wichtigste Platz, um im Internet Nachrichten oder Inhalte zu teilen, sich mit anderen Menschen zu verbinden und sich selbst sichtbar zu machen.

Natürlich sind längst so ziemlich alle Unternehmen auf den sozialen Plattformen vertreten, in denen ihre potenziellen Kunden Zeit verbringen. Aber längst nicht jedes Unternehmen mit einer sozialen Präsenz beherrscht auch die Kunst, über Social Media neue Kunden zu gewinnen. Die reine Präsenz auf Twitter oder YouTube reicht da natürlich allein nicht. Wie in Abbildung 4.4 dargestellt ist, stellt Facebook z. B.

neben der Anzahl an Likes weitere wichtige Informationen für potenzielle Kunden zur Verfügung. So sind beispielsweise die Reaktionsquote und die Antwortzeit unter »Deine Empfehlungen« abgebildet. Mit 97 % Reaktionsquote und einer sehr kurzen Antwortzeit setzen die Betreiber der gezeigten Facebook-Seite hohe Maßstäbe und zeigen gleichzeitig sehr anschaulich, dass ein guter Service über diesen Social Channel von großer Bedeutung für sie ist. Dieses Start-up ist dadurch nicht nur präsent, sondern spricht in der digitalen Zeit dort mit seinen Kunden, wo sie sich aufhalten und informieren – in einer Geschwindigkeit, wie es heute angemessen ist.

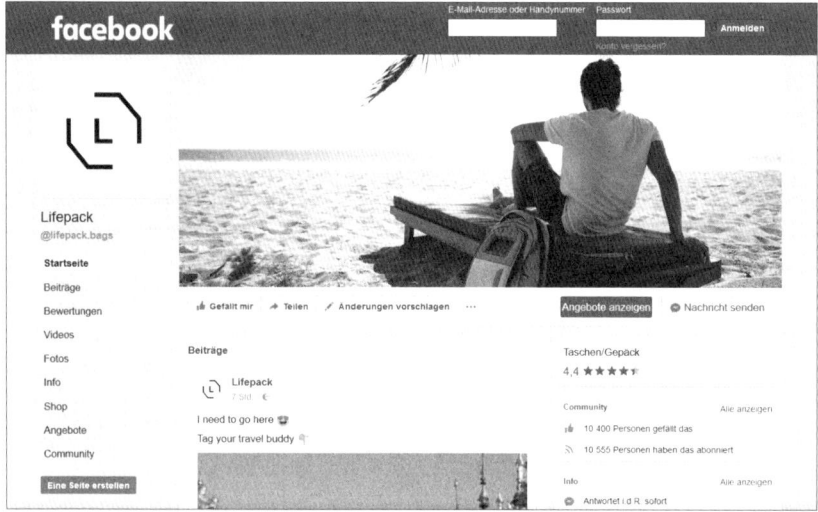

Abbildung 4.4 Facebook-Seite von Lifepack

Mit Inbound Marketing setzen Sie Social Media als integralen Bestandteil Ihrer Marketing- und Vertriebsaktivitäten ein, um neue Kontakte zu schaffen und bestehende Kundenkontakte zu vertiefen. Durch authentische und kundenorientierte Kommunikation in den sozialen Medien schaffen Sie Anziehungskraft und wertvolle Kontakte zu potenziellen Neukunden Ihres Unternehmens.

Social Media steigert Reichweite und Impact Ihres Inbound Marketing

Im Inbound Marketing spielt Social Media eine ganz besondere Rolle. Kein anderes Marketing-Instrument hat eine so hohe Kontaktfrequenz, Kontaktintensität und Reichweite in vielen Buyer Personas wie Social Media. Deswegen sollten Sie beim Inbound Marketing unbedingt auf Ihre Aktivitäten in den sozialen Medien setzen, um möglichst viele potenzielle Zielkunden mit Ihrem Content zu erreichen und andere Menschen dafür zu gewinnen, Sie und Ihren Content weiterzuempfehlen. Social Media ist ein eigenständiges Arbeitsfeld in Marketing und Kommunikation mit eigenen Verbänden, Ausbildungsinstituten, Fachkonferenzen und jeder Menge guter Literatur. Wir empfehlen Ihnen zum Einstieg die Bücher »Follow Me!« von

Anne Grabs und »Der Social Media Manager« von Vivian Pein. Beide sind im Rhein-werk Verlag erschienen. In jedem Fall sollten Sie sich mit den Besonderheiten jeder Social-Media-Plattform beschäftigen, auf der Sie für Ihr Unternehmen aktiv werden. Bei Inbound schauen wir besonders auf die Potenziale des Social-Media-Marketing, um zur Kundengewinnung beizutragen. Diese Potenziale erschließen Sie umso bes-ser, je mehr Reichweite und Anziehungskraft Sie für Ihr Unternehmen auf den rele-vanten Social-Media-Plattformen aufbauen.

Schaffen Sie Reichweite über eigene Follower

Je mehr direkte Kontakte bzw. Follower Sie in den sozialen Medien haben, umso höher ist Ihre Sichtbarkeit und soziale Geltung (Social Proof) auf der jeweiligen Social-Media-Plattform. Konzentrieren Sie sich auf Follower, die sich wirklich für Ihr Unternehmen interessieren. Mit den richtigen Taktiken ist es zwar kein Problem, innerhalb weniger Tage Tausende von beliebigen Followern bei Twitter zu sammeln. Das hilft Ihnen aber nicht weiter, wenn sich diese Kontakte nicht ernsthaft für Ihre Angebote interessieren.

Inbound-Tipp: Schaffen Sie einen hohen Social Proof

In unserer schnelllebigen Welt können soziale Netzwerke darüber entscheiden, wie kompetent Ihre Kunden Sie einschätzen. Bauen Sie also nicht nur Reichweite, sondern auch inhaltliche Kompetenz und Autorität für Ihr Thema in den sozialen Medien auf. Menschen orientieren sich in den sozialen Medien an anderen Menschen und Unter-nehmen, deren Meinungen so etwas wie eine »soziale Bewährtheit« erlangt haben (Social Proof). Ein hoher Social Proof verleiht der eigenen Meinung ein Vielfaches an Relevanz und Bedeutung. Viele Menschen vereinfachen sich ihr Leben dadurch, den Kauf- und Markenpräferenzen solcher »sozialen Autoritäten« (Thought Leader) zu folgen. Arbeiten Sie also gegebenenfalls daran, Ihren eigenen Social Proof zu steigern. Mehr zum Thema Social Proof finden Sie in unserem Blogpost auf *https:// thoughtleadersystems.com/thought-leadership-blog/thought-leadership-durch-social-proof*.

Sie können unterschiedliche Wege einschlagen, um Ihren Social Proof zu steigern. Wenn Sie in den sozialen Medien nicht nur präsent sein möchten, sondern Ihre Follo-wer zu Interaktionen bewegen möchten, können Sie z. B. Social Posts wie in Abbil-dung 4.5 dargestellt einsetzen. Ein hoher Social Proof ist ein langfristiges Ziel und bedeutet kontinuierliche Arbeit mit Fans und Followern. Sehen Sie sich dazu die Bei-spiele in dieser Abbildung einmal näher an:

▶ Die Firma Samsung bringt zu Beginn des Jahres 2017 in einem Social Post eine Auswahl von Produkten mit möglichen guten Vorsätzen für das neue Jahr in Ver-bindung. Dabei nutzt die Firma die differenzierte Zuordnung mehrerer Antwor-ten zu verschiedenen »Like«-Möglichkeiten, um verstärkt Feedback von Nutzern zu erhalten. Samsung sammelt damit natürlich nicht nur ein Stimmungsbild über gute Neujahrsvorsätze ein, sondern schafft Awareness und Reach für aktuelle Produkte in den sozialen Medien.

▶ Der zweite Post von Opel zeigt, wie das Unternehmen Inhalte einsetzt, die von Marken-Fans produziert worden sind. Mit diesem regelmäßig veröffentlichten User-Generated Content hält Opel die Fan-Community bei Laune. Täglich senden begeisterte Opel-Fans Fotos von ihren Fahrzeugen an Opel – meist in Form eines eigenen Posts oder Kommentars. Opel nutzt diese Inhalte und erstellt einmal pro Monat den »Opel Fan-Corso«, welcher die schönsten Fotos des letzten Monats zeigt. Das freut nicht nur die Besitzer, sondern symbolisiert Loyalität zum Unternehmen und Kundennähe gleichermaßen.

▶ Eine dritte Möglichkeit, die aber um einiges teurer und schwieriger ist, stellt der virale Spot dar. Ein Video zur Inszenierung der OPC-Serie von Opel zeigt unterschiedliche Tiere im Windkanal und steht für den Fahrspaß mit diesen Fahrzeugen. In Kombination mit dem Hashtag #JoinTheRace wurde dieses Video ein Erfolg und sorgte auf unterschiedlichen sozialen Plattformen für einen Reichweiten- und Aufmerksamkeits-Boost.

Abbildung 4.5 Unterschiedliche Inhalte zur Steigerung des Social Proof

Vervielfachen Sie Ihre Reichweite durch Influencer

Warum sollten Sie eigentlich in den sozialen Medien allein für Ihr Thema und für Ihr Unternehmen kämpfen? Suchen Sie Mitstreiter für den Aufbau Ihrer Reichweite, Autorität und Kundenkontakte. Jede Hilfe zählt, aber die Hilfe mancher Menschen ist besonders wichtig. In den meisten Branchen, Themen-Communitys und Ländern gibt es besonders einflussreiche Social-Media-Player, die bereits hohe Aufmerksamkeit und Autorität aufgebaut haben. Versuchen Sie, solche *Social Influencer* für sich zu gewinnen. Themen wie Influencer Marketing, Blogger Relations oder Social Media Relations können wir hier nur anreißen. Der Aufbau verlässlicher und persönlicher Netzwerke zu den Meinungsführern Ihrer relevanten Social Communitys kann nicht überschätzt werden. Wenn Sie gut vernetzte Influencer aktivieren und einbinden, können Sie Ihre Reichweite bei Followern und potenziellen Kunden exponentiell steigern. Und die Autorität dieser Meinungsführer hilft Ihnen, auch Ihre eigene Autorität aufzubauen und zu demonstrieren. Wenn Sie mehr zur Bedeutung und Philosophie der Influencer-Thematik erfahren wollen, lesen Sie zum Einstieg das Buch »Die Psychologie des Überzeugens« von Robert Cialdini (Verlag Huber 2013).

Manchmal bewirkt die Empfehlung eines Top-Influencers in Social Media mehr für Ihr Unternehmen als ganze Werbekampagnen oder Verkaufsoffensiven. So verhalf beispielsweise ein einfacher Retweet von Elon Musk, dem Gründer und CEO von Tesla Motors, dem Bloomberg-Autor Tom Randall zu ungeahnter Reichweite auf Twitter. In Abbildung 4.6 sehen Sie den Post von Tom Randall, der eine Studie zur Unfallverhütung durch autonom fahrende Fahrzeuge teilte. Durch diesen einen Retweet von Musk erreichte Randall nicht nur seine etwa 6.500 Follower, sondern ebenfalls alle 6,7 Mio. Follower von Elon Musk. Geschieht so etwas mit Ihren Social Posts, kann dies einen ungeahnt positiven Effekt auf Ihre Kampagnen haben. Nutzen Sie die Reichweite von Influencern wie Elon Musk und von lokalen themenspezifischen Experten, um nicht nur mehr Menschen, sondern möglichst genau Ihre potenziellen Kunden zu erreichen.

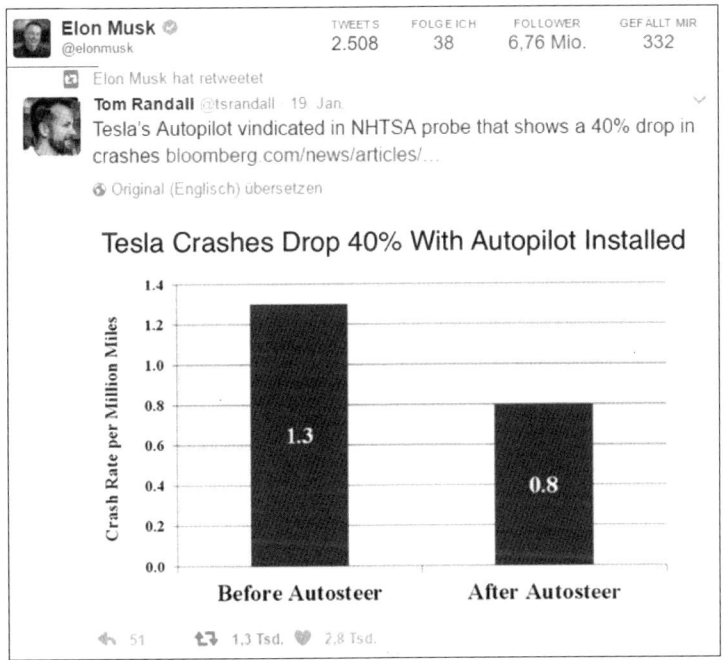

Abbildung 4.6 Retweet von Elon Musk beschert Tom Randall Reichweite.

Nutzen Sie den Reichweiten-Booster viraler Effekte

Manche Unternehmen möchten schnell Meinungsführer werden durch ein erfolgreiches virales Video, das auf YouTube und in den sozialen Medien einen raketenhaften Aufstieg nehmen soll. Und manche (Video-)Agenturen preisen das sogar als die beste Abkürzung auf dem Weg zum Erfolg in Social Media an. In der Tat sind virale Erfolge wunderbar, wenn sie sich direkt auf den Umsatz auswirken, so wie es die Kampagnen von Dove (*https://www.youtube.com/watch?v=bN0AuIl4OZM*) oder dem in den USA legendären Dollar Shave Club (*https://www.dollarshaveclub.com*) geschafft haben. In diesen Erfolgsbeispielen stecken zwei wichtige Erfolgsfaktoren, wie Sie Kunden über virale Effekte gewinnen können.

1. Setzen Sie auf langfristige Kampagnen statt auf »One Hit Wonders«. Setzen Sie auf eine Positionierung, die Menschen viel mehr bietet als nur tolle Produkte (*Dove – Natural Beauty*). Mehr zur Dove-Kampagne finden Sie unter *http://www.dove.com/de/stories.html*.

2. Binden Sie Ihren viralen Spot eng an das Geschäftsmodell und den Kundennutzen Ihres Unternehmens (vgl. Dollar Shave Club, Abbildung 4.7).

Abbildung 4.7 Website vom Dollar Shave Club (»www.dollarshaveclub.com«)

Wenn Ihnen beides nicht so wichtig ist, produzieren Sie einfach einen Spot mit Babys, die Rollerskates fahren. Das war schon mal ein viraler Hit eines Mineralwasser-Herstellers. Aber können Sie sich noch an die Marke erinnern? Falls Sie sich nicht mehr erinnern, finden Sie hier den Spot der Roller-Babys: *https://www.youtube.com/watch?v=Lb1IUHXoljE*. Der wunderbare Nebeneffekt von viralem Content ist, dass Ihr Video, Post oder Bild nicht nur von den zahlreichen Followern geteilt wird, sondern auch von der Plattform selbst. Eine soziale Plattform wie Facebook wird sofort auf hohe Sharing-Zahlen aufmerksam und zeigt Ihren Content noch mehr Menschen unaufgefordert an. Zusätzliche Reichweite in sozialen Medien wie Facebook können Sie natürlich auch direkt kaufen (z. B. Facebook Ads), um Sichtbarkeit bei den relevanten Buyer Personas aufzubauen. Aber auch das ist ein Spezialthema für sich. Mehr zu Social Ads finden Sie in Teil 4 dieses Buches. Inbound Marketing durch Social Media erzielt oft schnelle messbare Erfolge. Viele Unternehmen starten aber einfach ihre Präsenz auf einem Social Channel und schauen dann mal, wie weit sie kommen. Das hat mit professionellem Inbound Marketing nichts zu tun. Planen Sie also den Einsatz Ihrer sozialen Profile und Kanäle für eine aktive Kundengewinnung.

Inbound-Tipp: Die vier Dimensionen Ihrer Social-Inbound-Strategie

1. *Plattformstrategie:* Sie sollten auf allen sozialen Plattformen aktiv sein, auf denen Ihre Buyer Personas unterwegs sind. Beherrschen Sie die kommunikativen Spielregeln und Eigenheiten des jeweiligen Kanals. Twitter funktioniert völlig anders als Facebook. Xing und LinkedIn haben jeweils völlig unterschiedliche Spielregeln. Die Ansprache ist auf jedem Kanal anders. Jedes soziale Netzwerk liefert ein völlig einzigartiges und unterschiedliches soziales Erlebnis. Holen Sie Ihre Zielgruppe da ab, wo sie steht. Die richtigen Plattformen je Buyer Persona identifizieren Sie z. B. durch eine Analyse Ihres Kunden-Feedbacks oder eine spezielle Kundenbefragung. Führen Sie ruhig eigene Experimente auf den Plattformen durch, auf denen Sie Menschen zum Dialog einladen und Content veröffentlichen. Bleiben Sie auf allen Plattformen jeweils am Ball, und verfolgen Sie die aufgebaute Resonanz. Analysieren Sie die Qualität der gewonnenen Follower, und überwachen Sie Ihre zentralen Keywords.

2. *Präsenzaufbau:* Schaffen Sie ein effektives Online-Profil Ihres Unternehmens und deren Ansprechpartner auf den relevanten Social Channels. Geben Sie Links zu Ihrer Website. Wählen Sie eine Darstellung und Tonalität, die zur Ansprache Ihrer Buyer Personas passt. Denken Sie immer daran, Infos bereitzustellen, die einen unmittelbaren Kundennutzen haben (z. B. Online-Tools oder Ratgeber).

3. *Kontaktstrategie:* Gewinnen Sie nicht Follower als Selbstzweck oder aus Sammelleidenschaft. Suchen Sie beim Reichweitenaufbau gezielt nach solchen Menschen, die mit Ihrem Unternehmen in Resonanz gehen. Ihr Netzwerk startet mit Ihren direkten Kontakten wie Kunden, Lieferanten, Partnern und Agenturen sowie den eigenen Mitarbeitern. Nutzen Sie diese Kontakte, um neue Verbindungen zu schaffen. Vergessen Sie vor allem nicht, dass Menschen mit Menschen reden wollen, nicht mit Unternehmen. Prägen Sie also den Dialog in den sozialen

Medien durch Ihre Mitarbeiter als Gesichter der Marke (Brand Faces). Damit meinen wir nicht, dass Sie Ihre Mitarbeiter zu sozialen Aktivitäten drängen sollten. Wir meinen vielmehr, dass Sie Experten und interessante Meinungsführer in Ihrem Unternehmen identifizieren und diese dabei unterstützen sollten, zum echten Markengesicht bzw. Brand Face mit Autorität und Reichweite bei potenziellen und echten Kunden zu werden. Lebendige und vertrauensvolle Einzeldialoge machen auf Kanälen wie LinkedIn oder Xing den Unterschied.

4. *Social-Content-Strategie:* Produzieren Sie eigenen Content für Social Media. Social Media ist hochvisuell geworden, und Social Media Content mit Bildern wird fast doppelt so stark beachtet wie Content ohne Bilder. Social Posts mit Einsatz von Video werden in sozialen Medien mehr als zehnmal so oft geteilt im Vergleich zu Posts, die nur Texte und Links anbieten. Video ist ein sehr leistungsstarkes Format hinsichtlich Aufmerksamkeit und Anziehungskraft bei der Kontaktanbahnung zu potenziellen Kunden. Und Videos helfen Ihnen beim Ranken auf Google, denn Google liebt YouTube-Videos und gibt ihnen besondere Pluspunkte beim Ranking. Beispiele sind Erklärvideos, Anleitungen (sogenannte How-to-Videos) oder Experteninterviews zu wichtigen Trends. Machen Sie jede Menge Video-Content direkt auf den für Sie relevanten Social-Media-Plattformen zugänglich. So können Sie, wie in Abbildung 4.8 gezeigt, Erklärvideos über Xing in den passenden Foren teilen und den Know-how-Aufbau bei Ihren potenziellen Kunden aktiv unterstützen.

Abbildung 4.8 Xing-Post über ein humorvoll aufbereitetes Erklärvideo

5. *Steuerung und Erfolgsmessung:* Natürlich wird im Social-Media-Marketing bereits vieles gemessen, was zum Erfolg Ihrer Aktivitäten auf Facebook und Co. beiträgt. Dazu erfassen Sie mit Social Monitoring quantitativ, wie stark und wann

> Ihr sozialer Content geteilt wird. Eine Inbound-Marketing-Software zeigt Ihnen dabei live, wer von Ihren Kunden und Interessenten gerade über Sie oder Ihre Wettbewerber in den sozialen Medien spricht. Diese Daten können dann mit Ihrer Inbound-Marketing-Software z. T. direkt in das Kontaktprofil Ihres (potenziellen) Kunden übernommen und ergänzt werden. So können Sie den Erfolg Ihrer sozialen Aktivitäten direkt analysieren und z. B. Social Content für die Bedürfnisse Ihrer wichtigsten Buyer Personas optimieren. Sie können in Echtzeit verfolgen, welche Ihrer Posts und Content-Elemente besonders gut zur Aktivierung und Interaktion mit potenziellen Kunden beitragen. So hilft Ihnen Inbound Marketing dabei, eine möglichst hohe Reichweite (Reach) bei Ihren relevanten Buyer Personas aufzubauen und dabei den Streuverlust möglichst gering zu halten.

Beim Inbound Marketing mit Social Media durchlaufen Sie unserer Erfahrung nach eine extrem steile Lernkurve. Ihre Inbound-Marketing-Software gibt Ihnen hohe Datentransparenz und tiefe Einblicke, sodass Sie schnell ein solides Erfahrungswissen darüber aufbauen, was Ihre Buyer Personas wollen und was sie eher kaltlässt. Das wichtigste Motiv für Inbound Marketing mit Social Media aber ist, dass Sie viele individuelle Kundendialoge gleichzeitig aufbauen und pflegen, um Menschen in ihrem Kaufentscheidungsprozess mit Content und Kommunikation direkt auf der sozialen Plattform weiterzuhelfen. Nutzen Sie auch die sozialen Plattformen, um auf weiterführenden Content hinzuweisen, den Interessenten auf Ihrer Website finden (z. B. E-Books, Blogposts). So lenken Sie den Dialog gezielt auf solche Webpages, die Sie bereits für die Fortführung des Dialogs optimiert haben. Es ist selbstverständlich, aber wir wollen es hier noch mal sagen: Social Media ist eine kontinuierliche Aufgabe im Inbound Marketing und kein Projekt. Definieren Sie Ihr Social-Media-Team, investieren Sie in die geeigneten Instrumente (z. B. Redaktion, Grafik und Video), stimmen Sie Prozesse und Redaktionspläne ab, und führen Sie permanentes Testen und Optimieren ein (Plattform, Botschaften, Bilder/Videos, Ergebnisse).

4.4   Das Keyword-Ranking (SEO) – Content für wichtige Keywords

Ihre potenziellen Kunden beginnen ihre Kaufentscheidung bekanntlich oft genug online. Um sich zu informieren, benutzen sie dazu in der Regel eine Suchmaschine wie Google, Bing, Yahoo und Co. Dort geben sie Keywords ein, die ihnen zur Problembestimmung, Lösungssuche oder Anbieterwahl in ihrem Kaufentscheidungsprozess relevant erscheinen. Im Inbound Marketing setzen Sie Suchmaschinenoptimierung oder auch *Search Engine Optimization* (SEO) ein, um von Ihren Zielkunden bei Google & Co. möglichst gut gefunden zu werden. Mit SEO optimieren Sie Ihren gesamten Online-Auftritt, d. h. die Website, den Social-Media-Auftritt, Ihren Blog und alle Arten von Content (z. B. E-Books, Checklisten, Videos). Bei Google herrscht ein extremer

Verdrängungswettbewerb. Gerade einmal zehn Suchergebnisse präsentiert Google auf einer Suchergebnisseite, umrahmt von bis zu zehn Werbeschaltungen zum gesuchten Thema. Das macht Ihnen eine gezielte Neukundengewinnung per Suchmaschine nicht gerade einfacher. Sie haben nur eine Chance: Wenn Sie bei Google für Ihre Zielkunden auffindbar sein wollen, sollten Sie zu Ihren wichtigsten Keywords möglichst auf Seite eins der Suchergebnisse landen.

Inbound-Tipp: Was haben Google und die Vogue gemeinsam?

Es klingt wie ein billiger Witz, aber er stimmt: Google ist wie eine Modezeitschrift, denn bei beiden stehen die Stars auf Seite eins und nicht weiter hinten. Manche SEO-Spezialisten vertreten die Ansicht, dass ein Ranking für ihre Top-Keywords auf den Seiten zwei oder drei der Google-Suchergebnisse doch gar kein so schlechtes Ergebnis ist. Sie sollten dennoch bereit sein, um einen Platz auf Seite eins zu kämpfen, denn:

1. Die meisten Google-Sucher betreiben keine allzu intensive Google-Recherche und schauen sich meistens nur Suchergebnisse der Seite eins an.

2. Mit einem Platz auf den Seiten zwei und dahinter erreichen Sie nur ca. ein Viertel des gesamten Suchvolumens für Ihr Keyword. Ihnen sollte aber Google so wichtig für Ihre Kundengewinnung sein, dass Sie mindestens von der Hälfte der Suchenden zu Ihrem Thema gesehen werden wollen. Ungefähr 75 % aller Suchmaschinennutzer nutzen ausschließlich die erste Seite der Suchergebnisse und gehen nicht auf die zweite Seite. Das ist das Ergebnis einer Studie von Marketshare.Hitslink.com aus dem Jahr 2010.

3. Die Plätze eins bis drei auf der ersten Suchergebnisseite bei Google sind hart umkämpft, aber hoch effektiv. Bereits 2007 stellte Marketinsherpa.com in einer Studie fest, dass 60 % aller organischen Ergebnisklicks an die Top-3-Suchergebnisse in Suchmaschinen gehen. Das oberste Suchergebnis erhält bereits ca. 30 % aller Klicks auf der gesamten Suchergebnisseite. Das fünfte Suchergebnis hingegen nur noch knapp 10 % aller Klicks.

Inbound Marketing zielt darauf, bei Google in den Suchergebnissen ganz nach vorn zu kommen und dort so herauszustechen, dass Ihre Zielkunden unter den präsentierten Suchergebnissen auf genau Ihren Eintrag klicken und so zu Ihrer Website, Ihrem Blog oder Ihrem Content-Angebot weitergeleitet werden.

4.4.1 Buyer-Persona-Ansprache durch Keyword-Optimierung

Eine wichtige Entscheidung in Ihrem Inbound Marketing ist, auf welche Keywords Sie bei der Kundengewinnung setzen. Was sind die wichtigsten, d. h. die aufmerksamkeitsstärksten und anziehungskräftigsten Suchbegriffe Ihrer Buyer Personas? Was geben Menschen in ihrer Problemphase (Awareness-Phase), bei der Lösungssuche (Consideration-Phase) und bei der Anbieterwahl (Decision-Phase) bei Google ein? Zu diesen entsprechenden Suchbegriffen Ihrer Zielkunden sollten Sie an prominenter Stelle stehen. Sie sollten sich also zu Beginn Ihrer Inbound-Marketing-Strategie die Zeit nehmen und Ihre Keywords sorgfältig und analytisch auswählen, um anschließend Ihre Website und Ihren Content auf diese Keywords auszurichten. Zur Keyword-Analyse gibt es hervorragende deutsche SEO-Tools im Internet, die meist kostenpflichtig, aber auch für kleine Unternehmen erschwinglich sind (z. B. *Xovi*, vgl. Abbildung 4.9). Solche Tools zeigen Ihnen sogar die Ranking-Keywords Ihrer Wettbewerber an. Auch Inbound-Marketing-Software wie HubSpot, Act-On, Marketo, Eloqua oder Pardot bietet Ihnen die Grundfunktionen der Keyword-Analyse und Suchmaschinenoptimierung für Ihren Content.

Inbound-Tipp: Sammeln Sie zunächst Erfahrung mit Long-Tail Keywords

Der Wettbewerb um massentaugliche Keywords wie »Baufinanzierung«, »Schuhe kaufen« oder »Rechtsanwalt« ist hart und gnadenlos. Aber es gibt noch ein anderes Keyword-Segment: die sogenannten *Long-Tails*. Menschen geben zum Teil sehr konkrete Suchanfragen bei Google und Co. Ein, wie z. B. »Rechtsanwalt Frankfurt-Bockenheim Arbeitsrecht«. Diese Begriffe nennt man *Long-Tail Keywords*, denn auf einer Häufigkeitskurve aller verfügbaren Suchbegriffe befinden sich diese Keywords in dem langen Rattenschwanz unzähliger Begriffe, die ein geringes bis sehr geringes Suchvolumen aufweisen.

Aber dafür sind diese Keywords so speziell und zielgenau, dass sie nur von Leuten mit spezifischem Interesse an diesem Keyword eingegeben werden. Sie haben also eine recht hohe Trefferquote. Wer einen Begriff wie den obigen eingibt, wird wohl wirklich auf der Suche nach einem Arbeitsrechtler im Frankfurter Stadtteil Bockenheim sein. Bei allgemeinen Keywords wie »Arbeitsrecht« könnten hingegen die unterschiedlichsten Intentionen der Suchenden hinter ihrer Google-Anfrage stecken, wie z. B. Job suchende Arbeitsrechtler oder Jura-Studenten auf der Suche nach Lernstoff.

Die sogenannte *On-Page-Optimierung* umfasst alle Maßnahmen, die Sie auf Ihrer Website vornehmen, um wichtige Einzelseiten (Subpages) für Ihre wichtigen Keywords zu optimieren. Inbound Marketing kommt nicht ohne solide On-Page-Optimierung aus. Sie ist Pflicht für Ihre Kundengewinnung im Internet. Es ist Detailarbeit, aber sie lohnt sich doppelt: für das Website-Erlebnis Ihrer Zielkunden und für Ihr Google-Ranking. Optimieren Sie jede Unterseite Ihrer Website für ein anderes wichtiges Keyword. Zur SEO-Optimierung Ihrer Webpages zählen viele kleine Aufgaben, die in der Summe eine hohe Keyword-Performance bewirken:

▶ Verwenden Sie Ihr Keyword im Titel der betreffenden Einzelseite und deren Internet-Adresse bzw. URL.

▶ Erwähnen Sie das Keyword auf natürliche Weise in den Headlines, im Text und in den für Website-Betrachter unsichtbaren alternativen Bildtexten der Seite (*Image-Alt-Text*).

▶ Platzieren Sie das Keyword auch in der sogenannten *Meta Description*. Das ist der ca. 140 Zeichen lange Beschreibungstext, den Ihre Zielkunden in ihrem Google-Suchergebnis lesen.

▶ Verwenden Sie das Keyword an anderen Stellen innerhalb Ihrer Website als Linktext (Hyperlink) zu Ihrer Keyword-Unterseite. Der klickbare Text (*Anchor-Text*) sollte das Keyword sein, für das Sie ranken wollen.

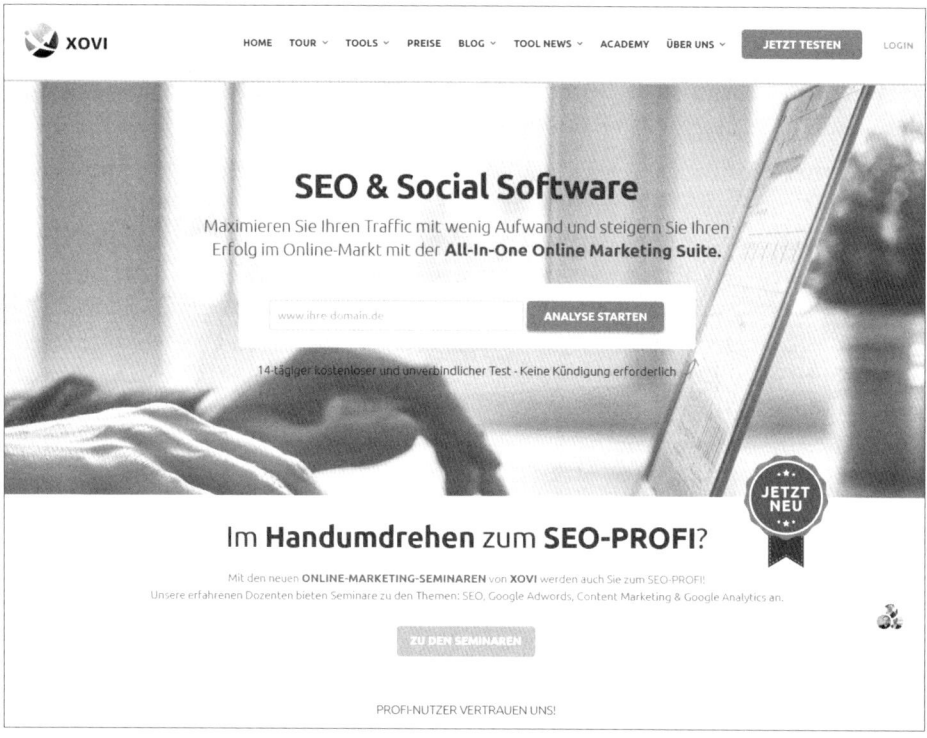

Abbildung 4.9 Xovi – Beispiel für eine kostengünstige SEO-Suite

4.4.2   Linkbuilding erhöht die Autorität bei Buyer Personas und Google

Google bemisst die Autorität Ihrer Website anhand anderer guter Websites, die auf Ihre Seite verweisen. Seitdem Google existiert, schätzt Google die Autorität Ihrer Website insbesondere daran, wie viele und welche anderen Websites im Internet mit einem sogenannten Backlink auf Ihre Website verlinken. Google prüft genau, auf welche Webpage Ihrer Website dieser Backlink verweist und mit welchem Keyword (sogenannter Anchor-Text) dieser Backlink von Ihrem Empfehler bezeichnet worden ist. Bei Backlinks gibt es im Großen und Ganzen zwei Typen:

▶ *Home-Backlink:* Wer »nur« auf Ihr Unternehmen hinweisen will, wird in der Regel Ihren Firmennamen als Klicktext (Anchor-Text) nehmen und damit einen Link auf die Homepage Ihrer Website setzen. Das ist für Google ein wichtiges, aber relativ unspezifisches Signal.

▶ *Spezifischer Backlink:* Wer auf eine bestimmte Themenseite oder einen Blog-post Ihrer Website hinweisen will, der wird wahrscheinlich ein entsprechendes Keyword dafür als Anchor-Text nehmen und damit einen Link genau auf die ent-sprechende Unterseite Ihrer Website setzen. Das ist für Google das Signal, dass der Betreiber der empfehlenden Website Ihnen wohl zu dem betreffenden Keyword eine hohe Kompetenz zutraut.

Betreiben Sie den Aufbau von Backlinks für Ihre Website aktiv und mit Plan. Linkbuil-ding ist ein zentraler Erfolgsfaktor für Ihre Inbound-Strategie, denn in den meisten Fällen schaffen Sie es bei umkämpften Keywords nicht ohne attraktive Backlinks anderer Websites auf Seite eins oder zwei der Suchergebnisse bei Google. Achten Sie auf die Auswahl aussichtsreicher Kandidaten für potenzielle Backlinks (*Link Prospec-ting*), bauen Sie eine Beziehung zu relevanten potenziellen Link-Gebern auf. Dazu sollten Sie deren besten Content auf Ihrer eigenen Website aufführen und zur Web-site Ihres Wunsch-Linkgebers verweisen. Dann haben Sie die Basis, sich auch bei Ihrem Gegenüber um einen entsprechenden »Gegenlink« zu bemühen (*Link Acquisi-tion*). Übrigens gibt es noch kein deutsches Standardwerk zum Thema Linkbuilding. Im Englischen gibt es ein sehr gut aufbereitetes Buch von Eric Ward und Garrett French mit dem Titel »Ultimate Guide to Linkbuilding« (Entrepreneur Press, 2013).

4.4.3   Keyword-Performance als Indikator des Inbound-Erfolgs

Es geht im Inbound Marketing natürlich nicht nur darum, wie sich Ihr Ranking in den Google-Suchergebnissen zu den Keywords entwickelt. Viel entscheidender ist, ob Ihr angezeigtes Suchergebnis auch wirklich angeklickt wird und wie dann die Interak-tion Ihres potenziellen Kunden auf Ihrer Website weitergeht. So wirkt Ihre Keyword-Performance direkt auf den Erfolg Ihrer Kundengewinnung im Internet. Neben Ihrer Keyword-Performance auf den Suchergebnisseiten erfasst Google auch die soge-nannten Nutzersignale. Damit erfasst Google das Verhalten von Website-Besuchern, die über einen Klick in den Suchergebnissen auf Ihre Website gelangen. Viele Exper-ten definieren SEO schon nicht mehr als Search Engine Optimization (Suchergebnis), sondern als *Search Experience Optimization* (Sucherlebnis). Das Sucherlebnis der Website-Besucher wird für Google immer wichtiger.

▶ In wie viel Prozent der Fälle wird Ihr angezeigtes Suchergebnis auch wirklich geklickt? Wie ist dann die Verweildauer und Weiterbewegung (Click-Through) auf Ihrer Website? Haben Sie die Erwartungshaltung derer, die auf Ihren Google-Such-ergebnistext geklickt haben, auch auf der Website erfüllt? Haben Menschen gefun-den, was sie gesucht haben?

▶ Welche Conversions (z. B. Downloads) passieren auf Ihrer Website bei den einzelnen Keywords? Worin unterscheiden sich Kontakte, die Sie über Google-Keyword-Rankings einsammeln, von Ihren bisherigen Kunden, Leads und Kontakten? Wie unterscheiden sich die durch die jeweiligen Keywords hereinkommenden Neukontakte, und zu welchen Buyer Personas gehören Sie?

Mit diesen Fragen beantworten Sie zentrale Fragen Ihres Inbound Marketing. Sie finden heraus, welche Anziehungskraft Sie über Google und Co. wirklich auf Ihre Zielkunden ausüben. Wie gut sind Sie darin, potenzielle Kunden zur Kontaktaufnahme mit Ihnen zu animieren?

4.5   Der Website-Content – Kunden zur Kontaktaufnahme animieren

Ihre Website-Besucher erwarten guten und hilfreichen Content. Content umfasst so ziemlich alles, was man auf Ihrer Website an Inhalten finden kann. Dazu gehören die statischen Website-Texte, Ihre regelmäßig erscheinenden Blogposts und Ihre eigenständigen herunterladbaren Content-Angebote wie z. B. E-Books. Natürlich ist Content im Inbound Marketing kein Selbstzweck, sondern ein Teil Ihrer Kundengewinnungsstrategie. Eine Investition in guten Content lohnt sich im Inbound Marketing umso mehr, je mehr Traffic Sie damit auf die eigene Website lenken und je mehr Kontakte zu relevanten Zielkunden Sie damit aufbauen. Es gibt unzählige Dokumenttypen und Darstellungsformen, um Inhalte für potenzielle Kunden aufzubereiten. Machen Sie sich nicht nur mit den unterschiedlichen Arten von Content-Angeboten vertraut, sondern auch mit ihrer jeweiligen Eignung für die unterschiedlichen Phasen einer Customer Journey (vgl. Abbildung 4.10).

Phase der Customer Journey	Awareness-Phase	Consideration-Phase	Decision-Phase
Geeignete Content-Formate	• Blogpost • E-Book • Whitepaper • Checkliste • Infografik • Edutainment	• Blogpost • E-Book • Case Studies • Webinar/Video • Whitepaper • Checkliste • Podcast • Online-Tools • Arbeitsmaterialien	• Blogpost • Case Studies • Webinar/Video • Checklisten • Vergleichs-Charts • Kaufratgeber • Produktliteratur • Arbeitsmaterialien

Abbildung 4.10 Geeignete Content-Formate entlang der Customer Journey

Es ist wichtig, nicht nur eigenen Content zu produzieren, sondern auch den Content Dritter zu berücksichtigen, der neutral bzw. objektiv über Themen bzw. über Ihr Angebot berichtet.

▶ Gut geeignet sind Zitate zufriedener Kunden (sogenannte *Testimonials*). Entscheidend für die Glaubwürdigkeit und Vertrauenswürdigkeit Ihrer Informationen ist, dass sie keinesfalls Wettbewerber herabwerten oder Informationen nur unvollständig aufführen.

▶ Versuchen Sie, möglichst viele Informationen von neutralen Dritten (z. B. Stiftung Warentest, Vergleichsportale, G2Crowd, Testbericht-Webportale) aufzuführen und auch als Download zur Verfügung zu stellen.

▶ Natürlich helfen auch Testversionen Ihrer Produkte und auch Produktdemonstrationen, um Kunden in ihrer Entscheidungsfindung zu unterstützen.

Welche downloadbaren Content-Angebote gibt es nur gegen Registrierung? Im Inbound Marketing nutzen Sie parallel verschiedene downloadbare Content-Angebote für unterschiedliche Buyer Personas wie z. B. E-Books oder Checklisten. Treffen Sie für jedes Ihrer Content-Angebote eine gezielte Entscheidung, ob Sie Ihren Website-Besuchern dieses Informationsangebot frei zur Verfügung stellen wollen. Frei verfügbare Informationen sind in der Regel Ihre Produktbroschüren, Preislisten oder Ihre Unternehmensdarstellung. Anderen Content möchten Sie hingegen vielleicht lieber im Gegenzug zu einer Kontaktaufnahme Ihres Interessenten zur Verfügung stellen, indem er sich dazu auf einer Landing Page per Formular zum Content-Download registriert. Diesen Content nennt man auch geschützten Content oder *Gated Content*. Angebote für Webinare, kostenlose Analysen bzw. Assessments oder auch Testversionen von Produkten werden in der Regel als Gated Content mit Registrierung des Interessenten zugänglich gemacht. Abbildung 4.11 zeigt eine Landing Page, auf der ein Website-Besucher im Austausch für seine Kontaktdaten ein Whitepaper downloaden kann.

Mit den richtigen Content-Angeboten, Ihrem Blog, der Social-Media-Präsenz und der SEO-Optimierung von Website und Content schaffen Sie den Grundstein für Ihr Inbound Marketing. Sie bieten Anziehungspunkte für Website-Besucher und potenzielle Kunden. Wie werden aus diesen unbekannten Website-Besucher nun Interessenten, also namentlich bekannte Leads? Im nächsten Schritt zeigen wir Ihnen, wie Sie eine Verbindung zu den potenziellen Kunden herstellen, die jetzt bereits Besucher Ihrer Website sind.

Abbildung 4.11 Landing Page eines Whitepapers von Shopgate

Kapitel 5
Die Verbindung zum potenziellen Kunden herstellen – Connection-Phase

Hinter jedem Tweet, Teilen und Kauf steckt eine Person.
Kümmere dich mehr um diese Person als um den Rest.
– Shafqat Islam, Co-Founder & CEO, NewsCred

Nehmen wir an, Sie haben Ihre Website und Ihren Content so gestaltet und optimiert, dass Ihre Zielkunden darauf bei Google und in den sozialen Medien aufmerksam werden. Ihre Website-Inhalte, Ihr Blog und Ihre Aktivitäten in den sozialen Medien entwickeln eine gute und messbare Anziehungskraft und liefern Ihnen Website-Besucher, die eine hohe Affinität zu Ihrem Unternehmen und Angebot haben. Das ist eine tolle Leistung, nur reicht das allein noch nicht ganz aus zur Kundengewinnung. Eine echte Verbindung zu den Nutzern Ihrer Online-Inhalte stellen Sie erst her, wenn Sie diese Besucher dazu animieren, mit Ihnen in Kontakt zu treten (vgl. Abbildung 5.1) und so die Basis für eine vielleicht längerfristige Verbindung zu legen.

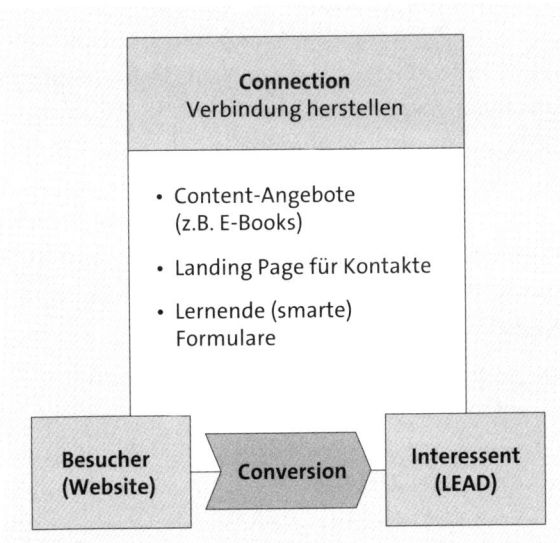

Abbildung 5.1 Connection-Phase – Verbindung herstellen

Das Herstellen einer solchen Verbindung (Connection) zu einem potenziellen Kunden wird im Inbound Marketing als Konversion oder Conversion bezeichnet. Im Grunde ist jeder Akt und jeder Beitrag eines potenziellen Kunden zur Stärkung Ihrer gemeinsamen Verbindung eine Conversion. Wenn ein Besucher Ihrer Website Ihnen seine Kontaktdaten übermittelt und Ihnen darüber hinaus das Einverständnis für eine spätere Kontaktaufnahme gibt (*Opt-In*), haben Sie eine Wandlung oder Konversion vom Website-Besucher zum namentlich bekannten Lead geschaffen. Je besser Sie über diesen Lead und dessen Informationsbedürfnisse Bescheid wissen, desto qualifizierter ist Ihr Lead und desto besser können Sie ihm eine Problemlösung bis hin zum Kauf bieten. Viele einzelne Tools Ihrer Website wie Landing Pages oder Registrierungsformulare sind nötig, um die Kontaktdaten potenzieller Kunden zu erfassen und sie für einen anschließenden Dialog aufzubereiten. Mit der Philosophie des Inbound Marketing betreiben Sie damit eine zielorientierte, effektive und professionelle Gewinnung und Qualifizierung von Leads bzw. zahlenden Neukunden. Das wichtigste Tool zum Aufbau von Verbindungen zu potenziellen Kunden und zur Lead-Gewinnung ist – wie könnte es anders sein – Ihre Website selbst. Bevor wir also zur Gestaltung von Landing Pages oder zum Einsatz intelligenter Formulare kommen, sollten Sie zunächst einmal Ihre Website in einem ganz neuen Licht sehen. Betrachten Sie Ihre Website als eine Lead-Gewinnungsmaschine.

5.1   Das Prinzip der Conversion – wie Sie Website-Besucher in Interessenten verwandeln

Wie finden Sie unter Ihren Website-Besuchern die wirklich interessierten potenziellen Kunden? Wie genau stellen Sie eine Verbindung zu einem Besucher her, um aus ihm einen namentlich bekannten Interessenten (Lead) zu machen? Dafür brauchen Sie eine Website, die diese Lead Conversion fördert. Ihre Website hat die Aufgabe, die richtigen Besucher anzusprechen und sie dazu zu animieren, mit Ihnen in Kontakt zu treten. Darauf ist das traditionelle Webdesign nicht vorbereitet. Im Inbound Marketing zählen nicht nur die einzelnen Pages Ihrer Website, sondern insbesondere die Verbindung zwischen diesen Einzelseiten Ihrer Website. Betrachten Sie Ihre Website also nicht als eine Ansammlung statischer Inhalte, sondern als ein in sich vernetztes System von Besucherpfaden zwischen Einzelseiten.

Schauen Sie sich die Website Ihres Unternehmens einmal als eine Art Suchpfad an. Von wo nach wo möchten Sie Ihre Zielkunden auf der Website bewegen? Wie sieht Ihr gewünschter Konversionspfad *(Conversion Path)* auf Ihrer Website aus? Wohin genau würden Sie gern die potenziellen Kunden verschiedener Buyer Personas auf Ihrer Website hinbewegen? Wenn Ihr Website-Content potenzielle Kunden zur Kontaktaufnahme animieren soll, dann durchdenken Sie Ihren Website-Content als eine Art

Lesefluss über mehrere Seiten hinweg bis zu der Zielseite, auf der Sie sich die Kontaktaufnahme seitens Ihres Kunden wünschen.

▶ Schauen Sie bei Ihrer Website nicht auf die einzelnen Unterseiten (Webpages), sondern denken Sie immer in ganzen Klickpfaden (Conversion Path) der Besucher Ihrer Website.

▶ Nicht die einzelnen Seiten selbst, sondern die Verlinkung zwischen den Seiten ist entscheidend, um Besucher dahin zu bewegen, wo sie die gewünschten Konvertierungen machen (z. B. Download eines Content-Angebots oder Teilnahme an einem kostenlosen Assessment).

▶ Planen Sie Ihre Website nicht von der Homepage her, sondern von den Zielseiten (z. B. Landing Pages mit Registrierungsmöglichkeit), auf die Sie Ihre verschiedenen Zielkunden letztlich führen möchten. Von diesen Zielseiten aus gestalten Sie dann den Weg zurück bis zu den Einstiegsseiten, über die Ihre Besucher auf Ihrer Website landen sollen.

Inbound-Tipp: Überschätzen Sie nicht Ihre Homepage

Ihre Homepage sollte nicht die wichtigste Einstiegsseite Ihrer Website-Besucher sein, und sie sollte nicht den meisten Anteil an Ihrem gesamten Web-Traffic abbekommen. Der Grund: Ihre Homepage ist relativ unspezifisch und sollte im Idealfall von Google nur für das Keyword Ihres Firmennamens an oberster Stelle ausgegeben werden. Für alle anderen wichtigen Keywords sollten spezielle Unterseiten Ihrer Website bei Google auf einem besseren Rang angezeigt werden als Ihre Homepage. Diese Unterseiten sollten speziell für bestimmte Top-Keywords optimiert sein und alle wichtigen Infos zu einem Kundenthema bereithalten. Wenn Ihre Website die meisten Besucher über die Startseite (Homepage) anzieht, ist das eher für Google ein Signal, dass Ihr übriges Informationsangebot auf der Website weniger bedeutsam sein könnte.

5.1.1 Target Pages – die Zielseiten Ihrer Website für Ihre Buyer Personas

Für effektive Kundengewinnung mit Inbound Marketing ist es wichtig, dass Google Ihre Website-Besucher bei wichtigen Keywords direkt auf die entsprechende optimierte Unterseite schickt. Ihre Besucher sollen nicht den Umweg über die Homepage machen müssen. Je schneller und direkter die Besucher Ihrer Website auf der für sie jeweils optimalen Unterseite landen, desto höher ist die Chance, dabei ihren Informationsbedarf zu befriedigen und so eine Kontaktaufnahme anzubahnen.

Was passiert auf der Zielseite Ihres Website-Besuchers? Sie haben sich für jede Buyer Persona die jeweiligen Zielseiten überlegt, zu denen Sie Ihre potenziellen Kunden hinführen wollen. Sie können und sollten durchaus für jede Buyer Persona mehrere

Zielseiten bereithalten. Es macht vor allem Sinn, wenn Sie bei jeder Buyer Persona eine jeweilige Zielseite konzipieren für jede Stufe der Customer Journey.

▶ Auf der Zielseite für die Awareness-Phase dieser Buyer Persona können Sie übersichtlich die potenziellen Hauptprobleme der betreffenden Zielkunden zusammenfassen und erste Schritte zur Problemlösung ansprechen. Gleichzeitig verweisen Sie auf ein herunterladbares Content-Angebot zur Strukturierung des Problems (z. B. ein E-Book).

▶ Auf der Zielseite für die Consideration-Phase fassen Sie die verschiedenen Problemlösungen für Ihre Zielkunden zusammen und bieten weiterführende Informationen zur Bewertung der verschiedenen Alternativen an (z. B. Side-by-Side-Vergleiche oder Checklisten zur Problemlösung).

▶ Auf der Zielseite für die Decision-Phase beschreiben Sie Ihr Produkt und wie es die größten Probleme Ihrer Kunden bereits erfolgreich gemeistert hat. Natürlich entsprechen diese beschriebenen Problemlösungen den Anforderungen Ihrer Buyer Persona. Zum Herunterladen gibt es z. B. erfolgreiche Case Studies Ihrer Kunden oder einen Guide zur schnellen Lösungsimplementierung.

Auf jeder dieser Zielseiten möchten Sie nun Ihren Website-Besucher zur Kontaktaufnahme mit Ihnen veranlassen, unabhängig davon, um welche Buyer Persona oder Phase der Customer Journey es geht. Sie brauchen also einen Mechanismus, der

▶ dem Besucher den Nutzen des angezeigten Informationsangebots vermittelt und den Besucher zum Download dieses Contents ermutigt,

▶ es dem Besucher gestattet, seine Kontaktdaten möglichst einfach und schnell einzugeben,

▶ dem Besucher sofort nach der Eingabe seiner Kontaktdaten das Content-Angebot zugänglich macht.

Dieser Mechanismus besteht aus drei wichtigen Elementen, die in Abbildung 5.2 verdeutlicht werden. Details und Best Practices zur Gestaltung dieser Elemente finden Sie in Teil 3 und 4 des Buches.

1. *Call-to-Action:* Auf Ihrer Zielseite platzieren Sie einen gut sichtbaren Kontakt-Button oder auch Call-to-Action-Button, der eine unmittelbare Handlungsaufforderung wie »Jetzt herunterladen« enthält.

2. *Landing Page:* Beim Klick auf den Call-to-Action-Button gelangt Ihr Website-Besucher auf die speziell gestaltete Landing Page, auf der das Registrierungsformular zu finden ist.

3. *Thank-You-Page:* Nach Ausfüllen des Formulars und einem weiteren Klick auf den Bestätigungs-Button unter dem Formular gelangt der Besucher – bzw. jetzt bereits namentlich bekannte Lead – auf eine Thank-You-Page oder Dankes-Seite, auf der

Sie sich für den Download und für die Kontaktdaten bedanken. Hier findet der Lead nun auch den Link zum Download des gewünschten Content-Angebots.

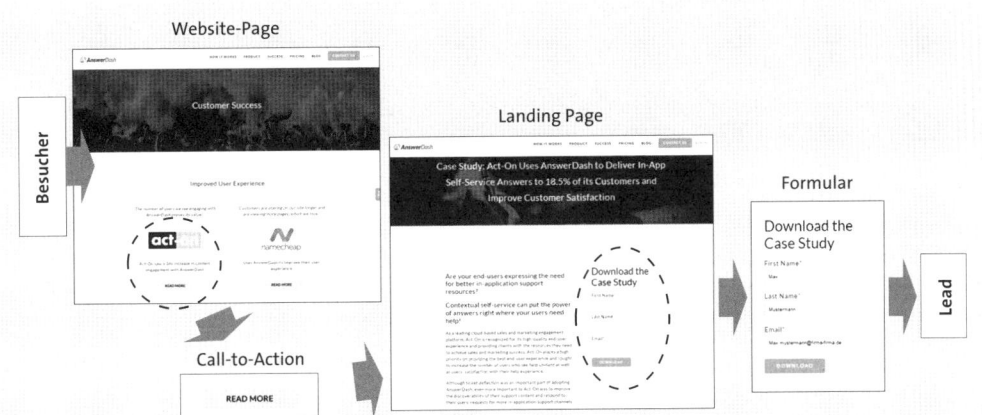

Abbildung 5.2 Website-Besucher zu Leads konvertieren

5.1.2   Kontaktangaben Ihrer Interessenten – ein Zeichen von Vertrauen

Um einen Website-Besucher als Lead näher kennenzulernen und seinen Problemlösungsbedarf näher qualifizieren zu können, brauchen Sie die richtigen Informationen. Diese Daten gehen in der Regel deutlich über die eigentlichen Kontaktdaten wie z. B. Name und E-Mail-Adresse hinaus. Hier geben wir Ihnen Beispiele für wichtige Informationen, wenn Sie Kunden aus einem beruflichen Umfeld (B2B-Bereich) gewinnen wollen.

▶ Um einen Neukontakt erst einmal in seinen beruflichen Kontext einzuordnen, hilft die Angabe seines Unternehmens, seines Jobtitels und/oder seiner Hierarchieebene wie z. B. Vorstand, Bereichsleiter, Abteilungsleiter.

▶ Um einen neuen Kontakt einer Buyer Persona zuzuordnen, kann es sinnvoll sein zu wissen, in welcher Abteilung/Funktion er arbeitet und wie seine Rolle bei einer möglichen Beschaffungsentscheidung ist, d. h., wird er eine Kaufentscheidung vorbereiten oder sogar treffen können?

▶ Um das Unternehmen Ihres Neukontaktes besser kennenzulernen, hilft die Angabe der Branche, der Unternehmensgröße (z. B. nach Umsatz oder Mitarbeitern) und der Rechtsform des Unternehmens.

▶ Wenn Sie das Problem oder das Anliegen Ihres Neukontaktes verstehen wollen, können Sie Fragen zum Hintergrund des Interesses einbauen. Bewährt haben sich hier Fragen wie »Was ist Ihre größte Herausforderung?« oder »Was planen Sie zu diesem Thema?«. Um hier strukturierte und vergleichbare Antworten zu erhalten, ist es oft wichtig, konkrete Antwortmöglichkeiten vorzugeben.

Warum sind diese Kontaktangaben im Inbound Marketing bares Geld wert? Und warum sind sie für die Intensivierung Ihrer Beziehung so wichtig? Versetzen Sie sich einmal in die Lage Ihres Website-Besuchers. Sie sind auf dem Weg der Entscheidungsfindung und besuchen verschiedene Websites, um Anregungen zu Lösungen und um den geeigneten Lösungsanbieter zu finden.

▶ Nicht auf allen Websites finden Sie das Gesuchte, und Google führt Sie oft genug zu Selbstdarstellungen von Produktanbietern. Bei Ihnen ist das anders. Google führt den Besucher direkt auf eine Seite Ihrer Website, auf der er die gesuchten Informationen treffend und vertrauenswürdig aufbereitet vorfindet.

▶ Auf dieser Zielseite bildet sich Ihr Besucher gleichzeitig eine Meinung über Ihre Kompetenz, Ihr Unternehmen und Ihre Art der Kundenorientierung. Auch das Informationsangebot zum Download findet er ansprechend und hilfreich. Wenn er also auf den »Jetzt Downloaden«-Button (CTA) klickt, hat er bereits einen ersten Schritt auf dem Weg zu einem Vertrauensverhältnis mit Ihnen getan.

▶ Gleichzeitig artikuliert er damit, dass er Sie für einen relevanten Partner hält, um ihm den nächsten Schritt auf seiner Customer Journey zu ermöglichen. Schlussendlich ist er sogar bereit, seine Kontaktinformationen und gegebenenfalls sogar weitergehende Informationen mit Ihnen zu teilen.

Wenn ein Besucher Ihrer Website Ihnen seine kostbaren Kontaktdaten übergeben soll, müssen Sie ihm dafür mit Ihrem Content etwas Gleichwertiges bieten. Sie bieten ein Content-Angebot wie ein Whitepaper, E-Book oder Ähnliches. Ihr Interessent bietet seine Kontaktdaten zum Ausgleich. Das ist nicht nur ein »fairer Deal«, sondern die Basis dafür, dass Sie den Informations- und Problemlösungsbedarf einer Ihnen bis gerade noch unbekannten Person schnell und richtig einschätzen lernen, um dann bei der Lösungsfindung hilfreich sein zu können.

Inbound-Tipp: Erfassen Sie Kontaktdaten nach Customer-Journey-Phase

Die gewonnenen Kontaktdaten haben nur dann einen Wert für Ihre Kundengewinnung, wenn Sie mithilfe dieser Daten auch dem neu gewonnenen potenziellen Kunden auf seinem individuellen Entscheidungsweg weiterhelfen können. Erfassen Sie also je nach Entscheidungsphase Ihres neuen Kontaktes genau die Kontaktdaten, die für seinen nächsten Schritt auf der Customer Journey entscheidend sind.

▶ In der Phase der Problemstrukturierung (Awareness-Phase) sollten Sie Kontaktdaten erfassen, die Ihnen helfen, den Bedarf, die Wünsche und die Herausforderungen Ihres neuen Lead zu verstehen. Richten Sie also Ihre Fragen in der Awareness-Phase ganz auf die Person des Lead aus. Welches Problem versucht er zu lösen? Wie glaubt er, es lösen zu können? Was ist seine größte Herausforderung?

▶ In der Phase der Problemlösungssuche (Consideration-Phase) sollten Sie heraus-bekommen, ob Ihre Angebote und Produktlösungen zu den Problemen Ihres neuen Lead passen. Stellen Sie also Fragen, die Ihnen helfen, die Buyer Persona des Neukontaktes zu verstehen und einzuordnen.

▶ In der Entscheidungsphase (Decision-Phase) können Sie Fragen stellen, die Ihnen bei der Einschätzung helfen, ob dieser neue Lead schon bereit für einen Kauf ist. Sammeln Sie Daten, die die Abschlussbereitschaft Ihres Lead-Kontaktes qualifi-zieren. Denken Sie daran, was wohl Ihr Vertrieb in dieser Phase von einem Neu-kontakt gern wissen wollen würde.

5.2   Landing Pages – bieten Sie wertvollen Content gegen Registrierung

Ist es nötig und der Mühe wert, spezielle Landing Pages zu gestalten und einzuset-zen? Nicht immer, denn Sie können ein Registrierungsformular auch direkt in eine beliebige Seite Ihrer Website einbinden. Das ist technisch gar kein Problem. Gerade bei kurzen Formularen kann es völlig ausreichend sein, keine gesonderte Landing Page anzubieten, sondern die Konversion im Formular direkt auf der Webpage selbst anzubieten.

Inbound-Tipp: Was war noch mal eine Landing Page?

Damit Sie es nicht vergessen: Der Begriff der Landing Page steht im Inbound Marke-ting nicht für die komplette Website, sondern für eine speziell gestaltete Kontaktfor-mular-Seite auf Ihrer Website, deren einziges Ziel die Konvertierung eines Website-Besuchers zum namentlich bekannten Lead ist.

Eigentlich »landen« Website-Besucher im Regelfall nicht direkt auf einer »Landing« Page, sondern sie werden im besseren Fall behutsam dahin geführt. Wie landet ein Besucher also auf einer Landing Page?

▶ Er hat in Social Media auf einen Link zum Download eines Angebots geklickt.

▶ Er hat auf einer Webpage oder Blog-Seite Ihrer Website ein Angebot zu diesem Content-Offer gesehen und auf den entsprechenden Aktions-Button (Call-to-Action-Button) geklickt.

▶ Ihm ist Ihr Content-Offer empfohlen worden, und er hat z. B. per E-Mail oder WhatsApp von einem Kollegen oder Freund einen Link direkt zu Ihrer Landing Page erhalten.

▶ Er hat von Ihnen selbst eine E-Mail erhalten, indem Sie einen Link zur Landing Page angeboten haben.

Wer auf eine Landing Page kommt, hat in der Regel nicht nur Interesse an dem dort beworbenen Content-Offer an sich, sondern auch an dem dahinterliegenden Thema. Man nimmt bei Landing Pages oft ein Conversion-Ziel von 20 % an. Man erwartet also, dass jeder fünfte Besucher der Landing Page auch das Formular ausfüllt und so das Content-Offer herunterlädt. In Abbildung 5.3 finden Sie ein Beispiel für eine gut gestaltete Landing Page inklusive Registrierungsformular.

Abbildung 5.3 Landing Page und Registrierungsformular (salesforce.com)

Idealerweise haben Sie Ihr Content-Angebot für eine bestimmte Phase des Kaufentscheidungsprozesses optimiert. Wer also an diesem Paper Interesse hat, ist also vielleicht genau in dieser Phase. Das ist zumindest ein erster Indikator.

▶ Landing Pages für Content-Angebote der Awareness-Phase haben einen relativ großen Streuverlust, da sie thematisch für die unterschiedlichsten Interessenlagen relevant sein wollen und sich nicht nur an potenzielle Kunden, sondern an so ziemlich jedermann richten. Setzen Sie daher bei der textlichen Gestaltung einer solchen Landing Page nur geringes bis gar kein Vorwissen zum Thema voraus.

▶ In der Consideration-Phase sind Interessenten auf der Suche nach konkreten Informationen zu möglichen Lösungen. Eine entsprechende Landing Page kann daher eine besonders faktenorientierte Ansprache verwenden. Zur Verstärkung können Bullets oder eine aussagekräftige Grafik mit wichtigen Argumenten verwendet werden.

▶ In der Decision-Phase sind wiederum der Vertrauensaufbau und die Kompetenzdemonstration entscheidend. Auf solchen Landing Pages helfen also autoritätsbestätigende Infos wie Zertifikate, Prüfsiegel und Aussagen über die eigene Stärke des Unternehmens (z. B. Alter der Firma, Referenzen, Anzahl Mitarbeiter).

Inbound-Tipp: Woran Sie gute Landing Pages sofort erkennen

Um eine prägnante Landing Page zu erkennen, gibt es nichts Besseres als einen »Blinzel-Test« im Selbstversuch. Gehen Sie auf eine Website, die Sie interessiert, und klicken Sie sich dort bis zum Kontakt-Button (Call-to-Action-Button) für ein Content-Angebot oder eine Beratungsleistung durch. Der Text dieses CTA-Buttons dürfte so etwas sein wie »Jetzt herunterladen«.

Dieser CTA führt zur Landing Page, und bevor Sie auf ihn klicken, machen Sie sich bitte vorher schon klar, dass Sie genau nur einen Augenblick, also maximal eine Sekunde, auf diese Landing Page schauen werden.

Wichtig ist der Effekt des »ersten Mals«. Schauen Sie also ein Augenblinzeln lang auf die Landing Page. Machen Sie die Augen wieder zu, drehen Sie sich vom Bildschirm weg, und schreiben Sie auf, was Sie wahrgenommen haben.

▶ Haben Sie eine Headline gelesen oder Stichworte wahrgenommen?

▶ Wissen Sie, wo das Formular steht und wie lang es ungefähr ist?

▶ Haben Sie ein Content-Angebot auf einem Bild gesehen oder sogar den Text erfassen können?

Wenn Sie diesen Test öfter machen, bekommen Sie ein ganz gutes Gefühl dafür, was eine Landing Page im Einzelfall leistet. Mehr zur Gestaltung effektiver Landing Pages verraten wir Ihnen in Teil 3.

5.3   Smarte Formulare – Kundeninformationen intelligent erfassen

Haben Sie schon mal gerne ein Formular ausgefüllt? Sehen Sie, wir auch nicht. Eigentlich ist es doch ganz schön komisch, dass ausgerechnet ein langweiliges Formular ein wichtiger Baustein Ihres Inbound Marketing sein soll. Warum also brauchen wir Registrierungsformulare? Weil Formulare neben dem persönlichen Gespräch oder Telefonat einer der effektivsten Wege zur Herstellung eines Kontaktes und zur Informationserfassung sind. Formulare existieren im Inbound Marketing nicht in einem luftleeren Raum, sondern sie sind Teil des Conversion-Prozesses und am besten eingebettet in eine gut gestaltete Landing Page, die die Hergabe der Kontaktdaten im Gegenzug für das nutzenstiftende Content-Angebot attraktiv aussehen lässt. Und sogar Formulare können attraktiv und smart gestaltet sein.

Wir sind an einem Punkt des Inbound Marketing angekommen, an dem der potenzielle Kunde auf seinem Weg zu Ihnen schon ein wenig Vertrauen aufgebaut haben sollte, um Ihnen seine Kontaktdaten zu geben. Die Preisgabe von persönlichen Informationen ist ein Commitment Ihres Interessenten. Es entspricht einer Art psychologischen Zustimmung zu einer ersten Transaktion mit Ihnen. Es bewirkt einen ersten Leistungsaustausch, den jemand nur mit Ihnen macht, wenn er Ihnen Vertrauen entgegenbringt. Das simple Ausfüllen eines Kontaktformulars stellt also eine erste Verbindung und Beziehung her. Daher sollten Sie diese Kontaktdaten sehr zu schätzen wissen und achtsam mit dieser ersten Kontakteinwilligung umgehen. Mit dem Download eines bestimmten Content-Angebots und gegebenenfalls der Zustimmung für weitere Informationen Ihrerseits herrscht noch längst keine feste Beziehung.

Sobald Ihr Neukontakt die Übermittlung seiner Kontaktdaten an Sie durch einen Klick unter dem Kontaktformular bestätigt hat, gehen die erfassten Daten direkt in die Kontaktdatenbank Ihrer Inbound-Marketing-Software über. Bei den Formularen hält Inbound Marketing einen kleinen Clou parat, der die Beziehung und das Vertrauen eines neuen Lead zu Ihrem Unternehmen im Zeitablauf deutlich stärken kann: smarte Formulare. Ein solches Formular merkt sich die bereits gemachten Angaben (per Cookie-Erkennung), sodass der Interessent diese beim nächsten Besuch nicht nochmals eingeben muss (*Progressive Profiling*). Das smarte Formular entfernt automatisch die bereits gemachten Angaben oder füllt sie gut sichtbar für Ihren Lead bereits aus und ermöglicht damit eine hohe Wiedererkennung und Vertrautheit mit Ihrer Website (vgl. Abbildung 5.4).

Mit smarten Formularen können Sie also die Länge eines Formulars anpassen bzw. verkürzen, wenn Ihr Kontakt in der Vergangenheit bereits ein anderes Formular Ihres Unternehmens im Internet ausgefüllt hatte. Smarte Formulare ergänzen automatisch neue Fragen, die Sie in einer Fragenkette für die entsprechende Buyer Persona oder Customer-Journey-Phase in Ihrer Inbound-Marketing-Datenbank bereits hinterlegt hatten. Dieses Progressive Profiling macht den Download-Prozess für weitere Content-Angebote und nächste Schritte für Ihren potenziellen Kunden viel schneller, komfortabler und einfacher. Mit Progressive Profiling bauen Sie insbesondere bei langen Lead-Qualifizierungsprozessen ein immer feineres und vollständigeres Profil Ihres Zielkunden auf. Darüber hinaus wirken Sie auf Ihren Lead sowohl interessiert als auch vertraut, weil Sie nicht ständig dieselben Fragen stellen und die Person auf Ihrer Website wiedererkennen. Natürlich sollten Sie auch hier bei jedem Schritt im Auge behalten, dass zu viele neue oder unvermittelt deutliche Fragen das junge Vertrauen Ihres Lead negativ beeinflussen können. Halten Sie also Augenmaß trotz der wirklich großartigen Möglichkeiten dieses Tools. Unterschätzen Sie nicht die Wirkung von Progressive Profiling. Sie können damit die Conversion Rates deutlich steigern, viel bessere Kunden-Insights als vorher gewinnen und Ihren Verkaufsprozess entscheidend beschleunigen. Und das alles, nur weil Sie ein paar «langweilige» Formulare im Inbound Marketing benutzt haben.

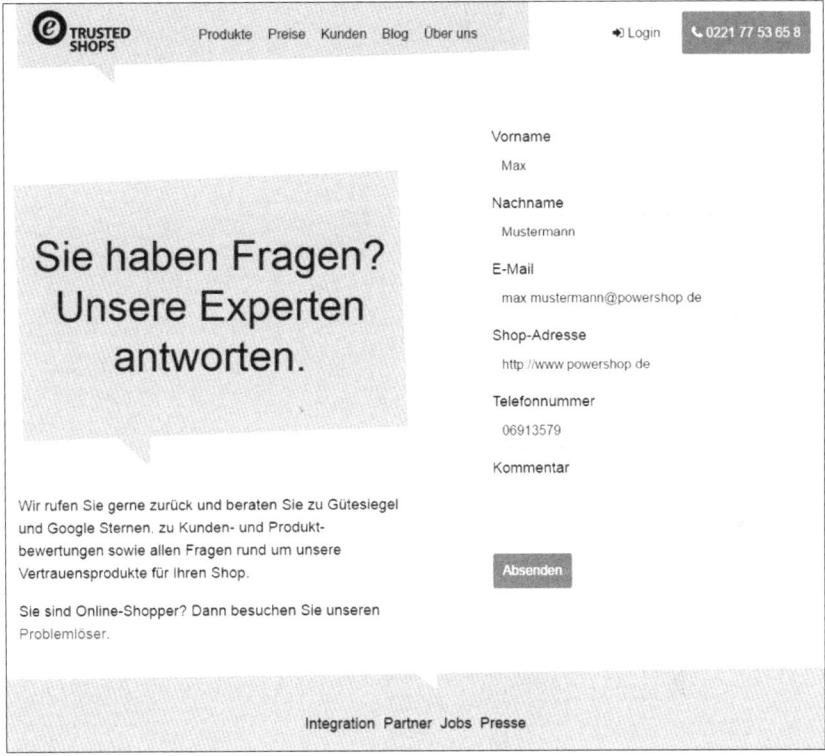

Abbildung 5.4 Beispiel für ein smartes Inbound-Formular mit automatisch ausgefüllten Daten

Kapitel 6

Die Beziehung zum Kunden aufbauen – Engagement-Phase

Content baut Beziehungen auf. Beziehungen bauen Vertrauen auf.
Vertrauen treibt Umsatz voran.
– Tom Fishburne, Gründer und CEO von Marketoonist

Sie haben das Interesse Ihrer Website-Besucher geweckt und dabei die richtigen Interessenten gewonnen. Doch nun möchten Sie diese Kontakte endlich auch zu Kunden machen. Aber wie? In dieser Phase werden Ihnen bestimmte Inbound-Marketing-Tools helfen, damit Sie zum richtigen Zeitpunkt die richtigen Interessenten auf ihren nächsten Schritt im Kaufprozess ansprechen und als Kunden gewinnen können (vgl. Abbildung 6.1).

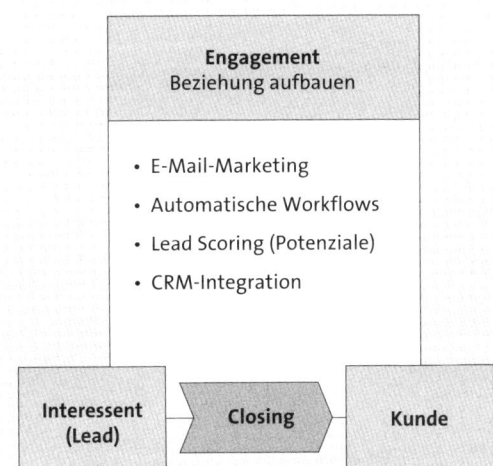

Abbildung 6.1 Engagement-Phase – Beziehungen zu potenziellen Kunden aufbauen

Dabei hilft Ihnen Inbound Marketing durch umfangreiche Marketing Automation. Mit personalisierten und automatisierten Marketing-Prozessen können Sie unbegrenzt viele Kundengewinnungsprozesse gleichzeitig individuell weitertreiben, Leads an bestimmten Punkten persönlich betreuen und hin zur Kaufentscheidung führen. Dazu setzt Inbound Marketing in dieser Phase auf:

- ▶ bewährtes E-Mail-Marketing – mit neuer Inbound-Intelligenz
- ▶ automatisierte Marketing-Workflows, die individuelle und personalisierbare Anspracheketten zur Weiterentwicklung von Leads auslösen (Lead Nurturing)
- ▶ automatische und laufende Messung und Vorhersage der Abschlussbereitschaft Ihrer Leads (Lead Scoring)
- ▶ nahtlose Abstimmung zwischen Marketing und Vertrieb in dieser kaufentscheidenden Phase durch Integration der Inbound-Software des Marketings mit der CRM-Software des Vertriebs

6.1   E-Mail-Marketing – die Kaufbereitschaft kontinuierlich stärken

E-Mail-Marketing ist ein wichtiger Teil von Inbound Marketing. Diese Aussage hat schon so manches Stirnrunzeln bei unseren Kunden hervorgerufen. Die ganze Zeit reden wir davon, dem potenziellen Kunden den ersten Schritt zu überlassen, und dann propagieren wir ein Marketing-Instrument, das bestenfalls »Old School« ist, wenn nicht sogar Spam?

Beginnen wir mit den Fakten. E-Mail ist heute immer noch der dominante Kommunikationskanal der Menschen zwischen 30 und 50 Jahren – privat wie beruflich (vgl. Abbildung 6.2). Die Bedeutung von E-Mail ist mit dem Siegeszug der Smartphones noch gewachsen. E-Mails werden von den Empfängern täglich abgerufen und sind daher ein relativ schneller Kommunikationsweg. 40 % aller E-Mails weltweit werden auf Mobiltelefonen geöffnet. E-Mail schafft also den Sprung ins mobile Zeitalter, das Direct Mail nicht. E-Mail ist ein Anspracheweg zur Kommunikation mit potenziellen Kunden, den Sie individuell und schnell aussteuern können. Bei E-Mail haben Sie für einen kurzen Moment die ungestörte Aufmerksamkeit Ihres Adressaten. Und um direkt mit dem Vorurteil aufzuräumen: E-Mail-Marketing an sich ist weder gut noch schlecht. Aber vielleicht haben Sie beim Umgang mit dem Marketing-Instrument E-Mail genauso schlechte Erfahrungen gesammelt und jede Menge haarsträubendes Zeug gesehen wie wir.

E-Mail-Marketing ist gemessen in Internet-Zeitrechnung fast schon antik. Seit vielen Jahren wird es eingesetzt, aber nicht alle Unternehmen und Agenturen haben in dieser Zeit aus den Erfahrungen mit (schlechten) E-Mail-Kampagnen gelernt. In manchen Unternehmen scheint die Zeit geradezu seit zwei Jahrzehnten stillzustehen, wenn es um E-Mail-Marketing geht. Selbst bei einem großen deutschen Konzern bekamen wir vor Kurzem stolz die erste Inbound-Kampagne nach Einführung der Millionen Euro teuren Marketing-Automation-Software vorgestellt: eine Massen-E-Mail an alle Kunden mit exakt demselben Inhalt!

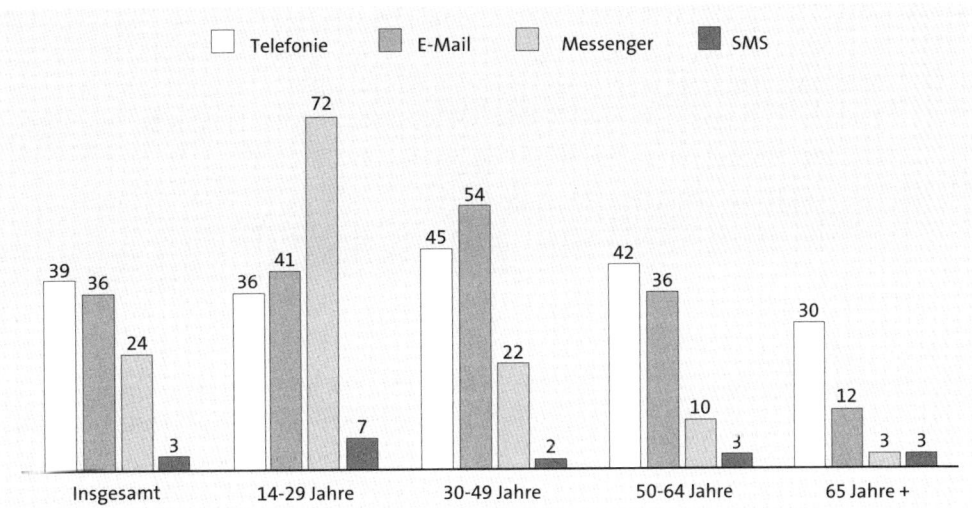

Basis: 1.501 Befragte (ab 14 Jahren), deutschsprachige Bevölkerung,
Februar/März 2016

Abbildung 6.2 Die Bedeutung von E-Mail nach Altersgruppen. Die Zahlen geben die
durchschnittliche tägliche Nutzungsdauer von Kommunikationswegen in Minuten an.

Jetzt die glänzende Kehrseite der Medaille: Wenn Sie es verstehen, gutes E-Mail-Marketing zu machen, werden Ihre Kunden und Interessenten Sie lieben, Ihre Mails
sehnsüchtig erwarten und begeistert auf die Links in Ihren E-Mails klicken, die sie zu
den Content-Angeboten auf Ihrer Website und zu Ihren neuen Blogposts führen.
Wenn Sie einen großen Teil dieser Euphorie wieder abziehen, bleibt immer noch ein
flexibles und hochrentables Marketing-Instrument. Aber wie gesagt: Gut muss Ihr
E-Mail-Marketing halt sein. Was macht gutes E-Mail-Marketing aus? Einfach gesagt:
Senden Sie einfach dem richtigen Menschen die richtige E-Mail zur richtigen Zeit.
Das ist zwar noch keine konkrete Aussage, aber das Geheimnis des E-Mail-Marketings.

► *Buyer-Persona-Segmentierung:* E-Mail-Marketing bedeutet einfühlsame Kommunikation mit Ihren Buyer Personas. E-Mails an Vorstandsmitglieder großer
Konzerne sind völlig anders als E-Mails an Marketing-Assistenten desselben
Unternehmens. Dabei geht es nicht nur um die Tonalität und Ansprache, sondern
auch um die Interessen, Erfahrungen und den Hintergrund dieser Menschen.
Auch die Position, die Abteilung und der Unternehmenstyp Ihres potenziellen
Kunden spielen eine Rolle. Auf Ihrer Website mögen Sie vielleicht einen sprachlichen gemeinsamen Nenner aller Buyer Personas verwenden. In Ihren E-Mails
funktioniert das nicht. Ihre E-Mails werden nur dann als authentisch wahrgenommen, wenn Sie den gesamten Kontext Ihrer Buyer Persona berücksichtigt haben.

▶ *Customer-Journey-Segmentierung:* Jemand, der Ihr Unternehmen und Ihre Angebote kaum kennt, steht Ihren E-Mails unter Umständen viel distanzierter gegenüber als jemand, der bereits an Ihren Webinaren teilgenommen, Ihre Whitepapers gelesen und regelmäßig Ihre E-Mails geöffnet hat. Daher sollten Sie Ihre E-Mail-Kampagnen auf unterschiedliche Kaufphasen abstimmen.

▶ *Personalisierung:* Natürlich enthält eine gute E-Mail die persönliche und namentliche Ansprache des Adressaten. Aber Personalisierung betrifft beide Seiten des Dialogs. Vergessen Sie also Absender wie »Das Team von Autohaus Müller« oder »Ihr Energieversorger XY«. Gute E-Mails haben einen persönlichen Absender, und – halten Sie sich fest – der ist auch wirklich per E-Mail persönlich für Kunden erreichbar. Wenn also der Marketing-Leiter unterschreiben will, dann senden Sie die E-Mail auch aus seiner persönlichen Mailbox bzw. dem als persönlich markierten Account in Ihrer Inbound-Marketing-Software. Die absendende Person aus Ihrem Unternehmen sollte für den Adressaten relevant und passend sein, sodass der Adressat vermutlich sogar gern einen persönlichen Dialog mit diesem Menschen eingehen würde. Personalisierte E-Mails haben eine wesentlich höhere Click-Through-Rate, d. h., Links in der E-Mail zu Ihrer Website werden mehr angeklickt. Auch die Conversion Rate ist deutlich höher, d. h., das in der E-Mail angebotene Informationsangebot auf der Website wird auch tatsächlich genutzt bzw. heruntergeladen.

Ihre Inbound-Marketing-Software unterstützt Sie glücklicherweise effektiv bei all diesen Facetten des E-Mail-Marketings. Sie nutzt bei E-Mail-Kampagnen alle verfügbaren Informationen aus den Kundenprofilen und versetzt Sie in die Lage, wirklich individuelle E-Mail-Kampagnen zu entwickeln. E-Mail-Marketing ist ein entscheidendes Instrument Ihres Lead Nurturing. Was tun Sie, wenn einer Ihrer Leads viele Whitepapers herunterlädt, Ihren Blog regelmäßig liest, aber trotzdem gegebenenfalls längst noch nicht kaufbereit ist? Sie senden unter anderem E-Mails mit nützlichen und maßgeschneiderten Inhalten, um Vertrauen weiter aufzubauen, den Kunden bei seiner Problemlösung zu unterstützen und seine Kaufbereitschaft zu stärken. Genau hier versagen viele E-Mail-Marketing-Strategien, weil man davon ausgeht, dass doch jeder Lead irgendwann kaufen wird und man ihn nur zur Abschlussreife »hinmailen« muss. Das Gegenteil ist der Fall. Trotz aktivem Lead Nurturing gehen jedes Jahr viele Leads aus Ihrer E-Mail-Datenbank wieder verloren – sei es durch aktives *Opting-Out*, d. h. durch aktives Abmelden von Ihrer E-Mail-Liste, oder durch natürliche Entwertung, d. h. durch einen Wechsel oder Wegfall der E-Mail-Adresse.

Inbound-Tipp: Machen Sie E-Mail zum Teil eines echten Dialogs

Inbound Marketing strebt danach, einem potenziellen Kunden bei jedem Kontakt einen sichtbaren Nutzen zu stiften.

▶ Überdenken Sie bei jeder E-Mail, was Ihr Lead nach dem Lesen unbedingt als Nächstes tun sollte, um seiner Problemlösung näher zu kommen. Soll er an einem Webinar teilnehmen oder einen Fragebogen ausfüllen? Konzentrieren Sie sich auf den effektivsten nächsten Schritt für Ihren Lead, statt ihm viele Optionen gleichzeitig anzubieten.

▶ Machen Sie E-Mail-Marketing zum Verstärker Ihres Blogs. Informieren Sie Ihre Blog-Abonnenten über neue Blogposts per E-Mail. Blog und E-Mail-Marketing sind untrennbar miteinander verbunden. Wenn Ihre Blogposts erstklassig sind, sollten es auch die E-Mails sein, die Ihre Kunden auf die neuen Blogposts hinweisen.

E-Mail-Marketing hat eigene Performance-Messgrößen. Dazu zählt die *Delivery Rate*, d. h. die Aussage, dass eine E-Mail am Spam-Filter vorbei in der Mailbox des Empfängers angekommen ist. Ebenso wichtig ist die *Open Rate*. Sie gibt Auskunft darüber, ob eine E-Mail z. B. aufgrund einer spannenden Betreffzeile geöffnet wurde. Die Click-Through-Rate bewertet, wie stark die weiterführenden Links in Ihren E-Mails angeklickt werden. Jedes Detail eines E-Mail-Aufbaus kann im Zeitablauf getestet und mit branchenübergreifenden Benchmarks verglichen werden. Ein Beispiel für ein gut aufgebautes E-Mail-Template sehen Sie in Abbildung 6.3.

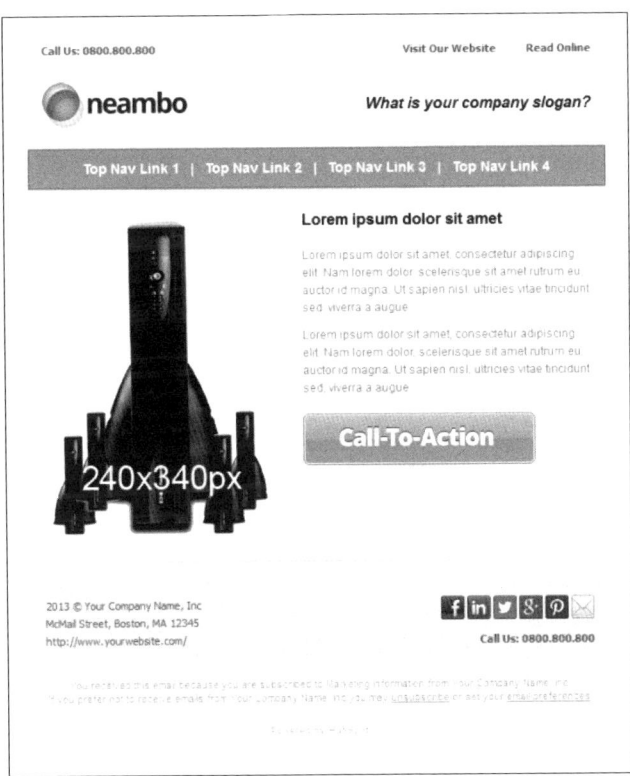

Abbildung 6.3 Beispiel für ein gut durchdachtes E-Mail-Template

Die Sprache, die Schriftgrößen, die Bilder und deren Platzierung, Links und deren Gestaltung, CTA-Buttons oder die Unterschrift – all das sind Marketing-Details, die Sie kennen und im Zweifelsfall testen sollten. Betrachten Sie also E-Mail-Marketing als eine Disziplin im Inbound Marketing, die ihren eigenen kleinen Kosmos an operativer Marketing-Exzellenz mitbringt.

6.2   Automatische Workflows – gezielte Anspracheketten definieren

Mit Inbound Marketing wissen Sie, wofür sich Ihr Neukontakt interessiert und wo er im Kaufprozess steht. Und mit Inbound Marketing setzen Sie außerdem alle zur Verfügung stehenden Kanäle (Website, Social Media etc.) konzertiert ein, um diese neue Beziehung zu intensivieren. Aber wie halten Sie die Kommunikation zu Ihren neu gewonnenen Kontakten aufrecht? Wie vertiefen Sie die Beziehung zu Hunderten oder Tausenden Menschen gleichzeitig und helfen ihnen individuell in ihrem Kaufentscheidungsprozess weiter? Das lässt sich manuell nicht darstellen, egal, mit wie viel persönlichem Einsatz Sie Kontakte pflegen wollen. Hier kommt Ihnen Ihre Inbound-Marketing-Software sehr zu Hilfe. Mit Ihrer Software erstellen Sie automatisierte und personalisierbare Anspracheketten oder Workflows, die Sie speziell auf die jeweilige Kaufphase und Interessen verschiedener potenzieller Kunden abstimmen können. Ein solcher Workflow ist nichts anderes als eine automatisierte Reihe von Marketing-Aktionen, die von einem bestimmten Startpunkt bzw. von einem auf Kundenseite ausgelösten Ereignis ausgehen. Hier sind zwei Beispiele:

▸   Jemand hat ein E-Book auf Ihrer Website heruntergeladen, und Sie möchten ihm jetzt themenverwandte Inspirationen per E-Mail schicken.

▸   Dieser Interessent folgt Ihnen auch auf Twitter und zeigt dort Interesse für andere Themen. Also können Sie Ihre Kommunikation per E-Mail oder Social Media dementsprechend automatisch anpassen und auch Tipps zu neuen Themen geben.

Inbound-Workflows unterstützen Sie dabei und nehmen Ihnen viele manuelle Kommunikationsprozesse ab. Mit Inbound-Workflows respektieren und nutzen Sie, dass verschiedene Menschen auch unterschiedliche Kontaktkanäle präferieren.

Inbound-Tipp: Jeder potenzielle Kunde kommuniziert anders

Manche Menschen möchten nur per E-Mail angesprochen werden. Andere kommunizieren rund um die Uhr über Facebook und erwarten sogar am Wochenende sofortige Antworten. Wieder andere nutzen alle verfügbaren Kanäle gleichzeitig und erwarten, dass man sie auf jedem Kontaktkanal erkennt und natürlich alle bisherigen Gesprächsvorgänge mit ihnen präsent hat. Stellen Sie sich also am besten auf die unterschiedlichsten Kommunikationsgewohnheiten der Menschen ein.

Mit Inbound-Workflows installieren Sie für Ihre potenziellen Kunden verschiedene Anspracheketten, die sich auf ihre Wunsch-Kommunikationskanäle einstellen, schnell auf Interaktionen reagieren und individuell relevant bleiben. Mit diesen Workflows bietet Ihr Marketing nicht nur neuen Content, sondern auch individuellen »Context«. Sie können mit Workflows auf die situativen Befindlichkeiten (den Kontext) und die individuelle Entscheidungssituation eines Interessenten eingehen. Dabei verfolgen und messen Sie das Ergebnis jeder Kommunikationsetappe mit Ihrem Lead in Echtzeit.

6.2.1   Warum sind Inbound-Workflows so wichtig?

Ihre Kontakte halten sich nicht an irgendwelche strikten E-Mail-Ansprachen, die Sie schon im Voraus geplant haben. Kommunikation ist immer interaktiv, spontan und nicht voraussehbar. Das macht Lead Nurturing so anspruchsvoll. Menschen lesen nicht einfach nur passiv Ihre gut gemeinten Nurturing-E-Mails. Sie lesen gleichzeitig Ihre Blogposts, haben Fragen dazu, besuchen Ihre Website, füllen weitere Kontaktformulare aus und sprechen Sie unvermittelt in den sozialen Medien an. Nutzen Sie also alle kontextuellen Daten, die Sie über das Kommunikationsverhalten und die Themengebiete Ihrer Leads gesammelt haben, und schaffen Sie personalisierte Ansprachen und Erlebnisse. Inbound Marketing setzt hierbei auf die Vernetzung und Abstimmung aller Kommunikationskanäle. Wer über E-Mails mit Ihnen kommuniziert, erhält von Ihnen eine E-Mail-Ansprachekette zu Content-Angeboten oder Beiträge zur individuellen Problemlösung. Wer hingegen am liebsten über Twitter mit Ihnen kommuniziert, erhält halt dort von Ihnen neue Impulse durch spezielle Informationsangebote. Wichtig ist, dass Sie alle Interaktionen erfassen und flexibel für immer neue Ansprachen nutzen. Auf diese Art und Weise erhalten Sie immer feinere Informationen über den Bedarf und über das Voranschreiten eines neuen Lead entlang seiner Customer Journey. Damit stärken Sie auch Ihren Vertrieb und liefern wichtige Informationen über die Abschlussbereitschaft Ihres potenziellen Neukunden.

6.2.2   Welche Inbound-Workflows sind besonders wertvoll?

Mit Workflows können Sie viele Aufgaben des Lead Nurturing hin zum Kauf automatisiert unterstützen. Sie planen dabei mehrere Etappen eigener Kommunikationsimpulse bei bestimmten vorgenommenen oder ausbleibenden Reaktionen Ihres potenziellen Kunden. Das klingt etwas kompliziert, ist aber in der Praxis ganz einfach: Sie legen in Ihrer Inbound-Marketing-Software fest, was Sie einem bestimmten Lead gegenüber tun oder kommunizieren wollen, wenn er ein bestimmtes Content-Angebot herunterlädt, den Blog abonniert oder einen Blogpost in den sozialen Medien teilt. Sie haben die Chance, immer genau die richtigen Informationen zuzusenden, die Ihrem Lead potenziell am besten weiterhelfen.

Inbound-Tipp: Beispiele für wichtige Marketing-Workflows

▶ Wenn jemand ein Content-Angebot (z. B. E-Book) auf Ihrer Website heruntergeladen hat, schicken Sie ihm per Workflow das entsprechende Informationspapier
oder einen Link dorthin sofort auch noch mal in einer E-Mail mit persönlicher
Ansprache zu. Die Daten dazu hat Ihre Inbound-Software direkt in die Kontaktdatenbank übernommen, als Ihr Lead das Registrierungsformular auf Ihrer Landing
Page ausgefüllt hat.

▶ Bestätigen Sie die Registrierung an einem Webinar, Vortrag oder persönlichen
Beratungsgespräch per E-Mail. Senden Sie auch nach dem Event automatisierte
Dankes-Mails mit Zusammenfassungen der Event-Highlights.

▶ Bieten Sie je nach Buyer Persona und Phase in der Customer Journey Ihrem Interessenten weiterführende Content-Angebote per E-Mail oder Social Media an, die
weiterhelfen könnten.

▶ Schicken Sie automatische Workflow-Mitteilungen an Ihren Vertrieb, wenn ein
Lead eine Preisanfrage stellt, eine kostenlose Demo anfordert oder sein Kaufinteresse per E-Mail oder Social Media äußert.

▶ Setzen Sie automatische Limits per Workflow, wie z. B. die Nutzungstage einer
freien Demo-Version Ihres Produktes oder Timings für Reminder-E-Mails, wenn
jemand eine ursprünglich angeforderte Kaufberatung noch nicht genutzt hat.

Workflows werden im Inbound Marketing sehr gezielt eingesetzt und erhalten mit-
unter harte quantitative Zielvorgaben. Das hat den Vorteil, dass Sie sich, Ihr Team
und Ihre ganzen Kundengewinnungsprozesse messbar machen. Sie fordern sich
selbst mit eigenen Zielvorgaben für wichtige und selbst definierte Conversions,
damit Sie im Zeitablauf durch ständige Optimierung immer besser und erfolgreicher
werden.

6.2.3 Branching-Logik macht Inbound-Workflows zielorientiert

Wenn Sie sich flexibel auf die unterschiedlichen Reaktionen in der Kommunikation
mit Ihren Leads einstellen wollen, dann durchdenken Sie frühzeitig alle möglichen
Ketten von Handlungsmustern. Nutzen Sie dafür am besten Entscheidungsbäume.
Im Inbound Marketing nennt man diese Art von Verzweigungslogik eine *Branching-
Logik* (*Branching Logic*). Schauen Sie sich dazu Abbildung 6.4 an.

Bei diesem Bild geht es nicht um die Details, sondern nur um die Darstellungsform
der Inbound-Workflows einer Marketing-Automation-Software wie z. B. Eloqua. Sie
legen per Mausklick einfach eine ganze Ansprachekette von möglichen Interaktionen fest und gehen damit auf die unterschiedlichsten Informationsbedarfe und
Kommunikationsstile Ihrer potenziellen Kunden ein.

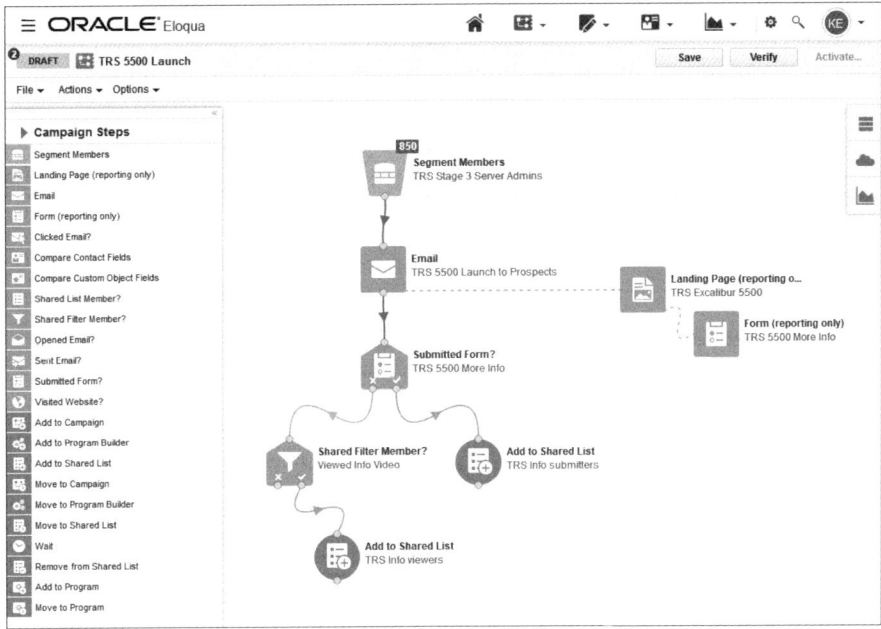

Abbildung 6.4 Beispiel für einen Marketing-Automation-Workflow (Quelle: Oracle Eloqua)

Inbound-Beispiel: Branching-Logik im Alltag

Branching-Logik kennen Sie aus jedem Gespräch mit Menschen, wenn Sie mehr über jemanden herausfinden wollen. Zum Beispiel fragen Sie jemanden: »Schauen Sie Fernsehen?« Auf so eine Ja-/Nein-Frage gibt es nur zwei einfache Antworten. Entscheidend ist Ihre nächste Frage. Sagt jemand Ja, können Sie fragen: »Wie oft in der Woche schauen Sie denn TV?« Wenn jemand aber Nein sagt, erübrigt sich die Frage nach der Häufigkeit der Fernsehabende, und Sie fragen besser so etwas wie: »Warum sehen Sie kein TV?« Jeder menschliche Dialog ist eine schnelle Abfolge von Branching-Logic-Verzweigungen. Warum sollte es also bei einem Online-Dialog im Inbound Marketing anders sein? Jede Mail, jeder Tweet und jeder Anruf eines Kaufinteressenten verlangt von Ihnen unterschiedliche Antworten. Diese können Sie aber mit der Zeit systematisieren und zum Teil mit Inbound-Software automatisieren.

Starten Sie Ihr Inbound-Workflow-Management immer mit einem bestimmten Ziel. Was soll der letzte Punkt Ihrer jeweiligen Interaktionskette sein? Geht Ihre Kommunikationskette bis zum Kauf oder zum Gespräch mit einem Vertriebsmitarbeiter? Planen Sie ein, dass Menschen sich nicht nur rational und logisch geradeaus auf einem Kommunikationspfad bewegen, sondern dass sie auch in der ganzen Kette wieder weit zurückspringen können. Optimieren Sie jeden Schritt und Meilenstein auf dem Weg hin zum Kauf. Machen Sie die Kundenansprachen so persönlich und individuell wie möglich, obgleich es vorprogrammierte Botschaften sind. Mit Branching-Logik können Sie wirklich beeindruckende Lead-Nurturing-Erlebnisse für Kunden schaffen.

6.2.4 Workflows erlauben eine steile Inbound-Lernkurve

Aus eigener Erfahrung können wir Sie zur Nutzung von Branching-Logik und Inbound-Workflows nur ermutigen. Sie erarbeiten sich damit systematisch und schnell einen guten Überblick über mögliche und beliebte Verhaltensmuster unterschiedlicher Lead-Typen oder Buyer Personas. Sie werden immer besser darin, das Verhalten verschiedener Leads vorauszusagen. Das ist Gold wert, denn so können Sie Ihre begrenzten Marketing-Ressourcen effektiver nutzen. Sie konzentrieren sich auf genau die Content-Angebote, Hilfestellungen und Beratungsangebote, die Ihre heutigen guten Kunden vormals in ihrer eigenen Lead-Phase häufig genutzt hatten. Mit Workflows optimieren Sie Ihr gesamtes Lead Nurturing und damit einen wichtigen Erfolgsfaktor Ihrer Kundengewinnung. Aber wo wir gerade von späteren Kunden reden: Wie messen Sie die Wahrscheinlichkeit, dass Ihr heutiger interessierter Lead auch morgen ein zahlender Kunde werden wird? Hier kommt *Lead Scoring* ins Spiel – eine weitere Schokoladenseite des Inbound Marketing.

6.3 Lead Scoring – die Kaufbereitschaft von Interessenten laufend messen

Im Inbound Marketing können Sie mit Workflows den Weg vieler potenzieller Kunden zur Kaufentscheidung effektiv begleiten und fördern. Fragt sich nur noch, wie Sie den Erfolg bei der Betreuung Ihrer potenziellen Kunden bzw. Leads messen und optimieren können. Woher wissen Sie, welche Ihrer Interessenten reif für einen Kaufabschluss sind und welche noch eine weitere »Pflege« im Kaufprozess benötigen? Der Erfolg Ihrer Neukundengewinnung ist davon abhängig, dass Sie Ihre Energie auf die aussichtsreichen Interessenten mit hoher Kaufbereitschaft lenken.

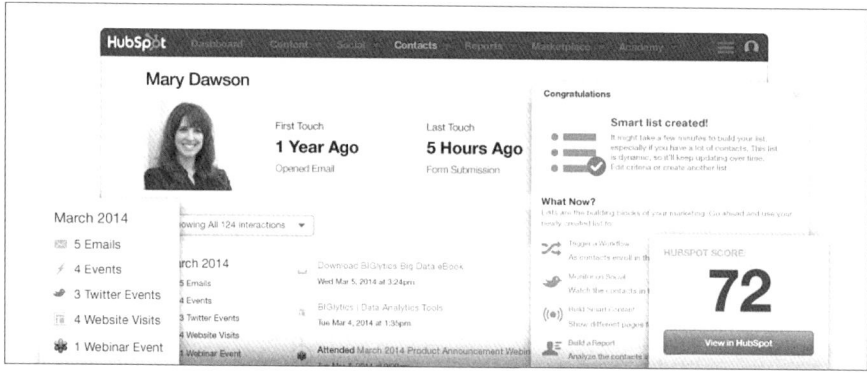

Abbildung 6.5 Beispiel für einen Lead Score (Quelle: HubSpot)

Natürlich bekommt jeder Ihrer Interessenten genau die Unterstützung in der Vorkaufphase, die er braucht. Aber wie identifizieren bzw. qualifizieren Sie die aussichtsreichsten Kandidaten unter Ihren Leads, und wie finden Sie heraus, welcher Lead schon so gut wie abschlussbereit ist und geradezu auf Ihre Kontaktaufnahme wartet? Wo lauern Ihre Verkaufschancen? Hier hilft Lead Scoring. Und wieder übernimmt hier eine Inbound-Marketing-Software einen Großteil Ihrer Arbeit im Tagesgeschäft. Ein Beispiel für eine Lead-Scoring-Bewertung in einer Inbound-Software sehen Sie in Abbildung 6.5.

6.3.1   Lead Scoring ist ein Marketing-Prozess

Bewerten Sie das Abschlusspotenzial und den potenziellen Wert einer Kundenbeziehung mit jedem potenziellen Kunden. Am besten nehmen Sie diese Bewertung nicht nur einmalig vor, sondern kontinuierlich durch die gesamte Vorkaufphase hinweg. Schließlich dauert die Lead-Nurturing-Phase bei manchen Produkten (z. B. Maschinen, Anlagen, Industrieservices, Fertighäuser, Autos und Motorräder) mehrere Monate oder sogar Jahre. Manche Ihrer Leads sind in dieser Zeit ganz schön aktiv auf Ihrer Website, auf Ihrem Blog, Ihrer Facebook-Seite und in Ihren Webinaren unterwegs. Mit Lead Scoring bleiben Sie am Puls Ihrer Leads und erfassen die Auswirkungen des Lead-Verhaltens auf die potenzielle Abschlussbereitschaft. Lead Scoring ist ein interner und für Ihre Kaufinteressenten nicht sichtbarer Prozess zur Potenzialbewertung.

▶ Zunächst legen Sie eigene Bewertungskriterien für Ihre Leads fest, vergeben Punkte für verschiedene Merkmale (z. B. Entscheidungskompetenz) und Handlungen (z. B. Interaktionen auf Ihrer Website) und erfassen das Ganze dann in Ihrer Inbound-Marketing-Software (z. B. Act-On, Oracle Eloqua, HubSpot, Marketo oder Salesforce Pardot). Ab sofort folgt dann Ihre Inbound-Marketing-Software den von Ihnen festgelegten Kriterien und berechnet für jeden Lead ständig einen aktuellen Lead Score. Viele Unternehmen verwenden dafür eine Scoring-Skala von 1 bis 100.

▶ Wenn ein Lead dann z. B. auf Ihrer Website E-Books herunterlädt oder an einem Webinar teilnimmt, sammelt er weitere Lead-Scoring-Punkte bei Ihnen, und sein persönlicher Lead Score steigt. Bestellt er z. B. Ihren Newsletter ab, sinkt wahrscheinlich seine Kaufbereitschaft, und Sie vergeben für einen solchen Schritt einen negativen Scoring-Wert.

▶ Sobald einer Ihrer Kontakte einen bestimmten und von Ihnen festgelegten Gesamt-Lead-Score erreicht, können Sie einen automatischen Marketing-Workflow (siehe voriges Kapitel) in Gang setzen, der weitere Schritte unternimmt und z. B. jemanden in Ihrem Vertriebsteam über den neuen abschlussaffinen Interessenten informiert.

Mit Lead Scoring stellen Sie sicher, dass Sie im Inbound Marketing Ihre besondere Aufmerksamkeit genau den Leads zukommen lassen, die Sie bei den Zielen Ihrer Neukundengewinnung effektiv weiterbringen. Sie können die Qualität eines Kontaktes oder einer Anfrage näher einschätzen, bevor Sie mit Ihrem Kaufinteressenten ins Gespräch gehen. Durch die Verwendung einer numerischen Lead-Bewertung der Verkaufsreife eines Interessenten hat das Rätselraten in Marketing und Vertrieb ein Ende.

Inbound-Tipp: Lead Scoring in der Praxis

Einen guten Überblick über das Thema und einen Einstieg in die Konzeption eines eigenen Lead Scoring für Ihr Unternehmen bietet ein Whitepaper von Marketo mit dem Titel »Der Definitive Leitfaden zum Lead-Scoring«. Sie erhalten es unter *https:// de.marketo.com/definitive-guides/lead-scoring/*.

6.3.2   Woher nehmen Sie die Informationen für einen Lead Score?

Beim Lead Scoring nutzen Sie zunächst einmal alle Informationen, die Sie direkt von Ihrem Interessenten erhalten oder die Sie im Internet frei finden können. Das sind sogenannte *explizite Informationen*. Sie umfassen das Profil Ihres potenziellen Kunden und dessen Kontext (z. B. berufliche Tätigkeit oder private Situation).

▶ Dazu zählen die Position und die damit vermutete Entscheidungsbefugnis eines Lead, sein Unternehmen und die Branche, die Mitarbeiterzahl des Unternehmens und weitere Faktoren, die für Ihr Geschäft wichtig sein könnten (z. B. Alter des Unternehmens, Land, Rechtsform).

▶ Im Konsumgüterbereich könnten andere Informationen interessant sein, die Sie direkt per Formular abfragen können. Automobilunternehmen fragen z. B. im Internet neue Kaufinteressenten bei der Registrierung für eine Probefahrt danach, ob und wann sie ein neues Auto anschaffen wollen, welche Automarke sie bisher verwenden oder wie viel Kilometer sie pro Jahr fahren.

Die zweite wichtige Dimension Ihres Lead Score sind die *impliziten Informationen*, die Ihr Kaufinteressent Ihnen nicht explizit angibt, sondern die er implizit durch sein Verhalten bei der Nutzung Ihrer Online-Informationen durchblicken lässt. Diese Daten ergeben ein individuelles Profil, das die Interessen und den potenziellen Informationsbedarf eines Lead widerspiegelt.

Inbound-Tipp: Achten Sie auf die Digital Body Language

Lead Scoring mit expliziten und impliziten Daten können Sie sich vorstellen wie bei einem direkten persönlichen Gespräch mit einem Kaufinteressenten. Sie sind der

Verkäufer und versuchen, im Kaufgespräch ständig zu erahnen, wie kaufinteressiert Ihr Gesprächspartner wirklich ist.

▶ Also achten Sie natürlich zunächst einmal auf das, was Ihr Gesprächspartner zu Ihnen sagt und was er erfragt. Das sind die expliziten Daten. Übertragen auf das Inbound Marketing, sind das die Angaben, die ein Lead selbst über sich macht (z. B. durch Einträge in Formulare).

▶ Gleichzeitig achten Sie natürlich auch auf sein nonverbales Verhalten, d. h. seine Körpersprache, seine Mimik und Gestik. Dies sind die impliziten Daten. Im Inbound Marketing entspricht das dem Surfverhalten auf der Website, der Intensität des Leseverhaltens von Blog-Beiträgen, der Reaktion auf Lead-Nurturing-E-Mails oder der Teilnahme an Webinaren. Das ist die sogenannte digitale Körpersprache oder *Digital Body Language* Ihres Lead.

Wenn jemand Ihnen im Verkaufsgespräch gegenübersitzt, die Arme verschränkt, sich zurücklehnt und den Kopf schüttelt, sind Sie vielleicht noch ein wenig von der Begeisterung Ihres Kaufinteressenten entfernt. Da hilft es nichts, wenn er gleichzeitig sagt: »Oh ja, das interessiert mich.« Explizite und implizite Kundendaten müssen im Einklang sein und ein geschlossenes harmonisches Bild ergeben. Im Internet entspricht Ihr Inbound Marketing einem Dialog mit einem Kaufinteressenten, den Sie nicht sehen können. Genau deswegen sind Sie auf implizite Verhaltensdaten und deren Interpretation angewiesen. In der Praxis werden Sie mit Lead Scoring die verschiedenen Verhaltenstypen Ihrer Interessenten schnell erkennen lernen.

Die dritte Informationskategorie Ihrer Leads ist der *Social Score*. Damit wird betrachtet, wie aktiv und engagiert Ihr Lead in den sozialen Medien ist.

▶ Besonders relevant ist, wie intensiv sich jemand mit Ihrem Content und mit Ihrer Kommunikation im Social Web beschäftigt. Empfiehlt sogar jemand Ihr Unternehmen und Ihren Content weiter, ohne bisher überhaupt Ihr Kunde zu sein?

▶ Beim Social Score geht es nicht um die Aktivität eines Lead über alle sozialen Plattformen hinweg, sondern nur um die Plattformen, die für Ihr Geschäft und Ihre Kundengewinnung relevant sind. Vielleicht ist Twitter für Sie belanglos, aber Facebook von hoher Relevanz?

6.3.3 Was sind die Erfolgsfaktoren von Lead Scoring?

Um Lead Scoring erfolgreich zu betreiben, müssen die vier Faktoren, die Sie in Abbildung 6.6 finden, erfüllt sein. Sie benötigen eine kritische Masse an relevanten Kontakten, müssen Leads konsequent nacharbeiten, sollten ein Idealprofil für Interessenten erarbeiten und die richtigen Informationen Ihrer Leads per Inbound-Marketing-Software erfassen.

Erfolgsfaktor 1: Kritische Masse an Leads schaffen

Zunächst brauchen Sie eine sogenannte kritische Masse an Kontakten bzw. Leads. Je mehr Leads Sie haben, desto mehr Spaß macht Inbound Marketing im Allgemeinen und Lead Scoring im Speziellen. Erst ab einer gewissen Größenordnung stetig herein-kommender Neukontakte macht es Sinn, mit Lead Scoring die erfolgversprechends-ten unter ihnen herausfinden und weiter qualifizieren zu wollen. Diese kritische Masse wird meist durch aktive Lead-Generierung gewonnen und ist von Unterneh-men zu Unternehmen verschieden. Sie ist wichtig, damit Sie die Vorteile Ihrer Marke-ting-Automatisierung und Inbound-Software so richtig ausspielen können.

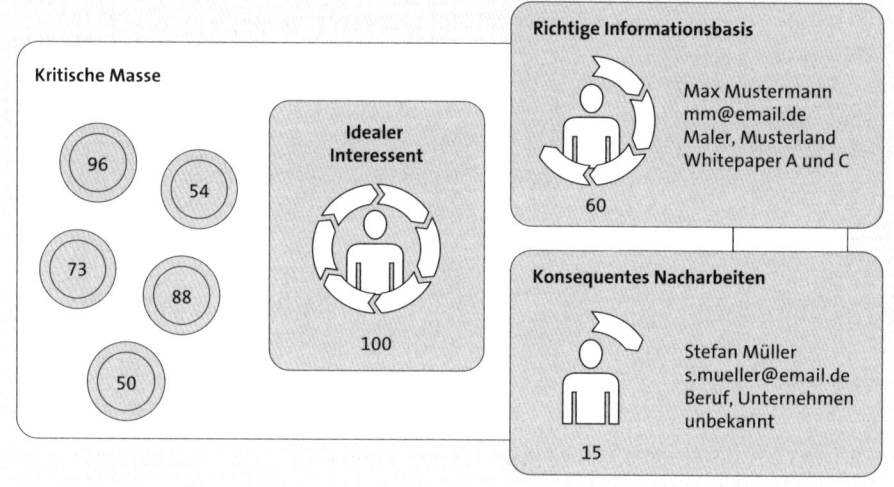

Abbildung 6.6 Die vier Erfolgsfaktoren von Lead Scoring

Erfolgsfaktor 2: Leads konsequent nacharbeiten

Erforderlich ist auch konsequentes Nacharbeiten von Kontakten und gewonnenen Leads. Lead Management ist bei Weitem kein rein automatisierter Prozess. Marke-ting und Vertrieb suchen den persönlichen Kontakt zu potenziellen Interessenten. Auch im Inbound Marketing bleibt das für viele Branchen ein Geschäft von Mensch zu Mensch. Ihr Lead Scoring liefert Ihnen dazu lediglich die richtigen Informationen und Prioritäten. Beim Faktor Mensch ist entscheidend, dass Ihre Marketing- und Ver-triebsteams konsequent auch frische Leads nachbearbeiten, fehlende Kontaktinfor-mationen in der Kontaktdatenbank Ihrer Inbound-Marketing-Software manuell nachtragen und den direkten Draht zum Interessenten per E-Mail, Brief oder Telefon suchen.

Erfolgsfaktor 3: Idealprofil der Leads definieren

Definieren Sie auch Ihren idealen Interessenten. Beim Lead Scoring vergeben Sie unterschiedlich hohe Punkte danach, wie sehr ein Lead dem Idealprofil Ihres Wunschkunden (*idealer Lead*) entspricht. Kommt er aus einer Ihrer Zielbranchen? Hat er einen Jobtitel, der ihm Entscheidungskompetenz für den Kauf gibt? Weist er das Online-Verhalten auf, das Ihre aktuellen Lieblingskunden oder zukünftigen Zielkunden haben? Von diesem Idealprofil aus sollten Sie andere Profiltypen in eine absteigende Reihenfolge und damit ein Ranking bringen. Ihr Lead-Idealprofil ist die Attraktivitäts-Messlatte für all Ihre anderen Lead-Typen.

Erfolgsfaktor 4: Die richtige Informationsbasis schaffen

Schaffen Sie die richtige Informationsbasis für Ihr Lead Management und Lead Scoring. Um Ihr Punktesystem zu entwickeln und individuelle Lead Scores zu vergeben, müssen Sie die richtigen Informationen durch Inbound Marketing erfassen – vor allem mithilfe intelligenter Formulare auf den Landing Pages für Ihre Content-Angebote. In vielen Unternehmen sind z. B. nur Kunden aus bestimmten Ländern oder Regionen relevant. In anderen Fällen ist die passende Unternehmensgröße oder Branche der potenziellen Kunden wichtiger. Lead Scoring macht es Ihnen deutlich einfacher, Ihr Inbound Marketing optimal auf solche Interessenten auszurichten, die sich wirklich für Ihr Unternehmen interessieren und für die Ihre Produkte auch wirklich eine gute Problemlösung darstellen. Marketing wird so immer mehr zum »Winwin« für Anbieter und Kunde. Darüber hinaus verbessert und erleichtert Lead Scoring auch Ihrem Vertrieb außerordentlich die Arbeit bei der Kundenakquise. Lead Scoring ist also eine Team-Arbeit für Marketing und Vertrieb. Ihr Sales-Team sollte bereits in die Konzeption Ihres Lead-Scoring-Systems intensiv einbezogen werden.

Das ist der ideale Zeitpunkt, um über die Datenbasis Ihres Vertriebs zu reden, der ja schon im Regelfall auch vor der Einführung von Inbound Marketing in Ihrem Unternehmen viele Kundendaten gesammelt hat. Die Datenbasis im Vertrieb ist das CRM-System.

6.4   CRM-Integration – Inbound Marketing mit dem Vertrieb verknüpfen

Schon seit vielen Jahren ist *Customer Relationship Management* (CRM) aus dem Marketing und Vertrieb vieler Unternehmen nicht mehr wegzudenken. Bereits in den 90er-Jahren trat CRM-Software ihren Siegeszug an. Heute setzen die meisten mittelständischen und großen Unternehmen im Vertrieb längst nicht mehr auf Excel-Tabellen und Visitenkarten-Sammlungen ihrer Kunden, sondern auf eine softwaregestützte CRM-Lösung für das Vertriebsteam. Vertriebsmannschaften nutzen CRM-

Systeme zur Eingabe, Speicherung und Fortentwicklung von Kundendaten bei allen Phasen des Vertriebsprozesses. Dabei werden auch alle Interaktionen der Kunden (z. B. über Mail, Post, Telefon) mit dem Unternehmen erfasst. Im CRM-System speichern Unternehmen die Profildaten ihrer Kunden wie Namen und Adressen, die von ihnen gekauften Produkte, erhaltene Sonderkonditionen und oft auch Gesprächsprotokolle. CRM-Software kann Ihnen oftmals auch Ihre Leads grafisch in einem Sales Funnel darstellen und Lead Scores berechnen.

Welche CRM-Software nutzt Ihr Vertrieb?

CRM-Software gibt es als reine cloud-basierte Software (sogenannte *SaaS-Lösung*), aber auch als Software, die vor Ort auf PCs und Servern installiert wird (sogenannte *On-Premises-Lösung*). Die Preis- und Funktionsunterschiede verschiedener Marken sind gigantisch.

▸ Viele Lösungen für kleine und mittelständische Unternehmen sind kostenlos oder für Beträge ab 50 bis 100 € pro Monat zu haben (z. B. *Zoho*, *Highrise*, *Batchbook*, *Inbot*, *CentralstationCRM*). Diese Software-Produkte bieten einiges an Grundfunktionen, sind aber eher nicht auf eine Vernetzung mit anderen Abteilungen oder Software in Ihrem Unternehmen ausgerichtet.

▸ Wenn Sie die richtigen Software-Ingenieure an Bord haben, können Sie Ihre eigene CRM-Software auf Basis von kostenloser Open-Source-Software (z. B. *SugarCRM* bzw. *Vtiger*) entwickeln. Solche Software ist auch eine »Fallback«-Lösung für ganz spezifische Geschäftsmodelle und für Unternehmen, die ihre Kundendaten auf keinen Fall in die Cloud geben wollen oder dürfen.

▸ Viele mittelständische und größere Unternehmen entscheiden sich für eine komplette CRM-Software-Suite (z. B. *Microsoft Dynamics*, *Oracle CRM*, *Salesforce*). Wenn ein solcher CRM-Anbieter auch noch seine Server in Deutschland betreibt, ist das ein gewaltiger Pluspunkt beim Thema Datenschutz und SaaS-Software.

6.4.1   Warum ist die Integration von CRM und Inbound so wichtig?

CRM-Systeme sind nur so gut wie die Menschen, die sie pflegen. Viele der Informationen über Gespräche und Interaktionen mit Kunden müssen von Ihren Vertriebskollegen manuell eingegeben werden. Daten veralten unter Umständen sehr schnell, und der Kunde hilft von sich aus natürlich nicht mit, diesen internen Datenbestand zu pflegen. Manche Vertriebler sehen ihr Kundenwissen sogar als eine Art persönliches Hoheitswissen an und tragen daher vielleicht nicht immer alle verfügbaren Informationen ins System ein.

Eine Inbound-Marketing-Datenbank wächst hingegen durch all die Informationen, die Ihnen Ihre neuen Kontakte und Leads selbst zur Verfügung stellen, sei es durch eigene Angaben (explizite Daten), durch ihr Online-Verhalten (implizite Daten) oder

durch ihre Interaktionen in den sozialen Medien (Social-Media-Daten). Alle Profil-
und Interaktionsinformationen der Leads werden im Inbound Marketing in Echtzeit
gespeichert. Das Lead-Profil einer Inbound-Datenbank ist also immer aktuell und in
weiten Teilen vom Kunden selbst gepflegt. Eine CRM-Datenbank lässt sich über eine
spezielle Software-Schnittstelle relativ problemlos mit einer neuen Inbound- oder
Marketing-Automation-Software verknüpfen. Technisch funktioniert der Datenaustausch zwischen einer CRM-Datenbank und einer Inbound-Datenbank über APIs. *API*
steht für *Application Program Interface*, also eine Art genormte Schnittstelle oder
auch Datenprotokoll für verschiedene Software-Anwendungen. Neue Leads, die sich
über Inbound registrieren, landen dann nicht nur sofort in der Inbound-Kontaktdatenbank, sondern auf Wunsch auch direkt in der CRM-Datenbank. Dadurch erkennt
Ihr Marketing, ob ein neu gewonnener Lead vielleicht Ihrem Vertrieb schon längst
bekannt war. Der Vertrieb dagegen sieht, mit welcher Fülle von Interaktionen die
Leads auf Ihrer Website und in den sozialen Medien zu erkennen geben, wo sie in
ihrer Customer Journey stehen und wie man ihnen bei ihrer Problemlösung effektiv
helfen kann. Durch die gemeinsame Datenbasis und Datenbank von CRM und
Inbound können Ihr Marketing und Ihr Vertrieb jetzt viel leichter als früher ein
gemeinsames Lead-Scoring-Modell entwickeln, gemeinsame Kriterien entwickeln
und Lead Scoring im Team betreiben.

6.4.2   Eine CRM-Inbound-Integration stärkt Marketing und Vertrieb

Der gemeinsame und ständige Datenaustausch zwischen Marketing und Vertrieb bei
der Integration von CRM- und Inbound-Datenbank schafft eine hohe Transparenz
über das Verhalten, den Bedarf und die Kommunikation Ihrer potenziellen Kunden.
Doch es werden nicht nur Daten ausgetauscht, sondern auch Kundengewinnungsprozesse gemeinsam gesteuert. Das verlangt eine enge Zusammenarbeit und klare
Abstimmungen von Marketing und Vertrieb. Und genau das möchten Sie mit
Inbound Marketing ja auch erreichen.

▶ *Besseres Lead Nurturing:* Marketing nutzt bei einer CRM-Integration viele Details
  aus der CRM-Datenbank zu den Leads, die dort bereits registriert waren. So kann
  das Marketing-Team das Kontaktprofil der Leads ergänzen, die Ansprache besser
  personalisieren und individuelle Lead Scorings verbessern. Dadurch werden Lead-
  Nurturing-Maßnahmen und Inbound-Kampagnen oftmals viel erfolgreicher.

▶ *Schnellere Lead-Ansprache:* Ihr Vertrieb erhält vom Marketing-Team laufend und
  automatisch die neuesten vorqualifizierten Leads zur weiteren Betreuung. Dadurch
  kann der Vertrieb neue Leads viel schneller ansprechen, insbesondere wenn diese
  Leads nach gemeinsam festgelegten Kriterien als »reif« für ein Gespräch mit Vertrieb gelten (*Sales Qualified Leads*).

▶ *Optimales Teamplay im Kundenkontakt:* Durch die Vernetzung von Datenbanken und Prozessen kann der Vertrieb dem Marketing-Team signalisieren, dass ein bestimmter Lead jetzt in finalen Vertriebsgesprächen ist und daher z. B. am besten keine weiteren Nurturing-Angebote mehr erhält, die ihn vielleicht irritieren könnten. Solche Abstimmungen verbessern das Kundenerlebnis Ihrer Kunden erheblich und lassen Ihr Unternehmen ein extrem professionelles Bild nach außen abgeben.

6.4.3 Managen Sie Ihre CRM-Inbound-Integration mit Closed-Loop-Reporting

In der Inbound-Welt informieren sich die Teams aus Marketing und Vertrieb gegenseitig kontinuierlich über die Entwicklung der gemeinsamen Leads. Auf dem Weg der Customer Journey finden ja viele Interaktionen mit beiden Bereichen (Marketing und Vertrieb) statt, oft sogar parallel (vgl. Abbildung 6.7).

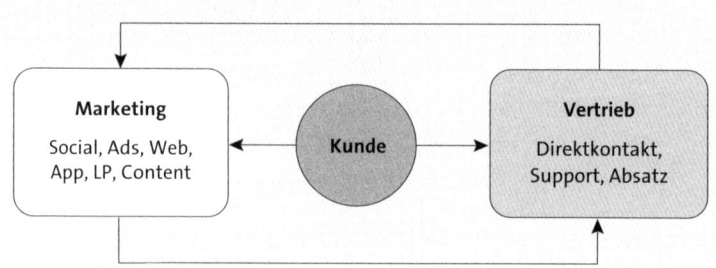

Abbildung 6.7 Closed-Loop-Reporting zwischen Marketing und Vertrieb

Die CRM-Datenbank und die Inbound-Datenbank informieren sich daher in einem wechselseitigen Austausch (*Closed-Loop*) darüber, in welcher Phase jeder Lead sich auf seiner persönlichen Customer Journey gerade befindet. Wenn Marketing oder Vertrieb ihre Einschätzung überarbeiten und z. B. einen Lead als echte *Sales Opportunity* ansehen, wird der andere Bereich durch die Software direkt darüber informiert. Marketing und Vertrieb können durch ein solches geschlossenes Reporting (*Closed-Loop-Reporting*) effektiver handeln und schneller den Erfolg der bisherigen Lead-Nurturing-Aktivitäten sehen. Mit Closed-Loop-Reporting erfassen Marketing und Vertrieb auf einen Blick diejenigen Kampagnen und Kommunikationskanäle, die die meisten neuen Kontakte generieren oder die ihre Leads auf der Customer Journey am besten vorangebracht haben.

▶ Der Marketing-Bereich sieht in Echtzeit, welche seiner Aktivitäten zur endgültigen Kundengewinnung bzw. zum erfolgreichen Abschluss geführt haben. Dadurch kann Marketing seinen ROI besser steuern und gegebenenfalls sogar gemeinsam mit dem Vertrieb um eine Budgeterhöhung für bereits erfolgreich laufende Inbound-Marketing-Maßnahmen kämpfen.

▶ Der Vertrieb sieht in der Datenbank bereits vor dem ersten Gesprächskontakt mit einem neuen Lead dessen Interessen und Marketing-Interaktionen. Ein Verkäufer erlangt dadurch viele zusätzlich nutzbare Gesprächsanlässe und kann beispielsweise von den heruntergeladenen Content-Angeboten (z. B. E-Books) auf das vorhandene Know-how des Gesprächspartners schließen. Er kann seinen Lead viel besser einschätzen, und der Einstieg in das Kundengespräch wird einfacher, schneller und »wärmer«. Der Kaufprozess fühlt sich für Kaufinteressenten nahtloser und natürlicher an, als wenn ein Vertriebler seinen Gesprächspartner überhaupt nicht kennt.

Die Integration von CRM- und Inbound-Prozessen schafft eine belastbare Basis für die Team-Arbeit von Marketing und Vertrieb. Die CRM-Datenbank Ihres Vertriebs und die Inbound-Datenbank Ihres Marketing-Bereichs bilden eine wichtige Brücke zwischen den beiden Bereichen, die so optimal und mit gemeinsamen Zielen zusammenarbeiten können. Wenn Sie einen intensiven Informationsaustausch und Datenaustausch zwischen Marketing (Inbound) und Vertrieb (CRM) schaffen, profitieren davon nicht nur beide Unternehmensbereiche, sondern Ihr ganzes Unternehmen und auch Ihre Kunden. Mit der Integration von CRM und Inbound haben Sie den letzten wichtigen Grundstein für Ihre Kundengewinnung gelegt. Sie haben alle Stationen auf dem Weg zum Kaufabschluss Ihres Kunden durchdacht. Wenn ein Kauf getätigt und ein neuer Kunde gewonnen ist, geht Ihr Inbound-Marketing-Job aber noch viel, viel weiter. Mit Inbound Marketing können Sie zufriedene Kunden schaffen, aktive Empfehlungen generieren und langfristige Kundenbindung aufbauen.

Kapitel 7

Die Begeisterung des Kunden erhalten – Delight-Phase

»Firmen, die ihre Kunden verlieren, geben meist allen möglichen Einflüssen die Schuld. Häufig ist es aber der einfachen Tatsache zuzuschreiben, dass sie ihre Kunden nach dem Kauf buchstäblich vergessen.«
– Ferdinand Porsche

Es ist betriebswirtschaftlich günstiger, einen gewonnenen Kunden zu halten, als einen neuen Kunden zu gewinnen. Das stimmt für die meisten Unternehmen. Aber ist es auch einfacher? Das kommt darauf an, was Sie dafür tun, um Ihre Kunden zufriedenzustellen, sie für Ihr Unternehmen zu begeistern und sie zu Ihren Verbündeten im Wettbewerb zu machen. Inbound Marketing unterstützt Sie hierbei. Direkt nach dem Kauf erwarten Ihre Kunden wie selbstverständlich, dass sie Ihr Produkt bzw. Ihre Dienstleistung schnell und effektiv nutzen können. Dabei ist es gleich, ob Sie Sachprodukte wie Smartphones oder Maschinen verkaufen oder etwa Dienstleistungen wie Unternehmensberatung oder anwaltliche Hilfestellung.

So unterschiedlich diese Produkte auch sind, immer geht es darum, Ihren Kunden oder Mandanten das gute Gefühl zu geben, bei Ihnen richtig aufgehoben zu sein, alles unter Kontrolle und eine wirklich gute Kaufentscheidung getroffen zu haben. Kunden möchten bei der Nutzung der gekauften Leistung von Ihnen voll unterstützt, beraten und bestätigt werden, um eventuell auftretende Reuegefühle, sogenannte *Nachkaufdissonanzen*, vor sich selbst und anderen zerstreuen zu können. Mit Inbound Marketing nutzen Sie alle zur Verfügung stehenden Kommunikationskanäle, um Ihre Kunden nach dem Kauf intensiv weiterzubetreuen und ihnen alles zu geben, was sie für ihre zufriedenstellende Produktnutzung sachlich und emotional brauchen (vgl. Abbildung 7.1).

Aber das allein reicht heute nicht, wenn Sie in einem umkämpften Markt eine dauerhafte Kundenbeziehung aufbauen wollen. Kundenzufriedenheit allein bietet in den meisten Branchen längst keinen Schutz mehr davor, dass sogar treue Kunden den Anbieter wechseln. Das passiert dann, wenn neue Angebote einfach noch mehr zu bieten scheinen oder wenn Freunde, Kollegen und Meinungsführer eine andere, vermeintlich bessere Lösung empfehlen. Die Zufriedenheit, die Sie selbst bei Ihren Kunden schaffen, steht in ständiger Konkurrenz zu den Meinungen und Empfehlungen anderer Menschen im Umfeld Ihrer Kunden. Treffen Sie daher eine Entscheidung, ob Sie für Ihre Kunden der beste Anbieter sein wollen – oder der einzige.

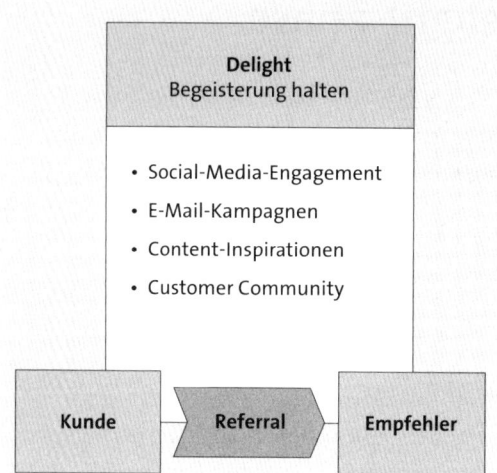

Abbildung 7.1 Delight-Phase – Kunden für Empfehlungen begeistern

Mit Inbound Marketing stärken Sie die Kundenbindung und sorgen dafür, dass Ihre Kunden gerne Ihre Marke und Ihre Produkte weiterempfehlen. Dazu gibt es mehrere Wege, die Sie parallel beschreiten können.

▸ Machen Sie Ihre Kunden zu aktiven »Empfehler-Kunden« oder Promotern Ihres Unternehmens (*Customer Advocates* oder *Evangelists*).

▸ Schaffen Sie eine intensive individuelle Beziehung auch in den sozialen Medien und per E-Mail. Schaffen Sie ständig neuen Nutzen, für Neukunden genauso wie für Stammkunden und Customer Advocates.

▸ Machen Sie Ihre Kunden gefühlt zum Teil von etwas Größerem, zu einer Community von interessierten Fans mit einer gemeinsamen Sache.

7.1 Customer Advocacy – aus Kunden werden aktive Empfehler

Wir hören gern auf die Empfehlungen von Menschen, deren Meinung und Kompetenz wir schätzen. Im digitalen Zeitalter wird das immer wichtiger für uns, weil unsere Welt immer unüberschaubarer wird. Es existieren einfach zu viele Informationen im Web zu jedem beliebigen Thema. Der Werbung trauen wir sowieso nicht, und auch von Verkäufern wissen wir, dass ihre Verkaufsberatung nicht gratis ist, sondern dass sie dafür bezahlt werden, uns bestimmte Produkte bevorzugt anzubieten. Deswegen hören wir so gern auf den Rat von Familienmitgliedern, Kollegen, Experten, Medien, Bloggern und Meinungsführern, die authentisch mit uns kommunizieren. Wir können uns mit ihnen identifizieren. Authentizität und Vertrauen sind die Basis unserer Beziehungen zu anderen Menschen. So geht es Ihnen, und so geht es auch Ihren Kunden.

Der Begriff *Customer Advocacy* hat keine direkte deutsche Übersetzung. *Advocacy* bedeutet so viel wie »sich für einen Menschen einsetzen«, »sich für jemanden verwenden« oder »Fürsprecher für jemanden sein». Mit anderen Worten, es gibt Menschen, von denen wir so überzeugt und begeistert sind, dass wir sie gern weiterempfehlen und gut über sie reden, ohne dass wir davon einen eigenen Vorteil hätten. Mit Inbound Marketing können Sie Ihre bestehenden Kunden dazu gewinnen, als Fürsprecher für Ihr Unternehmen zu wirken und sich für Ihre Kundengewinnung einzusetzen. Machen Sie aus begeisterten Kunden eigene Empfehler-Kunden. Andere Namen dafür sind *Customer Advodates* oder auch *Evangelists*. Customer Advocacy entsteht, wenn Ihre Kunden Sie und Ihr Unternehmen aus eigenem Antrieb an andere weiterempfehlen und ein *Referral* geben. Ebenso können Ihre Kunden dazu bereit sein, Ihnen als *Referenz* zu dienen, sei es z. B. in einer Case Study oder mit einem Zitat auf Ihrer Website als sogenanntes *Testimonial*. Wenn Ihre Kunden das für Sie tun, können Sie sich glücklich schätzen. Die positiven Urteile Ihrer aktuellen Kunden sind die wichtigste Vertrauensbasis und ein wichtiges Kaufentscheidungskriterium für Ihre zukünftigen Kunden. Also wäre es doch wunderbar, wenn Sie immer mehr Kunden dazu gewinnen könnten, Teil Ihres *Advocate Marketing* zu werden und als aktive Empfehler für Sie zu wirken. Customer Advocacy ist schließlich die authentischste Form des Marketings, die es gibt.

Wieso aber sollten Ihre Kunden Sie weiterempfehlen? Können Sie die Empfehlungen Ihrer Kunden aktiv fördern? Ist Empfehlungs-Marketing allein die Initiative Ihrer Kunden, oder können Sie sogar die »richtigen« Kunden identifizieren und sie dafür gewinnen, Sie im Inbound Marketing aktiv zu unterstützen? Alles hängt zunächst davon ab, welche Erfahrungen Ihre Kunden mit Ihnen machen.

7.1.1 Positive Kundenerfahrungen sind die Basis jeder Empfehlung

Im Web 2.0 ist es längst allgemeine Praxis geworden, dass Kunden ihre Erfahrungen mit Anbietern oder Produkten bewerten und dafür ein Rating abgeben. Ob Kundenrezensionen auf Amazon oder Beurteilungen von Ärzten auf speziellen Portalen, überall gehen die Kundenerfahrungen des einzelnen Kunden in eine Bewertung der ganzen Gruppe ein. Manchmal ist es ein Punkte-Score, auf anderen Websites wird mit Sternen bewertet. Viele Anbieter bauen heute Kundenbewertungen sichtbar in ihre Websites mit ein, um ihre Leistungsqualität gegenüber potenziellen Kunden zu demonstrieren. So werden die anonymen positiven Erfahrungen einer ganzen Gruppe bestehender Kunden als Empfehlung gegenüber künftigen Kunden eingesetzt.

Inbound-Tipp: Kundenbewertungen zeigen Ihr Verbesserungspotenzial

In Abbildung 7.2 sehen Sie die Kundenbewertung eines Car-Sharing-Portals. Sie sehen dort verschiedene Bewertungskriterien für verschiedene Qualitätsfaktoren und Touchpoints der Kunden. Die Beurteilungswerte bei einzelnen Kriterien geben Ihnen genaue Anhaltspunkte, was Sie im Einzelnen bei der Customer Experience verbessern können.

Abbildung 7.2 Bewertungssystem eines Car-Sharing-Anbieters

Betrachten Sie also Ihre Touchpoints möglichst differenziert, und bieten Sie Ihren Kunden die bestmögliche Customer Experience über alle Touchpoints hinweg. Suchen Sie in den Beurteilungskriterien nach *weichen* Kennzahlen, d. h. nach Zufriedenheitsindikatoren, mit denen Sie bereits möglichst früh Schwachstellen erkennen und die entsprechenden Touchpoints optimieren können.

Die Kette der Erfahrungen, die ein Kunde mit Ihrem Unternehmen und Ihren Produkten macht, ist lang. Vor allem nach dem Kauf ist die Customer Journey voll von Momenten, in denen Kunden Ihre Unterstützung benötigen, eine Rückfrage haben, etwas zu beanstanden haben oder einfach mit Ihnen Kontakt haben wollen. Im digitalen Zeitalter passieren die meisten dieser Kundenkontakte über Online-Kommunikationswege wie Ihre Website, Social-Media-Kanäle, Kundenforen oder E-Mail. Inbound Marketing hilft Ihnen dabei, Ihren Kunden bei jeder Interaktion mit Ihrem Unternehmen nach dem Kauf eine positive Erfahrung zu bereiten. So schaffen Sie Verlässlichkeit, Vertrauen und immer mehr Zufriedenheit – wenn nicht sogar Begeisterung. Bei den Erfahrungen Ihrer Kunden mit Ihrem Unternehmen sollten Sie besser nichts dem Zufall überlassen. Setzen Sie professionelles *Customer Experience Management (CEM)* ein, und planen Sie alle denkbaren Interaktionen mit Ihren Kunden, statt immer wieder neu und spontan auf unterschiedliche Kundenanfragen zu reagieren. Gehen Sie jeden Schritt der Kundenerfahrung Ihrer verschiedenen Buyer Personas durch, und erfassen Sie alle relevanten *Customer Touchpoints* im Nachkaufbereich, also alle Situationen und Kontaktpunkte, an denen Interaktionen mit Ihrem Unternehmen entstehen können. Überlegen Sie für jeden Kunden-Kontaktpunkt und für jede potenzielle Interaktion, wie und mit welchen Mitteln Sie dort eine positive Erfahrung für Ihre Kunden sicherstellen können.

▶ Ihre *Produkte und Services* sind die Basis der Kundenerfahrung. Liefern Sie allen Kunden, was Sie versprochen haben, und bringen Sie umgehend Lösung und Abhilfe, wenn etwas schiefgelaufen ist. Das klingt unglaublich selbstverständlich, ist es aber in der Praxis eher nicht. Wenn nur ein einziges Teil eines komplexen Produktes das Kundenerlebnis vernichtet, kann das existenzbedrohend für ein ganzes Unternehmen werden. Brennende Handy-Akkus, manipulierte Abgas-Mess-Software, versagende Airbags und die entsprechenden Rückrufaktionen können selbst große Konzerne an den Rand des Ruins bringen.

▶ Ihre *Mitarbeiter* prägen den Kundenkontakt entscheidend – vom Vertrieb bis zum Kundenservice. Sorgen Sie nicht nur für das richtige Training aller Mitarbeiter mit Kundenkontakt, sondern auch für ihre effektive Unterstützung durch IT-Systeme (z. B. Customer-Service- oder Beschwerde-Software), damit positive Kundenerlebnisse die Regel bleiben. Mitarbeiter, die auftretende Kundenprobleme schnell und unbürokratisch lösen, können damit überraschend hohe Begeisterung schaffen.

▶ Ihr *Content* ist eine wichtige Hilfe für Kunden bei der gesamten Produktnutzung und besonders bei Nutzungsproblemen des Produktes. Ob Blogposts, Produktvideos, Anleitungen oder Webinare – all das sind Instrumente Ihres Inbound Marketing, die das Auftreten von Problemen oftmals sogar verhindern und den Kunden dazu in die Lage versetzen, etwaige Probleme selbst zu lösen. So kann aus der guten alten Bedienungsanleitung der Kern einer ganzen Customer Academy werden.

Mit Inbound Marketing können Sie Ihr *Customer Experience Management* entscheidend optimieren und ausbauen. Sie haben bereits vor dem Kauf mit Inbound Marketing viele Informationen gesammelt, die Ihnen nach dem Kauf dabei helfen, Ihre Kunden noch besser zu verstehen und vorauszubedenken, welchen Informations- oder Hilfsbedarf sie haben könnten.

Inbound-Tipp: Wie Sie Kunden nach dem Kauf mit Inbound unterstützen

▶ Nutzen Sie Inbound Marketing, um jeden neuen Kunden direkt nach dem Abschluss zu begrüßen und ihm Ihre Hilfe anzubieten. Sie können z. B. in Ihrer Marketing-Software einen Workflow installieren, der jedem Kunden direkt nach dem Kauf eine personalisierte und auf seine Buyer Persona abgestimmte Begrüßungs-E-Mail und sogar ein echtes Begrüßungspaket per Post zusendet.

▶ Erfassen und messen Sie alle Interaktionen mit Ihren Kunden in der Kontaktdatenbank Ihrer Inbound-Marketing-Software, um den Bedarf und die Probleme der Kunden noch besser zu verstehen. Über welche Kommunikationskanäle erreichen Sie Ihre Kunden am besten? Wie reagieren Kunden, wenn Probleme auftreten? Welche Ihrer Problemlösungen helfen welcher Buyer Persona am besten?

▶ Bleiben Sie bei Reklamationen oder Kundenrückfragen am Ball. Setzen Sie mit Inbound-Marketing-Software spezielle Workflows (z. B. E-Mail-Anspracheketten) auf, durch die Sie mit Ihren Kunden im Kontakt bleiben, bis ihre Probleme zur vollen Zufriedenheit gelöst sind.

> ▶ Nutzen Sie gegebenenfalls zusätzliche Online-Service-Tools wie *ZenDesk*, die Sie in Ihre Inbound-Software integrieren können. Mit solchen Tools erfassen und bearbeiten Sie Kundenanfragen und Beschwerden direkt im Marketing.

7.1.2   Identifizieren und gewinnen Sie die Empfehler unter Ihren Kunden

Zufriedene Kunden sind die beste Basis dafür, weiterempfohlen zu werden. Viele Ihrer Kunden werden Sie allerdings nicht darüber informieren, wenn sie Ihr Unternehmen an jemanden weiterempfehlen. Die meisten Kunden reden eher über Sie als mit Ihnen. Wie finden Sie dennoch heraus, wo Ihre empfehlungsbereiten Kunden stecken und wer von Ihren Kunden sogar öffentlich über seine persönliche Kunden-Erfolgsstory berichten wollen würde? Vielleicht gibt es ja unter Ihren zufriedenen Kunden solche, die besonders geeignet und willens sind, sich für Ihre Customer Advocacy zu engagieren.

Inbound-Tipp: Spüren Sie Empfehler und Influencer auf

Äußert sich ein Kunde beispielsweise besonders positiv über Ihre Produkte, ist dies bereits ein guter Anhaltspunkt, dass diese Person zu einem Empfehler werden kann. In Abbildung 7.3 sehen Sie eine sehr ausführliche und gut strukturierte Bewertung des Fire TV Sticks von Amazon. Was diese konkrete Kundenrezension besonders wertvoll macht, ist die intensive Interaktion potenzieller Kunden mit diesem Beitrag. Mehr als 300 Kommentare und knapp 10.000 positive Bewertungen als hilfreicher Inhalt zeigen, dass es hier um mehr als nur ein Fünf-Sterne-Rating geht. Der Autor der Produktbewertung ist einer der Top-10-Amazon-Rezensenten. Seine Stimme ist auf Amazon von besonderer Bedeutung. Suchen Sie besonders den Kontakt zu Kunden wie diesem.

Abbildung 7.3 Stark beachtete Produktbewertung auf amazon.de

Suchen Sie die Zusammenarbeit mit solch einflussreichen Kunden. Wenn Sie ein kooperatives Inbound Marketing mit Ihren Kunden starten wollen, sollten Sie sich auf die Kunden konzentrieren, die besonders hilfreiche Stärken mitbringen wie:

▶ eine gute Expertise hinsichtlich Ihres Unternehmens und Ihrer Produkte. Langjährige Stammkunden können über viele verschiedene Erfahrungen mit Ihnen berichten und haben vielleicht bereits besonders verbindende Momente mit Ihrem Unternehmen erlebt.

▶ eine hohe Bekanntheit und Reputation in Ihrer Branche bzw. unter Ihren potenziellen Kunden

▶ eine hohe Verlässlichkeit, Leidenschaft für Ihre Sache, Hilfsbereitschaft und Vertrauenswürdigkeit. Für Customer Advocacy Marketing können Sie nur Kunden-Partner gebrauchen, die auch wirklich verlässlich sind und mit hohem Commitment mitziehen.

▶ eine ausgeprägte Kommunikationsfähigkeit. Vielleicht können Sie Ihren Kunden Gelegenheit geben, auf Kundenveranstaltungen oder sogar externen Veranstaltungen zu sprechen. Dabei ist es von Vorteil, wenn Ihre Kunden ein Händchen für packende Präsentationen haben oder in einem Kundenvideo authentisch rüberkommen.

▶ eine eigene Kommunikationsplattform wie z. B. ein eigener Blog, ein YouTube-Channel oder ein Branchenforum

Um Ihre Empfehler-Kunden zu finden, sollten Sie zunächst die Kundenexperten in Ihrem Unternehmen befragen. Das sind insbesondere Ihre Vertriebsmitarbeiter und die Mitarbeiter im Kundenservice. Nutzen Sie auch die Daten Ihres Inbound Marketing und CRM, um Ihre potenziellen Empfehler in der Menge aller Ihrer Kunden zu identifizieren. Welche Kunden hatten in der Vergangenheit besonders positive Erfahrungen mit Ihrem Unternehmen und haben das sogar Ihnen gegenüber oder in den sozialen Medien artikuliert? Bei welchen Kunden wurden Kundenprobleme besonders schnell und zufriedenstellend gelöst?

Wenn Sie Customer Advocacy kontinuierlich betreiben, reicht natürlich ein einmaliger Blick in Ihre Kundenkontakt-Datenbank nicht aus. Installieren Sie mit Ihrer Inbound-Marketing-Software einen dauerhaften Prozess, mit dem Sie Ihre Kunden regelmäßig nach ihrer Zufriedenheit und Bereitschaft zur Weiterempfehlung befragen. Eine solche Umfrage können Sie z. B. direkt aus Ihrer Inbound-Marketing-Software heraus starten. Inbound-Software-Pakete wie HubSpot, Salesforce Pardot oder Act-On unterstützen gängige Online-Umfrage-Tools wie *SurveyMonkey* (vgl. Abbildung 7.4).

Fragen Sie Ihre Kunden einfach, wie zufrieden und empfehlungsbereit sie sind. Ein Klassiker, um Empfehlungsbereitschaft mit Inbound Marketing zu erfassen, ist der sogenannte *Net Promoter Score*.

Abbildung 7.4 Die Umfrage-Software SurveyMonkey

Inbound-Tipp: Nutzen Sie den Net Promoter Score im Inbound Marketing

Der Net Promoter Score oder NPS wurde von der Unternehmensberatung Bain & Company entwickelt. Es ist eine Kennzahl, die Sie durch die Befragung Ihrer Kunden ermitteln. Sie spiegelt die Zufriedenheit und Empfehlungsbereitschaft Ihrer Kunden wider. Mit dem NPS erfassen Sie die individuelle Zufriedenheit jedes einzelnen Kunden. Gleichzeitig ergibt die Gesamt-Zufriedenheit aller Kunden mit den höchsten Zufriedenheitswerten ein Maß dafür, wie erfolgreich Ihr Unternehmen ist. Diesen Wert können Sie sogar branchenübergreifend vergleichen. Weitere Informationen zum NPS finden Sie in einem Einführungsartikel unter *http://www.gruenderszene.de/allgemein/die-kundenzufriedenheit-ermitteln*.

Machen Sie darüber hinaus die Erfahrungen und Probleme Ihrer Kunden zu einem wichtigen Thema Ihres Inbound-Marketing-Dialogs. Nutzen Sie dazu Blogposts, E-Mails, Newsletter und Social Posts. Starten Sie den Dialog mit Ihren Kunden über ihre Erfahrungen. So lernen Sie viel über Kundenpräferenzen und identifizieren ganz nebenbei die zufriedenen Kunden, die offen über ihre Erfahrungen reden.

7.1.3   Bauen Sie stabile Beziehungen zu Ihren Empfehler-Kunden auf

Jetzt haben Sie die wichtigsten Kunden für Ihr Customer-Advocacy-Programm identifiziert. Wenn Sie diese Kunden zum Mitmachen gewinnen wollen, müssen Sie erst einmal ihr Vertrauen über das normale Maß einer Kundenbeziehung hinaus gewinnen. Suchen Sie den persönlichen Dialog mit Ihren potenziellen Empfehler-Kunden. Hören Sie ihnen gut zu, und bauen Sie exzellentes Know-how über jeden einzelnen potenziellen Customer Advocate auf. Erfassen Sie die gewonnenen Informationen im Kundenprofil Ihrer Inbound-Marketing-Software bzw. im CRM-System. Je mehr Sie sich mit den einzelnen Kunden beschäftigen, desto schneller kristallisieren sich Ihre aussichtsreichsten Potenzialkandidaten heraus. Geben Sie diesen Wunschkandidaten tieferen Einblick in Ihr Unternehmen, und lassen Sie sie hinter die Kulissen blicken.

- Laden Sie diese Kunden zu internen Tagungen ein, oder organisieren Sie spezielle Kunden-Workshops. Machen Sie diese Kunden so zu Insidern und Vertrauten.

- Geben Sie diesen Kunden immaterielle Zeichen der Wertschätzung und Sonderstellung. Das können vor allem kostenlose bzw. exklusive Vorteile sein wie ein Wissensvorsprung vor anderen Kunden oder der Zugang zu Vorabversionen neuer Produkte oder Dienstleistungen.

Es geht in erster Linie um die Wertschätzung und Heraushebung ihrer Sonderstellung – nicht um Geld oder Incentives. Schaffen Sie eine gute Resonanz und echtes menschliches Vertrauen durch Authentizität im persönlichen Kontakt.

7.1.4 Wie Sie Ihre Customer Advocates in die Neukundengewinnung einbinden

Eine Kundenempfehlung ist der Königsweg der Kundengewinnung. Wenn ein Kunde Sie in seinem Umfeld persönlich an weitere potenzielle Kunden empfiehlt, verkürzt sich die Customer Journey des neuen Kunden manchmal erheblich, und auch die Schritte in Ihrem Sales Funnel beschleunigen sich. Der Grund für die hohe Effektivität von Kundenempfehlungen liegt im Vertrauensvorschuss, den Ihr empfehlender Kunde bei dem potenziellen Neukunden bereits aufgebaut hat. Meistens hat sich der empfehlende Kunde darüber hinaus bereits Gedanken gemacht, ob das zu empfehlende Produkt für den potenziellen Neukunden gut geeignet ist (*Customer-Product Fit*).

Eine Kundenempfehlung ist und bleibt der ultimative Turbo für Ihr Inbound Marketing. Doch das ist nur ein kleiner Teil dessen, was begeisterte Kunden für Sie tun können. Der viel nachhaltigere Effekt der Customer Advocacy entsteht, wenn Ihre Empfehler-Kunden bei Ihren Marketing-Kampagnen mitmachen und sich als aktive Referenzkunden gewinnen lassen, die ihre Customer Story durchaus in der Öffentlichkeit (z. B. in Videos) vorstellen würden. So etwas muss immer eine Win-win-Beziehung zum beiderseitigen Vorteil sein – für Ihr Unternehmen und für den Advocacy-Kunden, der sich zur Marketing-Mitarbeit bereit erklärt. Sie wollen also mit Ihren Kunden gemeinsam neue Kontakte, Leads und Kunden gewinnen? Dazu ist Inbound Marketing perfekt geeignet. Besser gesagt: Verstärken Sie Ihr laufendes Inbound Marketing mit der Power Ihrer Empfehler-Kunden. Sehen Sie es als Ihre oberste Auf-

gabe an, Ihre empfehlungsbereiten Kunden in ihrer Marktposition und gegebenenfalls in ihrer Rolle in ihrem eigenen Unternehmen zu stärken (im B2B-Bereich).
Unterstützen Sie also Ihre empfehlungsbereiten Kunden bei der Erreichung ihrer
Ziele. Wie in Abbildung 7.5 dargestellt, ist der Kontakt zu gut vernetzten Empfehlern
mit hoher sozialer Reichweite besonders wertvoll, da Sie mit der Unterstützung einer
solchen Person auf einen Schlag besonders viele weitere Personen erreichen.

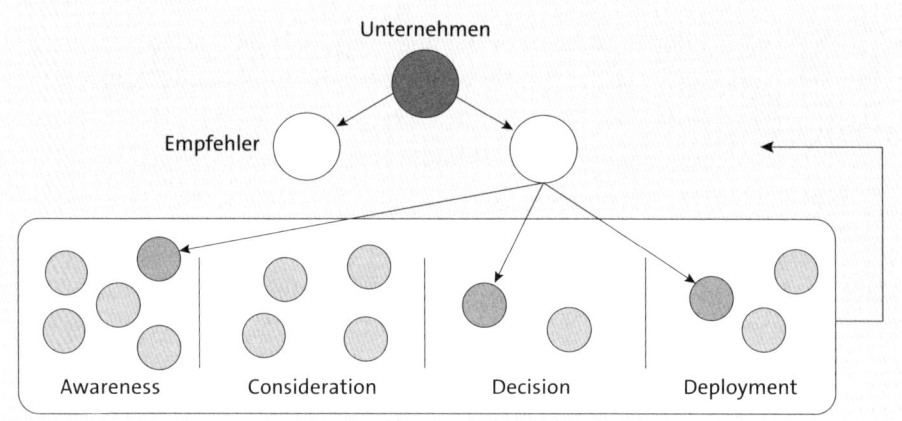

Abbildung 7.5 Kommunikationswege von Empfehlern

Bedenken Sie, dass die Personen, die Ihr Empfehler-Kunde anspricht, in unterschiedlichen Phasen ihrer persönlichen Customer Journey stecken können. Bereiten Sie
Ihren Empfehler darauf gut vor, und unterstützen Sie ihn bei der gezielten Ansprache
von Adressaten aus unterschiedlichen Customer-Journey-Phasen. Nur dann kann Ihr
Empfehler ohne Ihr direktes Zutun effektiv neue Kunden für Sie gewinnen – die im
besten Fall auch wieder potenzielle Empfehler für Ihr Unternehmen sind.

▶ Geben Sie Ihren Customer Advocates die Gelegenheit, über Ihre eigenen Medien
zu kommunizieren und sich dabei fachlich und persönlich weiterzuentwickeln.
Unterstützen Sie Ihre Empfehler-Kunden in den Kompetenzen, die man braucht,
um erstklassige Vorträge, Medieninterviews und Pressemitteilungen zu produzieren. Geben Sie Ihren Empfehler-Kunden gegebenenfalls sogar Einblick in Ihr
Inbound-Marketing-System, in Ihre Software, die internen Marketing-Prozesse
und Ihre Inbound-Marketing-Kampagnenführung.

▶ Versorgen Sie Ihre Empfehler-Kunden mit Ideen und Content für deren eigenen
Publikationen im Web, in User Groups oder in den sozialen Medien. Schließlich
wollen Sie Empfehler-Kunden, deren Social Proof im Zeitablauf steigt, damit sie
Meinungsführer (Thought Leader) im Markt werden.

▶ Stellen Sie für Ihre Customer Advocates ein Portal zur Verfügung, auf dem sie sich
untereinander austauschen und ihre Empfehlungstätigkeit intensivieren können.

Eine Software-Plattform, die sich darauf spezialisiert hat, ist z. B. *Influitive*. Dieses Portal lässt sich leicht mit Inbound-Marketing- und CRM-Software integrieren.

Wenn Sie Ihre Kunden ausreichend gestärkt und empowert haben, beginnt die nächste Phase des gemeinsamen Inbound Marketing. Binden Sie jetzt Ihre Customer Advocates in Ihre Inbound-Marketing-Aktivitäten ein. Wir haben die Erfahrung gemacht, dass in der engen Zusammenarbeit mit Kunden im Customer Advocacy Marketing nicht immer ein klarer Fokus gehalten wird. Beide Partner schauen stark auf den sichtbaren Output der Zusammenarbeit (z. B. gemeinsame Whitepaper, Case Studies oder Webinare). Manchmal verlieren beide Partner aus den Augen, was die ursprünglichen Ziele jeder Maßnahme waren.

7.1.5   Betreiben Sie Customer Advocacy für jede Inbound-Phase

Potenzielle Kunden in der *Awareness-Phase* suchen Orientierung und Klarheit über ihre Probleme. Ihnen hilft es zu hören, dass es anderen – nämlich Ihren Empfehler-Kunden – früher auch einmal genauso gegangen ist.

▸ Arbeiten Sie mit Ihren heutigen Empfehlern deren eigenen Weg durch die Customer Journey auf. Welche Probleme hatten sie damals? Wie hatten sich diese Probleme geäußert, und welche Bedeutung hatten diese Probleme?

▸ Geben Sie Ihren Empfehlern Zugang zu allen Kommunikationskanälen Ihres Inbound Marketing, in denen sie über ihre anfänglichen Probleme und ihren Weg der Customer Journey berichten können. In der Awareness-Phase eigenen sich dazu besonders gut Blogposts (Gast-Blogposts) auf Ihrer Website, die auf SEO-Keywords der Kundenprobleme optimiert sind. So bekommen Sie neue Interessenten auf Ihre Website, die aber nichts über Ihre Produkte erfahren, sondern sich zunächst einmal mit anderen identifizieren wollen, die einen ähnlichen Problemlösungsweg beschritten haben.

▸ Ebenfalls können Sie Beiträge Ihrer Kunden in Ihrer LinkedIn-Gruppe oder Xing-Gruppe veröffentlichen. Optimieren Sie dann Titel und Inhalt des Beitrags für Keywords, die Leute mit ähnlichen Problemen dort eingeben. Achten Sie darauf, dass Ihre Empfehler-Kunden hier noch nicht über Ihr Unternehmen oder Ihre Produkte reden. Es geht noch nicht um die beste Lösung, sondern um authentische Problemerfahrungen von Leuten, die es hinter sich haben.

Interessenten, die in der *Consideration-Phase* ihre Lösungssuche vorantreiben, suchen durchaus Content, der einen kompletten Lösungsweg aufzeigt. Hier kommen die Erfolgsstorys Ihrer zufriedenen Kunden so richtig zum Tragen, denn Interessenten können sich vor allem mit authentischen Erfahrungsberichten erfolgreicher Menschen oder Unternehmen identifizieren.

▶ Präsentieren Sie Ihre Empfehler-Kunden und deren Erfolgsgeschichte auf Ihrer Website auf bestimmten Content-Seiten (z. B. Kunden, Referenzen), in Blogposts und als temporäre Spotlight-Platzierung auf der Homepage Ihrer Website. Vielleicht sind Ihre Empfehler-Kunden bereit, auf diese Beiträge in ihren eigenen sozialen Kanälen und in ihrem Blog hinzuweisen.

▶ Produzieren Sie gemeinsam mit Ihren Kunden eine Case Study in Form eines E-Books oder Whitepapers, das Sie auf Ihrer Homepage, im Blog und in den sozialen Medien promoten, um neue Interessenten zum Download und damit zur Registrierung als Lead zu gewinnen.

▶ Bereiten Sie diesen Content unbedingt thematisch auf und nicht nach dem Namen Ihres Kunden, damit mehr Interessenten mit dem Content in Resonanz gehen. Diese Menschen interessieren sich ja schließlich nicht für den Namen Ihres Kunden, sondern für ihr eigenes Problem, für das wiederum Ihr Produkt die beste Lösung sein kann. Binden Sie Ihre Empfehler-Kunden möglichst dicht in die betreffenden Inbound-Marketing-Kampagnen ein – z. B. mit Kundenzitaten (Testimonials), kurzen Story-Videos auf YouTube oder in gemeinsamen Aktivitäten auf Facebook.

▶ Veranstalten Sie mit Ihren Kunden Webinare, in denen diese über ihren eigenen Lösungsweg berichten. Nehmen Sie sich als Dritter dabei zurück, und überlassen Sie das Feld Ihrem Empfehler-Kunden, der direkt mit Ihren Interessenten redet. Ihr Unternehmen selbst sollte in Consideration-Content noch nicht auftauchen – auch nicht als Moderator eines Webinars mit Kunden-Erfolgsstorys. Dafür können Sie vielleicht einen externen Experten gewinnen.

Interessenten in der *Decision-Phase* suchen zielgerichtet nach Informationen zu Ihrem Unternehmen und Ihren Produkten. Erst in dieser Phase zählt für Ihre Interessenten, welche Erfahrungen Ihre bisherigen Kunden konkret mit Ihrem Unternehmen gemacht haben. Kommunizieren Sie hier offen und deutlich die positiven Kundenerfahrungen, und lassen Sie unbedingt authentische Kunden-Statements zu Wort kommen.

▶ Die Content-Formate, die Sie gemeinsam mit Ihren Empfehler-Kunden für kaufbereite Interessenten produzieren, dürfen und sollen für Interessenten in dieser Phase durchaus inhaltliche Schwergewichte sein. Der Informationsbedarf abschlussbereiter Kaufinteressenten ist sehr hoch. Schreiben Sie mit Ihren Kunden gut recherchierte Xing- oder LinkedIn-Beiträge, die Ihre Leistungen in den Wettbewerbsvergleich stellen. Wenn Sie die Ressourcen dazu haben, drehen Sie Video-Storys und Interviews mit Ihrem Kunden, dessen »Heldenreise« Sie entlang seiner Customer Journey porträtieren. Verweisen Sie im Kontext dieser Videos auf Ihren weiterführenden Inbound-Content (z. B. schriftliche Leistungsvergleiche) und auf Online-Tools, die Ihre Interessenten weiterbringen.

▶ Nutzen Sie Ihre Customer Advocacy auch in der Offline-Welt. Unterstützen Sie Ihre Empfehler-Kunden bei Auftritten auf Industrieveranstaltungen, in Kundenforen oder bei Ihrer Hausmesse. Solche Messen und Veranstaltungen sind die intensivsten Kommunikationsanlässe für Ihre Empfehler-Kunden. Hier ist der Kontakt zwischen Empfehler-Kunde und Kaufinteressent unmittelbar und persönlich. Wer sich für die Erfahrungen anderer mit Ihrem Unternehmen interessiert, kennt Sie ja bereits, nimmt Ihr Angebot in die engere Wahl und sucht entscheidungsbildende Vertrauensinformationen.

Flankieren Sie Ihr kooperatives Customer-Advocacy-Programm mit Inbound-Marketing-Maßnahmen, die phasenübergreifend alle Interessenten erreichen, egal, in welcher Phase sie sich befinden.

▶ Arbeiten Sie mit Ihren Empfehler-Kunden bei der Pressearbeit (Public Relations) zusammen. Starten Sie gemeinsame Pressemitteilungen und sogar Pressekonferenzen, wenn es wichtige Firmen-News gibt oder neue Produkte bzw. Services erscheinen. Binden Sie Ihre Kunden aktiv ein durch Presse-Statements und Testimonials, Erfahrungsberichte über Vorabtests mit Ihren Produkten oder mit einer Experteneinschätzung über die Marktentwicklung.

▶ Machen Sie es so konsequent wie Microsoft. Der Software-Konzern zeichnet Meinungsführer und Produktexperten unter seinen Kunden mit einem eigenen Preis aus. Der Microsoft Most Valuable Professional Award (MVP) prämiert Manager von Kundenunternehmen, die in ihrem eigenen Unternehmen anderen dabei helfen, Microsoft-Technologien besonders erfolgreich einzusetzen (vgl. Abbildung 7.6). Microsoft unterstützt seine MVPs sogar aktiv, wenn diese auf Veranstaltungen Vorträge halten wollen.

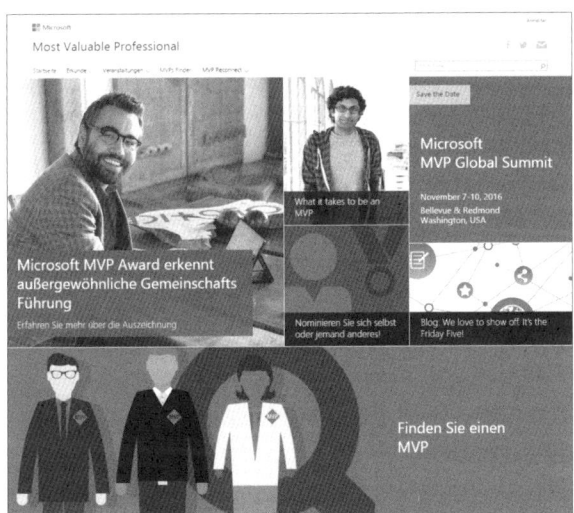

Abbildung 7.6 Microsofts Programm Most Valuable Professional (MVP)

7.1.6   Verankern Sie Customer Advocacy als Inbound-Instrument im Unternehmen

Wie auch immer Sie Customer Advocacy in Ihrem Inbound Marketing einsetzen, es wird immer ein Team-Erfolg in Ihrem Unternehmen sein. Setzen Sie ein Team auf, das sich im Auftrag Ihrer Geschäftsleitung darum kümmert, die Begeisterung Ihrer Kunden kontinuierlich auszubauen und Customer Advocacy Marketing zu betreiben. Ihr Customer-Advocacy-Team sollte mindestens je einen festen Verantwortlichen aus Marketing, Vertrieb und Kundenservice an Bord haben. Es ist spannend zu sehen, wer im Unternehmen dabei im Einzelfall die Führung übernimmt. Während bis zum Kauf eines Kunden die Verantwortung für die Kundenbeziehung meist klar geregelt ist (z. B. zwischen Marketing und Vertrieb), ist in vielen Unternehmen nach dem Kauf die Führungsrolle völlig offen. Hier können Sie mit Inbound Marketing und Customer Advocacy Marketing die interne Führungsrolle übernehmen.

7.2   Social-Media-Engagement – Kunden im Social Web motivieren

Customer Engagement Management (CEM) ist die Kunst, nach dem Kauf mit Kunden in Verbindung zu bleiben, Kunden zum Dialog zu motivieren und bei jedem Kundenkontakt einen neuen relevanten Nutzen zu schaffen. CEM wird in vielen Unternehmen immer mehr zum Social-Media-Engagement. Immer mehr Kundenanfragen nach dem Kauf kommen über soziale Kanäle herein, da sie ein direkter und schneller Kontaktweg für viele Kunden sind. Die sozialen Kanäle wie Twitter, Facebook oder Xing bzw. LinkedIn sind der schnellste Weg zum Kunden im digitalen Zeitalter. Unterstützen Sie daher den Inbound-Dialog mit Ihren bestehenden Kunden über gezieltes Social-Media-Engagement. Die Einbindung Ihrer Social-Media-Kanäle in Ihre Inbound-Marketing-Software ermöglicht es Ihnen.

7.2.1   Halten Sie den Inbound-Kundendialog über Social Media aufrecht

Erfassen Sie für jeden Kunden die verfügbaren Angaben über seine Social-Media-Präsenz in Ihrer Inbound-Kontaktdatenbank. Dazu zählen der Auftritt bei Xing und LinkedIn genauso wie die Identität auf Facebook oder der Twitter-Name (Twitter-Handle) des Kunden. Sie können dafür auch eine spezielle Social-Media-Software wie *Hootsuite* oder *Buffer* nutzen.

▶ Legen Sie in Ihrer Inbound-Marketing-Software spezielle *Social-Streams* an, in denen Sie alle Social-Media-Aktivitäten Ihrer Kunden überwachen, die z. B. mit Ihrem Unternehmensnamen und dem Namen Ihrer Produkte zu tun haben.

▶ Um dieses *Social Listening* zu verfeinern, können Sie zusätzlich die Social-Streams Ihrer Kunden nach deren Zufriedenheitswerten (z. B. ihrem Net Promoter Score) segmentieren. Jetzt verfolgen Sie, was Ihre begeisterten und empfehlungsbereiten Kunden sagen – im Unterschied zu solchen Kunden, die mit einem niedrigeren NPS-Score ihre geringere Zufriedenheit ausgedrückt haben.

▶ Machen Sie das Zuhören bei den Online-Gesprächen Ihrer Kunden zur Daueraufgabe im Inbound Marketing. Wer spricht über Sie positiv in den sozialen Medien? Wer von Ihren Kunden hilft bereits im Social Web anderen Kunden bei deren Problemlösung weiter?

▶ Suchen Sie den Dialog mit Kunden bei Facebook, Twitter und Co., sobald sich dazu ein Gesprächsanlass (z. B. durch die Social Posts Ihrer Kunden) ergibt. Helfen Sie weiter, wenn Kunden im Social Web nicht weiterkommen oder Hilfe suchen. Greifen Sie ein, wenn Kunden unzufrieden sind und konstruktiven Input gebrauchen können.

▶ Erfassen Sie alle mit Kunden im Social Web ausgetauschten Nachrichten in der Inbound-Kontaktdatenbank. Das passiert bei gut ausgestatteter Inbound-Marketing-Software sogar automatisch. Ihre Kunden erwarten schließlich, dass Ihr Unternehmen sich an jede einzelne Interaktion erinnern kann.

7.2.2   Fördern Sie den Peer-to-Peer-Dialog Ihrer Kunden untereinander

Fördern Sie gezielt den Austausch Ihrer Kunden untereinander (*Peer-to-Peer*) in den sozialen Medien. Prüfen Sie dazu in Ihrer Inbound-Software oder Social-Media-Software (z. B. Hootsuite), welche Kunden bereits im Social Web miteinander im Dialog stehen.

▶ Prüfen Sie, ob es in den Online-Dialogen Ihrer Kunden Themen gibt, die noch mehr Kunden interessieren könnten. Nehmen Sie diese Themen auf, und helfen Sie zunächst den informationssuchenden Kunden bilateral weiter (z. B. per E-Mail). Fragen Sie dann Ihre Kunden per Social Media, ob sie hierzu einen Austausch mit anderen Kunden haben wollen würden. Falls ja, laden Sie die interessierten Kunden zu einem geschlossenen Gruppenaustausch ein (z. B. als Web-Konferenz), und moderieren Sie. Bleiben Sie ergebnisoffen, und überlassen Sie den Kunden möglichst das Podium.

▶ Als Plattform für einen solchen Kundenaustausch im Social Web können Sie eigene Gruppen auf sozialen Medien wie Facebook, Xing und LinkedIn einrichten. So schaffen Sie ein ständiges Austauschformat, zu dem Sie immer wieder neue Kunden einladen können.

7.2.3   Halten Sie den Spannungsbogen im Social-Dialog oben

Social Media ist der ideale Kanal, um Kunden immer enger zu binden. Die Kunst besteht darin, zu einer Informationsquelle im Social Web zu werden, die Ihre Kunden bevorzugt wahrnehmen. Wenn Ihre Kunden schon auf Ihren nächsten Tweet oder Facebook-Eintrag warten, haben Sie es geschafft. Jede soziale Plattform funktioniert nach anderen Spieregeln und bietet eigene Möglichkeiten der Interaktion mit Ihren Kunden. Die richtige Ansprache im Social Web für genau Ihre Kunden herauszubekommen ist ein eigenes Projekt. Aber welchen Kanal auch immer Sie nutzen und welche Art von Kunden Sie ansprechen wollen: Schaffen Sie bei jeder Interaktion Kundennutzen, und überraschen Sie Ihre Kunden mit einem lang anhaltenden Spannungsbogen von Content, Insight, Informationen und Entertainment. Gestalten Sie den Dialog abwechslungsreich, damit Kunden Lust haben, mit Ihnen im Dialog zu bleiben.

Inbound-Tipp: Denken Sie in Kundenbeziehungen, nicht in Statistiken

Überwachen Sie die Entwicklung Ihrer Kundeninteraktionen im Social Web nicht nur nach quantitativen Zielgrößen wie der Anzahl von Kommentaren, Shares oder Likes. Das ist zwar wichtig, aber im Inbound Marketing nicht entscheidend. Diese Messgrößen beurteilen zwar die Leistung Ihres Contents, sagen aber nichts über den Erfolg Ihres Social Inbound Marketing auf Einzelkundenebene aus. Im Inbound Marketing zählen keine Statistiken, sondern die Zufriedenheit des einzelnen Kunden – auch im Social Web.

Analysieren Sie daher das Social-Web-Verhalten Ihrer einzelnen Kunden im Zeitablauf. Nicht vergessen: Sie wollen mit Inbound Marketing aus zufriedenen Kunden immer mehr begeisterte Kunden-Fans machen, die Sie aktiv weiterempfehlen. Da kommt es auf jeden einzelnen Kunden an.

7.3   E-Mail-Kampagnen – unterstützen Sie den Erfolg Ihrer Kunden

E-Mail ist auch in der Nachkaufphase ein wichtiger Kommunikationskanal Ihres Inbound Marketing. Mit E-Mail verfügen Sie über einen Ansprachekanal für Ihre Kunden, bei dem Sie einen Moment lang die ungeteilte Aufmerksamkeit Ihres Kunden haben. E-Mails können Sie nur an Ihre Kunden senden, wenn diese Ihnen vorher dazu ihr Einverständnis gegeben haben (*Opt-In*). Solange Ihre Kunden Ihre E-Mails akzeptieren und lesen, haben Sie einen »heißen Draht« zu ihnen, mit dem Sie Ihren beidseitigen Erfolg fördern können. Nutzt ein Kunde zwar Ihr Produkt, widerruft aber irgendwann sein Einverständnis zum Erhalt Ihrer E-Mails (*Opt-Out*), haben Sie einen Indikator dafür, dass sein Interesse zurückgegangen ist oder er aber derzeit mit Ihnen keinen Dialog sucht. Sie haben einen wichtigen Draht zum Kunden verloren.

Das E-Mail-Verhalten Ihrer Kunden ist ein Indikator für den Grad Ihrer Kundenbindung (*Customer Retention*). Jede Ihrer E-Mails ist eine einmalige Chance zur Kommunikation. Jede neue E-Mail sollte also etwas ganz Besonderes und Wertvolles für Ihre

Kunden sein. Diese Chance ergreift nicht jedes Unternehmen gleich gut. Für manche Unternehmen – und dazu gehören auch Großkonzerne – ist die Welt schon in Ordnung, wenn man allen Kunden pünktlich einmal im Monat ein und denselben Newsletter mit den neuesten Produkt- und Service-Angeboten schickt. Das ist kein Newsletter, sondern ein elektronischer Werbeflyer an alle, die bereits gekauft haben. Und das gleichzeitig an ca. 10 Millionen Kunden! Kein Wunder, dass die Öffnungsrate (*Open Rate*) und Klickrate auf die Angebote in solchen E-Mails (*Click-Through-Rate*) im Zeitablauf bis unter 1 % absinken. Wir kennen allerdings auch ein B2B-Unternehmen, das es schafft, einen Kunden-Newsletter herauszubringen mit einer regelmäßigen Open Rate von über 50 %. Wo sind die Erfolgsfaktoren? Was macht den Unterschied aus? Die Antwort ist denkbar einfach: Nutzenorientierung. Die einen sehen ihre E-Mail-Software als Versandbahnhof für Massen-E-Mails an. Die anderen sehen E-Mail als Medium eines individuellen Kundendialogs und als zentralen Teil ihres Inbound Marketing und ihrer Inbound-Software an.

▶ Ein frisch gewonnener Neukunde und ein Stammkunde haben nur selten den gleichen Informationsbedarf.

▶ Die Buyer Persona eines Geschäftsführers hat andere Interessen als ein Einkäufer oder ein Produktmanager.

Wie erfolgversprechend ist es dann, all diesen Menschen regelmäßig dieselben E-Mails zu schicken? Das eigentliche Problem hinter diesem weitverbreiteten Phänomen ist die Denke, mit der manche Unternehmen ihr E-Mail-Marketing mit Bestandskunden betreiben. Es ist völlig legitim, bei E-Mails in Kampagnen zu denken – solange man dabei die Perspektive und die dringenden Probleme des einzelnen Kunden berücksichtigt. Im Inbound Marketing setzen Sie E-Mails gegenüber bestehenden Kunden gezielt ein, um das Kundenerlebnis und die Produktnutzung zu steigern. Auch hier machen Sie Produktangebote per E-Mail, aber Sie betten Angebote in den Kontext und in den Informationsbedarf Ihres Kunden ein.

Segmentieren Sie Ihre Kunden für E-Mail-Marketing zunächst danach, in welcher Phase der Geschäftsbeziehung sie mit Ihnen stecken. Wie lange sind sie schon Ihre Kunden? Neukunden sind erst einmal damit beschäftigt, ihr gerade gekauftes Produkt nutzenbringend einzusetzen. Stammkunden, die das gleiche Produkt schon lange einsetzen, erwarten hingegen vielleicht sehnsüchtig neue Updates oder den Launch Ihrer neuen Produktserie. E-Mail-Marketing aus Inbound-Perspektive berücksichtigt den *Customer Lifecycle*, d. h. den Geschäftsbeziehungs-Status Ihres Kunden: vom Neukunden über den regulären Kunden bis hin zum Empfehler-Kunden bzw. Customer Advocate.

Neukunden brauchen schnelle Unterstützung und Erfolgserlebnisse (vgl. Abbildung 7.7).

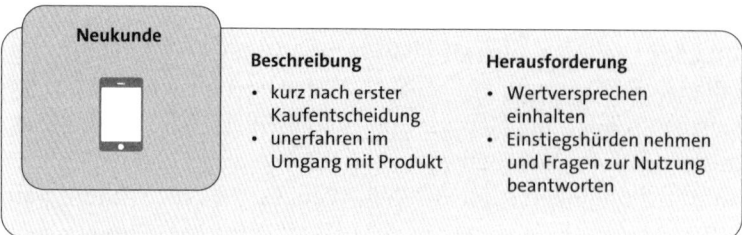

Abbildung 7.7 Charakteristika eines Neukunden

Ihre Aufgabe als Anbieter ist es, dafür zu sorgen, dass jeder neue Kunde eine psychologische Kaufbestätigung erhält und in die Lage versetzt wird, den Wert seines neu gekauften Produktes so schnell wie möglich für sich zu erschließen.

▶ Definieren Sie in Ihrem Inbound Marketing spezielle E-Mail-Kampagnen für Neukunden mit unterschiedlichen Kaufgründen und Produkteinsatz-Zielen. Diese Informationen haben Sie idealerweise schon vor dem Kauf in Beratungsgesprächen erfasst. Schauen Sie auch in Ihrer Inbound-Kontaktdatenbank nach, welchen unterschiedlichen Content Ihre Kunden vor dem Kauf genutzt hatten. Was waren ihre Themen in der Consideration-Phase? Zu welchen Problemen suchten sie eine Lösung? Setzen Sie hier bei der Konzeption Ihrer Nachkauf-E-Mails für Neukunden an.

▶ Interviewen Sie auch regelmäßig ausgewählte Neukunden. Wie kommen sie mit Ihrem Produkt klar? Wie sieht Erfolg für sie aus? Helfen Sie Neukunden mit E-Mails dabei, schnell und nachhaltig erfolgreich zu werden. Verwenden Sie Ihre Erkenntnisse für E-Mail-Tipps zur Produktnutzung, und schicken Sie Anleitungen (z. B. Checklisten, Einladungen zu Webinaren) für schnelle und vorzeigbare Erfolgserlebnisse. Helfen Sie, die individuellen »Adaptionshürden« bei der Verwendung Ihres Produktes oder Services zu überwinden.

▶ Planen Sie Begrüßungs-E-Mails für jeden Neukunden, und liefern Sie regelmäßige E-Mails für einen sauberen und geführten »Onboarding«-Prozess Ihres neuen Kunden.

Bestehende Kunden sind völlig anders motiviert. Sie haben die erste Aufregung der Produktnutzung hinter sich und sind an Ihr Produkt oder Ihren Service gewöhnt (vgl. Abbildung 7.8).

Alles läuft (hoffentlich) zur Zufriedenheit, und aus der positiven Überraschung von einst sind die Gewohnheit und das Anspruchsdenken von heute geworden. Wie in einer langjährigen Partnerschaft fragt sich mancher Kunde: War das alles? Warum sind wir noch zusammen? Hier entscheidet sich, ob Ihr Kunde eines Tages abwandern wird oder ob Sie ihn zu einem begeisterten Customer Advocate machen können. Im Inbound Marketing können Sie in dieser langen Phase der Geschäftsbeziehung mit

E-Mail-Kampagnen Akzente setzen, die Ihren Kunden Wertschätzung bringen und immer neuen Nutzen stiften.

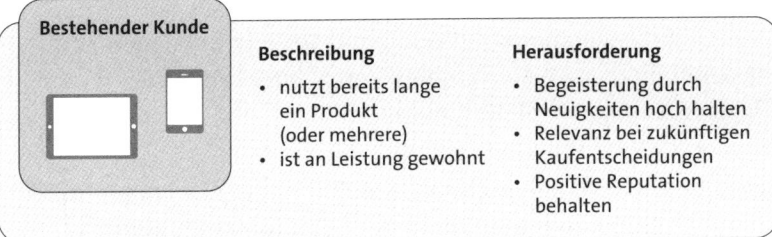

Abbildung 7.8 Charakteristika eines bestehenden Kunden

▶ Achten Sie darauf, wie intensiv Ihr Kunde mit Ihnen nach der ersten Nachkauf-Begeisterung noch kommuniziert. Eine beidseitige Funkstille von über einem Vierteljahr gilt im Internet-Zeitalter bereits als ein Abbruch Ihrer Kommunikation. Daher sind Reminder-E-Mails mit News Pflicht – solange Sie dabei Content promoten, der Ihre Kunden auch zum Engagement mit Ihrem Unternehmen bringt.

▶ Gibt es Hinweise auf eine mögliche Unzufriedenheit oder Abwanderung? Oder ist Ihr Kunde nur einfach »still glücklich«? Schicken Sie regelmäßige Einladungen zur Zufriedenheitsbefragung (z. B. den Net Promoter Score), und schaffen Sie Engagement durch Einladung zu Nutzerumfragen mit aktuellen Trends oder Themen. Sinkende Open Rates solcher E-Mails sind ein wichtiger Indikator dafür, dass die emotionale Beteiligung (*Involvement*) Ihres Kunden abhandenkommt.

▶ Verfeinern Sie Ihr Wissen über die Veränderungen, die bei Ihren Kunden vor sich gehen. Hat sich die Aufgabe, die Rolle oder die Lebenssituation Ihres Kunden geändert? Verlieren Sie an Relevanz, weil Ihren Kunden längst völlig neue Themen beschäftigen? Beobachten Sie, für welche Themen sich die Kunden mit sinkendem Involvement in den sozialen Medien interessieren. Können Sie diese neuen Kundenthemen aufgreifen und eventuell sogar entsprechende Angebote machen?

Empfehler-Kunden (Customer Advocates) sind Kunden, die auch lange nach dem ursprünglichen Kauf immer noch restlos von Ihrem Unternehmen überzeugt sind und es auch gern weiterempfehlen (vgl. Abbildung 7.9).

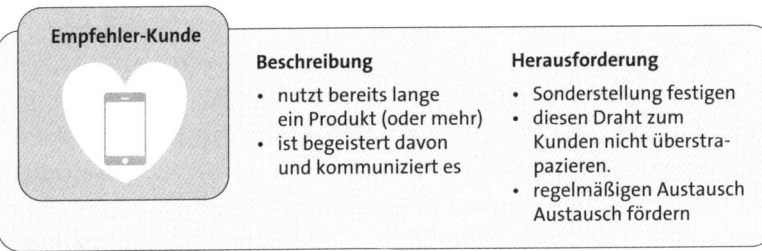

Abbildung 7.9 Charakteristika eines Empfehler-Kunden

Wir haben Ihnen bereits viele Tools der Customer Advocacy im Inbound Marketing aufgezeigt. Jenseits all dieser speziellen Advocacy-Instrumente bildet E-Mail das Grundrauschen Ihres Kontaktes zu Ihren Empfehler-Kunden.

▶ Erstellen Sie spezielle E-Mail-Kampagnen für Ihre Empfehler-Kunden mit exklusivem Content, der Ihren Kunden einen echten Vorteil bietet. Das kann sich auf Ihr Produkt beziehen oder einfach auf die Problemstellungen und Erfolgsfaktoren der jeweiligen Buyer Personas Ihrer Empfehler-Kunden.

▶ Im Customer Advocacy Marketing setzen Sie auf die entscheidenden Ansprechpartner auf der Seite Ihres Kunden. Im B2B-Bereich sind darüber hinaus noch viele weitere Personen im Unternehmen Ihres Kunden wichtig. Betreuen Sie per E-Mail das gesamte Team Ihres Advocacy-Kunden (*Buying Center*). Dazu zählen auch solche Buyer Personas, die auf den ersten Blick nicht erfolgsentscheidend wirken mögen, deren Einfluss aber keinesfalls unterschätzt werden sollte (z. B. der Einkäufer, Controller oder Kundenservice Ihres Kunden).

▶ Eventuell ist es in Ihrem Geschäftsmodell sinnvoll, Advocacy-Kunden mit Sonderkonditionen oder Rabatten zu incentivieren. E-Mail ist hier im Inbound Marketing die erste Wahl, wenn Sie viele Empfehler haben und schnell ein neues Produkt oder einen Add-on-Service bei allen Empfehler-Kunden durchsetzen wollen. Denken Sie auch in einem solchen Fall über standardisierte Empfehlungsprogramme per E-Mail nach, wenn Kunden neue Kunden gegen Incentives werben können.

7.4   Customer Success Management ist Kundenservice mit Inbound Marketing

Kundenservice per E-Mail-Marketing ist längst keine Neuheit mehr. Schnelles Reagieren und Beantworten von Kundenanfragen per E-Mail gehört heute zum Pflichtprogramm aller Unternehmen. Allerdings ist der traditionelle Kundenservice eher auf das passive Empfangen und Abarbeiten von Kundenanfragen ausgerichtet – und nicht auf eine aktive und individuelle Ansprache des Kunden, um ihn systematisch zum Erfolg zu führen. Unter dem Begriff des *Customer Success Management* hat sich insbesondere in der Software-Industrie ein völlig neues Level an Online-Kundenservice entwickelt. Hier fließen Inbound Marketing und Kundenservice zu einer neuen ganzheitlichen und persönlichen Kundenbetreuung zusammen. Aktives Customer Success Management ist ein wesentlicher Erfolgsfaktor, um die Abwanderung Ihrer Kunden zu verhindern (*Churn Prevention*). Im Customer Success Management ordnen Sie jedem Kunden einen persönlichen Customer Success Manager als Ansprechpartner zu, auch und gerade bei hohen Kundenanzahlen. Customer Success Manager warten nicht auf Kundenanfragen, sondern überwachen aktiv den Erfolg des Kunden bei der Produktnutzung. Um die große Anzahl zugeordneter Kunden überhaupt betreuen zu können, greifen Customer Success Manager auf die Informationen aus

Inbound Marketing und CRM zu. Mit Inbound Marketing entwickeln Sie Ihren Kundenservice zum Customer Success Management weiter. Dazu setzen Sie besonders auf die E-Mail-Kompetenz Ihres Inbound Marketing.

Inbound-Tipp: Setzen Sie auf Inbound im Customer Success Management

E-Mail-Marketing spielt eine entscheidende Rolle im Customer Success Management. Bei Geschäftsmodellen mit einer hohen Kundenanzahl ist E-Mail Ihr bevorzugter First-Level-Support für die Mehrzahl Ihrer Kunden.

▶ E-Mails bieten schnelle und effiziente Antworten auf Anfragen. Der zuständige Kundenbetreuer im Customer-Success-Team kann per E-Mail-Ketten (mit seinem persönlichen Absender) zwischen den persönlichen Kundengesprächen mit allen Kunden in regelmäßigem Kontakt bleiben.

▶ Mit E-Mails verschaffen Customer Success Manager ihren Kunden Zugang zu zusätzlichen Produkten, Services und Angeboten. Dazu sollten Sie Kundenlisten im Inbound Marketing anlegen, die nach dem Potenzial der Kunden für Zusatzverkäufe (*Cross-Selling*) und für Nachkäufe zum Ausbau ihrer laufenden Produktlösung (*Up-Selling*) segmentiert sind.

Setzen Sie Inbound Marketing ein, um Ihre Customer Success Manager mit automatischen E-Mail-Anspracheketten und mit Content zu versorgen. Sorgen Sie dafür, dass die Kundenansprache für verschiedene Kundentypen spezifisch gestaltet wird, damit unterschiedliche Buyer Personas, Produktnutzungsphasen und das Kundenzufriedenheits-Level Ihrer Kunden berücksichtigt werden. Wo liegen die Vorteile des modernen Customer Success Management mit Inbound Marketing?

▶ Sie erzielen mehr Umsatz, weil Sie durch intensive Betreuung die Kunden länger im Unternehmen halten und so den Customer Lifetime Value des Kunden steigern.

▶ Ihre Customer Success Manager sprechen Kunden aktiv und gezielt an, wenn die Intensität der Produktnutzung zurückgeht, Newsletter-E-Mails nicht mehr geöffnet werden oder wenn es für den Kunden vorteilhaft wäre, bestimmte Vertragsänderungen vorzunehmen.

▶ Sie steigern die Preisbereitschaft Ihrer Kunden, weil Kunden in der laufenden Kundenbeziehung einen echten Mehrwert erhalten, der sich nicht aus dem Produkt, sondern aus der persönlichen Betreuung und dem Empowerment durch Ihre Customer Success Manager ergibt.

Ihre Customer Success Manager bauen über die Zeit eine eigene Beziehung zu Ihren Kunden auf. So besteht nicht nur eine abstrakte Beziehung zu Ihrem Unternehmen, sondern zusätzlich auch eine persönliche Beziehung zum Kundenbetreuer. Durch diesen persönlichen Kontakt können Sie viel leichter aus Kundenzufriedenheit echte Kundenbegeisterung erzeugen und Customer Advocates gewinnen.

7.5 Content-Inspirationen – vom Content zur Kunden-Akademie

Mit Customer Success Management haben Sie Ihr Inbound Marketing schon so weit ausgebaut, dass alle Kunden nach dem Kauf eine optimale Betreuung erhalten und Ihre Produkte gut nutzen können. Ihr Customer-Success-Team nutzt insbesondere den persönlichen Kontakt und Inbound-E-Mail-Marketing. Der Content, der bei der Betreuung Ihrer Kunden zum Einsatz kommt, ist der Grundstein für eine weitere Königsdisziplin des Inbound Marketing in der Nachkaufphase: das *Customer Education Management*. Viele Unternehmen – allen voran große Marken wie Apple, Google und YouTube – haben längst begriffen, dass ständig aktueller Content der Schlüssel dazu ist, ihre Kunden zu empowern und ihnen zu helfen, ihre Ziele zu erreichen.

▸ Im digitalen Zeitalter ist Lernen nichts mehr, was wir mit unserer Ausbildung an Schule oder Universität abgeschlossen hätten. Lernen wird für uns alle zur lebenslangen Aufgabe. Egal, ob Sie Bauingenieur, Marketing-Manager, Suchmaschinenoptimierer, Social Media Manager, Software-Programmierer oder Arzt sind, das verfügbare Wissen wächst immer stärker an, und Ihr aktuelles Wissen veraltet immer schneller.

▸ Sie sind ziemlich auf sich allein gestellt, um mit dem Wissen da draußen im Internet Schritt zu halten. Irgendwann haben Sie die Nase voll davon, ständig neue Blogposts, Social Posts, E-Books, Podcasts, Bücher und Zeitschriften zu konsumieren, um einigermaßen up to date zu bleiben.

Der ständige Bedarf an Wissen und Qualifizierung der Kunden ist eine riesige Chance für jedes Unternehmen. Übernehmen Sie mit Inbound Marketing die Aufgabe, das Wissen und die (berufliche) Qualifizierung Ihrer Kunden nach vorne zu bringen. Noch vor ein paar Jahren wurde in Management-Kreisen diskutiert, ob eine Investition in die Ausbildung der Kunden nicht dazu führt, dass die besser ausgebildeten Kunden sich anschließend undankbar abwenden und zu anderen Anbietern gehen würden. Mittlerweile haben viele Unternehmen gelernt, dass das Gegenteil der Fall ist. Je besser die Customer Education eines Anbieters ist, desto mehr Vertrauen baut der Kunde zum Anbieter und dessen Kompetenz auf. Je besser ein Kunde durch eine Kundenakademie des Anbieters ausgebildet worden ist, desto mehr verzeiht er kleine Produkt- oder Serviceschwächen. Customer Education festigt das Vertrauen und die Geschäftsbeziehung.

7.5.1 Inbound Marketing macht Customer Education effektiv

Customer Education ist im Inbound Marketing nicht nur ein hilfreicher Service für Ihre Kunden, sondern ein strategisches Instrument zur Förderung von Cross-Selling, Up-Selling und Kundenbindung (Customer Retention). So erweitern Sie das Wissen Ihrer Kunden und garantieren dadurch die optimale Nutzung Ihrer Produkte. Dabei überlassen Sie Ihren Kunden völlig die Initiative, ob, wann und wie sie solche Education-

Angebote wahrnehmen wollen. Je interaktiver die Form der Content-Präsentation Ihrer Customer Education ist, desto höher sind allgemein der Lernerfolg und das Interesse Ihrer Kunden. Für große Unternehmen mit vielen Kunden lohnt sich oft eine Präsenzakademie mit eigenen Räumlichkeiten, Lehrkräften und vielen verschiedenen Kursen. In den letzten Jahren haben sich aber Online-Lernformate im E-Learning oder Digital Learning durchgesetzt, die viele klassische Seminare und Kundentagungen ergänzen, wenn nicht sogar ersetzen können. Mit Inbound-Marketing-Software und leicht integrierbare SaaS-Software für Webinare und Events können auch kleine und mittelständische Unternehmen eine professionelle Online-Akademie aufbauen. Gehen Sie bei Ihrer Customer Education pragmatisch vor. Starten Sie mit ersten Webinaren, bauen Sie im Erfolgsfall ganze Online-Lernkurse auf, und vernetzen Sie schließlich all Ihre Content-Angebote zu einer integrierten Kundenakademie.

7.5.2 Webinare als idealer Einstieg in die Customer Education

Ein Webinar ist ein Online-Meeting, bei dem Sie die Rolle des Moderators und Vortragenden (Presenters) übernehmen, Charts oder auch die Inhalte Ihres Desktop-Bildschirms präsentieren und mit den zuschauenden Teilnehmern live diskutieren können. Zu einem solchen Online-Live-Event können Sie Ihre Kunden im Vorfeld persönlich, per E-Mail und per Ankündigung im Blog einladen. Kunden und unbekannte Interessenten registrieren sich zur Teilnahme auf Ihrer Website und erhalten eine Bestätigungs-E-Mail mit den Daten der Veranstaltung. Das Webinar selbst findet dann meist auf einer speziellen Webinar-Plattform wie *Webex* (vgl. Abbildung 7.10) oder *GoToWebinar* statt. Mit einer solchen Software können Sie umfangreiche Funktionalitäten nutzen und Webinare in Profi-Qualität mitschneiden, um sie hinterher auf Ihrer Website als Content zur Verfügung zu stellen. Alternativ tun es zunächst auch Tools wie *Skype* oder *TeamViewer*.

Ein Webinar ist eine Inbound-Marketing-Kampagne im Kleinformat. Zunächst analysieren Sie den Informationsbedarf Ihrer Kunden und einzelner Buyer Personas. Finden Sie dann heraus, welche Inhalte Ihre Kunden auf ihrem Erfolgsweg am besten weiterbringen, und bereiten Sie die Inhalte didaktisch so auf, dass möglichst viele Kunden mit unterschiedlichem Wissensstand gleichzeitig angesprochen und weitergebildet werden können. Mit Ihrer Inbound-Marketing-Software selektieren Sie dann die Wunschkunden für Ihre Webinare und integrieren die Einladungen an Kunden in Ihre E-Mail-Kampagnen und Social Media Posts. Mit Inbound-Software wickeln Sie auch die meisten Prozesse des Webinars ab und verfolgen, wer wirklich teilnimmt und wer sich immer wieder nur anmeldet, dann aber nicht erscheint. Anschließend können Sie analysieren, bei wem sich der Lernerfolg des Webinars z. B. bei der Nutzung des Produktes bemerkbar macht und wer unter Ihren Kunden noch welche weiterführenden Informationen gebrauchen könnte.

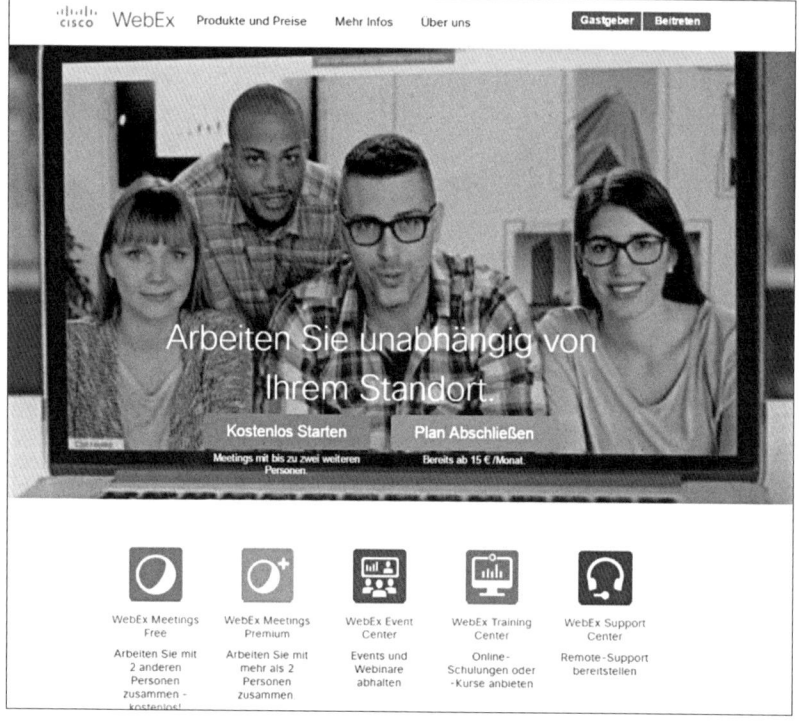

Abbildung 7.10 Der Webinar-Anbieter WebEx

Inbound-Workshop: Webinare mit Inbound Marketing gestalten

Setzen Sie Ihr Webinar als Inbound-Marketing-Projekt auf. Definieren Sie die genauen Ziele, die relevanten Buyer Personas, und listen Sie alle infrage kommenden Kunden in einer Übersicht auf. Nehmen wir einmal an, Sie wollen ein Webinar breit bewerben und gleichzeitig Kunden und Interessenten für dieses Meeting gewinnen.

▶ Bestimmen Sie durch Keyword-Analyse bei Google, nach welchen Begriffen Ihre Kunden in Suchmaschinen suchen, um Informationsangebote zum Thema Ihres Webinars zu finden.

▶ Erstellen Sie mit Ihrer Inbound-Software oder direkt auf Ihrer Website ein Registrierungsformular für das Webinar. Die Daten der Teilnehmer sollen möglichst direkt in Ihrer Interessenten-Kontaktdatenbank erfasst werden.

▶ Erstellen Sie eine spezielle Landing Page für Ihr Webinar auf Ihrer Website. Verdeutlichen Sie in Headline und Text, was genau der Nutzen des Webinars ist und was Ihre Kunden nach dem Webinar besser erreichen können als zuvor.

▶ Betten Sie das erstellte Registrierungsformular in diese neue Landing Page ein. Erstellen Sie auch eine Thank-You-Page, die nach der erfolgten Landing-Page-Registrierung eingeblendet wird. Darauf sollte der Teilnehmer seine Registrie-

rungsbestätigung und weiterführende Infos zum Webinar (Datum und Zeitpunkt, Agenda, Link zum Webinar) finden.

▶ Erstellen Sie das Profil Ihrer Online-Veranstaltung auf der Website Ihres Webi-
nar-Anbieters. Inbound-Software wie *HubSpot* oder *Marketo* ist einfach mit einer
professionellen Webinar-Software wie z. B. *GoToWebinar* verknüpfbar. So werden die Registrierungs- und Teilnahmedaten Ihrer Webinar-Teilnehmer direkt
Ihrem Interessenten- bzw. Kundenprofil zugeschlüsselt.

▶ Legen Sie einen speziellen E-Mail-Workflow für Ihre Webinar-Teilnehmer an. Alle
registrierten Teilnehmer sollen einen Reminder für Ihr Webinar erhalten. Wenn
Sie gründlich sein wollen, dann senden Sie je eine Reminder-E-Mail eine Woche,
einen Tag und eine Stunde vor dem Webinar.

▶ Bauen Sie auch einen E-Mail-Workflow für die Schritte nach dem Webinar. Alle
Teilnehmer sollten eine E-Mail mit der Zusammenfassung des Webinars, einer
Danksagung oder sogar einer offiziellen Teilnahmebestätigung und einem Link
zum Webinar-Video auf Ihrer Website erhalten.

▶ Jetzt geht es an die Vermarktung Ihres Webinars, um möglichst viele Teilnehmer
zu gewinnen. Gestalten Sie zunächst die grafisch ansprechenden »Werbeflächen« für die Webinar-Promotion. Diese Call-to-Action-Buttons (CTA) können Sie
auf Ihrer Website, im Blog und in Ihren Social Posts einbinden (vgl. Abbildung
7.11). Beim Klick auf diesen CTA gelangen Webinar-Interessierte auf Ihre vorberei-
tete Landing Page mit dem Registrierungsformular.

▶ Informieren Sie Ihre Zielkunden per E-Mail, in den Veranstaltungshinweisen von
User Groups, schreiben Sie gegebenenfalls einen Blog-Artikel mit Hinweis auf
das Webinar, und sprechen Sie ausgewählte Kunden persönlich an.

▶ Erstellen Sie Ihren Webinar-Content. Seien Sie so gründlich, wie Sie es bei einem
Vortrag vor vielen Kunden sein würden. Verproben Sie Ihre Präsentation und den
Redetext mit Kollegen oder sogar einem vertrauten Kunden.

▶ Führen Sie das Webinar wie geplant durch. Alle Maßnahmen Ihrer Webinar-
Inbound-Kampagne haben jetzt getan, was sie tun konnten. Das Resultat sind
die Interessenten bzw. Kunden, die sich jetzt pünktlich zugeschaltet haben.
Begrüßen Sie die Teilnehmer, stellen Sie gegebenenfalls Ihren Komoderator vor,
und leiten Sie kurz ins Thema ein. Entscheiden Sie, ob Sie Fragen in einem Chat
sammeln wollen oder direkt beantworten. Planen Sie genug Zeit für eine offene
Diskussion ein.

▶ Nach dem Webinar laden Sie das fertige Video auf Ihre Website hoch, sofern es
dort für die Teilnehmer oder sogar die Öffentlichkeit zugängig gemacht werden
soll. Aktivieren Sie den Follow-up-E-Mail-Workflow, der den Teilnehmern Ihre
Danksagung und den Link zum Video sendet. Bauen Sie in diese E-Mail direkt Dialogmöglichkeiten ein. Fragen Sie, was ihnen gefallen und geholfen hat, ob sie
Vorschläge für weitere Webinar-Themen haben, und schließen Sie gegebenenfalls eine kleine Umfrage zur Bewertung des Webinars mit ein.

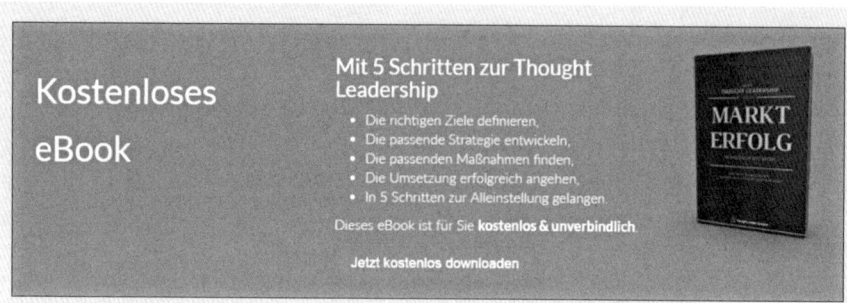

Abbildung 7.11 Beispiel für einen Call-to-Action (CTA) mit Aktions-Button

Mit der zunehmenden Anzahl Ihrer Webinare erhalten Sie langsam eine eigene Videodatenbank, die Sie öffentlich auf Ihrer Website für Interessenten oder im geschlossenen Bereich Ihrer Website exklusiv für Kunden zugängig machen können.

7.5.3   Kunden weiterbilden mit Online-Kursen und Kundenakademie

Überlegen Sie schon bei der Planung Ihrer einzelnen Webinare, ob diese, in ihrer Kombination gesehen, eventuell die Lektionen eines ganzen Online-Kurses sein könnten. Mit einer Folge von ca. 7 bis 12 Webinaren können Sie bereits größere Themenfelder in verdauliche Wissenslektionen unterteilen und dadurch den gesamten Stoff didaktisch besser aufbereiten. Ein größeres Gesamtthema erzeugt auch in der Regel mehr Resonanz im Markt oder bei Kunden. Auf einmal wird die gleiche Webinar-Reihe für mehrere Buyer Personas relevant, und Kunden beginnen, den Online-Kurs an weitere Interessenten zu empfehlen. Ein Online-Kurs sollte mehr sein als nur die abgedrehten Videos Ihrer Live-Sessions. Konzipieren Sie Begleitmaterial zum Online-Kurs. Transkribieren Sie die Texte der einzelnen Webinare, und machen Sie sie genauso downloadbar wie die präsentierten Charts. So entsteht ein echtes digitales Lernprodukt und der erste Lehrgang Ihrer Kundenakademie. Flankieren Sie Ihre Online-Kurse mit zugehörigem weiterführendem Content wie z. B. einem E-Book zum Gesamtthema, und laden Sie laufend Kunden zu diesem Kurs ein. Das Gute ist, dass diese Online-Kurse ja komplett vorproduziert sind und damit rund um die Uhr von immer neuen Kunden begonnen und genutzt werden können.

Inbound-Tipp: Holen Sie sich Inspirationen von großen Kundenakademien

Es gibt im Internet viele Online-Akademien, die Ihnen als Best Practice und als Anregung für die Ausgestaltung Ihrer eigenen Kundenakademie dienen können.

▶ *CodeAcademy* und *Team Treehouse* sind Beispiele für gut gestaltete, kostenpflichtige Akademiekonzepte. Diese Online-Kursveranstalter zeigen Ihnen, wie interaktive Kurse auch für komplizierte und abstrakte Themen wie z. B. Programmiersprachen funktionieren können.

▶ Software- und Dienstleistungsanbieter haben ein naturgegebenes Interesse daran, ihre Kunden gut auszubilden. Die *Google Analytics Academy* und die *HubSpot-Academy* des gleichnamigen Inbound-Software-Anbieters zeigen, wie Sie mehrere aufbauende Online-Lektionen zu einem Online-Kurs zusammenstellen können, für die Kunden dann sogar direkt ein Zertifikat mittels Online-Prüfung machen können. Die Google- und HubSpot-Zertifikate gelten übrigens unter Inbound-Marketing-Spezialisten fast als Pflichtübung.

▶ *Apple* ist ein gutes Beispiel dafür, wie man mit Präsenzkursen völlig neue Zielgruppen ansprechen und gleichzeitig Bestandskunden begeistern kann. In den meisten Apple Stores finden wöchentlich die verschiedensten Kurse für Privat- und Geschäftskunden statt (vgl. Abbildung 7.12). Viele dieser Kurse sind sogar kostenpflichtig. Mit den Kursen hat Apple in den letzten Jahren vor allem technikferne Zielgruppen erschlossen, die vorher für Apple-Technologie kaum erreichbar waren.

Abbildung 7.12 Basic-Workshops für Produkteinsteiger im Apple Store

7.6   Customer Community – User Groups und User Events fördern

Die absolute Königsdisziplin des Inbound Marketing ist der Aufbau einer Kunden-Community. Eine *Customer Community* ist eine private Gruppe oder sogar Organisation, die Sie ins Leben rufen, um den Austausch Ihrer Kunden untereinander zu fördern. Nicht der Dialog mit Ihrem Unternehmen als Betreiber der Community steht im Vordergrund, sondern das Erlebnis und der Informationsaustausch Ihrer Kunden miteinander. Mit einer Customer Community ändern Sie die Spielregeln Ihres Inbound Marketing. Bisher haben Sie Ihre Inbound-Marketing-Instrumente eingesetzt, um die eigene Kommunikation mit Ihren Kunden zu intensivieren und zu steuern. Bei der Customer Community stellen Sie Ihr gesamtes Inbound Marketing in den Dienst Ihrer Kunden, die – natürlich unter Ihrer Leitung – oftmals weite Teile des eigenen community-internen Marketings übernehmen.

Warum werden Kunden Teil einer Kunden-Community? Je mehr sich Kunden mit einer Marke identifizieren und diese Marke zum Teil ihres eigenen privaten oder beruflichen Lebens machen, desto intensiver suchen sie nach Erfahrungen mit Menschen, denen es genauso geht. Ob Harley-Davidson, Globetrotter Outdoor-Ausrüstung, SAP oder Lego Mindstorms – immer geht es darum, das eigene Expertenwissen in eine Gemeinschaft einzubringen und gemeinsam Erlebnisse zu gestalten, die man als einzelner Nutzer der Marke niemals erzielen würde.

Wenn Sie eine eigene Customer Community planen, gehen Sie von der Inbound-Logik aus, und fragen Sie sich zunächst, welche Buyer Personas und Kundentypen Sie gerne mit Ihrer Community an sich binden wollen.

▶ Was sollen der Fokus und der Nutzen der Community für die Mitglieder sein? Binden Sie die Community eng an Ihre Produktwelt, oder gehen Sie weiter und bieten einen Erfahrungsaustausch, der Ihre Kunden in allen Bereichen ihres Lebens erfolgreich macht?

▶ Managen Sie Ihre Kunden-Community mit Inbound Marketing wie ein eigenes Unternehmen oder eine eigene Marke. Eine Community aufzubauen ist genauso ein Projekt wie die Kundengewinnung für ein neues Unternehmen – mit allen Instrumenten und Phasen des Inbound Marketing.

Bedenken Sie, dass die Mitglieder Ihrer Customer Community natürlich auch gleichzeitig ganz normale Kunden Ihres Unternehmens mit einer laufenden Kundenbeziehung sind. Sie werden also Ihr Inbound Marketing auf denselben Kunden aus zwei Perspektiven steuern und miteinander verzahnen. Diese integrierte Führung von Kundenbeziehungen und Community-Beziehungen ist die wahre Meisterleistung im Inbound Marketing.

Inbound-Workshop: Woran Sie beim Aufbau einer Customer Community mit Inbound Marketing denken sollten

Bevor Sie darangehen und eine Customer Community ins Leben rufen, identifizieren Sie zunächst in Ihrer Inbound-Datenbank unter Ihren Kunden mehrere Kunden-Empfehler (Customer Advocates), mit denen Sie über Sinn und Nutzen einer Customer Community offen diskutieren. Würden Ihre Empfehler-Kunden mitmachen und gegebenenfalls sogar eine aktive Rolle in der Aufbauphase der Community übernehmen? Wenn Sie positives Feedback erhalten, gehen Sie an die Inbound-Marketing-Planung Ihrer Community.

▶ *Positionierung:* Erarbeiten Sie, wofür Ihre Customer Community stehen soll. Gibt es bereits in Ihrer Branche solche Communitys? Wie eng oder weit fassen Sie den Zweck der Community? Testen Sie verschiedene Positionierungen bei Ihren Kunden ab.

▶ *Konzept:* Welche Art der Community werden Sie wählen? Soll es eine zentrale Community sein mit Ihnen als Hub und Veranstalter aller Treffen? Oder setzen Sie eher auf lokale Kundentreffen und User Groups, bei denen Sie als Mentor und (finanzieller) Förderer dienen?

▶ *Content:* Welche Content-Arten sollen in Ihrer Customer Community zum Einsatz kommen? Verwenden Sie die bisherigen Content-Produkte Ihres Inbound Marketing, oder werden auch eigene Content-Produkte gebraucht? Nutzen Sie die Lernprodukte Ihrer Customer Education (Webinare, Handbücher), Case Studies erfolgreicher Kunden und Best-Practice-Input aus Ihrer Branche.

▶ *Führung und Rollen:* Welche Mitarbeiter Ihres Unternehmens bringen sich als Leiter, Moderatoren und Mentoren Ihrer Customer Community ein? Wie verzahnen Sie die Prozesse des Community-Marketings mit Ihrem regulären Inbound-Marketing-Team?

▶ *Event-Formate:* Welche Kontaktflächen geben Sie Ihrer Customer Community? Setzen Sie auf einfache Gruppentreffen und/oder auf organisierte Kundenforen mit Event-Charakter? Wird es sogar gemeinsame Touren oder Reisen geben? Finden alle Veranstaltungen mit Präsenz vor Ort statt, oder gibt es darüber hinaus auch Online-Gruppen und Webinare?

Ihre Customer Community wird eine Online-Plattform bzw. Website als zentrale Anlaufstelle benötigen. Sie können den Auftritt Ihrer Community in Ihre normale Website integrieren und dabei Ihre laufende Inbound-Marketing-Software nutzen oder aber eine eigene Website mit einer eigenen Inbound-Software-Lösung aufbauen. Bei Ihrer Customer Community kommen alle Inbound-Marketing-Instrumente und alle Inbound-Prozesse zum Einsatz, die Sie bisher in diesem Buch kennengelernt haben.

▶ Führen Sie Kundenkontaktprofile, und legen Sie Workflows und E-Mail-Ketten an. Betreuen Sie die Events und Webinare Ihrer Community mit den Funktionalitäten Ihres Inbound Marketing.

▶ Verfassen Sie gegebenenfalls einen eigenen Blog, und schaffen Sie eine eigene Präsenz Ihrer Customer Community in den sozialen Medien mit Verlinkungen über Ihre Inbound-Software auf Ihre Website.

▶ Entwickeln Sie Content-Offers, die über Landing Pages per Registrierung heruntergeladen werden können. Verfolgen Sie über Ihre Inbound-Marketing-Software die

Aktivitäten Ihrer Community-Mitglieder und die Intensität der Kommunikation in der Community.

▶ Schaffen Sie eine Betreuung Ihrer Community-Mitglieder über E-Mail-Prozesse. Koppeln Sie Ihre Community nicht ganz vom Kerngeschäft ab, sondern verzahnen Sie die Kundeninformationen in der Inbound-Kontaktdatenbank mit Ihrem CRM und den Kontaktdaten der Customer Community.

▶ Starten Sie Inbound-Marketing-Kampagnen zur Bekanntmachung und Promotion Ihrer Kunden-Community. Gewinnen Sie neue Community-Mitglieder, indem Sie per Inbound-Software immer wieder analysieren, ob es bereits neue empfehlungsbereite Kunden gibt, die Interesse an der Community haben könnten.

Inbound-Tipp: So funktionieren einzigartige Customer Communitys

Jede Customer Community ist so individuell wie das Unternehmen, das sie betreibt, und wie die Kunden, die sich in der Community engagieren. Ein wichtiger Erfolgsfaktor jeder Customer Community ist, dass ihre Inbound-Marketing-Prozesse gut laufen und die Community eine positive Kundenerfahrung bietet. Mit Ihrem Inbound-Marketing-Know-how haben Sie alle Voraussetzungen, um eine erfolgreiche und begeisternde Kunden-Community zu schaffen. Wenn Sie nach Best Practices suchen, dann schauen Sie sich die folgenden Beispiele an:

▶ Die Harley Owners Group gilt als eine der besten und erfolgreichsten Customer Communitys der Welt. Harley-Fahrer in vielen Ländern treffen sich unter dem Dach des Herstellers zu Events und Touren. Die Mitglieder treffen sich längst nicht nur in der Community, sondern entwickeln Freundschaften, die in jeden Bereich des Lebens hineinwirken.

▶ Die Lego Mindstorms Community ist eine Gemeinschaft von Menschen, die Spaß daran haben, Lego-Roboter zu bauen, sie zu programmieren und in Wettbewerben international gegeneinander antreten zu lassen. Die First Lego League ist z. B. ein herstellerunabhängiger Verein, der die Wahrnehmung der Marke Lego weit über das Zusammenstecken von Lego-Steinen prägt und Lego auch für erwachsene Zielgruppen relevant und attraktiv macht.

▶ SAP unterhält ein weltweites Netzwerk von User Groups, die nicht nur den Austausch der SAP-Nutzer mit den unterschiedlichsten Spezialisierungen fördern, sondern die den Software-Hersteller SAP aktiv bei der Verbesserung und Weiterentwicklung ihrer Produkte unterstützen sollen. Die User Groups werden mit unzähligen Webinaren, E-Books und weiterem speziellem Content unterstützt. Allein die nordamerikanische SAP User Group hat mehr als 140.000 Mitglieder und organisiert nationale und regionale Tagungen sowie Mitglieder-Events. In Abbildung 7.13 sehen Sie die Website der deutschen SAP User Group DSAG.

▶ Der Outdoor-Ausstatter Globetrotter bietet über seine regionalen Filialen ein ganzjähriges Veranstaltungsprogramm mit Vortragsreihen, Video-Shows, Aktionstagen, Touren und Kursen zu allen erdenklichen Interessengebieten – vom Ferien-Klettercamp für Kinder bis hin zum GoPro-Kurs und Survival-Camp für Erwachsene. Dadurch entsteht eine lokale Community mit einem harten Kern von Outdoor-Interessierten, die viele Gelegenheits-Outdoorer mitreißen und für weitere Outdoor-Aktivitäten begeistern.

Abbildung 7.13 Homepage der deutschen SAP User Group (DSAG)

TEIL III

Wie Sie Inbound Marketing richtig planen und vorbereiten

Kapitel 8
Mit Buyer Personas arbeiten

Wer auf andere Leute wirken will, der muss erst einmal in
ihrer Sprache mit ihnen reden.
– Kurt Tucholsky

Wie entwickeln Sie Buyer Personas? Am Anfang steht die Recherche, Verdichtung und Interpretation von Informationen über Ihre Zielkunden. Anschließend geht es um die Erstellung von aussagekräftigen Buyer-Persona-Steckbriefen, mit denen Ihre Marketing- und Vertriebsteams gleichermaßen arbeiten können. Besondere Aufmerksamkeit sollten Sie bei der Erarbeitung von Buyer Personas den Interviews mit Ihren Zielkunden schenken. Mithilfe von Einzelinterviews tragen Sie wichtige Informationen über Ihre verschiedenen Zielkundentypen zusammen. Durch die Interviews erhalten Sie Originalaussagen von realen Repräsentanten Ihrer Buyer Personas. Buyer Personas zu gestalten bedeutet, Ihre bereits im Unternehmen vorhandenen Informationen und Einschätzungen über das Kaufentscheidungsverhalten mit den tatsächlichen Aussagen von echten Zielgruppenvertretern abzugleichen. Es ist sehr spannend, die eigenen Vorurteile über das Kundenbild mit den echten Aussagen zu vergleichen und diese Erkenntnisse direkt in verwertbare Impulse für Marketing und Vertrieb umzusetzen.

8.1   Nutzen und erweitern Sie Ihr Kunden-Know-how

Wenn Sie mit der Datenerhebung für Ihre Buyer Personas beginnen, greifen Sie pragmatisch zuerst auf diejenigen Datenquellen zurück, an die Sie recht einfach herankommen. Das sind z. B. die Nutzerdaten Ihrer Webseite, die Sie z. B. über *Google Analytics* verfolgen können (vgl. Abbildung 8.1).

Auch öffentlich zugängliche Studien über Markttrends und über das Kaufverhalten in Ihrer Branche können eine Hilfe sein. Nutzen Sie jedes verfügbare Wissen im Unternehmen. Vor allem das Know-how Ihres Vertriebs und Ihres Kundenservice sind sehr hilfreich. Befragen Sie Ihre Kollegen in diesen Bereichen, mit welchen Kundenwünschen und Problemen sie in letzter Zeit konfrontiert wurden. Aber überschätzen Sie auch nicht den Nutzen Ihres Kunden-Erfahrungswissens aus der Vergangenheit. Denn kaum ein Interessent, der bei Ihrem Unternehmen letztlich vor dem Kauf abgesprungen ist, hat Ihrem Vertrieb oder Service dafür die wahren Gründe mitgeteilt. Sie kennen also in der Regel die Kaufgründe Ihrer tatsächlichen Kunden besser als die Kaufbarrieren Ihrer Nichtkunden oder verlorenen Kunden.

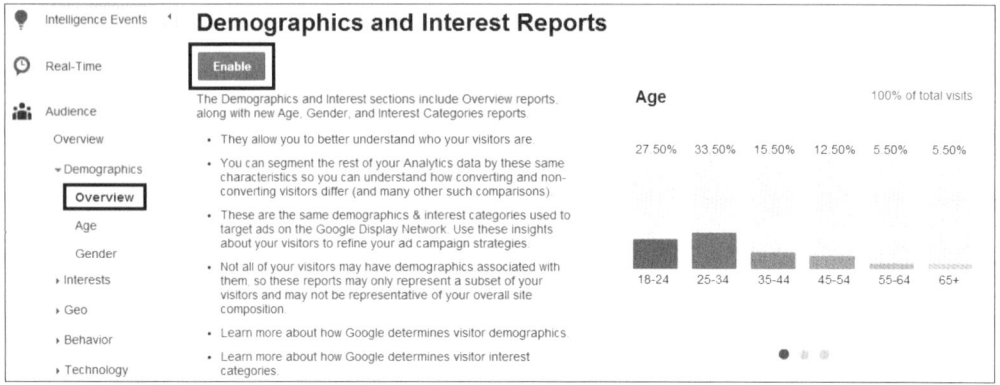

Abbildung 8.1 Demografische Nutzerdaten in Google Analytics

Wie kommen Sie nun an weitere Informationen über Ihre Idealkunden? Ein Blick in Ihre Kontaktdatenbank zeigt oft, dass Sie über viele Ihrer Kunden so gut wie nichts Handfestes wissen. Oftmals haben Sie von einem Kunden in Ihrer Datenbank nicht viel mehr als die E-Mail-Adresse, den Namen, die postalische Anschrift und gegebenenfalls noch Informationen über die bisherigen Käufe und Transaktionen.

Inbound-Tipp: Erweitern Sie Ihr Kunden-Know-how

Sie können viele wertvolle Aktionen starten, um Ihre Datenbasis über Kunden und ihr Verhalten zu verbessern. Hier sind ein paar der beliebtesten Möglichkeiten:

1. Starten Sie eine Befragung Ihrer Stammkunden, Wiederholungskäufer und Erstkäufer. Eine Einladung zur Befragung können Sie z. B. in Kunden-E-Mails und Newsletter einbinden. Dabei können Sie entweder eine Online-Befragungs-Software wie SurveyMonkey einsetzen (vgl. Abbildung 8.2) oder auch zu einem persönlichen telefonischen Interview einladen.

2. Nutzen Sie systematisch alle direkten Kontakte zu Kunden, um wichtige Informationen über Ihre Buyer Personas so ganz nebenbei einzusammeln. Schreiben Sie während Kundentelefonaten oder Chats mit. Gehen Sie noch einmal Ihre Korrespondenz mit Kunden auf wertvolle Hinweise zum Kaufverhalten durch.

3. Bieten Sie auf Ihrer Website wertigen und hilfreichen Content zum Download an. Bei der Registrierung zum Download Ihres Content-Angebots können Sie Informationen zur Person erfragen, die Ihnen bei der Charakterisierung Ihrer Buyer Personas wichtig erscheinen. Dazu zählen z. B. der Jobtitel, die Position, Angaben zum Unternehmen oder zu den Interessensgebieten Ihrer Kunden.

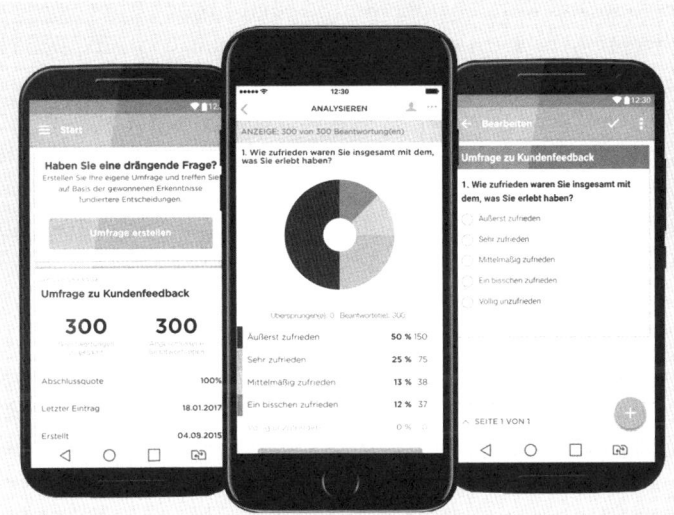

Abbildung 8.2 Online-Umfrage-Software von SurveyMonkey

4. Sammeln Sie öffentliches Feedback von Vertretern Ihrer Zielkunden in Bewertungsportalen, Blog-Diskussionen oder Social Media Posts. Versuchen Sie, zwischen den Zeilen zu lesen, um verdeckte Motivationen, Emotionen (z. B. Frust, Unzufriedenheit) oder Einstellungen aufzuspüren.

5. Betreiben Sie Ihre eigene tief gehende Content-Analyse. Welche Ihrer Inhalte werden aktuell auf Ihrer Website und in Ihrem Blog besonders häufig angeklickt und geteilt? Welche Personen teilen Ihre Inhalte? Stellen Sie Übereinstimmungen und Gemeinsamkeiten verschiedener Personen fest, die auf ein bestimmtes Verhaltens- und Einstellungsmuster hinweisen?

6. Nutzen Sie Google Trends, und betreiben Sie Keyword-Recherche: Mit welchen Themen beschäftigen sich Ihre Kunden und Interessenten aktuell im Web? Anhand des Suchvolumens können Sie gut das allgemeine Interesse an bestimmten Themen abschätzen. Einfache Online-Tools zur SEO-Optimierung wie Keywordtool.io (vgl. Abbildung 8.3) zeigen Ihnen schnell Zusammenhänge zwischen Themen und den aktuellen Suchvolumina in einzelnen Ländern auf.

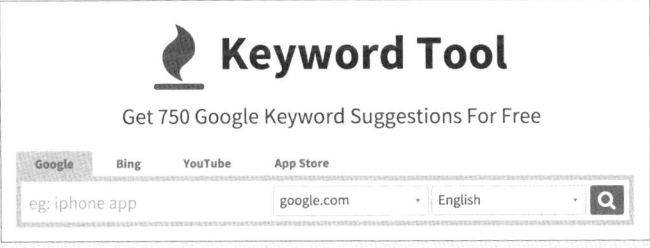

Abbildung 8.3 Die Eingabemaske von »www.keywordtool.io«

Das Führen von Interviews mit Kunden und Interessenten zur Ableitung von Buyer Personas ist der konzeptionelle Kern des Buyer-Persona-Managements. Der erste Schritt und auch die erste Hürde bei Ihren Kundeninterviews ist die Identifikation und Ansprache der Befragungsteilnehmer. Starten Sie bei Ihren aktiven Kunden, da hier in der Regel bereits ein Vertrauensverhältnis zu Ihrem Unternehmen besteht. Das hilft in der Gesprächssituation sowohl Ihren Kunden als auch Ihnen selbst als Interviewer, um sich schnell in die recht künstliche Interviewsituation einzufinden. Bei bestehenden Kundenbeziehungen haben Sie bereits eine gemeinsame Basis mit Ihren Kunden. Das erleichtert die Interviewsituation sehr. Kontaktieren Sie auf keinen Fall nur Ihre »guten« Kunden, sondern durchaus auch unzufriedene oder sehr anspruchsvolle Kunden. Finden Sie die Punkte heraus, die Ihnen helfen, ein solides Kundenverständnis zu entwickeln. In einem weiteren Schritt sprechen Sie auch Interessenten, ehemalige Kunden und, wenn möglich, auch Kunden des Wettbewerbs an. Nur so erhalten Sie ein breites Spektrum an Aussagen. Für die Akquise von Interviewpartnern im B2B-Bereich können Sie sehr gut Business-Netzwerke wie Xing oder LinkedIn nutzen. Im B2C-Bereich können Sie Umfragen recht gut bei Facebook platzieren. Nichtkunden, d. h. Zielpersonen, die vielleicht sogar Kunden Ihres Wettbewerbs sind, gewinnen Sie nur mit offener und ehrlicher Kommunikation. Sagen Sie gleich zu Beginn eines Erstkontaktes, dass dies kein Verkaufsgespräch ist, sondern verraten Sie den wahren Sinn und Zweck Ihrer Befragung. Machen Sie die Befragung so einfach wie möglich, und erleichtern Sie den Zielpersonen die Teilnahme. Blocken Sie sich dafür Zeit im Kalender, und verschicken Sie auch, falls notwendig, entsprechende Terminerinnerungen. Machen Sie es Ihren Befragten leicht, Ja zu sagen und dann das Interview auch durchzuführen.

Interviews über die Probleme, Ziele und Herausforderungen Ihrer Kunden sind von unschätzbarem Wert für die Erstellung Ihrer Buyer-Persona-Steckbriefe. Im Interview finden Sie am besten heraus, was Ihre Kunden wirklich interessiert und worin ihre Herausforderungen während des Kaufentscheidungsprozesses bestehen. Erstellen Sie vor den Interviews unbedingt einen schriftlichen Interview-Leitfaden, um in unterschiedlichen Gesprächen vergleichbare Informationen zu erheben. In Tabelle 8.1 finden Sie eine Checkliste bzw. einen Gesprächsleitfaden für Ihre Interviews mit Buyer-Persona-Repräsentanten. Betrachten Sie eine solche Liste bitte nur als Anregung. Ein Buyer-Persona-Interview lebt davon, dass es sehr frei gehalten und wie ein offenes Gespräch geführt wird. Versuchen Sie erst gar nicht, das gesammelte Wissen während des Gesprächs aufzuschreiben, sondern nehmen Sie das Interview möglichst auf, um es später auszuwerten.

Führen Sie das Interview möglichst nur unter vier Augen durch, damit ein gewisses Maß an Vertrautheit mit Ihrem Gesprächspartner entstehen kann. Überlegen Sie, ob Sie das persönliche Interview mit Ihrem Kunden in dessen Büro bzw. Wohnung führen wollen oder sogar einen anderen ruhigen Platz wählen (z. B. Konferenzraum, Lounge).

Persona-Detail	Fragen an die Buyer Persona
Rolle	▶ Was ist Ihre berufliche Position? Wie lautet Ihr Jobtitel? ▶ Wonach werden Sie in Ihrer Position beurteilt? ▶ Wie sieht ein typischer Arbeitstag aus? ▶ Welche Fähigkeiten werden von Ihnen erwartet? ▶ Auf welches Know-how und welche Tools greifen Sie zurück? ▶ An wen berichten Sie? Wer berichtet an Sie?
Ziele	▶ Wofür sind Sie verantwortlich? ▶ Woran wird Ihr Erfolg gemessen? ▶ Was sind Ihre Herausforderungen? ▶ Was sind Ihre größten Probleme? ▶ Wie bewältigen Sie diese Herausforderungen?
Firma	▶ In welcher Branche/welchen Branchen arbeitet Ihr Unternehmen? ▶ Wie groß ist Ihr Unternehmen (Umsatz, Mitarbeiter)?
Informationswege	▶ Wie verschaffen Sie sich neue Informationen für Ihren Job? ▶ Welche Publikationen oder Blogs lesen Sie? ▶ Welchen Vereinigungen oder sozialen Netzwerken gehören Sie an?
Persönlicher Hintergrund	▶ Verraten Sie mir einige persönliche Details wie Ihr Alter und Ihren Familienstatus (Single, verheiratet, Anzahl Kinder)? ▶ Haben Sie eine Ausbildung oder ein Studium?
Kaufpräferenzen	▶ Wie treten Sie am liebsten mit Firmen in Kontakt (E-Mail, Telefon, persönlich)? ▶ Nutzen Sie das Internet bei der Suche nach Lieferanten oder Produkten? Falls ja, wie suchen Sie nach Informationen? Welche Arten von Websites nutzen Sie?

Tabelle 8.1 Der Buyer-Persona-Interview-Leitfaden

Sorgen Sie dafür, dass keiner von Ihnen unter Zeitdruck ist, und betreiben Sie vorab Erwartungsmanagement über die Dauer des Gesprächs. Lassen Sie Ihren Interviewpartner möglichst frei erzählen. Es geht beim Interview mit einem Kunden darum, seine persönliche Geschichte mit Ihrem Unternehmen kennenzulernen. Nutzen Sie zum Einstieg eine offene Frage, die ihn weit zurück bis zum Beginn seines Kaufentscheidungsprozesses führt. Eine mögliche Formulierung könnte sein: »Gehen Sie doch bitte einmal in der Zeit zurück dahin, als Sie sich zum ersten Mal entschlossen,

Ihr Problem anzugehen/sich nach einer Lösung umzusehen (oder Ähnliches).« Geben Sie allen Befragten diesen gleichen Gesprächseinstieg, und lassen Sie dann alles andere im Gespräch fließen. Lenken Sie das Gespräch möglichst wenig. Stellen Sie nur Verständnisfragen. Sollte die Erzählung Ihres Gegenübers ins Stocken geraten, fassen Sie das zuletzt von ihm/ihr Gesagte kurz mit anderen Worten zusammen, und fragen Sie, ob Sie das so richtig verstanden haben. Das bringt Ihren Interviewpartner meistens schon wieder zurück zum Thema. Versuchen Sie, ein chronologisches Bild des damaligen Entscheidungsprozesses zu bekommen. Verfeinern Sie mit Detailfragen diejenigen Antworten, die Ihnen ein wenig zu ungenau erscheinen. Eine Aussage wie »Ich habe dann im Internet nachgeschaut und Ihre Firma gefunden« sagt noch nichts darüber aus, welche Themen und Keywords er gesucht hat, welche Inhalte er damals noch gesehen und geprüft hat. Und Sie wissen sonst z. B. nicht, ob er sich an Ihr Unternehmen als erste Adresse oder erst nach Prüfung diverser Wettbewerber gewandt hat.

Achten Sie während des Interviews auf den Unterschied zwischen reinen Fakten und echten *Insights*. Sie erkennen Insights daran, dass sie Ihnen Neues über die Motivationen, Barrieren und Probleme während der Customer Journey verraten und nicht nur die faktische Beschreibung des Suchverhaltens sind. Versuchen Sie auch, herauszubekommen, wer neben dem Befragten noch die Kaufentscheidung beeinflusst hat. Sie können nur in diesen Interviews Hinweise auf weitere Kaufentscheider oder Beeinflusser erhalten. Solche Informationen können mit wenigen Worten eine ganz neue Buyer Persona ins Spiel bringen. Hören Sie also auf Zwischentöne, beiläufige Informationen und vermeintliche Belanglosigkeiten wie »Das hatte dann mein Chef so gewollt«. Fragen Sie nicht nur nach den Erfahrungen mit dem Erlebten, sondern besonders auch danach, was ihm damals gefehlt hat. Wo sind die weißen Flecken Ihres Marketings und Vertriebs? Geben Sie nötigenfalls ein paar Stichworte zu Themen, die bereits anderen Kunden in Interviews zu den damals vermissten Leistungen eingefallen sind.

Inbound-Tipp: Führen Sie nicht zu viele Interviews!

Es geht nicht darum, möglichst viele Menschen zu befragen, sondern darum, ausgesuchte hoch qualitative Interviews zu führen. Sie brauchen keine quantitativen Statistiken, sondern qualitative Informationen und Meinungen, um Fakten und Fiktion über Buyer Personas zu trennen.

▶ Beginnen Sie mit wenigen Befragungen pro Gruppe, d. h. je 3 bis 5 Interviews mit Kunden, mit Interessenten und mit Menschen, die (noch) nichts von Ihnen wissen.

▶ Als Faustregel gilt: Wenn Sie bereits vorher wissen, was Ihr Teilnehmer antworten wird, dürfen Sie aufhören.

Schon nach wenigen Interviews werden Sie Muster erkennen, und Sie wissen intuitiv, wann Sie genügend Personen befragt haben.

Nehmen wir einmal an, Sie sind ein Produzent von Software für Personalabteilungen. Ihre Software wird von HR-Leitungen mittelständischer und großer Unternehmen gekauft. Diese Entscheidung fällt immer mit Einbeziehung des Personalleiters bzw. der Personalleiterin. In Ihrem aktuellen Buyer-Persona-Interview haben Sie gerade die Personalleiterin eines Ihrer Kundenunternehmen befragt. Sie haben Ihren Interview-Mitschnitt ausgewertet und erstellen aus der Vielzahl von Informationen eine Geschichte Ihres realen Kunden: die Kunden-Story (*Customer Story*). Diese Kundengeschichten sind im Buyer-Persona-Management sehr wichtig, denn sie enthalten Ihr gesammeltes neues Kundenwissen in einer eingängigen Form fest, welches auch Kollegen hilft, die nicht beim Interview dabei waren. Die Zusammenfassung aller Interviews als Kunden-Story in vergleichbarer Schriftform macht außerdem die unterschiedlichsten Erzählungen verschiedener Menschen miteinander vergleichbar. Hier ist ein Auszug aus einer solchen Kunden-Story.

8

Beispiel: Kunden-Story einer Personalleiterin (Auszug)

Frau Sandra Schmidt arbeitet als Personalleiterin in einem großen Unternehmen. Bereits vor 13 Jahren hat sie dort als Personalassistentin angefangen. Sie ist verheiratet, 43 Jahre alt und hat zwei Kinder. Ihr Einkommen beträgt 140.000 € im Jahr, und sie wohnt im städtischen Außenbezirk. Sie ist eher eine ruhige und sehr geordnete Person.

In ihrer aktuellen Position hat sie eine Assistentin, eine »weibliche Firewall«, die alle Anrufe entgegennimmt und entsprechend filtert. Wenn Sandra Unterlagen bekommt, druckt sie diese am liebsten aus oder möchte sie per Post zugesendet haben.

In ihrer Position trägt sie Verantwortung dafür, dass die Mitarbeiter zufrieden sind und die Fluktuationsrate niedrig bleibt. Sie unterstützt die Rechtsabteilung und Finanzabteilung in unternehmens- und personalpolitischen Fragen. Ihre Aufgabe besteht auch darin, Veränderungsprozesse im gesamten Unternehmen durchzusetzen. Sie hat alles mit einem kleinen Team bzw. wenigen Mitarbeitern zu managen. Sandra Schmidt könnte Unterstützung dabei gebrauchen, alle Personaldaten zentral an einer Stelle zu managen und dabei die Rechts- und Finanzabteilung zu integrieren. Es ist schwierig für sie, die Firma bzw. Kollegen für die Einführung neuer Technologien zu begeistern. Zudem kann sie nicht die Mitarbeiter in immer neue Datenbanken, Software oder sonstige Plattformen einarbeiten. Dafür fehlt ihr einfach die Zeit. Auch das Verhandeln und Diskutieren mit anderen Fachabteilungen über neue Software-Integration raubt ihr wertvolle Zeit. Das Migrieren von Daten in eine neue Software würde ihr Kopfzerbrechen bereiten.

Kleine Anmerkung: Natürlich geht das Interview bzw. die Kunden-Story mit der Personalleiterin Sandra Schmidt in der Praxis noch weiter. Sie beschreibt den gesamten Kaufentscheidungsprozess, den sie seinerzeit als Interessentin und dann als Kundin durchlaufen hat.

Durch die Vielzahl an Interviews und Customer Storys von Kunden und auch Nicht-kunden erhalten Sie langsam ein transparentes Bild der verschiedenen Kundentypen und deren Anforderungen bzw. Probleme im Kaufentscheidungsprozess. Sie erhalten ein immer klareres Profil einer Buyer Persona, die offenbar Personalleiter ist und die Ihre Software zur Optimierung der internen IT-Infrastruktur und Prozesse benötigt. Jetzt sind Sie bereit für den nächsten Schritt Ihres Buyer-Persona-Managements: die Ableitung eines ersten idealtypischen Buyer-Persona-Steckbriefs aus den realen Kunden-Storys.

8.2   Entwickeln Sie Buyer-Persona-Steckbriefe

Sie haben Ihre Interviews durchgeführt und die Ergebnisse in individuellen Kunden-Storys festgehalten. Jetzt können Sie mit darangehen, Gemeinsamkeiten im Verhalten und den Einstellungen der Befragten herauszufinden und einen idealtypischen Buyer-Persona-Steckbrief zu erarbeiten.

8.2.1   Praxisbeispiel für einen Buyer-Persona-Steckbrief

In dem Beispiel unseres Herstellers von Personal-Software haben Sie erfahren, dass die Personalleiter großer und mittelständischer Unternehmen zu den Kernentscheidern gehören. Die realen Kunden-Storys der Personalleiterin Sandra Schmidt und anderer befragter Personalleiter ergeben zusammen ein recht klares Bild über eine Buyer Persona, der wir in diesem Beispiel den Arbeitstitel »Personalleiterin Pia« geben.

Buyer-Persona-Steckbrief »Personalleiterin Pia«

1. **Welchen Hintergrund und welche Lebenssituation hat die Buyer Persona? Wie kann man sie am besten charakterisieren?**
   - Beruflicher Hintergrund: Personalleiter(in). Arbeitet seit 10 Jahren im selben Unternehmen. Hat Karriere im Unternehmen gemacht.
   - Demografie: überwiegend weiblich. Ca. 30–45 Jahre. Jahreseinkommen ca. 100.000–150.000 €. Wohnhaft am Stadtrand
   - Privater Hintergrund: verheiratet, 2 Kinder
   - Wichtigste Merkmale: ruhig, zahlenorientiert, berufserfahren, souverän
   - Informationsverhalten: Nutzt ihre Assistentin. Mag gedruckte Anbieter-Informationen/Briefe.

2. **Welche Informationen helfen bei der Ansprache der Buyer Persona durch Marketing und Vertrieb?**
   - Ihre Ziele: zufriedene Mitarbeiter, Fluktuation niedrig halten. Unterstützung der Rechts- und Finanzabteilung

- Ihre Herausforderungen: alle Aufgaben mit wenigen Mitarbeitern managen; Neuerungen/Änderungen dem Unternehmen vermitteln
- Wobei wir ihr helfen können: alle Aufgaben zentralisiert managen zu können; Die Finanz- und Rechtsabteilung und deren Prozesse zu integrieren

3. **Welche Insights beschreiben die Herausforderungen und Verhaltensweisen im Kaufentscheidungsprozess der Buyer Persona?**

- Ihre Informationsquellen: Fachzeitschriften für Human Resources (HR), FAZ, Handelsblatt, Wirtschaftswoche, Blogs zu aktuellen HR-Themen, Xing News
- Ihre Key Influencer: Empfehlungen anderer Personalleiter. Leiter der IT-Abteilung. Technisch versierte Mitarbeiter im Team. Externe HR-Berater
- Verhalten in der *Awareness-Phase:* Deutliches Problembewusstsein vorhanden und Wille zur Änderung des Problems. Allerdings auch Zurückschrecken vor dem nötigen technischen Change-Prozess. Angst, für fremde Fehler einstehen zu müssen, wie z. B. für IT-Probleme.
- Verhalten in der *Consideration-Phase:* Kurze eigene Online-Recherche zu Software-Lösungen. Orientierung an Keywords bei Google-Suche wie »HR-Software« und »HR-Management-Software«. Beauftragt ihre Assistentin zur Recherche der wichtigsten Software-Anbieter. Stellt eine Liste mit Wunsch-Features ihrer Ideal-Software als Excel-Tabelle zusammen.
- Verhalten in der *Decision-Phase:* Sichtung verschiedener Anbieterprofile im Side-by-Side-Vergleich. Download von Whitepapers bei Vergleichsplattformen für HR-Software. Informiert die Geschäftsleitung über ihr Vorgehen. Involviert anschließend den IT-Leiter und beauftragt einen Projektleiter im eigenen Team. Startet somit ein Auswahlgremium für die finale Software-Entscheidung.

4. **Was sind die wichtigsten Zitate von Vertretern dieser Buyer Persona?**

- Zitate: »Es war bisher sehr schwierig, die Firma für neue Technologien zu begeistern.« »Ich habe keine Zeit, ständig neue Mitarbeiter für eine Million verschiedene Datenbanken und Software einzuarbeiten.« »Ich habe genug zu tun mit den Datenbanken und der Software von anderen Fachabteilungen.«
- Allgemeine Probleme: Datentransfer von alter in neue Software und Datenbanklösung. Mitarbeiterschulungen für neue Systeme

5. **Wie möchte die Buyer Persona angesprochen werden?**

- Marketing-Botschaft: integriertes HR-Datenmanagement
- Elevator Pitch (Kurzpräsentation): »Sie erhalten eine intuitiv bedienbare Software, die Ihre existierende Datenbank und vorhandene Datenstruktur integriert. Unser Online-Training hilft Ihren Mitarbeitern, sich selbst einfach einzuarbeiten. Die technische Implementierung ist problemlos und schnell.«

Jetzt haben Sie aus den realen Kunden-Storys verschiedener Interviewpartner ein erstes idealtypisches Buyer-Persona-Profil abgeleitet. Dieses Profil ist die Basis für die weiteren Arbeitsschritte Ihres Buyer-Persona-Managements. Zu den anstehenden Aufgaben gehören jetzt:

▸ die Archivierung und Datenbankaufbereitung aller Informationen Ihrer Kunden-Storys und Buyer Personas, um die gewonnenen Daten richtig auszuwerten

▸ die Auswertung und Analyse der Interviewdaten zum Aufdecken neuer Insights und verborgener Muster durch den Quervergleich verschiedener Personas

▸ die Umsetzung Ihrer Buyer-Persona-Profile in kurze Beschreibungen des Such- und Informationsverhaltens dieser Idealkunden bei Google, in Ihrem Blog, auf Ihrer Website und in den sozialen Medien mithilfe von sogenannten User Storys und User-Szenarien

▸ die grafische Aufbereitung und Visualisierung Ihrer Buyer-Persona-Steckbriefe mit Templates sowie die anschließende Verbreitung und Inszenierung der Buyer Personas im Unternehmen

▸ das Management mehrerer Buyer Personas in Marketing und Vertrieb bei komplexeren Kundenstrukturen

Mit diesen Schritten verschaffen Sie Ihrem Inbound Marketing eine klare Orientierung über die besten Ansprachemöglichkeiten Ihrer Buyer Personas im Web und können Inbound-Kampagnen effektiv auf die situationsspezifischen Bedürfnisse verschiedener Personas abstimmen. Sie bauen sozusagen Ihren »Kunden-Radar« auf und betreiben nie wieder Marketing »im Blindflug«.

8.2.2   Die Archivierung Ihrer Buyer-Persona-Daten

Speichern Sie Ihre Kunden-Storys in einem einfachen Dateiformat wie MS Word zentral, sodass alle Berechtigten und Beteiligten darauf zugreifen können. Stellen Sie sicher, dass die Dateien nicht für jedermann zugänglich sind, da es sich um echte Kundendaten handelt und Sie damit Datenschutzbestimmungen unterliegen. Wenn mehrere Personen Zugang haben, sollten Sie die Dateien per Passwort verschlüsseln und als Dateinamen nicht die echten Namen der befragten Kunden wählen.

Ihre Buyer-Persona-Dateien hingegen stellen ja nur künstlich erzeugte Idealkunden dar. Die Buyer-Persona-Daten können und sollten Sie daher Ihrem ganzen Arbeitsteam zur Verfügung stellen und die erarbeiteten Buyer Personas als lebende Arbeitsdokumente ansehen. Falls mehrere Kollegen parallel an den Personas arbeiten, vergeben Sie in den Dateien Bearbeitungsrechte, oder sorgen Sie für eine Datenbank, die automatisch neue Versionen Ihrer Dokumente speichert, wie bei MS OneDrive oder Dropbox for Business. Die Dateien Ihrer Buyer Personas sollten sprechende Namen haben, damit jeder im Team sie jederzeit aufspüren kann. Wenn Sie mit Inbound-Marketing-Software arbeiten, benötigen Sie Ihre Buyer Personas jeden Tag. Sie planen alle Maßnahmen nach Buyer Personas und überlegen bei jedem Kontakt zu einem Interessenten oder Kunden, zu welcher Buyer Persona er oder sie gehört. Daher liegt es auch nahe, Ihre Buyer-Persona-Steckbriefe direkt in Ihrer Marketing-Automation-Software abzulegen. Manche Software-Anbieter stellen eine solche Speicherfunktion bereit. So kann Ihr gesamtes Marketing-Team immer wieder im Tagesgeschäft darauf zugreifen (vgl. Abbildung 8.4).

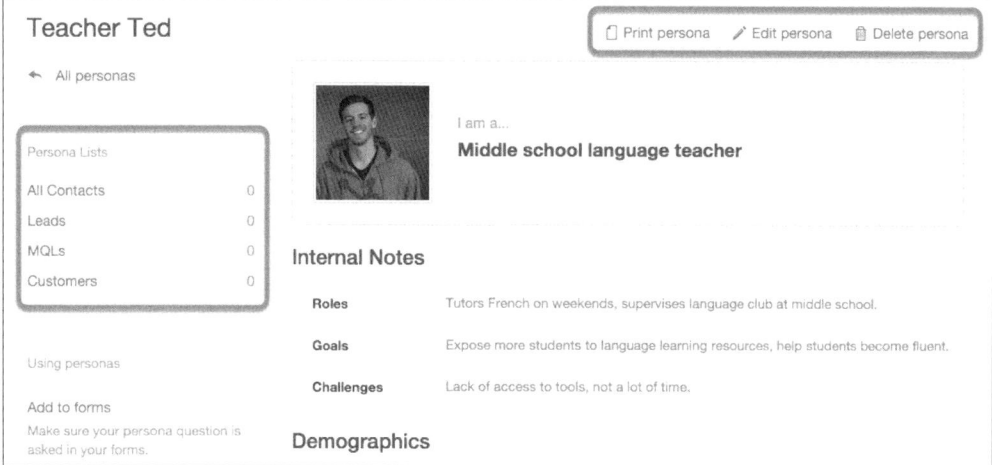

Abbildung 8.4 Buyer Persona in der Inbound-Marketing-Software erfassen (Beispiel: HubSpot)

8.2.3   Die Auswertung der Buyer-Persona-Daten

Dann beginnen Sie mit der Analyse bzw. Auswertung Ihrer Persona-Daten. Stellen Sie die Persona-Profile in einer Art Datenblatt nebeneinander zusammen. Dazu eignen sich Programme wie MS Excel, MS Access oder auch Filemaker aus dem Hause Apple. Gehen Sie jetzt auf Spurensuche nach neuen Customer Insights. Selektieren Sie z. B. ein bestimmtes Merkmal über alle Buyer Personas hinweg. Suchen Sie z. B. nach Übereinstimmungen zwischen verschiedenen Personas und nach Mustern im Informationsverhalten entlang der Customer Journey. Jede Buyer-Persona-Analyse ist zwar einzigartig, aber folgende Fragen treten immer wieder auf:

▸ Nutzen verschiedene Buyer Personas die gleichen Informationsmedien? Stehen mehrere Personas unter dem Einfluss der gleichen Influencer?

▸ Wie sind die Verbindungen zwischen den Buyer Personas? Gibt es formelle Beziehungen wie Berichtslinien in einem Unternehmen? Gibt es informelle Beziehungen, die Ihnen erst durch den Vergleich mehrerer Personas auffallen?

- Wer hat in der Awareness-Phase das höchste Problembewusstsein, d. h. den höchsten *Sense of Urgency*? Wie sieht ein »Urgency-Ranking« aller Personas aus? Die Personas mit dem höchsten Problembewusstsein lassen sich am einfachsten und frühesten durch Inbound Marketing ansprechen.

- Wer hat in der Consideration-Phase ein strukturiertes Informationsverhalten, und wer sucht eher intuitiv? Wie lange dauert die Consideration-Phase der verschiedenen Personas? Die Länge dieser Phase bestimmt die Dauer Ihrer Lead-Nurturing-Prozesse im Inbound Marketing. Je länger diese Phase ist, desto länger sollten z. B. auch Ihre E-Mail-Anspracheketten je nach Persona ausgelegt sein.

- Wer redet in der Decision-Phase mit wem? Welche Personas sind in ihrer Entscheidung völlig unabhängig? Mit solchen Personas können Sie direkt in einen strukturierten Vertriebsprozess einsteigen. Welche Unterstützung könnte man Personas geben, die eine Zustimmung Dritter einholen müssen? Welche Auswirkungen hat eine Entscheidungsabhängigkeit von Dritten auf die Abschlussbereitschaft und die Dauer der Decision-Phase der verschiedenen Personas?

Durch diese quervergleichende Analyse und Interpretation können Sie wertvolle Insights gewinnen, die Ihnen beim Erstellen der einzelnen Buyer Personas noch nicht aufgefallen waren. Schreiben Sie Ihre neuen Erkenntnisse auf, und visualisieren Sie Zusammenhänge in Grafiken. Suchen Sie gegebenenfalls die Unterstützung eines erfahrenen Consulting-Partners, der professionelles Buyer-Persona-Management beherrscht.

8.3   Leiten Sie User Storys und User-Szenarien ab

Mit den Buyer-Persona-Steckbriefen und den Insights aus dem Quervergleich der verschiedenen gefundenen Personas haben Sie jede Menge Anhaltspunkte für Ihr Inbound Marketing gewonnen. Jetzt können Sie noch gezielter Ihre Personas in ihrem Entscheidungsprozess begleiten, unterstützen und ansprechen. Um die richtige Basis für Ihr Inbound Marketing bereits in dieser Planungsphase zu legen, sollten Sie als Erstes Ihren Web-Auftritt überprüfen, ob er dem Informationsverhalten Ihrer Buyer Personas entspricht. Um Interessenten für Ihre Website zu begeistern, ist es wichtig, das Website-Nutzererlebnis so positiv wie nur möglich zu gestalten. In diesem Zusammenhang haben die Software-Entwickler in letzter Zeit den Marketing-Leuten einen großen Dienst erwiesen. Sie haben im Bereich der Online-Nutzererlebnisse (*User Experience* oder *UX*) dafür gesorgt, dass sich Websites und Software heutzutage von den meisten Nutzern intuitiv und leicht bedienen lassen. Aus dem UX-Bereich stammen auch die Konzepte der User Storys bzw. User Scenarios (User-Szenarien). Beides sind verbale Beschreibungen konkreter Nutzerinteraktionen mit einer Website, einem Blog, einer Landing Page oder einem Online-Tool.

Eine *User Story* beschreibt kurz und knackig eine Persona, das Ziel ihrer Informationssuche oder Interaktion mit einer Website und den Grund für ihre Info-Suche. Im Beispiel unserer Beispiel-Persona »Personalleiterin Pia« könnte die User Story ungefähr so lauten: »Als Personalleiterin ist Pia für den Einsatz einer effektiven Datenbank- und Prozess-Software verantwortlich, die ihr Team und andere Bereiche des Unternehmens unterstützen soll. Sie will sich auf der Website schnell über die Vorteile und Nutzungsmöglichkeiten der HR-Software informieren und dabei den Sinn und die Relevanz der verschiedenen Software-Funktionen und Software-Produkte verstehen.« Die User Story jeder einzelnen Persona kann völlig individuell sein. Daher sind Ihre Web-Spezialisten auf die Sammlung aller User Storys angewiesen, die ja durch dieselbe Website erfüllt werden sollen. Auch Ihrem Marketing-Team helfen die User Storys, um sich auf die zentralen Interaktionen Ihrer Kunden mit Ihrer Website, dem vielleicht wichtigsten Instrument Ihres Inbound Marketing, zu konzentrieren.

Das *User-Szenario (User Scenario)* sammelt alle User Storys einer Buyer Persona auf dem Weg entlang der Customer Touchpoints auf der Website (z. B. Blog, Kontaktformular, Download-Bereich, Kundenregistrierung). Ein solches User-Szenario wird meist mit Kontextinformationen über die Entscheidungssituation, die Hintergründe und die Motivationen der betreffenden Buyer Persona angereichert. Mithilfe des User-Szenarios können Sie Ihren Website-Designern klarmachen, wie Ihre Website von der Persona voraussichtlich verstanden, interpretiert, eingesetzt und erlebt werden wird. Dabei beschreiben Sie den Suchprozess einer Persona in einer chronologischen Geschichte mit allen Interaktionen, von der Auslösung des Problembedarfs über die erste Google-Suche bis hin zur detaillierten Interaktion mit Ihrer Website. Mit einem guten User-Szenario beschreiben Sie die Customer Experience, die Sie mit Ihrem Inbound Marketing an den zentralen Touchpoints auf Ihrer Website erreichen wollen. Das hilft dem Marketing, dem Website-Team und sogar Ihrem Vertrieb, denn alle Bereiche erhalten eine gemeinsame Sicht auf das Nutzerverhalten. Alle Bereiche haben nun die gleichen Erwartungen, was z. B. die Performance Ihrer Website und Ihrer Landing Pages angeht.

8.4   Schaffen Sie Ihr optimales Buyer-Persona-Template

Mit der Erstellung der User Storys und User-Szenarios haben Sie dafür gesorgt, dass Ihr Marketing und Ihre Website-Experten ein gemeinsames Verständnis für Ihre Buyer Personas entwickeln. Das ist wichtig, denn im Inbound Marketing sind Sie auf das ständige gemeinsame Agieren von Marketing, IT-Abteilung und Webdesignern angewiesen. Mit den Buyer-Persona-Steckbriefen können Sie auch das Kundenverständnis aller anderen Kollegen in Ihrem Unternehmen schärfen. Buyer-Persona-Steckbriefe schaffen ein gemeinsames Kundenverständnis über alle Führungsebenen und Unternehmensbereiche hinweg. Daher lohnt es sich, ein wenig Arbeit in die Visualisierung und plastische Beschreibung Ihrer Personas zu stecken. Es gibt kein allgemeingültiges Template bzw. Grundraster, das für alle Unternehmen und Personas gleich gut passen würde. Überlegen Sie sich, ob Sie ein Standard-Template aus dem Internet nutzen wollen oder ob Sie eine eigene Darstellung entwickeln, die genau zu Ihrem Unternehmen, Ihrer Marke und Ihren Werten passt. Schauen Sie sich als Best Practice die folgenden beiden Beispiele an, die von zwei der führenden Instanzen im Bereich Buyer-Persona-Management entwickelt worden sind.

In Abbildung 8.5 finden Sie die Darstellung einer idealtypischen Buyer-Persona-Darstellung für einen Käufertyp namens »Sample Sally«. Dieses Buyer-Persona-Template stammt von HubSpot, dem Hersteller der gleichnamigen Inbound-Marketing-Software-Lösung. Bei diesem Steckbrief-Template geht es um eine möglichst kurze und prägnante Darstellung der Persona. Diese Zielkundenbeschreibung passt auf eine einzige Seite.

Abbildung 8.5 Buyer-Persona-Steckbrief von HubSpot

Aufgeführt sind dort zentrale demografische Merkmale, der private und berufliche Hintergrund der Persona und vor allen die sogenannten *Identifiers*. Das sind wichtige Anhaltspunkte zum Informationsverhalten der Buyer Persona wie z. B. die Bevorzugung schriftlicher Anbieter-Informationen. Mehr will dieses Buyer-Persona-Profil erst einmal gar nicht leisten. Sie werden vielleicht Informationen zu konkreten Kaufentscheidungskriterien oder Produkterwartungen vermissen. Aber das ist nicht Ziel dieser Persona-Darstellung. Ein Kurzsteckbrief wie das HubSpot-Template will einprägsam für jeden Mitarbeiter im Unternehmen sein. Damit geht aber natürlich ein gewisser bewusst akzeptierter Informationsverlust über Persona-Details einher.

Inbound-Tipp: Das Buyer-Persona-Template von HubSpot

HubSpot hat nicht nur diese Kurzversion, sondern auch eine viel tiefer gehende Darstellung von Buyer-Persona-Profilen. Die komplette Version können Sie als Template herunterladen unter *http://offers.hubspot.com/free-template-creating-buyer-personas*.

Einen anderen Weg geht Adelle Revella, die das *Buyer Persona Institute* in den USA gegründet hat. Sie hat ein sehr empfehlenswertes Buch geschrieben mit dem Titel «Buyer Personas: How to Gain Insight into your Customer's Expectations – Align your Marketing Strategies, and Win More Business». Es ist 2005 im Verlag John Wiley & Sons erschienen. Revella schildert dort ein Buyer-Persona-Template mit insgesamt sechs Seiten (vgl. Abbildung 8.6). Darin zeigt sie das eigentliche Buyer-Persona-Profil und zusätzlich noch je eine Seite zu:

▸ zentralen Kaufargumenten (*Priority Initiatives*), die eine Persona zum Kauf veranlassen können

▸ Erfolgsfaktoren bzw. Erfolgserwartungen der Persona an das Produkt (*Success Factors*)

▸ Kaufbarrieren der Persona, die sie vom Kauf abhalten können (*Perceived Barriers*)

▸ Entscheidungskriterien der Persona im Kaufprozess (*Decision Criteria*)

▸ Aussagen zum Informationsverhalten und zu den Informationserwartungen der Persona in der Customer Journey bzw. Buyer's Journey

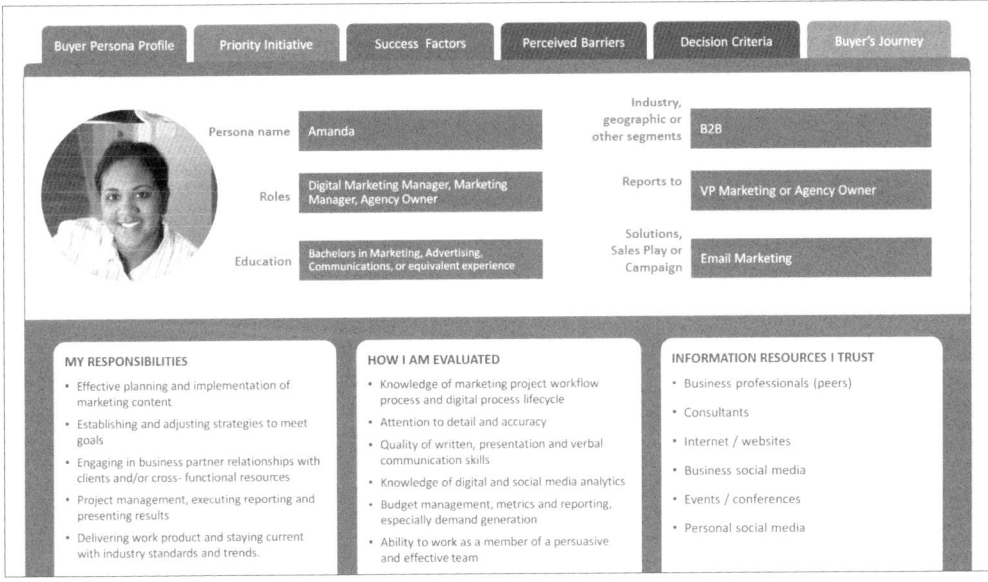

Abbildung 8.6 Buyer-Persona-Steckbrief des Buyer Persona Institute

Der Persona-Steckbrief des Buyer Persona Institute ist wesentlich detaillierter und umfangreicher als z. B. der von HubSpot. Vor allem finden sich darin die wesentlichen Faktoren wie Kaufkriterien und Kaufbarrieren, die zur Gestaltung von Inbound-Marketing-Maßnahmen dringend bekannt sein sollten.

Inbound-Tipp: Das Buyer-Persona-Template von Adelle Revella

Das Buyer Persona Institute hat ein sehr umfassendes Buyer-Persona-Verständnis. Sie können dort das Buyer-Persona-Template herunterladen unter *https://thought leadersystems.com/buyer-persona*. Die Datenaufbereitung und das Template selbst sind vergleichsweise komplex. Nehmen Sie diesen Template-Vorschlag zu Beginn erst einmal als Inspiration. Markieren Sie, welche Kriterien und Dimensionen für Ihr Unternehmen, Ihr Vorhaben und Ihre Buyer Personas passen. Entwickeln Sie Ihre eigene Darstellung.

Vergleichen Sie die verschiedenen Buyer-Persona-Templates. Das wird Sie auf eigene Ideen bringen, und vielleicht gehen Sie einen Mittelweg zwischen diesen Beispielen, oder Sie entscheiden sich für eine völlig andere Art der Aufbereitung und Visualisierung. Haben Sie schon eine Idee, wie Sie Ihren Kollegen in anderen Unternehmensbereichen Ihre neuen Buyer-Persona-Profile näherbringen wollen? Wenn Sie die Buyer Personas als PDF mit einem netten Anschreiben an alle Kollegen mailen, haben Sie schon einmal dafür gesorgt, dass alle informiert sind. Und Sie können noch mehr tun, um Ihre Kollegen zu informieren bzw. sogar zu inspirieren.

▶ Wenn es Ihr Jobprofil erlaubt, treten Sie so etwas wie eine interne Roadshow an, und stellen Sie die Buyer Personas in Team-Meetings, bei Mitarbeiterveranstaltungen und Führungstreffen vor.

▶ Schaffen Sie für die Buyer Personas einen festen Platz in den Online-Informationen Ihres Unternehmens, z. B. als Rubrik im Intranet oder sogar als eigene Microsite.

▶ Sie können die neuen Buyer Personas auch gezielt inszenieren, um noch viel mehr Identifikation Ihrer Kollegen mit den Kunden zu erreichen. Es gibt tolle Beispiele von Videos, Broschüren, Podcasts, lebensgroßen Postern und sogar Rollenspielen bei Firmenveranstaltungen.

Lassen Sie Ihrer Kreativität freien Lauf. Hauptsache, Ihr Persona-Template und die Art der internen Vermarktung der Personas passen zu Ihrem Unternehmen, Ihrem Geschäftsmodell und Ihrem Inbound Marketing. Der Vollständigkeit halber sei bemerkt, dass wir auch Fälle kennen, in denen die Buyer Personas im Unternehmen streng unter Verschluss gehalten und so geschützt werden wie die Geheimformel von Coca-Cola. Das hat dann unter Umständen mit den Werten, dem Geschäftsmodell oder der Wettbewerbssituation des Unternehmens zu tun.

Inbound-Tipp: Der Buyer-Persona-Generator für Einsteiger

Wenn Sie mit der Formulierung Ihrer Buyer Personas beginnen, kann es anstrengend sein, die Inhalte des Persona-Steckbriefs zu gestalten und gleichzeitig eine gute Form für die Präsentation der Buyer Persona aufzubauen. Um sich voll auf die Inhalte Ihrer Buyer Persona zu konzentrieren, hilft es vielen Ungeübten, die formale Aufbereitung einfach einer automatisierten Formatvorlage zu überlassen. Eine solche Formvorlage für einfache Buyer Personas liefert das Gratis-Online-Tool *MakeMyPersona www. makemypersona.com/*. Auf dieser Website (vgl. Abbildung 8.7) können Sie sich einfach vom Tool durch die Dateneingabe und die Auswahl eines Profilbildes Ihrer Persona führen lassen.

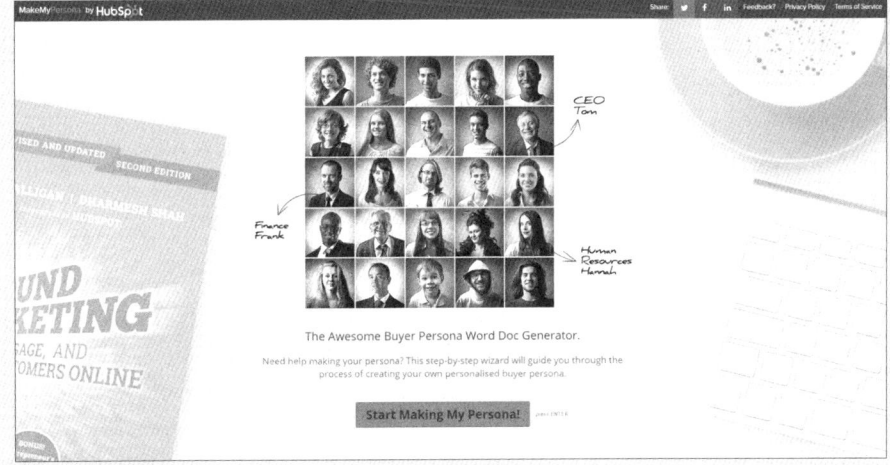

Abbildung 8.7 Das Online-Tool MakeMyPersona

Das Ergebnis ist eine recht gut aufbereitete und einfache Buyer Persona. Vielleicht ist das Tool nicht für die intensive Arbeit mit Personas geeignet, bietet aber einen spielerischen Einstieg für Anfänger in die Materie.

8.5   Buyer-Persona-Management für komplexe Kundenstrukturen

Viele Unternehmen beschränken sich auf zwei bis drei Buyer Personas und erzielen damit gute Erfolge im Inbound Marketing. Die Kundenansprache entlang der Customer Journey lässt sich bei wenigen Personas relativ einfach steuern. Manchmal sind Buyer Personas miteinander verbunden, wie z. B. Ehemann, Ehefrau und Kind in privaten Haushalten. In anderen Fällen stehen die Personas in einer engen hierarchischen Beziehung zueinander wie z. B. der Geschäftsführer, der Personalleiter und der Personalreferent in einem Unternehmen (B2B). Manche Geschäftsmodelle weisen mehr Komplexität auf und benötigen daher im Zweifelsfalle eine größere Anzahl von

Buyer Personas. Denken Sie z. B. an Software-Anbieter wie Microsoft, Technologie-unternehmen wie Siemens oder einen Online-Shop wie Zalando. Unterschiedliche Produktbereiche können hier auf ganz unterschiedliche Buyer Personas ausgerichtet sein.

8.5.1 Die Aufgaben des Buyer-Persona-Management

Bei komplexen Kundenstrukturen ist es wichtig, die verschiedenen Personas im Blick zu behalten und das Portfolio der Buyer Personas zu managen. Gerade wenn mehrere Personas völlig unabhängig voneinander sind, kann die Übersicht und Fokussierung im Inbound Marketing verloren gehen, da man vielleicht bei der Kampagnen-Planung oder Website-Gestaltung nicht konsequent auf alle relevanten Buyer Personas geachtet hat. Wenn Sie für Ihr Unternehmen und Geschäftsmodell eine größere Zahl Buyer Personas identifiziert haben, sollten Sie auf professionelles Buyer-Persona-Management im echten Sinne des Wortes zurückgreifen. Für das Management eines ganzen Buyer-Persona-Portfolios sollten Sie die drei folgenden Steuerungsmechanismen für Ihr Inbound Marketing überprüfen.

1. *Customer Journey Mapping:* Mit Inbound Marketing können Sie die entscheidenden Touchpoints Ihrer Kunden im Internet direkt ansteuern (z. B. Google, Website, Social Media) und dort Buyer Personas direkt ansprechen. Je mehr Personas Sie ansprechen wollen, desto mehr Planungsarbeit sollten Sie aufwenden, um an einzelnen Touchpoints möglichst viele Personas gleichzeitig ansprechen zu können. Das verlangt z. B. eine intelligente Google-AdWords-Strategie genauso wie einen eng abgestimmten Redaktionsplan für Ihren Corporate-Twitter-Account. Planen Sie, welche Personas Sie mit welchen Touchpoints besonders intensiv ansprechen wollen. Professionelles Customer Journey Mapping und eine darauf aufsetzende integrierte Inbound-Strategie kann gerade im B2B-Sektor zum strategischen Wettbewerbsvorteil werden.

2. *Performance-Management:* Wenn Sie Ihren Inbound-Marketing-Etat für ein ganzes Portfolio von Buyer Personas einsetzen, macht es Sinn, ein professionelles *Performance Measurement* (Erfolgsüberwachung) für Ihre Buyer Personas einzurichten. Inbound-Marketing-Software wie z. B. HubSpot unterstützt die Marketing-Planung und die Performance-Überwachung für einzelne Buyer Personas. Nutzen Sie dafür Messgrößen wie z. B. die Entwicklung der Anzahl neu gewonnener Interessenten sowie deren Conversion Rate. Planen Sie die Intensität des Kundendialogs mit einzelnen Personas, und vergleichen Sie im Zeitablauf die Performance einzelner Touchpoints im Vergleich der Personas untereinander.

3. *Buyer Persona Manager:* Sie können die Steuerung Ihres Buyer-Persona-Portfolios auch auf die Organisation und Führung Ihres Unternehmens übertragen. Überlegen Sie, ob Sie eine Management-Verantwortung für Buyer Personas einführen

sollten. Ein Buyer Persona Manager ist der Nachfolger des traditionellen Zielgruppen-Managers. Der Buyer Persona Manager hat mithilfe des Inbound Marketing alle wichtigen Kontaktkanäle im Web in der Hand, um neue Kontakte zu generieren, sie zu Kaufinteressenten weiterzuentwickeln und sie bei hoher Abschlussbereitschaft an die Vertriebskollegen zu übergeben. Er plant und überwacht die Interaktionen der ihm übertragenen Buyer Personas an den zentralen Customer Touchpoints des Unternehmens und ist der Experte für die Customer Journey seiner Personas.

Die Rolle eines Buyer Persona Manager kann eine sehr interessante Zusatzverantwortung für Marketing-Manager sein. Sie übernehmen dann zusätzlich zur Inbound-Kampagnen-Verantwortung die Steuerung einer oder mehrerer Buyer Personas. Alternativ bietet es sich auch an, Marketing und Vertrieb gemeinsam für die Umsatzentwicklung mit einer Buyer Persona verantwortlich zu machen. Das geht z. B. mithilfe eines Teamplays von je einem Mitarbeiter aus Marketing und Vertrieb, die das Geschäft mit einer Buyer Persona im Tandem weiterentwickeln.

8.5.2   Buyer Personas bei Kaufgremien auf Kundenseite

Insbesondere im Business-to-Business-Bereich (B2B) ist oftmals auf Kundenseite eine ganze Reihe von Personen mit unterschiedlichen Rollen an der Kaufentscheidung beteiligt. Wenn Sie im B2B-Marketing tätig sind, sollten Sie die wichtigsten Rollen im Kaufentscheidungsgremium Ihres Kundenunternehmens, dem sogenannten *Buying Center*, durch Buyer Personas abbilden. Wenn Sie z. B. technische Komponenten wie Pumpen oder elektronische Steuerungen an Maschinenhersteller verkaufen, dann kann der Geschäftsführer dieses Maschinenbauers eine wichtige Buyer Persona für Sie sein. Je nachdem, wie die Organisation Ihres Kundenunternehmens aufgestellt ist, werden auch der Fertigungsleiter, der Einkäufer und vielleicht auch der tatsächliche Produktnutzer Ihres Kundenunternehmens an der Kaufentscheidung beteiligt sein. Für all die genannten Rollen im Buying Center Ihres Kunden sollten Sie dann Buyer Personas erstellen. Je nachdem, wie Ihr Geschäftsmodell aussieht, haben Sie vielleicht nur ein oder zwei relevante Buyer Personas oder auch zehn und mehr Personas im Auge zu behalten. Wenn Sie noch wenig Erfahrung bei der Gestaltung von Buyer Personas haben, fangen Sie mit den wichtigsten Entscheidern im Kaufprozess an, und erstellen Sie die anderen Kundenprofile nach und nach.

8.5.3   Buyer Personas für Beeinflusser der Kaufentscheidung

Für die Planung Ihres Inbound Marketing sollten Sie so viele Buyer Personas entwickeln, wie nötig sind, um alle wichtigen Rollen abzudecken, die auf der Seite Ihres Kunden einen bedeutenden Einfluss auf die Kaufentscheidung nehmen. Oftmals sind für die Kaufentscheidung nicht die Produktnutzer ausschlaggebend, sondern andere Personen, die aufgrund ihrer Rolle oder Autorität auf die Kaufentscheidung einwirken oder sie sogar allein treffen. Ihre Buyer Personas sollten dann idealerweise auch diese Menschen umfassen. Manche Personen beeinflussen den eigentlichen Kaufentscheider durch ihre Rolle oder Autorität (Influencer) bei der Wahl von Anbieter und Produkt. Das können interne Personen sein wie z. B. der Chef des Kaufentscheiders oder auch externe Personen wie z. B. ein Unternehmensberater des Kaufentscheiders. Neben den Buyer Personas im engeren Sinne können also auch durchaus solche »Influencer Personas« für Ihr Inbound Marketing relevant sein.

Inbound-Beispiel: Die Personas der Käufer, Produktnutzer und Influencer

Ein Hersteller von Bewegungshilfen für Senioren vertreibt Sanitätsbedarfsprodukte wie Rollatoren, WC-Haltegriffe, Treppenlifte und vieles mehr.

▸ *User Persona:* Das Inbound Marketing dieses Sanitätsbedarfsanbieters kann sich natürlich in jedem Fall an die Buyer Persona des hilfsbedürftigen Senioren als dem eigentlichen Nutzer des Produktes richten.

▸ *Buyer Persona:* Der eigentliche Produktnutzer (User) kann sich vom Käufer des Produktes unterscheiden. In unserem Beispiel ist vielleicht nicht der Senior selbst der Käufer, sondern ein Angehöriger (Buyer Persona im engen Sinn), der sich um die Versorgung und Ausstattung des Senioren kümmert, der die Kaufentscheidung trifft und auch die Anschaffung aus eigener Tasche bezahlt.

▸ *Influencer Persona:* Auch Krankenkassen, Reha-Einrichtungen und Krankenhäuser sind für einen Hersteller von Bewegungshilfen bedeutende Influencer, die großen Einfluss auf die Wahl von Herstellern und Produkten nehmen können, sei es durch Empfehlungen oder Auswahlbeschränkungen.

8.6   Für Eilige: In 10 Schritten zur professionellen Buyer Persona

Buyer Personas sind eine zentrale Erfolgsgröße im Inbound Marketing. Sie sind der wichtigste Schritt der Marketing-Planung Ihres Inbound Marketing. Buyer Personas ermöglichen Ihnen erst die kundenorientierte Steuerung der Inbound-Aktivitäten und die Verfolgung Ihrer Marketing-Performance im Zeitablauf. Nur wenn Sie Ihre Zielkunden genau kennen und die Interaktionen mit ihnen planen, können Sie überhaupt realistische Ziele für Lead-Generierung und Kundengewinnung festlegen. Die Entwicklung Ihrer Buyer Personas ist nie abgeschlossen, denn Ihre Kunden stehen nicht still und verändern sich ständig. Buyer-Persona-Management ist eine dynamische Disziplin. Der Prozess der Entwicklung und Implementierung von Buyer Personas kann unterschiedlich lang dauern und hat vor allem mit der Erfahrung beim Führen der Interviews und der Interpretation der Daten zu tun. Marketing-Abteilungen arbeiten manchmal mit ihrer Marktforschungsabteilung zusammen oder engagieren erfahrene externe Inbound-Marketing-Berater für das Projekt ihrer Buyer-Persona-Implementierung. Dieses Projekt umfasst viele Einzeltätigkeiten. Wir haben zur Übersicht die zehn wichtigsten Projektschritte auf dem Weg zum Buyer-Persona-Management zusammengefasst.

1. Definieren Sie das *Ziel* Ihres Buyer-Persona-Managements. Wollen Sie einfach mehr Transparenz über Kunden, oder wollen Sie sogar Ihr Marketing und gegebenenfalls den Vertrieb nach Buyer Personas steuern?

2. Analysieren Sie Ihr bereits vorhandenes *Kundenwissen*. Welche Informationen finden Sie in Ihrer Kundendatenbank? Welche anderen Daten (Studien, Web-Auswertungen etc.) ergänzen Ihr Kundenwissen? Was wissen Ihr Vertrieb und Ihr Kundenservice?

3. Sammeln Sie gezielt Kundenwissen durch Befragungen und Beobachtungen – auch und gerade im Internet. Welche Kundendaten können Sie über Online-Befragungen oder Formularregistrierungen sammeln? Welche Kundenkommentare finden Sie z. B. in den sozialen Medien?

4. Bereiten Sie die *Interviews* mit Kunden und Nichtkunden vor. Wie sprechen Sie bestehende Kunden, ehemalige Kunden und Kunden Ihrer Wettbewerber auf Ihr Interview an? Wie reduzieren Sie psychologische Interviewbarrieren und schaffen eine angenehme Interviewatmosphäre? Wie entwickeln Sie Ihren Interview-Fahrplan? Wer trainiert oder verbessert Sie bei der Durchführung der Interviews?

5. Werten Sie Ihre Interviews aus, und erstellen Sie für jedes Interview eine *Kunden-Story*. Wie finden Sie die entscheidenden Fakten und Insights im Mitschnitt Ihres Interviews? Wie konstruieren Sie eine chronologische Story des Kaufentscheidungsprozesses? Bekommen Sie allmählich ein Gefühl für die hinter den Kunden-Storys liegenden Buyer Personas?

6. Entwickeln Sie aus den Kunden-Storys die *Buyer-Persona-Steckbriefe*. Wie fassen Sie verschiedene Kunden-Storys zu einer idealtypischen Buyer Persona zusammen? Welche Daten übernehmen Sie aus den jeweiligen realen Geschichten Ihrer Kunden? Was fehlt noch? Welche Inkonsistenzen zwischen Kunden-Storys und fertiger Buyer Persona decken Sie auf, und wie erklären Sie diese? Wie sehen Ihre ersten Persona-Steckbriefe aus?

7. Starten Sie die *Interpretation und Analyse* Ihrer Buyer-Persona-Daten im Quervergleich. Entdecken Sie Muster, Zusammenhänge und unerwartete Parallelen im Verhalten verschiedener Buyer Personas? Können Sie Synergien bei der Ansprache verschiedener Kundentypen identifizieren? Welche Personas sind im Urgency-Ranking ganz oben? Wer hat den längsten Conversion-Prozess und braucht daher besonders intensives Lead Nurturing?

8

8. Entwickeln Sie *User Storys und User-Szenarien* für jede Buyer Persona. Wie können Sie die User Experience für jede Buyer Persona an den wichtigsten Touchpoints im Internet optimieren? Haben Marketing, Vertrieb und Webdesign-Team jetzt ein einheitliches Verständnis der Buyer Personas und deren Anforderungen an die Website, den Blog und weitere wichtige Online-Touchpoints?

9. Erstellen Sie Ihr Buyer-Persona-Template. Nehmen Sie ein standardisiertes Template aus dem Internet, oder entwickeln Sie einen eigenen Profilrahmen? Was soll definitiv hinein? Wie sieht das Deckblatt des Persona-Templates aus, und gibt es weitere Seiten des Persona-Steckbriefs, die die Kauffaktoren und Kaufbarrieren beschreiben?

10. Betreiben Sie professionelles *Buyer-Persona-Management*. Landen Sie bei zwei bis drei Personas, oder werden Sie ein ganzes Persona-Portfolio managen? Wie setzen Sie Customer Journey Mapping kontinuierlich ein, um immer neue Synergien in der Kundenansprache des Persona-Portfolios zu nutzen? Wie richten Sie ein Performance-Management für Ihre Personas ein? Schaffen Sie eine organisatorische Verantwortung durch Buyer Persona Manager oder Persona-Tandems von Marketing und Vertrieb?

Mit der Erstellung von Buyer Personas übernehmen Sie eine Führungsrolle im Unternehmen. Stimmen Sie Ihre Buyer Personas daher unbedingt mit Ihrem Top-Management und zwischen allen wichtigen Unternehmensfunktionen wie z. B. Marketing, Vertrieb, Produktmanagement und Service ab. Machen Sie die gefundenen Informationen über Ihre Buyer Personas breit im Unternehmen verfügbar, damit diese Kundenzielbilder sich in der Management-Strategie und der Führungskultur Ihres Unternehmens verankern. Sie machen so den Kaufentscheidungsprozess Ihrer Kunden und damit Kundenorientierung zum Dreh- und Angelpunkt des Handelns Ihres Unternehmens. Konzentrieren Sie sich unbedingt auf die wichtigsten Buyer Personas für Ihr Unternehmen. Das sind meistens die Kundentypen, die Ihre wichtigsten Produkte kaufen oder den höchsten Customer Lifetime Value für Ihr Unternehmen generieren. Marketing und Vertrieb sollten eine gemeinsame Sicht darauf haben, auf welche Buyer Personas sie ihre Marketing- und Vertriebsaktivitäten konzentrieren wollen. Das ist der eigentliche Beginn der Marketing-Planung mit Inbound.

Inbound-Tipp: Alles zum Thema Buyer Personas und kostenloser Website-Check für Leser des Buches

Da das Thema Buyer Personas von zentraler Bedeutung für Ihr Inbound Marketing ist, haben wir für Sie alle wichtigen Informationen, Templates, Beispiele und Best Practices auf einer kompletten Website zusammengestellt. Unter *www.buyer-personas.de* finden Sie Gratismaterial wie

- kostenlose Buyer-Persona-Templates und Interviewfragebögen
- eine genaue Anleitung zur Erstellung von Buyer Personas

▶ kostenlose E-Books zu Buyer Persona und Inbound Marketing
▶ Erklärvideos zum Thema Buyer Persona und Inbound Marketing

Als Leser dieses Buches erhalten Sie darüber hinaus eine kostenlose Analyse Ihrer Website-Performance aus Inbound-Marketing-Sicht. Geben Sie dazu einfach den Aktionscode »Rheinwerk-Inbound« bei Ihrer Anmeldung auf *www.buyer-personas.de/* ein.

8

Kapitel 9

Den Status quo des eigenen Marketings analysieren

*»Wer keine Probleme löst, darf sich nicht wundern, dass sich
keiner für das Angebot interessiert.«
– Peter Sawtschenko, Positionierungsexperte*

Sie kennen Ihre Buyer Personas und haben so bereits den ersten und wichtigsten Schritt Ihrer Inbound-Marketing-Planung getan. Nur durch diesen Schritt allein wird es Ihrem Unternehmen bereits leichter als vorher fallen, potenzielle Kunden gezielt anzusprechen und neuen Umsatz zu generieren. Allerdings brauchen Sie für das Durchführen von erfolgreichen Inbound-Marketing-Kampagnen noch weit mehr als ein klares Kundenverständnis. Sie brauchen eine möglichst gute Ausgangsbasis für Ihr Marketing und ein klares Bild über Ihre aktuellen Stärken und Schwächen. Mit einer Status-quo-Analyse sollten Sie herausfinden, ob oder welche Hemmnisse im Weg stehen, um Inbound Marketing erfolgreich einzusetzen. Spüren Sie solche Erfolgsbarrieren gezielt auf, und gehen Sie diese gezielt an, um sich die bestmögliche Ausgangsbasis für Inbound Marketing zu sichern. Analysieren Sie, wie gut Ihre Unternehmens-Website bereits bei Google zu finden ist, wie nutzerfreundlich Ihre Website ist und welche Rolle Ihr Unternehmen bereits in den sozialen Medien spielt. Vor dem Loslegen mit Inbound-Kampagnen ist es wichtig, mit einer soliden Marketing-Planung den Status des eigenen Marketings zu analysieren und bereits vor dem Start wichtige Erfolgsbarrieren auszuräumen. Manchmal ist es sogar besser, vor dem Start des Inbound Marketing die komplette Website zu überarbeiten, einzelne laufende Maßnahmen zu stoppen (z. B. ineffektive Google-AdWords-Kampagnen) und wichtige Daten (z. B. zu Kunden, Traffic, Leads) zu erheben, die noch nicht oder noch nicht in ausreichender Datenqualität vorliegen. Schaffen Sie sich also bereits in der Phase der Status-quo-Analyse eine optimale Ausgangsbasis für Ihren Inbound-Marketing-Erfolg. Bei der Analyse Ihres Marketing-Status-quo sollten Sie besonders auf die folgenden Punkte achten:

▶ *Website-Performance:* Der Ausgangspunkt Ihrer Inbound-Marketing-Analyse ist Ihr Web-Auftritt. Analysieren Sie, ob Ihre aktuelle Website Ihnen die nötige technische und inhaltliche Performance gibt, um erfolgreich mit Inbound zu starten.

▶ *SEO-Performance:* Evaluieren Sie Ihre derzeitige Performance in den Suchmaschinen. Wie sichtbar ist Ihr Web-Auftritt heute bei Google und Co. zu den zentralen Suchbegriffen Ihrer Buyer Personas?

▶ *Content-Audit:* Analysieren Sie nicht nur Ihre Website-Inhalte, sondern überprüfen Sie den gesamten vorhandenen Content Ihres Unternehmens auf seine Eignung zur Kaufunterstützung Ihrer Buyer Personas.

▶ *Social Proof:* Erfassen Sie die aktuelle Bedeutung, Reichweite und Autorität Ihres Unternehmens in den relevanten sozialen Netzwerken Ihrer Buyer Personas.

▶ *Kundenkennzahlen:* Wie hoch ist der aktuelle Traffic Ihrer Website? Wie viele Leads und Kunden gewinnt Ihr Unternehmen aktuell aus dem laufenden Website-Traffic? Gewinnen Sie Leads und Kunden direkt über Ihren Blog, über Suchmaschinen und über Social Media? Wie hoch ist der Wert eines gewonnenen Kunden über die Dauer der ganzen Kundenbeziehung hinweg für Ihr Unternehmen (Customer Lifetime Value)?

Mit diesen Punkten Ihrer Marketing-Planung erhalten Sie ein umfangreiches Bild Ihrer derzeitigen Performance bei der Lead-Generierung und Kundengewinnung im Internet. Mit diesen Daten können Sie in einem anschließenden Planungsschritt kundenorientierte und gewinnbringende Ziele für Ihr Inbound Marketing setzen. Beginnen wir also mit dem Ausgangspunkt Ihrer Inbound-Marketing-Aktivitäten: Ihrer Website.

9.1   Analysieren Sie Ihre Website-Performance als Vertriebskanal

Ihre Website ist der Dreh- und Angelpunkt des Inbound Marketing. Hier finden potenzielle Kunden viele Informationen und Content, der sie bei ihrer Kaufentscheidung weiterbringt. Hier kann ein Interessent einen dauerhaften Dialog mit Ihrem Unternehmen beginnen, der dann persönlich, per E-Mail und über andere Kanäle fortgesetzt werden kann. Analysieren Sie Ihre Website in Hinsicht auf drei große Aufgabenbereiche.

1. Prüfen Sie die Eignung Ihrer aktuellen Website als Vertriebskanal für Ihr Unternehmen. Wie gut erfüllt Ihre aktuelle Website diese Aufgabe? Wie viele Kunden gewinnen Sie heute schon über das Internet und genauer über Ihre Website?

2. Prüfen Sie, welche Inbound-Instrumente Sie auf Ihrer Website schon im Einsatz haben. Betreiben Sie einen Blog? Nutzen Sie Landing Pages und Call-to-Action-Buttons? Sammeln Sie Lead-Daten über Formulare?

3. Prüfen Sie die technische Performance Ihrer Website. Wenn Ihre Website langsam ist, nicht für mobile Geräte optimiert ist oder schwere handwerkliche Fehler aufweist, vergraulen Sie Google und verbauen sich eine gute Ranking-Position. Je schlechter Ihre Website in Suchmaschinen gefunden wird, desto mehr müssen Sie

diesen Nachteil über andere Instrumente wie z. B. Paid Ads oder Social Media kompensieren, um dennoch die Menschen auf Ihre Website zu führen. Dieser Nachteil ist vermeidbar und macht Ihre Marketing-Aktivitäten nur ineffektiv und unnötig teuer.

9.1.1   Ist Ihre Website heute bereits ein Vertriebskanal?

Hat Ihr Unternehmen bereits so etwas wie ein Online-Vertriebskonzept? Ist es das erklärte Ziel Ihres Unternehmens, über Ihre Website Leads zu generieren und Kunden zu gewinnen? Sollen über Ihre Website Vertriebsprozesse angestoßen werden?

In manchen Unternehmen gibt es auf diese Frage in der Phase ihrer Inbound-Marketing-Planung noch kein uneingeschränktes Ja. Manchmal fehlt noch das durchgängige Commitment von Vertrieb und Geschäftsführung. Die Website ist zwar bisher dazu da, Interaktionen mit Website-Besuchern zu fördern und gegebenenfalls auch Lead-Registrierungen zu erzeugen. Diese Lead-Generierung wird aber vielleicht noch nicht als Einstieg in einen strategisch gewollten Sales-Prozess gesehen. Das Unternehmen weiß vielleicht nicht so recht, was es mit den neu gewonnenen Leads anfangen soll. Es gibt keine eindeutigen Verantwortungen und Zuständigkeiten. Selbst Kaufanfragen über die Website werden dann unentschlossen zwischen verschiedenen Abteilungen hin- und hergereicht. In solchen Unternehmen ist Kundengewinnung und Lead-Generierung per Website noch kein strategisches Konzept. Es fehlt noch der Wille, Kunden konsequent online zu gewinnen. Der Vertrieb ist gegebenenfalls noch nicht aktiv in den Online-Sales-Prozess eingebunden. Sorgen Sie also für ein klares Verständnis in Ihrem Unternehmen. Machen Sie Ihre Website zum unmittelbaren Bestandteil Ihres Vertriebskonzepts, und zwar bevor Sie Inbound Marketing operativ implementieren.

> **Inbound-Tipp: Es gibt Unternehmen, die nicht online verkaufen wollen**
>
> In manchen Unternehmen gibt es sogar auf die Frage, ob die Website verkaufen soll, ein eindeutiges Nein. Klären Sie unbedingt in der Phase Ihrer Marketing-Planung ab, ob es auch wirklich gewollt ist, Kunden über das Internet zu gewinnen. Das klingt wie eine Selbstverständlichkeit, ist es aber nicht. In vielen Unternehmen soll die Website gar nicht in erster Linie neue Kunden gewinnen. Andere Ziele gehen vor. Das ist oft bei kleinen Unternehmen wie z. B. dem stationären Einzelhandel oder Dienstleistern (vom Friseur bis zum Handwerksbetrieb) der Fall. Aber auch so manche größere Wirtschaftsprüfung, Unternehmensberatung oder Großhandelsfirma sieht ihre Website primär noch immer als statische Web-Präsenz und als Mittel zur Selbstdarstellung an. Andere Firmen in diesen Branchen nutzen Online-Akquisition strategisch und verschaffen sich damit einen Wettbewerbsvorteil, den Wettbewerber später nur schlecht aufholen werden können. Im Online-Business schlagen nicht die Großen die Kleinen, sondern die Schnellen die Langsamen.

Sollte Ihre Website heute noch kein aktiver Kanal zur Lead-Generierung und Kundengewinnung sein, so kann und soll sich das ja mit dem Einsatz von Inbound Marketing ändern. Allerdings würde auch professionelles Inbound dann nichts bringen, wenn es für Ihr Unternehmen ungeeignet ist. Ihre Website kann mit Inbound Marketing nur dann zu einem bedeutenden Vertriebskanal und Medium für Kundengewinnung werden, wenn Inbound zu Ihrem Geschäftsmodell, Ihrem Vertriebsprozess und zu Ihren Produkten passt.

▶ Geschäftsmodelle mit direktem Verkauf sind im Vorteil. Inbound lässt sich eher dann mit vollem Potenzial einsetzen, wenn Sie direkt und nicht über unabhängige Partner an Kunden verkaufen. Wenn Sie die neu gewonnenen Leads in Ihrem eigenen Unternehmen bis hin zum Kauf weiterbetreuen, können Sie den ganzen Lead-Nurturing-Prozess mit Ihrer Inbound-Marketing-Software steuern. Anders sieht es aus, wenn Sie Leads, die Sie über Ihre Website gewinnen, an unabhängige Vertriebspartner weitergeben, bei denen Sie keinen Einfluss auf die Qualität des Lead Nurturing haben. Das kann zu Inkonsistenzen, Kommunikationsproblemen und Ineffizienzen bei der Bearbeitung Ihrer potenziellen Kunden führen. In diesem Fall haben Sie keine direkte Kontrolle über die Prozesse und die Erfolgsaussichten Ihres Lead Nurturing. Das macht Inbound anstrengender, aber nicht unmöglich.

▶ Anspruchsvolle Vertriebsprozesse mit längeren Kaufentscheidungsprozessen sind ideal geeignet. Inbound entfaltet seine volle Kraft, wenn der Kaufentscheidungsprozess Ihrer potenziellen Kunden zwischen mehreren Tagen bis hin zu einem Jahr dauert. Bei einmaligen Spontankäufen oder bei regelmäßigen Gewohnheitskäufen besteht kaum Bedarf aufseiten Ihrer Kunden nach Content, Beratung und persönlicher Verkaufsunterstützung. Sie können hier die Vorteile von Inbound Marketing für Ihr Unternehmen nicht wirklich einsetzen. Das ist kein Problem, sofern die Vertriebsprozesse ansonsten gut laufen. Nur fehlt Ihnen eben die Differenzierungsmöglichkeit gegenüber dem Wettbewerb durch Inbound.

▶ Erklärungsbedürftige Produkte bzw. Dienstleistungen sind ideal für Inbound geeignet. Generell ist es natürlich möglich, auch austauschbare Waren (Commodities) über Websites zu verkaufen. Bei solchen Produkten ist der Informationsbedarf der Kunden allerdings oftmals gering, und die Differenzierungschancen gegenüber dem Wettbewerb sind es auch. Folglich kann man keine wirklichen Kundenbeziehungen aufbauen, weil Kunden das nicht wertschätzen und auch keinen Bedarf an kaufberatenden Informationen zeigen. Wenn Produkte oder Services aber eine hohe Bedeutung für einzelne Kunden haben, macht eine Website als Vertriebskanal und Inbound als Marketing-Konzept auf einmal Sinn. Selbst Artikel, die auf den ersten Blick wenig Differenzierungspotenzial zeigen, wie z. B. Schrauben, Nägel oder Klebematerialien, können für Kunden wie z. B. Handwerker eine so hohe Bedeutung besitzen, dass diese Kunden ein hohes Interesse an Informationen und Beratung des Anbieters haben und die Produkte oft und regelmäßig im Rahmen einer langfristigen Geschäftsbeziehung einsetzen. Dann ist In-bound genau das richtige Prinzip, um Kundenbeziehungen aufzubauen.

▶ Je höher der Kaufpreis eines Produktes ist, desto höher sind in der Regel auch die psychologischen Kaufbarrieren der Kunden, d. h. die Angst, eine falsche Kaufent-scheidung zu treffen. In solchen Kaufsituationen sind Kunden offen für vertrau-ensbildenden Content, für eine persönliche Ansprache mit Lead Nurturing und für beratendes, lösungsorientiertes Verkaufen mit Inbound Marketing. Das gilt im B2C-Bereich bei Automobilen und Einbauküchen genauso wie im B2B-Bereich bei Maschinen und Anlagen oder beim Kauf hochpreisiger Services wie z. B. Wirt-schaftsprüfungsleistungen (B2B-Services) oder bei der Auswahl einer privaten Krankenkasse (B2C-Services).

9.1.2   Welche Inbound-Elemente hat Ihre Website bereits?

Wie gut ist Ihre Website auf Lead-Generierung und Kundengewinnung heute bereits ausgelegt? Sie kennen aus Teil 2 schon die wichtigsten Elemente und Instrumente des Inbound Marketing. Welche davon nutzen Sie bereits auf Ihrer Website und mit welchem Erfolg?

▶ *Blog:* Ein wichtiger Motor Ihres Inbound Marketing ist der Blog auf Ihrer Website. Betreiben Sie auf Ihrer Website bereits einen Blog? Wie oft im Monat und in der Woche erscheinen dort neue Blogposts? Wie viele Autoren sind an Ihrem Blog beteiligt? Sieht man nur einen einzelnen Blog-Redakteur als Autor oder sind bereits auch andere Mitarbeiter Ihres Unternehmens als Blog-Autoren aktiv? Wie viel Prozent der Mitarbeiter Ihres Unternehmens betätigen sich schon als Blog-Autoren?

▶ *Content-Angebote:* Ein weiterer wichtiger Faktor ist das Angebot von download-barem Content auf Ihrer Website. Durch nutzenstiftende Content-Offers (Con-tent-Angebote) können sich potenzielle Kunden intensiver mit Ihren Inhalten auseinandersetzen und diesen Content sogar empfehlen und teilen. Bieten Sie heute schon Content wie z. B. E-Books, Whitepaper oder Case Studies auf Ihrer Website an? Bieten Sie Webinare an? Falls Sie auf Ihrer Website bisher nur stati-schen Content wie Ihre Webpages bereithalten, bedeutet der Einstieg ins Inbound Marketing den Einsatz völlig neuer Prozesse und Instrumente für Ihr Unterneh-men, um Content wie E-Books regelmäßig zu produzieren. Sie werden also durch Inbound im Content Marketing aktiv. Die Produktion von Content-Angeboten ist dann vielleicht für Ihr Unternehmen noch neu und hat daher Auswirkungen auf Ihre Marketing-Planung. Sie werden Redaktionsprozesse, Content-Redakteure, regelmäßige Freigabeprozesse und juristische Prüfungen und nicht zuletzt auch gute Grafiker benötigen, die aus Ihren Inhalten immer wieder ansprechende und markenkonforme Content-Produkte erstellen.

▶ *Landing Pages:* Content-Angebote, die Sie auf Ihrer Website promoten und zum Download bereitstellen, benötigen professionell gestaltete Landing Pages, auf denen sich Ihre Interessenten im Gegenzug für den Download mit ihren wichtigsten Daten registrieren sollen. Wie viele Landing Pages verwenden Sie heute auf Ihrer Website? Sind die Landing Pages konversionsstark gestaltet, d. h., fördern sie die Registrierung, ohne den Betrachter abzulenken? Verweisen Ihre Landing Pages bereits auf eigene Dankeschön-Seiten (Thank-You-Pages), auf denen der Dialog mit dem registrierten Lead fortgesetzt wird? Findet ein Interessent auf Ihren Thank-You-Pages auch Social-Sharing-Buttons, mit denen er weitere Menschen auf Ihr Content-Angebot aufmerksam machen kann?

▶ *Smart Forms:* Nutzen Sie auf Ihrer Website und auf Ihren Landing Pages heute schon intelligente Formulare (Smart Forms), die einen Interessenten wiedererkennen, der sich früher bereits auf Ihrer Website registriert hatte?

▶ *Call-to-Actions:* Nutzen Sie Call-to-Actions, also konversionsfördernde Buttons und Aktionsfelder auf Ihrer Website? Mit CTAs führen Sie Ihre Interessenten mit einem Klick beispielsweise zu Landing Pages, auf denen sie gegen Registrierung ihr gewünschtes Content-Angebot herunterladen können. Nutzen Sie solche CTAs bereits auf Ihrer gesamten Website und in jedem Blog-Artikel? Wie viele CTAs befinden sich auf Ihrer Homepage? Gibt es auf allen Unterseiten Ihrer Website Klickmöglichkeiten für Interessenten durch Call-to-Action-Felder? Kommen auf Ihrer Website regelmäßig neue CTAs hinzu, oder finden Besucher auch nach längerer Zeit noch dieselben Interaktionsmöglichkeiten vor? Testen Sie heute schon Landing Pages, CTAs und Formulare durch Vergleichstests (A/B-Tests), und optimieren Sie ständig damit Ihre Conversion Rates?

Gibt es in Ihrem Unternehmen eine schriftliche oder visuelle Darstellung der Konversionspfade (Conversion Paths) für Ihre verschiedenen Buyer Personas als Besucher Ihrer Website? Beim Inbound Marketing werden Sie Ihre Website nicht mehr als eine Ansammlung wahllos verbundener Einzel-Pages betrachten. Stattdessen suchen und legen Sie den roten Faden für jede Buyer Persona quer durch alle relevanten Website-Pages hin zu Konvertierungen (z. B. Downloads, Registrierungen) und Dialogmöglichkeiten, die Ihren Website-Besucher auf seinem Kaufentscheidungsweg weiterbringen. Falls die Conversion-Path-Denke bei Ihrem Unternehmen noch nicht sehr verankert ist, sollten Sie diesen Punkt unbedingt zum Teil Ihrer Inbound-Marketing-Planung machen.

9.1.3   Ist Ihre Website performant für Nutzer und Google?

Die Prüfung und Verbesserung der Performance Ihrer Website ist ein zentraler Bestandteil Ihrer Inbound-Marketing-Planung. Eine Website kann nur dann zum

Motor von Lead-Generierung und Kundengewinnung werden, wenn sie die Erwartungen der Website-Besucher und Suchmaschinen gleichermaßen im vollem Umfang erfüllt. Gutes Webdesign, d. h. eine gute User Experience und hohe technische Website-Performance, ist die Basis des erfolgreichen Inbound Marketing. Ihre Website-Besucher erwarten auf ihrem Desktop, Tablet und Smartphone ein schnelles, problemfreies und motivierendes Nutzererlebnis. Damit sich auch ein Erstbesucher Ihrer Website gut orientieren kann, braucht Ihre Website eine klare Informationsarchitektur und Navigation, aussagekräftige Texte, Bilder und Grafiken sowie hilfreiche Interaktionsmöglichkeiten. Die Mindesterwartungen der Nutzer an Web-Auftritte haben sich in den Jahren deutlich erhöht. Vor wenigen Jahren waren eine mobile Optimierung Ihrer Website und Responsive Webdesign noch ein Qualitätskriterium. Heute ist es eine Mindestanforderung, und nicht zuletzt Google setzt die Messlatte für gutes Webdesign immer höher.

Webdesign und Website-Performance beachten

Natürlich soll dies hier kein Buch über Webdesign werden, und Gott sei Dank gibt es zu diesem Thema bereits jede Menge guten Content. Dennoch wollen wir Ihnen hier die zentralen Grundlagen an die Hand geben, damit Sie bei der Inbound-Marketing-Planung effektiv mit Ihrer IT-Abteilung, Ihrem Webdesigner oder Ihrer Web-Agentur zusammenarbeiten können. Sie müssen nicht alle Performance-Optimierungen Ihrer Website selbst vornehmen können, sollten aber die Sprache Ihrer Webdesign-Kollegen und IT-Experten verstehen, die mit Ihnen gemeinsam Ihre Website für Inbound Marketing vorbereiten. Diese technisch versierten Partner werden vielleicht auch später die Einbindung einer Inbound-Marketing-Software in Ihre Website begleiten. Ziehen Sie also diese Web-Experten möglichst frühzeitig in Ihrer Inbound-Marketing-Planung hinzu.

Inbound-Tipp: Erschließen Sie sich die Grundlagen des Webdesigns

▸ Ein gutes Buch zur Einführung in die Konzeption und Erstellung einfacher Websites ist »Webseiten erstellen für Anfänger – Schritt für Schritt zur eigenen Website« von Jens Jacobsen und Matthias Gidda (Rheinwerk Verlag, 2016). Ziel des Buches ist, Laien schnelle Erfolgserlebnisse beim Bau einer eigenen kleineren Website zu liefern. Learning by Doing sozusagen.

▸ Einen Schritt weiter geht das Buch »Webdesign – Das Handbuch zur Webgestaltung« von Martin Hahn (Rheinwerk Verlag, 2017). Hier erlernen Sie auch die Grundlagen zu Informationsarchitektur, Website-Gestaltung und Projektmanagement bei der Betreuung auch größerer Web-Projekte.

▸ Mit dem wichtigen Feld der User Experience und dem intuitiven Webdesign beschäftigt sich der Bestseller »Don't make me think!« von Steve Krug (mitp,

---

> 2014). Das locker geschriebene Buch gibt Ihnen ein gutes Gespür für Webdesign, so wie es Kunden und Website-Besucher am liebsten haben.
>
> ▶ Das Buch »HTML & CSS – Erfolgreich Websites gestalten und programmieren« von Jon Duckett (Wiley, 2014) ist ein Klassiker des Webdesigns, der auch für Laien gestaltet ist und sogar beim Lesen Spaß macht.

Die Performance-Optimierung einer Website hat viele Facetten. Es ist selbst für Webdesign-Experten gar nicht so leicht, dabei die Übersicht zu behalten und sich auf die jeweils wichtigsten Faktoren zu konzentrieren. Entscheidend für Ihre Inbound-Marketing-Planung ist erst einmal, wie es aktuell um die Performance Ihrer Website bestellt ist. Um das schnell und einfach herauszufinden, können Sie z. B. Gratis-Online-Tools nutzen. Solche Web-Tools analysieren Ihre Website in Echtzeit und bereiten die Performance-Ergebnisse einfach und leicht verständlich auf. Diese Tools verdeutlichen den Bedarf und die Ansatzpunkte für eine Website-Optimierung. Nehmen wir als Beispiel eine beliebige Website wie z. B. *www.tui.com* und ein einfaches Analyse-Tool wie den sogenannten *Website Grader*.

Inbound-Tipp: Tools zur Website-Performance-Analyse

Der Website Grader (*https://website.grader.com*) ist ein einfaches Gratis-Analyse-Tool der Firma HubSpot. Er ist ein kostenloses Online-Analyse-Werkzeug und eignet sich für erste Einsteiger-Analysen im Bereich der Website-Performance für Inbound Marketing. Die Website-Grader-Analyse beruht auf vier zentralen Kriterien:

▶ technische Performance Ihrer Website

▶ mobile Optimierung Ihrer Website

▶ SEO-Optimierung Ihrer Website (On-Page-Optimierung)

▶ Security, d. h. SSL-Verschlüsselung als Sicherheitsfaktor

Bei Website-Performance-Analysen mit verschiedenen Tools werden Sie feststellen, dass die Ergebnisse verschiedener Tools voneinander abweichen können. Nutzen Sie also gegebenenfalls zusätzlich ein weiteres Tool wie z. B. *GTmetrix*, (*https://gtmetrix.com*) das Ihnen eine viel tiefere Sicht auf Ihre Website, deren Ladezeiten und Optimierungspotenziale gibt (vgl. Abbildung 9.1).

Statt des Website Graders oder GTmetrix können Sie auch jedes andere Online-Tool benutzen, das Ihnen die nötigen Performance-Analysen Ihrer Website liefert. Kostenpflichte SEO-Tools von Sistrix oder Xovi liefern Ihnen beispielsweise neben reinen Performance-Analysen noch viele weitere Funktionen. Sehen Sie sich auch das Tool *Google PageSpeed Insights* an, mit dem Sie Ihre eigene Website auswerten können. Mehr Informationen zu Google Page Speed finden Sie unter *https://developers.google.com/speed/pagespeed*.

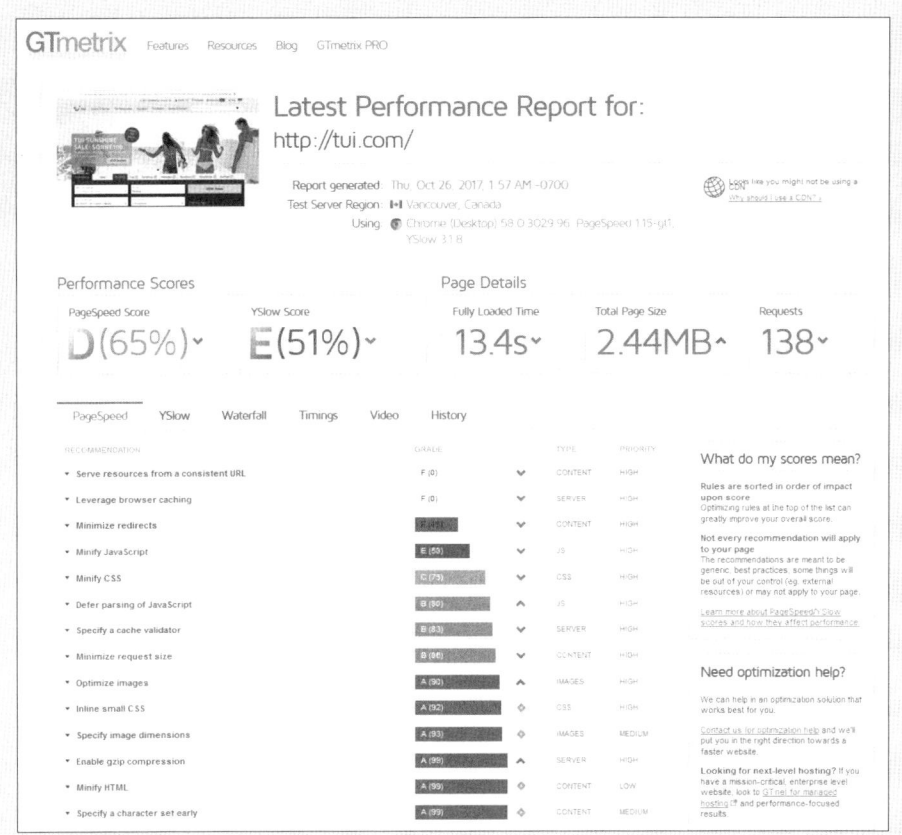

Abbildung 9.1 Website-Performance-Analyse für TUI.com mit GTmetrix

In Abbildung 9.2 sehen Sie die Homepage des Reiseveranstalters TUI. Diese Website wirkt übersichtlich, ansprechend und einladend, aber darauf kommt es uns jetzt nicht an. Wir wollen wissen, ob sie schnell lädt, ob sie mobil optimiert ist und ob sie frei von technischen Fehlern ist, die Google eventuell dazu verleiten würden, diese Website herunterzustufen und in den hinteren Suchergebnisseiten zu verstecken. Mit solchen Strafen (*Penalty*) droht Google, wenn eine Website grundlegende Regeln der Usability und technischen Kompetenz in besonderem Maße missachtet.

Analysieren wir also die Website-Performance von TUI.com mit dem Einsteiger-Tool Website Grader. Geben Sie auf der Webseite *https://website.grader.com* dazu einfach die URL von TUI ein (vgl. Abbildung 9.3). Alternativ können Sie die folgenden Schritte natürlich auch mit Ihrer eigenen Website oder der Website eines Wettbewerbers durchführen.

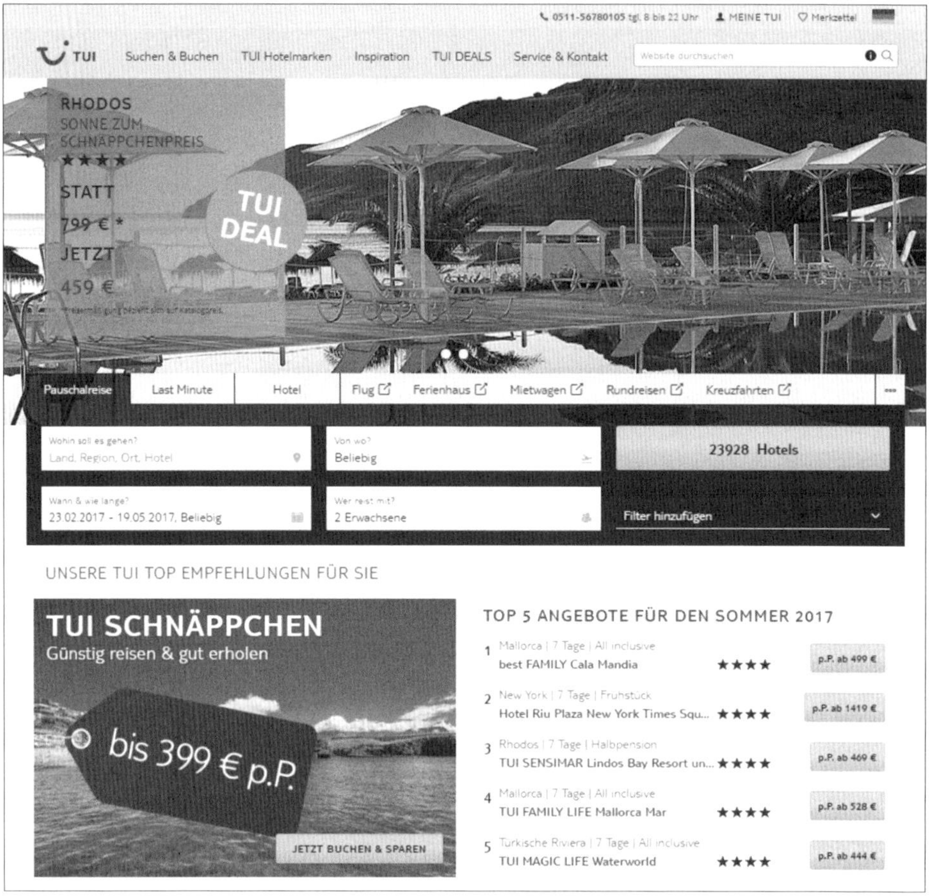

Abbildung 9.2 Homepage des Touristikanbieters TUI.com

Mit nur einem Klick rufen Sie bei Tools wie GTmetrix oder Website Grader das Analyseergebnis des Performance-Checks einer Website ab. Solche Performance-Tools geben Ihnen nicht nur jede Menge Teilinformationen, sondern berechnen daraus auch einen übergreifenden zentralen Scoring-Wert. Mit einem solchen einfachen Scoring-Wert können Sie die Performance Ihrer Website im Benchmarking auch mit den Werten anderer Websites (z. B. Ihrer Wettbewerber) vergleichen und auch bei Optimierungen und Erweiterungen Ihrer Website jederzeit kontrollieren, welche Auswirkungen diese Schritte auf Ihr Scoring-Ergebnis bzw. Ihre Website-Performance haben. Der Scoring-Wert wird bei jeder Abfrage immer in Echtzeit neu berechnet. In unserem Beispiel erhält die Website von tui.com vom Website-Grader-Tool weitaus weniger als die maximal möglichen 100 Punkte (vgl. Abbildung 9.4). Der Wert setzt sich aus den Punkten der vier Kategorien Technische Performance, Mobile Optimierung, SEO-Optimierung und Sicherheit zusammen. In drei dieser vier Kategorien erhält die Website von TUI volle Punktzahl. Gehen wir die Ergebnisse dieser vier Kategorien durch, um Ihnen die wichtigsten Performance-Parameter im Einzelnen vorzustellen, damit Sie bei Ihrer Inbound-Marketing-Planung sofort die richtigen Optimierungsprioritäten für Ihre Website setzen können.

Abbildung 9.3 Die Eingabemaske des Website Graders

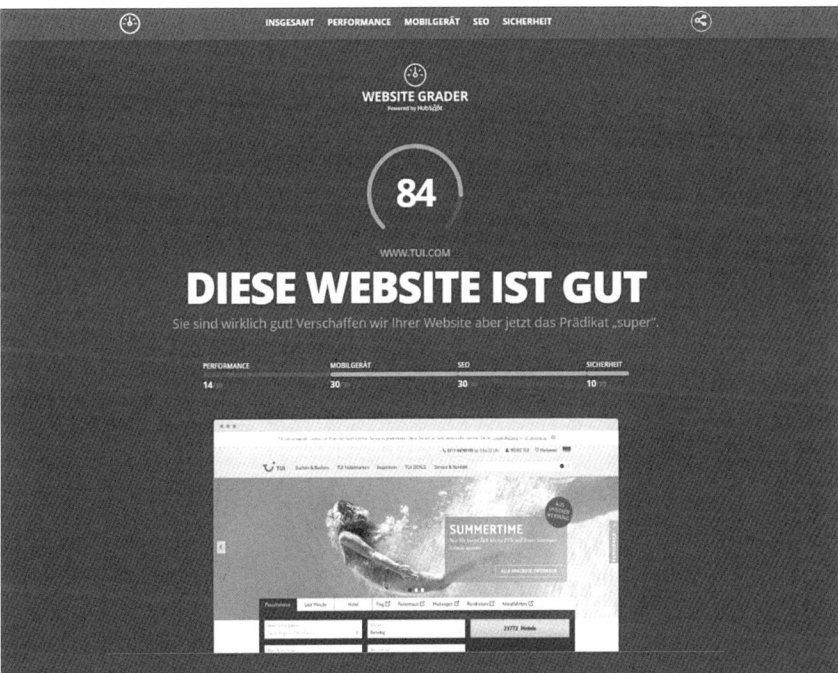

Abbildung 9.4 Bewertung der Website-Performance von TUI mit »Website-Grader.com«

Die technische Website-Performance überprüfen

Die erste Kategorie Ihrer Website-Analyse ist die technische Performance Ihrer Website im Sinne von Schnelligkeit, Fehlerfreiheit und Einfachheit für Nutzer und Suchmaschinen. Diese Dimension heißt im Beispiel des Website Graders einfach nur *Performance* und erhält im TUI-Beispiel in Abbildung 9.4 längst nicht die mögliche Gesamtpunktzahl. Die wichtigsten Dimensionen der technischen Website-Performance sehen Sie in Abbildung 9.5. Offensichtlich bestehen bei der technischen Performance der TUI-Website noch ungenutzte Optimierungspotenziale, oder die Website ist so beschaffen, dass sie auch beim besten Willen nicht schneller bzw. einfacher werden kann. Auch das kann das Ergebnis Ihrer Analysen sein. Eine gut funktionierende Inbound-Marketing-Website muss im Einzelfall bei der technischen Performance nicht die volle Punktzahl erreichen, aber in jeder Teildimension geprüft werden, ob weitere technische Optimierungen für Nutzer und Suchmaschinen ohne Nutzeneinbußen verzichtbar sind.

Abbildung 9.5 Die TUI-Ergebnisse der Website-Grader-Teilanalyse »Technische Performance«

Die wichtigsten technischen Performance-Dimensionen Ihrer Website sind im Beispiel des Website-Grader-Tools:

▶ die Größe Ihrer Website (*Page Size*)

▶ die Anzahl von Serveranfragen oder Seitenanfragen (*Page Requests*), die nötig sind, um Ihre Website zu laden

▶ die Geschwindigkeit Ihrer Website, mit der sie auf Nutzereingaben reagiert (*Page Speed*)

Eine geringe Seitengröße bzw. Page Size Ihrer Website ist wichtig, denn je größer das Datenvolumen Ihrer Website und aller ihrer Dateien ist, desto länger ist die Ladezeit der Website. Niemand ist heute noch bereit, auf das Laden einer Website zu warten. Tut sich auch nach mehreren Sekunden nichts, so denken viele User, die Website sei defekt oder gegebenenfalls unsicher, und springen ab. Da die Nutzung mobiler Geräte zum Standard für Website-Nutzung wird, wird eine geringe Website-Größe zum ersten Bestandteil des mobilen Nutzungserlebnisses Ihrer Website. Auch bei geringen mobilen Ladegeschwindigkeiten soll jeder Nutzer Ihre Website schnell sehen und reibungslos bedienen können, auch bei langsamer Internetverbindung. Sprechen Sie mit Ihren Web-Experten darüber, wenn Ihre Page Size größer als ca. 3 MB (Megabyte) ist. Als Faustregel gilt, dass Page Sizes über diesem Wert zu unnötig langen Ladezeiten führen können. Die TUI-Seitengröße beträgt z. B. 3,2 MB. Das ist zunächst einmal ein akzeptabler Wert. Sollte die Page Size einer Website zu groß sein, kann man im Einzelfall die Bilder der Website weiter komprimieren. Manchmal können auch HTML-Dateien, CSS und JavaScript weiter komprimiert bzw. vereinfacht werden.

Die zweite wichtige Kenngröße ist die Anzahl der Page Requests. Der Wert der Seitenabfragen zeigt, wie viele einzelne Anfragen der Browser des PCs oder des Smartphones Ihres Website-Nutzers an den Server Ihrer Website stellen muss, bis Ihre Website für den Betrachter dargestellt werden kann. Je mehr Anfragen nötig sind, desto langsamer wird Ihre Website für den Betrachter. Je mehr Datenpakete (Bilder, Codezeilen usw.) einzeln geladen werden müssen, desto länger wartet Ihr potenzieller Kunde auf Ihre vollständig angezeigte Website. Die TUI-Website benötigt weitaus mehr als ein empfohlener Richtwert von ca. 30 Page Requests. Bei zu hohen Page-Request-Zahlen können Web-Entwickler gegebenenfalls CSS- oder JavaScript-Dateien zusammenfassen, um die Anzahl von Datenpaketen zu verringern und damit die Anfragen an den Server zu reduzieren. Das Ergebnis ist ein gutes Nutzererlebnis, und der Website-Besucher kann schnell zur Informationssuche übergehen. Das ist gerade bei mobiler Nutzung entscheidend, weil Menschen immer öfter spontan auf die Idee kommen, einfach mal auf einer Website etwas nachzuschauen oder anderen im Gespräch etwas auf Ihrer Website zu zeigen. Machen Sie es Ihren potenziellen Kunden also so einfach wie möglich.

Die in Sekunden gemessene Page Speed wird als drittes Kriterium neben Page Size und Page Requests gesondert bei der Website-Performance-Analyse betrachtet. Eine optimale Website sollte binnen ca. 3 Sekunden vollständig geladen sein. Je langsamer Ihre Website ist, desto höher wird die Absprungrate Ihrer Nutzer. Auch Ihre Conversion Rates können sich verschlechtern und damit Ihrem Umsatz schaden. Diese Kennzahl wird sich nur im Zusammenspiel mit der Optimierung von Page Size und Page Requests signifikant verbessern. Beachten Sie dennoch, dass es auch externe Faktoren wie z. B. die Antwortzeit Ihres Servers gibt, die einen gesonderten Einfluss auf die Geschwindigkeit Ihrer Website haben können. Machen Sie also Ihre eigene Website schneller, indem Sie z. B. die Lade-Schwergewichte Ihrer Website-Seiten überarbeiten und Bilder und Videos wenn möglich komprimieren.

Inbound-Tipp: Was verursacht lange Ladezeiten auf Ihrer Website?

Wenn Sie bei der Überprüfung der Ladezeit Ihrer Website in die Tiefe gehen wollen, können Sie mit kostenlosen Tools die Ladezeit jedes einzelnen Elements und die Ladereihenfolge aller Elemente analysieren. Mit dem Wasserfall-Diagramm eines Web-Analyse-Tools (vgl. Abbildung 9.6) können Sie übersichtlich darstellen, welche Bilder oder Anwendungen innerhalb Ihrer Website die meiste Ladezeit in Anspruch nehmen.

Abbildung 9.6 Exemplarisches Wasserfall-Diagramm für die Website »www.shopgate.com«

Nutzen Sie diese Informationen, um gezielt mit Ihren Web-Entwicklern zu sprechen, oder lassen Sie von ihnen direkt diese Analysen durchführen und interpretieren. Sie gehören zum täglichen Handwerkszeug eines Web-Entwicklers bzw. Webdesigners.

Mit den Kriterien Page Size, Page Requests und Page Speed haben Sie die wichtigsten drei Kriterien Ihrer technischen Website-Performance im Blick. In der Praxis kommen allerdings noch jede Menge weiterer Faktoren hinzu. Im TUI-Beispiel (vgl. Abbildung 9.5) haben Sie weitere Berichtsdimensionen gesehen, wie z. B. Browser-Caching, Seiten-Weiterleitungen (*Redirects*) oder auch Render-Blocking. Damit gemeint sind technische Einstellungen, Dateioptimierungen und Zusatzfunktionen, mit denen Sie ein schnelles und fehlerfreies Laden Ihrer Website weiter erleichtern.

Mobile Darstellung und Performance der Website überprüfen

Gerade bei großen Unternehmens-Websites mit vielen statischen Webpages, verschiedenen Länderversionen und differenzierten Mobilversionen der Website ist eine gründliche technische Website-Analyse und Performance-Optimierung zu Beginn der Inbound-Marketing-Planung erfolgsentscheidend. Wo wir gerade von Mobilversionen sprechen – auch diese Dimension ist eine eigene, wichtige Berichtsdimension (vgl. Abbildung 9.7).

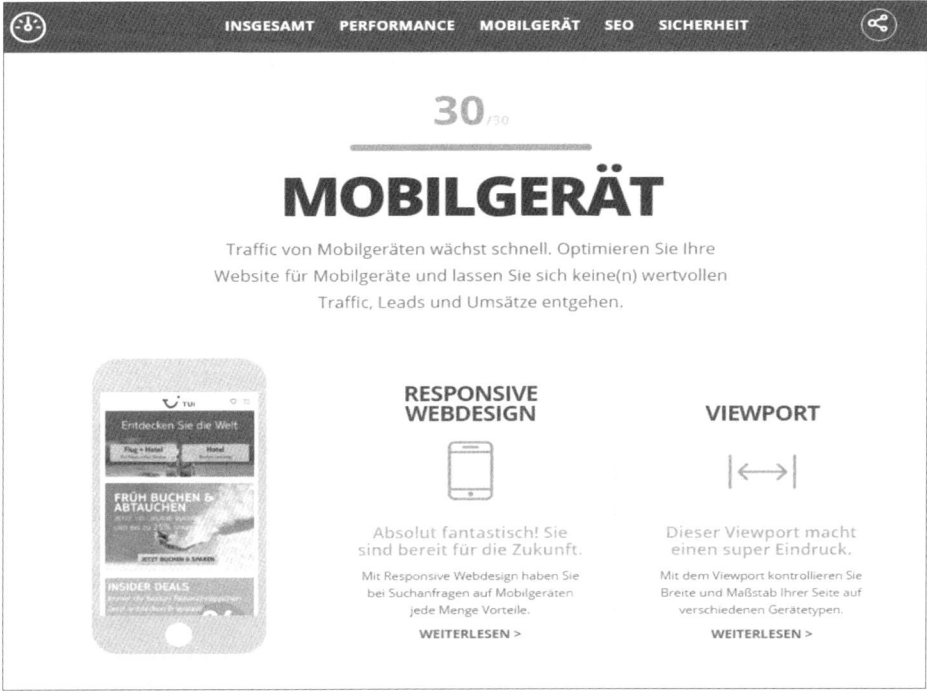

Abbildung 9.7 Die TUI-Ergebnisse der Website-Grader-Teilanalyse »Mobil«

Die Mobilversion Ihrer Website ist heute fast wichtiger als die hochauflösende Version auf großen Desktop-Bildschirmen. *Mobile First* ist zwar bereits seit Jahren in Web-Entwicklerkreisen das erklärte Ziel. Aber seitdem mehr als 50 % aller weltweiten Google-Recherchen von Smartphones ausgehen, ist auch für Ihre potenziellen Kunden die mobile Version Ihrer Website der Standard. Die Mindestanforderung ist *Responsive Design*, d. h. eine Darstellung Ihrer Website, die sich der Größe und Auflösung des Bildschirms automatisch anpasst, auf der sie gerade abgerufen wird. Dazu kommt die Optimierung des Viewports, also die Konfigurierung Ihrer Website-Ansicht für bestimmte weitverbreitete Bildschirmgrößen (z. B. iPhone 6, iPad Pro), an denen sich die Darstellung – und auch die Inhalte – Ihrer Website-Darstellung automatisch neu orientieren (vgl. Abbildung 9.8).

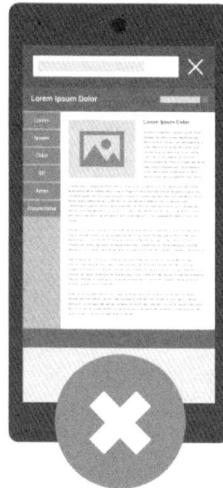

Abbildung 9.8 Beispiel für gute vs. schlechte mobile Website-Performance (Responsive Design, Quelle: »developers.google.com«)

Das hilft Ihren kaufinteressierten Nutzern, und nur so werden Call-to-Action-Buttons, Landing Pages, Blogposts und Content-Offers (z. B. E-Books) mobil nutzbar und zum Teil eines guten Informations- und Kauferlebnisses. Google belohnt eine gute mobile Optimierung Ihrer Website mit einem Ranking-Bonus bzw. erwartet eine mobile Optimierung für eine ordentliche Platzierung im mobilen Google-Ranking. Idealerweise bauen Sie für den Einsatz von Inbound Marketing eine teilweise oder komplett eigene mobile Version Ihrer Website, die nicht einfach die Inhalte der Desktop-Version wiedergibt, sondern deren Inhalte spezifisch auf das mobile Such-, Informations- und Kaufentscheidungsverhalten Ihrer Buyer Personas abgestimmt wird. Wenn Sie bei der Analyse Ihrer Buyer Personas (vgl. Abschnitt 8.1) aufgedeckt haben, dass mobile Website-Nutzung eine wichtige Rolle spielt, sollten Sie diesen Punkt der Performance-Optimierung Ihrer Website zu einem echten Teilprojekt bei der Planung Ihres Inbound Marketing machen. Denn damit werden Sie im Inbound-Zeitalter mehrere Websites pflegen, sowohl in technischer als auch gestalterischer und inhaltlicher Hinsicht. Auch das ist in vielen Unternehmen längst gängige Praxis und erfolgserprobt.

Inbound-Tipp: Wie sieht Ihre Website auf verschiedenen Endgeräten aus?

Sie möchten so schnell wie möglich feststellen, ob Ihre Website für mobile Endgeräte optimiert ist. Natürlich können Sie dazu unterschiedliche Endgeräte mit verschiedenen Displaygrößen wie Smartphones und Tablets live in die Hand nehmen und dort die unterschiedlichen Darstellungen Ihrer Website anschauen, um gegebenenfalls Schwachstellen zu identifizieren. Dieses Vorgehen ist das sicherste, setzt aber voraus, dass Sie diese Endgeräte auch wirklich verfügbar und genügend Zeit haben, die

Website einzeln aufzurufen und zu betrachten. Alternativ können Sie Responsive-Webdesign-Tools wie z. B. das Gratis-Tool des Webdesigners Matt Kersley einsetzen (vgl. Abbildung 9.9).

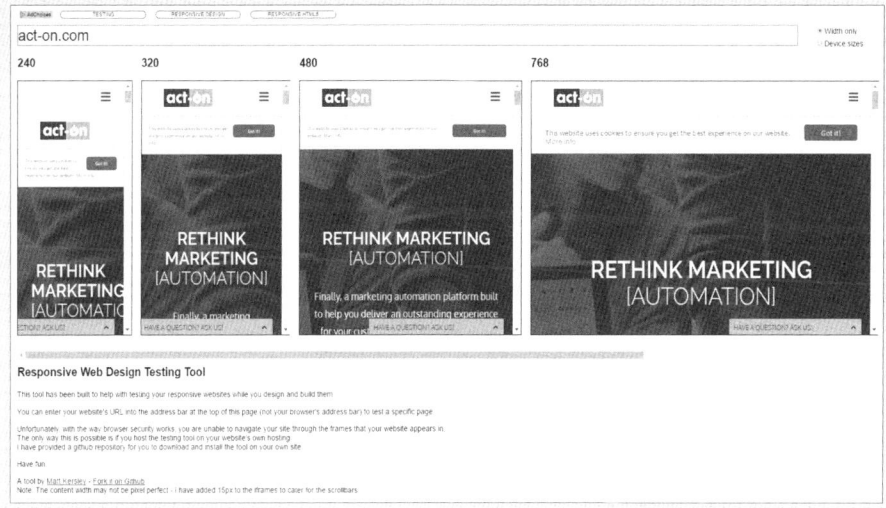

Abbildung 9.9 Mobile-Responsiveness-Darstellung einer Website mit dem Tool von Matt Kersley

Auf *www.mattkersley.com/responsive/* geben Sie die URL der zu analysierenden Website ein und erhalten auf einen Blick die Darstellung der Website auf unterschiedlichen Bildschirmgrößen und Endgeräten.

9.2   Bestimmen Sie Ihre SEO-Performance

In der TUI-Analyse auf den letzten Seiten ist Ihnen vielleicht aufgefallen, dass der Website Grader auch die SEO-Optimierung Ihrer Website als Beurteilungskriterium für Ihre Website-Performance heranzieht (vgl Abbildung 9.10). Das ist richtig und wichtig, denn Sie können nur dann mit Inbound Marketing voll durchstarten, wenn Ihre Website von Suchmaschinen wie Google eine hohe technische Qualität und Themenautorität zugeschrieben bekommt. Nur dann werden Ihre potenziellen Kunden Ihre Website auch schnell bei Google finden. Ein gutes Google-Ranking für die zentralen Keywords Ihrer Buyer Personas lässt sich durch nichts anderes kompensieren.

Ein gutes Google-Ranking ist einer der wichtigsten Wettbewerbsvorteile überhaupt, wenn Ihre Buyer Personas in ihrem Kaufentscheidungsprozess Google und Co. nutzen – und das ist heute so gut wie immer der Fall. Bei der Planung Ihres Inbound Marketing sollten Sie unbedingt herausfinden, wo Ihre Website in den Augen von Google aktuell steht und wie intensiv und gut das Nutzungsverhalten der Besucher Ihrer

Website ist. Starten Sie erst mit Inbound Marketing, wenn Sie die Absprungbasis Ihrer SEO-Performance kennen. Es gibt keine zweite Chance für einen ersten Eindruck bei Google. Wenn Sie Inbound-Marketing-Kampagnen starten, sollten Sie sicher sein, dass Ihnen Ihre aktuelle SEO-Performance keinen Strich durch die Rechnung macht. Wenn Google Ihrer Website einfach keine Kompetenz zutraut oder Ihre Website aktuell im schlimmsten Fall mit einer Ranking-Strafe (Penalty) belegt hat, haben Sie erst einmal andere Sorgen als die Konzeption von Inbound-Kampagnen. Der Startpunkt Ihrer SEO-Analyse sollte Ihr Google-Analytics-Account sein. Jede Website sollte bei Google Analytics angemeldet sein und die *Google Webmaster Tools* nutzen (vgl. Abbildung 9.11).

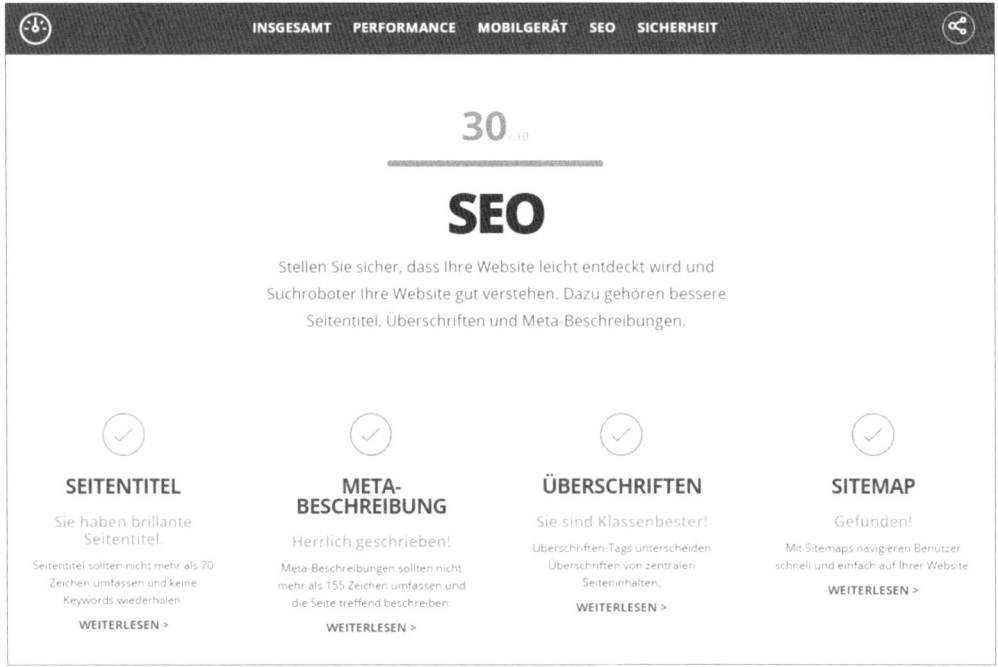

Abbildung 9.10 Die TUI-Ergebnisse der Website-Grader-Teilanalyse »SEO«

Wenn Google Analytics für Sie bzw. Ihr Unternehmen noch neu ist, informieren Sie sich am besten direkt unter *http://www.google.de/intl/de/analytics/features/analysis-tools.html*, oder fragen Sie die Website-Spezialisten, die Ihre Website bisher betreuen. Fragen Sie gegebenenfalls nach, aus welchem Grund Google Analytics bei Ihrer Website noch nicht aufgeschaltet ist. Über Google Analytics können Sie die wichtigsten statistischen Nutzungsdaten Ihrer Website abrufen. Auch Online-Tools wie z. B. Piwik (*https://piwik.org*) geben Ihnen zahlreiche Informationen zum aktuellen Nutzungsverhalten Ihrer Website (vgl. Abbildung 9.12).

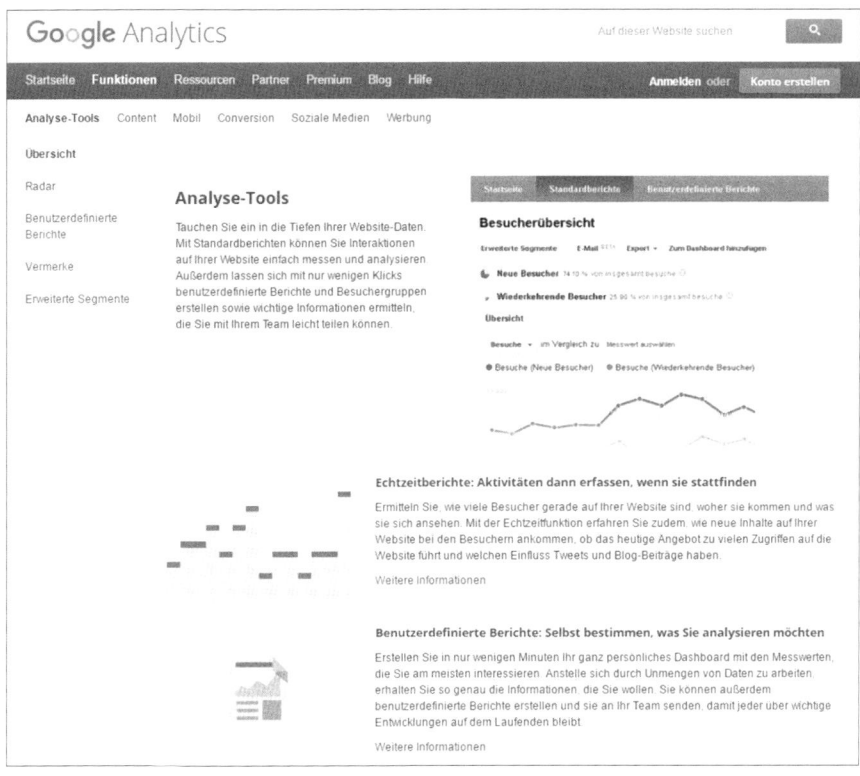

Abbildung 9.11 Google Analytics – Grundlagen (Quelle: »Google.com«)

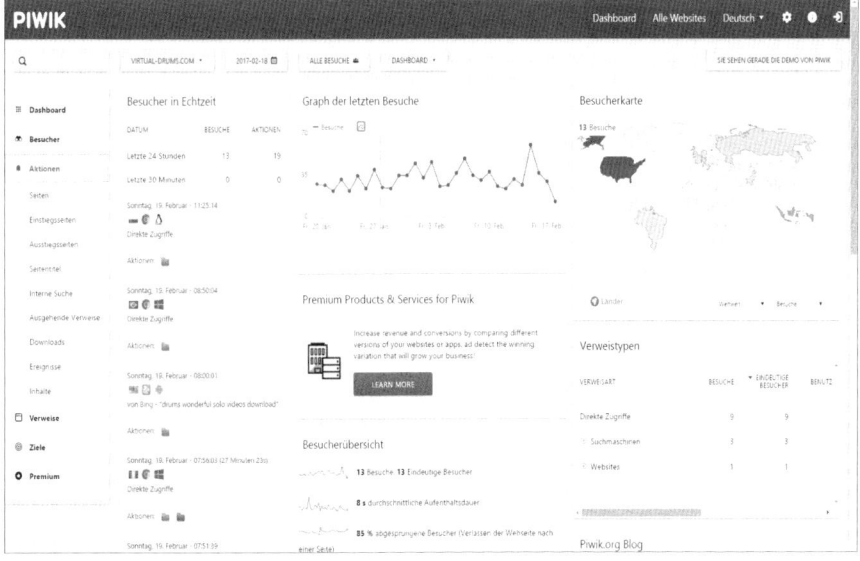

Abbildung 9.12 Piwik – Dashboard für Website-Analyse

Leider ist in diesem Buch nicht genug Platz, um bis in die Tiefe alle relevanten SEO-Aspekte auszuleuchten, mit denen Sie in der Statusanalyse Ihrer Inbound-Marketing-Planung Ihre Website analysieren sollten. Wenn Sie aber schon beim ersten Blick in Ihre Performance-Zahlen auf Google Analytics oder Piwik unzufrieden sein sollten, ist das ein Indiz, dass im Rahmen Ihrer Inbound-Marketing-Planung ein Website-Relaunch anstehen könnte.

Inbound-Tipp: Website-Relaunch – eine unendliche SEO-Geschichte

Einen guten Orientierungspunkt für den Optimierungsbedarf Ihrer Website aus SEO-Perspektive gibt ein Vortrag bzw. eine Slideshare-Präsentation des SEO-Tool-Anbieters Sistrix mit dem Titel »Website-Relaunch – eine unendliche SEO-Geschichte« von René Dhemant. Auf 88 Seiten erfahren Sie mit vielen Praxisbeispielen gespickt einiges über die Potenziale und die Fallstricke eines grundlegenden Website-Relaunches. Es ist einfach so: Mit einer gut optimierten Website haben Sie eine exzellente Ausgangsposition für besseres SEO-Ranking und erfolgreiches Inbound-Marketing. Scheuen Sie also nicht den Aufwand eines Website-Relaunches. Eine gute Website schafft die Erfolgsbasis für Inbound Marketing. Die Charts zum Vortrag finden Sie unter *https://www.sistrix.de/resources/praesentationen/*.

Wenn es bei der Suchmaschinenoptimierung Ihrer Website akuten Handlungsbedarf gibt, sollten Sie diesen Bedarf direkt in Ihre Inbound-Marketing-Planung mit aufnehmen, den Änderungsbedarf spätestens im Zuge der Implementierung von Inbound Marketing angehen und ab sofort eine kontinuierliche SEO-Optimierung einführen. SEO ist kein einmaliges Projekt, sondern eine dauerhafte Tätigkeit des Inbound Marketing, die Sie mit regelmäßigen Aufgaben wahrnehmen sollten (z. B. monatlicher SEO-Rundum-Check). Ihre SEO-Analyse in der Phase der Inbound-Marketing-Planung sollte die folgenden sechs Bereiche der Suchmaschinenoptimierung umfassen:

1. SEO-Strategie – die Zielrichtung und die Hauptmaßnahmen Ihrer Suchmaschinenoptimierung

2. On-Page-Performance – die SEO-Performance Ihrer Website-Texte und Website-Struktur

3. Keyword-Performance – die Performance Ihrer Website inkl. Ihres Blogs für die wichtigsten Keywords Ihrer Buyer Personas

4. Backlink-Performance – die Anziehungskraft Ihrer Website für andere Websites mit hoher Autorität bei Google

5. User-Signal-Performance – die Performance Ihrer Website zur Anziehung von Website-Traffic in den Google-Suchergebnissen und die Bindungskraft Ihrer Website auf Besucher, möglichst lange und aktiv auf Ihrer Website zu bleiben

6. Conversion-Performance – die Performance Ihrer Website bei der Konvertierung von Besuchern in Kunden

9.2.1   Haben Sie eine SEO-Strategie?

Beim Inbound Marketing zählt die Ausrichtung des gesamten Marketing-Mix auf die wichtigsten Buyer Personas. Ist das Online-Marketing Ihres Unternehmens und sind insbesondere Ihre SEO-Aktivitäten explizit auf Buyer Personas ausgerichtet? Gibt es ein Dokument, in dem die Bearbeitung einzelner Buyer Personas durch SEO-Maßnahmen explizit erfasst und geplant ist? In vielen Unternehmen ist das heute noch nicht der Fall. SEO-Strategien richten sich oftmals etwas undifferenziert und nebulös auf Marktsegmente, semantische Themen oder direkt gegen Wettbewerber, aber seltener auf bestimmte Buyer Personas. Das sollte Ihr Inbound Marketing im Unternehmen ändern. Berücksichtigen Sie bei Ihrer Inbound-Marketing-Planung, dass Sie Ihre SEO-Strategie in Zukunft vermehrt in den Dienst der Bearbeitung vordefinierter Buyer Personas stellen werden. Machen Sie sich die folgenden Entscheidungen für Ihre Inbound-Marketing-Strategie und die daraus abgeleitete SEO-Strategie klar:

1. Welche Buyer Personas wollen Sie über Google in welcher Phase ihres Kaufentscheidungsprozesses gezielt ansprechen und über SEO-Performance in Suchmaschinen gewinnen? In welchen Ländermärkten wollen Sie diese Buyer Personas ansprechen und mit welchen Sprachen?

2. Für welche Suchmaschinen wollen Sie SEO und Inbound Marketing betreiben? Richten Sie Ihre ganze Kraft allein auf Google, oder wollen Sie zusätzlich auch alternative und kleinere Suchmaschinen bearbeiten, wie z. B. Bing oder Yahoo?

3. Welche Produkte oder Dienstleitungen Ihres Unternehmens wollen Sie besonders in Suchmaschinen prominent herausstellen? Kennen und nutzen Sie die mit Ihren Produkten verbundenen Oberbegriffe für Ihre Produktkategorien und die zugehörigen Keywords?

Eine besondere Dimension Ihrer SEO-Strategie bei Inbound ist die Wettbewerbsstrategie. Wie definieren Sie Ihren Wettbewerb in Suchmaschinen? Im Inbound Marketing besteht Ihr Wettbewerb nicht nur aus Firmen, die vergleichbare Produkte oder Dienstleistungen anbieten. Ihre Wettbewerber sind genauso all jene Unternehmen und Content-Anbieter, die vor Ihnen bei Google und Co. für die wichtigen Suchbegriffe Ihrer Buyer Personas auf den vorderen Plätzen ranken und daher die Wahrnehmung Ihrer potenziellen Kunden auf sich ziehen. Der SEO-Wettbewerb wird im Inbound Marketing nicht mehr vom Produkt, sondern vom Kunden und dessen Aufmerksamkeit her definiert. Machen Sie sich klar, welche Rolle Sie im Suchmaschinenwettbewerb einnehmen:

▶ Wichtige Fragen für Herausforderer im SEO-Wettbewerb: Wie steht die Performance Ihres Internet-Auftritts im Vergleich zum Wettbewerb dar? Welche anderen Anbieter werden zu relevanten Keywords gefunden? Bei welchen Buyer Personas, Themengebieten und gegebenenfalls Keywords wollen Sie Ihre Wettbewerber in der Gunst der Google-Nutzer überholen?

▶ Wichtige Fragen für Verteidiger im SEO-Wettbewerb: Sind Sie bereits Aufmerk-samkeits-Marktführer bei Google für Ihre Buyer Personas? Wie wollen Sie diesen Vorsprung in den Ranking-Ergebnissen sichern? Wie können Sie Ihren Vorsprung und Ihre Kompetenz aus Sicht Ihrer Kunden weiter ausbauen? Wollen Sie in Ihrem Bereich die Themenführerschaft (Thought Leadership) in Suchmaschinen über-nehmen und gegebenenfalls sogar Suchbegriffe bei Google dominieren?

Bei der SEO-Analyse Ihrer Inbound-Marketing-Planung sollten Sie die Zielerreichung Ihrer bisherigen SEO-Ziele überprüfen. Echte SEO-Ziele bestehen nicht darin, mit einem vordefinierten Keyword-Set auf Position eins bei Google zu stehen. Das mag zwar kurzfristig taktisch sinnvoll erscheinen, auf lange Sicht ist dies aber nicht weit genug gedacht. Verfolgen Sie heute schon weitergehende SEO-Ziele mit einer quanti-tativ festgelegten Generierung von relevantem Website-Traffic und der damit ver-bundenen Gewinnung von Leads? Top-Platzierungen und eine hohe Sichtbarkeit bei Google und Co. sind nur Etappenziele auf dem Weg zur Lead-Generierung und Kun-dengewinnung.

Prüfen Sie auch, wie SEO heute in Ihrem Unternehmen betrieben und Ihre SEO-Stra-tegie verfolgt und ständig überprüft wird. Wie oft im Jahr betreiben Sie Keyword-Recherche? Wie oft analysieren Sie alle Webpages Ihrer Website auf effektive SEO-Optimierung? Gibt es bei Ihnen einen monatlichen SEO-Report, in dem die SEO-Per-formance dargestellt und diskutiert wird? Im Inbound Marketing werden regelmä-ßige Reporting-Runden zur Normalität. Planen Sie die Veränderung dieser SEO-Prozesse direkt bei der Einführung von Inbound Marketing mit ein.

9.2.2   Wie gut ist Ihre On-Page-Performance?

Machen Sie eine inhaltliche Analyse Ihrer Website-Texte. Alle Texte Ihrer Website sollten für Menschen einfach lesbar und verständlich geschrieben sein. Beachten Sie aber, dass Sie die Texte nie nur für Menschen, sondern immer auch gleichzeitig für Google schreiben. Eine fehlerfreie SEO-Optimierung Ihrer Website-Struktur und Website-Inhalte bestimmen über die *On-Page-Performance* Ihrer Website. Eine gute On-Page-Performance ist so etwas wie die Pflichtübung der Suchmaschinenoptimie-rung. Hier kann man jede Menge Hygienefehler machen, die nur auffallen, wenn etwas falsch gemacht wurde. Wurde alles bei der On-Page-Optimierung richtig gemacht, ist das allein noch kein Garant für ein gutes Ranking. Behandelt man On-Page-Optimierung aber nachlässig, kann man sich Probleme bei Google einhandeln, die man einfach nicht haben müsste, wenn man diesen Basis-SEO-Job diszipliniert und regelmäßig durchführt. Es ist erschreckend, dass selbst Großunternehmen zum Teil Tausende von On-Page-SEO-Fehlern auf ihrer Website haben und dadurch ernst-hafte Ranking-Nachteile bei Google in Kauf nehmen. Viele Fehler der On-Page-Opti-mierung passieren in der Praxis bei größeren Änderungen an einer Website wie z. B.

im Zuge eines Website-Relaunches oder beim Wechsel des Content-Management-Systems. Stellen Sie bei der Planung Ihres Inbound Marketing unbedingt den aktuellen Stand Ihrer On-Page-Performance fest.

SEO-Tipp: Suchen Sie den richtigen Inbound-Partner für SEO

Wenn Sie bisher noch keine tiefe SEO- und Webdesign-Kenntnis haben, sollten Sie sich dazu in Ihrem Team einen erfahrenen Experten suchen oder direkt mit einer SEO-erfahrenen Inbound-Marketing-Agentur zusammenarbeiten. Setzen Sie besser nicht auf eine traditionelle und monothematisch arbeitende SEO-Agentur. Solche Anbieter sind zwar extreme Spezialisten im SEO-Know-how, können ihre SEO-Aktivitäten aber nicht auf die Ziele Ihres Inbound Marketing ausrichten, da sie dort keine originäre Erfahrung haben. SEO ist das Instrument, Inbound die Strategie – nicht umgekehrt. Das haben auch traditionelle SEO-Agenturen begriffen, deren Marktbedeutung tendenziell eher zurückgehen könnte. Prüfen Sie bei SEO-Agenturen, die aus dem Nichts mit Inbound Marketing werben, ob sie wirklich Inbound Marketing verstanden haben und auch für sich in vollem Umfang praktizieren. Wer auf den vorderen Rängen bei Google zu Begriffen wie Inbound Marketing vertreten ist, zeigt erst einmal nur, dass er Google »gamen« kann. Das ist noch kein Beweis, dass er auch die SEO-Spielregeln für Ihre Lead-Generierung und Kundengewinnung verstanden hat.

Bei Ihrer Inbound-Marketing-Planung erhalten Sie über Ihre On-Page-SEO-Analyse viele wertvolle Hinweise auf schnelle Optimierungen, die Sie im Inbound Marketing zu dauerhaftem Standard machen werden. Beseitigen Sie direkt die wichtigsten und dringendsten On-Page-Probleme.

SEO-Workshop: Steigern Sie Ihre On-Page-Performance

Ihre On-Page-Performance zu steigern ist eine gute und lohnenswerte Vorarbeit für Ihr Inbound Marketing. On-Page-Optimierung ist viel Detailarbeit. Oft müssen Sie viele einzelne Änderungen manuell in Ihrem Content-Management-System vornehmen. Gleichzeitig müssen Sie auf die innere Konsistenz Ihrer On-Page-Texte achten. Alle Texte, die Sie bei Ihrer On-Page-Arbeit optimieren, sollen für Website-Nutzer wie aus einem Guss wirken und für Google genau Ihre SEO-Strategie abbilden. Bei der On-Page-Optimierung sollten Sie möglichst alle wichtigen Punkte im Auge behalten, die in der Summe eine gute On-Page-Performance ermöglichen.

1. *URL:* Die Web-Adresse (URL) jeder Webpage auf Ihrer Website sollte das jeweils gewünschte Keyword enthalten. Eine Webpage, die z. B. für »Beratung« ranken soll, könnte also die folgende URL erhalten: *www.beispiel.com/beratung.html.*

2. *Page Title/Hauptüberschrift:* Der Seitentitel jeder Webpage sollte das jeweils gewünschte Keyword enthalten. Seitentitel werden auf der Ergebnisseite einer Suchmaschine und im Tab Ihres Browsers angezeigt (vgl. Abbildung 9.13). Ein Sei-

tentitel sollte übrigens nicht länger als 70 Zeichen und leicht verständlich geschrieben sein. Der Seitentitel ist die Überschrift der obersten Gliederungshierarchie und wird in der Darstellungssprache HTML als H1-Überschrift oder genauer als H1-Tag bezeichnet. Achten Sie dringend darauf, dass Sie auf einer Webpage nicht mehrere Überschriften als H1 formatiert haben. Spüren Sie alle Webpages auf, in denen keine Überschrift als H1 benannt ist, und ernennen Sie Ihre zentrale Keyword-Überschrift zur H1.

3. *Zwischenüberschriften:* Die weiteren Zwischenüberschriften der betreffenden Webpage (H2, H3) sollten ebenfalls das gewünschte Keyword oder ein semantisch ähnliches Keyword beinhalten. Sorgen Sie für Keyword-Konsistenz aller Überschriften auf einer einzelnen Webpage. Sorgen Sie ebenso dafür, dass nicht unterschiedliche Webpages auf dasselbe Keyword abzielen. Sonst weiß Google nicht, welche Ihrer Pages eigentlich für das jeweilige Keyword ranken soll. Überlassen Sie nicht Google diese Wahl, sondern ordnen Sie jedes Keyword nur genau einer einzelnen Webpage Ihrer Website zu.

Abbildung 9.13 Page Title und Meta Description (Beispiel)

4. *Meta Description:* Fügen Sie jeder Webpage eine sogenannte *Meta Description* hinzu. Dieser Text wird in den Google-Suchergebnissen als zweizeiliger Beschreibungstext Ihrer Webpage mit maximal 155 Zeichen Länge angezeigt (vgl. Abbildung 9.13). Eine gute Meta Description sollte für die Suchmaschine und für den Nutzer der Suchmaschine gleichermaßen relevant getextet sein. Eine Meta Description sollte der Suchmaschine das passende Keyword Ihrer Webpage nennen und gleichzeitig dem Google-Nutzer den Nutzen der beworbenen Webpage mit klaren und ansprechenden Formulierungen verdeutlichen. Eine gut getextete Meta Description macht für Google-Nutzer den Ausschlag zwischen Ihrem Angebot und den Angeboten in den Suchergebnissen um Sie herum. Überprüfen Sie, ob Ihre aktuellen Meta Descriptions von Vertretern Ihrer Buyer Personas richtig ver-

standen werden und ob sie für Ihre potenziellen Kunden attraktiv sind. Sie sollten heutzutage genauso viel Energie und Herzblut in das Texten Ihrer Meta Descriptions investieren, wie Sie früher in das Texten der Headlines Ihrer Werbeanzeigen gesteckt haben. Die Meta Description ist alles, was Google-Nutzer von Ihrer wunderbaren Webpage zu sehen bekommen. Diese zwei Zeilen müssen Ihre Website, Ihr Angebot und letztlich auch Ihr Unternehmen verkaufen. Wer übernimmt heute in Ihrem Unternehmen diesen anspruchsvollen Job? Führen Sie einen Review aller Meta-Description-Texte durch. Halten Sie diese Aufgabe in Ihrer Inbound-Marketing-Planung als eine regelmäßige Aufgabe fest. Die Performance Ihrer Meta Descriptions ist eine sehr wichtige Dimension Ihrer On-Page-Performance, obwohl sie nicht auf Ihrer Website, sondern, genauer betrachtet, eher in den Suchergebnissen von Google und Co. für Sie arbeitet.

5. *Keyword am Textanfang:* Das Wunsch-Keyword Ihrer Webpage sollte im ersten Textabschnitt vorkommen. Google achtet auf die ersten hundert Worte Ihres Seitentextes und versucht zu erkennen, welches Keyword besonders wichtig für Sie ist. Wenn Sie also Ihr Wunsch-Keyword auch hier auf natürliche Weise im Textfluss unterbringen, unterstreicht das bei Google die Bedeutung dieses Keywords. Überprüfen Sie die Lesbarkeit Ihrer Website-Texte. Diese Texte sollten mit durchschnittlicher Schulbildung einfach zu erfassen sein. Das wird nicht nur von Website-Nutzern, sondern auch von Google beurteilt.

6. *Texthervorhebungen:* Markieren Sie auf Webpages bevorzugt solche Sätze oder Texte mit Fettung, in denen das gewünschte Keyword bzw. damit semantisch verwandte Keywords enthalten sind. Markieren Sie die Fettung dieser Keywords möglichst direkt in HTML mit einer entsprechenden Kennzeichnung, die auch von Google verstanden wird (`<strong>`).

7. *Bilder:* Benennen Sie ein Bild je Webpage nach dem gewünschten Keyword der Webpage und die anderen Bilder mit semantisch ähnlichen Begriffen. Damit ist nicht nur der Dateiname des Bildes gemeint, sondern auch der für den Website-Nutzer unsichtbare Alt-Text des Bildes, den Sie in Ihrem Content-Management-System für das jeweilige Bild vergeben. Suchmaschinen wie Google können Bilder nicht erkennen, sondern nur die Bildbeschreibung lesen.

8. *Internes Linkbuilding:* Überprüfen und optimieren Sie die internen Verlinkungen auf Ihrer Website. Haben Sie auf Ihrer Website sogenannte *Core Pages*, zu denen Sie den Traffic Ihrer Besucher lenken wollen, um insbesondere potenzielle Interessenten zu Leads zu konvertieren? Wenn Sie noch keine solche Struktur haben, identifizieren Sie Ihre wichtigeren Core Webpages, und verlinken Sie von thematisch passenden Webpages (insbesondere von thematisch entsprechenden Blogposts) auf diese Core Pages. So erkennt auch Google, welche Webpages bei Ihrer Website im Vordergrund stehen, und gibt diesen Webpages den Vorzug in den Suchergebnissen.

9. *Weiterleitungen:* Überprüfen Sie, ob auf Ihrer Website alle Webpages korrekt weitergeleitet werden (*Redirects*). Weiterleitungen bauen Sie in eine Website ein, wenn Sie z. B. die URL einer Page geändert haben, aber wollen, dass Google das Ranking der ursprünglichen Page auch an die neue Page weitergibt, auf die Sie jetzt verlinken. Auch wenn Sie eine Page löschen, sollten Sie Google mit einer sogenannten *301-Weiterleitung* das Signal geben, dass stattdessen eine neue Page dafür da ist, oder Sie setzen eine Weiterleitung auf Ihre Homepage (Startseite Ihrer Website). Tun Sie das nicht, produzieren Sie eine berüchtigte *404-Fehlermeldung* bei Google (*Page not Found*). Der Nutzer ärgert sich, wenn er in Google auf ein Suchergebnis klickt, das in Wahrheit gar nicht mehr existiert. Google ärgert sich, weil der Nutzer sich ärgert. Beim Relaunch einer Website kann es passieren, dass plötzlich viele Webpages ins Nichts verlinken (*Broken Links*) und dadurch sogenannte 404-Fehlermeldungen produzieren. Wenn Sie solche Fehler nicht abstellen, kann Ihnen ein Ranking-Abschlag durch Google drohen. Denn schließlich zeigt eine massive Mehrung von 404-Fehlern, die nicht abgestellt werden, dass Sie entweder zu beschäftigt oder zu unwissend sind, solche Fehler abzustellen. Und das ist ein K. o. bei Google und Nutzern gleichermaßen. Machen Sie also mit Ihrer Inbound-Marketing-Planung erst weiter, wenn Sie solche Fehler abgestellt haben.

10. *Sitemap:* Eine Sitemap gibt Ihren Website-Besuchern eine Übersicht über alle Webpages Ihrer Website und deren hierarchische Struktur. Website-Besucher, die sich Orientierung verschaffen wollen, können sich mithilfe einer Sitemap einfach und schnell zurechtfinden. Der Website-Nutzer, der gezielt suchen möchte, kann von der Sitemap aus jede Webpage mit nur einem Klick erreichen. Suchmaschinen honorieren die Mühe bei der Erstellung einer Sitemap (HTML-Sitemap) durch einen Schub Ihrer Gesamtsichtbarkeit. Versuchen Sie nicht, diese Übersichtsseite besonders schön zu gestalten. Eine Ansammlung von Seitentiteln in korrekter Zuordnung zueinander mit Verlinkungen auf die entsprechende Seite ist vollkommen ausreichend. Suchmaschinen werden die vielen ausgehenden Links dieser Webpage als ein Indiz dafür sehen, dass Sie sich eine Sitemap aufbauen, und diese automatisch anerkennen. Darüber hinaus reichen Sie üblicherweise eine für den Nutzer unsichtbare sogenannte *XML-Sitemap* bei Google ein. Das erleichtert Google die Indexierung und das Ranking Ihrer Website.

Eine solide On-Page-Optimierung ist das Signal an Google, dass Sie die Basis Ihres SEO-Jobs beherrschen und einen Start-Bonus gegenüber schlecht optimierten Seiten verdient haben. Wenn Sie den Status Ihrer On-Page-Performance bzw. möglicher Fehlerquellen analysieren wollen, brauchen Sie dafür ein geeignetes SEO-Tool. Kostenpflichtige SEO-Tools wie *Sistrix* oder *Xovi* haben hier ihre große Stärke. Sie zeigen Ihnen übersichtlich alle Fehler an und geben Tipps zur Optimierung. Eine bis zu einem gewissen Umfang kostenlose Alternative ist das Tool *Screaming Frog*, das Sie auf *https://www.screamingfrog.co.uk/seo-spider/* herunterladen und von Ihrem PC oder MAC aus bedienen können. Sollten Sie mit dem Content-Management-System *WordPress* arbeiten, verfügen Sie z. B. mit dem *Yoast*-Plugin über ein recht gutes und in weiten Teilen kostenloses SEO-Tool mit vielen Tipps auf der zugehörigen Website (*https://yoast.com/*). Mit all diesen Tools erhalten Sie wertvolle Einsichten und können schnell Ihre On-Page-Optimierung starten. Eine gute On-Page-Performance ist wichtig, reicht aber allein noch nicht aus, um ein gutes Google-Ranking zu bekommen. Wie gut ist Ihre Website überhaupt für wichtige Keywords sichtbar?

9.2.3   Wie gut ist Ihre Keyword-Performance?

Keywords sind die Suchbegriffe, mit deren Hilfe Menschen in Suchmaschinen wie Google nach Informationen suchen. Eine solche Suchmaschine produziert zu jedem erdenklichen Keyword unzählige Seiten mit relevanten Suchergebnissen. Solche Suchergebnisseiten werden auch *Search Engine Result Pages* (*SERP*) genannt. Weltweit geben Menschen täglich milliardenfach die Suchbegriffe ein, von denen sie sich die möglichst schnelle Lösung ihres Informationsproblems erhoffen. Ihre Aufgabe als Inbound Marketer ist es, mit einer Keyword-Analyse genau die Keywords aufzuspüren, die Ihre potenziellen Kunden bei relevanten Kaufentscheidungsprozessen in Google und Co. eingeben. Keywords sind für Ihre potenziellen Kunden der Schlüssel zur Lösung ihrer Probleme.

Eine große Rolle bei der Keyword-Analyse spielen die Buyer Personas und die Customer Journey Ihrer potenziellen Kunden. Bei Ihrer Inbound-Marketing-Planung sollten Sie analysieren, welche Begriffe für Ihre Buyer Personas im Informations- und Kaufentscheidungsprozess ausschlaggebend sind. Im Idealfall existiert in Ihrem Unternehmen bereits eine Keyword-Liste für jede Buyer Persona, bei der die einzelnen Keywords den verschiedenen Phasen der Customer Journey zugeordnet sind. Daraus ergibt sich Ihr strategisches Keyword-Set, für das Sie bei Google ganz vorne in den Suchergebnissen gefunden werden wollen. In der Keyword-Analyse Ihrer Inbound-Marketing-Planung sollten Sie nun herausfinden, wie gut die Performance Ihrer Website für diese Keywords in den Suchergebnissen bei Google ist.

Inbound-Tipp: Die Kriterien Ihrer Keyword-Performance

Bei der Analyse Ihrer Keyword-Performance sollten Sie für jedes betrachtete Keyword fünf zentrale Erfolgsdimensionen betrachten, die Ihnen einen ersten Anhaltspunkt über Ihre Performance geben.

1. *Seite:* Auf welcher Seite der Google-Suchergebnisse befindet sich der Suchtreffer aus Ihrer Website für das betrachtete Keyword? Die meisten Google-Recherchen beginnen und enden auf der Seite eins der Suchergebnisse. Suchergebnisse auf den Seiten zwei und folgende erhalten nur einen Bruchteil der Aufmerksamkeit Ihrer potenziellen Kunden.

2. *Position:* Auf welcher Position der Google-Suchergebnisse genau befindet sich der Suchtreffer aus Ihrer Website? Die ersten drei Suchergebnisse der Seite eins bei Google ziehen erfahrungsgemäß den Löwenanteil der Aufmerksamkeit auf sich. Je weiter hinten ein Suchergebnis zu finden ist, desto weniger Aufmerksamkeit erhält es und umso geringer ist die Nutzung dieses Suchergebnisses zum Weiterklicken (Click-Through-Rate).

3. *Suchvolumen:* Wie oft im Monat wird der betrachtete Keyword-Suchbegriff bei Google eingegeben? Große Suchvolumina kommen besonders bei den Kernbegriffen Ihres Geschäfts bzw. bei den Kerninteressen Ihrer Buyer Personas vor. Achten Sie bei der Statusanalyse Ihrer Inbound-Marketing-Planung darauf, bei welchen Begriffen mit hohem Suchvolumen Ihr Unternehmen schon gut platziert ist. Analysieren Sie auch die vielen kleineren und längeren Suchbegriffe (Long-Tail Keywords) mit deutlich kleinerem Suchvolumen. Entdecken Sie Muster und Zusammenhänge zwischen den Begriffen, für die Ihr Unternehmen schon gut rankt?

4. *Art der rankenden Webpage:* Welche Seiten Ihrer Website ranken gut für Ihre wichtigen Suchbegriffe? Sind es genau die Webpages, die Sie auch favorisieren, oder haben sich Seiten Ihrer Website in den Suchergebnissen nach oben geschoben, die weniger dienlich sind? Analysieren Sie, welche konversionsstarken Pages bereits gut ranken. Sind viele Ihrer Blogposts unter den gut platzierten Seiten? Wo im Ranking stehen Ihre Core Webpages, d. h. die zentralen Seiten, auf denen Ihre wichtigsten Buyer Personas zu Leads konvertieren sollen? Diese Analyse schafft eine hohe Transparenz für Ihre anschließende Inbound-Marketing-Strategie. Wenn Sie wissen, wo Ihre Ranking-Defizite sind, wissen Sie auch, wo Sie mit Inbound-Kampagnen ansetzen können, um Ihr Google-Ranking bei entscheidenden Keywords zu verbessern.

5. *Cost per Click in Euro (CPC):* Dieser Eurobetrag gibt an, wie viel Geld die Inserenten bei Google AdWords für einen Klick auf ihre Anzeige zu zahlen bereit sind. Das Niveau der Preisbereitschaft verrät einiges über den Charakter des betreffenden Keywords. Gerade für Keywords aus der Decision-Phase von Buyer Personas werden bei relativ kleinem Suchvolumen erstaunlich hohe Werbebeträge an Google gezahlt. So lag im Februar 2017 z. B. der CPC für das Keyword »Marketing Automation Software« bei 18 € trotz eines relativ geringen Suchvolumens von 140 Suchen pro Monat (vgl. Abbildung 9.14).

   Wer diesen Begriff bei Google eingibt, trifft offensichtlich auf Anbieter, die sich stark überbieten, um von Ihren Buyer Personas wahrgenommen zu werden. Ein Indiz für einen harten Kampf um die Gunst der Kunden.

6. *Mitbewerberdichte in Prozent:* Der Wert der Mittbewerberdichte (Keyword Difficulty) ist ein Indiz dafür, wie schwer es für neu hinzukommende Player ist, sich für ein bestimmtes Keyword auf den vorderen Plätzen bei Google zu etablieren. Bei dem Begriff »Marketing Automation Software« liegt die Wettbewerberdichte

im Februar 2017 bei 97 %. Es ist also fast unmöglich, sich für dieses Keyword neu zu profilieren. Eine Mitbewerberdichte bis ca. 50 % erlaubt es in der Regel, mit Inbound Marketing recht schnell eine gute Ranking-Position bei Google zu erstreiten. Darüber wird es schwerer, aber nicht unmöglich.

Keyword	Suchvolumen pro Monat	CPC	Mitbewerber-Dichte
Marketing Automation Software	140	17,89	97
Inbound Marketing	2400	3,54	27

Abbildung 9.14 Suchvolumina und CPC verschiedener Begriffe (Quelle: Xovi, Mitte Februar 2017)

Wenn Sie bereits ein SEO-Tool wie Sistrix oder Xovi verwenden, analysieren Sie damit im Rahmen Ihrer Inbound-Marketing-Planung die aktuelle Performance Ihrer Keyword-Rankings. Auch in den Inbound-Marketing-Software-Paketen von Anbietern wie HubSpot, Act-On oder Marketo sind umfangreiche SEO-Funktionen und funktionsstarke Keyword-Tools integriert.

9.2.4   Wie gut ist Ihre Backlink-Performance?

Eines der wichtigsten Ranking-Signale für Google ist, dass andere Websites mit einer hohen Autorität und Reichweite im Web auf Ihre Website verweisen. Wenn Ihre Website einen solchen Backlink erhalten hat, geht Google davon aus, dass Ihre Website offensichtlich so guten Content bereithält, sodass selbst Websites mit hoher Autorität auf Ihre Website verweisen. Backlinks von Websites, denen Google eine hohe Kompetenz und Autorität zutraut, sind für die Performance Ihrer Website besonders wertvoll. Analysieren Sie also bei Ihrer Inbound-Marketing-Planung, welche Backlinks Ihre Website heute schon hat. Mit SEO-Tools wie Sistrix oder Xovi können Sie ebenso verfolgen, welche Backlinks die Websites Ihrer Wettbewerber besitzen. Identifizieren Sie darunter Backlinks, die Sie auch gern hätten, und schreiben Sie sich in Ihrer Inbound-Marketing-Planung auf, dass Sie später im Rahmen von Inbound-Marketing-Kampagnen solche neuen Backlinks aufbauen wollen.

Inbound-Tipp: Optimieren Sie Ihre Backlinks

Notieren Sie alle wichtigen Backlinks zu Ihrer Website in einer Excel-Tabelle. Notieren Sie für jeden Backlink in einer Extraspalte:

▶ ob Sie diesen Backlink beibehalten wollen

> ▶ ob Sie den Backlink optimieren wollen, indem Sie z. B. den verweisenden Anchor-Text oder den Landepunkt des Backlinks auf Ihrer Website ändern
>
> ▶ ob Sie den Backlink stattdessen löschen lassen möchten, weil er vielleicht inhaltlich nicht passt, oder die Website, die auf Sie verlinkt, nicht zu Ihrem Unternehmen und seiner Positionierung passt

Erfassen Sie ab sofort neu eingehende Backlinks, damit Sie bei der Planung Ihrer Inbound-Marketing-Kampagnen die richtigen Prioritäten beim Linkbuilding legen. Mit Inbound Marketing werden Sie sich kontinuierlich um den Aufbau neuer und hochqualitativer Links kümmern (z. B. durch redaktionelle Kooperationen).

9.2.5   Wie ist Ihre User-Signal-Performance?

Analysieren Sie in Ihrer Inbound-Marketing-Planung, welche Signale Ihre Website-Besucher durch den Umgang mit Ihrer Website an Google geben (vgl. Abbildung 9.15).

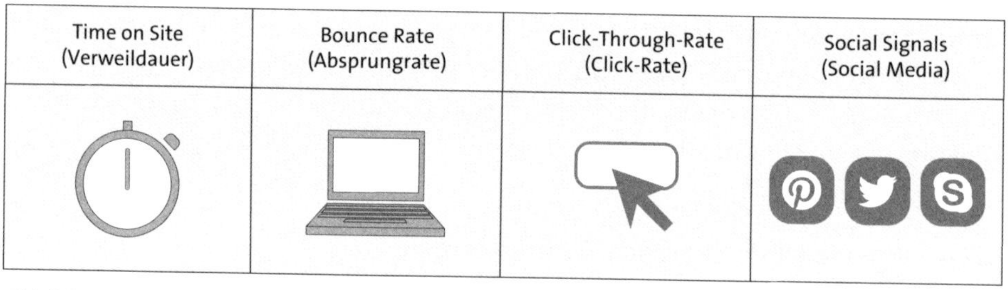

Time on Site (Verweildauer)	Bounce Rate (Absprungrate)	Click-Through-Rate (Click-Rate)	Social Signals (Social Media)

Abbildung 9.15 Nutzersignale, die für Google relevant sind

Wie viel Prozent aller Suchmaschinennutzer, die Ihren Website-Eintrag in der Ergebnisliste bei Google sehen, klicken auch tatsächlich auf Ihren Eintrag? Diese *Click-Through-Rate* ist ein wichtiges Ranking-Signal Ihres Content-Beitrags in Google. Ebenso wichtig ist, wie sich die Google-Nutzer, die in den Suchergebnissen auf Ihren Website-Eintrag geklickt haben, dann anschließend auf Ihrer Website verhalten. Wie viele dieser Website-Besucher springen mit dem »Zurück«-Button ihres Browsers wieder in die Google-Suchergebnisliste, um direkt das nächste Suchergebnis anzuklicken? Eine hohe Absprungrate (Bounce-Rate) an dieser Stelle kann deutliche Auswirkungen auf Ihr Google-Ranking haben, wenn Google das Gefühl hat, dass die Website-Besucher nicht etwa in Rekordzeit alles Gewünschte gefunden haben, sondern zurückgesprungen sind, weil sie auf Ihrer Website nicht gefunden haben, was Sie suchten. Wenn Sie eine hohe Bounce-Rate auf Ihrer Website entdecken, sollte das jetzt in der Phase Ihrer Inbound-Marketing-Planung für Sie der Anlass sein, Ihre Website-Konzeption, die Conversion Paths auf Ihrer Website, den Aufbau Ihrer Website-Navigation und den Aufbau der in den Google-Suchergebnissen platzierten Website-Pages genau zu überprüfen. Gegebenenfalls sollten Sie Nutzertests machen, um herauszubekommen, wo die Ursachen für diese Bounce-Rates liegen. Starten Sie nicht Ihr Inbound Marketing, bevor Sie dieses Problem nicht in den Griff bekommen haben. Oder anders gesagt: Starten Sie mit Inbound Marketing, indem Sie die Konzeption Ihrer Website auf Ihre Buyer Personas, deren Keywords und Suchprozesse hin optimieren. Schauen Sie sich auch die Nutzersignale aller Website-Besucher an, die gerne und länger auf Ihrer Website bleiben. Wie lange bleiben die Benutzer, d. h., wie lang ist ihre Verweildauer (*Time on Site*)? Scrollen die Website-Besucher auf Ihren Seiten nach unten, oder betrachten sie nur, was gerade oben im Bild ohnehin zu sehen ist? Wie viele Seiten schauen sich Ihre Website-Besucher hintereinander an? Auf welche weiterführenden Links klicken Ihre Website-Besucher? Welche Webpages sind die wichtigsten Einstiegsseiten, und über welche Webpages verlassen die Besucher Ihre Website am häufigsten wieder? Viele dieser Daten können Sie aus Google Analytics ablesen. Machen Sie sich mit diesen Daten vertraut, und erlangen Sie ein Gefühl dafür, wie die Qualität des Nutzerverhaltens auf Ihrer Website ist. Hier gibt es kein Gut oder Schlecht, aber viel Bedarf zur kontinuierlichen Optimierung.

Beachten Sie auch die Nutzersignale in den sozialen Medien, die Ihre Website betreffen (*Social Signals*). Wie oft werden die Pages Ihrer Website in den sozialen Medien geteilt, und wie oft ist dort ein Link zu dieser Website-Page eingebaut? Im Gegenzug sollten Sie auch feststellen, wie oft Ihre Website-Besucher die (hoffentlich) auf Ihrer Website vorhandenen Social-Sharing-Buttons nutzen, um die gerade besuchte Seite noch von der Website aus in den sozialen Medien in ihrem jeweiligen Netzwerk zu teilen.

9.2.6   Wie ist Ihre Conversion-Performance?

Wie viele Kaufabschlüsse produziert Ihre Website oder Ihr Online-Shop aktuell? Wie viele Newsletter-Anmeldungen oder Blog-Abonnenten kommen im Monat dazu? Wie viele dieser Abonnenten melden sich wieder ab? Wie lange war ein Abonnent durchschnittlich dabei, bevor er sich wieder abgemeldet hat, und wie viele E-Mails oder andere Kontaktaufnahmen hatte er bis dahin von Ihnen erhalten? Google ist in der Lage, viele dieser Conversion-Signale zu lesen und zu interpretieren. Dahinter steckt die Annahme, dass eine hohe Conversion Rate Ihres Online-Shops, Ihres Blogs oder Ihrer Newsletter-Anmeldung offensichtlich auch für eine hohe inhaltliche Qualität und Autorität Ihres Angebots steht. Sind Ihre Conversion Rates gut, ist eben offensichtlich auch Ihr Content gut, und Sie verfügen über Autorität bei Ihrer Zielgruppe. Google mag solche Ranking-Signale. Erfassen Sie diese Performance-Daten schriftlich, damit Sie eine Ausgangsbasis zur Formulierung Ihrer Kampagnen-Ziele haben. Mit Inbound Marketing können Sie die Conversion-Rates und die absolute Anzahl der Conversions wie z. B. Blog-Abos oder Newsletter-Anmeldungen signifikant steigern. Erheben Sie also bereits bei Ihrer Inbound-Marketing-Planung die Ausgangsdaten für entsprechende spätere Inbound-Kampagnen.

9.3   Überprüfen Sie Ihre Content-Strategie

Sie haben sich jetzt bereits mit der Website-Performance Ihres Unternehmens vertraut gemacht und den Status Ihrer SEO-Aktivitäten erfasst. Im nächsten Schritt geht es in Ihrer Inbound-Marketing-Planung darum, zu bestimmen, mit welchem Content Sie Ihre Buyer Personas bei ihren Kaufentscheidungen unterstützen werden. Wo steht überhaupt das Content Marketing Ihres Unternehmens? Zunächst sollten Sie eine Übersicht und Einschätzung des Contents gewinnen, den Ihr Unternehmen heute schon seinen Interessenten und Kunden per Website und Co. anbietet. Content ist der Motor Ihres Inbound Marketing – aber nicht jeder Content erhöht die Geschwindigkeit und die PS-Zahl Ihres Inbound-Marketing-Motors gleichermaßen. Entscheidend für die Performance Ihres Content ist die Kundenperspektive. Nur wenn Ihr Website-Content, Ihre Blogposts und Ihre herunterladbaren Content-Offers gut auf die Informationsbedürfnisse Ihrer Buyer Personas und deren Kaufentscheidungsphasen abgestimmt sind, werden sie Resonanz erzeugen und oft genutzt werden.

9.3.1   Betreiben Sie Content-Monitoring

Ihr Website-Content und Ihre downloadbaren Content-Angebote arbeiten jeden Tag rund um die Uhr für Sie. Manche Informationsinhalte sind echte Evergreens, die dauerhaft einen guten Ranking-Platz bei Google einnehmen und ständig in den sozialen Medien geteilt werden. Möglichst viele Ihrer Website-Inhalte sollten sich diesen Status erarbeiten. Manchen Content produzieren Sie vielleicht nur, um einen temporär wichtigen Trend im Markt aufzugreifen, und akzeptieren es daher, wenn sich diese Inhalte im Laufe der Zeit automatisch entwerten, wie z. B. eine alte Ausgabe eines jährlich erscheinenden Trendreports oder ein Bericht über ein laufendes Event. Legen Sie für jeden Content seine geplante zeitliche Reichweite fest, und beobachten Sie die Verbreitung des Contents im Web im Zeitablauf (*Content-Monitoring*). Betreiben Sie darüber hinaus ein regelmäßiges *Content-Auditing*. Damit ist eine regelmäßige Durchsicht Ihres gesamten Contents gemeint sowie die anschließende Portfolioanalyse darüber, ob Sie Teile Ihres bestehenden Contents löschen, überarbeiten und optimieren oder sogar komplett neu fassen sollten. Scheuen Sie sich nicht davor, dauerhaft relevante Inhalte (Evergreens) häufiger durch Posts in Social-Media-Kanälen zu bewerben. Variieren Sie, mit welchen Botschaften Sie diesen Content platzieren, und machen Sie dadurch Ihre potenziellen Kunden erneut auf ein erfolgreiches Content-Angebot wie z. B. ein Whitepaper oder E-Book aufmerksam. Neben einem Wiedererkennungswert bei Ihren Zielkunden können die beworbenen Inhalte davon profitieren, dass sich potenzielle Kunden seit dem letzten Kontakt mit diesem Content-Angebot im Kaufentscheidungsprozess weiterentwickelt haben und sich nun für das entsprechende Content-Angebot interessieren.

Inbound-Tipp: Messen Sie die Performance Ihres Content Marketing

Am besten erstellen Sie zur Performance-Übersicht eine Art Monitoring-Tabelle für all Ihre Content-Angebote. Tragen Sie in diese Tabelle die wichtigsten Leistungsdaten jedes Content-Angebots im Zeitablauf ein. Bei statischen Website-Inhalten reicht oft die Betrachtung der monatlichen Daten. Bei Blogposts und größeren Content-Angeboten (z. B. größere E-Books, Whitepapers oder Case Studies) sollten es je nach Traffic und Nutzung des Content-Angebots wöchentliche oder sogar tägliche Daten sein.

Nutzen Sie verschiedene Erfolgsgrößen zur Performance-Messung:

▸ *Anzahl der Aufrufe:* Wie oft wurde die Webpage, der Blogpost oder die Landing Page für Ihr Content-Angebot aufgerufen? Wie oft wurde das Content-Offer anschließend auch wirklich heruntergeladen?

▸ *Anzahl der Verweise:* Wie viele Verweise anderer Websites (Backlinks) führen auf Ihre betreffende Webpage oder Ihren Blogpost? Wie viele Shares in den sozialen Medien (Social Shares) hat Ihre Webpage, Ihr Blogpost oder Ihr Content-Angebot erhalten?

▸ *Contact-Performance:* Welcher Ihrer Autoren produziert die Content-Angebote mit der höchsten Interaktionsrate? Welche Content-Angebote produzieren die meisten neuen Kontakte (Leads)?

▸ *Content-Development:* Welche Themen bedienen Sie mit den am weitesten verbreiteten Content-Angeboten? Welche Content-Formate kommen am besten an?

9.3.2 Wie Sie ein Content-Audit durchführen

Mit einem *Content-Audit* bringen Sie bei Ihrer Inbound-Marketing-Planung Licht in das Dunkel Ihres aktuellen Content-Bestands. Beim Content-Audit sehen Sie relativ klar, wie gut Ihr Unternehmen bereits auf performance-orientiertes Content Marketing ausgerichtet ist. Zunächst erfassen Sie dabei Ihren Content mit einem quantitativen *Content Inventory*. Dabei listen Sie all Ihren Content auf, erfassen alle Textbeiträge auf Ihrer Website, jeden Blogpost, sämtliche Landing Pages (sofern vorhanden) und auch den herunterladbaren Content auf Website und Blog wie z. B. Checklisten, E-Books, Infografiken und so weiter. Gerade bei größeren Websites sollten Sie hierbei eine Datenbank bzw. eine Tabelle anlegen, in der alle Daten erfasst werden. So behalten Sie die Übersicht. Priorisieren Sie bei der Durchsicht den Content nach seiner Bedeutung. Wie wichtig ist er für die zukünftige Inbound-Marketing-Arbeit mit Ihren Buyer Personas? Idealerweise bringen Sie an dieser Stelle in Ihrem Unternehmen einen Standard-Freigabeprozess für neuen Content auf den Weg, damit alle neuen Content-Assets, die in der Zukunft produziert werden, vor der

Veröffentlichung von einer zentralen Instanz im Unternehmen auf Qualität geprüft und gleichzeitig in Ihrer Content-Inventory-Liste erfasst werden. Besonders wichtig für Ihr Inbound Marketing ist, dass Sie ab sofort bei jedem neuen Content-Asset erfassen, ob es sich an bestimmte Buyer Personas richtet und für welche Kaufentscheidungsphasen der Personas es relevant ist. Das ist wichtig, damit Sie später schnell bei der Planung neuer Inbound-Marketing-Maßnahmen auf den gesamten, jeweils geeigneten Content zurückgreifen können.

Inbound-Tipp: Was gehört zu Ihrem Content Inventory?

Nutzen Sie für die Erstellung eines Content Inventory eine einfache Excel-Tabelle oder bei komplexeren Projekten eine Datenbank-Software wie Filemaker oder MS Access. Erfassen Sie in Ihrer Content-Inventory-Liste alle Website-Dokumente inkl. Blogposts und alle Content-Offers mit allen zugehörigen Daten, nach denen man sie schnell wiederfinden und charakterisieren kann.

▶ Bei Website-Dokumenten wie Website-Texten, Blogposts und Landing Pages erfassen Sie die URL des Dokuments, den Titel des Dokuments (HTML Page Title), eine laufende Nummer des Dokuments sowie den zugeordneten Autor. Schaffen Sie eine Kategorisierung für Ihre Webpages (z. B. Produkt-Page, Service-Page, Info-Page), notieren Sie die Sprache, das Erstellungsdatum und gegebenenfalls ein bereits im Unternehmen vereinbartes Datum, zu dem dieses Dokument turnusweise wieder überprüft werden sollte.

▶ Charakterisieren Sie alle wesentlichen Website-Dokumente (vielleicht nicht unbedingt z. B. Ihre AGB-Seiten) mit den in ihnen enthaltenen SEO-relevanten Keywords. Vergleichen Sie dazu die einzelnen Web-Dokumente mit einer neuen SEO-Keyword-Liste, die Sie schon gegebenenfalls bei der Überprüfung Ihrer SEO-Performance in Abschnitt 9.2 erarbeitet haben. Das gibt Ihnen Aufschluss darüber, welchen Platz die Dokumente in Ihrer Keyword-Strategie einnehmen könnten.

▶ Erfassen Sie so gut wie möglich die Verbindungen zwischen den Dokumenten (insbesondere zwischen Website-Texten), damit Sie mögliche Conversion-Path-Strukturen Ihrer Website abbilden können. Welche Pages verweisen mit welchen Keywords und Links auf welche anderen Pages? Mit der Aufstellung der ausgehenden und eingehenden Links der Webpages erkennen Sie, welche Webpages eine zentrale Hub-Funktion in Ihrer Website einnehmen. Sie sind die Content-Knotenpunkte Ihrer Website und verlangen besondere Aufmerksamkeit. Wie gut sind diese Seiten in Keyword-Rankings platziert, und wie viel Traffic erhalten sie? Decken sich die Status-quo-Zahlen des Traffics mit den Absichten Ihrer Website- bzw. Content-Strategie?

Das Content Inventory gibt Ihnen eine Übersicht über den bisher angebotenen Content. Bilden Sie sich jetzt ein Urteil über die bisherige Performance Ihrer Content-

Assets. In einer Content-Performance-Analyse beurteilen Sie alle einzelnen Content-Produkte wie Blog-Beiträge, Infografiken, Bilder, Website-Texte oder Whitepapers nach ihrem Beitrag zum Erfolg Ihrer Website bzw. zur Lead-Generierung und Kundengewinnung. Dabei ist es hilfreich, die folgenden Fragen zu beantworten:

▶ Wie viel Traffic hat die betreffende Webpage bisher monatlich auf sich gezogen, und wie war die Entwicklung des Traffics über die letzten Monate hinweg? Wie hat sich das Ranking der Webpage im Google-Ranking entwickelt? Bei Content-Offers zählt die unmittelbare Anzahl der Downloads und die mittelbare Bedeutung dieses Content-Offers für die Conversion von Leads aus Sicht des Marketing- und Vertriebsteams.

▶ Wie gut entspricht das betreffende Content-Asset der Darstellung Ihres Marken-Images? Ist es Teil Ihres Corporate Messaging und trägt zur Positionierung Ihres Unternehmens bei? Spiegelt die Tonalität wie z. B. der Schreibstil eines Whitepapers die Sprache Ihres Unternehmens im Kundendialog wider (Corporate Language)? Bringt der Inhalt eines Content-Assets Ihre Markenbotschaften bei der relevanten Buyer Persona deutlich zum Ausdruck (Brand Storytelling)? Sind die Inhalte, die Ausdrucksweise und das Vokabular gut auf den Erfahrungshorizont Ihrer Buyer Persona abgestimmt?

9.3.3 Wie überarbeiten Sie Ihren Content?

Bei der Durchsicht Ihrer Content-Produkte im Content-Audit und Content-Monitoring stehen Sie immer wieder vor der Entscheidung, wie mit dem betreffenden Blogpost, Website-Text oder E-Book konkret umgegangen werden soll. Werden Sie das betreffende Content-Asset unverändert weiternutzen, es überarbeiten oder sogar aussortieren? Entscheidend ist, welche Rolle das jeweilige E-Book, Whitepaper oder sonstige Content-Angebot in Ihrem Inbound Marketing spielt. Bei jedem Content-Asset haben Sie folgende Entscheidungsmöglichkeiten:

▶ *Content-Beibehaltung:* Wenn ein Blogpost oder E-Book bisher bei seinen Buyer Personas erfolgreich ist und in Inhalt und Form mit den Zielen und Erwartungshaltungen der betreffenden Buyer Personas übereinstimmt, dann behalten Sie es einfach unverändert bei. Sie werden bei künftigen Inbound-Marketing-Kampagnen darauf zurückgreifen und dieses Content-Asset gegebenenfalls aktiv bewerben.

▶ *Content-Konsolidierung:* Manchmal können Sie verschiedene Blogposts oder E-Books zum gleichen Thema verdichten und zusammenfassen, um z. B. einem Interessenten die Information zu einem Thema zu vereinfachen, ohne dass er mehrere Dokumente lesen muss. Das bietet sich in der Praxis oft bei mehreren Dokumenten an, die zu einem selten gesuchten Keyword mit wenig Suchvolumen geschrieben worden sind. Wenn Sie z. B. Content zu einem solchen Nischenthema per E-Mail und Social Media promoten wollen, hilft es, dafür genau ein konsolidiertes Dokument (z. B. E-Book) bereitzustellen.

▶ *Content-Optimierung:* Es gibt mehrere Gründe, die Sie dazu bewegen können, ein Content-Asset zu überarbeiten. Einen gut laufenden Blogpost, der inhaltlich leicht veraltet ist, können Sie aktualisieren und so weiter stärken. Wenn sich zwei Blogposts oder Website-Texte inhaltlich sehr ähneln, können Sie eins dieser beiden Content-Assets überarbeiten, damit Google diese Texte besser auseinanderhält und so die Gefahr von *Duplicate Content* vermieden wird. Andere Content-Assets wie z. B. Website-Texte sind manchmal SEO-technisch schlecht optimiert. Das drückt sich in fehlenden oder doppelten Überschriften aus. Manchmal fehlt der Kurztext der Seite zur Anzeige in den Suchergebnislisten von Google und Co. (Meta Description). In anderen Fällen zeigt Ihnen eine SEO-Analyse, dass Sie bei der betreffenden Webpage Ihr Lieblings-Keyword einfach zu oft verwendet und so eine zu hohe Keyword-Dichte produziert haben (*Keyword-Stuffing*). In anderen Fällen ist das Problem eines Content-Assets weitaus subtiler als ein einfacher SEO-Fehler. So kann es Ihnen auffallen, dass ein schlecht genutztes E-Book einfach nicht für die anvisierte Buyer Persona und deren Kaufentscheidungsverhalten optimiert wurde. Es geht schlicht an den Bedürfnissen seiner Leser vorbei. Manchmal muss dann nur die Tonalität des E-Books angepasst werden. In anderen Fällen sind komplette inhaltliche Überarbeitungen inkl. der inhaltlichen Gliederung, der Texte und der Abbildungen angeraten.

▶ *Content-Reduction:* Der schwerste, aber oft richtige Schritt beim Content-Audit ist die Eliminierung bzw. Löschung eines Content-Assets aus dem Portfolio der angebotenen Informationen und E-Books auf der Website. Das fällt besonders schwer, wenn viel Arbeit in seine Produktion gesteckt wurde, wie z. B. bei Whitepapers oder bei Case-Studies mit Kundenbeispielen. Gerade bei veralteten Website-Texten sagt man sich dann zu schnell, dass dieser Content doch nicht schaden und daher einfach unbeachtet weiterexistieren könne. Wenn aber der inhaltlich schlechte oder schlicht veraltete Content auf Ihrer Website weiter dahinvegetiert, kann das ein schlechtes Licht auf Ihr Content-Portfolio werfen. Google erfasst, wie viel Prozent des Contents Ihrer Website nicht genutzt wird, und straft im schlimmsten Fall Ihre gesamte Website mit Ranking-Nachteilen dafür ab. Nutzer, die Ihren veralteten Content in die Hände bekommen, könnten von diesem Content auf Ihre Nachlässigkeit bei der Website-Betreuung schließen oder Ihnen gar unterstellen, Sie hätten sich seit der Veröffentlichung des inzwischen veralteten Contents nie wieder um dieses Thema gekümmert. Sie haben das sicher schon mal gesehen: Irgendwo auf einer Website entdecken Sie eine Einladung zu einem Webinar, das mittlerweile schon länger her ist. Was halten Sie von solch einem Anbieter? Eliminieren Sie also Content, wenn er unrettbar inhaltlich veraltet ist, terminlich obsolet geworden ist oder einfach Ihre künftigen Inbound-Marketing-Ziele nicht unterstützt.

Inbound-Tipp: Vorsicht bei der Content-Eliminierung

Veraltete Content-Angebote wie z. B. E-Books müssen nicht unmittelbar eliminiert werden. Es kann sein, dass sich diese Dokumente so im Markt durchgesetzt haben, dass noch viele Links anderer Websites auf sie verweisen. Seien Sie also umsichtig bei der Aufräumaktion Ihres Content Marketing, und aktualisieren Sie lieber solche Content-Assets, statt sie zu löschen. Prüfen Sie, ob der betreffende Webpage-Text oder Blogpost für wichtige SEO-Begriffe ein akzeptables Google-Ranking hat, ob nennenswerte Backlinks anderer Websites vorliegen oder ob der Text in den sozialen Medien Erwähnung findet. Eliminieren Sie erst dann Content-Elemente, wenn Sie wirklich sicher sind, dass niemand sie vermissen wird – weder Google noch Ihre Kunden. Achten Sie auch darauf, ob Content-Assets inhaltlich miteinander verbunden sind. Wenn Sie einen Blogpost aus einer mehrteiligen Blogpost-Reihe eliminieren, müssen Sie gegebenenfalls die restlichen Blogposts der Reihe inhaltlich so überarbeiten, dass der wegfallende Blogpost dadurch lückenlos ersetzt wird.

9.3.4   Planen Sie Content für die gesamte Customer Journey

Bei der Content-Planung geht es vor allem darum, die richtigen Bedürfnisse und Themen anzusprechen, die für den Kaufentscheidungsprozess Ihrer Buyer Persona relevant sind. Planen Sie die Themen und Botschaften für alle vier Phasen der Kundenansprache im Sales Funnel, also für:

▶ die Awareness-Phase

▶ die Consideration-Phase

▶ die Decision-Phase

▶ die Delight- bzw. Deployment-Phase

Ihr Ziel ist es, Ihren Interessenten gute Content-Angebote für jede Phase des Kaufentscheidungsprozesses zu machen. Erfassen Sie explizit, für welche Phase bzw. Phasen jedes Ihrer Content-Offer gedacht sein soll. Dazu können Sie z. B. Content-Offer-Templates wie das in Abbildung 9.16 nutzen.

Vergleichen Sie Ihr Content-Portfolio auch mit dem, was Mitbewerber zur Ansprache der gleichen Buyer Persona bereits veröffentlicht haben. Bieten Sie mit Ihrem Content-Portfolio einen klaren Mehrwert gegenüber Ihren Wettbewerbern, und positionieren Sie sich so als vertrauensvoller Partner für Ihre potenziellen Kunden. Greifen Sie die Erkenntnisse Ihrer Content-Planung hinsichtlich der relevanten Themen und Botschaften für eine Buyer Persona auf, und bestimmen Sie für jedes Thema in jeder Phase das jeweils optimale Content-Format. Achten Sie bei der Planung Ihres Content-Portfolios auf das Feedback Ihrer Nutzer, und gehen Sie auf Wünsche zu neuen Inhalten ein. Gerade produktbeschreibende Content-Offers wie Produktvideos für

Videos oder Online-Handbücher veralten sehr schnell und benötigen disziplinierte Content-Aktualisierungsprozesse. Seien Sie besonders umsichtig bei allem Content, für den Ihre Kunden und Interessenten ihre Kontaktdaten im Austausch für den Informationszugang preisgeben (*Gated Content*). An solchen Content legen Nutzer besonders hohe Anforderungen hinsichtlich Aktualität, Wertstiftung und Kundenorientierung. Jedes Content-Angebot ist eine Visitenkarte Ihres Unternehmens und repräsentiert dadurch Ihr Produkt oder Ihre Dienstleistung. Qualität und Nutzenorientierung sind daher zugleich Pflicht und Kür bei der Content-Gestaltung (Content-Creation). Mehr zur Content-Gestaltung erfahren Sie in Kapitel 13.

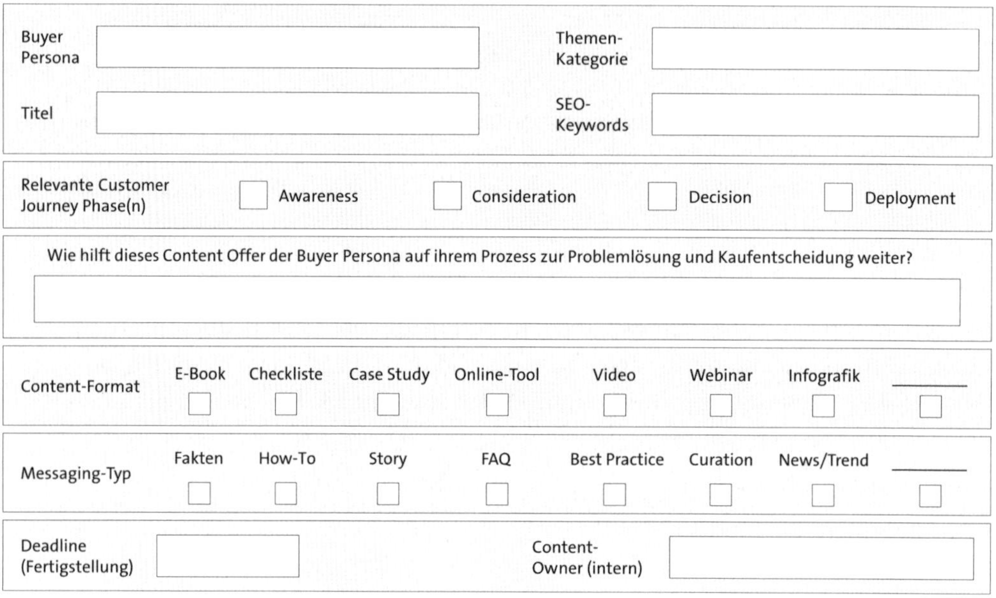

Buyer Persona		Themen-Kategorie	
Titel		SEO-Keywords	

| Relevante Customer Journey Phase(n) | ☐ Awareness | ☐ Consideration | ☐ Decision | ☐ Deployment |

Wie hilft dieses Content Offer der Buyer Persona auf ihrem Prozess zur Problemlösung und Kaufentscheidung weiter?

| Content-Format | E-Book ☐ | Checkliste ☐ | Case Study ☐ | Online-Tool ☐ | Video ☐ | Webinar ☐ | Infografik ☐ | ☐ |

| Messaging-Typ | Fakten ☐ | How-To ☐ | Story ☐ | FAQ ☐ | Best Practice ☐ | Curation ☐ | News/Trend ☐ | ☐ |

| Deadline (Fertigstellung) | | Content-Owner (intern) | |

Abbildung 9.16 Ein Content-Offer-Template aus der Inbound-Praxis

9.3.5   Betreiben Sie Content-Persona-Mapping

Idealerweise decken Sie mit Ihrem Content-Portfolio alle Customer-Journey-Phasen ab, sodass potenzielle Kunden bei Ihnen immer fündig werden, egal, wo sie in ihrem Kaufprozess stehen. Der Abgleich zwischen Ihrem bisherigen Content und den Anforderungen Ihrer Buyer Personas und deren Customer Journey in einem Audit ist das Content-Mapping oder auch Content-Persona-Mapping. Dazu zählen die folgenden Punkte:

1. *Content-Offer-Inventory:* Ordnen Sie jedem Ihrer Content-Angebote (E-Books, Whitepapers etc.) eine primäre Phase der Customer Journey zu, auf die es sich besonders richtet. Ist die Anzahl Ihrer Content-Angebote für die Awareness-, Consideration-, Decision- und Delight-Phase gleich verteilt? Auf welcher Phase liegt der derzeitige Schwerpunkt in Ihrem Content-Portfolio?

2. *Website-Text-Check:* Wie viel Prozent der Texte Ihrer Website dienen zur Education der generellen Themen Ihrer Buyer Personas (Awareness-Phase)? Wie viel Prozent richten sich auf die Suche Ihrer zukünftigen Kunden nach geeigneten Problemlösungen (Consideration-Phase), und wie viel Prozent Ihres Contents dient zur Information über Ihr Unternehmen und dessen Angebote oder zur konkreten Kaufberatung, zu Vergleichstests usw. (Decision-Phase)? Haben Sie gesonderten Content im Portfolio für Kunden, der sie bei ihrer Produktnutzung, bei Folgekäufen und Add-on-Käufen beraten soll?

3. *Buyer-Persona-Differenzierung:* Sind Teile Ihres Informationsangebots bereits für Interessenten erkennbar nach Buyer Personas gegliedert? Ist z. B. direkt in der Navigation Ihrer Website oder in Ihrem Blog-Verzeichnis erkennbar, an wen bzw. an welche Buyer Persona sich der Content des Website-Bereiches bzw. der Blog-Kategorie richtet? Ist sogar vielleicht erkennbar, für welche Phase der Customer Journey einer Persona der jeweilige Content angeboten wird?

Mit dieser systematischen Content-Betrachtung können Sie Lücken in Ihrem Content-Portfolio aufdecken und über die Zeit durch neu produzierten Content schließen. Nutzen Sie zur Visualisierung ein sogenanntes *Content-Mapping-Grid* (vgl. Abbildung 9.17).

	Attraction	Connection	Engagement	Delight
Geschäftsführer (Buyer Persona 1)	• E-Book Nr. 1 • Whitepaper Nr. 1 • Blogposts Nr. 1, 2, 5	• E-Book Nr. 14 • Whitepaper Nr. 2, 3, 6 • Blogposts Nr. 3, 6	• CEO-Guide A • Videos H, I, K	Bisher nichts vorhanden !
Einkaufsleiter (Buyer Persona 2)	• Online-Tool A • E-Book Nr. 5 • Blogposts 7, 9	Bisher nichts vorhanden !	• Anbietervergleich F • Case Studies G, H, J • Preisstudie L	• Newsletter T • Webinar D • E-Book Nr. 9
Produktnutzer (Buyer Persona 3)	• Videos D, E, F, G • E-Book Nr. 18 • Blogposts 23, 25	• E-Book Nr. 12, 16 • Whitepaper Nr. 7, 9 • Blogposts Nr. 4, 10	Bisher nichts vorhanden !	• Newsletter G • Webinar E • E-Book Nr. 13
Service-Leiter (Buyer Persona 4)	Bisher nichts vorhanden !	• E-Book Nr. 2, 3, 4 • Whitepaper Nr. 4, 5 • Blogposts Nr. 14, 16	• Service-Guide A • Case Studies G, H, K • Preisstudie L	Bisher nichts vorhanden !

Abbildung 9.17 Content-Mapping-Grid (Beispiel)

Im Zuge Ihres Content-Mapping erstellen Sie eine Übersicht, mit der Sie Ihr zukünftiges Content-Portfolio segmentieren, managen und beurteilen können. Ab jetzt geht es nicht mehr nur um Ihren bestehenden Content, sondern auch um diejenigen wertvollen Content-Assets (z. B. E-Books), die Ihnen heute noch fehlen, um alle wichtigen Buyer Personas in allen Phasen ihres Kaufverhaltens konsequent anzusprechen. Nutzen Sie Ihr Content Inventory, Ihr SEO-Keyword-Set und das Wissen über

Ihre Buyer Personas, um damit Ihr Content-Portfolio der Zukunft zu entwickeln. Im Inbound Marketing ist Ihre Content-Strategie dazu da, alle Buyer Personas mit genau dem Content zu versorgen, den sie in ihrer jeweiligen Entscheidungsphase benötigen. Planen Sie also die Content-Versorgung Ihrer Buyer Personas langfristig. Betrachten Sie Ihr Content Management als Teil der Wertschöpfungskette Ihres Unternehmens, nicht als einen Teil Ihres Marketing- oder Werbeetats. Das richtige Content-Portfolio ist im Inbound Marketing wichtig. Denn wenn der Content Ihrer Wettbewerber Ihre Zielkunden besser und effektiver erreicht, als es Ihr eigener Content vermag, können Sie auf dem Spielfeld des Content Marketing nur zusehen, wie Ihr Wettbewerber Ihre künftigen Kunden einsammelt und sich bei Kunden und Google als Meinungsführer (Thought Leader) etabliert. Das wird irgendwann zu einem echten Wettbewerbsnachteil. Denken Sie also auch an Themenführerschaft bzw. Thought Leadership. Gibt es wichtige Themen Ihrer Buyer Personas, für die Ihr Unternehmen heute noch nicht ausreichend wahrgenommen wird und bei denen gegebenenfalls Ihre Wettbewerber bereits eine führende Rolle bei Google und in den sozialen Medien einnehmen? Sind Ihre Wettbewerber gegebenenfalls bereits stärker zu diesen Themen durch Public Relations wie z. B. auf Fachsymposien, auf Messen oder in der TV-/Print-Berichterstattung platziert? Dann sollten Sie diese Themen in Ihrem Content-Portfolio entsprechend berücksichtigen und Content-Assets (z. B. E-Books, YouTube-Videos) dafür planen.

9.3.6   Fixieren Sie Ihre Content-Strategie fürs Inbound Marketing

Geben Sie sich eine schriftlich fixierte Content-Strategie. Ein solches Strategiepapier kann im Zweifelsfall sehr kurz sein und muss kein offizielles Dokument sein. Notieren Sie dazu Ihre einzelnen Buyer Personas und deren Informationsbedürfnis in den Phasen ihrer Customer Journey. Schreiben Sie die wichtigsten Ziele Ihres Unternehmens und die Marketing-Ziele auf, die Ihr Content-Portfolio beeinflussen werden.

▶ Werden Sie zur Erreichung Ihrer Umsatzziele neue Produkte auf den Markt bringen oder neue Verwender-Zielgruppen für bestehende Produkte ansprechen?

▶ Ist Ihr Unternehmen auch bei den neuen Produkten bzw. Verwender-Zielgruppen der Themenführer, oder besitzt einer Ihrer Wettbewerber dort einen Vorsprung?

▶ Wie werden Sie Ihre Kundenansprache durch Content differenzieren? Wie positionieren Sie sich mit Content bei Ihren potenziellen Kunden?

Notieren Sie ebenso, ob Ihr Unternehmen seine Umsatzziele schwerpunktmäßig mit Neukunden oder Stammkunden erreichen möchte. Wie sehen die Ziele Ihres Unternehmens für die Kundengewinnung, Kundenbindung (Customer Loyalty) und Fan-Gewinnung (Customer Advocacy) genau aus? Für welche Teilziele wird eine Content-Unterstützung durch Inbound Marketing besonders benötigt? Erfassen Sie in Ihrer Content-Strategie auch, welche Phasen der Customer Journey Ihrer Buyer Personas zur Kundenansprache besonders berücksichtigt werden sollen.

▶ Wollen Sie Kunden für Produkte gewinnen, für die im Markt noch wenig Produktwissen und Problembewusstsein vorhanden ist? Dann setzen Sie auf Awareness-Content mit Themen über generelle Probleme Ihrer Buyer Personas.

▶ Werden Sie Produkte vermarkten, die zur Lösung von Kundenproblemen dienen, bei denen man im Markt bisher primär andere Produktlösungen eingesetzt hat? Dann ist Consideration-Content gefragt, bei dem Sie vorhandene Problemlösungen diskutieren und auf die Vorteile der neuen Produkte Ihrer Produktkategorie aufmerksam machen.

▶ Planen Sie Umsatzwachstum mit Produkten, die bereits im Markt bekannt sind und die klar definierte Wettbewerber haben? Dann stärken Sie die Produkte Ihrer Marke mit Decision-Content, indem Sie die Vorteile Ihrer Produkte gegenüber Wettbewerbsprodukten klar herausstellen und die Aufmerksamkeit auf Ihre Marke ziehen.

Priorisieren Sie auch die Kanäle zur Erreichung Ihrer Kunden. An welchen Touchpoints der Customer Journey werden Ihre potenziellen Kunden besonders aufnahmebereit für Content sein? Wird mehr Content als bisher benötigt werden, um neue Touchpoints (z. B. neue Social-Media-Kanäle oder eine neue Website) abzudecken? Erwarten Sie, dass Ihre Website stärker als bisher genutzt werden wird? Wird die mobile Version Ihrer Website mehr Zulauf bekommen als Ihre Website-Version für Desktop-PCs? Dann überprüfen Sie den Content Ihrer mobilen Website-Version besonders gründlich, und schaffen Sie gegebenenfalls eigene Content-Angebote für Ihre mobile Website. Erfassen Sie in Ihrer Content-Strategie auch, ob bestimmte Content-Formate für Ihre Buyer Personas wichtiger werden als bisher. Nutzen Ihre Buyer Personas zunehmend Video-Content auf YouTube? Lesen sie eher längere Content-Formate wie z. B. E-Books, oder geht der Trend im Informationsverhalten Ihrer Buyer Personas hin zu kurzen Infoformaten wie Blogposts oder Infografiken?

Benutzen Sie Ihr Content-Strategie-Dokument als Leitfaden für Ihre Inbound-Kampagnen, für Ihre künftige Content-Entwicklung, zur Führung und Überprüfung Ihres Redaktionsplans und zur Priorisierung in Ihrem Content Management. Das betrifft vor allem die Zuteilung von Personalressourcen und Etatmitteln zur Produktion neuer Content-Assets. Die schriftliche Content-Strategie gibt Ihnen und Ihrem Team Orientierung bei der Planung der nötigen Ressourcen (Redaktion, Grafik, Medienproduktion wie Videos).

9.4   Bestimmen Sie den Social-Media-Status Ihres Unternehmens

Im Inbound Marketing sind die sozialen Medien ein entscheidender Kanal. Hier machen Sie interessierte und potenzielle Kunden auf Ihr Unternehmen aufmerksam, stellen neue Kontakte her und bieten Content an, für den es sich lohnt, auf Ihre Website zu kommen. Social Media ist im Inbound Marketing ein essenzieller Traffic-Produzent für Ihre Website. Stellen Sie also bereits bei der Planung Ihres Inbound Marketing sicher, dass Ihr Unternehmen auf allen relevanten Social-Media-Plattformen präsent ist, die von Ihren Buyer Personas gerne genutzt werden. Nutzt Ihr Unternehmen bereits die relevanten Social-Media-Kanäle Ihrer Personas

- ▶ zum Aufbau von Markenbekanntheit,
- ▶ zum Dialog mit potenziellen Kunden und
- ▶ zur Traffic-Erzielung für die Website?

Das sind die drei wichtigsten Social-Media-Ziele zur Förderung Ihres Inbound Marketing. Natürlich verfolgt Social Media darüber hinaus weitere eigene Ziele wie z. B. den gezielten Dialog mit der Öffentlichkeit, potenziellen Mitarbeitern (sogenanntes Active Sourcing) und vieles mehr.

Inbound-Tipp: Machen Sie Ihr Unternehmen rechtzeitig präsent

Im Inbound Marketing sind Sie auf eine hohe Social-Media-Präsenz angewiesen. Sie können sich eine Social-Media-Abstinenz auf den Lieblingsplattformen Ihrer Buyer Personas nicht erlauben. Ebenso wenig können Sie sich dort eine passive »Feigenblatt-Präsenz« erlauben. Bei Social Media gilt: Ganz oder gar nicht. Nur durch kontinuierlichen Reichweitenaufbau in den sozialen Medien schaffen Sie überhaupt die Ausgangsbasis, um Social Media im Inbound Marketing erfolgreich einsetzen zu können. Um von potenziellen Kunden auf einer sozialen Plattform wie Facebook, LinkedIn oder Twitter wahrgenommen zu werden, sollten Sie bereits eine gewisse Reputation in Form von Social-Media-Followers aufgebaut haben. Prüfen Sie also die relevanten Social-Media-Plattformen rechtzeitig, bevor Sie mit Inbound-Marketing-Kampagnen beginnen. Um guten Content promoten zu können, brauchen Sie Menschen, die Ihnen auf der jeweiligen sozialen Plattform zuhören.

- ▶ Hat Ihr Unternehmen einen Twitter-Account? Wie viele Twitter-Follower hat Ihr Unternehmen bereits, und wie vielen Twitter-Nutzern folgt Ihre Firma? Wie viele Tweets hat Ihr Unternehmen bereits produziert? Wie oft twittert Ihr Unternehmen am Tag, in der Woche und im Monat?
- ▶ Hat Ihr Unternehmen eine Facebook-Page? Seit wann und wie intensiv wird sie mit unternehmenseigenem Content gefüllt? Wie viele Menschen erreicht Ihr Unternehmen heute bereits auf Facebook?
- ▶ Hat Ihr Unternehmen eine LinkedIn- und eine Xing-Unternehmensseite? Sind die Firmenprofile komplett ausgefüllt und aktuell? Welche bzw. wie viele Ihrer Mitarbeiter sind dort bereits präsent und beteiligen sich aktiv am Dialog auf diesen Business-Plattformen?
- ▶ Nutzen Ihre Zielkunden auch Plattformen wie YouTube, Instagram oder Snap-Chat? Dann sollte Ihr Unternehmen auch hier präsent sein und relevanten Content anbieten.

Wenn Sie Ihre Präsenz auf den relevanten sozialen Plattformen hergestellt haben, beobachten Sie systematisch die Beiträge und Dialoge in den relevanten sozialen Medien, bei denen Ihr Unternehmen und Ihre Produkte erwähnt und diskutiert werden. Dieses *Social-Media-Monitoring* ist eine Disziplin des Social-Media-Marketings, in das etablierte und große Unternehmen viel Geld und Arbeit stecken. Agenturen arbeiten rund um die Uhr, um Trends, akuten Handlungsbedarf oder neue Insights zum Kundenverhalten in Social Posts von Kunden und Öffentlichkeit zu entdecken. So gründlich und akribisch brauchen Sie vielleicht nicht vorzugehen. Dennoch ist ein solides Social-Media-Monitoring heute Pflicht für die meisten Unternehmen. Bei der Planung Ihres Inbound Marketing spielt die Ausgangsbasis der Online-Reputation Ihres Unternehmens eine Rolle. Im Inbound Marketing ist Social-Media-Präsenz kein Selbstzweck. Ihr Social-Inbound-Erfolg bemisst sich nicht in einer Anzahl von Likes oder Followern. Das sind zwar wichtige Dimensionen zur Erfassung Ihrer Social-Media-Präsenz, aber was Sie wirklich wollen, sind Kontakte über die sozialen Medien, die Sie auf Ihre Website lenken und dort zu Leads Ihres Unternehmens machen. Erfassen Sie also bei der Inbound-Planung die nennenswerten Erwähnungen (*Social Mentions*) Ihres Markennamens, die bedeutenden Keywords und die Nennungen relevanter Wettbewerber. Dafür können Sie spezialisierte und z. T. kostenlose Tools einsetzen wie z. B. *SocialMention.com* (vgl. Abbildung 9.18) oder aber die integrierten Social-Media-Funktionalitäten einer Inbound-Marketing-Software.

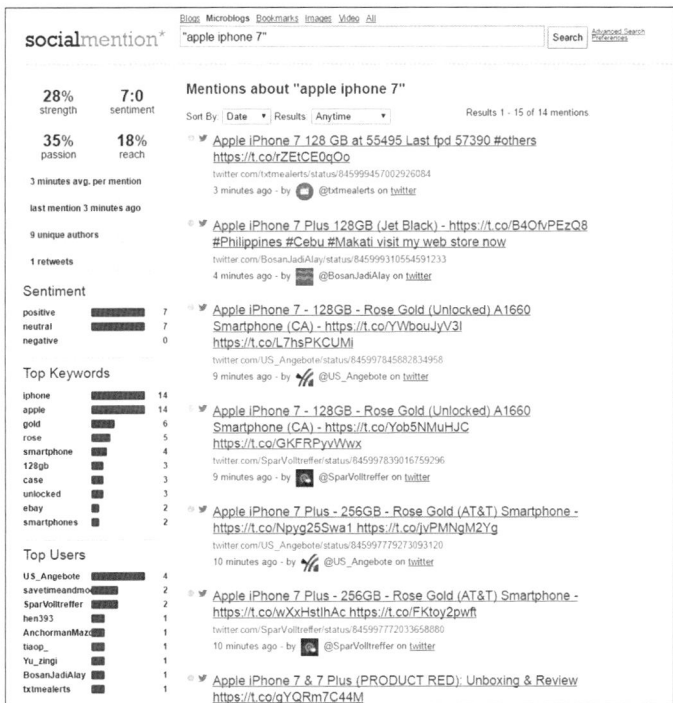

Abbildung 9.18 Stream zu einem Keyword auf »www.socialmention.com«

Solche Informationen sind wertvoll, um die richtigen Themen, Botschaften und Keywords bei späteren Inbound-Kampagnen in den sozialen Medien zu wählen. Ihre Inbound-Kampagnen setzen auf Ihrer aktuellen Reichweite in den relevanten sozialen Medien auf. Wie gesagt, eine hohe Anzahl von Followern ist im Inbound Marketing kein Erfolg und Selbstzweck, sondern nicht mehr, aber auch nicht weniger als eine gute Ausgangsbasis für die Gewinnung von Interessenten und Kunden über die betreffende soziale Plattform. Erfassen Sie in Ihrer Inbound-Planung daher die Themen, mit denen Sie aktuell eine hohe Reichweite bei Ihren potenziellen Kunden in den sozialen Medien erreichen. Analysieren Sie, welche Ihrer bisherigen Facebook Shares, Tweets und Co. besonders erfolgreich waren. Welche Posts wurden besonders oft geteilt oder gelikt? Die dahinterliegenden Themen oder Botschaften können wertvolle Impulse für zukünftige Inbound-Kampagnen beinhalten.

Die Erfolgsanalyse Ihrer bisherigen Social-Media-Aktivitäten zeigt Ihnen bei der Inbound-Planung, wie gut Ihre Ausgangsbasis bereits ist, um Ihre Zielkunden über Inbound-Marketing-Kampagnen in den sozialen Medien zu erreichen. Je besser Ihre Stellung in den sozialen Medien bereits ist, desto leichter und eher werden Ihnen auch neue und unbekannte Menschen vertrauen und sich für Ihre Inhalte interessieren. Wie hoch ist Ihre Einflussposition auf andere in den sozialen Medien? Wie sehr prägen Sie dort die Meinung Ihrer potenziellen Kunden? Oder mit anderen Worten ausgedrückt: Wie hoch ist Ihr *Social Proof*?

Inbound-Tipp: Bauen Sie Ihren Social Proof aus

Der Begriff *Social Proof* bedeutet so viel wie sozialer Nachweis oder sozialer Beweis und ist ein psychologisches Phänomen. Menschen orientieren sich bei ihren Handlungen und Meinungen an anderen Menschen. Sie kennen diesen Effekt von Amazon, wo die vielen Amazon-Bewertungen das Kauf- und Entscheidungsverhalten weiterer Menschen beeinflussen. Für einzelne Menschen hat die Meinung der Masse anderer Menschen oft eine Art Referenzcharakter. Wenn viele der Meinung sind, etwas ist gut, muss es wohl gut sein, also finden auch wir es gut. Gerade wenn wir uns bei einem Thema unsicher sind, orientieren wir uns aus Konformitätsstreben an der Meinung anderer Menschen. Dabei kommt es im Einzelfall darauf an, wer diese anderen Menschen sind. Besonders wirksam ist ein Social Proof, wenn die anderen Menschen, die bereits ein Urteil abgegeben haben, aus unserer jeweiligen sozialen Peer Group stammen (z. B. Freunde, Kollegen) oder aber eine hohe vermutete Kompetenz haben (z. B. Fachexperten, Celebrities etc.).

Im Marketing und speziell im Inbound Marketing ist das Prinzip des Social Proof weit verbreitet. Gerade auf Social-Media-Plattformen bewirkt eine hohe Anzahl von Likes oder Followern eine hohe Anziehungskraft für andere Nutzer der jeweiligen Plattform. Unsere persönlichen Präferenzen in den sozialen Medien sind in hohem Maße fremdbestimmt, ohne dass wir das merken. Von diesem Phänomen profitieren in den letzten Jahren besonders die sogenannten Influencer auf YouTube. Gerade junge

Menschen abonnieren erfolgreiche YouTube-Channels mit hohen Follower-Zahlen, wobei das Zugehörigkeitsgefühl zur Peer-Group der Channel-Abonnenten eine entscheidende Rolle spielen kann. Berücksichtigen Sie den Social-Proof-Effekt unbedingt bei Ihrer Social-Media-Strategie.

Der soziale Einfluss anderer Menschen kann die Meinungen, Einstellungen und Kaufentscheidungen Ihrer Buyer Personas gerade in den sozialen Medien entscheidend prägen. Es kommt daher beim Inbound Marketing in sozialen Medien nicht nur darauf an, dort bilaterale Beziehungen zu potenziellen Kunden aufzubauen, sondern auch parallel Ihren Social Proof zu stärken, um die Anziehungskraft Ihrer Social-Media-Aktivitäten vor allem für solche Interessenten zu stärken, die bei ihrer Meinungsbildung in der Awareness- und Consideration-Phase aufgrund fehlender Informationen noch unsicher sind und sich daher an den sozialen Signalen anderer Menschen orientieren. Das hat praktische Konsequenzen: Je mehr Ihre Social Posts gelikt und geteilt werden, desto attraktiver werden Sie für weitere neue Interessenten. Planen Sie diese Effekte unbedingt in Ihren zukünftigen Social-Media-Kampagnen mit ein.

Kapitel 10

Bestimmen Sie Ihre Inbound-Marketing-Ziele

Marketing takes a day to learn. Unfortunately, it takes a lifetime to master.
– Philip Kotler (*1931), amerikanischer Wirtschaftswissenschaftler und Professor für Marketing

Im Rahmen Ihrer Inbound-Marketing-Planung haben Sie bereits Ihre Buyer Personas entwickelt und vor allem gründlich den Status Ihrer Marketing-Aktivitäten analysiert. Das war eine sehr wichtige Basisarbeit. Nur wenn Sie die Ausgangsbasis für Ihr Inbound Marketing gut kennen, sind Sie in der Lage, die richtigen Marketing-Ziele zu setzen und sie auch zu erreichen. Und nur wenn Sie Ihre Ziele kennen, können Sie auch entsprechend Ihre Inbound-Marketing-Kampagnen planen. Ihre Inbound-Marketing-Ziele können Sie meist direkt aus den Umsatzzielen Ihres Unternehmens ableiten. Wenn Sie z. B. die Höhe des geplanten Neukundenumsatzes kennen und wissen, wie hoch der durchschnittliche Umsatz pro Neukunde sein wird, wissen Sie ebenfalls, wie viele Neukunden Sie zur Erreichung des Umsatzziels Ihres Unternehmens gewinnen sollten. Wenn Sie wissen, wie viele neue Kunden Ihr Unternehmen gewinnen will, können Sie zurückrechnen, wie viele Leads gewonnen werden sollten. Dabei gehen Sie davon aus, dass nur ein bestimmter Anteil der gewonnenen Leads auch zu Kunden des Unternehmens gemacht werden kann.

Zur Bestimmung Ihrer Ziele gibt es so viele verschiedene mögliche Vorgehensweisen, wie es Unternehmen gibt. Jedes Unternehmen hat seinen eigenen Zielfindungsprozess, und der hängt von den Entscheidungsstrukturen im Unternehmen ab, von den Erwartungen von Geschäftsleitung und Vertrieb an ihre Marketing-Abteilung und nicht zuletzt auch vom Selbstbild ihres Marketing-Teams. Sieht sich Ihre Marketing-Mannschaft nur für die Gewinnung von Neukunden zuständig, oder ist Marketing auch in die Bindung und Ausschöpfung bestehender Kundenbeziehungen involviert? Gehen wir einfach im Folgenden davon aus, dass Ihr Marketing in den vollen Lebenszyklus Ihres Kunden-Managements eingebunden ist. Sie sind also in jede Phase des Sales Funnel eingebunden, d. h. von der Lead- und Kundengewinnung bis zur Kundenbindung.

▶ Beginnen Sie Ihre Marketing-Planung bei den Kunden, d. h., richten Sie Ihr Inbound Marketing konsequent auf die Gewinnung der richtigen Buyer Personas aus. Planen Sie dabei, ob Ihre neuen Kunden aus bestimmten Branchen, Regionen oder Unternehmen kommen sollen. Das ist der qualitative Teil Ihrer Zielplanung.

▶ Quantifizieren Sie Ihre Ziele unbedingt, d. h., geben Sie Ihren Zielen eine konkrete Messgröße wie z. B. Euro, Anzahl Leads oder Anzahl Kunden. Mit Inbound Marketing können Sie quantitative Zielvorgaben gezielt verfolgen, denn alle Maßnahmen sind ja so gut wie in Echtzeit messbar und schnell optimierbar. Aber nicht jede quantitative Zielformulierung ist wirklich SMART. Was das bedeutet, zeigen wir Ihnen gleich.

▶ Wenn Sie quantitative Ziele verfolgen, setzen Sie sich am besten einzelne Ziele für jede Phase des Sales Funnel, also von der Generierung von Website-Traffic (Top of the Funnel) über die Lead-Generierung (Middle of the Funnel) und die Konvertierung von Leads zu Kunden (Bottom of the Funnel) bis hin zur anschließenden Gewinnung weiterer Kunden durch Empfehlungen Ihrer bestehenden Kunden (Loop of the Funnel).

10.1   Machen Sie Ihre Kunden zur zentralen Zielgröße

Im Inbound Marketing macht es keinen Sinn, an irgendwie definierte Zielgruppen zu verkaufen. Alte Zieldefinitionen wie »Wir verkaufen unsere Produkte an deutsche Mittelstandsfamilien« (B2C) oder »Wir bieten Dienstleistungen für kleinere und mittlere Unternehmen« (B2B) sind viel zu grob und undifferenziert. Mit der Orientierung an Buyer Personas akzeptiert das Marketing-Team, dass Konsumgüter, Dienstleistungen oder Investitionsgüter einfach nur von Menschen gekauft werden. Und genau die richtigen Menschen bzw. Käufertypen gilt es anzusprechen und zu gewinnen. Geben Sie sich daher im Inbound Marketing Ziele für Ihre Buyer Personas. Welche Buyer Personas sind für den Kauf Ihres Produktes bzw. Ihrer Dienstleistung unabdingbar? Manchmal reicht der Fokus auf eine Buyer Persona allein. Wir kennen aber auch Unternehmen, in denen parallel quantitative Ziele zur Gewinnung von 15 Buyer Personas und mehr definiert und verfolgt werden. Es hängt oft davon ab, wie viele Personen an der Kaufentscheidung beteiligt sind. Am Kauf eines Familien-Pkw sind in der Regel sowohl Mann als auch Frau beteiligt, wenn auch oft mit Einfluss auf unterschiedliche Teilentscheidungen (z. B. Motorisierung, Innenausstattung, Sicherheitspakete). Im B2B-Bereich ist es oft erfolgsentscheidend, mehrere Buyer Personas mit unterschiedlichen Interessen und unterschiedlichem Informationsverhalten zu erreichen.

B2B Marketing Case Study (Teil 1): die Zielplanung der Buyer Personas

Ein führender Anbieter von Ingenieurssoftware plant die Ziele seines Inbound Marketing. Die Kunden dieses Software-Produktes sind sowohl produzierende Unternehmen also auch Ingenieurbüros und Architekten. Daraus ergeben sich mehrere Buyer

Personas für das Software-Unternehmen allein für die Kundschaft in kleineren produzierenden Unternehmen. In diesen Unternehmen sind mehrere Buyer Personas an der Kaufentscheidung beteiligt.

▶ Der unmittelbare Produktnutzer (User) verlangt eine einfache und wenig erklärungsbedürftige Produktnutzung.

▶ Der Einkäufer des Unternehmens (Influencer) verlangt günstige Preise und planbare Folgekosten.

▶ Der Geschäftsführer des Unternehmens (Decider) wünscht mehr Prozesseffizienz und sinkende Personalkosten durch mehr Automatisierung mit der neuen Software.

Für alle drei Buyer Personas sollten in der Marketing-Planung quantitative Kundengewinnungsziele vereinbart werden. Dabei sollte der Software-Anbieter berücksichtigen, dass sich eigentlich nur die Produktnutzer für das Software-Produkt selbst interessieren. Würde der Software-Hersteller daher aber nur die Produktnutzer ansprechen, so würde er die Möglichkeiten der Kundenansprache mit Inbound Marketing nicht ausschöpfen. Natürlich sollte er parallel über entsprechenden Content auch Einkäufer (Marketing-Botschaft: »Wie man die Software-Kosten im Unternehmen senkt«) und Geschäftsführer (Marketing-Botschaft: «Wie man den Betrieb schneller und produktiver macht«) im Kundenunternehmen ansprechen und auch für diese Buyer Personas quantitative Ziele planen. In unserem Beispiel ist natürlich zu berücksichtigen, dass es, rein quantitativ gesehen, gegebenenfalls viel mehr Produktnutzer als Einkäufer und Geschäftsführer in den relevanten Kundenunternehmen gibt. Also dürften die Planzahlen zur Gewinnung der Buyer Persona »User« rein mengenmäßig viel höher sein als bei den anderen beiden Personas. Das geplante Mengengerüst könnte also so aussehen:

▶ Anzahl zu gewinnender Produktnutzer (User) = 300 pro Monat

▶ Anzahl zu gewinnender Einkäufer (Influencer) = 30 pro Monat

▶ Anzahl zu gewinnender Geschäftsführer (Decider) = 50 pro Monat

Unser Software-Hersteller setzt darauf, viele Geschäftsführer zu gewinnen, da diese als Entscheider potenziell den Kauf einer Software veranlassen oder eine Demo-Nutzung anfordern können, ohne weitere Rücksprache im Unternehmen zu nehmen.

Bei der weiteren Planung der Inbound-Marketing-Aktivitäten ist nicht nur die Anzahl der zu gewinnenden Buyer-Persona-Vertreter zu planen, sondern auch die damit verbundenen Akquisitionskosten. Viele Unternehmen machen hier heutzutage noch keinen Unterschied. Selbst größere Internet-Plattformen differenzieren bei der Planung von Inbound-Kampagnen noch nicht, wie viel Geld sie in die Content-Produktion, die Social-Media-Aktivitäten und gegebenenfalls die Incentivierung (z. B. kostenlose zeitweise Produktnutzung, Rabatte o. Ä.) der einzelnen Buyer Personas stecken. Aber vielleicht macht es doch für unseren Software-Hersteller Sinn, die Akquisitionskosten für die einzelnen Buyer Personas separat zu planen.

B2B Marketing Case Study (Teil 2): Akquisitionskosten pro Buyer Persona

Unser Software-Anbieter möchte neue Kundenunternehmen gewinnen und dazu die Geschäftsführer, Einkäufer und Software-Nutzer dieser Unternehmen ansprechen. Die drei Personas haben, wie oben gezeigt, unterschiedliche Painpoints und Informationsbedarfe. Darüber hinaus sind sie über unterschiedliche Wege bzw. an unterschiedlichen Touchpoints anzutreffen. Während die Produktnutzer z. B. YouTube-Videos und Blogposts zu Produktvergleichen nutzen, sind die Geschäftsführer eher über redaktionelle Artikel auf Plattformen wie LinkedIn und Xing zu erreichen. Dort sind sie in User Groups vertreten, lesen aktuelle Newsletter und werden des Öfteren über Empfehlungen und Verkäuferkontakte direkt angesprochen (sog. *Social Selling*). Daher plant die Marketing-Abteilung unterschiedliche Inbound-Maßnahmen für jede Buyer Persona und berechnet einen durchschnittlichen Etat für die Akquisitionskosten pro gewonnenem Lead:

► Kosten pro Lead eines Produktnutzers (User) = 5 € pro Monat

► Anzahl zu gewinnender Einkäufer (Influencer) = 10 € pro Monat

► Anzahl zu gewinnender Geschäftsführer (Decider) = 30 € pro Monat

Jetzt ergeben sich auch unterschiedlich hohe Gesamtkosten für die Inbound-Kampagnen der drei Buyer Personas:

► Produktnutzer (User) = 300 User x 5 € = 1500 € pro Monat

► Einkäufer (Influencer) = 30 Influencer x 10 € = 300 € pro Monat

► Geschäftsführer (Decider) = 50 Decider x 30 € = 1.500 € pro Monat

Das ist natürlich nur ein rein hypothetisches Beispiel. Es soll Ihnen einfach nur vermitteln, wie lohnend es sein kann, die Maßnahmen und die damit verbundenen Kosten pro Buyer Persona zu planen. Die Kostenhöhen im Beispiel sind rein fiktiv.

In unserem fiktiven Beispiel budgetiert der Software-Hersteller im Inbound Marketing, absolut gesehen, vergleichbar hohe absolute Kosten für die Software-Nutzer und für deren Chefs (Geschäftsführer), rechnet aber mit unterschiedlich großen Personenzahlen und Kosten pro neu gewonnener Person bzw. Lead oder Kunde.

Die Art der Buyer Personas, ihre Anzahl und die mit ihnen verbundenen Kosten sind die wichtigsten Parameter für Inbound-Kampagnen. Darüber hinaus sollten Sie aber auch prüfen, ob es irgendwelche weiteren Priorisierungen oder Einschränkungen bei der Auswahl attraktiver Neukunden gibt. Ist es Ihrem Unternehmen beispielsweise egal, aus welchem Land ein neuer Kunde kommt? Oder begrenzen Sie die Reichweite Ihrer Inbound-Aktivitäten auf bestimmte Länder, Regionen oder sogar Städte? All das kann Sinn machen und ist im Einzelfall zu berücksichtigen. Eine Rechtsanwaltskanzlei aus Frankfurt legt vielleicht Wert darauf, bereits in der Inbound-Planung festzuhalten, dass nur Maßnahmen eingesetzt werden, die sich z. B. besonders auf das Rhein-Main-Gebiet fokussieren oder einschränken lassen. Eine Content-Strategie für bestimmte Städte oder Regionen nutzt eben bestimmte SEO-Keywords (z. B. Rechtsanwalt Frankfurt) und schaltet gegebenenfalls lokale Google-AdWords-Kampagnen, die man bei einer nationalen Kundenakquise aus Kostengründen vielleicht nicht geschaltet hätte. Es hängt also immer davon ab, welche Kundengewinnungsziele Ihr Unternehmen verfolgt und wie hoch die Akquisitionskosten sein dürfen. Definieren Sie also, woher Ihre Target Customers kommen sollen. Definieren Sie in der Inbound-Planung:

▶ welche Zielkundenprofile (Buyer Personas) Sie erreichen wollen

▶ welche Branchen Sie ansprechen wollen (im B2B-Bereich)

▶ in welchen regionalen Gebieten Sie Kunden gewinnen wollen

10

Inbound-Tipp: Wie hoch sollen die Akquisitionskosten pro Lead sein?

Die Frage ist verführerisch, und die Antwort ist einfach nur banal: So gering wie möglich. Wenn Sie eine Orientierung für Ihre Kosten suchen, können Sie sich entweder an Ihrem Markt oder an Ihren Kunden orientieren.

▶ Wenn Sie sich bei Ihrer Marketing-Planung am Markt orientieren, hilft es Ihnen zu wissen, wie hoch die Kosten traditionell in Ihrer Branche sind, wie viel Geld Ihre Mitbewerber in die Hand nehmen und was die Benchmarks für Ihr Unternehmen sein könnten. Der Nachteil an diesem Weg ist nur, dass Sie nicht wissen, ob die Kosten anderer Unternehmen gegebenenfalls zu hoch oder zu niedrig sind. Bei einem Wettbewerbsvergleich unterstellen Sie nur allzu leicht, dass die Kosten Ihrer Wettbewerber vermutlich genau richtig sind. Aber vielleicht kann Ihr Unternehmen durch bessere Marketing-Planung und durch Inbound Marketing zu niedrigeren Kosten kommen. Genauso kann es aber auch sein, dass die Kosten Ihres Wettbewerbers niedriger liegen, weil er einfach andere Rahmenbedingungen hat. Die Inbound-Marketing-Kosten eines Marktführers können höher oder niedriger als bei einem Newcomer sein. Es kommt auf den Einzelfall an.

▶ Wenn Sie sich bei Ihrer Marketing-Planung an den Kunden orientieren, dann schauen Sie vor allem auf den wahren Wert eines neuen Kunden. Dieser Wert bemisst sich nicht an dem Umsatz, der beim ersten Kaufabschluss getätigt wird, sondern an dem gesamten Wert aller Einnahmen aus der Kundenbeziehung vom ersten Kaufabschluss bis zum Ende der Kundenbeziehung. Das ist der sogenannte Customer Lifetime Value (CLV), auf den wir später noch genauer eingehen.

In der Praxis hat es sich in vielen Unternehmen bewährt, zur Orientierung der Maßnahmenplanung so etwas wie den *idealen Lead* zu beschreiben, wenngleich der in der Realität so wohl nur selten vorkommt. Das ideale Lead-Profil dient als Orientierungshilfe für die konkrete Gestaltung von Inbound-Maßnahmen und beschreibt in der Planungsphase exemplarisch die Merkmale und das Verhalten eines idealen potenziellen Kunden, so, wie man ihn gern gewinnen würde. Eine solche Beschreibung kann gar nicht konkret genug sein, denn sie dient als Ausgangsbasis für die spätere Validierung des Kundenverhaltens. Sie beschreiben darin Ihre bisherigen Annahmen über das Kundenverhalten, die auf Ihren Erkenntnissen der Vergangenheit beruhen. So gewinnt das gesamte beteiligte Marketing- und Vertriebsteam bereits in dieser frühen Phase ein klares Bild davon, mit wem und wie man gern ins Geschäft kommen würde. Diese Daten werden dann später nach den ersten Inbound-Kampagnen mit dem tatsächlichen Kundenverhalten verglichen und neu bewertet. Das können Sie für eine ausgewählte Buyer Persona oder für mehrere Personas machen. Die Hauptsache ist, Sie ergänzen Ihre Inbound-Marketing-Planung mit solchen leicht nachvollziehbaren und praktischen Beschreibungen, um später in der Praxis ein Gefühl dafür zu bekommen, ob Ihre Planungsannahmen über das Kundenverhalten realistisch sind. Alle im Team sollen sich bereits in der Planungsphase den Kunden-gewinnungsprozess bildhaft vorstellen können. Leiten Sie aus Ihrer Buyer Persona und aus dem beobachtbaren Informationsverhalten (Website, Blog, soziale Medien, Xing/LinkedIn etc.) Ihrer bisherigen Leads so etwas wie ein Idealprofil ab. Beschreiben Sie das Lead-Profil, die Eigenheiten der Buyer Persona, die Demografie, das Verhalten und erkennbare Merkmale wie Jobtitel, Arbeitsbereich, Unternehmensgröße etc. Eine solche Lead-Beschreibung umfasst am besten auch den idealen Weg eines Lead bis hin zur Kaufentscheidung.

Praxisbeispiel: Das Profil eines »idealen Lead«

Ein ideales Lead-Profil stellt anschaulich dar, wie man sich den idealen Interaktions- und Dialogpfad vorstellt und was die Charakterisierung und das Verhalten des idealen Interessenten ausmachen könnten. Ein solches Profil ist natürlich kein strenges, operatives Ziel, sondern eher eine gedankliche Anregung, um sich mit dem realen Kundenverhalten vertraut zu machen. Ein solches Profil könnte beispielsweise so aussehen:

»Unser idealer Lead ...

▶ ist Geschäftsführer eines mittelständischen Unternehmens,

▶ ist Kaufentscheider für unsere Produkte,

▶ hat unseren Blog abonniert und erhält wöchentlich per E-Mail den Link zu unserem neuen Blogpost (E-Mail-Notification),

▶ öffnet und liest fast jeden Blogpost bis zum Ende durch,

▶ lädt zu Beginn seiner konkreten Informationssuche unsere beiden Awareness-Content-Offers (E-Books) für seine Buyer Persona herunter,

▶ hat in den letzten 2 Wochen mindestens ein Consideration-Content-Offer (Case Study) heruntergeladen,

▶ meldet sich spätestens nach dem dritten heruntergeladenen Consideration-Content-Offer zu einem unserer Webinare an,

- ▸ teilt mittlerweile als Empfehler die bereits gelesenen Content-Offers per Xing/LinkedIn,
- ▸ empfiehlt das Webinar auf LinkedIn an GF-Kollegen in anderen Unternehmen,
- ▸ hat sich spätestens nach dem zweiten heruntergeladenen Content-Offer unsere Preisseite auf der Website angesehen,
- ▸ bittet um eine kostenlose telefonische Beratung,
- ▸ möchte nach dem Telefonat einen persönlichen Kennenlerntermin bei ihm im Unternehmen vor Ort.«

10.2   Wählen Sie Ihre Marketing-Ziele SMART

Viele Marketing-Ziele in Unternehmen sind recht unkonkret. Sie lassen sich nicht deutlich fassen, sind nicht genug operationalisiert oder anfassbar. Ziele wie »Wir wollen Marktführer werden« oder »Wir wollen die erste Adresse für unsere Kunden sein« sind nicht für eine Inbound-Marketing-Planung ausreichend. Um effektive Inbound-Kampagnen mit messbaren Ergebnissen zu entwickeln, brauchen Sie schon aussagekräftigere und verbindlichere Ziele. Für effektive Zieldefinitionen gibt es eine einfache Guideline: die sogenannte *SMART-Regel* (vgl. Abbildung 10.1).

Spezifisch	Messbar	Attraktiv	Realistisch	Terminiert
Eindeutige und genaue Definition. Was soll genau erreicht werden?	Beobachtbare und skalierbare Erfolgsgrößen. Ermöglicht Messung und Monitoring.	Motivierende und von allen Beteiligten akzeptierte Ziele	An den gegebenen Ressourcen orientiert. In überschaubare Zieletappen gegliedert	Mit genauem Zeithorizont und Milestones versehen

Abbildung 10.1 Die SMART-Regel für Marketing-Ziele

Die SMART-Regel ist keine Erfindung des Inbound Marketing, sondern wird schon lange in allen Marketing-Disziplinen breit akzeptiert. Die Abkürzung SMART steht für die Zieldimensionen:

- ▸ *Spezifisch (specific):* Etablieren Sie eindeutige und genau definierte Ziele mit genauer Bedeutung, Begrenzung (z. B. auf eine Region oder Produktsparte) und Gewichtung. Was genau soll erreicht werden?

▶ *Messbar (measurable):* Wählen Sie beobachtbare und skalierbare Erfolgskriterien wie z. B. die Anzahl neuer Leads und Kunden oder Umsatzziele. Es ist immer gut, den eigenen Zielerfolg in Zahlen messen und belegen zu können. Das erspart jede Menge interne Diskussionen und gibt wenig Spielraum für Missverständnisse.

▶ *Attraktiv (attainable oder accepted):* Nutzen Sie motivierende und von allen Beteiligten akzeptierte Ziele. Marketing erleidet Schiffbruch, wenn es seine eigenen Ziele verfolgt und deren Erreichung feiert, sich dabei aber von den Zielen der anderen Bereiche abkoppelt. Die beste Zielerreichung ist wertlos, wenn das Ziel nicht für die Geschäftsleitung oder den Vertrieb attraktiv ist oder gar deren Interessen vernachlässigt. Machen Sie Ihre Inbound-Ziele unbedingt zum Teil der gesamten Unternehmensagenda.

▶ *Realistisch (realistic):* Ihre Ziele müssen sich an den vorgegebenen Ressourcen orientieren. Sie müssen mit Inbound Marketing nicht gleich alle Rekorde im Unternehmen brechen. Denken Sie in überschaubaren und stetigen Zieletappen. Das ist besonders wichtig, wenn Sie hohe Zielsteigerungen im Auge haben. Je weiter Ihr heutiges Zielniveau von Ihrem Zukunftsziel entfernt ist (z. B. Verzehnfachung der Leads pro Monat), desto länger und realistischer sollte der Zeitraum gewählt werden, um sich schrittweise auf das hochgesteckte Zukunftsziel hin zu entwickeln. Bedenken Sie: Nur realistische Ziele motivieren Ihr Team auf Dauer.

▶ *Terminiert (time-bound):* Versehen Sie Ihre Ziele mit einem genauen Zeithorizont für kurzfristige Etappenziele (Milestones) und langfristige Ziele. Auch ein großes Langzeitziel wie z. B. eine Verdoppelung der Kundenanzahl wird leichter beherrschbar, wenn es in jährliche, vierteljährliche und monatliche Ziele heruntergebrochen wird. Nur so können Sie bei langfristigen Zielen erkennen, ob Sie, auch kurzfristig gesehen, auf dem richtigen Weg sind. Am Trend der Zahlen erkennen Sie, ob Sie bei gleichbleibendem Aktivitätsgrad auch Ihre längerfristigen Ziele erreichen werden können.

Smarte Ziele geben Ihnen und Ihren Kollegen die Sicherheit, mit den geplanten Maßnahmen zum Unternehmensziel beizutragen, und schaffen bei Vertrieb und Geschäftsleitung die notwendige Klarheit für den Erfolg.

Beispiele für Zielformulierungen nach der SMART-Regel

Ziele für Ihr Inbound Marketing sollen spezifisch, messbar, attraktiv, realistisch und terminiert sein. Hier sind konkrete Beispiele, wie eine Zielformulierung im Marketing ausgestaltet sein kann:

▶ Wir wollen durch unsere neue Marketing- und Vertriebsstrategie den Umsatz unseres Unternehmens in der Region DACH (Deutschland, Österreich, Schweiz) bis zum Ende des Jahres 2020 von heute 5 Mio. € auf 20 Mio. € vervierfachen.

▶ Wir wollen mit unserer neuen Marketing- und Sales-Kampagne in den nächsten 100 Tagen in Frankreich 1.000 neue Leads und 50 neue Kunden für unser Produkt A gewinnen.

Egal, in welcher Phase Ihres Inbound Marketing Sie auch stecken, achten Sie darauf, dass sich alle Beteiligten im Marketing- und Vertriebsteam an smarten Zielen orientieren und dass Klarheit über das gemeinsame große betriebswirtschaftliche Ziel (z. B. die geplante Umsatzsteigerung Ihres Unternehmens) besteht. Jetzt kümmern wir uns ein wenig genauer um Ihre konkreten Zielsetzungen fürs Inbound Marketing entlang der verschiedenen Phasen des Marketing- und Vertriebsprozesses bei der Gewinnung und Bindung von Kunden. Gestalten Sie Ziele für Ihr Inbound Marketing entlang des Sales Funnel.

10

10.3   Bestimmen Sie Ihre Marketing-Ziele im Sales Funnel

Der Sales Funnel bildet den Prozess Ihrer Kundengewinnung und Kundenbindung ab (vgl. Abbildung 10.2). Die Logik ist Ihnen bereits vertraut: Ein Teil der Website- und Blog-Besucher lässt sich zu Leads konvertieren. Ein Teil der Leads lässt sich gezielt weiterentwickeln und als Kunden des Unternehmens gewinnen. Aus einem Teil der gewonnenen Kunden werden Empfehler des Unternehmens, die sogar weitere Kunden generieren. Die Erfolgsraten beim Übergang von einer zur nächsten Stufe im Sales Funnel sind entscheidende Messgrößen des Inbound Marketing.

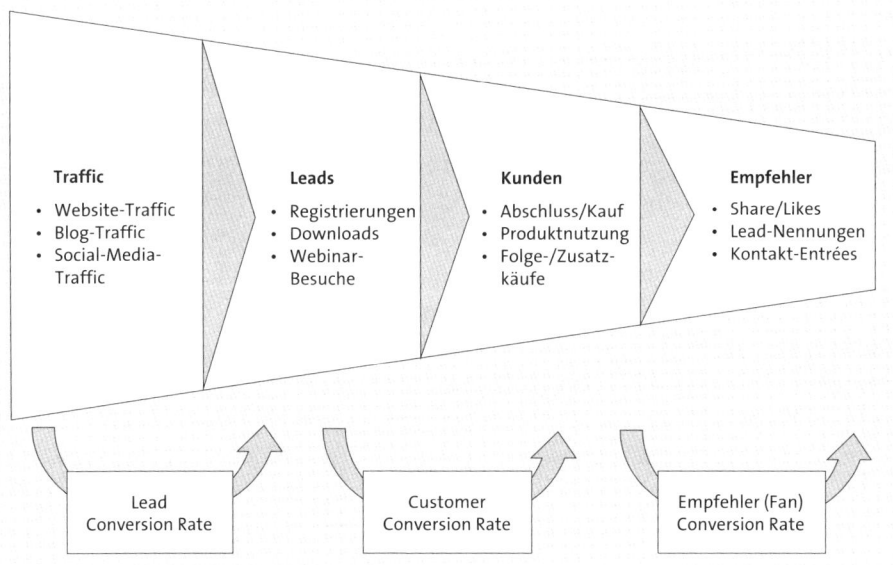

Abbildung 10.2 Der Sales Funnel als Orientierung für Inbound-Ziele

10.3.1   Nutzen Sie die Conversion Rates als Steuergrößen des Erfolgs

Egal, auf welche Phase des Sales Funnel Sie Ihre Inbound-Marketing-Maßnahmen ausrichten, betrachten Sie immer die Auswirkungen Ihrer Maßnahmen auf die drei zentralen Kennzahlen bzw. Erfolgsraten:

1. Die *Lead Conversion Rate* (Traffic to Leads) bezeichnet die Anzahl der generierten Leads im Verhältnis zur gesamten Anzahl der Website-Besucher (Website-Traffic) im gleichen Betrachtungszeitraum (z. B. Monat).

2. Die *Customer Conversion Rate* (Leads to Customers) erfasst die Anzahl der gewonnenen Kunden im Verhältnis zur Anzahl der gewonnenen Leads im gleichen Zeitraum.

3. Die *Fan Conversion Rate* (Customers to Fans) setzt wiederum die Anzahl der empfehlenden Kunden in Relation zur gesamten Anzahl der Kunden des Unternehmens.

Für den Erfolg Ihres Inbound Marketing sollten Sie die drei Erfolgsfaktoren entlang des Sales Funnel zugrunde legen. Verschaffen Sie sich die nötige Datenbasis im Unternehmen, um jederzeit diese drei Werte berechnen und vergleichen zu können. Beobachten Sie die Entwicklung dieser drei Zielgrößen im Zeitablauf und in der Relation zueinander. Hier noch einmal die Formeln der drei Erfolgsgrößen:

1. Lead Conversion Rate (in %) = Anzahl Leads / Anzahl Website-Besucher * 100

2. Customer Conversion Rate (in %) = Anzahl Kunden / Anzahl Leads * 100

3. Empfehler (Fan) Conversion Rate (in %) = Anzahl Empfehler / Anzahl Kunden * 100

Mit diesen drei Zielgrößen haben Sie die Performance Ihres Inbound Marketing ständig und gleichzeitig im Blick. Sie erkennen schnell, wo Ihr Unternehmen Probleme entwickelt und wo Handlungsbedarf entsteht. Sie machen Marketing mit dieser Betrachtung sogar zum Frühwarnsystem des Unternehmenserfolgs. Wenn die Empfehlungsbereitschaft der Kunden signifikant zurückgeht oder der Website-Traffic nachlässt, kann das ein Hinweis auf fundamentale Probleme Ihres Unternehmens sein. So wird Inbound Marketing zum Seismografen Ihrer Kundenbeziehungen. Das macht Ihr Marketing nicht nur zum geschätzten Partner des Vertriebs, sondern auch zum wertvollen Impulsgeber für die Unternehmensleitung. Marketing wird zum internen Anwalt des Kunden bzw. des Erfolgs der Kundenbeziehungen des Unternehmens. Mit diesen drei Erfolgsgrößen können Sie flexibel berechnen bzw. planen, wie viele Website-Besucher, Leads, Kunden und Empfehler Ihr Unternehmen für die Erreichung der unterschiedlichsten Ziele benötigt. Sie können im Prinzip berechnen, wie viel Website-Traffic Ihr Unternehmen durchschnittlich für einen neuen Kundenabschluss benötigt. Das tun Sie damit zwar immer nur auf der Basis der bisher erzielten Erfahrungswerte, aber es gibt Ihnen in jedem Fall wertvolle Richtwerte und eine Orientierungsbasis fürs künftige Inbound Marketing. Die Zahl Ihrer gewünschten

Neukunden können Sie rein rechnerisch durch ein einfach errechnetes Kunden-Traffic-Verhältnis auf den dafür benötigten Traffic übertragen. Ein Beispiel soll das verdeutlichen.

Praxisbeispiel: Wie viel Website-Traffic brauchen Sie für Ihr Kundengewinnungsziel?

Eine regional bekannte Restaurantkette hat ihre Webpräsenz überarbeitet und möchte in Zukunft vermehrt über die Website Bestellungen und Anmeldungen für Kochkurse entgegennehmen. Nach dem ersten Monat werden folgende Kennzahlen festgestellt: 1.200 Besucher, 20 Leads, 2 Kunden, 1 Empfehler.

Im ersten Schritt berechnen Sie die bekannten drei Conversion Rates:

1. Lead Conversion Rate = 20 / 1200 * 100 = 1,67 %
2. Customer Conversion Rate = 2 / 20 * 100 = 10 %
3. Empfehler (Fan) Conversion Rate = 1 / 2 * 100 = 50 %

Als perspektivisches Unternehmensziel haben Sie sich gesetzt, pro Monat 10 neue Kunden über Ihre Webseite zu generieren. Rechnen Sie also mittels der Conversion Rates zurück, wie viele Website-Besucher Sie für dieses Neukundenziel durchschnittlich benötigen. In diesem Beispiel spielt die Empfehler-Rate keine Rolle, daher brauchen Sie zur Berechnung nur die Lead Conversion Rate und Customer Conversion Rate.

- Traffic = Anzahl neuer Kunden/
  (Lead Conversion Rate * Customer Conversion Rate)
- Traffic = 10 / (0,0167 * 0,1)
- Traffic = 5.988

Zur Erreichung des Unternehmensziels von 10 neuen Kunden pro Monat sollten Sie also durchschnittlich 6.000 Besucher pro Monat auf Ihre Website bringen.

Die Conversion Rates beschreiben die Performance des Inbound Marketing (und des ganzen Unternehmens) als Erfolgsrate beim Erklimmen der jeweils nächsten Stufe auf dem Weg zum Kaufabschluss neuer Kunden und zur Empfehlung durch bestehende Kunden. Der Fokus dieser Messgrößen liegt nicht auf der Performance der Stufe selbst, sondern auf der Performance von Marketing und Vertrieb beim Übergang von Stufe zu Stufe. Aber wie sieht es mit der Performance von Marketing und Vertrieb auf den einzelnen Stufen selbst aus (vgl. Abbildung 10.3)?

Wie setzen Sie Ziele für die Generierung von Traffic und Leads, für die Gewinnung von Kunden und für die Entwicklung von Kunden zu aktiven Empfehlern für Ihr Unternehmen? Auf welche Phase oder Phasen sollten Sie überhaupt die Priorität und den Fokus Ihres Inbound Marketing setzen? Wo ist der größte Handlungsbedarf, um die Unternehmensziele bestmöglich zu erreichen? Um diese Frage zu beantworten, müssen Sie Ihren Sales Funnel betrachten und herausfinden, an welcher Stelle der Optimierungsbedarf am höchsten ist. Setzen Sie also im Inbound Marketing klare Ziele für jede Stufe:

▶ *Top of the Funnel (ToFu):* Setzen Sie Ziele für die Traffic-Generierung.

▶ *Middle of the Funnel (MoFu):* Setzen Sie Ziele für die Gewinnung von Interessenten (Lead-Generierung) sowie für die Qualifizierung und Entwicklung von Interessenten (Lead Nurturing).

▶ *Bottom of the Funnel (BoFu):* Setzen Sie Ziele für die Wandlung von Interessenten in echte Kunden (Conversion/Closing).

▶ *Loop of the Funnel (LoFu):* Setzen Sie Ziele für das Cross-Selling und Up-Selling bei Bestandskunden sowie für aktive Weiterempfehlung durch bestehende Kunden.

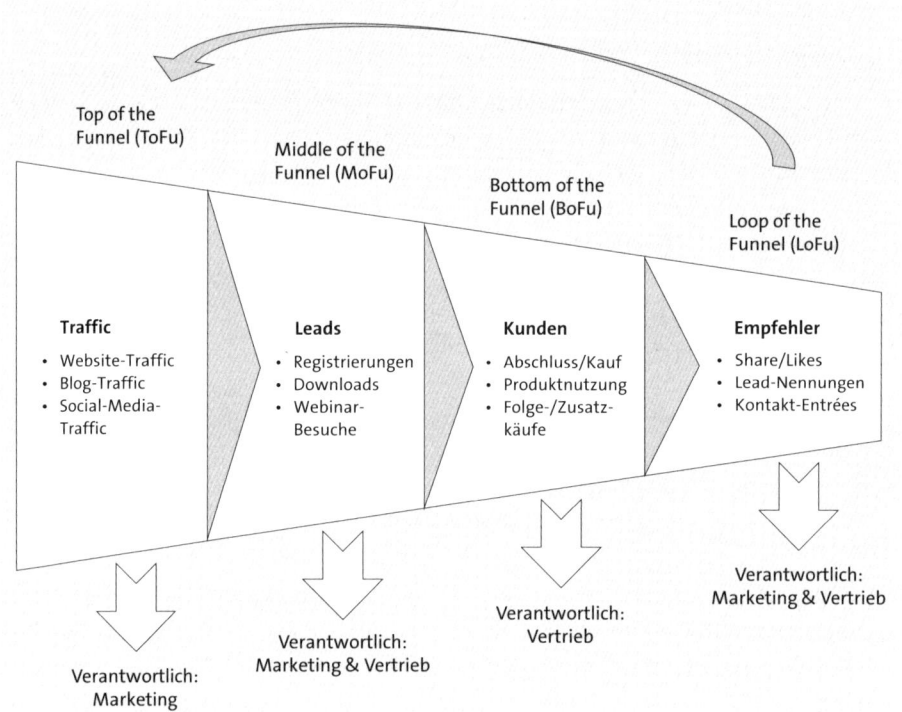

Abbildung 10.3 Inbound-Ziele für die vier Stufen des Sales Funnel

Formulieren Sie Ziele für jede der vier Phasen, und priorisieren Sie dabei Ihren Handlungsbedarf für Marketing und Vertrieb. Mit diesem Vorgehen stellen Sie sicher, dass jedes Inbound-Marketing-Ziel ein integrierter Teil der Gesamtausrichtung Ihres Unternehmens wird. Gleichzeitig etablieren Sie dadurch eine gemeinsame Sprache in Marketing, Vertrieb und Geschäftsleitung. Marketing wird zum messbaren Erfolgsträger Ihres Unternehmens.

10.3.2   Inbound-Marketing-Ziele für die Traffic-Generierung (Top of the Funnel)

Betrachten wir zuerst die Traffic-Generierung, d. h. den ersten Schritt des Inbound-Kundengewinnungsprozesses und damit auch den Ausgangspunkt Ihres Sales Funnel, d. h. den Top of the Funnel (ToFu). Bei der Planung Ihres Inbound Marketing sollten Sie zunächst analysieren, wie effektiv Ihre bisherigen Maßnahmen in Bezug auf die Gewinnung von Besuchern für Ihre Website waren. Folgende Fragen sollten Sie sich stellen:

▸ Hat Ihre Website einen hohen und kontinuierlich steigenden Besucher-Traffic? Finden Ihre Website-Besucher, was sie gesucht haben, oder springen sie schnell ab (Bounce-Rate)? Wie hat sich diese Bounce-Rate im Zeitablauf entwickelt? Sehen Sie hier Handlungsbedarf, um Ihren künftigen Inbound-Marketing-Kampagnen überhaupt erst einen fruchtbaren Boden zu bereiten?

▸ Woher kommen Besucher auf Ihre Website (Sources)? Wie ist die Verteilung der verschiedenen Traffic-Quellen des Besucherstroms, und über welche Quellen sollen Besucher in der Zukunft verstärkt auf Ihre Website kommen? Wie viel Prozent sollen über Suchmaschinen wie Google kommen? Wie viele Besucher wollen Sie über Social Media gewinnen? Wie viel Prozent der Website-Besucher sollen die URL Ihrer Website direkt eintippen (Direct Traffic). Mit Letzterem unterstellen Sie, dass solche Website-Besucher bereits irgendwo von Ihrer Website und Ihrem Angebot gehört oder gelesen haben.

▸ Welche Seiten Ihrer Website werden am häufigsten angeklickt? Sind die Inhalte, Seitenbeschreibungen (Meta Descriptions) und Inhaltstexte dieser Webpages auf die richtigen und wichtigen SEO-Keywords optimiert? Befindet sich auf diesen Seiten eine Möglichkeit zur Lead-Konvertierung wie z. B. ein Angebot zum Download eines Content-Offers (E-Book, Whitepaper und Co.)?

Bei der Analyse Ihrer Website-Besucher und bei der Zielbestimmung Ihres Website-Traffics haben Tools wie *Google Analytics*, *Piwik* oder *eTracker* (vgl. Abbildung 10.4) ihren großen Auftritt. Mit solchen Tools ermitteln Sie, wie viele Zugriffe auf Ihre Website stündlich, täglich, wöchentlich oder monatlich getätigt werden. Solche Tools systematisieren und visualisieren die Darstellung Ihrer Website-Zugriffe nach allen wichtigen Kriterien wie den Herkunftsländern der Besucher, den genutzten Web-Browsern und vielem mehr. Auch wichtige Daten zur Art der Website-Nutzung werden erfasst. Google selbst beurteilt die Qualität Ihrer Website immer stärker nach den Nutzersignalen Ihrer Website-Besucher. Eine hohe Absprungrate (Bounce-Rate) verrät daher, dass bestimmte Website-Besucher gegebenenfalls nicht gefunden haben, was sie suchten, oder aber von der Website enttäuscht sind.

Abbildung 10.4 Das Tool eTracker zur Traffic- und Besucheranalyse

Leider verraten Ihnen Google Analytics oder eTracker nicht, warum das so ist, und gehen auch nicht auf das Verhalten individueller Besucher ein, sondern bleiben auf der statistischen Ebene. So erhalten Sie immerhin bereits bei der Planung Ihres Inbound Marketing ein Verständnis dafür, woher Ihre bisherigen Website-Besucher kommen und wie sie mit Ihrer Website interagieren. Analysieren Sie, ob das bisherige Nutzerverhalten zufriedenstellend ist oder ob Sie akuten Handlungsbedarf sehen, den Sie mit Inbound-Marketing-Kampagnen so schnell wie möglich in den Griff bekommen wollen. Wenn Sie Absprungraten von über 50 % haben und die Verweildauer Ihrer Website-Besucher im Zeitablauf gegebenenfalls sogar zurückgeht, haben Sie definitiven Handlungsbedarf.

Wenn Sie durch Ihre Inbound-Marketing-Planung echte Probleme bei der bisherigen Traffic-Generierung aufdecken (z. B. negative Traffic-Entwicklung und/oder zu hohe Bounce-Rates), sollten Sie den Fokus Ihres Inbound Marketing unbedingt auf dieser Phase erst einmal beibehalten und sich nicht nur um die Weiterentwicklung von Leads (Lead Nurturing) kümmern.

Inbound-Tipp: Betrachten Sie Ihre Website wie eine Badewanne

Stellen Sie sich das Online-Business auf Ihrer Website als Badewanne vor. Website-Besucher sind wie das Badewasser, das Sie benötigen, um zu schwimmen.

▶ Wenn nur wenig neues Wasser in die Wanne läuft bzw. nur geringer Website-Traffic herrscht, bleibt der Wasserspiegel niedrig, und Sie sitzen buchstäblich auf dem Trockenen. Wenn aber genügend Wasser bzw. Traffic ständig nachläuft, wird es angenehmer bzw. erfolgreicher für Ihr Geschäft.

▶ Das gilt aber nur, solange unten in der Wanne nicht der Stöpsel gezogen ist. Eine hohe Bounce-Rate ist wie ein gezogener Badewannenstöpsel – die neu hinzukommenden Website-Besucher sind sofort weg, wenn sie von Ihrer Website enttäuscht oder verwirrt werden. Sorgen Sie also unbedingt dafür, dass kein Wasser ausläuft. Das bedeutet: Stellen Sie in jedem Fall noch bei der Inbound-Planung sicher, dass Ihre Website kein Traffic- bzw. Bounce-Problem hat.

Planen Sie dann eine Erhöhung des Traffics mit Inbound, und bauen Sie den Content Ihrer Website und vor allem den Content Ihrer Startseite (Homepage) so auf, dass neu hinzukommende Besucher sofort finden, was sie suchen. Jeder Besucher soll sofort Zugang zu den für ihn wichtigen Unterseiten finden, indem Sie z. B. alle Verlinkungen zu den wichtigen Seiten direkt auf der Homepage präsentieren.

Vergessen Sie bei der Analyse und Planung Ihres Website-Traffics auf keinen Fall Ihre Buyer Personas. Wo halten sie sich im Web auf? Wie können Sie stärker als bisher ihre Aufmerksamkeit im Web gewinnen und sie auf Ihre Website führen? Finden Sie so genaue Antworten auf diese Fragen wie möglich, und nehmen Sie es sich bei dieser Aufgabe zum Ziel, Ihre Buyer Personas noch besser als zuvor zu verstehen und sich stärker als bisher als bester Partner zur Lösung ihrer Probleme zu positionieren. Wenn Sie sich konkrete Ziele für die Traffic-Generierung geben, denken Sie bitte an die SMART-Regel. Machen Sie Ihre Ziele messbar und verständlich. Geben Sie Ihren Zielen klare Termine und Milestones.

Zielbeispiel: Traffic-Generierung im Top of the Funnel (ToFu)

Inbound-Marketing-Ziele für die ToFu-Phase des Sales Funnel könnten wie folgt formuliert sein:

▶ Steigerung der monatlichen Zahl der Website-Besucher von heute 2.500 auf 5.000 pro Monat innerhalb der nächsten 6 Monate

▶ davon Erhöhung der Anzahl der Website-Besucher aus Google-Suche (Organic Search) von heute 1.800 pro Monat auf 3.600 innerhalb der nächsten 6 Monate

▶ gleichzeitig Generierung von monatlich 500 neuen Website-Besuchern über Social Media (Facebook, Xing, LinkedIn)

Wenn Ihr Unternehmen ein eher kleines oder junges Unternehmen ist, kann es sein, dass Sie noch keine ausreichende Bekanntheit im Markt haben. In diesem Fall kennen nur wenige potenzielle Kunden bereits den Namen Ihres Unternehmens oder Ihre Website-Adresse (URL). Sie können dann davon ausgehen, dass der sogenannte Direct Traffic vorerst wahrscheinlich noch gering bleiben wird. Nur wenige Leute suchen bereits den Namen Ihres Unternehmens bei Google oder geben ihn direkt im

Browser ein. Gerade für solche Unternehmen ist es lebensnotwendig, andere Traffic-Ströme als den sogenannten Direct Traffic im Internet aufzubauen. Besonders diese Unternehmen sind auf eine gute Google-Präsenz zu Top-Keywords und auf intensive Präsenz bzw. Interaktion in den sozialen Medien angewiesen. Wenn Ihr Unternehmen hingegen schon länger am Markt etabliert ist und Sie auf eine umfangreiche Kundenbasis zurückgreifen können, sollten Sie bei der Inbound-Planung herausfinden, wie Ihre heute profitablen und guten Kunden seinerzeit zu Ihrem Unternehmen gefunden haben.

Inbound-Tipp: Finden Sie heraus, wie Ihre heutigen Kunden ursprünglich auf Ihre Website gekommen waren

Schauen Sie sich einmal genauer an, wie Ihre heutigen guten Kunden beim ersten Kontakt zu Ihrem Unternehmen zu Ihrer Website gefunden haben.

▶ Wenn Sie eine Inbound-Marketing-Software nutzen, ist das denkbar einfach. Sie gehen einfach in das Kontaktprofil Ihres Kunden und gehen zurück zum ersten Eintrag im Kontaktprofil. Alles, was automatisch erfassbar war (z. B. Datum, Einstiegsseite der Website, gelesene Blogposts), ist dort bereits von der Software eingetragen. Hat ein Kunde damals auf Empfehlung bei Ihrem Unternehmen angerufen und die Inbound-Software dementsprechend keinen Website-Besuch erfasst, sollten Sie eine entsprechende Notiz über den ersten Anruf Ihres späteren Kunden im Kundenprofil Ihrer Inbound-Marketing-Software bzw. in Ihrem CRM-System abgelegt haben.

▶ Wenn Sie noch keine Inbound-Software nutzen, aber gute Kundenkontakte haben, fragen Sie doch einfach bei Ihren heutigen guten Kunden nach. Bereits bei der Erstellung Ihrer Buyer Personas sollten Sie viele gute Hinweise dazu von Ihren Kunden erhalten haben. Befragen Sie gegebenenfalls weitere Kunden, welchen Weg sie damals genommen haben.

Welche Traffic-Quellen (Sources) und Marketing-Kampagnen haben Ihre heutigen guten Kunden beim Erstkontakt zu Website-Besuchern gemacht? Analysieren Sie die potenziellen Traffic-Quellen.

▶ *SEO:* Identifizieren Sie die SEO-Keywords der Seiten, über die Ihre guten Kunden erstmals auf Ihre Website gekommen sind. Welches Keyword hat jemand ursprünglich bei Google eingegeben, um auf Ihre Website zu gelangen?

▶ *Online-Werbung:* Über welche Online-Werbekampagnen (Paid Search) und welche damit verbundenen Marketing-Kampagnen kamen bzw. kommen die guten Kunden auf Ihre Website?

▶ *Social Media:* Über welche Kanäle und Plattformen, Posts, Kampagnen oder Content-Angebote in den sozialen Medien kamen Ihre guten Kunden zum ersten Mal auf Ihre Website?

10.3.3   Inbound-Marketing-Ziele für die Lead-Generierung (Middle of the Funnel)

Wenn Sie die Traffic-Generierung analysiert und geplant haben, beschäftigen Sie sich als Nächstes mit der Erfolgsplanung Ihres Unternehmens bei der Lead-Generierung und der Weiterentwicklung dieser Leads hin zum Kauf (Lead Nurturing). Das ist der Middle of the Funnel (MoFu) des Sales Funnel. Website-Besucher haben Ihrem Unternehmen ihre Kontaktdaten gegeben (z. B. per Registrierung in einem Website-Formular) und damit den Einstieg in einen Dialog geliefert. Sie nutzen diese Informationen, um für den Lead ein erstklassiges Kundenerlebnis zu gestalten und so zum zentralen Problemlöser für den neuen Interessenten zu werden. Generell ist jeder Lead ein Gewinn für Sie. Je mehr Informationen Sie über einen Interessenten gewinnen, desto zielgenauer können Sie Ihr Angebot auf den Bedarf dieses Interessenten zuschneiden und ihm bei seiner optimalen Lösungsfindung helfen. So weit die Theorie. In der Praxis ist es erstaunlich, mit wie wenig Sensibilität viele Unternehmen beim Lead Nurturing vorgehen und entweder zu aggressiv oder aber zu wenig personalisiert vorgehen. Der zweite große Missstand im Lead Management mancher Unternehmen ist, dass der Erfolg des Lead Management weder geplant noch kontrolliert wird. Bei der Einführung und Planung von Inbound Marketing findet man in manchen Unternehmen einfach keine entsprechenden Daten zur Lead-Generierung und zum Lead Nurturing. Das liegt oft einfach daran, dass noch keine entsprechende Lead-Management-Software genutzt wurde und das professionelle Lead Management erst mit der Einführung von Inbound-Marketing-Software zum ersten Mal eine technische Plattform bekommt. Selbst wenn Sie in Ihrem Unternehmen bei Ihrer Inbound-Marketing-Planung zunächst keine geordneten Daten zum Lead Management vorfinden, stellen Sie sich die folgenden Fragen:

▶ Wie hoch ist die Lead Conversion Rate Ihrer Website? Anders gefragt: Wie viele Leads gewinnen Sie pro 100 Besucher (Quantität)?

▶ Passen diese Leads zu Ihren wichtigsten Buyer Personas (Qualität)?

▶ Über welchen Kanal erhalten Sie die meisten Leads (Google, Social Media etc.)?

▶ Finden potenzielle Kunden Inhalte für jede Phase der Customer Journey auf Ihrer Website?

Mit diesen Fragen erhalten Sie einen ersten Einblick in die aktuelle Lead Conversion Performance Ihrer Website. Nehmen Sie die bisherigen Daten Ihres Unternehmens als Nullmessung für Ihre zukünftige Inbound-Planung.

Inbound-Tipp: Führen Sie ein Lead Management Monitoring ein

1. Analysieren Sie ab sofort jeden Monat die Ergebnisse Ihrer Lead-Generierung und Kundengewinnung, damit Sie Optimierungsbedarf und Trends erkennen.

2. Erfassen Sie, wie sich die Anzahl der neu gewonnenen Leads im Zeitablauf verändert. Gibt es Saisonalitäten oder sonstige Auffälligkeiten?

3. Messen Sie, aus welchen Traffic-Quellen bisher die meisten Leads kommen. Wie ist die Entwicklung im Zeitablauf?

4. Analysieren Sie die Entwicklung der Leads der einzelnen Buyer Personas. Bei welchen Personas entwickelt sich die Anzahl der Leads überdurchschnittlich? Das ist ein Hinweis darauf, dass Ihr gesamter Web-Auftritt und vielleicht sogar Ihre Marke bei bestimmten Buyer Personas besonders gut ankommt.

Bei der Zielplanung für Ihr Inbound Marketing sollten Sie möglichst Ziele sowohl für die Gewinnung als auch für die Weiterentwicklung von Leads festlegen. Diese Ziele ändern sich schnell. Mit Inbound Marketing schaffen Sie schnelle Veränderungen und Erfolge in der Lead-Generierung. Dementsprechend schnell und häufig werden Sie Ihre Lead-Generierungsmaßnahmen überarbeiten und vermutlich viele einzelne Inbound-Kampagnen zur Lead-Generierung starten. Beim Lead Nurturing ist es nicht anders. Aber erstaunlicherweise überwachen längst nicht alle Unternehmen den Erfolg ihres Lead Nurturing und optimieren konsequent ihre Nurturing-Aktivitäten. Schenken Sie Ihren Lead-Nurturing-Zielen besonders viel Aufmerksamkeit.

Zielbeispiele: Lead Management im Middle of the Funnel (MoFu)

Inbound-Marketing-Ziele für Lead-Generierung und Lead Nurturing könnten wie folgt aussehen:

▶ Steigerung der Lead Conversion Rate der Website innerhalb von 6 Monaten von 4 % auf 6 %. Anmerkung: Solche Ziele sind meist nicht ausreichend, da kaum operationalisierbar. Unterteilen Sie sie in Unterziele.

▶ Gewinnung von 20 neuen Leads der Buyer Persona »Geschäftsführer Alexander« von Mai bis Juni 2017 durch die Lead-Generierung-Kampagne »Markterfolg im digitalen Zeitalter« mit je einem Content-Offer für Awareness (Strategie-E-Book), Consideration (Case-Study-Whitepaper) und Decision (Checkliste zur Zusammenarbeit)

▶ Steigerung des Anteils der Buyer Persona »Ingenieur David« an der Gesamtheit der neu registrierten Leads von 15 % auf 25 % innerhalb von 3 Monaten

▶ Weiterentwicklung von mindestens 30 % der bestehenden Marketing Qualified Leads zu Sales Qualified Leads innerhalb von 12 Wochen nach der jeweiligen Lead Conversion der betreffenden Person

---

Die Ziele Ihres Lead Management können hochoperativ sein. In Inbound-Marketing-Teams erhalten oft verschiedene Mitglieder des Inbound-Teams unterschiedliche Lead-Management-Ziele, je nachdem, für welche Buyer Personas, Kampagnen oder Themenbereiche sie zuständig sind. Beachten Sie bei Ihren Zielsetzungen fürs Lead

Nurturing unbedingt, wie lange im Regelfall bei den einzelnen Personas der Nurturing-Zeitraum in der Vergangenheit gedauert hat. Manche Unternehmen und Geschäftsmodelle arbeiten mit Lead Nurturing Cycles von bis zu einem Jahr und mehr.

Effektives Lead Management erfordert in der Praxis viel Detailarbeit, Prozessdisziplin und ständiges Monitoring der laufenden Reaktionen Ihrer Leads auf Ansprachen wie z. B. E-Mails oder Social Posts. Unternehmen, die diese Prozesse manuell führen wollen, sind bei ansteigenden Lead-Zahlen schnell überfordert. Um die Kommunikation mit vielen Interessenten gleichzeitig aufrechtzuerhalten und Learnings schnell umzusetzen, kommen die meisten Unternehmen an einer Software-Unterstützung nicht vorbei. Zur Planung Ihres Inbound Marketing gehört ein Blick auf Ihre bisherige Prozess- und Software-Ausstattung im Lead Management. Manche Unternehmen nutzen hierfür die Funktionen ihres CRM-Systems, andere nutzen bisher reinrassige Vertriebssoftware wie z. B. *FreshSales* (*www.freshsales.de*) oder arbeiten mit selbst programmierten Tools. Unser Tipp: Prüfen Sie noch vor der Entscheidung über Ihre Inbound-Marketing-Software, welche Prozesse Ihres aktuellen Lead Management bereits softwaregestützt laufen.

Inbound-Workshop: Wie gut ist Ihr Lead Management technisch aufgestellt?

Lead Management ist einer der großen »Sweet Spots« von Marketing Automation bzw. Inbound-Marketing-Software. Alle gängigen Herstellerlösungen besitzen integrierte Module für Lead Management mit flexibel einsetzbaren Workflows, um die Beziehung zu Interessenten auszubauen. Prüfen Sie, wie weit Sie heute schon über die wichtigsten Lead-Management-Funktionen verfügen bzw. wie sich Ihre Arbeitsprozesse in Marketing und Vertrieb durch Inbound-Marketing-Software ändern werden.

► Meldet heute schon eine Software an Ihre Marketing- und Vertriebsmitarbeiter, wenn ein bereits bekannter Lead (der mithilfe von Cookies wiedererkannt wird) wieder auf Ihre Website kommt?

► Erhalten Sie eine Mitteilung über den erneuten Website-Besuch eines Lead direkt auf Ihrem Desktop-Bildschirm, per SMS oder per E-Mail (Lead Visit Notification)?

► Erfassen Sie in Ihrer Kontaktdatenbank automatisch alle Website-Besuche Ihrer Leads mit der Information darüber, welche Webpages angeschaut wurden, wie lange diese betrachtet wurden und über welche Webpage Ihr Lead auf Ihre Website kam (z. B. über die Homepage oder über Ihre Preislisten-Seite?) und auf welcher Webpage er einen Besuch beendet hat?

► Wird bei Ihnen bereits im Kontaktprofil eines Lead automatisch erfasst, in welche E-Mail-Kampagnen zum Lead Nurturing Ihr potenzieller Kunde momentan eingebunden ist? Sehen Sie, welche sonstigen Marketing-Aktivitäten ihn sonst noch erreichen (z. B. Blog-Abo, Newsletter-Abo, Webinar-Buchungen)?

▶ Können Sie beim Blick in Ihre Software sofort erkennen, woher der Kaufinteressent ursprünglich auf Ihre Website kam? Kam er über Google oder Google-AdWords-Werbung, über persönliche Empfehlung und die direkte Eingabe Ihrer Website-URL, über Social Media oder über sonstige Quellen?

▶ Können Sie jedem Interessenten automatisch einen Scoring-Wert zuordnen, der sein Kaufpotenzial und seine Kaufbereitschaft reflektiert? Wie viele Kriterien gehen in Ihr Lead-Scoring-Modell ein (vgl. Abschnitt 6.3)? Wie oft und wie schnell werden die Score-Berechnungen automatisch aktualisiert? Verfügen Sie über Listen mit allen Interessenten, die einen vergleichbaren Lead Score aufweisen?

Beim Lead Management helfen Ihnen die statistischen Daten der Website-Besucher-Analyse-Tools wie z. B. Google Analytics nicht weiter. Mit Tools wie Google Analytics oder Piwik erfahren Sie zwar so gut wie alles an statistischen Werten über die Gesamtheit Ihrer Website-Besucher, aber so gut wie nichts über Ihre einzelnen potenziellen Kunden. Solche Tools ordnen die Besucherdaten nicht dem Kontaktprofil eines bestimmten Besuchers zu, sondern wollen nur Statistiken über die Gesamtheit der Website-Besucher liefern. Das ist zwar wichtig, bringt Ihnen aber beim Lead Management so gut wie nichts.

Das ist einer der wichtigen Gründe, warum Sie auf jeden Fall den Einsatz einer echten Inbound-Marketing-Software wie HubSpot, Act-On oder Marketo überdenken sollten. Inbound-Marketing-Software liefert Ihnen nicht nur die statistischen Daten wie Google Analytics, sondern zusätzlich auch individuelle Kundendaten, die Ihnen die gesamte Aktivitätshistorie eines Lead zeigen, sodass Sie Rückschlüsse auf das Kaufverhalten und die Kaufentscheidungsphase eines jeden Interessenten ziehen können.

10.3.4   Inbound-Marketing-Ziele für die Kundengewinnung (Bottom of the Funnel)

Die Erfolgsmessung am Fuße des Sales Funnel ist eigentlich ganz einfach: Sie erfassen die Anzahl neu gewonnener Kunden. Die Zahl Ihrer Neukunden ist der Erfolg Ihrer Arbeit im gesamten Sales Funnel. Um einen genaueren und detaillierteren Überblick über die Art Ihrer Kundengewinnung zu bekommen, sollten Sie sich allerdings ein paar Zusatzfragen stellen:

▶ Wie viel Prozent Ihrer Website-Leads konvertieren im Monat zu Kunden? Anders ausgedrückt: Wie viele Abschlüsse haben Sie pro 100 Leads (Quantität)?

▶ Welcher Buyer Persona gehören die neu gewonnenen Kunden an (Qualität)? Sind das die Buyer Personas, auf die Ihre Maßnahmen abgezielt haben?

▶ Wie viele Kunden sind belegbar durch Marketing-Aktivitäten gewonnen worden? Wie viele Kunden wurden dagegen ausschließlich über reine Vertriebsaktivitäten (z. B. Cold Calls) gewonnen? Wie ist das Verhältnis dieser beiden Kundengewinnungsverfahren, und wie entwickelt sich dieses Verhältnis im Zeitablauf?

▶ Welche Hindernisse hat der Vertrieb beim Kaufabschluss (Closing) am häufigsten festgestellt? Welche Kaufbarrieren waren durch das Lead Nurturing und die entsprechenden Content-Angebote noch nicht ausgeräumt worden? Lassen sich diese Kaufbarrieren in Zukunft bereits früher ausräumen?

Wahrscheinlich erfasst Ihr Unternehmen, wie viele Neukunden im Monat gewonnen werden. Aber neben dieser einfachen Kundenzahl sind es die gerade gezeigten Details wie Buyer Personas oder Kaufbarrieren, die nicht in allen Unternehmen zur Erfolgskontrolle mit den Kaufabschlüssen erfasst werden. Für Ihr Inbound Marketing sind diese Informationen aber sehr wichtig. Planen Sie daher frühzeitig die Erfassung dieser Informationen auf Marketing- und Vertriebsseite ein.

10

Zielbeispiele für Kaufabschlüsse im Bottom of the Funnel (BoFu)

Ziele für Kaufabschlüsse und Neukunden können z. B. so lauten:

▶ Steigerung der Zahl der Neukunden pro Monat von 5 auf 20 innerhalb von 6 Monaten

▶ Gewinnung von 5 Neukunden pro Monat für das Premium-Paket und 20 Neukunden für das Basis-Paket unserer Produkte innerhalb von 3 Monaten

▶ Steigerung des Anteils der Buyer Persona »Freelancer Tim« an der Gesamtzahl der Neukunden pro Monat von 10 % auf 30 % in 6 Monaten

---

Für Ihr Inbound Marketing ist es wichtig zu wissen, ob Ihre neu gewonnenen Kunden tatsächlich den ganzen Weg durch Ihren Sales Funnel genommen haben. Stellen Sie fest, wie hoch Ihre Traffic to Customer Rate ist. Gibt es Kunden, die direkt auf Ihre Website kommen und dort abschließen, ohne erst ein Lead zu werden und durch den Prozess des Lead Nurturing zu gehen? Bei Online-Plattformen und Geschäftsmodellen wie z. B. SaaS-Software (z. B. Dropbox), E-Commerce-Shops (z. B. Amazon) oder Portalen (z. B. AirBnB, HRS) können diese Direktabschluss-Kunden einen hohen bis dominanten Anteil der Neukunden ausmachen. Geschäftsmodelle mit erklärungsbedürftigen Produkten und langen Kaufentscheidungsprozessen (z. B. Maschinen, Profi-Software, Automobil, Gesundheitsdienstleistungen) hingegen haben es da nicht so einfach und brauchen eine längere Kontaktstrecke zur Kundengewinnung mit Lead Nurturing. Aber auch bei erklärungsbedürftigen Produkten und B2B-Geschäftsmodellen dürfte es ein attraktives Ziel sein, langfristig den Anteil der abschlussbereiten Erstbesucher auf der Website zu erhöhen.

Checkliste: Haben Sie bereits Direktumsatz auf Ihrer Website?

▶ Generieren Sie bereits Umsatz direkt aus dem organischen Suchmaschinen-Traffic? Werden Sie in Google gefunden, und konvertieren Website-Besucher beim ersten Website-Besuch direkt zu einem Kunden?

▶ Generieren Sie bereits Umsatz aus Social-Media-Traffic? Gibt es Kunden, die in den sozialen Medien auf Sie aufmerksam werden, von dort auf Ihre Website gelenkt werden und hier direkt kaufen?

▶ Generieren Sie bereits Umsatz aus Ihrem Blog-Traffic? Gibt es Abonnenten Ihres Blogs, die eigentlich nichts Weiteres auf Ihrer Website getan haben, als Ihre Blogposts zu lesen, und dann unmittelbar bei Ihnen gekauft haben?

▶ Generieren Sie bereits Kunden aus Ihren Online-Werbekampagnen, d. h. Pay-per-Click-Werbung wie z. B. bei Google AdWords?

10.3.5 Inbound-Marketing-Ziele für Kundenbindung und Empfehlung (Loop of the Funnel)

Nach dem Kauf des Kunden beginnt die anspruchsvollste Aufgabe des Inbound Marketing: die Bindung des Kunden an das eigene Unternehmen und die Förderung von Weiterempfehlungen. Analysieren Sie bei der Planung Ihres Inbound Marketing, wie erfolgreich Ihr Unternehmen bereits beim Verkauf ergänzender Produkte (Cross-Selling) an bestehende Kunden oder bei deren höherwertigen Folgekäufe (Up-Selling) ist. Bestimmen Sie auch, wie viele Empfehlungen Ihr Unternehmen pro Monat durch zufriedene Bestandskunden generiert. Um die bisherige Performance der Aktivitäten Ihres Unternehmens im Loop von Kundengewinnung und Kundenempfehlung (LoFu) zu analysieren, helfen Ihnen unter anderem folgende Fragen:

▶ Wie zufrieden sind Ihre Kunden mit Ihrem Produkt bzw. Ihrer Dienstleistung?

▶ Wie viele Wiederkäufer haben Sie pro 100 Kunden?

▶ Wie ist das Wiederkaufverhalten Ihrer Kunden im Vergleich zu ihrem Erstkauf? Steigt die Höhe der Kaufsumme im Zeitablauf? Nimmt die Frequenz der Interaktion mit Ihrem Unternehmen im Zeitablauf zu?

▶ Gibt es Buyer Personas, die eher zu einem Wiederkauf tendieren als andere?

Das übergeordnete Ziel des Inbound Marketing in dieser Phase ist die kontinuierliche Steigerung des Customer Lifetime Value, also des Ertrags eines Kunden über sein gesamtes Kundenleben hinweg. Schaffen Sie es, Kunden langfristig zu begeistern und zu binden, erhöhen Sie auch die Profitabilität der Kundenbeziehung.

Inbound-Aufgabe: Analysieren und planen Sie den Customer Lifetime Value

Der Customer Lifetime Value (CLV) ist der erwartete monetäre Wert einer Kundenbeziehung, den Ihr Unternehmen mit einem Kunden bis zum Ende der Geschäftsbeziehung erzielen wird.

▶ Bei der Berechnung des CLV werden die jeweiligen Umsätze und die Kosten der Kundenbeziehung erfasst und aus der Differenz ein Deckungsbeitrag (Marge) berechnet. Zusätzlich wird einbezogen, dass ein Teil der Kunden die Geschäftsbeziehung beenden wird, daher wird ein sogenannter Retention-Faktor mit einer Bleibewahrscheinlichkeit des Kunden von weniger als 100 % eingerechnet. Zusätzlich kann der Betrag der Kundenbeziehung noch mit einer Finanzrate abgezinst werden.

▶ Es gibt verschiedene Berechnungsmethoden zum Customer Lifetime Value. Eine gute Einführung in Grundlagen und Berechnung des CLV finden Sie unter *https://blog.kissmetrics.com/how-to-calculate-lifetime-value/*.

Berechnen Sie den CLV Ihrer verschiedenen Buyer Personas, und nutzen Sie diese Daten zur Priorisierung Ihrer Buyer Personas bei Inbound-Marketing-Kampagnen. Den Buyer Personas mit dem höchsten CLV werden Sie besondere Aufmerksamkeit im Inbound Marketing schenken wollen. Allerdings berücksichtigt der Customer Lifetime Value nicht, wie empfehlungsbereit ein bestimmter Kunde ist. Auch diese Dimension ist wichtig für Ihr Inbound Marketing, denn die Bereitschaft zur Kundenempfehlung erhöht die Attraktivität eines Kunden für Ihr Unternehmen. Eine erfolgreiche Kundenempfehlung spart Ihrem Unternehmen sämtliche Akquisitionskosten. Dadurch kann es Sinn machen, in sichtbar empfehlungsbereite Kunden mit speziellen Inbound-Marketing-Kampagnen zu investieren. Bereits in Abschnitt 7.1.2 haben Sie den Net Promoter Score (NPS) als Messinstrument für die Empfehlungsbereitschaft Ihrer Kunden kennengelernt. Der Net Promoter Score gibt Antwort auf die zentrale Frage, wie wahrscheinlich es ist, dass ein Kunde Ihr Produkt, Ihre Dienstleistung oder Ihr Unternehmen an jemanden weiterempfehlen wird. Der NPS wird durch eine einfache und einzige Frage an Ihre Kunden erhoben.

Inbound-Aufgabe: Erfassen, beobachten und planen Sie den Net Promoter Score

▶ Stellen Sie jedem Kunden diese Frage: »Auf einer Skala von 0 bis 10, wie wahrscheinlich ist es, dass Sie unser Unternehmen an einen Freund oder Kollegen weiterempfehlen?«

▶ Skalenwerte von 10 oder 9 bedeuten, dass diese Personen Sie sehr wahrscheinlich weiterempfehlen werden. Diese Gruppe nennen wir *Promoter*.

> ▸ Kunden mit den Werten 8 oder 7 nennen wir *Passive*. Sie sind zwar zufrieden, würden Ihr Unternehmen aber nicht aktiv weiterempfehlen.
>
> ▸ Kunden mit dem Wert 6 und kleiner sind *Kritiker*.

Bei der NPS-Rechnung werden die Werte aller Kunden zusammengerechnet und daraus vergleichende Durchschnittswerte erhoben. Der NPS bildet dabei mehr als nur die Rate der Empfehler ab. Durch gezielte Nachfragen können Sie sogar Schwachstellen oder Alleinstellungsmerkmale Ihres Angebots herausfinden. Ebenso ist der NPS eine Kennzahl zur Beschreibung der Kundenzufriedenheit und einfach zu berechnen, wirkungsvoll in der Kommunikation im gesamten Unternehmen und bietet Ihnen eine gute Grundlage zur Formulierung von strategischen Zielen. Darum geht es aber nur in zweiter Linie im Inbound Marketing. Hier zählt die individuelle NPS-Einzelbewertung jedes einzelnen Kunden. Beobachten Sie die Entwicklung des NPS einzelner Kunden bei wiederholter Befragung im Zeitablauf. Nutzen Sie vor allem Kunden mit einem bereits hohen NPS als Promoter, und planen Sie spezielle Inbound-Kampagnen für Promoter, mit denen sie zur Weiterempfehlung veranlasst werden. Planen Sie auch, ob Sie Kampagnen zur Überzeugung von »passiven« Kunden mit einem mittelhohen NPS-Wert starten werden, um ihre Begeisterung zu wecken und sie zu aktiven Promotern zu machen. Mehr zum NPS erfahren Sie unter *http://www.net-promoter.de/methode-des-nps.html*.

Übrigens verfügen viele Inbound-Marketing-Software-Pakete über ein Plugin zur Erhebung des Net Promoters Score Ihrer Kunden und Website-Besucher. Die Befragungsergebnisse werden direkt im Kontaktprofil Ihres individuellen Kunden gespeichert. Egal, ob Traffic-Monitoring, Lead-Generierung, Kundengewinnung oder Empfehlungsbereitschaft per NPS – Ihre Inbound-Marketing-Software ist auf alle Phasen Ihres Kunden-Managements ausgerichtet. Aber wie funktioniert das genau? Und warum sollten Sie im Regelfall tatsächlich eine Marketing-Automation-Software bzw. Inbound-Marketing-Software einsetzen?

Kapitel 11
Inbound-Marketing-Software einsetzen

The first rule of any technology used in a business is that automation applied to an efficient operation will magnify the efficiency. The second is that automation applied to an inefficient operation will magnify the inefficiency.
– Bill Gates

Wer heute im Online-Marketing arbeitet, der nutzt selten nur eine einzige Software für seinen Job. Gerade in kleineren und mittelständischen Unternehmen nutzen Marketing-Teams gleichzeitig eine Vielfalt unterschiedlicher Software-Tools, die jeweils ein spezifisches Feld der Marketing-Tätigkeit abdecken. Marketing-Leute schreiben Blogposts direkt im Content-Management-System ihrer Website, schicken E-Mail-Kampagnen aus einer speziellen E-Mail-Software heraus, checken ihre SEO-Keywords in einer SEO-Software-Suite und erfassen die Daten von Interessenten und Kunden in verschiedenen internen Datenbanken und CRM-Systemen. Die einzelnen Tools sind nur selten voll miteinander integriert, und nicht wenige Unternehmen nutzen zusätzlich Excel-Tabellen oder Datenbankprogramme, um wenigstens an einer zentralen Stelle den Durchblick über die laufenden Maßnahmen, Kampagnen und Daten ihrer Interessenten und Kunden zu behalten. Für neue Marketing-Maßnahmen werden immer wieder spezielle Kontaktlisten erstellt, damit man z. B. allen Teilnehmern eines Webinars E-Mail-Reminder zusenden kann, den Interessenten einer bestimmten Buyer Persona ein neues E-Book zuschickt oder den Blog-Abonnenten eine persönliche E-Mail zum neuen Blogpost zukommen lässt. Das alles ist sehr anstrengend und fehleranfällig, kostet Zeit und gibt wenig Raum, um sich Gedanken über die Optimierung der laufenden Maßnahmen oder gar die Konzeption neuer Maßnahmen zu machen.

Software-Check: Erfassen Sie Ihre Marketing- & Vertriebs-Software
Welche Software nutzt Ihr Unternehmen derzeit in Marketing und Vertrieb? Damit sind weniger Ihre Office-Programme oder Zeiterfassungs-Tools gemeint, sondern alle Software-Tools, die Sie direkt zur Steuerung Ihres Kunden-Managements einsetzen.

- ▶ Dazu zählen alle Software-Programme zur Gestaltung und Überwachung Ihrer Website, zum Versenden von E-Mails, Links und Content und auch alle Software-Tools, mit denen Sie Kundenumfragen machen oder Webinare, Seminare und Events organisieren.

- ▶ Erfassen Sie alle aktuell bereits genutzten Tools (z. B. SEO, Social, E-Mail) in einer Tabelle, notieren Sie die Anschaffungs- und Lizenzkosten dieser Software, und notieren Sie, wie zufrieden Ihr Team mit der Nutzung der jeweiligen Software ist. Gibt es Software, mit der nur wenige Nutzer zufrieden sind, oder Software, die kaum genutzt wird? Ist diese Software ein potenzieller Streichkandidat oder eine Software, die eigentlich vom Team wesentlich intensiver genutzt werden sollte?

- ▶ Wie hoch sind die Gesamtkosten aller Software-Tools? Erfassen Sie, wie viele Kontakte Sie mit diesen Tools insgesamt betreuen. Dazu gehören alle Kunden, alle Interessenten und gegebenenfalls auch weitere Zielgruppen wie Partnerunternehmen, Lieferanten oder Dritte (z. B. Verbände, Vereine, Journalisten und Medien).

- ▶ Dividieren Sie Ihre Software-Gesamtkosten durch die Anzahl aller Kontakte. Sie erhalten so Ihre Kosten pro Kontakt und kennen jetzt ungefähr die reinen Software-Kosten, die Ihnen für die Betreuung eines Kontaktes entstehen. Notieren Sie sich bei jedem Software-Tool, ob die Kosten für die Tool-Nutzung unabhängig von der Zahl der erfassten Kontakte sind oder ob die Kosten mit der Anzahl der betreuten Kontakte steigen. Später können Sie diese Kosten mit den Kosten einer Inbound-Marketing-Software vergleichen.

11.1   Die Vorteile und Herausforderungen von Inbound-Marketing-Software

Ihre Inbound-Marketing-Software ist sozusagen das Herz Ihres Inbound Marketing. Blog, Social Media, SEO, Landing Pages – all diese Instrumente arbeiten in der Inbound-Software miteinander zusammen, um Leads und Kunden zu gewinnen. Als Inbound-Marketing-Manager arbeiten Sie mit dieser Software, optimieren dort Kampagnen, gestalten neue Inhalte und führen individuelle Kundendialoge über die Software. Ihre Inbound-Marketing-Software wird so zu Ihrem Hauptinstrument in der täglichen Arbeit. Sie ist fast so etwas wie ein Partner oder Verbündeter in Ihrem Job. Und diesen Partner sollten Sie gut aussuchen. Er sollte gut zu Ihnen passen. Der Übergang zu Inbound-Software bedeutet eine enge Vernetzung der bisher oft in verschiedenen Software-Modulen getrennten Marketing-Tätigkeiten. Viele Marketing-Prozesse können mit Inbound automatisiert oder entscheidend beschleunigt werden. Der wichtigste Effekt der Einführung von Marketing Automation bzw. Inbound-Marketing-Software ist die signifikante Erhöhung der Marketing-Effizienz im Unternehmen und die gleichzeitige Steigerung der Beziehungsqualität und des Markenerlebnisses für jeden Kunden. Der Übergang zu Inbound-Marketing-Software bedeutet für manche Unternehmen den entscheidenden Schritt zu mehr Wettbewerbsfähigkeit durch schnelleres und kundenorientierteres Handeln. Das gilt für B2B- und B2C-Unternehmen gleichermaßen. Im digitalen Zeitalter lassen sich die Aufgaben des Online-Marketings und des Kunden-Managements ohne eine integrierte Inbound-Software eigentlich gar nicht mehr effektiv bewältigen. Die manuelle Pflege der Kontakte zu vielen verschiedenen Interessenten und Buyer Personas überfordert die meisten Marketing-Teams gnadenlos. Kunden erwarten, auf jedem Kommunikationsweg wiedererkannt zu werden, egal, ob per E-Mail, Social Media oder Website-Formular. Und Kunden erwarten eine sofortige und individuelle Reaktion des Anbieters. Das lässt sich professionell nur mit einer entsprechenden Software-Unterstützung bewältigen. Inbound-Software wird zur Schaltzentrale des Marketings. Das wissen auch die Anbieter dieser Software-Pakete und integrieren sukzessive immer mehr Marketing-Funktionen in die Software. Heute umfasst eine solche Software nicht mehr nur alle notwendigen Teilfunktionalitäten des Online-Marketings, sondern auch Software-Module für die Team-Zusammenarbeit wie z. B. Collaboration-Tools, Zeiterfassung, Projekt-Management und einen Redaktionskalender für Content Management, Blog und Social Media. Aber auch in der schönen neuen Inbound-Welt ist nicht alles Gold, was glänzt, und man muss schon genauer hinsehen, um die wirklich passende Software für das eigene Unternehmen zu finden. Dabei verändert sich das Software-Angebot rasend schnell. Was über die Zeit konstant bleibt, sind die großen Vorteile jeder Inbound-Software – aber auch die Herausforderungen bei ihrem Einsatz.

Die acht großen Vorteile von Inbound-Marketing-Software

1. *All-in-One-Marketing-Software:* Inbound-Marketing-Software ermöglicht die integrierte Steuerung all der Marketing-Funktionen, die bislang oft voneinander getrennt arbeiten, wie SEO, Blog, Social Media, Content Management, Landing Pages, Calls-to-Action, E-Mail-Marketing, Website und Content-Management-System (CMS) sowie Lead Management und CRM-System. Alle Funktionen und Aufgabenbereiche werden über dasselbe Software-Dashboard bedient. Jede Marketing-Maßnahme – vom Facebook-Kommentar und Twitter-Tweet über einen Blogpost bis hin zum Webinar – wird zentral über die Software geplant, im Team koordiniert, veröffentlicht, beobachtet und ständig optimiert.

2. *Realtime-Marketing:* Alle Maßnahmen zur Kundenentwicklung und Lead-Generierung sind mit Inbound-Marketing-Software in Echtzeit steuerbar und optimierbar. Auf Knopfdruck gehen ganze E-Mail-Kampagnen live, entstehen neue Landing Pages oder werden neue Kundenlisten erstellt. Alle Daten sind sofort aktualisiert und stehen an jedem Punkt der Erde zur gleichen Zeit zur Verfügung. Das vereinfacht deutlich die Zusammenarbeit räumlich verteilter Teams über

11

Städte und Kontinente hinweg. Erfolgreiche Marketing-Kampagnen können sofort in anderen Ländern und Sprachen eingesetzt werden.

3. *Schnelle Erfolge:* Inbound-Marketing-Software ist konsequent auf effizientes Kunden-Management getrimmt. Mit wenigen Marketing-Maßnahmen kann man gerade am Anfang der Software-Nutzung schnell sichtbare Erfolge erzielen. Viele Unternehmen erschließen mit Inbound-Software wie z. B. HubSpot oder Act-On zum ersten Mal überhaupt wichtige Marketing-Instrumente wie Social Media, SEO oder Content Marketing. Gerade kleinere und mittelständische Unternehmen erhalten mit der neuen Software erstmals Zugriff auf professionelles Marketing-Prozess-Management, wie es sonst nur große Unternehmen einsetzen. Mit Inbound-Marketing-Software überholen nicht mehr die großen Marketing-Teams die kleinen, sondern die schnellen Marketing-Teams überholen die langsamen. Je mehr Aufmerksamkeit ein Marketing-Team seiner Inbound-Marketing-Software widmet, umso schneller sind auch in der Regel messbare Erfolge zu verzeichnen. Der Geschwindigkeitsvorteil von Inbound-Marketing-Software liegt nicht nur in der IT-Lösung, sondern auch in der neuen Geschwindigkeit der Prozesse im Marketing-Team.

4. *Konsequenter Kundenfokus:* Die meisten Software-Pakete für Inbound Marketing wurden von Praktikern für Praktiker entwickelt. Das merkt man den Dashboards, Marketing-Workflows und Funktionalitäten der Software an. Inbound-Software will nur eines: Ihre Kunden anziehen, gewinnen und begeistern. Daher erfasst eine gute Inbound-Marketing-Software alle wichtigen Interaktionspunkte Ihrer Kunden in einer gemeinsamen Anwendung. Wenn Sie im Inbound Marketing weiterhin separate Tools für die Social-Media-Arbeit, das E-Mail-Marketing und SEO nutzen, ist das zwar machbar, Sie müssen dann aber konsequent vermeiden, dass Sie mit unabhängigen Dateninseln arbeiten, die kein einheitliches Bild über den potenziellen Kunden ergeben. In einer Inbound-Marketing-Software sehen Sie hingegen bei jedem Kontakt, mit welchen Social Posts jemand interagiert hat, welche Pages Ihrer Website er besucht hat und welche Content-Offers er heruntergeladen hat. Diese detaillierten Informationen sind im Lead Management und bei der Kundengewinnung von unschätzbarem Wert.

5. *Schnell einsatzbereit:* Viele Hersteller bieten ihre Inbound-Software als SaaS-Software (*Software as a Service*), d. h. als cloud-basierte Software, an, die Sie im Web-Browser Ihres PCs, Laptops oder Tablets bedienen, ohne dass eine Software lokal auf Ihrem Rechner installiert werden muss. Direkt nach dem Kauf steht die Software im vollen Funktionsumfang bereit, und die Arbeit kann sofort losgehen. Sie erhalten und brauchen keine Technikerunterstützung vor Ort. Am Anfang stehen oft noch einige aufwendige Arbeiten für die Integration bestehender Daten (z. B. Kontaktdatenbanken) und die Software-Einpassung an. Auch die Layouts bzw. das Design der Vorlagen (Templates) für Ihre E-Mails, Landing Pages usw. müssen noch manuell auf das Corporate Design Ihres Unternehmens angepasst werden. Dafür sind meistens HTML- und CSS-Kenntnisse erforderlich. Aber

dafür gibt es die Techniker-Teams der Software-Hersteller, die Ihnen per Online-Hilfe einige Arbeit abnehmen. Und es gibt erfahrene Inbound-Marketing-Agenturen, die Sie im Zweifelsfall bei Einführung und beim Onboarding Ihrer Software gerade am Anfang gut unterstützen.

6. *Relativ leicht einsetzbar:* Die Grundfunktionen der meisten Inbound-Marketing-Software-Lösungen lassen sich relativ schnell erschließen. Bei einer SaaS-Software arbeiten Sie naturgemäß immer mit der aktuellsten Software-Version, da die Software ständig online aktualisiert wird. Sie selbst müssen nichts updaten. Die meisten Software-Anbieter bieten verschiedene Versionen für unterschiedlich große Geldbeutel an. Viele Software-Pakete können Sie durch einzeln buchbare Module (Add-ons) und Upgrades gezielt nach Ihren Bedürfnissen erweitern. Marketing-Teams können einzelnen Software-Nutzern flexibel und in Echtzeit neue Rollen, Nutzerrechte und Funktionen zuordnen. Die flexible Rollen- und Rechteverwaltung mit Marketing-Automation-Software hilft vor allem auch bei der Zusammenarbeit von Marketing-Abteilungen mit spezialisierten Agenturpartnern (Inbound-Marketing-Agenturen). Das macht die Software ideal für Teams, die auf verschiedene Locations oder sogar Länder verteilt sind. Große Unternehmen, die Kunden- und Interessentendaten nicht in die Cloud abgeben wollen, finden mit den Marketing-Automation-Paketen großer Hersteller wie Oracle oder Adobe auch sogenannte *On-Premise-Lösungen,* die in die vorhandene IT- und Server-Infrastruktur in Unternehmen eingepasst werden können. Das ist z. B. wichtig für Unternehmen oder Geschäftsmodelle mit einem sehr sensiblen Datenbestand, der nicht in die Cloud ausgelagert werden soll (z. B. Banken, Krankenkassen, Versicherungen).

7. *Nahtlose Integration:* Inbound-Marketing-Software umfasst bereits Module für viele wesentliche Marketing-Funktionen. Dennoch ist Inbound-Marketing-Software in der Regel gleichzeitig mit offenen technischen Schnittstellen (APIs) ausgerüstet. Diese API-Schnittstellen sind nötig, um Ihre Inbound-Marketing-Software mit anderen Software-Systemen zu verbinden, wie z. B. dem CRM-System Ihres Vertriebs (z. B. SalesForce CRM, Dynamics CRM, Sugar CRM). Nur wenn Ihr CRM-System und Ihre Inbound-Marketing-Software über Schnittstellen nahtlos verbunden sind, können Sie eine integrierte Kundenbearbeitung mit Marketing und Vertrieb realisieren. Darüber hinaus sind weitere Integrationen wichtig, wenn Sie zusätzliche spezialisierte Online-Marketing-Tools nutzen, wie Social-Media-Software (z. B. Hootsuite), E-Mail-Marketing-Software (z. B. MailChimp), Kundenbefragungs-Software (z. B. SurveyMonkey) oder Website-Monitoring-Software (z. B. Hotjar oder LuckyOrange). Natürlich sind auch Software-Schnittstellen zu Google Analytics ein Marktstandard, und die Integration mit den Online-Werbung-Tools von Facebook, LinkedIn und Google (AdWords) wird von immer mehr Herstellern angeboten. Sogar die gesamte eigene Website kann man auf dem Content-Management-System eines Inbound-Software-Anbieters wie z. B. HubSpot laufen lassen, um den Content der Website automatisch und

11

z. B. in Echtzeit an die Buyer Personas der jeweiligen Website-Besucher anzupassen (*Dynamic Content* oder auch *Contextual Marketing*).

8. *Planbare und transparente Kosten:* In den gängigen Software-Paketen für
   Inbound Marketing stecken nur wenige Überraschungen. Bei einigen Anbietern
   sind alle Kosten bereits transparent auf der Website verfügbar, andere Anbieter
   erstellen auf Anfrage ein persönliches Angebot, das bereits viele Rahmenbedingungen Ihres Geschäfts erfasst. Anders wird das bei großen Unternehmen, bei
   denen oftmals eine komplexere technische Software-Integration nötig wird. Hier
   erlangen die Kosten und Prozesse zur Einführung von Inbound Marketing leicht
   den Charakter eines Großprojektes, und die Software-Einführung in Ihrem Unternehmen wird dann gemeinsam von einem Team des Software-Anbieters und
   einem externen Agenturpartner betreut.

Inbound-Marketing-Software ist ein Quantensprung in der Marketing- und Ver-
triebssteuerung unserer Unternehmen. Die Einführung einer solchen Software greift
oft tief in bestehende Marketing-Prozesse ein und bindet das eigene Unternehmen
nicht selten auf längere Sicht an einen Software-Hersteller. Wie bei vielen anderen
Software-Produkten bewirkt auch der Kauf einer Marketing-Automation-Software
einen gewissen *Lock-in-Effekt*. Viele Daten wie z. B. die Kontakthistorien der Interessenten und Kunden lassen sich nicht ohne Weiteres aus einer Inbound-Marketing-
Software wieder herausholen. Die Migration Ihrer Daten von einer Inbound-Software
zu einer anderen bedeutet zumindest oftmals einen beachtenswerten technischen
Aufwand. Inbound-Marketing-Software ist eben ein langfristiger Partner, den Sie nur
ungern wieder wechseln werden. Sie sammeln dort unzählige Informationen über
Interessenten und Kunden. Sie legen dort Workflows für die Betreuung von Interessenten bzw. Kunden an und erfassen alle Details der individuellen Kommunikation
bis hin zu E-Mails und Telefonnotizen. Prüfen Sie also besonders gut Ihre Entscheidung, und holen Sie sich im Zweifelsfall die Unterstützung einer spezialisierten
Inbound-Marketing-Consulting-Firma.

Viele Marketing-Teams entdecken bei der Einführung von Inbound-Marketing-Software neue Kompetenzfelder, die sie gern trainieren und vertiefen würden (z. B. Workflow-Management, SEO-orientiertes Content Marketing). Die Software-Hersteller
leisten allesamt gute Arbeit beim Training der Software-Funktionen, damit man das
jeweilige System schnell bedienen kann. Online-Ausbildungen der Hersteller wie z. B.
die HubSpot Academy (vgl. Abbildung 11.1) mit eigenen Zertifikat-Kursen sollen eine
schnelle Nutzung der Software ermöglichen. Diese Online-Kurse sind so etwas wie
ein Software-Training mithilfe der Online-Dokumentation bzw. der Trainingsvideos
des Software-Herstellers.

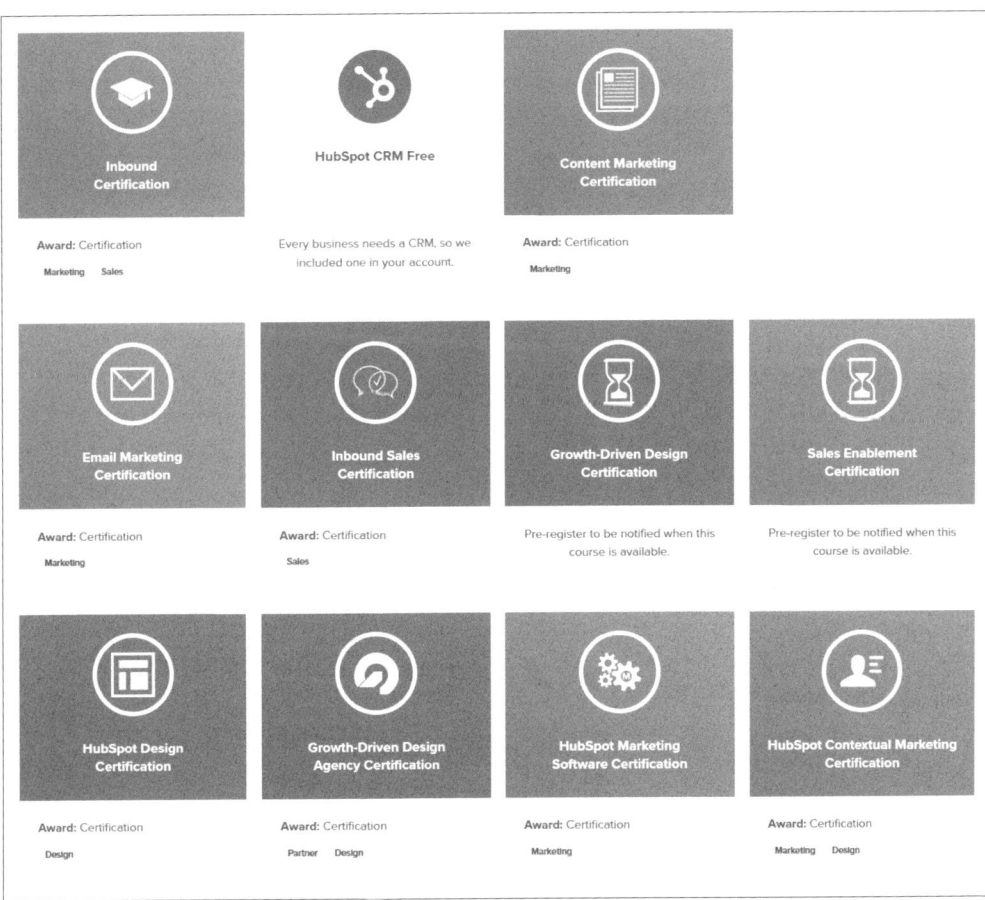

Abbildung 11.1 Beispiel für eine Online-Academy eines Inbound-Software-Herstellers (Beispiel: HubSpot)

Dennoch benötigen gerade viele Marketing-Teams am Anfang externe Beratung und Training, um über die Bedienung der Software hinaus effiziente Prozesse und effektive Rollenverteilungen im Team einzuführen und schnelle, sichtbare Erfolge zu erlangen. Das gilt auch für die Betreuung der ersten Inbound-Marketing-Kampagnen. Egal, ob Sie Inbound Marketing als Selbstständiger, als mittelständisches Unternehmen oder als Großkonzern einsetzen: Sie sollten die Einführung Ihres Inbound Marketing gut planen. Gleichzeitig sollten Sie die Zusammenarbeit von Marketing und Vertrieb in Ihrem Unternehmen optimieren und ausbauen. Wie Sie das genau bewerkstelligen, erfahren Sie in Teil 5 dieses Buches.

11.2   Was eine Inbound-Marketing-Software für Sie leistet

Wie sieht die Arbeit mit einer Inbound-Marketing-Software in der Praxis aus? Was ist das Besondere, und wie setzen Sie eine solche Software am besten ein? Die Arbeit mit Inbound-Marketing-Software ist in der Praxis manchmal ein wenig so wie die Arbeit von Musikern in einem Orchester. Mit einem Unterschied: Im Musikorchester sind Sie entweder ein Musiker oder der Dirigent. Beim Inbound Marketing werden Sie nicht nur über die Zeit zum virtuosen Musiker, sondern gleichzeitig auch zum Dirigenten Ihres gesamten Inbound-Marketing-Orchesters.

Leiten Sie mit der Software Ihr Inbound-Marketing-Orchester

Die Metapher des Inbound-Marketing-Orchesters soll Ihnen ein wenig verdeutlichen, wie Sie sich selbst in der Arbeit mit Inbound-Marketing-Software entwickeln.

▶ Einerseits arbeiten Sie sehr intensiv mit den verschiedenen einzelnen Modulen Ihrer Inbound-Marketing-Software. In so einem Software-Paket fehlt es in der Regel an nichts. Sie haben ein SEO-Tool, ein Social-Media-Dashboard, einen Teilbereich zur Produktion von Landing Pages, CTAs und E-Mails, eine integrierte Kontaktdatenbank mit allen verfügbaren Informationsmerkmalen Ihrer Kontakte (Contact Properties), ein Lead-Scoring-Tool, ein Marketing-Analytics-Dashboard und vieles mehr. In jedem dieser Module werden Sie über die Zeit hinweg zum Virtuosen. Das ist so, als würden Sie das Spiel verschiedener Musikinstrumente erlernen und mit der Zeit immer besser beherrschen.

▶ Andererseits wechseln Sie im Arbeitsprozess bei Inbound-Marketing-Kampagnen unaufhörlich zwischen den einzelnen Software-Modulen bzw. Marketing-Instrumenten hin und her. Sie verbessern das Zusammenspiel der Instrumente (für ein einheitliches Markenerlebnis Ihrer Kunden) und beherrschen die Zusammenschaltung aller Instrumente in einem Marketing-Prozess. Das ist so, als würden Sie mit Ihrem Inbound-Marketing-Orchester ein Musikstück oder eine Symphonie einüben. Wie in einer Melodie wechselt sich der Einsatz der verschiedenen Instrumente ab, mal verstärken sie sich gegenseitig, mal spielt nur ein Instrument eine Zeit lang ein hervorgehobenes Solo. Sie erkennen immer besser, wenn jemand im Orchester falsch spielt oder seinen Einsatz verpasst.

▶ Obendrein lernen Sie mit der Zeit, sich über die einzelnen Instrumente Ihres Marketing-Orchesters zu stellen. Sie werden vom Musiker zum Dirigenten, der routiniert die einzelnen Instrumente beherrscht, immer mehr auf das harmonische und fehlerfreie Zusammenspiel der Instrumente achtet und schon das nächste Musikstück (die nächste Inbound-Marketing-Kampagne) schreibt. Dabei wird auch die Überwachungsfunktion (Marketing Analytics, Reportings) immer wichtiger, weil Sie immer effektiver die Ergebnisse der Arbeit Ihres Inbound-Marketing-Orchesters beurteilen können und immer mehr Erfahrungswerte z. B. über abgelaufene Marketing-Kampagnen mit einbringen. Sie werden mit der Zeit einfach immer routinierter und besser.

Die Arbeit mit Inbound-Marketing-Software ist keine Kunst, sondern reine Erfahrungssache. Bereits mit ersten Vorkenntnissen erzielen Sie schnelle Erfolgserlebnisse wie z. B. die erste Gewinnung neuer Interessenten und die ersten Downloads von Content-Offers. Sie nutzen immer mehr Module Ihrer Software und lernen die Zusammenhänge kennen. Um die Module und Prozesse einer Inbound-Marketing-Software besser zu verstehen, können Sie sich ganz einfach am Vermarktungsprozess (Sales Funnel) des Inbound Marketing orientieren (vgl. Abbildung 11.2). Inbound-Marketing-Software unterstützt Sie in allen Phasen der Lead-Generierung, Kundengewinnung und Kundenpflege gleichermaßen. In jeder Phase (Awareness, Connection, Engagement, Delight) kommen andere Instrumente Ihres Inbound-Marketing-Orchesters zum Tragen und haben ihren großen Einsatz. Sie sind der Dirigent und steuern mittels Inbound-Marketing-Software bequem von Ihrem Dashboard aus alle Marketing-Instrumente. Sie betreuen dabei alle laufenden Kunden-Management-Prozesse und Inbound-Kampagnen simultan. Das macht Ihre Marketing-Arbeit schnell, flexibel und effektiv, aber auch anspruchsvoll.

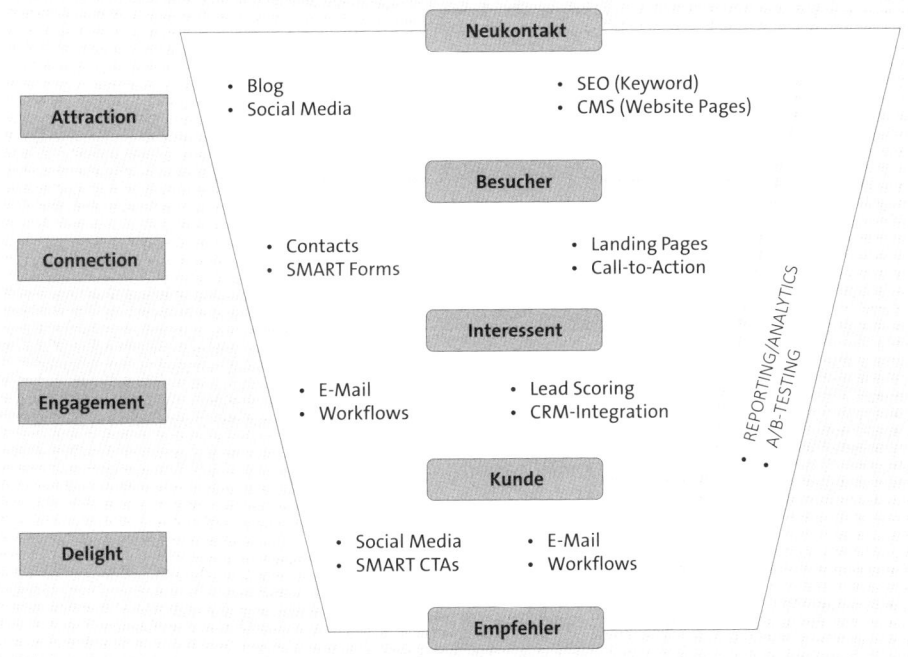

Abbildung 11.2 Leistungen einer Inbound-Marketing-Software im Sales Funnel

11.2.1   Attraction – Interessenten und Kunden anziehen

Zuerst gilt es, potenzielle Kunden auf Ihre Website, Ihren Content und Ihre Leistungen aufmerksam zu machen – sei es bei Google, in den sozialen Medien oder durch Empfehlungen. Inbound-Marketing-Software verfügt in der Regel bereits über eingebaute Funktionen für die Suchmaschinenoptimierung Ihrer Website, Ihres Blogs und Ihrer Social-Media-Aktivitäten. Gleichzeitig verfügt die Software über Module zur Produktion und Gestaltung Ihres Online-Contents wie Blog und Blogposts, Social Media Posts und Website-Content. Mit dem zunehmenden Erfolg Ihres Contents verbessern Sie stetig Ihre Präsenz und Relevanz bei den relevanten Buyer Personas im Web. Die folgenden Software-Module einer Inbound-Marketing-Software helfen Ihnen bei der Aufgabe von Präsenzsteigerung und Traffic-Generierung besonders.

SEO/Keywords

Im SEO-Modul Ihrer Software erfassen Sie alle SEO-Keywords, die Ihnen für die Positionierung bei Ihren Buyer Personas wichtig sind und für die Sie bei Google und Co. ganz vorne stehen wollen. Diese Keyword-Tabelle nennt man auch *Keyword-Set*. In der Software sehen Sie sofort im Keyword-Tool Ihren derzeitigen Google-Rank für die jeweiligen Keywords (vgl. Abbildung 11.3).

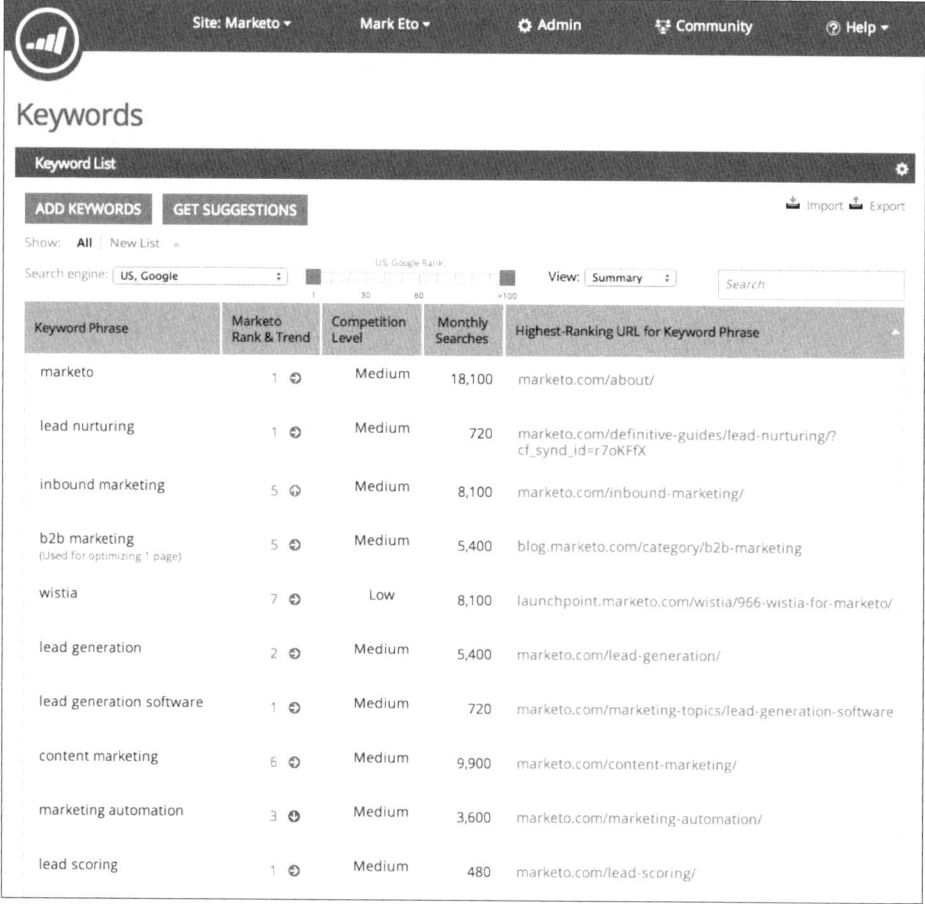

Abbildung 11.3 Keyword-Tool einer Inbound-Software (Beispiel Marketo)

Darüber hinaus sehen Sie je nach Software-Hersteller, wie oft dieser Suchbegriff bei Google pro Monat eingegeben bzw. gesucht wird (*Monthly Searches*), wie teuer eine Google-AdWords-Anzeige für diesen Begriff bei einem User-Klick wäre (*Cost per Click*) und oft auch die Intensität des Wettbewerbs, mit der für dieses Keyword in Google-Werbemaßnahmen aktuell geboten wird (*Keyword Difficulty* oder *Competition Level*).

Sie sehen sogar, welcher Teil Ihrer Website, d. h. welche Webpage Ihrer Website, für das jeweilige Keyword am besten rankt. Diese SEO-Daten werden laufend aktualisiert, und Sie sehen in Echtzeit, ob und wie sich Ihre Inbound-Marketing-Arbeit auf Ihr Keyword-Ranking auswirkt. Sie erhalten immer neue Einsichten in Ihre Performance für einzelne Keywords, in die Performance Ihrer Mitbewerber und in die Performance Ihrer eigenen Website. Zusätzlich schlägt Ihnen die Software mögliche relevante Keywords zur Erweiterung Ihres Keywords-Sets vor (sogenannte *Keyword Suggestions*).

Website-Pages/Website-Content

Wenn Sie einzelne Pages Ihrer Website bearbeiten und analysieren, zeigt Ihnen Ihre Inbound-Marketing-Software an, ob SEO-relevante Fehler auf der betreffenden Webpage (z. B. fehlende Meta Descriptions oder H1-Headlines) vorliegen (vgl. Abbildung 11.4). Sie betreiben so mit jedem Arbeitsschritt in Ihrer Inbound-Marketing-Software gleichzeitig kontinuierliche On-Page-SEO-Optimierung. Ihre Software gibt Ihnen detaillierte Einblicke in die derzeitige Traffic-Performance Ihrer einzelnen Webpages, deren Conversion Rates und Social Shares, d. h. Erwähnungen der einzelnen Webpages in den sozialen Medien.

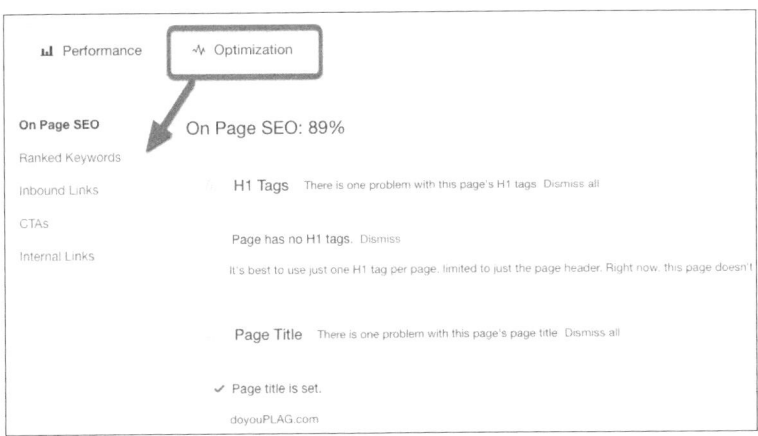

Abbildung 11.4 On-Page-SEO-Optimierung (Beispiel HubSpot)

Blog

Wie Sie bereits in diesem Buch erfahren haben, ist der Blog ein sehr wichtiger Teil und Traffic-Generator Ihrer Website (vgl. Abschnitt 4.2). Mit nutzenstiftenden Blogposts zu den Bedürfnissen und Painpoints Ihrer Buyer Personas positionieren Sie sich als Problemlöser und Experte für bestimmte Themen. Bereits während des Schreibens analysieren Sie im Blog-Modul Ihrer Inbound-Marketing-Software die SEO-Performance Ihres neuen Blogposts (vgl. Abbildung 11.5). Sie überwachen direkt die Keyword-Dichte Ihres Blogposts, erhalten Hinweise auf fehlende Elemente (z. B. fehlende Meta Descriptions), können Ihren neuen Blogpost den entsprechenden Inbound-Marketing-Kampagnen zuordnen und überprüfen gegebenenfalls sogar die Textverständlichkeit oder die Übereinstimmung der Wortwahl mit den wichtigsten Keywords Ihrer jeweiligen Buyer Personas.

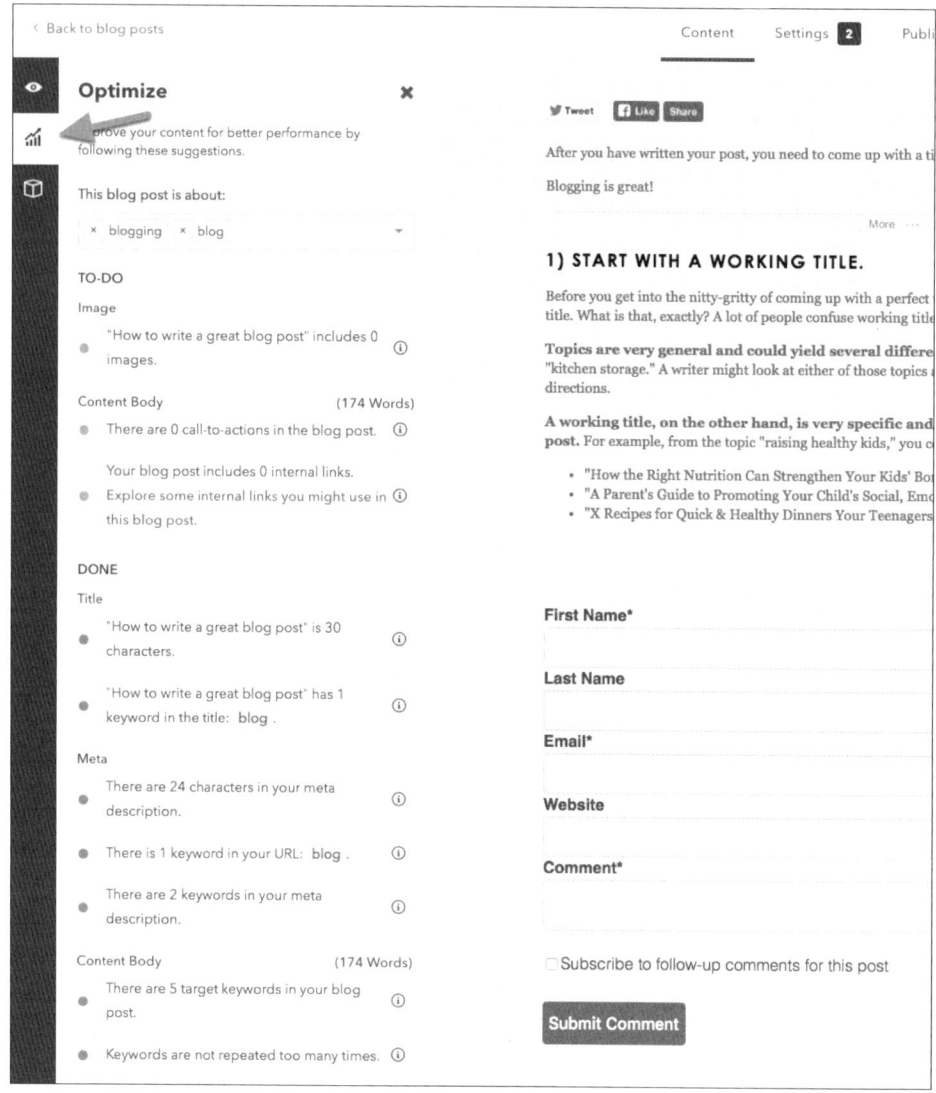

Abbildung 11.5 Blog-Modul (Beispiel HubSpot)

Nach dem Schreiben von zwei bis drei Blogposts haben Sie meistens bereits Ihren persönlichen Arbeitsstil bei der Content-Erstellung gefunden. Sie schreiben immer konsequenter für Blogpost-Leser und Buyer Personas, haben dabei immer die wichtigen Keywords im Blick und werden von der Software auf viele potenzielle SEO-Formfehler aufmerksam gemacht, die Sie unmittelbar abstellen können, bevor der Blogpost live geht. Dass Sie in der Software den einzelnen Mitgliedern Ihres Blog-Teams unterschiedliche Rechte und Kompetenzen beim Verfassen und Veröffentlichen von Content geben können, versteht sich von selbst. Freigabeprozesse sind in der Software bereits enthalten und können individuell angepasst werden. Fertige Blogposts können Sie direkt live schalten. Alle Blogposts sind bereits automatisch für die mobile Darstellung auf Tablets und Smartphones optimiert. Bei einzelnen Software-Anbietern können Sie bereits aus dem Blog-Modul heraus Ihren neuen Blogpost und einen entsprechenden Social Post auf verschiedenen Social-Media-Plattformen sofort oder zum Wunschtermin automatisch erscheinen lassen. Sie planen also bereits beim Erstellen eines Blogposts den Redaktionskalender gleich mit.

Social Media

Mit Ihrer Inbound-Marketing-Software können Sie nicht nur Blogposts direkt in den sozialen Medien promoten. Ihre Software stellt den kompletten Redaktionskalender für alle Social Posts auf den gängigen Social-Media-Plattformen wie z. B. Facebook, Twitter oder LinkedIn. Mit dem Social-Media-Modul Ihrer Inbound-Software planen Sie Social-Media-Kampagnen bereits Tage oder Wochen im Voraus, hinterlegen geplante Texte und Bilder der Posts und veröffentlichen diese über mehrere Accounts und Plattformen hinweg vollkommen automatisiert. Sie beobachten mit Social Listening (vgl. Abbildung 11.6) die Interaktion Ihrer Leads mit Ihren Inhalten – von Reposts über Kommentare bis hin zu Klicks – und verstehen Ihre potenziellen Kunden erneut ein Stückchen besser.

Direkt aus dem Social-Media-Dashboard Ihrer Inbound-Software heraus antworten Sie gezielt auf Kommentare oder Anfragen Ihrer Interessenten und Kunden in den sozialen Medien. Die Software vergleicht hereinkommende Kommentare oder Social Posts mit den erfassten Kontaktdaten und Social-Media-Accounts der bekannten Kontakte und markiert in Ihrem Social-Stream, wer Kunde oder Interessent ist. So beobachten Sie gezielt die Aktionen und Meinungen Ihrer Kontakte zu bestimmten Themen (z. B. Markennamen, Produktkategorie oder SEO-Keywords). Mit diesem integrierten Social-Media-Monitoring reagieren Sie schnell auf Veränderungen in den sozialen Medien und in den Unterhaltungen Ihrer (potenziellen) Kunden.

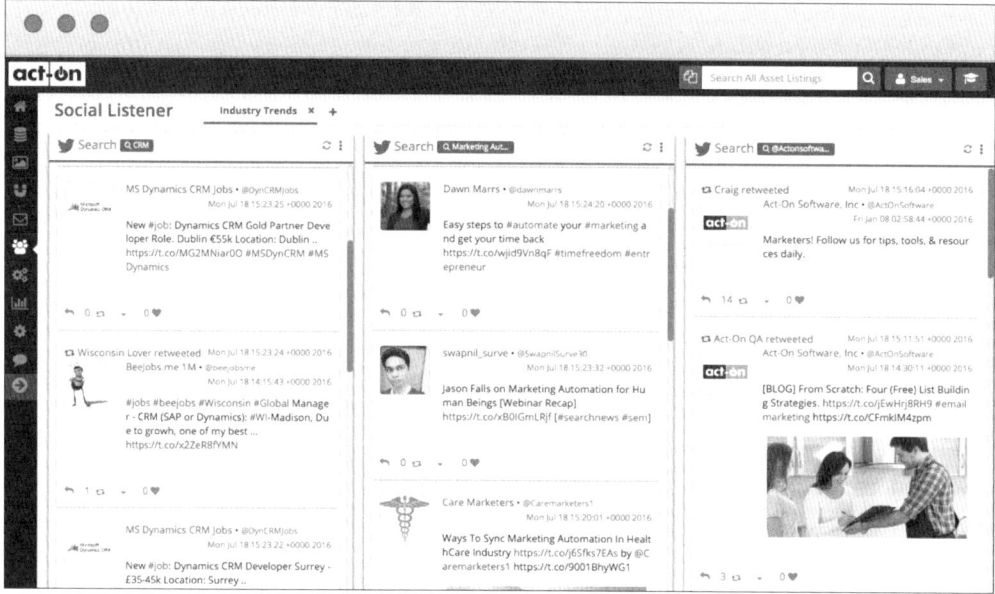

Abbildung 11.6 Social-Listening-Modul (Beispiel Act-On)

11.2.2   Connection – mit potenziellen Kunden in Kontakt treten

Bei der Lead-Generierung auf Ihrer Website, im Blog oder in den sozialen Medien spielt Ihre Inbound-Marketing-Software ihre Stärken so richtig aus. Alle wichtigen Instrumente, die Sie benötigen, um Website-Besucher zu Leads zu machen, sind in Ihrer Inbound-Marketing-Software bereits vorhanden und meistens bereits perfekt aufeinander abgestimmt.

CTAs

Sie gestalten in der Software aufmerksamkeitsstarke Interaktionsfelder oder Kontakt-Buttons (CTAs), in denen Sie auf nutzenstiftende Content-Offers oder andere Angebote hinweisen. Sie bauen und optimieren in wenigen Minuten optisch ansprechende CTAs (vgl. Abbildung 11.7) und testen deren Performance bei Ihren Website-Besuchern in Echtzeit.

Abbildung 11.7 Ansprechender und motivierender CTA (Beispiel Pardot)

Sie können alternative Farben oder Schreibweisen durch direkte Vergleichstests (A/B-Testing) ausprobieren und optimieren so Ihre Conversion Rates. Smarte CTAs Ihrer Inbound-Marketing-Software passen sich außerdem automatisch an jede Bildschirmgröße an, können personalisierte Ansprachen oder Bilder beinhalten und lassen sich sogar einzelnen Personen Ihrer Kontaktdatenbank selektiv anzeigen.

Landing Pages

Wenn ein Website- oder Blog-Besucher auf einen interessanten CTA geklickt hat, gelangt er auf die Landing Page, die ebenfalls in Ihrer Inbound-Marketing-Software gestaltet wurde. Diese Landing Page liegt meistens direkt auf dem Server Ihres Inbound-Marketing-Software-Herstellers. Ihr Website-Benutzer merkt gar nicht, dass er beim Klick auf den CTA eigentlich Ihre Website verlässt, denn Sie haben in Ihrer Inbound-Marketing-Software die Landing Page bereits genau im Look and Feel Ihrer Website gestaltet. So bietet Ihre Software jedem Website-Besucher ein nahtloses Nutzererlebnis und verschmilzt den Auftritt Ihrer Website-Pages mit den zusätzlichen Landing Pages, die auf den Servern Ihres Inbound-Marketing-Software-Herstellers gespeichert sind. Dadurch, dass die Landing Pages auf den Servern Ihres Software-Anbieters liegen, können Sie direkt aus Ihrer Software heraus vorgefertigte Templates für den Aufbau Ihrer Landing Pages übernehmen (vgl. Abbildung 11.8) und auf das Corporate Design Ihres Unternehmens schnell und einfach anpassen.

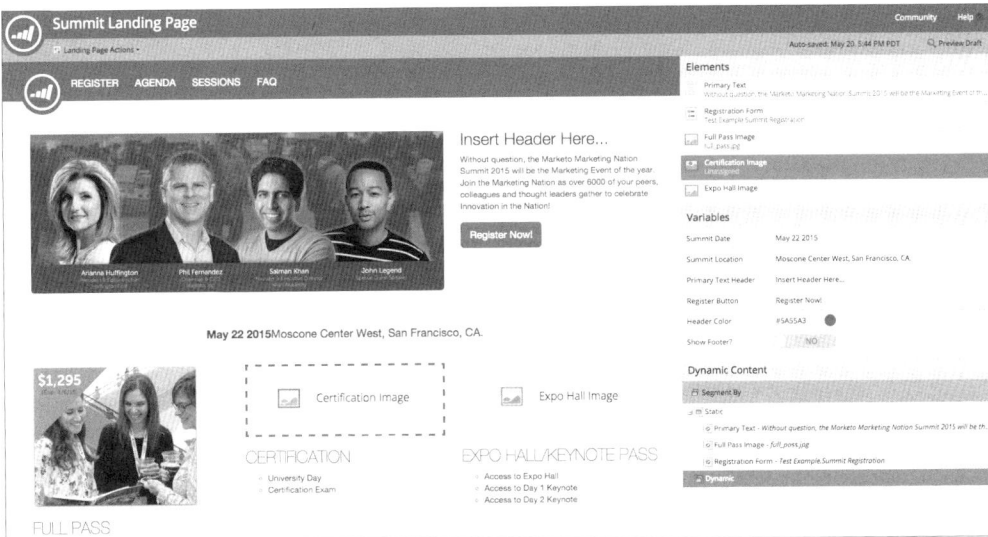

Abbildung 11.8 Landing-Page-Template (Beispiel Marketo)

Das Einbinden eines neuen Bildes, Veränderungen in Textfeldern oder auch Formularen sind per Mausklick schnell gemacht. Danach können Sie in Echtzeit in der Software verfolgen, aus welchen Kanälen neue Interessenten auf Ihre Landing Page kommen und wie erfolgreich die Landing Page bei der Gewinnung neuer Leads ist. Wenn sich jemand z. B. im Gegenzug für einen Content-Download auf Ihrer Landing Page per Formular registriert, leiten Sie ihn direkt auf die Thank-You-Page weiter. Auch diese Page liegt auf den Servern Ihres Software-Herstellers und ist daher genauso schnell mit Ihrer Inbound-Software erstellbar, editierbar und optimierbar wie die anderen Landing Pages (vgl. Abbildung 11.9).

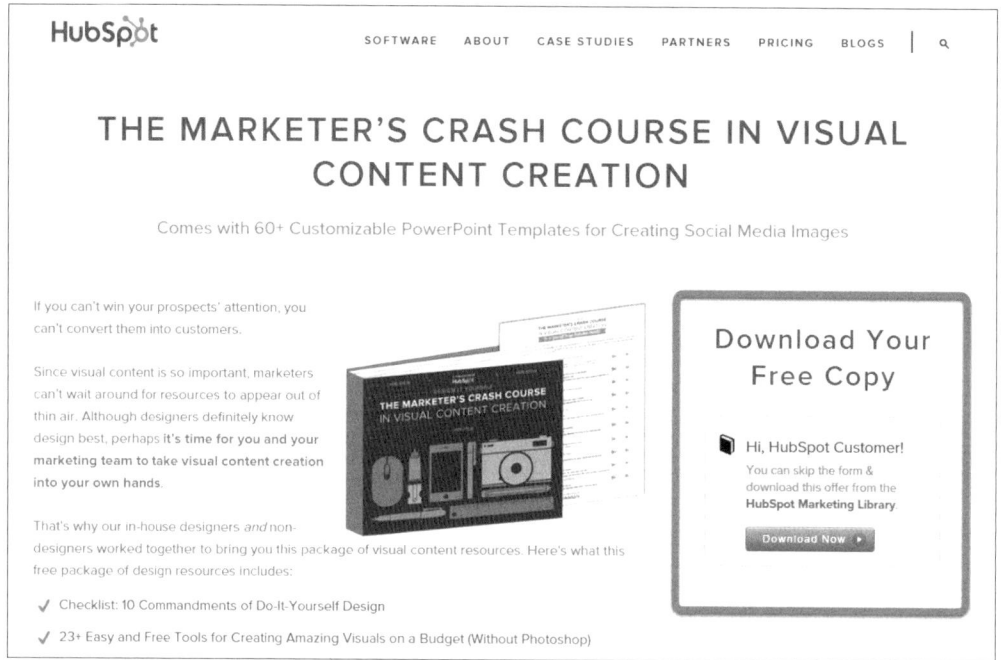

Abbildung 11.9 Thank-You-Page (Beispiel HubSpot)

Auf dieser Webpage bedanken Sie sich für den Download und animieren Ihren neuen Kontakt mithilfe von Social-Sharing-Buttons, das neu erworbene Content-Offer weiter in sozialen Netzwerken zu teilen. Landing Pages und Thank-You-Pages können jederzeit in der Inbound-Software in Echtzeit überarbeitet und direkt neu veröffentlicht werden – ohne den Nutzer in seinem Website-Erlebnis zu beeinträchtigen.

Smarte Formulare

Wenn sich Ihre neu gewonnenen Leads auf der Landing Page registrieren, füllen sie ein Formular mit ihren Kontaktdaten aus. Standard bei Inbound-Marketing-Software sind smarte Formulare, die die gewonnenen Daten direkt an Ihre Kundendatenbank weitergeben. Sie gestalten direkt in der Software in einem eigenen Modul Ihre smarten Formulare, die Sie beliebig in jede Landing Page einfügen können (vgl. Abbildung 11.10).

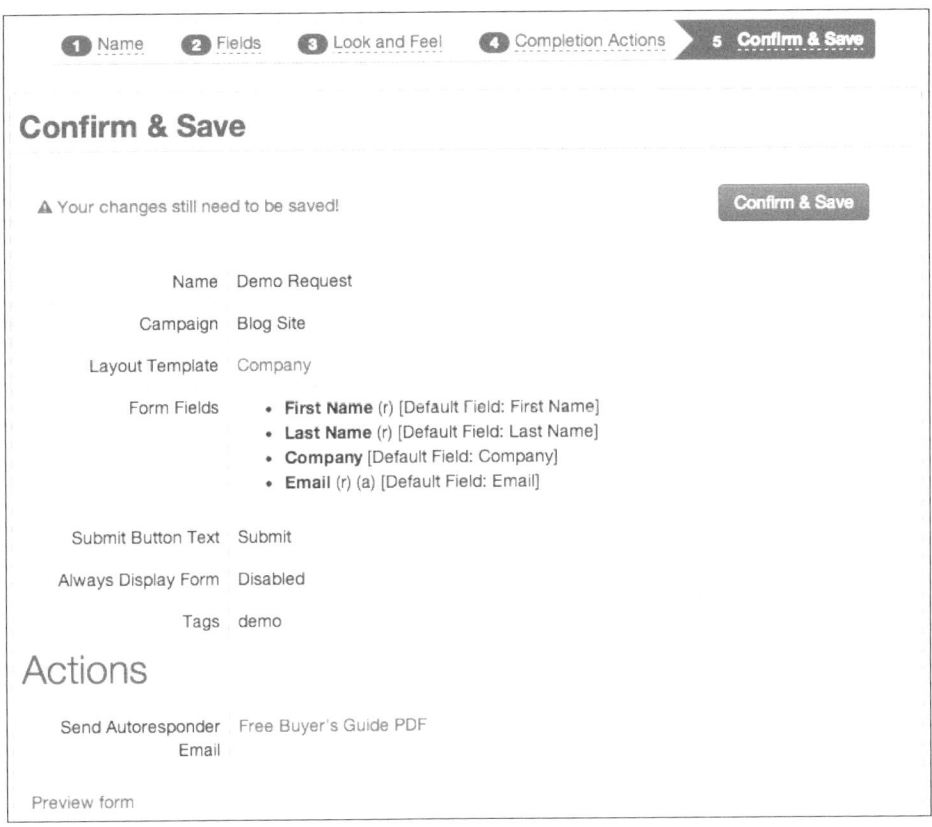

Abbildung 11.10 Smartes Formular gestalten (Beispiel Pardot)

Bei der Gestaltung von smarten Formularen bestimmen Sie in der Software nicht nur, welche Daten bei der ersten Registrierung erfasst werden sollen, sondern auch, welche Daten jemand bei weiteren Folgebesuchen von Landing Pages im Formular eintragen soll. Ihre Software gleicht bei künftigen Landing-Page-Besuchen in Echtzeit die bereits vorhandenen Informationen Ihres Kontaktes mit den ausstehenden bzw. noch abzufragenden Informationen ab, die Sie gern als Nächstes über die jeweilige Person gewusst hätten. Automatisch werden nun beim nächsten Landing-Page-Besuch Ihres Kontaktes alle Eingaben im Formular herausgenommen, die Sie schon kennen, und es werden die neuen Datenfelder angezeigt. Die Handhabung dieses Prozesses in Ihrer Software ist in der Regel sehr komfortabel per Drag & Drop möglich. Das Einzige, was Sie beim Gestalten Ihrer Smart Forms bereits haben sollten, ist ein klares Verständnis dafür, welche Kontaktinformationen Sie von welcher Buyer Persona in welcher Reihenfolge erfassen wollen. Ihr Ziel ist es, mit möglichst wenigen Fragen und Landing-Page-Besuchen möglichst viele aufschlussreiche Informationen über den Kaufentscheidungsprozess des Kontaktes zu sammeln.

Kontaktdatenbank

Durch das Ausfüllen des smarten Formulars werden Besucher zu Leads. Die neu gewonnenen Kontaktdaten werden direkt in der Kontaktdatenbank Ihrer Inbound-Marketing-Software gespeichert. Diese Kontaktdatenbank ist das eigentliche Herz und der größte Wert Ihrer Inbound-Marketing-Software. In der Kontaktdatenbank Ihrer Software finden Sie alle bekannten Daten zu Ihren Kontakten, Interessenten und Kunden. Meistens wird die gesamte Kontakthistorie, d. h. jeder Website-Besuch, jede E-Mail und jedes heruntergeladene Content-Offer, gleich mitgespeichert. Die Einwilligung dazu haben Ihre Interessenten durch ein entsprechendes Opt-In beim Ausfüllen des Formulars auf einer Landing Page bereits gegeben. In der Kontaktdatenbank finden sich die bekannten Kontaktdaten von Personen und die zahlreichen Interaktionen mit Ihrer Website bzw. Ihrem Unternehmen (vgl. Abbildung 11.11).

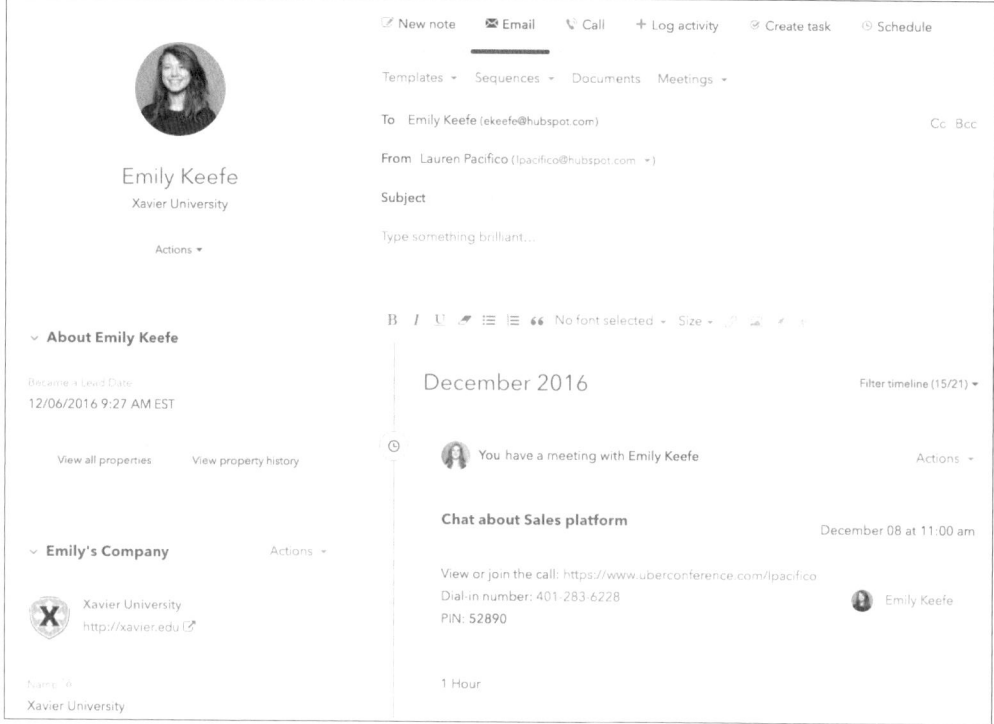

Abbildung 11.11 Kontaktprofil eines Lead (Beispiel HubSpot)

Manche Inbound-Marketing-Software ergänzt sogar automatisch einzelne Informationen wie z. B. die Website-URL, die Adresse oder die Branche des Unternehmens Ihres neuen Lead. Inbound-Marketing-Software erhöht gerade in vielen kleineren Unternehmen die Sicherheit des Datenschutzes, wenn dadurch Personendaten von Leads und Kunden nicht mehr lokal auf den PCs der Mitarbeiter gespeichert werden, sondern in der meist sehr sicheren Cloud-Datenbank des Software-Herstellers.

Zugang zu dieser Datenbank haben nur Nutzer, die Sie in Ihrer Inbound-Marketing-Software angelegt und denen Sie die entsprechenden Rechte gegeben haben. Inbound-Marketing-Software-Hersteller speichern auch den kompletten Datenzugriff aller Mitarbeiter und führen Buch, wer im Team was gesehen und bearbeitet hat.

Mit der Kontaktdatenbank Ihrer Inbound-Marketing-Software werden Sie kontinuierlich arbeiten und die Daten dieser Datenbank laufend pflegen und erweitern. Hier erfassen Sie laufend alle neuen Informationen zu den Kunden und potenziellen Kunden Ihres Unternehmens mit allen Daten, die Sie über intelligente Formulare und andere Kanäle erhalten haben. Sie erfassen in der Kontaktdatenbank, zu welcher Buyer Persona Ihre Leads zählen, wo Ihre Leads im Kaufprozess stehen und ob sie bereits Produkt- oder Leistungsbedarf gezeigt haben. Diese Datenbank ist bares Geld wert. Sie ist der Erfolg aller Ihrer Anstrengungen beim Generieren und Qualifizieren von potenziellen Kundenkontakten.

11.2.3   Engagement – Interessenten zu Kunden entwickeln

Das Lead Nurturing, d. h. die Weiterentwicklung und Qualifizierung Ihrer Leads zu abschlussbereiten Kunden, ist ein Prozess, der durch Inbound-Marketing-Software auf ein neues Qualitäts- und Effizienzniveau gehoben wird. Die große Stärke Ihrer Inbound-Software ist die einfache Planung und Durchführung kundenindividueller Nurturing-Prozesse, die alle Kanäle zum Kaufinteressenten einschließen. Hier macht sich bezahlt, dass Ihre Inbound-Marketing-Software eng in die Website, in Ihren Blog, in Ihr E-Mail-Marketing und hoffentlich auch in das CRM Ihres Vertriebs eingebunden ist. Wenn das alles gegeben ist, kann eines der stärksten Instrumente des Inbound Marketing eingesetzt werden: automatisierte Nurturing-Workflows.

E-Mail

E-Mail-Marketing ist in der Engagement-Phase noch immer eines der effektivsten Kommunikations-Tools, um die Kaufbereitschaft von Interessenten zu stärken. Die E-Mail-Funktionalitäten einer Inbound-Marketing-Software sind im Allgemeinen sehr ausgereift. Der große Vorteil Ihrer Inbound-Marketing-Software im Vergleich zu einer herkömmlichen E-Mail-Marketing-Software wie Evalanche oder MailChimp liegt in der Logik und Strategie. E-Mail-Marketing geht von Instrument E-Mail aus, Inbound Marketing geht vom Kunden aus. Mit einer konventionellen E-Mail-Marketing-Software denken Sie eher in E-Mail-Kampagnen, mit einer Inbound-Marketing-Software denken Sie konsequent in individuellen Kundenkontakten. Daher wundert es auch nicht, dass Sie in Ihrer Inbound-Marketing-Software nicht nur E-Mail-Kampagnen an mehrere Empfänger erstellen, sondern können auch alle individuellen und personalisierten E-Mails schreiben, die Sie bisher vielleicht z. B. in Outlook geschrieben haben (vgl. Abbildung 11.12).

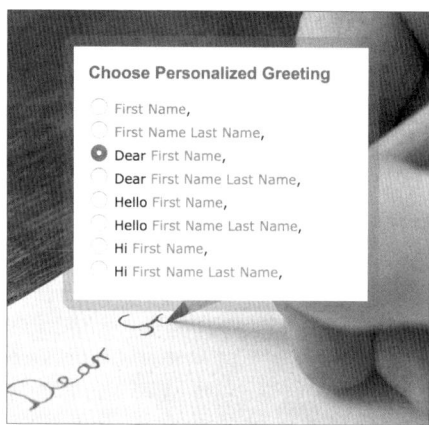

Abbildung 11.12 E-Mail-Personalisierung (Beispiel Act-On)

Durch eine E-Mail-Integration erfasst Ihre Inbound-Software bei jeder Mail, ob sie angekommen ist, geöffnet und gelesen wurde und ob ein weiterführender Link in der E-Mail angeklickt wurde. Das alles wird direkt in der Kontakthistorie Ihres Lead übersichtlich gespeichert. Mit dieser E-Mail-Funktionalität können Sie sehr zielgenau, persönlich und anlassbezogen kommunizieren.

Natürlich unterstützt Sie Ihre Inbound-Marketing-Software auch im vollen Umfang bei traditionellen E-Mail-Kampagnen. In der Software erstellen Sie ansprechende E-Mails, sprechen Ihre Leads in E-Mails namentlich an und senden komplette E-Mail-Kampagnen an vordefinierte Kontaktlisten per Knopfdruck. Darüber hinaus verfügt Ihre Software über meist zahlreiche E-Mail-Templates, die bereits für mobile Endgeräte optimiert sind. Sie verfolgen die Performance einer einzelnen E-Mail und verändern die Text-Bild-Komposition für neue E-Mail-Auftritte mit wenigen Klicks.

Workflows

Es ist die Aufgabe Ihrer automatisierten Marketing-Workflows, einen möglichst persönlichen Dialog mit einer Vielzahl von Leads zu führen und dabei immer den richtigen nächsten Schritt im Informations- und Kaufverhalten Ihres Lead anzutriggern. Marketing-Workflows sind eine zentrale Stärke Ihrer Inbound-Marketing-Software. Über automatische Workflows kommunizieren Sie mit Ihren Leads, wenn diese eine zuvor in Ihrer Inbound-Software definierte Handlung, d. h. einen sogenannten *Trigger*, ausgeführt haben. Sie legen intelligente Listen (*Smart Lists*) mit all jenen Kontakten Ihrer Kontaktdatenbank an, die bestimmte Kriterien wie z. B. Verhaltensweisen, Interessen oder soziodemografische Kriterien erfüllen. Ihre Inbound-Marketing-Software arbeitet mithilfe der Smart Lists und Workflows und tätigt für Sie auf dieser Basis automatisch genau diejenigen Schritte und Ansprecheketten, die Sie bereits im System als die effektivsten für Ihre Kontakte oder Buyer Personas vordefiniert haben (vgl. Abbildung 11.13).

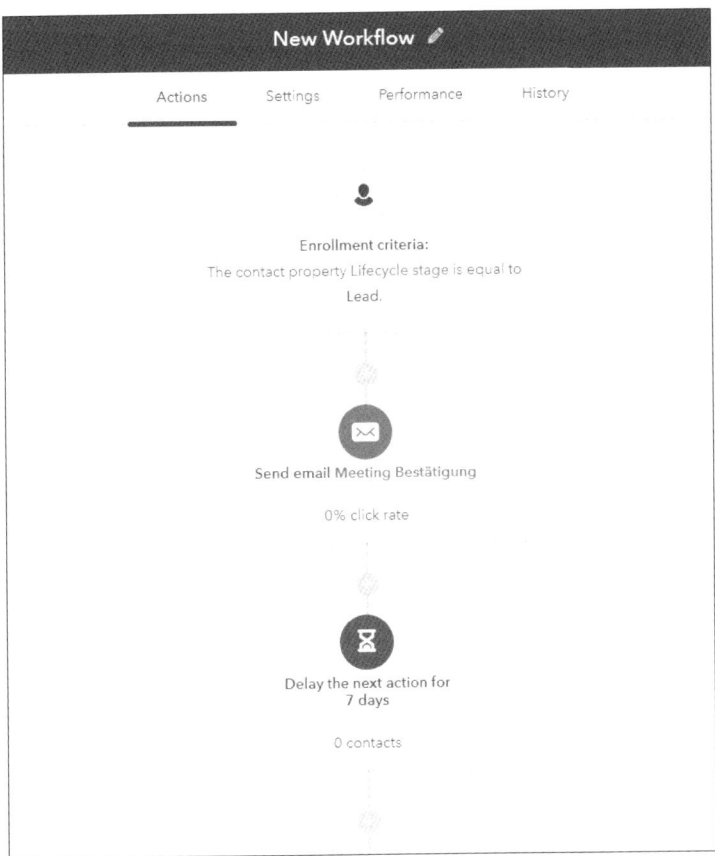

Abbildung 11.13 Marketing-Workflows (Beispiel HubSpot)

Je nach Software-Paket können Sie zeitlich versetzte persönliche E-Mails, Social Messages und SMS an Ihre Leads versenden. So entwickeln Sie den Kontakt im Laufe der Zeit Stück für Stück weiter und bereiten den Kaufabschluss vor. Sie verfolgen den Erfolg Ihrer Workflows im Inbound-Marketing-Tool in Echtzeit. Inhalte oder Kommunikationsansprachen mit hohen Absprungraten können Sie direkt eliminieren oder optimieren, ohne dass dadurch laufende Workflows mit Ihren Leads gestört oder unterbrochen werden.

Lead Scoring

Hand in Hand mit den automatisierten Workflows berechnet Ihre Inbound-Marketing-Software ständig den aktuellen Lead Score für jeden Ihrer Kontakte. Dadurch erhalten Sie einen schnellen Überblick über alle Leads mit einem aktuell hohen Lead Score, d. h. mit einer hohen vermuteten Kaufbereitschaft. Insofern ist die Lead-Scoring-Funktionalität Ihrer Software eine entscheidende Hilfe für eine effektive Vertriebsansprache, um zum Kaufabschluss zu kommen (Closing). Aktueller Standard für die Inbound-Marketing-Software-Hersteller ist das manuelle Lead Scoring, bei dem Sie selbst nach Ihrer Erfahrung den Kriterien, Schritten und Aktionen Ihrer Leads bestimmte Punktwerte zuordnen, die in ihrer Summe einen Scoring-Wert für die Kaufaffinität ergeben (vgl. Abbildung 11.14).

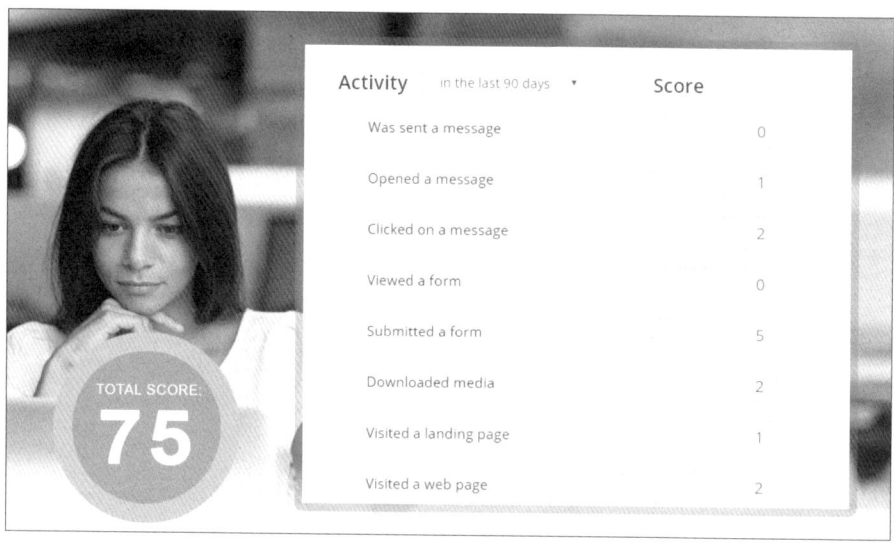

Abbildung 11.14 Lead Scoring (Beispiel Act-On)

In den gehobenen Software-Paketvarianten einzelner Inbound-Software-Hersteller ist bereits das *Predictive Lead Scoring* (vgl. Abschnitt 6.3) enthalten, das insbesondere bei höheren Lead-Anzahlen äußerst nützlich ist. Predictive Lead Scoring setzt neben Ihren persönlichen Einschätzungen auch die Intelligenz Ihrer Software (z. B. Regressionsanalysen) zur Ermittlung der zentralen Erfolgskriterien bei Ihren Kaufabschlüssen und zur Ermittlung des für Ihr Unternehmen optimal geeigneten Lead-Scoring-Modells ein. Gerade in größeren Unternehmen ist Predictive Lead Scoring für die effektive Vertriebsarbeit nahezu unverzichtbar. Mit diesem Scoring-Ansatz kann ein Unternehmen seine gesamte Vertriebsenergie auf genau die Leads fokussieren, die bereits von der Inbound-Software als am erfolgversprechendsten erkannt worden sind. Daher wird diese Funktion perspektivisch immer wichtiger für Inbound-Marketing-Software werden. Neben den Predictive-Lead-Scoring-Modulen der Inbound-Software-Hersteller bieten momentan auch spezialisierte Unternehmen wie Infer (*www.infer.com*) eigene Predictive-Lead-Scoring-Modelle an, die über eine Schnittstellenintegration (API) mit Ihrer Inbound-Marketing-Software zusammenarbeiten können (vgl. Abbildung 11.15).

Bei der Einführung von Inbound Marketing in Ihrem Unternehmen sollten Sie sich im Regelfall zunächst auf das manuelle Lead-Scoring-Modul Ihrer Inbound-Software konzentrieren und beschränken. Sie sollten erst einige Erfahrungswerte für Ihre Conversion Rates haben und in der Inbound-Datenbank viele Kundenhistorien erfasst haben. Außerdem benötigen Sie eine hohe Datenqualität und umfangreiche Transaktionsdaten mit Kunden, aktuelle Kundenprofile, Kampagnen-Historien sowie Interaktionen mit Interessenten und Kunden. Bei einzelnen Software-Herstellern ist der Wechsel vom manuellen Lead Scoring zum automatisierten Predictive Lead Scoring unumkehrbar und somit eine bindende Entscheidung. Im Zweifelsfall sollten Sie die Einführung Ihres Predictive Lead Scoring in der Inbound-Software wie ein kleines gemeinsames Projekt für Marketing und Vertrieb betrachten und dafür auch gegebenenfalls die Unterstützung einer erfahrenen Inbound-Marketing-Agentur einbeziehen. Predictive Lead Scoring ist die Königsklasse des Inbound Marketing und wird in der Zukunft zu einem entscheidenden Wettbewerbsfeld aller Inbound-Marketing-Software-Anbieter werden.

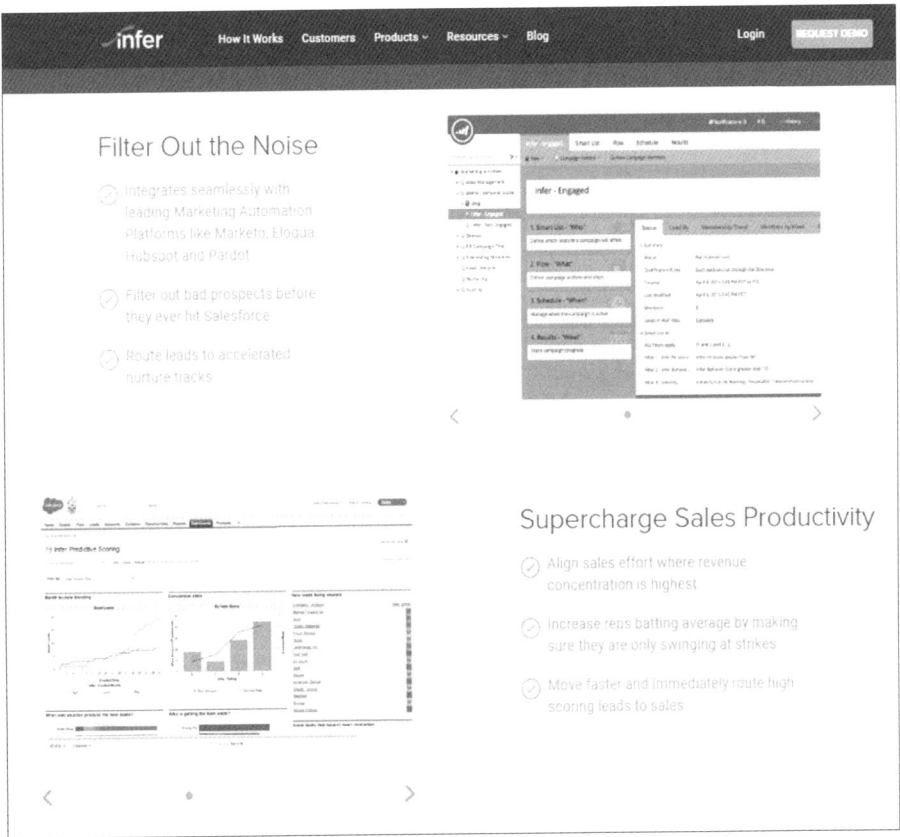

Abbildung 11.15 Die Predictive-Scoring-Software Infer

Verbindung zum CRM

So ziemlich alle Inbound-Marketing-Software-Hersteller bieten die automatisierte Integration ihrer Software mit unterschiedlichen CRM-Datenbank-Marken an. Für einfache CRM-Anforderungen kleiner Unternehmen bietet z. B. HubSpot sogar derzeit ein kostenloses CRM-System an, das nahtlos in die eigene Inbound-Marketing-Software integriert ist. Aber auch die Integration anderer Inbound-Software-Anbieter mit bekannten CRM-Systemen wie Salesforce CRM oder Microsoft Dynamics CRM ist in der Regel problemlos. Durch die CRM-Integration der Inbound-Marketing-Software (vgl. Abschnitt 6.4.3) wird jeder Kontakt mit Ihrem Unternehmen in Ihrem CRM hinterlegt und übersichtlich dargestellt (vgl. Abbildung 11.16).

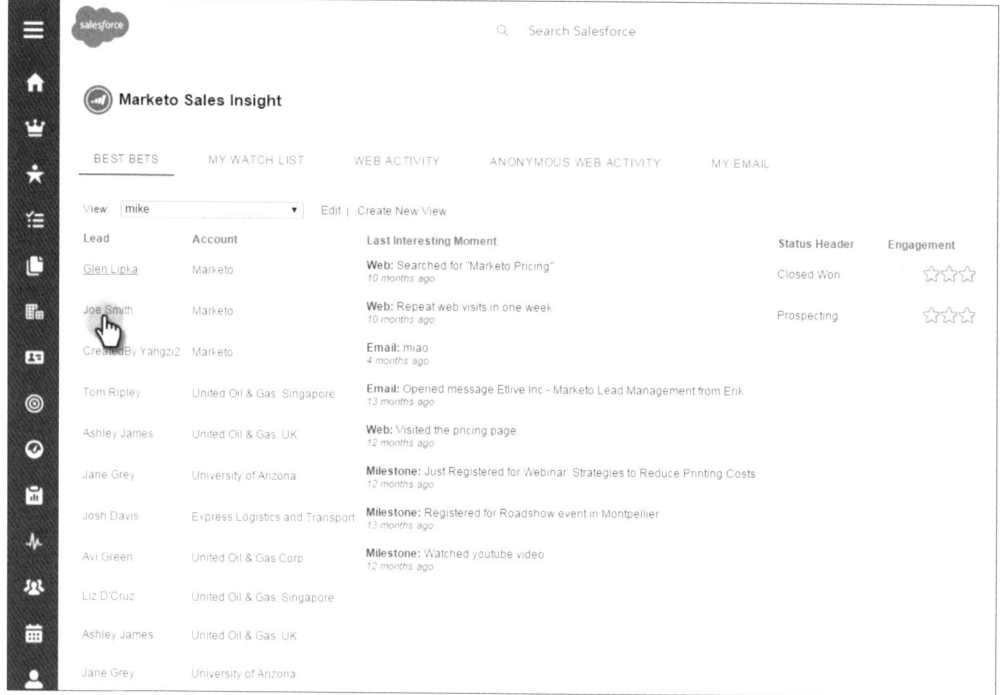

Abbildung 11.16 Salesforce-CRM-Integration (Beispiel Marketo)

Ob nun Marketing oder Vertrieb mit dem Kontakt arbeiten möchte – alle Details sind bereits zusammengetragen und verkürzen so die Einarbeitungsphase. Die CRM-Schnittstelle Ihrer Inbound-Marketing-Software ist der Treffpunkt von Marketing und Vertrieb. Nutzen Sie diese Schnittstelle intensiv für die gemeinsame Vermarktung und für effektive Kaufabschlüsse durch Ihren Vertrieb.

11.2.4 Delight – Kunden zu Empfehlern machen

So gut wie alle Unternehmen, die Inbound-Marketing-Software implementieren, nutzen diese zur Lead-Generierung und Kundengewinnung. Marketing und Sales setzen die ganze Energie im Unternehmen darauf, möglichst die richtigen Leads zu bekommen und sie möglichst effektiv in Kunden für das Unternehmen zu verwandeln. Erstaunlicherweise nutzen dennoch längst nicht alle Unternehmen ihre

Inbound-Software, um nach dem Kauf ihre so hart gewonnenen Kunden gezielt zu betreuen, ihre Zufriedenheit zu steigern und sie sogar als aktive Empfehler zu gewinnen. Dabei ist es oft denkbar einfach, das zu tun. Die Instrumente und Module jeder Inbound-Marketing-Software, die zur Kundenbindung wichtig sind, werden ohnehin schon zur Gewinnung neuer Kunden eingesetzt. Die Botschaften, Ansprachekette und Angebote sind in der Nachkaufphase anders. Der Einsatz von personalisiertem Website-Content mit individueller Ansprache auf der Website ist hier besonders zu nennen (vgl. Abbildung 11.17).

Abbildung 11.17 Smart Content (Beispiel HubSpot)

Viele Unternehmen nutzen immerhin die Social-Media-Funktionen ihrer Inbound-Marketing-Software, um gegebenenfalls negative Signale ihrer Kunden in den sozialen Medien (z. B. negative Kommentare über den Namen oder die Produkte des Unternehmens) aufzufangen und eine eventuelle Abwanderung des Kunden zu verhindern. Wer darüber hinaus die Begeisterung von Kunden in der Nachkaufphase gezielt ausbauen will, nutzt seine Inbound-Marketing-Software eigentlich erst so richtig aus. Die Social-Media-Funktionalitäten einer Inbound-Marketing-Software lassen sich hervorragend zum Social-Media-Engagement der Kunden einsetzen. Das bedeutet, dass Kunden per Inbound-Software regelmäßig in den von ihnen jeweils am liebsten genutzten Social-Media-Kanälen angesprochen werden. Man sendet darüber hinaus Kunden per E-Mail kaufbestätigende Botschaften oder weiterführenden Content zur Nutzensteigerung des Produktes zu. Bei Registrierungen für Content-Offers (Smart CTAs) können per Landing-Page-Formular (Smart Forms) wichtige Fragen zur Empfehlungsbereitschaft und Kundenzufriedenheit gestellt werden. E-Mail-Kampagnen und automatisierte Workflows in der Inbound-Software lassen sich hervorragend einsetzen, um Bestandskunden zu Webinaren, Konferenzen, User Groups oder anderen Veranstaltungen einzuladen.

11.2.5 Marketing-Controlling – den Erfolg kontinuierlich steigern

Inbound-Marketing-Software hat in der Regel sehr performante Funktionen für Reporting und Marketing Analytics. Sie können vorgegebene Standard-Reports und Dashboards nutzen, Reports modifizieren und völlig eigene Berichtslogiken anlegen. Die Performance aller Marketing-Instrumente entlang des gesamten Sales Funnel ist für Sie transparent und tagesaktuell verfügbar. Alle laufenden Marketing-Kampagnen lassen sich direkt im Vergleich überwachen (vgl. Abbildung 11.18).

Campaign Name	Campaign Start Date	Campaign Created by User	Campaign Members	Total Sends	Total Delivered	Total Hard Bouncebacks	Hard Bounceback Rate	Total Soft Bouncebacks	Soft Bounceback Rate	Total Boun…
Customer_corner_Email_NA_0215	2/25/2015 2:00:00 AM	John Doe	8.236	8.236	7.951	36	0.44%	249	3.02%	
User_Group_Services_NA_0814	8/29/2014 12:00:00 AM	Andrew Toulemonde	175	164	158			6	3.66%	
Test_User_Campaign_Services_NA_1116	10/31/2016 12:00:00 AM	Caterina Mustermann	2	9	9					
Satisfaction_Programs_FY15_0614	6/1/2014 12:00:00 AM	Sarah Rossi	65.890	5	5					
Satisfaction_Programs_FY15_JP_0215	2/25/2015 12:00:00 AM	Modern Mark	54.868	0	0					
AK_Programs_FY15_JP_0614 Deleted in 2015-02-17	6/1/2014 12:00:00 AM	Sarah Rossi	415	0	0					
AK_Programs_FY17_0617	6/1/2016 12:00:00 AM	Andrew Toulemonde	11.062	0	0					

Campaign Analysis Overview

Abbildung 11.18 Marketing-Reporting (Beispiel Eloqua)

Einzelne Maßnahmen und komplette Kampagnen können schnell auf ihren Erfolg hin beurteilt und verglichen werden. Die Reportings und die darin erfassten Beurteilungskriterien sind beliebig konfigurierbar. Dadurch wird es recht einfach, ein individuelles Reporting zu erstellen. Alle Kanäle, Marketing-Instrumente und Phasen der Kundengewinnung lassen sich verfolgen. Das gilt für die SEO-Performance Ihrer Webpages, den Erfolg Ihrer Inbound-Marketing-Kampagnen bei Lead-Generierung und Kundengewinnung, die Entwicklung der unterschiedlichen Lead- und Kundenquellen, über die neue Kunden ursprünglich zuerst auf die Website kamen (z. B. über Google oder über Social Media), und vieles mehr. Einzelne Elemente wie z. B. CTAs, Landing Pages oder E-Mails lassen sich in ihrer Performance kontinuierlich durch vergleichende Performance-Tests im Live-Einsatz (A/B-Test) optimieren (vgl. Abbildung 11.19).

Bei wichtigen Entwicklungsschritten zur Erhöhung einer Conversion Rate (Conversion-Rate-Optimierung) setzen Sie A/B-Testings in Ihrer Software auf und lernen im laufenden Betrieb mit echten Website-Besuchern, Leads und Kunden.

Abbildung 11.19 A/B-Vergleichstests (Beispiel Marketo)

11.3   Wie Sie zu Ihrer Inbound-Marketing-Software finden

Es gibt keine ideale Inbound-Marketing-Software-Lösung für alle. Aber es gibt für jedes Unternehmen die Software-Lösung, die besonders gut zu den jeweils individuellen Anforderungen und Zielsetzungen passt. Wenn Sie sich auf die Suche nach der für Ihr Unternehmen optimal geeigneten Inbound-Marketing-Software machen, können Sie sich zunächst ein wenig durch eine eigene Google-Recherche inspirieren lassen. Sie können auch Kollegen oder Experten nach ihren Erfahrungen fragen. So erhalten Sie persönliche Meinungen einzelner Blogger und Software-Nutzer sowie wertvolle persönliche Erfahrungsberichte. Wenn Sie darüber hinaus Wert auf neutrale oder repräsentative Informationen legen, sollten Sie sich auf den großen Software-Bewertungs-Portalen im Internet umsehen. So erhalten Sie ein gutes Bild des Gesamtmarktes.

11.3.1   Der Markt für Inbound-Marketing-Software

Auf den ersten Blick herrscht auf dem Markt für Marketing Automation und Inbound-Marketing-Software eine schier unüberschaubare Vielfalt (vgl. Abbildung 11.20).

Abbildung 11.20 Anbieterübersicht für Marketing Automation und Inbound-Marketing-Software

Marktführer und Treiber dieser Software-Kategorie sind Unternehmen wie HubSpot, Act-On, Marketo, Adobe, Oracle (Eloqua) und IBM. All diese Anbieter bieten für mittelständische und größere Unternehmen hochkarätige, erprobte und leistungsstarke Marketing-Software-Lösungen. Aber auch E-Mail-Software-Anbieter und kleinere Player wie SalesManago, Hatchbuck, Evalanche oder Mailchimp bieten bereits für kleine Geldbeutel viele Funktionalitäten, auf die man beim Inbound Marketing nicht verzichten möchte. Immer mehr Anbieter drängen auf diesen lukrativen Markt, denn schließlich benötigt jedes Unternehmen, das im Internet Kunden gewinnen will, eine solche Software. Jede Software-Lösung hat ihre individuellen Stärken, Bedienlogiken, Features und Einsatzmöglichkeiten. Das macht einem die Orientierung auf dem Markt nicht gerade leicht. Wie soll man da den Überblick behalten und den passenden Software-Anbieter finden? Eine erste Hilfe bei der Orientierung auf dem Markt bieten die Vergleichsstudien großer Technologieberatungen wie Forrester oder Gartner (vgl. Abbildung 11.21).

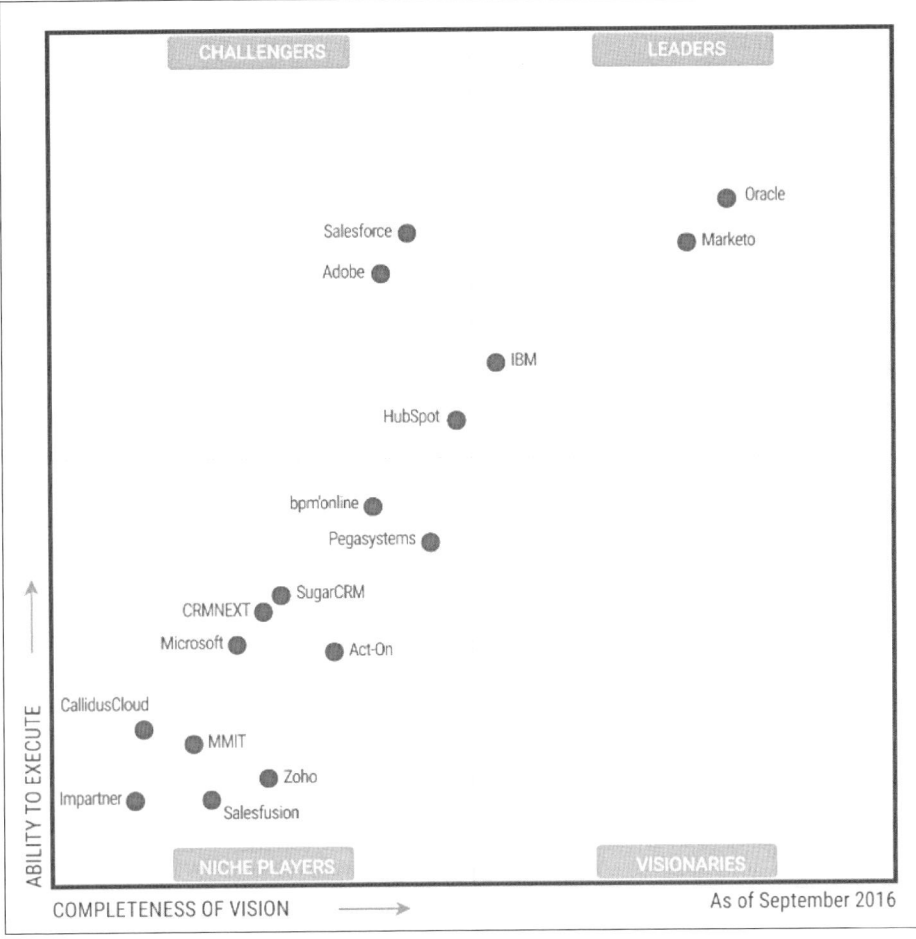

Abbildung 11.21 Gartner-Magic-Quadrant für CRM-Lead-Management-Software

Auf *www.forrester.com* erhalten Sie z. B. viele wertvolle Insights zu Inbound-Software-Lösungen, die Sie dort unter Begriffen wie *Marketing Automation* oder *Lead-to-Revenue Management Platforms* (L2RM) finden. Forrester analysiert die Software-Pakete mit Expertenberichten und stellt diese als »*Forrester Wave*« *Reports* kostenpflichtig zur Verfügung. Allerdings haben diese Auswertungen ziemlich hohe Preise und scheiden daher besonders bei kleineren Unternehmen als Unterstützung zur Entscheidungsfindung aus. Schauen Sie sich daher bei Ihrer Software-Auswahl in jedem Fall auch Software-Bewertungsportale im Internet an, die kostenlose Informationen und Software-Bewertungen bereitstellen. Bei solchen Plattformen basieren die Einschätzungen nicht auf Expertenurteilen, sondern auf den Beurteilungen von Fach-Communitys und vor allem den Erfahrungsberichten der Software-Nutzer selbst, die die jeweilige Software über eine lange Zeit im täglichen Gebrauch haben. Neben der Plattform *TrustRadius* (*www.trustradius.com*) ist in diesem Zusammenhang vor allem die Website der *G2Crowd* (*www.g2crowd.com*) zu nennen. G2Crowd ist kostenlos zugänglich und erfasst detaillierte Leistungsvergleiche und Praxisurteile auf Basis von Erfahrungsberichten der Nutzer unterschiedlicher Software-Lösungen. Die Echtheit der Erfahrungsberichte und Beurteilungen wird durch interne Redaktionsprozesse bei der G2Crowd überprüft und gewährleistet.

Worauf Sie bei der Auswahl einer Inbound-Marketing-Software achten sollten – Empfehlungen der G2Crowd (Stand: Juli 2017)

1. **Strategy First!**
   Eine Inbound-Marketing-Software verbessert nicht Ihre Strategie, sie hilft nur bei der Umsetzung und Automatisierung Ihrer bereits festgelegten Strategie zur Kundengewinnung und Kundenbindung. Der erste Schritt bei der Auswahl Ihrer Inbound-Marketing-Software ist daher die schriftliche Dokumentation Ihrer Kundengewinnungs- und Kundenbindungsstrategie. Seien Sie umsichtig bei der Abwägung aller Optionen, die Sie im Markt haben.

2. **Inbound Marketing und/oder Outbound Marketing?**
   Outbound-Marketing-Strategien setzen ihren Fokus darauf, Content und Botschaften an Interessenten auszustrahlen, sei es über Telemarketing, Direct Mail, E-Mail oder andere Arten von Werbekampagnen. Inbound-Marketing-Techniken zielen darauf ab, von Kunden gefunden zu werden – über Suchmaschinen, Empfehlungen, Social Media etc. Machen Sie sich die Unterschiede der beiden Methoden klar, und legen Sie Ihre Schwerpunkte fest.

3. **Wie groß sind Ihre Firma und Ihre Kundenbasis?**
   Typischerweise wünschen sich gerade kleinere Unternehmen eine Inbound-Marketing-Software-Suite, deren Bedienung man einfach erlernen kann, die eine breite Vielzahl von Features bereitstellt, aber gleichzeitig nur auf die gängigsten Einsatzbereiche ausgerichtet ist. Größere Firmen hingegen suchen oft eher ein Software-Tool, das komplexere Anwendungsfälle abdeckt, dafür aber auch in der Regel mehr Implementierungszeit und Training benötigt. Größere Firmen haben auch stärker funktional aufgeteilte Marketing-Teams und nutzen daher oftmals mehrere Marketing-Tools gleichzeitig, die verschiedene Schwerpunktbereiche abbilden.

4. **In welcher Industrie sind Sie unterwegs?**
   Die Anforderungen von B2B-Firmen und B2C-Firmen können sehr unterschiedlich sein. Unterschiedliche Strategien bringen auch unterschiedliche Anforderungen an die Software-Lösung mit sich. Welche Software am besten zu Ihrer Strategie

passt, hängt davon ab, wie lang Ihr Vermarktungsprozess (Sales Cycle) ist, wie emotional das Kaufverhalten beeinflusst ist, wie viele Personen in den Entscheidungsprozess eingebunden sind und wie groß Ihre Kontaktdatenbanken sind.

5. **Welche Integrationen sind zu beachten?**

Oftmals liegen die Daten, die Sie für Ihre Marketing Automation und für Ihren Inbound-Marketing-Prozess benötigen, in unterschiedlichen Software-Systemen wie z. B. der CRM-Datenbank, Ihrer Unternehmensplanungs-Software (ERP), Bilddatenbanken etc. Die Menge aller zu pflegenden Datenschnittstellen und Software-Systeme, die integriert werden sollen, können Ihre Software-Maintenance-Kosten beeinflussen.

6. **Was soll optimiert werden?**

Auch wenn modernes Marketing sich nicht in einen simplen Standard-Funnel (Marketing- & Sales-Prozess) pressen lässt, sollte man trotzdem drei Schritte im Auge haben, wenn man die Anforderungen an die Marketing-Software festlegt.

– Schritt 1 – Markenpräsenz und Content Management: Der erste Schritt eines guten Marketing-Ansatzes ist, sicherzustellen, dass man gefunden wird, wenn potenzielle Kunden auf der Suche sind. Also sollte die Website für Suchmaschinen optimiert sein, Content sollte verfügbar sein und eine Präsenz in den sozialen Medien sollte aufgebaut und gepflegt werden. Auch wenn viele Software-Lösungen für Inbound-Marketing und Marketing Automation diesen Teil des Marketing-Funnels abdecken, kann es sein, dass Sie zusätzlich spezielle Software-Tools nutzen werden für Suchmaschinen-Marketing, Content Marketing, Social-Media-Management, Public Relations und Web Analytics.

– Schritt 2 – Lead-Gewinnung/Lead-Qualifizierung: Wenn Ihre Marktpräsenz steht, wollen Sie namentlich bekannte Leads gewinnen, wenn ein potenzieller Kunde Ihren Content ansieht oder mit Ihnen in Kontakt tritt. Die meisten Marketing-Automation-Systeme stellen Ihnen Analytics-Funktionen zur Verfügung, die Ihnen bei der Optimierung Ihres Lead-Gewinnungsprozesses helfen. Sie können die Aussagekraft der Daten über Ihre Leads anhand ihres Verhaltens an allen Touchpoints verbessern und mit Scores messen. Darüber hinaus wollen Sie vielleicht auch Lead-Generierung durch Outbound-Maßnahmen betreiben. Zur Lead-Generierung lassen sich dabei mehrere Wege einsetzen: Im Internet können Sie mit Formularen und Landing Pages auf der Website (vor einem Content-Download) arbeiten und Online-Werbung schalten. Auf Messen und Events können Sie Leads gewinnen, deren Daten Sie in Ihrer Software erfassen und voll im Event-Management nutzen. E-Mails und Telefon-Kampagnen an bestimmte Teilnehmerlisten sind ein weiterer Outbound-Weg der Lead-Gewinnung und Lead-Qualifizierung.

– Schritt 3 – Lead Tracking, Lead Nurturing und Conversion: Wenn Sie Ihre Marktpräsenz hergestellt und Leads gewonnen haben, müssen diese Leads auch gepflegt (Lead Nurturing) und schließlich zum Kaufabschluss gebracht werden (Conversion). Mit einer Marketing-Automation-Software können Sie Leads mit kundenspezifischem Content und Botschaften pflegen, um die Conversion zu steigern.

7. **Welche Marketing-Channels?**
Die meisten Inbound-Marketing-Software-Hersteller konzentrieren sich auf vier Kanäle zur Kundenansprache. Das Internet ist der Kanal, bei dem Content auf der eigenen Website, auf anderen Websites und in Suchmaschinen für potenzielle Kunden platziert wird. E-Mail ist der zweite wichtige Kanal. E-Mails werden eingesetzt, um Leads zu gewinnen und sie gezielt weiterzuentwickeln. Social Media ist der dritte Kanal. Leads sollen auf allen Social-Plattformen hinweg angesprochen und gewonnen werden. Mobile ist der vierte Weg. Hier werden potenzielle Kunden über SMS-Marketing und Mobile Messaging angesprochen. Machen Sie sich klar, welche Bedeutung die einzelnen Kanäle für Ihr Unternehmen und Ihr Geschäftsmodell haben.

8. **Eine Marketing-Software für alles oder mehrere Teillösungen?**
Inbound-Marketing-Software hat verschiedene große Teilbereiche. Je nach Ihrem Bedarf können Sie also eine integrierte Inbound-Marketing-Software kaufen, die alle relevanten Funktionsbereiche für Sie abdeckt. Oder aber Sie kaufen gleich mehrere verschiedene Software-Lösungen, die Ihnen für den jeweiligen Teilbereich als die bestgeeignete Software erscheinen.

Wenn Sie sich nun auf die Suche nach Ihrer Inbound-Marketing-Software machen, sollten Sie sich diese Kriterien zu Beginn vergegenwärtigen. Inbound-Marketing-Software ist ein noch relativ junger Software-Bereich, und jedes Jahr betreten neue Software-Anbieter den Markt. Da ist es nicht immer einfach, die Übersicht zu behalten – geschweige denn die richtige Software mit einem vertretbaren Suchaufwand zu finden. Allerdings konsolidiert sich der Markt für Inbound-Marketing-Software und Marketing Automation langsam. Es gibt Dutzende von Anbietern, aber nur eine Handvoll Software-Hersteller haben sich bereits gleichzeitig eine hohe Marktpräsenz erarbeitet und glänzen darüber hinaus auch noch mit einer hohen Kundenzufriedenheit. In Abbildung 11.22 sehen Sie die Marktübersicht der G2Crowd für Inbound-Marketing-Software – dargestellt nach eben diesen beiden Kriterien: Marktpräsenz und Kundenzufriedenheit. Diese Darstellung wird von der G2Crowd alle paar Monate neu angepasst und aktualisiert. Sie finden die jeweils aktuelle Darstellung für Marketing-Automation-Software im Internet unter *https://www.g2crowd.com/categories/marketing-automation.*

Im Quadranten oben rechts finden Sie die Leaders oder Anführer des Inbound-Marketing-Software-Marktes, die gleichzeitig eine hohe Marktpräsenz (Marktanteil, Anbietergröße, Impact in den sozialen Medien) und eine hohe Nutzerzufriedenheit (gemäß Nutzer-Reviews) erzielen. Leader-Anbieter haben darüber hinaus einen global erreichbaren Anwender-Support und umfangreiche Service-Ressourcen, die das Erlernen und Beherrschen der Software vereinfachen. In diesem Leader-Quadranten finden sich derzeit (d. h. im Sommer 2017) in alphabetischer Reihenfolge die Inbound-Marketing-Software-Lösungen:

▶ Act-On (*www.act-on.com*)

▶ Adobe Campaign (*www.adobe.com*)

▶ HubSpot (*www.hubspot.de*)

▶ Marketo (*www.marketo.com*)

▶ Salesforce Pardot (*www.pardot.com*)

Abbildung 11.22 G2Crowd-Grid für Marketing Automation/Inbound-Marketing-Software

Der Quadrant oben links ist der sogenannte Herausforderer-Bereich (Contenders). Herausforderer haben eine bedeutende Marktpräsenz und bieten umfangreiche Service- und Support-Ressourcen, haben aber nur unterdurchschnittliche Zufriedenheitsbeurteilungen oder noch keine ausreichende Anzahl von Nutzer-Reviews erhalten, mit deren Hilfe es vielleicht zu einem besseren Urteil gereicht hätte. Hier finden sich derzeit:

- die Marketing-Automation-Software Oracle Eloqua (*https://www.oracle.com/marketingcloud/products/marketing-automation/index.html*)

- die hier nicht weiter betrachtete E-Mail-Lösung Oracle Responsys

- die Software Bronto (*www.bronto.com*), erkennbar am Dinosaurier im Logo. Bronto ist eher ein spezialisiertes Marketing-Automation-Modul für E-Commerce-Unternehmen, deckt nicht den Funktionsumfang einer integrierten Inbound-Marketing-Software ab und wird im Folgenden daher nicht näher dargestellt, ist aber gegebenenfalls für einzelne Unternehmen und Geschäftsmodelle spannend (insbesondere Online-Shops).

Im High-Performer-Quadranten rechts unten finden sich Software-Lösungen, die bei ihrer Nutzer-Community eine hohe Zufriedenheit genießen, aber noch nicht die wichtige kritische Marktgröße wie die Leader-Anbieter erreicht haben. Zu den aktuellen High-Performern zählen Anbieter wie z. B. ActiveCampaign, SharpSpring, Real-Magnet, Autopilot, LeadSquared, Informz, Maropost, ThriveHive, VBout, Exponea, DSS (Dynamic Self-Syndication), Click Dimensions, iContact Pro, Listrak, Intercom und viele mehr. Bei all diesen Anbietern muss sich noch erweisen, ob sie zu den Marktführern vorstoßen und weitere zufriedene Kunden gewinnen können.

Nur der Vollständigkeit halber seien auch die Nischenanbieter im Quadranten unten links genannt. Diese Software-Anbieter haben nicht die Marktpräsenz eines Leaders. Sie haben schon vereinzelte sehr zufriedene Nutzer, aber das reicht nicht aus, um damit in der G2Crowd oder im Markt deutlich nach vorne zu treten. Dazu zählen Software-Lösungen wie z. B. die IBM Marketing Cloud, SALESmanago, GetResponse oder Blueshift.

Die wichtigsten Anbieter von Inbound-Marketing-Software sollen Sie jetzt ein wenig näher kennenlernen. Schauen wir uns also die Marktführer (Leader) und Herausforderer (Contender) einmal genauer an. Hier ist die Liste der führenden Inbound-Marketing-Software-Produkte – in alphabetischer Reihenfolge:

- Act-On

- Adobe Campaign

- HubSpot

- Marketo

- Oracle Eloqua

- Salesforce Pardot

All diese Software-Produkte bieten derzeit ausgereifte und hochqualitative Lösungen für so gut wie alle Einsatzbereiche, haben eine hohe Marktpräsenz aufgebaut, verfügen über gute Service- und Support-Funktionen und haben eine vergleichsweise hohe Kundenzufriedenheit.

11.3.2   Act-On

Act-On (*www.act-on.com*) ist eine All-in-One-Marketing-Software, die nach eigenen Angaben einen ausgewogenen Mix von Inbound Marketing und Outbound Marketing bieten will. Act-On wird ausschließlich als Software-as-a-Service-Lösung (SaaS) vertrieben (vgl. Abbildung 11.23).

Abbildung 11.23 Act-On-Homepage (»www.act-on.com«)

Die Software wird sowohl von kleineren als auch von mittelständischen und großen Unternehmen genutzt. Act-On ist für Marketing-Teams von mindestens drei Personen gedacht. Die Software ist für ihre relativ einfache Inbetriebnahme und Bedienung bekannt (vgl. Abbildung 11.24). Act-On war nicht die erste Marketing-Automation-Software auf dem Markt, hat aber diesen späten Start genutzt, um von vornherein mit ausgereiften Funktionen auf den Markt zu kommen. Act-On hat alle Phasen des Sales Funnel im Blick und bietet alle erforderlichen Inbound-Marketing-Instrumente, um Website-Traffic zu stimulieren, Leads zu gewinnen, Lead Nurturing zu betreiben und Bestandskunden zu pflegen. Ausgereifte Funktionen für E-Mail-Marketing, Landing Pages, Lead Management und Call-to-Action-Integration in Webpages und Blog-Seiten sind vorhanden. Darüber hinaus bietet die Act-On-Software auch Social-Media-Marketing, Social-Media-Monitoring & -Publishing, SEO-Tools für Websites und Content Marketing, Marketing Analytics, A/B-Testing und eine CRM-Integration mit allen großen CRM-Herstellern. Gängige Content-Management-Systeme wie WordPress oder Drupal werden unterstützt.

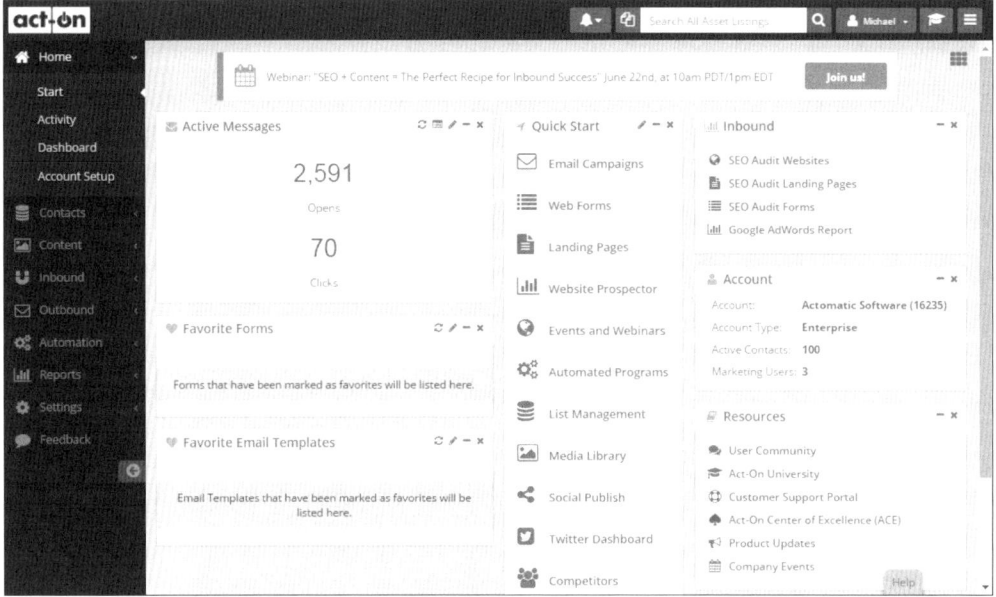

Abbildung 11.24 Die Startseite des Act-On-Dashboards

Die Bedienelemente der Act-On-Software sind einfach und übersichtlich gestaltet. Act-On hilft, Wettbewerber im Auge zu behalten, und vergleicht die eigene Website-Performance und Social-Media-Performance mit der Performance vordefinierter Wettbewerber. Die Software hat ein nahtlos integriertes Modul für die Organisation von Webinaren (WebEx, GoToWebinar) und ist daher besonders für Anbieter stark erklärungsbedürftiger Produkte oder Services interessant. Act-On hat verstanden, wie wichtig die Zusammenarbeit von Marketing und Vertrieb ist, und bietet daher umfangreiche Reporting-Funktionen wie Funnel-Reports und Closed-Loop-Reporting an, auf das Marketing und Vertrieb in der Regel gemeinsam schauen. Überhaupt öffnet sich Act-On mit dem Software-Modul Data Studio den Anwendungen der Business-Intelligence-Software auf dem Markt wie z. B. Tableau oder Power BI von Microsoft. Das sind Software-Tools zur Analyse von Geschäftsdaten und Kampagnen-Performance-Daten, aus denen heraus sich beliebige Grafiken und Reports aufbereiten lassen. Hier können Sie zu erschwinglichen Preisen die Performance-Daten Ihrer Content-Assets oder Marketing-Kampagnen aus Ihrer Act-On-Marketing-Automation-Software mit beliebigen weiteren Datenquellen wie z. B. Google Analytics zusammenführen und daraus neue Business Insights gewinnen. So können Sie sich neue Reportings erstellen, die z. B. an Ihren Vertrieb oder die Geschäftsleitung gehen sollen, und sind nicht auf die voreingestellten Analysearten und Reporting-Templates angewiesen. Außerdem können Sie auf diese Weise viele Ihrer Act-On-Daten exportieren, um sie z. B. in firmeneigenen Datenbanken zu speichern. Das ist bei manch anderen Anbietern von Inbound-Marketing-Software weniger komfortabel oder nicht originär vorgesehen. Der Anwender-Support von Act-On genießt einen guten Ruf im Markt. Das Netzwerk von unterstützenden Inbound-Marketing-Agenturen für Act-On ist im deutschsprachigen Raum heute noch recht überschaubar, erweitert sich aber kontinuierlich. Achten Sie darauf, dass Ihre Act-On-Agentur Ihnen auch bei fortgeschrittenen Fragen zur Kampagnen-Optimierung helfen kann. Sie sollte dafür genug Expertise und Benchmarks aus anderen Kundenprojekten haben.

11.3.3   Adobe Campaign/Marketing Cloud

In der obigen G2Crowd-Grafik (vgl. Abbildung 11.22) haben Sie das Adobe-Logo im Leader-Quadranten entdeckt. Gemeint ist hier Adobe Campaign, ein Modul und Bestandteil der sogenannten *Adobe Marketing Cloud* (vgl. Abbildung 11.25).

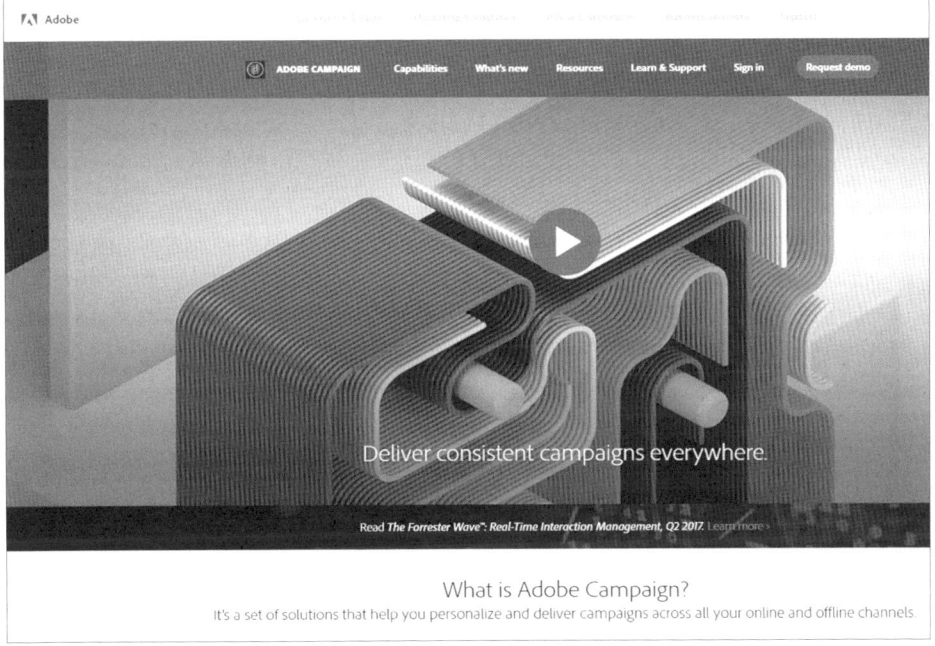

Abbildung 11.25 Homepage von Adobe Campaign (»www.adobe.com«)

Die Adobe Marketing Cloud ist die nach eigenen Angaben umfassendste Marketing-Cloud auf dem Software-Markt. Sie ist eher für sehr erfahrene und für große bis sehr große Marketing-Teams geeignet. Sowohl das Training als auch die Implementierung der Cloud oder einzelner Module sollten am besten als professionelle Projekte geplant werden. Es kann nicht schaden, zur Einführung der Adobe Marketing Cloud ein permanentes Projekt-Team zu bilden mit Mitgliedern der IT-Abteilung, des Marketing-Bereichs, des CRM-Bereichs und des Vertriebs. Die Adobe Marketing Cloud umfasst eine Vielzahl von integrierten Software-Modulen.

▶ Adobe Campaign ist das Teilmodul der Adobe Marketing Cloud, mit dem man kanalübergreifende Marketing-Kampagnen planen und verwalten kann. Adobe Campaign arbeitet eng mit den Daten und Prozessen aus den anderen Modulen der Adobe Marketing Cloud zusammen.

▶ Adobe Analytics ist das Modul der Marketing Cloud zur Verfolgung und Optimierung vollständiger Customer Journeys mit zahlreichen Touchpoints, Multichannel-Marketing-Kampagnen, Online-Content und Online-Werbung. Mit einer integrierten Predictive-Intelligence-Lösung werden datengesteuerte Reaktionen auf Kundenaktivitäten in Echtzeit möglich.

▶ Mit dem Adobe Audience Manager segmentiert man neue Zielgruppen auf Basis ihres Verhaltens (Behavorial Targeting). Hier laufen zentral die Daten aus verschiedenen Modulen der Adobe-Suite zusammen.

▶ Im Adobe Experience Manager werden individualisierte Landing Pages, E-Mails und Webpages erstellt und optimiert. Dieses Modul ist die Web-Content-Management-Datenbank der Adobe Marketing Cloud.

▶ Mit dem Adobe Media Optimizer führen, budgetieren und optimieren Sie Online-Werbung in Suchmaschinen (z. B. Google AdWords), in Display-Netzwerken und in den sozialen Medien (z. B. Facebook Ads).

▶ Adobe Primetime ist eine Modullösung für TV-Sender und spezialisierte Dienstleister zur Personalisierung und Vermarktung von Filmmaterial. Das Modul enthält ein komplettes Workflow-Management für die Ausstrahlung individualisierter Inhalte auf sämtlichen Endgeräten vom Fernseher bis zum Smartphone.

▶ Adobe Social ist ein intelligentes Social-Media-Modul, mit dem Inhalte und Kommunikationen auf allen Social-Media-Plattformen geplant, publiziert und moderiert, verwaltet, optimiert und überwacht werden können.

▶ Adobe Target ist das Modul zum Testen verschiedener Varianten von Content und Kampagnen-Assets (z. B. Landing Pages) mit A/B-Tests und komplexeren Testverfahren.

Die Software-Lösung Adobe Campaign verfügt über viele wichtige Funktionen einer Inbound-Marketing-Software, reicht aber allein nicht aus, um den kompletten Funktionsumfang einer (wenn auch gegebenenfalls kleineren) Inbound-Marketing-Software-Lösung zu erfassen. In der Praxis wird Adobe Campaign daher oft als Teil einer integrierten Gesamtlösung z. B. in Kombination mit den Modulen Adobe Target, Adobe Audience Manager und Adobe Experience Manager verwendet.

11.3.4 HubSpot

HubSpot (*www.hubspot.de*) ist die führende All-in-One-Inbound-Marketing-Plattform auf dem Markt und hat momentan die wahrscheinlich größte Kundenbasis weltweit gemessen an der Anzahl von Kunden (KMU) und Agenturen (vgl. Abbildung 11.26).

Abbildung 11.26 HubSpot-Homepage (»www.hubspot.de«)

Das liegt nicht nur an der guten Performance der Software, der nahtlosen Integration aller Software-Module und der relativ intuitiven Bedienbarkeit der Software, sondern auch am Marketing von HubSpot selbst. Von Anfang an wollten die Gründer von HubSpot nicht nur eine Software verkaufen, sondern auch eine Philosophie für Marketing und Vertrieb. Die Firma ist mit gutem Beispiel vorangegangen und hat sich beim Aufbau ihres Markterfolgs intensiv der Inbound-Philosophie bedient und so demonstriert, was mit Inbound Marketing möglich ist – während manch andere Inbound-Software-Anbieter für den Vertrieb ihrer eigenen Software weitaus weniger auf Inbound Marketing vertrauten. Andere Hersteller verwenden eher den Begriff Marketing Automation, HubSpot redet konsequent von Inbound. HubSpot setzt auf massives Blogging der eigenen Mitarbeiter, auf exzellentes Content Marketing, intensive Customer Education (kostenloses Online-Kursprogramm der HubSpot Academy), kontinuierliche SEO-Arbeit, Social-Media-Aktivität, vielfältige Kooperationen mit Agenturen und Plugin-Partnern sowie eine weltweite Community von Anwendern, die sich in Nutzergruppen namens HUG (HubSpot User Groups) organisieren. Mit diesen Instrumenten hat HubSpot ein eigenes Ökosystem geschaffen und eine massive Präsenz bei Google erreicht. Die Software selbst ist wie bei Act-On oder anderen Anbietern komplett mit allen wesentlichen Inbound-Marketing-Funktionen ausgestattet. Die Kombination der vielfältigen Module und Software-Leistungen macht HubSpot für kleine wie auch größere Marketing-Teams interessant. Abbildung 11.27 zeigt das individuell anpassbare Marketing-Software-Dashboard von HubSpot.

Abbildung 11.27 HubSpot-Marketing-Dashboard

Hier haben Sie jederzeit Ihre selbst gegebenen Marketing-Ziele und die aktuelle Zielerreichung im Blick. Vor allem richten Sie bei HubSpot Ihre gesamten Marketing-Maßnahmen konsequent nach Buyer Personas aus. Sie hinterlegen alle Persona-Steckbriefe für das gesamte Team einsehbar direkt in der Software und ordnen im Tagesgeschäft allen Kontakten fortwährend die passende Buyer Persona zu. Das hilft sehr bei der kontinuierlichen Ausrichtung Ihrer Marketing-Kampagnen auf einzelne Zielkundentypen. HubSpot war ursprünglich für kleine bis mittelständische Unternehmen gedacht, wird aber auch in größeren und international arbeitenden Unternehmen erfolgreich eingesetzt. Die einzelnen Marketing-Instrumente wie Landing Pages, E-Mail-Marketing, Workflows oder Social Media haben eigene Modulrubriken, zwischen denen man in der täglichen Praxis leicht wechseln kann. HubSpot bietet ein eigenes, kostenloses CRM an, das für die Basisaufgaben in kleineren Vertriebsteams oft ausreicht und mit Zusatzmodulen (HubSpot Sales) bis hin zu kompletten Vertriebs-Workflows erweitert werden kann. HubSpot trainiert in seiner Online-Akademie auch entsprechende Verkaufstechniken (Inbound Sales), die in der Praxis bei der Konversion von qualifizierten Leads zu Kunden sehr wertvoll sein können. Die HubSpot-Software ist voll kompatibel mit den gängigen Content-Management-Systemen von WordPress bis TYPO3. HubSpot stellt auf Wunsch sogar ein eigenes Content-Management-System mit dem Namen Content Optimization System (COS), auf dem man den eigenen Blog oder auch die ganze Website für volle Nutzerpersonalisierung betreiben kann. Die technische Integration und das Onboarding der Software sind relativ einfach. Der technische Support und das Customer Success Management Team sind vorbildlich. HubSpot hat löblicherweise viele Trainingsinhalte und Nutzerinformationen auf Deutsch übersetzt. Im technischen Service-Bereich sind Sie bei HubSpot dennoch meist auf die englische Sprache angewiesen. Der Trainingsaufwand für die Software-Nutzung von HubSpot sollte nicht unterschätzt werden. Die HubSpot Academy (*https://academy.hubspot.com/de/*) bietet zahlreiche kostenlos verfügbare Online-Zertifizierungen (vgl. Abbildung 11.28), vermittelt das gesamte theoretische Rüstzeug und erfordert zum Teil sogar praktische Kenntnisnachweise. Dennoch ist im Tagesgeschäft jede Menge weitere Praxiserfahrung nötig, um Inbound-Kampagnen effizient zu gestalten und gute Erfolge zu erzielen.

Abbildung 11.28 Startseite der HubSpot Academy

Das kann natürlich eine Online-Akademie oder ein Online-Handbuch nicht vermitteln. Dieses Problem ist nicht HubSpot-spezifisch, sondern gilt für die Software aller Anbieter. Gerade wenn die Grundlagen des Inbound Marketing noch neu sind, kann ein Marketing-Team im laufenden Tagesgeschäft auch bei HubSpot leicht mit der Unmenge an zusätzlichem Wissen überfordert werden. Bevor man dann in eine Frust-Phase gerät, sollte man sich Rat und Tat einer erfahrenen Inbound-Marketing-Agentur holen. Besser ist es im Zweifelsfall sogar, direkt bei der Anschaffung der HubSpot-Software die Kosten für einen Agentur-Support einzurechnen, der insbesondere in den ersten Monaten beim Einüben der neuen Marketing-Kompetenzen und -Prozesse hilft.

HubSpot einführen – wann lohnt eine HubSpot-Inbound-Agentur?

▶ Die meisten HubSpot-Inbound-Marketing-Agenturen bieten komplette Inbound Marketing Retainer an, bei denen die meisten Marketing-Aufgaben an die Agentur ausgelagert werden. Das ist ideal für alle Marketing-Teams, die sich nur auf die Konzeption von Kampagnen und deren Monitoring konzentrieren wollen.

▶ Marketing-Teams, die perspektivisch die HubSpot-Software komplett selbst nutzen wollen, sollten gegebenenfalls in den ersten Monaten eine HubSpot-Partneragentur fürs »HubSpot User Empowerment« nutzen. Mit individuellen Projektpaketen für praktisches Erfolgstraining, Datenmigration, das Aufsetzen von individuellen Templates, Workflows und Schnittstellenintegrationen (z. B. Google Analytics, Social Media, CRM, E-Mail) sowie die Einübung der Zusammenarbeit im Marketing-Team kann ein solcher Support nützlich sein. So erzielt man schnelle Erfolge und vermeidet von vornherein Fehler bei der Arbeit mit Interessenten und Kunden.

11.3.5 Marketo

Marketo ist eine umfassende Marketing-Automation- und Inbound-Marketing-Lösung. Sie wird insbesondere in mittelständischen und größeren Unternehmen erfolgreich eingesetzt (vgl. Abbildung 11.29).

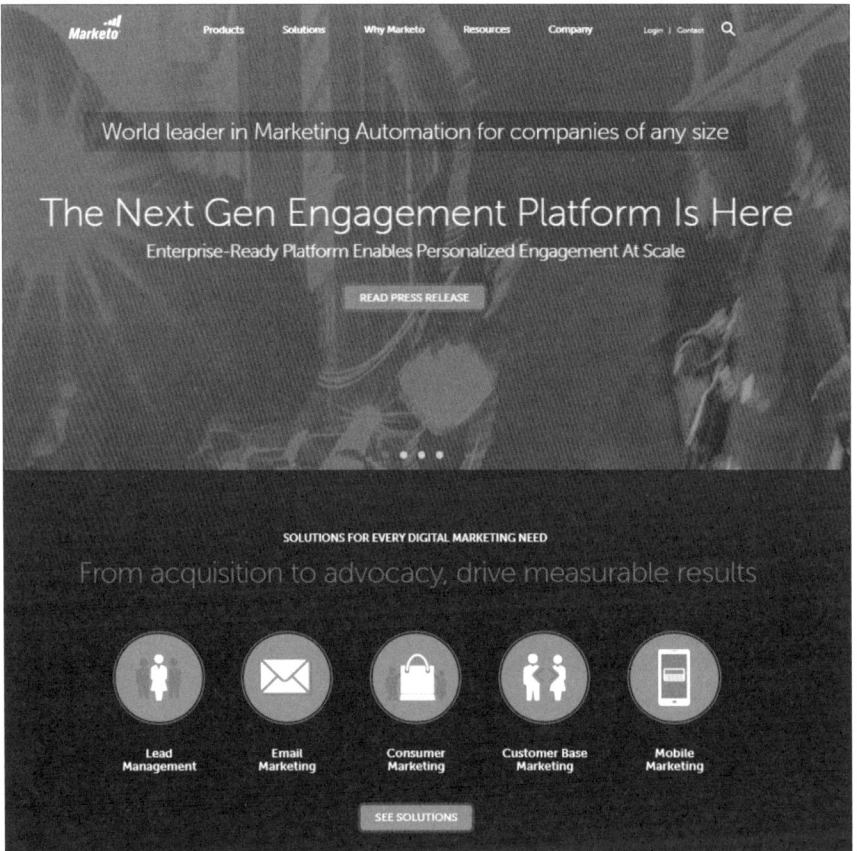

Abbildung 11.29 Marketo-Homepage (»www.marketo.com«)

Marketo spielt seine Stärken immer dann aus, wenn Inbound Marketing richtig anspruchsvoll wird. Das ist weniger eine Frage der Größe des Unternehmens, sondern eher der Komplexität der auszuführenden Marketing-Maßnahmen. Marketo ist eine sehr prozessorientierte Inbound-Marketing-Software, die so richtig in Fahrt kommt, wenn es gilt, viele verschiedene Marketing-Kampagnen parallel durchzuführen, komplexe Maßnahmenpläne umzusetzen und zu optimieren, viele Marketing-Instrumente mit unterschiedlichen Erfolgsfaktoren einzusetzen und Kunden mit komplexen Käuferstrukturen (Buying Centers) zu bearbeiten. Wer Marketo einsetzt, achtet nicht nur auf die operative Exzellenz der einzelnen Maßnahmen, sondern fokussiert sich auch auf die Portfoliosteuerung und Erfolgsevaluierung seiner Marketing-Programme. Die Bedienung der Software selbst ist nutzerfreundlich, und aus dem zentralen Dashboard heraus (vgl. Abbildung 11.30) lassen sich alle üblichen Inbound-Marketing-Funktionen steuern.

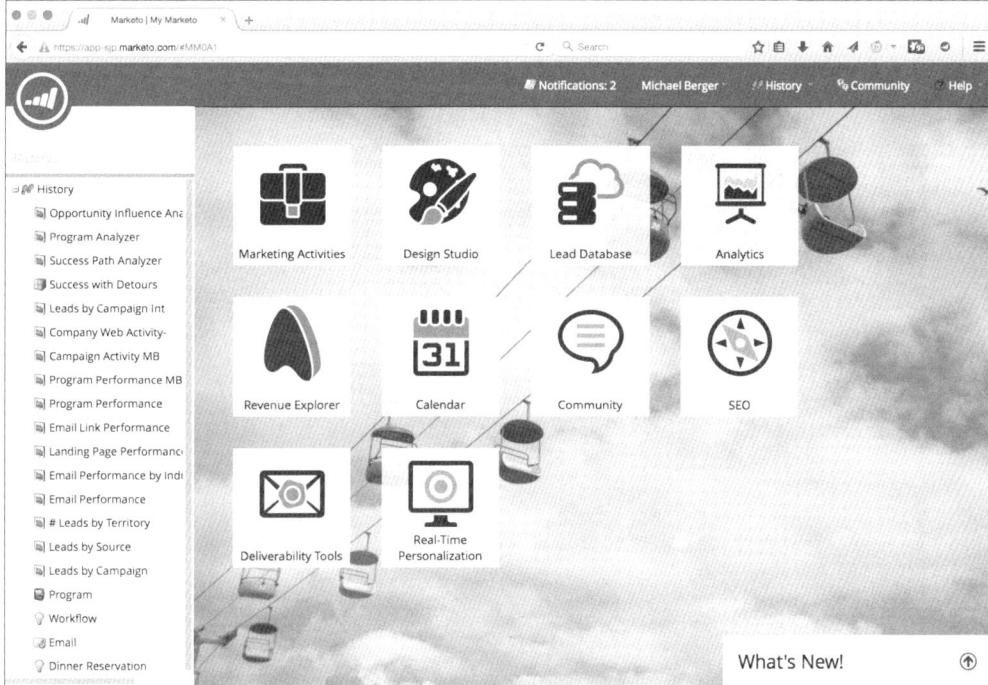

Abbildung 11.30 Marketo-Dashboard

Die Software ist mit einem dezidierten Rechte- und Rollenmanagement für Marketing-Teams mit diversen Hierarchiestufen und Kompetenzen eingerichtet. Die Logik der Software zielt auf eine möglichst leichte Optimierung und Performance-Steigerung bei hohen Schlagzahlen von Marketing-Prozessen ab. Hilfreich ist, dass sich oft genutzte Inbound-Marketing-Instrumente wie E-Mails, Landing Pages, Social-Sharing-Buttons, Call-to-Actions und Formulare per Drag & Drop gestalten und kombinieren lassen. Das spart Zeit und macht den lästigen Einsatz von HTML und CSS zur Anpassung von Templates oft überflüssig. Ganze Kampagnen lassen sich mit allen zugehörigen E-Mails, Landing Pages etc. klonen und sich so für immer wiederkehrende Aufgaben leicht anpassen, wie z. B. für verschiedene Webinare oder für Roadshows in verschiedenen Städten. Diese Funktion kann erfolgsentscheidend sein, wenn man z. B. in größeren Teams über viele Länder oder Produktdivisionen hinweg umfangreiche Maßnahmenpläne steuert. Lead Nurturing vor dem Kauf und Customer Engagement in der Nachkaufphase werden von Marketo durch intelligente Prozesse unterstützt. Ein eigener Engagement-Score misst und berechnet dabei aus aktuellen Click-Rates, Click-to-Open-Rates und Conversion Rates die Performance ganzer Kampagnen in einem einzigen Zahlenwert. Engagement-Scores lassen sich nicht nur für Kampagnen, sondern auch für einzelne Kampagnen-Workflows oder auch für die Performance bestimmter Content-Assets erheben und über die Zeit als Trend verfolgen. Content mit niedrigen Engagement-Scores kann dadurch schnell identifiziert und direkt optimiert oder ersetzt werden. Bei der Steuerung langer Kundengewinnungsprozesse mit vielen Touchpoints und Interaktionen helfen die Funktionen *Program Analyzer* und *Opportunity Influence Analyzer* (vgl. Abbildung 11.31).

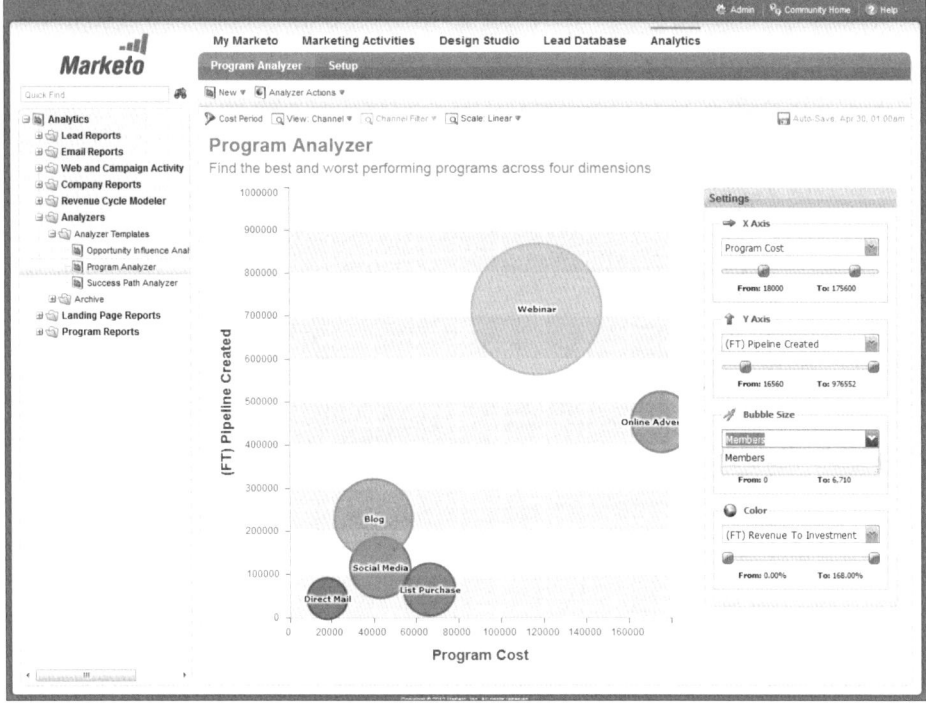

Abbildung 11.31 Marketo Program Analyzer

Im Marketo Program Analyzer werden die verschiedenen Marketing-Instrumente mit ihrem Beitrag zum potenziellen Neukundenumsatz (Pipeline Created) und den damit verbundenen Marketing-Kosten erfasst und als Portfolio betrachtet. Ziel der Übung ist es, den wahren Ergebnisbeitrag einzelner Marketing-Instrumente oder Programme ableiten zu können. Im Opportunity Influence Analyzer (Abbildung 11.32) kann analysiert werden, welche Instrumente besonders erfolgreich Erstkontakte gewonnen haben, aus denen später Kunden wurden.

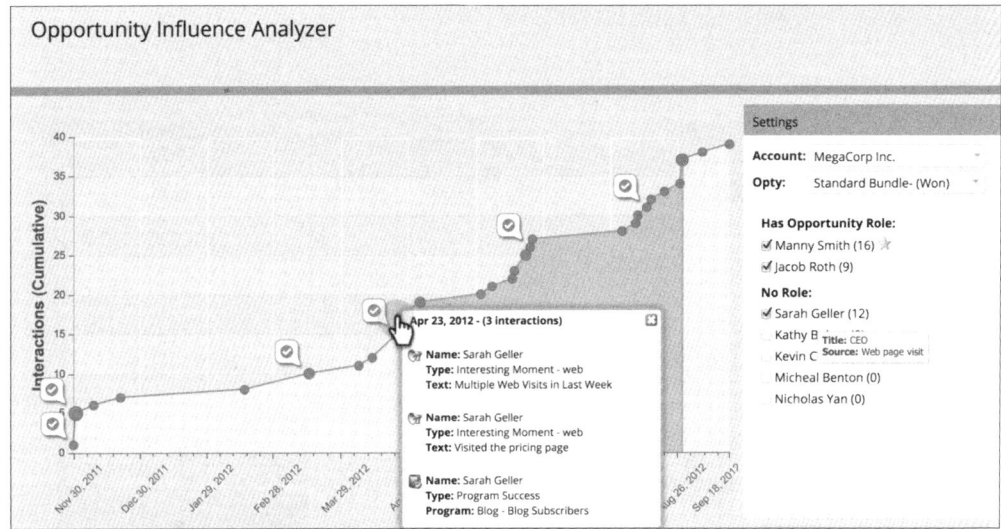

Abbildung 11.32 Marketo Opportunity Influence Analyzer

Ebenso lässt sich damit herausbekommen, welche der eingesetzten Marketing-Instrumente und Touchpoints über die Customer Journey hinweg die Kaufaffinität späterer Kunden besonders gesteigert haben. Solche Funktionen verdeutlichen den Fokus von Marketo auf den Marketing Return on Investment (Marketing ROI) und betonen den Charakter der Software als Prozess- und Ergebnisoptimierer im Marketing. Wer Marketo einsetzt, will besonders intensiv den Wertbeitrag des Marketings verdeutlichen. Marketo ermöglicht mit seinen umfangreichen Funktionspaketen auch größeren Unternehmen mit vielen Marketing-Mitarbeitern das Handling komplexer Unternehmens- und Kundenstrukturen. Eine Besonderheit bei Marketo ist die Paketierung und Modulbündelung. Marketo unterteilt seine Software-Funktionen in neun Marketing-Instrument-Module, die mit weiteren Leistungen zu Bundles für unterschiedliche Kundenbedarfe kombiniert werden. Die neun Einzelmodule umfassen einzelne Marketing-Instrument-Bereiche wie z. B. Social Media, Digitale Werbung, Predictive Content, Marketing Analytics und dynamischen Website-Content. Seine neun Module reichert Marketo mit weiteren Software- und Service-Komponenten an und verpackt sie zu derzeit insgesamt fünf Standard-Bundles, die wiederum in unterschiedlichen Größenpaketen zu haben sind (vgl. Abbildung 11.33).

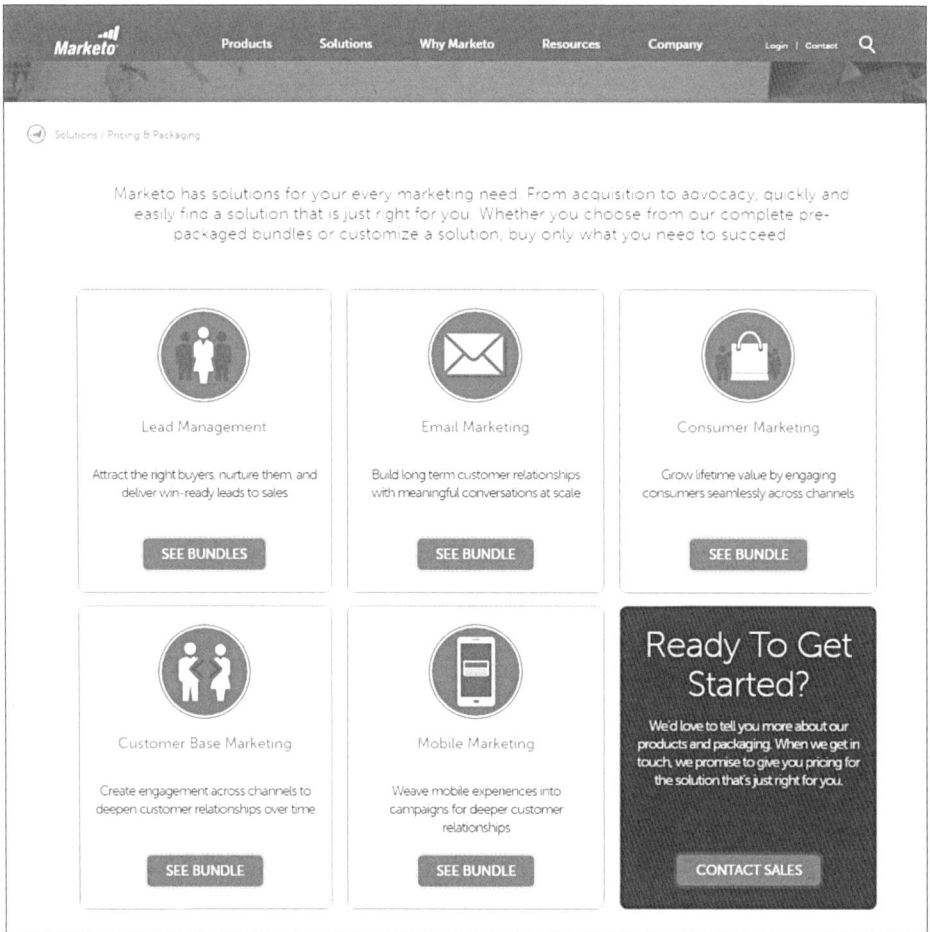

Abbildung 11.33 Beispiele für Marketo Bundles

Diese fünf Bundles richten sich auf unterschiedliche klassische Inbound-Marketing-Problemstellungen wie z. B. das Lead Management bis zur Vertriebsreife, E-Mail-Marketing zur Kundenbindung, Consumer Marketing, Mobile Marketing und Kundenpflege mit Customer Base Marketing. Bei der Preisfindung legt Marketo großen Wert auf eine individuelle Beratung und passende Software-Komponentenlösung für jeden Kunden. Ende 2016 wurde Marketo übrigens für fast 1,8 Mrd. Dollar (!) an eine amerikanische Private-Equity-Firma verkauft. Dementsprechend darf man gespannt sein, auf welche Weise der Markterfolg von Marketo weiter ausgebaut werden soll.

11.3.6   Oracle Eloqua

Oracle Eloqua ist eine eigenständige All-in-One-Inbound-Marketing-Software (vgl. Abbildung 11.34) und gleichzeitig Teil der Oracle Marketing Cloud.

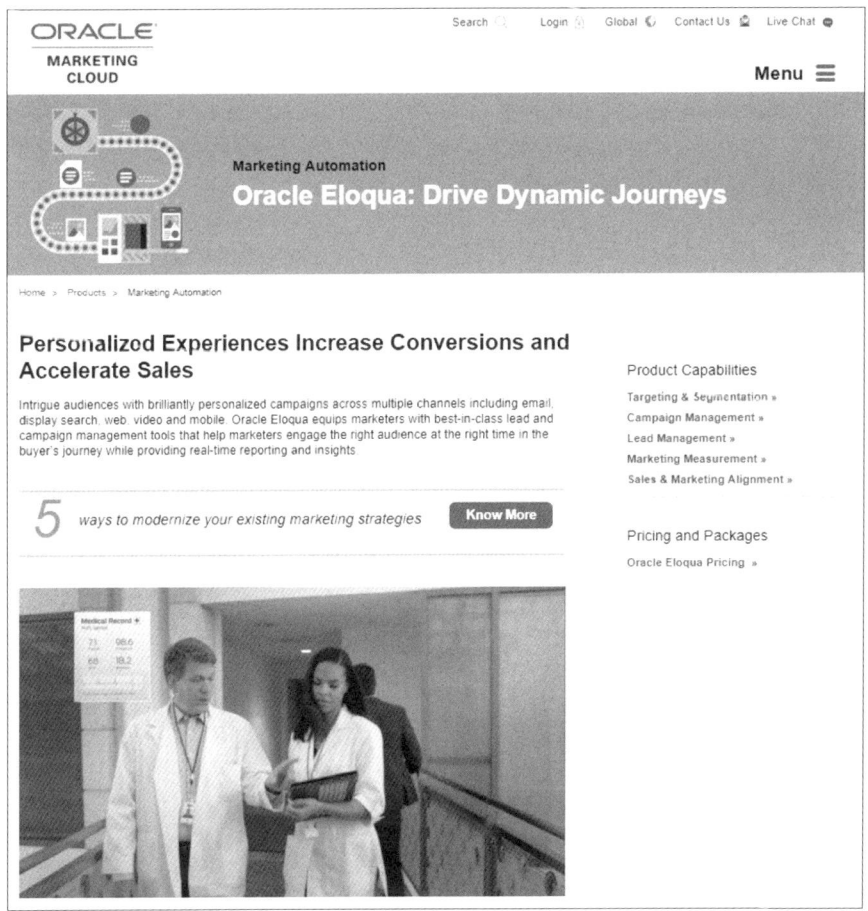

Abbildung 11.34 Homepage von Oracle Eloqua (»www.oracle.com«)

In der Marketing Cloud hat Oracle alle Produkte und Services zusammengefasst, die für das ganzheitliche Marketing-Management von Kundenbeziehungen und Customer Journey gedacht sind. Eloqua ist das Marketing-Automation-Herz der Oracle Marketing Cloud und hat einen starken Fokus auf das Erstellen und Automatisieren von Marketing-Kampagnen. Die Software ist in inhaltliche Funktionsmodule unterteilt und wird über einfach zugängliche Dashboards gesteuert, um z. B. schnell auf Analysen und Performance-Messungen von Kampagnen und E-Mails zugreifen zu können (vgl. Abbildung 11.35). Im Dashboard erhält man eine gute Übersicht über Kontakte und Website-Besucher (❶), die Gesamtaktivität aller erfassten Personen in der Datenbank (❷), die laufenden Kampagnen-Aktivitäten (❸) und die anstehenden Prozesse bzw. Genehmigungen (❹). Gleichzeitig werden alle aktuellen Interaktionen der Leads bzw. Kunden angezeigt (❺). Zur leichten Orientierung besteht direkter Zugriff auf die zuletzt bearbeiteten Kampagnen und Marketing-Prozesse (❻), auf Teilmodule der Software (❼) sowie auf Oracle-eigene Apps (❽).

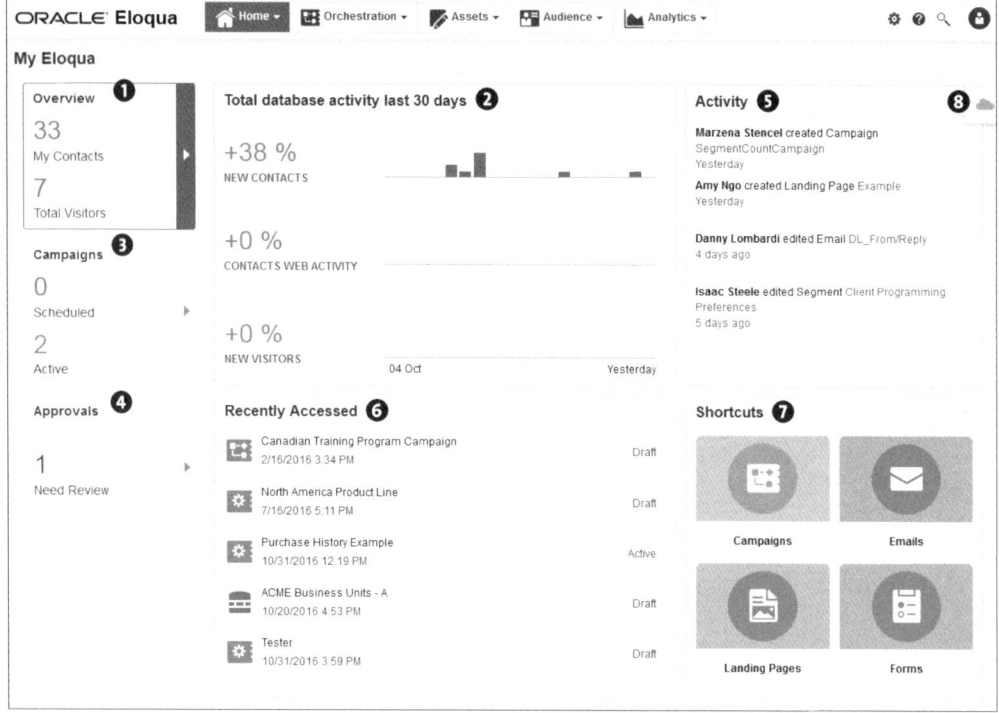

Abbildung 11.35 Oracle Eloqua – Dashboard

Inbound-Instrumente wie Kampagnen-Management, Lead Management und Lead Scoring, Kunden-Event-Management und Sales Tools lassen sich bei Eloqua recht einfach erschließen. Die Bedienlogik arbeitet mit einem »Drag & Drop«-Interface namens *Campaign Canvas* (vgl. Abbildung 11.36), bei dem alle Elemente einer Kampagne einfach am Bildschirm per Mausklick miteinander verbunden und in einen Kampagnen-Workflow gebracht werden.

Die visuelle Struktur der Benutzeroberfläche von Eloqua hilft dabei, die Schritte eines Workflows zu durchdenken, setzt aber auch entsprechendes Inbound- und Kampagnen-Know-how beim Benutzer voraus. Insbesondere erfahrene Marketing-Automation-Anwender kommen mit diesem System gut zurecht. Außerdem hat Oracle in die Eloqua-Suite jede Menge bedienfreundliche Interfaces eingebaut, die im laufenden Betrieb den Marketing-Teams eine relativ intuitive Bedienung der umfangreichen Funktionalitäten ermöglichen. Marketing-Teams können sich die Arbeit mit dem Eloqua-Modul *Program Builder* vereinfachen. In Abbildung 11.37 sehen Sie die Darstellung eines einfachen Workflows im Program Builder. In diesem Beispiel wird eine E-Mail versendet, dann wartet das Programm drei Tage lang ab und schickt anschließend auf Basis einer definierten Entscheidungsregel eine von zwei verschiedenen Follow-up-E-Mails. Mit diesem Modul kann man sein eigenes komplettes Workflow-

Management aufbauen und dabei manuelle wiederkehrende Aufgaben automatisieren (z. B. Lead Scoring oder Datenmodifikationen).

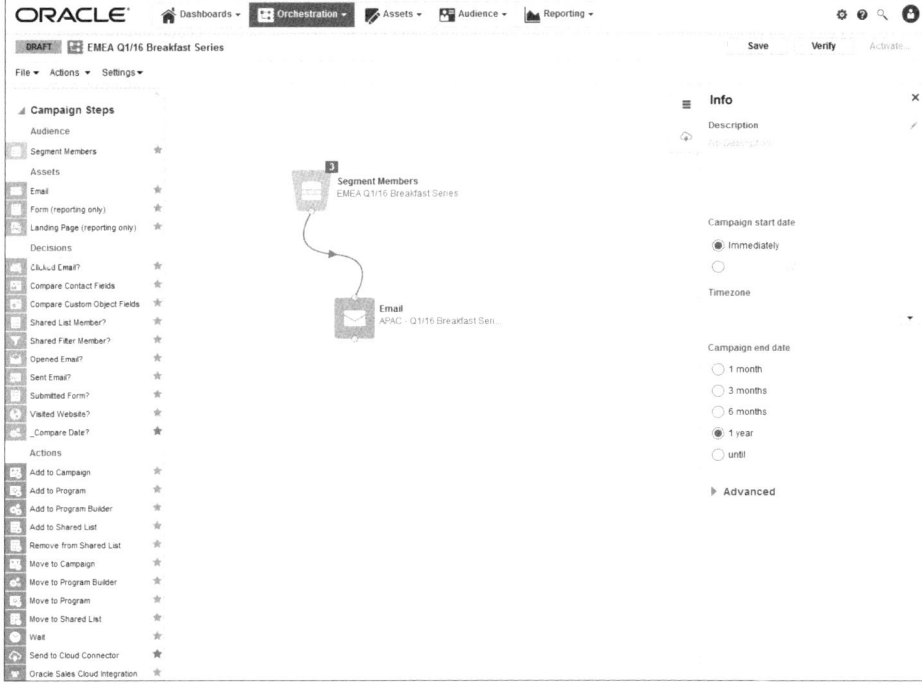

Abbildung 11.36 Oracle Campaign Canvas

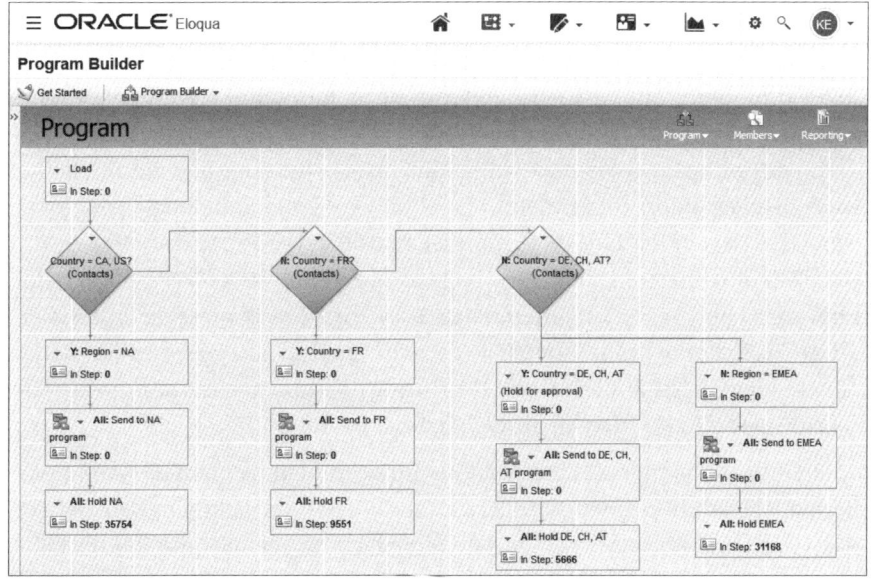

Abbildung 11.37 Oracle Eloqua – Program Builder

323

Mit dem Modul *Eloqua Segments* kann man darüber hinaus aus den eigenen Kontakten flexible Segmentlisten für Kampagnen, Ansprachen oder interne Analysen erstellen und diese direkt in Workflows einbeziehen. Eloqua misst den Erfolg von Kampagnen übrigens unter anderem in eigenen Zielgrößen wie Total Inbound Activity (z. B. Anzahl geöffneter E-Mails und ausgefüllter Formulare), Total Outbound Activity (z. B. Anzahl versandter E-Mails) und Total Responses (Anzahl der selektierten Reaktionen mit hoher Priorität wie z. B. E-Mail-Click-Throughs). Für die optimale Inbound-Marketing-Lösung mit Oracle kann es unter Umständen hilfreich sein, weitere Oracle-Module mit zu integrieren wie z. B.:

► Oracle Responsys für Cross-Channel Marketing (*https://www.oracle.com/de/marketingcloud/products/cross-channel-orchestration/index.html*)

► Oracle BlueKai für Data-Driven Marketing und Buyer-Persona-Management (*https://www.oracle.com/marketingcloud/products/data-management-platform/index.html*)

► Oracle Maxymiser für die Personalisierung und Optimierung der Customer Experience im Web, auf Smartphones oder in Apps (*https://www.oracle.com/de/marketingcloud/products/testing-and-optimization/index.html*)

Das Ganze kann zwar den Anschaffungspreis deutlich steigern, erzeugt dann aber vom Start weg die optimal geeignete Inbound-Marketing-Suite, sodass anschließend keine Kosten für Upgrades und Erweiterungsmodule anfallen.

11.3.7   Salesforce Pardot

Pardot ist die Marketing-Automation-Plattform aus dem Hause Salesforce, dem Hersteller des weltweit marktführenden CRM-Systems. Wie nicht anders zu erwarten, ist Salesforce Pardot eine sehr vertriebsnah konzipierte Inbound-Marketing-Software-Lösung, die in kompletten Customer Journeys denkt und eine Integration von Marketing und Vertrieb zu einem nahtlos arbeitenden Team im Auge hat (vgl. Abbildung 11.38). Pardot ist besonders für Firmen gedacht und konzipiert, die im B2B-Sektor zu Hause sind. Das Ziel der Pardot-Philosophie ist, neue B2B-Leads zu generieren, sie für den Vertrieb zu qualifizieren, den Sales Cycle (d. h. Zeitbedarf der Vertriebsaktivitäten bis hin zum Kauf) zu verkürzen und den Marketing-Erfolg messbar zu machen. Die Software ist besonders für lange B2B-Vermarktungszyklen geeignet, bei denen man z. T. sehr lange Zeitspannen im Lead Nurturing überbrücken muss und viele Einzelentscheidungen des Kunden bis zum endgültigen Kauf initiieren will.

Die Pardot-Software beinhaltet Einzelmodule für Lead Management, E-Mail-Marketing, automatisierte Kampagnen-Workflows und Echtzeit-Aktionssignale an den Vertrieb (Sales Alerts). Das Lead-Scoring-System ist recht ausgefeilt und komfortabel. Mit dem gut aufbereiteten grafischen Interface namens *Pardot Engagement Studio* (vgl. Abbildung 11.39) behält man die Customer Journey gut im Blick und kann komplette Kundenwege bzw. den Sales Funnel durchdenken und entsprechende Customer Journeys mit Workflows planen.

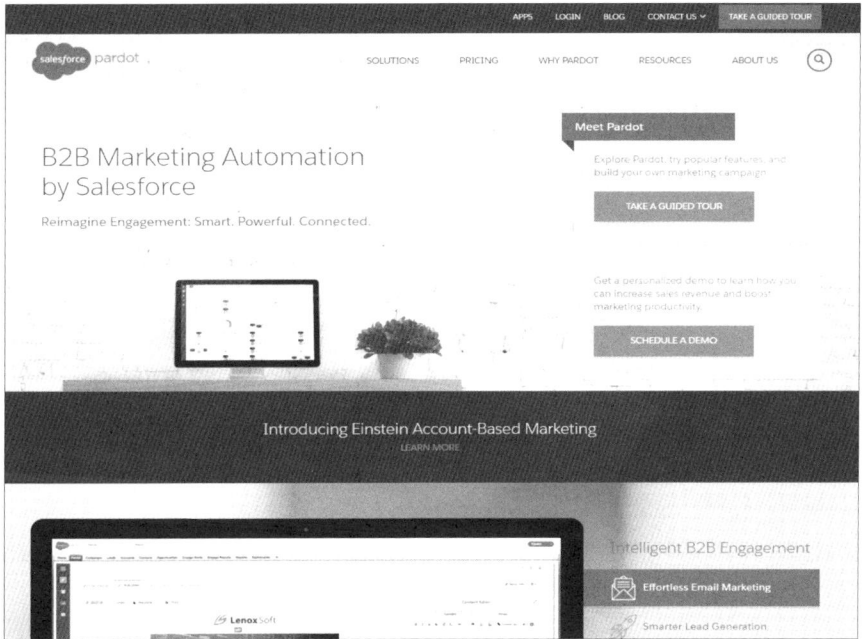

Abbildung 11.38 Homepage von Salesforce Pardot (»www.pardot.com«)

Abbildung 11.39 Pardot Engagement Studio

Sie können eine Customer Journey visualisieren, diese vor dem Launch testen und anschließend die Performance des Marketings entlang der Kundenstationen entlang der geplanten Customer Journey überwachen. Pardot wirbt damit, dass man mit Engagement Studio eine B2B-Customer-Journey so einfach gestalten könne wie eine Spotify-Playlist. Dennoch sollte man sich bewusst sein, dass in der Praxis im Marketing-Team trotzdem viel Disziplin und Erfahrung nötig ist, um viele parallel laufende Customer-Journey-Workflows zu gestalten und zu managen. Auch die Zusammenarbeit mit dem Vertrieb wird effektiv unterstützt. Das Zusatzmodul *Salesforce Engage* gibt dem Vertriebsteam direkte Einsicht in die Marketing- und Vertriebsdaten eines Kontaktes und verfügt über eine eigene Smartphone-App, über die insbesondere der Vertrieb mobil auf Kundendaten und Interaktionshistorien zugreifen kann. Pardot kann mit dem hauseigenen CRM-System Salesforce genauso integriert werden wie mit anderen CRM-Systemen (z. B. Microsoft Dynamics CRM, SugarCRM). Pardot legt besonderen Wert auf die Verzahnung der Arbeit von Marketing und Vertrieb und verfügt über eine einfache Dashboard-Visualisierung für die gemeinsame Reporting-Betrachtung beider Bereiche, in der man den Erfolg der Arbeit entlang des gesamten Sales Funnel gemeinsam überblicken kann (*Closed-Loop-Reporting*). Durch die Nähe zur Firma und CRM-Software von Salesforce ist Pardot eher auf Kundengewinnung ausgerichtet und geht nicht explizit auf Kundenbindung (Customer Engagement) oder das Management einer Customer Community ein, ist aber hinsichtlich seiner Instrumente und Module generell durchaus dafür geeignet. Wie auch die meisten anderen Software-Anbieter unterstützt auch Salesforce Pardot ein breites Software-Ökosystem mit Schnittstellenintegrationen zu:

- Content-Management-Systemen wie z. B. WordPress
- Social-Media-Plattformen wie Twitter, Facebook und LinkedIn
- Webinar-Software von WebEx und Go-to-Webinar
- Data-Management-Plattformen wie Bizible
- Event-Management-Software (z. B. EventBrite)
- Video-Content-Plattformen wie z. B. Wistia
- Google AdWords und Google Analytics

In der täglichen Arbeit unterscheiden sich die verschiedenen Inbound-Marketing-Software-Lösungen gar nicht so stark voneinander, wie es die Profile der verschiedenen Marken vermuten lassen könnten. Im Gegenteil, wenn Sie mit einer dieser Software-Marken arbeiten, wird Ihnen irgendwann auch der Umstieg auf eine andere Software recht leichtfallen. Das liegt zu einem großen Teil an dem modularen Aufbau aller Software-Lösungen. Alle Software-Marken unterteilen ihr Dashboard und die Software-Funktionalitäten in die mehr oder weniger immer gleichen Module. Es gibt Module für die Content-Erstellung, für das Erstellen von Landing Pages, Formularen und Call-to-Action-Buttons, meist ein Modul für Suchmaschinenoptimierung, Module für Social Media, fürs Bloggen, für das Anlegen und Verwalten von Kampagnen, Module für das Erstellen und Bearbeiten von Listen (Smart Lists) und so weiter und so fort. Am Anfang der Übung mit jeder Software steht das Verstehen und Beherrschen der einzelnen Module. Dann tritt bei Ihrer täglichen Arbeit mit der Software immer mehr das Zusammenspiel und Verzahnen der Module in den Vordergrund. Genau diese Arbeitsweise und dieser Lernerfolg lassen sich über alle Software-Marken hinweg recht gut vergleichen.

Inbound-Tipp: Was hat der Kauf einer Inbound-Marketing-Software mit einem Autokauf gemeinsam?

Mit dem Kauf einer Inbound-Marketing-Software ist es fast ein bisschen so wie bei einem Autokauf.

1. Bei Automobilen gibt es jede Menge wichtige Unterschiede zwischen z. B. einem Mercedes, einem Audi und einem BMW. Und je mehr jemand ein Fan einer Marke ist, desto höher wird er auch die Vorteile seiner Marke gegenüber allen anderen Automarken hervorheben und gewichten. Auto-Fans können sich leidenschaftlich darüber streiten, ob Bedienhebel am Lenkrad helfen, ob Bedien-Drehschalter in der Mittelkonsole nicht lästig sind und welches Navigationssystem die bessere Stimme hat und die besseren Fahranweisungen gibt. Aber Gott sei Dank haben alle Autos ein Lenkrad mit einem Sitz dahinter, einen Blinker und einen Warnblinker, und beim Drücken aufs Gaspedal fährt das Auto in der Regel schneller.

2. Beim Autokauf steht oft überhaupt nicht das Vergleichbare und Gemeinsame aller Marken im Vordergrund, sondern die Unterschiede. Dann geht es um das Fahrgefühl, den Klang der Autotür und die Anzahl der Bedienknöpfe und Schalter. Denn mehr Knöpfe lassen ja auf mehr Funktionen schließen. Und mehr Funktionen sind doch besser als wenige Funktionen, oder? Auch bei Inbound-Marketing-Software drängt sich der Eindruck auf, dass die quartalsweise immer neu hinzukommenden Funktionen und Updates auch alle gleich wichtig und gleich dringend sind. Dabei ist es in der täglichen Arbeit mit Inbound genauso wie beim Autofahren. Sie benötigen während jeder Fahrt immer wieder eine gewisse Anzahl von Funktionen und Modulen, andere Funktionen hingegen nur bei bestimmten Anlässen oder im Notfall.

3. Wenn Sie sich in Ihrem eigenen Kaufprozess mit den Nutzern einer bestimmten Inbound-Marketing-Software unterhalten, dann schauen Sie bitte darauf, ob diese Software-Fans vergleichen können und schon mehrere »Inbound-Autos« gefahren haben oder ob sie bisher immer nur im gleichen Autotyp gesessen, d. h. dieselbe Software genutzt haben. Vergleichen kann nur, wer auch die verschiedenen Marken kennt.

4. Vor dem Kauf lässt sich nur ein gewisser Teil der Produktqualität erschließen. Der Kauf eines Autos und einer Inbound-Marketing-Software ist für jemanden, der noch keine Erfahrung mit der Marke bzw. mit dem Automodell hat, ein Vertrauenskauf. Ein Besuch im Autohaus (bei Inbound: Online-Demo) und eine Probefahrt (bei Inbound: 4-wöchiger Gratis-Trial) sind in der Regel die einzigen Möglichkeiten, um das Produkt schon vor dem Kauf in Aktion zu sehen. Aber die wahre Qualität eines Autos und einer Inbound-Software ergibt sich erst in der täglichen Nutzung. Gerade nach dem Kauf werden Sie auf jede Erfahrung und auf jedes »Geräusch« achten, ob es Ihren Kauf bestätigt oder ob Sie bei der Produktnutzung frustriert werden, weil Sie wichtige Funktionen nicht finden oder nicht intuitiv bedienen können.

5. Deshalb ist es bei Inbound-Marketing-Software so wichtig, dass Sie mit Ihrem Marketing-Team (Ihren »Profi-Fahrern«) spätestens direkt nach dem Kauf der Software das »Fahrtraining im Alltag« beginnen – sprich: das On-the-Job-Training mit der neuen Software. Und auch hier ist es wie beim Autokauf: Während der Probefahrt sitzt der Verkäufer noch neben Ihnen, nach dem Kauf fahren Sie allein vom Hof. Die Trainingsangebote der Inbound-Marketing-Software-Hersteller konzentrieren sich auf mehrstündige oder mehrtägige »Fahrtrainings« mit Webinaren, Demos, Online-Handbüchern und Zertifikaten. Wenn Sie schnelle Erfolge sehen und auch im Tagesgeschäft mit Ihren echten Kunden und Daten eine professionelle Unterstützung wollen, dann sollten Sie sich schon bereits vor dem Kauf auf die Suche nach einem Trainingspartner oder einer Inbound-Marketing-Agentur machen, die Ihr Unternehmen vor dem Kauf neutral zwischen den verschiedenen Marken beraten kann und Sie dann auch nach dem Kauf über eine gewisse Zeit lang im Tagesgeschäft coacht und begleitet.

6. Die wichtigsten Eigenheiten der verschiedenen Inbound-Marketing-Software-Lösungen sind so ähnlich wie die Markenunterscheide bei Automobilen. Es gibt die Marken, die kleine, praktische und preisgünstige Modelle mit Standardleistungen anbieten wollen. Der Service ist dann eher eine Basisleistung, individuelle Modifikationen lassen sich auch gegen Aufpreis nicht realisieren. Und es gibt die hochpreisigen Anbieter, die ihre Produkte sogar in verschiedene Bundles fassen, individuelle Preise nur auf Anfrage geben und den Charakter einer Manufaktur annehmen. Dann sind aber auch völlig individualisierbare Installationen möglich, die keine Wünsche offenlassen.

Diese Analogien sollen Ihnen nur helfen, die richtigen Erfahrungen beim Kauf und bei der Testnutzung der für Sie infrage kommenden Inbound-Marketing-Software zu sammeln. Darüber hinaus gibt es aber auch ein paar handfeste Kaufkriterien, die Sie bei jeder Inbound-Marketing-Software und vor allem beim Vergleich unterschiedlicher Angebote berücksichtigen sollten.

11.4   Was Sie bei Ihrer Software-Entscheidung beachten sollten

Es gibt wenige Software-Bereiche im Markt, die sich so dynamisch und so kräftig entwickeln wie Angebote für Marketing Automation und Inbound-Marketing-Software. Im Laufe der letzten Jahre haben sich, wie gesehen, bereits ein paar Marktführer herausgebildet, bei denen Sie insgesamt sicher sein können, dass die Produkte technisch ausgereift sind, zuverlässig funktionieren und von einem guten Support-Team betreut werden. Aber auch kleinere Marken und Newcomer können in Ihrem individuellen Fall durchaus interessant und die richtige Wahl sein. Ihr wichtigstes Kaufentscheidungskriterium sollte sein, ob die von Ihnen ins Auge gefasste Software auch über die Funktionen verfügt, die Sie für Ihr Business benötigen werden. Eine oftmals kaum beachtete Frage ist, ob Ihre Inbound-Marketing-Software als SaaS Lösung eingesetzt werden kann oder ob es wichtige Gründe gibt, um eine Inbound-Marketing-Lösung zu wählen, die z. B. aus technischen oder Datenschutzgründen auf Ihren eigenen Servern liegen sollte. Wenn Sie die Kosten für Ihre Inbound-Marketing-Lösung erfassen, sollten Sie zwei Dinge beachten. Sie werden monatlich, quartalsweise oder sogar jährlich im Voraus an Ihren Software-Hersteller die Gebühren für die laufende Nutzung der Software bezahlen. Auf den Websites werden zwar auf den ersten Blick nur die einfachen Preise für die verschiedenen Editionen der Software angegeben, aber im Praxisfall kann sich der Betrag Ihrer laufenden Überweisungen an den Software-Hersteller noch deutlich erhöhen, wenn Sie z. B. sehr viele Kontakte in der Datenbank nutzen, die API-Schnittstellen der Inbound-Marketing-Software einsetzen (sogenannte API-Calls) oder herstellerseitige Zusatzkomponenten buchen (z. B. integrierte Sales-Tools). All diese Dinge können im Einzelfall sehr wichtig und sogar erfolgsentscheidend sein. Sie sollten halt nur bereits vor dem Kauf beachtet und gegebenenfalls verglichen werden.

11.4.1   Hat die Inbound-Marketing-Software die gewünschten Funktionen?

Es ist schwer, alle Software-Pakete und Leistungen miteinander zu vergleichen, denn der Leistungsumfang der verschiedenen Software-Produkte ändert sich ständig, meist mehrfach pro Jahr. Wir haben dieses Buch z. B. zwischen Frühjahr 2016 und Sommer 2017 geschrieben. In diesem Zeitraum hat sich der Leistungsumfang einzelner Inbound-Marketing-Software-Editionen mehrfach so stark erweitert, dass ein Vergleich mehrerer Software-Marken zu verschiedenen Zeitpunkten innerhalb dieses einen Jahres völlig unterschiedlich ausgefallen wäre. Wenn Sie also vor der konkreten Entscheidung für eine Inbound-Marketing-Software stehen, dann vergleichen Sie den jeweils aktuellen Leistungsumfang und die aktuellen Preise. Achten Sie darauf, direkte Herstellerinformationen zu nehmen und keine im Zweifelsfall veralteten Zahlen bzw. Fakten aus Blog-Beiträgen oder Fachartikeln. Zwei Monate sind im

Inbound-Zeitalter bereits eine Ewigkeit. Das harte Kopf-an-Kopf-Rennen der verschiedenen Software-Anbieter sorgt dafür, dass ständig neue Leistungen und Software-Module hinzukommen. Auch die Preisstellungen verändern sich. Alles in allem ist diese Entwicklung für Sie als Software-Kunde vorteilhaft: Ihre Inbound-Software wird in der Regel mit jeder Änderung noch besser, performanter und einfacher – egal, bei welchem Hersteller Sie vor Anker gehen. Analysieren Sie also den Markt und Ihre Anforderungen, nutzen Sie Software-Demos, vergleichen Sie Kosten, stellen Sie viele Fragen – und handeln Sie dann.

Jedes Business und sein Geschäftsmodell sollte individuell betrachtet werden, wenn man die geeignete Inbound-Marketing-Software sucht. Entscheidend ist auch, welche Top-Herausforderungen das jeweilige Unternehmen hat. Geht es darum, erst einmal Sichtbarkeit und Resonanz für die Marke aufzubauen, um so potenzielle Kunden für das eigene Angebot und die eigene Website zu interessieren? Oder hat das Unternehmen schon jede Menge Website-Traffic, tut sich aber damit schwer, daraus interessierte Leads zu gewinnen und sie weiter zum Kauf hin zu qualifizieren und zu betreuen? Oder gelingt auch das schon ganz gut, aber die Konversion zum Kauf selbst will irgendwie nicht gelingen, oder aber Kunden werden nicht ausreichend betreut und an das Unternehmen gebunden? Vielleicht gelingt auch das, aber man möchte das Geschäft mit den bestehenden Kunden ausbauen und so den Customer Lifetime Value erhöhen? Ihre Inbound-Marketing-Software hat sich den Prioritäten in genau Ihrem Unternehmen anzupassen – und nicht umgekehrt. Versuchen Sie also frühzeitig, einen Abgleich vorzunehmen zwischen den Zielen Ihres Unternehmens, Ihres Marketings und Ihres Vertriebs einerseits und den dafür nützlichen Software-Funktionen, mit denen Ihre neue Software Sie bei der Verfolgung Ihrer Ziele unterstützen soll. Auch an dieser Stelle kann Ihnen ein erster Blick in Vergleichsportale bzw. Nutzer-Feedback-Plattformen wie z. B. G2Crowd erste Anhaltspunkte geben. Dort finden Sie nicht nur Informationen zu den einzelnen Software-Herstellern, sondern auch den detaillierten Vergleich der Nutzerbewertungen zu den verschiedensten Leistungen und Funktionalitäten der Software-Anbieter. Dabei bewertet die G2Crowd besonders zehn wichtige Funktionsbereiche (vgl. *https://www.g2crowd.com/categories/ marketing-automation*):

1. *Segmentierung (Segmentation):* Die Kontaktdatenbank kann segmentiert werden, und es können flexible Listen mit Leads und Kontakten erstellt werden. Ansichten und Listen können nach vielfältigen Kriterien gefiltert werden, wie z. B. Personendaten (Demografie), Unternehmensdaten (insbesondere im B2B-Bereich), nach dem Nutzerverhalten und nach Kriterien Ihres CRM-Systems.

2. *Lead Scoring und Beurteilung (Lead Scoring & Grading):* Leads können automatisch nach vielen Kriterien (z. B. Demografie, Nutzerverhalten) qualifiziert und entsprechend bewertet werden (Scoring). Die Lead Scores können individuell gewichtet und priorisiert werden.

3. *Individuelle Anpassungen (Customization):* Die Software kann auf individuelle Bedürfnisse hin angepasst werden. Das betrifft z. B. Darstellungen wie Dashboards, aber auch Software-Prozesse, die Sichtbarkeit bestimmter Software-Module und die Rechteverwaltung für Team-Mitglieder mit unterschiedlichen Aufgaben.

4. *Verfassen und Personalisieren von E-Mails (Building and Personalizing Emails):* E-Mails und E-Mail-Templates können mithilfe eines software-eigenen Editors geschrieben bzw. designt werden. E-Mail-Templates können verwaltet und neuen E-Mails zugeordnet werden. E-Mails lassen sich dynamisch personalisieren. E-Mails können mit bestimmten Attributen personalisiert werden (z. B. Name, Stadt, Branche), und es können Attribute dynamisch ausgespielt werden, z. B. je nach Nutzerverhalten oder Interaktionen.

5. *CRM-Integration (CRM Lead Integration):* Daten zu Kontakten, Leads, Kaufinteressenten (Opportunities) und Kunden können in Echtzeit mit dem eigenen CRM-System synchronisiert und abgeglichen werden.

6. *E-Mail-Ketten und Workflows (Automated Email Responses):* Automatische Nurturing-E-Mails können in der Inbound-Marketing-Software als Anspracheketten oder Workflows angelegt werden. Diese Anspracheketten lassen sich auf bestimmte Nutzeraktionen (sogenannte Events), auf Online-Aktivitäten und auf individuelle Lead Scores individuell einstellen.

7. *Landing Pages und smarte Formulare (Landing Pages & Forms):* Landing Pages und Formulare zur Lead-Generierung lassen sich individuell erstellen und verändern sowie für einzelne Marketing-Kampagnen unterschiedlich gestalten. Landing Pages und Formulare lassen sich so gestalten und verzahnen, dass eine möglichst hohe Conversion Rate erreicht wird und die richtigen Informationen zur Lead-Qualifizierung gewonnen werden können.

8. *Lead-Weiterentwicklung und Lead Nurturing (Lead Nurturing):* Lead-Nurturing-Kampagnen bzw. Workflows (sogenannte *Drip Campaigns*) können gestaltet und flexibel eingesetzt werden, damit Leads nur Botschaften erhalten, die auf ihr Nutzerverhalten angepasst und auf die geplanten Schritte der Marketing-Kampagnen abgestimmt sind.

9. *Social-Media-Management (Social Listening):* Die Beurteilungskriterien der G2Crowd verlangen hier nur ein aktives Zuhören in den sozialen Medien. Damit erfassen Sie alles, was Ihre Leads und Kunden in den sozialen Medien, auf YouTube, auf Blogs oder in Online-Communitys zu den von Ihnen definierten Stichworten und Themen äußern. Ihre Inbound-Software meldet Ihnen dann, wenn z. B. ein registrierter Lead über Ihr Unternehmen oder den Wettbewerb spricht (Social Engagement). Viele Inbound-Marketing-Software-Hersteller gehen hier aber schon weiter und bieten bereits auch das direkte Veröffentlichen von Social Media Posts aus der

11

Software heraus (Social Publishing) und das Schalten von angepassten Werbeanzeigen auf den sozialen Plattformen wie z. B. Facebook (Social Ads).

10. *Marketing-Kontaktdatenbank (Marketing Lead Database)*: Das Herzstück der Inbound-Marketing-Software ist diejenige Datenbank, in der alle Aktionen und Interaktionen Ihrer Kontakte, Leads und Kunden im Zeitablauf erfasst und als individuelle Kontakthistorie aufbereitet wiedergegeben werden. Alle Website-Besuche, E-Mail-Klicks, Scoring-Veränderungen und manuellen Änderungen (z. B. Änderung des Kontaktstatus von Lead auf Kunde) werden darin erfasst. Die Arbeit mit dieser Datenbank ist das eigentliche Ziel Ihrer Vermarktungsaktivitäten. Es ist höchst erstaunlich, dass längst nicht alle Anbieter von Inbound-Marketing-Software auf dieses Funktionsmodul ihr Hauptaugenmerk setzen. Verzichten Sie keinesfalls bei diesem Modul auf Funktionen, die Ihnen wichtig sind. Wenn Ihnen die Performance Ihrer Software in diesem Modul nicht reicht, macht eine Anschaffung keinen Sinn.

Erstellen Sie Ihr individuelles Wunschprofil für Ihre Software, gewichten Sie die Bedeutung der verschiedenen Funktionsbereiche, und machen Sie sich bei vielleicht noch nicht ganz klaren Software-Funktionen einen Eindruck davon, was eine vielleicht noch nicht ganz klare Software-Funktionalität in Ihrem Geschäft leisten kann.

SaaS-Software oder On-Premise-Installation?

▶ *Saas-Software:* Viele Inbound-Marketing-Software-Lösungen auf dem Markt werden Ihnen ausschließlich als webbrowser-basierte Software-Suite angeboten. Gegen eine monatliche Mietgebühr erhalten Sie Zugriff auf eine Lizenz der cloud-basierten Saas-Software (Software-as-a-Service). Der große Vorteil darin besteht, dass Sie sich niemals um die Aktualisierung, um Updates oder Fehlerbereinigungen Ihrer Inbound-Marketing-Software kümmern müssen. Die potenziellen Nachteile bestehen darin, dass Sie die online festkonfigurierte Software nur sehr begrenzt nach Ihren individuellen Vorstellungen und Erfordernissen abändern können. Im Bereich Inbound Marketing bedeutet SaaS-Software heute eben noch meist Standard-Software »von der Stange«.

▶ *On-Premise-Installation:* In großen Unternehmen oder bei besonders komplexen Installationen wird Ihre Inbound-Marketing-Software vor Ort auf den Servern Ihres Unternehmens oder Ihres IT-Providers installiert als sogenannte On-Premise-Lösung.

Im High-End-Bereich für Konzerne und Großunternehmen sind serverbasierte und kundenindividuelle Installationen von Marketing-Automation-Software an der Tagesordnung. IT-Projekte für Marketing Automation in Konzernen können allerdings schnell sehr umfangreich und komplex werden. Auch in großen Unternehmen sollte man daher am Anfang mit Inbound Marketing gegebenenfalls klein anfangen und zunächst eine schnell einsetzbare SaaS-Inbound-Lösung einsetzen, um erste

Learnings beim Einsatz von Inbound Marketing in der Praxis zu sammeln. So sammelt man wertvolle Erfahrungen für die nächsten Schritte – bei relativ begrenzten Kosten und Abhängigkeiten. Sollten aber technische Gründe oder Datenschutzgründe zwingend für eine On-Premise-Installation sprechen, entfallen solche einfachen Lernmöglichkeiten oft, und Sie starten direkt in das große Abenteuer einer Vor-Ort-Installation einer Ihnen bis dahin noch nicht vertrauten Software.

11.4.2   Was beeinflusst die Kosten Ihrer individuellen Produktwahl?

Die Anschaffungs- und Lizenzkosten verschiedener Software-Lösungen sind sehr unterschiedlich. Jeder Anbieter bietet gleich mehrere Versionspakete seiner Software mit unterschiedlichem Funktionsumfang an. Ein genauer Abgleich der Funktionsumfänge verschiedener Produkte mit Ihren eigenen voraussichtlich benötigten Funktionen lohnt also in jedem Fall.

Verschiedene Modulgrößen für unterschiedliche Geldbeutel

Die monatlichen Kosten für eine leistungsmäßig durchaus vergleichbare Software können zwischen 500 und 3.000 € liegen. Inbound-Marketing-Software-Anbieter bieten in der Regel unterschiedlich große und unterschiedlich teure Editionen ihrer Software an. Diese Versionen heißen dann z. B. *Basis*, *Pro* und *Enterprise* und sind für unterschiedliche Unternehmensgrößen oder unterschiedlich große Marketing-Teams gedacht. Informieren Sie sich in jedem Fall genau, durch welche Leistungen sich die einzelnen Versionsgrößen der Inbound-Marketing-Software voneinander unterscheiden. Es kommt eben darauf an, ob die von Ihnen gewünschten Software-Funktionen schon im Basispaket der betreffenden Software enthalten sind oder ob Sie Ihre Wunschfunktionen nur in einer teureren Software-Variante des jeweiligen Anbieters erhalten (z. B. A/B-Testing von E-Mails und Landing Pages, Social-Media-Funktionen, manuelles Lead Scoring vs. Predictive Lead Scoring). Umgekehrt kann es natürlich ebenso vorkommen, dass das für Sie preislich attraktive Software-Paket auch solche Funktionen enthält, die Sie momentan eigentlich noch gar nicht dringend benötigen. Diese Funktionen zahlen Sie dann im Rahmen der Paketlösung des jeweiligen Anbieters dennoch mit. Wenn Sie sich allerdings unsicher sind, warum die Funktionen in der vorgegebenen Kombination in Ihrem Wunschpaket nur so erhältlich sind, fragen Sie beim Anbieter oder bei einem Beratungspartner für Inbound Marketing nach. Es könnte ja sein, dass diese Funktionskombination durchaus Sinn macht und Ihnen einen Nutzen erschließt, den Sie so noch nicht gesehen hatten.

Mehr Kontakte kosten mehr Geld

Die Kosten für die Bereitstellung und monatliche Nutzung einer Inbound-Marketing-Software können sich im Einzelfall je nach Anbieter in drei wichtigen Faktoren unterscheiden: dem Funktionsumfang der Software (wie gerade gezeigt), der Anzahl Nutzer (sogenannte Sitzplatz-Lizenzen) und der Anzahl der mit der Software betreuten Kontakte Ihres Unternehmens. Gerade für größere Unternehmen oder Unternehmen mit vielen Einzelkunden ist die Anzahl der aktiven Kontakte des Unternehmens die oftmals wichtigste Einflussgröße bei der Preisberechnung für den Einsatz einer Inbound-Marketing-Software. Denn oftmals sind die Kosten für Inbound-Marketing-Software an die Anzahl der Kontakte geknüpft, die Sie mit der Software verwalten möchten.

▶ In den Standardpaketen der Hersteller ist dann eine jeweilige Maximalanzahl betreubarer Kontakte enthalten. Wenn Sie mit Ihren Kontakten diese Anzahl überschreiten, wird automatisch ein monatlicher Mehrbetrag für die »überschüssigen« Kontakte fällig (z. B. »45 € pro 1.000 Mehrkontakte über 10.000«).

▶ Je höherwertig und höherpreisig die Version der betreffenden Software ist, umso mehr Kontakte sind oftmals inkludiert und desto niedriger ist gleichzeitig der Mehrpreis für »überschüssige« Kontakte.

▶ Sofern Sie bereits ein CRM besitzen, prüfen Sie die Anzahl Ihrer derzeitigen Kontakte. Dabei gilt es zu beachten, dass Sie nicht nur Kunden oder gar Unternehmen zählen, sondern jede Einzelperson, zu der Ihr Unternehmen mit dem Ziel eines Kaufabschlusses Kontakt hatte.

▶ Mit zunehmend strukturierter Lead-Generierung durch Inbound Marketing wird sich Ihre Kontaktdatenbank erneut vergrößern. Das sollten Sie bei der Preisfindung beachten und gegebenenfalls beim Software-Anbieter nachfragen. Manchmal besteht hier sogar Verhandlungsspielraum, und Sie erhalten eine höhere Anzahl möglicher Kontakte ohne Preisaufschlag.

Parallel unterscheiden einzelne Software-Anbieter bei den Lizenzpreisen nach der Anzahl der geplanten Software-Nutzer (sogenannte *Seats*). Je mehr Mitarbeiter mit der Software arbeiten sollen, desto teurer wird gegebenenfalls die monatliche Nutzungsgebühr Ihrer Inbound-Software. Das gilt aber nicht für alle Software-Anbieter und nicht im gleichen Umfang.

Wichtige Zusatzmodule (Add-ons) können kostenpflichtig sein

Ungeplante Kosten entstehen unter Umständen auch für die Nutzung von Zusatzmodulen, die den Einsatz Ihrer Inbound-Lösung erheblich aufwerten und nicht in den Paketen enthalten sind. Solche Leistungen nennt man *Add-ons*. Das gilt z. B. für die Verwendung eines integrierten Content-Management-Systems, das Sie direkt bei einem Inbound-Anbieter wie z. B. HubSpot bekommen können. Sie betreiben dann Ihre gesamte Website auf den Servern Ihres Inbound-Software-Anbieters. Damit können Sie z. B. Ihre Website fast vollständig für unterschiedliche Website-Besucher oder Buyer Personas in Echtzeit personalisieren. Ebenso kostenpflichtig sind oftmals Sales-Tools, Reporting-Module oder erweiterte Funktionsumfänge.

Onboarding- und Herstellertraining kann kostenpflichtig sein

Einzelne Inbound-Software-Hersteller verkaufen ihre Software nur mit kostenpflichtigen Onboarding-Trainings, die über die Nutzungsgebühr hinaus gesondert in Rechnung gestellt werden. Diese Trainings sind in der Regel standardisiert und werden per Webinar, Online-Learning oder Videokonferenz erbracht. Prüfen Sie, ob Sie die Software direkt über den Hersteller oder über einen Agentur- bzw. Consulting-Vertriebspartner des Herstellers beziehen sollten. Im Unterschied zum Kauf beim Hersteller erhalten Sie bei Ihrem Inbound-Agenturpartner statt eines Standardtrainings ein speziell auf Ihr Unternehmen zugeschnittenes Onboarding- und Trainingsprogramm – oftmals vor Ort in Ihrem Unternehmen. Die Standard-Onboarding-Kosten Ihres Software-Herstellers entfallen dann oft sogar.

11.4.3 Haben Sie volle Kostentransparenz?

Wenn Sie Inbound-Marketing-Software oder irgendeine andere Software in Marketing und Vertrieb nutzen, fallen natürlich nicht nur die Kosten für die Software selbst, sondern auch noch weitergehende indirekte Kosten an. Solche Zusatzkosten sollten Sie mit einrechnen und möglichst vor der Entscheidung über Ihre Inbound-Marketing-Einführung zusammenstellen. Das erspart so manche unliebsame Überraschung im Tagesgeschäft. Hier sind die wichtigsten Kostenfaktoren im Überblick.

▶ *Software-Kosten an sich:* Die Ausgaben für eine Inbound-Marketing-Software als SaaS-Lösung fallen kontinuierlich so lange an, wie Sie die Software nutzen. Bei vielen Anbietern werden die Nutzungsgebühren ein Jahr im Voraus in einer Summe erhoben – und nicht in monatlichen Zahlungsraten. Sie leisten also eine Vorauszahlung auf eine Software, deren Eignung Sie erst im Zeitablauf beurteilen werden. Diese Vorauszahlungen sollten frühzeitig budgetiert und über alle Folgejahre mit eingeplant werden.

▶ *Personalkosten:* Überschlagen Sie, mit wie viel Personal Sie Ihre Marketing-Aufgaben bewältigen werden. Wenn mehrere Kollegen mitmachen, aber nur einen Teil ihrer Arbeitszeit auf Inbound Marketing verwenden (z. B. Content-Erstellung, Webdesign), dann rechnen Sie die anteiligen Zeiten der Kollegen zu Ganztagsstellen zusammen – auch Vollzeitäquivalente oder Mitarbeiterkapazitäten (MAK) genannt. Im Regelfall können Sie davon ausgehen, dass Sie mit Inbound-Marketing-Software im Vergleich zum konventionellen Online-Marketing bei gleicher Personaldecke eine viel höhere Schlagkraft haben werden, weil jeder im Team nicht nur spezielle Marketing-Instrumente übernimmt, sondern ganze Marketing-Kampagnen eigenständig erstellen bzw. gemeinsam mit einer Agentur führen kann.

▶ *Sachkosten:* Sie werden vielleicht Freelancer einbinden, um z. B. Content-Offers zu produzieren oder Social Media Posts zu schreiben. Oder Sie setzen direkt eine Inbound-Agentur ein, die Ihnen komplette Kampagnen schlüsselfertig liefert und diese kontinuierlich optimiert. Holen Sie Angebote ein, und erfassen Sie solche Kosten unbedingt. Externe Unterstützung erleichtert Ihr Leben deutlich.

▶ *Kosten für Zusatz-Software:* Sie haben in Teil 3 dieses Buches bereits den Nutzen spezieller Software-Tools wie z. B. SEO-Software von Sistrix, Xovi und Co. kennengelernt. Budgetieren Sie auch diese Kosten. Überlegen Sie, ob Sie für interne Redaktionsprozesse Ihres Content Marketing eine Lösung wie z. B. Scompler (*www.scompler.com*) nutzen werden, und budgetieren Sie auch solche Kosten.

▶ *Kosten für Online-Werbung:* Sie werden Ihre Inbound-Marketing-Kampagnen vielleicht durch flankierende Online-Werbung bzw. Paid Ads unterstützen. Kosten für Google-Ads-Kampagnen oder Facebook-Werbung sollten Sie frühzeitig budgetieren, um flexibel Chancen bei Inbound-Kampagnen nutzen zu können.

Erfassen Sie nicht nur, welche Kosten Ihnen durch Ihre neue technische Infrastruktur für Inbound Marketing entstehen werden, sondern erfassen Sie auch demgegenüber, welche Ihrer bisherigen Kosten wegfallen, wenn Sie Inbound Marketing betreiben. Sie werden unter Umständen auf Ihre bisherige E-Mail-Software verzichten können oder sparen Zusatz-Tools für Social-Media-Management ein. Außerdem senken Sie oft Ihre Agenturkosten ganz erheblich, wenn Sie Ihre bisher genutzten Spezialagenturen für E-Mail-Marketing, Social Media, Content Marketing, Kampagnen-Management, Webdesign und SEO durch eine integriert arbeitende Inbound-Marketing-Agentur ersetzen.

TEIL IV

Wie Sie Inbound Marketing erfolgreich einsetzen

Kapitel 12
Starten Sie Ihr Inbound Marketing

Make your marketing so useful that people would pay for it.
– Jay Bear, amerikanischer Marketing-Erfolgsautor

In Teil 3 dieses Buches haben Sie erfahren, wie Sie Ihr Inbound Marketing auf die idealen Zielkunden für Ihr Unternehmen ausrichten (Buyer Personas), wie Sie den Status quo Ihres Online-Marketings erheben, wie Sie Ziele für Ihr Inbound Marketing setzen und wie Sie die geeignete Inbound-Marketing-Software auswählen. Wenn all diese wichtigen Vorarbeiten der Inbound-Marketing-Planung (vgl. Abbildung 12.1) gemacht sind, kann es mit der operativen Praxis losgehen. Alles, was Sie bisher gelernt, analysiert und als wichtig erkannt haben, können Sie jetzt einsetzen, um für Ihr Unternehmen neue Leads zu generieren, Leads als Kunden zu gewinnen und das Geschäft mit bestehenden Kunden auszubauen.

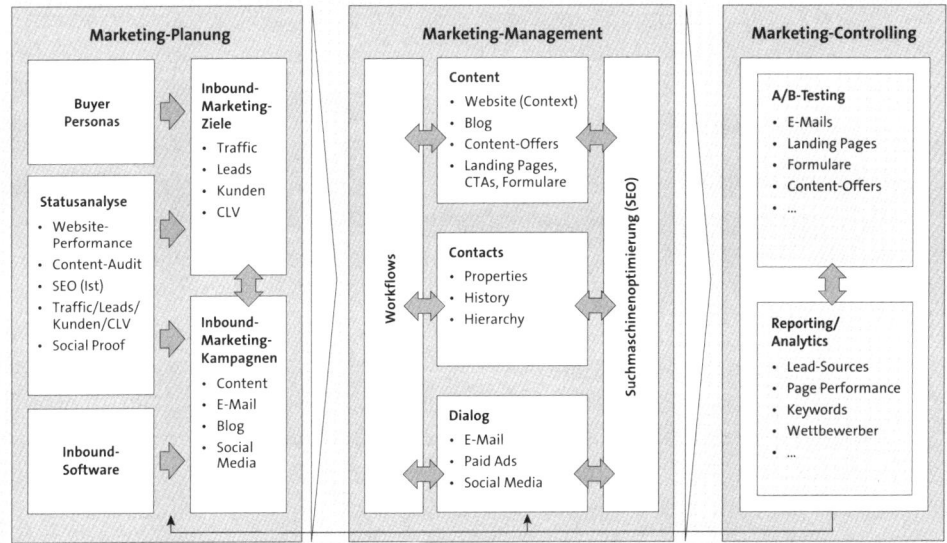

Abbildung 12.1 Die Aufgaben der Inbound-Marketing-Praxis

Um Kunden zu gewinnen und zu binden, führen Sie mit Inbound Marketing gezielte Kampagnen durch, mit denen Sie über alle Kanäle hinweg Ihre Zielkunden ansprechen, den Dialog mit ihnen ausbauen und sie an die Kaufentscheidung heranführen. Dazu nutzen Sie im täglichen und operativen Marketing-Management mehrere Leistungsbereiche oder Aspekte, die Sie zu effektiven und schlagkräftigen Kampagnen kombinieren:

▶ *Content* ist der Treiber des Dialogs zwischen Ihrem Unternehmen und Ihren Zielkunden. Nur nutzenstiftende Inhalte wie z. B. Website-Content, Blogposts, Content-Offers (E-Books etc.), Texte auf Landing Pages und sogar in Formularen und CTA-Buttons schaffen Resonanz und führen zu Interaktionen Ihrer Zielkunden mit Ihrer Website und Ihren anderen Online-Medien (z. B. Social Media Posts).

▶ *Kontakte (Contacts)* sind das eigentliche Ziel Ihrer Inbound-Marketing-Kampagnen. Sie wollen Zielkunden mit bestimmten Personenmerkmalen (Contact Properties) oder Unternehmensmerkmalen (Company Properites) gewinnen. Sie können die Verhaltens- und Kontakthistorie solcher Zielkunden auswerten (Kontakthistorie). Wenn mehrere Personen an der Kaufentscheidung beteiligt sind (z. B. im B2B-Bereich), können Sie sogar die Rollen und Aufgaben verschiedener Personen im Unternehmen Ihres potenziellen Kunden voneinander unterscheiden.

▶ *Dialog* (z. B. E-Mail, SMS oder Social Media) ist derjenige Aspekt Ihrer Inbound-Marketing-Aktivitäten, den Sie besonders zur Aufrechterhaltung und Steuerung des Kontaktes zu Interessenten und Kunden einsetzen. Dialog ist sozusagen ein laufender, nie endender Interaktionsprozess zwischen Ihren potenziellen bzw. aktuellen Kunden mit Ihrem Unternehmen, d. h. den persönlichen Ansprechpartnern in Marketing, Vertrieb und Service sowie auch mit den automatisierten Kommunikationskanälen Ihres Unternehmens wie Website, Blog, Social Media Auftritt, Chatbots usw.

Ihre Aufgabe als Inbound-Marketing-Manager ist es, diesen fortwährenden Dialog von Unternehmen und Kunden so zu gestalten, dass Sie an jedem Punkt der Kommunikation Wert stiften und dabei Vertrauen und Relevanz für Ihr Unternehmen aufbauen. Eine ganz entscheidende, zusätzliche Fähigkeit als Inbound-Marketing-Manager ist es, auch die Vermittler zu verstehen, die oftmals zwischen Ihnen und Ihren potenziellen Kunden stehen, d. h. Suchmaschinen wie Google und Social-Media-Plattformen wie Facebook oder LinkedIn. Deswegen sind insbesondere die Kenntnisse Ihres Inbound-Marketing-Teams in Suchmaschinenoptimierung (SEO) an jedem Punkt Ihres Inbound Marketing entscheidend. SEO ist eine der wichtigsten Querschnittsfähigkeiten Ihres Inbound Marketing. Egal, ob Sie Website-Texte schreiben, eine Landing Page optimieren, einen Blogpost überarbeiten oder in den sozialen Medien posten, immer haben Sie dabei im Blick, nicht nur den Dialog zu Ihren Zielkunden zu stärken, sondern auch Ihr Ranking bei Google und Co. zu genau den Keywords zu verbessern, die für das Suchverhalten Ihrer Zielkunden wichtig sind. Und schließlich sind automatisierte Workflows die zentrale Stärke Ihres Inbound

Marketing. Mithilfe automatisierter Dialogprozesse sind Sie in der Lage, den Kontakt zu vielen Leads gleichzeitig zu führen und dabei Ihre Leads auf dem Weg zur Kaufentscheidung zu unterstützen bzw. den Kontakt zu Bestandskunden zu halten und sogar auszubauen.

In diesem Teil des Buches sprechen wir auch die Erfolgsmessung Ihres Inbound Marketing an. Ihre Inbound-Marketing-Software hilft Ihnen dabei mit Reportings entscheidend weiter und gibt in Echtzeit Aufschluss über den Erfolg und über die Optimierungspotenziale Ihrer laufenden Marketing-Kampagnen bzw. über verschiedene Handlungsoptionen (A/B-Tests). Lassen Sie uns kurz einen Blick auf verschiedene Grundtypen von Inbound-Marketing-Kampagnen werfen, die Sie gezielt für unterschiedliche Handlungsschwerpunkte einsetzen können.

12.1 Inbound-Marketing-Kampagnen als Kern

Mit Inbound-Marketing-Kampagnen bearbeiten Sie Ihren gesamten Marketing- und Sales Funnel gleichzeitig. Sie können Leads generieren, sie in ihrem Kaufprozess weiterentwickeln, den Vertrieb beim Kaufabschluss unterstützen und die Kundenbindung und Empfehlungsbereitschaft nach dem Kauf stärken. Jeden Tag befinden sich irgendwo im Markt potenzielle Kunden Ihres Unternehmens in unterschiedlichen Phasen ihres Kaufprozesses und suchen hilfreiche Informationen und Service für ihren jeweils nächsten Schritt. Mit Inbound-Marketing-Kampagnen können Sie potenzielle Kunden mit bestimmten Problemen und Informationsbedarfen gezielt ansprechen und ihnen bei der Lösung ihrer Probleme bzw. bei der Erreichung ihrer Ziele weiterhelfen. Inbound-Marketing-Kampagnen sind speziell zusammengestellte Maßnahmenpakete, die potenziellen Kunden weiterhelfen und gleichzeitig dabei auch Ihrem Unternehmen helfen, die Beziehung zu diesen potenziellen Kunden aufzubauen. Eine gute Inbound-Marketing-Kampagne erkennen Sie an dem »Win-win« für beide Seiten, der über alle Stufen bis hin zur Kaufentscheidung (und auch danach) eingehalten wird. Das ist eine entscheidende Erfolgsgrundlage für funktionierende und performante Marketing-Kampagnen. Mit einer traditionellen »Werber-Haltung« werden Sie im operativen Inbound Marketing scheitern, da Sie mit der Planung und Durchführung Ihrer Kampagnen einfach keine Resonanz und kein Vertrauen bei Ihrer Zielgruppe aufbauen. In jeder Stufe des Sales Funnel Ihres Unternehmens und für jede Buyer Persona kann eine andere Art der Zusammenstellung von Marketing-Instrumenten zu Inbound-Kampagnen besonders zielführend sein. Wichtig ist, dass Sie konsequent vom Ziel Ihres Unternehmens und von den Bedarfen Ihrer (potenziellen) Kunden her denken. Richten Sie sich darauf ein, ständig ein ganzes Portfolio an Inbound-Marketing-Kampagnen gleichzeitig zu betreuen, Das gilt besonders, wenn Ihre Kunden einen längeren Kaufentscheidungsprozess mit vielen Stufen und

Teilentscheidungen durchlaufen, mehrere Personen auf Kundenseite in die Kaufentscheidung involviert sind oder wenn Sie komplexe, erklärungsbedürftige oder hochpreisige Produkte vermarkten. Bei all diesen Vermarktungsszenarien ist jede einzelne Marketing-Kampagne ein weiteres Puzzleteil, das zum großen Bild Ihres Unternehmenserfolgs beiträgt. Ihre Aufgabe ist es, sich sowohl um die einzelnen Puzzleteile zu kümmern als auch um das Bild des großen Ganzen, d. h. um die Steuerung des Portfolios aller Marketing-Kampagnen gleichzeitig. Dabei sollten Sie als Inbound-Marketing-Verantwortlicher niemals vergessen, dass Ihre eigentliche Aufgabe nicht im Management von Kampagnen besteht, sondern im Herstellen, Ausbauen und Betreuen von Beziehungen mit Menschen, die mit Ihrem Unternehmen in Kontakt treten. Gute Marketing-Manager sind Kampagnen-Manager. Erstklassige Marketing-Manager sind Beziehungsmanager. Deswegen ist die Kernaufgabe Ihres Inbound Marketing der Ausbau Ihres Wissens über die Bedürfnisse Ihrer Buyer Personas und einzelner informationssuchender Kunden. Ihre Marketing-Kampagnen sind nur der Werkzeugkasten und der Schlüsselbund dazu.

So verschieden Ihre einzelnen Inbound-Marketing-Kampagnen auch sein werden, Sie können dennoch verschiedene Grundtypen von Kampagnen erkennen. Das Kennen und das Beherrschen dieser Grundtypen kann Ihnen Ihre tägliche Marketing-Arbeit entscheidend erleichtern. Sicher ist diese Unterteilung eine Vereinfachung und sie erfasst nicht wirklich die komplette Realität des Inbound Marketing. Dennoch sollten Sie den Umgang mit den folgenden drei Kampagnen-Arten in allen Stufen sicher beherrschen – von der Kampagnen-Planung über die Herstellung der Kampagnen-Assets (z. B. Content-Offers, Landing Pages, E-Mails) bis zur Umsetzung und Erfolgsauswertung und Optimierung. Diese drei Kampagnen-Typen sind:

1. Kampagnen zur Lead-Generierung (oftmals durch Lead-Registrierung beim Download attraktiver Content-Offers)

2. Kampagnen zur Lead-Entwicklung, also zur Lead-Qualifizierung und zum Lead Nurturing bereits gewonnener Kontakte mit E-Mail-Workflows und weiterführenden Angeboten wie z. B. Webinaren

3. Kampagnen zur Aufrechterhaltung und Intensivierung der Beziehung zu bestehenden Kunden (Customer Engagement)

Oftmals steht bei der Einführung von Inbound Marketing in Unternehmen die Lead-Generierung an oberster Stelle, denn vielleicht hat man bislang einfach noch keine geeigneten Leads gewonnen. Deswegen nehmen in vielen Unternehmen Inbound-Kampagnen zur Lead-Generierung eine vorrangige Position ein. Denken und arbeiten Sie aber von Anfang an möglichst parallel in Kampagnen für alle Stufen Ihrer Kundenbeziehungen – Lead-Gewinnung, Lead-Entwicklung und Kundenbindung. Denn vielleicht gewinnen Sie Leads viel schneller, als Sie denken, und wollen sie dann auch professionell weiterbetreuen.

12.1.1   Lead-Generierungskampagnen mit Content-Angeboten

Eine gute Inbound-Marketing-Software ist auf alle Phasen Ihres Kundengewinnungs- und Kundenbindungsprozesses eingerichtet. Das beginnt bei der Generierung von Leads für Ihr Unternehmen. Ihre Software sollte Sie effektiv dabei unterstützen, Besucher auf Ihre Website und auf Ihren Blog zu lenken. Sie sollte darauf ausgerichtet sein, diese Besucher z. B. im Gegenzug für die Nutzung von Content-Angeboten (z. B. Blog-Abonnement, Whitepaper-Download) als Leads zu erfassen. Dafür integrieren Sie in der Regel Elemente Ihrer Inbound-Software wie z. B. Call-to-Action-Buttons gut sichtbar und aufmerksamkeitsstark direkt an den wichtigen Stellen in Ihrer Website (z. B. mitten im oder unter einem Blog-Artikel). Website-Besucher merken nicht einmal den Unterschied, ob sie gerade mit Ihrer Website oder mit der dahinterliegenden Inbound-Marketing-Software interagieren. Die User Experience Ihrer Website-Besucher sollte durch Ihre Inbound-Software keinesfalls gestört, sondern weiter gestärkt werden. Wenn Sie Website-Besucher dazu animieren wollen, sich als namentlich bekannte Leads zu registrieren und so ihre Kontaktdaten preiszugeben, müssen Sie eine perfekte User Experience von Website (Content-Management-System) und Inbound-Marketing-Software bieten und gleichzeitig solche Inhalte zum Download oder zum Betrachten (z. B. Video) anbieten, für die sich in den Augen Ihrer Zielkunden eine Preisgabe der Kontaktinformationen auch lohnt. Wenn entweder die Usability Ihrer Software oder die Attraktivität Ihrer Content-Angebote bei Ihren Website-Besuchern durchfällt, wird es nichts mit der Lead-Generierung und Sie verpassen potenzielle Kunden für Ihr Unternehmen. Die gezielte Entwicklung, Platzierung und Promotion attraktiver Content-Angebote ist ein wichtiger Bestandteil Ihrer Kampagnen zur Lead-Generierung. Gerade beim ersten Content-Download möchte Ihr neuer Lead darin bestätigt werden, dass er zu Recht Vertrauen in Ihr Unternehmen und in Ihre inhaltliche Kompetenz hatte. Wenn der Umfang oder der Inhalt des heruntergeladenen Content-Angebots als nicht adäquat im Vergleich zu den dafür herausgegebenen Kontaktdaten steht, tritt eine z. T. tief greifende Enttäuschung ein, und jemand wird unter Umständen allein aus diesem Nutzererlebnis heraus keinen weiteren Kontakt zu Ihrem Unternehmen suchen. Ihre Landing Page, Ihr CTA, Ihr Registrierungsformular, der Registrierungsprozess, das empfangene Content-Offer – all das sind die ersten und einzigen vertrauensschaffenden Signale, die ein potenzieller Neukunde beurteilen kann. Sorgen Sie also für eine gute Balance von abgefragten Registrierungsinformationen einerseits und geliefertem Content-Nutzen und der Qualität des Nutzererlebnisses andererseits. Machen Sie keine Kompromisse bei der Performance Ihrer Inbound-Marketing-Software in dieser Hinsicht. Selbst wenn einfach nur ein Formular oder eine Landing Page auf Mobilgeräten schlecht dargestellt wird (und z. B. ein Button nicht klickbar ist), kann das erhebliche Auswirkungen auf Ihre Kompetenzwahrnehmung haben. Achten Sie also beim Einsatz Ihrer Marketing-Software darauf, dass der Lead-Generierungsprozess professionell und fehlerfrei ist.

Achten Sie auf alle möglichen Probleme Ihrer Software, die Ihrem Unternehmen den Prozess der Lead-Generierung erschweren könnten. Schließlich ist die Lead-Generierung die nach außen sichtbare »Visitenkarte« Ihres Inbound Marketing. Auch die vorgelagerten Prozesse, durch die Besucher auf Ihre Website gelenkt werden, sind wichtige Bestandteile Ihrer Lead-Generierungskampagnen und sollen nicht vernachlässigt werden. Dazu zählen unter anderem:

▶ Ihre Google-Suchergebnisse oder Google-Ads-Werbeanzeigen, die auf eine Landing Page mit einem Content-Angebot hinweisen

▶ Ihre Social Media Posts, die auf Content-Angebote und entsprechende Landing Pages Ihrer Inbound-Software verweisen

▶ Ihre Blogposts, die auf Ihre Content-Angebote und Landing Pages verweisen

▶ Ihre Social Media Posts, die auf einen Blogpost verweisen, der wiederum auf eine Landing Page mit einem Content-Offer verweist (also eine Art »Konversionskette«

Aber all diese »Lead-Zubringer« verpuffen in ihrer Wirkung, wenn der anschließende Lead-Gewinnungsprozess auf Ihrer Website versagt. Daher werden wir uns noch intensiv mit den entsprechenden Hauptkomponenten Ihrer Inbound-Marketing-Software (Content, CTAs, Landing Pages, Formulare, Bestätigungs-E-Mails) befassen. Um den Erfolg Ihrer Lead-Generierungskampagnen beurteilen zu können, sollten Sie folglich die Performance Ihrer entsprechenden Social Media Posts, Blogposts und Landing Pages überwachen und gegebenenfalls optimieren. Doch hierzu später (vgl. Kapitel 14) mehr.

12.1.2   Lead-Entwicklung und Lead-Nurturing-Kampagnen

Wenn sich jemand als Lead auf Ihrer Website registriert, ist er oftmals noch meilenweit von einem Kauf entfernt. In der Praxis gewinnen Sie Leads, die in den unterschiedlichsten Phasen ihres individuellen Kaufprozesses stecken (Awareness, Consideration, Decision). Ihre Inbound-Marketing-Software sollte Sie gezielt dabei unterstützen können, gewonnene Leads in ihrem Kaufprozess auf der jeweiligen Stufe der Customer Journey weiter zu begleiten, den einzelnen Leads effektiv weiterzuhelfen und mit ihnen nutzenstiftend zu interagieren. Die Aufgabe Ihrer Inbound-Marketing-Software bzw. der von Ihnen angelegten automatisierten Marketing-Prozesse ist es, weitere Informationen oder Verhaltensdaten über Ihre Leads zu sammeln, die Ihnen bei der Betreuung dieser Zielkunden weiterhelfen. Wieder gilt, dass Sie an jeder Stelle der weiteren Interaktion mit Ihren Leads individuellen Nutzen stiften sollten. Wenn Sie also z. B. eine herkömmliche E-Mail-Software nutzen, die nicht auf die Reaktionen Ihrer Leads auf versendete E-Mails eingeht und sie stattdessen einfach weiter nach einem festen Kampagnen-Schema »beschallt«, dürfen Sie sich nicht wundern, wenn viele Ihrer Leads eine weitere Kommunikation mit Ihrem

Unternehmen ablehnen und z. B. den »Unsubscribe«-Button in Ihren E-Mails drücken. Um bestehende Leads nutzenstiftend zu betreuen und die Beziehung zu »nähren« (Nurturing), muss eine andere Art von Inbound-Marketing-Kampagne geplant und durchgeführt werden. Verschiedene Leads benötigen verschiedene Inhalte. Der Grad der Interaktion Ihrer Leads mit Ihren Informationsangeboten (z. B. auf der Website oder in einem E-Mail-Newsletter) ist ein guter Indikator für den Wert, den beide Seiten der Beziehung beimessen. Eine gute Inbound-Marketing-Software unterstützt Sie dabei, den Grad und den Fortschritt der Beziehung mit allen Leads zu messen bzw. zu quantifizieren, indem Sie einzelnen Verhaltensschritten und Kriterien Ihrer Leads individuelle Punktwerte (Scores) zuordnen. Ihre Inbound-Marketing-Software berechnet dann zu jedem Moment in Echtzeit den aktuellen Lead Score aller Leads und initiiert auf Ihre Vorgaben hin dann weitere Schritte

▸ zur automatischen Interaktion mit dem Lead (z. B. automatische Aufnahme in einen bestimmten E-Mail-Workflow) oder

▸ zur persönlichen Interaktion mit einem Lead (z. B. automatische Mitteilung an einen Marketing- oder Vertriebsmitarbeiter zur Kontaktaufnahme).

12

Um interessante Content-Angebote mit einem neuen Mehrwert zu bieten und gleichzeitig die persönliche Interaktion des Lead mit Ihrem Unternehmen zu fördern, werden oftmals interaktive Content-Formate wie Webinare, Online- und Offline-Events oder auch interaktive Beratungstools in Lead-Nurturing-Kampagnen eingesetzt. Im Gegensatz zu einer Content-Offer-Kampagne zur Lead-Gewinnung zielt eine solche Webinar- oder Event-Kampagne auf den Middle of the Funnel (MoFu) und möchte die gewonnenen Leads weiter qualifizieren. Der Kampagnen-Erfolg wird hierbei vermehrt durch Qualität statt Quantität gemessen. Gerade bei der Lead-Entwicklung bzw. dem Lead Nurturing ist es wichtig, die richtigen Kontakte mit den richtigen Informationsinhalten anzusprechen und ihnen eine Erfahrung zu bieten, die sie näher an die Kaufentscheidung bringt. Bei jedem neuen Angebot Ihrerseits prüft ein Lead bewusst oder unbewusst, ob Sie ihn mit seinen Bedürfnissen und Problemen richtig verstanden haben, ihn wahrnehmen und hilfreiche Kompetenz als Lösungsanbieter zeigen. Wenn Ihre Angebote unrelevant bleiben oder sich nicht aus der Flut alternativer Angebote Ihrer Wettbewerber abheben, verlieren Sie den Kontakt zu Ihrem Lead. Die Planungsphase von Lead-Nurturing-Kampagnen erstreckt sich im Verhältnis zur Content-Offer-Kampagne oftmals über einen längeren Zeitraum und bedarf intensiver Vorbereitung zur:

▸ Auswahl der Buyer Persona

▸ Festlegung auf ein relevantes Thema

▸ Ausgestaltung der Präsentation (z. B. Webinar, Seminar)

▸ Selektion einer geeigneten Umgebung (in Form einer Event-Location oder Webinar-Plattform)

Sind diese Rahmenbedingungen geklärt, verläuft die Promotion ähnlich wie bei einer Kampagne zur Lead-Generierung. Social Media Posts, Blog Posts und E-Mails können auf das Event aufmerksam machen und die Teilnehmerzahl steigern. Im Anschluss an ein Webinar oder Event können bspw. Videoausschnitte als Content-Angebot (Content-Offer) bereitgestellt werden, um verhinderten oder verspäteten Interessenten die zentralen Informationen zu dem behandelten Thema zur Verfügung zu stellen. Die entscheidenden Instrumente Ihrer Inbound-Marketing-Software für solche Lead-Nurturing-Kampagnen sind daher:

1. E-Mail, d. h. automatisierte E-Mail-Ansprecheketten für verschiedene Buyer Personas und Customer-Journey-Phasen

2. Marketing-Workflows, also die flexible und individuelle Steuerung solcher Ansprecheketten über alle Kanäle hinweg

3. Social Nurturing, d. h. nicht nur die bilaterale Ansprache per E-Mail, sondern auch dort, wo Ihre Leads weitere Informationen aufnehmen wie z. B. bei Facebook, Xing oder LinkedIn

4. Lead Scoring im Sinne der Echtzeitberechnung des Grades und Fortschritts der Interaktion und Beziehung zu jedem Lead

5. Webinar-Integration, d. h. eine problemlose Integration Ihrer Inbound-Marketing-Software mit den führenden Anbietern von Webinar-Software (vgl Abbildung 12.2), sodass Lead-Informationen zwischen Ihrer Software und dem Webinar-Anbieter ausgetauscht werden können (z. B. beim Anmeldeprozess, für Reminder vor Beginn und zum Versenden von Links nach dem Webinar)

6. CRM-Integration, denn Ihre Inbound-Marketing-Software sollte jederzeit abgleichen können, ob Ihr Vertrieb bereits Ihre Leads kennt oder z. B. bereits auf einer Messe Kontakt hatte. Außerdem sollte Ihre Inbound-Marketing-Software in Absprache mit dem Vertrieb einzelnen Vertriebsmitarbeitern Informationen, Signale oder Handlungsaufforderungen zukommen lassen können.

Wie Sie gesehen haben, reicht eine herkömmliche E-Mail-Marketing-Software im Inbound Marketing allein nicht mehr aus. Allerdings bleiben E-Mail-Kampagnen auch im Zeitalter von Social Media ein zentraler Bestandteil Ihres Lead-Nurturing-Prozesses. E-Mail-Workflows befähigen Sie dazu, eine automatisierte E-Mail-Serie an einen Kontakt zu versenden – unter Berücksichtigung zuvor festgelegter Kriterien und Pausen versteht sich. Intelligente E-Mail-Workflows verhindern, dass Sie einen fixen E-Mail-Verteiler mit einer einheitlichen Nachricht bespielen, und ermöglichen es Ihnen, E-Mails mit interessanten Inhalten für genau diesen Kontakt zu versenden. Meldet sich ein Kontakt zu einem Webinar an, erhält er in Zukunft neben Informationen zu genau diesem Webinar auch weiterführende Inhalte zu dem bearbeiteten Thema. E-Mail-Kampagnen visieren den Middle of the Funnel (MoFu) und Bottom of the Funnel (BoFu) an und entwickeln Ihre Leads individualisiert und gleichzeitig

automatisiert weiter. Betrachten Sie E-Mail-Kampagnen als eine Möglichkeit, potenzielle Kunden direkt anzusprechen und ihnen bei der Lösung ihres Problems immer
ein kleines Stück weiterzuhelfen.

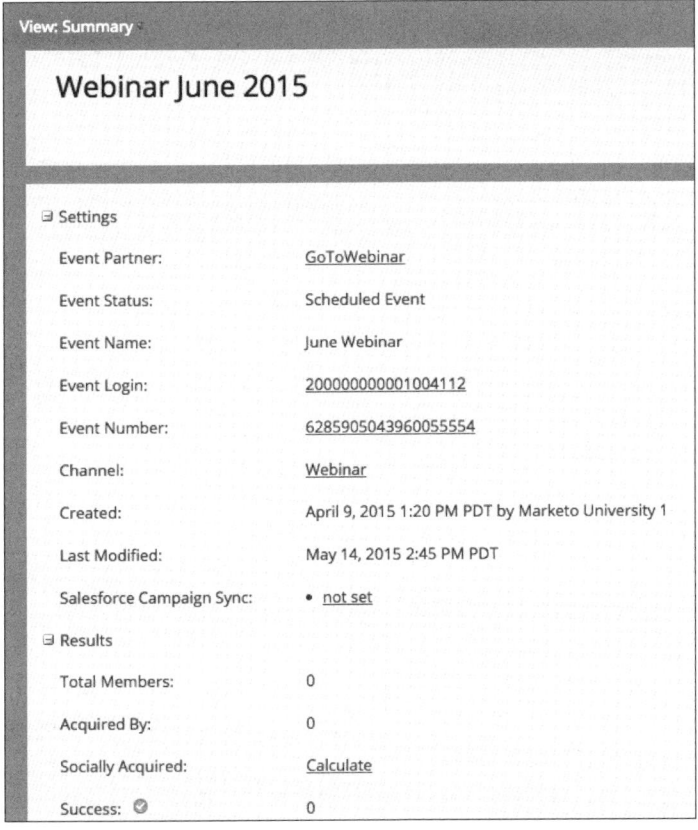

Abbildung 12.2 Webinar-Integration in einer Inbound-Marketing-Software
(Beispiel Marketo und Go-To-Webinar)

Inbound-Tipp: Wie Sie Webinare in Ihrer Inbound-Marketing-Software nutzen

Um eine Webinar-Kampagne mit Inbound-Marketing-Software abzubilden, benötigen Sie häufig eine spezielle Webinar-Software, die Sie mit einer Integrationsschnittstelle (per API) direkt in Ihre Inbound-Marketing-Software integrieren. Diese
Integration ist oftmals sehr komfortabel vorkonfiguriert und auch für Laien mit ein
paar Klicks zu bewältigen – allerdings nur exakt in den vorhergesehenen Daten-Aus-
tauschprozessen. Individuelle Adaptionen setzen hingegen oftmals fortgeschrittene
Kenntnisse bei der Schnittstellenintegration voraus. Führende Webinar-Anbieter
bieten recht gut ausgebaute Schnittstellen zu Inbound-Marketing-Software wie
HubSpot, Marketo, Act-On, Pardot oder Eloqua. Zu den führenden Anbietern von
Webinar- bzw. Event-Software mit solchen Integrationsschnittstellen gehören:

▶ *Citrix GoToWebinar* (*www.gotowebinar.de*): ein marktführender und traditioneller Anbieter für professionelle Online-Meetings und Webinare mit breiter Integration in Inbound-Marketing-Software mit eigenen Konnektor-Modulen wie z. B. bei Marketo

▶ *Cisco WebEx* (*www.webex.de*): der andere traditionelle Anbieter von Online-Meetings und Webinaren, dessen Verzahnung auch auf klassische Bürosoftware (z. B. Outlook) ausgerichtet ist

▶ *EventBrite* (*www.eventbrite.de*): ein SaaS-Produkt mit kompletten Online-Prozessen zur Organisation, Durchführung und Marketing-Integration vor allem für Präsenzseminare und Konferenzen. Gute Einbindung in führende Inbound-Marketing-Software

▶ *Zoom* (*www.zoom.us*): ein Herausforderer für GoToWebinar und WebEx, der sich gleichermaßen in kleinen als auch großen Unternehmen durchsetzt. Komfortable Videokonferenz- und Webinar-Funktionen mit guter Marketing-Automation-Integration

Achten Sie bei der Planung von Inbound-Marketing-Kampagnen mit Seminaren oder Webinaren darauf, dass Sie Ihre Inbound-Marketing-Software für die zentralen Kommunikationsprozesse mit Ihren Leads (Workflow-Management) einsetzen. Planen Sie mit Ihrer Inbound-Software die Marketing-Workflows für alle Schritte wie z. B.:

▶ die Vermarktung und Promotion von Webinaren, Seminaren und Kunden-Events (vgl. Abbildung 12.3)

▶ Einladung, Reminder (eine Woche, einen Tag und eine Stunde vor Veranstaltungsbeginn), Buchung, E-Mail-Kampagnen, Transaktions-E-Mails vor/während und nach der Veranstaltung

▶ persönliche Ansprache der Webinar-/Seminar-Teilnehmer unter Verwendung bisher gesammelter Lead-Daten und Buyer-Persona-Daten

Erfassen Sie die gesamte Buchungs- und Teilnahmehistorie Ihrer Teilnehmer im jeweiligen Kontaktprofil Ihrer Inbound-Marketing-Software. Stellen Sie vor allem sicher, dass nicht nur die Zusage, sondern auch die tatsächliche Teilnahme des einzelnen Lead erfasst wird. Tatsächliche Teilnehmer können Sie z. B. nach einem Webinar anders ansprechen als Leads, die kurzfristig verhindert waren und gegebenenfalls die hilfreichen Informationen auf anderem Wege oder in einem anderen Content-Format (z. B. Whitepaper) benötigen könnten.

Im Anschluss an ein Webinar oder Event ist es wichtig, die Performance dieser Maßnahme bewerten zu können. Neben dem Verhältnis von Einladungen zu Reservierungen und von Reservierungen zu tatsächlichen Teilnahmen sind auch weiterführende Erfolgskriterien wichtig, wie z. B. die Effektivität eines Webinars oder Events hinsichtlich der anschließenden Reaktionen der Teilnehmer wie z. B. Demo-Anfragen oder Sales Calls.

Abbildung 12.3 Webinar-Angebot mit CTA zur Landing Page
(Beispiel: »www.shopgate.de«)

12.1.3   Customer-Engagement-Kampagnen

Als Inbound-Marketing-Manager kümmern Sie sich zusammen mit Ihren Kollegen aus Service und Vertrieb um jeden Kunden – über die gesamte Dauer der Kundenbeziehung hinweg. Sie möchten sicherstellen, dass Ihre Kunden mit Ihrem Unternehmen und Ihren Leistungen zufrieden sind. Im Unterschied zum Inbound Marketing in der Vorkaufphase sind Ihre Kunden nach dem Kauf bereits auf eine Kommunikation mit Ihrem Unternehmen eingestellt und warten gegebenenfalls sogar darauf, dass Sie die Beziehung aufrechterhalten, den Kunden in seinem Kauf bestätigen und den Produktnutzen durch weiterführende Informationen sogar noch erhöhen. Im Gegenzug dafür können Sie von Ihren Kunden mit Customer-Engagement-Kampagnen neue Produkterfahrungen und Verbesserungsvorschläge erhalten und so die Qualität Ihres Angebots für Kunden und Zielkunden weiter stärken. Ist einmal die Beziehung zum Kunden abgebrochen oder eingeschlafen, geht es darum, diesen Kontakt wieder zu reaktivieren, insbesondere wenn es um Folgekäufe, Zusatzkäufe oder Ersatzbeschaffungen geht.

▶ Customer-Reactivation-Kampagnen versuchen, Bestandskunden erneut für ein Produkt oder eine Dienstleistung zu begeistern und sie so zu einem Wiederkäufer zu machen. Diese Bemühungen zielen auf den Loop of the Funnel (LoFu) ab und möchten Kunden, die den Sales Funnel vielleicht am unteren Ende sonst »verlassen« würden, wieder in die aktive Entwicklung einbeziehen und sie sogar zur Weiterempfehlung animieren.

▸ Durch das Anbieten anderer Produkte aus Ihrem Sortiment (Cross-Selling) oder eines ähnlichen, aber hochwertigeren Produktes (Up-Selling) kann Ihnen ein Kunde erneuten Umsatz bescheren. Doch sehen Sie das nicht als einziges Ziel der Nachkauf-Kampagnen. Kennzahlen wie Kundenzufriedenheit und Weiterempfehlungsrate sind von ebenso großem Wert. Ein zufriedener Kunde dient Ihnen als Multiplikator und erzählt Familie und Freunden im direkten Gespräch von seinen Erfahrungen und lässt seine Online-Community (Friends und Follower) an seinen Gedanken teilhaben.

▸ Inbound-Marketing-Software hält oftmals bereits vorgefertigte Marketing-Workflows für die Erfassung von Kundenzufriedenheit oder Bereitschaft zur Weiterempfehlung bereit. Finden Sie heraus, ob es für Ihre Inbound-Software z. B. vorgefertigte Prozesse zur Erfassung des Net Promoter Score (NPS) gibt, die sie auf Knopfdruck einbinden und aktivieren können.

In vielerlei Hinsicht liegt in der Kontaktgruppe der Kunden also ein großes Potenzial. Eine wichtige Aufgabe von Customer-Engagement- & -Reactivation-Kampagnen im Inbound Marketing ist es, exklusive Inhalte für Bestandskunden zu schaffen und so die Kundenbeziehung zu intensivieren. Vom Gutschein-Code über kleine Präsente bis hin zu Einladungen zu exklusiven Veranstaltungen oder Kunden-Gruppentreffen kann alles in dieser Kategorie eingesetzt und mithilfe Ihrer Inbound-Software abgebildet werden.

Inbound-Tipp: Kundenklubs mit Inbound-Marketing-Software managen

Einige Anbieter von Inbound-Marketing-Software sind wahre Vorreiter beim Engagement ihrer eigenen Kunden. Mithilfe der hauseigenen Software werden weltweit Nutzergruppen betreut, die von Software-Nutzern untereinander organisiert werden. Darüber hinaus organisieren und vermarkten die führenden Inbound-Marketing-Software-Hersteller mithilfe der eigenen Software und zusätzlicher Event-Software internationale Nutzerkonferenzen und Community-Meetings mit z. T. fast 20.000 Teilnehmern. In Abbildung 12.4 sehen Sie das Beispiel einer deutschen Nutzergruppe für Inbound-Marketing-Software-Nutzer, die komplett mit einer entsprechenden Software geführt wird, von den Einladungen über Newsletter, Reminder und Unterlagenversand bis hin zu Nurturing-Workflows für Mitglieder unterschiedlicher Buyer Personas.

Software-Anbieter bemühen sich vergleichsweise häufig darum, Nutzergruppen aufzubauen und aktive Kunden unter dem »Dach« einer User Group zu versammeln. Dort werden persönliche Erfahrungen mit der Software ausgetauscht. Manche Themengebiete werden schwerpunktmäßig durch Experten in Präsentationen bzw. Workshops beleuchtet, und nebenbei gibt es beim Catering Gelegenheit zum Erfahrungsaustausch untereinander. Dabei drängen sich die Software-Hersteller nicht auf, sondern geben der Kommunikation der Kunden untereinander den Vortritt. Was nach einem klassischen Networking-Event klingt, ist vor dem Hintergrund der Aktivierung von Kunden ein wichtiger Baustein in Ihrem Inbound-Marketing-Portfolio und verhilft im Kunden-Management oft erst zu langfristigem Erfolg. Bei Kampagnen dieser Art ist die Planungsphase besonders stark ausgeprägt.

Abbildung 12.4 Die Inbound-Marketing-User-Gruppe Rhein-Main (»www. http://frankfurt.hubspotusergroups.com«)

Eine andere Möglichkeit zum Customer Engagement sind exklusive Kunden-Events, zu denen man nur auf persönliche Einladung hin Zutritt erhält. Neben der Auswahl einer geeigneten Location muss beispielsweise bei exklusiven Events gut selektiert werden, wer eingeladen wird und wer nicht. Jeder Besucher bemisst die eigene Wichtigkeit für das Unternehmen auch daran, welche anderen Kunden ebenfalls zu dem Event eingeladen werden. Trifft also ein langjähriger Großkunde auf einen Neukunden, der gerade erst die Basisversion Ihres Produktes erworben hat, könnte sich der Großkunde in seiner eigenen Wertschätzung herabgesetzt fühlen. Diese Unsicherheit können Sie z. B. durch klares Buyer-Persona-Management und Workflows zur Klärung der Erwartungshaltung Ihrer Kunden oder Sonderformate für besonders gute Kunden (z. B. VIP-Specials, VIP-Bereiche) beheben. Verschaffen Sie sich ein eindeutiges Bild über die potenziellen Besucher, und passen Sie die Gestaltung und Kommunikation der Veranstaltung daran an. Zur Promotion solcher Events dienen oftmals neben E-Mail-Workflows auch flankierende Blogposts und die Promotion auf der Website. Lassen Sie gegebenenfalls jeden von Ihren Bemühungen wissen, und laden Sie dennoch nur einen eng definierten Personenkreis ein, wenn das die Exklusivität Ihres Events verstärkt und so Ihrem Kunden-Event die gewünschte Bedeutung verleiht.

Der einfachste und breit genutzte Weg zur Aufrechterhaltung des Kundenkontaktes ist es, Kunden mit gezielten und individuellen E-Mail-Ketten daran zu erinnern, dass es für sie und ihre Produkte etwas Neues wie z. B. neue Angebote in einem Online-Shop gibt, die sie interessieren könnten. Die Kontaktdatenbank Ihrer Inbound-Marketing-Software erfasst schließlich nicht nur konkrete Produktkäufe, sondern auch Interessen und Vorlieben Ihrer Kunden. Gestalten Sie dementsprechend E-Mail-Kampagnen und personalisierte Landing Pages so, dass diese auch inaktive Kunden dazu bringen, Ihre Website wieder zu besuchen oder bei der Produktnutzung aktiv zu werden.

Inbound-Tipp: Customer Reactivation braucht manchmal langen Atem

Bei Customer-Reactivation-Kampagnen senden Sie oftmals nicht nur eine einzelne E-Mail, sondern eine geplante Serie von E-Mails, die den Kunden auf die Website zurückholen könnten. Die Interaktionsangebote solcher Reactivation-E-Mails sind dann auf die einzelne Person individuell abgestimmt und können z. B. Gratisangebote, persönliche Rabatte oder einen Coupon anbieten, der nur persönlich und nicht übertragbar ist. Sprechen Sie Ihre Kunden direkt in der Betreffzeile jeder E-Mail persönlich an, und kommunizieren Sie noch in der Headline die Art des persönlichen und exklusiven Kundenvorteils. Überlegen Sie, nach wie vielen Etappen und Tagen Sie welche Signale an den Kunden geben und wann Sie auch im Fall der Inaktivität des Kunden die Kommunikation einstellen. Customer-Reactivation-Kampagnen sollten an die Aktivität des einzelnen Kunden gekoppelt werden und nicht an fest geplante E-Mail-Kampagnen-Zyklen.

12.2   Start your Engine – richten Sie Ihre Inbound-Marketing-Software ein

Bei jeder Inbound-Marketing-Kampagne setzen Sie unterschiedliche Module Ihrer Software ein und kombinieren sie zu einem einheitlichen Nutzererlebnis (z. B. CTA, Landing Page, Formulare, Content). Zentrale Einstellungen und einheitliche Layouts Ihrer Software für Ihre E-Mails, Landing Pages etc. unterstützen Sie bei Ihrem professionellen Auftritt gegenüber Interessenten und Kunden. Die Kampagnen-Assets wie z. B. Landing Pages Ihrer Inbound-Marketing-Software werden zum untrennbaren Bestandteil Ihres Markenauftritts und Corporate Designs. Die meisten technischen

Einstellungen und Design-Anpassungen in Ihrer Inbound-Marketing-Software erledigen Sie, Ihr Software-Anbieter oder ein Agenturpartner direkt bei der Installation und Betriebsaufnahme dieser Software. Ihr Ziel und Ihr gutes Recht als Kunde ist, den Zeit- und Budgetaufwand für eine solche Installation und Inbetriebnahme möglichst gering zu halten (vgl. dazu auch in Teil 5 Kapitel 15). Das ist bei einfachen SaaS-Lösungen auch sehr schnell darstellbar, aber je größer z. B. die Software-Infrastruktur der zu integrierenden Software in Ihrem Unternehmen ist, umso länger und komplexer kann die Einführungsphase der Inbound-Marketing-Software werden. Wir zeigen Ihnen die wichtigsten Schritte auf dem Weg zu Ihrer funktionsfähigen und einsatzbereiten Inbound-Software. Zu den wichtigsten Aufgaben zählen:

1. das Management der Software-Nutzer (Benutzer anlegen, Benutzer-Rollen anlegen, Rechteverwaltung)

2. die Integration der Software in Ihre bestehende Software-Infrastruktur, d. h. die Verknüpfung mit Ihrer Website, Ihrem CRM-System, Ihren Social-Media-Präsenzen sowie mit Software, die Sie ergänzend mit Ihrer Inbound-Software nutzen werden (z. B. Webinar-Software)

3. die Einstellung und Adaption Ihrer Inbound-Marketing-Software auf Ihre individuellen Erfordernisse (z. B. Zeitzone, Datumsformat)

4. Erstellung bzw. Anpassung von Layouts und Designs für Ihre künftigen Kampagnen-Assets (z. B. Landing Pages, Thank-You-Pages, E-Mails)

Inbound-Marketing-Software ändert sich ständig, aber die grundlegenden Schritte sind im Zeitablauf gleich geblieben und werden bei so gut wie jeder Inbound-Software fällig. Sie werden in der Software-Dokumentation Ihres Herstellers im Einzelfall noch viele weitere und auch abweichende Punkte und Arbeitsschritte finden, aber schließlich will dieses Buch ja auch keine Bedienungsanleitung für eine bestimmte Software-Marke sein – die erhalten Sie ohnehin von Ihrem Software-Lieferanten. Vielmehr können Sie sich hier konzeptionell mit den wichtigsten Schritten vertraut machen, die Sie bei der Einführung und beim Management von Inbound Marketing benötigen werden.

12.2.1 Benutzer und Benutzerrollen anlegen

Nachdem Ihr Software-Anbieter Ihren Account freigeschaltet hat, können Sie im Regelfall direkt auf Ihren Software-Account zugreifen. Falls nötig, tragen Sie in den Account-Einstellungen alle erforderlichen Firmeninformationen ein. Damit beginnt Ihre aktive Arbeit mit Ihrer Inbound-Marketing-Software. Als Erstes sollten Sie festlegen, wer in Ihrem Team und in Ihrem Unternehmen Zugriff auf Ihre Inbound-Marketing-Software haben sollte. Sie können sowohl Mitarbeitern Ihrer eigenen Firma als auch Externen (z. B. Content-Produzenten) und auch Agenturpartnern Zugriff auf

Daten und Module Ihres Software-Portals geben. Die Rechte dafür vergeben diejenigen Software-Nutzer, die als Administratoren in der Software hinterlegt werden. Im Regelfall sind nur sie berechtigt, neue Nutzer anzulegen und fundamentale Rechte (wie z. B. Daten löschen) zu vergeben. Es hilft sehr, wenn mindestens einer der Administratoren Ihrer Software auch operativ in die Inbound-Marketing-Arbeit eingebunden ist. Wenn hingegen nur IT-Mitarbeiter als Admins angelegt sind, die aber in der täglichen Arbeit nicht mit der Software umgehen, kann es Ihnen passieren, dass wichtige Änderungen übersehen, zu spät vollzogen oder nur nach Nachfragen oder Erklärungen umgesetzt werden können. Ein Administrator Ihrer Inbound-Marketing-Software legt nun die Nutzer (User) an und vergibt beim Anlegen einer neuen User-Person (E-Mail-Adressen werden meist benötigt) direkt die entsprechenden Rollen und Bearbeitungsrechte (vgl. Abbildung 12.5).

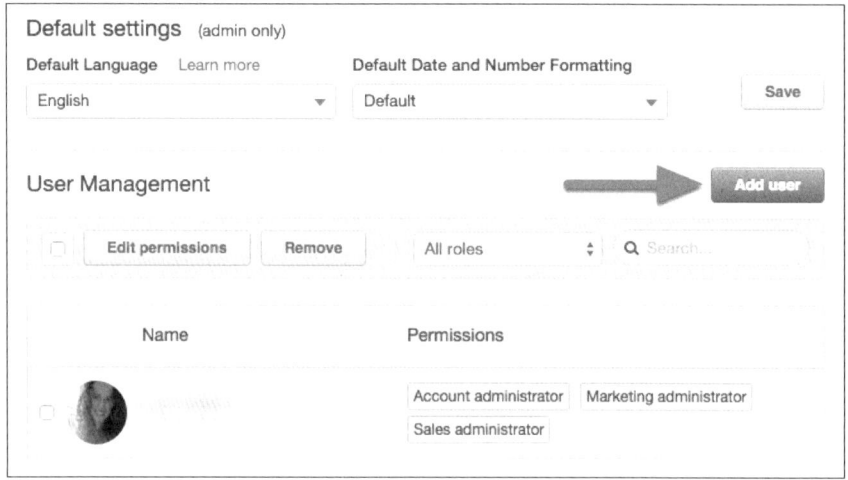

Abbildung 12.5 Einen neuen Software-Nutzer hinzufügen (Beispiel HubSpot)

Hierfür gibt es in der Software meistens bereits auswählbare Standardprofile, die manuell weiter verändert und konfiguriert werden können. Sie sollten also möglichst im Vorfeld der User-Anmeldung überlegt haben, wer welche Aufgaben übernehmen und welche Rechte er dafür benötigen wird. Soll z. B. ein Online-Redakteur auch berechtigt sein, die von ihm verfassten Beiträge wieder zu löschen? Wer darf bestehenden Content bearbeiten? Wer entscheidet über Design-Änderungen, z. B. wenn CTA-Farben und Formen verändert werden? Nicht alles lässt sich bei der Rechtevergabe über die Software regeln. Zusätzlich sollten Sie in einem Protokoll oder Team-Dokument festhalten, wer wofür die Rechte hat und wer auch welchen Pflichten nachkommen muss, wer wofür im Team zuständig ist und wer sich mit wem bei welchen Entscheidungen abzustimmen hat. Mehr dazu in Teil 5 in Kapitel 16.

Denken Sie an die typischen Rollen im Inbound Marketing

In verschiedenen Unternehmen ist es sehr unterschiedlich geregelt, wer mit der Inbound-Marketing-Software arbeitet. Oftmals finden sich zwei Teilgruppen, die sich nicht so sehr durch die Software-Rechte, sondern durch den Fokus ihrer täglichen Arbeit mit der Inbound-Marketing-Software unterscheiden. »Kampagnen-Manager« sind stark mit dem Anlegen, Optimieren und Verwalten von Inbound-Marketing-Assets und Workflows beschäftigt. Ihr Fokus ist nicht die Interaktion mit Leads und Kunden, sondern das Handling der zahlreichen laufenden und geplanten Kampagnen. Sie legen für neue Kampagnen die Landing Pages an, optimieren die Formulare, die Marketing Workflows und die Kontaktlisten. »Interaktions-Manager« sind mehr mit der Kommunikation mit Leads und Buyer Personas beschäftigt. In ihrer täglichen Arbeit achten sie auf die Weiterentwicklung der Leads entlang des Sales Funnel und betrachten die laufenden Kampagnen als Instrumente, die der Interaktion mit Leads und Kunden dienen. Beide Typen können Sie in einem Team gebrauchen. Achten Sie darauf, wer in seiner Arbeit welchen Fokus verfolgt, und berücksichtigen Sie dies bei der Vergabe und Überprüfung von Rollen in der Software und im Team.

Neben dem Administrator gibt es in jeder Inbound-Marketing-Software leicht unterschiedlich definierte und benannte Rollen. Sie treffen aber immer wieder auf die folgenden Profile:

▶ *Administrator:* Diese Benutzerrolle ermöglicht dem Nutzer vollen Zugang zu allen Modulen, Daten und Einstellungen. Administratoren sind für das User-Management, die Domain-Integration mit der Website und unter Umständen auch für Software-Verknüpfungen zwischen Marketing und Vertrieb zuständig.

▶ *Marketers:* Ihre Kampagnen- und Lead-Manager sollten über weitgehende Rechte in Ihrer Inbound-Marketing-Software verfügen. Sie können Daten und Module aller Kampagnen sehen und bearbeiten, jedoch keine neuen Nutzer eigenständig hinzufügen. Die Marketer-Rolle sollten Sie in Ihrem Team denjenigen Marketing-Managern zuweisen, die sich um Inbound-Marketing-Kampagnen, Lead Management und Content-Strategie kümmern.

▶ *Content Creators:* Diese Rolle gewährt Zugang zu den Medien bzw. Kampagnen-Assets wie z. B. zum Blog, zu den CTAs, dem Social-Media-Bereich, dem SEO-/Keyword-Modul und zu einzelnen relevanten Dashboards. Die Content-Creator-Rolle sollten Sie den Team-Mitgliedern zuweisen, die für die Erstellung und Promotion von Content zuständig sind, die aber keinen Zugriff auf alle Landing Pages, E-Mails oder Workflows benötigen. Junior-Inbound-Manager beginnen ihre Arbeit in vielen Teams als Content Creators, um sich so mit den Buyer Personas und deren Customer Journey sowie mit der Content-Strategie vertraut zu machen.

► *Business Analysts:* Der Business Analyst erhält Zugriff auf alle Marketing-Performance-Tools der Software wie z. B. Dashboards, Reporting-Tools, Mitbewerber-Verfolgung und Reporting Settings. Diese Benutzerrolle unterstützt im Tagesgeschäft oftmals die Marketing-Leitung und will bzw. soll nicht operativ in die Content-Erstellung, das Kampagnen-Management oder das Lead Management eingebunden sein.

► *Blog Authors:* Die Blog-Autoren bekommen ausschließlich die Rechte, Blogposts zu gestalten bzw. zu modifizieren. Sie haben nur Zugriff auf das Blog-Tool und das Dashboard Ihrer Inbound-Marketing-Software. Diese Nutzer können z. B. keine Landing Pages oder Formulare erstellen. Die Rolle des Blog Author sollte nicht unterschätzt werden. Sie ist in allen Unternehmen von hoher Bedeutung, die erkannt haben, wie wichtig ein intensiv betriebener Firmen-Blog ist. Wenn es zur Unternehmenskultur gehört, dass möglichst viele Mitarbeiter bloggen sollen, kann man vielen Blog-Autoren mit dieser Rolle Zugriff zum System geben, die in ihrer üblichen Arbeit nichts mit der Software zu tun haben und die oftmals auch in anderen Abteilungen sitzen (z. B. Produkt-Management, Kundenservice oder sogar Geschäftsleitung).

► *Blog Publisher:* Die zahlreichen Blog-Autoren eines Unternehmens und auch externe Gastautoren brauchen einen zentralen Ansprechpartner, der den Redaktionsplan und die Qualitätssicherung des Blogs übernimmt. Dieser Nutzer kann alle Blogposts editieren, löschen und hat Zugang zum Blog-Redaktionskalender.

Die verschiedenen Nutzer benötigen ein jeweils unterschiedliches Training und unterschiedlich intensive Unterstützung im Tagesgeschäft seitens der Administratoren und der Leitung des Inbound Marketing. Wichtiger noch als ein klares Verständnis der Aufgabe des Einzelnen ist eine klare Regelung des Zusammenspiels aller Nutzer und ihrer Rollen. Gerade für neu hinzukommende Team-Mitglieder ist es hilfreich, wenn die definierten Rollen auch in einer Art »Rollenprofil« niedergeschrieben und zentral verfügbar sind.

12.2.2   Verknüpfungen mit Ihrer Website-Domain herstellen

Ihre Inbound-Marketing-Software erfasst und beobachtet die Performance jeder einzelnen Webpage Ihrer Website. Sie erfasst, wofür Ihre einzelnen Webpages bei Google ranken, bemerkt technische SEO-Fehler auf Ihrer Website und erfasst, welcher Website-Besucher sich was auf Ihrer Website angesehen hat. Das Ganze wird dadurch möglich, dass Ihre Inbound-Software direkt in Ihre Website integriert wird. Dazu müssen Sie in Ihrer Inbound-Software und auch im Backend des Content-Management-Systems Ihrer Website bestimmte technische Anpassungen vornehmen.

Tracking-Code

Sie installieren im HTML-Code Ihrer Website einen Code-Schnipsel, den Sie in der Inbound-Software vorfinden. Dieser sogenannte *Tracking-Code* (vgl. Abbildung 12.6) erlaubt es Ihnen erst, mit der Inbound-Software das Verhalten von Website-Besuchern zu erfassen und bestimmte Kampagnen mit Website-Besuchern bzw. Interessenten zu verknüpfen. Der Tracking-Code Ihrer Inbound-Software arbeitet, indem er beim Besuch der Website auf dem Computer Ihres Website-Besuchers einen kleinen Daten-Code (Cookie) speichert, über den der Besucher bei weiteren Besuchen wiedererkannt wird. Das ist unabhängig davon, ob sich der Website-Besucher z. B. per Lead-Registrierung schon namentlich kenntlich gemacht hat. Das Cookie allein kennt nicht die Identität des Besuchers. Da aber per Cookie in Ihrer Inbound-Software auch die Besuchsdaten anonymer Besucher gespeichert werden, kann Ihre Inbound-Marketing-Software einem Lead, wenn er sich denn irgendwann z. B. per Formular auf einer Landing Page registriert, auch sein gesamtes vorheriges Website-Nutzungsverhalten seit dem ersten Website-Besuch zuordnen. Der Einbau eines Tracking-Codes ist in der Regel ziemlich einfach und lässt sich mit den Arbeitsschritten vergleichen, die man auf der eigenen Website beim Einbinden eines Tools wie z. B. Google Analytics vornimmt. Je nach Software und Content-Management-System sollte Ihre IT-Abteilung die Code-Implementierung vornehmen.

```
Copy and paste this Javascript code right before the close body tag on your HTML pages.

<script type="text/javascript">
piAId = '167942';
piCId = '252690';

(function() {
    function async_load(){
        var s = document.createElement('script'); s.type = 'text/javascript';
        s.src = ('https:' == document.location.protocol ? 'https://pi' : 'http://cdn') +
'.pardot.com/pd.js';
        var c = document.getElementsByTagName('script')[0];
```

Abbildung 12.6 Tracking-Code (Beispiel Salesforce Pardot)

CMS-Plugin

Große Hersteller von Inbound-Marketing-Software oder auch spezialisierte Software-Anbieter halten Plugins für bekannte Content-Management-Systeme wie z. B. WordPress bereit (vgl. Abbildung 12.7). Ein solches Plugin wird direkt in das Content-Management-System eingefügt. Damit wird das Tracking der Website-Besucher sehr einfach gemacht. Kampagnen-Assets der Inbound-Marketing-Software können so direkt in die Website eingefügt und dort dargestellt werden.

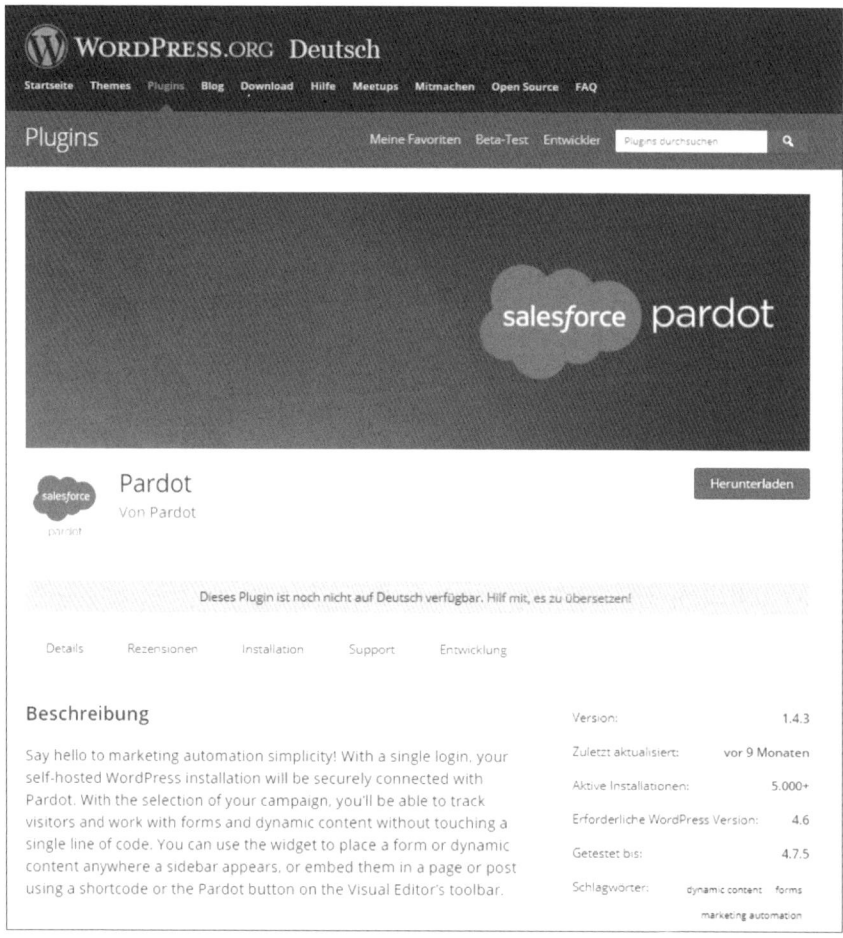

Abbildung 12.7 WordPress-Plugin (Beispiel Pardot)

Eigene IP-Adressen austragen

Wenn Sie den Traffic auf Ihrer Website zuverlässig messen wollen, sollten Sie in Ihrer Inbound-Marketing-Software all die IP-Adressen austragen, die zu Ihrem Unternehmen, zu Ihren Content-Lieferanten und anderen Partnern gehören, die nicht wirklich zum relevanten Traffic Ihrer Website gehören. Die IP-Adressen der eigenen Computer oder Tablets kann man im Internet gratis auf verschiedenen Websites wie z. B. *www.get-ip.de* herausbekommen und dann direkt in der entsprechenden Maske der Inbound-Marketing-Software eintragen. Wenn Sie diesen Schritt unterlassen, werden die Website-Besuche Ihrer Mitarbeiter und Partner auf Ihrer Website mitgezählt und erhöhen künstlich Ihren Website-Traffic.

E-Mail-Authentifizierung

Mit Ihrer Inbound-Marketing-Software können Sie an Leads und Kunden E-Mails versenden, die von Ihrer normalen E-Mail-Domain kommen, d. h., der Absender sieht genauso aus wie bei Ihren üblichen E-Mails. Zur Einstellung Ihrer E-Mail-Authentifizierung sollten Sie genau die Anleitungen Ihrer jeweiligen Herstellerdokumentation befolgen und, falls dort empfohlen, Ihre IT-Abteilung oder einen erfahrenen Inbound-Marketing-Dienstleister einschalten (vgl. Abbildung 12.8).

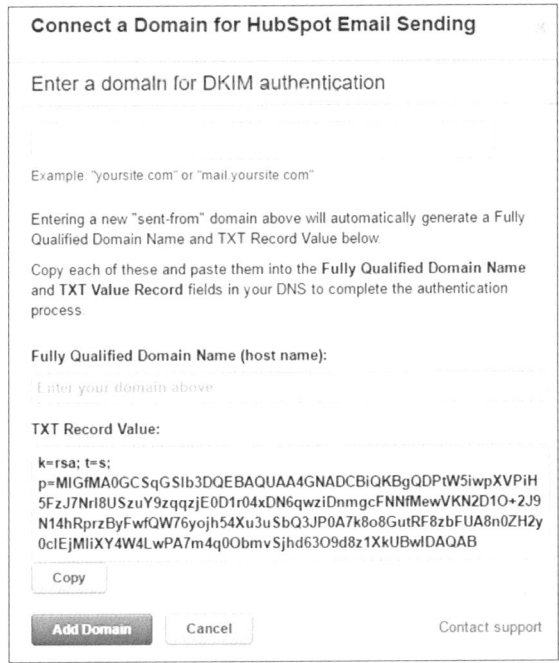

Abbildung 12.8 E-Mail-Domain-Verknüpfung (Beispiel: HubSpot)

12.2.3 Verknüpfung mit dem CRM-System herstellen

Ihre Inbound-Marketing-Software kommuniziert ständig mit dem Vertriebsteam, wenn Sie die entsprechende CRM-Synchronisation bereitstellen. In der Regel werden Inbound-Marketing-Software und CRM-System bei der Einführung von Inbound Marketing direkt technisch integriert. Diese CRM-Integration ist allerdings ein Thema für sich. Es kommt darauf an, welche Inbound-Marketing-Software Sie einsetzen und mit welchem CRM-System Sie Ihre neue Software synchronisieren wollen. Alle großen Inbound-Marketing-Software-Hersteller widmen sich intensiv der Schnittstellenintegration zu den großen marktführenden CRM-Systemen. Hersteller wie Salesforce, Microsoft (Dynamics CRM), SAP oder Sugar CRM haben ein großes Interesse an der reibungslosen Integration ihrer CRM-Software mit den großen Marketing-Automation-Herstellern. Dennoch können bei einer Integration in der Praxis die Arbeitsschritte dafür im Einzelfall recht komplex sein. Im besten Fall besteht eine vorkonfigurierte Schnittstelle, die vom Inbound-Software- und CRM-Hersteller gemeinsam entwickelt wurde (vgl. Abbildung 12.9). Die nächstbeste Lösung sind Integrationskomponenten, die von spezialisierten Softwarehäusern frei entwickelt worden sind und die gegen Lizenzzahlungen genutzt werden können. In manchen Fällen findet sich auch das nicht, und es lässt sich zumindest auf API-Plattformen wie z. B. *www.zapier.com* eine von freien Technikspezialisten entwickelte API-Lösung finden, die möglichst viele Datensynchronisationen abdeckt. In manchen Fällen existiert selbst das nicht. Das ist besonders dann der Fall, wenn das eigene CRM-System selbst gebaut ist, d. h. auf Basis einer standardisierten, aber CRM-unspezifischen Software-Architektur selbst entwickelt wurde (z. B. Microsoft SQL-Server). Ein solches CRM-System kann sich als problematisch bei der Integration mit einer SaaS-basierten Inbound-Marketing-Software erweisen. In solchen Fällen sollten Sie gemeinsam mit Ihren IT-Spezialisten arbeiten und gegebenenfalls sogar eine externe Inbound-Marketing-Agentur heranziehen, die auch CRM-Systemintegrationen betreut. In Einzelfällen kommt es sogar dazu, dass Unternehmen anlässlich der Anschaffung einer SaaS-basierten Inbound-Marketing-Software auch ihre ältere und gegebenenfalls selbst entwickelte CRM-Lösung auf den Prüfstand stellen und zu einer moderneren CRM-Lösung wechseln, die einfach besser mit moderner Marketing-Software funktioniert.

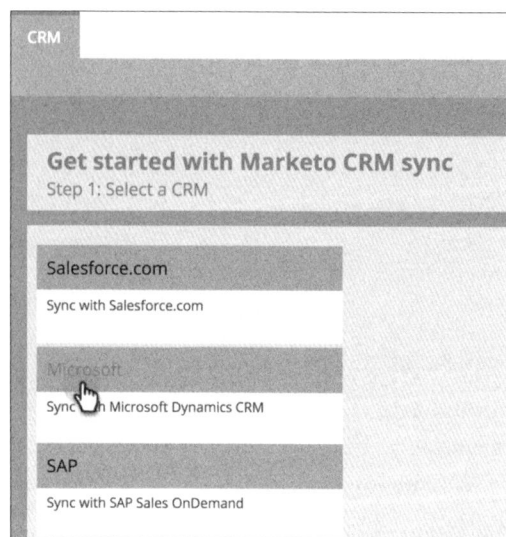

Abbildung 12.9 Die Inbound-Software mit dem CRM-System integrieren (Beispiel: Marketo)

12.2.4   Verknüpfungen mit Ihren Social-Media-Kanälen herstellen

Das Social-Media-Modul Ihrer Inbound-Marketing-Software wird immer wichtiger. Viele Unternehmen betreiben Social Media auf einer eigenen und im Unternehmen unabhängigen Social-Media-Software-Plattform, die gegebenenfalls alle nur erdenklich wünschbaren Funktionalitäten bietet, deren Daten aber mit keiner anderen Kontaktdatenbank im Unternehmen verbunden ist. Dann kann es passieren, dass Kunden bei Anfragen über Social-Media-Plattformen nicht erkannt werden oder dass Interessenten offen im Social Web über die eigenen Produkte diskutieren, aber niemand aus dem Marketing-Bereich in solche Konversationen einsteigen kann, weil einfach kein Zugriff auf Social-Media-Accounts besteht. Um Interessenten und Kunden gezielt im Inbound Marketing betreuen zu können, bietet es sich an, die nötigen Social-Media-Integrationen von Software wie Marketo oder HubSpot zu nutzen, um zielgerichtet mit Interessenten in sozialen Medien zu arbeiten (vgl. Abbildung 12.10).

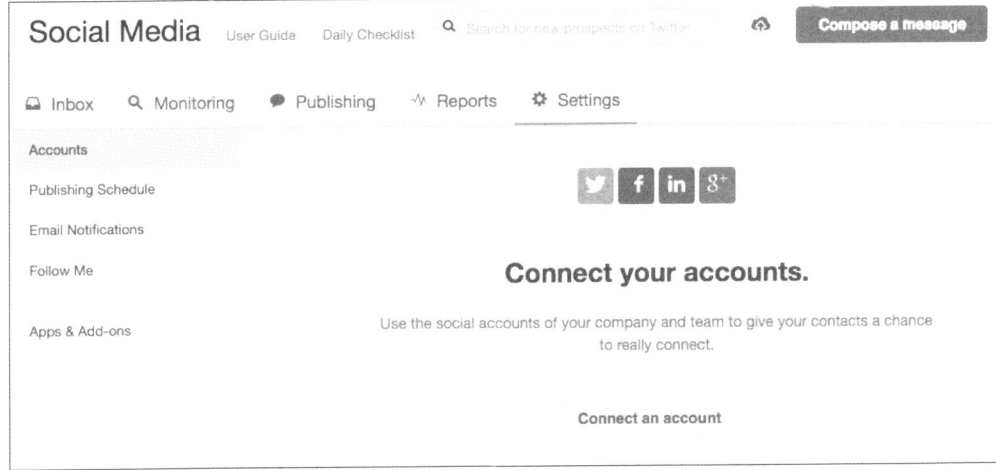

Abbildung 12.10 Integration von Social-Media-Accounts (Beispiel: HubSpot)

Integrieren Sie daher vor dem aktiven Starten mit Inbound Marketing direkt Ihre bereits vorhandenen Social-Media-Accounts (vor allem Twitter, Facebook, Pinterest, Xing und LinkedIn) in Ihre Inbound-Marketing-Software. Gleiches gilt auch für die entsprechenden Social-Ads-Accounts (z. B. Facebook Ads). Wenn Ihre Inbound-Marketing-Software hierfür bereits eine Integrationsschnittstelle bietet, können Sie flexibel und schnell Ihre Inbound-Marketing-Kampagnen mit entsprechender Werbung auf Plattformen wie LinkedIn oder Facebook stärken und in ihrer Wirkung gegebenenfalls vervielfachen. Diese Kampagnen planen und starten Sie direkt aus Ihrer Inbound-Marketing-Software (vgl. Abbildung 12.11).

Allerdings führen Social Ads im Inbound Marketing kein Eigenleben, sondern werden gezielt zur Wirkungsverstärkung von bereits Erfolg versprechenden Maßnahmen eingesetzt. Einige Inbound-Software-Anbieter bieten mittlerweile komfortable Social-Media-Dashboards, aus denen heraus sich gezielt der Kontakt zu einzelnen Leads und Kunden gestalten lässt und über die Sie viele wichtige Funktionen des Social Posting und Social-Monitoring ausführen können (vgl. Abbildung 12.12).

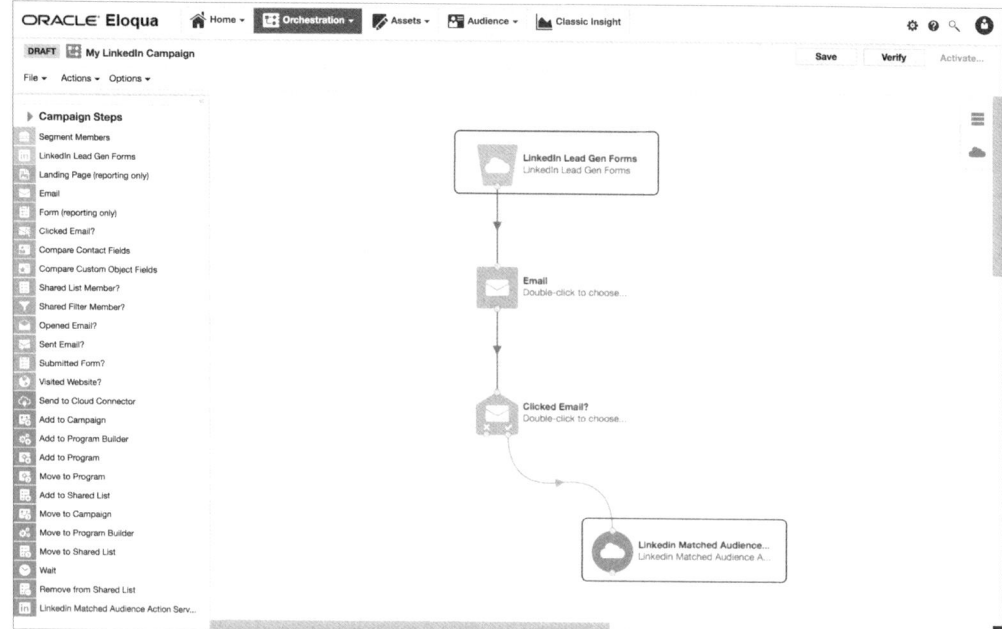

Abbildung 12.11 LinkedIn-Kampagnen direkt in der Inbound-Marketing-Software starten (Beispiel: Oracle Eloqua)

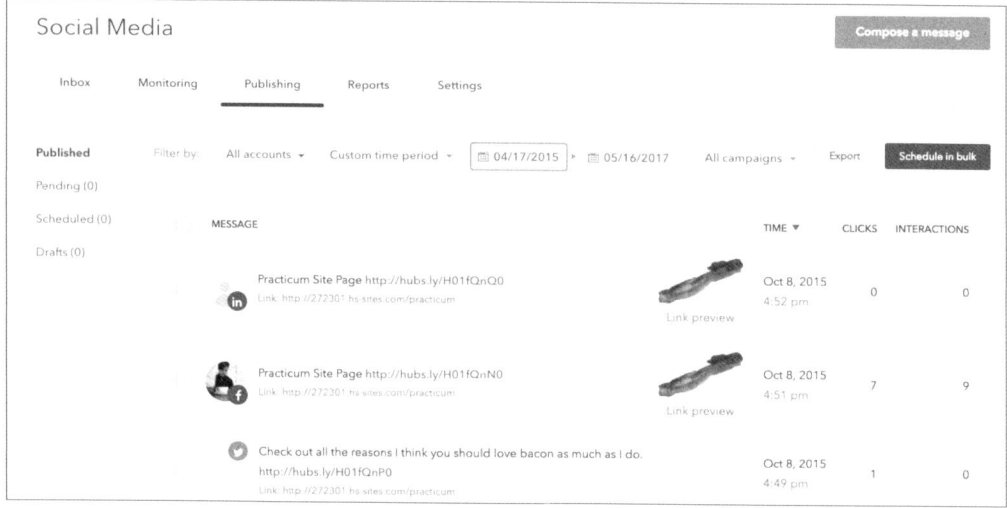

Abbildung 12.12 Social-Dashboard (Beispiel: HubSpot)

Verbinden Sie auch Ihre Paid-Search-Accounts (insbesondere Google AdWords), damit Sie zu wichtigen SEO-Keywords Ihrer laufenden Kampagnen gegebenenfalls direkt aus Ihrer Inbound-Marketing-Software heraus auch flankierende Suchmaschinenwerbung buchen können.

12.2.5   Integration mit unterstützenden Software-Tools

Ihre Inbound-Marketing-Software deckt viele Bereiche des modernen Marketings ab, aber je nach der Art Ihres Geschäftsmodells und Ihrer Zielkunden benötigen Sie weitere Software zur Steuerung Ihres Marketings im Internet (vgl. Abbildung 12.13).

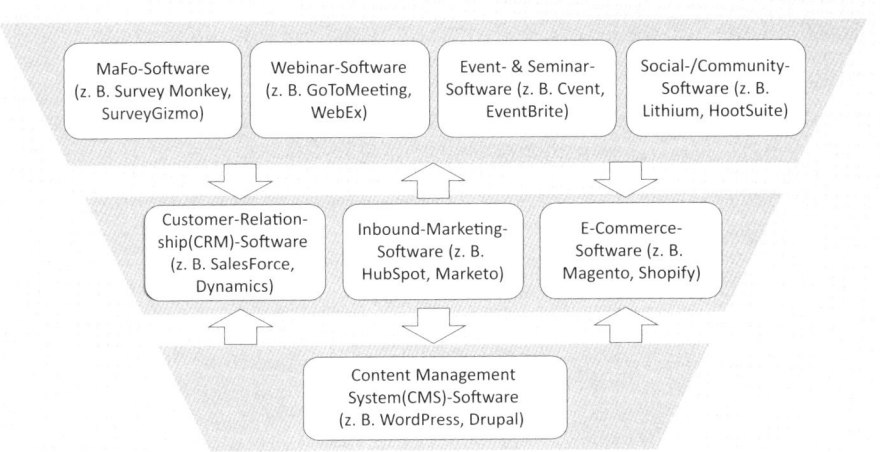

Abbildung 12.13 Inbound-Marketing-Software im Software-Ökosystem

Viele weitere Tools erfassen wertvolle Daten über Interessenten und Kunden, die mit der Kontaktdatenbank Ihrer Inbound-Marketing-Software automatisch synchronisiert werden sollten. Analog der Herausforderungen bei der Integration mit einem CRM-System ergeben sich auch bei anderen Software-Tools Chancen und Probleme. Zur Komplettierung Ihrer Online-Marketing-Software-Lösung (sogenannter *Growth Stack*) bietet sich insbesondere moderne SaaS-Software an, die für die Integration mit Software wie Pardot, Marketo, HubSpot oder Act-On bereits ausgelegt ist. Dazu gehört z. B.:

▸ Website-Tracking-Software von Hotjar (*www.hotjar.com*), Lucky Orange (*www.luckyorange.com*) oder CrazyEgg (*www.crazyegg.com*)

▸ Online-Marktforschungs-Software von SurveyMonkey (*www.surveymonkey.com*) oder Formstack (*www.formstack.com*)

▸ Webinar-Software (Go-To-Webinar, Citrix WebEx, Zoom)

▸ Web-Analytics-Software wie z. B. Google Analytics

▸ Business-Intelligence-Software wie z. B. Tableau (*www.tableau.com*), Microsoft Power BI (*https://powerbi.microsoft.com*) oder Birst (*www.birst.com*)

▸ Business-Video-Hosting-Tools zur Analyse der Video-Content-Performance wie z. B. Wistia (*www.wistia.com*)

▸ Software für Predictive Lead Scoring wie Infer (*www.infer.com*) oder Mintigo (*www.mintigo.com*)

▶ Software für Interactive Content und Self-Assessment-Tools für Website-Besucher wie SnapApp *(www.snapapp.com)* oder Dot *(www.dot.vu)*

▶ Event-Management-Software wie EventBrite *(www.eventbrite.com)*

▶ SEO-Tools wie KissMetrics *(www.kissmetrics.com)* oder SearchMetrics *(www.searchmetrics.com)*

▶ Social-Media- und Influencer-Software wie Traackr *(www.traackr.com)*

▶ Online-Werbe-Software wie z. B. AdRoll *(www.adroll.com)*

▶ Software zur Analyse der kaufentscheidenden Touchpoints in der Customer Journey wie z. B. Bizible *(www.bizible.com)*

▶ E-Commerce-Software von Shopify *(www.shopify.com)* oder Magento *(www.magento.com)*

▶ Office-Software wie z. B. Outlook, Office 365 oder Gmail

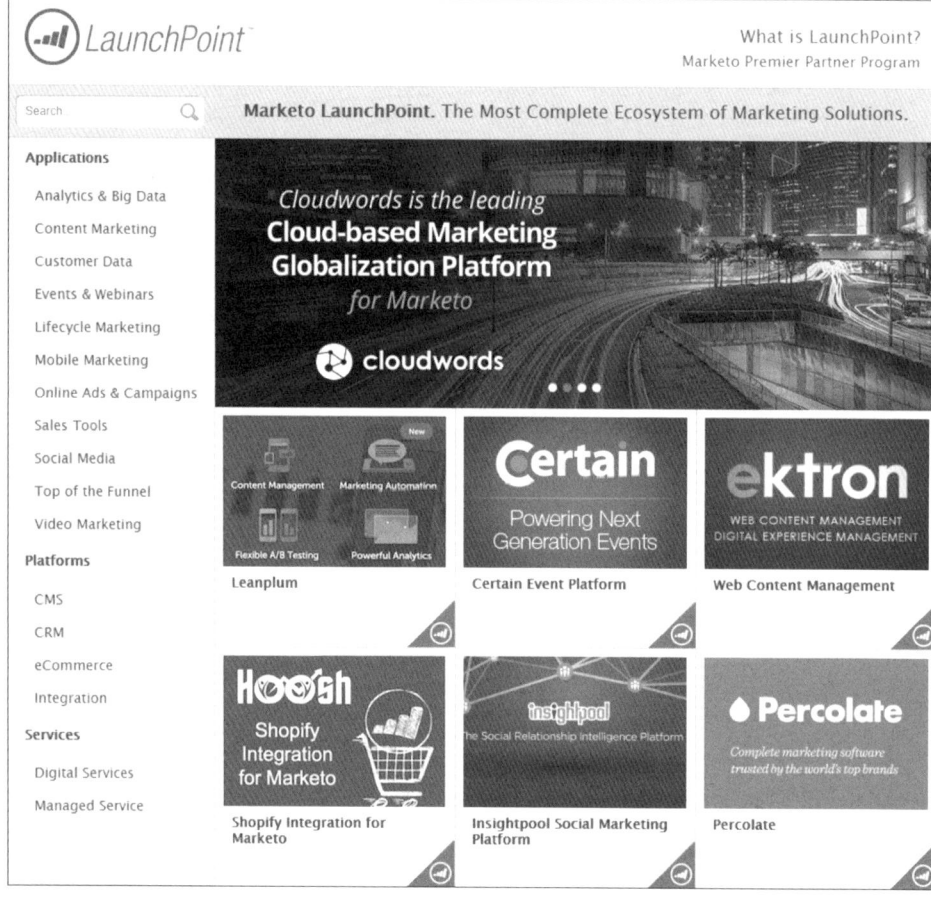

Abbildung 12.14 Inbound-Marketing-Software mit weiteren Software-Tools integrieren (Beispiel: Marketo LaunchPoint)

Erfassen Sie all diese Software-Tools vor der Inbetriebnahme Ihrer Inbound-Marketing-Software, und prüfen Sie die Integrationsmöglichkeiten der Datensynchronisationen. Ihre Inbound-Software wird nicht nur zu einem gleichberechtigten Teil Ihrer Marketing-IT-Systemarchitektur werden, sondern zum Herz und zur zentralen Drehscheibe der meisten Ihrer Aktionen und Interaktionen mit Leads und Kunden. Vermeiden Sie möglichst nachträgliche Integrationen, da Sie ansonsten später vielleicht Kontaktdaten manuell in die Kontaktdatenbank Ihrer Inbound-Marketing-Software einspeisen müssen. Es gibt unzählige SaaS-Tools für alle möglichen Einsatzbereiche in Marketing und Vertrieb. Prüfen Sie, welche Schnittstellen der Anbieter Ihrer Inbound-Marketing-Software bereitstellt und ob er gegebenenfalls einen eigenen Marktplatz für Software-Integrationen unterhält, auf dem Sie qualitätsgeprüfte Integrations-Tools und Software-Tools Dritter finden. Marketo hat hier beispielsweise mit dem Marketo LaunchPoint (vgl. Abbildung 12.14) ein sehr breites Ökosystem unterstützender Software und Integrations-Tools für die eigene Marketing-Automation-Software geschaffen (*launchpoint.marketo.com*).

12

12.2.6 Die Software für das eigene Unternehmen konfigurieren

Ihre Inbound-Marketing-Software ist ein Standardprodukt, das Sie in manchen Punkten erst noch auf die individuellen Bedürfnisse und Besonderheiten Ihres Unternehmens einstellen müssen. Das beginnt mit internen Dingen wie der Einstellung von Zeitzone, Datumsformat und Sprache, umfasst aber auch kundenrelevante Bereiche wie die Gestaltung des Designs von Landing Pages und E-Mails.

Stellen Sie die Zeitzone Ihrer Software ein

Gemessen an all den sonstigen Einstellungen und Arbeitsschritten, die Sie in Ihrer Inbound-Marketing-Software vornehmen, ist die Einstellung der Zeitzone geradezu trivial (vgl. Abbildung 12.15). Dennoch werden gerade diese einfachen Dinge im Tagesgeschäft übersehen. Das ist dann relevant, wenn Sie mit Redaktionskalendern und vorgeplanten Veröffentlichungszeitpunkten arbeiten. Ihre E-Mails, Blogposts und Social Posts sollten genau dann publiziert werden, wenn Ihre Leads bzw. Kunden dafür empfänglich sind. Es ist eben ein Unterschied, ob man eine E-Mail um 2 Uhr nachts erhält oder um 2 Uhr nachmittags. Außerdem sollten Sie darauf achten, Ihren Nutzern ein Zeitformat anzuzeigen, das ihren regionalen Gewohnheiten entspricht. Ein deutscher Blog-Leser ist über das Zeitformat 2 p.m. (14 Uhr) genauso erstaunt wie ein amerikanischer Leser, dem als Uhrzeit 14:00 angezeigt wird. Wenn Sie eine mehrsprachige Website unterhalten und mehrsprachige Kundenkommunikation mit Ihrer Inbound-Marketing-Software führen, sollten Sie direkt bei der Installation für jedes Land die richtigen Einstellungen treffen.

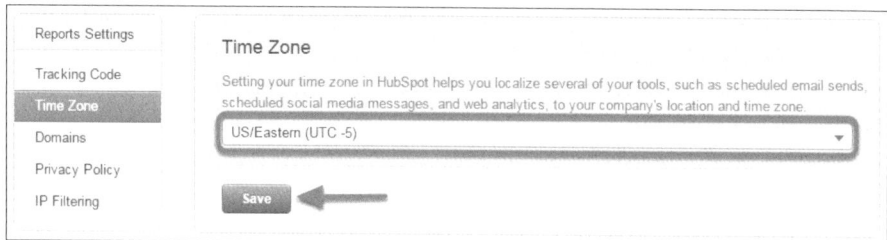

Abbildung 12.15 Die Zeitzone einstellen (Beispiel: HubSpot)

Jeder Software-Hersteller verwendet ein etwas anderes Dashboard für die zentralen Einstellungen der Software. Prüfen Sie die Software-Dokumentation Ihres Herstellers daraufhin, ob es nur eine zentrale Stelle zur Durchführung dieser Konfigurationen in der Software gibt oder ob Sie an mehreren Stellen tätig werden müssen, wie z. B. im Blog-Tool Ihrer Software zur Einstellung des in Ihrem Blog angezeigten Zeitformats bzw. Publish Date Format (vgl. Abbildung 12.16).

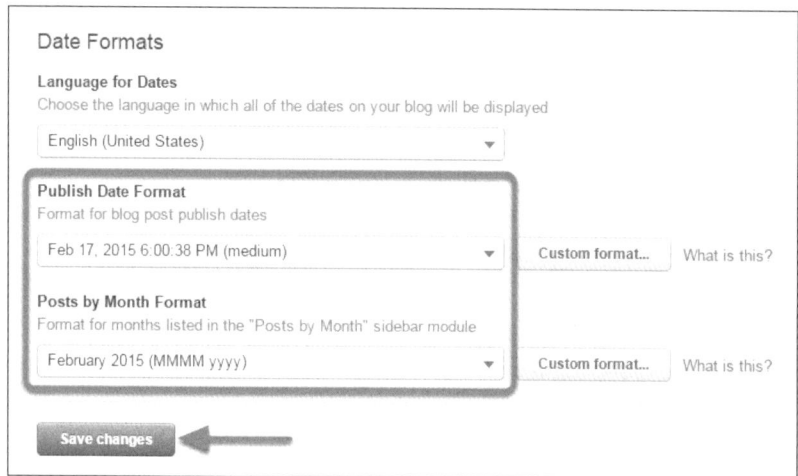

Abbildung 12.16 Blog Publish Date einstellen (Beispiel: HubSpot)

Stellen Sie die Sprache für Ihre Plattform ein

Eng verbunden mit der Einstellung der Zeit und des Zeitformats ist die Wahl der Sprache für Ihre Inbound-Marketing-Software. Die Einstellung der internen Sprache des Tools lässt sich bei manchen Software-Herstellern für jeden Benutzer der Software einzeln einstellen. Ihre japanischen Teams arbeiten dann in Japanisch und die deutschen Teams in Deutsch. Es ist durchaus nicht selbstverständlich, dass lokale Teams bereit sind, Software in englischer Sprache zu nutzen. Umgekehrt sind leider immer noch nicht alle Software-Anbieter bereit, ihre Software, die Dokumentation und die Online-Trainings in lokale Sprachen wie Deutsch, Spanisch oder Französisch zu übertragen. Was bei Büro-Software wie Microsoft Office längst Alltag ist, dürfte in der Inbound-Marketing-Software-Industrie noch ein paar Jahre dauern. Immerhin wächst in Deutschland die lokale Präsenz der Hersteller deutlich, und damit steigt auch das Angebot an deutschsprachiger Software. In manchen internationalen Teams wird dennoch über alle Ländergrenzen hinweg konsequent die Software ausschließlich in der englischen Sprache als gemeinsamer Nenner genutzt (vgl. Abbildung 12.17), um interne Trainings zu erleichtern und sogar die Karrieremöglichkeiten und Job-Rotation von Inbound-Marketing-Managern im Unternehmen zu fördern.

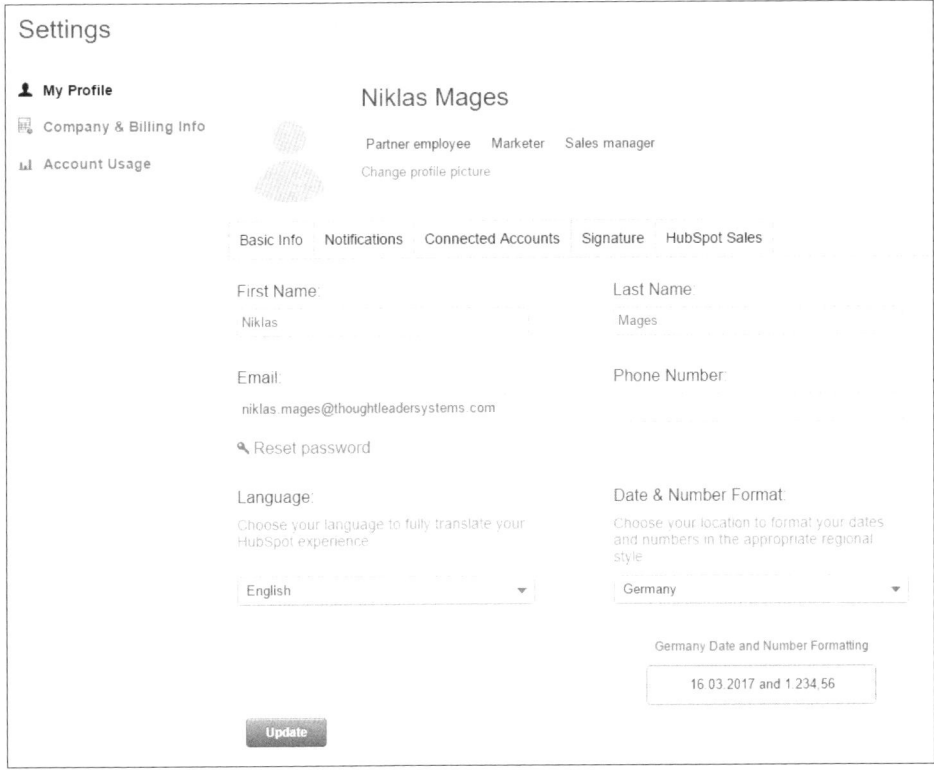

Abbildung 12.17 Einstellung der internen Sprache (Beispiel: HubSpot)

Es kommt also auf Ihre Ziele, die Arbeitsweise und die Sprachkenntnisse Ihres Teams und nicht zuletzt auch auf Ihre Unternehmenskultur an. Bei der Kommunikation mit Kunden gibt es Unternehmen, die ausschließlich in einer Sprache agieren. Dazu gehören sowohl amerikanische Großunternehmen als auch kleinere deutsche Mittelständler. Beide haben es gleichermaßen leicht, die richtige Sprache für die Kundenkommunikation einzustellen. Texte im E-Mail-Footer, in smarten Formularen und auf Landing Pages sind dann einheitlich in einer Sprache erstellbar. Anders sieht es aus, wenn Unternehmen in mehreren Sprachkreisen tätig sind und dort jeweils die lokale Kundensprache wählen möchten (vgl. Abbildung 12.18). Dann gilt es darauf zu achten, dass Ihre Inbound-Marketing-Software über ein Konfigurationssystem zur Aussteuerung mehrerer Sprachen für kundenrelevante Texte und gegebenenfalls Bilddatenbanken verfügt. Hier spielen große Software-Lösungen wie z. B. von Adobe ihre volle Kompetenz aus.

Abbildung 12.18 Die chinesische Website für Salesforce Pardot

Layouts für Landing Pages und E-Mails an das Corporate Design anpassen

Die entscheidenden Interaktionspunkte Ihrer Inbound-Marketing-Software mit Ihren Kunden (z. B. Landing Pages, E-Mails) sollten nicht nur konversionsstark sein, sondern auch perfekt zum Erscheinungsbild Ihres Unternehmens und zum Corporate Design Ihrer Marke passen. Darüber hinaus sollten sie auf allen Devices (Desktop, Tablet, Smartphone) perfekt dargestellt werden, d. h. für eine mobile Darstellung optimiert sein. Landing Pages und Thank-You-Pages haben sich darüber hinaus auch an das Design Ihrer Website anzupassen. Während bei Landing Pages in der Regel die Navigation Ihrer Website ausgeblendet wird, wird die Navigation auf den jeweils folgenden Thank-You-Pages durchaus gezeigt, um weitere Interaktionen neu registrierter Leads mit Ihrer Website zu fördern. Also sollten Ihre Thank-You-Pages auch die jeweils aktuelle Navigation Ihrer eigentlichen Website zeigen. Etablieren Sie frühzeitig einen internen Prozess, der sicherstellt, dass alle Änderungen Ihrer Website-Navigation sofort in den Thank-You-Pages nachgezogen werden. Ziel ist es, dass alle Inbound-Marketing-Assets, d. h. E-Mails, Landing Pages, Thank-You-Pages und Webpages, sich wie aus einem Guss »anfühlen« und eine einheitliche Customer Experience bieten. Die Erstellung der passenden Design-Masken (HTML-Templates) für Blogposts, Landing Pages und Co. wird von den meisten Inbound-Marketing-Software-Herstellern dadurch erleichtert, dass direkt eine Vielzahl vorkonfigurierter Templates angeboten wird, die man für das eigene Unternehmen und für unterschiedliche Zwecke einsetzen und relativ leicht an das eigene Design anpassen kann (vgl. Abbildung 12.19).

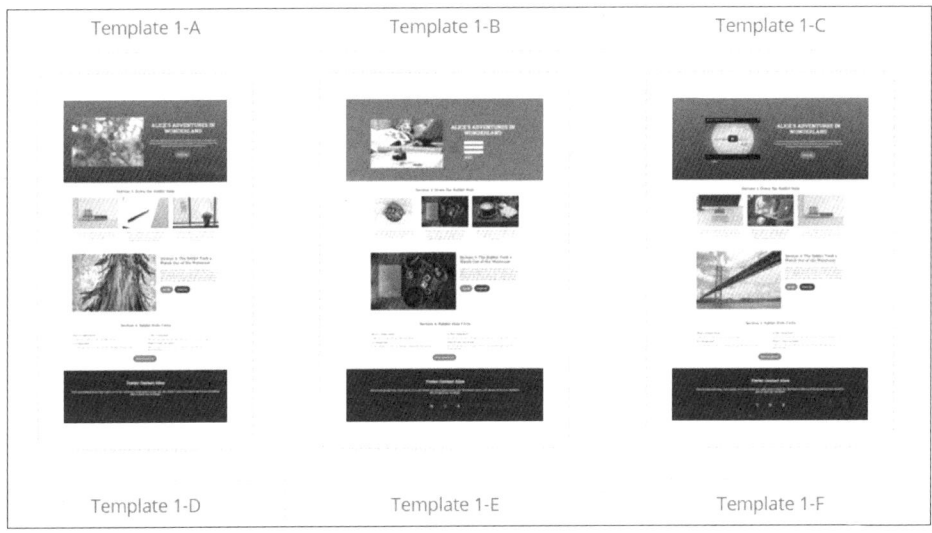

Abbildung 12.19 Landing-Page-Templates (Beispiel: Marketo)

Die Design-Adaptionen beschränken sich dann in weiten Teilen auf die Anpassung an das aktuelle Corporate Design Ihrer Marke und Ihrer Website. Einige Software-Anbieter liefern direkt mit der Software auch angepasste Templates für Ihr Unternehmen mit. Bietet ein Software-Hersteller Ihnen dieses an, prüfen Sie, ob die vorgeschlagenen Templates auch zu Ihrem Bedarf passen und ob Sie noch vorab bestimmte Anforderungen an den Aufbau und das Design von E-Mails oder Landing Pages haben. Darüber hinaus bieten einzelne Software-Hersteller auch einen sogenannten *Marketplace*, d. h. eine Online-Börse, auf der Sie kostenlos oder gegen Nutzungsgebühr Templates und sogar ganze Template-Bündel dritter Unternehmen wie z. B. Agenturen und Tool-Anbieter erwerben können. Wenn Sie mit einer Inbound-Marketing-Agentur zusammenarbeiten, gehört es ohnehin zu deren Basisaufgaben, entsprechende Templates zu gestalten und sie laufend zu optimieren, um z. B. die Konversion weiter zu stärken.

Inbound-Workshop: Design-Adaption von Landing-Page-Templates

Ein eigenes Template für Landing Pages von Grund auf zu erstellen ist bei manchen Inbound-Marketing-Software-Lösungen ein recht aufwendiger Prozess, für den Sie fortgeschrittene Kenntnisse in HTML und CSS haben oder alternativ Ihre Webdesign-Abteilung bzw. eine externe Agentur ausgliedern sollten. Wollen Sie zudem gegebenenfalls Animationen in Ihre Landing Pages oder andere Kampagnen-Assets einbauen, könnten Sie im Einzelfall auch JavaScript-Kenntnisse gut gebrauchen.

Widmen wir uns daher der Modifikation bestehender Templates eines Inbound-Marketing-Software-Anbieters. Zur Gestaltung eines Thank-You-Page-Templates werden Sie beispielsweise den Header mit der Navigation, den Bereich für den Content und den Footer des Template gestalten.

▶ Laden Sie das gewünschte Standard-Template in dem Bearbeitungsmodul Ihrer Inbound-Marketing-Software. Jeder Hersteller hat hier eine andere Logik und Bearbeitungsmaske. Dieses Tool heißt z. B. Designmanager (HubSpot) oder auch Designstudio (Marketo).

▶ Kenntnisse in der Stylesheet-Sprache CSS sind gegebenenfalls wichtig, um Ihr Standard-Template an die Farben und das Design Ihrer Website anzupassen. In Ihrem Bearbeitungsmodul können Sie meist auch direkt den HTML-Code editieren, der dem Template zugrunde liegt (vgl. Abbildung 12.20).

▶ Gute Bearbeitungsmodule erlauben es, den Aufbau und die Elemente einer Landing Page oder einer E-Mail per Drag & Drop zu bearbeiten. Zum Ausrichten und zur Einstellung des Abstandes der Elemente auf der Landing Page können wiederum Kenntnisse in HTML und CSS erforderlich sein. In der Praxis bedeuten diese Modifikationen für die meisten Webdesigner mit entsprechenden Kenntnissen keine besondere Herausforderung.

▶ Das fertige Template wird ab jetzt in Ihrem Team gegebenenfalls von mehreren Anwendern genutzt. Wenn nun z. B. ein Content Creator im Team eine Landing Page erstellt, kann er sich des neuen Templates bedienen und auf dieser Basis eine fertige Landing Page mit Texten, Bildern und Formularen gestalten. Dabei wird das Template selbst nicht verändert oder überschrieben. Software-Nutzer sollten Templates nur im Rahmen der vorgegebenen Änderungsmöglichkeiten modifizieren können.

Sorgen Sie im Team und bei Dienstleistern für Klarheit darüber, was an den jeweiligen Templates unveränderlich und was frei gestaltbar ist. Wichtig ist, dass auch Ihre Templates im Laufe der Zeit optimiert werden und nicht in »Stein gemeißelt« sind. Allerdings sollte vielleicht nicht jeder im Marketing-Team Ihre Templates nach den persönlichen Erkenntnissen editieren können, sondern sich an einen internen Entscheidungsprozess halten, der die gesammelten Erkenntnisse über die Performance der Landing Pages, E-Mails etc. nutzt.

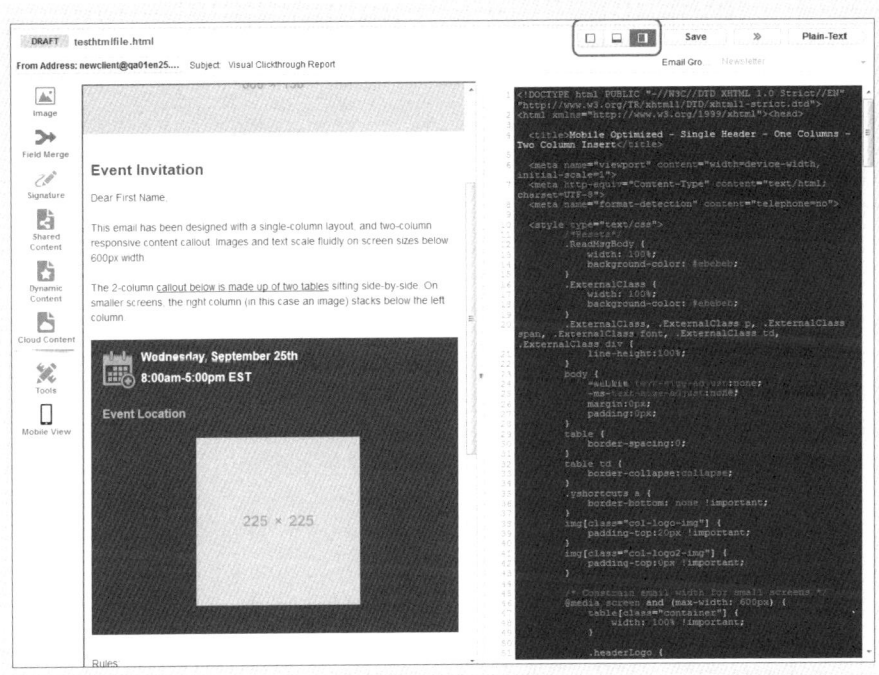

Abbildung 12.20 Landing-Page-Templates bearbeiten in HTML
(Beispiel: Oracle Eloqua)

Sie haben nun die Vorgaben für die tägliche Arbeit mit Ihrer Inbound-Marketing-Software getroffen. Ihre Software ist eingerichtet und wartet jetzt auf den Einsatz im Kontakt zu echten Kunden und Leads. Im nächsten Schritt bringen Sie jetzt alles in Ihre Software ein, was Ihr tatsächliches Geschäft und Ihr Inbound Marketing ausmachen: Ihre operativen Ziele, Ihre Buyer Personas, Ihre SEO-Keywords, Ihre Kontakte und Ihren Content.

12.3   Füllen Sie Ihre Inbound-Marketing-Software mit Inhalten

12.3.1   Erfassen Sie Ihre Inbound-Marketing-Ziele

Sobald Sie mit Inbound-Marketing-Kampagnen beginnen, sollten Sie stetig die Performance Ihrer Aktivitäten gegen Ihre Marketing-Ziele messen. Zumindest monatlich sollten Sie überwachen, wie sich Ihr Unternehmen bei der Gewinnung von Website-Besuchern, Leads und Kunden schlägt. Ihre Inbound-Marketing-Software hilft Ihnen dabei mit einem Performance-Dashboard, in dem Sie jederzeit den Verlauf Ihrer Zielerreichung über die Zeit ablesen können (vgl. Abbildung 12.21).

Abbildung 12.21 Inbound-Marketing-Dashboard (Beispiel: HubSpot)

Zusätzlich erfassen und verfolgen Sie die Performance Ihrer laufenden Kampagnen, die zum Teil zeitlich begrenzt sein können (z. B. Gewinnung von Veranstaltungsteilnehmern) und damit ein endliches zeitliches Ziel haben. Überprüfen Sie spätestens monatlich Ihre Zielerreichung und auch Ihre Zielsetzungen selbst. Erinnern Sie sich dabei an die SMART-Regel zur Zielgestaltung (vgl. Kapitel 10).

▶ Konzentrieren Sie sich besonders in der Anfangsphase des Inbound Marketing auf wenige wichtige Ziele, mit denen Sie Ihren gesamten Vermarktungsprozess abdecken. Mit den Zielgrößen der Website-Besucher, der Leads und der gewonnenen Kunden behalten Sie auch bei einer Vielzahl unterstützender Kampagnen die große Linie im Blick.

▶ Bleiben Sie spezifisch, d. h., engen Sie Ihre Ziele so weit ein, dass sie konkret messbar und relevant für Ihr Unternehmen bleiben. Sind Sie z. B. an allen Buyer Personas gleichermaßen interessiert, oder wollen Sie überproportional die Anzahl von Besuchern und Leads einer bestimmten Buyer Persona steigern? Das hat direkte Auswirkungen auf Ihre Content-Strategie und Kampagnen-Planung.

▶ Machen Sie den Erfolg des Inbound Marketing von Beginn an messbar. Arbeiten Sie auch bei Zielen wie der Steigerung der Website-Besucher mit konkreten und pro Monat geplanten Steigerungsraten. Akzeptieren Sie, dass es nicht immer stetig bergauf geht, sondern dass Ihre Besucherentwicklung durchaus auch von externen Faktoren (z. B. Saisonalitäten, Wettbewerbsdruck bei Google) abhängen kann, die Sie nicht oder nur mittelbar beeinflussen können. Ihre Sichtbarkeit bei Google kann sich vor allem durch Google-Updates in kurzer Zeit extrem ändern. Und auch die Aktivitäten Ihrer Mitbewerber haben Einfluss darauf, wieweit Sie mit Ihren eigenen Maßnahmen bei Ihren Zielkunden durchdringen.

▶ Bleiben Sie realistisch, und setzen Sie sich und Ihrem Team gerade am Anfang keine allzu hohen Ziele. Ziele müssen attraktiv bleiben, und mit überhöhten Zielvorgaben frustrieren Sie nur Ihr Team und gegebenenfalls auch Ihre Geschäftsleitung. Inbound Marketing ist ein Konzept, das auf organisches Wachstum und nicht auf schnelle Werbeeffekte setzt. Rechnen Sie genügend Zeit ein, die Ihr Unternehmen braucht, um alle Elemente des Inbound Marketing umgesetzt zu haben – bis hin zum letzten Whitepaper und Blogpost.

Legen Sie Ihre quantitativen Zielvorgaben möglichst direkt in der Inbound-Marketing-Software fest (vgl. Abbildung 12.22), und lassen Sie sich automatisch von der Software melden, wie Sie auf Ihrem Weg zur Zielerreichung voranschreiten.

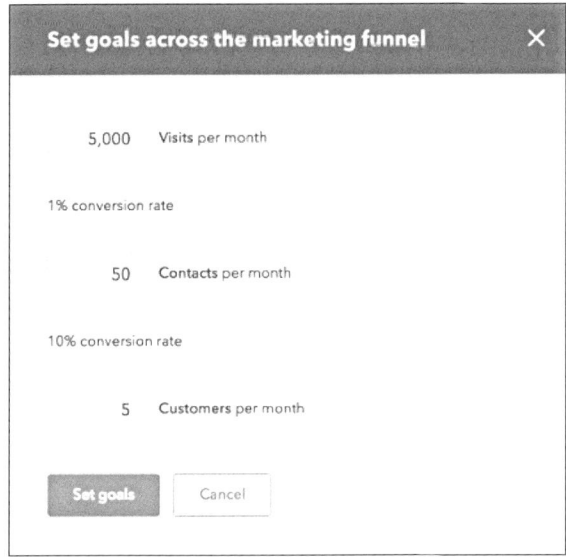

Abbildung 12.22 Marketing-Ziele direkt in der Software festlegen (Beispiel: HubSpot)

Das ist in der täglichen Praxis des Inbound Marketing besonders wichtig, da die Arbeit mit Kampagnen, die Betreuung von Leads und die Zusammenarbeit mit Ihrem Vertrieb dazu führen können, dass Sie die aktuelle Zielerreichung nicht immer präsent haben. Automatische Reminder Ihrer Software per E-Mail an Ihr Team helfen dabei, am Ball zu bleiben und die Maßnahmen und auch die Ziele selbst stetig zu hinterfragen. Setzen Sie sich sowohl Ziele für die gesamte Marketing-Performance als auch für die Performance einzelner Elemente Ihres Inbound Marketing. Erfassen Sie in der Software oder auch in einem Team-Plan, welche Performance Sie erwarten:

▸ übergreifende Performance des Marketings: Anzahl der Visits Ihrer Webpages, Anzahl generierter Kontakte, Anzahl gewonnener Kunden, Anzahl empfehlender Kunden

▸ Performance einzelner Inbound-Marketing-Kampagnen

▸ Performance jeder Landing Page, jedes Blogposts und jeder E-Mail

Die stetige Auseinandersetzung mit Ihren Zielen direkt ab der Inbetriebnahme Ihrer Inbound-Marketing-Software wird Ihnen schnell einen Eindruck davon vermitteln, wo Ihr Marketing noch Verbesserungsbedarf hat und bei welchen Kampagnen Sie gegebenenfalls durch weitere Unterstützung (z. B. mit Paid Ads) noch ungenutzte Potenziale heben können.

12.3.2   Erfassen Sie Ihre Buyer Personas

Inbound Marketing zielt auf die Gewinnung ganz bestimmter Idealkunden. Mit der Ausrichtung auf Buyer Personas (vgl. Kapitel 3) fokussieren Sie Ihre Marketing-Aktivitäten genau auf diejenigen potenziellen Kunden, denen Sie bei der Lösung ihrer Probleme helfen können. Übertragen Sie möglichst direkt bei der Inbetriebnahme Ihrer Inbound-Marketing-Software Ihre bereits erarbeiteten Buyer-Persona-Steckbriefe in die Software. Gerade bei größeren Marketing-Teams ist es wichtig, ständig die eigentlichen Zielkunden im Blick zu haben und vor allem neuen Leads möglichst schnell die entsprechende Buyer Persona zuzuordnen, damit Sie mithilfe Ihrer Inbound-Marketing-Kampagnen den richtigen Content und die richtigen Interaktionen bereitstellen können. Prüfen Sie, ob Ihre Inbound-Marketing-Software Ihnen die Möglichkeit bietet, Persona-Steckbriefe zu erfassen (vgl. Abbildung 12.23) und Kontakte mit Buyer Personas zu synchronisieren.

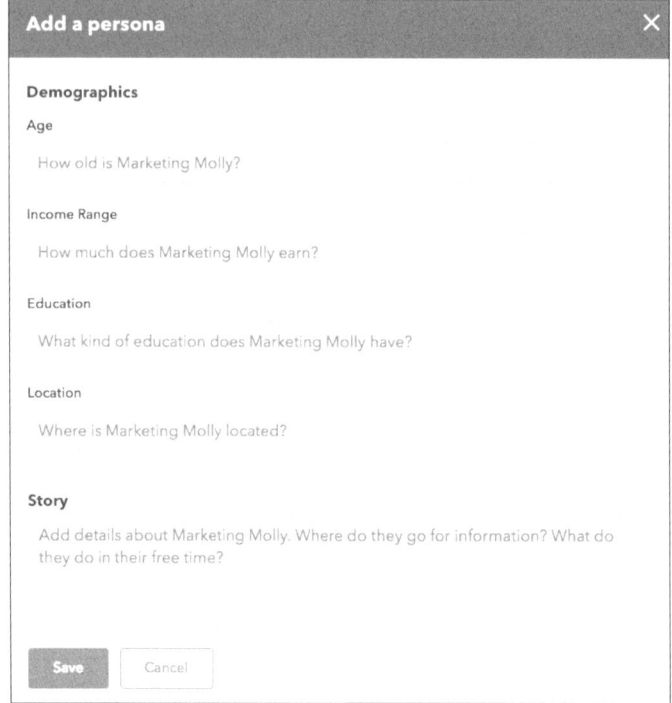

Abbildung 12.23 Eine Buyer Persona in der Software anlegen (Beispiel: HubSpot)

Mit der Erfassung Ihrer Buyer-Persona-Profile und deren Zuordnung zu Ihren Kontakten können Sie jederzeit den Erfolg Ihrer Inbound-Kampagnen in den einzelnen Zielkundensegmenten messen. Falls Ihre Software das noch nicht leistet, können Sie alternativ Buyer Personas in Offline-Steckbriefen erfassen und die Zuordnung von Kontakten zu den Buyer Personas über Marketing-Workflows abbilden. Ebenso gibt es integrierbare Customer-Intelligence-SaaS-Tools, die sich auf die automatisierte Identifikation und Zuordnung von Kontakten zu Buyer Personas spezialisiert haben, wie z. B. Cintell (*www.cintell.net*).

12.3.3 Erfassen Sie Ihre SEO-Keywords

Die meisten Hersteller haben eigene Module zur Suchmaschinenoptimierung tief in ihre Inbound-Marketing-Software integriert. Ihre Inbound-Software überprüft ständig jede einzelne Webpage Ihrer Website nach handwerklichen SEO-Fehlern (On-Page-Optimierung). Gleichzeitig greift die Software über Datenschnittstellen zu externen SEO-Datenbanken ab, wie gut Ihre Webpages bei Google in den Suchergebnisseiten performen. Dabei wird je nach Software eine unterschiedliche Anzahl von SEO-Keywords überwacht. Meist enthält Ihre Software ein bestimmtes Kontingent an Keywords, die Sie manuell oder per Datenimport (als CSV-Datei) erfassen und dann kontinuierlich überwachen lassen können. Dementsprechend vorteilhaft ist es, wenn Sie bereits bei der Inbetriebnahme Ihrer Inbound-Marketing-Software Ihre Keyword-Liste zusammengestellt haben, die Sie über Ihre Inbound-Marketing-Software überwachen lassen wollen.

Inbound-Tipp: Worauf achten Sie bei der Performance Ihrer SEO-Keywords?

Bereits in Kapitel 9 (Abschnitt 9.2.3) haben Sie erfahren, auf welche Kriterien Sie bei der Keyword-Performance achten sollten.

▸ *Ranking:* Sie messen den SEO-Erfolg Ihrer Website oder, genauer gesagt, jeder einzelnen Webpage Ihrer Website zunächst einmal daran, zu welchen Keywords die Webpage auf welchem Rang bei Google und Co. zu finden ist. Eine Platzierung auf den ersten 10 Rängen, d. h. auf der Seite eins der ausgewiesenen Suchergebnisse bei Google, ermöglicht es, zu diesem Keyword in einem höheren Umfang auch tatsächlich von den relevanten Suchmaschinennutzern wahrgenommen zu werden.

▸ *Suchvolumen:* Das Suchvolumen des jeweiligen SEO-Keywords ist ebenso bedeutsam, denn es macht zumindest für Ihren quantitativen Website-Traffic einen deutlichen Unterschied, ob Ihre Webpages nur zu Begriffen mit einem nationalen monatlichen Suchvolumen von je ca. 10 bis 20 Suchen pro Monat gefunden werden oder auch zu Begriffen mit weitaus höheren Suchvolumina wie z. B. 3.000 oder gar 15.000 Suchanfragen bei Google im Monat.

Bei dem Import Ihrer SEO-Keywords in Ihre Inbound-Marketing-Software können Sie bei einzelnen Software-Lösungen bereits festlegen, welche der zahlreichen Webpages Ihrer Website besonders gut bei Google für das spezielle Keyword ranken soll. Wenn Ihre Keywords erst einmal importiert und in der Software verankert sind, geht es Ihnen nicht mehr nur um ein »gutes Ranking« Ihrer Website für das betreffende Keyword, sondern vor allem darum, ob Ihre Website für dieses Keyword genau mit der dafür vorgesehenen und optimierten Webpage rankt oder gegebenenfalls eine andere Webpage, die aber eigentlich eine ganz andere Aufgabe auf Ihrer Website wahrnehmen soll. Denken Sie also nicht in »Keyword-Rankings«, sondern in »Webpages, die für bestimmte Keywords besonders gut ranken«. Deswegen weist das SEO-Tool einer Inbound-Marketing-Software neben dem Ranking und dem zugehörigen Suchvolumen meistens auch die am besten für das Keyword rankende Webpage aus (Highest-Ranking URL for Keyword Phrase) wie in Abbildung 12.24 dargestellt.

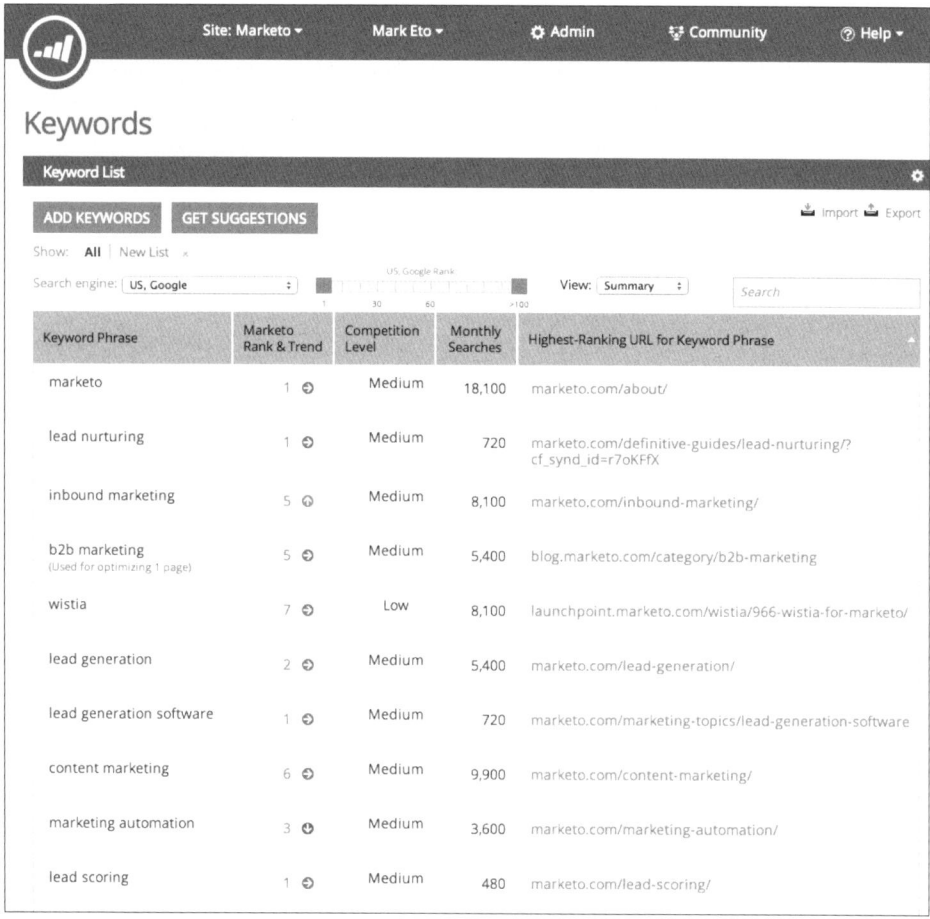

Abbildung 12.24 SEO-Keyword-Dashboard (Beispiel: Marketo)

Nach dem Import aller Keywords sehen Sie direkt die Ausgangsbasis Ihrer SEO-Strategie. In Abbildung 12.25 sehen Sie das SEO-Dashboard einer Inbound-Marketing-Software, in dem sofort auch die Anzahl der top-rankenden Keywords Ihres gesamten Keyword-Sets ausgewiesen wird. Dabei wird die Anzahl der unter den Top 3 platzierten Keyword-Rankings ausgewiesen, da diese erfahrungsgemäß bis zu 60 bis 70 % des gesamten Keyword-Traffics eines Suchbegriffs auf sich ziehen können. Zusätzlich wird auch die Anzahl der Top-10-Rankings ausgewiesen, da nur die Plätze 1 bis 10 insgesamt überhaupt auf der ersten Seite der Google-Ergebnisse erscheinen. In dieser Darstellung sehen Sie auch in der letzten Spalte, wie vielen Ihrer Inbound-Marketing-Kampagnen das jeweilige SEO-Keyword zugeordnet wurde. Bereits vor dem Import Ihrer Keyword-Liste macht es Sinn, ein Kern-Set von strategischen SEO-Keywords zu definieren, die Sie mit mehreren Inbound-Kampagnen gleichzeitig anvisieren und dabei gegebenenfalls für mehrere Buyer Personas unterschiedlich aufbereiten. Ebenso sehen Sie in dieser Darstellung, wie viele Kontakte und wie viel Website-Traffic über diese Keywords in den letzten Tagen auf Ihre Website gelenkt wurden. Gerade in den ersten Wochen nach Inbetriebnahme Ihrer neuen Software ist es hilfreich zu sehen, für welche Begriffe Google Ihre Website als relevant ansieht und über welche Keywords dann neue Kontakte auch dann tatsächlich zu Ihnen finden.

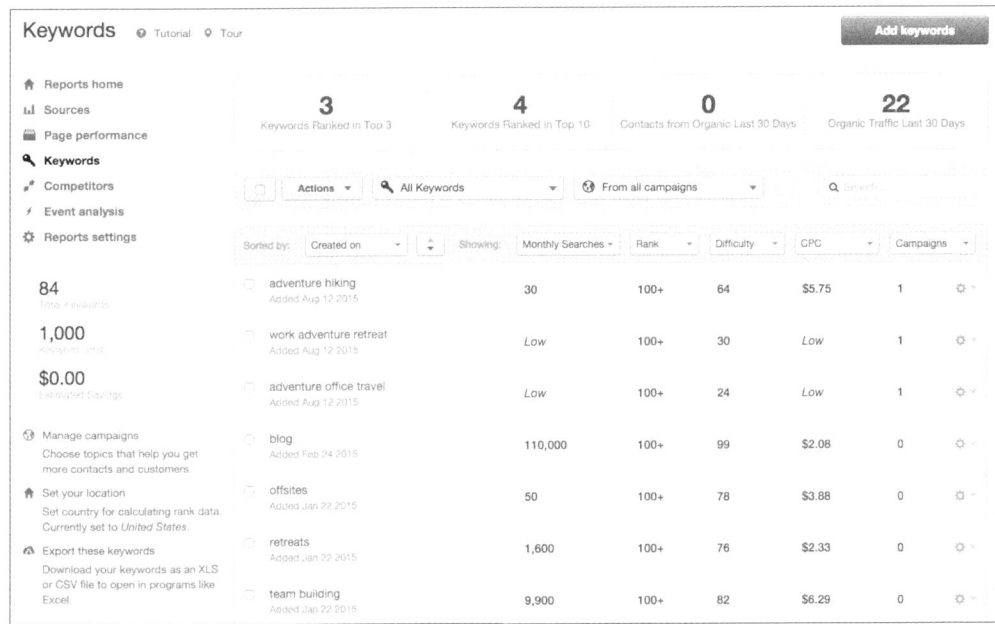

Abbildung 12.25 SEO-Keyword-Dashboard (Beispiel: HubSpot)

In Abbildung 12.26 sehen Sie darüber hinaus, dass nicht nur das Ranking bei Google, sondern auch bei der Suchmaschine von Bing und Yahoo berücksichtigt werden sollte. Darüber hinaus zeigt Ihnen diese Darstellung auch die Bedeutung Ihrer

Keyword-Performance im Wettbewerbsvergleich auf. Jedes Keyword auf Ihrer importierten Keyword-Liste befindet sich in einem unterschiedlichen Wettbewerbsumfeld
und wird unterschiedlich intensiv bei Google AdWords beworben. Achten Sie nach
dem Import Ihrer Keywords darauf, wie hoch der Cost per Click (CPC) bei Google
AdWords für jedes Keyword wäre und wie schwierig ein Top-Ranking für das betreffende Keyword werden dürfte (Ranking Difficulty). Beides sind Indikatoren für die
Wettbewerbsintensität Ihres Keyword-Sets.

	Keyword	Google Rank	Bing/Yahoo Rank	Google Monthly Volume	Google CPC	Ranking Difficulty	Actions
☐	pardot	1	1	3,600	USD 4.55	25th percentile	⚙
☐	landing page builder	?	6 (-1)	140	USD 6.48	100th percentile	⚙
☐	progressive profiling	2	2	No data	No data	No data	⚙
☐	sugarcrm marketing automation	4	11 (-1)	No data	No data	No data	⚙
☐	netsuite marketing automation	5	6 (+1)	No data	No data	No data	⚙
☐	salesforce marketing automation	8 (+5)	19	28	USD 21.20	100th percentile	⚙
☐	marketing automation	11 (-4)	10 (-4)	2,900	USD 37.22	97th percentile	⚙
☐	lead nurturing	14 (+2)	Unranked	720	USD 13.38	91st percentile	⚙
☐	lead management	Unranked	Unranked	1,600	USD 18.60	96th percentile	⚙

Filter: Tags ▾   + Add Keyword   Tools ▾

With 0 selected: [ ] ⬍ Go   Show rows: 50 ⬍   ‹ Previous   Page 1 of 1   Next ›

Abbildung 12.26 SEO-Keyword-Dashboard (Beispiel:Pardot)

Direkt nach dem Keyword-Import können Sie prüfen, ob Sie in Ihrem Keyword-Set
noch lohnenswerte und angrenzende Keywords übersehen haben. Die Inbound-Marketing-Software einzelner Hersteller bietet Ihnen dafür ein integriertes Keyword-
Suggest-Tool (vgl. Abbildung 12.27), in das Sie Ihr Keyword eintragen und so direkt
weitere Keyword-Vorschläge erhalten.

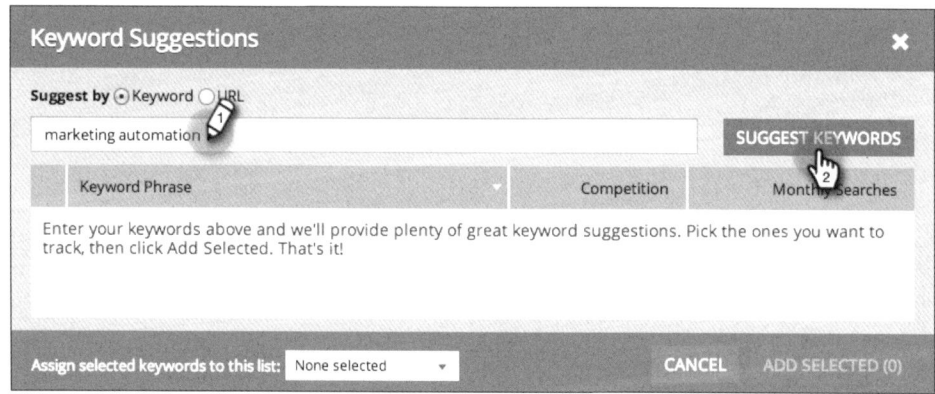

Abbildung 12.27 SEO-Keyword-Suggest-Tool (Beispiel Marketo)

378

12.3.4   Importieren Sie Kontakte von Leads und Kunden

Ihre Inbound-Marketing-Software ist nun so weit konfiguriert, dass Sie damit beginnen können, Ihre Kontaktdatenbank (Contact Database) aufzubauen. Sie ist das Herzstück und Ihr größtes Asset überhaupt. Hier finden sich alle Leads und Kunden wieder, mit denen Sie in der täglichen Praxis des Inbound Marketing arbeiten.

▶ Wenn Sie Ihre Geschäftstätigkeit gerade erst aufnehmen oder wenn Sie keine bestehenden Kontakte importieren wollen, beginnen Sie mit einer leeren Kontaktdatenbank, die sich erst im Zuge Ihrer Aktivitäten zur Lead-Generierung füllen wird.

▶ Haben Sie bereits Kontaktdaten von aktuellen Leads und Kunden vorliegen, sollten Sie diese Daten direkt zu Beginn Ihrer Inbound-Marketing-Aktivitäten importieren, damit Sie die Beziehungen zu diesen Menschen ab sofort zentral aus Ihrer Inbound-Software heraus steuern können.

Inbound-Tipp: Wie Sie Kontaktdaten importieren

Bereits vorhandene Kontakte können Sie bei den meisten Software-Lösungen als einfache CSV-Datei (Datentabellen mit Trennzeichen) oder sogar als Excel-Datei importieren.

▶ Dabei ist es je nach Software entscheidend, dass Sie bereits vor dem Datenimport in den Spaltenköpfen Ihrer CSV- oder Excel-Tabelle exakt die gleichen Bezeichnungen für die zu importierenden Namen der Kontaktmerkmale (Contact Properties) verwenden, wie sie in Ihrer Inbound-Marketing-Software bereits angelegt sind. Damit soll sichergestellt werden, dass alle Daten korrekt eingelesen und übertragen werden (vgl. Abbildung 12.28).

▶ Im Regelfall muss beim Datenimport die E-Mail-Adresse jedes zu importierenden Kontaktes dabei sein, da anhand der E-Mail-Adresse automatisch eine Bereinigung der Datensätze um doppelte Erfassungen vorgenommen wird (sogenannte *Deduplication*).

▶ Achten Sie bei Ihrer Software darauf, ob Sie den neu importierten Kontakten direkt auch als Kontaktmerkmal einen »Contact Owner« zuordnen können, der im Team über die Datenhistorie und über den Import des Kontaktes Bescheid weiß.

▶ Sie sollten beim Kontaktdatenimport möglichst direkt jedem Kontakt auch als Kontaktmerkmal zuordnen, in welcher Phase Ihres Sales Funnel er sich bei Ihnen befindet: handelt es sich um einen Sales Qualified Lead, einen Marketing Qualified Lead, um einen Kunden oder um eine Sales Opportunity? Ohne diese Information lässt sich in Ihrer Kontaktdatenbank nicht zuordnen, welche nächsten Schritte Sie in der Arbeit mit dem entsprechenden Kontakt verfolgen sollten.

▶ Das Importieren gekaufter Kontakte bzw. E-Mail-Adressen in die Kontaktdatenbank wird von den meisten Inbound-Marketing-Herstellern aus datenschutzrechtlichen Gründen zu Recht erschwert. So müssen Sie beim Datenimport oftmals explizit und verpflichtend bestätigen, dass alle Kontakte, die Sie importieren, bereits eine Kontaktbeziehung zu Ihnen haben und daher auch gegebenenfalls mit E-Mails oder anderen Kontaktaufnahmen Ihrerseits rechnen. Auch konzeptionell macht das allen Sinn der Welt, denn schließlich geht es darum, dass neue Kontakte aus eigenem Antrieb auf Sie zukommen und sich bei Ihnen registrieren sollen.

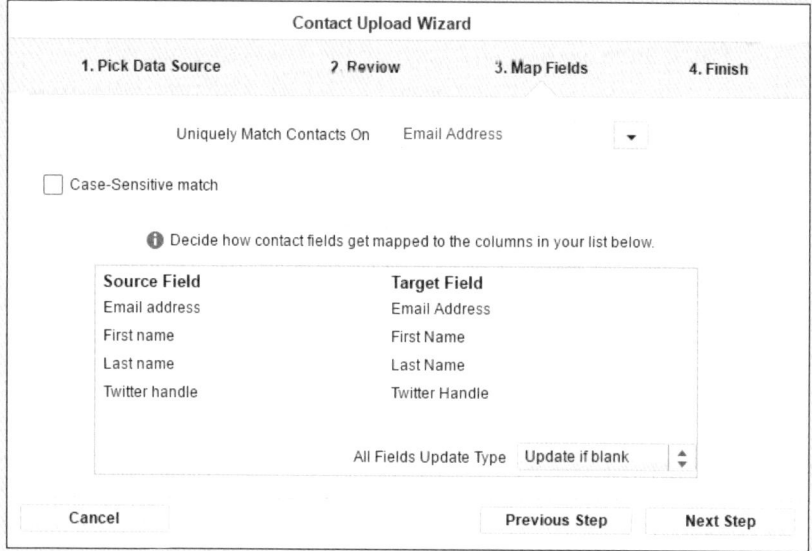

Abbildung 12.28 Kontaktdaten hochladen (Beispiel: Oracle Eloqua – Upload Wizard)

Die Kontaktdatenbank oder Contact Database bildet die Schaltzentrale Ihrer Inbound-Marketing-Aktivitäten. Sie bildet jeden einzelnen Kontakt mit seiner Vielfalt an persönlichen Informationen und Interaktionen mit Ihrem Unternehmen ab. Damit eine Contact Database einen lang anhaltenden Mehrwert für Ihr Unternehmen bildet, sollte diese Datenbank in Ihrer Software zwei wichtige Kriterien erfüllen:

▶ Die Kontaktdatenbank muss mit allen anderen Tools wie z. B. Ihrer CRM-Datenbank, den Listen und Workflows oder auch den Formularen reibungslos zusammenarbeiten. Ihre Software sollte sicherstellen, dass jede Interaktion wie der Besuch einer Landing Page, das Ausfüllen eines Formulars oder das Lesen einer E-Mail dem entsprechenden Kontakt in Echtzeit automatisch zugeordnet wird.

▶ Zusätzlich sollte die Kontaktdatenbank Ihrer Inbound-Software die Arbeit in Marketing und Vertrieb sowie die Zusammenarbeit beider Bereiche vereinfachen. Während Marketing-Mitarbeiter vielleicht die Kontaktdaten zum Lead Nurturing und beispielsweise zum Lead Scoring verwenden möchten, benötigen Ihre Vertriebsmitarbeiter die Kontaktinformationen zur Übersicht der Kontakthistorie und zur effektiven Ansprache der Kontakte. Die Haltung und die Darstellung der Daten sollten beiden Aufgaben und Perspektiven gerecht werden.

Mit dem Einsatz Ihrer Inbound-Marketing-Software wachsen Marketing und Vertrieb in Ihrem Unternehmen enger zusammen. Wenn Marketing und Vertrieb beide mit der Kontaktdatenbank arbeiten, bildet die Kontaktdatenbank eine wertvolle Grundlage für das gegenseitige Verständnis und für die konstruktive Zusammenarbeit im Unternehmen. Achten Sie also darauf, dass Ihr Vertrieb spätestens beim Import neuer Kontaktdaten über die anstehende Ansprache dieser Kontakte mit Inbound-Marketing-Kampagnen informiert wird. Es ist zwar ein wunderschönes Problem, aber es ist ein Problem, wenn Marketing auf einmal dem Vertrieb viel mehr qualifizierte Leads als früher liefert und der Vertrieb z. B. kapazitätsmäßig gar nicht auf deren Bearbeitung eingerichtet ist. Hinzu kommt, dass Leads, die Sie über Inbound gewinnen, in der Regel schon stark vorinformiert und lösungsorientiert sind, wenn sie vom Marketing an den Vertrieb übergeben werden. Daher benötigt der Vertrieb schnellen Einblick in die Kontakthistorie des Leads und z. B. eine Übersicht über den von dem betreffenden Lead bereits gelesenen Content (besuchte Webpages, gelesene Blogposts, heruntergeladene E-Books). Erst mit all diesen Informationen kann der Vertrieb genau ableiten, wo er beim persönlichen Kontakt mit dem Interessenten am besten ansetzen sollte.

12.3.5   Legen Sie die gewünschten Kontaktmerkmale an

Bei dem Import Ihrer bisherigen Kontakte werden Sie in vielen Fällen mit den bereits in Ihrer Inbound-Marketing-Software standardmäßig vorhandenen Kontaktmerkmalen erst einmal auskommen. Felder für Namen, Vornamen, E-Mail-Adresse, Telefonnummern usw. finden sich in jeder Inbound-Marketing-Software als bereits vordefinierte Kontaktmerkmale. Man nennt sie alternativ auch Contact Properties, Data Fields oder Contact Fields. Wenn Sie mit Inbound Marketing einmal begonnen haben, sammeln Sie viele Informationen über Leads und Kunden, um diesen Kontakten effektiv bei der Lösung ihrer Probleme bzw. beim Erreichen ihrer Ziele helfen zu können.

Weniger ist mehr – die Effizienz der Kontaktdatensammlung

Es geht im Inbound Marketing nicht darum, möglichst viele Kontaktdaten zu sammeln, sondern mit möglichst wenigen Informationen Ihr Lead Nurturing und Ihr Kunden-Management effektiv zu gestalten. Der Grund für diese Vorgehensweise liegt in den Kosten der Datenerfassung. Damit ist nicht gemeint, dass Sie die Daten jemandem abkaufen, sondern dass Sie für jedes gesammelte Kontaktmerkmal einen indirekten Preis zahlen. Wenn jemand mit Ihrer Website interagiert, ein Content-Offer (z. B. ein E-Book) herunterlädt und sich dafür registriert, haben Sie dafür die Kosten Ihrer Website und Ihrer Content-Produktion gezahlt. Je mehr relevante Kontakte und Kontaktmerkmale Sie also mit einem bestimmten Content-Offer und Formular gewinnen können, desto besser ist das für die Kosteneffizienz Ihres Inbound Marketing. Das gilt vor allem für all die Informationen, für die Sie Ihre Kontakte befragen müssen – sei es mit einem Registrierungsformular auf einer Landing Page oder im persönlichen Gespräch am Telefon oder auf einer Messe.

Wie Sie Kontaktmerkmale direkt erfassen

Mit einer Conversion wie z. B. dem Ausfüllen eines Formulars können Sie nur eine bestimmte, begrenzte Anzahl von Kontaktmerkmalen direkt erfragen. Je mehr Merkmale Sie auf einer Landing Page bzw. in einem Formular gleichzeitig abfragen, desto geringer wird im Regelfall der Prozentsatz derer sein, die bereit sind, Ihr entsprechendes Kontaktformular auszufüllen. Das Content-Offer und die dafür verlangten Kontaktdaten müssen in einer gesunden Relation zueinander stehen. Kontakte geben Ihnen beim Ausfüllen von Formularen auf direktem Weg Informationen über sich, ihre Interessen und gegebenenfalls ihr Unternehmen. Doch das ist nicht der einzige Weg der Datenerfassung im Inbound Marketing. Sie können über automatisierte Workflows auch Daten anderer öffentlich zugängiger Datenbanken wie z. B. Twitter oder LinkedIn in Ihre Kontaktdatenbank importieren und immer wieder in Echtzeit aktualisieren lassen. So gewinnen Sie auf indirektem Weg z. B. über die Twitter-Selbstdarstellung (Twitter-Bio) eines Kontaktes wertvolle Informationen, die dann manuell oder im besseren Fall automatisch durch Ihre Inbound-Marketing-Software in Ihrer Kontaktdatenbank erfasst und interpretiert werden.

Wie Sie Kontaktmerkmale aus dem Website-Nutzungsverhalten ableiten

Auch das Verhalten Ihrer Kontakte auf Ihrer Website kann für Ihr Inbound Marketing und für Ihre Kontaktdatenbank ausgewertet werden. Aus diesen Verhaltensmerkmalen lassen sich per Inbound-Marketing-Software automatisch bestimmte Kontaktmerkmale erstellen. So können Sie von den besuchten Webpages Ihrer Website gegebenenfalls auf dahinterliegende Interessensgebiete oder Probleme Ihres neuen Kontaktes schließen. Wenn z. B. einer Ihrer Kontakte alle möglichen Blogposts zu ein und demselben Thema verschlingt, Sie mehrfach aufruft, dann Ihr Einsteiger-Whitepaper zu diesem Thema herunterlädt und wenige Tage später auch noch das weiterführende E-Book zu diesem Thema, können Sie mit hoher Wahrscheinlichkeit von einem aktuellen Interesse an diesem Thema ausgehen. Mittels eines automatischen Marketing-Workflows könnten Sie also allen Kontakten, die diese Schritte tätigen, im Kontaktmerkmal *Interessensgebiete* automatisch einen Eintrag für das betreffende Thema zuordnen lassen und mit einem weiteren Marketing-Workflow eine weiterführende E-Mail-Ansprachekette zu diesem Thema starten. Sie können also durch das gezeigte Verhalten konkrete Kontaktmerkmale formulieren bzw. erfassen und diese automatisch im jeweiligen Kontaktprofil des Website-Besuchers speichern. Solche Merkmale geben oft Aufschluss über die aktuellen Interessen und die momentane Customer-Journey-Phase eines Kontaktes.

Wie identifiziert Ihre Inbound-Software einen Website-Besucher?

Ein Website-Nutzer stimmt zu Beginn des Surfens auf Ihrer Website Ihren Datenschutzbestimmungen zu, indem er den entsprechenden CTA (z. B. »Ich bin einverstanden«) in Ihrer eingeblendeten Cookie-Zeile anklickt.

- Je nach Ihren hinterlegten Datenschutzbestimmungen sind Sie damit berechtigt, das Nutzungsverhalten dieses Website-Besuchers in seinem anonymen Profil in der Inbound-Marketing-Software zu speichern. Anonym deshalb, weil ja nur ein Cookie auf seinem Computer abgelegt wird, das mit keinerlei personalisierten Daten verknüpft ist, und Ihr Website-Besucher damit weiter anonym bleibt.

- Sitzt der Website-Besucher an einem PC in einem Unternehmen mit einer festen IP (die meisten größeren Unternehmen haben das), nennt Ihnen Ihre Inbound-Marketing-Software durch den Abgleich mit einer IP-Datenbank, aus welchem Unternehmen der aktuelle Website-Besucher stammt — nicht jedoch, wer er ist. Trotzdem wird das Website-Nutzungsverhalten Ihres noch unbekannten Kontaktes nun zu einer wichtigen Informationsquelle, um ihm z. B. gezielt bei der Informationssuche auf der Website helfen zu können, auch wenn er Ihnen noch nicht namentlich bekannt ist.

- Sobald sich dieser unbekannte Website-Nutzer per Formular und Co. auf Ihrer Website registriert (z. B. bei einem Content-Download oder Blog-Abo), wird er als namentlich bekannter Kontakt in der Kontaktdatenbank erfasst. Jetzt ordnet die Inbound-Software auch das gesamte bisherige Nutzungsverhalten auf der Website rückwirkend seit der Speicherung des Cookies diesem nun bekannten Kontaktprofil zu.

Wie Sie den Umgang mit Kontaktmerkmalen intern regeln

Im Inbound Marketing arbeitet das ganze Marketing-Team jeden Tag mit den Kontaktmerkmalen. Jedes Kontaktformular arbeitet mit den zu erfassenden Contact Properties Ihrer Kontakte (vgl. Abbildung 12.29), und alle Maßnahmen richten sich darauf, die möglichst entscheidenden Informationen über die Informationssuche Ihrer Zielkunden zu erfahren, um sich noch besser auf ihre Bedarfe und Probleme einstellen zu können. Je mehr Mitarbeiter in Ihrem Team bei den Kampagnen mitarbeiten, desto eher wird der Ruf nach neuen oder abgeänderten Kontaktmerkmalen in Ihrer Kontaktdatenbank laut werden. Ständig werden gesammelte Informationen validiert, Antworten neuer Leads ausgewertet und neue Fragen über das Verhalten der Buyer Personas gestellt. Ihre Kenntnis über Ihre Zielkunden verfeinert sich – und das wollen Sie auch in den Kontaktmerkmalen der Datenbank Ihrer Inbound-Marketing-Software reflektiert sehen. Bevor Sie allerdings dazu übergehen, aufs Geratewohl neue Contact Properties und deren Datenausprägungen anzulegen, sollten Sie ein paar Dinge zum Management von Kontaktmerkmalen beachten.

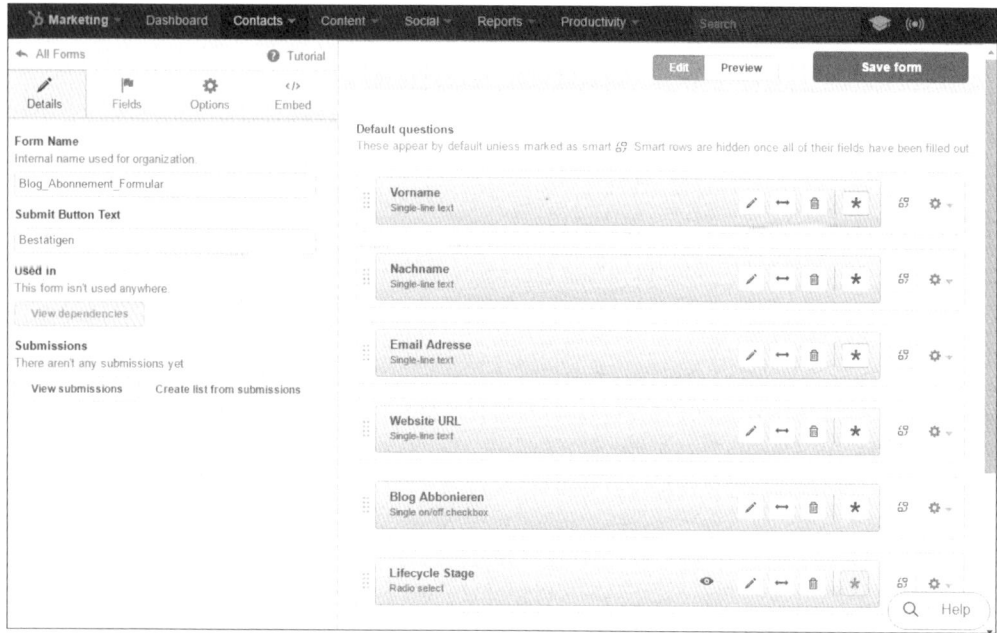

Abbildung 12.29 Einsatz von Kontaktmerkmalen in Formularen (Beispiel: HubSpot)

Ihre Inbound-Software hindert Sie nur selten daran, eigene und ganz neue Kontaktmerkmale in Ihrer Software anzulegen. Sie können jederzeit die Kontaktdaten bzw. die bereits vorhandenen Kontaktmerkmale der Kontaktdatenbank Ihrer Inbound-Marketing-Software bearbeiten und erweitern. Im Gegenzug hindert Sie eine gute Software durchaus daran, gravierende Fehler zu begehen, indem Sie z. B. versehentlich wichtige Kontaktmerkmale wie Namen, E-Mail-Adressen oder Telefonnummern aus der Datenbank einfach komplett löschen und damit alle Daten auf einen Schlag entwerten. Damit Sie die Übersicht auch in großen Teams behalten, bieten die meisten Inbound-Marketing-Software-Lösungen ein ausgefeiltes Rechtesystem, bei dem die Einsehbarkeit und Änderbarkeit der verschiedenen Kontaktmerkmale individuell definiert werden können. Dazu sind dann in der Regel Administratorrechte Ihrer Software nötig. Damit dieser Administrator in Ihrem Marketing-Team klare Orientierung erhält, sollten Sie möglichst frühzeitig die Rechte über den Aufbau und die Veränderung von Contact Properties schriftlich klar im Team regeln. Sorgen Sie dafür, dass Ihr Marketing-Administrator nicht zum Bremser des gesamten Teams im Tagesgeschäft wird, sondern schnell und nachvollziehbar die Änderungswünsche des

Teams nach Anpassungen oder Neuaufnahmen der Kontaktmerkmale umsetzt oder zurückweist.

Inbound-Tipp: Neue Kontaktmerkmale, alte Kontakte – was tun?

Bei neuen Kontaktmerkmalen sollten Sie bedenken, dass diese Daten in der Regel nur für solche Kontakte erfasst werden können, mit denen Sie nach der Einführung des neuen Kontaktmerkmals arbeiten werden.

▶ Stellen Sie sich vor, Sie betreuen das Inbound Marketing eines Online-Fashion-shops. Bislang verkaufen Sie nur Oberbekleidung, aber jetzt kommt auch Schuhmode hinzu. Wahrscheinlich haben Sie dann Ihre Kontakte in keinem Kontaktformular zuvor nach Informationen zu Schuhpräferenzen oder Schuhgrößen befragt.

▶ Wenn Sie z. B. das Kontaktmerkmal der Schuhgröße neu einfügen, können Sie nur bei neuen Conversions nach der Schuhgröße z. B. in einem Formular fragen, aber für Ihre besten Stammkunden bleibt dieses Datenfeld vielleicht vorerst leer. Wenn Sie das wiederum ändern wollen, ist Kreativität gefragt. Wahrscheinlich geht es Ihnen nur nachgelagert um die Schuhgröße Ihrer Bestandskunden, sondern eher um deren Präferenzen und Modegeschmack im Schuhbereich. Also werden Sie gegebenenfalls ganze Inbound-Marketing-Kampagnen starten, um Gesprächsanlässe mit Ihren Kunden zu suchen, um mit ihnen z. B. in E-Mail-Ansprachketten auch über Schuhmode zu reden. Bei der nächsten Conversion wie der Einlösung eines Rabatt-Coupons können Sie dann gezielt Fragen zu Schuhpräferenzen und Schuhgröße einbringen.

▶ Die Datenbeschaffung für neue Kontaktmerkmale bei bestehenden Kontakten geht folglich über eine neue, nutzenstiftende Ansprache dieser Kontakte, um von diesen Kontakten auch die neuen Informationen zu bekommen. Dazu ist dann ein Wertaustausch sinnvoll, wie das Angebot eines Content-Offers, eine Gratisleistung oder ein Rabatt auf Ihre Leistungen.

Es gibt Inbound-Marketing-Software-Anbieter, die die Anzahl möglicher Kontaktmerkmale bzw. Contact Fields in der Datenbank auf eine bestimmte Maximalzahl begrenzen (z. B. auf 250). Das hört sich zunächst nicht problematisch an, denn 250 Merkmale sind mehr, als sich ein Mensch zu einem Kontakt überhaupt merken kann. Vielleicht arbeiten Sie aber in Ihrem Geschäftsmodell mit verschiedenen Buyer Personas, Produkten und Wettbewerbern. Sie erfassen viele Daten hierüber, gestalten viele Inbound-Marketing-Kampagnen gleichzeitig und sammeln Daten über den Informationsprozess aller Beteiligten im Buying Center Ihres Kunden. Sie erfassen die Interessen, das Informationsverhalten und die Entscheidungskriterien Ihrer Zielkunden. In solchen Fällen sind Sie allerdings vielleicht bereits nach wenigen Monaten am Limit Ihrer Software und leben entweder mit der künstlichen Verknappung an Kontaktmerkmalen oder fordern Flexibilität von Ihrem Software-Hersteller, der diese Bremse systemseitig herausnehmen soll (sofern er das technisch überhaupt kann). Bedenken Sie als zentraler Ansprechpartner Ihres Inbound Marketing auch, dass Ihre Kollegen in unterschiedlichen Rollen des Marketing- und Vertriebsteams unterschiedliche Kontaktmerkmale für ihre Rolle im Kunden-Management benötigen. Diejenigen Kollegen im Team, die z. B. die Social-Media-Kommunikation verantworten, haben hohes Interesse daran, viele Aktivitätskennziffern Ihrer Kontakte auf den einzelnen sozialen Plattformen in Ihrer Kontaktdatenbank zu erfassen, wie z. B. die Anzahl von Followern sowie den Aktivitätsgrad und die soziale Reichweite der Kontakte auf Facebook, Twitter, Instagram oder Pinterest. Für Ihre vertriebsnahen Kollegen hingegen sind eher Kontaktmerkmale zum Conversion-Pfad des Kontaktes besonders wertvoll. Natürlich können Sie die Kontaktliste Ihrer Kontaktdatenbank nach jeder hinterlegten Eigenschaft sortieren oder filtern und sich so ganz einfach eine bestimmte Gruppe von Kontakten anzeigen lassen.

Kategorisieren Sie Ihre Kontaktmerkmale

Um bei der Vielfalt der gewonnenen Informationen über einen Lead nicht den Überblick zu verlieren, sollten Sie die Contact Properties in Kategorien einteilen. Abhängig von Ihrer Software haben Sie bereits voreingestellte Kategorien, aber scheuen Sie sich nicht, diese zu verändern. Die Erfahrung zeigt, dass die vorgeschlagene Einteilung nicht immer trennscharf ist und für manche Nutzer sogar verwirrend sein kann. Betrachten Sie folgende Erläuterungen nur als Vorschlag, und gleichen Sie die Kategorien mit der Sortierung in Ihrer Inbound-Marketing-Software ab.

1. *Persönliche Informationen:* Von der Anrede, dem Vor- und Nachnamen, dem Geburtstag über die private und geschäftliche Adresse, die E-Mail-Adresse und Telefonnummer bis hin zu den Interessen und Painpoints eines Kontaktes kann alles unter dieser Kategorie vereint werden.

2. *Touchpoint-Informationen:* Alles Wissenswerte über mögliche Kontaktpunkte mit einem Kontakt bzw. Lead können Sie in diese Kategorie einordnen. Besitzt der Kontakt einen Account bei Twitter, Facebook, Xing oder LinkedIn, können Sie den Link zu seinem Profil oder den Benutzernamen hinterlegen. Zusätzlich zu den Kontaktpunkten über Social Media spielt die Kommunikation über E-Mail eine große Rolle. Im Lead Nurturing versenden Sie vermehrt E-Mails an Ihre Kontakte. Die Interaktion eines Kontaktes mit der Anzahl ihm zugesendeter E-Mails könnten Sie auch in dieser Kategorie abbilden. Nutzen Sie diese Gruppe von Eigenschaften, um einen Überblick über die Möglichkeiten zur Kontaktpflege über alle relevanten Kanäle zu evaluieren und den Erfolg Ihrer Interaktionen zu bewerten.

3. *Web Analytics und Conversion-Informationen:* Hier finden Sie alle Daten rund um die erste Konversion, wie das Datum und das spezifische Formular, und alle weiteren Online-Interaktionen mit Ihrer Website. Zusätzlich wird dem Kontakt

eine IP-Adresse zugeordnet, und diese wird nach ihrer geografischen Lage ent-schlüsselt. Diese Informationen werden von der Software selbstständig erfasst und einem Kontakt hinterlegt.

4. *Sales-Funnel-Informationen:* Während die vorangegangene Kategorie schwer-punktmäßig den Erstkontakt betrachtet, wird hier der Fortschritt entlang des Sales Funnel erfasst. Dabei spielt das Datum des Übergangs in eine neue Phase (bei-spielsweise MQL, SQL) eine Rolle. Darüber hinaus soll transparent werden, wie häufig der Lead von Mitarbeitern aus Marketing (beispielsweise durch E-Mails) oder Vertrieb (beispielsweise durch Anrufe) kontaktiert wurde und welchen Lead Score er aufgrund seines bisherigen Verhaltens hat.

5. *Arbeitsbezogene Informationen:* Nutzen Sie diese Kategorie, um das berufliche Umfeld des Kontaktes zu verstehen. Neben der Position im Unternehmen und dem genauen Jobtitel können Sie abhängig von Ihrem Produkt oder Service besonders an speziellen Teilbereichen seiner Arbeit, seiner Einbindung in die Ent-scheidung in seinem Unternehmen oder seiner Vernetzung mit anderen relevan-ten Personen interessiert sein.

6. *Unternehmensinformationen:* Im B2B-Bereich geht es nicht nur um die persönli-chen Informationen Ihres Kontaktes, sondern insbesondere auch um die Daten des Unternehmens, für das Ihr Lead arbeitet. Die Attraktivität eines Kunden hängt hier in der Regel stark davon ab, ob das Unternehmen Ihres Lead für Ihr Unterneh-men attraktiv ist, d. h. ob ein sogenannter guter Prospect Fit vorliegt. Es kann z. B. sein, dass Ihre Leistungen nur für Kundenunternehmen mit einer bestimmten Anzahl von Mitarbeitern oder erst ab einer bestimmten Umsatzgröße passend sind. Solche Kriterien sind also dafür entscheidend, welche Leads Sie mit Ihren Inbound-Marketing-Kampagnen favorisieren werden.

Erfassen Sie hier die Kerndaten des Unternehmens Ihrer Kontakte. Oft erweist es sich als hilfreich, neben dem Namen und der Web-Adresse des Unternehmens auch die Anzahl der Mitarbeiter und die Standorte sowie den Umsatz des Vorjahres und die Social-Media-Aktivitäten zu notieren. Diese Informationen müssen nicht in Ihrer Inbound-Marketing-Software vorgehalten werden, sondern können auch in Ihr CRM ausgelagert sein. Neben den individuellen Kontakten bilden manche Inbound-Soft-ware-Systeme eine zweite Datenbank mit Unternehmensdaten und trennen diese Informationen bewusst vom Einzelkontakt. Da eine Person das Unternehmen wech-seln kann, wird ein Kontakt nur temporär mit einem Unternehmen verknüpft, ohne die Eigenschaften des Unternehmens fest an den Einzelkontakt zu binden.

Checkliste: Die wichtigsten Kontaktmerkmale im Überblick

Jedes Unternehmen benötigt andere Kontaktmerkmale für seine Inbound-Marke-ting-Software. Um Ihnen den Einstieg in diese recht komplexe Thematik zu erleichtern, finden Sie in der unten stehenden Tabelle eine Zusammenstellung vieler Kontaktmerkmale, die Ihnen in der Praxis behilflich sein können, um zu erkennen, auf welche Kontaktmerkmale Sie besonderen Wert legen werden. Überprüfen Sie regelmäßig die von Ihnen genutzten Kontaktmerkmale im Zeitablauf. Sie werden immer wieder neue Kriterien und Schwerpunkte entdecken, und genau das macht den Sinn der dynamischen Arbeit mit Inbound Marketing aus. Betrachten Sie die Arbeit mit den Kontaktmerkmalen Ihrer Leads und Kunden als einen stetigen Lern- und Veränderungsprozess, der Ihr Lead Management und Kunden-Management sukzessive verbessern wird.

Datenbereich	Kontaktmerkmal (Contact Property/Field Name)	Definition bzw. Erklärung des Kontaktmerkmals
Personendaten	Nachname (Last Name)	Nachname des Kontaktes
	Vorname (First Name)	Vorname des Kontaktes
	Anrede (Salutation)	Herr/Frau
	Akademischer Titel (Title)	Dr./Prof./Prof. Dr. (usw.)
	Jobtitel (Job Title)	selbst benannter Jobtitel des Kontaktes
	Rolle (Job Role)	Beschreibung der Rolle des Kontaktes im Kaufprozess (z. B. Entscheider, Influencer)
	Postanschrift (Address)	Adresse des Kontaktes (Straße, Hausnummer, Zusatzangaben)
	Stadt (City)	Sitz (Stadtname) des Kontaktes
	Bundesland (State or Province)	State (USA), Provinz oder Bundesland
	Postleitzahl (Zip or Postal Code)	ZIP-Code (USA) oder Postleitzahl
	Land (Country)	Land des Kontakt-Sitzes
	Industrie (Industry)	Industrie, der der Kontakt (und sein Unternehmen) angehört

Tabelle 12.1 Mögliche Kontaktmerkmale einer Inbound-Marketing-Software

Kontaktkanäle	geschäftliche Festnetz-nummer (Business Phone)	direkte Telefondurchwahl (möglichst)
	geschäftliche Mobilnummer (Mobile Phone)	direkte Mobilnummer des Kontaktes
	geschäftliche Faxnummer (Fax)	direkte Faxnummer des Kontaktes
	E-Mail-Adresse (Email Address)	persönliche E-Mail-Adresse des Kontaktes
Firmendaten	Firmenname (Company)	genaue Bezeichnung der Firma (wichtig z. B. bei Tochterunternehmen größerer Unternehmen)
	Firmengröße (Company Size)	Anzahl der Mitarbeiter der Firma des Kontaktes
	Firmenumsatz (Company Revenue)	Umsatzgröße des Unter-nehmens des Kontaktes
	E-Mail-Domain der Firma (Email Address Domain)	E-Mail-Domain des Unter-nehmens des Kontaktes (z. B. *siemens.com*)
Systemdaten	Kontakt-Identifikations-nummer (Contact ID)	ID-Nummer für den speziel-len Kontakt (nicht E-Mail-Adresse)
	Erstellungsdatum (Date Created)	Datum der Erstellung des Kontaktes im System
	letztes Änderungsdatum (Date Modified)	Wann wurden die Daten des Kontaktes zuletzt im System geändert?
Customer Intelligence	Buyer Persona	Bezeichnung der Persona in der Inbound-Marketing-Soft-ware (z. B. Geschäftsführer Gerd)
	Interessen (Product/ Solution of Interest)	geäußertes oder erfasstes Interesse des Kontaktes an Themen oder/und Produkten

Tabelle 12.1 Mögliche Kontaktmerkmale einer Inbound-Marketing-Software (Forts.)

Customer Intelligence (Forts.)	Lifecycle Stage (Integrated Marketing and Sales Funnel Stage)	Stufe des definierten Marketing & Sales Funnel, in dem sich der Kontakt derzeit befindet
	aktueller Lead-Status (Lead Status)	Qualifizierung des Lead-Status (z. B. Marketing Qualified Lead, Sales Qualified, Sales Opportunity, Customer, Fan/Empfehler)
	Anzahl verknüpfter Kontakte (Employees)	Anzahl der weiteren Kontakte in der Datenbank, die mit dem Kontakt (im Kundenunternehmen) in Verbindung stehen
	Anzahl verknüpfter Kontakte (Connections)	Anzahl der Kontakte in der Datenbank, die mit dem Kontakt (in anderen Unternehmen) in Verbindung stehen
Lead Scoring	Lead-Bewertung (Lead Score)	Lead-Score des Kontaktes, basierend auf seinen Profildaten und seinen Handlungen (Engagement)
	Lead Score – Engagement (Implicit Scoring)	Lead Score für das Verhalten (Engagement), d. h. die beobachtbaren Aktivitäten des Lead
	Lead Score – Profile (Explicit)	Lead Score für das Profil (Profile), d. h. die Profilangaben des Lead
	Lead Score Date – Engagement – Most Recent	Datum, an dem zuletzt der Lead Score für die Verhaltensaktivitäten (Engagement) des Lead verändert wurde
	Lead Score Date – Profile – Most Recent	Datum, an dem zuletzt der Lead Score für das Profil des Lead verändert wurde

Tabelle 12.1 Mögliche Kontaktmerkmale einer Inbound-Marketing-Software (Forts.)

Kontaktquelle	ursprüngliche Kontaktquelle (Original Lead Source)	ursprüngliche Quelle (Kanal), über die der Kontakt zur Website/zum Unternehmen kam
	letzte bekannte Kontaktquelle (Most Recent Lead Source)	zuletzt genutzte Quelle (Kanal), über die der Kontakt zur Website kam
Kontaktzuordnung	Marketing-Betreuer (Inbound Marketing Owner)	automatisch oder manuell zugeordneter Partner (z. B. Marketing-Mitarbeiter)
	Vertriebsansprechpartner (Salesperson)	automatisch oder manuell zugeordneter Ansprechpartner in unserem Vertriebsteam
Social Media	Twitter-Nutzername (Twitter User Name)	öffentlich sichtbarer Name des Kontaktes auf Twitter
	Twitter-Bio	öffentlich einsehbares Profil des Kontaktes auf Twitter
	Twitter-Profilfoto	öffentlich einsehbares Profilfoto des Kontaktes auf Twitter
	LinkedIn-Bio	öffentlich einsehbares Profil des Kontaktes auf LinkedIn
	Anzahl Facebook-Follower	stetig aktualisierte Anzahl der Facebook-Follower
	Anzahl Twitter-Follower	stetig aktualisierte Anzahl der Twitter-Follower
	Anzahl Google+-Clicks	stetig aktualisierte Anzahl der Google+-Follower
	Klout/Traackr Score	stetig aktualisierter Social Proof Score auf Klout.com oder Traackr.com
	Anzahl Kontakte bei Xing	aktuelle Anzahl ausgewiesener Kontakte auf Xing
	Anzahl Kontakte bei LinkedIn	aktuelle Anzahl ausgewiesener Kontakte auf LinkedIn

Tabelle 12.1 Mögliche Kontaktmerkmale einer Inbound-Marketing-Software (Forts.)

12

Lifecycle-Daten	Became a Subscriber Date	Datum, an dem der Kontakt sich als Abonnent (Blog/Newsletter) registriert hat
	Became a Lead Date	Datum, an dem der Kontakt automatisch oder manuell als Lead markiert wurde
	Became a Marketing Qualified Lead (MQL) Date	Datum, an dem der Kontakt automatisch oder manuell als MQL markiert wurde
	Became a Sales Qualified Lead (SQL) Date	Datum, an dem der Kontakt automatisch oder manuell als SQL markiert wurde
	Became a Sales Opportunity Date	Datum, an dem der Kontakt automatisch oder manuell als Sales Opportunity markiert wurde
	Became a Customer Date	Datum, an dem der Kontakt automatisch oder manuell als Kunde markiert wurde
	Became an Evangelist Date	Datum, an dem der Kontakt automatisch oder manuell als aktiver Empfehler markiert wurde
Conversion-Infos	Datum der ersten Conversion (First Conversion Date)	Datum, an dem der Lead zum ersten Mal eine Website-Conversion durchgeführt hat (z. B. Formularausfüllen)
	Art der ersten Conversion (First Conversion)	Art der ersten Conversion, die der Lead durchgeführt hat (welches Formular, welche Landing Page)
	Anzahl ausgefüllter Formulare (Number of Form Submissions)	Brutto-Anzahl der Formularausfüllungen (auch Mehrfach-Ausfüllen)
	Netto-Anzahl ausgefüllter Formulare (Number of Unique Forms Submitted)	Netto-Anzahl der Formularausfüllungen (ohne Mehrfach-Ausfüllen)

Tabelle 12.1 Mögliche Kontaktmerkmale einer Inbound-Marketing-Software (Forts.)

Conversion-Infos (Forts.)	letzte Conversion (Recent Conversion)	Art der letzten Website-Conversion (z. B. Download, Formular)
	Recent Conversion Date	Datum der letzten Website-Conversion
E-Mail-Daten	Versendete E-Mails (Emails Delivered)	Anzahl der an den Kontakt ausgespielten E-Mails
	Emails Opened	Anzahl der vom Kontakt geöffneten E-Mails
	Emails Clicked	Anzahl der vom Kontakt angeklickten E-Mails
	Emails Bounced	Anzahl der nicht an den Kontakt auslieferbaren E-Mails (Bounce)
	E-Mail-Opt-In vs. E-Mail-Opt-Out	E-Mail-Status des Kontaktes
Web Analytics (Interaktion mit unserer Website)	Anzahl Page Views im Durchschnitt (Average Pageviews)	durchschnittliche Anzahl der Page Views des Kontaktes auf unserer Website (z. B. pro Monat)
	Anzahl Page Views gesamt (Pageviews)	gesamte Anzahl aller Page Views unserer Website
	Anzahl Besuche gesamt (Sessions/Visits)	gesamte Anzahl aller Besuche (Sessions) auf unserer Website
	Anzahl Interaktionen gesamt	Anzahl der Interaktionen (Events) des Kontaktes auf unserer Website
	ursprüngliche Kontaktquelle (Original Source)	ursprünglicher Kanal zu unserer Website
	Erstbesuch Website (First Visit)	Datum des Erstbesuches auf unserer Website
	Zuerst gesehene Webpage (First Page Seen)	zuerst besuchte Webpage unserer Website
	zuletzt gesehene Webpage (Last Page Seen)	zuletzt besuchte Webpage unserer Website

Tabelle 12.1 Mögliche Kontaktmerkmale einer Inbound-Marketing-Software (Forts.)

12

Vertriebskontakte	letzte Sales-E-Mail (Recent Sales Email Opened Date)	Datum, an dem der Kontakt zuletzt eine E-Mail unseres Vertriebs geöffnet hat
	letzter Sales-Klick (Recent Sales Email Clicked Date)	Datum, an dem der Kontakt zuletzt in einer E-Mail unseres Vertriebs auf Weiterführendes geklickt hat
	letzte Sales-Antwort (Recent Sales Email Replied Date)	Datum, an dem der Kontakt zuletzt auf eine E-Mail unseres Vertriebs geantwortet hat

Tabelle 12.1 Mögliche Kontaktmerkmale einer Inbound-Marketing-Software (Forts.)

Kapitel 13
Gestalten Sie Ihre Inbound-Marketing-Kampagnen

Creativity is intelligence having fun.
– Albert Einstein

Inbound-Marketing-Kampagnen sind die Maßnahmenprogramme, die Sie planen, umsetzen und überwachen, um bestimmte Marketing- und Vertriebsziele zu erreichen. In Kapitel 12 haben Sie bereits die Hauptarten typischer Inbound-Marketing-Kampagnen kennengelernt. Immer wieder geht es in der täglichen Arbeit darum:

- neue Leads zu gewinnen (Lead-Generierung)
- Leads bis hin zum Kaufabschluss zu betreuen (Lead Nurturing)
- bestehende Kunden zu aktivieren und Kundenbeziehungen zu festigen (Customer Engagement)

Diese drei Kampagnen-Typen sind allerdings nur ausgewählte grundlegende Anwendungsbereiche Ihres Inbound Marketing. In der täglichen Praxis nutzen Sie die Instrumente Ihrer Inbound-Marketing-Software virtuos für die unterschiedlichsten Kampagnen, Abläufe und Workflows, für Marketing- und Vertriebsansprachen ganzer Kontaktsegmente sowie für die persönliche Ansprache einzelner Leads und Kunden. Mit zunehmender Praxiserfahrung kommen Sie auf neue Ideen für Kampagnen und Dialogmöglichkeiten mit Ihren Kontakten. Am Anfang Ihrer Inbound-Marketing-Praxis stehen jedoch meistens erst einmal das Beherrschen der Grundtechniken und das Orchestrieren der unterschiedlichen Marketing-Instrumente zu konversionsstarken Kampagnen. Mit jeder Inbound-Marketing-Kampagne sollten Sie bei Ihren Kontakten einen sichtbaren Nutzen schaffen und ihnen auf dem Weg des Kaufentscheidungsprozesses gezielt weiterhelfen.

13.1 Wie Sie Ihre Inbound-Marketing-Kampagne planen

Eine der wichtigsten immer wiederkehrenden Kampagnen-Arten im Inbound Marketing ist die Lead-Generierung, bei der Sie im Gegenzug zur Registrierung eines Lead ein wertvolles Content-Angebot zur Verfügung stellen, das man auf Ihrer Website direkt nutzen oder herunterladen kann. Um Ihnen die Zusammenarbeit mit Ihrer

Inbound-Marketing-Software in der Praxis nahezubringen, ist diese Art einer Inbound-Marketing-Kampagne ideal geeignet. Sie werden solche Kampagnen in einem wachstumsorientierten Unternehmen dauerhaft durchführen. Durch Kampagnen-Optimierungen werden Sie im Zeitablauf immer besser und übertragen diese Erkenntnisse auch auf andere Kampagnen-Typen. Mit Ihren Aktivitäten zur Lead-Generierung sorgen Sie dafür, dass der Sales Funnel Ihres Unternehmens immer neue Leads bekommt, unter denen Sie Kunden für Ihr Unternehmen gewinnen wollen. Widmen wir uns also den Aufgaben einer Kampagne zur Lead-Generierung mit Ihrer Inbound-Marketing-Software. In Abbildung 13.1 sehen Sie die Aufgaben zur Vorbereitung, Durchführung und Erfolgskontrolle einer solchen Inbound-Marketing-Kampagne.

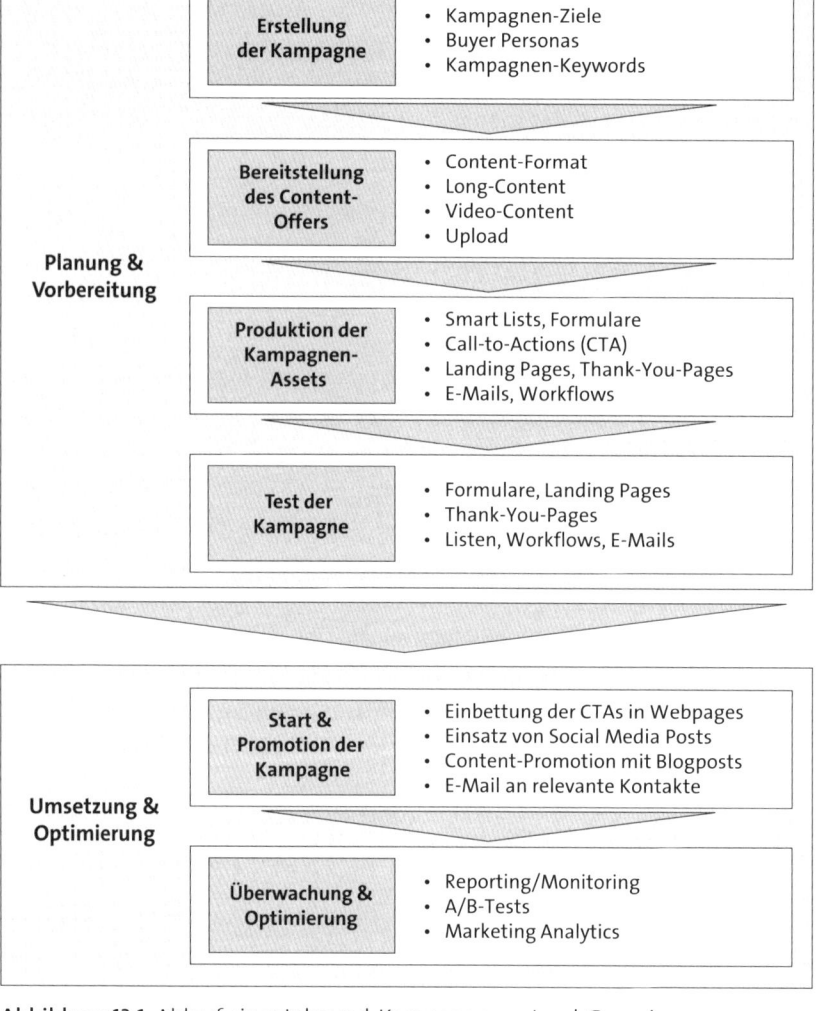

Abbildung 13.1 Ablauf einer Inbound-Kampagne zur Lead-Generierung

13.1.1   Planung und Vorbereitung Ihrer Kampagne

Zur Planung einer neuen Inbound-Kampagne gehört es zunächst, sich die Ziele im Sales Funnel bewusst zu machen, die Sie konkret erreichen wollen. Da wir uns gerade mit einer Kampagne zur Lead-Generierung beschäftigen, ist der Fokus im Sales Funnel damit klar auf den *Top of the Funnel*-Bereich gesetzt, d. h. auf die ersten Schritte der Kundengewinnung durch Steigerung des Website-Traffics und die Registrierung bzw. Gewinnung thematisch interessierter Leads. Diese Leads können prinzipiell in jeder Phase ihres individuellen Kaufentscheidungsprozesses (Customer Journey) stehen, d. h.:

► in der Awareness-Phase (sich gerade erst über ein Problem klarwerden)

► in der Consideration-Phase (das Problem bereits kennen und Lösungswege suchen)

► oder sogar in der Decision-Phase (bereits den geeigneten Anbieter für den favorisierten Lösungsweg suchen)

Die Erstellung der Kampagne in der Software

Machen Sie sich zu Beginn der Planung einer Kampagne klar, welche Buyer Persona Sie damit besonders ansprechen wollen, und schneiden Sie den Content sowie alle Kampagnen-Assets (z. B. Landing Pages, E-Mails) auf den Erfahrungshorizont und den Informationsbedarf dieser Buyer Persona besonders zu. Durchdenken Sie dafür zunächst die möglichen Keywords, die Ihre Buyer Persona bei der Lösung ihres Informationsproblems verwendet. Schauen Sie dabei auf alle Phasen des Kaufprozesses – von der Awareness-Phase bis hin zur Tätigung der Kaufentscheidung (Decision).

Inbound-Tipp: Machen Sie den 360-Grad-Keyword-Check

Wenn Sie mit der Kampagnen-Planung beginnen, nehmen Sie sich Ihr bereits erarbeitetes Keyword-Set für die betreffende Buyer Persona noch einmal genau vor. Lesen Sie dazu gegebenenfalls nochmals Abschnitt 4.4 und Abschnitt 9.2.

► Nehmen Sie sich Zeit für das Verständnis des Informationsbedarfs Ihrer potenziellen Kunden, und interpretieren Sie auch die Inhalte der Artikel und Websites, die für die betreffenden SEO-Keywords Ihrer Buyer Persona besonders gut bei Google und Co. ranken.

► Welche Keywords würden Ihre potenziellen Kunden z. B. bei Google eingeben, um ihrem Informationsziel näher zu kommen?

► Welche dieser Keywords haben ein hohes Suchvolumen und welche Keywords werden nur selten gebraucht bzw. sind eher ganze Wortreihen (Long-Tail-Keywords)?

► Wie hoch ist die Wettbewerbsintensität um diese Keywords, und wie gehen die bei Google bestplatzierten Artikel mit dem Informationsbedarf zu diesen Keywords um?

13

Schauen Sie sich die Suchergebnisse bei Google genau an, um herauszufinden, wie Google vermutlich über das typische Suchverhalten zu genau diesem Keyword denkt.

► Wenn informationsorientierte Suchanfragen (*informational search queries*) bei diesem Keyword dominieren, werden bei Google vor allem solche Artikel ausgewiesen, die sich darum kümmern, den gegoogelten Begriff zu definieren oder zu erklären. Typisch sind Wikipedia-Artikel, Artikel aus Online-Lexika oder auch Website-Texte mit Überschriften wie »Was ist …?« oder »So macht man …«.

► Wenn navigationsorientierte Suchanfragen (*navigational search queries*) überwiegen, geht Google direkt auf den Punkt und weist Ergebnisseiten mit einer eindeutig hohen Autorität zu dem Thema aus. Wer Siemens eingibt, erhält die Website von Siemens auf Platz eins.

► Bei echten transaktionsorientierten Suchen (*transactional search queries*) vermutet Google eine klare Kaufabsicht oder Beschaffungsabsicht hinter diesem Begriff. Wenn Sie z. B. »Buchhaltungssoftware« eingeben, zeigt Ihnen Google die Websites der wichtigsten Anbieter, aber auch Vergleichsportale für solche Software an.

Wenn Sie das relevante Keyword-Set Ihrer Inbound-Kampagne zusammengestellt haben, können Sie darangehen, Ihre neue Kampagne direkt in Ihrer Inbound-Marketing-Software anzulegen. Dieser Schritt ist in den meisten Inbound-Marketing-Software-Lösungen denkbar einfach. Ihre Software hält in der Regel einen Bereich zur Verwaltung Ihrer Kampagnen bereit, wo Sie einfach und schnell eine neue Kampagne anlegen können, ohne dabei bereits alle nötigen Kampagnen-Assets wie Landing Pages, Formulare oder E-Mails schon bereithalten zu müssen. Diese können Sie später noch erstellen und Ihrer neuen Kampagne einfach per Klick zuordnen. Legen Sie also in diesem Planungsschritt erst einmal nur die neue Kampagne an sich an (vgl. Abbildung 13.2).

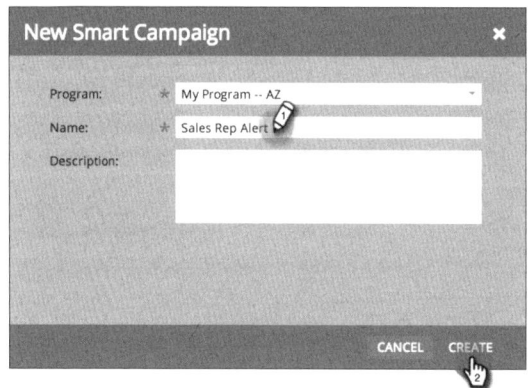

Abbildung 13.2 Neue Inbound-Kampagne anlegen (Beispiel: Marketo)

Diese neue Kampagne dient Ihnen nun in Ihrer Inbound-Marketing-Software als Fixpunkt zur Organisation aller Prozesse und zur Zuordnung aller Kampagnen-Assets, Reportings oder damit verbundenen Workflows. In diesem Bereich Ihrer Software behalten Sie vor allem bei einer steigenden Anzahl und Komplexität von Kampagnen die Übersicht über alle laufenden Aktivitäten. Damit diese Übersichtlichkeit auch dauerhaft erhalten bleibt, ist eine geeignete Namensfindung und Konventionsgebung für künftige Kampagnen wichtig.

Inbound-Tipp: Vergeben Sie mit Naming Conventions klare Regeln für alle Team-Mitglieder

Allgemein verständliche und handlungsverbindliche Namensregeln bei der internen Benennung von Kampagnen, Kampagnen-Assets (z. B. E-Books, E-Mails) und Workflows sind unabdingbar, damit Sie im Tagesgeschäft die Übersicht behalten und nicht zum Nachdenken oder Recherchieren gezwungen werden, sondern sich auf Ihre tägliche Arbeit konzentrieren können. Gerade bei größeren Teams kann es sonst leicht zu einem heillosen Durcheinander kommen.

▶ Geben Sie von Anfang an allgemein verständliche und bindende Regeln (Naming Conventions) für alle Team-Mitglieder schriftlich vor. Regeln Sie, ob alle Kampagnen-Namen in Klarsprache (Bosch Siemens Hausgeräte) geschrieben sein sollen oder ob intern allgemein verständliche Abkürzungen (BSH) gewählt werden dürfen.

▶ Erfassen Sie alle Abkürzungen in einem internen Verzeichnis, das Sie allen Team-Mitgliedern auf einem gemeinsamen Team-Laufwerk oder direkt in der Inbound-Marketing-Software zur Verfügung stellen.

▶ Verpflichten Sie alle Team-Mitglieder explizit auf Ihre Naming Conventions. Prüfen Sie, ob man in Ihrer Software auch nachträglich die Bezeichnungen von Kampagnen oder Kampagnen-Assets ändern kann. Sollte das nicht der Fall sein, verfolgen Sie eine »Null-Fehler-Politik«, d. h., achten Sie auf die fehlerlose Umsetzung von Anfang an.

▶ Probleme entstehen in der Praxis, wenn einzelne Kampagnen- oder Dateinamen aus der Reihe tanzen. Bei einer abweichenden Benennung kann es passieren, dass Kampagnen oder Dateien in einer Listenansicht nicht mehr gefunden werden können und auch per Direktsuche im Suchfeld Ihrer Software nicht mehr auffindbar sind. Dann entstehen unter Umständen *Campaign Zombies*, die irgendwo im System ihr Unwesen treiben, aber insbesondere bei Personalwechseln im Team keiner mehr auf dem Schirm hat.

13

Tragen Sie bei der Erfassung Ihrer neuen Kampagne einen geeigneten Namen ein. Es empfiehlt sich oft, die Namensgebung an dem betreffenden Produkt, Service, Content-Offer, Buyer Persona oder Phase der Customer Journey anzulehnen. In Verbindung mit einer Phase der Customer Journey könnte ein Name beispielsweise wie folgt gewählt sein: »E-Book E-Commerce Challenges – Awareness«.

Die Ziele der Inbound-Kampagne erfassen

Tragen Sie zusätzlich den zeitlichen Rahmen und die Kundengewinnungsziele der Kampagne in der Software ein. Wählen Sie möglichst smarte Zielwerte im Hinblick auf zu gewinnende Besucher, Leads und Kunden durch diese Kampagne (vgl. Abschnitt 10.2). Behalten Sie bei der Planung Ihrer Kampagne zur Lead-Generierung im Hinterkopf, dass Sie primär Erfolgskennzahlen des ToFu-Bereichs, also Website-Besucher (Traffic) und Leads, anvisieren. Die Gewinnung von Traffic und Leads ist natürlicherweise das unmittelbare Ziel einer solchen Kampagne zur Lead-Gewinnung. Die konkrete Konversion von Leads zu Kunden ist hingegen ein wünschenswertes, aber nur mittelbares Ziel. Erfassen Sie die geplanten Werte für die Anzahl zu gewinnender Leads Ihrer Buyer Personas entweder in einem Kampagnen-Steckbrief oder direkt in der Inbound-Marketing-Software. Geben Sie möglichst einen Start- und einen Endtermin für die Kampagne ein, damit Sie die Zielverfolgung Ihrer Kampagne an bestimmten Zeitpunkten (Milestones) überwachen können. Um die konkrete Aufgabe der Kampagne im Gesamtportfolio aller Ihrer Inbound-Kampagnen zu präzisieren, können Sie eine erläuternde Beschreibung für Dritte hinzufügen, wie z. B. im DESCRIPTION-Feld in Abbildung 13.2.

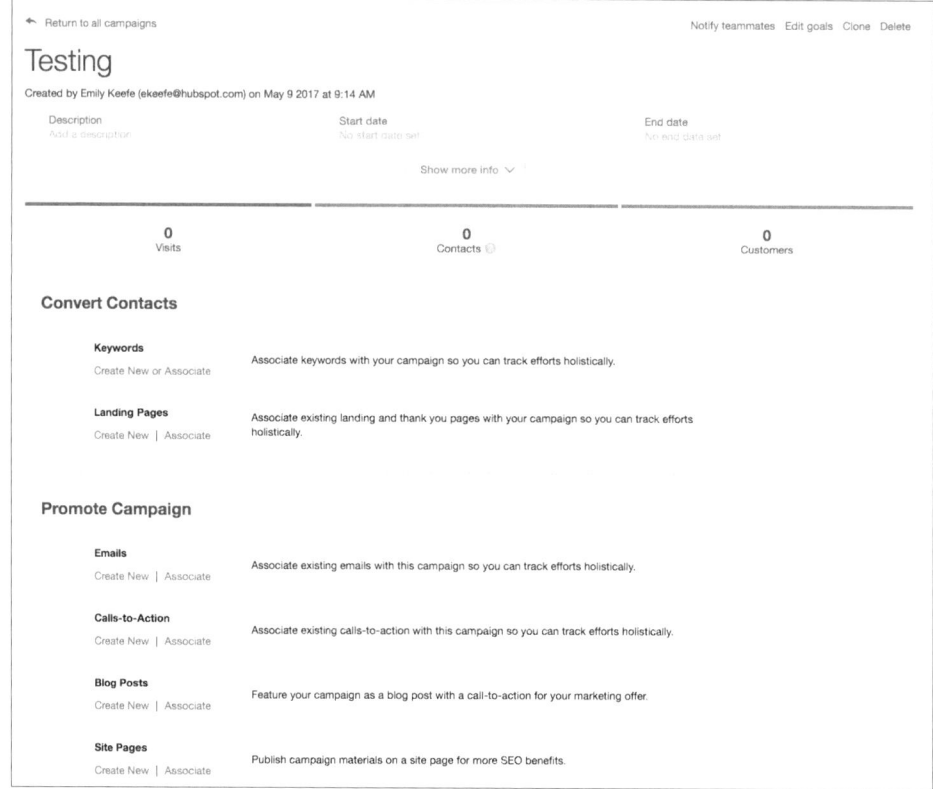

Abbildung 13.3 Kampagnen-Modul (Beispiel: HubSpot)

Bei manchen Software-Lösungen können Sie auch das geplante Budget für die Kampagne ergänzen und/oder die anvisierten Buyer Personas explizit hinterlegen. Bei der weiteren Vorbereitung und Durchführung Ihrer Inbound-Kampagne werden Sie immer wieder zum Kampagnen-Modul Ihrer Software zurückkehren. Typischerweise können Sie dort neu hinzukommende Kampagnen-Assets wie Landing Pages oder neu aufgenommene Kampagnen-Keywords laufend erfassen und ergänzen (vgl. Abbildung 13.3).

Achten Sie an dieser Stelle erneut darauf, ob Sie an alle SEO-Keywords gedacht haben, die Sie bei Ihren bisherigen SEO-Aktivitäten als relevant herausgefunden haben und nun für die betreffende Kampagne nutzen wollen. Es ist ärgerlich, wenn Sie hinterher bei der Kampagnen-Auswertung feststellen, dass Sie Ihr Potenzial nicht ausgeschöpft haben, weil Sie diverse Keywords, zu denen Ihre Landing Pages oder Content-Angebote hätten gefunden werden können, bei der betreffenden Kampagne nicht berücksichtigt haben und daher SEO-relevante Texte (z. B. bewerbende Blogposts, Social Posts, Call-to-Actions auf der Website) auf diese Begriffe nicht optimiert wurden.

13.1.2   Content-Angebote und Kampagnen-Assets vorbereiten

Das Zentrum einer Kampagne zur Lead-Generierung ist das Angebot (z. B. Content, Beratung, Service), das Sie Ihren potenziellen Kunden machen, um einen Dialog per Registrierung in Gang zu bringen. Mit diesem Angebot wollen Sie gleichzeitig einen Nutzen stiften, der Ihrem potenziellen Interessenten direkt weiterhilft. Im Gegensatz zu persönlichen Dienstleistungen wie z. B. Beratung oder Service ist ein Content-Angebot zu jeder Zeit verfügbar, und der Nutzen folgt unmittelbar nach dem Download und nicht erst gegebenenfalls ein paar Stunden oder Tage später. Das ist ein Grund, warum Content-Angebote wie E-Book-Downloads, Whitepaper oder Videos sich besonders in Kampagnen zur Lead-Generierung durchgesetzt haben. Beide Seiten – Anbieter und potenzieller Kunde – erreichen mit direkt verfügbarem Content ihre Ziele möglichst schnell und effektiv. Darüber hinaus ist schriftlicher Content besonders gut und einfach weiter teilbar und kann virale Effekte auslösen, die auf der Anbieterseite durchaus gewünscht sind. In Abschnitt 13.2 werden wir noch detaillierter auf die Gestaltung und Bereitstellung von hochwertigem nutzenstiftendem Content eingehen. Eine Kampagne zur Lead-Generierung folgt dem Prinzip, das Sie bereits in Abschnitt 5.1.1 kennengelernt haben (vgl. Abbildung 5.2).

Dort haben Sie bereits die logische Reihenfolge aller Schritte und Instrumente kennengelernt, die zur Konversion eines Website-Besuchers in einen namentlich registrierten Lead nötig sind.

▶ Ein potenzieller Kunde sieht auf einer Page Ihrer Website ein attraktives Angebot, wie z. B. das Angebot eines kostenlosen Whitepaper-Downloads, und klickt auf die zugehörige Interaktionsfläche, den Call-to-Action-Button.

▶ Damit gelangt der Website-Besucher zur speziell gestalteten Landing Page, die möglichst wenig Ablenkung bietet. Hier werden in kurzen Texten die Vorteile des Content-Angebots nochmals zusammengefasst, und es wird ein Formular angezeigt, in das der interessierte Website-Besucher die gewünschten Kontaktdaten eintragen kann. Mit Klick auf einen Button in Formularnähe sendet er es ab.

▶ Im nächsten Schritt erhält der neu registrierte Lead Zugriff auf sein Content-Angebot. Dazu setzen Sie am besten auf professionell gestaltete Thank-You-Pages (vgl. Abschnitt 13.3.4).

In diesem Teil des Buches geht es darum, wie Sie all die beteiligten Instrumente und Kampagnen-Assets konkret produzieren – und in welcher Reihenfolge Sie das tun. Wenn Sie vor der Entwicklung einer neuen Inbound-Marketing-Kampagne stehen, kann es Ihnen unter Umständen schwerfallen, zu definieren, in welcher Reihenfolge Sie am besten bei der Gestaltung der ganzen Kampagnen-Assets wie CTAs, Landing Pages, Thank-You-Pages oder E-Mails vorgehen sollten.

1. Ein weithin verbreiteter Weg ist, einfach in der Reihenfolge vorzugehen, in der Ihre Website-Besucher bzw. Leads auf Ihre Kampagnen-Assets treffen. Sie beginnen also mit der Erstellung des CTAs, der auf Ihr Content-Angebot hinweist, gestalten dann die Landing Page mit dem Formular und dann die Thank-You-Page. Anschließend gestalten Sie das E-Mail-Template für die Bestätigungs-Mail (sogenannte *Auto-Responder-Mail*), erstellen dann die smarten Listen für die neu gewonnenen Leads sowie die Workflows, mit denen Sie die neuen Leads weiter betreuen und entwickeln wollen (Lead Nurturing). Die Gestaltung des Content-Angebots selbst (z. B. Whitepaper-Erstellung) wird dann separat betrachtet und gegebenenfalls von Marketing-Mitarbeitern erbracht, die unter Umständen überhaupt nicht in die Kampagne selbst einbezogen sind.

2. Ein anderer Weg ist, alle Kampagnen-Assets konsequent zu unterteilen in einerseits alle Kontakt-Assets, d. h. Kampagnen-Elemente, die mit den Kontakten bzw. Leads zu tun haben, und andererseits alle Content-Assets, die mit den Inhalten zu tun haben, die in der Kampagne verwendet werden. Zu den Kontakt-Assets gehören die Formulare, E-Mails, Kontaktlisten (Smart Lists) und Workflows. Zu den Content-Assets hingegen gehören die Call-to-Action-Buttons, die Landing Page und die Thank-You-Page, die E-Mails sowie das angebotene Content-Offer selbst. Bei dieser Unterteilung arbeiten Sie zwar nicht im Prozess des Nutzererlebnisses Ihres Lead, können dafür aber gegebenenfalls die Content-Assets besser miteinander verzahnen und die Kampagnen-Assets für den Lead Flow (Contact Assets) inhaltlich gut aufeinander abstimmen.

Welche Vorgehensweise Sie auch für die Erstellung Ihrer Kampagnen-Assets wählen, Sie werden alles dafür tun, eine möglichst hohe Qualität und Performance jedes beteiligten Kampagnen-Assets zu erzielen. Der einfachste Weg zum Einstieg ins Inbound Marketing ist die Erstellung der Kampagnen-Assets in der logischen Reihenfolge, wie sie in Kontakt mit einem neuen Lead kommen (Weg 1). In Abbildung 13.4 sehen Sie die Stufen der Gestaltung der Kampagnen-Assets noch einmal im Überblick. Beginnen wir also gleich in Abschnitt 13.2 mit der Gestaltung der Basis Ihrer Kampagne zur Lead-Generierung – dem Content. Vorher sollten Sie sich noch kurz mit den Arbeitsschritten auseinandersetzen, die Ihnen dabei helfen, Ihre neue Kampagne auch in den Markt zu bringen und stetig erfolgreicher zu machen.

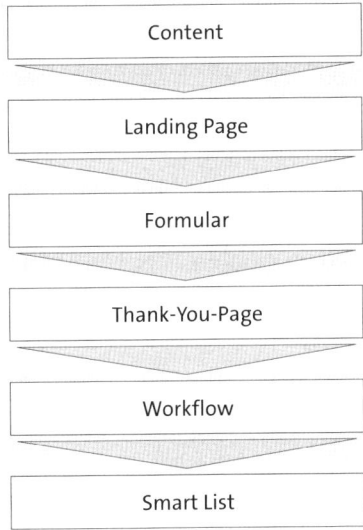

Abbildung 13.4 Gestaltung der Inbound-Marketing-Kampagnen-Assets

13.1.3   Umsetzung und Optimierung der Inbound-Marketing-Kampagne

Vor dem tatsächlichen Start (Go-Live) einer Inbound-Marketing-Kampagne werden Sie Ihre Inbound-Marketing-Software nutzen, um einzelne Kampagnen-Assets wie z. B. den Versand einer Bestätigungs-Mail und auch den Flow der gesamten Kampagne zu testen. Danach geht es los, und Sie schalten die Kampagne live, indem Sie den Hinweis auf Ihr Content-Angebot (CTA) sichtbar in Ihre Webpages einbinden, die Landing Pages und Thank-You-Pages scharf schalten, die Workflows aktivieren und die Promotion der Inbound-Kampagne per Blogposts und Social Posts beginnen. Darüber hinaus können Sie potenziell interessierte Kontakte per E-Mail auf das neue Content-Angebot aufmerksam machen, um sie zu einer Konversion auf Ihrer Website zu bewegen und ein vermutetes Interesse an den Themen Ihrer Content-Angebote zu validieren. Ab dem Start Ihrer Kampagne zur Lead-Generierung werden Sie deren Erfolg laufend überwachen und die Kampagne bzw. die Kampagnen-Assets für eine Erhöhung ihrer jeweiligen Performance kontinuierlich optimieren (vgl. Kapitel 14). Sie setzen dazu drei wichtige Methoden ein:

1. Mit Reportings und Performance-Monitoring (Abschnitt 14.1) überwachen Sie den Leistungsbeitrag der Kampagne und der Contact-Assets bzw. Content-Assets zum Erreichen Ihrer Kampagnen-Ziele. Sie überwachen dabei viele einzelne Elemente wie z. B. E-Mails oder Landing Pages und sogar die SEO-Performance derjenigen Webpage, auf der der Call-to-Action Ihrer Kampagne zu finden ist.

2. Mit A/B-Tests optimieren Sie die Performance einzelner Kampagnen-Assets (vgl. Abschnitt 14.2), indem Sie z. B. einzelne Gestaltungselemente einer Landing Page wie Textdarstellung, verwendete Bilder oder Farben einzeln testen. Sie prüfen dann die Performance der testweise umgestalteten Landing Page gegen die unveränderte Version mittels einer Kontrollgruppe.

3. Sie setzen auf Marketing Analytics (vgl. Abschnitt 14.2.5), um Ihre Inbound- und Kampagnen-Strategie zu überprüfen bzw. zu optimieren. Sprechen Sie die gewählten Buyer Personas effektiv an? Ist das Content-Angebot wirklich geeignet und attraktiv? Wie aktiv und kaufentscheidungsfreudig verhalten sich die Leads, die durch diese Kampagne gewonnen wurden im Vergleich zu Leads, die durch bestimmte andere Kampagnen gewonnen wurden?

All dies sind Fragen und Methoden, die Sie auf dem Weg der Performance-Steigerung Ihrer Inbound-Marketing-Kampagnen weiterbringen. Diese Kampagnen-Learnings machen den eigentlichen Lerneffekt der täglichen Praxis im Inbound Marketing aus. Sie sammeln dabei wichtige Erkenntnisse für Ihr Marketing und für Ihr Unternehmen, die Sie in keiner Schulung und in keinem Buch finden werden. Dieses Knowhow ist das echte Erfahrungswissen Ihres Inbound Marketing – und dieses Wissen ist unbezahlbar.

13.2   Nutzenstiftende Content-Angebote bereitstellen

Nur wenn Sie Ihren Kontakten auf Ihrer Website oder in den sozialen Medien ein attraktives Content-Angebot machen, werden diese Menschen motiviert und interessiert genug sein, um mit Ihnen in Kontakt zu treten und Ihnen im Austausch gegen dieses Content-Angebot ihre Kontaktdaten zu geben. Ein solches Content-Angebot muss sich selbst »verkaufen«, ohne dass Ihr Kontakt vorab die Qualität oder den persönlichen Nutzen dieses Content-Angebots für sich beurteilen könnte. Schließlich wartet Ihr Content-Angebot hinter einer unsichtbaren »Tür« auf seinen Nutzer. Der Schlüssel zu dieser Tür sind die Kontaktdaten, die Sie auf Ihrer Landing Page oder, besser, im Registrierungsformular der Landing Page erwarten, damit der Nutzer an das beworbene Content-Angebot herankommt. Nicht ohne Grund nennt man dies *Gated Content*, also Content, der durch eine Art Tor geschützt oder abgeschirmt wird.

Längst nicht alle Marketing-Experten befürworten, Content gegen die Registrierung von Kontaktdaten zugängig zu machen.

▶ Manche Marketing-Fachleute sind der Meinung, man solle den gesamten Content, den man produziert, für jedermann auf der eigenen Website und überall im Internet frei zugängig machen, da man so jegliche Nutzungsschwellen wegnimmt und jeder Website-Besucher sich seine Meinung über den Nutzen des Contents bilden kann.

▶ Andere Marketing-Fachleute meinen, man solle auf der eigenen Website den gesamten Content durch Formulare »gaten«, damit man maximale Chancen zur Lead-Generierung hat.

In der Praxis hat sich ein Mittelweg durchgesetzt. Viele Firmen treffen Einzelfallentscheidungen darüber, für wie wertvoll und hochwertig sie das jeweilige Content-Angebot halten. Ein One-Pager mit allgemein verfügbaren Informationen wird dann z. B. ohne Registrierung herausgegeben. Aufwendige Studien und Whitepaper hingegen, die einen hohen Recherche- und Konzeptaufwand bedeuten und für einen Lead vermutlich einen hohen Nutzen haben werden, werden nur im Gegenzug für wichtige Kontaktinformationen herausgegeben. Die meisten Unternehmen versuchen, eine subjektiv gute Balance zwischen dem Wert des Content-Angebots und der dafür verlangten Anzahl und dem Inhalt der Formularfragen zu erzielen. Die Fragen in Formularen z. B. stehen dann sinnvollerweise sowohl im Zusammenhang mit dem Thema des Content-Angebots als auch mit dem Kaufentscheidungsprozess des befragten Kontaktes, der gerade das Formular ausfüllt. Der Weg zum Content-Angebot über das Formular und das Beantworten der entsprechenden Fragen soll sich für den betreffenden Kontakt ganz einfach, natürlich und nachvollziehbar anfühlen.

Der erste Kontakt des neuen Lead mit dem gerade »gekauften« Content-Angebot ist ein besonderer Moment. Innerhalb weniger Sekunden bildet sich der neue Lead eine Meinung darüber, ob das Content-Angebot die Erwartungen erfüllt, die durch sein Anpreisen im Web und auf der Landing Page aufgebaut wurden. Die Faktoren, die ein Betrachter bei dieser Nutzenschätzung des Content-Angebots zur Beurteilung heranzieht, können völlig subjektiv sein und sich im Einzelfall unterscheiden. Wenn z. B. jemand ein Content-Angebot inhaltlich noch nicht beurteilen kann, kann er ersatzweise auf allgemein beurteilbare Kriterien wie den Seitenumfang, die Text-Bild-Relation (zu viel Bild kann den Eindruck eines Seitenfüllers vermitteln) und die optische Attraktivität des Titelbildes zurückgreifen. Ein dickes E-Book mit ca. 120 Seiten wirkt eben auf manche Leads kompetenter als ein Checklisten-Papier zum selben Thema mit 5 Seiten. Natürlich sagt das nichts über den wirklichen Nutzen und Wert dieser beiden Content-Angebote aus. Vor allem bei schriftlichen Content-Angeboten wie Whitepapers und E-Books ziehen Content-Nutzer unbewusst Beurteilungskriterien heran, die sie auch bei klassischen Offline-Medien wie Zeitschriften, Büchern und Produktbroschüren anlegen würden.

13

13.2.1 Auswahl des geeigneten Inhalts und Content-Formats

Es gibt viele Content-Formate, die Sie zur Gewinnung neuer Leads einsetzen können. Schriftliche Content-Formate stellen den Hauptschwerpunkt der derzeit im Umlauf befindlichen Content-Angebote im Inbound Marketing dar.

Schriftliche Content-Angebote – wer schreibt, der bleibt

E-Books und Whitepapers sind die Klassiker des Content Marketing, wenn komplexere Themen und Sachverhalte dargestellt und ein guter Überblick über ein Themenfeld gegeben werden soll. Checklisten und Infografiken werden gern eingesetzt, um Themen beherrschbar aussehen zu lassen, Orientierung zu geben und Argumente oder Handlungsoptionen für bestimmte Produktalternativen aufzuzeigen. Case Studies sind Fallstudien mit Erfahrungsberichten einzelner Firmen oder Kunden. Sie dienen Unternehmen dazu, aufzuzeigen, wie die eigene Produkt- oder Servicelösung einem Kunden geholfen hat, seine Ziele zu erreichen. Interessanterweise funktionieren je nach Branche und Buyer Persona sowohl Case Studies, die den Namen des präsentierten Kunden nennen, als auch anonyme Case Studies, die offenlassen, um welchen Kunden genau es sich handelt. Es gibt viele weitere Formate von Print-Content-Angeboten, die attraktiv für Leads sein können. Einkaufs-Guides, Kaufratgeber und Vergleichs-Charts präsentieren z. B. verschiedene Produktalternativen und diskutieren deren Stärken und Schwächen. Themen-Guides beleuchten ein Thema von allen Seiten und präsentieren unter anderem Experten mit verschiedenen Aspekten zu einem bestimmten Thema. Produktbroschüren und sogar Bedienungsanleitungen oder Online-Handbücher sind für viele Kaufinteressenten von hoher Relevanz, weil sie einen guten Eindruck der Produktnutzung technischer oder Software-Produkte vermitteln.

Content-Angebote für alle Sinne – von Videos bis Online-Tools

Immer mehr Unternehmen haben es mit Buyer Personas zu tun, die keine langen Content-Formate lesen wollen. In vielen Geschäftsmodellen geht es auch gar nicht darum, mit Content-Angeboten rationale Inhalte und Wissen zu vermitteln, sondern Leads einfach zu unterhalten, sie zu inspirieren und so zu einer geschätzten Quelle im Alltag zu werden. In solchen Fällen eignen sich multimediale Content-Formate wie z. B. Videos, Podcasts oder Edutainment-Angebote wie etwa interaktive Guides oder sogar Online-Schulungen hervorragend zur Lead-Generierung. Nicht jedes Video, das man produziert, muss gleich bei YouTube landen, um dort gratis einsehbar zu sein. Moderne Video-Hosting-Lösungen wie z. B. Wistia (*www.wistia.com*) erlauben es Ihnen, Ihren Video-Content hinter den Landing Pages Ihrer Inbound-Marketing-Software zu »gaten« und die Nutzbarkeit Ihres Video-Contents bei Leads gezielt zu steuern, indem Sie z. B. den Download oder Mitschnitt des Videos unterbinden oder die Einsehbarkeit der Videos zeitlich begrenzen. Videos oder Podcasts sind Formate, die keine besondere Mitwirkung Ihres Lead erfordern. Deshalb lassen sie sich ebenso leicht in Inbound-Marketing-Kampagnen einbinden wie schriftliche Content-Formate.

Interaktive Content-Formate – Leads zum Mitmachen animieren

Lead-Generierung kann auch bedeuten, dass es sofort nach der Registrierung zu einer recht intensiven Interaktion mit Ihrem neu gewonnenen Lead kommt. Sie können z. B. interaktive Content-Formate anbieten, um gezielt mit einzelnen Leads zu sprechen (z. B. Online-Demo) oder aber Leads in einer größeren und oft bewusst anonymeren Runde anzusprechen (wie z. B. bei einem Webinar), und ihnen die Möglichkeit geben, Ihr Unternehmen und Ihre Inhalte kennenzulernen, ohne sofort selbst im Mittelpunkt zu stehen. Wenn Sie selbst nicht Teil der Interaktion sein wollen, sondern das z. B. Ihrem Produkt überlassen wollen, können Sie zeitlich begrenzte Produktnutzungen (Trials) als registrierungspflichtiges Angebot zur Lead-Generierung nutzen oder aber spezielle Online-Tools anbieten, die mit dem Kunden als *Interactive Content* kommunizieren. Es gibt mittlerweile recht ausgereifte Tools für Interactive-Content-Module wie Selbsteinschätzungstests (Self-Assessments), Quizfragen oder Peergroup-Vergleichstests. Mit Tools wie *SnapApp* (*www.snapapp.com*), *DOT* (*www.dot.vu*) oder dem *Innolytics Lead Generator* (*www.innolytics.de*) können Sie interaktive Umfragemodule zusammenstellen, die Ihrem Lead nach seiner Registrierung für ein Self-Assessment z. B. individuelle Auswertungen anzeigen und auf Wunsch per E-Mail zuschicken (vgl. Abbildung 13.5).

Abbildung 13.5 Interactive Content einbinden (Beispiel: Dot.vu)

Leads, die mit einem solchen Interactive-Content-Tool interagieren, geben damit viele Informationen über ihr Interesse an dem betreffenden Themengebiet preis und auch über ihre Einstellungen, Erfahrungen oder Erwartungen. Ein Tool für Interactive Content kann in der Regel sehr einfach in Ihre Inbound-Marketing-Software eingebunden werden und überträgt die gesammelten Daten per API-Schnittstelle direkt in das Kontaktprofil Ihres Lead. In den meisten Fällen nutzen Leads solche Tools und Online-Tests besonders intensiv in fortgeschrittenen Phasen ihres Kaufprozesses. Ihre Aufgabe im Inbound Marketing ist, die richtigen Themen und Content-Formate für die richtigen Phasen der Customer Journey Ihrer Leads bereitzustellen und die verschiedenen Content-Angebote in einer mehrstufigen Inbound-Kampagne zu einer aufeinander abgestimmten Content-Kette zu verweben.

13.2.2   Content-Angebote als Interaktionskette für Ihre Inbound-Kampagne

Bei der Auswahl und Produktion der Content-Angebote geht es vor allem darum, die richtigen Bedürfnisse und Themen der Menschen anzusprechen, die für den Kaufentscheidungsprozess in Bezug auf Ihre Produkte relevant sind. Planen Sie bei der Gestaltung Ihrer Kampagnen zur Lead-Generierung von vornherein gleichzeitig die Themen und Botschaften für alle vier Phasen des Kaufentscheidungsprozesses, da Sie Ihren Interessenten Content-Angebote für jede Phase machen werden. Vergleichen Sie Ihre Content-Planung auch mit dem, was Mitbewerber bereits veröffentlicht haben, und finden Sie Informationslücken, um genau diese zum Nutzen Ihrer Leads zu füllen. Bieten Sie einen klaren Mehrwert, und positionieren Sie sich so als vertrauensvoller Partner für Ihre potenziellen Kunden.

Bestimmte Content-Formate und Themen eignen sich besonders gut für bestimmte Phasen im Kaufprozess Ihrer potenziellen Kunden (vgl. Abschnitt 9.3). Mit einem entsprechenden Portfolio an Content-Angeboten können Sie durch unterschiedlich adaptierte Themen und Content-Formate neue Leads ansprechen, die in den unterschiedlichsten Phasen ihrer Customer Journey stecken. Für jeden Lead haben Sie dann das passende Content-Angebot im Portfolio. Wichtig ist nur, dass Sie potenziellen Kunden möglichst zielsicher genau das Content-Angebot machen, das für sie persönlich und für die Phase der Customer Journey, in der sie sich gerade befinden, optimal geeignet und nutzenstiftend ist. Vergessen Sie nicht: Lead-Generierung ist der Beginn des Dialogs. Betrachten Sie Ihre Inbound-Kampagne zur Lead-Generierung als eine Art Konversationskette. Nicht Sie, sondern Ihr potenzieller Kunde bestimmt, welches Ihrer Content-Angebote er als attraktiv ansieht und daher im Gegenzug zur Kontaktdaten-Registrierung nutzen will. Bei einer gut gemachten und gut sichtbaren Kampagne zur Lead-Generierung erzielen Sie mehrere mögliche Kontaktchancen bei ein- und demselben Lead. Das bewirken Sie, indem Sie Ihrem potenziellen Kunden mehrere Content-Angebote anbieten, die ihn auf unterschiedlichen

Stufen seiner Customer Journey ansprechen. Im Inbound Marketing übernehmen Social Media und Ihre Website bzw. Ihr Blog den ersten Teil des Dialogs mit einem potenziellen Kunden. Verankern Sie dort also gleich mehrere Content-Angebote für verschiedene Customer-Journey-Stufen. So steigern Sie die Chancen zur Lead-Generierung und machen jedem potenziellen Lead ein Angebot – egal, in welcher Phase der Customer Journey er steckt.

Inbound-Tipp: Wie Sie Content-Angebote den Customer-Journey-Phasen zuordnen

Stellen Sie sich vor, Sie verantworten das Inbound Marketing für eine Unternehmensberatung, die ihre Kunden bei Veränderungsprozessen im Unternehmen (Change Management) betreut.

▶ Ein Whitepaper mit dem Titel »Was ist Change Management?« spricht dann solche potenziellen Kunden an, die sich noch in der Orientierungsphase (Awareness- bis Consideration-Phase) befinden. In einem solchen Content-Angebot vermitteln Sie die Grundlagen, Definition, Anwendungsbereiche und Einsatzbereiche von Change Management als Tool zur Bewältigung von Veränderungsprozessen.

▶ Ein anderes Whitepaper zum gleichen Thema mit dem Titel »Wie Sie Ihr Change-Management-Projekt nachhaltig erfolgreich machen« richtet sich hingegen eher an potenzielle Kunden, die bereits eine klare Vorstellung vom Thema und dessen Relevanz für das eigene Unternehmen haben. Diese Menschen befinden sich vielleicht bereits mitten in einem Change-Management-Projekt oder sind in der Decision-Phase der Auswahl einer begleitenden Unternehmensberatung.

Planen Sie ein Content-Portfolio für die gesamte Customer Journey

Inbound-Marketing-Software unterstützt Sie darin, die passenden Content-Angebote für potenzielle Kunden auszuwählen, sie effektiv bereitzustellen und ganze Ansprecheketten zu gestalten (z. B. per E-Mail), mit denen Sie Ihren Leads immer neue Content-Inspirationen geben und sie weiter in ihrer Kaufentscheidung voranbringen. Gehen Sie bei der Einführung von Inbound Marketing und bei Ihren ersten Kampagnen zur Lead-Generierung pragmatisch vor, und schaffen Sie sich ein Grundgerüst von Content-Angeboten, mit dem Sie ein relevantes Thema und einen wichtigen Painpoint Ihrer potenziellen Kunden bedienen. Halten Sie bei diesem Thema für jede wichtige Phase des Kaufentscheidungsprozesses ein passendes Content-Angebot bereit. Wählen Sie jeweils passende Content-Formate aus, und orientieren Sie sich dabei an den für die jeweilige Phase typischerweise gut geeigneten Content-Formaten (vgl. Abbildung 4.10), wie wir sie bereits in Kapitel 4 angesprochen haben.

Machen Sie sich direkt bei der Planung Ihrer ersten Kampagne zur Lead-Generierung darüber Gedanken, wie Sie die Content-Angebote, die Ihren potenziellen Kunden den Weg zur Kaufentscheidung ebnen sollen, auf mehrere und aufeinander aufbauende Content-Angebote aufteilen. Sortieren Sie die Informationen zu dem betreffenden Thema danach, zu welcher Phase der Kaufentscheidung sie passen. Wählen Sie dann die passenden Content-Formate.

Awareness-Phase: Leads gewinnen mit Content zur Problemdiskussion

In der Awareness-Phase benötigen Kunden schwerpunktmäßig lehrreiche (edukative) Inhalte, d. h. neutral gehaltene und faktische Informationen, die Fragestellungen aufwerfen, Themen diskutieren und über alle Aspekte eines bestimmten Themas informieren. Dabei werden nur Problemstellungen diskutiert. Problemlösungen werden nur angerissen. Hinweise auf Marken, einzelne Produkte oder Anbieter sollten noch unterbleiben.

► Besonders gut eignen sich hierfür Whitepapers, E-Books, Checklisten, Infografiken und andere Erklärformate.

► Ergänzend können Sie in dieser Phase auch neutralen Content von Dritten einbinden wie beispielsweise Studienergebnisse, Analystenberichte oder redaktionelle Beiträge aus Zeitschriften, Zeitungen oder Online-Medien.

Consideration-Phase: Leads gewinnen mit Content zur Lösungsfindung

In der Consideration-Phase haben Kunden ihrem Problem bereits einen Namen gegeben und suchen Unterstützung von Experten bei der Abwägung der verschiedenen Lösungswege.

► Neben den bekannten Formaten wie E-Books, Whitepapers und Checklisten kommen jetzt auch multimediale Content-Formate (z. B. Podcasts, Videos und Webinare) und unterstützende Online-Tools (wie Worksheets und Online-Rechner) zum Zuge.

► Auch Experteninterviews, Vergleichsstudien oder Case Studies helfen jetzt dem Kunden bei seiner Orientierung.

Decision-Phase: Leads gewinnen mit Content zur Lösungsumsetzung

In der Decision-Phase sind die eingesetzten Content-Formate deutlich darauf getrimmt, die Entscheidung des Kunden zu fördern und dabei die Vorteile der eigenen Lösung im Wettbewerbsvergleich zu demonstrieren.

► Dazu eignen sich besonders gut Anbieter-Vergleichsstudien, Produktleistungsvergleiche, Case Studies und Kaufratgeber. In dieser Phase wird auch Content gezielt eingesetzt, der das Produkt direkt erlebbar machen soll (z. B. Produktvideos).

▶ Auch Webinare, Produktliteratur, Live-Demos und kostenlose Probenutzungen (Free Trials) der angebotenen Produkte bzw. Services gehören zu den zielführenden Content-Formaten.

Deployment-Phase: Leads gewinnen, die schon Kunden sind?

Leads können sogar bestehende Kunden Ihres Unternehmens sein. Bei vielen Investitionsgütern, Produkten im Bereich der Medizintechnik oder auch Dienstleistungen (z. B. Anwaltsdienstleistungen) mag Ihr CRM zwar ausweisen, dass Ihr Kunde zuletzt vor acht Jahren bei Ihnen gekauft hat, aber ist das wirklich noch Ihr Kunde, wenn seitdem kein Kontakt mehr bestand? Konventionelle Kampagnen zur Kundenreaktivierung greifen dann gern auf E-Mail-Anspracheketten zurück, mit denen Kunden wieder an das Unternehmen herangeführt werden sollen. Oft aber wäre selbst das nicht lohnenswert. Mit Inbound-Marketing-Kampagnen zur Lead-Generierung setzen Sie bei solchen »Forgotten Customers«, die sich schon seit langer Zeit in der Phase der Produktnutzung befinden (*Deployment*), neu an und bauen über relevanten Content die Beziehung neu auf.

▶ In dieser Phase der Produktnutzung (Deployment) setzen Sie Content ein, um Ihrem Kunden den Einsatz des Produktes optimal zu erleichtern, ihn mit neuen Produkteinsatzmöglichkeiten zu inspirieren, ihn in der Wahl seines Kaufs zu bestärken und Folgekäufe zu stimulieren.

▶ Hierzu eignen sich alle Arten der Ausbildung des Kunden wie Produktliteratur, Kundenseminare und Events, eine Kundenakademie und eine Kunden-Community (z. B. durch Forum, User Group, Fan-Community).

Betrachten Sie solche Exkunden durchaus als neue Leads, denn gerade im B2B-Bereich kann längst der damalige Ansprechpartner in Ihrem Kundenunternehmen gewechselt haben, und niemand erinnert sich mehr so richtig an Ihre Produkte und die damalige Beschaffung. Viele erfolgreiche B2B-Unternehmen hören nie auf, ihre Bestandskunden als ewige Leads zu begreifen, weil sie genau wissen, dass sie die vielen wechselnden Ansprechpartner auf Kundenseite immer wieder neu gewinnen müssen.

Inbound-Tipp: Leitfragen zur Planung passgenauen Contents

Die folgenden Fragen helfen Ihnen dabei, geplanten Content gezielt auf eine Phase der Customer Journey auszurichten und bereits vorhandenen Content einer Phase zuzuordnen:

1. Mit welchen Themen beschäftigen sich Menschen, die grundsätzlich für den Kauf Ihres Produktes/Ihres Service infrage kommen? (Awareness)

2. Was sind die Bedürfnisse der Menschen, die sich für Ihr Produkt/Ihren Service interessieren? (Consideration)

3. Wie lauten die konkreten Anforderungen der Menschen, die Interesse zeigen, Ihr Produkt/Ihren Service in Anspruch zu nehmen? (Decision)

4. Welche Bedürfnisse haben die Menschen, die Ihr Produkt/Ihren Service bereits gekauft haben? Was kann diese Menschen dazu bewegen, das nochmals zu tun? Und zwar bei Ihnen! (Deployment)

Greifen Sie die Erkenntnisse Ihrer Content-Planung hinsichtlich der relevanten Themen und Botschaften für eine Buyer Persona auf, und bestimmen Sie für jedes Thema in jeder Phase das jeweils am besten geeignete Content-Format. Betreiben Sie Content Mapping. Legen Sie frühzeitig fest, für welche Buyer Personas und für welche Phase der Customer Journey ein neues Content-Angebot gedacht ist.

Betreiben Sie Content-Persona-Mapping

Prüfen Sie kontinuierlich im Inbound Marketing, ob Sie mit Ihrem Content-Portfolio alle Buyer Personas über alle Customer-Journey-Phasen hinweg abdecken. Schließen Sie gegebenenfalls Lücken im Portfolio durch gezielte Entwicklung neuer Content-Angebote. Bedenken Sie, dass die Content-Gestaltung für Ihr Inbound Marketing ab jetzt ein fortlaufender Prozess in Ihrem Unternehmen sein wird, der niemals aufhört. Content wird Teil Ihres Marktauftritts und Ihres Geschäftsmodells. Dabei ist die Gestaltung des Contents keine alleinige Aufgabe Ihres Marketing-Teams, sondern eine Team-Aufgabe für mehrere Bereiche Ihres Unternehmens. Um dauerhaft relevanten Content zu gestalten, der für Ihre Zielkunden attraktiv ist, brauchen Sie häufig das gemeinsame Know-how aus Kommunikation, Produkt-Management und Vertrieb. Oftmals ist auch die Einbindung einer spezialisierten Agentur empfehlenswert. Ein solcher externer Partner sollte möglichst nicht nur einfach Content-Erstellung, sondern Inbound Marketing insgesamt beherrschen.

13.2.3 Wie Sie E-Books und anderen Long-Form Content gestalten

Die Gestaltung von Content-Angeboten wie z. B. Whitepapers, Case Studies oder E-Books hat viel mit Erfahrung zu tun. Es geht um Erfahrung in der Auseinandersetzung mit Ihren Buyer Personas, um das Verständnis des Themas Ihrer Buyer Persona und auch um handwerkliches Know-how. Ein Blogpost ist z. B. ein Content-Format, das von der Authentizität und Originalität des Schreibstils des Autors abhängt. Im Regelfall sind Blogposts nicht allzu lang, sollten sich in fünf Minuten lesen lassen, und ihre Erstellung sollte nicht länger als ein bis vier Stunden in Anspruch nehmen – je nach Komplexität und Erklärungsbedürftigkeit des Themas, Rechercheaufwand und Anspruch der Buyer Persona. Bei längeren und aufwendigeren Content-Angeboten wie z. B. einem 40 Seiten starken E-Book werden oftmals weitere Kenntnisse in Bezug auf Didaktik, kreatives Schreiben, Layout-Editieren und Grafikgestaltung erforderlich. Content-Formate mit einem längeren Textformat, didaktischer Aufbereitung des Wissens und der Thesen (Messaging) und einer meist grafisch aufwendigeren Gestaltung nennen wir *Long-Form Content*.

Grundregeln für die Content-Gestaltung

Für die Gestaltung von Content-Angeboten und insbesondere schriftlichem Long-Form Content gibt es nur relativ wenige allgemeinverbindliche Regeln. Ein attraktives Whitepaper oder E-Book kann je nach Buyer Persona und Phase der Customer Journey völlig unterschiedliche Anforderungen an Inhalt und Gestaltung setzen. Dennoch gelten für alle Content-Formate und Buyer Personas ein paar wichtige Grundregeln.

▶ *Informationen statt Werbung:* Halten Sie Content immer informativ und niemals werblich. Erst in der Entscheidungsphase ihrer Customer Journey haben potenzielle Kunden gegebenenfalls Interesse an Informationen zu Ihrem Angebot oder Unternehmen. Vorher geht es Ihren potenziellen Kunden nur um ihr Thema und um die Lösung ihrer Probleme.

▶ *Weniger ist mehr:* Es ist leicht, lange Texte zu schreiben oder lange Videos zu drehen. Nur kollidiert das mit der Aufmerksamkeitsspanne Ihrer Zielgruppe. Sie wollen nicht, dass das Lesen Ihres E-Books oder das Anschauen Ihres Videos deshalb abgebrochen wird, weil Ihre Buyer Personas Ihrem Content nur eine bestimmte subjektiv veranschlagte Zeit zu geben bereit sind. Fassen Sie sich also in jedem Content-Angebot so kurz wie möglich, denn Ihre potenziellen Kunden sind genauso beschäftigt wie Sie und wollen dementsprechend wenig lesen bzw. anschauen.

▶ *Form follows Function:* Stellen Sie die Inhalte Ihres Contents in den Vordergrund, nicht die grafische Aufbereitung oder das Design. Gute Grafiken und Layouts sind ein gutes Differenzierungskriterium gegenüber Wettbewerbern, können aber nicht über inhaltliche Schwächen Ihrer Informationsangebote hinwegtäuschen. Produzieren Sie also weder unattraktive Textwüsten noch bilderbuchartige Content-Angebote, es sei denn, es ist in Ihrem Einzelfall genau das Richtige für Ihre Buyer Persona.

Cornerstone-Content comes first

Long-Form Content ist gut dazu geeignet, zum Kern Ihres Content-Portfolios zu werden. Im Inbound Marketing gliedern Sie den gesamten Content in Ihrem Content-Portfolio in inhaltliche Angebote mit verschiedenen Aufgaben und Prioritäten. Nicht jedes Content-Angebot wie z. B. ein E-Book ist automatisch dazu in der Lage, stetig neue Leads zu generieren und dabei auch noch längerfristig relevant und aktuell zu bleiben. Ein E-Book mit dem Titel »Trends 2017« ist eben von vornherein nur für eine bestimmte Lebensdauer geplant und kann in dieser Zeit durchaus sehr erfolgreich bei der Gewinnung neuer Leads und weiterer Kontakte (z. B. Pressevertreter) sein. Allerdings sollten Sie angesichts des recht hohen Aufwands zur Erstellung eines einzigen E-Books oder Whitepapers auch sogenannten *Evergreen-Content* im Portfolio haben, der von zeitlosem Interesse für Ihre Buyer Personas ist, inhaltlich nicht veraltet oder ständig aktuell gehalten wird und inhaltlich viele potenzielle Painpoints oder Interessenaspekte Ihrer potenziellen Kunden abdeckt. Solche Content-Angebote gehören mit Sicherheit zum Kern Ihres Content-Portfolios, haben ein langfristig hohes Potenzial zu Lead-Generierung und nehmen daher einen besonders wichtigen Platz im gesamten Portfolio Ihres Contents an. Sie sind inhaltliche Eckpunkte Ihrer Content-Strategie und stehen sozusagen an der Spitze Ihrer Content-Pyramide (vgl. Abbildung 13.6).

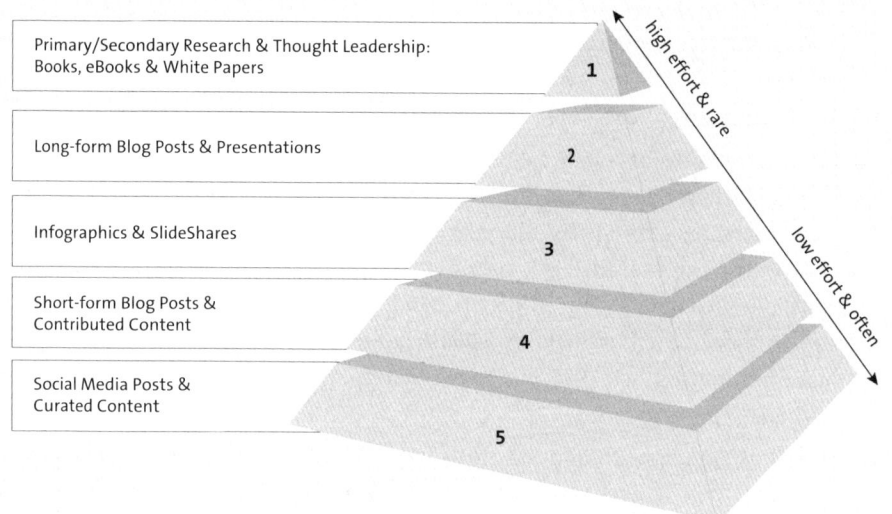

Abbildung 13.6 Die Content-Marketing-Pyramide (Quelle: curata.com)

Bücher, E-Books und Whitepapers sind die aufwendigsten und gleichzeitig wirkungsstärksten Tools Ihres Content-Portfolios. Allerdings gilt das, wie gesagt, nur unter der Voraussetzung, dass Sie das jeweilige Content-Angebot so gut wie möglich für die Bedarfe Ihrer Buyer Personas optimieren. Achten Sie dabei auf mehrere Aspekte:

▶ Mit Ihrem Cornerstone-Content sollten Sie einen Beitrag zu Ihrer Positionierung als inhaltlicher Vordenker im Markt leisten (Thought Leadership). Wenn Sie nur bestehenden Content anderer Anbieter zusammentragen und gedanklich »nachplappern«, nehmen Ihre potenziellen Kunden Sie maximal als guten Mitläufer im Markt wahr und nicht als Meinungsführer oder Wegbereiter. Fragen Sie sich, ob Ihre Zielkunden das, was sie in Ihrem E-Book lesen werden, auch woanders im

Markt oder im Internet bekommen könnten. Sehen Sie sich also genau an, welchen Content Sie von Mitbewerbern zum jeweiligen Thema finden. Suchen Sie den geeigneten Einstiegspunkt oder Aspekt des Themas aus Zielkundensicht zur Differenzierung.

▶ Gehen Sie immer von Ihren Buyer Personas und vor allem von deren Painpoints aus. Auch wenn Ihr E-Book ein Thema präsentiert (z. B. Change Management), geht es nicht wirklich darum, das Thema selbst in seiner Gänze darzustellen, sondern darum, immer genau diejenigen Aspekte des Themas hervorzuheben, die Ihrer Zielgruppe bei der Lösung ihrer Probleme behilflich sein können.

▶ Zielen Sie mit Ihrem E-Book oder Whitepaper auf einen besonderen Punkt in der Customer Journey. Stellen Sie sich eine bestimmte Situation vor, in der ein potenzieller Kunde auf Ihr E-Book zurückgreift. Was hat er gerade erlebt? Welche Gedanken und Gefühle durchlebt er gerade? Was will er im nächsten Schritt für sich, für sein Team oder für sein Unternehmen erreichen? Wie können Sie ihm das Gefühl geben, dass Sie ihn verstehen und dass Sie genau der richtige Partner sind, mit dem er sich jetzt unterhalten wollen würde?

▶ Sehen Sie Ihr E-Book als eine gedankliche Unterhaltung mit Ihrem Leser an. Dann bleiben Sie immer im gedanklichen Kontakt mit Ihrem zukünftigen Kunden. Nutzen Sie bei der Planung und Gestaltung eines Cornerstone-Content-Angebots alle Informationen, die Sie über Ihre Zielkunden und Buyer Personas besitzen. Was sind ihre Interessen, Sorgen, Painpoints, Wünsche und Ziele?

Der Framework und Aufbau Ihres Content-Angebots

Sobald Sie das relevante Thema und die Anforderungen Ihrer Buyer Personas eingegrenzt haben, können Sie die relevanten Inhalte in eine Art Rahmenwerk oder »Framework« aufteilen, d. h., Sie entwickeln die Storyline Ihres Content-Angebots. Schließlich stellen Sie nicht wie bei einem Aufsatz einfach Themeninhalte vor, sondern Sie wollen einen interessanten und packenden Einstieg ins Thema finden und eine Story erzählen, die den Leser »bei der Stange« hält und ihn immer wieder auf das nächste Kapitel neugierig macht. Ihr Leser muss schon auf den ersten Seiten das Gefühl haben, dass er das Content-Angebot bis zum Schluss durchlesen sollte, da der Inhalt stufenweise aufeinander aufbaut.

▶ Sie können einen inhaltlichen Aufbau wählen, der verschiedene Teilaspekte eines Themas hintereinander darstellt und diskutiert. Jedes Kapitel muss in sich spannend bleiben, und das jeweils nächste Kapitel muss einen nachvollziehbaren nächsten Aspekt beleuchten. Beispiele für solche Konzepte sind z. B. »Die Best Practices des Change Management« oder »Was Sie schon immer über Change Management wissen wollten«. Diese Konzepte arbeiten wie ein »Themenfächer«, und man erwartet keinen überdeutlichen roten Faden zwischen den einzelnen Kapiteln.

▸ Anders ist das bei Content-Konzepten, die schon im Titel eine konsequente Führung des Lesers versprechen. Wenn Sie also z. B. einen »kompletten Leitfaden zum Inbound Marketing« anbieten, sollten die darin enthaltenen Kapitel auch in der Tat der Denk- und Entscheidungsreihenfolge beim Umgang mit dem betreffenden Thema entsprechen. Ein solcher Content-Aufbau hat einen doppelten Nutzen für den Leser. Erstens vermittelt der Inhalt jedes einzelnen Kapitels wichtige Informationen zu dem betreffenden Teilaspekt des Themas. Zweitens schafft der programmatische Aufbau des E-Books oder Whitepapers eine klare Orientierung und vermittelt dem Leser das Gefühl, eine bestimmte Vorgehensweise selbst zu können und das Gelesene z. B. auch im eigenen Wirkungsfeld angehen und umsetzen zu können.

Denken Sie daran, mehrere Content-Angebote inhaltlich und gestalterisch aufeinander abzustimmen, um Leads gezielt mit Content weiterzuentwickeln. Stellen Sie sich die Kette aller Content-Angebote nacheinander in ihrer idealen Reihenfolge vor, die Ihr Zielkunde lesen sollte, um seiner Kaufentscheidung und Problemlösung näher zu kommen. Natürlich soll jedes einzelne Content-Angebot unabhängig voneinander funktionieren und nicht den Eindruck erwecken, nur ein Teil eines Sammelbands zu sein. Aber genauso wichtig ist es, nicht planlos einzelne Versatzstücke fürs Content-Portfolio zu entwickeln, sondern eine Themenstrategie in mehrere Content-Produkte umzusetzen. In Abbildung 13.7 sehen Sie z. B. die Gliederung zweier aufeinander aufbauender E-Books, die zu einem gemeinsamen Thema (Inbound Marketing), für dieselben Buyer Personas (Marketing-Leiter und Marketing-Referenten), aber für unterschiedliche Phasen der Customer Journey gestaltet wurden.

Auf der linken Seite findet sich das Einsteiger-E-Book für Marketing-Leute, die zwar grundsätzlich thematisch interessiert oder neugierig sind, aber noch keine inhaltliche Auseinandersetzung mit Inbound Marketing hatten (Consideration-Phase). Daher beginnt die Gliederung dieses E-Books mit einer inhaltlichen Einordnung von Inbound als Marketing des digitalen Zeitalters im Kontext der Probleme des traditionellen Marketings. Das E-Book erläutert dann die Grundbegriffe und erklärt die Methodik mit dem Ziel der Kundengewinnung. Zur gedanklichen Bestätigung und zur internen Argumentation im Unternehmen werden zehn Gründe für Inbound Marketing angefügt und die vier Erfolgsbausteine angegeben, die für die Einführung von Inbound Marketing in Unternehmen entscheidend sind. Auf der rechten Seite hingegen ist das entsprechende E-Book für Marketing-Leute, die sich bereits inhaltlich mit dem Thema Inbound Marketing auseinandergesetzt haben und jetzt vor der Einführung stehen oder gerade mitten auf dem Weg sind (Decision-Phase oder Deployment-Phase). In solchen Phasen der Customer Journey sind viel mehr praktische Informationen nötig sowie das gute Gefühl, an alle relevanten Aspekte der Einführung gedacht zu haben, um die Einführung von Inbound Marketing zum Erfolg zu machen. Daher hat dieses E-Book keine tiefer gehende inhaltliche Untergliederung, sondern bearbeitet wie in einer Art Checkliste die wichtigsten acht Aufgaben in logischer Reihenfolge, die ein Projektleiter oder Marketing-Leiter bei der Einführung von Inbound Marketing im Unternehmen zu bewältigen hat, damit er mit Inbound langfristig erfolgreich bleibt.

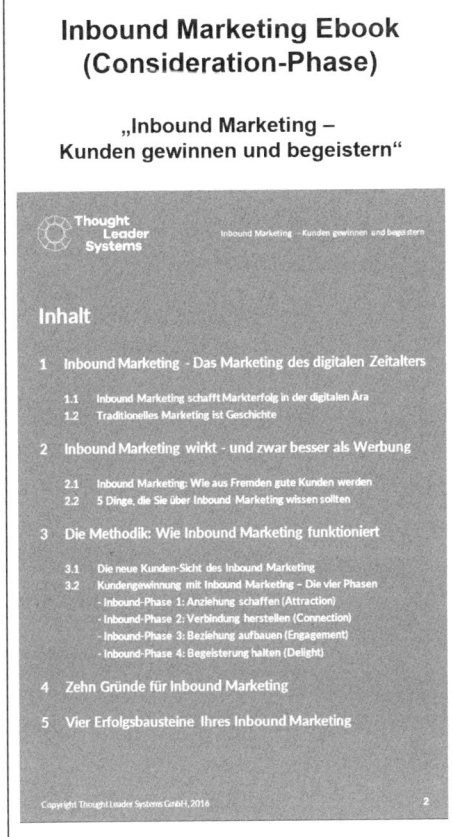

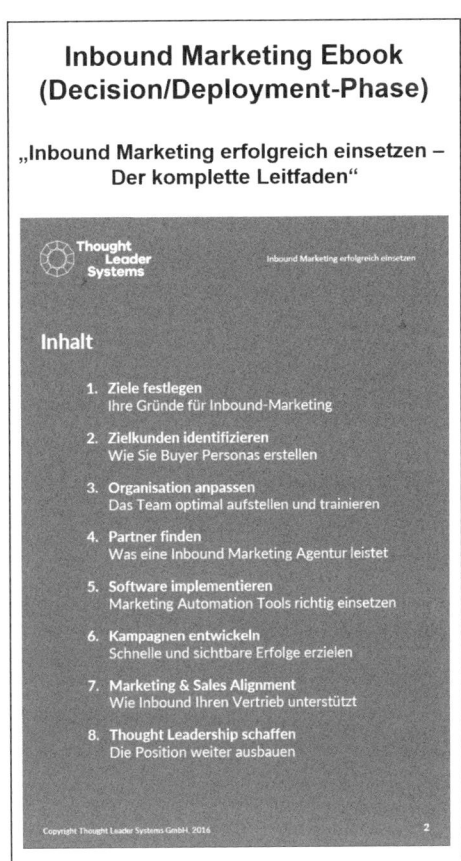

Abbildung 13.7 Gliederung aufeinander aufbauender E-Books
(Quelle: »www.thoughtleadersystems.com/inbound-marketing«)

Titel, Format und Gestaltung Ihres Long-Form-Content-Angebots

Gerade die Content-Angebote, die an der Spitze Ihrer Content-Pyramide stehen sollen (Cornerstone-Content), haben die zusätzliche Aufgabe, für wichtige SEO-Keywords zu stehen, für die Sie in Suchmaschinen wie Google und Co. gefunden werden wollen. Es sind genau die Keywords, die Ihre Buyer Personas in der betreffenden Phase ihrer Customer Journey bei Google eingeben, um weiterführende Informationsangebote zu erhalten. Der Titel Ihres E-Books oder Whitepapers ist daher sowohl für Nutzer als auch für Suchmaschinen außerordentlich wichtig. Der Titel sollte ein echtes Bedürfnis Ihrer Buyer Persona aufgreifen und gleichzeitig ein SEO-Keyword mit möglichst hohem und relevantem Suchvolumen verwenden.

Übrigens werden die beiden wichtigsten Formate des Long-Form Content, das E-Book und das Whitepaper, in der Praxis nicht wirklich trennscharf voneinander unterschieden. In der Tradition des Content Marketing kann man das Whitepaper als Urvater des E-Books ansehen.

- ▶ Das Whitepaper stammt aus der Software-Entwicklung und diente traditionell zur Dokumentation von Anforderungsprofilen an Software-Produkte, aber auch zu deren Vermarktung in Form von Anwenderberichten, Studienergebnissen oder Business Cases zur Vermittlung von Vorteilen, Nachteilen und Einsparungspotenzialen bzw. neuen Nutzenelementen einer Software. Dabei waren Whitepapers lange Zeit nicht an das Online-Lesen oder an eine Dateiform wie das PDF gebunden, sondern existierten auch als gedruckte Schriftwerke in Unternehmen.

- ▶ Das E-Book hingegen trat erst vor wenigen Jahren seinen Siegeszug an und war von vornherein mit der Online-Welt verbunden. E-Books wurden und werden in allen Literaturbereichen von Verlagen oder auch von verlagsunabhängigen Autoren eingesetzt, um große schriftliche Content-Angebote wie Bücher, Handbücher, Bedienungsanleitungen, Kursunterlagen oder vieles mehr einem breiten Kreis von Nutzern direkt und jederzeit zugänglich zu machen. Der klassische E-Book-Markt im Internet koppelt E-Books oft an bestimmte Leseformate und Betrachtungsgeräte wie z. B. den Amazon Kindle. Die meisten E-Books in solchen Online-Stores sind einzeln kostenpflichtig oder werden im Rahmen einer Abo-Lösung ohne Aufpreis geliefert.

Im Inbound Marketing geht es fast ausnahmslos um Whitepapers oder E-Books, die exklusiv auf der Website des anbietenden Unternehmens oder sonstigen Content-Produzenten (z. B. Behörden, Regierungen, NGOs, Vereine, Communitys) erhältlich sind. In der Regel werden Whitepapers und E-Books im Inbound Marketing gratis, d. h. lediglich gegen Herausgabe der Registrierungsinformationen, angeboten. Allerdings ist auch der Verkauf von E-Books an Kunden und Nichtkunden bzw. Leads gleichermaßen denkbar, wie es z. B. der Anbieter der gleichnamigen SEO-Software Yoast beweist (vgl. Abbildung 13.8).

Mit einem solchen Konzept schlagen Sie mehrere Fliegen mit einer Klappe. Sie vermarkten Ihren Problemlösungs-Content, erzielen passives Einkommen für Ihr Know-how, positionieren sich nebenbei als Meinungsführer (Thought Leader) und erhalten dann als Krönung auch noch thematisch extrem interessierte und Ihrer Marke nahestehende Leads, die wahrscheinlich darüber hinaus auch noch empfänglich für Ihr Kernprodukt, in diesem Fall eine SEO-Software, sein könnten.

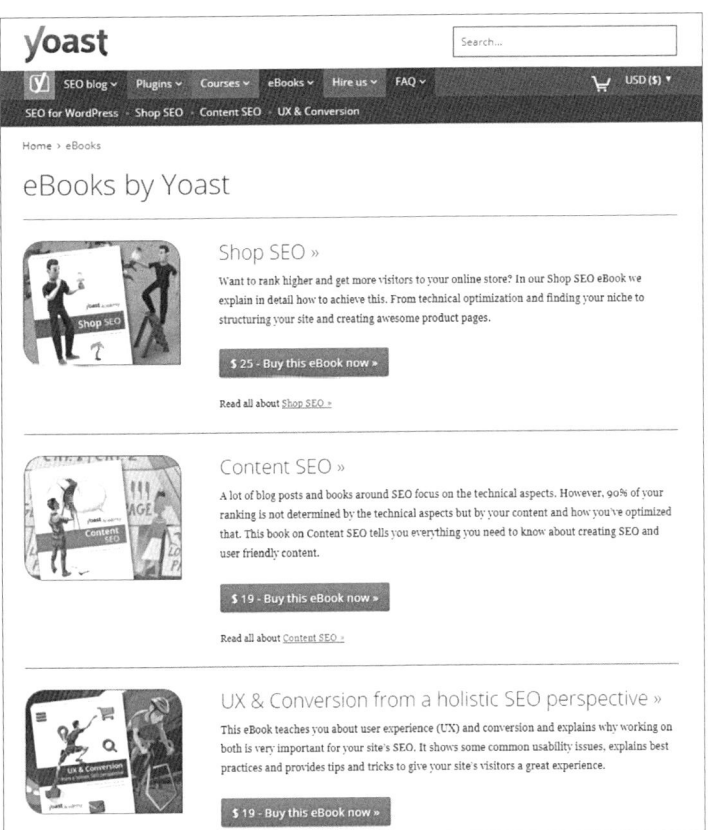

Abbildung 13.8 Kostenpflichtige E-Books für Kunden und Leads (Beispiel: Yoast.com)

**Inbound-Tipp: E-Book oder Whitepaper –
welches Content-Format für welchen Zweck?**

E-Books sind eine Art Weiterentwicklung oder Evolution des guten alten Whitepapers. In der Inbound-Marketing-Praxis werden die Namen der beiden Content-Formate heute fast synonym oder ohne besonderen Hintergrund verwendet. Dabei lohnt es, sich die Unterschiede der beiden Content-Produkte klarzumachen und die Formate gezielt für unterschiedliche Zwecke zu verwenden. Treffen Sie im Einzelfall Ihre Entscheidung für das eine oder andere Content-Format anhand von fünf wichtigen Unterschieden.

1. *Aufbereitung und Lesestil:* Whitepapers sind Dokumente mit einem langen und eher linearen Lesefluss. Sie eignen sich besonders für Lesesituationen, in denen man sich längere Zeit ungestört konzentrieren kann. E-Books dagegen lassen sich in viele kleine und zum Teil unabhängige Kapitel bzw. Leseabschnitte unterteilen. Damit eignen sie sich auch für Lesesituationen, in denen man lieber Informationen beim Querlesen oder sogar beim Durchblättern aufnehmen möchte.

419

2. *Inhaltlicher Fokus:* Whitepapers sind themenfokussiert und arbeiten eher am Inhalt als am Leser. Sie stellen oftmals Informationen zusammen, die aus Quellen wie z. B. Studien oder Befragungen gewonnen werden und erst einmal im Whitepaper erklärt und interpretiert werden sollen. Der Anwendungszweck des Contents im Arbeitsalltag des Lesers wird dabei nur mittelbar aufgegriffen. Ein E-Book dagegen hat nicht diesen Anspruch und setzt direkt auf dem Thema und dessen Relevanz für den Leser auf. Auch einzelne Trends, Aussagen von Experten, Anwendungsbeispiele, Checklisten oder Bildstrecken lassen sich in ein E-Book einbinden.

3. *Gestalterische Aufmachung:* Klassische Whitepapers sind oftmals textlastig. Immerhin geht es um das Verdeutlichen komplexer Zusammenhänge oder das genaue Definieren von Begriffen, Funktionen oder Anwendungsbereichen. E-Books sind hingegen je nach Zielgruppe deutlich visueller gestaltet und können sogar den Charakter eines Magazins oder Coffee Table Books annehmen. Sie setzen auf Checklisten, Bullet-Point-Listen, Infokästen und alle Arten gestalterischer Möglichkeiten, um die Informationsvermittlung so ansprechend und handlungsauffordernd wie möglich zu gestalten.

4. *Dateiformate:* Whitepapers finden Sie in so gut wie allen Dateiformaten. Oftmals sind es simple Word-Dokumente, die dafür gemacht sind, dass der Leser die enthaltenen Informationen direkt weiterverarbeiten und z. B. statistische Daten oder Textpassagen für eigene Dokumente und Berichte nutzen kann. Immer mehr hat sich aber auch hier das PDF-Format durchgesetzt, das bei E-Books im Inbound Marketing durchweg Standard ist. Offen nutzbare Formate wie Power-Point-Dokumente (PPT-Format) oder Excel-Dateien (XLSX-Format) werden bei Content-Angeboten nur dann bewusst eingesetzt, wenn die weitere Nutzung der Inhalte konzeptionell ausdrücklich vorgesehen ist (z. B. Checklisten, Gestaltungsvorlagen). Üblicherweise werden E-Books im Inbound Marketing nur dafür gestaltet, dass man sie bequem als PDF auf einem Desktop-PC oder einem Tablet lesen und sie auf jedem Drucker im DIN-A4-Format ausdrucken kann.

5. *Konversionsförderung:* Gute, d. h. im Lead Management gut einsetzbare, E-Books beinhalten im PDF direkt platzierte Links und CTAs zu weiterführenden Informationen und downloadbaren Content-Angeboten z. B. auf der Website des Anbieters. Dadurch tragen sie aktiv zur direkten Registrierung und zur nächsten Konversion im Lead-Nurturing-Prozess bei. Bei einem Whitepaper ist das oftmals nicht konkret beabsichtigt.

Die Gestaltung von Content-Angeboten im Inbound Marketing ist eine Arbeit für jemanden, der mehrere Fähigkeiten beherrscht. Der Gestalter muss die Grundlagen, die Prozesse und die Instrumente des Inbound Marketing sowie des Content Marketing im Speziellen verstehen. Er muss die Buyer Persona und deren Customer Journey kennen und bestenfalls erste persönliche Erfahrungen im Umgang mit Mitgliedern dieser Buyer Persona haben. Darüber hinaus sind textgestalterische und manchmal sogar journalistische Fähigkeiten hilfreich, wenn komplexe Themen für anspruchsvolle Buyer Personas ansprechend und aufmerksamkeitsfördernd aufbereitet und Leads durch den Content zu konkreten Aktionen motiviert werden sollen. Wenn viele Inhalte, Teilautoren oder Informationszulieferungen (z. B. von Fachabteilungen im eigenen Unternehmen) koordiniert werden müssen, sind Kenntnisse und Erfahrungen im Projekt-Management hilfreich. Testen Sie in jedem Fall Ihr fertiges Content-Angebot auf Textverständnis und Themenverständnis an Vertretern Ihrer Buyer Persona. Testen Sie darüber hinaus auch gegebenenfalls mit Menschen, die mit dem Thema noch nie etwas zu tun hatten, damit Sie die Lesbarkeit maximieren und die inhaltlichen Zugangshürden für Ihren Content minimieren können.

Layout und grafische Umsetzung

Legen Sie Wert auf eine gute grafische Gestaltung, und richten Sie dabei Ihre Aufmerksamkeit besonders auf das Titelblatt (Cover) Ihres Content-Angebots. Text und Bildwelt müssen auf den Erfahrungshorizont und das Verständnis Ihrer Buyer Persona ausgerichtet sein. Bedenken Sie, dass nur das Titelbild und kein weiterer Inhalt Ihres Whitepapers bzw. E-Books auf der bewerbenden Landing Page, dem CTA oder auf sonstigen Bildern zu sehen sein wird. Das Titelbild muss also aktiv zur Entscheidung für den Download und die Registrierung Ihres Lead beitragen. In Abbildung 13.9 sehen Sie aufmerksamkeitsstarke, aber gegebenenfalls auch recht austauschbare Covers für E-Books zum selben Thema (Account-Based Marketing) von unterschiedlichen Software-Anbietern. Alle drei E-Book-Covers nutzen eine vergleichbare visuelle Szene, in der Menschen ihre Smartphones oder Tablets betrachten. Trotzdem erzeugen alle drei Bilder eine unterschiedliche Bildaussage und Stimmung.

Machen Sie sich bereits vor Ihrem ersten E-Book oder Whitepaper Gedanken darüber, mit welcher Software Sie das Layout und Design Ihres Content-Angebots gestalten wollen und ob Sie dies selbst im Team beherrschen oder die Gestaltung an einen Freelancer oder eine Agentur delegieren wollen.

▶ *PowerPoint als Startbasis:* Wenn Sie selbst Ihre E-Books und Co. gestalten wollen, ist Microsoft PowerPoint schon mal ein guter Anfang. Bei der Gestaltung der ersten Content-Angebote reicht es oftmals schon, Informationen ansprechend in einem PowerPoint-Layout aufzubauen und Texte und Bilder ansprechend miteinander zu kombinieren. Gestalten Sie aber nicht deshalb einfach lange Dokumente, weil Sie es mit PowerPoint können, sondern lassen Sie Fokus walten, und halten Sie den Blick auf Ihre Buyer Persona, um keinen *Death by PowerPoint* – auch bekannt als *Folienschlacht* – zu erzeugen. Das Endprodukt soll keine Präsentationsunterlage werden, sondern ein DIN-A4-Dokument, das man so gern wie ein Magazin liest.

13

▶ *InDesign als Referenz-Software:* Als Standard hat sich unter Inbound-Marketing-Profis das Programm *Adobe InDesign* durchgesetzt, um E-Books und deren Layouts einheitlich und ansprechend zu gestalten. Es ist als Teil der *Adobe Creative Cloud* in einer Abo-Lösung und SaaS-Software erhältlich. In der Creative Cloud sind je nach Abo direkt auch *Adobe Photoshop* und *Adobe Illustrator* enthalten. Diese beiden Programme sind wiederum Standard bei der Bearbeitung von Bildern (Photoshop) bzw. beim Gestalten von Grafiken (Vektorgrafiken für hochauflösende Covers, Infografiken usw.).

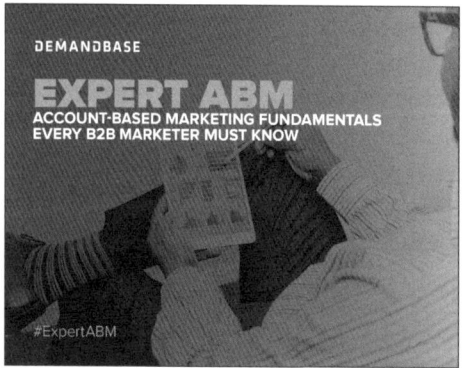

Abbildung 13.9 E-Book-Covers zu Account-Based Marketing (ABM)

13.2.4   Video-Content zur Lead-Generierung nutzen

Schriftliche Content-Angebote sind heute noch die Regel im Inbound Marketing. Video-Content ist allerdings auf dem Sprung und etabliert sich neben E-Books, Whitepapers und Co. als gleichberechtigtes und multimediales Content-Instrument bei der Lead-Generierung. Sie können mit Video-Content neue Leads auf zwei Arten von Online-Plattformen generieren – auf fremden Online-Plattformen wie YouTube oder/und auf eigenen Plattformen wie Ihrer Website und Ihrem Blog. Viele Unternehmen haben bereits damit Erfahrung, Video-Content auf fremden Plattformen wie YouTube einzustellen und dort Leads nach dem Anschauen ihrer Videos zu gewinnen oder YouTube-Nutzer mit CTAs auf die eigene Website zu lenken. Die Gewinnung von Leads auf fremden Videoplattformen wie YouTube ist heute ein fest etablierter Bestandteil des Online-Marketings. Sie integrieren bei YouTube im Verlauf und am Ende des Videos (Endcard) Ihre Links und CTAs zu weiterführenden Content-Angeboten auf Ihrer Website. Auch in der Videobeschreibung direkt unter Ihrem YouTube-Video können Sie entsprechende Infos und Links einbauen. Allerdings sind Sie auf YouTube nicht mit Ihrem potenziellen Kunden allein. Direkt neben Ihrem Video werden Ihren potenziellen Kunden weitere Videos Ihrer Wettbewerber angeboten. Und direkt vor dem Beginn Ihres Videos kann durchaus Werbung Ihrer Wettbewerber auftauchen. Das ist der Preis einer kostenlosen fremden Plattform. Sie können Ihre Lead-Generierung und Konversion nur sehr begrenzt selbst steuern. Trotzdem sollten Sie die gigantischen Möglichkeiten einer YouTube-Channel-Präsenz und einer Lead-Generierung auf YouTube in jedem Fall wahrnehmen.

Beantworten Sie sich allerdings im Rahmen der Content-Strategie Ihres Inbound Marketing möglichst frühzeitig die folgende Frage: Wollen Sie Ihren gesamten Video-Content ausschließlich auf fremden Online-Plattformen anbieten (gratis und mit begrenzter Möglichkeit zur Lead-Gewinnung)? Oder wollen Sie besonders wertvollen Video-Content zusätzlich auf eigenen Plattformen, d. h. insbesondere auf Ihrer Website, zur Lead-Generierung einsetzen und damit aktiv Leads generieren?

▶ Wenn Sie Ihren gesamten Video-Content ausschließlich auf fremden Plattformen anbieten wollen, verfahren Sie wie im Online-Marketing gelernt und stellen Ihre gesamten Videos auf freien Videoplattformen wie YouTube ein. Immerhin haben Sie dort generell die Möglichkeit, Leads beim und nach dem Betrachten Ihres Videos mit CTAs anzusprechen und sie so zur weiteren Lead-Gewinnung auf Ihre Website zu ziehen. Allerdings verpassen Sie damit gegebenenfalls wertvolle Chancen zur Lead-Gewinnung durch Ihren Video-Content selbst.

▶ Wenn Sie nicht Ihren gesamten Video-Content gleich behandeln wollen, dann stellen Sie weiterhin einen Großteil Ihres Video-Contents gratis bei YouTube ein, um z. B. damit potenzielle Kunden zu informieren und um weiter Traffic auf Ihre

13

Website zu lenken. Bieten Sie aber besonders wertvollen Video-Content nur auf Ihrer Website und nur gegen Registrierung an. Machen Sie dafür gegebenenfalls YouTube zu Ihrer Werbeplattform, und stellen Sie dort Auszüge aus Ihren Top-Videos ein, verweisen Sie aber dann auf Ihre Website und dort auf eine Landing Page mit Registrierungsformular, wenn YouTube-Nutzer das komplette Video sehen wollen.

Leads mit Video-Content auf der eigenen Website gewinnen

Aus Inbound-Marketing-Sicht hat es mehrere Vorteile, wenn potenzielle Kunden ein Video auf Ihrer eigenen Website und nicht auf YouTube sehen.

1. Sie erzeugen damit zunächst neuen Traffic auf Ihrer Website, und das ist Google wichtig, um die Attraktivität Ihrer Website beurteilen zu können. Wenn dann Website-Nutzer auch noch länger auf Ihrer Website bleiben, um sich ein Video anzusehen, registriert Google eine lange Verweildauer auf Ihrer Website und belohnt das gegebenenfalls im Ranking. YouTube hat ja schon ein fantastisches Google-Ranking, Ihre Website kann es hingegen vielleicht noch gebrauchen.

2. Sie haben die Möglichkeit, die Aufmerksamkeit exklusiv auf Ihren eigenen Video-Content zu lenken. Ihr Video konkurriert nicht mehr mit Dutzenden anderen angebotenen Videos wie auf YouTube. Das ändert den Entscheidungsprozess Ihres potenziellen Kunden. Es geht nicht mehr darum, welches Video er sich ansehen sollte, sondern nur noch darum, ob er sich Ihr Video ansehen soll oder nicht.

Auf der Landing Page des Videos auf Ihrer Website können Sie einen kurzen Ausschnitt oder eine Art Werbevideo für Ihr eigentliches Video (Teaser) anbieten, das noch nicht registrierungspflichtig ist. So kann ein Lead den Wert des eigentlichen Videos besser abschätzen und ist gegebenenfalls eher motiviert, sich dafür zu registrieren. Die Wertschätzung Ihres Video-Contents steigt damit oft sogar noch in den Augen Ihrer potenziellen Kunden. Wenn sich Ihr Lead dann für das Betrachten des Videos registriert hat, geht die Information darüber sofort in Ihre Inbound-Marketing-Software über. Haben Sie darüber hinaus eine spezielle Business-Video-Software wie Wistia (*www.wistia.com*) in Ihre Inbound-Marketing-Software integriert (vgl. Abbildung 13.10), erfasst Ihre Inbound-Marketing-Software je nach Güte der API-Anbindung mit Wistia nun sogar auch die Details der Videonutzung wie z. B. die gesehene Zeitdauer, Abbruchpunkte oder Vorspulen und vieles mehr.

Zwar gibt YouTube Ihnen ansatzweise vergleichbare Informationen, kann diese aber nicht mit Ihren Lead-Daten abgleichen und gibt Ihnen daher immer nur statistisch relevante, aber anonyme Informationen, die Ihnen im Lead Management nicht weiterhelfen, weil sie sich nicht einzelnen bekannten Leads zuordnen lassen.

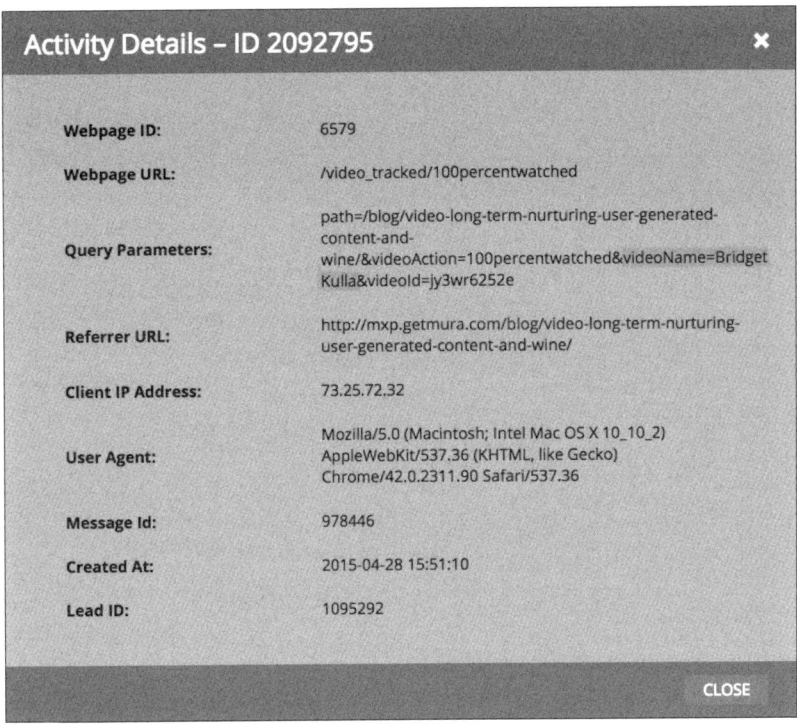

Abbildung 13.10 Video-Ansicht »Activity Details« in Marketo

Videos als Cornerstone-Content für die Website einsetzen

Der Einstieg in die Gestaltung und die Produktion von hochwertigem Video-Content ist für viele Unternehmen mit Hürden verbunden. Die Produktion schriftlicher Inhalte ist für die meisten Unternehmen normal. So gut wie jedes Unternehmen hat lange vor dem Beginn mit Inbound Marketing bereits Print-Content-Angebote wie Broschüren, Whitepapers oder Anleitungen erstellt. Dann ist die Erstellung von E-Books z. B. nur noch ein gradueller Unterschied, aber Erfahrungen im Umgang mit Print-Medien und Ressourcen zur Produktion des Contents sind im Regelfall vorhanden. Entweder ist das Marketing-Team selbst in Gestaltung und Erstellung erfahren, oder aber man greift auf Agenturen zurück, die bisher auch andere Publikationen erstellt haben und sich nun an E-Books und Co. zur Lead-Generierung versuchen. Bei Video-Content ist das alles meist ein wenig anders. Längst nicht alle Unternehmen produzieren regelmäßig Video-Content, betreiben einen eigenen YouTube-Kanal mit hochwertigen Videos oder setzen Video-Content bereits gezielt zur Lead-Gewinnung ein. In vielen Marketing-Teams gibt es noch keine erfahrenen Team-Mitglieder für Video-Content, und klassische Videoproduktionen sind meist sehr teuer und entsprechen mehr dem Budget des guten alten deutschen »Industriefilms« mit seiner Selbstdarstellung des Unternehmens, seiner Produkte und Mitarbeiter. Darum geht es bei der Lead-Gewinnung mit Video-Content nicht. Was hier zählt, sind kostengünstige, schlagkräftige und absolut an der jeweiligen Buyer Persona orientierte Videoformate, für die sich jemand auf der eigenen Website registrieren würde, um das Video überhaupt sehen zu können. Nicht alle Arten von Videos haben das Zeug zur Lead-Gewinnung. Im Video-Marketing gibt es drei Kategorien von Video-Content, die unterschiedliche Rollen im Inbound Marketing einnehmen (vgl Abbildung 13.11).

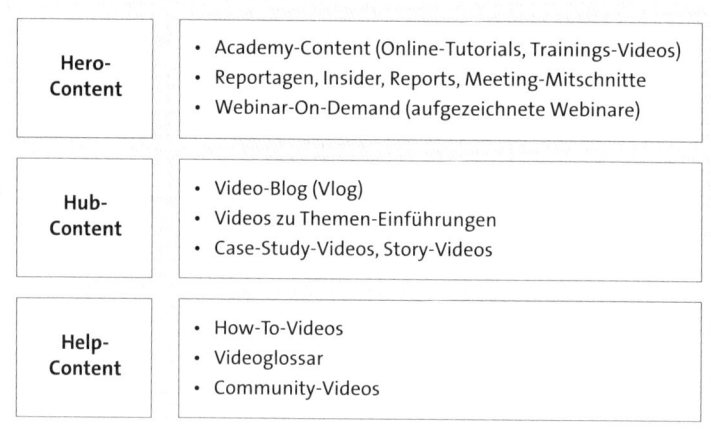

Abbildung 13.11 Hero-Content, Hub-Content und Help-Content

Help-Content soll, wie der Name bereits treffend sagt, Personen bei einem bestimmten Problem helfen und informieren. »How to«-Videos oder Produkt-Reviews gehören zu dieser Kategorie. Diese Art von Video-Content ist besonders wertvoll, wenn Sie eine große Masse Menschen erreichen und bereits in der Awareness-Phase der Customer Journey in das Bewusstsein potenzieller Kunden eingreifen möchten. Betrachten Sie Help-Content als unterstützenden Faktor für Ihre Content-Strategie und für Ihre Lead-Gewinnung. Geben Sie Ihren kompletten Help-Content auf Portale wie YouTube, denn hier soll er für Keywords gefunden werden, die Ihre potenziellen Kunden in YouTube und Co. suchen.

Hub-Content hingegen ist weniger zurückhaltend und möchte die eigene Marke als Vorreiter (Thought Leader) positionieren. Das große Ziel ist, den Buyer Personas eine Anlaufstelle zu bieten, die alle Probleme aus einer Hand beantwortet und die Interaktion in einem kontrollierbaren Raum stattfinden lässt. Große YouTuber (sogenannte *YouTube-Influencer*) schaffen es durch immer wiederkehrende Videoformate wie »Fridays with PewDiePie«, also wöchentliche Updates, Besucher zu einem Abonnement zu bewegen und so einen dauerhaften Kontakt zu sichern. Unternehmen hingegen haben es oft um einiges schwerer und gründen deshalb häufig Content-Hubs mit eigenen Websites. So betreibt z. B. der Telekommunikationsanbieter O2 ein eigenes Online-Magazin namens CURVED (*www.curved.de*). Durch die systematische Verbreitung der Content-Angebote der CURVED-Webseite in Social Networks ist die Plattform mit ihrem Video-Content sehr erfolgreich (vgl. Abbildung 13.12).

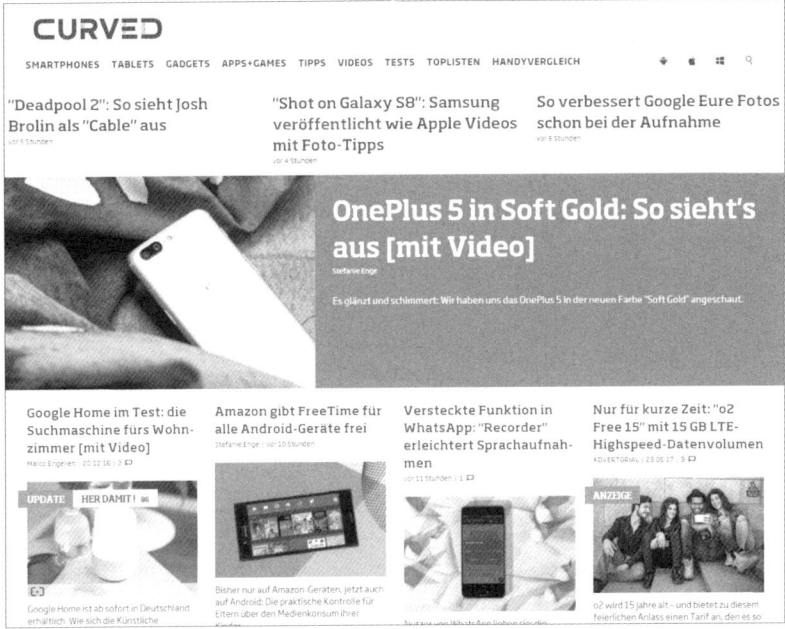

Abbildung 13.12 Das Online-Magazin Curved

Hero-Content stellt die dritte und oft wertvollste Kategorie des Video-Contents dar. Er kann ergänzend zu bestehendem Help- und Hub-Content aufgebaut und verbreitet werden. Hero-Content sind Videos, die einen sehr hohen Nutzerwert haben. Wenn Sie z. B. eine komplette Online-Akademie oder hochwertige Reportagen anbieten, sollten Sie einiges dafür tun, hierüber Leads möglichst auf Ihrer eigenen Website zu gewinnen. Guten Hero-Content wie ausführliche Videoreportagen oder aufwendige Webinare möchten Sie gerne für eine Auswahl besonders interessierter Personen reservieren, über die Sie gleichzeitig mehr erfahren möchten. Inhalte wie diese sollten Sie auf Ihrer Website möglichst nicht mit einem Video-Plugin von YouTube präsentieren. Arbeiten Sie stattdessen mit einer Business-Video-Software, die den Traffic, das Ranking und die Aufmerksamkeit Ihres potenziellen Kunden auf Ihrer eigenen Website behält. Und nur so verfügen Sie direkt nach der Lead-Registrierung über Ihre Lead-Daten in der Inbound-Marketing-Software.

Nehmen Sie sich der Herausforderung an, Kontakte mit Help-Content, Hub-Content und Hero-Content zu begeistern, die Reichweite Ihres Video-Contents zu steigern und gleichzeitig neue Leads zu gewinnen.

13.2.5 Content Angebote in der Software hochladen

Wenn Ihre Content-Angebote wie E-Books, Whitepapers, Videos oder Webinare-on-Demand erst einmal produziert sind, haben Sie einen großen Teil Ihrer Content-Arbeit im Inbound Marketing geschafft. Zumindest bedeutet die Bereitstellung des Contents in Ihrer Software in der Regel keine besondere Herausforderung. Schriftliche Content-Angebote laden Sie in Ihre Inbound-Marketing-Software direkt als PDF oder auch in anderen Dateiformaten hoch (vgl. Abbildung 13.13).

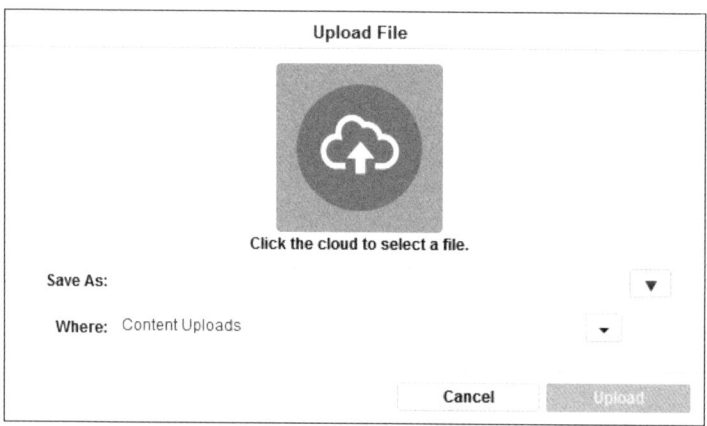

Abbildung 13.13 Upload einer Content-Angebots-Datei (Beispiel: Eloqua)

Der Datei-Manager oder File-Manager Ihrer Software akzeptiert oft Drag & Drop. Das bedeutet, Sie ziehen die Datei aus Ihrem bisherigen Ordner (z. B. im Windows Datei Explorer) direkt herüber in die Inbound-Marketing-Software, und sie wird dort gespeichert. Prüfen Sie vorher, welche Dateiformate und welche Dateigrößen Ihre Software akzeptiert. Wenn Dateigrößen z. B. auf 10 MB begrenzt sind, muss das nicht negativ sein, denn so wird sichergestellt, dass Sie nur solche Dateien hochladen und Leads zur Verfügung stellen, die auch bei mittelschnellen Internet-Verbindungen flüssig und schnell wieder heruntergeladen werden und somit einen »Bitte warten« Effekt beim Nutzer vermeiden. Achten Sie auf eindeutige und schnell auffindbare Dateinamen, und ordnen Sie Ihre Content-Angebote möglichst in Ordnern, die zu Ihrer Kampagne gehören, und benennen Sie Ordner einfach und präzise (vgl. Abbildung 13.14).

Meistens wird auch die Zeichenlänge für Dateinamen begrenzt, damit Sie Ihren Leads keine Bandwurmnamen zumuten, sondern knappe und möglichst sprechende Dateinamen verwenden. Interne Abkürzungen oder Versionsnamen haben in Dateibezeichnungen nichts zu suchen und verraten einem Lead nur, dass Sie mit sich selbst mehr beschäftigt sind als mit Ihren Kunden. Eine Bezeichnung wie «customer-material-buyer-persona-marketing-mary-consideration-E-Book-inbound-marketingv3-2017-teamucw.pdf« ist also in vielfacher Hinsicht tödlich, aber nicht so weit weg von der Realität, wie Sie vielleicht denken. Eine solche Datei sollte lieber einen sprechenden Dateinamen tragen wie »erfolg-mit-inbound-marketing.pdf«. Nur dann haben neue Leads auch Spaß daran, Ihr neues E-Book direkt im Kollegenkreis oder Ähnlichem weiterzuleiten und es gegebenenfalls per LinkedIn weiter zu verteilen.

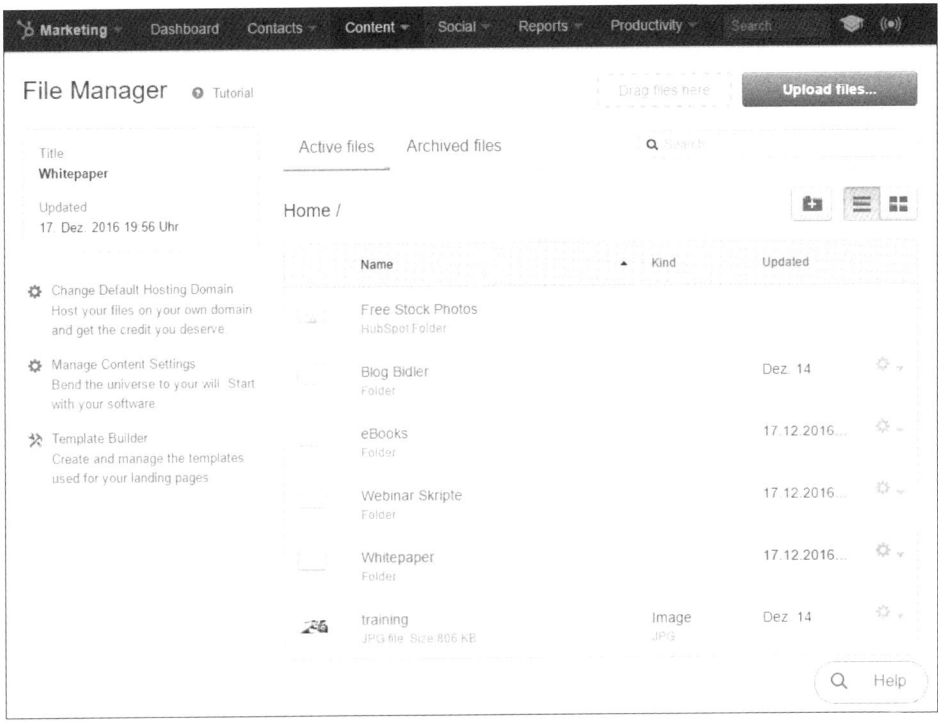

Abbildung 13.14 Content-Ordner sprechend benennen (Beispiel: HubSpot)

Wenn Sie sich dazu entschlossen haben, Video-Content auf der Website zur Lead-Gewinnung einzusetzen und zu »gaten«, prüfen Sie, wie Sie am besten diesen Video-Content technisch in Ihre Inbound-Marketing-Software einbinden. Manchmal kann es sinnvoller sein, dass die Landing Page und die Ausspielung des Videos in Ihrer Inbound-Marketing-Software erfolgen. Manchmal ist es hingegen besser, einzelne Prozessschritte von der Software Ihres Video-Zusatztools wie Wistia übernehmen zu lassen und die registrierten Lead-Daten anschließend per API einfach in Ihre Inbound-Marketing-Software einspielen zu lassen. Prüfen Sie, ob der ganze Vorgang und das Zusammenspiel von Video-Software und Inbound-Marketing-Software reibungslos und zuverlässig klappt. Checken Sie auch, ob Ihnen die von den Herstellern angebotene API-Integration ausreicht und ob alle Daten übernommen werden, die Ihnen wichtig sind.

Inbound-Tipp: Mehr Konversionskraft für Landing Pages durch Video

Sie kennen schon aus Abschnitt 13.2.4 die Idee, Video-Content direkt in eine Landing Page mit einzubinden. Der Hintergrund ist ganz einfach: Wenn Sie schon neue Leads mit Video-Content auf einer Landing Page zur Registrierung bringen wollen, wäre es doch eigentlich auch sinnvoll, direkt auf dieser Landing Page einen Ausschnitt des Videos oder sogar ein spezielles Teaser-Video zu zeigen. Hier könnten Ausschnitte aus dem Video mit Kommentaren eines Sprechers Ihres Unternehmens kombiniert werden (vgl. Abbildung 13.15).

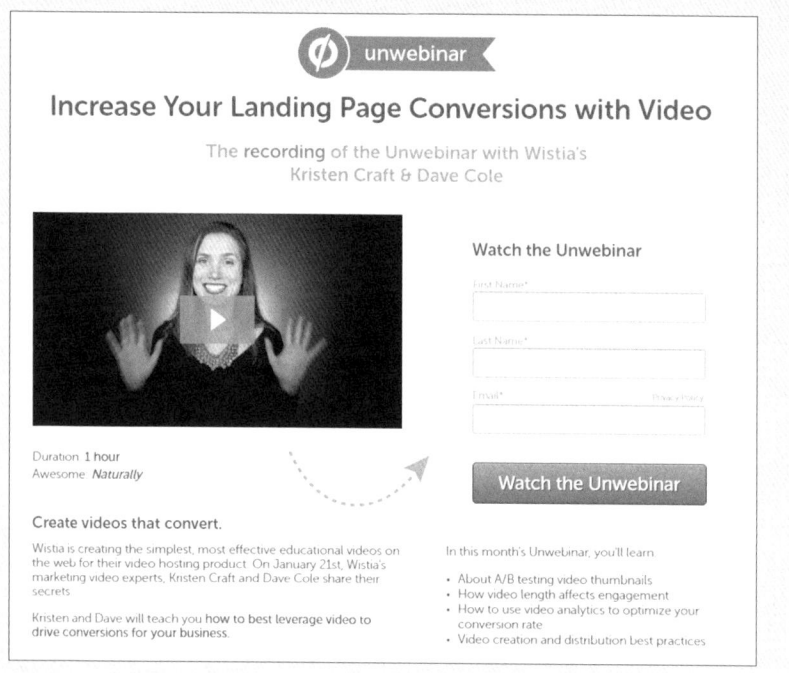

Abbildung 13.15 Video-Einbindung in einer Landing Page (»www.unbounce.com«)

Prüfen Sie, ob und wie sich die Einbindung des Video-Contents und der Video-Teaser in Ihrem Fall technisch realisieren lässt. Checken Sie, ob die gewonnenen Lead-Daten dann einfach in Ihre Inbound-Marketing-Software übernehmbar sind, und vor allem, ob die Einbindung dieses Videos tatsächlich die Konversionskraft (Conversion Rate) Ihrer Landing Page signifikant erhöht. Prüfen Sie auch, inwiefern eingebaute Video-Teaser auf Ihren Landing Pages nicht nur zur Bewerbung von Hero-Content Videos funktionieren, sondern ob Sie dadurch auch Landing Pages für Help-Content (z. B. für How-to-Videos) aufwerten können. Und schließlich kann es sich lohnen, sogar solche Landing Pages mit Video-Content aufzuwerten, die für E-Books oder Whitepapers werben. Das kann die Aufmerksamkeitsspanne auf einer Landing Page entscheidend verlängern, die Konversion erhöhen und deutlich mehr Botschaften transportieren, als es in einem konventionellen Landing-Page-Text möglich wäre. Bei Ihren technischen Prüfungen sollten Sie keinesfalls die mobile Darstellung solcher Landing Pages vergessen und prüfen, ob alle Funktionalitäten bei mobilen Ansichten voll erhalten bleiben.

13.3   Die Kampagnen-Assets produzieren und bereitstellen

Sie haben jetzt Ihre Kampagne zur Lead-Generierung geplant und die Content-Angebote für Ihre Buyer Personas bereitgestellt. Jetzt geht es darum, alle Kampagnen-Assets für Ihr Inbound Marketing zu gestalten, die Ihnen dabei helfen, mithilfe der Content-Angebote Leads zu gewinnen und sie auf dem Weg zu ihrer Kaufentscheidung hin zu betreuen. Dazu nutzen Sie mehrere Kampagnen-Assets, die zielgerichtet ineinandergreifen und die Sie komplett in Ihrer Inbound-Marketing-Software abbilden, führen und optimieren können.

► Call-to-Actions signalisieren Ihren potenziellen Kunden auf Ihrer Website ein attraktives Interaktionsangebot wie z. B. den Download eines kostenlosen Content-Angebots.

► Mit dem Klick auf den Call-to-Action gelangt der potenzielle Kunde auf die Landing Page, die direkt in Ihrer Inbound-Marketing-Software gestaltet werden kann.

► Auf der Landing Page trifft der interessierte Website-Besucher auf Informationen zum Content-Angebot sowie auf das Formular, das direkt in Ihrer Inbound-Marketing-Software gestaltet wird, dort bereits registrierte Leads erkennt und die Fragen im Formular in Echtzeit adaptiert (Smart Forms).

► Wenn der Website-Besucher das Absenden des Formulars mit einem weiteren Klick bestätigt, ist er endgültig ein mit seinen eingegebenen Kontaktinformationen registrierter Lead. Er wird nun automatisch auf eine spezielle Thank-You-Page geleitet, die Sie ebenso in Ihrer Inbound-Marketing-Software angelegt haben. Hier warten weitere Informations- und Interaktionsangebote auf Ihren frisch registrierten Lead, die ihn weiterbringen sollen.

► Gleichzeitig beginnen automatisierte Marketing-Workflows, die Sie bereits in Ihrer Inbound-Marketing-Software angelegt haben. Zunächst erhält Ihr frisch registrierter Content-Nutzer eine automatische E-Mail an die von ihm zuvor angegebene E-Mail-Adresse, in der Sie sich für den Download bedanken, ihm einen zusätzlichen Link zum heruntergeladenen Content-Angebot geben und weitere Interaktionsmöglichkeiten anbieten.

► Ebenso wird Ihr neu registrierter Lead in Ihrer Inbound-Marketing-Software in Kontaktlisten eingetragen, die Sie für Leads wie ihn extra vorher nach bestimmten Kriterien angelegt haben (Smart Lists). Mithilfe dieser Listen können Sie weitere Aktionen, Kampagnen und Anspracheketten automatisch starten, die ihrem

13

frisch gewonnenen Lead in einer vordefinierten Etappe neue Informationen und Interaktionen anbieten (z. B. per E-Mail oder SMS).

▶ Mithilfe der gespeicherten Lead-Daten und der Erfassung in smarten Listen kann Ihre Software (je nach Hersteller und Version) nun sogar personalisierten und speziell ausgewählten Content auf der Website anzeigen. Bei neuen Besuchen auf der Website wird dann z. B. Content angezeigt oder hervorgehoben, der besonders gut auf die Informationsbedarfe der Buyer Persona Ihres registrierten bzw. qualifizierten Lead eingeht.

Starten wir ganz am Anfang dieser Konversionskette mit einem unscheinbaren, aber mächtigen Kampagnen-Asset, dem Call-to-Action.

13.3.1   Call-to-Actions als Handlungsaufforderung für neue Leads

Als Call-to-Action (CTA) gelten alle gestalterischen Elemente Ihrer Website, die einen Website-Besucher dazu animieren sollen, eine bestimmte Aktion auszuführen bzw. unmittelbar auf den Call-to-Action selbst zu klicken. Abbildung 13.16 verdeutlicht, dass CTAs in den verschiedensten Formen eingesetzt werden können, wie z. B. Links ❶, sprechende Buttons ❷, Icon-Buttons ❸ oder Bilder und Grafiken mit Kombinationen verschiedener Text-Bild-Elemente und angedeuteten Schaltflächen ❹.

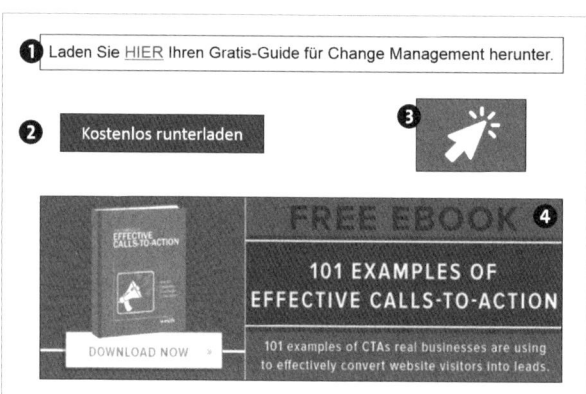

Abbildung 13.16 Verschiedene Arten von CTAs

Der CTA ist angesichts der Aufgabenvielfalt im Inbound Marketing ein verschwindend geringer Bestandteil, aber er hat es in sich und sollte in seiner Bedeutung gerade bei der Lead-Generierung nicht unterschätzt werden. Calls-to-Action oder CTAs sind das Bindeglied zwischen Ihrer Website und Ihrem potenziellen Kunden. Sie stehen für die aktive Mitwirkung eines Website-Besuchers. CTAs stoßen immer wieder neue Conversions an, d. h., sie dienen zur ersten Lead-Registrierung genauso wie zur Förderung von weiteren Conversions beim Lead Nurturing. Die CTAs sind die

Interaktionsflächen Ihrer Website, Ihres Blogs, Ihrer Social Posts oder sogar Ihrer E-Books, wenn Sie z. B. in Ihrem E-Book-PDF klickbare Bilder ❺ und Links ❻ eingebaut haben, die dann zu einer Landing Page mit einem weiterführenden Content-Angebot führen (vgl. Abbildung 13.17).

Abbildung 13.17 Beispiel für CTAs in einem E-Book-PDF

Die Summe aller CTAs auf Ihrer Website ist die Summe aller Aktionsmöglichkeiten und Interaktionsmöglichkeiten zwischen Ihnen als Informationsanbieter und Ihren potenziellen Kunden. Wenn Sie sich alle CTAs Ihrer Website mit allen weiterführenden Links als Netzwerk vorstellen oder visualisieren, erkennen Sie die Konversionspfade (Conversion Paths) Ihrer Website. Genau darum geht es bei den CTAs im Inbound Marketing. Mithilfe von CTAs definieren Sie Ihre Conversion-Angebote für potenzielle Kunden und bestimmten so deren Weg durch das Informationsangebot Ihrer Website.

- Sie können CTAs für horizontale Verlinkungen einsetzen (z. B. von Blogpost zu Blogpost), um Website-Besucher oder Leads gezielt weiter zu informieren. Allerdings erreichen Sie bei solchen »horizontalen« CTA-Links nur selten eine zusätzliche Konversion Ihres Leads, wie z. B. das Ausfüllen eines weiteren Formulars.

- CTAs spielen ihr volles Potenzial bei »vertikalen« Links (z. B. vom Blogpost zur Landing Page) aus, bei denen der Website-Besucher oder Lead eine weitere Konversion durchführen soll, für die er bereit ist, noch mehr von sich preiszugeben. Jede einzelne CTA-Conversion bedeutet also im besten Fall einen weiteren Schritt Ihres Lead auf seiner Customer Journey hin zu einer Kaufentscheidung. Deshalb ist es Ziel und Aufgabe im Inbound Marketing, einen potenziellen Kunden mit CTA-Conversions nicht im Kreis herumzuführen oder ihn auf seinem »Weg übers Spielfeld« zurückzuwerfen, sondern ihn gezielt so viele Schritte voranzubringen, wie er möchte und wie es seiner Phase im Kaufentscheidungsprozess entspricht.

Alle Anbieter von Inbound-Marketing-Software widmen der Gestaltung, Erstellung und Integration von Call-to-Action-Elementen besondere Aufmerksamkeit. CTAs gehören im Inbound Marketing zu den am meisten und am intensivsten getesteten Elementen, obwohl sie doch eigentlich nur simple Text-Links, Bilder oder grafisch visualisierte Druckknöpfe sind.

Die Positionierung von CTAs

Die Performance eines Call-To-Action ist vom Kontext der CTA-Platzierung abhängig. Ein CTA allein kann keine Leads gewinnen oder Conversions fördern. Er ist auf eine konversionsstarke Webpage angewiesen, auf der er präsentiert wird. Darüber hinaus ist der CTA auf ein attraktives Interaktionsangebot angewiesen, das für die jeweilige Buyer Persona attraktiv genug ist, um sich zu registrieren oder die gewünschte Aktion auszuführen (z. B. Fragebogen ausfüllen, Online-Test machen, Bewertung abgeben usw.). Die Konversionskraft eines CTA ist also davon abhängig, wie aufmerksamkeitsstark er auf der betreffenden Seite eingebunden ist und wie attraktiv das mit ihm beworbene Angebot ist.

Gerade bei Landing Pages gehört der klickbare CTA zum Download eines Content-Angebots gut sichtbar auf den Bildschirmbereich, der ohne Scrollen sofort sichtbar ist (vgl. Abbildung 13.18). Auch der aufmerksamkeitsstärkste CTA wird nicht geklickt, wenn er am Ende einer langen Landing Page platziert oder zwischen vielen anderen visuellen Elementen optisch versteckt ist. Sie können durchaus mehrere Content-Angebote und CTAs in eine Webpage oder Landing Page einbinden. Diese sollten dann allerdings so verteilt und integriert sein, dass sie inhaltlich zum umgebenden Webpage-Content und zur damit verbundenen Entscheidungsphase des potenziellen Kunden passen.

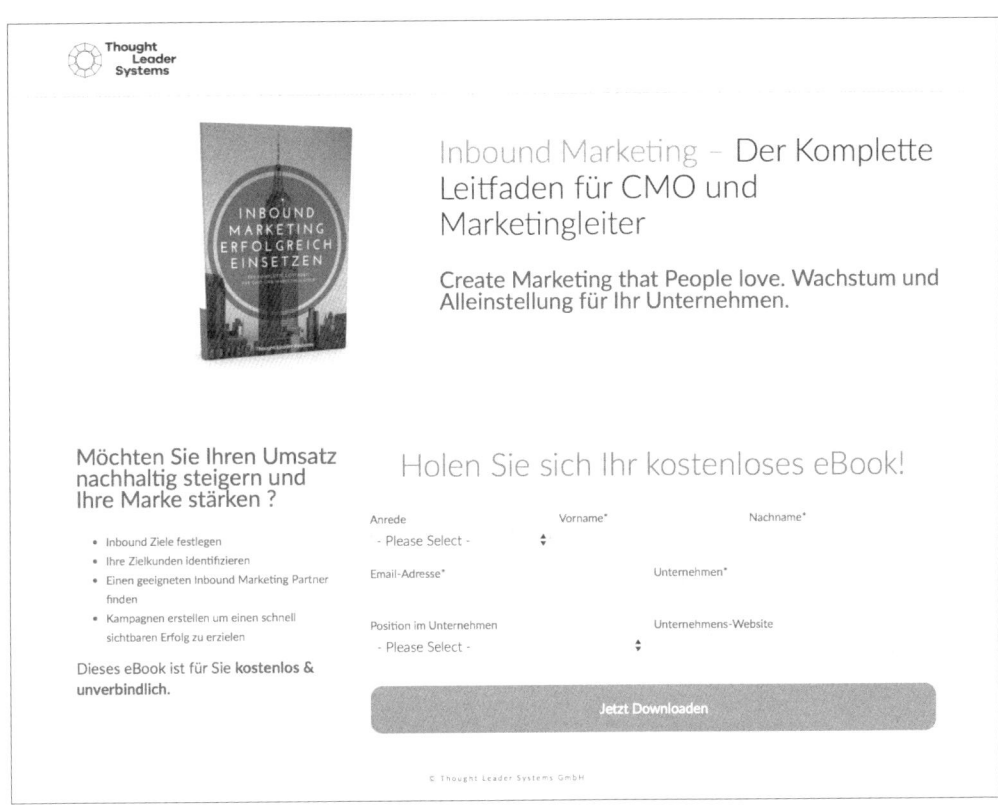

Abbildung 13.18 Call-to-Action auf einer Landing Page (Above-the-Fold)

Denken Sie das Content-Angebot und den CTA vom Kunden her. Ein CTA-Button wird nur selten angeklickt werden, wenn das beworbene Content-Angebot am Informationsbedarf und an den Painpoints der Buyer Persona vorbeigeht oder wenn das Content-Angebot kein Alleinstellungsmerkmal hat, sondern in ähnlicher Form bei vielen Anbietern erhältlich ist und Ihre potenziellen Kunden gegebenenfalls an anderer Stelle schon mit solchen Content-Angeboten konfrontiert worden sind. CTAs sind natürlich nicht nur auf Webpages und Landing Pages integrierbar, sondern können darüber hinaus auch in Blogposts und Social Media Posts eingebunden werden, um auf die genau passenden und weiterführenden Content-Angebote in der Lead-Nurturing-Kette zu verweisen. In Abbildung 13.19 sehen Sie das Beispiel für eine Blog-Startseite, auf der mehrere CTAs mit gezielten weiterführenden Angeboten eingebunden sind. CTA 1 ❶ verweist auf die Produkt-Übersichtsseite dieses Software-Anbieters. CTA 2 ❷ verweist auf die Anmeldung zum Newsletter, und CTA 3 ❸ bietet direkt ein problemlösungsorientiertes Webinar an. Für jeden Interaktionsgrad ist etwas dabei, von der einmaligen Information (CTA 1) über die regelmäßige Information (CTA 2) bis hin zur aktiven Mitwirkung an einem Webinar (CTA3).

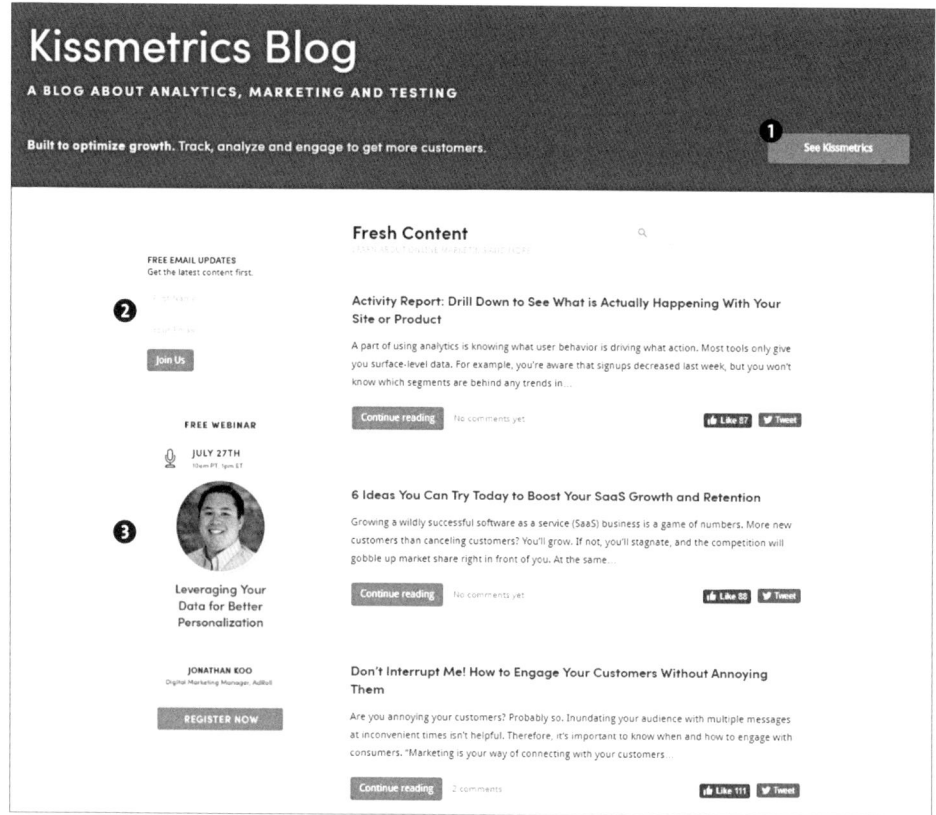

Abbildung 13.19 Einbindung vieler CTAs in einen Blog (Beispiel: Blog von Kissmetrics.com)

Die Gestaltung von CTAs – mit und ohne Inbound-Marketing-Software

Um CTAs als Buttons, Bilder oder Icons anzulegen, haben Sie verschiedene gestalterische Möglichkeiten und Tools zur Hand. Selbstverständlich können Sie Interaktions-Buttons in Ihrer Inbound-Marketing-Software gestalten. Dazu steht je nach Software ein mehr oder weniger komfortabler CTA-Editor zur Verfügung (vgl. Abbildung 13.20), in dem Sie Farben, Form und Inhalte relativ frei gestalten können. Voreinstellungen und Templates erleichtern Ihnen die Arbeit, und oftmals sind über die Hilfefunktion Ihrer Software Informationen zu Best Practices für CTAs in Ihrer speziellen Software erreichbar. Entscheiden Sie, zu welcher Kampagne der CTA gehören wird, und tragen Sie das direkt im CTA-Gestaltungsformular ein (wie hier im Bild) bzw. ergänzen Sie die betreffenden CTA-Infos im Kampagnen-Modul Ihrer Software. Geben Sie in jedem Fall die Zielseite an (z. B. Landing Page für einen Content-Download), die beim Klick auf den CTA geöffnet werden soll, und bestimmen Sie, ob sich dafür nach dem CTA-Klick automatisch ein neuer Tab im Browser Ihres Betrachters öffnen soll.

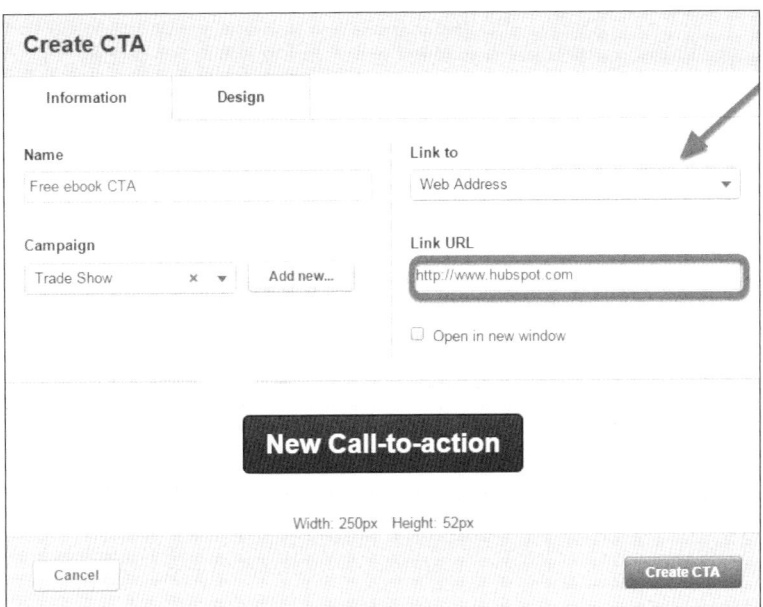

Abbildung 13.20 CTA-Editor (Beispiel: HubSpot)

Wenn Sie Ihre CTAs direkt in Ihrer Inbound-Marketing-Software gestalten, sind hier gegebenenfalls CSS-Kenntnisse hilfreich oder sogar erforderlich, damit Ihr CTA-Button in der Darstellung auf allen Endgeräten und Bildschirmgrößen einheitlich und gut funktioniert. Für Standard-CTAs wie z. B. sprechende Buttons reichen oft Grundkenntnisse wie die Vergabe von Farbcodes für Hintergrundfarben (HTML-Farbcodes), das Editieren von Texten und die Einstellung von Flächenabständen (z. B. Padding). Wenn Sie bereits mit Content-Management-Systemen wie WordPress gearbeitet haben, wird Ihnen die Bedienung der meisten CTA-Editoren in Inbound-Marketing-Software-Programmen nicht schwerfallen. Darüber hinaus bietet so gut wie jede Inbound-Marketing-Agentur das Gestalten von CTAs als Basisleistung an und sollte hierfür keine Unsummen verlangen.

Sie müssen Ihre CTAs allerdings nicht unbedingt in der Inbound-Marketing-Software gestalten. Sie können CTAs auch in einem anderen Software-Programm erstellen und sie dann z. B. als fertige Bilddatei (JPG, PNG usw.) importieren. Dazu bietet es sich gerade für Einsteiger an, erst einmal mit den Bordmitteln Ihrer Office-Software zu arbeiten. Mit PowerPoint können Sie z. B. durchaus ansehnliche CTAs gestalten. Im Internet sind z. B. umfangreiche CTA-Sammlungen als PowerPoint-Datei kostenlos erhältlich, in denen man die PPT-Vorlagen nach Belieben verwenden und verändern kann. Sollten Sie allerdings ansprechende CTAs mit Bildern oder Grafiken planen, bietet sich der Einsatz einer Grafik-Software an, damit Ihre CTAs über alle Kanäle (Website, Blog, Social Media) hinweg eine einheitliche Aussage und Bildsprache haben. Sie können mit Adobe Photoshop bzw. Illustrator arbeiten oder alternativ mit einem relativ kostengünstigen SaaS-Tool wie Canva (*www.canva.com*), das Sie in Abbildung 13.21 sehen.

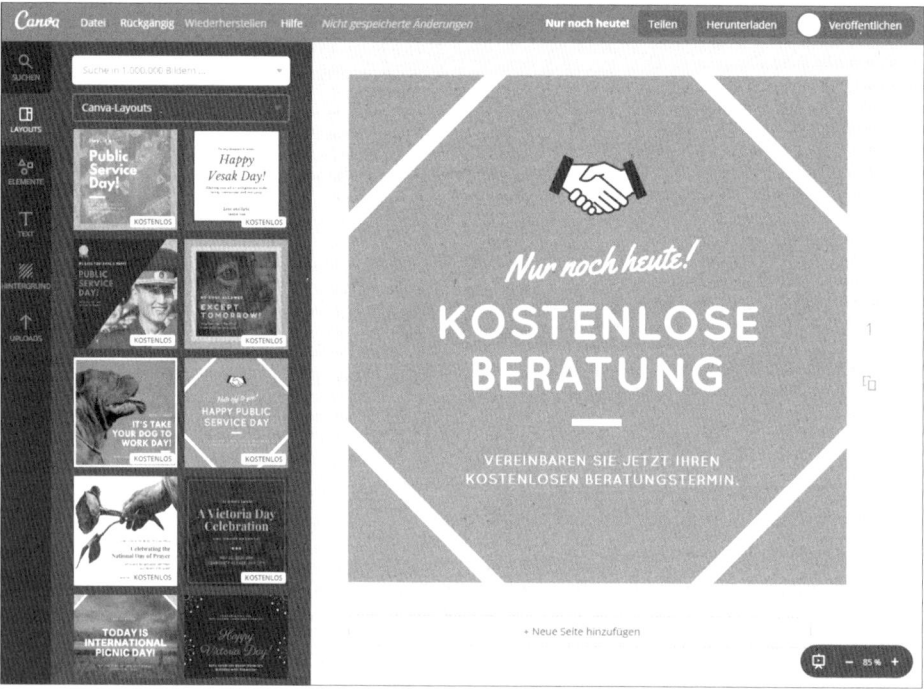

Abbildung 13.21 Canva als Software-Tool zur CTA-Gestaltung

Canva ist besonders gut zur Gestaltung von kombinierten Text-Bild-Grafiken geeignet und bringt eine umfangreiche Auswahl an Templates und Stockfotos mit.

▶ Mit einer Software wie Canva gestalten Sie nicht nur die CTAs für Ihr neues Content-Angebot für den Einsatz auf Website und Blog, sondern direkt auch für den Einsatz in sämtlichen führenden sozialen Medien wie Facebook, Twitter oder Pinterest.

▶ Die Bildgrößen für alle sozialen Medien und weitere Anwendungen sind bereits systemseitig voreingestellt oder können als Template festgelegt werden. Stockbilder, Schriften, Icons und Bildfilter sind bereits vorhanden und per Klick abrufbar.

Für Ihre CTA-Kreationen gilt das Gleiche wie für alle anderen Kampagnen-Assets im Inbound Marketing: Vergeben Sie eindeutige und leicht auffindbare Dateinamen. Ordnen Sie jeden CTA konsequent den damit verbundenen Kampagnen in Ihrer Inbound-Marketing-Software zu. Machen Sie mit dem CTA-Namen für alle Team-Mitglieder schnell ersichtlich, was der CTA anbietet und auf welcher Seite er verwendet wird.

Was interaktionsstarke CTAs ausmacht

Die Positionierung Ihres CTA haben Sie bereits geplant. Sie haben auch den Kontext bestimmt wie das beworbene Content-Angebot, die Buyer Persona, die geeigneten Phasen der Customer Journey oder die betreffende Webpage. Bei der grafischen und textlichen Gestaltung des CTA selbst können Sie sich zunächst an allgemeinen Erfahrungswerten orientieren, sollten aber die Conversion-Performance jedes einzelnen CTA überwachen und gegebenenfalls einzelne Gestaltungselemente wie Text, Form und Farben optimieren. Welche Farbe, Form und Ausrichtung Ihr CTA haben wird, ist abhängig von seiner Aufgabe.

▶ Dient ein CTA z. B. zur Lead-Registrierung auf einem Formular, zur direkten Kontaktaufnahme (z. B. Kontaktformular oder Anruf-Button) oder tritt er in einer bildreichen Umgebung auf, kann ein einfacher Text-Button genügen.

▶ Wird der CTA am Ende einer Website-Page oder eines Blogposts eingesetzt, kann ein großer Bild-Text-CTA besonders wirksam sein, um aus der Textmenge herauszustechen.

Die Umgebung und der Zweck des Buttons bestimmen über die endgültige grafische und textliche Darstellung des CTA. Eines haben aber alle Arten und Gestaltungen von CTAs gemeinsam: Sie müssen auffallen, um ihre Wirkung zu erzielen. Neben der Größe des CTA ist daher vor allem die Farbgebung für die Blickführung des Besuchers entscheidend. Ein gutes Beispiel des Online-Medienportals Netflix finden Sie in Abbildung 13.22. Netflix verwendet ein dunkles Bildmotiv und bietet dem Nutzer neben einem Login-Button nur eine sehr auffällige Alternative: den Call-to-Action-Button zur Nutzung eines Gratismonats. Die Weiterleitung durch diesen Button ist der wichtigste Konversionsschritt für Netflix, und genau aus diesem Grund soll dem Besucher kein einfacher Ausweg geboten werden – abgesehen vom Scrollen.

Abbildung 13.22 Wirksame CTAs durch bewusste Farbwahl (Netflix)

Es gibt nicht die eine optimale Gestaltung von Call-to-Action-Elementen. Der Einzelfall und der Kontext entscheiden über die Gestaltung und über die Akzeptanz bei Ihrer Zielgruppe. Demnach gibt es allgemeine und leicht nachvollziehbare Grundregeln, die Sie in jedem Fall beachten sollten.

▶ Gestalten Sie Ihre CTAs groß genug, damit sie schnell erkannt werden, ohne vom eigentlichen Seiteninhalt abzulenken. Ein CTA ergänzt die Kommunikation, er soll sie nicht dominieren.

▶ Wählen Sie eine auffällige Farbe. Beachten Sie bei der Farbgebung das Zusammenspiel Ihrer Website und Ihrer Unternehmensfarben. Wählen Sie die Farbe im Rahmen Ihres Corporate Designs, die Ihnen am wirkungsvollsten erscheint und die den Blick des Betrachters auf sich zieht, ohne das Gesamtbild der Seite zu stören.

▶ Wählen Sie einen kurzen und ansprechenden Textinhalt sowie eine handlungsorientierte Sprache mit allgemein verständlichen Begriffen wie »Herunterladen« oder »Registrieren«.

▶ Nutzen Sie eine partnerorientierte Sprache mit Ihrem potenziellen Kunden, und bevormunden Sie ihn nicht durch die Wortwahl des Aufrufs oder die Tonalität der Sprache. Formulierungen sollten kurz und prägnant sein, sodass sie schnell zu verstehen sind.

▶ Machen Sie implizit oder verbal klar, was nach dem Klick passieren wird. Im Netflix-Beispiel rechnen Sie z. B. nach dem Klick auf GRATISMONAT BEGINNEN mit einer Eingabemaske für Ihre persönlichen Daten, um möglichst schnell Zugang zu Netflix zu erhalten. Würden Sie stattdessen auf eine allgemeine Informationsseite über das Netflix-Angebot gelenkt, wären Sie gegebenenfalls enttäuscht und würden vielleicht den Vorgang auf Netflix abbrechen.

Wie Sie CTAs in Ihrer Website einbinden und tracken

Um die Performance des CTA Ihrer Inbound-Marketing-Software auf Ihrer Website überwachen und optimieren zu können, müssen Sie den CTA erst einmal in Ihre Website an der richtigen Stelle einbetten. Ihr Anspruch im Inbound Marketing ist es, sich nicht mit der derzeitigen Konversionsrate Ihres neuen CTA zufriedenzugeben, sondern durch das Experimentieren mit Größe, Form und Farbe mögliche und zusätzliche Conversion-Potenziale bei Ihren Zielkunden zu erschließen. Mit dem Tracking-Code Ihrer Inbound-Marketing-Software werden Klicks auf jeden einzelnen CTA zu jeder Zeit registriert und in Reportings erfasst. Darüber hinaus wird der Klick auf einen CTA bei bekannten Leads bzw. Kontakten direkt mit im Kontaktprofil erfasst. Das betrifft je nach Anbieter nur ausgewählte oder alle CTAs, egal, ob sie auf Ihrer Website, Ihren Landing Pages, im Blog oder in E-Mails eingesetzt werden. Um einen CTA z. B. in einer Website mit einem Content-Management-System wie WordPress zu platzieren, reicht ein Embed-Code, d. h. ein HTML-Snippet, das Sie in Ihrer

Inbound-Marketing-Software im Menü des jeweiligen CTA per Copy & Paste aufnehmen (vgl. Abbildung 13.23) und in die gewünschte Webpage in Ihrem CMS übertragen. So bringen Sie Ihren CTA erfolgreich an seinen gewünschten Platz.

```
Embed Code for: ✔ Get the Checklist

<!--HubSpot Call-to-Action Code -->
<span class="hs-cta-wrapper" id="hs-cta-wrapper-0324e7e8-d7b6-4b73-
a8ad-13e6c9c87502">
    <span class="hs-cta-node hs-cta-0324e7e8-d7b6-4b73-a8ad-
    13e6c9c87502" id="hs-cta-0324e7e8-d7b6-4b73-a8ad-13e6c9c87502">
        <!--[if lte IE 8]><div id="hs-cta-ie-element"></div><![endif]-->
        <a href="http://cta-redirect.hubspot.com/cta/redirect/15685/0324e7e8-
        d7b6-4b73-a8ad-13e6c9c87502"><img class="hs-cta-img" id="hs-cta-img-
        0324e7e8-d7b6-4b73-a8ad-13e6c9c87502" style="border-width:0px;"
        src="https://no-cache.hubspot.com/cta/default/15685/0324e7e8-d7b6-
        4b73-a8ad-13e6c9c87502.png" /></a>
    </span>
    <script charset="utf-8" src="https://js.hscta.net/cta/current.js"></script>
        <script type="text/javascript">
            hbspt.cta.load(15685, '0324e7e8-d7b6-4b73-a8ad-13e6c9c87502');
        </script>
```

Abbildung 13.23 Embed-Code für einen CTA (Beispiel: HubSpot)

Ein automatisches Tracking der Klicks auf CTAs ist nur bei direkter Integration mit Ihrer Inbound-Marketing-Software (per Embed-Codes) möglich. Wenn Sie die CTAs hingegen direkt in Ihrem Content-Management-System erstellen und nicht per Embed-Code aus Ihrer Inbound-Marketing-Software übernehmen, werden die Klicks nicht direkt gezählt. Das lässt sich dann meist über Umwege (Workarounds) regeln, sollte aber eher die Ausnahme als die Regel sein.

13.3.2   Konversionsstarke Landing Pages bauen

Bei Inbound-Marketing-Kampagnen zur Lead-Generierung spielen Landing Pages eine besondere Rolle. Erst die Landing Page entwickelt Website-Besucher zu Leads und stößt erst dadurch den Lead-Nurturing-Prozess an. Klickt ein Besucher auf einen CTA, der ihm den Download eines Content-Angebots verspricht, gelangt er auf eine Landing Page. In diesem Moment haben Sie es in der Hand, den Besucher zu begeistern und seine Kontaktdaten zu ergattern. Er hat bereits Interesse an dem Inhalt geäußert und möchte mehr erfahren. Worauf müssen Sie also achten, um ihn erfolgreich zu konvertieren?

Landing Pages mit Layout-Templates vereinheitlichen

Um zwischen unterschiedlichen Content-Offers wiedererkennbare Landing Pages zu verwenden und beim Übergang von der Landing Page zur Thank-You-Page einen sanften Übergang zu schaffen, sollten Sie in Ihrer Inbound-Marketing-Software ein einheitliches Layout-Template, d. h. eine Design-Vorlage, verwenden. Templates bieten ein vordefiniertes Layout für Ihre Landing Pages und können dennoch individuell angepasst werden. Sollten Sie über HTML- und CSS-Kenntnisse verfügen, können Sie in Ihrer Inbound-Marketing-Software auch selbst gestaltete Designs in Landing Pages verwandeln und damit ein von Grund auf personalisiertes Erlebnis schaffen. Wenn Sie bisher wenig Erfahrung mit Programmiersprachen haben, bietet Ihnen Ihre Inbound-Marketing-Software meistens bereits attraktive Templates zur direkten Verwendung an. Neben kostenpflichtigen und downloadbaren Paketen stehen auch kostenfreie Template-Sets zur Verfügung. Wenn Sie in Ihrer Inbound-Marketing-Software eine Landing Page erstellen möchten, werden Sie im Landing-Page-Modul in der Regel zunächst gebeten, ein gewünschtes Template auszuwählen. In einigen Software-Lösungen steht Ihnen darüber hinaus ein komfortabler Landing-Page Layout Builder zur Verfügung, mit dem Sie per Drag & Drop ein Landing-Page-Design erstellen und optimieren können (vgl. Abbildung 13.24).

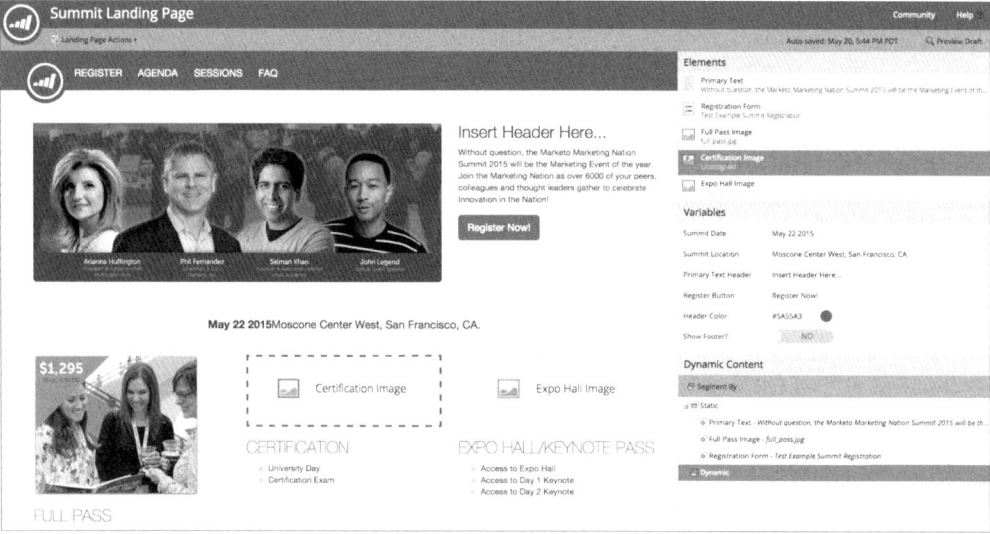

Abbildung 13.24 Landing Page mit Layout-Template und Landing Page Builder bauen (Beispiel: Marketo)

Haben Sie sich für ein Template und Layout entschieden, wählen Sie es einfach aus und vergeben einen internen Namen für die Landing Page. Benennen Sie die Landing Page z. B. nach Ihrem beworbenen Content-Angebot wie z. B. »LP E-Book Content Marketing 2.0«. Bleiben Sie konsistent in Ihrer Namensgebung, und behalten Sie so die Übersicht bei steigender Anzahl von Kampagnen. Beenden Sie den Layout-Schritt, und starten Sie nun mit der Anpassung der konkreten Landing Page an sich. Text- oder Bildelemente lassen sich einfach per Klick bearbeiten, ersetzen oder neu anordnen. Im Menü eines Landing Page Builder lässt sich die Landing Page für unterschiedliche Bildschirmgrößen betrachten. SEO-Optimierungen lassen sich bequem durchführen und einzelne Module wie Icons, Überschriften, Textfelder oder Bilder anpassen und austauschen. Oft können Sie auch smarte Funktionen für Textfelder hinzufügen und Regeln festlegen, nach denen Textbausteine auf der Landing Page personalisiert dargestellt werden. In Abbildung 13.25 sehen Sie eine mit Inbound-Marketing-Software erstellte Landing Page, bei welcher der Vorname und die E-Mail-Adresse des Landing-Page-Besuchers personalisiert angezeigt wird, da er (bzw. sie) sich bereits zu einem früheren Zeitpunkt registriert hatte.

Abbildung 13.25 Landing Page mit personalisiertem Content (Beispiel: www.thoughtleadersystems.com)

Grundregeln für die Landing-Page-Gestaltung

Es gibt die unterschiedlichsten Anforderungen an eine Landing Page. Erklärungsbe-dürftige Angebote müssewn z. B. durch vertrauenserweckende Texte auf der Landing Page näher beschrieben werden, um Besucher erfolgreich zu konvertieren. Dennoch zeichnen sich viele gute Landing Pages durch einige Gemeinsamkeiten aus, die Sie in Abbildung 13.26 idealtypisch mithilfe einer Inbound-Marketing-Software umgesetzt sehen.

▶ Die Landing Page sollte keine Navigation besitzen, damit Besucher nicht abge-lenkt werden, sondern ihre Aufmerksamkeit ganz allein auf die anstehende Con-version (z. B. Ausfüllen des Formulars) richten können.

- ▶ Das angebotene Content-Offer sollte im besten Fall noch einmal mit einer Abbildung zur Wiedererkennung gezeigt werden. Diese Abbildung sollte möglichst weit oben, d. h. above the fold, auf der Landing Page erscheinen. Verwenden Sie relevante Bilder, Animationen oder kurze Videos (Teaser).

- ▶ Schreiben Sie prägnante Überschriften mit einer Handlungsaufforderung. Eine kurze Beschreibung des Content-Offers und seines Nutzens sollte gut platziert sein und einen Ausblick auf den Inhalt geben.

- ▶ Das Formular, dessen Absenden zum Content-Download führt, sollte auf der Landing Page deutlich optisch hervorstechen. Der optische Fokus sollte dabei eindeutig auf dem CTA zum Absenden des Formulars liegen.

Abbildung 13.26 Protoyp einer mit Inbound-Marketing-Software gestalteten Landing Page (Beispiel: Eloqua)

Ein weiteres Positivbeispiel für eine Landing Page bietet Zendesk (vgl. Abbildung 13.27). Das zurückhaltende und schlichte Design lässt die CTAs besonders deutlich hervorstechen und bietet wenige Ablenkungsmöglichkeiten für das Auge. Zusätzlich wackelt das Bild mit dem Ei oben in der Mitte als animierte Grafik und zieht damit den Blick gekonnt auf die Handlungsaufforderung der Seite: »Let's get started«.

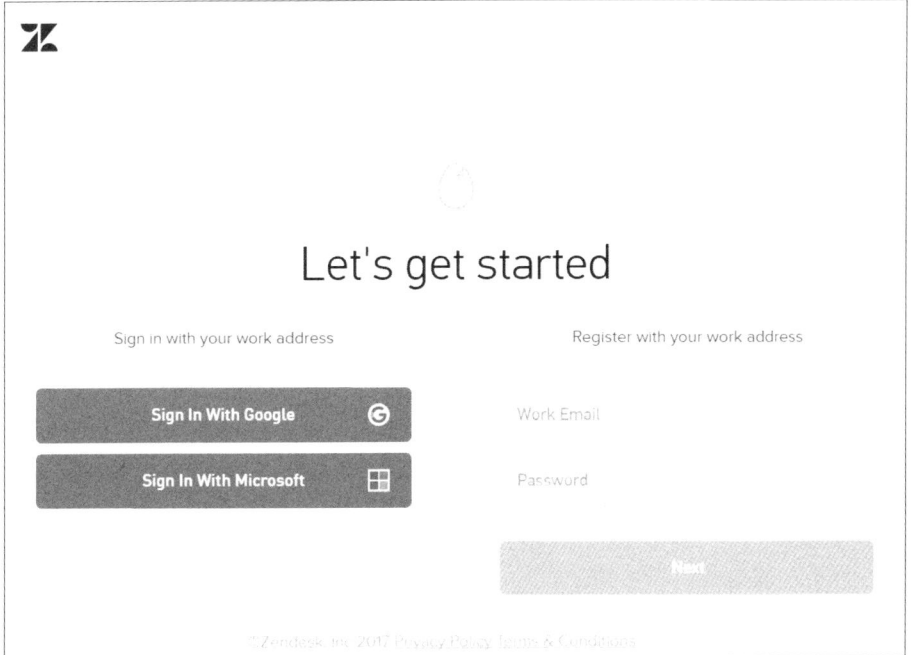

Abbildung 13.27 Landing Page zur Registrierung bei Zendesk

Bei diesem Beispiel geht es um die Eröffnung eines Benutzerkontos und nicht um das Downloaden eines Content-Offers. Entscheidend ist aber hier die Art der Lead-Generierung. Es wird nicht unbedingt die Eingabe einzelner persönlicher Daten erwartet, sondern auch eine Registrierung mithilfe eines Social Sign-In wird angeboten. Zur Lead-Registrierung reicht in diesem Fall die Verifizierung mit dem Google- oder Microsoft-Account des Lead, bei anderen Software-Anbietern werden stattdessen LinkedIn oder Facebook herangezogen.

13.3.3   Erfahren Sie mehr über Ihre Leads mit smarten Formularen

Sie haben im Verlauf des Buches bereits einige Landing Pages mit unterschiedlich ausführlichen Formularen gesehen. Doch was steckt hinter diesen vermeintlich einfachen Feldern? Typische Kontaktdaten, die in Formularen erhoben werden, sind z. B. die Anrede, Vor- und Nachname sowie eine Adresse bzw. E-Mail-Adresse. Je nachdem, was Sie über diese Person wissen (und wissen wollen), könnten auch Informationen zum Arbeitgeber und die Position im Unternehmen als weitere Details gewünscht sein. Formulare helfen Ihnen dabei, den Kontaktsteckbrief für jeden Lead in der Kontaktdatenbank Ihrer Inbound-Marketing-Software und in Ihrer CRM-Datenbank anzulegen und über die Zeit auszubauen. Smarte Formulare schaffen es darüber hinaus, bereits identifizierte Leads bei jeder Interaktion (auf einer Landing Page) mit neuen Fragen weitere Informationen zu entlocken – ohne sie damit zu überfordern. Warum Sie nicht einfach alle gewünschten Fragen auf einmal stellen sollten? Das wäre zwar praktisch, übergeht aber das Bedürfnis nach Vertrauen und Wertschätzung bei potenziellen Kunden. Außerdem mögen Menschen nicht unbedingt das Ausfüllen von Formularen (sogenannte *Form Fatigue*). Die Länge des Formulars auf der Landing Page muss bekanntlich in einer guten Relation zum Wert des Content-Angebots für den potenziellen Kunden stehen. Versuchen Sie deshalb, ein kompaktes Formular für den Erstkontakt aufzubauen, das die wichtigsten Eigenschaften abdeckt. Vier bis sechs abgefragte Kontaktdaten sollten in den meisten Fällen ausreichen und werden allgemein noch akzeptiert. Im Business-Umfeld (B2B) sind häufig folgende Angaben besonders relevant:

▶ Anrede

▶ Vor- und Nachname

▶ E-Mail-Adresse

▶ Name des Unternehmens

▶ Position im Unternehmen

Je nachdem, wie Sie potenzielle Kundenunternehmen segmentieren, bietet sich auch eine Identifizierung nach Branche oder Unternehmenstyp an. Die Angabe der Position des Lead in seinem Unternehmen ermöglicht es Ihrem Marketing und Vertrieb, besser einschätzen zu können, ob der gewonnene Lead gegebenenfalls für den Kauf Ihrer Produkte oder Dienstleistungen die entsprechende Entscheidungskompetenz besitzt und welche Art von Inhalten er am besten gebrauchen könnte. Allein auf Basis dieser groben Informationen kann der Lead gegebenenfalls bereits einer Buyer Persona zugeordnet werden und trifft damit auf einen Pool anderer Interessenten, die ein ähnliches Verhaltens- und Eigenschaftsmuster besitzen.

Abhängig von Ihrem Angebot kann es sein, dass Sie ganz spezielle Fragen an Ihre Leads richten möchten. Wenn Sie z. B. ein regional ausgerichtetes Geschäft betreiben, ist es zusätzlich nützlich zu wissen, wo der Lead wohnt (B2C) bzw. wo der Sitz seiner Firma ist (B2B). So können Sie bei regional organisierten Teams dem Lead den entsprechenden Vertriebsmitarbeiter vor Ort zuweisen. Ebenso könnten Sie fragen, ob der Lead bereits an Veranstaltungen zu einem gewissen Thema teilgenommen hat. Definieren Sie, welche Informationen für Sie entscheidend sind. Sie können jedes Kontaktmerkmal (*Contact Property*), das in Ihrer Inbound-Marketing-Software hinterlegt ist, in ein Formular einbauen und es auf einer Landing Page abfragen. Formulare lassen sich in der Regel ganz einfach per Drag & Drop zusammenstellen und für unterschiedliche Zwecke neu arrangieren (vgl. Abbildung 13.28).

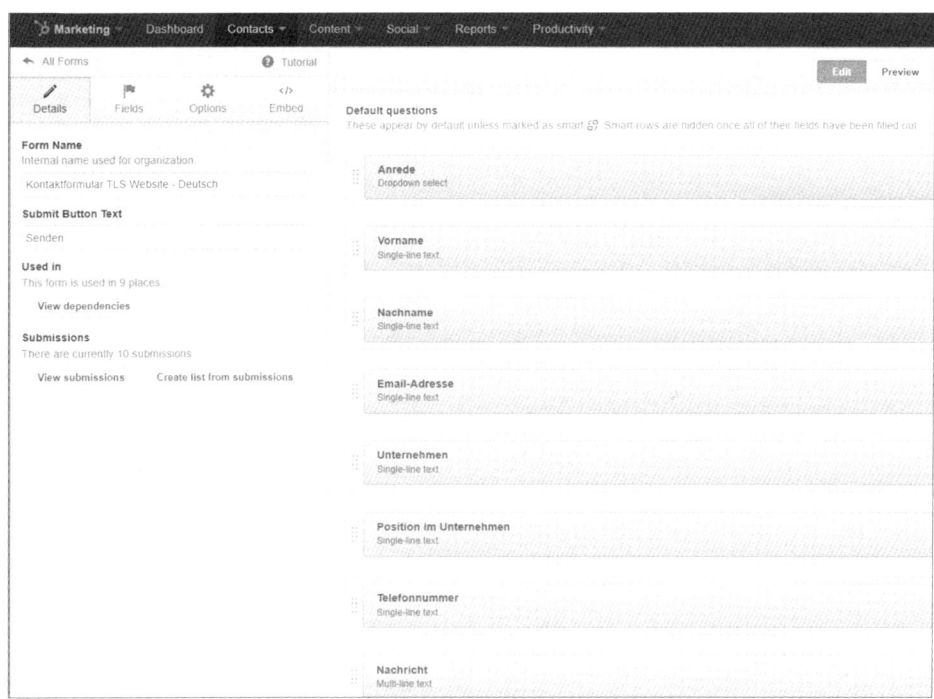

Abbildung 13.28 Der Formular-Builder einer Inbound-Marketing-Software
(Beispiel: HubSpot)

Wenn es Ihre Inbound-Marketing-Software hergibt, setzen Sie zusätzlich die intelligente Art der Anreicherung von Kontaktprofilen durch Progressive Profiling mit smarten Formularen ein. Jede Information, die ein Lead über sich preisgibt, wird in der Kontakthistorie bzw. in der Kontaktdatenbank Ihrer Inbound-Marketing-Software gespeichert und kann beim Aufrufen eines weiteren Formulars automatisch abgerufen werden. Hat sich z. B. jemand bereits mit Vor- und Nachnamen, E-Mail-Adresse und Namen des Unternehmens zum Download eines Content-Angebots registriert, muss er in Zukunft nicht mehr seine vollständigen Kontaktdaten in weiteren Formularen angeben. Dafür können Sie weitere Fragen in die »Warteschleife« setzen, die nun stattdessen abgefragt werden können. Sie sehen das in Abbildung 13.28 in der unteren Hälfte des Formular-Builders. Im dortigen Abschnitt mit dem Namen »Fragen in der Warteschlange« können Sie festlegen, welche Fragen sukzessive gestellt werden, wenn einzelne Fragen bereits beantwortet wurden. Sie könnten z. B. nach dem Xing-Profil oder der Branche (Industry) Ihres Kontaktes fragen. Die Anzahl der auszufüllenden Felder bliebe dann auf folgenden Formularen gleich, dennoch würden Sie mehr über den potenziellen Kunden erfahren. Ist dann ein Feld aus dem oberen Teil des Formulars bereits ausgefüllt worden und wurde es als »Smart Field« markiert (was Sie an dem kleinen Symbol der sich austauschenden Kästchen am rechten Rand sehen), wird dieses im nächsten Formular durch das erste in der

Warteschlange ausgetauscht. So erhöht sich nie die Anzahl der auszufüllenden Felder, und Sie erfahren trotzdem, was Sie gerne wissen möchten.

Inbound-Tipp: Mit dem Vertrauen kommt die »Formular-Bereitschaft«

Seien Sie vorsichtig mit den Abfragen in Formularen, und überfordern Sie nicht Menschen, die noch keinen intensiven Kontakt zu Ihrem Unternehmen hatten, mit sensiblen Abfragen im ersten Formular. Mit der kontinuierlichen Entwicklung Ihrer Leads und der zunehmenden Interaktion baut sich ein Vertrauensverhältnis zwischen Ihrem Lead und Ihrem Unternehmen auf. Mit der Zeit können Sie deshalb sehr viel wahrscheinlicher Antworten auf sensiblere Fragen wie nach dem Beschaffungszeitraum oder dem verfügbaren Budget erwarten als zu Beginn Ihrer Beziehung.

Machen Sie sich vor dem Anlegen von Landing-Page-Formularen mit den unterschiedlichen Abfrageformaten bzw. den dahinterliegenden sogenannten *Field Types* für verschiedene Kontaktinformationen Ihrer Leads vertraut. Die meisten Inbound-Marketing-Software-Anbieter nutzen vergleichbare Field Types. Es bedarf etwas Erfahrung und Voraussicht beim Anlegen neuer Contact Properties, um sie direkt mit optimal geeigneten Field Types erfassen zu lassen. Dazu gehören:

- *Single-Line Text:* Das ist der Field Type für alles, was Leads an Kontaktinformation mit freier Eingabe von Text und Zahlen eingeben, wie z. B. Ihren Vornamen oder Nachnamen.

- *Multi-Line Text:* In selteneren Fällen möchten Sie auch längere Antworten von Ihren Leads haben, wie z. B. Kommentare in längerer Textform.

- *Dropdown Select:* Hier kann der Formularbenutzer genau eine Antwortmöglichkeit aus einer vorgegebenen Liste von Antworten auswählen.

- *Radio Select:* Auch hier geht es um die Auswahl einer einzigen Antwortmöglichkeit, nur wird hier keine Dropdown-Liste eingeblendet, sondern eine Liste mit Kästchen, von denen nur eins gewählt (getickt) werden kann.

- *Multiple Checkboxes:* Hier kann der Formularnutzer mehrere zutreffende Auswahlmöglichkeiten gleichzeitig ankreuzen.

- *Single Checkbox:* Eine solche Checkbox kennt nur zwei Zustände: an- oder ausgeschaltet. Auf die Frage, ob jemand Informationen per Post zugesendet bekommen möchte, gibt es z. B. nur die Antwort Ja oder Nein.

Wie Sie sehen, geht es nicht nur darum, die richtigen Fragen zu stellen, sondern auch frühzeitig zu planen, in welcher Form Sie die Antworten erfassen möchten. Mit der Auswahl passender Field Types können Sie langfristig effektiv mit Inbound-Marketing-Software bzw. mit Kontaktdaten arbeiten. Bei Fragen dazu wenden Sie sich im Zweifelsfall an Ihren Software-Hersteller oder an eine Agentur, die sowohl genau Ihre

Inbound-Marketing-Software kennt als auch praktische Erfahrung bei der Gestaltung von Landing Pages, Formularen und Workflows hat.

Nutzen Sie Ihre Formulare nicht nur zum Erfassen der Kontaktinformationen, die Ihr Lead einträgt, sondern auch zum Erfassen verdeckter Informationen, die nicht für den Lead sichtbar sind (Hidden Fields), die aber mit den vom Lead angegebenen Informationen zusammen in seinem Kontaktprofil gespeichert werden (vgl. Abbildung 13.29).

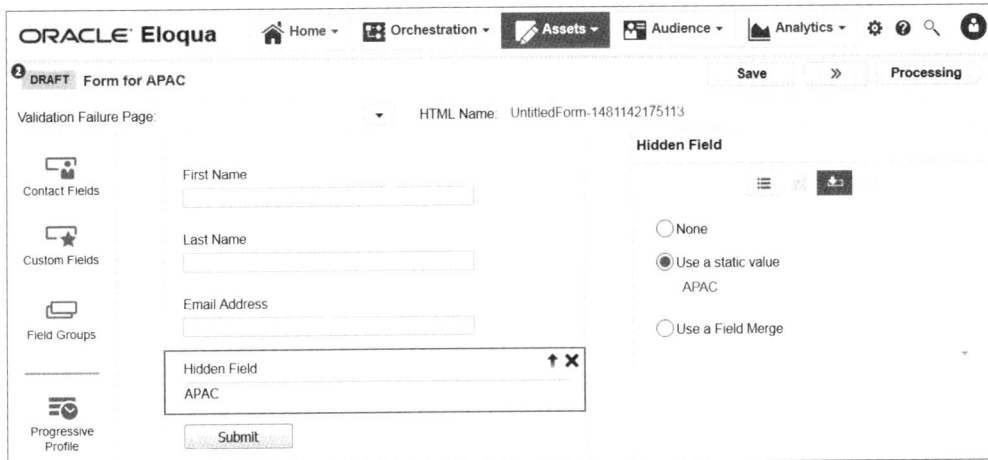

Abbildung 13.29 Hidden Field in einem Kontaktformular (Beispiel: Eloqua)

In diesem Beispiel wird z. B. mitgespeichert, aus welcher Weltregion der erfasste Lead kommt (hier APAC = Asia-Pacific). Diese Information kann relevant sein, um z. B. die korrekten Vertriebsansprechpartner zuzuordnen oder ausschließlich Produktinformationen anzuzeigen, die für die Region des Lead relevant sind. Ein Hidden Field sollte immer dazu dienen, die Betreuung des Lead zu optimieren und sein Kundenerlebnis noch besser zu gestalten.

13.3.4   Bestätigen Sie Leads in ihrer Entscheidung mit Thank-You-Pages

Die Thank-You-Page ist für Ihren Lead der sichtbare Abschluss eines Prozesses, bei dem er gegen Registrierung ein (Content-)Angebot Ihres Unternehmens in Anspruch genommen hat. Für Ihr Unternehmen ist die Thank-You-Page der Abschluss der aktuellen Lead Conversion Ihres potenziellen Kunden. Hier erhält Ihr Interessent noch einmal Zugang zu seinem Content-Angebot und kann es herunterladen (vgl. Abbildung 13.30).

Thank-You-Pages sind darin unübertroffen, Leads direkt nach dem Download in ihrer Entscheidung zu bestätigen und sie in der Customer Journey weiterzuführen. Mit der Thank-You-Page führen Sie den Conversion-Prozess Ihres neuen Lead weiter

– und lassen ihn nicht nur mit seinem neuen Content-Angebot stehen. Eine gut gestaltete Thank-You-Page bietet neben einem Download-Button (zum Laden des gewünschten Offers) zusätzlich auch:

▶ Möglichkeiten zur Empfehlung/Weiterleitung des Inhalts per E-Mail

▶ Social Sharing auf ausgewählten Plattformen

▶ Weiterleitung auf interessante Pages oder Blogposts Ihrer Website

▶ Angebot weiterführender Content-Angebote zum Thema

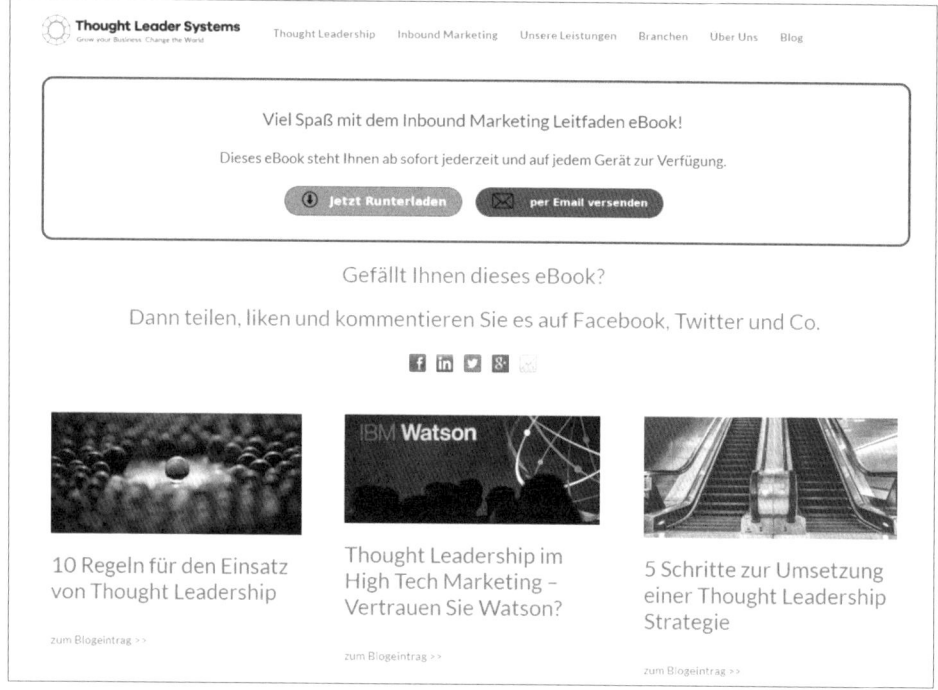

Abbildung 13.30 Beispiel für eine Thank-You-Page

Bieten Sie einem gerade gewonnenen Lead mit der Thank-You-Page einen direkten Zusatznutzen, bestätigen Sie ihn in seiner Entscheidung und nutzen Sie den nächsten Kommunikationsschritt dazu, eine erste Bindung aufzubauen. Helfen Sie Ihrem neuen Lead mit einer Thank-You-Page dabei, die nächsten Schritte der Customer Journey noch beim selben Website-Besuch zu gehen. Eigentlich sollte man meinen, dass jede Inbound-Marketing-Software auf dem Markt Ihnen einen komfortablen Thank-You-Page-Editor bietet oder vorkonfigurierte und optimierte Layouts bereithält. Aber professionelle Thank-You-Pages sind noch längst kein Marktstandard – nicht einmal unter den Herstellern von Marketing-Automation-Software selbst.

Inbound-Tipp: Ein Dankeschön an einen neuen Lead ist Pflicht

Wenn Sie auf manchen Websites ein E-Book herunterladen und gerade noch ein langes Formular ausgefüllt haben, passiert danach – nichts. Zumindest passiert nichts, was Sie als User merken. Völlig unbemerkt wird das neue PDF oder Video auf Ihren PC heruntergeladen. Im besseren Fall entdecken Sie bei genauerem Hinsehen dort auf der Landing Page, wo gerade noch das Formular zu sehen war, einen Hinweis wie: »Vielen Dank für Ihren Download. Wir werden Ihnen das E-Book in Kürze zusenden.« Eine solche Nachricht (sogenannte Inline-Message) ist zwar besser als nichts, bedeutet aber eine verpasste Chance zur Vertiefung Ihrer Beziehung zu Ihrem neuen Lead.

Geleiten Sie Ihren neuen Lead also besser direkt nach dem Absenden des ausgefüllten Formulars zur speziell aufbereiteten Thank-You-Page. Das Design Ihrer Thank-You-Page sollte sich an dem Design der dazugehörigen Landing Page – und damit auch am Design Ihrer Website – orientieren. So vermeiden Sie einen unnatürlichen Bruch im Nutzererlebnis Ihres neu gewonnenen Lead und schaffen Vertrauen durch einen Wiedererkennungswert. Doch nicht alle Hersteller von Inbound-Marketing-Software bieten vorkonfigurierte Thank-You-Pages oder gar einen komfortablen Page Builder für solche spezialisierten Seiten an. Das macht nichts, denn Sie können dann einfach mit dem Landing-Page-Modul Ihrer betreffenden Software ein Design bzw. Template für Ihre Thank-You-Page bauen (vgl. Abschnitt 13.3.2). Wenn Sie Ihre Thank-You-Page auf Basis einer Landing Page erstellen wollen, kann es sein, dass Sie für einzelne Änderungen an Layout und Funktion Grundkenntnisse in CSS benötigen. Zwar können Sie auch ohne solche Kenntnisse viele Inhalte bearbeiten und neu einfügen, die Veränderung der Struktur einer Landing Page wie z. B. das Aus- oder Einblenden der Navigationsleiste kann aber oftmals nur mit HTML-/CSS-Kenntnissen umgesetzt werden.

13

Inbound-Tipp: Thank-You-Pages direkt im CMS aufbauen

Eigentlich brauchen Sie keine Inbound-Marketing-Software, um eine professionelle Thank-You-Page bereitzustellen. Immerhin verfügt eine solche Seite (im Unterschied zu einer ordentlichen Landing Page) über die gleiche Navigationsleiste wie Ihre üblichen Webpages. Überhaupt soll sich Ihre Thank-You-Page wie eine »normale« Webpage Ihrer Website anfühlen, damit Ihr neuer Lead nach dem Content-Download wie selbstverständlich auf Ihrer Website weitersurft. Unter anderem aus diesem Grund bauen manche Unternehmen, die durchaus Inbound-Marketing-Software nutzen, ihre Thank-You-Pages direkt als Seiten in Ihrem Content-Management-System auf. Wenn Sie sich für diesen Weg entscheiden, sollten Sie ein paar Dinge beachten:

- ▶ Sollten Sie Erfahrung im Umgang mit dem CMS Ihrer Website besitzen, können Sie eine Thank-You-Page wie gewohnt als Webpage anlegen und nach dem empfohlenen Layout nachbauen.

- ▶ Um wiederum die Verbindung zwischen Ihrer Landing Page und der neuen Thank-You-Page zu ermöglichen, müssen Sie den Bestätigungs-CTA des Formulars auf der Landing Page nur mit dem Link Ihrer neuen Thank-You-(Web-)Page versehen. So richten Sie eine Weiterleitung von der Landing Page zur Thank-You-Page ein.

- ▶ Um zu verhindern, dass Besucher durch Suchmaschinen oder ungewollte URL-Veränderung auf Ihre Thank-You-Page gelangen, ohne ein Formular ausgefüllt zu haben, setzen Sie die Thank-You-Page im Content-Management-System auf NO INDEX/ NO FOLLOW. Suchmaschinen werden Ihre Thank-You-Page dann nicht crawlen (untersuchen) und sie deshalb auch nicht in ihren Suchergebnissen auflisten.

13.3.5   Sprechen Sie Ihre Leads mit personalisierten E-Mails gezielt an

Hat ein frisch gewonnener Lead ein Formular ausgefüllt, möchten Sie den Kontakt zu ihm nicht wieder sofort verlieren. Deshalb nutzen Sie die verfügbaren Informationen über ihn und senden ihm direkt durch einen automatischen Workflow Ihrer Inbound-Marketing-Software eine Bestätigungs-E-Mail (Follow-up-E-Mail oder *Auto-Response-E-Mail*). In dieser E-Mail bedanken Sie sich bei Ihrem Lead für den Download des Content-Angebots. Senden Sie mit dieser Begrüßungs-E-Mail noch einmal das Content-Angebot als angehängte Datei mit, oder geben Sie in der E-Mail einen persönlichen Link an, unter dem der Lead jederzeit sein Content-Angebot erneut herunterladen kann. So schaffen Sie Mehrwert und sorgen dafür, dass diese E-Mail vielleicht direkt von Ihrem neuen Lead verwahrt wird. Wie eine solche Inbound-Marketing-E-Mail aussehen kann, sehen Sie in Abbildung 13.31.

Die Links in einer Bestätigungs-E-Mail werden natürlich von Ihrer Inbound-Marketing-Software verfolgt. Ihre Software meldet Ihnen, wenn Ihr Lead ein paar Tage oder Wochen später nochmals auf die E-Mail bzw. den Link zum Content-Angebot zugreift. Wenn Sie Leads für ein Webinar oder ein Event gewinnen konnten, beachten Sie bei der Bestätigungs-E-Mail zur Webinar- oder Event-Registrierung, dass Sie per automatischem Workflow die richtigen Informationen zu Datum, Uhrzeit und Ort der Veranstaltung angeben. Ermöglichen Sie im besten Fall, dass der Termin direkt in den Kalender Ihres Lead übertragen werden kann. Egal, mit welcher Buyer Persona Sie kommunizieren oder in welchem Geschäftsmodell Sie auch arbeiten: Es ist in jedem Fall sinnvoll, durch Ihre Inbound-Marketing-Software bei der Lead-Registrierung eine automatische Bestätigungs-E-Mail zu senden.

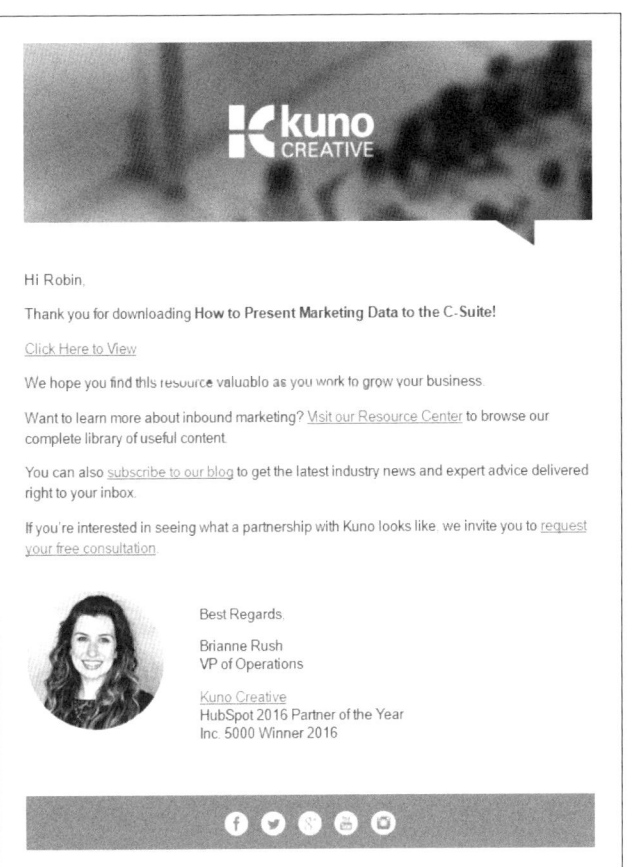

Abbildung 13.31 Beispiel für eine Bestätigungs-E-Mail mit Inbound-Marketing-Software

Inbound-Tipp: Die neun Merkmale einer guten Bestätigungs-E-Mail

Die Bestätigungs-E-Mail, die nach dem Ausfüllen eines Formulars automatisiert an den neuen Lead übermittelt werden soll, erfüllt einen ähnlichen Zweck wie die Thank-You-Page. Sie bietet Ihrem Lead weitere Möglichkeiten zu seiner Fortentwicklung entlang der Customer Journey. Mit dem Absender dieser E-Mail geben Sie Ihrem Lead zusätzlich einen ersten persönlichen Ansprechpartner in Ihrem Unternehmen. Verwenden Sie diese Art des persönlichen Kontaktes, um dem Lead erneut im Gedächtnis zu bleiben und eine persönliche Beziehung aufzubauen. Die folgenden neun Punkte sind wichtig bei der Bestätigungs-E-Mail Ihrer Inbound-Marketing-Software:

1. Formulieren Sie einen einfachen, eindeutigen und wiedererkennbaren Betreff wie z. B. den Namen des heruntergeladenen Content-Angebots. Gestalten Sie Ihre Betreffzeile aktivierend und motivierend.

2. Verwenden Sie Bilder – im Header und beim Absender.

3. Personalisieren Sie die Ansprache des Lead in der E-Mail mithilfe der hinterlegten Kontaktdaten wie Name, Nachname, Position, Unternehmen oder Ort. Das gilt auch für die Betreffzeile Ihrer E-Mail. Erwähnen Sie den Namen Ihres Adressaten in der E-Mail-Betreffzeile, da das die Aufmerksamkeit Ihres Lesers stark erhöhen kann.

4. Positionieren Sie den Titel des Content-Angebots und den Link zum erneuten Download möglichst direkt am Beginn der E-Mail. Das schafft Wiedererkennung.

5. Erwähnen und verlinken Sie weiterführende Ressourcen, die zur Buyer Persona und Customer-Journey-Phase passen.

6. Bieten Sie den effektivsten nächsten Schritt der Customer Journey wie z. B. ein kostenloses Beratungstelefonat prominent an.

7. Präsentieren Sie einen persönlichen Ansprechpartner als Absender. Sorgen Sie dafür, dass Rückantworten an diesen Absender möglich sind und dass die Prozesse in Ihrem Unternehmen auf das persönliche Feedback echter Leads an diese E-Mail-Adresse eingestellt sind.

8. Bauen Sie Social-Sharing-Icons ein. Geben Sie dabei jeweils einen Textvorschlag zum Teilen des Content-Angebots mit.

9. Senden Sie die Bestätigungs-E-Mail sofort bzw. innerhalb der ersten drei Minuten nach der Lead-Registrierung automatisiert ab.

E-Mails mit Ihrer Inbound-Marketing-Software gestalten

In Ihrer Inbound-Marketing-Software können Sie so gut wie jede erdenkliche E-Mail gestalten, verschiedenste E-Mail-Templates entwickeln und Ihre E-Mails personalisieren, damit Sie sie möglichst genau auf die Zielperson abstimmen können. Bei der Lead-Generierung ist die Bestätigungs-E-Mail oder auch Auto-Response-E-Mail schließlich das erste persönliche Signal, das ein neuer Lead von Ihrem Unternehmen erhält (Abbildung 13.32).

Auch über die gesamte Dauer des Lead Nurturing sind es die E-Mails Ihrer Inbound-Marketing-Software, die einen großen Teil der Kommunikation mit Ihren Leads ausmachen werden.

▶ Die E-Mail-Funktionalitäten gehören zum Kern einer jeden Inbound-Marketing-Software. Alle großen Software-Hersteller halten ausgereifte E-Mail-Module bereit. Checken Sie, ob Ihre Software bereits fertig gestaltete Standard-Layouts für unterschiedliche E-Mail-Typen bereithält, wie z. B. Newsletter, Registrierungsbestätigungen, Reminder und Terminerinnerungen, Veranstaltungsinformationen oder Blogposts, die sie direkt per E-Mail versenden wollen.

▶ Ihre Inbound-Marketing-Software erfasst die Reaktionen Ihrer Kontakte auf ein empfangenes E-Mail und speichert diese Informationen im Kontaktprofil des Lead ab. Dabei wird erfasst, ob und wann die E-Mail empfangen wurde, ob sie geöffnet sowie ob und was in der E-Mail angeklickt wurde (z. B. Links, Bilder, Videos). Das sind die klassischen Key-Performance-Indikatoren (KPI) einer E-Mail-Kampagne. Prüfen Sie, welche Indikatoren Ihre spezielle Software ausweist.

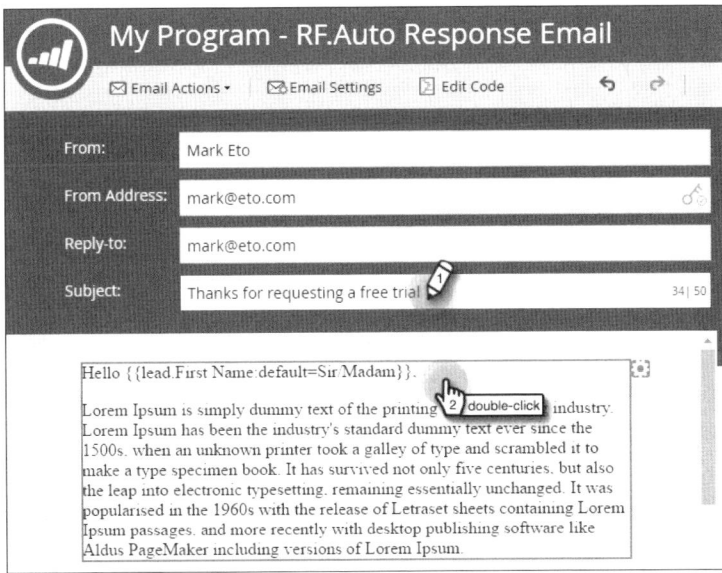

Abbildung 13.32 Eine Auto-Response-E-Mail mit Inbound-Marketing-Software gestalten (Beispiel: Marketo)

Eine Inbound-Marketing-Software betrachtet die E-Mail-Reaktionsdaten der Leads nicht nur aus der statistischen Brille von prozentualen Erfolgsquoten (z. B. Open Rates, Click Rates), sondern erfasst auch die besondere Bedeutung dieses Verhaltens für den individuellen Lead-Kontakt. Insofern bedeuten die E-Mail-Funktionalitäten Ihrer Inbound-Marketing-Software eine kundenorientierte Weiterentwicklung und Evolution der traditionellen E-Mail-Marketing-Software, die nicht unbedingt mit dem gesamten Verhaltens- und Datenprofil der Kontakte verknüpft war.

▶ Prüfen Sie, wie weit entwickelt diese kontaktbezogenen E-Mail-Funktionalitäten Ihrer Software ausgebildet sind. Schauen Sie nicht nur auf Reporting-Tools, die Kampagnen-Erfolge in Prozenten ausweisen.

▶ Stellen Sie darüber hinaus sicher, dass die E-Mail-Templates Ihrer Inbound-Marketing-Software genau dem Look & Feel Ihrer üblichen E-Mails entsprechen, sodass alle E-Mails aus Ihrem Unternehmen den gleichen Design-Auftritt haben, egal, ob sie aus Ihrem Outlook-Account stammen oder aus Ihrer Inbound-Marketing-Software.

455

E-Mails für jeden Lead automatisch und dynamisch personalisieren

Nutzen Sie Ihre Inbound-Marketing-Software konsequent, um alle Mails an Leads (oder Kunden) zu personalisieren. Sie können E-Mails personalisieren, indem Sie bei der Gestaltung des E-Mail-Textes bestimmte Textfelder wie z. B. die Anrede oder den Vor- und Nachnamen des Lead mit Platzhaltern (*Data Tokens*) versehen. Ihre Inbound-Marketing-Software fügt dann automatisch für jede individuelle E-Mail die entsprechenden Daten des jeweiligen Lead aus der Kontaktdatenbank direkt in die ausgelieferte E-Mail ein. Das ist eine Standardleistung, die natürlich auch jedes E-Mail-Marketing-Programm beherrschen sollte. Aber erst mit Ihrer Inbound-Marketing-Software können Sie gezielt Ihre E-Mails mit personalisierten Links und dynamisch generiertem Content (Dynamic Content) versehen (vgl. Abbildung 13.33).

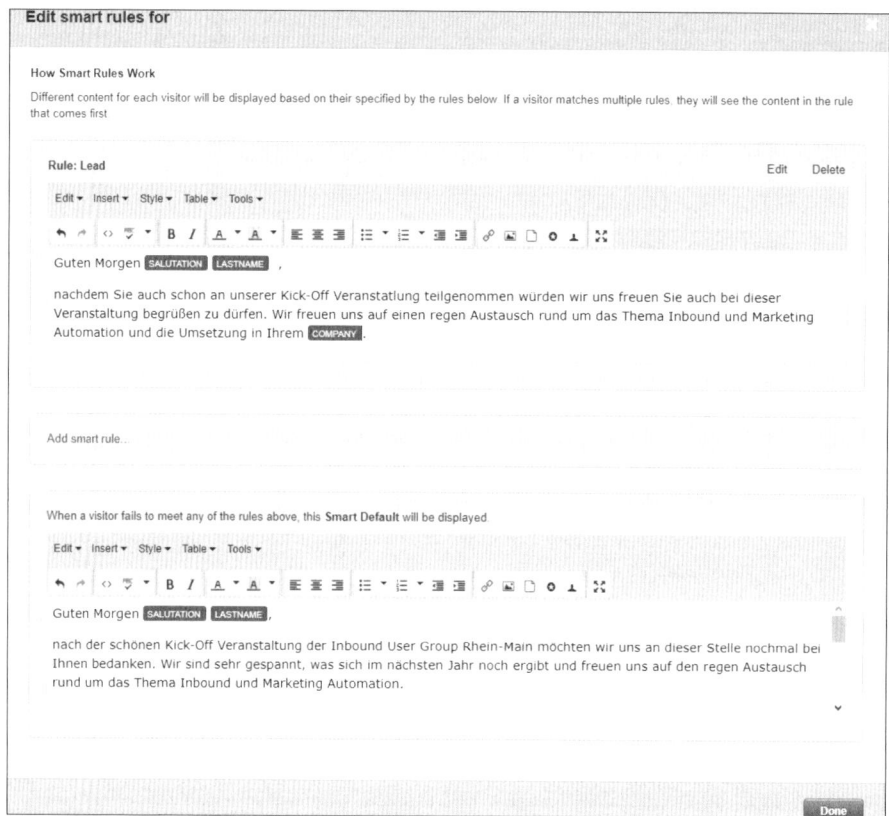

Abbildung 13.33 Dynamischen Content in E-Mails einbinden (Beispiel: HubSpot)

Dadurch geht jede Ihrer E-Mails auf den jeweils aktuellen Wissensstand Ihrer Kontaktdatenbank über den betreffenden Kontakt ein und sendet immer genau die Impulse, die für den betreffenden Lead und seine Buyer Persona gerade wichtig sind. Prüfen Sie, inwieweit Ihre Software solche Funktionen unterstützt. Bereits die Landing-Page- oder Formularmodule vieler Inbound-Marketing-Software-Anbieter stellen standardmäßig die dafür erforderlichen E-Mail-Funktionalitäten integriert zur Verfügung. Das Planen, Erstellen und automatische Versenden solcher Bestätigungs-E-Mails soll bei einer Kampagne zur Lead-Generierung schließlich möglichst direkt in einem Arbeitsgang nach der Erstellung von Landing Page und Formular passieren. So denkt wenigstens jeder im Team daran, dass immer auch eine Bestätigungs-E-Mail geplant wird, und stellt sicher, dass der entsprechende Workflow automatisch durchgeführt wird (vgl. Abbildung 13.34).

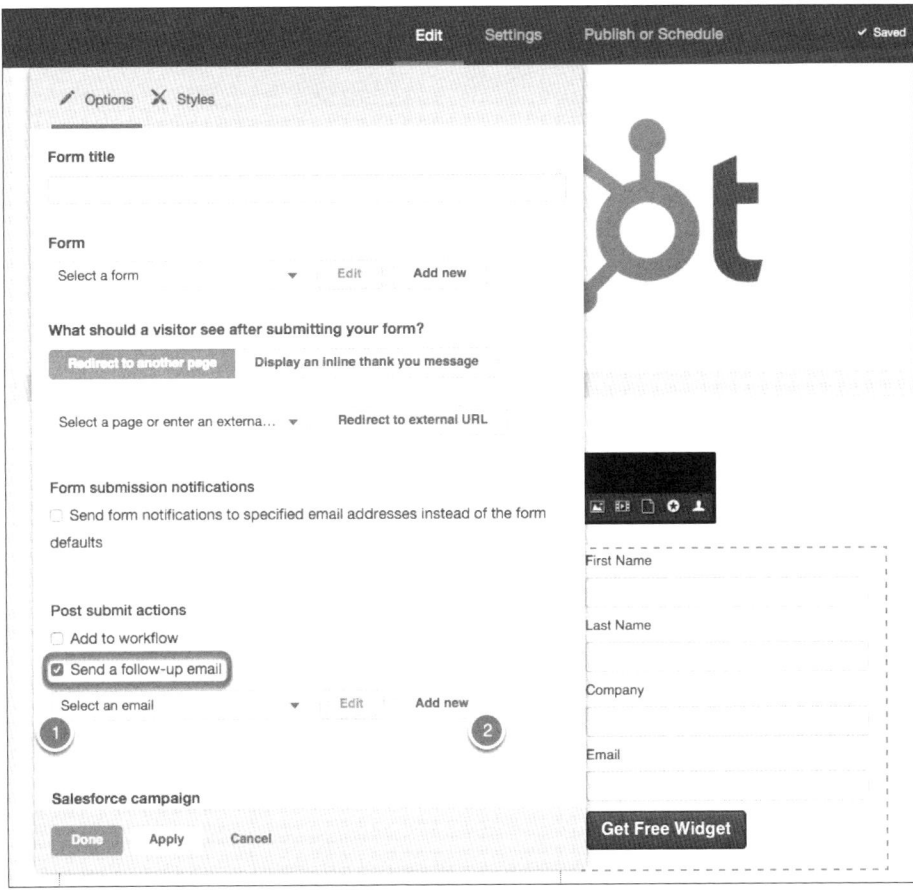

Abbildung 13.34 Bestätigungs-E-Mails direkt im Formular aktivieren (Beispiel: HubSpot)

Das Versenden dieser Bestätigungs-E-Mail ist, formell gesehen, eigentlich der Abschluss der Lead-Generierung und bedeutet den Übergang zur Pflege und Weiterentwicklung eines gewonnenen Lead. Es beginnt jetzt das Lead Nurturing. Kein Instrument Ihrer Inbound-Marketing-Software ist dafür besser geeignet als Ihr Marketing-Workflow-Tool.

13.3.6   Betreuen und entwickeln Sie Leads mit automatischen Workflows

Bei der Lead-Generierung setzen Sie, wie gesehen, bereits einen automatischen Workflow ein. Sie senden Ihrem neu registrierten Lead eine Follow-up-E-Mail mit dem gewünschten Content-Angebot zu. Setzen Sie auch nach der Gewinnung eines neuen Lead weiter auf das Workflow-Tool Ihrer Inbound-Marketing-Software, um die Beziehung zum neuen Lead gezielt zu stärken (vgl. Abbildung 13.35).

Abbildung 13.35 Das Workflow-Tool Ihrer Inbound-Marketing-Software als schematische Darstellung (Quelle: Act-On)

Bereits ein paar Tage nach dem Download eines Content-Angebots können Sie z. B. mit einem vordefinierten Lead-Nurturing-Workflow eine weitere E-Mail mit Hinweisen auf verwandte Blogposts oder andere Inhalte versenden und so den Lead zielgerichtet weiterentwickeln. Jeden Klick Ihres Lead auf Ihrer Website, Ihrem Blog, in Ihren E-Mails usw. können Sie mit Ihrer Software erfassen und in Echtzeit nutzen, um damit bestimmte Workflows automatisch in Gang zu setzen. Klickt also z. B. ein Lead auf einen Link bzw. CTA in Ihrer Website oder E-Mail, können Sie dafür eine neue Aktion in Ihrem Workflow anstoßen und z. B. dem Lead automatisch eine E-Mail mit weiteren Informationen zum Thema des Blogposts zukommen lassen. Gleichzeitig können Sie einen weiteren Workflow bzw. ein weiteres Engagement-Programm anstoßen, das aufgrund des Klicks auf einen themenbezogenen Link eine bestimmte Kontakteigenschaft des Lead wie z. B. »Interessiert an Thema A« aktualisiert. So erhalten Sie mithilfe Ihrer Workflows Stück für Stück ein detaillierteres Bild Ihrer Leads.

Was Ihr Inbound-Marketing-Workflow-Tool ausmacht

Im klassischen E-Mail-Marketing werden viele Kampagnen manuell gestartet. Im Inbound Marketing ist es hingegen das Ziel, möglichst viele E-Mails an Ihre Leads automatisch versenden zu lassen – und zwar immer dann, wenn bestimmte Eigenschaften oder Verhaltensweisen Ihrer Leads nahelegen, dass Sie ihnen jetzt mit einer gezielten Information, einem Angebot oder einer Inspiration weiterhelfen können. Dafür sind die Marketing-Workflows in Ihrer Inbound-Marketing-Software zuständig. Das Workflow-Tool Ihrer Software ist eines der mächtigsten Tools, die heute im Marketing und im Kunden-Management zum Einsatz kommen. Mithilfe des Workflow-Moduls Ihrer Inbound-Marketing-Software (auch Programm Builder, Automation-Rules-Modul oder *My Programs* genannt) übertragen Sie sozusagen Ihre persönlichen Erfahrungen im Umgang mit Leads und deren Reaktionsverhalten auf Ihre Inbound-Marketing-Software (vgl. Abbildung 13.36).

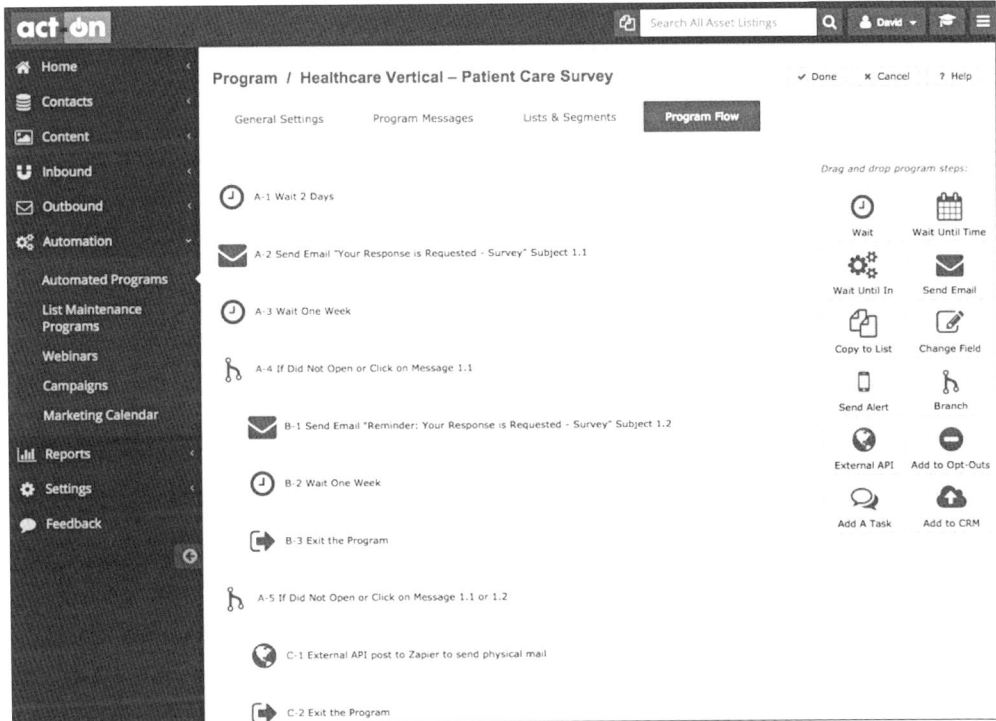

Abbildung 13.36 Workflows im Tool anlegen per Drag & Drop (Beispiel: Act-On)

Sie bilden Prozesse, die sich im Umgang mit Leads als erfolgreich gezeigt haben, durch automatisierte Ketten von Interaktionen zwischen Ihren Leads und Ihrer Software ab. Mit den automatisierten und intelligenten Marketing-Prozessen Ihres Workflow-Tools können Sie sehr viele Aktionen und Ansprecheketten im Umgang mit Ihren Leads und Kunden definieren und planen, automatisch in Gang setzen und steuern lassen und diese Handlungsprogramme in Echtzeit überwachen und verbessern. Ein gutes Workflow-Tool unterstützt Sie bei dieser Aufgabe gleich mehrfach.

▶ *Intuitive Bedienung:* Sie können mit einfachen und wenigen Arbeitsschritten die richtigen Botschaften zur richtigen Zeit an die richtigen Zielpersonen ausspielen. Ihre Software weist Sie intuitiv auf alle Workflow-Kriterien hin, mit denen Sie den richtigen Kontext für die gezielte Ansprache Ihrer Interessenten beim Lead Nurturing schaffen können.

▶ *Hohe Effizienz:* Die Workflow-Gestaltung sollte hocheffizient verlaufen. Workflows und Engagement-Kampagnen sollten von der Software möglichst einfach visuell dargestellt werden können. Alle Marketing-Assets wie z. B. E-Mails, Content-Angebote oder Landing Pages sollten direkt ansteuerbar und integrierbar sein. Sie sollten dabei Ihr Workflow-Tool nicht verlassen und in andere Module Ihrer Inbound-Marketing-Software wechseln müssen.

▶ *Hohe Zeitersparnis:* Die Arbeit mit dem Workflow-Tool sollte zeit- und ressourcensparend sein. Innerhalb von Minuten haben Sie selbst mehrstufige Aktions- und Reaktionsketten zusammengestellt und live geschaltet. Die Einarbeitung in Ihr Workflow-Tool sollte schnell möglich sein und erfordert in der Regel keinerlei Programmier- oder besondere Software-Kenntnisse. Die meisten Arbeitsschritte beim Gestalten neuer Workflows lassen sich in einem guten Workflow-Tool ohnehin bequem per Drag & Drop erledigen (vgl. Abbildung 13.36). Tests und Optimierungen sollten sich leicht und in Echtzeit gestalten lassen.

▶ *Flexible Einsetzbarkeit:* Ihr Workflow-Tool sollte Sie in allen Bereichen der Beziehungspflege zu Interessenten und Kunden gleichermaßen unterstützen. Auf allen Stufen der Customer Journey und des Sales Funnel können Sie virtuos und kreativ komplette Engagement-Programme gestalten, mit denen Sie in jedem Kommunikationsschritt neuen Nutzen schaffen. Dabei kommt es nicht auf möglichst wenige Workflows zum großen Durchbruch an, sondern auf die Vielzahl der wohlkoordinierten kleinen Kommunikationsschritte, die einen vertrauensvollen Beziehungsaufbau zu Interessenten und Kunden ausmachen.

Inbound-Tipp: Nutzen Sie Ihr Workflow-Tool für alle Bereiche des Kunden-Managements

Manche Inbound-Marketing-Software-Anbieter liefern Ihnen nicht nur ein gut aufgemachtes und einfach bedienbares Workflow-Tool, sondern darüber hinaus auch eine ganze Bibliothek von wichtigen und vordefinierten Standard-Workflows, damit Sie schnell die wichtigsten Prozesse zur Steuerung Ihrer Kundenbeziehungen unterstützen und automatisieren können.

Analysieren Sie daher, welche Prozesse des Kunden-Managements in Ihrem spezifischen Fall besonders wichtig sind, und prüfen Sie, ob Ihre Software hierfür gegebenenfalls bereits vorkonfigurierte Workflow-Prozesse bzw. sogenannte *Drip Campa-*

igns bietet oder zumindest die Schritte zum entsprechenden Workflow-Aufbau in Online-Anleitungen bereithält. Zu den wichtigsten Workflows gehören:

▶ *Lead-Nurturing-Workflows:* Diese Engagement-Programme sind ein entscheidender Grund für viele Unternehmen, sich für Inbound-Marketing-Software zu entscheiden. Die individuelle Weiterentwicklung von Leads ist eine der wichtigsten Aufgaben der Inbound-Marketing-Teams in vielen Unternehmen. Inbound-Marketing-Software-Hersteller widmen daher bei der Konzeption ihrer Workflow-Tools den Lead-Nurturing-Prozessen die größte Aufmerksamkeit.

▶ *Customer-Onboarding-Workflows:* Direkt nach dem Kauf bricht die Kommunikation vieler Unternehmen mit ihren Kunden erst einmal zusammen, bis z. B. der Kundenservice oder das Customer-Success-Team den Kontakt zum Kunden wiederaufnimmt. Mit Onboarding-Workflows lasst sich dieser Moment, in dem Kunden besonders hohe Erwartungen an die Betreuung haben, zu einem perfekt durchgeplanten Kundenerlebnis ausbauen.

▶ *Customer-Education-Workflows:* Besonders für Anbieter erklärungsbedürftiger Produkte und Dienstleistungen ist es wichtig, neuen Kunden möglichst schnell und intensiv alle Grundlagen zu vermitteln, die für die effektive Nutzung der neu angeschafften Leistung nötig sind. Das lässt sich mit Workflow-Ketten zur flexiblen Vermittlung von Know-how hervorragend regeln und individuell auf den Wissensfortschritt des einzelnen Kunden aussteuern.

▶ *Up-Selling- & Cross-Selling-Workflows:* Inbound-Marketing-Workflows können flexibel auf unterschiedliche Kundenbedarfe ausgerichtet werden. Um den Customer Lifetime Value eines Bestandskunden zu erhöhen, reicht oftmals ein einmaliger Kundenkontakt nach dem Kauf nicht aus, sondern es ist eine ganze Reihe von behutsamen Informations- und Angebotsschritten nötig, um die Vorteile einer neuen oder erweiterten Produktlösung zu verdeutlichen. Das Gleiche gilt auch bei der Reaktivierung von Bestandskunden, die keine aktive Produktnutzung mehr aufweisen oder deren Produktnutzung im Zeitablauf zurückgeht. Dann geht es vor allem um Workflows für die Erneuerung zeitlich begrenzter Kundenabschlüsse (*Renewal Workflows*) oder die Reaktivierung der Kundenbeziehung (*Reengagement Workflows*).

▶ *Event- & Webinar-Workflows:* Alle Arten von Kundenveranstaltungen sind mit Marketing-Workflows darstellbar, und viele Software-Hersteller von Inbound-Marketing-Software haben diesen Bereich des Kunden-Managements im Workflow-Tool entweder selbst komplett abgedeckt oder ausgereifte Workflow-Integrationen zu Event-Software wie z. B. *EventBrite*. Allerdings kommt es gerade bei diesen Workflows auf hohe Effizienz an. Schlecht abgestimmte einzelne Workflows eines Events oder fehlende Workflow-Teile (z. B. die Bestätigung oder der Reminder eines Events) können die Performance des Gesamt-Workflows stark beeinträchtigen.

13

All diese verschiedenen Workflows bestehen aus zum Teil völlig unterschiedlichen oder eigenen Einzel-Workflows. Jedes Engagement-Programm wird in einem Workflow-Tool individuell unterschiedlich aufgesetzt. Dennoch bestehen alle Marketing-Workflows aus den gleichen Grundelementen. Sie stellen die Hauptbestandteile Ihres Workflow-Tools dar.

Wie automatische Marketing-Workflows funktionieren

Ihre Inbound-Marketing-Software nutzt bestimmte Grundelemente, aus denen sich die gesamte Programmlogik aller Workflows aufbaut (vgl. Abbildung 13.37).

- *Entscheidungsregeln:* Sie definieren bei der Gestaltung eines Marketing-Workflows laufend Entscheidungsregeln, die Ihre Software dazu veranlassen, beim Zutreffen bestimmter Ausprägungen von Entscheidungskriterien die im Workflow vordefinierten Handlungen in Gang zu setzen. Ihre Inbound-Marketing-Software überwacht ständig alle Kontakte Ihrer Kontaktdatenbank darauf, ob bestimmte Kriterien Ihrer Workflows auf einzelne Kontakte zutreffen. Sobald die definierten Kriterien bei einzelnen Kontakten zutreffen, wird der für den Kontakt relevante Workflow automatisch in Gang gesetzt. Nehmen Sie z. B. die Registrierung neuer Leads, bei denen der Jobtitel im Formular abgefragt wird. Wenn sich jemand in einem Formular beim Kriterium (Contact Property) JOBTITEL mit der Ausprägung »Geschäftsführer« identifiziert, setzen Sie mithilfe einer Entscheidungsregel einen Prozess in Gang im Sinne einer Wenn-Dann-Regel. Eine Regel in unserem Beispiel wäre dann so etwas wie »Wenn Contact Property Jobtitel gleich Geschäftsführer ist, dann Workflow XY in Kraft setzen bzw. Aktion ABC starten« (*If/Then-Rule*).

- *Aktionen:* Unter einer Aktion oder Maßnahme versteht man bei Marketing-Workflows die Handlungen, die beim Eintreten bestimmter Regeln in Gang gesetzt werden. Wenn sich unser Lead also z. B. als Geschäftsführer registriert hat, erhält er als nachfolgende Aktion eine für Geschäftsführer und deren Painpoints optimierte Begrüßungs-E-Mail. Andere mögliche Aktionen wären z. B. die Aufnahme des Kontaktes in eine bestimmte Kontaktliste (z. B. Liste aller Kontakte der Buyer Persona »Geschäftsführer«) oder die Veränderung des Lead Score eines Kontaktes um einen vordefinierten Punktewert.

- *Trigger:* Als Trigger bezeichnet man Aktionen, die von der Zielperson eines Workflows ausgehen. Ihre Inbound-Marketing-Software achtet ständig auf die Aktionen bzw. Reaktionen Ihrer Kontakte, die in einem Workflow eingetragen sind (*Workflow Enrollment*). Sobald eine Verhaltensweise bei einem Kontakt registriert wird, für deren Eintritt ein Workflow vordefiniert wurde, wird dieser Trigger ausgelöst und der entsprechende Workflow in Gang gesetzt. Ein Trigger wird im Workflow danach definiert, ob sein Eintreffen vorliegt (Yes) oder nicht (No). Entweder wird vom Zielkontakt im definierten Zeitraum eine bestimmte E-Mail geöffnet oder nicht. Entweder wird ein Formular ausgefüllt bzw. ein Link angeklickt oder eben nicht.

▶ *Zeitdefinitionen:* Bei der Gestaltung von Marketing-Workflows werden Startpunkte, Endpunkte und auch geplante Verzögerungen definiert. Wenn jemand z. B. ein E-Book heruntergeladen hat, wäre es unlogisch, direkt eine Stunde später per E-Mail nachzufragen, ob es ihm gefallen hat. Folglich muss im betreffenden Workflow festgelegt werden, ob ein bestimmtes Zeitintervall eingebaut werden soll. Dieses Zeitintervall kann als absoluter Zeitraum (z. B. vier Tage) oder aber relativ zu weiteren Aktionen des Kontaktes in der Zwischenzeit festgelegt werden.

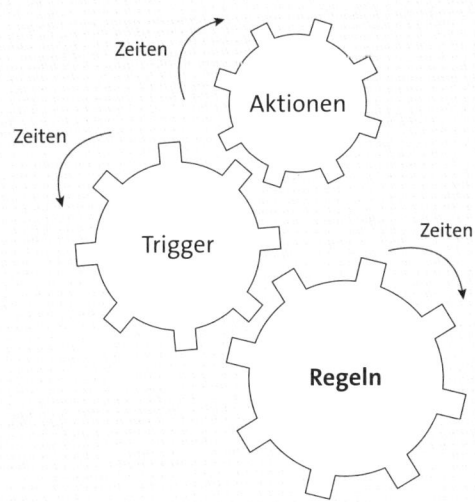

Abbildung 13.37 Die vier Basis-Elemente zur Gestaltung von Marketing-Workflows in Inbound-Marketing-Software

Regeln, Aktionen, Trigger und Zeiten sind die Grundelemente, aus denen sich Workflows logisch zusammensetzen. Workflows können sehr kurz sein, aber durchaus eine hohe Bedeutung einnehmen (z. B. Bestätigungs-E-Mails nach Lead-Registrierungen). Ein solcher Workflow besteht eventuell nur aus einem Arbeitsschritt wie in diesem Beispiel aus der Versendung einer einmaligen E-Mail nach einer Handlung eines Kontaktes. Andere Workflows hingegen können vielstufig sein und verzweigen sich eventuell noch je nach Entwicklung von Workflow-Aktionen und darauffolgenden Kontaktreaktionen. Man spricht dann auch von einer Verzweigungslogik (*Branching-Logik*), die in den Workflow eingebaut wird. Workflows, die aus vielen Stufen bestehen und immer wieder neue Impulse und Inspirationen an ihre Zielkontakte senden, werden auch »Tröpfel-Kampagnen« (*Drip Campaigns*) genannt. Der »stete Tropfen« von kleinen Botschaften an den Kontakt soll einen Spannungsbogen aufbauen und ein Gespräch in Gang bringen.

Inbound-Tipp: Wie Sie Branching-Logik einsetzen

In Abbildung 13.38 sehen Sie einen Ausschnitt aus einem Marketing-Workflow. Oben in der Abbildung wird eine Verzweigung eingeleitet, die sich daraus ergibt, ob jemand in einer bestimmten E-Mail einen weiterführenden Link zu einem Hilfs-Tutorial anklickt oder nicht. Wenn er auf diesen Link klickt (Yes), ändert die Software automatisch die Lifecycle Stage des Interessenten auf den Status Marketing Qualified Lead. Falls der Link nicht angeklickt wurde (No), bleibt die Software nicht untätig, sondern sendet eine interne E-Mail an einen Team-Mitarbeiter mit der Bitte um persönliches Follow-up.

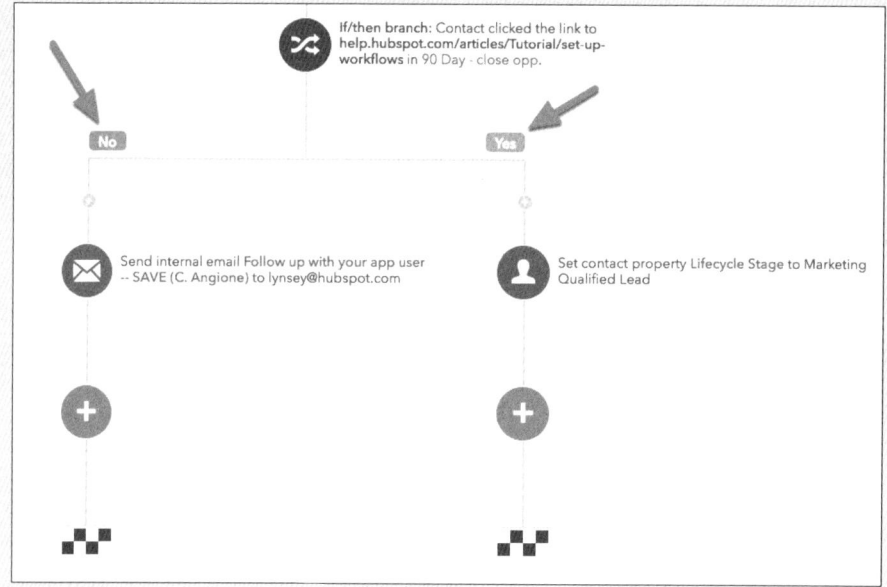

Abbildung 13.38 Branching-Logik in Marketing-Workflows (Beispiel: Hubspot)

Wie Sie Marketing-Workflows gestalten

Für alle Workflows, aber besonders für vielstufige und vielschichtige Drip-Kampagnen, benötigen Sie beim Workflow-Management vier wichtige Bausteine: die Workflow-Ziele, die Workflow-Logik Ihrer Workflow-Kampagne, die Zielkontaktliste für die Kampagne und die Botschaften an die Zielkontakte selbst (z. B. die entsprechenden E-Mails).

1. Zunächst legen Sie die Ziele Ihres neuen Workflows und der dahinterstehenden Kampagne fest. Welches Ziel verfolgen Sie mit der Workflow-Kampagne, und woran werden Sie den Erfolg des Workflows beurteilen können? Geht es darum, möglichst viele Ihrer Kontakte in den Workflow hineinzubekommen (z. B. Blog- oder Newsletter-Anmeldungen), oder richten sich Ihre Workflow-Ziele auf mög-

lichst viele zielführende Konversionen bzw. Trigger-Auslöser (Anzahl geklickter E-Mail-Links)? Definieren Sie möglichst für alle wichtigen Zwischenstufen und Pfade Ihres Workflows geeignete Zwischenziele.

2. Danach legen Sie die inhaltliche und kausale Workflow-Logik hinter dem Engagement-Prozess Ihrer Interessenten bzw. Kunden fest. Setzen Sie an gewissen Prozessschritten und Aktionen Verzweigungen (Branches) in Ihren Workflow ein? Welche Zeitverzögerungen (Delays) bauen Sie ein? Welche Content- oder Service-Angebote bieten Sie wem in welcher Stufe bei welchen Ereignissen an? Wann bzw. bei welchen Verhaltensmustern und erreichten Zielen soll der Workflow enden?

3. Nachdem die Workflow-Logik festgelegt ist, legen Sie die Liste der in den Workflow aufzunehmenden Kontakte sowie die Art der Aufnahme in den Workflow (*Enrollment List*) fest. Die Aufnahme in den Workflow kann manuell durch einen Mitarbeiter Ihres Teams erfolgen oder aber automatisch per Trigger anhand der Handlungen Ihrer Kontakte vordefiniert werden. Dafür können Sie die Smart Lists Ihrer Inbound-Marketing-Software nutzen (vgl. Abschnitt 13.3.7). Dazu gehören sowohl statische Listen mit einmal aufgenommenen Kontakten als auch dynamische Listen, die von Ihrer Software automatisch gepflegt werden, wenn einzelne Kontakte nach vordefinierten Listenkriterien ausscheiden oder neu hinzukommen (z. B. die Liste Ihrer Blog-Abonnenten). Ebenso sollten Sie in jedem Fall als Negativabgrenzung eine sogenannte *Suppression List* anlegen mit solchen Kontakten, die keinesfalls in den betreffenden Workflow aufgenommen werden sollten (z. B. Wettbewerber, Problemkunden).

4. Schließlich stellen Sie alle Marketing-Assets zusammen, die Sie für den Workflow mit all seinen Stufen und Verzweigungen benötigen werden. Oft sind z. B. jede Menge E-Mails gefordert, die für unterschiedliche Szenarien adaptiert, entsprechend getextet und mit verschiedenen weiterführenden Links ausgestattet werden. Je nach Software können Sie dafür nicht nur E-Mails, sondern sogar auch SMS, Briefe, Faxe oder Messenger-Nachrichten (z. B. Facebook-Messenger, WhatsApp) direkt aus Ihrer Software einsetzen. Prüfen Sie die Ihnen zur Verfügung stehenden Kommunikationskanäle, die Ihre Inbound-Marketing-Software zur Verfügung stellt oder die mit Plugin-Integrationen dritter Anbieter bei Ihrer Software darstellbar sind.

Inbound-Tipp: Bestimmen Sie immer den passenden Workflow-Typ

Bei der Planung und Gestaltung von Workflows geht man oftmals sehr schnell von der Idee zur konkreten Umsetzung über, ohne zu überlegen, was der passende Workflow-Typ im Einzelfall ist. Workflows sind nicht so hoch individuell, wie man meinen könnte, sondern sie gruppieren sich in der Praxis in drei Standardkategorien, die ihre eigenen Regeln und Erfolgsfaktoren haben.

1. Handlungsbasierte Workflows machen einen großen Teil Ihrer Praxisarbeit im Workflow-Management aus. Sie werden in Gang gesetzt durch eine bestimmte Handlungsweise Ihrer Kontakte (Trigger). Solche Workflows starten ständig ohne Ihr manuelles Zutun, wenn wieder einmal einer Ihrer Kontakte gerade eine trigger-relevante Handlung ausführt oder wenn eine vordefinierte Regel in Kraft tritt (z. B. Registrierung mit Jobtitel »Geschäftsführer«). Wenn Sie in solche Workflows zeitliche Verzögerungen einbauen (Delays), dann setzt Ihre Software diese Verzögerungen automatisch in Relation zu dem handlungsauslösenden Zeitpunkt Ihres jeweiligen Kontaktes. Alle Standard-Workflows zusammengenommen sind das »Grundrauschen« Ihres Workflow-Managements. Sie sind ständig in Aktion, und viele von ihnen haben kein natürlich definiertes Ende. Ihr Blog-Registrierungs-Workflow läuft eben z. B. fortwährend, solange Sie Ihren Blog haben. Sie nutzen übrigens auch jede Menge interner Standard-Workflows z. B. für automatische E-Mail-Mitteilungen Ihrer Software, wenn Kontakte eine bestimmte Handlung zeigen und sich z. B. die Preisliste auf Ihrer Website ansehen.

2. Kontaktbasierte Workflows sind solche, die sich an bestimmten Terminen orientieren, die für das Management einzelner Kundenkontakte wichtig sind. Das beginnt beim recht trivialen Workflow zum Versand einer Geburtstags-E-Mail und geht bis hin zu Reminder-Anspracheketten, wenn bestimmte Produktnutzungsfristen auslaufen oder Vertragsverlängerungen angeboten werden sollen. Auch die bereits angesprochenen Workflows für Up-Selling, Cross-Selling oder Kundenreaktivierung (Customer Reengagement) zählen dazu. Diese Workflows sollten besonders gut dahin durchdacht werden, ob z. B. alle Kunden die gleichen Up-Selling-Angebote erhalten oder nach welchen Kriterien z. B. unterschiedlich hohe Rabatte für verschiedene Kundentypen berücksichtigt werden sollen. Bei kontaktbasierten Workflows ist oft besondere Umsicht erforderlich.

3. Terminbasierte Workflows sind solche Workflows, die sich nicht nach den individuellen Verhaltensweisen Ihrer einzelnen Kontakte richten, sondern die Sie selbst nach bestimmten feststehenden Terminen geplant haben. Wenn Sie z. B. ein Webinar oder eine Kundenveranstaltung mit Workflows ausstatten, so dreht sich die Zeitplanung der entsprechenden Workflows um das Datum, die Vorlaufphasen und gegebenenfalls die Nachphase des betreffenden Events. Sie senden z. B. per Workflow allen eingeladenen Teilnehmern automatische Reminder-E-Mails zu fix vorgeplanten Zeitpunkten wie z. B. eine Woche und einen Tag vor dem Beginn des Events. Weitere Beispiele sind Anspracheketten vor bestimmten Ereignissen, wie z. B. Produkt-Launches oder selbst Ihre Weihnachts-E-Mails an Kontakte und Kunden, die im Regelfall zu einer bestimmten Zeit an alle gleichzeitig versandt werden.

Prüfen Sie in Ihrer Software, welche Kriterien Ihnen zur Verfügung stehen, um Kontakte in Ihre neu gestalteten Workflows aufzunehmen. Welche Datenarten oder Entscheidungskriterien können Sie nutzen, um Ihre Workflows möglichst zielgenau auszusteuern? Wir haben bereits kontakteigene Kriterien (Contact Properties) wie z. B. den Jobtitel erwähnt. Weitere Kontaktkriterien könnten z. B. individuelle Themeninteressen, eine Selbstangabe zur Phase der Customer Journey oder, wie oben dargestellt, die Zugehörigkeit zu einer smarten Liste (z. B. Blog-Abonnent) sein. Im B2B-Bereich können darüber hinaus auch firmenspezifische Angaben (Company Properties) wie z. B. die Branche oder Größenklasse des Unternehmens wichtig sein. Auch das Ausfüllen und Absenden eines bestimmten Formulars kann ein Enrollment-Kriterium sein (z. B. »Hat Formular zur Gratis-Erstberatung ausgefüllt«). Letztlich sind auch alle anderen beobachteten Verhaltensweisen wie das Öffnen, Lesen und Anklicken bestimmter E-Mails bzw. E-Mail-Links, das Betrachten von Website-Content oder Landing Pages bis hin zum Anklicken bestimmter Calls-to-Action wichtige Impulsgeber für Workflow-Enrollments. Das gilt besonders für Workflows, die Leads bis zum Kauf weiterentwickeln sollen (Lead-Nurturing-Workflows).

Die Besonderheiten von Lead-Nurturing-Workflows

Das Workflow-Tool Ihrer Software ist aus dem Lead Nurturing nicht wegzudenken. Ihre Inbound-Marketing-Software hat viele Tools, aber wenn es ans Lead Nurturing geht, also an die Weiterentwicklung gewonnener Leads, ist automatisiertes Workflow-Management mit E-Mails und anderen Kontaktwegen wie SMS einfach unschlagbar. Mit Ihrem Workflow-Tool können Sie durchschlagende Erfolge bei der Kundengewinnung erzielen – und das mit vergleichsweise wenig Aufwand und ohne Zusatzkosten. Mit Ihrem Workflow-Tool führen Sie einfach den bei der Lead-Generierung aufgebauten Dialog mit Ihrem Interessenten fort und bauen in jeden Kommunikationsschritt zielführende und wertschöpfende Hilfe (z. B. Content, Beratungsangebote) ein. Betrachten Sie Ihre Lead-Nurturing-Workflows als eine Art natürliche Fortsetzung der Lead-Generierung. Planen Sie diese Workflows konsequent aus der Sicht Ihres potenziellen Kunden. So vermeiden Sie eine künstliche gedankliche Trennung von Lead-Generierung und Lead Nurturing im Workflow-Management. Vermeiden Sie Brüche in der Tonalität und Ansprache Ihrer Interessenten, und bleiben Sie konsequent bei den Themen und Painpoints, die Ihre neuen Leads jeweils nachweislich interessieren. Wenn Ihr Unternehmen viele Leads parallel generiert und diese Leads sich in viele verschiedene Buyer Personas unterteilen, sollten Sie viel Zeit und Überlegung in den Aufbau geeigneter Lead-Nurturing-Workflows in Ihrer Software stecken. Definieren Sie möglichst früh – am besten direkt bei der Einführung Ihrer Inbound-Marketing-Software –, was Sie an wichtigen Momenten im Lead-Nurturing-Prozess mit Workflows erreichen wollen. Was soll z. B. passieren, wenn ein Lead einen bestimmten Lead Score erreicht (vgl. Abbildung 13.39)?

Welche automatischen regelbasierten Maßnahmen soll Ihre Software in der Kommunikation mit Ihrem Lead dann ergreifen, und welche internen Ansprechpartner (z. B. Vertriebsmitarbeiter) sollen automatisch per Workflow informiert und zur Handlung aufgefordert werden? Vielleicht wollen Sie z. B. einen E-Mail-Workflow an das Erreichen eines bestimmten Lead Score koppeln, um Ihrem Lead bestimmte weiterführende Schritte anzubieten, wie z. B. einen kostenlosen Produkttest.

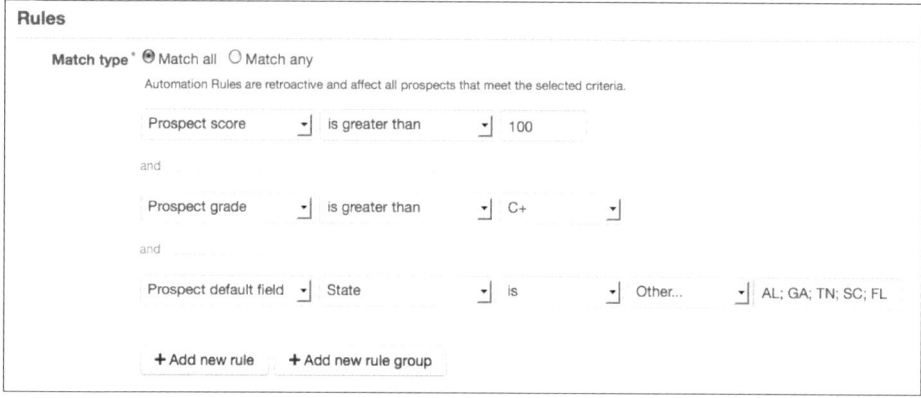

Abbildung 13.39 Festlegung von Automation Rules zur Definition eines Workflows in der Inbound-Marketing-Software (Beispiel: Pardot)

Sie können Workflows für alle Anlässe (Events), Verhaltensmuster oder Kontaktangaben Ihrer Kontakte anstoßen. Behalten Sie dabei aber die Übersicht. Selektieren und priorisieren Sie die wirklich wichtigen und effektiven Workflows. Vermeiden Sie inhaltlich oder thematisch widersprüchliche Workflows, um Ihre Leads nicht zu verwirren. Vor allem sollten Sie aus Kundensicht prüfen, ob die Frequenz und Intervallkette (Kadenz) Ihrer Workflows zum Informationsverhalten Ihrer Zielkunden passt. Bei Workflows ist nicht die Quantität, sondern die Passgenauigkeit der Workflow-Sequenzen entscheidend.

Inbound-Tipp: Kontrollfragen für Ihre Lead-Nurturing-Workflows

Wenn Sie Ihre Lead-Nurturing-Workflows aufbauen und aufeinander abstimmen, sollten Sie genau analysieren, wie das Nutzererlebnis dieser Kommunikationskette sein wird.

▶ Wie oft werden Sie an Leads neue Botschaften per E-Mail senden? In welchen Zeitabständen und bei welchen Reaktionsweisen werden diese E-Mails versandt? Wie viele E-Mails erhält ein Lead von Ihrem Unternehmen maximal in der Woche bzw. im Monat?

▶ Wie viele Lead-Nurturing-Kampagnen haben Sie parallel aufgebaut? Wie erfolgreich waren die bereits existierenden Kampagnen und Ihre Workflows bisher? Dürfen oder sollen bestimmte Kontakte sogar durch mehrere Lead-Nurturing-Workflows parallel angesprochen werden?

▶ Wie interagieren Ihre verschiedenen Lead-Nurturing-Workflows miteinander? Ignorieren sie sich, oder sind sie miteinander verzahnt? Bauen Ihre Workflows gegebenenfalls sogar aufeinander auf?

▶ Wie wollen Sie die Kampagnen-Führung in der Zukunft gestalten? Wollen Sie die Zahl der parallel laufenden automatischen Kampagnen begrenzen, oder ist Ihnen die Anzahl der Kampagnen so lange egal, wie dadurch verschiedene Kundentypen optimal bedient werden?

▶ Segmentieren Sie Ihre Leads bereits in verschiedenen Kontaktlisten für unterschiedliche Ansprecheketten? Senden Sie diesen unterschiedlichen Kontaktsegmenten unterschiedliche E-Mail-Botschaften und Content-Angebote?

Prüfen Sie direkt schon bei der Auswahl Ihres Inbound-Software-Pakets, ob Sie damit volle Workflow-Funktionalitäten erhalten oder ob bestimmte Workflow-Funktionen z. B. erst in einer Upgrade-Version Ihrer Software erhältlich sind. Nicht selten bietet Ihnen eine Inbound-Marketing-Software in einer Basisversion bereits viele Instrumente, schließt aber gerade die Workflow-Funktionalitäten aus und bietet sie erst in einer erheblich teureren Profi-Version der Software mit an. Legen Sie Wert auf gute Workflow-Funktionalitäten Ihrer Software, denn Workflows sind der konzeptionelle Kern Ihrer Marketing Automation und Ihres Lead Management im Inbound Marketing.

13

Testen und optimieren Sie Ihre Workflows

Um Ihre neu gestalteten Workflows vor dem Go-Live zu testen, bieten Ihnen einige Anbieter von Inbound-Marketing-Software bereits integrierte Plausibilitäts-Checks an, mit denen Sie Inkonsistenzen und ineffiziente Workflows aufspüren können. Darüber hinaus können und sollten Sie Workflows mit Kollegen, echten Test-Usern oder speziellen Dummy-Accounts komplett durchtesten (vgl. Abbildung 13.40).

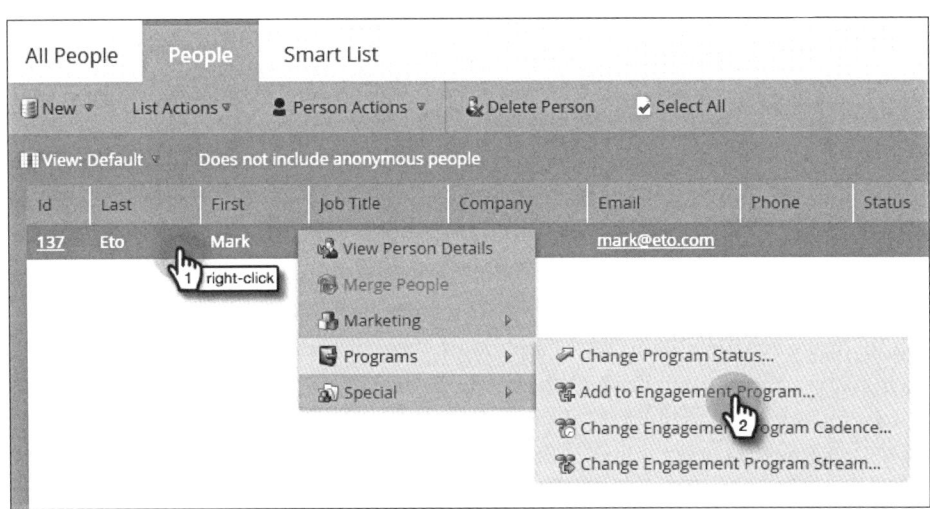

Abbildung 13.40 Testkontakte in einen Workflow einbinden (Beispiel: Marketo)

Achten Sie dabei nicht nur auf die sachliche und logische Richtigkeit der Workflow-Prozesse, sondern auch auf das damit produzierte Kundenerlebnis. Erreichen Sie die beabsichtigte Dialogintensität und das Vertrauen bei Ihren Zielkunden? Überwachen und analysieren Sie regelmäßig alle laufenden Workflows. Checken Sie die Zielerreichung gegenüber den vorher definierten Zielen für den Gesamtprozess und einzelne Prozessschritte. Die Erfolgsbeurteilung von Workflows hat zwei Zieldimensionen.

▶ Interessieren Sie sich für die absolute Anzahl von Kontakten, die Sie auf den einzelnen Stufen Ihres Workflows wiederfinden. Bei vielen Prozessen geht es Ihnen darum, die Anzahl von Kontakten im Workflow im Zeitablauf zu steigern (z. B. Anzahl der Blog-Abonnenten, die per Workflow mit E-Mails über neue Blogposts informiert werden).

▶ Interessieren Sie sich auch für die Conversion Rates innerhalb Ihres Workflows, d. h. für die Erfolgsquote, mit der Sie Kontakte von einer Stufe des Workflows zur nächsten Stufe bzw. bis hin zur Zielstufe eines Prozesses weiterentwickeln konnten (z. B. Anzahl von Teilnehmern eines Webinars).

Für Ihre Interessenten und Kunden sind nur die Marketing-Assets Ihres Workflows wirklich wahrnehmbar. Insofern sind Marketing-Workflows aus Kundensicht nichts anderes als eine Abfolge verschiedener E-Mails. Prüfen Sie daher unbedingt nicht nur Workflows als abstrakte Kontaktfolgen, sondern besonders die Erfolgsrate und Qualität der zugrunde liegenden E-Mails. Workflow-Management hat sehr viel mit Best Practices aus dem E-Mail-Marketing zu tun. Prüfen Sie, wie gut jede einzelne E-Mail in der Workflow-Kette performt, und optimieren Sie sofort Workflow-E-Mails mit geringen Conversion Rates. Prüfen Sie auch, ob Ihre Workflow-E-Mails dazu geführt haben, dass einzelne Kontakte von ihrem Recht zum Opt-Out (Unsubscribe) Gebrauch machen und damit die gesamte E-Mail-Kommunikation beenden.

13.3.7   Segmentieren und begleiten Sie Ihre Leads mit Smart Lists

Viele Workflows sind im Inbound Marketing nur mithilfe von intelligenten Kontaktlisten (Smart Lists) möglich, mit denen Sie Ihre Marketing-Maßnahmen gezielt an unterschiedliche Kontakte aussteuern können. Das Smart-List-Tool Ihrer Inbound-Marketing-Software hat die Kontaktlisten Ihrer Leads und Kunden genau im Blick und stellt die Basis bereit, um Kontakte für segmentierte und individuelle Marketing-Maßnahmen auszuwählen. Die Kontaktdaten Ihrer Interessenten und Kunden liegen eben nicht nur als individuelle Datensätze in der Kontaktdatenbank Ihrer Inbound-Marketing-Software, sondern sind darüber hinaus auch Mitglieder von gefilterten Kontaktlisten, die vom Smart-List-Tool (auch Contact-Segmentation-Tool) Ihrer Inbound-Marketing-Software nach den von Ihnen festgelegten Kriterien automatisch erstellt und geführt werden. Solche Listen erstellen Sie, indem Sie die Grundgesamtheit Ihrer Kontakte durch das Listen-Tool der Software automatisch nach bestimmten Listenkriterien filtern lassen und damit aussagekräftige Kontaktsegmente bilden.

Die Kontaktsegmente Ihre Smart-List-Tools nutzen Sie in allen Bereichen Ihres Inbound-Marketing-Managements. Eine wichtige Kombination von Kontaktkriterien für Ihr Lead Nurturing ist z. B. die Interpretation der Buyer Persona Ihrer Kontakte und die Position Ihrer Kontakte im Sales Funnel Ihres Unternehmens.

▶ Sie ordnen möglichst jedem Ihrer Kontakte die passende Buyer Persona zu. Um anschließend mit allen Kontakten einer Buyer Persona gezielt zu arbeiten, erfassen Sie alle Kontakte, die einer bestimmten Buyer Persona angehören, per Smart-List-Tool in einer entsprechenden Kontaktliste.

▶ Sie wollen wissen, wo Ihre Kontakte in Ihrem Sales Funnel stehen, und ordnen jedem Kontakt per Smart-List Tool anhand seines Informationsverhaltens und seiner Interaktionen mit Ihrem Unternehmen eine vermutete Position im Sales Funnel Ihres Unternehmens zu (z. B. Marketing Qualified Lead, Sales Qualified Lead, Sales Opportunity). Um gezielte Lead-Nurturing-Kampagnen an alle Kontakte einer Sales-Funnel-Stufe durchzuführen, erfassen Sie die Kontakte der jeweiligen Stufe per Smart-List-Tool in zugehörigen smarten Kontaktlisten (z. B. MQL-Liste, SQL-Liste, Empfehler-Liste).

Wenn Sie nun bei jedem Kontakt einer bestimmten Buyer Persona (z. B. »PR Alexander«) wissen, in welcher Phase des Sales Funnel er steht, können Sie direkt auch entsprechende Listen bilden, um z. B. gezielt mit den derzeitigen MQL der Buyer Persona »PR Alexander« zu arbeiten und diese Leads weiter zu qualifizieren. Bilden Sie also für die Buyer Persona »PR Alexander« (und möglichst jede weitere Persona) die entsprechenden Smart Lists – also z. B. die Smart Lists aller PR-Alexander-Kunden (Customers), PR-Alexander-Interessenten (Leads) und PR-Alexander-Marketing-Qualified-Leads (vgl. Abbildung 13.41).

Die Smart Lists sind die Drehscheibe Ihres Lead Nurturing und Kundenbeziehungs-Managements. Mit den Smart Lists (oder Segment Lists) organisieren und unterteilen Sie Ihre Kontakte in Segmente, mit deren Hilfe Sie Ihre Inbound-Marketing-Aktivitäten gezielter betreiben können. Bei der Erstellung von Listen in Ihrem Smart-List-Tool fassen Sie mit Filterregeln alle diejenigen Kontakte zu einer Liste zusammen, deren Verhalten (z. B. Website-Nutzung) und/oder beobachtbare Kriterien (Jobtitel) vergleichbar sind. Smart Lists sind im Inbound Marketing nicht einfach passive Aufbewahrungsorte für Ihre Kontakte, sondern die Basis für alle Arten von aktiven segmentbezogenen Maßnahmen und Workflows, wie z. B. E-Mail-Ansprachketten. Wenn Sie also z. B. einen Marketing-Workflow aufbauen, der alle Blog-Abonnenten automatisch beim Erscheinen jedes neuen Blogposts per E-Mail informieren soll, benötigen Sie dafür zuerst die Smart List aller Blog-Abonnenten. Diese Liste ist deshalb eine »smarte« Liste, weil sich die von ihr erfassten Kontakte im Zeitablauf dynamisch ändern. Das Listen-Tool selbst erfasst automatisch den Zufluss und Abfluss von Abonnenten des Blogs.

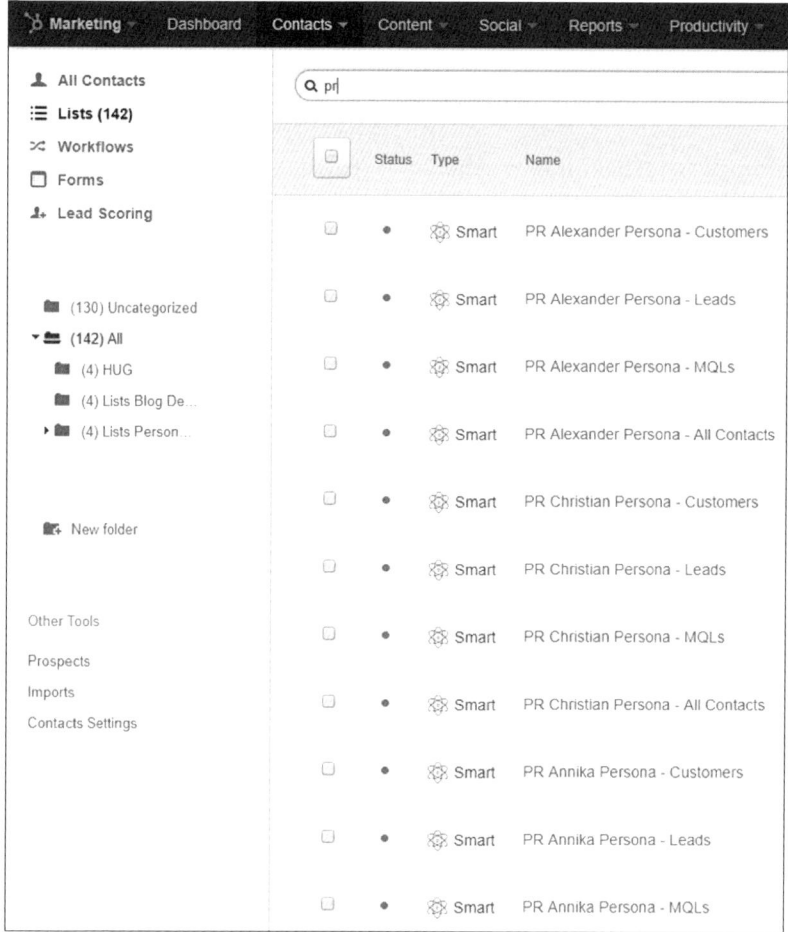

Abbildung 13.41 Smart Lists für die Kontakte bestimmter Buyer Personas (Beispiel: Hubspot)

Wie nutzen und führen Sie smarte Listen?

Nutzen Sie das Smart-List-Tool Ihrer Inbound-Marketing-Software, um möglichst viele Prozesse der Zuordnung von Kontakten zu Listen durch die Software selbst vornehmen zu lassen und mit Workflows dann entsprechende Aktionen und Handlungsketten in Gang zu setzen. Damit entlasten Sie die Köpfe Ihrer Marketing-Mannschaft enorm und schaffen eine transparente und jederzeit aktuelle Daten- und Handlungsbasis im Kampagnen-Management. Ihr Smart-List-Tool fügt jeden Kontakt, der die festgelegten Anforderungen erfüllt, automatisch hinzu und entfernt ihn wieder, sobald er die Listenkriterien nicht mehr erfüllt. Sie als Verwalter des Listen-

Tools geben nur die Listenregeln vor und bestimmen, was mit den Kontaktmitglie-
dern dieser Liste geschehen soll (d. h. die Workflow-Aktionen). Mit dem Listen-Tool
Ihrer Software können Sie Ihre Kontakte nach den unterschiedlichen Kriterien segmentieren (vgl. Abbildung 13.42) und daraus immer neue Listen erstellen.

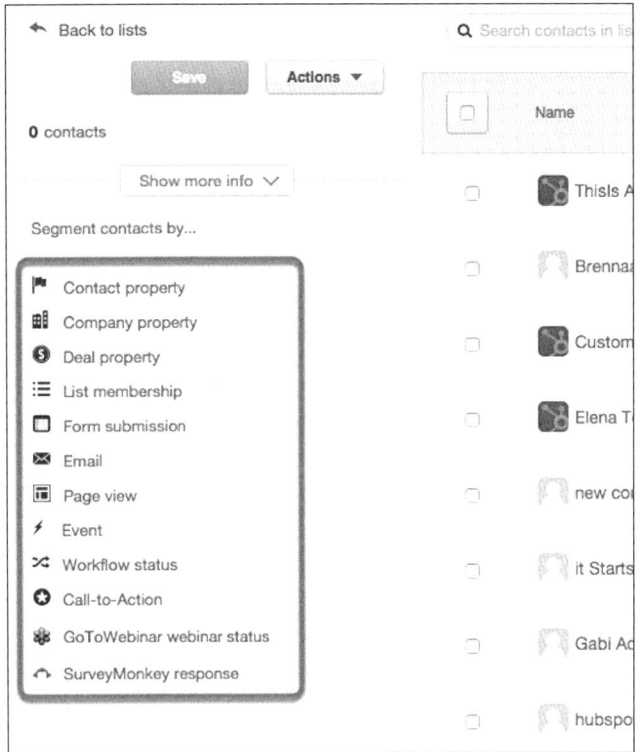

Abbildung 13.42 Kategorien der Filterkriterien für smarte Listen (Beispiel: Hubspot)

Viele Smart Lists im Inbound Marketing beziehen sich auf die persönlichen Eigenschaften und Merkmale der Kontaktpersonen (Contact Properties). Prüfen Sie, welche individuellen Kontakteigenschaften für die Qualifizierung Ihrer Leads wichtig
sind. Ist die Buyer Persona, der Jobtitel und eine damit verbundene Budget- und Entscheidungskompetenz entscheidend? Dann bilden Sie eine entsprechende Smart
List. Ist die Intensität der Nutzung von Content-Angeboten hilfreich? Dann segmentieren Sie Ihre Kontakte gegebenenfalls in Intensiv-Leser und Gelegenheits-Leser.
Ihrer Fantasie sind keine Grenzen gesetzt, sofern Sie die entsprechenden Kontaktmerkmale auch in den Kontaktprofilen der Menschen wirklich erfassen und die entsprechenden Daten auch zuverlässig gewinnen können.

Gerade im B2B-Bereich sind darüber hinaus auch Merkmale des Unternehmens
wichtig, zu dem der Kontakt oder Lead organisatorisch gehört. Nicht nur der Kontakt
selbst, sondern auch sein Unternehmen entscheidet über die Attraktivität des Kon-

taktes für Ihr Geschäftsmodell. Im B2B Inbound Marketing ist es wichtig, potenzielle (Unternehmens-)Kunden strukturiert zu bearbeiten und die zentralen Entscheider auf Kundenseite zu identifizieren und in den Kaufentscheidungsprozess einzubinden. Um das Potenzial von B2B-Kontakten einordnen zu können, ist es übrigens oft hilfreich, mehrere Kontaktkriterien bei der Listensegmentierung miteinander zu kombinieren, wie z. B. die Abteilung, die Verantwortungsebene oder den Tätigkeitsbereich des Kontaktes. Den größten Nutzen aus dem Listen-Tool einer Inbound-Marketing-Software ziehen Sie, wenn Sie zur Listensegmentierung nicht nur die beobachtbaren Kriterien wie den Jobtitel oder die Abteilungsbezeichnung Ihrer Kontakte nutzen, sondern vor allem auch die verhaltensbezogenen Informationen der einzelnen Kontakte, die Ihre Inbound-Marketing-Software durch das Tracking des Nutzerverhaltens ständig erfasst.

Inbound-Tipp: Nutzen Sie die Verhaltenssignale Ihrer Kontakte

Das tatsächliche Verhalten Ihrer Kontakte ist oftmals viel aufschlussreicher als formelle Kontaktkriterien wie Name oder Jobtitel. Je mehr Sie über das Informationsverhalten Ihrer Kontakte herausfinden, umso gezielter können Sie Segmentierungslisten mit spezifischen Informationsprofilen ableiten. Prüfen Sie, welche Arten von Nutzersignalen und Conversions Aufschluss darüber geben, in welcher Sales-Funnel-Phase sich der jeweilige Kontakt befindet. Dazu zählen:

► das Ansehen bestimmter Landing Pages

► das Ausfüllen von bestimmten Formularen

► der Download von bestimmten Content-Angeboten

► das Öffnen bestimmter E-Mails oder Anklicken bestimmter E-Mail-Links

► das Aufrufen bestimmter Pages (URLs) Ihrer Website

► das Anklicken bestimmter Call-to-Action-Buttons

► bestimmte Antworten in Umfragen oder Feedback-Fragebögen (z. B. Zufriedenheitsaussagen) und vieles mehr

---

Segmentierte Listen mit Logik-Regeln erstellen

Smarte Listen greifen auf umfangreiche Informationen in der Datenbank Ihrer Inbound-Marketing-Software zu. Sie als Software-Benutzer geben in der jeweiligen Syntax Ihres Software-Herstellers ein, welche Daten gefiltert, miteinander kombiniert und interpretiert bzw. verglichen werden sollen, um Listen zu bilden. Für aussagekräftige Smart Lists werden Sie häufig auf mehr als ein Kriterium zur Segmentierung zurückgreifen. Sie können mehrere Kriterien kombinieren, indem Sie mit einer Art »Und/Oder«-Logik verschiedene Listenkriterien hintereinanderschalten (vgl. Abbildung 13.43).

▶ Wenn Sie bei der Erstellung einer Smart List zwei Kriterien mit einer UND-Regel kombinieren (z. B. »Ist Geschäftsführer« & »Hat Interesse an Thema Change Management«), erfassen Sie in der damit entstehenden Kontaktliste die Schnittmenge aller Kontakte, die beide Kriterien gleichzeitig erfüllen. Mit UND-Regeln erhöhen Sie die Aussagekraft und Treffsicherheit einer Smart List, reduzieren aber auch gleichzeitig die Anzahl der damit erfassten Kontakte im Vergleich zur Grundgesamtheit aller Kontakte.

▶ Wenn Sie bei der Erstellung einer Smart List zwei Kriterien mit einer ODER-Regel kombinieren (z. B. »Hat Interesse am Thema Change Management« oder »Hat Interesse am Thema Führungskräfteentwicklung«), erfassen Sie in der Smart List alle Kontakte, die entweder das eine oder das andere Kriterium erfüllen. Kontakte, die beide Kriterien erfüllen, sind dann automatisch in der Smart List mitenthalten. Dadurch steigt in der Regel die Zahl der erfassten Kontakte, die Aussagekraft der Liste muss darunter aber nicht leiden.

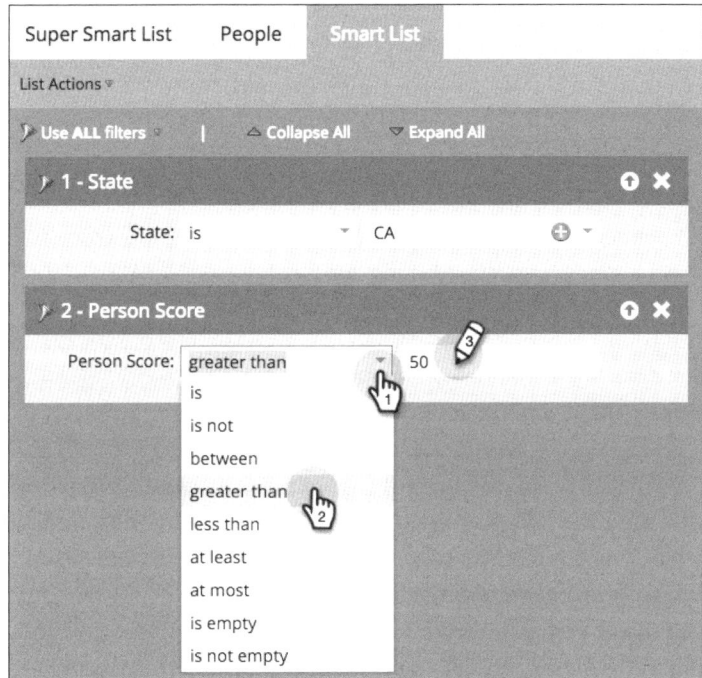

Abbildung 13.43 Kombination von Listenkriterien zur Kontaktsegmentierung (Beispiel: Marketo)

Sie können Smart Lists erstellen, die eine hohe Anzahl von Kriterien miteinander kombinieren, bzw. sie in der Kontaktselektion hintereinanderschalten. Je mehr Kriterienfilter Sie allerdings zur Erstellung einer Smart List festlegen, desto komplizierter kann die Liste und der Umgang mit ihr werden. Im schlimmsten Fall verlieren Sie die Übersicht über die Aussagekraft Ihrer Smart Lists.

Inbound-Tipp: Wie Sie mit Smart Lists Ihr Kontaktwissen verbessern

Das Kombinieren vieler Listenkriterien kann insbesondere dann sinnvoll sein, wenn Sie damit komplexe, aber für den Verkaufserfolg wichtige Zusammenhänge aufdecken und nutzbar machen wollen. Stellen Sie sich vor, Sie haben aufgedeckt, dass Ihre Leads besonders kaufaffin sind, wenn sie:

► eine bestimmte Webpage gesehen haben

► danach auf der Page einen bestimmten CTA angeklickt haben

► eine bestimmte Contact Property aufweisen (z. B. »Position: Geschäftsführer«)

► gleichzeitig die Company Property »Unternehmen mit über 500 Mitarbeitern« haben

► darüber hinaus den Blog oder Newsletter Ihres Unternehmens abonniert haben

Bei solchen komplexen Aufgabenstellungen ist die Arbeit mit dem Smart-List-Tool oder Segment-Tool Ihrer Inbound-Marketing-Software unverzichtbar. Eine manuelle Beurteilung von Kontakten nach all diesen Kriterien wäre viel zu zeitraubend, und es gäbe keine Möglichkeit, genau diese Kontakte in der Kontaktdatenbank automatisch zu identifizieren und mit einem entsprechenden Kontaktmerkmal (z. B. »Kaufaffinität = Hoch«) zu markieren.

Eine solche Markierung ist aber insbesondere dann unerlässlich, wenn Sie an einem bestimmten Punkt des Lead Nurturing den persönlichen Kontakt zu einem Lead suchen und dabei zur schnellen Orientierung auf die Bewertung der Kaufaffinität zurückgreifen wollen. Mit Ihrer Smart List und einem entsprechenden Workflow können Sie hingegen in Ihrer Inbound-Marketing-Software veranlassen, dass ein neues Contact Property »Kaufaffinität« gebildet und bei jedem Kontakt vermerkt wird. Dieses neue Kriterium soll dann seine Kriterienwerte (Kaufaffinität »Hoch« oder »Nicht hoch«) aus der gerade gebildeten Smart List beziehen.

Führen Sie in jedem Fall regelmäßig manuelle Plausibilitäts-Checks in Ihren Segmentlisten durch. Nutzen Sie z. B. die Vorschaufunktion Ihres Listen-Tools, um zu überprüfen, ob wirklich nur diejenigen Kontakte in der Liste auftauchen, die Sie dort erwarten. Prüfen Sie bei fälschlicherweise hinzugefügten Kontakten, ob die Kontaktinformationen falsch angelegt wurden oder ob Sie noch eine weitere Bedingung hinzufügen müssen, um diese Kontakte auszuschließen. Sollten Sie nicht herausfinden können, weshalb ein Kontakt der Liste hinzugefügt wurde, können Sie ihn meistens immer noch manuell von der Smart List ausschließen und so vermeiden, dass er z. B. eine unpassende E-Mail erhält.

Kapitel 14

Promotion und Optimierung Ihrer Inbound-Kampagne

Der Langsamste, der sein Ziel nicht aus den Augen verliert,
geht immer noch schneller als der, der ohne Ziel herumirrt.
– Gotthold Ephraim Lessing, deutscher Schriftsteller,
Kritiker und Philosoph (1729–1789)

Wenn Sie mit einer Inbound-Marketing-Software arbeiten, nimmt die Vorbereitung einer Kampagne viel Raum in Ihrer Arbeit ein. Die Zielplanung, die Gestaltung der Kampagnen-Assets (E-Mails, Landing Pages, Formulare etc.), die Entwicklung des passenden Contents sowie das Anlegen der entsprechenden Smart Lists und Workflows sind ein großer Teil des Handwerkszeugs im Inbound Marketing. Mit all diesen Arbeitsschritten gewinnen Sie großes Know-how über den Umgang mit Ihrer Software, die Generierung von Leads und das anschließende Lead Nurturing bis hin zum Kauf. Gerade bei Kampagnen zur Lead-Generierung sind Sie einen großen Teil Ihrer Zeit damit beschäftigt, die richtigen Buyer Personas, deren Ansprachekanäle und Themen sowie Marketing-Maßnahmen zu konzipieren. Das sollte aber alles nicht darüber hinwegtäuschen, dass mit dem Launch Ihrer Inbound-Marketing-Kampagne ein ebenso wichtiger und umfangreicher Arbeitsabschnitt Ihres Inbound-Marketing-Managements beginnt – die Erfolgskontrolle und kontinuierliche Optimierung Ihrer Kampagnen.

Der Übergang von der Kampagnen-Planung zur Betreuung laufender Marketing-Kampagnen fühlt sich in etwa so an wie der Übergang vom Management eines Projekts, das einen festen Starttermin hat, zu einer laufenden Prozessarbeit, bei der Sie viel stärker als in einer Projektphase von dem bestimmt werden, was um Sie herum passiert. Bei der Planung einer Inbound-Marketing-Kampagne erledigen Sie alle Arbeiten in Ihrem eigenen Tempo. Wenn Sie erst morgen einen weiteren Arbeitsschritt dieses Marketing-Projekts anstoßen wollen, können Sie das in Ruhe tun. Ist eine Inbound-Marketing-Kampagne aber erst einmal gelauncht, sind Sie nicht mehr allein Herr Ihres Zeitplans, sondern auch Ihre Interessenten und Kunden bestimmen durch ihr Verhalten einen großen Teil Ihrer Arbeitsprioritäten und Arbeitsgeschwindigkeit. Im laufenden Kampagnen-Geschäft ist es Ihr Auftrag, Maßnahmen ständig zu beobachten, in Echtzeit einzugreifen, laufend Optimierungsideen zu entwickeln, sie zu testen und dabei virtuos mit dem Wissen über Ihre Software und über Ihre Kunden gleichzeitig zu agieren. Für traditionelle Marketing-Manager, die nur den Umgang mit der Planung und Lancierung klassischer Werbekampagnen in Print und TV gelernt haben, ist diese Arbeitsweise oft eine ziemliche Herausforderung. Anders als »früher« sind Sie jetzt im ständigen Live-Kontakt mit echten Kunden und Interessenten. Sie sind jeden Tag aufs Neue gefordert, die Qualität Ihrer Arbeit selbst zu beurteilen (und dabei völlig messbar und transparent zu sein) und gleichzeitig kreativ weitere Verbesserungsmöglichkeiten durch neue Kundenansprachen, Content-Angebote oder Kampagnen-Ideen zu schaffen. Anders ausgedrückt, es gibt nichts Schöneres und Kreativeres im modernen Marketing, als eigene Inbound-Marketing-Kampagnen zu schaffen und sofort den Nutzen, den Wert und die Umsatzauswirkung der eigenen Arbeit zu sehen. Freuen Sie sich also auf die Zeit nach dem Start Ihrer Inbound-Marketing-Kampagnen, und legen Sie großen Wert auf die Arbeitsschritte zur Steuerung, Erfolgskontrolle und Optimierung laufender Kampagnen.

14.1   Go-Live und Promotion Ihrer Inbound-Marketing-Kampagne

Eine neue Kampagne lässt sich in einer Inbound-Marketing-Software auf Knopfdruck starten. Dazu benötigt der betreffende Marketing-Manager nur die entsprechenden Rechte und Kompetenzen bei der Nutzung seiner Software. In vielen Unternehmen sind die Aufgabenbeschreibungen (Job Descriptions) und Arbeitsprozesse der Inbound-Marketing-Manager und ihrer unterstützenden Agenturen so umfangreich geregelt, dass einzelne Marketing-Manager neue Kampagnen voll eigenverantwortlich starten und steuern können, sofern sie die komplette Verantwortung für die Lead- und Kundengewinnung z. B. einer bestimmten Buyer Persona haben. Der Start und die Betreuung von Inbound-Marketing-Kampagnen sollten unbedingt aus Kundensicht erfolgen, d. h., der Start und die Erfolgsmessung sollten sich nicht auf interne Timings und Ziele beziehen, sondern darauf, wann es der beste Zeitpunkt ist, um Menschen mit Ihren Kampagnen auf ihrem Weg zur persönlichen Entscheidungsfindung und Kaufentscheidung zu begleiten. Im klassischen Marketing gilt oftmals eine Kampagne erst dann als sichtbarer Erfolg, wenn dadurch neue Kaufabschlüsse getätigt werden. Damit wird die Sicht auf den Kaufprozess insbesondere bei längeren Vermarktungsprozessen unzulässig verkürzt und sogar oft pervertiert. Wenn z. B. der Kaufentscheidungsprozess eines Kunden in Ihrem Geschäftsmodell ein halbes Jahr dauert, sollte auch die rollierende Erfolgsmessung Ihres Inbound Marketing auf einen ebenso langen Zeitraum ausgelegt sein. Gleichzeitig sollte Ihre Erfolgsmessung dann auch alle Zwischenstufen im Kaufprozess einschließen und bewerten, wie erfolgreich die Zielkunden auf dem Weg zur Kaufentscheidung und auf dem Weg durch den Sales Funnel weiterbewegt werden können (Lead, MQL, SQL, Sales Opportunity, Neukunde).

14.1.1   Der Test und Launch einer Inbound-Marketing-Kampagne

Ihre Inbound-Marketing-Software enthält umfangreiche Funktionen (wie z. B. A/B-Testing), um die einzelnen Kampagnen-Assets wie E-Mails, Formulare und Landing Pages auf Funktionalität und Nutzererlebnis hin zu testen. Üblicherweise führen Sie diese Einzeltests direkt bei der Erstellung des jeweiligen Kampagnen-Assets durch. Nutzen Sie dafür sowohl die Plausibilitäts-Checks Ihrer Software als auch die eingebaute Möglichkeit, das jeweilige Kampagnen-Asset sich selbst, den Team-Kollegen und ausgewählten Testnutzern zur Verfügung zu stellen (vgl. Abschnitt 14.2.2). Damit können Sie live erfahren, ob die Gestaltung und die Inhalte z. B. Ihrer E-Mail wie gewollt verstanden werden und inwieweit es Ihnen dadurch gelingt, die gewünschten Nutzer-Conversions zu erzeugen, wie z. B. ein Click-Through in einer E-Mail auf einen angebotenen weiterführenden Link. Bei einem E-Mail-Test (Abbildung 14.1) können Sie Ihren E-Mail-Entwurf direkt aus dem E-Mail-Modul Ihrer Software an eine bestimmte Testliste von E-Mail-Empfängern versenden ❶, individuelle E-Mail-Empfänger einzeln anschreiben ❷ oder auch das Nutzererlebnis in verschiedenen Anwendungsfällen ❸ testen.

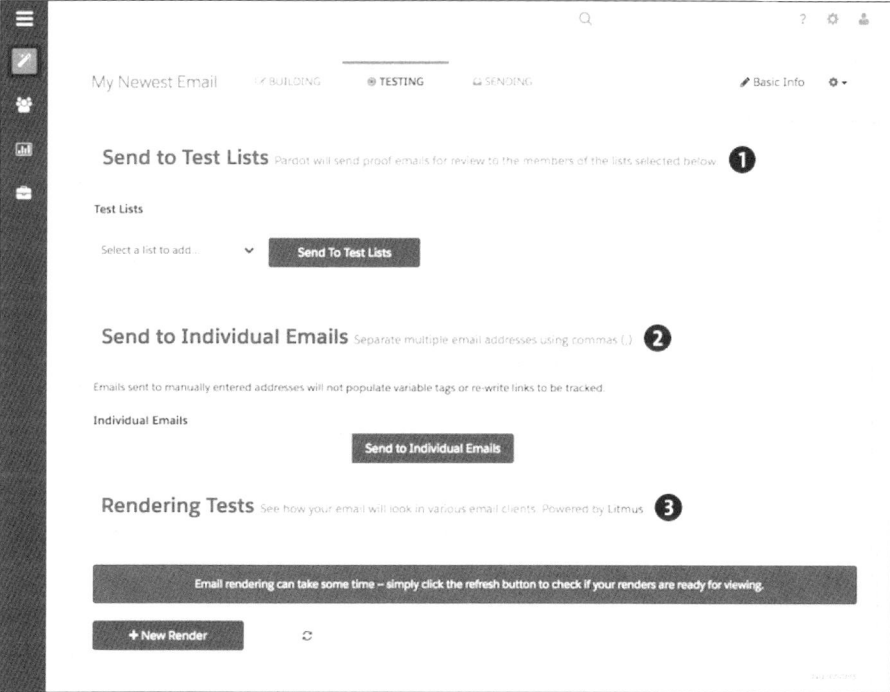

Abbildung 14.1 E-Mail-Test (Beispiel: Salesforce Pardot)

Bei E-Mails ist z. B. entscheidend, dass Ihre E-Mail im geplanten Look & Feel bei allen E-Mail-Programmen (E-Mail-Clients) und Providern gleichermaßen dargestellt wird.

Beim Test einer Landing Page, eines Formulars oder eines CTA-Buttons wiederum ist wichtig, dass diese Kampagnen-Assets auf allen Desktops, Tablet-Bildschirmen und Smartphones verschiedenster Bildschirmgrößen und Betriebssysteme gleicherma-ßen korrekt dargestellt werden.

Wenn die Tests der einzelnen Kampagnen-Assets abgeschlossen sind, sollten Sie das Zusammenspiel der Assets und der geplanten Interaktionsprozesse Ihrer Inbound-Marketing-Kampagne prüfen. Prüfen Sie zunächst, ob die entsprechenden Smart Lists korrekt definiert und vorbereitet sind.

▶ Werden in Ihren Smart Lists nur beabsichtigte und passgenaue Kontakte ange-zeigt, oder treffen Sie in den Listen noch auf Kontakte, die dort eigentlich nicht hineingehören? Dann prüfen Sie die Regeln der Smart List noch einmal durch. Treffen Sie auf Listenmitglieder, die zwar nach allen Regeln richtig zugeordnet sind, die aber trotzdem nicht dabei sein sollten (z. B. Wettbewerber, ehemalige Kunden, Problemfälle)? Dann versehen Sie die entsprechenden Kontakte indivi-duell noch mit einem entsprechenden Kennzeichen, oder nehmen Sie sie manuell aus den Listen heraus.

▶ Prüfen Sie die Workflows der Kampagne durch, denn im laufenden Kampagnen-Betrieb kostet die Änderung einmal etablierter Workflows oft sehr viel Zeit und Kraft. Die Software trifft für Sie laufend Entscheidungen im Umgang mit einzel-nen Interessenten und Kunden. Jede falsch oder suboptimal getroffene Entschei-dung muss im schlimmsten Fall manuell für Einzelkontakte korrigiert oder verbessert werden. Kümmern Sie sich besonders um solche Marketing-Workflows in Ihrer Software, die Ihren Kontakten aufgrund ihrer Handlungen bestimmte Merkmale (z. B. Contact Properties) zuordnen sollen. Wenn ein Workflow z. B. Ihren Kontakten automatisch unzutreffende Buyer Personas zuordnet, haben es Ihre Team-Mitglieder anschließend schwer, darauf aufbauende Dialoge mit diesen Kontakten zu führen. Stellen Sie sich vor, Sie sprechen jemanden per E-Mail-Work-flow an, der in der Software per Workflow oder Formulareingabe als Personal-referent markiert wurde, in Wirklichkeit aber der Hauptgeschäftsführer des Unternehmens ist. Das ist bei automatischen Ansprachen und Workflows Ihrer Inbound-Marketing-Software peinlich und kontraproduktiv.

Bestimmen Sie den zeitlichen Startpunkt Ihrer Kampagne so, dass Sie und Ihre Kolle-gen direkt nach dem Start viel Zeit zum Optimieren, Nachjustieren und Trouble Shooting haben. Wenn Sie z. B. zum Wochenende neue Workflows oder Kampagnen in Gang setzen, kann das aus der Sicht Ihrer Buyer Personas goldrichtig und zielfüh-rend sein, allerdings sollten Sie dann im Team darauf eingestellt sein, aufkommende Probleme oder Optimierungspotenziale noch am Wochenende sofort zu nutzen und umzusetzen. Ihre Inbound-Marketing-Kampagnen laufen rund um die Uhr, jeden Tag im Jahr. Stellen Sie sich rechtzeitig zum Start neuer Kampagnen darauf ein.

Direkt nach dem Start einer Inbound-Marketing-Kampagne beginnt die kontinuierliche Optimierung. Gleichzeitig sollten Sie Ihre neue Kampagne in den Ansprachekanälen Ihrer Buyer Personas selbst promoten und dort die Reichweite der Kampagne gezielt erhöhen, um möglichst viele relevante Zielkunden in kurzer Zeit möglichst effektiv zu erreichen. Um z. B. eine Kampagne zur Lead-Generierung zu unterstützen, bieten sich drei ausgewählte wichtige Maßnahmen an:

1. *Blog-Promotion:* Promoten Sie diejenigen Content-Angebote, deren Download von Zielkunden Sie bei der Lead-Generierung favorisieren. Verfassen und publizieren Sie dafür entsprechende Blogposts in Ihrem Blog und gegebenenfalls auf weiteren Plattformen im Internet. Diese Blogposts sollten für die jeweiligen Buyer Personas (und deren SEO-Keywords) optimiert sein, thematisch auf das Content-Angebot (z. B. E-Book) zuarbeiten und dieses Lead-Generierungs-E-Book als weiterführende Lektüre anbieten.

2. *Social-Media-Promotion:* Verweisen Sie auf den für Ihre Buyer Personas relevanten Social-Media-Plattformen (z. B. Facebook und Twitter) sowie gegebenenfalls Business-Plattformen (LinkedIn und Xing) mit eigenen Social Posts auf das neue Content-Angebot sowie auf die entsprechenden Blogposts, die wiederum direkt auf das Content-Angebot verweisen.

3. *Online-Werbung (Paid Ads):* Es ist kein Widerspruch, eine Inbound-Marketing-Kampagne im Internet zu bewerben. Der Unterschied zur klassischen Online-Werbung ist, dass Sie die Kampagne, die beworbene Landing Page und die darauf aufbauenden Workflows komplett auf Inbound, d. h. auf eine unaufdringliche und kundenorientierte Nutzenvermittlung, ausrichten. Sie bewerben nicht direkt Ihr Produkt oder Ihre Dienstleistung (»Jetzt kaufen!«), sondern ein nutzenstiftendes Content-Angebot (»Jetzt informieren!« bzw. »Jetzt weiterbilden!«). Und da folglich hierbei nicht immer direkt ein Kauf oder Produktumsatz ausgelöst wird, gehen Sie mit Werbeausgaben für Google AdWords oder Facebook besonders vorsichtig um. Diese Werbeausgaben sind im Inbound Marketing nicht mehr der Kern Ihrer Kundengewinnungsstrategie, sondern nur noch deren Verstärker und Wirkungshebel.

Ihre Inbound-Marketing-Software unterstützt Sie beim Kampagnen-Start, indem sie Ihnen eine Übersicht über alle integrierten Kampagnen-Assets und Maßnahmen gibt (Abbildung 14.2).

Prüfen Sie, ob alles vorbereitet ist, alle Ziele definiert sind, und geben Sie dann in der Software Ihre Kampagne frei. Jetzt sind die Landing Pages und Thank-You-Pages der Kampagne aktiv geschaltet, die Workflows starten, und E-Mails warten auf die Aktionen Ihrer Interessenten. Prüfen Sie bitte in Ihrer Software genau, wie die Prozesse zum Kampagnen-Start funktionieren und eingestellt werden müssen. Hier unterscheiden sich die auf dem Markt angebotenen Software-Lösungen zum Teil noch sehr deutlich voneinander. Da Sie diesen Arbeitsprozess nicht jeden Tag anstoßen, ist

14

es besonders wichtig für Ihr Team, hierbei gut trainiert und erfahren im Umgang mit der Software zu sein und vor allem die Benutzerrechte im Team gut zu definieren.

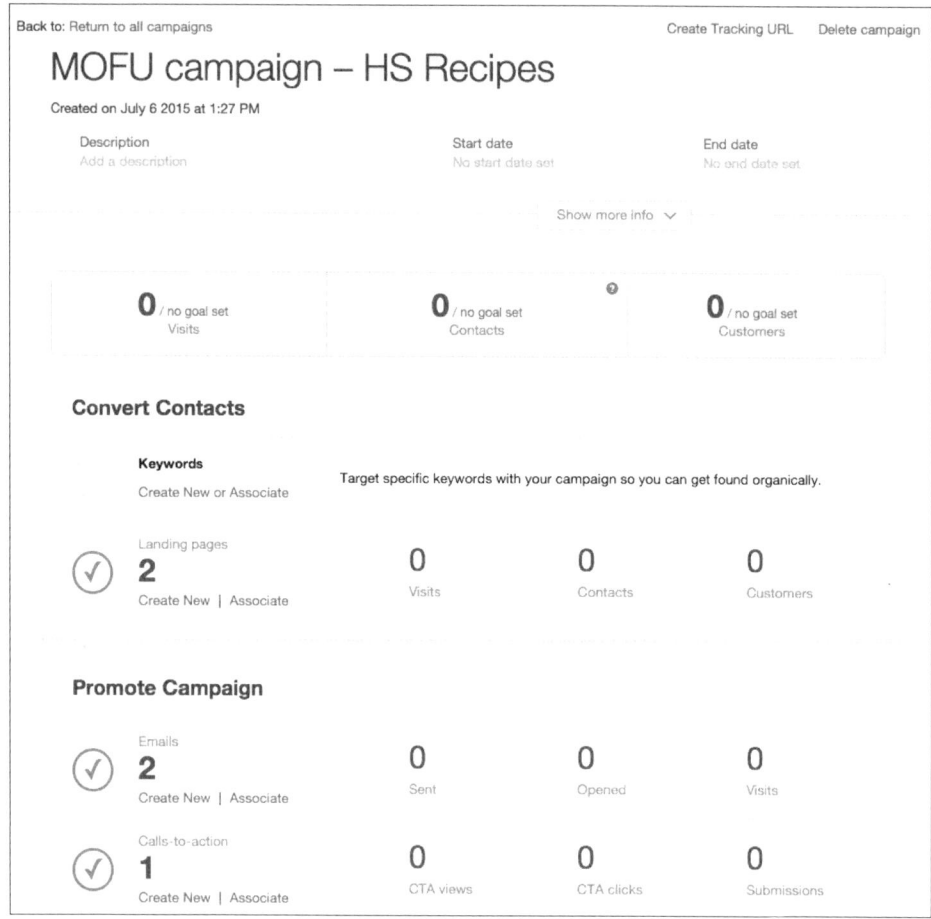

Abbildung 14.2 Aktivierung und Übersicht einer Inbound-Marketing-Kampagne (Beispiel: HubSpot)

Stellen Sie sicher, dass Sie rechtzeitig zum Kampagnen-Start auch alle flankierenden bzw. verstärkenden Maßnahmen vorbereitet und aktiviert haben.

▶ Schalten Sie die Blogposts live, in denen Sie die Content-Angebote der Kampagne promoten und Lead-Registrierungen ermöglichen. Dazu dient je nach Software ein Blog-Redaktionsplan-Tool Ihrer Software, in dem Sie die Veröffentlichung Ihrer Blogposts zu Wunschterminen automatisch veröffentlichen lassen können. Alternativ müssen Sie diesen Prozess in dem Content-Management-System Ihrer Website automatisieren und von Hand mit dem Launch bzw. den Milestones der Kampagne koordinieren.

► Schalten Sie den Social-Publishing-Stream Ihrer Kampagne live. Planen Sie also vorab bereits Ihre Social Media Posts auf sozialen Plattformen, und lassen Sie die Social Media Posts, mit denen Sie Leads generieren und Content promoten wollen, zu den Wunschterminen Ihrer Kampagnen-Führung automatisch publizieren. Dazu können Sie je nach Anbieter direkt das Social-Media-Posting-Modul Ihrer Inbound-Marketing-Software nutzen. Alternativ sollten Sie diese Termine und Postings mit Ihrer Social-Media-Software (z. B. Hootsuite) koordinieren. Falls Sie keine solche Software nutzen, müssen Sie die Posts direkt auf den entsprechenden Social-Media-Plattformen wie Facebook oder Twitter planen und publizieren. In diesem Fall allerdings wird es schwer werden, eingehende Kommentare oder Dialoge von Zielkunden deren Kontaktprofil in der Kontaktdatenbank Ihrer Inbound-Marketing-Software zuzuordnen.

► Schalten Sie gegebenenfalls flankierende Online-Werbung in Suchmaschinen (Google AdWords, Bing Ads) und auf sozialen Plattformen (z. B. Facebook Ads, LinkedIn Ads), und lassen Sie die Werbeanzeigen automatisiert zu den Wunschterminen Ihrer Kampagne und innerhalb des von Ihnen vorgegebenen Budgetrahmens veröffentlichen. Dazu bieten immer mehr Inbound-Marketing-Software-Hersteller eigene Funktionen oder kostenpflichtige Zusatz-Add-on-Module an.

14.1.2   Blog-Promotion von Content-Angeboten

Blogposts sind ein idealer Einstieg für jemanden, der sich intensiver mit einem bestimmten Thema im Internet auseinandersetzen möchte. Ein Blogpost bietet dem Leser ein fest umrissenes Thema. Der Text ist in der Regel in wenigen Minuten lesbar. Es werden weiterführende Links und Informationen angeboten, und der Blog, auf dem der Post angeboten wird, enthält meistens noch weitere hilfreiche oder verwandte Blog-Beiträge, die zusätzliche Aspekte des gesuchten Themas beleuchten. Das wissen sowohl Sie als Inbound-Marketing-Experte als auch Ihre Leser – egal, ob im B2C- oder B2B-Bereich. Lange Zeit hielt sich der Eindruck, ein Blog sei eher nur etwas für konsumentenorientierte Anbieter. Das Gegenteil ist der Fall. Buyer Personas mit einem professionellen B2B-Hintergrund und einem dringenden Thema, das sie zur Lösung ihrer Probleme benötigen, zählen zu den dankbarsten und interessiertesten Blog-Lesern überhaupt.

Prüfen Sie, ob Ihre Inbound-Marketing-Software ein Blogging-Tool beinhaltet, mit dem Sie bequem aus Ihrer Software heraus neue Blogposts gestalten und den Blogposts noch während des Schreibens die entsprechenden Inbound-Kampagnen, Buyer Personas und SEO-Keywords zuordnen können, ohne das Software-Modul verlassen oder sogar dafür in Ihr Content-Management-System wechseln zu müssen. Solche Arbeitsschritte kosten Zeit und können Inkonsistenzen verursachen. In vielen Branchen bzw. Google-Suchbereichen ist Ihr Inbound Marketing auf eine relativ hohe Schlagzahl von Blogposts angewiesen, um Google immer neue Ranking-Signale zu geben und um ständig neue und relevante Content-Beiträge in Medien wie z. B. LinkedIn einbringen zu können. Optimieren Sie daher ständig Ihre Blog-Erstellungsprozesse, und behalten Sie im Blick, wie viel zeitlicher Aufwand für die Recherche, das Schreiben, das Publizieren und Optimieren Ihrer Blogposts entsteht. Manche Unternehmen arbeiten mit einer Vielzahl von Blog-Autoren und posten zum Teil bis zu einem oder zwei Posts täglich. Dann sollten die Inbound-Marketing-Prozesse Ihres Blogs und auch Ihres Blogging-Tools optimal zu Ihren internen Prozessen und zu den Erfordernissen Ihrer Inbound-Marketing-Kampagnen passen.

Blogposts für die Inbound-Marketing-Kampagne vorbereiten

Bereits bei der Planung Ihrer Inbound-Marketing-Kampagne sollten Sie den Redaktionsplan für die zugehörigen Blogposts erarbeiten. Nicht jeder Blogpost, den Sie veröffentlichen, muss dringend zu einer Kampagne gehören, aber jede Ihrer Kampagnen sollte zielgerichtet von speziellen Blogposts unterstützt werden. Wie immer ist Ihre Buyer Persona dabei die Ausgangsbasis. Denken Sie von der Zielgruppe her, welche thematischen Aspekte Ihrer Kampagne für neue Leads interessant sein könnten. Planen Sie nicht nur einzelne Blogposts, sondern auch den Spannungsbogen über die verschiedenen Blogposts Ihrer Kampagne hinweg. Wenn die Blogposts in Ihrer Kampagne inhaltlich aufeinander aufbauen, sollten Sie dabei die gewollte Conversion Ihrer potenziellen Leads im Auge behalten. Bieten Sie in jedem der Kampagnen-Blogposts genau die Lead-Conversion-Möglichkeiten an, die mit dem Erwartungshorizont und der erwartbaren Phase der Customer Journey zusammenpassen. In einem awareness- bzw. consideration-orientierten Blogpost mit dem Titel »Was ist Change Management« könnte z. B. ein CTA für ein Content-Angebot mit dem Titel »Der komplette Guide für CEOs bei der Optimierung von Change-Management-Projekten« viel zu früh oder falsch gewählt sein. Die Planung der Kampagnen-Blogposts, der Content-Angebote und der CTAs und Landing Pages sollten Hand in Hand entwickelt werden. Das stellt besondere Anforderungen an das Marketing-Team und an diejenigen im Team, deren Hauptaufgabe vielleicht eher die Blog-Betreuung ist und nicht so sehr die Führung von Inbound-Marketing-Kampagnen.

Der Content der Blogposts präsentiert idealerweise auch das Thema des Content-Angebots, das zur Lead-Generierung dient. Das Content-Angebot sollte dementsprechend eine Art konsequente thematische Verlängerung des Blogposts sein. Der Blogpost gibt den Kontext für das Content-Angebot, d. h., er führt ins Thema ein, deckt den ersten Informationsbedarf, diskutiert mögliche Herausforderungen der Buyer Persona und baut den Wunsch auf, im dort promoteten Content-Angebot weitergehende Informationen zu erhalten, die den potenziellen Interessenten bei seiner Problemlösung oder seinem Kaufentscheidungsprozess voranbringen.

Wie Sie Ihr Content-Angebot im Blogpost präsentieren

Wenn Sie ein Content-Angebot wie z. B. ein Whitepaper oder ein E-Book per CTA in einem Blog promoten wollen, haben Sie dazu mehrere Möglichkeiten, die Sie durchaus miteinander kombinieren können.

1. Den Content-CTA unter dem Blogpost platzieren: Wenn Ihr Blogpost das Kampagnen-Thema inhaltlich aufarbeitet und damit den Leser zu einer intensiveren Auseinandersetzung mit dem Thema motivieren will, kann es sinnvoll sein, das weiterführende Content-Angebot erst am Ende des Blogposts zu platzieren. Bis dahin hat der Leser bereits das Involvement gezeigt, den Post komplett zu lesen (und zu scrollen), und fragt sich selbst, wie er bei der Bewältigung des Themas weitermachen soll. Dann ist das direkt unter dem Blogpost präsentierte E-Book genau die Antwort auf die Frage, die sich der Leser gerade noch selbst innerlich gestellt hatte (Abbildung 14.3).

How Marketing Automation Can Super-Charge Your Account-Based Marketing Strategy

marketing, if something cannot be measured, it's likely not worth the effort. Marketing automation platforms allow marketing teams to measure engagement and other critical success factors through methods such as account scoring. This provides marketers with keen insight into account health.

3. Ability to Create Personalization within an ABM Strategy

No matter how many people are involved in an account, marketers should attempt to market to each of them individually. After all, they have their own needs and stressors and should be delivered content accordingly. Marketing automation platforms allow marketers to send personalized emails to everyone in one account with ease. Beyond that, marketers can tailor the content to a specific industry, ensuring relevance to the account and taking personalization beyond just the correct name at the top.

Account-based marketing is a clear, winning strategy in B2B marketing. But, when it comes time to truly make the marketing strategy come to life, using marketing automation designed to support ABM can be the key. Find out how your organization can adopt a winning marketing automation solution today.

FEATURED EBOOK

How to Profit from Account-Based Marketing

By leveraging the five key principles of ABM in this eBook, you'll be able to deploy a successful ABM strategy that produces real and repeatable success — with technology you probably already have.

GET EBOOK

Abbildung 14.3 CTA-Platzierung unter einem Blogpost (Beispiel: Act-On)

2. Den Content-CTA im Textverlauf platzieren: Wenn Ihr Content-Angebot deckungsgleich mit dem Thema des Blogposts ist und direkt auf das Content-Angebot hinweist, kann es hingegen sein, dass Sie Ihren Leser zu lange warten lassen würden, wenn Sie das E-Book erst am Ende des Blogposts anbieten (siehe Abbildung 14.3. In diesem Fall ist eine Platzierung relativ weit oben im Blog-Text eventuell besser und benötigt dann gegebenenfalls sogar keine Bilddarstellung des Content-Angebots (vgl. Abbildung 14.4).

Abbildung 14.4 CTA-Platzierung im Blogpost-Textflow (Beispiel: HubSpot)

3. Den Content-Angebot-CTA in der Blog-Sidebar platzieren: Wenn alle Blogposts dasselbe Content-Angebot einer übergreifenden Inbound-Marketing-Kampagne promoten sollen, können Sie dieses Content-Angebot wie z. B. ein E-Book direkt in der Sidebar Ihres Blogs promoten, wo es von jedem Leser Ihres Blogs prominent

wahrgenommen wird, und zwar direkt zu Beginn des Leseflusses (vgl. Abbildung 14.5). Damit geben Sie dem Content-Angebot ein besonders hohes Gewicht. Dementsprechend sollten Sie dann sichergestellt haben, dass dieses Content-Angebot für alle Buyer Personas gleichermaßen relevant und hilfreich ist.

Abbildung 14.5 CTA-Platzierung in der Blog-Sidebar (Beispiel: »www.thoughtleadersystems.com«)

Blogposts in der Inbound-Marketing-Software gestalten

Prüfen Sie die Funktionalitäten des Blogging-Tools Ihrer Inbound-Marketing-Software (vgl. Abbildung 14.6). Wie komfortabel ist die Bedienung bei der Texterstellung? Stellt Ihnen Ihre Software spezielle Templates für unterschiedliche Blogpost-Typen (z. B. bildreicher Post, Checklisten-Darstellung) zur Verfügung? Können Sie verschiedenen Autoren bzw. Team-Mitgliedern unterschiedliche Rechte für das Erstellen, Korrigieren, Publizieren und Löschen von Blogposts geben? Können Sie direkt SEO-technische Einstellungen für den Blogpost vornehmen, wie z. B. die Gestaltung der Meta Description und URL, die Vergabe von Fokus-Keywords und die Markierung von Headlines? Können Sie den Erscheinungstermin des Blogposts direkt beim Schreiben festlegen und automatisch posten lassen? Können Sie direkt Ihre neuen Blogposts einer laufenden oder geplanten Kampagne zuordnen, um die Performance des Blogposts zu überwachen?

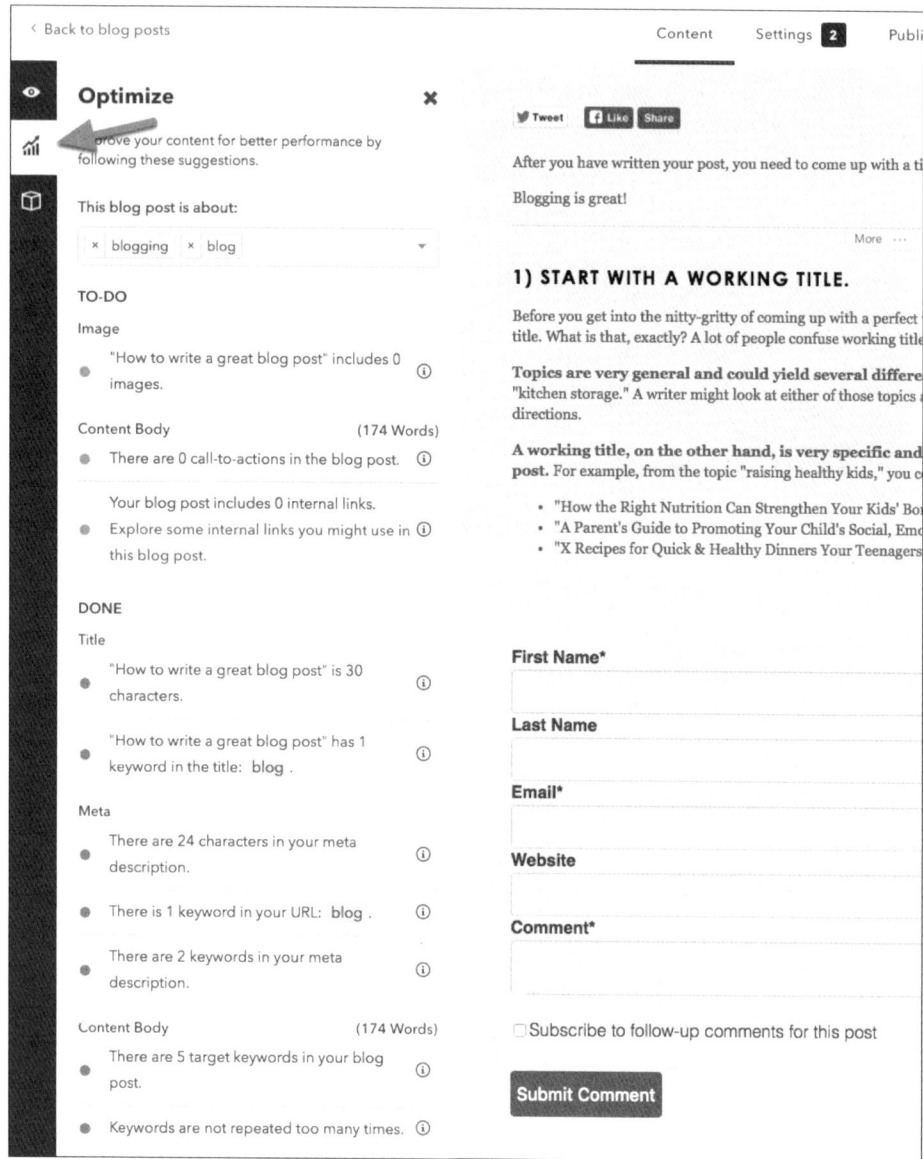

Abbildung 14.6 Blog-Tool zur keyword-optimierten Erstellung von Blogposts (Beispiel: HubSpot)

Wenn die Blogposts direkt auf dem Server Ihres Inbound-Marketing-Software-Herstellers gespeichert sind – und nicht in Ihrem Content-Management-System –, wird dann das Google-Ranking dieses Blogposts trotzdem Ihrer Website zugeschlagen, oder geht der Ranking-Bonus auf den Server Ihres Software-Anbieters über? Fragen Sie im Zweifelsfall bei Ihrem Software-Hersteller nach, oder wenden Sie sich an eine Inbound-Marketing-Agentur, die Erfahrung mit Ihrer Software hat und Ihnen vielleicht noch mehr dazu berichten kann, als es die offiziellen Online-Handbücher der Software-Hersteller tun.

Blogposts für Inbound-Marketing-Kampagnen effektiv schreiben

Ein Blogpost ist nicht von Anfang an perfekt. Die Devise ist deshalb: Fangen Sie einfach und ohne Umwege mit der Gestaltung eines Blogposts an, und optimieren Sie nach und nach. Die besten Blogposts bzw. diejenigen Ihrer Blogposts, die sich ein dauerhaftes Ranking bei Google erkämpft haben, zählen zu Ihrem Evergreen-Content und sollten ständig weiter optimiert und verbessert werden. Betrachten Sie Ihre Blogposts nicht als statischen Content, der einmalig erstellt wurde, sondern als einen kontinuierlich zu optimierenden Content, den Sie durchaus im Zeitablauf für mehrere Inbound-Marketing-Kampagnen benutzen und immer wieder unterschiedlich promoten können. Die folgenden zehn Schritte sollen Ihnen dabei helfen, einen strukturierten Einstieg in das Thema Blogging zu finden.

1. Verstehen Sie Ihre Zuhörer. Verinnerlichen Sie Ihre zuvor erarbeitete Buyer Persona, und denken Sie sich in sie ein. Gibt es Informationen und Argumente, die bei der ausgewählten Buyer Persona als bekannt vorausgesetzt werden können und die somit keine weitere Beachtung verlangen? Welches Thema bzw. welche Aspekte und Painpoints sollten Sie näher betrachten, weil sie den Leser in seinem weiteren Informationsprozess voranbringen? Orientieren Sie sich dazu an den im Buyer-Persona-Steckbrief erhobenen Herausforderungen und Erkenntnissen zum Informationsverhalten Ihrer Zielkunden.

2. Definieren Sie ein Thema und einen Arbeitstitel. Legen Sie das zu bearbeitende Thema fest, und grenzen Sie durch eine Auswahl an Arbeitstiteln die Herangehensweise und den Fokus Ihres Blogposts ein. Dieser muss noch nicht endgültig sein und soll Ihnen dabei helfen, Ihre Gedanken zu strukturieren und Nachforschungen gezielter einleiten zu können. Beachten Sie dabei, für welches Kampagnen-Keyword Ihr Blogpost im optimalen Fall bei Google gefunden werden sollte.

3. Schreiben Sie ein prägnantes Intro. Schaffen Sie Aufmerksamkeit bei Ihrem Leser durch eine überraschende These, einen interessanten Fakt oder eine Statistik. Beschreiben Sie im Anschluss kurz, worüber Sie schreiben, und veranschaulichen Sie, warum das auf jeden Fall lesenswert bzw. nutzenstiftend für die jeweilige Persona ist.

4. Organisieren Sie die Vielfalt an Informationen. Um es für Sie und den Leser leichter zu machen, nutzen Sie unterschiedliche Formate wie Aufzählungen, Tipps und Abschnitte. Behalten Sie ebenfalls die wichtigsten Eckpunkte im Blick, die Sie unbedingt vermitteln möchten.

5. Schreiben Sie den Text Ihres Blogposts herunter. Bauen Sie auf der zuvor erstellten Struktur auf, und formulieren Sie Ihre Ideen aus. Nutzen Sie gegebenenfalls Tools

14

wie *ZenPen* (*www.zenpen.io*) und einen Thesaurus, damit Ihnen die Worte möglichst leicht von der Hand gehen und Sie ohne große Ablenkung einen großartigen Blogpost verfassen können.

6. Überprüfen Sie Ihren Blogpost. Natürlich haben Sie während des Schreibens bereits vieles berücksichtigt. Lassen Sie dennoch einen Buyer-Persona-Experten mit Augenmerk auf Formulierungen und Argumentationen gegenlesen, und machen Sie eine stilistische und grammatikalische Fehlerkorrektur. Fügen Sie Bilder (mit SEO-optimierten Alt-Texten) ein, und formatieren Sie Überschriften. Definieren Sie abschließend eine Art Vorschautext von ca. zwischen 10 und 20 Worten, der den Inhalt Ihres Blogs gut beschreibt und hilft, entsprechende Social Media Posts für den Blogpost zu gestalten.

7. Planen Sie die Möglichkeiten zur Conversion. Fügen Sie, wie oben dargestellt, die CTAs für die entsprechenden Content-Angebote (E-Books, Whitepapers etc.) ein, die gegen Registrierung heruntergeladen werden können. Machen Sie es interessierten Lesern leicht, mehr zu erfahren, und lernen Sie so gleichzeitig mehr über Ihre potenziellen Kunden.

8. Optimieren Sie den Blogpost abschließend nochmals für Suchmaschinen. Neben einem starken Keyword innerhalb des Textes sollten Sie vor allem auf die Meta-Beschreibung, den Seitentitel und die Erwähnung des Haupt-Keywords in den Überschriften achten. Wenn Sie auf andere Websites (externe Links) oder auf Webpages Ihrer eigenen Website (interne Links) verweisen, überprüfen Sie den dafür gewählten Anker-Text des Links, denn er sollte möglichst treffend mit dem betreffenden SEO-Keyword formuliert sein.

9. Optimieren Sie Ihren Blogpost für die verschiedenen Darstellungen bzw. insbesondere für die mobile Darstellung auf Smartphones und Tablets. Achten Sie auf die korrekte Darstellung von CTA-Buttons, Checklisten, Bildern und Überschriften.

10. Wählen Sie einen aussagekräftigen Titel. Formulieren Sie auf Basis Ihres Arbeitstitels einen ansprechenden und für Ihre Buyer Persona relevanten Titel. Integrieren Sie das zentrale Keyword Ihres Blogposts in den Titel, und bleiben Sie dabei so kompakt wie nur möglich.

Wenn Sie Ihren eigenen Blog bei der Einführung von Inbound Marketing erst starten, bedarf es einer gewissen Vorarbeit. Durch Ihre Inbound-Marketing-Kampagnen haben Sie bereits Themen identifiziert, die Sie auch mit einem Blog bei Ihren Buyer Personas besetzen möchten. Bilden Sie innerhalb des Blogs deshalb Kategorien, mit denen Sie die verschiedenen Themenfelder systematisieren und damit Ihnen und den Blog-Besuchern die Orientierung erleichtern. Richten Sie die Möglichkeit des Blog-Abonnements ein, und erfassen Sie möglichst direkt bei der Blog-Registrierung die relevanten Themen des einzelnen Abonnenten (vgl. Abbildung 14.7). Erfassen Sie diese Themen direkt in der Kontaktdatenbank Ihrer Inbound-Marketing-Software in einem entsprechenden Contact Property wie z. B. »Themeninteressen«. Damit haben Sie eine hervorragende Ausgangsbasis für die Arbeit bei der weiteren Qualifizierung von Leads oder, genauer gesagt, Marketing Qualified Leads.

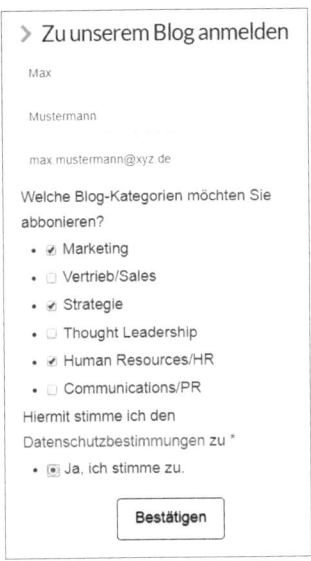

Abbildung 14.7 Blog-Anmeldung mit Themenabfrage (Beispiel: »www.thoughtleadersystems.com«)

14.1.3   Social-Media-Promotion von Content-Angeboten

Social Media ist ein wichtiger Verbündeter bei Ihrer Lead-Generierung im Inbound Marketing. Auf Social-Media-Plattformen erreichen Sie auf einen Schlag unzählige Menschen und sprechen sie dort über ihr thematisches Interesse mit Content an, den Sie im Rahmen Ihrer Kampagne zur Lead-Generierung promoten. Damit erhöhen Sie die Reichweite Ihrer Inbound-Marketing-Kampagne und schaffen genau bei den Menschen Resonanz, die sich für Ihr Thema, Ihre Kampagnen-Blogposts und Ihre Content-Angebote interessieren.

Social Media ist ein Bereich, der von den meisten Inbound-Marketing-Herstellern sehr dynamisch verfolgt und angegangen wird. Die Social-Media-Module von Herstellern wie Act-On, HubSpot, Marketo oder Pardot werden ständig ausgebaut und verfeinert. Allerdings unterscheiden sich die Leistungen und Funktionalitäten der Social-Media-Module der einzelnen Hersteller momentan deutlich voneinander. Das könnte unter anderem daran liegen, dass die Hersteller von Inbound-Marketing-Software auf entsprechende Schnittstellen und Kooperationen der Social-Media-Plattformen angewiesen sind. Aber auch die Social-Media-Plattformen selbst verfolgen sehr unterschiedliche Wege bei der Gestaltung ihrer Architektur und Integrationsmöglichkeit mit Inbound-Marketing-Software.

14

491

Inbound-Tipp: Beobachten Sie die Entwicklung von Xing und LinkedIn

LinkedIn und Xing verfolgen unterschiedliche Strategien gegenüber Inbound-Marketing-Software-Herstellern. Während LinkedIn seit ein paar Jahren sehr konsequent und aktiv die Integration mit Inbound-Software-Herstellern forciert, wird eine Xing-Integration von keinem der führenden Software-Hersteller angeboten. Das könnte an der relativ regionalen Begrenzung der Länderreichweite von Xing liegen. Es bleibt abzuwarten, ob Xing hier eine Strategiewende vollzieht oder ob sich das Unternehmen mehr oder weniger von den Trends zu Marketing Automation und Inbound-Marketing-Software abkoppelt. Während Sie heute Profildaten aus LinkedIn automatisiert in so gut wie jede Standard-Software der großen Hersteller importieren oder dort direkt betrachten können (z. B. der *LinkedIn Profile Lookup Connector* von Salesforce Pardot), ist dies bei Xing manchmal nicht komfortabel oder nur über Umwege möglich. Ebenso ist es mit dem Posting aus Ihrer Inbound-Marketing-Software heraus. Aus Ihrer Inbound-Marketing-Software können Sie z. B. direkt auf Facebook oder LinkedIn posten. Prüfen Sie, ob das bei Ihrer Software auch mit Xing funktioniert, sonst müssen Sie dort gegebenenfalls Ihren gesamten Content manuell neu eingeben und posten. Das stellt gerade kleinere Marketing-Teams vor große Herausforderungen.

Da sich die Social-Media-Tools der verschiedenen Software-Anbieter stark voneinander unterscheiden, sollten Sie prüfen, welche Social-Media-Funktionalitäten Sie direkt aus Ihrer Inbound-Marketing-Software betreuen wollen. Wenn Ihr Anforderungsprofil steht, vergleichen Sie dies mit den aktuellen Leistungen Ihres Software-Anbieters. Zum perfekten Social-Media-Management mit Ihrer Inbound-Marketing-Software gehören mehrere Aufgaben bzw. Software-Module:

1. *Social Monitoring/Social Listening:* Bevor Sie aktiv in die Kommunikation mit Leads und Kunden auf Social-Media-Plattformen per Inbound-Marketing-Kampagne einsteigen, sollten Sie dort zunächst Ihren Interessenten und Kunden erst einmal gründlich zuhören. Das Social-Listening-Tool einer Inbound-Marketing-Software unterstützt Sie dabei durch ein hochvisualisiertes Tool, in dem Sie die sozialen Unterhaltungen und Posts relevanter Personen und Stichworte bzw. Top-Keywords als sogenannte Social-Streams verfolgen können. Sie erfahren so in Echtzeit, wer Ihnen in den sozialen Medien folgt, Sie in einem Beitrag markiert oder Ihnen eine Sofortnachricht zusendet.

2. *Social Publishing:* Ihre Inbound-Marketing-Software sollte Ihnen die Möglichkeit bieten, direkt aus der Software heraus über diverse soziale Medien zu kommunizieren bzw. zu posten, wie Twitter, Facebook, LinkedIn oder Google+.

3. *Social Reports:* Die Dialogführung in den sozialen Medien verlangt eine enge Verfolgung der laufenden Aktivitäten. Daher sind gute Reporting-Funktionalitäten

vonnöten, um vor allem zu erkennen, ob die Maßnahmen zur Stärkung der Inbound-Marketing-Kampagnen den gewünschten Erfolg zeigen.

4. *Social Engagement:* Bei Ihrer Inbound-Marketing-Kampagne wollen Sie neue Leads direkt auf den sozialen Plattformen generieren und den von Ihrem neuen Interessenten in Gang gesetzten Kontakt intensivieren und zu einem echten Dialog ausbauen (vgl. Abschnitt 7.2). Das ist eine hoch manuelle Aufgabe, die sich heute noch in weiten Teilen einer Automation über Workflows oder Chat-Bots entzieht. Gerade an Chat-Bots arbeiten Software-Hersteller wie HubSpot intensiv, müssen aber erst noch den Beweis der Alltagstauglichkeit abliefern. Ihre Inbound-Marketing-Software sollte es Ihnen ermöglichen, einen beidseitigen individuellen Dialog auf den relevanten sozialen Plattformen zu führen und den gesamten Dialog direkt dem Kontaktprofil in Ihrer Software zuzuordnen. Gleichzeitig sollte Ihre Inbound-Marketing-Software Ihnen bei eingehenden Anfragen aus den sozialen Netzwerken sofort die entsprechenden Top-Informationen aus der Kontaktdatenbank anzeigen, wie Lifecycle-Status (Lead, MQL, SQL, Kunde, Empfehler) und Buyer Persona. Das liefert Ihnen die Basis für ein hocheffizientes Lead Nurturing.

Die Kampagne vorbereiten mit Social Listening & Monitoring

Kern des Social-Listening-Tools Ihrer Inbound-Marketing-Software wie z. B. dem Social Listener von Act-On in Abbildung 14.8 ist die Stream-Übersicht der relevanten Unterhaltungen und Posts. Dieses Tool verbindet die Kontaktdaten von Ihren Leads oder Kunden mit deren Aktivitäten und Äußerungen in den sozialen Medien.

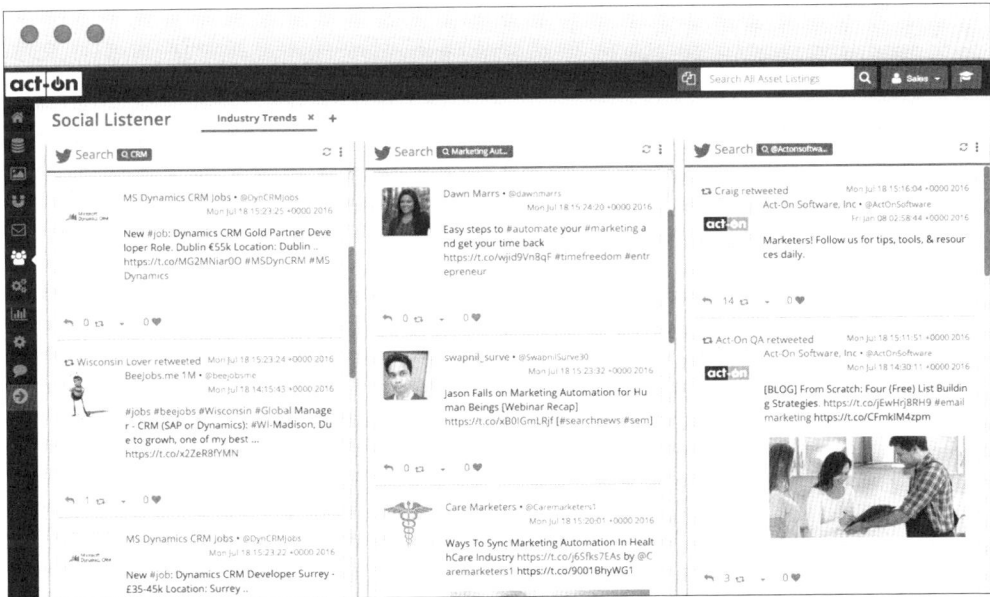

Abbildung 14.8 Social-Listening-Tool einer Inbound-Marketing-Software (Beispiel: Act-On)

Hier stellen Sie auch automatische Benachrichtigungen ein, um von Ihrer Software sofort informiert zu werden, wenn bekannte Leads oder Kunden zu den von Ihnen vordefinierten Stichworten etwas posten oder darüber diskutieren. Im Beziehungsaufbau über soziale Medien (*Social Selling*) ist dies eine wichtige Erfolgsgrundlage. Dieses Monitoring ermöglicht es Ihnen, sich situativ in laufende Unterhaltungen einzuklinken, um z. B. mit hilfreichen Fakten oder Content-Angeboten weiterzuhelfen. Sie selbst bestimmen die relevanten Keywords Ihrer Social-Monitoring-Streams und verfolgen live deren Entwicklung. So erfahren Sie, wie der Content und die Social Media Posts Ihrer einzelnen Inbound-Marketing-Kampagnen bei den Zielkunden ankommen und welche sozialen Reaktionen (z. B. Likes, Sharings, Kommentierungen) sie hervorrufen.

Mit Social Media Posts die Inbound-Marketing-Kampagne stärken

Sie stärken Ihre Inbound-Marketing-Kampagnen entscheidend mit den Social-Media-Posting-Funktionalitäten Ihrer Software. Bereits vor dem Kampagnen-Start planen Sie damit den Redaktionskalender aller automatischen Posts komplett durch und etablieren so einen nachhaltigen Spannungsbogen auf der entsprechenden sozialen Plattform. Sorgen Sie dafür, dass gerade Kontakte, die häufiger Ihre Social Posts sehen, nicht von wiederholenden Posts gelangweilt werden. Stellen Sie sich Ihre Posts als eine Abfolge von interessanten Insights und Inspirationen zu einem Thema vor. Bei den meisten Social-Posting-Tools ist es denkbar einfach, einen neuen Post auf Plattformen wie Twitter, Facebook oder LinkedIn zu gestalten und zu veröffentlichen (vgl. Abbildung 14.9).

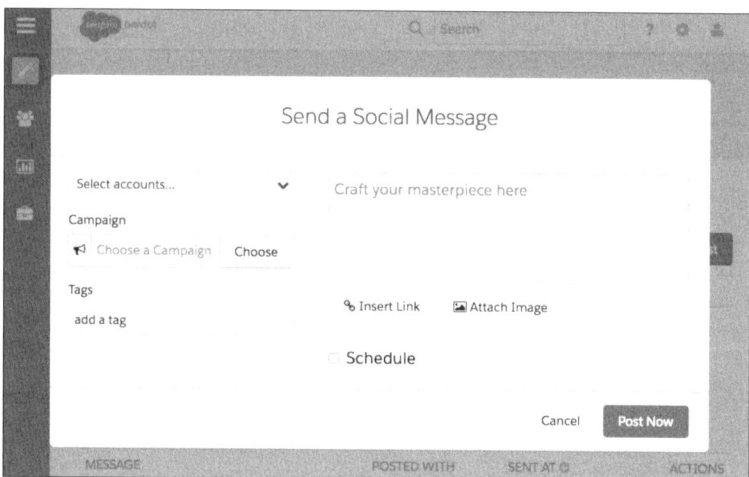

Abbildung 14.9 Social Media Posting mit der Inbound-Marketing-Software (Beispiel: Pardot)

Mit wenigen Eingaben haben Sie Ihre Nachricht verfasst, binden das entsprechende Bild sowie Links zu Ihrer Website bzw. zu Landing Pages ein und bestimmen den

Erscheinungstermin bis auf die Minute genau. Sie können den gleichen Post auch mehrfach veröffentlichen lassen. Bei den Social-Posting-Tools einzelner Inbound-Marketing-Software-Anbieter können Sie sogar einen kompletten Redaktionsplan als Excel-Datei hochladen, um Ihren gesamten Social-Media-Redaktionsplan für eine Woche, einen Monat oder sogar ein ganzes Jahr vorauszuplanen.

Sorgen Sie für aufmerksamkeitsstarke, unterhaltende und bildreiche Social Media Posts (vgl. Abbildung 14.10). Gestalten Sie jeden Post nach den Best-Practice-Regeln für CTAs (vgl. Abschnitt 13.3).

Abbildung 14.10 Social Media Post mit Content-Angebot (Social Media Strategy Template) der Firma Hootsuite auf LinkedIn

Der Nutzen des promoteten Blogposts oder Content-Angebots sollte klar erkennbar und das Thema für die jeweilige Buyer Persona passend gewählt sein. Spielen Sie virtuos mit den beiden Verstärkungsmöglichkeiten Ihrer Inbound-Marketing-Kampagne:

1. Posten Sie direkt die Content-Angebote Ihrer Kampagne, wie es in Abbildung 14.10 die Firma Hootsuite mit ihrem Social Media Strategy Template macht. Verlinken Sie von hier direkt auf die entsprechende Landing Page des betreffenden Content-Angebots, die Sie gegebenenfalls für die Besucher der Social-Media-Plattform optimiert haben.

2. Veröffentlichen Sie Hinweise auf die Blogposts, die Sie für Ihre Inbound-Marketing-Kampagne produziert haben. In diesem Fall erwähnen Sie Ihr Content-Angebot gegebenenfalls noch nicht im Social Media Post. Dafür sollte der Kurztext des

495

promoteten Blogposts so einleuchtend und motivierend sein, dass der Betrachter sofort den Eindruck gewinnt, dass ihn das Lesen des kompletten Blogposts weiterbringen wird. Das gelingt vor allem bei aktuellen Themen, die neugierig machen, wie z. B. »Was ist Digitale Disruption, und wie verändert sie Ihr Geschäft?«. Alternativ sind auch spannende Aspekte bereits allgemein bekannter Themen hilfreich, um die Neugier und Motivation potenzieller Kunden zu wecken, wie z. B. »Zehn Dinge, die Sie garantiert noch nicht über Elektromobilität wussten«.

Ihr wichtiges Ziel des Social Media Posting bei Kundengewinnung und Lead-Generierung ist es, die interessierten potenziellen Kunden so schnell wie möglich von der Social-Media-Plattform herunterzulotsen und sie auf Ihre eigene Website zu lenken. Der Link von Ihrem Social Media Post zu Ihrer Website sollte genau zu derjenigen Landing Page erfolgen, die das entsprechende Content-Angebot bzw. den entsprechenden Blogpost bietet. Diese Koordination erfordert bei einer großen Anzahl von Kampagnen, Posts und Landing Pages einiges an Steuerungsaufwand und Disziplin. Erleichterung und optimale Steuerung schafft hier eine Dynamic-Content-Funktion, die automatisiert in jeden einzelnen Social Media Post die jeweils richtigen Angaben übernimmt, wie z. B. die Bezeichnung des Content-Angebots, den Promotion-Text und Links (vgl. Abbildung 14.11).

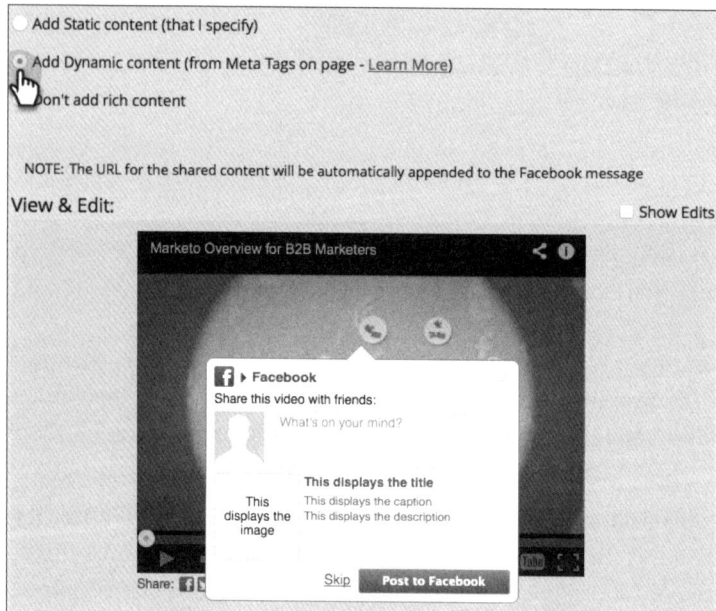

Abbildung 14.11 Dynamic-Content-Modul im Social Media Posting (Beispiel: Marketo)

So erhöhen und lenken Sie Ihren Website-Traffic optimal und haben die Gelegenheit, einen ungestörten Dialog mit Ihrem potenziellen Interessenten aufzubauen.

Mit Social Engagement vom Kontakt zur Beziehung

Mit den Social Posts Ihrer Inbound-Marketing-Kampagne bieten Sie Content an, um gezielt die thematisch interessierten Zielkunden zu identifizieren und sie als Leads (z. B. beim Download des promoteten Content-Angebots) zu gewinnen. Im besseren Fall erreichen Sie aber mit Ihren Social Media Posts noch mehr. Mit jedem Social Media Post laden Sie interessierte Menschen zu einem persönlichen Dialog mit Ihnen ein, der nichts mit dem promoteten Content zu tun haben muss. Nicht Sie steuern den Dialog in den sozialen Medien, sondern Ihre potenziellen Kunden. Mit dem Social-Engagement-Tool Ihrer Inbound-Marketing-Software sind Sie gut dafür gerüstet. Oftmals handelt es sich hierbei um kein separates Software-Modul, sondern um eine Zusatzfunktion Ihres Social-Listening-Tools (vgl. Abbildung 14.12).

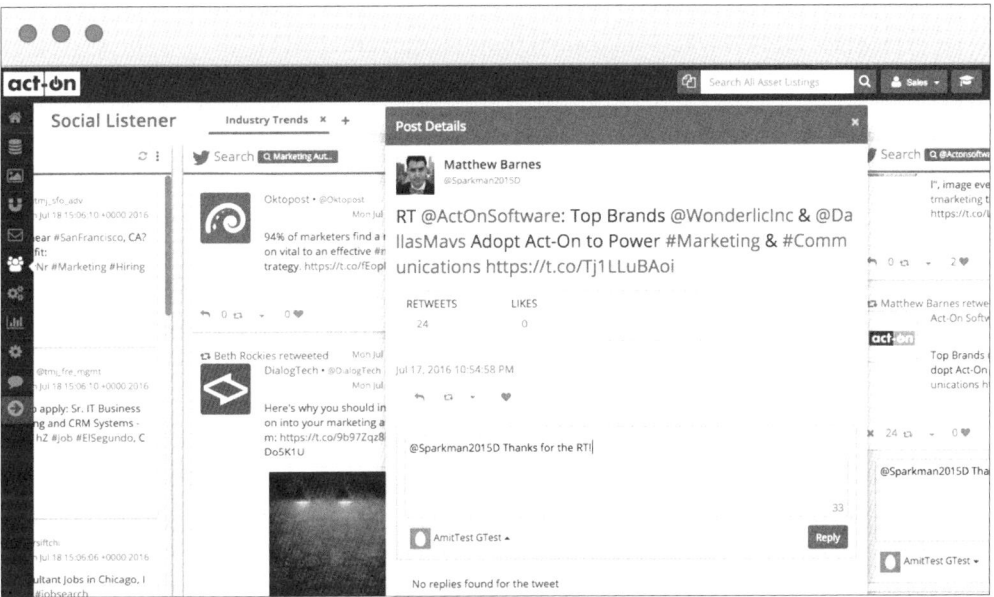

Abbildung 14.12 Social-Engagement-Tool einer Inbound-Marketing-Software (Beispiel: Act-On)

Sie und Ihr Marketing-Team oder Social-Media-Team sind gefordert, in Echtzeit auf eingehende Nachrichten von interessierten Menschen zu antworten, schnell zu erkennen, ob es sich um einen bereits bekannten Kontakt handelt und wie Sie mit einem kurzen Dialogwechsel Nutzen stiften und eine Beziehung aufbauen können. Menschen schätzen sowohl im B2C-Geschäft als auch im B2B-Bereich diesen spontanen Dialog und bauen bei einer nutzenstiftenden und wertschätzenden Kommunikation schnell eine emotionale Beziehung zum Kommunikationspartner und zu dem hinter ihm stehenden Unternehmen auf. Ein positives Kundenerlebnis kann hier aus einem zufriedenen Kunden einen aktiven Empfehler und Fan Ihrer Marke machen. Wichtig ist es, dass Sie auf allen sozialen Plattformen Ihrer Buyer Personas präsent sind und dort aktives Social Monitoring und Social Engagement betreiben. Engagement bedeutet hier nicht etwa Engagement im deutschen Sprachsinn, sondern eine Art Verbindlichkeit und enge Verbindung wie im englischen Sprachgebrauch.

Diese Aufgabe verlangt Erfahrung, Fingerspitzengefühl und Kenntnisse im nutzenstiftenden und beratungsorientierten Verkauf auf sozialen Medien (Social Selling). Das ist eine für viele Marketing-Fachleute neue Arbeit. Erfahrungen aus dem persönlichen Verkauf, dem Kundenservice oder Call-Center-Bereich können hier von Vorteil sein. Stellen Sie sicher, dass jederzeit während der Kernzeiten Ihres Geschäfts ein erfahrener und kundenorientierter Kollege für den Social-Media-Dialog verfügbar ist und dass er mit den Funktionen und Benachrichtigungen (Social Notifications) des Social-Media-Tools Ihrer Inbound-Marketing-Software vertraut ist.

14.1.4   Erhöhung der Inbound-Kampagnen-Reichweite mit Paid Ads

Mit der Content-Promotion per Blog und in den sozialen Netzwerken haben Sie wichtige Schritte zur Steigerung der Kontaktchancen Ihrer Inbound-Marketing-Kampagne erzielt. Für all diese Maßnahmen haben Sie bislang weder den Suchmaschinen wie Google noch den Social-Media-Plattformen wie Facebook, Twitter oder LinkedIn Geld gezahlt. Ihr Marketing-Etat ist bisher ausschließlich in die nachhaltige Produktion von Content-Angeboten, Kundenansprachen und Website-Content geflossen. Prüfen Sie im Verlauf Ihrer Inbound-Marketing-Kampagne, ob Ihre geplanten Kampagnen-Ziele mit diesen Maßnahmen bereits erfüllt werden können oder ob Sie zusätzliche Kontaktchancen bei weiteren Menschen benötigen, um die vorgegebenen Ziele der Lead-Generierung zu erreichen. Diese zusätzlichen Kontaktchancen können Sie sich erkaufen. Mit Paid Advertising können Sie Ihre Zielkunden in Suchmaschinen oder auf Social-Media-Plattformen gezielt erreichen, unabhängig davon, ob Sie Ihre Markenbekanntheit steigern möchten, Interesse für Ihre Leistungen erzeugen möchten oder Leads generieren wollen. Die wichtigsten Online-Werbeformen im Inbound Marketing sind:

▶ Werbung in Suchmaschinen wie Google AdWords und Bing Ads
▶ Werbung auf Social-Media-Plattformen wie Facebook und Twitter
▶ Werbung auf Business-Plattformen wie Xing und LinkedIn

Insbesondere die großen vier weltweit vertretenen Plattformen, d. h. Google, Facebook, LinkedIn und Twitter (vgl. Abbildung 14.13), bieten Ihnen allesamt die Möglichkeit, thematisch interessierte Kontakte gezielt zu erreichen und mit persönlichen Angeboten anzusprechen.

Abbildung 14.13 Die Big 4 – Facebook, Google, LinkedIn, Twitter

Kaum ein Feld im Digitalen Marketing ist so in Bewegung wie die Werbeplattformen der genannten Internet-Giganten. Es geht um das große Geld, um die Werbeetats aller Firmen, die noch traditionell schwerpunktmäßig auf Werbung setzen, und es geht um den Zugang zu Millionen von potenziell relevanten Kontakten aller Branchen, Buyer Personas und Customer-Journey-Phasen. Mit Inbound Marketing werden Sie ein Stück weit von den Werbemaschinen dieser Unternehmen unabhängig. Sie sind aber in der Regel dennoch stark auf die Filterfunktionen und Multiplikatorstellung dieser »Gatekeeper« angewiesen. Für die meisten Unternehmen ist z. B. Google ein unverzichtbarer Kanal zu Leads und Kunden. Deshalb nimmt Google mit seinen Ranking-Möglichkeiten in den organischen Suchergebnissen (SEO) und der gleichzeitigen Werbemöglichkeit mit Google AdWords (vgl. Abbildung 14.14) einen vorrangigen Platz im Inbound Marketing ein.

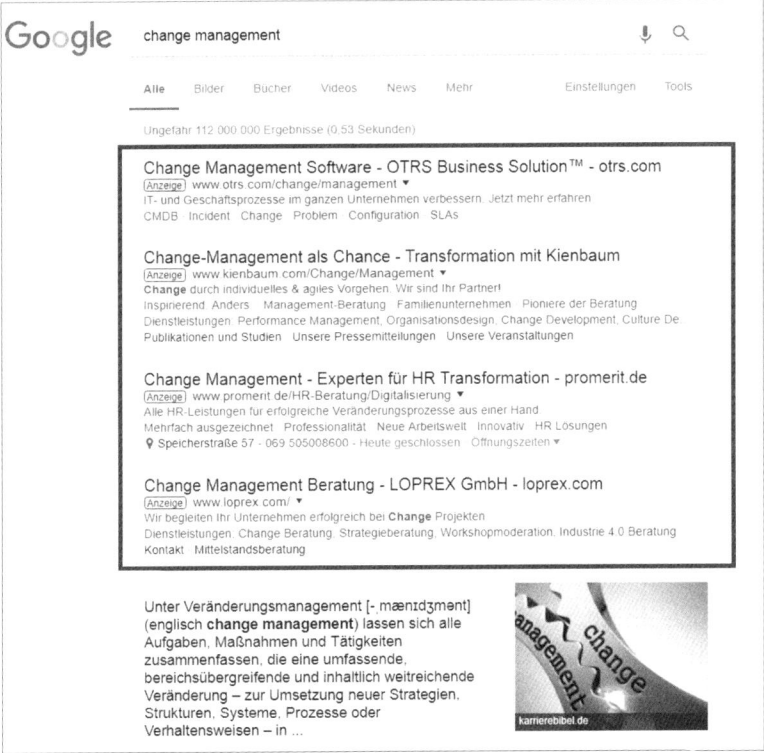

Abbildung 14.14 Google AdWords auf Google-Suchergebnisanzeigen

Nutzen Sie mit gezielten Strategien die großen Online-Plattformen für Ihre Inbound-Marketing-Kampagnen, ohne sich dabei auf eine Plattform allein zu verlassen. Setzen Sie vielmehr für jede Kampagne genau die Plattformen und Werbeformen ein, die jeweils hinsichtlich Konversionskraft und Kosten-Nutzen-Verhältnis am besten geeignet sind.

Wie Sie Online-Werbung für Inbound Marketing gezielt einsetzen

Schon zu Beginn dieses Buches stellte sich die Frage, wie Outbound Marketing und Inbound Marketing zusammenpassen (vgl. Kapitel 1). Die Antwort darauf wird in der Internet-Industrie gerade durch die großen Player beider Seiten – Plattformen und Software-Hersteller – gemeinsam definiert. Facebook, Google und LinkedIn haben mittlerweile direkte Datenintegrationen mit den großen Playern der Marketing-Automation-Industrie wie HubSpot, Marketo, Oracle und Salesforce entwickelt.

▶ Leads und Kontaktdaten, die auf sozialen Plattformen gewonnen werden (z. B. mit Facebook Lead Ads), werden per Datenschnittstelle in die Inbound-Marketing-Software übertragen, damit sofort automatisierte Lead-Nurturing-Workflows in Gang gesetzt werden können.

▶ Google-AdWords-Kampagnen werden per Tracking-Code-Integration in der Inbound-Marketing-Software messbar gemacht, um zuzuordnen, ob die Anzeigen überproportional viele solcher Leads generieren, die hinterher auch zu Kunden werden.

Ihre Inbound-Marketing-Software betrachtet Online-Werbekampagnen nur als eine mögliche Lead-Generierungsquelle von vielen und vergleicht deren (mit Geld bezahlte) Performance bei der Lead-Generierung mit anderen Maßnahmen, die ohne Geldabfluss an Online-Plattformen in Inbound-Logik gestaltet wurden. Outbound im Sinne von Online-Werbung beginnt, sich dem Inbound Marketing konzeptionell unterzuordnen und sich mit ihm zu verzahnen. Werbung wird nur noch im Online Marketing eingesetzt, wenn es sein muss und wenn es vorteilhaft ist – und nicht, weil Werbung einfach dazugehört oder etwa die Basis des Selbstverständnisses als Marketing-Manager ist. Google und Facebook haben sich aus Inbound-Marketing-Sicht zu wahren Platzhirschen bei Online-Werbung entwickelt. Zusätzlich nimmt LinkedIn im B2B-Marketing eine Sonderstellung ein, weil dieses Tool sehr dialogfähig ist und weil Kontakte auf LinkedIn hervorragend vorqualifiziert, angesprochen, als Leads gewonnen und auch mit Lead-Nurturing-Maßnahmen weiterentwickelt werden können.

Plattformen wie Google, Facebook/Instagram und LinkedIn bieten jeweils eine Vielzahl unterschiedlicher Werbemöglichkeiten. Zur Verstärkung von Kampagnen zur Lead-Generierung sind darunter aber nur solche Werbemaßnahmen geeignet, die auf den Handlungsprinzipien des Inbound Marketing basieren. Setzen Sie möglichst nur solche Werbemaßnahmen bei Google, Facebook und Co. ein, die

▶ Plattformbenutzer nicht durch unerwartete Eigenwerbung unterbrechen, sondern für sie durch hochwertigen Content sowie durch wertschöpfende Angebote (z. B. kostenlose Probenutzung, individuelle Preisvorteile, Self-Assessment-Tests, kostenlose Beratung) einen persönlichen Wert und Nutzen schaffen,

▶ individualisiert auf den Plattformbenutzer und seine thematischen Interessen bzw. seine Such-Keywords zugeschnitten sind, um von vornherein eine hohe persönliche Relevanz aufzubauen,

▶ thematisch interessierte und von ihrer Customer Journey her bereits aufgeschlossene potenzielle Leads mit relevantem Traffic auf Ihre Website und Ihre Landing Pages lenken oder die Plattformnutzer direkt mit einem entsprechenden Formular auf der Online-Plattform zur Lead-Registrierung veranlassen,

▶ Ihre Website-Besucher bzw. Landing-Page-Besucher zur gewünschten Conversion (z. B. Download eines E-Books) veranlassen und damit einen wichtigen Beitrag im Lead Management leisten.

Wie Ihre Inbound-Marketing-Software Sie bei Paid Advertising unterstützt

Ein leistungsfähiges Online-Advertising-Modul ist für Ihre Inbound-Marketing-Software wichtig, wenn Sie über den Einsatz von Google AdWords oder Werbung in sozialen Medien nachdenken. Zumindest bei großen Inbound-Marketing-Kampagnen sollten Sie darauf vorbereitet sein, zusätzliche Leads über Online-Werbemaßnahmen zu generieren. Prüfen Sie, ob Ihre Inbound-Marketing-Software bereits über ein eigenes Paid-Ads-Tool (vgl. Abbildung 14.15) verfügt oder zumindest ein solches Funktionsmodul als kostenpflichtiges Add-on bei Ihrem Hersteller erhältlich ist.

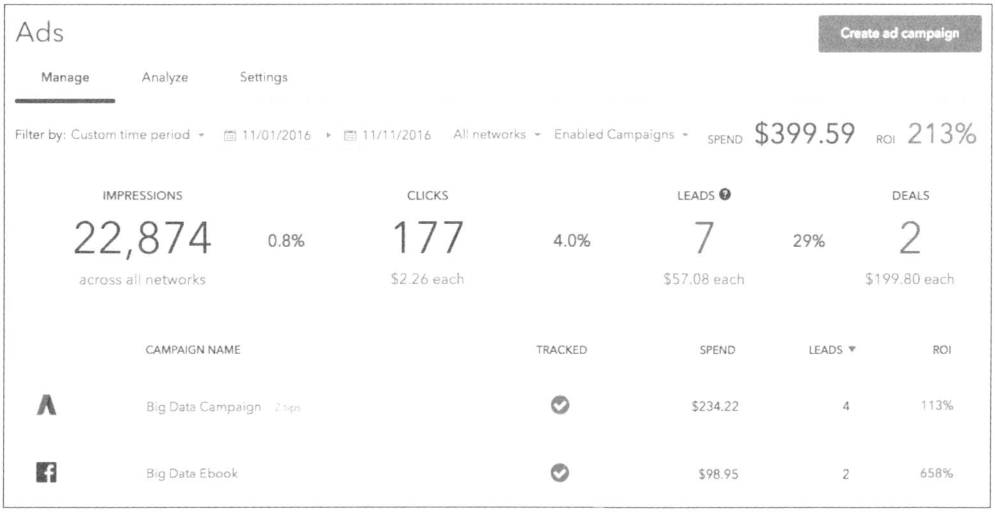

Abbildung 14.15 Paid-Advertising-Dashboard einer Inbound-Marketing-Software (Beispiel: HubSpot)

Die Funktionen und visuellen Darstellungen der Paid-Ads-Module verschiedener Hersteller von Inbound-Marketing-Software unterscheiden sich momentan noch stark voneinander. Allerdings herrscht hier eine hohe Dynamik, und es ist anzunehmen, dass sich das Funktionsspektrum und die Anzahl der betreuten Werbeformen je nach Software-Hersteller noch weiter ausweiten werden. Gleichzeitig ist zu beobachten, dass einzelne Software-Hersteller wie z. B. Marketo in Zusammenarbeit mit Plattformfirmen wie Google recht innovative Funktionen entwickeln, um den kompletten Kaufentscheidungsprozess des Kunden in Google AdWords und der Inbound-Marketing-Software abzubilden (vgl. Abbildung 14.16).

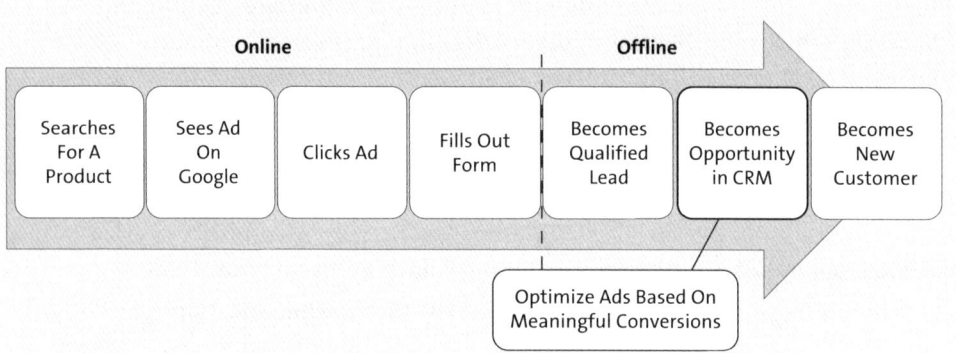

Abbildung 14.16 Google-AdWords-Integration von Marketo

Das Ziel dieser neuen Funktion ist es, die Performance einer Google-AdWords-Anzeige noch besser zu erfassen, indem alle Schritte des Kaufprozesses einbezogen werden, auch wenn sie in der Offline-Welt vollzogen werden (z. B. persönliche Verkaufsgespräche). Es bleibt abzuwarten, wie sich die Strategien der Software-Hersteller bei der Betreuung von Paid Ads und bei den entsprechenden Software-Modulen weiterentwickeln. Wenn Sie die Wahl haben, bevorzugen Sie das Paid-Ads-Modul Ihres Software-Herstellers gegenüber spezialisierten Software-Komponenten dritter Hersteller. Die meisten Tools externer Anbieter bieten nicht die gleichen Funktionalitäten wie ein »direktes« Integrations-Tool, das von Ihrem Inbound-Marketing-Software-Hersteller und der betreffenden Online-Plattform gemeinsam entwickelt wurde. Auch wenn dann ein solches Zusatzmodul Ihres Software-Herstellers 100 € und mehr an Aufpreis pro Monat kostet, kann das eine sehr gute Investition in die Effizienz Ihrer Online-Werbemaßnahmen sein – vor allem, wenn Sie mit höherstelligen Werbeetats und komplexen Werbekampagnen auf mehreren Plattformen gleichzeitig arbeiten. Achten Sie darauf, ob das Paid-Advertising-Modul Ihrer Inbound-Marketing-Software die wichtigsten drei Funktionen abdeckt:

1. Dashboard und Reporting, d. h. die übersichtliche Erfolgsanalyse und Ursachen-analyse aller Kampagnen im Überblick und über alle Werbeplattformen hinweg

2. Ideenfindung und Planung neuer Kampagnen, d. h. eine gezielte Unterstützung bei der Auswahl von Buyer Personas, Keywords, Werbeformen, Auswahlkriterien der jeweiligen Werbeplattform und die Unterstützung bei der kreativen Gestal-tung alternativ testbarer Anzeigen, Formulare, Landing Pages oder von Ähnli-chem

3. Steuerung und Optimierung der laufenden Kampagnen, d. h. die Echtzeitsteue-rung laufender Kampagnen durch Veränderung von Werbebudgets, Wechsel zwi-schen verschiedenen Abrechnungsformen (z. B. Cost-per-Click), Vorausberechnung von Tages- und Gesamtbudgets sowie Prozessabstimmung mit der betreffenden Werbeplattform

Nutzen Sie das Paid-Ads-Modul Ihrer Inbound-Marketing-Software, um zu bestim-men, welche Ihrer laufenden Kampagnen den insgesamt höchsten Return on Invest (ROI) erzielen. Prüfen Sie, ob Ihr Paid-Ads-Modul aus den Conversion-Daten Ihrer Kontakte berechnen kann, wie viele spätere Kunden (Deals) Sie durch bestimmte Anzeigen gewonnen haben, welchen Umsatz diese Kunden produziert haben, wie hoch die Werbekosten für diese Kunden waren und wie hoch dementsprechend die Wertschöpfung der Kampagne auf Ebene von Einzelkunden und insgesamt betrach-tet war. Nur erfolgreiche Kampagnen sollten Sie weiter optimieren und gegebenen-falls mit Zusatzbudget ausstatten. Mit Ihrem Tool können Sie bis hin zur einzelnen Werbeanzeige analysieren, welche Kampagnen-Elemente und (Content-)Angebote besonders erfolgreich gearbeitet haben.

Wie Sie Online-Werbung zur Lead-Generierung einsetzen

Jede Online-Werbeform verlangt ihr eigenes Know-how und hat ihre eigenen Steue-rungsprozesse. Wenn Sie sich exzellent bei Google AdWords auskennen, können Sie noch längst nicht Facebook-Ads steuern. Wenn Sie sich mit LinkedIn-Ads auskennen, hilft Ihnen das weder bei Twitter noch bei Xing weiter. Das macht es besonders schwer, in einem Buch über Inbound Marketing diesem Thema in vollem Umfang gerecht zu werden. Hinzu kommt, dass die Paid-Advertising-Module der Inbound-Marketing-Software-Hersteller sich derzeit stark verändern, um den laufenden Initi-ativen der Online-Plattformen gerecht zu werden. Damit verändert sich das nötige Know-how bei der Steuerung von Online-Werbung im Inbound Marketing besonders schnell. Software-Hersteller kündigen neue Funktionen an, die dann aber gar nicht oder nur stark verändert erscheinen, weil sich z. B. die Strategie der betreffenden Online-Plattform geändert hat. Einige Software-Hersteller setzen auf kostenpflich-tige Add-ons, bieten diese dann aber nur für einige wenige Online-Plattformen an. Andere Hersteller gehen eine besonders enge Kooperation mit Google AdWords an

14

und bieten vollumfängliche Lösungen für diese Werbeform, ignorieren dann aber gleichzeitig wichtige Werbeformen anderer Plattformen.

Gehen Sie daher immer von Ihren Buyer Personas aus, und analysieren Sie, welche Plattformen von ihnen besonders intensiv genutzt werden. Prüfen Sie dann, welche Funktionalitäten Ihre Inbound-Marketing-Software für genau diese Plattformen anbietet. Viele Software-Hersteller erweitern kontinuierlich die Funktionalitäten ihrer Paid-Ads-Tools bzw. Software-Add-ons. Wenn Sie also bislang noch keine Integrationslösung für Ihre Wunschplattform in Ihrer Software entdecken, fragen Sie bei Ihrem Software-Hersteller nach, ob eine solche Lösung in Vorbereitung ist. Falls das nicht der Fall ist, arbeiten Sie sich in die Steuerung der entsprechenden Werbeformen auf der Online-Plattform selbst ein. Eine komfortable Integration mit Ihrer Inbound-Marketing-Software ist dann vielleicht nicht zu erwarten, aber die Alternative, auf Ihre Wunschplattform bzw. Werbeform zu verzichten, kommt noch viel weniger infrage.

Wenn Sie sich auf Tools zur Lead-Generierung fokussieren, fallen zwei Werbeformen besonders ins Auge, die derzeit (im Sommer 2017) von vielen Herstellern von Inbound-Marketing-Software bereits unterstützt werden und die eine besonders hohe Performance im täglichen Einsatz verzeichnen: Google AdWords und Facebook Lead Ads. Mit diesen beiden Werbeformen zusammengenommen erreichen Sie eine hohe Reichweite in den Zielgruppen verschiedenster Branchen und Geschäftsmodelle. Attraktiv an dieser Kombination ist auch das unterschiedliche und sich ergänzende Nutzerverhalten der beiden Online-Plattformen.

▶ Bei Google AdWords suchen Menschen mit einem fest vordefinierten Interesse und Thema. Gerade beim Google Search Network, d. h. den bekannten Anzeigen auf den Suchmaschinen-Ergebnisseiten, bewirken die Suchbegriffe bzw. Keywords eine zielgenaue Aussteuerung von Anzeigen nach den Interessenslagen der Suchmaschinennutzer.

▶ Facebook wird von Menschen viel ungeplanter und spontaner bzw. ohne bestimmtes Suchinteresse genutzt als z. B. die Suchmaschine von Google. Im Gegenteil, bei Facebook haben Anzeigen die Herausforderung, im Stream aller Botschaften hervorzustechen und sich im Kampf um die Aufmerksamkeit des Facebook-Nutzers durchzusetzen. Dafür erlaubt das große Wissen von Facebook über seine Nutzer aber eine zielgenaue Aussteuerung an Menschen mit einer hohen Themenaffinität für bestimmte Anzeigeninhalte. Facebook Leads Ads machen sich genau das zunutze und bieten die Möglichkeit, einen kompletten Lead-Generierungsprozess direkt auf Facebook abzubilden.

Google AdWords im Inbound Marketing

Wenn Sie Suchmaschinenwerbung bei Google AdWords schalten, schaffen Sie über Ihre SEO-Bemühungen hinaus zusätzliche Kontaktchancen bei Google zu Menschen, die genau nach den in Ihrer Keyword-Strategie bereits definierten Begriffen suchen. Der Einsatz von Google AdWords verlangt also von Ihnen keine prinzipiell neue Auseinandersetzung mit dem Verhalten Ihrer Buyer Personas, sondern setzt genau dort an, wo Sie mit Ihrer SEO-Strategie im Inbound Marketing bereits arbeiten. Das hilft Ihnen besonders bei der Planung und Überwachung von AdWords-Kampagnen. Im Paid-Ads-Modul Ihrer Inbound-Marketing-Software (vgl. Abbildung 14.17) verfolgen Sie bei laufenden Kampagnen gleichzeitig die Performance aller Kampagnen im Google-Suchmaschinen-Werbebereich (Search Network) und im weltumspannenden Google Display Network, wo Ihre grafisch gestalteten Anzeigen auf Google-Partner-Webseiten promotet werden.

Traffic Details								
	Clicks	Impr.	CTR	Avg. CPC	Avg. Pos.	Google Conv.	Cost/ Conv.	Conv. Rate
Ad Network								
Display Network	0	0	0.00	0.00	0.00	0	0.00	0.00
Search Network	815	92208	0.88	9.46	0.00	586	13.16	0.64
Device								
Tablets with full browsers	27	1937	1.39	11.43	0.00	21	14.70	1.08
Mobile devices with full browsers	28	2111	1.33	3.79	0.00	15	7.08	0.71
Computers	760	88160	0.86	9.60	0.00	550	13.26	0.62
Other	0	0	0.00	0.00	0.00	0	0.00	0.00

Abbildung 14.17 Paid-Ads-Performance-Analyse in der Inbound-Marketing-Software (Beispiel: Act-On)

Gestalten Sie für Anzeigen im Search Network (d. h. in den Google-Suchmaschinenergebnissen) solche Anzeigentexte, die genau auf das jeweilige Keyword abgestimmt sind. Google fasst thematisch zusammenpassende Keywords zu AdGroups zusammen und bündelt diese in zentralen Google-AdWords-Kampagnen. Das verlangt einige Kenntnisse über die Feinheiten im Umgang mit der Keyword- und Kampagnenplanung in AdWords. Zusätzlich ist Erfahrungswissen nötig:

▸ bei der Budgetierung Ihrer AdWords-Kampagne, der Festlegung der Bids (Ihres Maximalgebots für einen einzelnen Anzeigen-Klick) und der Wahl der Abrechnungsmodalitäten

▸ beim Verfolgen des Quality Score Ihrer Website und Ihrer Anzeige, d. h. der Einschätzung von Google zu Relevanz und Nutzen Ihrer Anzeige und Website sowie des AdRank als zentralen Qualitätsurteils von Google

▸ bei der Zieldefinition der geplanten Impressions (Anzahl der Ausspielungen der Anzeige), der Click-Through-Rate (CTR) der Anzeige und der durchschnittlichen Cost-per-Click (Average CPC)

▸ bei der Verfolgung und Beurteilung der von den Anzeigen erreichten Platzierungsposition (Average Position) sowie der Höhe der erzielten Conversions und der damit verbundenen Höhe der Kosten für eine einzelne Conversion (Cost per Conversion)

Zur Optimierung einer laufenden Google-AdWords-Kampagne gehört es, die Anzeigen mit handlungsauslösenden Features (Ad Extensions) auszustatten, wie z. B. einer prominent platzierten Telefonnummer oder spezifischen Links zu Ihrer Website. Regelmäßig müssen die Keywords der Kampagne überwacht und upgedatet werden. Die Bids müssen überprüft und gegebenenfalls muss auch die Qualität der Anzeigen kontinuierlich gesteigert werden, um eine gute Anzeigenposition zu ergattern und zu verteidigen. All dieses Know-how lässt sich an dieser Stelle nicht in der Tiefe vermitteln, ist aber aufgrund der weitläufigen Bekanntheit von Google AdWords bereits in den letzten Jahren hervorragend z. B. in Blogs und Videos im Internet aufgearbeitet worden.

Was machen Sie selbst, und was delegieren Sie bei Google AdWords?

Wenn Sie Inbound-Marketing-Kampagnen mit Suchmaschinenwerbung unterstützen wollen, überlegen Sie, ob Sie gegebenenfalls eine Google-AdWords-Agentur oder eine Inbound-Marketing-Agentur mit der operativen Kampagnen-Führung betreuen wollen. Es gibt zahlreiche Online-Agenturen im Markt, die sich auf die Anzeigenschaltung mit Google AdWords spezialisiert haben. Nur in seltenen Fällen bieten diese Firmen aber auch professionelles Inbound Marketing an. Die klassische Aufgabe einer Google-AdWords-Agentur oder auch einer Werbeagentur ist es, einen durch den Kunden vorgegebenen Werbeetat möglichst effizient einzusetzen, und nicht etwa, diesen Etat einzusparen oder alternative bzw. kostengünstigere Kanäle für Inbound-Kampagnen zu finden. Vermitteln Sie Ihrem Agenturpartner in jedem Fall Ihre Strategie und die Zusammenhänge Ihrer Online-Werbung. Idealerweise haben Sie bereits bei der Vorbereitung Ihrer Inbound-Kampagne die entsprechenden Buyer Personas und Keyword-Listen erarbeitet. Das ist eine hervorragende Briefing-Unterlage für eine Google-AdWords-Agentur oder Inbound-Marketing-Agentur. Um alle wichtigen Daten direkt in Ihrer Inbound-Marketing-Software zu behalten, kann es sinnvoll sein, dass Ihr Agenturpartner direkt im Paid-Ads-Modul Ihrer Software, also direkt in HubSpot, Act-On, Marketo oder Eloqua arbeitet, statt ein anderes Online-Tool zu nutzen. Checken Sie die Kompetenz von Inbound-Marketing-Agenturen, die auch Google-AdWords-Betreuung anbieten. Überprüfen Sie den Background und die praktische Erfahrung des Unternehmens und Ihrer persönlichen Ansprechpartner. Von einer solchen Agentur dürfen und sollten Sie viel mehr erwarten können als von einer klassischen Google-AdWords-Agentur. Schauen Sie darauf, ob Sie konzeptionelle Unterstützung und kreative Ideen für Ihre Gesamtkampagnen bekommen. Prüfen Sie, ob die Vergütung Ihrer Agentur sich an Ihrem Werbeetat bemisst oder ob Ihr externer Partner lieber wie auch Sie seinen Erfolg am Erfolg der gesamten Lead-Generierung bemisst.

Inbound-Tipp: Bauen Sie Ihre Kompetenz in Google AdWords gezielt aus

Google AdWords beinhaltet viel Detailwissen, das auf einen externen Partner bis zu einem gewissen Umfang delegierbar ist. Dennoch sollten Sie bei Ihren Werbetools selbst gut genug wissen, wie Bids, Auktionen, AdRank und Click-Through-Rates zustande kommen, wie Etats verausgabt werden, welchen Payback Sie für Ihre Maßnahmen erwarten können und was die zentralen Stellschrauben zur Optimierung Ihrer Kampagnen sind.

▶ Einen guten Überblick und viel Detailwissen erhalten Sie im Buch »Google AdWords« von Guido Pelzer und Dagmar Gerigk aus dem Rheinwerk Verlag. In diesem Handbuch können Sie sich über alle Grundlagen des Search Network und des Display Network sowie über Besonderheiten bei der mobilen Werbung informieren.

▶ Google selbst stellt umfangreiche Informationen und Einsteiger-Tutorials zur Verfügung. Hier finden Sie sowohl plastische Beispiele in Form von Kurzvideos als auch ständig aktualisierte Datenblätter und Bedienungsanleitungen für wichtige Zusatzfunktionen (z. B. Extensions). Sie finden den offiziellen Google-Leitfaden für AdWords unter *https://support.google.com/adwords/answer/6146252*.

▶ Wenn Sie sich und anderen gegenüber Ihre Kenntnisse in Google AdWords dokumentieren und demonstrieren wollen, ist nichts dafür besser geeignet als eine offizielle AdWords-Zertifizierung von Google. Sie ist als kostenloses Online-Training in deutscher Sprache verfügbar. Bei Google gibt es Online-Fachprüfungen für verschiedene Aspekte von Google AdWords wie Suchmaschinenwerbung, Display-Werbung, Videowerbung oder Mobile-Werbung. Sie erreichen die Trainings unter *https://support.google.com/partners/answer/3153810?hl=de*.

14

Google AdWords kann in der SEO-Strategie Ihres Inbound Marketing ein wichtiger Verbündeter sein, insbesondere wenn:

▶ Sie für bestimmte Keywords auf jeden Fall gefunden werden wollen, unabhängig von Ihrer derzeitigen organischen Ranking-Position in den Suchergebnissen von Google

▶ wenn Sie eine zeitkritische Kampagne mit einem fest definierten Endtermin (z. B. einen Produkt-Launch, ein Seminar oder eine Messe) zum Erfolg führen wollen, die nicht zeitlich unbegrenzt bei Google gefunden werden wird

▶ wenn Sie in stark umkämpften Wettbewerbsumfeldern nicht genügend Zeit für den Aufbau eines ausreichend guten organischen Rankings haben, um Ihre Ziele zu erreichen

Verlassen Sie sich bei Ihrer Google-Präsenz aber nicht auf die künstlich herausragende Platzierung in der Suchmaschine durch die Schaltung von Google AdWords. Kaum ein Unternehmen kann sich das auf Dauer finanziell leisten. Arbeiten Sie lieber parallel daran, Ihre Website durch organisches Ranking mit Inbound Marketing im Keyword-Ranking bei Google konsequent immer weiter nach vorne zu bringen.

Facebook Lead Ads im Inbound Marketing

Facebook hat mit Facebook Lead Ads ein Online-Werbeinstrument geschaffen, das einen entscheidenden Schritt auf das Inbound Marketing zugeht. Mit Lead Ads führt man komplette Kampagnen zur Lead-Generierung mit vorkonfigurierten Templates und Anzeigenformaten direkt in Facebook bzw. im zum Facebook-Konzern gehörenden Instagram durch (vgl. Abbildung 14.18).

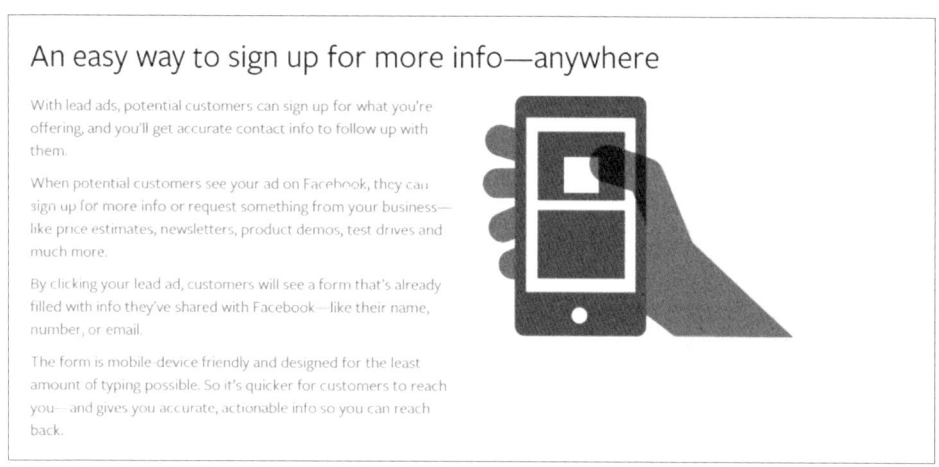

Abbildung 14.18 Facebook-Lead-Ads-Nutzenargumentation
(Quelle: »www.facebook.com«)

Anders als bei anderen Werbeformen können thematisch interessierte Facebook-Nutzer, die z. B. durch eine Lead-Ads-Anzeige ein Gratis-E-Book angeboten bekommen, direkt in Facebook das Registrierungsformular ausfüllen. Dieses Formular enthält meist schon die eigenen Daten (z. B. voller Name) und lässt sich für individuelle Abfragen flexibel gestalten. Damit fällt es interessierten Zielkunden besonders leicht, eine Conversion direkt auf Facebook durchzuführen, ohne z. B. auf die Website eines Anbieters wechseln zu müssen. Solche Conversions können Content-Downloads sein, Inbound-Anfragen (z. B. kostenlose Beratung), Anmeldungen zu Newsletter-Abos oder Veranstaltungen, Bewerbungen, Registrierungen, Vorbestellungen und vieles mehr. Facebook Lead Ads funktionieren auf dem Desktop genauso wie auf dem Tablet oder der Facebook-Smartphone-App.

Die mobile Smartphone-App ist für Facebook mit Abstand zum wichtigsten Nutzungskanal der sozialen Plattform geworden. Mit Facebook Lead Ads werden für Facebook, Nutzer und werbetreibende Unternehmen gleichermaßen die Besonderheiten der Lead-Gewinnung auf Mobilgeräten gut genutzt. Mit nur wenigen Klicks wird ein kompletter Conversion-Prozess bequem abgeschlossen (vgl. Abbildung 14.19).

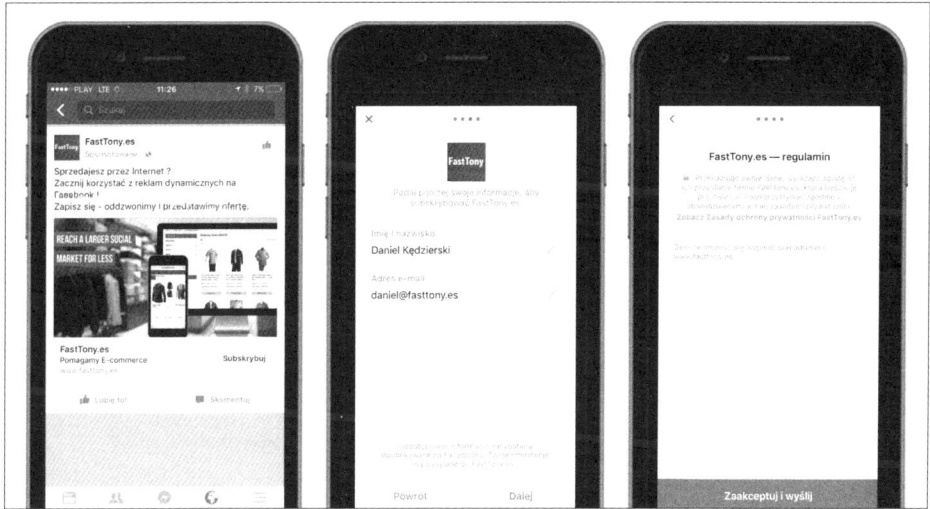

Abbildung 14.19 Facebook Lead Ads – Conversion-Flow (Quelle: »www.allfacebook.de«)

Allerdings betreibt Facebook diesen Weg natürlich nicht ohne Eigennutz. Immerhin sind diese Anzeigen zahlungspflichtig, und gleichzeitig bleibt der Facebook-Besucher während des gesamten Vorgangs in der Facebook-App. Ihre eigene Website erhält bei diesem Lead-Generierungsprozess keinen Google-wirksamen Web-Traffic mehr. Erst auf der in Facebook mitgestalteten Thank-You-Page kann sich der registrierte Lead z. B. entscheiden, auf einen Link zu Ihrer Website zu klicken und so Facebook zu verlassen. Aber schließlich haben Sie diesen Klick auf Ihre Website im Pay-per-Click-Modus (PPC) dann auch schon bezahlt.

Ein großer Vorteil von Facebook Lead Ads ist das ausgereifte Ad Targeting, mit dem Sie genau diejenigen Facebook-Nutzer ansprechen können, die bereits thematisch an Ihren Leistungen und Ihrem Content interessiert sein dürften. Das erleichtert eine effektive und schnelle Lead-Qualifizierung. Darüber hinaus können Sie die für Sie interessanten Facebook-Nutzer nach vielen Kriterien zu fest umrissenen Werbesegmenten (Custom Audiences und Lookalike Audiences) direkt bei der Kampagnen-Planung abgrenzen. Dadurch kommen Sie gegebenenfalls sogar auf neue Ideen für Contact Properties, Buyer-Persona-Merkmale oder Painpoints. Facebook Lead Ads ermöglicht es Ihnen, inbound-orientierte Landing Pages und Formulare direkt mit einem geführten Walk-Through-Guide zu erstellen (vgl. Abbildung 14.20) und die dort gewonnenen Kontaktdaten automatisch in die Inbound-Marketing-Software zu übernehmen.

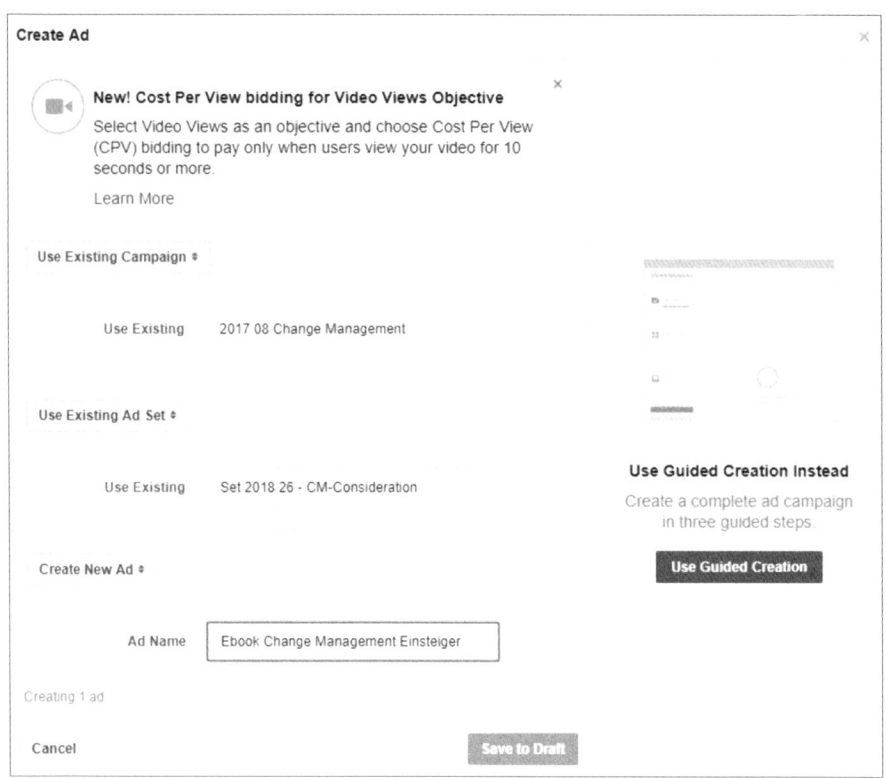

Abbildung 14.20 Eine Kampagne zur Lead-Generierung im Facebook-Lead-Ads-Tool erstellen (Quelle: www.facebook.com)

Beim Festlegen der Gebote (Bidding) gilt wie bei anderen Werbeformen auch die Regel, einen ausreichend hohen Betrag als Cost-per-Lead zu definieren und so die nötige Reichweite unter den Facebook-Nutzern zu erzielen. Mit der Festlegung sogenannter »strategischer Zeiten« begrenzen Sie die Ausspielung Ihrer Anzeigen falls nötig auf bestimmte Zeiten, zu denen z. B. Ihr Service-Team telefonisch erreichbar ist. Für die automatischen Workflow-Prozesse Ihrer Inbound-Kampagnen ist das zwar weniger wichtig, aber vielleicht wollen Sie Ihre potenziellen Kunden nicht schon morgens beim Aufstehen ansprechen – oder gerade doch, weil sie dann üblicherweise ihren Facebook-Account auf dem Smartphone checken.

Die Gestaltung von Facebook Lead Ads orientiert sich generell zwar an den Gestaltungsprinzipien von klassischen Calls-to-Action und Landing Pages, benötigt aber eine stärkere Berücksichtigung des Kontextes der Kundenansprache im Facebook-Stream.

▶ Berücksichtigen Sie, dass Ihre Anzeige unvermittelt im Stream auftauchen wird und sie daher einen sofortigen Bezug und eine Verbindung zum potenziellen Kunden aufbauen muss.

▶ Die Anzeige selbst übernimmt alle Aufgaben – von der Weckung von Aufmerksamkeit über die Angebotsinformation bis hin zur Handlungsaufforderung.

▶ Ihre Facebook-Lead-Anzeige muss klar auf die durchzuführende Conversion hinweisen. Oft helfen aufmerksamkeitsstarke Incentives, Coupons oder kostenlose Mehrwerte, um einen zusätzlichen Handlungsreiz aufzubauen.

▶ Bei der Gestaltung der Formulare im Facebook-Lead-Ads-Tool gelten die bekannten Regeln der Formularoptimierung von Smart Forms (z. B. nur wenige Fragen, möglichst keine offenen Fragen).

▶ Es ist ratsam, mehrere Formularvarianten zu testen und dasjenige Formular zu nutzen, das die höchste Konversionsrate bzw. den niedrigsten Cost-per-Lead produziert.

Wenn Sie Ihre Inbound-Marketing-Software mit dem Google-Lead-Ads-Tool verknüpfen, werden die Kontaktdaten registrierter Leads automatisch aus Facebook in Ihre Inbound-Marketing-Software übertragen und dort mit den bestehenden Kontaktprofilen synchronisiert (vgl. Abbildung 14.21).

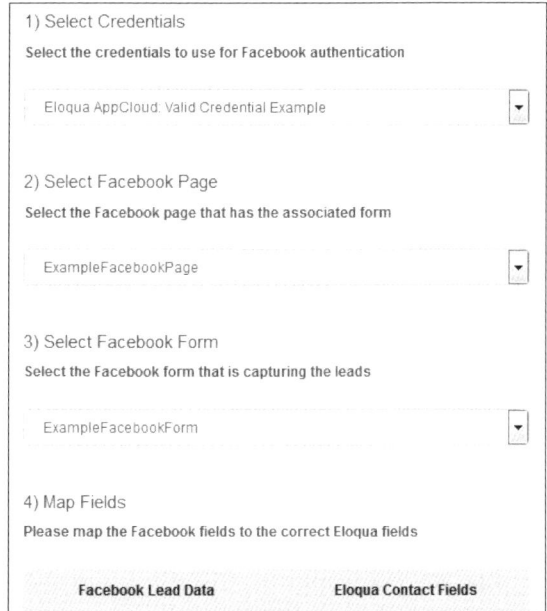

Abbildung 14.21 Eine Facebook-Lead-Ads-Kampagne mit der Inbound-Marketing-Software verknüpfen (Beispiel: Eloqua)

In der Inbound-Marketing-Software wird dann ein Eintrag (Event) im Kontaktprofil erzeugt und in die Kontakthistorie integriert. Auf diese Weise können Sie Smart Lists und Lead-Segmente erstellen, die bestimmten Facebook-Lead-Ads-Kampagnen direkt zurechenbar sind. Für die Erfolgsbeurteilung und Optimierung Ihrer Facebook-Kampagnen sind Sie damit nicht mehr auf Daten von Facebook angewiesen, sondern können die Performance und Profitabilität Ihrer Facebook Lead Ads direkt mit anderen Lead-Generierungskampagnen und Plattformen in Ihrer Software vergleichen. Noch nicht jede Inbound-Marketing-Software stellt diese Funktionalität bereit, sollte es aber in absehbarer Zeit tun. Unter *https://www.facebook.com/business/news/Lead-Ads* finden Sie weitere Informationen zu Facebook Lead Ads sowie den Einstieg in ein Tutorial.

14.2   Die Optimierung Ihrer Inbound-Marketing-Kampagnen

Mit Ihren Inbound-Marketing-Kampagnen betreiben Sie ein Marketing, das rund um die Uhr für Sie arbeitet und das sich im ständigen Dialog mit Ihren Interessenten und Kunden befindet. Die Gestaltung und die Promotion Ihrer Inbound-Marketing-Kampagnen führen zu messbaren Resultaten. Sie gewinnen neue Leads und entwickeln diese weiter zu Marketing Qualified Leads und Sales Qualified Leads. Sie erhalten in Echtzeit unzählige Daten zur Performance einzelner Kampagnen und ihrer Kampagnen-Assets (z. B. E-Mails und Landing Pages). Aus diesen Daten wollen Sie so schnell und so bequem wie möglich ablesen, wo noch Optimierungspotenziale bestehen und wo Sie nachsteuern sollten. Neben der operativen Performance-Optimierung Ihrer laufenden Kampagnen haben Sie gleichzeitig auch noch die anspruchsvolle Aufgabe, Ihre Inbound-Marketing-Strategie weiterzuentwickeln. Wichtige Ziele Ihres Inbound Marketing sind daher:

▶ die Beschleunigung des Sales Cycle, d. h. die Verkürzung des Zeitraums, den ein neu gewonnener Lead benötigt, um alle Stufen des Sales Funnel zu durchschreiten und zum Kaufabschluss zu kommen. Je besser die Konvertierungen Ihrer Leads von der einen Stufe zur nächsten klappen, desto effektiver steuern und verkürzen Sie den Sales Cycle.

▶ die Steigerung der Abschlussraten, d. h. nicht nur die Verkürzung des Weges bis zum Kaufabschluss, sondern auch der Anteil der Leads, die bis zum Kaufabschluss gelangen, sollte kontinuierlich gesteigert werden.

▶ die Verbesserung der Buyer Persona Insights, d. h. jede Maßnahme Ihrer Inbound-Marketing-Kampagnen sollte wertvolle neue Erkenntnisse über das Verhalten und die Motive bzw. Painpoints Ihrer Kunden liefern. Sie beschäftigen sich nicht nur damit, was gut in Ihren Kampagnen funktioniert, sondern auch damit, warum diese Dinge gut funktionieren bzw. in welcher Hinsicht sie Ihren potenziellen Kunden Nutzen stiften.

Um konsequent an der Realisierung dieser Marketing-Ziele zu arbeiten, analysieren Sie Ihre Kampagnen und das Verhalten Ihrer Leads und Kunden kontinuierlich. Damit Sie in der Flut aller Aufgaben im Inbound Marketing die Übersicht behalten und die eigenen Prioritäten im Griff haben, hilft es, sich an drei Kernprinzipien zu orientieren:

1. *Customer geht vor Content:* Verfolgen Sie die Bewegungen Ihrer Neukontakte und Leads mithilfe Ihrer Inbound-Marketing-Software. Lernen Sie aus dem Verhalten und den beobachtbaren Aktionen Ihrer Kontakte. Beschäftigen Sie sich nicht zu sehr mit den Kampagnen-Assets und dem Content Ihrer Kampagnen, sondern stellen Sie die Beschäftigung mit dem Verhalten Ihrer potenziellen Kunden in den Mittelpunkt Ihrer Tätigkeit. Ihre Software liefert Ihnen dazu immer wieder neue Impulse in Echtzeit. Nutzen Sie das für Ihre Arbeit!

2. *Überblick statt Detailwissen:* Die Flut der Optimierungsmöglichkeiten, Marketing-Instrumente und Touchpoints führt oft dazu, dass Sie einzelnen Lieblingsthemen immer mehr Aufmerksamkeit und Zeit widmen und so zum Spezialisten einzelner Bereiche mutieren. Ihre wichtigste Aufgabe ist es aber, in all den Details und Reports die große Linie zu erkennen und die strategischen Hebel für die Kundengewinnung und Kundenbindung in Ihrem Unternehmen aufzuspüren und an ihnen zu arbeiten. Ihre Inbound-Marketing-Software erleichtert Ihnen diese Aufgabe sehr mit Management-Reportings und mit der Integrationsmöglichkeit moderner Tools für Marketing Analytics und Business Intelligence.

3. *Wissen statt Informationen:* Sie sollten ständig über die aktuelle Performance aller laufenden Inbound-Marketing-Kampagnen Bescheid wissen. Es braucht Erfahrung, um die zahlreichen Reportings einer Inbound-Marketing-Software verstehen und interpretieren zu können. Lernen Sie die Trendaussagen hinter den Zahlen zu verstehen und bauen Sie aus den zahlreichen Informationen Ihr eigenes Wissen über Erfolgsfaktoren, Kundenverhalten und Kampagnen-Mechanismen auf.

Um diesen anspruchsvollen Aufgaben gerecht zu werden, unterstützt eine Inbound-Marketing-Software Sie und alle Team-Mitglieder in Marketing und Vertrieb mit Testmöglichkeiten, Reportings und umfangreichen Analyse-Tools. Nur durch die kontinuierliche Analyse und Optimierung mithilfe der Tools Ihrer Inbound-Marketing-Software werden Sie Ihre Kampagnen nachhaltig erfolgreich halten können und im Auge behalten, ob Ihre Kampagnen die gewählten Ziele erfüllen oder sogar übertreffen werden.

1. Die Performance laufender Kampagnen überwachen Sie in Echtzeit mit den Dashboards Ihrer Inbound-Marketing-Software. Sie sind so etwas wie das »Fernglas« Ihre Inbound-Marketing-Optimierung.

2. Die Performance der einzelnen Assets und Instrumente Ihrer Inbound-Marketing-Software analysieren und optimieren Sie kontinuierlich mithilfe von Tool-Reports, die Ihnen direkt Impulse zur schnellen Verbesserung laufender Maßnah-

men geben. Tool-Reports sind so etwas wie die »Lupe« Ihrer Inbound-Marketing-Optimierung.

3. Manche Kampagnen-Assets wie E-Mails, Landing Pages oder Workflows sollten direkt vom Start weg optimiert eingesetzt werden, da es dort keine zweite Chance für eine Optimierung gibt. Deshalb setzen Sie hier zusätzlich A/B-Testings ein. Sie sind so etwas wie die »Glaskugel« Ihrer Inbound-Marketing-Optimierung.

4. Sie können Ihre Marketing-Strategie weiterentwickeln, indem Sie aus den Reportings Ihrer Inbound-Marketing-Software neue Erkenntnisse ableiten, Zusammenhänge aufdecken und Trendaussagen ableiten. Ihre Inbound-Marketing-Software hat entweder dafür bereits ein eigenes Marketing-Analytics-Modul oder lässt sich zumindest leicht mit marktgängigen Business-Intelligence-Tools wie z. B. *Microsoft PowerBI* oder *Tableau* verknüpfen. Diese Tools sind so etwas wie das »Navigationssystem« Ihrer Inbound-Marketing-Optimierung.

14.2.1   Zentrale Dashboards für das Performance-Monitoring

Ihr erster Blick am Tag in Ihre Inbound-Marketing-Software sollte auf ein zentrales visuell aufbereitetes Dashboard gehen. In einem solchen Informations-Cockpit lesen Sie auf einen Blick die wichtigsten Fakten zur aktuellen Performance Ihres Unternehmens bei Kampagnen und Sales Funnel ab (vgl. Abbildung 14.22).

Abbildung 14.22 Das Marketing-Dashboard einer Inbound-Marketing-Software (Beispiel: HubSpot)

In Ihrem Dashboard betreiben Sie Erfolgsmonitoring in Echtzeit. Dieses Dashboard sollte individuell anpassbar und konfigurierbar sein. Sie sollten sowohl die angezeigten Berichtsdimensionen verändern als auch die berichteten Datenzeiträume leicht einstellen können. Bei manchen Daten wie z. B. den Conversions auf Ihren Landing Pages und den neu gewonnenen Leads interessieren Sie sich vielleicht für die aktuellen Tagesdaten, während Sie bei der Entwicklung des Website-Traffics eine langfristige Trendaussage oder einen Vergleich zum Vormonat sehen wollen. Überprüfen Sie spätestens alle vier Wochen, ob die Einstellungen Ihres Dashboards noch Ihre zentralen täglichen Fragen beantworten oder ob Sie einzelne Berichtsdimensionen anders darstellen wollen. Bestimmen Sie, welche Faktoren momentan für den Erfolg Ihres Inbound Marketing entscheidend sind, und lassen Sie sich die Entwicklung von Landing Pages Conversions, Website-Besuchern, Form-Submissions, gewonnenen Leads und neuen Deals sowie die aktuellen Conversion Rates anzeigen. Verfolgen Sie möglichst auch bereits auf dem Dashboard, zu welchen Buyer Personas die neu hinzukommenden Leads gehören, damit Sie gegebenenfalls sofort Ihre Content- und SEO-Strategie entsprechend anpassen können. Eine besonders wichtige Dashboard-Darstellung ist die Entwicklung der Anzahl von Leads in den einzelnen Phasen des Sales Funnel sowie der Umsatzbeitrag Ihrer Kampagnen (vgl. Abbildung 14.23).

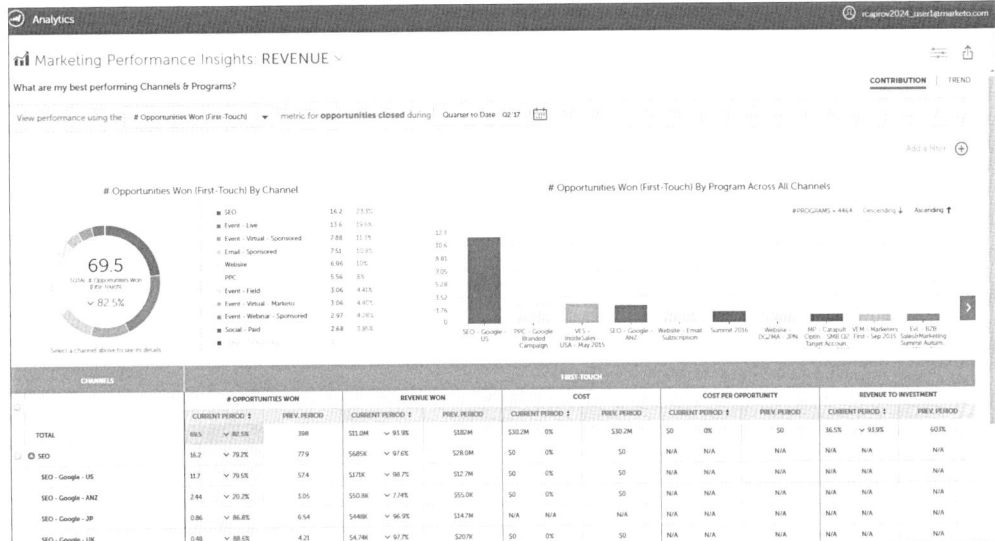

Abbildung 14.23 Das Performance-Report-Tool einer Inbound-Marketing-Software (Beispiel: Marketo)

Die Trendaussagen zur Entwicklung von Leads, Sales Qualified Leads und Sales Opportunities und Umsatz (Revenue) zeigen, ob Ihr Inbound Marketing immer besser zum Unternehmenserfolg beiträgt oder ob jetzt schon Handlungsbedarf besteht (z. B. bei einem Rückgang der Leads), da es sonst in absehbarer Zeit auch zu einem Rückgang der Neuabschlüsse kommen könnte.

14.2.2 Reportings für die kontinuierliche Maßnahmenoptimierung

Neben diesem Blick auf die »große Linie« Ihres Inbound Marketing beobachten Sie natürlich im Tagesgeschäft die Performance einzelner Kampagnen, E-Mails, Landing Pages, CTAs etc. Mit jeder Kampagne entstehen immer neue Arten von E-Mails, Content-Angeboten und Workflows, deren Performance analysiert und gegebenenfalls optimiert werden muss. Eine bessere Performance stellt sich im Zeitablauf ein, wenn es Ihnen gelingt, die Learnings aus einer aktuellen Kampagne auf künftige Kampagnen zu übertragen. Daher ist nicht nur die Entwicklung der aktuellen Asset-Performance an sich für Sie von Interesse, sondern genauso die Erklärungen und Erfolgsfaktoren dahinter, um Verbesserungspotenziale direkt bei neuen Kampagnen nutzen zu können. Ihre Inbound-Marketing-Software unterstützt Sie bei dieser Detailarbeit mit umfangreichen Reporting-Funktionen für jedes denkbare Kampagnen-Asset. Reportings sind meist einfach abrufbar, können individuell angepasst werden und lassen sich leicht im Team teilen bzw. weiterleiten. Prüfen Sie, wie Sie in Ihrer Inbound-Marketing-Software an die entsprechenden Performance-Auswertungen für Ihre Landing Pages, Calls-to-Action, Blogposts, Social-Media-Aktivitäten, Smart Lists, Keyword- und Webpage-Performance, Workflows und Content-Angebote gelangen.

Analysieren Sie die Performance Ihrer Landing Pages

Überwachen Sie die Performance der Landing Pages Ihrer laufenden Kampagnen mithilfe des entsprechenden Reporting-Tools Ihrer Inbound-Marketing-Software (vgl. Abbildung 14.24). Diese Reportings sollten Sie täglich oder zumindest wöchentlich analysieren.

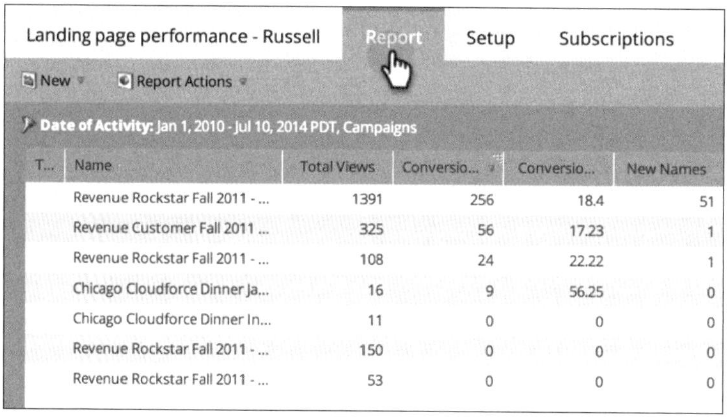
Landing page performance - Russell
Report
Setup
Subscriptions
New
Report Actions
Date of Activity: Jan 1, 2010 - Jul 10, 2014 PDT, Campaigns
T... Name Total Views Conversio... Conversio... New Names
Revenue Rockstar Fall 2011 - ... 1391 256 18.4 51
Revenue Customer Fall 2011 ... 325 56 17.23 1
Revenue Rockstar Fall 2011 - ... 108 24 22.22 1
Chicago Cloudforce Dinner Ja... 16 9 56.25 0
Chicago Cloudforce Dinner In... 11 0 0 0
Revenue Rockstar Fall 2011 - ... 150 0 0 0
Revenue Rockstar Fall 2011 - ... 53 0 0 0

Abbildung 14.24 Landing-Page-Report einer Inbound-Marketing-Software (Beispiel: Marketo)

Jede Landing Page besteht aus vielen Einzelelementen wie Bildern, CTA, Formular, Text und Call-Outs, Layout und Farben. Alle Landing Pages nutzen die gleichen Elemente, produzieren damit aber unterschiedlich hohe Conversion Rates. Der vergleichende Blick auf die Performance der Landing Pages aller Kampagnen zeigt Ihnen, wie gut Ihre Kampagnen jeweils im wichtigsten Moment der Lead-Generierung, d. h. beim Konvertieren eines Leads auf der Landing Page, arbeiten. Vergleichen Sie die Performance-Daten der Kampagnen untereinander, und nutzen Sie die historischen Daten älterer und besonders erfolgreicher Kampagnen. Prüfen Sie auch, wie viele Views die einzelnen Landing Pages erhalten. Die Landing Pages Ihrer wichtigsten Kampagnen sollten gegebenenfalls auch die meisten Views erhalten. Ihre Top-Kampagnen sollten auch hinsichtlich der absoluten Anzahl der erreichten Conversions führend sein. Die Conversion Rate (Anzahl Conversions/Anzahl Total Views * 100) gibt Auskunft über die Attraktivität der Landing Pages für ihre jeweiligen Betrachter. Die Conversion Rate einer Landing Page mit vergleichsweise wenigen Views kann durchaus höher sein als die Conversion Rate einer Landing Page mit hohen Besucherzahlen. Steigen Sie hier in die dahinter liegenden Learnings der hohen Conversion Rates ein, und versuchen Sie damit, auch die Conversion Rates der Landing Pages mit hohen View-Zahlen zu steigern. Die großen Inbound-Marketing-Kampagnen können durchaus von den kleinen Kampagnen lernen.

Analysieren Sie die Performance Ihrer Calls-To-Action

Ihre Calls-to-Action stehen auf Ihren Webpages und Blogposts und warten darauf, potenzielle Kunden per Klick zu Ihren Landing Pages überführen zu dürfen. Insofern sind Ihre CTAs Ihre wichtigen »Akquisiteure«, denn nur wenn sie angeklickt werden, kann es zu einer Conversion und zu einer Lead-Gewinnung kommen. Wie auch schon für Ihre Landing Pages bietet Ihnen Ihre Inbound-Marketing-Software auch eine Performance-Übersicht der in Kampagnen verwendeten CTA-Buttons bzw. Klickflächen (vgl. Abbildung 14.25).

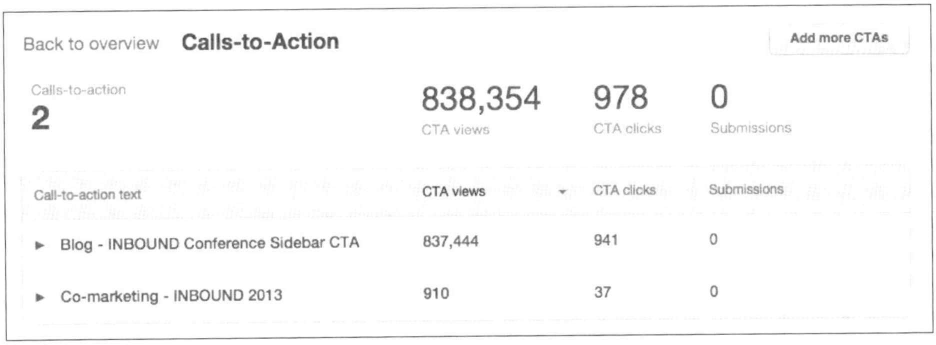

Abbildung 14.25 CTA-Report einer Inbound-Marketing-Software (Beispiel: HubSpot)

Analysieren Sie für jede Kampagne (und im Kampagnen-Vergleich), wie oft die einzelnen CTAs auf welchen Webpages oder Blogposts angeklickt wurden, ob sie überhaupt angeklickt wurden und wie Sie diese Informationen vor dem Hintergrund Ihrer Kampagnen und der mit ihnen angesprochenen Buyer Personas interpretieren können. War die Anzahl der CTA-Klicks hin zur Landing Page zwar hoch, die Konvertierung von Landing-Page-Besuchern zu Leads ist aber anschließend gering, konnte der Inhalt der Landing Page gegebenenfalls nicht den Spannungsbogen halten, den der CTA direkt zuvor aufgebaut hatte. Sollte eine Landing Page oft besucht worden sein, der dort weiterführende CTA-Button jedoch so gut wie gar nicht angeklickt worden sein, kann es sein, dass Ihr CTA-Button nicht aufmerksamkeitsstark genug gestaltet ist. In diesem Fall sollten Sie ein anderes Design, eine andere Farbgebung oder einen aussagekräftigeren CTA-Text in Erwägung ziehen.

Analysieren Sie Ihre E-Mail-Performance

Im laufenden Betrieb des Inbound Marketing werden jeden Tag zahllose E-Mails von Ihren Workflows angestoßen und automatisch versandt. Bei jeder E-Mail entscheiden viele Faktoren wie die Attraktivität der Headline, des Textes und der Bilder, der angebotene Content oder auch die Attraktivität des Absenders gleichzeitig über die Key Performance Indicators wie die Öffungsrate (Open Rate), die Click-Through-Rate der angebotenen Links in der E-Mail sowie über die Dauer und Intensität des Lesens der E-Mail. Daneben sollten Sie auch die Delivery Rate der E-Mails im Auge behalten, d. h. die Güte der Zustellung an die E-Mail-Accounts der Empfänger. Ihre Inbound-Marketing-Software sollte Sie bei diesem komplexen Marketing-Tool mit aussagefähigen Reports unterstützen (vgl. Abbildung 14.26). Testen Sie gegebenenfalls verschiedene E-Mail-Layouts, hierzu aber mehr im nächsten Abschnitt zum A/B-Testing (vgl. Abschnitt 14.2.3).

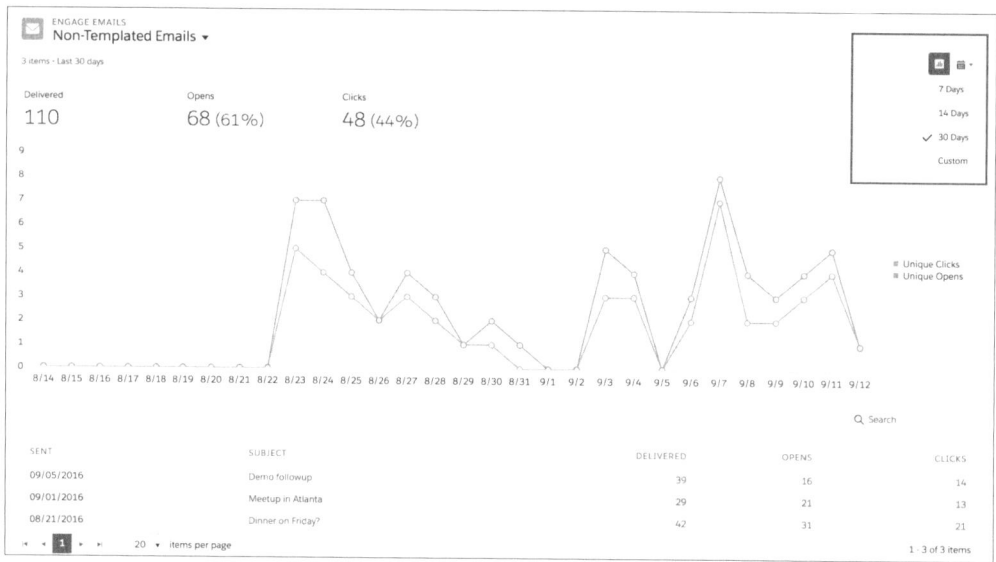

Abbildung 14.26 E-Mail-Report einer Inbound-Marketing-Software (Salesforce Pardot)

Analysieren Sie die Conversion-Performance Ihrer Blogposts

Ihre Blogposts sind wichtige »Werbeflächen« für die Lead-Gewinnung, denn Sie platzieren dort Calls-to-Action für die promoteten Content-Angebote Ihrer Kampagne.

Die Anzahl der Views, die Anzahl der Klicks auf den CTA zur Landing Page des Content-Angebots und die anschließende Conversion sollten in einem guten Verhältnis zueinander stehen. Ein entsprechendes Reporting Ihrer Inbound-Marketing-Software (vgl. Abbildung 14.27) macht Sie darauf aufmerksam, wenn wie in unserem Beispiel zwar viele Leser Ihren Blogpost ansehen, aber nur wenige anschließend auf den CTA klicken und von diesen wiederum niemand dann die Conversion auf der Landing Page durchführt.

Abbildung 14.27 Blog-Performance-Report einer Inbound-Marketing-Software (HubSpot)

Wenn ein CTA im Blogpost nicht angeklickt wird, prüfen Sie zuerst, ob er gut wahrnehmbar platziert und gestaltet wurde. Wenn der CTA nicht optimal platziert ist, kann er leicht übersehen werden oder erscheint dann als unrelevant.

Analysieren Sie Ihre Social-Media-Performance

Wenn Sie Ihre Performance bei der Lead-Generierung und im Kundendialog über die sozialen Medien mit Ihrer Inbound-Marketing-Software verfolgen, betrachten Sie gleichzeitig zwei Ebenen. Auf der einen Ebene sehen Sie den individuellen Dialog mit Leads und Kunden und analysieren deren Engagement mit Ihren Posts auf den einzelnen sozialen Plattformen (vgl. Abbildung 14.28).

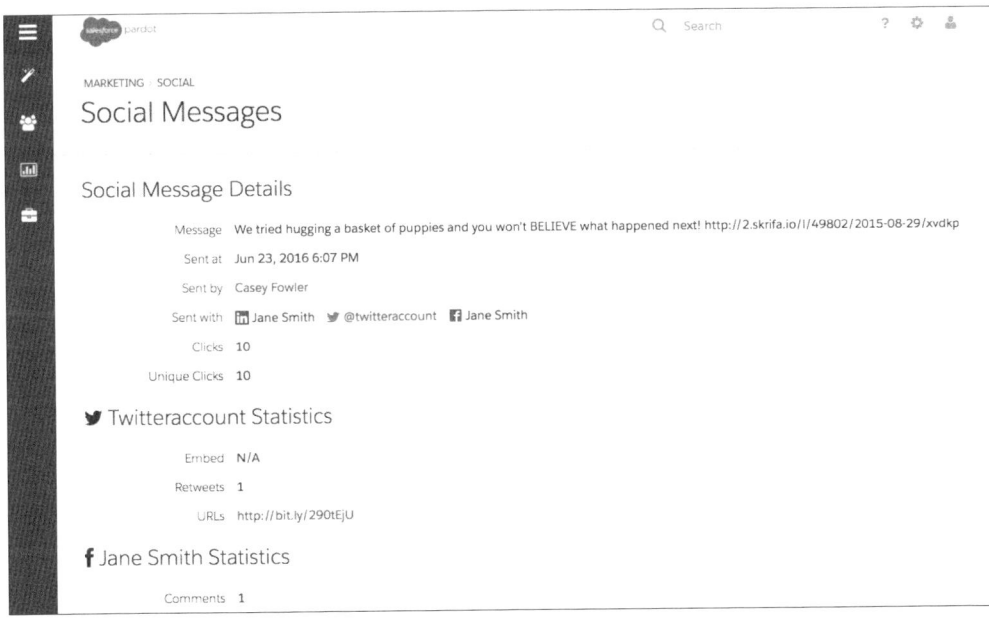

Abbildung 14.28 Social-Messaging-Report einer Inbound-Marketing-Software (Beispiel: Pardot)

Analysieren Sie mit solchen Social Messaging Reports, welche Ihrer Social Posts die meisten und zielführendsten Reaktionen hervorgerufen haben. Schauen Sie, welche Inhalte über welchen Social-Media-Kanal zu den meisten Klicks auf Ihre Website, Ihre Landing Pages oder Ihre beworbenen Blogposts geführt haben. Damit gehen Sie über zur zweiten Dimension Ihres Social-Media-Performance-Monitorings. Hier geht es um die quantitative Entwicklung Ihrer gesamten Social-Media-Performance (vgl. Abbildung 14.29). Wenn z. B. die absolute Anzahl Ihrer Follower zurückgeht, kann es trotzdem sein, dass die Qualität der verbleibenden Fans sehr gut ist und sogar zu einer deutlich positiven Entwicklung der Website-Besuche über Social Media führt. Setzen Sie also die verschiedenen Dimensionen des Social-Media-Erfolgs in Relation zueinander, und gehen Sie auf Ursachenforschung.

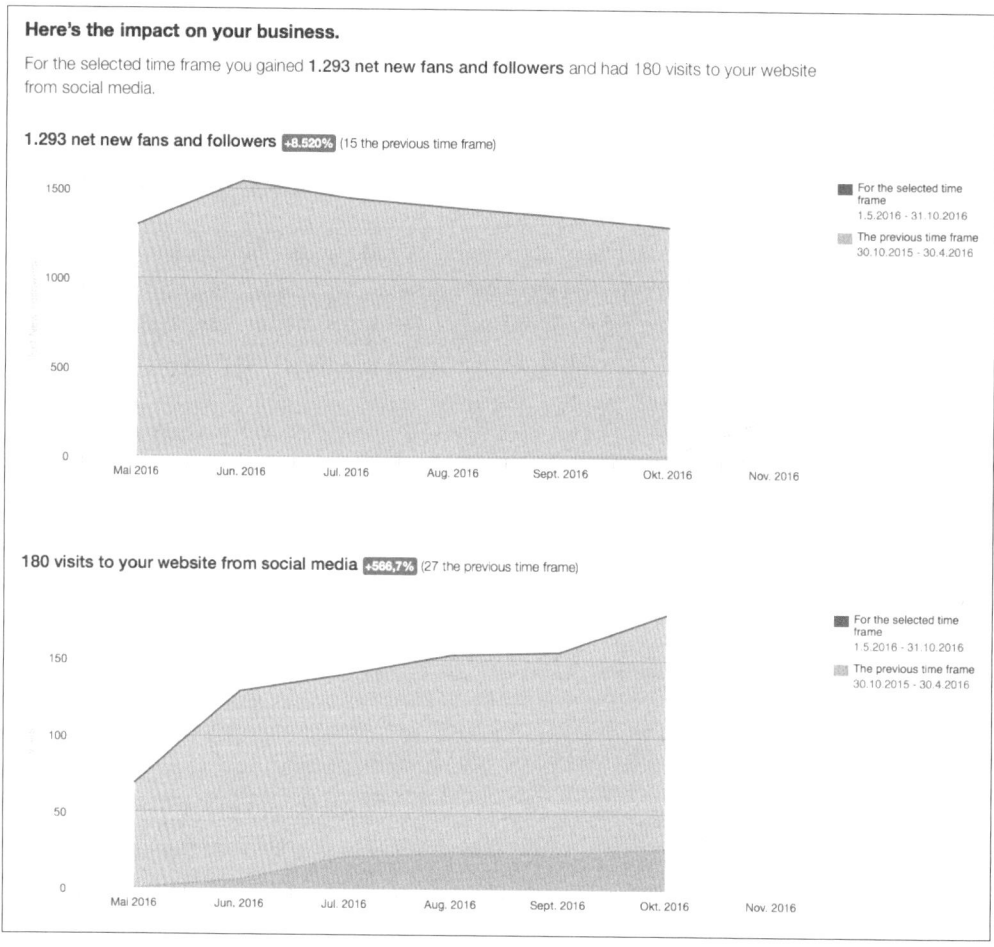

Abbildung 14.29 Social-Media-Performance-Report einer Inbound-Marketing-Software (Beispiel: HubSpot)

Analysieren Sie die Qualität Ihrer Smart Lists

Ihre Kontaktdatenbank ist der wertvollste Schatz Ihres Inbound Marketing, denn hier finden sich Ihre Leads und Kunden als der sichtbare Erfolg Ihrer Arbeit wieder. Allerdings entwertet sich diese Datenbank ganz natürlich von Jahr zu Jahr und muss dementsprechend permanent gepflegt werden, da immer wieder Kontakte verloren gehen, die E-Mail-Adresse wechseln usw.

▶ Analysieren Sie regelmäßig Ihre wichtigsten Smart Lists wie z. B. die Listen der Kontakte bestimmter Buyer Personas, ob ihre Mitgliederanzahl stetig wächst, ob eventuell die Datenqualität zurückgeht oder ob das Engagement von Leads oder Kunden verschiedener Listen zurückgeht. Auch die Liste Ihrer Blog-Abonnenten sollte stetig ausgebaut werden.

▶ Wenn Sie bemerken, dass das Engagement einzelner Kontaktsegmente zurückgeht, analysieren Sie die potenziellen Auswirkungen dieses Trends auf Ihren Sales Funnel.

Analysieren Sie Ihre SEO-Performance

Die Performance Ihrer Website und Ihres Blogs in Suchmaschinen wie Google ist ein Erfolgsfaktor, der sich wie ein roter Faden durch dieses Buch zieht. Die Überwachung Ihrer Google-Rankings ist ein wichtiger Bestandteil der täglichen Arbeit im Inbound Marketing. Ständig schauen Sie in die Tabellen der Google-Rankings von Keywords, z. B. wenn Sie einen neuen Blogpost gestalten, ein neues Content-Angebot planen oder über die Customer Journey von Buyer Personas nachdenken. Keyword-Rankings sind so etwas wie eine moderne »Metasprache« des Marketings im digitalen Zeitalter. Sie sind der Versuch, die Vokabeln einer gemeinsamen Sprache zwischen informationssuchenden Zielkunden und Ihnen als Informationsanbieter zu finden – mit Google als Dolmetscher. Deswegen ist der Blick in Ihre Keyword-Tabellen auch immer so etwas wie der Blick in ein Wörterbuch. Und in ein solches Wörterbuch schauen Sie ziemlich oft am Tag hinein, wenn Sie die Sprache eines Gegenübers lernen wollen. Mit Keywords artikulieren Ihre Zielkunden so genau wie ihnen möglich, wonach sie suchen und was sie beschäftigt.

Ihr SEO-Reporting ist somit nicht nur eine Art Ergebnisauswertung für Ihre Arbeit, sondern eine Art ständiger Reisebegleiter. Daher sind die Keyword-Reporting-Tools der meisten Inbound-Marketing-Software-Pakete sehr komfortabel und flexibel einstellbar gemacht (vgl. Abbildung 14.30). Mal achten Sie bei der Nutzung Ihres SEO-Tools auf das Suchvolumen Ihrer Keywords im Markt, mal interessieren Sie sich eher für Ihre gut platzierten Keywords, je nach operativer Aufgabenstellung. Sie analysieren dabei meistens die Rankings von bestimmten einzelnen Keywords und auch

Ihrer Keyword-Liste (Keyword-Set) sowie deren Veränderung in Platzierung und Suchvolumen bei Google.

Über diese operative Aufgabe hinaus sollten Sie Ihre SEO-Reportings auch zur Erfolgsmessung Ihrer SEO-Strategie und Marketing-Strategie einsetzen. Analysieren und interpretieren Sie regelmäßig anhand der Reporting-Übersicht Ihres Tools die wichtigsten Kennzahlen:

- Die Anzahl rankender Keywords gibt Ihnen Auskunft darüber, wie groß das Keyword-Set der relevanten Suchbegriffe ist, für die Sie bei Google gefunden werden, und ob diese Anzahl im Zeitablauf steigt. Wichtiger als die absolute Anzahl der rankenden Keywords ist allerdings, wie wichtig diese Keywords für welche Customer-Journey-Phase welcher Buyer Persona sind. Außerdem sollten Sie auch das monatliche Suchvolumen und ihre konkrete Platzierungsposition dabei nicht vergessen.

- Die Anzahl der Keywords in den Top-3- bzw. Top-10-Suchergebnissen berücksichtigt genau diese Platzierung in den Suchergebnissen. In einer engen Auslegung werden nur Begriffe auf Seite 1, d. h. auf den ersten 10 Plätzen bei Google überhaupt wahrgenommen. Alle anderen Positionen bekommen bei den meisten Suchbegriffen nur eine sehr geringe Wahrnehmung ab. Auch hier gilt es zu analysieren, welches Suchvolumen hinter den betreffenden Keywords steht, welche Buyer Personas damit angezogen werden und zu welcher Customer-Journey-Phase diese Keywords tendenziell gehören (Awareness, Consideration, Decision, Deployment/Nachkauf).

- Die Berichtsgröße *Estimated Savings in Euro* ist eine Art monatliche Schatten-Hochrechnung darüber, wie viel Geld Sie Ihrem Unternehmen an Google-Ad-Words-Werbeausgaben durch Ihre organischen Google-Rankings gespart haben. Je höher dieser Betrag ist, desto mehr hat Ihr Inbound Marketing zu einer beachtlichen Kosteneinsparung beigetragen. Die Kombination aus guten Positionierungen, Begriffen mit hohen Suchvolumina und hohem Cost-per-Click (CPC) bei Google-AdWords-Auktionen kann so zu beachtlichen Summen führen. Es ist schön, wenn der Betrag dieser »Schattenwährung« im Zeitablauf steigt, weil die Bewertung in Euro auch die Attraktivität Ihrer gut arbeitenden Keyword-Rankings gegenüber werbewilligen Mitanbietern einbezieht.

- Die Entwicklung des Organic Traffic von Google zu Ihrer Website in den letzten 30 und 90 Tagen zeigt schließlich, wie sehr Google zu Ihrem gesamten Website-Traffic beiträgt. Davon abgrenzbar ist der Direct Traffic all derer, die den Namen Ihres Unternehmens bzw. Ihre URL direkt in der Zeile des Browsers eingeben und dadurch Google auf dem Weg zu Ihnen umgehen. Sollte Ihr organischer Traffic leicht sinken, Ihr Direct Traffic dafür aber stark steigen, kann das auch ein positiver Indikator für Ihre Anziehungskraft und Markenstärke sein.

	5		10		47		1.777	
	Keywords Ranked in Top 3		Keywords Ranked in Top 10		Contacts from Organic Last 30 Days		Organic Traffic Last 30 Days	

☐	Actions ▼	🔍 All Keywords	▼	🌐 From all campaigns	▼	🔍 Search	

Sorted by:	Rank	▼	Showing:	Monthly Searches ▼	Rank	▼	Difficulty	▼	CPC	▼	Campaigns	▼
☐ ideengenerierung Added 11. Sept. 2017				Low	1		51		Low	0		⚙ ▾
☐ ideenentwicklung Added 11. Sept. 2017				Low	2		61		Low	0		⚙ ▾
☐ was ist innovation Added 11. Sept. 2017				Low	2 ▼		70		Low	0		⚙ ▾
☐ ideenmanagement im unternehmen Added 11. Sept. 2017				Low	3 ▲		45		Low	0		⚙ ▾
☐ innovationsprozess Added 11. Sept. 2017				Low	3 ▲		56		Low	0		⚙ ▾
☐ online fokusgruppen Added 11. Sept. 2017				Low	4 ▼		40		Low	0		⚙ ▾
☐ mitarbeiterbefragung software Added 27. Jul. 2017				Low	4 ▼		16		Low	0		⚙ ▾
☐ marktforschung software Added 27. Jul. 2017				Low	7 ▼		47		Low	0		⚙ ▾

Abbildung 14.30 SEO- und Keyword-Reporting einer Inbound-Marketing-Software (Beispiel: HubSpot)

14.2.3   A/B-Tests zur direkten Optimierung von Kampagnen-Assets

Es gibt keine zweite Chance für einen ersten Eindruck. Alle Gestaltungselemente Ihres Inbound Marketing, die direkt am Kunden arbeiten und direkt erfolgswirksam sind, sollten nicht nur im Nachhinein in Reportings analysiert werden, sondern bereits im Vorhinein, d. h. im Planungsstadium oder kurz vor der Live-Schaltung, überprüft werden. Durch das Feedback erster Test-User holen Sie eine Einschätzung ein, ob eine betreffende E-Mail und Landing Page oder gar ein ganzer Workflow die gewünschten Ergebnisse und Conversion erbringen kann. Um sicher zu sein, dass Sie die richtigen Elemente eines solchen CTA, Webpage-Textes, einer E-Mail oder eines Workflows optimieren, führen Sie einen Vergleichstest (A/B-Test) durch. Bei einem A/B-Test testen Sie zwei Alternativen einer bestimmten E-Mail oder Landing Page gegeneinander und variieren dabei nur ein Element. Die unveränderte Ausgangsvariante geht an eine Kontrollgruppe Ihrer Kontakte. Beide Versionen spielen Sie an eine vergleichbare Testanzahl von Kontakten aus und erhalten durch das unterschiedliche Verhalten der Testgruppen Aufschluss darüber, welche der beiden Varianten besser funktioniert und somit der Testgewinner ist. A/B-Tests können Sie für Kampagnen-Assets wie E-Mails, Landing Pages oder Workflows direkt in Ihrer Inbound-Marketing-Software vornehmen. Im Testmodul Ihrer Software können Sie die Ergebnisse nach unterschiedlichen Metriken filtern und ranken wie z. B. nach der

523

Anzahl erzielter Conversions. Ihre Inbound-Marketing-Software übernimmt dabei meist einen großen Teil der Arbeit, führt selbsttätig die Bewertungen durch und ermittelt, ob der Testsieger tatsächlich einen signifikanten Performance-Vorteil erarbeiten konnte. Oft können Sie dann mit einem einzigen Klick (CHOOSE AS WINNER) den Testsieger live schalten und direkt als E-Mail versenden, als Landing Page live schalten oder als Workflow in Gang setzen. Die unterlegene Variante wird dann nicht mehr verwendet.

Inbound-Tipp: Beachten Sie die Grundregeln von A/B-Tests

Beachten Sie mehrere Punkte und Regeln, um mit Ihren A/B-Tests schnell und zuverlässig zu aussagekräftigen Ergebnissen zu kommen.

▶ Testen Sie immer nur eine Variation zur gleichen Zeit. Testen Sie Ihre Ausgangsversion immer nur gegen eine Alternative gleichzeitig. Nur so bewahren Sie die Übersicht und erhalten vergleichbare Testergebnisse.

▶ Testen Sie immer nur die Veränderung eines Elements. Wenn Sie testen wollen, wie gut sich die Veränderung eines Elements, wie z. B. Ihrer CTA-Farbe auf die Klickrate, auswirkt, sollten Sie diesen Test in einem eigenen A/B-Testing durchführen. Testen Sie nicht gleichzeitig eine zweite Veränderung, da Sie sonst nicht die Wirkung der beiden einzelnen Änderungen getrennt voneinander beurteilen können. Mit multivariaten Tests können Sie zwar auch komplexe Veränderungen testen, aber zunächst geht es um den Start mit einfachen A/B-Tests.

▶ Testen Sie auch die kleinen Dinge. Die Conversion-Auswirkungen selbst kleinster Dinge sind nicht zu unterschätzen. Auch kleine Variationen wie die Änderung eines Hintergrundbildes auf einer Landing Page oder die Veränderung der Farbe eines CTA kann einen großen Unterschied für einen gesamten Kampagnen-Erfolg ausmachen. Bedenken Sie jedoch, dass immer nur ein Element getestet werden kann und dass man lieber mit einem funktionierenden Grundgerüst starten sollte!

▶ Machen Sie vorher die Gewinnerregeln klar. Definieren Sie noch vor Testbeginn, nach welcher Erfolgsdimension Sie einen Gewinner beurteilen werden. Starten Sie Ihren A/B-Test nicht mit unbestimmtem Ziel, oder interpretieren Sie nicht nachträglich unterschiedliche Bewertungsmaßstäbe.

▶ Testen Sie beide Varianten zur selben Zeit. Wenn Sie beide Varianten zu unterschiedlichen Zeiten testen, können Sie die Testergebnisse verfälschen. Unterschiedliche Tageszeiten können z. B. ein unterschiedliches Verhalten Ihrer Testgruppen nach sich ziehen. Dann war nicht Ihre Testvariante erfolgsentscheidend, sondern der unterschiedliche (zeitliche, räumliche etc.) Kontext des Tests.

Wenn Sie E-Mails für Inbound-Marketing-Kampagnen oder Standard-Workflows mit A/B-Tests untersuchen möchten (vgl. Abbildung 14.31), sollten Sie vor Testbeginn alle Elemente und Gestaltungsparameter auflisten, die Sie zur Erfolgssteigerung optimieren können.

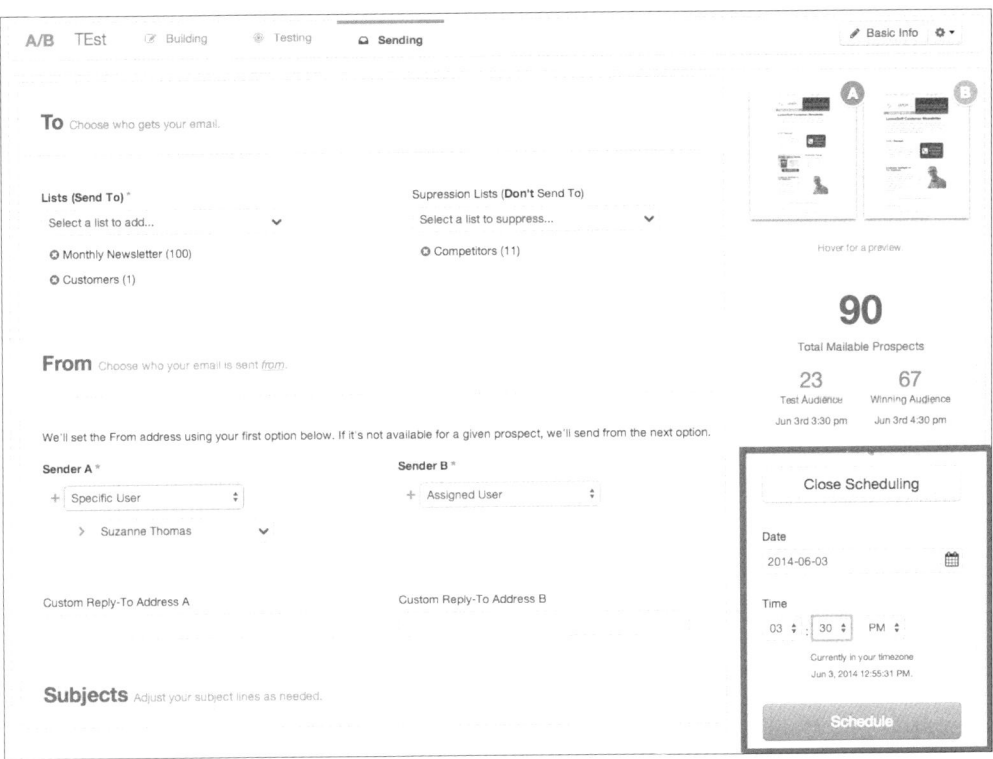

Abbildung 14.31 A/B-Testing einer E-Mail (Beispiel: Pardot)

Bei E-Mails können viele Elemente erfolgsentscheidend sein wie:

- die Betreffzeile und die Absenderadresse (unpersönlich oder persönlich)
- das Layout (z. B. einspaltige oder zweispaltige Platzierung von Inhalten)
- die Platzierung von Botschaften, Textblöcken und Bildern
- die Art der Personalisierung (Duzen vs. Siezen, einmalige oder mehrmalige namentliche Ansprache)
- der E-Mail-Text an sich (sogenannter Body-Text oder auch Copy) und die Headline am E-Mail-Beginn sowie der Textabschluss und die Grußformel
- die Bilder (Positionierung, Größe, Klickbarkeit) und die Calls-to-Action (Platzierung, Wortwahl, Farbe, Form)
- die Angebote selbst (Content, Beratung etc.)
- das Timing (z. B. Tageszeit, Wochentag, Zeitzonen)

Beim Test von Landing Pages (vgl. Abbildung 14.32) bestimmen einige wenige Gestaltungsvariablen darüber, ob die Landing Page verstanden, korrekt interpretiert und die Handlungsaufforderung verstanden wird.

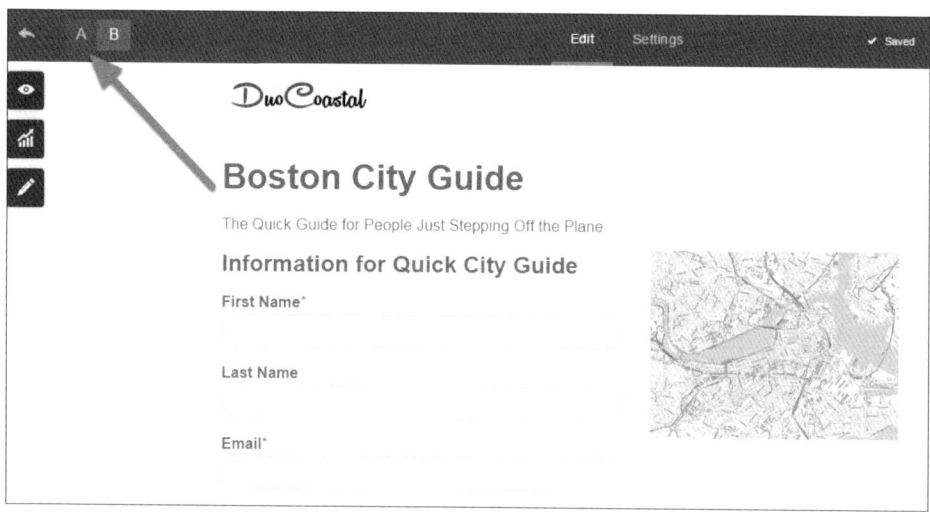

Abbildung 14.32 A/B-Testing einer Landing Page (HubSpot)

Wichtig ist hier natürlich das Angebot selbst. Testen Sie unterschiedliche Angebotsformen (z. B. hochkantiges oder querformatiges E-Book) und deren visuelle Darstellung (unterschiedliche Titelbilder). Sie können auch unterschiedliche Medien anbieten und so z. B. ein E-Book im Vergleich zu einem Whitepaper oder Video testen. Prüfen Sie, welche Art der textlichen Darstellung am besten arbeitet. Mit welchem Schreibstil, welchen Formulierungen, Schlüsselwörtern und Textstrukturen sorgen Sie für ein ausreichendes Textverständnis und für eine schnelle Bereitschaft zum Download? Wie funktionieren Textbausteine im Unterschied zu Bullet Lists? Prüfen Sie die Wirkung unterschiedlicher Stimulus-Bilder auf der Landing Page. Lenken Bilder ab, oder bewirken sie einen förderlichen Kontext für die beabsichtigte Conversion? Mit Ihrer Landing Page testen Sie implizit auch Ihr Formular ab. Wie wirkt die Gestaltung des Formulars, die Art und Auswahl der Fragen sowie die Anzahl der Fragen? Erst die richtige Kombination dieser Gestaltungsparameter bewirkt ein optimales Ergebnis.

Der Test von Workflows hat das gleiche Ziel wie der Test einzelner Kampagnen-Elemente, verfolgt aber einen anderen Weg. Das Testmodul im Workflow-Tool Ihrer Inbound-Marketing-Software (vgl. Abbildung 14.33) prüft gleichzeitig die Logik und die Erfolgsaussichten von Handlungssträngen mehrerer Aktionen und Aktionsketten.

Sie können unterschiedliche Dialogerlebnisse für Leads und Kunden testen, indem Sie alternative Varianten von Workflow-Ketten bilden und sie an Testgruppen Ihrer Kontaktdatenbank austesten. Wenn Sie also wie im Beispiel der Abbildung 14.33 einen E-Mail-Workflow testen, geht es Ihnen hier nicht (nur) um die Gestaltung einzelner Mails, sondern um die Abfolge, Ausspielung oder zeitliche Kadenz der E-Mail-Kette. In den Workflow-Test können Sie sogar E-Mail-Tests mit einbauen lassen und direkt den Testgewinner automatisch in der nächsten Workflow-Stufe ausspielen lassen. Mit Workflow-Tests bauen Sie zum Teil geschlossene Testketten für ganze Kampagnen auf und können dabei viele Testschritte automatisiert auf Ihre Inbound-Marketing-Software übertragen. Mit Workflow-Tests können Sie, wie gerade gesehen, schon erhebliche Teile von laufenden Marketing-Kampagnen operativ prüfen und optimieren. Damit sind Sie bei der Gestaltung Ihrer Inbound-Marketing-Kampagnen und bei Ihren Aktivitäten zur Lead-Generierung schon in einer Art Optimierungs-schleife angekommen. Sie nutzen alle Erkenntnisse und Ergebnisse Ihres Kampag-nen-Managements zur Optimierung der Conversion, zur Verkürzung des Sales Cycle und zum Aufbau von Know-how über Buyer Personas, sofern sich das aus operativen Kampagnen an sich erkennen lässt. Allerdings hängt der dauerhafte Erfolg Ihres Inbound Marketing genauso davon ab, vorauszubedenken, wohin sich Ihre Buyer Personas entwickeln werden und welche Erkenntnisse sich hinter den zahlreichen Reportings und Daten Ihrer Kampagnen verbergen. Dazu setzen Sie Performance-Management und Marketing Analytics ein.

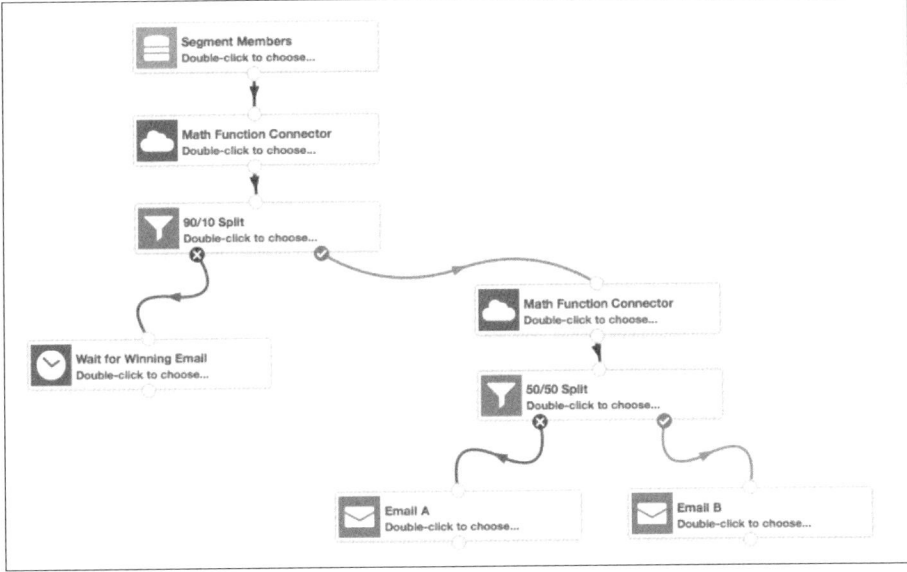

Abbildung 14.33 A/B-Testing eines Workflows (Oracle Eloqua)

14.2.4 Performance-Management von Inbound-Marketing-Kampagnen

Die Performance-Analysen der einzelnen Marketing-Kampagnen und deren Kampag-nen-Assets sind wichtig, damit Sie jede laufende Kampagne in Echtzeit optimieren und so zum Erfolg führen können. Die Verfolgung der einzelnen Kampagnen mit den jeweiligen Messgrößen ist ein wichtiger erster Schritt bei der Erfolgssteuerung Ihres Inbound Marketing. Das allein reicht aber auf der Ebene des Marketing-Managements nicht aus, um einen dauerhaften und messbaren Beitrag zum Unternehmenserfolg zu leisten. Ihre Geschäftsführung interessiert sich nicht so sehr für den Erfolg Ihrer einzelnen Kampagnen. Ihr Senior-Management möchte eher verfolgen können, wie Ihre gesamten Marketing-Maßnahmen, d. h. das Portfolio aller Ihrer Inbound-Marketing-Kampagnen, zum Umsatz des Unternehmens beitragen und dabei einen möglichst hohen Return on Marketing Invest (Marketing ROI) erzielen. Ihre Inbound-Marketing-Software und weitere Software-Tools helfen Ihnen hier weiter, um Ihr Kampagnen-Portfolio zu steuern, den Beitrag zum Umsatz des Unternehmens zu analysieren und neue Insights über Buyer Personas zu gewinnen.

Performance von Kampagnen-Portfolios analysieren

Ihre Inbound-Marketing-Software sollte es Ihnen ermöglichen, nicht nur die Conversion-Performance einzelner Marketing-Kampagnen zu verfolgen, sondern auch die Performance und Kostenbetrachtung des gesamten Portfolios aller Maßnahmen im Überblick darstellen können (vgl. Abbildung 14.34).

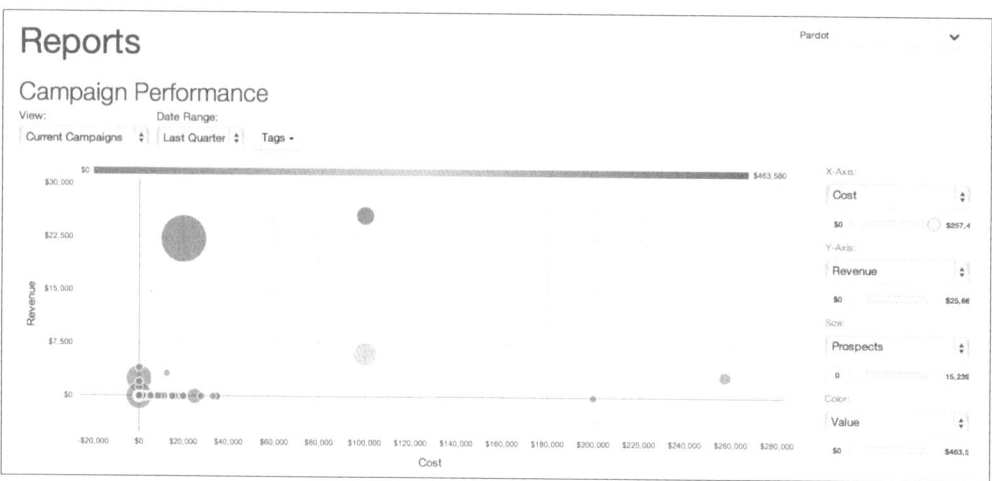

Abbildung 14.34 Kampagnen-Portfolio-Report einer Inbound-Marketing-Software (Beispiel: Pardot)

Durch die Zurechnung einzelner Kampagnen-Kostenarten direkt in der Inbound-Marketing-Software und durch die konsequente Zuordnung aller Kundenumsätze zu den Kontaktprofilen in der Inbound-Marketing-Datenbank Ihrer Software kann Ihr Campaign-Performance-Tool eine Übersicht aller Kampagnen mit Ihren

▸ Kosten (x-Achse),

▸ Umsätzen (y-Achse) und

▸ gewonnenen Kontakten (Kreisgrößen) darstellen.

So erkennen Sie schnell, welche Kampagnen mit nur geringen Kosten hohe Umsätze erzielen und welche Kampagnen zwar nur geringe Kosten produzieren, dafür aber auch kaum einen signifikanten Umsatzbeitrag leisten. Würden alle Ihre Kampagnen nur unten links im Schnittpunkt von x-Achse und y-Achse verweilen, würde Ihr Inbound Marketing damit zu erkennen geben, dass es keinen nachweisbaren Umsatzbeitrag erzielt, aber auch nichts kostet. Sie leisten dann für Ihre Firma sozusagen mit Inbound Marketing einen kostengünstigen Service – aber nicht mehr. Machen Sie also einen regelmäßigen »Health Check« Ihres Inbound-Marketing-Kampagnen-Portfolios, und verfolgen Sie die Erfolgs- und Rentabilitätsentwicklung Ihres Kampagnen-Portfolios.

Kampagnen-Erfolge ganzheitlich bis hin zur Promotion betrachten

Bei der Performance-Analyse Ihrer Inbound-Marketing-Kampagnen passiert es leicht, dass Sie eindimensional auf den direkt messbaren Enderfolg bei der Lead-Generierung und Kundengewinnung schauen, ohne dabei auf die Performance des eigentlichen Erfolgszubringers, d. h. Ihrer Kampagnen-Promotion, zu achten. Wenn Sie jedes Kampagnen-Asset in Ihrer Inbound-Marketing-Software Ihren betreffenden Marketing-Kampagnen zugeordnet haben, können Sie so auch von Ihrer Software berechnen lassen, inwieweit die in der Kampagne konzipierten Promotion-Maßnahmen einen Beitrag zum Kampagnen-Erfolg geleistet haben und an welchen Stellen der Lead-Gewinnung gegebenenfalls noch Optimierungsbedarf offen geblieben war (vgl. Abbildung 14.35). In diesem Beispiel etwa fällt auf, dass die beiden Kampagnen-E-Mails zwar 313 Mal geöffnet wurden, aber kein einziger Website-Besuch (Visit) damit ausgelöst wurde.

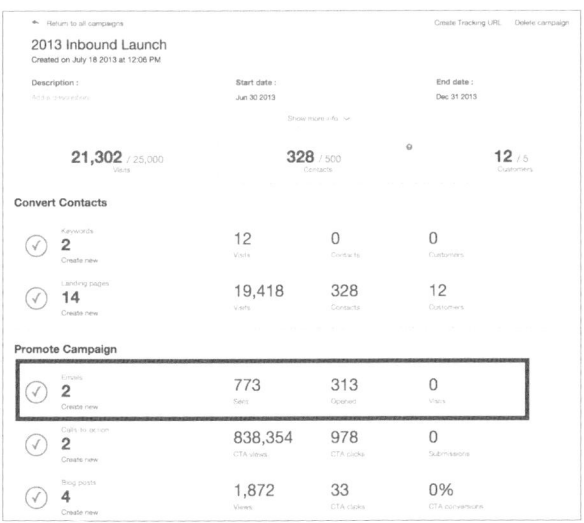

Abbildung 14.35 Ganzheitlicher Kampagne-Report einer Inbound-Marketing-Software (Beispiel: HubSpot)

14.2.5   Marketing Analytics & Business Intelligence

Wenn Sie über Ihr Tagesgeschäft der einzelnen Kampagnen hinaus den Ergebnisbeitrag Ihres Inbound Marketing für Ihr Unternehmen ausbauen wollen, hilft es wenig, sich dafür noch intensiver mit den einzelnen Kampagnen allein zu beschäftigen. Was Sie viel dringender benötigen, sind die strategischen Dimensionen, für die Sie im Tagesgeschäft einfach keinen Blick oder keine Zeit haben werden. Dazu gehören:

▶ das Erkennen und Verfolgen der großen Trends im Informations- und Kaufverhalten Ihrer etablierten Buyer Personas sowie das Aufspüren neuer Personas im Markt,

▶ das Ableiten von Erfolgsregeln und Erfahrungswerten für Ihre Inbound-Marketing-Kampagnen, um in der Zukunft noch stärker auf Kampagnen-Formate mit einem möglichst hohen ROI setzen zu können,

▶ die strategische Verbesserung des Lead Management durch den Einsatz von Lead Scoring mit prognostischer Intelligenz (Predictive Scoring),

▶ der Einsatz von Marketing Analytics zum Aufdecken von Insights für Kundengewinnung und Kundenbindung durch das Kombinieren von Daten aus unterschiedlichsten Quellen wie Google Analytics, Kontakthistorien aus der Inbound-Marketing-Software, Kampagnen-Daten, SEO-Tool-Daten, Social-Media-Daten und Offline-Daten (z. B. Mediadaten, Messebesuchsdaten etc.).

Ihr Weg dahin sollte pragmatisch sein und sich an den Tools und Datenquellen orientierten, die Sie ohnehin zur Verfügung haben. Ihr Inbound Marketing allein bietet schon eine Fülle von Ansatzpunkten für diese strategische Marketing-Arbeit.

Mit einfachen Business-Intelligence-Analysen starten

Es müssen nicht sofort ausgefeilte Modelle für Predictive Analytics, Big Data und Ähnliches sein. Am Anfang geht es erst einmal darum, die Performance bei der Lead-Generierung und Kundengewinnung weiter auszubauen. Nutzen Sie Ihre Inbound-Marketing-Software, und integrieren Sie dort per Datenschnittstelle gegebenenfalls weitere cloud-basierte und leicht integrierbare Business-Intelligence-Software-Plattformen für Online-Marketing-Analysen. Solche Tools besitzen zum Teil direkte Schnittstellen zu den gängigsten Inbound-Marketing-Software-Lösungen. Zu solchen Tools gehört z. B. Microsoft PowerBI (*https://powerbi.microsoft.com/de-de/*), dessen Desktop-Version sogar kostenlos erhältlich ist. Weitere beliebte Tools für cloud-basierte Business-Intelligence(BI)-Analysen sind Tableau (*https://www.tableau.com*), Domo (*www.domo.com*) oder auch *QlikView* (*http://www.qlik.com*). Solche Tools ermöglichen es Ihnen, auch mit begrenzten Kenntnissen der Datenanalyse selbst große und komplexe Datenbestände zu systematisieren, analysieren und Ihre Erkenntnisse in Online-Grafiken zu visualisieren. Ihre ersten Schritte sollen Ihnen dabei helfen, die bereits mit Marketing-Kampagnen gesammelten Daten besser zu verstehen und tiefer interpretieren zu können. Überlegen Sie, wie Sie mithilfe der vorhandenen Daten Ihrer Inbound-Marketing-Software:

► die Conversion und Qualität Ihrer qualifizierten Leads verbessern

► Ihr Lead-Scoring-Modell verbessern, um Leads effektiver zu qualifizieren und Leads bis hin zu Sales Opportunities zu entwickeln

► bessere bzw. erfolgreichere Lead-Nurturing-Programme erarbeiten

Ihnen sind bei den Analysen mit solchen BI-Tools schlichtweg keine Grenzen gesetzt. Fangen Sie mit wenigen Analyseschritten an, und legen Sie den Fokus auf Ihre wichtigsten Kampagnen und Buyer Personas. Gehen Sie von den Schritten Ihres Sales Funnel aus, d. h., überlegen Sie, wie es gelingen könnte, Leads weiter zu qualifizieren und hin zu einer Lead Opportunity zu entwickeln.

Inbound-Tipp: Verknüpfen Sie Ihre Inbound-Software mit dem BI-Tool

Machen Sie die Daten Ihrer Inbound-Marketing-Software direkt in Ihrer Business-Intelligence-Software verfügbar, um dort direkt ein flexibles Dashboard für sofortige Datenanalysen mit Ihren Live-Daten zu haben (vgl. Abbildung 14.36).

Abbildung 14.36 Dashboard Ihrer Inbound-Daten direkt im BI-Tool (Beispiel: Microsoft PowerBI)

Die Daten Ihrer Inbound-Marketing-Software werden per Datenschnittstelle laufend selbsttätig aktualisiert. So ersparen Sie sich manuelle Datenexporte von Ihrer Inbound-Marketing-Software in Ihr BI-Tool hinein. Die Installation und Integration zwischen einer Inbound-Marketing-Software und einer Business-Intelligence-Software ist bei einer direkt von beiden Seiten entwickelten Integrationslösung einfach und zuverlässig möglich (vgl. Abbildung 14.37).

Marketo-Inhaltspaket für Power BI

Mit dem Power BI-Inhaltspaket für Marketo erhalten Sie Einblicke in Ihr Marketo-Konto mit Daten zu Leads und ihren Aktivitäten.Durch das Herstellen dieser Verbindung werden Ihre Daten abgerufen. Auf Basis dieser Daten werden dann ein Dashboard und zugehörige Berichte automatisch bereitgestellt.

Stellen Sie eine Verbindung mit dem Marketo-Inhaltspaket für Power BI her.

Herstellen der Verbindung

1. Wählen Sie unten im linken Navigationsbereich **Daten abrufen** aus.

↗ **Get Data**

2. Wählen Sie im Feld **Dienste** die Option **Abrufen**aus.

Services

Connect to online
services you use and we'll
create dashboards and
reports for you.

Get ↗

3. Wählen Sie **Marketo** > **Abrufen** aus.

Marketo
By Microsoft
For Power BI

Explore rich insights around
your buyer profiles, campaign
success rates, email
engagement, and more.

Get

Abbildung 14.37 Datenintegration per Software-Paket (Beispiel: Microsoft PowerBI)

Mit fortgeschrittenen Analysen und Tools den Inbound-Impact steigern

Ein weiterer Schritt auf dem Weg zur komplett integrierten Datenlösung für das Inbound Marketing ist die Verknüpfung Ihrer Inbound-Marketing-Software mit Daten aus unterschiedlichsten Datenquellen wie z. B. SEO-Daten, Daten aus Display- und Suchmaschinenwerbung, Mediadaten, E-Mail-Daten, Daten aus Social Media und Offline-Quellen (z. B. Messekontakte) innerhalb einer Analytics-Software wie *Bizible* (*www.bizible.com*). Eine solche Business-Analytics-Plattform (vgl. Abbildung 14.38) ist von vornherein auf die Entdeckung ungesehener Trends, Zusammenhänge und Insights in Marketing und Sales ausgelegt.

Die Arbeit mit einer solchen fortgeschrittenen Analyse-Plattform bringt Sie gegebenenfalls an mehreren strategischen Punkten Ihres Inbound Marketing entscheidend weiter. Ein sogenanntes *Omni-Channel-Tracking* ermöglicht es Ihnen, automatisch alle Interaktionen Ihrer Leads und Kunden mit den gesamten Kontaktpunkten und Instrumenten Ihres Inbound Marketing zu verfolgen, zu analysieren und zu interpretieren. Das umfasst jeden Touchpoint von der Suchmaschine über die Messe bis hin zur E-Mail und zum persönlichen Verkaufsgespräch. Dabei wird automatisch errechnet, wie hoch die effektive Umsatzwirkung der einzelnen Kanäle für die Gewinnung von Kunden ist (vgl. Abbildung 14.39).

Abbildung 14.38 Datenintegration für Attribution-Analysen (»www.bizible.com«)

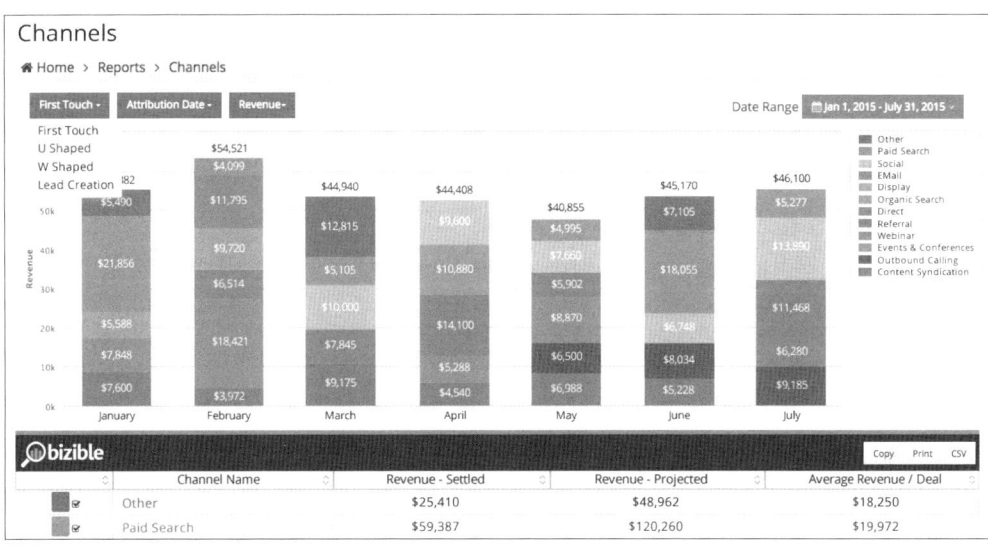

Abbildung 14.39 Omni-Channel-Tracking mit einer Marketing-Analytics-Software (Beispiel: Bizible)

Ein weiterer bedeutsamer Bereich von Marketing Analytics im Inbound Marketing ist Attribution Reporting. Mit solchen Reportings und Analysen können Sie herausbekommen, welcher erste Moment in der Kette aller Touchpoints und Interaktionen mit Ihrem Unternehmen auf solche Leads, die später auch Kunden wurden, eine besonders hohe und später dann kaufbeeinflussende Wirkung hatte. Das ermöglicht Ihnen eine gezielte Optimierung Ihrer Kampagnen und Marketing-Invests hin zu den wirklich entscheidungsbestimmenden Touchpoints. Das bekannteste und einfachste Verfahren des Attribution Reporting ist die sogenannte *Single Attribution* (First Touch/Last Touch). Bei der First Attribution Analysis wird versucht, genau den einen ersten Interaktionspunkt zu bestimmen, der das Verhalten späterer Kunden besonders auffällig und positiv beeinflusst hat. Der erste Moment der Lead-Gewinnung (z. B. eine Google-AdWords-Anzeige mit entsprechender Landing Page) wird damit gegebenenfalls zu stark priorisiert, wenn auf dem Weg bis hin zum Kauf noch viele Stationen erfolgen, die eine deutlich höhere Interaktionsqualität besitzen, wie z. B. das Lesen eines Whitepapers oder ein Besuch am Messestand. Bei der Last Attribution Analysis ist es genau umgekehrt, und der gesamte Wert der Kundengewinnung wird dem letzten Kontaktpunkt wie z. B. einem persönlichen Verkaufsgespräch oder einer Online-Demo zugeschlagen. Beide Analyseverfahren liefern Hilfsgrößen, vereinfachen aber stark die Realität. Daher liegt die wahre Kunst in der Steuerung von Multi-Attribution-Analysen, bei denen über viele Kampagnen und Touchpoints hinweg versucht wird, ein realistisches Bild der entscheidungsbeeinflussenden Momente und Instrumente zu entwickeln.

Diese fortgeschrittenen Analysen kosten Zeit und Geld. Dafür können sie die Effektivität und den Impact Ihres Inbound Marketing stark steigern. Am Anfang Ihrer Erfahrungen mit Inbound Marketing steht die Gestaltung und Führung einzelner Kampagnen wie z. B. zur Lead-Generierung. Mit Ihrer zunehmenden Erfahrung und der zunehmenden Anzahl und Komplexität Ihrer Kampagnen steigt dann das Bedürfnis, das gesamte Kampagnen-Portfolio zu optimieren. Gleichzeitig steigt der Bedarf an neuen Erkenntnissen über Ihre Buyer Personas, deren Customer Journey und die Performance der Instrumente Ihres Inbound Marketing. Das alles sind wichtige Schritte, mit denen Sie Inbound Marketing zu einem zentralen Erfolgsbaustein Ihres Unternehmens machen. In jeder Phase, vom Performance-Reporting Ihrer ersten Inbound-Marketing-Kampagne bis hin zur Steuerung von Kampagnen-Portfolios und Marketing Analytics können Sie stolz auf das sein, was Sie geschaffen haben. Mit Ihren Inbound-Marketing-Maßnahmen steigern Sie nachhaltig und messbar den Erfolg Ihres Unternehmens bei Kunden und Interessenten. Wie Sie dabei in Ihrem Unternehmen konkret vorgehen können und was Sie beachten sollen, darum geht es in Teil 5.

TEIL V

Wie Sie Inbound im Unternehmen zum Erfolg führen

Kapitel 15

Das Marketing-Team fit machen für Inbound

Die meisten Führungskräfte zögern, ihre Leute mit dem Ball laufen zu lassen, aber es ist erstaunlich, wie schnell ein informierter und motivierter Mensch laufen kann.
– Lee Iacocca, US-amerikanischer Manager

Wie bringen Sie Inbound Marketing in Ihrem Unternehmen zum Erfolg? Wie sorgen Sie für eine effektive und reibungslose Implementierung? Wie überzeugen Sie Ihr Team, und was müssen Sie auf den Weg bringen, um schnelle Erfolge zu sehen und gut funktionierende Inbound-Marketing-Kampagnen zu entwickeln? Mit Inbound Marketing führen Sie nicht nur eine neue Software in Ihrem Unternehmen ein. Sie ändern auch Aufgaben, Prozesse, Strukturen, Wege der internen Zusammenarbeit und die Art, wie Marketing-Kampagnen geführt werden. Sie ändern das Denken und Handeln vieler Menschen im Unternehmen, vor allem in den Bereichen Marketing und Vertrieb. Inbound Marketing verändert die Art und Weise wie wir Marketing machen. Um Kundendialoge in Echtzeit zu führen und Inbound-Kampagnen zu managen, benötigen Sie sehr schnelle und flexible Prozesse bzw. Workflows im Marketing. Ständig werden kurzfristige Entscheidungen über Kundenansprachen, Kampagnen und Content-Ideen getroffen. Ein Job im Inbound Marketing bedeutet daher hohe Eigenverantwortung bei hoher Gestaltungs- und Entscheidungsfreiheit. Diese Aufgabe erfordert ein breites Know-how über moderne Marketing-Kompetenzen. Es erfordert permanente Lernbereitschaft vom Einzelnen und vom ganzen Marketing-Team. Marketing-Teams sind bereit für Inbound Marketing, wenn sie schnelle Erfolge beim Einsatz neuer Methoden sehen, wenn sie sich kreativ einbringen und Eigenverantwortung übernehmen können. Auch die Rolle des Marketing-Leiters ändert sich, denn viele Kampagnen-Aufgaben, die schnell zu entscheiden und zu erledigen sind, werden an einzelne Marketing-Mitarbeiter und an die unterstützende Inbound-Marketing-Agentur delegiert. Eine solche Partneragentur erhält viel mehr Entscheidungsfreiheit als eine traditionelle Werbeagentur. Daher gilt es, miteinander viel Erfahrung und Vertrauen aufzubauen. Vier Management-Aufgaben stehen beim Inbound Marketing im Vordergrund (vgl. Abbildung 15.1).

Workflows & Prozesse	Training & Recruiting
Organisation & Kompetenzen	Zusammenarbeit mit Agenturen

Abbildung 15.1 Die vier Kernaufgaben im Inbound-Marketing-Management

Mit diesen vier Aufgabenbereichen richten Sie Ihre Infrastruktur, Prozesse und Organisation grundlegend auf modernes Inbound Marketing aus.

1. *Workflows und Prozesse:* Etablieren Sie effiziente Gestaltungs- und Entscheidungsprozesse im Marketing-Team. Nutzen Sie die automatisierten Workflows Ihrer Inbound-Software und Online-Tools für die team-interne Zusammenarbeit (Collaboration). Machen Sie sich mit Agile-Marketing-Prinzipien vertraut, mit denen Sie die Produktivität Ihres Marketing-Teams signifikant steigern können.

2. *Training und Recruiting:* Trainieren Sie Ihr Team, und nutzen Sie die unterschiedlichen Potenziale Ihrer Team-Kollegen. Verstärken Sie gegebenenfalls Ihr Team mit neuen Kollegen, die ergänzende Kompetenzen und Erfahrungen mitbringen.

3. *Organisation und Kompetenzen:* Inbound Marketing ist ein Team-Erfolg. Passen Sie Ihre Organisation und Führungsstruktur so an, dass jeder im Marketing möglichst autonom arbeiten kann und dabei den Team-Erfolg fördert.

4. *Zusammenarbeit mit Agenturen:* Machen Sie sich mit einer neuen Form und Generation von Marketing-Agentur vertraut: der Inbound-Marketing-Agentur. Ein solcher Partner arbeitet ganzheitlich und langfristig mit Ihnen am Erfolg bei Interessenten und Kunden. Ein solcher Partner ist nicht nur Serviceagentur, sondern Full-Service-Agentur, Marketing-Consulting-Partner und Inbound-Trainingscoach in einem.

15.1   Prozesse anpassen – Workflows und Agile Marketing

Die Zusammenarbeit im Marketing kann komplex sein. Bei einer Inbound-Kampagne arbeiten Content-Spezialisten, Buyer-Persona-Experten, SEO-Manager und Kampagnen-Manager und andere Team-Mitglieder eng zusammen. Versuchen Sie frühzeitig, die Prozesse und Workflows der Zusammenarbeit im Marketing-Team bewusst zu gestalten. Definieren Sie diese Prozesse und Workflows möglichst schriftlich – so wie Sie eine optimale Zusammenarbeit aller Beteiligten sehen wollen. Das erleichtert allen Beteiligten die Abstimmung und Rollenverteilung. Erstellen Sie eine Workflow-Dokumentation. Das sollte eine Art »lebendes Prozessdokument« (*Revolving Document*) sein. Die Dokumentation stellt eine lebende Zusammenfassung aller Learnings aus Ihrem laufenden Betrieb dar.

Ernennen Sie während der ersten Zeit der Arbeit mit Inbound Marketing einen Mitarbeiter Ihres Teams als temporären »Inbound Integration Manager«, der alle Team-Erfahrungen sammelt, auswertet und Änderungen vorschlägt und umsetzt. Bleiben Sie bei Ihren Marketing-Prozessen flexibel. Passen Sie die Prozesse den Menschen an – nicht umgekehrt. Ihre Inbound-Marketing-Software wird Ihnen Standard-Workflows zur Verfügung stellen. Gleichen Sie diese mit den individuellen Kompetenzen und Arbeitsweisen des Teams ab. Eine Inbound-Marketing-Software wie HubSpot, Marketo oder Eloqua unterstützt Sie bereits hervorragend beim Aufsetzen automatisierter Workflows zur Kommunikation mit Interessenten (Leads) und Kunden. Binden Sie Ihr gesamtes Team in die Gestaltung dieser Workflows ein, und schaffen Sie »Ownership« dafür. Das ganze Team soll Ihre Marketing-Workflows ständig hinterfragen und optimieren dürfen bzw. können. Die Qualität dieser Workflows ist von entscheidender Bedeutung für den Erfolg Ihrer Kundengewinnung und Kundenbindung mit Inbound.

Beim Inbound Marketing arbeitet Ihr Marketing-Team mit digitaler Hochgeschwindigkeit. Sie sehen die Erfolge Ihrer laufenden Marketing-Kampagnen in Echtzeit und betreiben ständige Optimierung in Zusammenarbeit mit Kollegen aus allen Teams. Dabei hilft Ihnen das Prinzip des agilen Marketing-Managements. Agile Marketing ist ein aus der Software-Entwicklung abgeleitetes Führungsprinzip, das Marketing-Organisationen hilft, die Anforderungen der digitalen Ära zu meistern. Es wurde ursprünglich entwickelt, um die immer kürzeren Entwicklungszyklen digitaler Software-Produkte besser beherrschen zu können. Die starren Wege des klassischen Projekt-Managements kamen damit nicht mehr klar, und es wurde unmöglich, Software-Produkte nach festen Vorgaben zu entwickeln. Stattdessen implementierte man flexible oder eben agile Vorgehensweisen, um Software-Produkte kontinuierlich weiterzuentwickeln und viele Learnings aus dem Nutzer-Feedback unmittelbar zur Optimierung des Entwicklungsproduktes einzubauen.

Schnell kamen amerikanische Software-Marketing-Experten auf die Idee, diese Prinzipien für die Zusammenarbeit im digitalen Marketing und bei der Kampagnen-Entwicklung anzupassen. Viele Marketing-Teams in unterschiedlichsten Branchen arbeiten durch den Einsatz agiler Handlungsprinzipien und Tools im Marketing mittlerweile viel schneller und effektiver als vorher. Wir haben die wichtigsten Tools und Prinzipien des Agile Marketing in einem Blogpost zusammengefasst. Sie finden ihn unter *www.thoughtleadersystems.com/blog/agile-marketing-einfuehren*.

15

Inbound-Tipp: Integrieren Sie die wichtigsten Prinzipien des Agile Marketing in Ihr Inbound Marketing

1. *Zahlen ersetzen Bauchgefühl:* Gewichten Sie die aktuellen Learnings Ihres Marketing-Teams beim Auswerten von Kampagnen höher als Ihre persönlichen Erfahrungen und Ihre Vorurteile gegen das Kundenverhalten.

2. *Weg mit den Silos:* Stellen Sie die kundenfokussierte Zusammenarbeit aller Beteiligten im Unternehmen über die Wahrung von Interessen einzelner Abteilungen oder Teil-Teams im Marketing.

3. *Viele gezielte Kampagnen:* Lösen Sie alte große Kampagnen (Big-Bang-Kampagnen) ab durch eine Vielzahl gleichzeitig laufender und auf einzelne Segmente zugeschnittener Inbound-Kampagnen. Optimieren Sie Kampagnen iterativ, d. h. in mehreren und jeweils optimierenden Verbesserungsschritten.

4. *Man lernt nie aus:* Betrachten Sie das Erforschen der Kundenbedürfnisse als fortwährenden und niemals endenden Lernprozess. Bleiben Sie offen für ständige Änderungen im Kundenverhalten.

5. *Flexibel planen und handeln:* Adaptieren Sie Ihre Marketing-Planung, und bauen Sie viel mehr Flexibilität als früher ein. Besprechen Sie diese Änderungen auf jeden Fall mit Ihrem Controlling und Ihrem Vertrieb. So veränderlich wie das Geschäft in Ihrem Markt sollte auch Ihr Marketing-Plan angelegt sein.

6. *Jeder Sprint zählt:* Reagieren Sie lieber auf sichtbare Veränderungen in den Kampagnen-Erfolgen, als einem bestehenden Plan starr zu folgen. Arbeiten Sie mit Ihrem Team in kleinen Schritten (sogenannten Sprints), und überprüfen Sie die Erfolge.

7. *Probieren geht über Studieren:* Starten Sie in Ihrem Inbound Marketing viele kleine lohnenswerte Experimente. So erhalten Sie eine höhere Lernkurve und bessere Ergebnisse bei der Kundengewinnung.

15.2   Organisation und Kompetenzen anpassen

Jede Marketing-Abteilung ist einzigartig. Sie hat ihre eigene Organisation, eine gelebte Kultur und eigene Job-Profile. Die Marketing-Abteilung ist die Summe des Wissens ihrer Mitarbeiter. Heute ändert sich allerdings das Marketing-Know-how schneller als jemals zuvor. Leider sind in vielen Unternehmen die Marketing-Organisationen immer noch streng funktional strukturiert. Solche Marketing-Abteilungen bestehen aus einer Reihe getrennt arbeitender Teams und Fachspezialisten für Werbung, Media, Direct Mail, Social Media, Blogging, SEO, E-Mail-Marketing, Content Management, Kampagnen-Entwicklung und vieles mehr. Die Stärke des Inbound Marketing liegt in der Verschmelzung dieser vielfältigen Team-Kompetenzen zu einer schlagkräftigen Einheit. Jedes Team-Mitglied bringt seine spezifischen Marketing-Stärken ein und erhält gleichzeitig eine einheitliche und umfassende Generalisten-Kompetenz in allen relevanten Marketing-Disziplinen. Das ermöglicht dem gesamten Marketing-Team schnelle Erfolge.

15.2.1   Die Marketing-Organisation anpassen

Wenn Sie wissen wollen, ob es in Ihrem Unternehmen organisationalen Handlungsbedarf im Marketing gibt, prüfen Sie zunächst, wie zufrieden Sie mit der aktuellen Team-Organisation in Ihrem Marketing-Bereich sind:

▸ Klappt das Zusammenspiel der verschiedenen Marketing-Instrumente, und werden Kampagnen integriert ausgeführt?

▸ Sind die Mitarbeiter im Marketing auf Kundengewinnung, Lead-Generierung und Content Marketing eingestellt?

▸ Existiert bei allen Team-Mitgliedern das Mindset, potenzielle Neukunden gewinnen zu wollen? Würden die Marketing-Mitarbeiter gegebenenfalls sogar potenzielle Kunden persönlich betreuen, um sie im Kaufentscheidungsprozess zu beraten?

Wenn Sie hier Handlungsbedarf sehen, haben Sie mehrere Wege, um Inbound Marketing in Ihrer Marketing-Organisation zu verankern. Sie können ein Inbound-Marketing-Team in die bestehende funktional aufgestellte Marketing-Organisation mit aufnehmen und von dort aus ins Unternehmen hineinwirken lassen. Ein alternativer Weg ist die Verankerung von autark aufgestellten und voll operativen Inbound-Marketing-Teams. Pragmatischer ist die Einführung von Inbound Marketing als Projekt im Unternehmen. Dabei ist aber zu beachten, ob so wirklich das volle Commitment des Unternehmens und das volle Potenzial dieses modernen Marketings ausgeschöpft werden können.

Ein Inbound-Team in der bestehenden Organisation verankern

Wenn Sie zunächst eine bestehende funktionale Aufteilung Ihrer Marketing-Organisation beibehalten wollen, können Sie beispielsweise zu Beginn ein spezielles Inbound-Team im Marketing installieren (vgl. Abbildung 15.2).

Dies bietet sich z. B. an, wenn in Ihrem Unternehmen derzeit noch eine hohe Abhängigkeit von klassischer Werbung oder Direct Mail existiert. Wenn Sie also Inbound Marketing in eine gegebene funktionale Struktur eingliedern, können Sie dazu z. B. ein Kampagnen-Management-Team (Campaign Management) für die Inbound-Aktivitäten einrichten. Der Vorteil besteht in der schnellen und unproblematischen Implementierung und der nur geringen organisatorischen Anpassung. So kann das Unternehmen im laufenden Tagesgeschäft schnell Erfahrung mit Inbound sammeln und dann schrittweise die Team-Kapazitäten zum Inbound Marketing hin entwickeln.

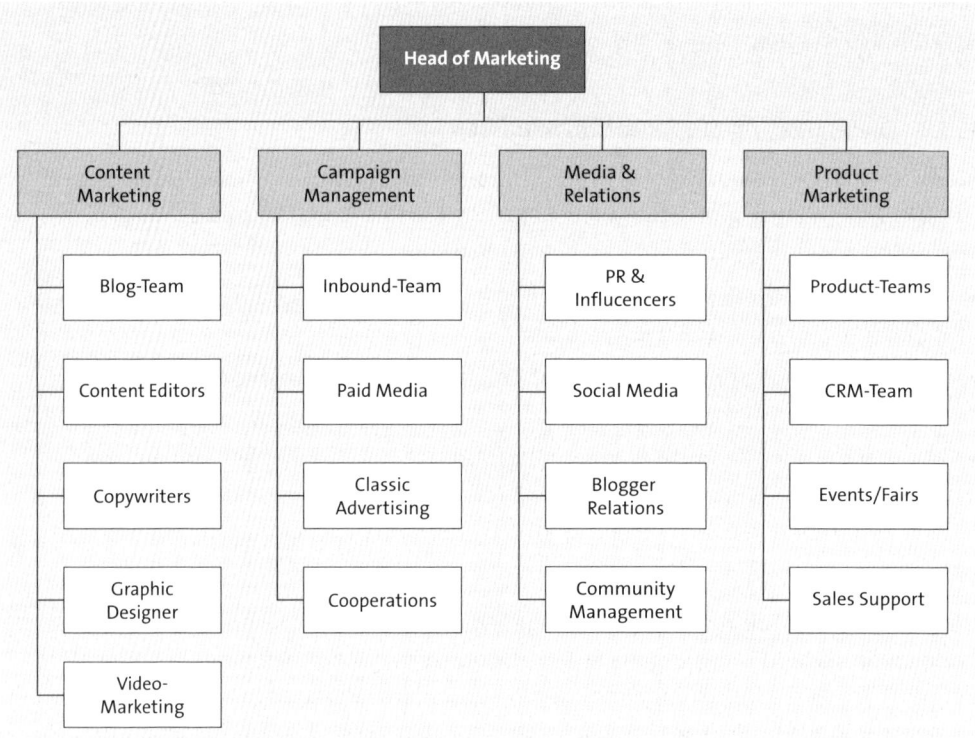

Abbildung 15.2 Inbound als Teil-Team einer funktionalen Marketing-Organisation

Autark arbeitende Inbound-Marketing-Teams installieren

Unternehmen, die ihre Geschwindigkeit am Markt stark erhöhen wollen oder die bereits erste Erfahrungen mit Inbound haben, gehen einen anderen Weg. Sie installieren autark agierende und kundenzentrierte Inbound-Marketing-Teams (vgl. Abbildung 15.3), mit denen sie direkt die unterschiedlichen Anforderungen von Kunde und Vertrieb verschiedener Unternehmensbereiche (z. B. B2B vs. B2C) perfekt abbilden und so verschiedene Zielkundensegmente optimal bearbeiten können.

Gerade wenn stark unterschiedliche Buyer Personas bedient werden oder die verschiedenen Unternehmensbereiche einen jeweils eigenständigen Marketing-Ansatz verlangen, ist dieser Weg von Vorteil. Solche komplett integriert agierenden Inbound-Marketing-Teams erfordern am Anfang zwar einen relativ hohen Lernaufwand in der Organisation, bauen aber in kurzer Zeit eine sehr schlagkräftige Marketing-Mannschaft auf, die schnell zum gefragten Partner des Vertriebs wird.

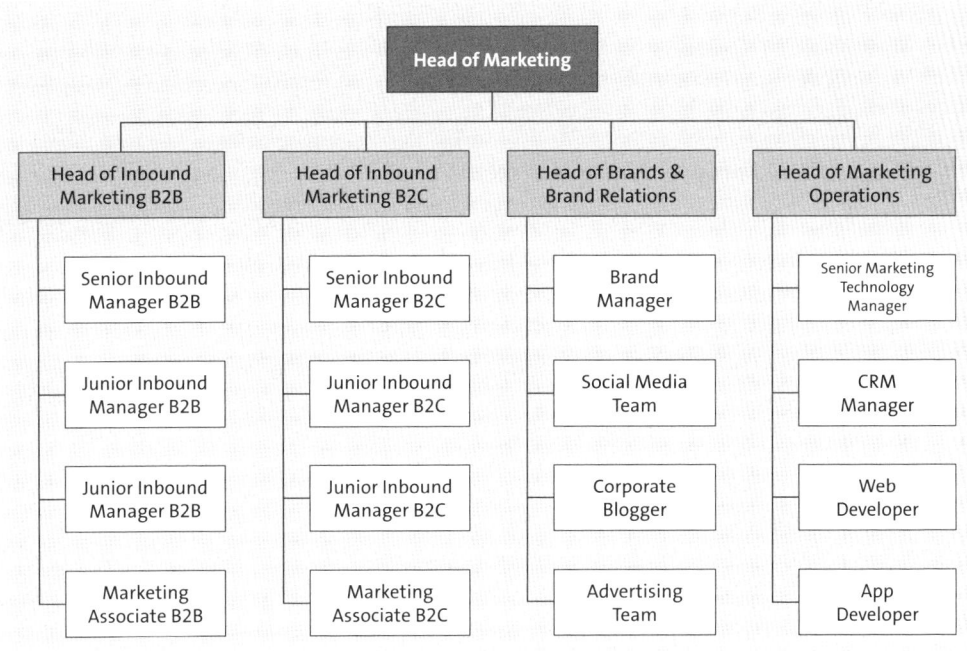

Abbildung 15.3 Inbound als kundenzentriertes Team im Marketing

Inbound Marketing als Projekt einführen

Manche Unternehmen würden gern Inbound Marketing als eine Art Projekt einführen, um die Vorteile und den Nutzen testweise mit begrenztem Risiko erproben zu können. Natürlich können Sie dementsprechend das neue Inbound Marketing zu Beginn als On-Top-Aufgabe für den gesamten Marketing-Bereich verankern, sodass jeder im Team einbezogen wird und individuelle Aufgaben im neuen »Inbound-Projekt« erhält. So können Sie schnell Inbound ins Unternehmen integrieren, unterschiedliche Marketing-Aufgaben gleichzeitig bedienen und Ihr Team kontinuierlich an die Inbound-Logik heranführen. Das erfordert allerdings eine sehr hohe Disziplin aller Team-Mitglieder. Es kommt hier zu Problemen, wenn die Mitarbeiter im Tagesgeschäft ihren bisherigen Linienjob weiterhin höher gewichten als ihre Teilnahme am »Inbound-Projekt«. Das erschwert die konsequente Umsetzung des neuen Marketing-Ansatzes und liegt dann nicht selten an Führungskräften, die zu geringe Freiräume für die Umstellung auf Inbound einräumen.

Der Weg zur organisatorischen Integration von Inbound Marketing wird so individuell sein wie Ihr Unternehmen, dessen Marketing-Strategie und Kundenanforderungen. Finden Sie die organisatorische Lösung, die zu Ihrem Unternehmen, Ihrer Branche und Ihrer Unternehmenskultur passt. Und berücksichtigen Sie unbedingt, auf welchem Wissensstand Ihr Marketing-Team ist. Je höher der Qualifikations- und Trainingsbedarf des Teams ist, desto vorsichtiger und umsichtiger sollten Sie den Weg bei der organisatorischen Implementierung beschreiten.

15.2.2   Neue Kompetenzen entwickeln

Inbound Marketing hat für viele Mitarbeiter in Marketing-Abteilungen einen großen Charme. In den alten funktional aufgeteilten Marketing-Abteilungen wurde man schnell zum unersetzlichen Kompetenz-Spezialisten für eine bestimmte Marketing-Disziplin (z. B. E-Mail-Marketing, Werbung oder Social Media). Das war zu Beginn des eigenen Berufswegs durchaus von Vorteil, konnte aber schnell zur Karrierefalle werden, weil man nur selten die Möglichkeit erhielt, auch andere Marketing-Aufgaben zu übernehmen und neue Kompetenzen auszubilden.

In Inbound-Marketing-Teams ist das vollkommen anders. Hier setzen Sie auf eine möglichst breite Verantwortung für jeden Mitarbeiter im Marketing-Team. Ein Inbound-Marketing-Manager bekommt die komplette Kampagnen-Verantwortung für bestimmte Produkte, Unternehmensbereiche oder Buyer Personas. Oftmals ist er zusätzlich noch der Spezialist im Team für ein bestimmtes und abgegrenztes Marketing-Instrument, in dem er seine Kenntnis vertieft. Das sind Themen, die viel Erfahrung und Feingefühl benötigen, wie z. B. Storytelling, Social Media, PR, Webdesign/ UX, sowie Themen, in denen sich das fachliche Know-how sehr rasch weiterentwickelt wie SEO, Social Ads oder Search Engine Advertising. Jeder findet hier seinen Platz und seine persönlichen Weiterentwicklungsmöglichkeiten. Das ist gerade für Berufseinsteiger sehr motivierend, da sie nicht auf ein Thema festgelegt werden, sondern eine solide Generalisten-Kompetenz vermittelt bekommen. In jedem Fall ist es wichtig, allen Team-Mitgliedern klare Verantwortungen zu geben und individuelle Karrierepfade im Team zu entwickeln.

Für den Marketing-Leiter bzw. den Chief Marketing Officer (CMO) bedeutet Inbound Marketing eine wichtige eigene Fortentwicklung. Da die Mitarbeiter stärker als zuvor die komplette Verantwortung für Kampagnen und deren Performance übernehmen, kann sich die Top-Führungskraft noch stärker als bisher auf die Management-Kompetenzen fokussieren. Der CMO führt im Inbound-Zeitalter besonders die Zielplanung, Kampagnen-Planung und Erfolgskontrolle. Er sorgt für die kontinuierliche Optimierung der Inbound-Ergebnisse und führt die Zusammenarbeit mit der Unternehmensleitung und dem Vertrieb. Manche Unternehmen und Marketing-Chefs gehen mittlerweile sogar so weit, die komplette Organisation nach Buyer Personas auszurichten und Buyer-Persona-Manager zu ernennen, welche die Ergebnisverantwortung für bestimmte Zielkundengruppen übernehmen. So führt Inbound Marketing zur ultimativen Kundenzentrierung der Marketing-Organisation.

15.3   Marketing-Kultur entwickeln

Um mit Inbound Marketing schnelle Erfolge erzielen zu können, ist es wichtig, im gesamten Team eine gemeinsame kulturelle Basis mit Werten wie Eigenverantwortung, Fehlerbereitschaft, lebenslangem Lernen und persönlicher Kundenorientierung zu entwickeln. Das ist im klassischen Marketing nicht selbstverständlich. Weite Teile des klassischen Marketings und dessen Führungsprinzipien gehen auf einen streng hierarchischen Ansatz zurück, der gerade in den 50er- bis 80er-Jahren noch stark auf militärischen Führungsgrundlagen (z. B. Need-to-Know-Prinzip) basierte und von Firmen wie Procter & Gamble zur Perfektion entwickelt wurde. Das Marketing-Team wurde zum primären Projekt-Manager bzw. Produkt-Manager im Unternehmen, das in weiten Teilen sein funktionales Wissen auf andere Abteilungen (z. B. Produktentwicklung, Mediaeinkauf, Kundenservice, Design- und Werbeagentur, Handels-Marketing) delegieren konnte und trotzdem für den kommerziellen Erfolg der betreuten Produkte verantwortlich zeichnete. Dementsprechend haben viele »altgediente« Marketing-Manager eine hohe Kompetenz in Delegation und Koordination, besitzen aber weniger Erfahrung bei der Konzeption und operativen Umsetzung ganzer Marketing-Kampagnen vom eigenen Schreibtisch aus. Eine solche kulturelle Basis führt im Inbound Marketing zum Scheitern und lässt sich in der schnelllebigen Marketing-Praxis des digitalen Zeitalters nicht durchhalten. Prüfen Sie daher das kulturelle Umfeld Ihres Unternehmens für die Weiterentwicklung der drei wichtigsten Dimensionen des Marketings Ihres Unternehmens (vgl. Abbildung 15.4): Ihre Marketing-Strategie, Ihr operatives Marketing und Ihre Marketing-Technologie.

Abbildung 15.4 Drei fundamentale Weiterentwicklungen im Inbound Marketing

Um den Stand Ihrer Marketing-Strategie zu überprüfen und eine Übersicht über die Arbeitsprioritäten Ihres Marketings zu erlangen, sollten Sie sich und Ihren Marketing-Kollegen die folgenden Fragen stellen:

▶ Welche Wachstumsziele verfolgen Sie?

▶ Welchen Wert hat ein Neukunde für Ihr Unternehmen? Kennen Sie den Customer Lifetime Value Ihrer Kunden?

▶ Möchten Sie persönliche Kundenbeziehungen aufbauen und Kunden als Empfehler gewinnen?

▶ Wie definieren und beurteilen Sie die Customer Experience über alle Kontaktpunkte hinweg (Touchpoints)?

▶ Kennen Sie Ihre Zielgruppen? Gibt es bereits schriftliche Buyer Personas?

Um den Stand Ihres operativen Marketings zu überprüfen und herauszufinden, welche Themen Sie bei der Umsetzung von Marketing-Kampagnen angehen sollten und wie viel Veränderungsbedarf auf Sie zukommt, bieten sich mehrere Fragen an:

▶ Auf welche Prozesse, Teams und Ressourcen greifen Sie zurück? Was bleibt, und was ändert sich?

▶ Welche Marketing-Instrumente werden bereits genutzt, und welche kommen neu hinzu? Welche Marketing-Instrumente werden aus anderen Abteilungen integriert?

▶ Wie wird Ihr Inbound-Marketing-Bereich organisatorisch ins Unternehmen eingebunden? Wie wird Marketing mit Sales bzw. CRM abgestimmt?

▶ Welche Unterstützung sollte die Geschäftsleitung geben?

▶ Welchen technischen Support erhalten Sie intern von der IT-Abteilung?

Last, but not least sollten Sie sich frühzeitig mit der verfügbaren technologischen Ausstattung Ihres Marketings auseinandersetzen. Mit Inbound Marketing werden Sie unweigerlich neue Marketing-Technologien ins Unternehmen integrieren. Stellen Sie sich also Fragen wie:

▶ Wie stellen Sie im Unternehmen bzw. im Marketing sicher, dass das erforderliche Know-how über Marketing Automation, Social Media, E-Mail-Marketing und Content-Management-Plattformen vorhanden ist?

▶ Welche Qualifikationen haben Ihre Mitarbeiter, und welche Qualifikationen oder Trainings werden noch nötig sein?

▶ Wer verantwortet die Auswahl bzw. Implementierung der neuen Software (z. B. Inbound-Marketing-Software, SEO-Software, Social-Listening-Tools, Business-Intelligence-Software)?

▶ Wo und wie im Unternehmen werden zukünftig technisch bedeutsame Komponenten wie die Website und der Blog betreut?

Diese Fragen helfen Ihnen zu klären, wo Sie die Schwerpunkte für die Weiterbildung und das Training Ihres Marketing-Teams setzen sollten. Nicht selten macht es Sinn, hierfür sogar ein Marketing-Assessment zu starten, bei dem Sie sich ein genaueres Bild von dem Kompetenzprofil Ihrer Team-Kollegen oder Mitarbeiter bilden.

15.4 Qualifikation und Training fürs Marketing-Team

Sie haben mit diesem Buch jede Menge Know-how erworben, das Ihnen in der täglichen Arbeit mit Inbound Marketing von Nutzen sein wird. In Ihrer praktischen Arbeit mit Inbound vernetzen Sie Ihr breites Wissen über die unterschiedlichsten Marketing-Facetten – von Social Media bis SEO, von Blogging bis Webdesign. Das ist eine Qualifikation, die nicht selbstverständlich ist und die Sie in den nächsten Jahren deutlich von einem großen Teil der Marketing-Manager in vielen Unternehmen unterscheiden wird. Natürlich hat und benötigt nicht jeder das gleiche Wissen. Überdies veraltet manches Marketing-Wissen recht schnell – auch im Inbound Marketing. Sorgen Sie also dafür, dass Sie kontinuierlich an den wichtigsten Qualifikationen für Inbound Marketing weiterarbeiten.

15.4.1 Die wichtigsten Qualifikationen für Ihr Inbound Marketing

Dem Training und dem kontinuierlichen Arbeiten an den eigenen Kompetenzen kommt im Inbound Marketing eine hohe Bedeutung zu. Neben den fachlichen Kompetenzen sind es vor allem themenübergreifende Fähigkeiten, die den nachhaltigen Erfolg mit Inbound Marketing ausmachen. Dazu gehört der Umgang mit dem gesamten Marketing-Instrumentarium, mit den verschiedenen Kampagnen-Arten und vor allem das Denken und Handeln in individuellen Kundenbeziehungen. Finden Sie heraus, welche Kompetenzen für Sie persönlich und für Ihr Inbound-Marketing-Team besonders wichtig sind. Dazu gehören vor allem die folgenden vier Kompetenzbereiche:

1. *Fachliche Kompetenzen:* E-Mail-Marketing, SEO, Social Media, Content Marketing, Online-Werbung (Paid Ads). Hier verändert sich das Know-how zum Teil sehr schnell, und es besteht ein ständiger, aber individuell unterschiedlicher Aktualisierungsbedarf für jedes Team-Mitglied.

2. *Gestaltungs- & Redaktionskompetenzen:* Blogging, Kreatives Schreiben, Content-Produktion, Kampagnen-Management. Hier vertieft sich das Know-how mit zunehmender Praxiserfahrung.

3. *Customer-Intelligence-Kompetenzen:* Buyer-Persona-Erstellung, Customer Journey Management, Kundenansprache, Lead-Generierung, Kundenbindung. Diese Kompetenzen verlangen konzeptionelles Know-how, analytische Fähigkeiten und

15

das Verständnis für die anderen Unternehmensbereiche mit Kundenkontakt wie Vertrieb und Kundenservice.

4. *Kulturelle Kompetenzen:* Fehlerkultur, Agiles Management, ständiges Verbessern (Continuous Improvement), Verantwortungsfähigkeit, lebenslanges Lernen (Life-long Learning). Das sind Kompetenzen, die an den persönlichen Fähigkeiten und den Einstellungen eines Menschen ansetzen. Diese Kompetenzen sind ein wichtiger Beitrag zur Persönlichkeitsentwicklung im digitalen Zeitalter.

Jeder Mensch hat sein individuell einzigartiges Kompetenz-Set, und niemand beherrscht alle Kompetenzen gleichzeitig. Betrachten Sie daher diese Kompetenzliste als eine Art Anregung für den Status-Check der Kompetenzen und für die Definition eines idealen Kompetenzprofils für Inbound-Marketing-Manager. Es ist wichtig, die bereits vorhandenen persönlichen Kompetenzen optimal zu nutzen, Wunschkompetenzen zu identifizieren und das eigene Profil gezielt dahin auszubauen.

15.4.2   Wo Sie Trainings zu Inbound Marketing erhalten

Wo bekommt man eigentlich ein gutes Inbound-Marketing-Training? Natürlich helfen die Unmengen an Content im Internet (Blogs, E-Books und Co.) schon ein Stück weiter, und auch dieses Buch ist ein guter programmierter Einstieg ins Thema Inbound. Auch die Trainingsangebote der Inbound-Software-Hersteller sind ein guter Anfang.

Der Einstieg über die Online-Trainings der Software-Hersteller

Die Hersteller von Inbound-Marketing-Software setzen auf Online-Selbstlernkurse mit anschließender Wissensüberprüfung durch Online-Tests. Meistens erhalten Sie so gut wie nichts Gedrucktes über Ihre Software oder das zur Software-Nutzung erforderliche Know-how, sondern alle Inhalte sind ausschließlich online erhältlich.

Inbound-Tipp: Nutzen Sie die Content-Angebote der Software-Hersteller

Die großen Hersteller von Inbound-Marketing-Software bieten allesamt Online-Portale, auf denen Sie sogar als Nichtkunde jede Menge E-Books, Online-Dokumentationen, Trainings-Videos und User Community Content kostenlos nutzen können. Schauen Sie sich einmal auf den entsprechenden Websites um:

► Act-On: *https://www.act-on.com/university/*

► Adobe: *http://www.adobe.com/training/about.html*

► Eloqua: *https://www.oracle.com/marketingcloud/academy/index.html*

► HubSpot: *https://academy.hubspot.com/de/*

► Marketo: *https://www.marketo.com/university/*

► Pardot: *http://www.pardot.com/training/*

Auf diesen Herstellerportalen finden Sie insbesondere zur ersten fachlichen Orientierung jede Menge Content, der gegen Registrierung heruntergeladen werden kann. Allerdings werden Sie feststellen, dass jeder Hersteller eine eigene Terminologie und ein eigenes Konzept verfolgt. Insofern sollte es Sie auch nicht verwundern, dass der Content der Hersteller besonders auf die Funktionen und Marketing-Instrumente eingeht, die die jeweilige Software bereithält. Auf den Websites der Hersteller finden Sie auch kostenlose oder kostenpflichtige Zertifizierungen (Certifications). Einzelne Zertifizierungen und Videolehrgänge sind frei zugängig, andere sind hingegen nur für Kunden oder sogar Agenturpartner des jeweiligen Software-Anbieters reserviert.

Hilfe vom Customer Success Management Ihres Software-Herstellers

Bei manchen Anbietern wird Ihnen als Käufer einer Inbound-Software ein persönlicher Ansprechpartner (Customer Success Manager) zur Seite gestellt, der Ihr erfolgreiches Onboarding und erste Erfolgserlebnisse fördern soll. Lohnenswert sind die Kurztrainings und der Support des Customer Success Manager allemal, jedoch vermitteln diese Trainings eher fachliches Wissen und weniger die nötige praktische Erfahrung beim Einsatz von Inbound-Marketing-Software im eigenen Unternehmen. Für den eigenen Lernerfolg und Kompetenzaufbau ist aber praktisches, angewandtes Know-how entscheidend. Eine theoretische Führerscheinprüfung macht eben noch keinen routinierten Autofahrer und erst recht keinen Formel-1-Weltmeister.

Individuelles Praxistraining vor Ort in Ihrem Unternehmen

Wenn Sie nicht nur eine Person, sondern gleich mehrere Team-Mitglieder im Marketing trainieren möchten, sollten Sie in jedem Fall überlegen, ob Sie insbesondere für die Dauer der Implementierung und der ersten Inbound-Kampagnen einen externen Partner fürs Inbound-Marketing-Training hinzuziehen sollten. Eine gute Inbound-Marketing-Agentur stellt Ihnen z. B. einen erfahrenen Berater zur Verfügung, der in der ersten Zeit mit Ihnen vor Ort im Marketing-Team arbeitet und dort aktiven Know-how-Transfer betreibt. Idealerweise gibt Ihr Agentur- oder Consulting-Partner darüber hinaus auch individuell abgestimmte Team-Trainings bei Ihnen vor Ort, um das Know-how und die gemachten Erfahrungen schrittweise zu vertiefen. Dieses Training sollte einen möglichst hohen Praxisanteil umfassen und mit Ihren eigenen Unternehmensdaten live in der Inbound-Software arbeiten. Ein solcher Partner versteht Sie auch anschließend umso besser, falls er Ihr kontinuierlicher Agenturpartner im Tagesgeschäft wird. Prüfen Sie gegebenenfalls mithilfe einer externen Beratung, wie Sie Ihre etablierten Marketing-Instrumente (z. B. E-Mail, Blog, Social, SEO) in das neue Inbound Marketing integrieren und welche neuen Kompetenzen bzw. Trainings dafür nötig sind.

15

15.4.3   Wie Sie größere Marketing-Teams für Inbound trainieren

Ernennen Sie bei größeren Trainingsaufgaben unter Umständen einen erfahrenen Marketing-Mitarbeiter im Team zum Trainingsleiter, der entweder allein oder mit Unterstützung eines erfahrenen Inbound-Marketing-Consultant die Job-Profile optimiert, das derzeitige Kompetenzprofil mit dem künftigen Anforderungsprofil der Mitarbeiter abgleicht und gegebenenfalls die Mitarbeiter oder Teams coacht. Es gibt mehrere Wege, größere Marketing-Teams effektiv weiterzuentwickeln und ihnen dabei sowohl das theoretische Rüstzeug als auch die nötige praktische Erfahrung zu vermitteln.

1. Sie trainieren zunächst ein kleines Teil-Team im Marketing und machen es zum »Inbound-Marketing-Kern-Team«. Mit diesem Kern-Team sammeln Sie erste praktische Erfahrungen. Anschließend trainieren die Mitglieder dieses Kern-Teams selbst die anderen Kollegen im Marketing-Bereich.

2. Sie trainieren direkt weite Teile des Marketing-Bereichs in den Inbound-Grundlagen und lassen erste Marketing-Instrumente flächendeckend auf Inbound migrieren (z. B. E-Mail-Marketing oder Social Media). So sammeln alle Mitarbeiter direkt Erfahrung mit einzelnen Inbound-Tools. Sie weiten dann die integrierten Marketing-Instrumente sukzessive aus und trainieren so das ganze Team gleichzeitig weiter.

3. In Marketing-Organisationen, die stark nach Business-Units gegliedert sind, können Sie zunächst das Team für einen Geschäftsbereich oder eine Ländergesellschaft als Piloten trainieren. Die anderen Bereiche folgen dann nach und profitieren von dem Know-how und den Erfahrungen der bereits ausgebildeten Teammitglieder.

15.4.4   Wie Sie neue Mitarbeiter für Ihr Inbound Marketing finden

In manchen Marketing-Abteilungen lässt sich Inbound Marketing aufgrund von mangelndem Know-how oder fehlenden Personalkapazitäten nicht schnell umsetzen. Wenn sich bestimmte Qualifikationen mit Training einfach nicht schnell genug aufbauen lassen, bleibt immer noch der Weg der Suche und Einstellung neuer Mitarbeiter am Arbeitsmarkt (Recruiting). Allerdings ist Inbound Marketing ein recht junges Feld. Erfahrene Inbound-Marketing-Manager mit Skills in Business Writing, Blogging, SEO und E-Mail-Marketing sind zumindest in ganz Europa noch vergleichsweise selten. Auch der Beruf des Marketing-Technology-Managers, der Inbound-Marketing-Software implementieren kann, steckt hierzulande noch in den Kinderschuhen. Es ist daher schwer, gut ausgebildete Inbound-Marketing-Manager auf dem Arbeitsmarkt zu bekommen.

▶ Wenn Sie sich Zeit geben, suchen Sie junge Marketing-Nachwuchskräfte im Markt, die Sie mit internen Trainingsprogrammen zu Inbound-Marketing-Managern weiterbilden. Das Wichtigste an High Potentials unter den Nachwuchskräften im Inbound Marketing ist deren Begeisterungsfähigkeit für das Thema und ihr Commitment zu Ihrem Unternehmen.

▶ Wenn Sie wichtige Know-how-Defizite im Team schnell schließen und Ihr Inbound Marketing beschleunigen wollen, kommen Sie um die Suche nach erfahrenen Inbound-Marketing-Leuten nicht herum. Diese finden Sie im Einzelfall heute schon in Technologie- bzw. Software-Start-ups oder in Online-Marketing-Firmen. Nehmen Sie gegebenenfalls die Recruitment-Netzwerke von erfahrenen Marktkennern wie z. B. Thought Leader Systems (*www.thoughtleadersystems.com*) in Anspruch.

Eine hohe Qualifikation und ein effektives Training der Mitarbeiter sind wichtige Erfolgsparameter im Inbound Marketing. Wenn man Qualifikationslücken der bisherigen Mitarbeiter nicht schließt, neue Mitarbeiter unzureichend einarbeitet oder die neue Marketing-Organisation nicht ausreichend durchdenkt, sabotiert man sich unter Umständen selbst.

15.5   Mit einer Inbound-Marketing-Agentur zusammenarbeiten

Bevor Sie sich auf die Suche nach einem externen Partner zur Unterstützung Ihres Inbound Marketing machen, sollten Sie möglichst schriftlich festhalten, welchen Veränderungsbedarf Sie für Ihr Unternehmen und Ihr Marketing sehen. Daraus können Sie ableiten, welche Art von externer Unterstützung Sie sich für die Einführung und für den Betrieb Ihres Inbound Marketing wünschen. Je nach Grad der Einbindung eines externen Partners gibt es unterschiedliche Szenarien für die Einführung von Inbound Marketing in Ihrem Unternehmen.

15.5.1   Die Unterstützung durch einen externen Inbound-Marketing-Partner

Die meisten Unternehmen arbeiten bereits bei der Einführung von Inbound Marketing und bei der Implementierung von Inbound-Marketing-Software mit einem externen Partner zusammen. Das hat in der Regel nichts damit zu tun, dass das eigene Marketing-Team nicht dazu in der Lage wäre, die anzugehenden Aufgaben inhaltlich zu verantworten. Vielmehr bedeutet die Einführung von Inbound Marketing im Unternehmen einen hohen Zusatzaufwand, den die meisten Teams im laufenden Geschäft aus eigener Kraft einfach nicht zusätzlich aufbringen können.

▶ Innerhalb eines möglichst kurzen Projektzeitraums soll die richtige Software ausgewählt, konfiguriert und eingeführt werden. Das Team soll darauf vorbereitet und trainiert werden.

▶ Kampagnen-Assets wie E-Mails, Landing Pages und vor allem Content-Offer sollen erstellt, getestet, optimiert und im eigenen Corporate Design gestaltet werden.

▶ Buyer-Persona-Interviews sollen durchgeführt und zu Buyer-Persona-Steckbriefen verdichtet werden. Gleichzeitig werden Kampagnen und Workflows entwickelt.

▶ Kontaktdaten aus Altsystemen wie z. B. einer E-Mail-Software sollen in die Inbound-Marketing-Software importiert und dort direkt mit den entsprechenden Contact Properties markiert werden. Dazu müssen von Anfang an die richtigen Contact Properties ausgesucht, operationalisiert, in der Software angelegt und den Kontakten zugeschlüsselt werden.

▶ Die Inbound-Marketing-Software soll mit dem hauseigenen CRM-System synchronisiert werden.

▶ Die Website des Unternehmens soll mit all ihrem Content SEO-optimiert getextet und gestaltet werden. Es werden Konversionspfade in der Website angelegt, neue Webpages für Top-Keywords angelegt und die CTAs der Inbound-Marketing-Software eingebunden.

▶ Der Firmen-Blog soll aktiviert, überarbeitet oder erweitert werden. Blog-Content muss gestaltet und SEO-optimiert getextet werden. Blog-Autoren sollen im Unternehmen identifiziert, angesprochen, trainiert und in den Redaktionsplan eingebunden werden.

▶ Der Auftritt in den sozialen Medien soll gleichzeitig ausgebaut und dauerhaft mit Content bespielt werden. Social Media Monitoring und Social Media Engagement sollten schnell aufgesetzt und ab dann ganztägig betreut werden.

Je erfahrener die eigene Mannschaft und das Führungsteam in all diesen Bereichen sind, desto weniger externe Unterstützung benötigt die Marketing-Abteilung unter Umständen in der Anfangsphase des Inbound Marketing. Aber spätestens im Tagesgeschäft werden all diese Tätigkeiten zur dauerhaften Linienaufgabe im Marketing. Spätestens dann beginnt in mittelständischen und größeren Unternehmen eine intensive Zusammenarbeit mit einem externen Partner – analog der Zusammenarbeit mit einer Werbeagentur oder Unternehmensberatung. Welche Unterstützung Ihr Unternehmen in Anspruch nehmen möchte, hat schlussendlich nicht nur etwas mit den anstehenden Aufgaben und den zur Verfügung stehenden internen Personalkapazitäten zu tun, sondern auch mit dem Vertrauen, das Sie einem externen Partner entgegenbringen.

15.5.2   Drei Szenarien für die Einbindung externer Inbound-Marketing-Partner

Wenn Ihr Unternehmen Inbound Marketing einführt bzw. betreibt, können Sie die Balance zwischen intern erbrachten Leistungen und den Leistungen eines externen

Partners flexibel nach den vorhandenen Kompetenzen, Personalkapazitäten und nach dem zur Verfügung stehenden Budget Ihres Unternehmens gestalten. Sie können eine reine Inhouse-Lösung anstreben, einen externen Inbound-Marketing-Consultant hinzuziehen oder eine spezialisierte Inbound-Marketing-Agentur einschalten.

1. Wenn Sie sich für eine Inhouse-Implementierung entscheiden, sollten Sie sicherstellen, dass Ihr Team über die notwendigen marketing-bezogenen und technischen Kompetenzen verfügt. Sie definieren dann alle neuen Marketing-Prozesse selbst und benötigen kein externes Training, weil z. B. Ihre Mannschaft bereits Erfahrung mit Inbound Marketing hat. Im laufenden Geschäft übernehmen Sie und Ihr Team selbst die Content-Erstellung, die Kampagnen-Führung und das Monitoring. In diesem Fall kann eine selektive externe Unterstützung dennoch hilfreich sein. Engagieren Sie gegebenenfalls einen externen Partner für das Projekt-Management oder/und für technische Aufgaben.

2. Wenn Sie die Implementierung von Inbound Marketing zwar selbst steuern möchten, aber gleichzeitig die Erfahrungen externer Inbound-Marketing-Experten nutzen wollen, können Sie einen externen Inbound-Marketing-Consultant bzw. eine Inbound-Marketing-Agentur einsetzen, um die Auswahl und Implementierung der Software, die Gestaltung der SEO- und Content-Strategie und das Team-Training zu unterstützen. Sie können so jederzeit einzelne Arbeitsschritte an Ihren Consultant delegieren und gegebenenfalls später Ihren externen Partner für Consulting-Aufgaben bei der Kampagnen-Entwicklung und Optimierung weiter engagieren.

3. Wenn Sie Ihr Inbound Marketing möglichst schnell einführen wollen und absehen können, dass Sie auch im Tagesgeschäft externe Unterstützung benötigen werden, sollten Sie möglichst frühzeitig eine Inbound-Marketing-Agentur als dauerhaften Partner suchen. Eine ganzheitlich arbeitende Inbound-Marketing-Agentur stärkt Ihr Team mithilfe von Qualifizierungen, Team-Building und Neugestaltung der Job-Profile. Ein solcher Agenturpartner sollte sowohl Agentur als auch Consultant Ihres Inbound Marketing sein. Das Führungsteam eines solchen Agenturpartners sollte am besten selbst lange im Marketing eines Unternehmens gearbeitet haben und keinen reinen Agentur-Background haben. Nur so versteht dieser Partner die Anforderungen und Herausforderungen Ihrer Marketing-Abteilung und der Menschen in Ihrem Team aus eigener Erfahrung.

15.5.3   Wie Sie die passende Inbound-Marketing-Agentur finden

Der Markt für Inbound-Marketing-Agenturleistungen boomt. Die meisten Agenturen, die heute ihre Dienste anbieten, stammen aus Marketing-Disziplinen, die einen Teil von Inbound abdecken. Viele Anbieter sind ehemalige SEO-Agenturen, PR-Spezialisten, Werbeagenturen, Webdesigner, Blogger/Creative Writer, Content-Marketing-Fabriken, CRM-Dienstleister und vieles mehr. Der Agenturmarkt wird nicht zuletzt auch durch die Inbound-Marketing-Software-Anbieter angetrieben, die Weiterbildungen für Agenturquereinsteiger bieten, um so die Empfehlung und den Verkauf von Marketing Automation zu beflügeln. Wenn Sie sich also für die Einschaltung eines externen Inbound-Partners entscheiden, stehen Ihnen verschiedene Leistungspartner zur Verfügung. Allerdings werden immer mehr Inbound-Marketing-Agenturen zu austauschbaren Me-Too-Anbietern mit vergleichbaren Leistungsversprechen (vgl. Abbildung 15.5).

Abbildung 15.5 Austauschbare Leistungsversprechen von Inbound-Marketing-Agenturen

Wie erkennen Sie unter all den Agenturen, die Ihnen »mehr Leads und mehr Kunden« versprechen, den richtigen Partner für Ihr Unternehmen? Die folgende kleine Typologie kann Ihnen eine erste Orientierung bei der Partnerwahl geben. Sie können im Inbound-Markt grundsätzlich vier Typen von Anbietern unterscheiden:

▶ *Die Traditionalisten:* So manche klassische und traditionelle PR- oder Werbeagentur bietet heute Inbound Marketing als neue Service-Unit an. Stellen Sie sicher, dass ein solcher Partner wirklich ein umfassendes Problemlösungsverständnis hat und breite Inbound-Kompetenz besitzt.

▶ *Die Spezialisten:* Viele Agenturen sind bekennende Inbound-Marketing-Serviceagenturen, die oft sogar auf einen einzigen Software-Anbieter festgelegt sind. Stellen Sie sicher, dass ein solcher Anbieter auch wirklich die strategischen Belange Ihres Inbound Marketing bearbeiten kann und nicht auf die Software an sich fokussiert ist. Prüfen Sie, ob von einem herstellergebundenen Agenturpartner eine neutrale Beratung zu erwarten sein wird.

▶ *Die Soloisten:* Auch Selbstständige wie z. B. Webdesigner oder Copywriter bieten ihre Tätigkeit als Dienstleister oder Consultant für Inbound an. Analysieren Sie, welche Aufgaben Ihrer Implementierung jeweils eine einzelne spezialisierte Person (z. B. als Freelancer) leisten kann.

▶ *Der hybride Marketing- und Vertriebspartner:* In den USA setzt sich eine neue Kategorie von Agenturen bzw. Consulting-Unternehmen durch, die traditionelle Marketing-Agenturen in Bedrängnis bringt. Diese neue Generation von Inbound-Marketing-Firmen arbeitet hybrid, d. h., eine solche Firma ist gleichzeitig ein professioneller Consultant für Strategie, Marketing und Vertrieb, eine erfahrene Inbound-Marketing-Agentur, ein kompetenter Trainingspartner und oft sogar ebenfalls ein versierter technischer Implementierungspartner in einem. Solche Firmen leisten Beratung, Service und Training aus einer Hand und bieten Pakete für verschiedene Aufgabenstellungen an, wie z. B. Lead-Generierung, Lead Nurturing oder Kundenbindung. Ein solches Unternehmen ist groß und unabhängig genug, um mit verschiedenen Inbound-Marketing-Software-Herstellern gleichzeitig zu arbeiten. Daher bietet es neutrale und herstellerunabhängige Beratung, die Auswahl der jeweils passenden Software, Unterstützung bei der Implementierung, strategisches Marketing- und Vertriebs-Consulting, die Konzeption von Inbound-Marketing-Kampagnen sowie die laufende operative Umsetzung und Optimierung von Maßnahmen in Marketing und Vertrieb.

Hybride Partner für Inbound Marketing bieten einen kompletten Baukasten von Services aus einer Hand. Aber auch ein solcher ganzheitlich agierender Inbound-Marketing-Partner sollte mit gutem Beispiel vorangehen und Inbound Marketing vorleben.

Inbound-Tipp: Ein Hybrider Inbound-Marketing-Partner sollte …

1.   selbst erfolgreich Inbound Marketing einsetzen,

2.   einen Blog betreiben und in Social Media präsent sein,

3.   ein zertifizierter Industriepartner von mehreren Inbound-Software-Anbietern sein,

4.   neben dem Consulting auch die Umsetzung der von ihm empfohlenen Inbound-Strategie bieten,

5.   Sie und Ihr Team auch vor Ort im Unternehmen trainieren und dafür gegebenenfalls temporär einen eigenen Mitarbeiter in Ihr Marketing-Team entsenden,

6.   den Change in Ihrem Marketing in allen Phasen begleiten können,

7.   Ihnen einen Kosten-Nutzen-Plan (ROI) erstellen können,

8.   Ihren Vertrieb, Ihr CRM und Ihre Geschäftsleitung verstehen,

9.   Ihnen einen permanenten persönlichen Ansprechpartner zur Seite stellen,

10.   selbst in Marketing und Vertrieb auf Unternehmensseite gearbeitet haben, nicht nur in Agenturen.

Auch die Zusammenarbeit mit Ihren bisherigen Agenturen ändert sich bei der Einführung von Inbound Marketing. Wenn Sie z. B. mit einer spezialisierten Inbound-Marketing-Agentur zusammenarbeiten, kann es sein, dass Sie Ihre bereits vorhandenen Agenturen für SEO, Social Media, Online-Werbung oder E-Mail-Marketing immer weniger benötigen werden. Anders gesagt: Der Wegfall vieler bestehender Agenturaufgaben und die Bündelung des Agentur-Support auf eine Inbound-Marketing-Agentur senkt in vielen Unternehmen die Agenturkosten zum Teil drastisch.

Kapitel 16

Datenschutz im Inbound-Marketing berücksichtigen

Um sicher Recht zu tun, braucht man sehr wenig vom Recht zu wissen.
Allein um sicher Unrecht zu tun, muss man die Rechte studiert haben.
Georg Christoph Lichtenberg, deutscher Mathematiker, Naturforscher,
Hochschullehrer und Begründer des Aphorismus (1742–1799)

Inbound-Marketing-Instrumente bieten Ihnen vielfältige Möglichkeiten, neue Kunden zu gewinnen sowie bestehende Kunden zu pflegen und auf diese Weise die Kundenbeziehungen weiter auszubauen. Was Sie bei diesen Möglichkeiten nicht übersehen sollten, sind die rechtlichen Grenzen, die Sie bei dem Einsatz von Inbound-Marketing-Instrumenten zu beachten haben. Die rechtlichen Grenzen, die sich in erster Linie aus den datenschutz- und wettbewerbsrechtlichen Bestimmungen ergeben, haben wir für Sie gemeinsam mit der Rechtsanwältin und Datenschutzspezialistin Svenja Maucher der internationalen Rechtsanwaltskanzlei Taylor Wessing zusammengestellt. Klären wir nun also die nötigen Aspekte des Datenschutzes und die rechtlichen Rahmenbedingungen des Inbound Marketing.

16.1 Datenschutzrechtliche Rahmenbedingungen für die Erhebung, Verarbeitung und Nutzung personenbezogener Daten

Spätestens in dem Moment, in dem Sie es geschafft haben, dass Menschen durch guten Content auf Ihre Webseite aufmerksam gemacht wurden und sie sich Ihnen gegenüber über Kontaktinstrumente und Formulare Ihrer Webseite (über die sogenannte Landing Page) mit persönlichen Kontaktdaten zu erkennen geben, wird der einzelne Webseiten-Besucher für Sie persönlich identifizierbar. Bei der Erhebung und Verarbeitung der vom Interessenten in das jeweilige Formular eingegebenen Daten müssen Sie deshalb die datenschutzrechtlichen Vorgaben berücksichtigen.

Möchten Sie dann in einem späteren Schritt die vom Kunden angegebene E-Mail-Adresse für E-Mail-Kampagnen benutzen, müssen Sie auch die wettbewerbsrechtlichen Vorgaben zur Direktansprache berücksichtigen. Bevor wir uns mit den Vorgaben zur Direktansprache beschäftigen, schauen wir uns zunächst die datenschutz-rechtlichen Fragestellungen an, die sich bei der Eingabe der Kontaktdaten auf den Landing Pages und der anschließenden Speicherung und Nutzung dieser Daten durch Sie ergeben.

16.1.1   Personenbezogene Daten

Die datenschutzrechtlichen Bestimmungen sind nur dann zu beachten, wenn es um personenbezogene Daten geht. Ob und für welche Zwecke Sie personenbezogene Daten von Webseiten-Besuchern erheben, verarbeiten und/oder nutzen dürfen, unterliegt derzeit den Regelungen des Bundesdatenschutzgesetzes (BDSG) sowie des Telemediengesetzes (TMG). Personenbezogene Daten sind nach der gesetzlichen Definition von § 3 Abs. 1 BDSG »Einzelangaben über persönliche oder sachliche Ver-hältnisse einer bestimmten oder bestimmbaren (...) Person«. Wenn Sie auf den Lan-ding Pages von Ihren Webseiten-Besuchern etwa deren Namen, Adresse oder E-Mail-Adresse abfragen, handelt es sich dabei um personenbezogene Daten. Das hat zur Folge, dass Sie bei der Erhebung (Sammlung) dieser Daten, aber auch bei deren späte-rer Speicherung und Verwendung die datenschutzrechtlichen Vorgaben beachten müssen. Speichern Sie zu diesen Daten weitere Daten dieser Person hinzu, wie etwa deren Interessen oder andere Angaben, die diese Person auf der Landing Page gemacht hat, so gelten auch diese zusätzlichen Daten als personenbezogene Daten, weil sie mit einer bestimmten identifizierbaren Person verknüpft sind. Folglich gel-ten auch für deren Verarbeitung die datenschutzrechtlichen Vorgaben.

16.1.2   Verbot mit Erlaubnisvorbehalt

Das Erheben, Verarbeiten und/oder Nutzen von personenbezogenen Daten zu Wer-bezwecken ist grundsätzlich nur unter den folgenden Voraussetzungen zulässig (vgl. Abbildung 16.1):

▸ ohne Einwilligung des Interessenten/Kunden, wenn und soweit ein entsprechen-der gesetzlicher Erlaubnistatbestand die konkrete Verwendung für Werbezwecke erlaubt oder

▸ mit wirksamer Einwilligung des Interessenten/Kunden in die konkrete Verwen-dung für Werbezwecke.

Im Bereich von Werbemaßnahmen beschränken sich die gesetzlichen Erlaubnistat-bestände, also die Fälle, in denen personenbezogene Daten ohne eine Einwilligung des Interessenten bzw. Kunden verwendet werden dürfen, letztlich auf das soge-nannte Listenprivileg (§ 28 Abs.3 S.2 BDSG). Dieses Listenprivileg erlaubt lediglich den Einsatz bestimmter im Gesetz abschließend festgelegter Daten auch ohne Einwilligung zum Zwecke der Eigenwerbung, wenn diese Daten bei der betroffenen Person erhoben worden sind oder aus einer allgemein zugänglichen Quelle stammen. In der Praxis reduziert sich die gesetzliche Erlaubnis für Fälle der Direktansprache auf Briefwerbung, wobei auch hier enge Grenzen und weitergehende Informationspflichten zu berücksichtigen sind. Auf das im Bereich des Inbound Marketing erfolgserprobte Instrument des E-Mail-Marketings ist das sogenannte Listenprivileg jedoch nicht anwendbar, sodass hier das Einwilligungserfordernis (sogenanntes *Permission-Marketing*) gilt.

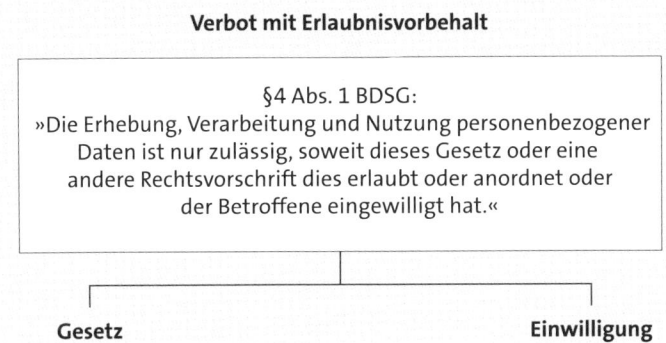

Verbot mit Erlaubnisvorbehalt

§4 Abs. 1 BDSG:
»Die Erhebung, Verarbeitung und Nutzung personenbezogener Daten ist nur zulässig, soweit dieses Gesetz oder eine andere Rechtsvorschrift dies erlaubt oder anordnet oder der Betroffene eingewilligt hat.«

Gesetz   **Einwilligung**

Abbildung 16.1 Verbot mit Erlaubnisvorbehalt

Dasselbe gilt für den Fall, dass Sie die von Ihren Interessenten bzw. Kunden gemachten Angaben, wie etwa deren Interessen, oder spätere Interaktionen, die zwischen Ihnen und Ihren Interessenten bzw. Kunden stattfinden, auswerten, um künftige Interaktionen zu optimieren oder künftige E-Mails auf ihre Interessen zuzuschneiden und anzupassen. Auch für diese Art der Datenerhebung und Datennutzung benötigen Sie die Einwilligung des Interessenten bzw. Kunden im Vorfeld. Das Erfordernis der Einholung einer Einwilligung lässt sich abbilden, indem Sie auf Ihren Landing Pages bei der Registrierung eines Lead oder Kunden die notwendigen Einwilligungserklärungen einbinden.

16.1.3   Erfordernis einer Datenschutzerklärung

Unabhängig von einem möglichen Einwilligungserfordernis müssen Sie Ihre Interessenten oder Kunden im Vorfeld, also vor bzw. während der ersten Kontaktaufnahme über die personenbezogenen Daten, die Sie erheben möchten, über die geplante Verarbeitung und Nutzung dieser Daten informieren. Solche Informationen werden in sogenannten Datenschutzerklärungen zur Verfügung gestellt, die Sie auf Ihrer Webseite einbinden müssen (vgl. Abbildung 16.2).

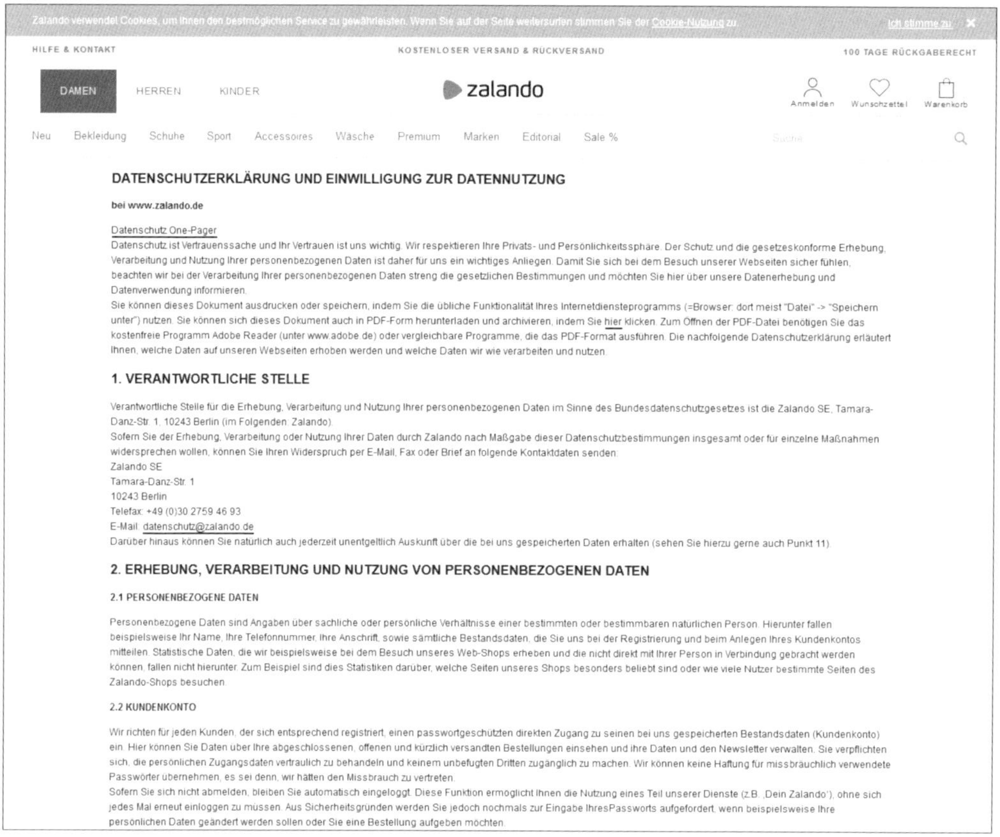

Abbildung 16.2 Datenschutzerklärung von Zalando (Quelle: »www.zalando.de«)

16.2 Wettbewerbsrechtliche Rahmenbedingungen für die Direktansprache per E-Mail

Wenn es darum geht, Interessenten und später auch Kunden gezielt und direkt anzusprechen, müssen Sie zusätzlich zu den Bestimmungen des Datenschutzrechts noch das Wettbewerbsrecht, konkret § 7 des Gesetzes gegen den Unlauteren Wettbewerb (UWG), beachten (vgl. Abbildung 16.3). Die rechtlichen Voraussetzungen, unter denen Sie über die Kommunikationsform E-Mail Ihre Interessenten und Kunden direkt ansprechen können, bestimmen sich nach § 7 Abs. 2 Nr. 3 UWG. Dort geht es um »unzumutbare Belästigungen«. Sie finden die entsprechende Gesetzespassage und auch die anderen zitierten Gesetze im Internet z. B. unter *https://www.gesetze-im-internet.de.*

Datenschutzrecht (BDSG)	Wettbewerbsrecht (UWG)
Erhebung, Verarbeitung und Nutzung personenbezogener Daten	Art der Ansprache

Abbildung 16.3 Zusammenspiel von BDSG und UWG

16.2.1   E-Mail-Marketing als Permission-Marketing

E-Mail-Marketing gilt als sogenanntes Permission-Marketing, d. h., einer Person dürfen nur dann E-Mails gesendet werden, wenn diese dem Erhalt der E-Mail durch die Abgabe einer vorherigen und ausdrücklichen Einwilligung zustimmt. Ausdrückliche Einwilligung meint hierbei zunächst, dass sich die Einwilligungserklärung explizit auf Werbe-E-Mails beziehen muss und dabei auch den Namen des Unternehmens, in dessen Namen die Werbe-E-Mail später versandt wird, nennt. Die Einwilligungserklärung selbst muss gesondert erfolgen. Erfolgt die Erklärung elektronisch, erfordert dies ein individuelles und separates Markieren eines Feldes (sogenanntes Opt-In). Wichtig ist hierbei, dass das Feld nicht bereits voreingestellt ist, sondern dass der Interessent bzw. Kunde aktiv das Feld markieren muss (etwa durch Setzen eines Häkchens in der sogenannten Checkbox). Derartige Einwilligungserklärungen in den Erhalt von Werbe-E-Mails können üblicherweise unproblematisch in die Landing Pages eingebaut werden.

16

Inbound-Tipp: Wie Sie eine Opt-In-Erklärung erstellen

Wenn Sie eine Einwilligungserklärung in eine Landing Page aufnehmen, sollten Sie beachten, dass die entsprechenden Opt-In-Erklärungen den gesetzlichen Anforderungen entsprechen. Dazu benötigen Sie zwei Einwilligungen, d. h. eine Einwilligung in den Erhalt von E-Mails und eine separate Einwilligung in die Datenverwendung.

▶ Mit einem ersten Opt-In zielen Sie auf die Einwilligung in den Erhalt von Werbe-E-Mails. Ein entsprechender Textbaustein könnte z. B. wie folgt lauten: »Ich willige ein, dass [Unternehmen] mir Werbe-E-Mails zusendet, um mich über aktuelle [Unternehmensname] Angebote/um mich über die Themenbereiche [...bitte möglichst genau angeben...] zu informieren.« Als Zusatztext sollten Sie anführen: »Selbstverständlich können Sie Ihre Einwilligung in den Erhalt von Werbe-E-Mails jederzeit widerrufen. Am Ende einer jeden Werbe-E-Mail finden Sie einen entsprechenden Abmeldelink.« Bei der Formulierung dieses Opt-Ins können Sie eine der beiden Alternativen auswählen, entweder »um mich über aktuelle

[Unternehmensname] Angebote zu informieren« oder »um mich über die Themenbereiche […bitte möglichst genau angeben…] zu informieren«.

▶ Ein zweiter Opt-In erfasst die Einwilligung in die Verwendung der Daten und
Angaben für Werbezwecke, d. h. zur Anpassung der Werbe-E-Mails auf die Inter-
essen des Nutzers. Eine entsprechende Erklärung könnte lauten: »Ich willige ein,
dass [Unternehmen] die von mir hier angegebenen Daten verarbeitet, um die
Werbe-E-Mails besser auf meine persönlichen Interessen auszurichten.« Als
Zusatztext sollten Sie anführen: »Weitere Informationen dazu finden Sie in
unserer Datenschutzerklärung [Link]. Diese Einwilligung können Sie jederzeit per
E-Mail an [E-Mail-Adresse] widerrufen.«

Haben Sie einen Interessenten erfolgreich auf Ihre Webseite gebracht und hat sich
dieser dann auch noch auf der Landing Page registriert und seine Einwilligung in den
Erhalt von Werbe-E-Mails durch Anklicken der entsprechenden Checkbox erklärt,
müssen Sie nun sicherstellen, dass Sie zu einem späteren Zeitpunkt nachweisen können, dass dieser Interessent auch tatsächlich seine Einwilligung in den Erhalt der
Werbe-E-Mail erklärt hat. Immer wieder kommt es in der Praxis vor, dass ein Dritter
eine E-Mail-Adresse einer anderen Person zum Erhalt von Werbe-E-Mails registriert
und sich der tatsächliche Inhaber der E-Mail-Adresse nach Erhalt der ersten Werbe-
E-Mail über den »nicht bestellten Spam« ärgert und sodann einen Rechtsanwalt mit
der Wahrnehmung seiner Rechte beauftragt. In einem solchen Fall, der in der Praxis
häufiger vorkommt, als man zunächst vermuten würde, müssten Sie als Versender
der Werbe-E-Mail in einem potenziellen Gerichtsverfahren den Nachweis erbringen,
dass der Inhaber der E-Mail-Adresse, an die Sie die Werbe-E-Mail versandt haben,
auch tatsächlich eingewilligt hat. Nach der Rechtsprechung kann Ihnen dieser Nachweis nur gelingen, wenn Sie das sogenannte Double-Opt-In-Verfahren angewandt
haben. Verkürzt dargestellt, erfordert dieses Verfahren, dass Sie, sobald ein Interessent auf der Landing Page sein Häkchen zur Einwilligung in den Erhalt von Werbe-
E-Mails erklärt hat, eine Bestätigungsmail an die E-Mail-Adresse des Interessenten
senden und diesen bitten, die Einwilligung durch Anklicken eines in der Bestätigungs-E-Mail enthaltenen Links zu bestätigen. Erst wenn diese Bestätigung (die Sie
ausreichend dokumentieren müssen) erfolgt, können Sie die erste Werbe-E-Mail versenden (vgl. Abbildung 16.4).

Bitte beachten Sie auch, dass Sie Einwilligungen in Werbe-E-Mails auch tatsächlich
nutzen. Eine Einwilligung, die nicht verwendet wird, kann nach mehreren Monaten
der Nichtnutzung erlöschen. Beachten Sie dies bei der Planung von Zeitabläufen im
Rahmen Ihrer Inbound-Marketing-Aktivitäten.

Abbildung 16.4 Beispiel für eine Double-Opt-In-E-Mail

16.2.2   Die Ausnahme: E-Mail-Marketing ohne ausdrückliche Einwilligung

Unter bestimmten Voraussetzungen ist das Versenden einer Werbe-E-Mail an sogenannte Bestandskunden auch ohne deren ausdrückliche Einwilligung zulässig, wenn
die folgenden Voraussetzungen des § 7 Abs. 3 UWG erfüllt sind:

► Die E-Mail-Adresse wurde im Zusammenhang mit dem Verkauf einer
  Ware oder Dienstleistung erhalten.

► Die E-Mail-Adresse wird für die Bewerbung ähnlicher Waren oder
  Dienstleistungen verwendet.

► Der Kunde hat nicht widersprochen und wurde über sein Recht zum
  Widerspruch aufgeklärt.

Auf diese Ausnahme können Sie sich jedoch nicht berufen, wenn es darum geht, mit-
tels E-Mail-Marketing eine Beziehung zu einem Interessenten aufzubauen. Bei dem
Interessenten bzw. Lead fehlt es bereits an der ersten notwendigen Voraussetzung:
Der Interessent hat bisher noch keine Ware oder Dienstleistung bei Ihnen gekauft,

sodass Sie die E-Mail-Adresse des Interessenten nicht im Zusammenhang mit dem Verkauf einer Ware oder Dienstleistung erhalten haben.

Inbound-Tipp: Checkliste für Datenschutz und Einwilligungserfordernis

▶ Informieren Sie die Webseiten-Besucher in einer Datenschutzerklärung über die Erhebung, Verarbeitung und Nutzung ihrer personenbezogenen Daten, und binden Sie diese Datenschutzerklärung auf Ihrer Webseite ein.

▶ Holen Sie sich auf der Landing Page die Einwilligung der Interessenten in die Verarbeitung und Nutzung ihrer Daten nach der Datenschutzerklärung.

▶ Holen Sie sich auf der Landing Page die vorherige und ausdrückliche bzw. gesonderte Einwilligung der Interessenten in die spätere Versendung von Werbe-E-Mails.

▶ Verwenden Sie das Double-Opt-In-Verfahren, d. h., senden Sie per Workflow Ihrer Inbound-Marketing-Software dem neu gewonnenen Lead eine Bestätigungs-E-Mail mit der Bitte um Anklicken eines Links in der E-Mail zur Bestätigung der Einwilligung.

16.3   Einschaltung eines anderen Unternehmens als Auftragsdatenverarbeiter

Im Rahmen Ihres Inbound Marketing und gerade auch bei der Anwendung einzelner Inbound-Marketing-Instrumente kommt es häufig vor, dass Sie sich eines anderen Unternehmens bzw. Dienstleisters bedienen möchten, das/der Ihnen bei der Planung, Gestaltung und Umsetzung Ihrer Maßnahmen hilft. In vielen Fällen hat dieses andere Unternehmen, damit es Sie in dem erforderlichen Umfang unterstützen kann, Zugriff auf die personenbezogenen Daten Ihrer Interessenten/Kunden. Mit anderen Worten: Das andere Unternehmen erhebt, verarbeitet oder nutzt in Ihrem Auftrag und nach Ihren Weisungen die personenbezogenen Daten Ihrer Interessenten bzw. Kunden. Als Beispiel seien hier Dienstleister genannt,

▶ die in Ihrem Auftrag und nach Ihren Weisungen Werbe-E-Mails an den von Ihnen bestimmten Kundenkreis versenden (z. B. E-Mail-Marketing-Agentur oder Inbound-Marketing-Agentur),

▶ Unternehmen, die Services im Zusammenhang mit Ihrer CRM-Datenbank erbringen oder auch

▶ von Ihnen genutzte Cloud-Anbieter, sofern in der Cloud personenbezogenen Daten liegen.

16.3.1   Voraussetzungen für die Einschaltung eines Auftragsdatenverarbeiters

Aus Sicht des Datenschutzrechts stellt die Einschaltung solcher Dienstleister einen Fall der sogenannten Auftragsdatenverarbeitung dar, deren Voraussetzungen in § 11 BDSG im Einzelnen geregelt sind. Das andere Unternehmen erhebt, verarbeitet oder nutzt die personenbezogenen Daten als Auftragnehmer in Ihrem Auftrag und strikt nach Ihren Weisungen, quasi als datenverarbeitende Hilfsfunktion. Als Auftraggeber bleiben Sie aus datenschutzrechtlicher Sicht in vollem Umfang für den Umgang mit den personenbezogenen Daten Ihrer Interessenten und Kunden durch das andere Unternehmen verantwortlich. Gerade weil es sich um eine Hilfsfunktion handelt und Sie als auftragsgebende Stelle die volle Verantwortlichkeit für die Rechtmäßigkeit der Datenverarbeitung behalten, ist die Auftragsdatenverarbeitung gesetzlich einer internen Nutzung durch Sie gleichgestellt und unter Beachtung der in § 11 BDSG normierten Voraussetzungen zulässig, ohne dass Sie die Einwilligung des jeweiligen Interessenten bzw. Kunden in die Verarbeitung der Daten durch das andere Unternehmen einholen müssten.

Die Zulässigkeit und Rechtmäßigkeit der Auftragsdatenverarbeitung setzt nach § 11 BDSG den Abschluss einer schriftlichen Vereinbarung zwischen der auftragsgebenden Stelle (Ihnen) und Ihrem Auftragsdatenverarbeiter, d. h. den Abschluss eines sogenannten schriftlichen Auftragsdatenverarbeitungsvertrages, voraus. Der Mindestinhalt eines solchen Vertrages wird als sogenannter 10-Punkte-Katalog in § 11 Abs. 2 BDSG festgelegt. Im Vertrag zu regeln sind danach auf jeden Fall:

▶ Gegenstand und Dauer des Auftrags

▶ Umfang, Art und Zweck der Datenverwendung, Art der Daten und
  Kreis der Betroffenen

▶ technische und organisatorische Maßnahmen

▶ Einflussnahmerecht des Auftraggebers (Berichtigung, Löschung etc.)

▶ Kontrollpflichten des Auftraggebers

▶ Unterauftragnehmer (ob und gegebenenfalls wie)

▶ Kontrollrecht des Auftraggebers (vor und während)

▶ Mitteilung von Verstößen des Auftragnehmers

▶ Weisungsbefugnis des Auftraggebers

▶ Rückgabe überlassener Datenträger und Löschung von Daten durch den
  Auftragnehmer nach Beendigung des Auftrags

16.3.2   Datentransfer in ein Drittland

In der Praxis kommt es häufig vor, dass Sie auf spezialisierte Unternehmen zur Erbringung von Dienstleistungen zurückgreifen möchten, die selbst oder zumindest deren Konzerngesellschaften (häufig die Muttergesellschaft) nicht innerhalb der EU bzw. nicht innerhalb des Europäischen Wirtschaftsraumes ihren Sitz haben, wie etwa in den USA. Aus datenschutzrechtlicher Sicht handelt es sich bei einem Land außerhalb des Europäischen Wirtschaftsraumes um ein sogenanntes Drittland. Grundsätzlich bedarf jeder Transfer personenbezogener Daten an eine Stelle in einem solchen Drittland einer zusätzlichen Rechtfertigung. Neben der allgemeinen Zulässigkeit dieser Übermittlung muss im Drittland ein angemessenes Schutzniveau gewährleistet sein, oder es muss eine gesetzliche Ausnahme (Einwilligung in die Übermittlung in ein unsicheres Drittland oder Erlaubnistatbestand) nach § 4 c BDSG vorliegen.

Ein angemessenes Datenschutzniveau kann auf unterschiedliche Weise gewährleistet werden:

1. Für bestimmte Drittländer hat die Europäische Kommission in sogenannten Angemessenheitsentscheidungen die Angemessenheit des Datenschutzniveaus festgestellt. Dies gilt beispielsweise für Kanada und die Schweiz.

2. Ein angemessenes Schutzniveau besteht auch dann, wenn zwischen den beteiligten Stellen (also zwischen Ihnen und Ihrem Dienstleister) die von der Kommission verabschiedeten Standardvertragsklauseln (EU-Model-Clauses) zur Gewährleistung der Schutzinteressen der Betroffenen vereinbart werden. Überdies können auch innerhalb eines Konzerns konzernweit verbindliche Unternehmensregelungen, Binding Corporate Rules, als Schutzgarantien zur Festlegung eines angemessenen Schutzniveaus dienen.

Für die USA galt mit Hinblick auf das Safe-Harbor-Abkommen bis Oktober 2015 ein Sonderfall. Im Rahmen des Safe-Harbor-Abkommens hatten sich die Europäische Kommission und das US-Handelsministerium auf bestimmte Prinzipien geeinigt, die – wenn sich ein US-Unternehmen auf diese verpflichtete und die Prinzipien umsetzte – ein angemessenes Schutzniveau sicherstellen sollten. In einer wegweisenden Entscheidung hat der Europäische Gerichtshof (EuGH) in der Rechtssache C-362/14 mit Urteil vom 6. Oktober 2015 die Safe-Harbor-Entscheidung der Europäischen Kommission für unwirksam erklärt und damit der Berufung auf das Safe-Harbor-Abkommen zur Gewährleistung eines angemessenen Schutzniveaus bei einem Datentransfer in die USA die Grundlage entzogen. Sofern Sie also auf Auftragsdatenverarbeiter in den USA zurückgreifen, ist es nicht mehr möglich, den Datentransfer in die USA bzw. die Angemessenheit des Schutzniveaus auf das Safe-Harbor-Abkommen zu stützen.

Bereits im Februar 2016 hatte die Europäische Kommission eine Neuauflage des Safe-Harbor-Abkommens angekündigt. Am 12. Juli 2016 wurde das Nachfolgeabkommen, das EU-US-Privacy-Shield, offiziell angenommen. Ab dem 1. August 2016 können sich US-Unternehmen vom US-Handelsministerium eine entsprechende Bescheinigung ausstellen lassen, dass sie unter dem EU-US-Privacy-Shield zertifiziert sind. Mit einer solchen Zertifizierung wird fingiert, dass ein angemessenes Datenschutzniveau besteht, sodass der Abschluss von Standardvertragsklauseln oder die Umsetzung anderer Maßnahmen nicht mehr erforderlich ist (vgl. Abbildung 16.5).

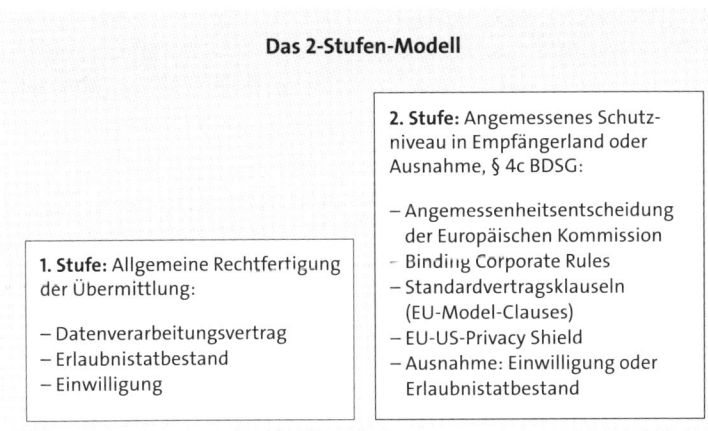

Abbildung 16.5 Internationale Datenübertragung (2-Stufen-Modell)

16.4   Ausblick auf die Datenschutz-Grundverordnung – Was kommt 2018?

Das heute im Jahr 2017 in Deutschland und dem Rest der Europäischen Union geltende Datenschutzrecht beruht auf der EU-Datenschutzrichtlinie 95/46/EG von 1995. Nachdem schon lange Zeit Einigkeit innerhalb der Europäischen Union herrschte, dass diese Regelungen aufgrund der rasanten technischen Entwicklungen nicht mehr den Anforderungen an ein modernes Datenschutzrecht genügen, wurde bereits im Jahr 2012 der erste Entwurf einer Datenschutz-Grundverordnung veröffentlicht. Die intensiven Diskussionen und Verhandlungen innerhalb der Europäischen Union mündeten schließlich in die »Verordnung (EU) 2016/679 des Europäischen Parlaments und des Rates vom 27. April 2016 zum Schutz natürlicher Personen bei der Verarbeitung personenbezogener Daten, zum freien Datenverkehr und zur Aufhebung der Richtlinie 95/46/EG« (Datenschutz-Grundverordnung, DS-GVO).

Ab dem 25. Mai 2018 ist die DS-GVO zu beachten und gilt dann als unmittelbar anwendbares Recht in allen europäischen Mitgliedsstaaten der EU. Obwohl die DS-GVO zu deutlich erhöhten Anforderungen sowie zu einer erheblichen Erhöhung des Bußgeldrahmens bei Verstößen gegen das Datenschutzrecht führt (bis zu 20 Mio. € bzw. 4 % des gesamten weltweit erzielten Jahresumsatzes einer Unternehmensgruppe) und daher dringend zu empfehlen ist, die notwendigen Schritte zur Implementierung der Vorgaben der DS-GVO einzuleiten, wird sich an dem oben erwähnten grundsätzlichen Einwilligungserfordernis nichts ändern.

Die Anforderungen an Auftragsdatenverarbeitung und die Übermittlungen personenbezogener Daten in ein Drittland nach der DS-GVO decken sich in vielen Teilen mit dem derzeit noch geltenden Recht. Ein Transfer in ein Drittland darf auch nach der DS-GVO nur erfolgen, wenn für das Drittland durch Entscheidung der Europäischen Kommission ein angemessenes Datenschutzniveau anerkannt ist oder, fehlt es daran, geeignete Garantien, wie etwa Standardvertragsklauseln oder Binding Corporate Rules, zum Einsatz kommen.

Kapitel 17
Marketing und Vertrieb zum Inbound-Team formieren

Umsatz ist der Applaus der Kundschaft.
– Götz W. Werner, Gründer und Inhaber von dm Drogerie Markt (*1944)

Seit es Marketing und Vertrieb in Unternehmen gibt, beschwören die Teams beider Seiten, wie wichtig die Zusammenarbeit der beiden Bereiche sei. Und doch sieht die Realität in vielen Unternehmen deutlich anders aus. Nicht immer verfolgen die beiden Unternehmensbereiche gemeinsame und eng aufeinander abgestimmte Ziele. In vielen Unternehmen ignoriert man sich jedoch einfach oder hat kaum direkte Berührungspunkte. Allerdings sollte man nicht darüber hinwegsehen, dass Marketing und Vertrieb in einem Unternehmen nur so intensiv zusammenarbeiten, wie es die Unternehmensleitung von ihnen erwartet. Falls aber z. B. ein »Leiter Marketing & Vertrieb« seine Tätigkeit nur als das Führen verschiedener voneinander unabhängiger Bereiche begreift, arbeiten gegebenenfalls auch Marketing und Vertrieb als getrennte Bereiche einfach nebeneinander her. In solchen Fällen herrschen dann nicht selten gegenseitige Vorurteile, Ressentiments und zum Teil sogar unverhohlene Abneigung im Unternehmen.

▶ Marketing gilt nicht selten als Unternehmensbereich, der lieber über Kunden redet als mit ihnen. Marketing-Leute seien eher mit Marken und Werbung vertraut als mit dem tatsächlichen Informationsverhalten der Kunden des eigenen Unternehmens, heißt es dann. Wenn die Marketing-Mitarbeiter dann »nicht einmal« an den Umsatz- und Kundengewinnungszielen des Unternehmens, sondern »nur« an der Einhaltung von Marketing-Budgets gemessen werden, ist das Klischee des »Werbefritzen« perfekt, und der Vertrieb nimmt die Marketing-Abteilung nicht auf Augenhöhe wahr.

▶ Demgegenüber steht oft das Vorurteil, dass Vertriebsleute nur auf das eigene Tun schauen würden und eine Augenhöhe mit den Marketing-Kollegen kategorisch abwehren, selbst wenn diese hocheffizient arbeiten und immer mehr bzw. immer bessere Leads gewinnen würden. Vertriebsleute würden stattdessen Neues verhindern und verbissen an überkommenen Verkaufsansätzen wie Kaltakquise (dem gefürchteten *Cold Calling*) und *Personal Selling* festhalten, weil sie vornehmlich auf die persönliche Überzeugungskraft des jeweiligen Verkäufers bauen würden.

Egal, wie die Realität im Einzelfall auch beschaffen sein mag, im digitalen Zeitalter können sich Marketing und Vertrieb weder diese Vorurteile noch die dahinterstreckenden klischeehaften Verhaltensweisen erlauben. Im digitalen Zeitalter sind Marketing und Vertrieb enger aufeinander angewiesen als jemals zuvor. Jede Unstimmigkeit und Ignoranz in der Zusammenarbeit beider Bereiche kostet das Unternehmen bares Geld und führt zu allgemein sichtbaren Ineffizienzen im Unternehmen. Die Lösung im Zeitalter von Inbound Marketing liegt in einem echten und engen Teamplay von Marketing und Vertrieb. Gemeinsam werden Marketing und Vertrieb zum Kundengewinnungs- und Umsatzmotor des Unternehmens. Damit ändert sich das Rollenverständnis von Marketing und Vertrieb weg von der strengen Trennung in zwei unabhängige Funktionen hin zu einem gemeinschaftlichen, partnerschaftlichen und eng miteinander verbundenen Rollenverständnis (vgl. Abbildung 17.1).

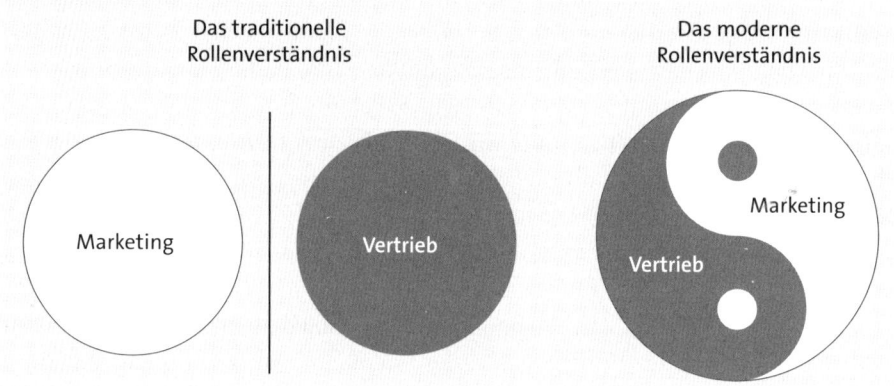

Abbildung 17.1 Rollenverständnis von Marketing & Vertrieb

Umsatz ist der Applaus der Kunden für den Team-Erfolg von Marketing und Vertrieb. Inbound ist ein Management-Ansatz, der Marketing und Vertrieb zusammenführt und beiden Bereichen eine partnerschaftliche, enge Zusammenarbeit auf Augenhöhe mit klar definierten Team-Rollen ermöglicht – zum Nutzen und Wohle aller. Dieses Teamplay und die dahinterliegenden Instrumente der Zusammenarbeit haben im Inbound Marketing einen Namen: *Marketing & Sales Alignment*.

17.1   Team-Erfolg durch Marketing & Sales Alignment

Was macht für Teams im Sport oder in anderen Bereichen des Lebens die echte Motivation aus? Teams brauchen ein herausforderndes Ziel, das alle teilen und das alle erreichen wollen. Dieses Ziel schweißt zusammen, es ermutigt zu Anstrengungen, und seine Erreichung hat einen echten Nutzen für jeden im Team. Dazu kommt das tolle Gefühl, sich auf den anderen verlassen zu können, am gleichen Strang zu ziehen und das gemeinsame Ziel niemals aus den Augen zu verlieren. Das gemeinsame Ziel für Marketing und Vertrieb als Team eines Unternehmens heißt: Umsatz. Die Umsatzziele des Unternehmens und die damit verbundene Gewinnung neuer Kunden sind die Treiber, die beide Bereiche an einem Strang ziehen lassen (sollten). Marketing und Vertrieb sind zwei Hälften eines einzigen Teams, das viele moderne Manager heute bereits das »Revenue Team« – also das »Umsatz-Team« – nennen. In der Tat sind es genau diese beiden Bereiche, die den ganzen Umsatz eines Unternehmens erwirtschaften müssen. Wenn sie es nicht tun, tut es kein anderer im Unternehmen.

Inbound Marketing ist ohne die enge Zusammenarbeit von Marketing und Vertrieb schlichtweg undenkbar. Wer versucht, Inbound Marketing zu betreiben, ohne den Vertrieb einzubeziehen, muss kläglich scheitern, denn er steht allein auf dem »Spielfeld« und versucht ständig, erstklassige »Bälle über den Rasen« zu schicken, die aber niemand im Unternehmen annehmen will. Was in dieser Fußball-Metapher noch harmlos klingen mag, ist in der Praxis des digitalen Marketings eine Katastrophe, die genauso mittelständische wie große Unternehmen betreffen kann. Oftmals liegt es einfach nur daran, dass man nicht genau weiß, wie man die enge Zusammenarbeit von Marketing und Vertrieb umsetzen soll. Für dieses moderne Teamplay existieren mit Marketing & Sales Alignment (auch Sales & Marketing Alignment oder Smarketing) eine Reihe unterstützender und erfolgserprobter Instrumente.

17.1.1   Die Vorteile von Marketing & Sales Alignment

Im digitalen Zeitalter benötigen Marketing und Vertrieb einen engen Schulterschluss, weil sie ihre jeweiligen Ziele nur mit der Unterstützung des jeweils anderen Bereiches erzielen können. Die Gewinnung neuer Kunden im Internet und in Online-Medien funktioniert nur, wenn beide Bereiche mitmachen und mit klar umrissenen Aufgaben und Prozessen agieren (Alignment). In diesem Buch haben Sie bereits viel über die Ziele und Aufgaben des Marketings bei der Gewinnung neuer Kunden erfahren. Immer wieder wurde klar, dass Marketing nur dann erfolgreich sein kann, wenn der Vertrieb die neu gewonnenen Leads aufgreift und zielsicher an die Kaufentscheidung heranführt. Marketing-Leuten dürfte also klar sein, dass sie im Inbound Marketing des digitalen Zeitalters nur erfolgreich sein können, wenn die Vertriebsmannschaft des Unternehmens auch mitzieht. Aber wie sieht es mit dem Vertrieb selbst aus? Warum sollte der Vertriebsbereich eines Unternehmens ein ureigenes und dringendes Interesse daran haben, mit dem Inbound Marketing des Unternehmens zusammenarbeiten zu wollen?

Der Grund dafür liegt bei den Kunden, egal, ob im B2C- oder im B2B-Bereich. Bereits zu Anfang dieses Buches (vgl. Kapitel 1) hat die »Zero Moment of Truth«-Studie von

Google klargemacht, dass sich in den meisten Geschäftsmodellen der Erstkontakt eines potenziellen Kunden zum Anbieter deutlich in der Customer Journey nach hinten verlagert hat. Kunden informieren sich heute noch viel mehr als vor ein paar Jahren erst einmal eigenständig im Internet, statt sich z. B. direkt an einen Anbieter und dessen Kundenberater zu wenden. Dadurch wird Marketing immer wichtiger und übernimmt ehemalige Vertriebsaufgaben in den frühen Phasen des Sales Funnel, um Menschen möglichst frühzeitig im Kaufprozess zu erreichen (vgl. Abbildung 17.2).

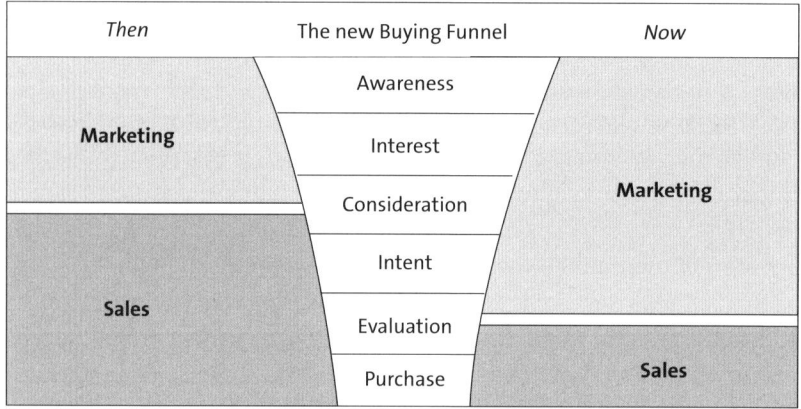

Abbildung 17.2 Die veränderten Rollen von Marketing und Vertrieb im Kaufprozess (Quelle: »www.marketo.com«)

Als Kunden noch nicht selbsttätig im Internet recherchierten, blieb ihnen gar nichts anderes übrig, als sich direkt an den Vertrieb so mancher Firma zu wenden, um z. B. Produktinformationen oder Kataloge zu erhalten. Heute kann Marketing im Internet viel früher auf informationssuchende potenzielle Kunden zugehen und den Dialog bereits dort einleiten, wo der Vertrieb noch keinen Kundenzugang hat. In den meisten Geschäftsmodellen ist (trotz gegenteiliger Sicht so mancher Vertriebsmannschaft) der Vertriebsmitarbeiter längst nicht mehr die erste Adresse für Interessenten, sondern das Internet. Verkäufer treffen überwiegend nur noch auf solche Interessenten, die sich bereits vorab schon gründlich informiert haben. Manchmal werden dann im Erstgespräch solche Fragen gestellt, die selbst ein erfahrener Verkaufsberater nicht ohne Nachdenken oder Nachfragen sofort beantworten kann. Die Rolle des »Kundenberaters« oder »Sales Rep« ändert sich daher grundlegend. Es geht nicht mehr in erster Linie darum, Interessenten über Produkte zu informieren, sondern ihnen vielmehr zu helfen, die für sie richtige Kaufentscheidung zu treffen. Vertriebsmitarbeiter sollten sich nicht mehr als Gatekeeper zu Produktinformationen begreifen, sondern als vertrauensvolle Berater, die einem Interessenten helfen, seine bereits vorab gewonnenen Informationen zu systematisieren, zu interpretieren und daraus abzuleiten, welche der möglichen Lösungen ihm den größten Nutzen bringen wird.

Inbound-Tipp: Herrscht das Vogel-Strauß-Prinzip in Ihrem Vertrieb?

Nicht alle Verkäufer wollen sich auf das Informations- und Suchverhalten ihrer Kunden im digitalen Zeitalter einstellen. Selbst in Konzernen gibt es Fälle, in denen die Vertriebsmannschaft einen Produktkatalog auf der Website und einen Online-Produktkonfigurator ablehnt, da sonst der Know-how-Vorteil und der Informationsvorsprung der persönlichen Verkäufer vor dem Kunden dahin seien. Das Dumme ist nur, dass diese Informationen im Internet meist von dritter Seite ohnehin beschaffbar sind und der Anbieter damit selbst die Rolle als Informations-Provider gegenüber Kunden im Internet an Dritte wie z. B. Foren, Händler oder Wettbewerber abgibt.

▶ Prüfen Sie, ob in Ihrem Unternehmen in einzelnen Sektionen oder Hierarchieebenen des Vertriebs dieses »Vogel-Strauß-Prinzip« aufzufinden ist.

▶ Machen Sie sich bewusst, dass der Grund dafür die Angst ist, als Vertrieb in der eigenen Funktion und Bedeutung ausgeschaltet und nicht mehr im Unternehmen gebraucht zu werden.

Diese Angst besteht ausschließlich bei solchen Vertrieblern, die mit den Aufgaben und Chancen des »beratenden Verkaufs« im Inbound Management noch nicht vertraut sind. Zu den neuen Aufgaben dieser Inbound-Sales-Methodik erfahren Sie mehr in Abschnitt 17.4.

Wie kann das Marketing-Team die Team-Kollegen im Vertrieb mit Inbound Marketing bei den Herausforderungen des Verkaufs im digitalen Zeitalter unterstützen?

17

Mehr qualifizierte Leads für den Vertrieb

Generell macht Marketing dem Vertrieb mit Inbound das Leben leichter, denn endlich werden neue Kontakte systematisch generiert, effektiv gepflegt, vorqualifiziert und so die Abschlussbereitschaft der Interessenten gesteigert, bevor sie beim Vertrieb landen. Im Inbound Marketing erhält das Beratungsteam des Vertriebs erst dann vom Marketing neue Leads, wenn diese mit Content-Angeboten wie E-Books und Checklisten weitergebildet und in ihrer Bedarfsklärung selbst ein Stück vorangekommen sind und nun Signale nach einem echten und dringlichen Bedarf aussenden. Der Vertriebsmitarbeiter hat den einmaligen Vorteil, auf einen bereits gut vorinformierten Kunden zu treffen, der an weiteren Informationen und Hilfestellungen ernsthaft interessiert ist. Um solche Interessenten effektiv in ihrer Kaufentscheidung unterstützen zu können, benötigt der Vertriebsmitarbeiter wiederum vorab vom Marketing alle vorhandenen Informationen darüber, welche Website-Inhalte, Content-Angebote und Blogposts sich der Interessent bereits vor dem ersten Gespräch angeschaut hat. Aufbauend auf diesem – jeweils individuell unterschiedlichen – Know-how des Interessenten kann dann der Vertriebsmitarbeiter konkret und effektiv weiterhelfen. Der Vertrieb ist also im Internet-Zeitalter immer stärker auf Marketing als den Zubringer echter Kaufinteressenten angewiesen. Durch Inbound Marketing erhält der Vertrieb mehr kaufbereite Leads als zuvor.

Ansprache von Interessenten weit vor einem Vertriebskontakt

Mit Inbound Marketing können Sie auch Menschen ansprechen, die erst nach Lösungswegen suchen (Consideration-Phase) oder erst einmal ihr eigenes Problem wahrnehmen und verstehen wollen (Awareness-Phase). Ein Vertriebsmitarbeiter kommt an solche Personen im Internet nicht heran und wäre auch für sie kein relevanter Ansprechpartner, da es in diesen frühen Phasen der Customer Journey noch gar nicht um konkrete Produktlösungen geht. Content-Angebote und Nurturing-Kampagnen des Marketings hingegen greifen die Bedarfe dieser potenziellen Kunden bereits in diesen frühen Phasen auf und versuchen, ohne Hervorhebung der eigenen Leistungsangebote Wege zur Problemlösung zu vermitteln. Mit Inbound Marketing erhält also der Vertrieb einen Partner, der Leads bereits in frühen Phasen anzieht, bevor überhaupt ein Vertriebskontakt möglich wäre. Damit hilft Marketing, viel mehr Leads als vorher zu gewinnen. Bereits in frühen Phasen des Entscheidungsprozesses kann Ihr Marketing das eigene Unternehmen den potenziellen Kunden als vertrauensvoller Partner präsentieren. Über den Austausch wertvoller Inhalte und Hilfestellungen baut Marketing ein Vertrauensverhältnis auf, von dem der Vertriebsmitarbeiter in einer späteren Phase nur profitieren kann. Kaufbereite Leads haben also bereits einen Vertrauensaufbau durch Marketing hinter sich. Der Vertrieb erhält dank der Vorarbeit des Marketings einen Vertrauensvorschuss bei abschlussorientierten Leads. Dank Inbound Marketing sind Sales Ready Leads nicht nur attraktiv (»warm« oder »heiß«), sondern gleichzeitig auch »vertraut« oder »vorgeprägt«. Die Generierung und Qualifizierung neuer Interessenten (Leads), die längst noch zu keinem Kontakt mit dem Vertrieb bereit sind, ist einer der wichtigen Hebel des Inbound Marketing für den Vertrieb.

Förderung der Abschlussbereitschaft von bestehenden Interessenten

Inbound Marketing baut einen kontinuierlichen Dialog mit Interessenten auf. Durch Marketing-Workflows und Inbound-Marketing-Kampagnen bleiben Leads an jedem Punkt ihrer Customer Journey in einem betreuten Kontaktprozess mit dem eigenen Unternehmen. Leads bleiben im Sales Funnel und gehen nicht verloren, da die Inbound-Marketing-Software zuverlässig nachfasst, Inspirationen schickt, Reaktionen abwartet und gegebenenfalls entsprechende Notifications per E-Mail oder SMS an Marketing- bzw. Vertriebsmitarbeiter sendet. Man spricht daher auch von einer »No Lead Left Behind«-Philosophie. Vorsichtig entwickeln Sie den Kontakt zu jedem Lead weiter, ohne zu schnell auf die eigenen Angebote oder gar den eigenen Vertrieb hinzuweisen. Wenn dieser Inbound-Marketing-Job professionell gemacht wird, gelingt es über die Zeit, auch die Abschlussbereitschaft vieler bereits gewonnener

Leads zu steigern. Inbound Marketing gewinnt nicht nur neue Leads für den Vertrieb, sondern arbeitet gleichzeitig auch an der Aktivierung und Qualifizierung des gesamten bisherigen Lead-Bestandes. Als Nebeneffekt vermindert sich dadurch auch die Absprungrate von Interessenten, die nicht oder nicht ausreichend in ihrem Kaufprozess betreut werden. Davon profitiert der Vertrieb, denn Leads werden sofort bei ausreichend hoher Vorqualifikation und artikuliertem Interesse an den weitergegeben.

Pflege und Reaktivierung von Bestandskunden für den Vertrieb

Die Hauptaufgabe des Vertriebs ist die Gewinnung neuer Kunden. Bei der Pflege von Bestandskunden, der Reaktivierung passiver Bestandskunden oder auch der Rückgewinnung ehemaliger Kunden war der Vertrieb vor Inbound Marketing relativ stark auf sich allein gestellt. Viele Marketing-Teams verantworten zwar Kundenklubs, Kundenbindungsprogramme oder Kundenveranstaltungen. Allerdings sind diese Marketing-Instrumente recht standardisiert und kümmern sich nicht um den individuellen Stand der Beziehung zu einzelnen Kunden. Inbound Marketing kommt hier zusätzlich ins Spiel und setzt an der individuellen Kundenbeziehung und an den Bedarfen jedes einzelnen Kunden in der Nachkaufphase an. Mit Customer-Engagement-Programmen im Inbound Marketing gelingt es, dem eigenen Vertrieb immer wieder neue Anspracheimpulse für die Kontaktaufnahme zu Bestandskunden zu liefern und bestimmte (passive) Kunden wieder bewusst zu machen, die im Tagesgeschäft leicht übersehen werden können, wenn der Hauptfokus auf der Akquise von Neukunden liegt. Inbound Marketing gestaltet dann aktiv den Kontakt zu Bestandskunden, überprüft stetig die Zufriedenheit, das Involvement und die Bedarfslage und ergreift selbsttätig Reaktivierungs-Workflows, die den Kunden gezielt in Richtung Up-Selling, Cross-Selling oder Vertragserneuerung (Renewal) entwickeln können. Dadurch leistet Inbound Marketing einen wichtigen Beitrag im Vertrieb zur Erhöhung des Customer Lifetime Value (CLV), d. h. des Gesamtumsatzes, den ein Kunde über die Gesamtdauer der Geschäftsbeziehung hinweg mit dem Unternehmen generiert.

17.1.2 Die Instrumente des Marketing & Sales Alignment

Für Marketing und Vertrieb gleichermaßen macht es Sinn, die Potenziale einer engen Abstimmung im Marketing & Sales Alignment auszuschöpfen. Obwohl das den meisten Unternehmen vollkommen bewusst ist, gibt es dennoch immer wieder Defizite im Wissen über eine effektive Umsetzung von Marketing & Sales Alignment mit entsprechenden Instrumenten. Das könnte daran liegen, dass das Wissen über die Vernetzung von Marketing und Vertrieb weder zum klassischen Know-how von Marketing noch zum Vertriebs-Know-how gehört. Es ist eine Art »Wissen auf der Metaebene«, das besonders auf der Management-Ebene beider Bereiche gleichermaßen bekannt sein sollte. Nur wenn das Senior Management in Marketing und Vertrieb sich Marketing & Sales Alignment zum wichtigen gemeinsamen Ziel setzt, können die beiden Unternehmensbereiche zu einem eingespielten Team werden, das den Wettbewerb in den Schatten stellt. Wird Marketing & Sales Alignment nicht priorisiert oder gar blockiert, werden die negativen Effekte bei der Gewinnung und Bindung von Kunden unmittelbar im Unternehmen spürbar.

Was macht aber das erfolgreiche Teamplay von Vertrieb und Marketing aus? Es sind fünf große Bereiche, die den Team-Erfolg in der Praxis des Marketing & Sales Alignment bestimmen (vgl. Abbildung 17.3).

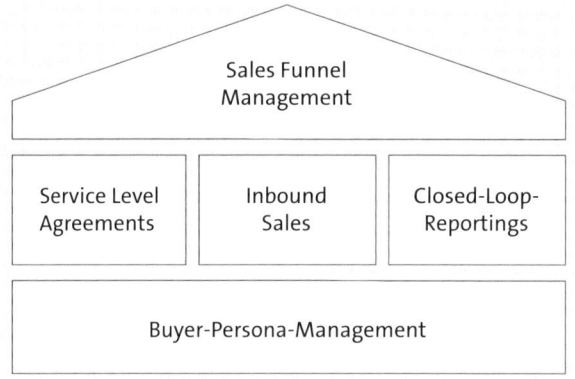

Abbildung 17.3 Die fünf Bereiche des Marketing & Sales Alignment

Die Management-Ebene und die Teams von Marketing und Vertrieb sollten frühzeitig bei der Planung der Inbound-Marketing-Strategie zusammenkommen, um ein Marketing & Sales Alignment herbeizuführen. Nur wenn der Vertrieb von vornherein eingebunden ist, werden gemeinsam erarbeitete Ziele und Prozesse auch hinterher gemeinsam getragen. Das gewährleistet, dass Marketing und Vertrieb dauerhaft an einem Strang ziehen. Hier sind die fünf Elemente des Marketing & Sales Alignment im näheren Überblick:

1. *Gemeinsame Ziele und Rollen (Sales Funnel Management):* Marketing und Vertrieb sollten gemeinsame Ziele haben. Beide Bereiche müssen gemeinsam festlegen, welche und wie viele neue Kunden das Unternehmen gewinnen will. Dazu gehören klar definierte, beidseitig akzeptierte und sauber aufgeteilte Rollen beider Bereiche im Marketing & Sales Funnel.

2. *Gegenseitige Service-Versprechen (Service-Level-Agreements):* Marketing und Vertrieb sollten sich gegenseitig als interne Kunden verstehen. Dadurch kann man die wechselseitigen Erwartungen der Bereiche abklären und sie z. B. im Rahmen eines schriftlichen gegenseitigen Service-Versprechens oder auch Service-Level-Agreements (SLA) festlegen.

3. *Angepasster Verkaufsprozess (Inbound-Sales-Philosophie):* Das Verkaufsteam im Vertrieb stellt sich auf die neuen und von Marketing bereits vorgeprägten Leads ein. Dazu gehört eine neue Art der persönlichen und beratungsorientierten Kundenansprache (Inbound Sales), die bei jedem Kontakt zu einem Interessenten Nutzen schafft und die Kaufentscheidung des Kunden in den Vordergrund stellt – nicht die Produkte des eigenen Unternehmens.

4. *Gemeinsames Performance-Monitoring (Closed-Loop-Reporting):* Um die Zielerreichung des jeweils anderen Bereiches effektiv unterstützen zu können, ist es wichtig, dass Marketing und Vertrieb sich gegenseitig Einsicht in die Zahlen der Zielerreichung und der Performance der eigenen Maßnahmen gewähren. Dazu gehören gemeinsame Reportings (Closed-Loop-Reporting) ebenso wie gemeinsame Meeting-Runden und Kampagnen-Reviews.

5. *Gemeinsames Management der Buyer Personas:* Marketing und Vertrieb sollten sich gemeinsam um die Entwicklung und Betreuung der Buyer Personas des Unternehmens kümmern. Beide Bereiche sind nah am Kunden und gewinnen ständig wertvolle Informationen hinzu, die das Wissen über die Buyer Personas verbessern. Ein gemeinsames Buyer-Persona-Management beider Bereiche ist ein unschätzbarer Vorteil für das gesamte Unternehmen.

17.2   Ziele und Rollen im Sales Funnel gemeinsam definieren

Wie in jedem guten Team brauchen auch beim Kunden-Management im digitalen Zeitalter alle Player klar definierte und verteilte Rollen. Und es braucht viel Praxisübung im Zusammenspiel, um als Team immer besser und erfolgreicher zu werden. Inbound Marketing ist besonders dann erfolgreich, wenn Marketing und Vertrieb ihre Verantwortungen, Rollen und Ziele für alle Phasen bei Kundengewinnung und Kundenbindung so sauber aufeinander abstimmen, wie es auch die Spieler einer Fußballmannschaft im Profifußball tun.

17.2.1   Gemeinsame Rollenverteilung im Sales Funnel

Etablieren Sie unbedingt eine gemeinsame Sicht und Sprache zwischen Marketing und Vertrieb für alle Stufen, die ein potenzieller Kunde auf dem Weg zum Kauf und nach dem Kauf zurücklegt, d. h. für den gesamten Marketing & Sales Funnel (vgl. Abbildung 17.4).

In diesem Marketing & Sales Funnel managen Marketing und Vertrieb durch Teamplay gemeinsam den »Ballwechsel« in den einzelnen Stufen des Funnel und die Fortentwicklung der Kunden von Stufe zu Stufe im Funnel. Marketing stellt den Kontakt zu neuen Interessenten her und gewinnt wichtige Informationen über deren

Informationsbedarf, Interessen und Probleme. Das erzielt Klarheit darüber, wo potenzielle Kunden in ihrem individuellen Informations- und Kaufentscheidungsprozess stehen. Marketing qualifiziert die gewonnenen Interessenten mit Inbound-Maßnahmen gezielt vor und übergibt die geeigneten potenziellen Kunden zur richtigen Zeit an die Kollegen im Vertrieb. Der Vertrieb erhält dann alle bisher gesammelten qualifizierenden Informationen und kann auf dieser Basis effektive Kaufberatung geben. Marketing hat für den Vertrieb bereits das Feld bereitet, denn der Kaufinteressent hat bereits Vertrauen aufgebaut und gegebenenfalls bereits die Relevanz des Produktangebots für sich erkannt. Davon profitieren alle. Diese idealtypische Abstimmung von Marketing und Vertrieb ist von Unternehmen zu Unternehmen immer ein wenig unterschiedlich. Wenn Sie eine kampferprobte Rollenaufteilung aus der Praxis suchen, empfehlen wir Ihnen das folgende Teamplay für Marketing und Vertrieb.

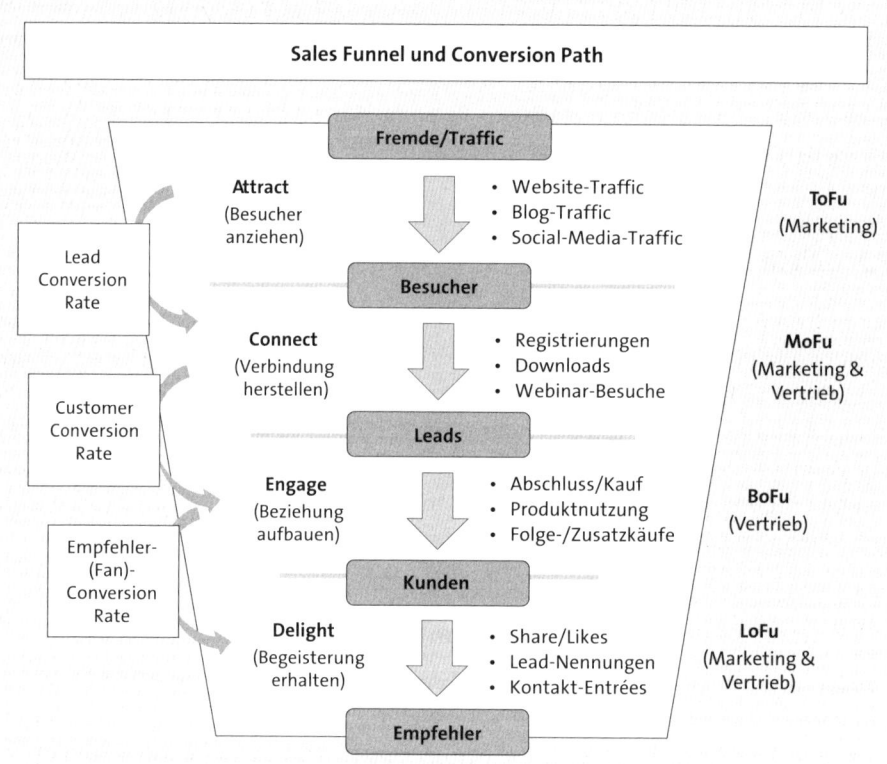

Abbildung 17.4 Die gemeinsame Sicht auf den Marketing & Sales Funnel

1. Gestalten Sie die Traffic-Generierung im »Top of the Funnel«-Bereich (ToFu) als originäre Aufgabe für das Marketing. Geben Sie Marketing den Zugriff auf die

Social-Media-Präsenz, die Content-Gestaltung der Website und die Produktion von buyer-persona-orientierten Blogposts für den Unternehmens-Blog. Das macht die Marketing-Abteilung zu einem kundennahen und starken Traffic-Produzenten.

2. Lead Nurturing in der »Middle of the Funnel«-Stufe (MoFu) des Vermarktungsprozesses ist eine anspruchsvolle Aufgabe. Ihr Lead Management wird in dieser Stufe nur dann funktionieren, wenn Marketing und Vertrieb gemeinsam festlegen, ab welchem Grad der Bedarfserkennung ein Interessent aus Marketing-Sicht für weiteres Lead Nurturing qualifiziert ist (Marketing Qualified Lead) und wann ein Lead aus Vertriebssicht qualifiziert ist (Sales Qualified Lead).

3. Die Bedarfsanalyse eines kaufabschlussbereiten Interessenten, die Angebotserstellung und die Abschlussverhandlungen sind allesamt klassische Vertriebsaufgaben in der »Bottom of the Funnel«-Stufe (BoFu). Im Vertrieb sollte die Verantwortung für Kundenabschlüsse liegen – soweit es überhaupt in Ihrem Unternehmen eine organisatorische Trennung zwischen Marketing und Vertrieb gibt. Gerade in mittelständischen Unternehmen werden alle Phasen vom selben Team betreut. Das ist prinzipiell ein großer Vorteil, da damit alle Aufgaben in einer Hand liegen und Kunden entlang ihrer Customer Journey nahtlos betreut werden können. Allerdings sollten Sie dann sicherstellen, dass Ihr Team für alle Stufen des Kunden-Management-Prozesses – von der Traffic-Generierung bis zum Abschluss – ausreichend qualifiziert, erfahren und trainiert ist. Diese Stufe wird übrigens in der Vertriebssprache deshalb gern als »Bottom of the Funnel« bezeichnet, weil hier der Weg des Kunden aus klassischer Vertriebssicht zu Ende geht.

4. Inbound Marketing sollte nach dem Kaufabschluss unbedingt weitermachen. Der BoFu ist keinesfalls das Ende, sondern erst der Anfang des eigentlichen Kundenweges. Machen Sie aus Ihren Kunden begeisterte Fans und Empfehler. Das ist eine gemeinsame Aufgabe für Marketing, Vertrieb und Kundenservice. Wir bezeichnen diese Stufe als »Loop of the Funnel« (LoFu), weil begeisterte Kunden einen viralen Effekt oder eine Art Empfehlungsspirale (Loop) auslösen können. Begeisterte Kunden empfehlen weitere Kunden. Geben Sie also Ihren Kunden nach dem Kauf mindestens das gleiche Niveau von Content, Inspiration und Nurturing wie vor dem Kauf. Das ist die Basis, um Kunden zu begeistern und sie als Empfehler zu gewinnen.

Marketing und Vertrieb verantworten den Kunden-Management-Prozess gemeinsam. Schaffen Sie daher möglichst frühzeitig Klarheit über die gegenseitigen Rollenerwartungen in Marketing und Vertrieb. Machen Sie eine gemeinsame Ziel- und Maßnahmenplanung. Starten Sie den Inbound-Weg parallel in Marketing und Vertrieb. Schulen Sie die Teams von Marketing, Vertrieb und Kundenservice in der Inbound-Logik. Dann haben Sie schon die wichtigsten Erfolgsgrundlagen gelegt.

17.2.2   Gemeinsame Ziele setzen

Marketing und Vertrieb haben die Aufgabe, den Weg zum angestrebten Umsatzziel des eigenen Unternehmens gemeinsam zu definieren. Dabei geht es keinesfalls darum, ein von oben angeordnetes Umsatzziel einfach als gegeben anzunehmen, sondern Umsatzvorgaben gemeinsam zu reflektieren, zu operationalisieren und sich selbst eigene Ziele zu setzen, die nicht nur auf das Ziel »Umsatz« schauen, sondern auch auf die davorstehenden Zieldimensionen wie Traffic und Leads (vgl. Abbildung 17.5).

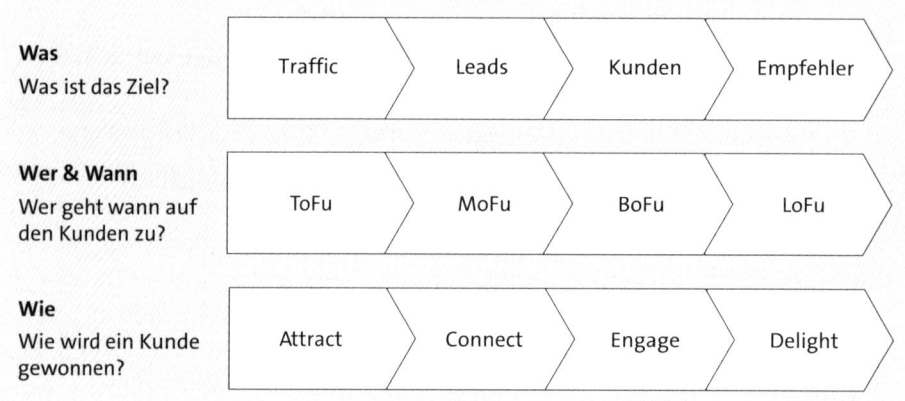

Abbildung 17.5 Ziele und Aufgaben für Marketing und Vertrieb

Besonders bei der Operationalisierung von Zielen für das Lead Management sollten Sie nicht einfach einen Durchschnittsumsatz pro Neukunde anlegen, sondern analysieren, wie die tatsächliche Umsatzverteilung in Ihrem Unternehmen aussieht.

▶ Bringen alle Kunden Ihres Unternehmens einen gleich hohen Durchschnittsumsatz? In einem solchen Fall können Sie tatsächlich einfach aus einem Top-down-Ziel des geplanten Neukundenumsatzes die erforderliche Anzahl von Neukunden berechnen. Die nötige Anzahl der Neukunden ergibt sich, indem Sie die Summe des geplanten Neukundenumsatzes durch den Durchschnittsumsatz pro Kunde dividieren.

▶ Komplizierter und gleichzeitig realistischer wird es, wenn Sie bei Ihrer Marketing- und Vertriebsplanung unterschiedlich hohe Durchschnittsumsätze und auch unterschiedlich lange Sales Cycles zugrunde legen. Das ist vor allem wichtig für Unternehmen, die zwar viele Kleinkunden relativ schnell gewinnen, gleichzeitig aber auch Großkunden akquirieren, deren Beschaffungsprozess komplexer ist und länger dauert. Wenn das für Ihr Unternehmen zutrifft, sollten Sie unterschiedliche Traffic-/Lead-Kundenplanungen für verschiedene Kundensegmente vornehmen und auch den jeweiligen Sales-Qualified-Lead-Status unterschiedlich definieren.

Oftmals wird bei der Marketing- und Vertriebsplanung auch vergessen, die unterschiedlichen Wertdimensionen von Leads zu berücksichtigen. Es gibt mehr als nur die simple Anzahl von zu gewinnenden Leads. Beachten Sie neben der Zieldimension *Anzahl neuer Leads* auch die drei folgenden Zieldimensionen:

► Steigern Sie die Anzahl der Leads (Lead Quantity) durch mehr Conversions. Marketing und Vertrieb wollen möglichst viele neue Interessenten möglichst schnell durch den Sales Funnel hin zum Kaufabschluss führen. Definieren Sie an jedem Punkt des Vermarktungsprozesses Ihre Zielerfolgsquoten für die entsprechenden Conversion Rates von Stufe zu Stufe.

► Steigern Sie die Qualität der Leads (Lead Quality) durch besseres Nurturing vom MQL zum SQL. Gerade bei Geschäftsmodellen mit langen Sales Cycles im B2C-Bereich (z. B. Fertighausanbieter) sowie im B2B-Bereich (z. B. ERP-Software, Großmaschinen) geht es im Tagesgeschäft besonders darum, die Ziele für die Lead-Entwicklung hin zum Sales Qualified Lead und zur abschlussbereiten Sales Opportunity im Auge zu behalten.

► Steigern Sie den Wert Ihrer Leads (Lead Value). In manchen Zielplanungen von Marketing und Vertrieb wird vereinfachend angenommen, der Wert eines neu gewonnenen Lead sei immer gleich hoch. Diese Denke unterschlägt die wichtige Aufgabe von Marketing und Vertrieb, den Wert eines Lead durch die eigene Arbeit zu steigern. Das gemeinsame Ziel sollte es vielmehr sein, den Wert der für einen jeweiligen Lead infrage kommenden Produktleistung (z. B. Produktversion, Service-Bundle) zu erhöhen und so den Lead Value, d. h. den erwarteten Umsatz oder CLV des Lead, anzuheben. Das schafft man, wenn Marketing und Vertrieb gemeinsam den Nutzen eines größeren Produktpakets verdeutlichen (Up-Selling).

Verankern Sie alle Stufen – Traffic, Leads, Kunden, Empfehler – als gemeinsame Sprache und gemeinsame Zielgrößen für Ihr Marketing- und Ihr Vertriebsteam. Legen Sie die Ziele für Lead-Gewinnung, Kundengewinnung und Kundenbindung mit beiden Teams gemeinsam fest. Betrachten Sie bei Ihrer Zielplanung die Makroebene Ihrer Ziele (z. B. Gesamtumsatz, Anzahl nötiger Neukunden) genauso wie die Mikroebene (z. B. Umsatz pro Kunde, Conversion Rates pro Stufe).

Inbound-Tipp: Planen Sie vom Kaufabschluss rückwärts bis zum Traffic

Ein guter Ansatz zur Analyse und Planung von Kunden, Leads, Traffic und Conversion ist es, den Kaufprozess vom Ende her zu sehen wie in Abbildung 17.6 dargestellt. Errechnen Sie von der Anzahl der Käufe rückwärts aus die nötige Gesamtanzahl (in der Abbildung: #) und Conversion Rates (in der Abbildung: %) bis zurück zum erforderlichen organischen Traffic (per Google-Suche), Blog-Traffic und Social-Traffic.

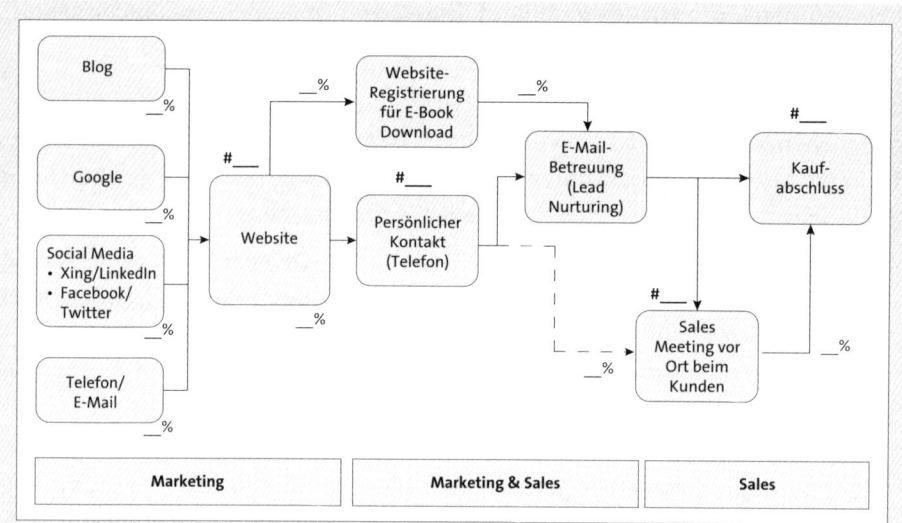

Abbildung 17.6 Gemeinsame Planung der Ziele und Conversion Rates

Wenn Sie diese Kalkulation gemeinsam mit Marketing- und Vertriebsmitarbeitern machen, erreichen Sie eine hohe Identifikation und Einsicht in beiden Teams. Schon die gemeinsame Planungsarbeit kann Marketing und Vertrieb als Team prägen. Um die gemeinsamen Umsatzziele zu erreichen, vereinbaren Sie für Marketing und Vertrieb genaue Quoten für die benötigte Anzahl von Leads und Kunden pro Jahr, Quartal und Monat (am besten auch mit realistischen saisonalen Schwankungen). Diese Werte dienen zur Orientierung über die gemeinsame Zielerreichung und sind direkte quantitative Zielvorgaben für die Inbound-Marketing-Kampagnen. Sie können das Planungs-Sheet aus Abbildung 17.6 als PowerPoint-Tool unter *www.thoughtleadersystems.com/ressourcen/funnel-powertool* kostenlos herunterladen.

Mit der gemeinsamen Planung verknüpfen Sie die Ziele von Marketing und Vertrieb und machen die Arbeit der beiden Bereiche voneinander untrennbar. Die gemeinsamen Ziele verknüpfen auch die gemeinsamen Prozesse. Marketing-Ziele und Umsatzvorgaben im Vertrieb werden zur gemeinsamen Zielfunktion. Das hilft Marketing und Vertrieb sogar, wenn man bereits bei der Planung gemeinsam feststellt, dass die gegebenen Ressourcen des Unternehmens (z. B. Marketing-Budget, geplante Kampagnen-Anzahl) nicht ausreichen werden, um die gemeinsamen Umsatzvorgaben zu erreichen. Marketing und Vertrieb können dann gemeinsam z. B. bei der Unternehmensleitung ein erforderliches Zusatzbudget beantragen, das sie unmittelbar an die Erreichung der gemeinsamen Umsatzziele geknüpft haben. Eine Budgeterhöhung für Inbound Marketing plant so auch immer direkt eine Umsatzerhöhung für den Vertrieb ein.

17.3   Gegenseitige Service-Level-Agreements einrichten

Wie schaffen Sie Verbindlichkeit für Inbound Marketing? Die Lösung liegt darin, Marketing und Vertrieb zu gegenseitigen internen Kunden zu erklären und auf dieser Basis gemeinsame und gegenseitige Service-Versprechen zu vereinbaren. Ein solches internes Service-Level-Agreement (SLA) regelt schriftlich, welche Kriterien erfüllt sein sollen, damit Marketing einen qualifizierten Interessentenkontakt als Marketing Qualified Lead (MQL) an den Vertrieb weiterleitet. Der Vertrieb wiederum verpflichtet sich zur Einhaltung verbindlicher Standards zur Ansprache solcher potenzieller Kaufkandidaten (z. B. Reaktionszeit und Häufigkeit bei der Ansprache der Kaufinteressenten) zur weiteren Qualifizierung. Mit einem SLA verpflichten sich beide Teams zur Einhaltung von Zielen im Lead Management, damit man sich gegenseitig bei der Realisierung der gemeinsam vereinbarten Kundengewinnungsziele unterstützt. Am besten haben Marketing und Vertrieb dazu vorher gemeinsam den Entscheidungsprozess und die Customer Journey der Kunden des eigenen Unternehmens analysiert. Auf Basis der bisherigen Erfahrungen im Unternehmen legen dann Marketing und Vertrieb solche Kriterien fest, die einen Kunden eindeutig als Marketing Qualified Lead bzw. Sales Qualified Lead charakterisieren.

17.3.1   Charakterisieren Sie die Marketing Qualified Leads

Achten Sie sowohl auf sichtbare Verhaltensmerkmale als auch auf die Eignung bzw. Passung (*Fit*) eines Marketing Qualified Lead. Um als MQL infrage zu kommen, sollten nicht nur das sichtbare Verhalten eines Lead (z. B. Content-Downloads, Webinar-Anmeldungen), sondern auch bereits bekannte Rollenmerkmale (z. B. Jobtitel, Branche, Unternehmensgröße) zum eigenen Angebot passen. Schließlich wollen Sie z. B. Stellenbewerber, Praktikanten oder Lieferanten, aber auch Interessenten aus ungeeigneten Umfeldern automatisch von einer Weiterqualifizierung ausschließen.

▶ **Das Verhalten eines Marketing Qualified Lead:** Legen Sie gemeinsam in Marketing und Vertrieb fest, woran Sie festmachen, ob und ab wann ein potenzieller Kunde für Inbound Marketing erreichbar und gezielt ansprechbar ist. Analysieren Sie, woran Sie das entsprechende Interesse und Involvement eines potenziellen Zielkunden festmachen, damit er sich für weitere Marketing-Programme qualifiziert (z. B. Workflows, Kampagnen). Welche Content-Angebote sollte er heruntergeladen bzw. gelesen und welche Webpages gesehen haben? Ist es wichtig, dass er den Newsletter oder Blog abonniert hat?

▶ **Die Eignung eines Marketing Qualified Lead:** Aus den bereits gewonnenen Formular- und Kontaktdaten eines Lead sollte bereits erkennbar werden, ob der neue Kontakt in Ihr »Zielkundenprofil« passt. Prüfen Sie, ob das Leistungsangebot Ihres

Unternehmens gut zum Lead selbst (z. B. der Jobtitel oder Tätigkeitsbereich) und zu seinem Unternehmen passt (z. B. die Branche oder Unternehmensgröße im B2B-Bereich).

Mit der MQL-Qualifizierung helfen Sie auch nicht geeigneten Leads, denn Sie unterdrücken Ihrerseits eine weitergehende Bearbeitung von Interessenten, denen Ihre Produkte und Ihr Unternehmen bei der Lösung ihrer Probleme nicht helfen können. Ihr Vertrieb sollte zwingend bei der MQL-Definition mitwirken, denn hier werden bereits die Weichen gestellt, ob und welche Leads das Marketing weiterentwickeln bzw. priorisieren soll. Schreiben Sie in einem von Marketing und Vertrieb gemeinsam erstellten Steckbrief herunter, welche Kriterien ein idealer Marketing Qualified Lead haben sollte bzw. welche verschiedenen Arten von Marketing Qualified Leads in Ihrem Geschäft auftreten können und welche Priorisierung Sie gemeinsam diesen verschiedenen MQL-Profilen geben.

17.3.2 Vereinbaren Sie die Schritte zum Sales Qualified Lead

Um zu beurteilen, wie Sie mit einem Marketing Qualified Lead weiter vorgehen wollen, sollten Sie zwei Kriterien zurate ziehen und diese bindend für Marketing und Vertrieb festlegen (vgl. Abbildung 17.7).

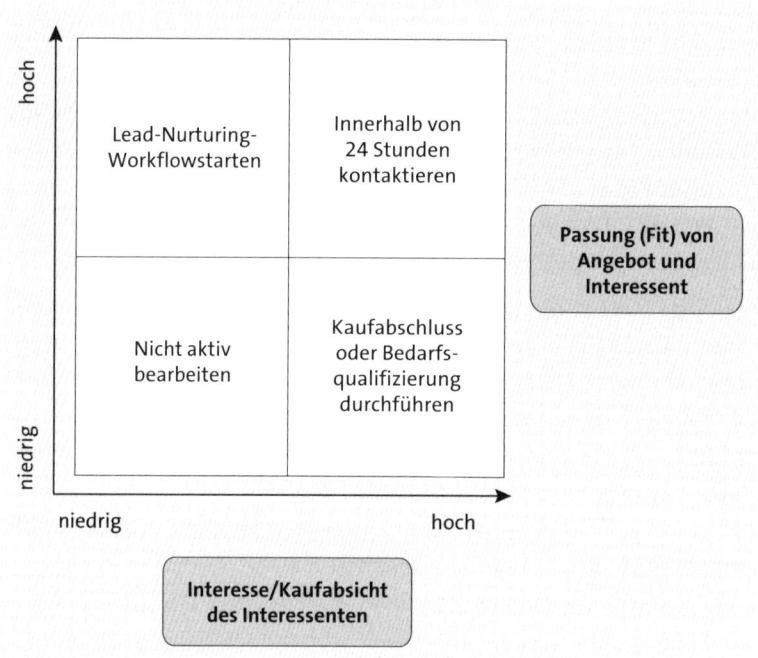

Abbildung 17.7 Der Umgang mit Marketing Qualified Leads (MQL)

Das Verhalten und die beobachtbaren Rollenkriterien eines Lead geben Aufschluss darüber, wie gut die Eignung bzw. der *Prospect Fit* des Lead zu Ihrem Unternehmen ist. Anhand des Verhaltens können Sie gleichzeitig beurteilen, wie weit der entsprechende Interessent bereits auf dem Weg seiner Kaufentscheidung vorangekommen ist. Lädt er noch allgemeinen Consideration-Content wie z. B. ein E-Book mit einer Themeneinführung herunter? Oder zeigt er schon Anzeichen der Decision-Stufe, d. h. lädt er eine Preisliste herunter bzw. fragt eine Demo oder Erstberatung an? Je nach Ausprägung von Prospect Fit und *Kaufabsicht* sollten Sie unterschiedliche Behandlungen bzw. Workflows ausarbeiten und diese gemeinsam durch Marketing und Vertrieb in der Service-Level-Agreement-Vereinbarung schriftlich niederlegen lassen, damit sich jeder auch nach geraumer Zeit noch an die vereinbarten Leistungen erinnern kann. Die Arbeit der Lead-Qualifizierung wird hier zum großen Teil durch das Marketing-Team erbracht. Erst bei gleichzeitigem Auftreten von hohem Interesse und möglichst hohem Fit und wird ein Marketing Qualified Lead direkt kontaktiert und dazu gegebenenfalls an den Vertrieb weitergereicht.

Inbound-Tipp: Legen Sie Ihr Lead-Scoring-Modell gemeinsam fest

Wenn Sie die Lead-Scoring-Ansätze und Module unterschiedlicher Inbound-Marketing-Software-Hersteller vergleichen, werden Sie feststellen, dass hinter diesen Software-Modulen (vgl. Abschnitt 6.3) auch ganz eigene Sichten auf den dahinter liegenden Prozess der Zusammenarbeit von Marketing und Vertrieb stecken. Prüfen Sie bei der Festlegung von SLA-Vereinbarungen von Marketing und Vertrieb in Ihrem Unternehmen, ob das Lead-Scoring-Verfahren Ihrer Inbound-Marketing-Software zum Vermarktungsprozess Ihres Unternehmens passt. Checken Sie, welche Elemente des Kundenverhaltens und der Kontaktprofile (Properties) Sie für ein Punktesystem heranziehen können (vgl. Abbildung 17.8).

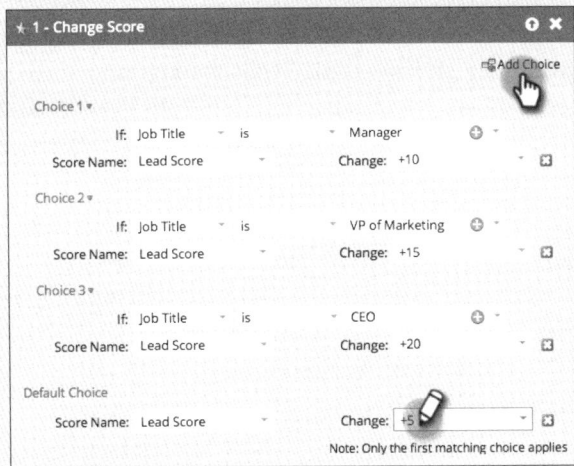

Abbildung 17.8 Lead-Scoring-Modul einer Inbound-Marketing-Software (Beispiel: Marketo)

Legen Sie Ihr Lead-Scoring-Punktesystem als gemeinsamen Schritt von Marketing und Vertrieb fest. Machen Sie Ihr Scoring-System zum Element Ihrer schriftlichen SLA-Vereinbarung. Legen Sie fest, ab welchem Lead Score z. B. der Vertrieb aktiv werden bzw. von Ihrer Inbound-Marketing-Software direkt ein Signal (Sales Notification) erhalten soll.

Mit diesen Arbeitsschritten definieren Marketing und Vertrieb gemeinsam, ab wann ein Lead als *Sales Ready* gilt und wie er dann an den Vertrieb übergeben werden soll (z. B. automatisiert oder manuell, mit oder ohne Begleitnachricht). Gerade mit dieser Festlegung in einem SLA machen Marketing und Vertrieb gemeinsam deutlich, wie wichtig und ernst sie beide den gemeinsamen Vermarktungsprozess nehmen. Genau an dieser Schnittstelle gehen in der Unternehmenspraxis sonst viele abschlussbereite Leads im Sales Funnel verloren.

17.3.3   Vereinbaren Sie die Follow-up-Leistung des Vertriebs

Wenn sich ein gut passender und abschlussbereiter Lead durch sein Verhalten (z. B. E-Mail, Demo-Anfrage, Anruf beim Unternehmen) zu erkennen gibt, hat Ihr Unternehmen nicht unbegrenzt Zeit, um diesen »heißen« Kontakt für sich zu nutzen. Allerdings sollte in diesem Zusammenhang fairerweise auch gesagt sein, dass die Vereinbarung Ihres SLA auch berücksichtigen sollte, wie hoch die entsprechenden Personalkapazitäten im Vertrieb sind, wie hoch das Aufkommen »heißer« Leads ist und wie viele Leads dementsprechend im Vertrieb schnellstmöglich abgearbeitet werden können.

1. Minimieren Sie die Zeit bis zum ersten Kontakt (Reach-Out). In manchen Geschäftsmodellen entscheiden bereits Minuten darüber, ob Sie einen Kaufinteressenten nach seiner Interessensbekundung noch erreichen werden oder nicht. Mit jeder halben Stunde an Reaktionszeit sinken oft die Erreichbarkeit und auch das Involvement eines gerade noch aktiven potenziellen Kunden. Daher gehört zu Ihrem Service-Level-Agreement auch eine Vereinbarung darüber, mit welcher Reaktionszeit ein frisch übergebener Lead vom Vertrieb kontaktiert werden soll.

2. Analysieren und planen Sie, wie viele Kontaktversuche des Vertriebs in der Regel nötig und sinnvoll sind. Definieren Sie gemeinsam die Anspracheketten des Vertriebs für Ihre Leads. Berücksichtigen Sie dabei sowohl die entsprechenden Anspracheskadenzen und die pro Anfragestufe genutzten Anspracheskanäle (Telefon, E-Mail, Xing/LinkedIn/Facebook). Hier verstecken sich viele Praxis-Learnings. Halten Sie daher an dieser Stelle Ihr Service-Level-Agreement flexibel.

3. Planen Sie gemeinsam das Ende der Anspracheskette. Manche Leads lassen sich einfach nicht erreichen oder entziehen sich dem direkten Kontakt. Legen Sie daher auf Basis Ihrer Erfahrungswerte mit abschlussbereiten und weniger abschlussbereiten

Kunden fest, wann der Vertrieb seine Kontaktbemühungen wiedereinstellen soll und wie dann weiter mit dem Lead umgegangen werden soll. Für solche Leads können Sie einen entsprechenden (Re-)Aktivierungs-Workflow aufsetzen und diesen per Schnittstelle von CRM-System und Inbound-Marketing-Software direkt durch den Vertrieb aktivieren lassen.

4. Definieren Sie gemeinsam, wie Sie mit (gegen alle Erwartungen) negativ reagierenden Leads umgehen werden. Sollen bestimmte Leads von allen weiteren Kontaktaufnahmen ausgeschlossen werden? Dann definieren Sie im SLA direkt, wie dieses Signal vom Vertrieb an Marketing zurückgegeben werden soll. Wie gehen Sie mit Leads um, die der Vertrieb zwar erreicht, die aber stolz berichten, dass sie soeben bei einem Ihrer Wettbewerber unterschrieben haben? Sie müssen solche Leads nicht unbedingt fallen lassen, sondern können sie in bestimmte Marketing-Workflows aufnehmen, die darauf abzielen, weiteres Standing bei diesem verlorenen Kunden aufzubauen und ihn z. B. rechtzeitig bei einer Neu- oder Ersatzanschaffung automatisch ansprechen zu können.

17.4   Inbound als Sales-Methode etablieren

Bei allen Änderungen, die das Informations- und Suchverhalten der Kunden im digitalen Zeitalter durchgemacht hat, ist es nur natürlich, dass sich auch die Vertriebsaufgaben und der Prozess des persönlichen Verkaufens fundamental geändert haben. Nicht das Internet hat den Vertrieb im digitalen Zeitalter fundamental verändert, sondern die Kunden waren es. Interessenten, die sich bereits hervorragend bei Google, in sozialen Medien und auf Foren und Portalen informiert haben, erwarten von Verkäufern heute eine schnelle, individuelle und voll auf die Lösung ihrer Probleme fokussierte Beratung. Doch dazu muss es erst einmal kommen. Schließlich befindet sich das alte *Cold Calling*, d. h. die Kaltakquise per Telefon, auf dem Rückzug. Gleiches gilt für E-Mails und Social-Media-Nachrichten, die von Vertrieblern ohne Vorwarnung und ohne jeden Kontextbezug zum jeweiligen Interessenten »abgeschossen« werden – nur weil jemand vielleicht gerade ein E-Book heruntergeladen hat. Was sich im digitalen Zeitalter verändert hat, sind nicht so sehr die Medien, sondern die Erwartungen der Kunden und Interessenten, die diese Medien nutzen. Und so, wie Kunden heute genervter als je zuvor auf Werbung reagieren, tun sie das auch auf ungebetene E-Mails oder Anrufe, Standardanfragen auf Xing und LinkedIn oder Verkaufsmitarbeiter am Telefon, die offenbar keine Ahnung haben, wer da gerade anruft, und die keine Einsicht in die Kontakthistorie des anrufenden Interessenten haben. Wenn so etwas mit den Leads passiert, die Sie professionell per Inbound Marketing gewonnen haben, ist das eine Katastrophe – für Sie, für Ihre Interessenten und für den Umsatz Ihres Unternehmens. Inbound Marketing erfordert eben Inbound Sales, d. h. einen völlig kundenzentrierten, durchweg personalisierten und auf die Lösung von Kundenproblemen ausgerichteten verkäuferischen Beratungsansatz.

17.4.1 Inbound Sales als Verkaufsprozess etablieren

Mit der Einführung von Inbound erhalten Vertriebsmitarbeiter viel weiter gehende und detailliertere Informationen über potenzielle Kunden als jemals zuvor. Inbound ändert die Art der Kundenberatung im Vertrieb, denn durch das vorangehende Lead Nurturing des Inbound Marketing haben Kaufinteressenten beim ersten Kontakt zum Vertrieb oft schon ein beachtliches Produkt- und Problemlösungs-Know-how aufgebaut. Kunde und Vertrieb begegnen sich somit von Anfang an auf Augenhöhe. Früher war es aber üblich, dass ein Vertriebsmitarbeiter gegenüber einem Kaufinteressenten einen klaren Know-how-Vorsprung hatte. Durch diesen Vorsprung konnte der Vertriebler beim Kaufinteressenten seine Kompetenz demonstrieren und Vertrauen aufbauen. Heute haben sich Kaufinteressenten oft aber dank Inbound Marketing vor dem ersten Kontakt mit dem Vertrieb durch die E-Books, Blogposts und Co. des eigenen Marketing-Bereichs bereits sachkundig gemacht. Der traditionelle sachbezogene Know-how-Vorsprung des Vertriebs ist damit ein Stück weit dahin. Stattdessen tritt die Rolle des Verkäufers als lösungsorientierter und kundenzentriert arbeitender Berater in den Vordergrund. Die detaillierten Lead-Informationen und die Vorarbeit des Marketings beim Kunden stärken den Vertrieb in der neuen Rolle als echter Kaufberater. Der Vertriebsmitarbeiter kann sich darauf konzentrieren, den bereits »vorgebildeten« Kunden individuell bei der Findung der optimalen Produktlösung zu beraten. Dadurch wird Vertriebsarbeit sogar letztlich einfacher, effektiver und befriedigender. Die Zeiten der Kaltakquise bzw. des Cold Calling sind mit Inbound für viele Sales-Mannschaften vorbei.

Wie aber sieht so ein beratungsorientierter Verkaufsansatz in der Praxis aus? In Abbildung 17.9 sehen Sie Phasen des beratungsorientierten Ansatzes der Inbound-Sales-Methode im Überblick.

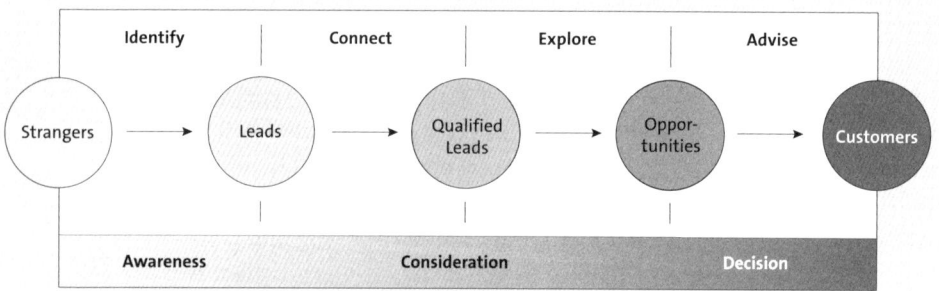

Abbildung 17.9 Die Inbound-Sales-Methode (Quelle: »www.hubspot.com«)

Wie im Marketing gilt es auch im Vertrieb, einen zunächst persönlich noch unbekannten Zielkunden in einen namentlich bekannten Lead zu verwandeln (Identify-Phase), um anschließend durch den Aufbau einer persönlichen Verbindung (Connect-

Phase) zu einer vertiefenden und intensiven Auseinandersetzung und Beratung zu den aktuellen Problemen des Kunden überzugehen (Explore-Phase), ohne bereits die eigenen Produkte und Leistungen in den Vordergrund zu stellen. Mithilfe dieser intensiven Bedarfsqualifizierung werden Leads zu echten Sales Opportunities entwickelt, mit denen in der letzten Advise-Phase gemeinsam erarbeitet wird, inwieweit das eigene Leistungsangebot (und welcher genaue Leistungsumfang) den jeweiligen Interessenten bei der Lösung seiner Probleme optimal unterstützen kann. Der Interessent ist am Ende dieses Beratungsvorgangs autark dazu in der Lage, seine Problemlösung selbst zu definieren und das Problemlösungsangebot Ihres Unternehmens dabei zu würdigen. Der Verkaufsberatungsprozess an sich stiftet dem Kaufinteressenten bereits Nutzen und Wert, schafft Vertrauen und baut eine Bindung auf. Ob der Kauf dann tatsächlich getätigt wird, hängt nicht zuletzt davon ab, ob auch wirkliche Handlungsnotwendigkeit besteht. Solange ein Kaufinteressent auf die Frage nach dem Sense of Urgency (»Was passiert, wenn Sie nichts unternehmen und alles so bleibt?«) unentschlossen oder entspannt antwortet, kann es sein, dass kein wirklicher Kaufimpuls vorliegt oder dass noch weitere Kaufbarrieren ausgeräumt werden sollten. Genau darauf arbeitet der umfassende Beratungsansatz der Inbound-Sales-Methode hin.

Inbound-Tipp: Lernen Sie die Inbound-Sales-Methode besser kennen

Inbound Sales ist ein kompletter Beratungsansatz mit konkreten Guidelines für die einzelnen Phasen des persönlichen Verkaufs. Dieser moderne Verkaufsansatz umschließt

▶ die Kontaktaufnahme und Lead-Generierung in den sozialen Medien (Social Selling) genauso wie

▶ konkrete Gesprächstechniken zum Abbau von Kaufbarrieren und zur Positionierung des eigenen Unternehmens als partnerschaftlicher Problemlöser (Solution Selling) und

▶ die gezielte Weiterbildung des Kunden, um ihm eine autarke Entscheidungsfindung zu ermöglichen (Education-Based Selling).

Inbound Marketing nutzt bewährte moderne Verkaufstechniken der digitalen Ära und kombiniert sie zielgerichtet mit Inbound Marketing zu einem schlagkräftigen Beratungsansatz, der das eigene Unternehmen nachhaltig vom Wettbewerb differenziert und erfolgreich Kundenbeziehungen aufbaut. Mehr Informationen und ein kostenloses E-Book zum Thema Inbound Sales erhalten Sie auf *www.thoughtleadersystems.com/inbound-sales*.

17.4.2   Sales Development Representatives zum Lead Nurturing einsetzen

Auch im digitalen Zeitalter müssen Verkäufer ihre Zeit mit den richtigen kaufbereiten Interessenten verbringen. Sie sind daher extrem darauf angewiesen, dass die ihnen zur Verfügung gestellten Leads wirklich gut qualifiziert und analysiert worden sind. Diese Aufgabe kann auch die beste Inbound-Marketing-Software der Welt allein nicht leisten. Dazu ist immer noch der Faktor Mensch nötig, denn erst beim genauen Betrachten der Registrierungs- und Kontaktdaten einzelner Leads erkennen Sie Muster, die eine Maschine niemals identifizieren würde. Sie schauen bei Google nach, was Sie über einen neuen Kontakt finden, und beschäftigen sich vielleicht auf Linked-In mit dem Werdegang und den gemeinsamen Kontakten eines neuen Lead. Sie gehen auf die Website des Unternehmens Ihres Interessenten und entdecken wichtige Informationen und Querverbindungen, die Sie nur dank Ihrer persönlichen Erfahrung erkennen. Alle diese Aufgaben kann ein Verkaufsberater, der feste Abschlussvorgaben hat, gar nicht im Tagesgeschäft leisten.

Mit Inbound Marketing entsteht daher oftmals eine neue Funktion im Unternehmen, die genau an der Schnittstelle von Marketing und Vertrieb arbeitet. Es sind Menschen, die hereinkommende Leads sichten, analysieren, bei persönlichen Anfragen weiterhelfen, erste Telefonate zur Bedarfsklärung führen (Connect Call) und das Kontaktprofil in der Inbound-Marketing-Software weiterpflegen, um den Vertriebskollegen ein möglichst lückenloses Profil an die Hand zu geben. Diese Mitarbeiter sind erfahren im Umgang mit der Inbound-Marketing-Software, nutzen diese aber weniger zum Planen und Durchführen von Inbound-Marketing-Kampagnen, sondern schwerpunktmäßig zur Arbeit mit Kontaktprofilen, mit Smart Lists aus Kontakten bestimmter Kontaktsegmente und mit den weiteren Informationen über Leads und deren Umfeld bzw. Unternehmen. Ein solcher Sales Development Representative (SDR) ist heute noch in den meisten Unternehmen eine neue Funktion. Was macht diese neue Aufgabe aus, und wie hilft sie Ihrem Unternehmen?

▶ Ein SDR fokussiert sich ausschließlich auf das Überprüfen und Sichten, Kontaktieren und Qualifizieren von Leads, die durch Inbound Marketing gewonnen werden. Dadurch steigen die Qualität und auch der Wert Ihrer Leads signifikant an. Leads werden dauernd überwacht und gehen nicht mehr im Sales Funnel verloren. Und nicht zuletzt schafft ein SDR es, viel mehr Leads nachzubearbeiten, als es ein anderer Marketing- oder Vertriebsmitarbeiter zusätzlich zu seinen üblichen Arbeitsaufgaben bewältigen könnte.

▶ Ein SDR arbeitet in Echtzeit mit neu eingehenden Leads und nutzt damit die kurzen Reaktionszeiten, die man zur Kontaktaufnahme zu »heißen« Leads braucht. Dadurch steigen die Conversion Rates entscheidend.

▶ Ein SDR verhindert die Übergabe von nicht ausreichend qualifizierten Leads an den Vertrieb. Damit steigt die Trefferquote der Vertriebsmitarbeiter bei Verkaufsgesprächen, die Effizienz im Vertrieb steigt, und die Zufriedenheit der Vertriebsmitarbeiter mit Inbound Marketing bleibt gleichbleibend auf einem extrem hohen Niveau.

▶ Die Qualität und die emotionale Wirkung der Ansprache von Interessenten steigen. Zwar werden weiterhin alle Marketing-Workflows der Inbound-Marketing-

Software genutzt, zusätzlich treten aber viele neue persönliche Impulse, Nachrichten und Anrufe des SDR dazu, die an entscheidenden Stellen, an denen die Workflows nicht greifen, den jeweiligen Lead individuell aufgreifen und ihm schnell auf seinem Weg zur Kaufentscheidung und zum Vertriebskontakt weiterhelfen.

Es ist für Marketing-Abteilungen und für den Vertrieb gleichermaßen interessant und lohnenswert, die Ausbildung und die Aufgabe der Sales Development Representatives zu übernehmen. Wenn eine Marketing-Abteilung diese Aufgabe übernimmt, macht sie sich dadurch zum unentbehrlichen und endgültig ebenbürtigen Partner des Vertriebs. Manche Anbieter von Inbound-Marketing-Software legen sogar nahe, dass jede Führungskraft, die später in einem Unternehmen Verantwortung in Marketing oder Vertrieb übernehmen soll, zumindest zeitweise einmal als Sales Development Representative gearbeitet haben sollte. Die Lernkurve auf dem Job eines SDR ist steil und schafft ein so hohes Erfahrungswissen über Kunden und die Zusammenarbeit mit ihnen, wie man es kaum auf einer anderen Position erwerben kann.

17.5   Gemeinsames Performance-Monitoring betreiben

Die gesamte gemeinsame Arbeit von Marketing und Vertrieb in Ihrem Unternehmen richtet sich darauf, mehr Kunden und die richtigen Kunden für Ihr Unternehmen zu gewinnen. Diese Zusammenarbeit ist dauerhaft, intensiv und sehr konkret auf Einzelkundenebene angelegt. Jeden Tag werden neue sichtbare Arbeitserfolge erzielt. Damit der Erfolg der gemeinsamen Arbeit dokumentiert wird und Potenziale zur weiteren Optimierung der Arbeit in Marketing und Vertrieb aufgespürt werden können, ist effektives Marketing & Sales Reporting nötig.

▶ Die Integration Ihrer Inbound-Marketing-Software mit dem CRM-System Ihres Vertriebs stellt umfangreiche Informationen in Form von Dashboards und Reportings bereit, die zusammengenommen im Sinne eines Closed-Loop-Reportings eine ganzheitliche Sicht auf alle Maßnahmen in Marketing und Vertrieb geben.

▶ Gemeinsame regelmäßige Meetings von Marketing und Vertrieb dienen zur Vertiefung des Erfahrungsaustausches, zur gemeinsamen Erfolgsbeurteilung abgelaufener und laufender Maßnahmen sowie zur Ableitung von Maßnahmen und Kampagnen für die Zukunft. Eine besondere Rolle nehmen dabei gemeinsame Kampagnen-Reviews ein, bei denen laufend für bestimmte Buyer Personas und Kampagnen konkrete Maßnahmenpakete analysiert und verbessert werden.

17.5.1   Gemeinsame Dashboards und Reportings

Inbound-Marketing-Software und CRM-Software haben die Performance von Marketing und Vertrieb im digitalen Marketing vollkommen transparent gemacht. Beide Bereiche erhalten Einblick in die Detailziele und in die Performance-Entwicklung des jeweils anderen Bereichs. Marketing und Vertrieb haben beide kontinuierlichen Datenzugriff auf das Inbound-Marketing-Dashboard und das CRM-Tool des Unternehmens. Die Inbound-Marketing-Software wird eng ans CRM angebunden. Marketing und Vertrieb sind immer auf dem gleichen Wissensstand. Jeder im Unternehmen kann also anhand der laufenden Entwicklung messbarer Performance-Parameter von Kampagnen und Kundenabschlüssen erkennen, ob und wie gut die Zusammenarbeit von Marketing & Vertrieb klappt. Besonders wichtig dabei ist ein Closed-Loop-Reporting (CLP), d. h. ein gemeinsames Reporting, das den gesamten Marketing & Sales Funnel abdeckt. Das CLP dient beiden Bereichen als gemeinsames und dauerhaftes Steuerungsinstrument. Es ist sozusagen das gemeinsame Marketing- und Vertriebs-Dashboard (vgl. Abbildung 17.10).

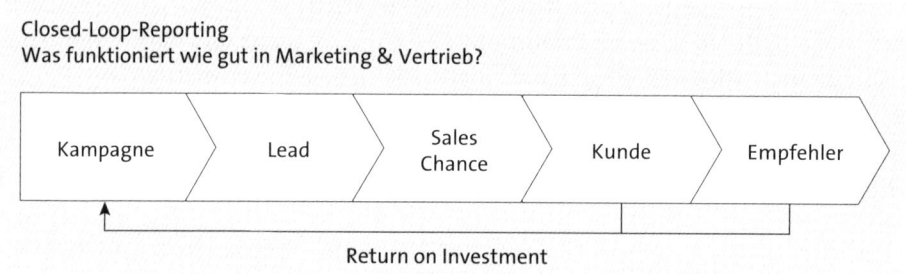

Closed-Loop-Reporting
Was funktioniert wie gut in Marketing & Vertrieb?

Kampagne — Lead — Sales Chance — Kunde — Empfehler

Return on Investment

Abbildung 17.10 Closed-Loop-Reporting (schematische Darstellung)

Mit einem Closed-Loop-Reporting erhält das Marketing ständig Feedback darüber, welche Marketing-Kampagnen und welche Kontaktquellen (Sources) besonders erfolgreich darin waren, diejenigen Leads zu gewinnen, die anschließend auch tatsächlich zu Neukunden wurden. Auch der Return on Marketing Invest lässt sich mit einem CLP viel einfacher erheben und monitoren als mit separaten Erfolgsstatistiken in Marketing und Vertrieb. Dem Vertrieb hilft das Closed-Loop-Reporting dabei, Leads richtig zu priorisieren, effektivere Gespräche mit Interessenten zu führen und die eigenen Ressourcen auf stark interessierte bzw. potenziell wirklich abschlussbereite Interessenten zu lenken. Dadurch steigt die Abschlussrate und der Return on Sales Invest, d. h. das Marketing hilft dem Vertrieb dabei, die in den Vertrieb investierten Unternehmensressourcen (z. B. Personal, Software) zu rechtfertigen.

Inbound-Tipp: Was ein Closed-Loop-Reporting alles leistet

Die Aussagekraft und Detailtiefe eines Closed-Loop-Reportings entsteht aus der Integration Ihrer Inbound-Marketing-Software mit Ihrem CRM-System. Beide Systeme greifen auf die jeweiligen Daten in Echtzeit zu und erlauben schnell und flexibel anpassbare Reportings und Dashboards für die verschiedensten Fragestellungen bei der gemeinsamen Arbeit von Marketing und Vertrieb. Ein Closed-Loop-Reporting gibt Antwort auf viele dringende Fragen in der Arbeit von Marketing und Vertrieb.

Gleichzeitig wirft es auch weitere Fragen zur Optimierung der Zusammenarbeit bzw. Integration der beiden Software-Systeme auf, wie z. B.:

▶ Was passiert mit den Leads, die das Marketing an den Vertrieb liefert? Bekommt das Marketing automatisch Feedback über den Ausgang bzw. den Fortschritt der Kontaktaufnahme mit dem Vertrieb? Wie wird gemeinsam aus negativen Ausgängen der Vertriebs-Kontaktaufnahme gelernt?

▶ Wird gemeinsam bestimmt, welche wichtigen Lead-Informationen dem Vertrieb bei einem SQL noch fehlen? Wie sieht das Kontaktprofil aus, das an den Vertrieb übertragen wird? Werden automatisch auch die Kontakthistorie (welche Interaktionen gelaufen sind) und die Content-Historie (welcher Content vom Interessenten gelesen bzw. heruntergeladen wurde) an den Vertrieb übertragen?

▶ Wie wird gemeinsam mit doppelten Kontakten (Duplicate Leads) umgegangen, die sowohl in der Inbound-Marketing-Software als auch in der CRM-Datenbank auftauchen?

▶ Wie wird der gemeinsam erzielte Umsatz erfasst und dem gemeinsamen Teamplay zugerechnet? Muss der Vertriebsmitarbeiter bei einem Kaufabschluss daran denken, manuell irgendwelche Einstellungen vorzunehmen, oder erfolgt die gemeinsame Erfolgszurechnung automatisch, wenn z. B. die Auftragsdatenbank (ERP) an die Marketing Automation und das CRM zurückmeldet, dass ein Abschluss vorliegt, Umsatz geflossen ist und keine Auftragsstornierung oder Reklamation auftaucht? Wenn das nicht der Fall ist, werden Marketing und Vertrieb sonst nichts davon erfahren, welche der gemeinsam gewonnenen Neukunden sich im Nachhinein als »falsche« Kunden, d. h. als unprofitable Kunden oder chronisch unzufriedene Kunden herausstellen. Wenn solche Kunden auftauchen, kann das Teamplay weiter verbessert werden, und man versucht, gemeinsam herauszubekommen, ob und woran man solche Kunden frühzeitig in der Vorkaufphase gemeinsam identifizieren kann und wie man sie dann behandeln sollte.

▶ Wie erhält ein Vertriebsmitarbeiter von der Inbound-Marketing-Software eine automatische Notification, wenn ein Interessent bzw. SQL, mit dem der Vertrieb bereits in Kontakt steht, auf die Website zurückkehrt, weiteren Content herunterlädt oder auch negative Handlungen vornimmt (z. B. Abmeldung vom Blog, Opt-Out vom Newsletter)? Nur mit solchen Informationen kann der Vertrieb effektiv nachfassen und gegebenenfalls die nächsten Schritte in der Kommunikation zu dem entsprechenden Kontakt neu überdenken.

Mit einem Closed-Loop-Reporting können Sie Kaufinteressenten und Kunden genau den Inbound-Kampagnen und Kontaktwegen (Attribution Reporting/Conversion Assists) zuordnen, durch die sie ursprünglich zu Ihrem Unternehmen kamen. Dadurch erhalten Sie gute Ansatzpunkte zur Konzeption zukünftiger Kampagnen. Sie sehen, wo die erfolgversprechendsten Leads herkommen, wo Sie Ihr Budget und

Ihre Ressourcen stärker konzentrieren sollten. Sie können Ansprachewege und Kampagnen-Inhalte optimieren und die Performance Ihrer Inbound-Marketing-Software damit kontinuierlich weiter steigern.

17.5.2   Gemeinsame Meetings und Reviews

Die Zahlen, Daten und Fakten sind für die Zusammenarbeit von Marketing und Vertrieb ebenso wichtig wie das gemeinsame Interpretieren und Besprechen dieser Zahlen. Die enge Zusammenarbeit der beiden Bereiche verlangt eine gute Datenbasis genauso wie eine gemeinsame Kultur, gegenseitiges Vertrauen und den Respekt vor der Arbeit der anderen Seite. Um eine gemeinsame Erfolgs- und Fehlerkultur von Marketing und Vertrieb aufzubauen, sind regelmäßige Meetings unerlässlich. Sie dienen längst nicht nur zum Datenaustausch, sondern vor allem zum Aufbau gemeinsamer Erfahrungen, Learnings und Erfolgserlebnisse.

► In gemeinsamen wöchentlichen Target-Meetings werden die Inbound- und Vertriebsergebnisse der Vorwoche besprochen. Dabei kommen alle laufenden Maßnahmen und Kundenansprachen auf den Tisch. Beide Bereiche bringen die laufenden Reportings und Dashboard-Übersichten mit und informieren sich gegenseitig über Entwicklungen wie Kontaktkanäle mit positiver Lead-Entwicklung, aktuelle Kampagnen-Zwischenergebnisse (z. B. E-Mail-Click-Through-Rates, Landing Page Conversion Rates) und vieles mehr. Direkt nach dem Meeting können in beiden Bereichen Veränderungen in Echtzeit vorgenommen werden.

► Ein monatliches Management-Meeting dient zum Besprechen von Optimierungen. Hier kommen auch prozessuale Verbesserungen, neue Kampagnen-Konzepte, Budget-Priorisierungen und die Entwicklung von Neukundenzahlen nach Buyer Personas und Produktgebieten zur Sprache. Bei diesen Meetings spielt das Senior Management der beiden Bereiche eine wichtige Rolle.

Beim monatlichen Management-Meeting nehmen gemeinsame Kampagnen-Reviews einen wichtigen Platz ein. Ein solcher Review erfasst Learnings laufender Kampagnen für beide Bereiche, wird von beiden Abteilungen gemeinsam vorbereitet und umfasst den gesamten Marketing & Sales Funnel, d. h. von der Traffic-Generierung und Lead-Generierung bis hin zur Kundengewinnung und Kundenbindung. Neue Kampagnen-Konzepte für die nächsten Wochen werden gemeinsam verabschiedet. Hier werden auch neue Ideen diskutiert und Änderungen aus der Unternehmensstrategie eingesteuert. Meetings von Marketing und Vertrieb können insbesondere dann emotional werden, wenn Zusammenhänge unklar sind oder wenn Maßnahmen keine eindeutigen Effekte erzielen. Dann hilft es, eine offene Kommunikation zu bewahren, sich an die Daten und Fakten zu halten und gemeinsam nach Lösungen zu suchen, ohne eine gegenseitige Kritik in den Vordergrund zu stellen.

17.6   Gemeinsames Kunden-Management starten

Marketing und Vertrieb sind das »Team Revenue« Ihres Unternehmens. Beide Bereiche zusammengenommen sind die Umsatzbringer, die alle anderen Abteilungen im Unternehmen mit Aufträgen, Cashflow und Perspektive versorgen. Man sollte also in Ihrem Unternehmen einer effektiven Zusammenarbeit von Marketing und Vertrieb eine hohe Priorität einräumen. Um langfristig erfolgreich zu sein, sollten Marketing und Vertrieb aber gar nicht so fest den Blick aufeinander richten, sondern gemeinsam in die gleiche Richtung blicken: auf die Kunden. Gemeinsames Kunden-Management ist das wahre Erfolgsgeheimnis von Marketing und Vertrieb.

17.6.1   Gemeinsames Buyer-Persona-Management

Niemand in Ihrem Unternehmen weiß so gut über den Informations- und Entscheidungsbedarf Ihrer Kunden auf dem Weg zur Kaufentscheidung Bescheid wie Marketing und Vertrieb. Dieses Wissen vertieft und verbessert sich mit Inbound Marketing und Inbound Sales von Tag zu Tag. Die Teams aus Marketing und Vertrieb erleben potenzielle Kunden im unmittelbaren Kontakt und sind daher die wichtigsten Informationslieferanten des Unternehmens über die Buyer Personas draußen im Markt. Marketing und Vertrieb sollten dieses Know-how nicht nur zufällig oder beiläufig ans eigene Unternehmen zurückmelden, sondern gezieltes und nachhaltiges Buyer-Persona-Management (BPM) betreiben. Das bedeutet, dass Marketing und Vertrieb gemeinsam und kontinuierlich am Wissen über die Kunden und an der Optimierung der Buyer Personas des Unternehmens arbeiten. Marketing und Vertrieb sind nah am Kunden und erlangen jeweils unterschiedliches und spezifisches Kundenwissen, das sie gemeinsam aktualisieren und in die Buyer-Persona-Steckbriefe des Unternehmens einbringen. Die Buyer Personas werden so zum lebenden Dokument für das Unternehmen und ständig gemeinsam angepasst. Dadurch können Marketing- und Vertriebsmaßnahmen noch zielgenauer auf die Bedarfe unterschiedlicher Zielkunden angepasst werden.

17.6.2   Die Go-To-Market-Strategie gemeinsam weiterentwickeln

Ihre Kunden entscheiden darüber, welche Art von Marketing- und Vertriebsstrategie Ihr Unternehmen wählen sollte. Dieses Buch hat Ihnen mit Inbound einen zukunftsweisenden und äußerst schlagkräftigen Management-Ansatz für Marketing und Vertrieb im digitalen Zeitalter an die Hand gegeben. Sie haben alles über die Grundlagen, die Philosophie, die Instrumente und den Einsatz dieses Konzeptes erfahren. Und doch kann es sein, dass für Ihr Unternehmen und Ihr Geschäftsmodell Inbound Marketing allein nicht ausreichend ist. Ihre Kunden entscheiden darüber, welche Go-To-Market-Strategien Sie nutzen sollten (vgl. Abbildung 17.11).

17

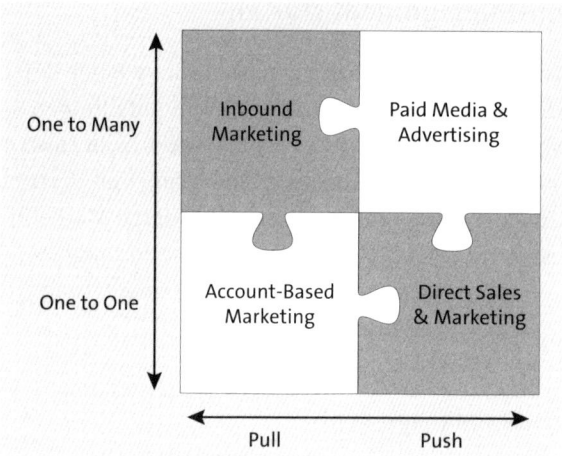

Abbildung 17.11 Inbound Marketing und die anderen Go-To-Market-Strategien

Inbound Marketing ist unschlagbar, wenn es darum geht, Kunden anzuziehen (Pull) und auf verschiedensten Kanälen eine hohe Resonanz und Attraktion zu schaffen, um möglichst viele relevante, aber noch namentlich unbekannte potenzielle Kunden kennenzulernen (One to Many).

Wenn Ihr Unternehmen darüber hinaus aber auch bestimmte und namentlich bekannte Einzelkunden auf der Wunschliste hat (Target Customers), sollten Sie über den Einsatz von Account-Based Marketing (ABM) nachdenken. Sie treiben damit die Kundenorientierung Ihres Inbound Marketing noch weiter und stellen einzelne Kunden (Accounts) konsequent in den Mittelpunkt Ihrer Marketing-Maßnahmen. Sie nutzen Ihre Inbound-Marketing-Software und Ihr CRM-System wie bisher, bieten aber zusätzlich Content und Inbound-Kampagnen für ganz bestimmte Kunden-Accounts an. Weitere Informationen und ein kostenloses E-Book zu diesem modernen B2B-Marketing-Ansatz finden Sie unter *www.thoughtleadersystems.com/account-based-marketing*.

Im digitalen Zeitalter werden Sie nicht um Pull-Konzepte wie Inbound Marketing oder Account-Based Marketing herumkommen, um Kunden im Internet zu gewinnen und zu begeistern. Das Pull-Prinzip, d. h. das Anziehen neuer Kunden über Resonanz und Relevanz, ist das Grundkonzept des Marketings im digitalen Zeitalter. Dennoch kann es sein, dass Sie zusätzlich die Instrumente der alten Push-Welt wie Werbung (Paid Media) und Direct Sales/Direct Marketing benötigen, um besonderes anspruchsvolle Ziele zu erreichen oder um gut laufende Inbound-Marketing-Kampagnen weiter zu stärken. Die richtige Kombination der verschiedenen Go-to-Market-Strategien zur optimalen Strategie für Ihr Unternehmen ist entscheidend.

Ihre Kunden bestimmen über Ihre Go-To-Market-Strategie mit – und diese Kunden werden sich immer im Internet für den guten Content, die Beratung und die Hilfe Ihres Inbound Marketing begeistern. Mit Inbound Marketing werden Sie Erfolge feiern und Menschen auf dem Weg zu ihrer Problemlösung und zur Entfaltung Ihrer Potenziale weiterhelfen können. Gibt es ein schöneres Ziel für den Einsatz Ihrer Software, Kampagnen, Arbeit und Kreativität?

17

Index

ONLINE-MARKETING

Content-Marketing, Social Media, SEO, Monitoring, Usability – wir bieten Ihnen zu allen Marketing-Disziplinen fundiertes Know-how, das Sie wirklich weiterbringt.

- **Offline und online lernen**
  Unsere Bücher gibt es in der Druck-ausgabe, als E-Book und als Online-Buch. Lesen Sie jederzeit und bilden Sie sich überall weiter.

- **Wissen, das wirklich Ihnen gehört**
  Einmal geschult, die Hälfte verges-sen? Nicht so in unserer Bibliothek. Dort können Sie jederzeit alles nachholen.

- **Hochwertiges Marketing-Wissen**
  Unsere Autoren zählen zu den führenden Marketing-Experten. Lernen Sie von professionellen Kampagnen und Projekten.

- **Wählen Sie Ihr eigenes Lerntempo**
  Lernen Sie, was Sie wirklich brauchen, zum Zeitpunkt Ihrer Wahl. Unsere Bücher sind Ihre Begleiter im Job.

- **Nehmen Sie Ihre Weiterbildung in die Hand!**
  Mit unseren umfassenden Büchern sparen Sie sich teure Kurse. Oder nutzen Sie als Ergänzung zum Seminar.

www.rheinwerk-verlag.de/marketing

Ihre Ausbildung zum Google- und SEO-Experten beginnt hier!

Nutzen Sie alle Möglichkeiten der Google-Werkzeuge! Schalten Sie zielgruppen-genaue Anzeigen, finden Sie die besten Keywords und tracken Sie den Erfolg Ihrer Kampagnen. Decken Sie Schwachstellen auf, optimieren Sie Ihre Conversions und setzen Sie mächtige Profi-Tools wie den Google Tag Manager ein. Google-Wissen im Doppelpack für Marketer, die mehr aus ihren Kampagnen heraus-holen wollen.

427 Seiten, gebunden, 49,90 Euro
ISBN 978-3-8362-4490-9
www.rheinwerk-verlag.de/4350

Das erste große Handbuch für Amazon-Seller!

Ob Hersteller oder Händler – hier finden Sie alle technischen und strategischen
Finessen, um auf dem Amazon Marketplace erfolgreich zu sein. Machen Sie von
Anfang an alles richtig, vom Verkäuferkonto bis zur individuellen Produkt-
strategie. Sorgen Sie für maximale Sichtbarkeit und hohe Conversions und
entdecken Sie alle Möglichkeiten, um mit Ihren Kampagnen zu begeistern.

390 Seiten, broschiert, in Farbe, 34,90 Eur
ISBN 978-3-8362-5935-4
www.rheinwerk-verlag.de/4502

Get big fast – Lernen Sie die Methoden der Growth Hacker!

Wachstum ist King. Denn was ist ein Business ohne Kunden? Sandro Jenny und Tomas Herzberger verraten dir, wie du mit dem geringstmöglichen Aufwand an Zeit, Geld und Manpower einen maximalen Marketingeffekt erzielst: Das Zauberwort heißt »Growth Hacking«. Zahlreiche Insider-Tricks zu Produktpositionierung, Akquise und Kundenbindung machen diesen kompakten Einstieg zum Geheimtipp für alle Marketer, ob im Startup, in der Agentur oder beim Branchen-Platzhirsch. *Fear of missing out?* Zurecht!